广东省二级造价工程师职业资格考试参考培训教材

2019 年版

建设工程计量与计价实务

（土木建筑工程）

广东省建设工程标准定额站
广 东 省 工 程 造 价 协 会
编

中国计划出版社

图书在版编目（CIP）数据

建设工程计量与计价实务. 土木建筑工程 / 广东省建设工程标准定额站，广东省工程造价协会编. -- 北京 : 中国计划出版社，2019.9（2021.4重印）
2019年版广东省二级造价工程师职业资格考试参考培训教材
ISBN 978-7-5182-1072-5

Ⅰ. ①建… Ⅱ. ①广… ②广… Ⅲ. ①土木工程－建筑造价管理－资格考试－教材 Ⅳ. ①TU723.3

中国版本图书馆CIP数据核字(2019)第196170号

2019年版广东省二级造价工程师职业资格考试参考培训教材
建设工程计量与计价实务（土木建筑工程）
广东省建设工程标准定额站
广东省工程造价协会 编

中国计划出版社出版发行
网址：www. jhpress. com
地址：北京市西城区木樨地北里甲11号国宏大厦C座3层
邮政编码：100038 电话：（010）63906433（发行部）
三河富华印刷包装有限公司印刷

889mm×1194mm 1/16 35.5印张 1136千字
2019年9月第1版 2021年4月第4次印刷
印数28001—34000册

ISBN 978-7-5182-1072-5
定价：118.00元

2019年版广东省二级造价工程师职业资格考试参考培训教材

编审委员会

审定委员会

主　任： 蔡　瀛

副主任： 罗锦荣　卢立明　黄　刚　钟　泉

委　员： 黄中广　薛　瑞　李素华　李冬青　杨树荣
朱希坚　王冬梅　成冬楠　余建平

编写委员会

主　任： 黄守新

副主任： 叶巧昌　许锡雁　冯　航

委　员： 高年鹏　盛英曦　张　瑛　张毅坚　许志凌
关丽芬　吴慧博　梁　广　罗瑛玮　周舜英

《建设工程计量与计价实务（土木建筑工程）》

编审人员名单

主　　编： 冯　航　许锡雁

主　　审： 吴佐民　张定邦

编审人员： 叶巧昌　许志凌　刘明群　蒋慧杰　陈敏珊　罗瑛玮　李伟昆　周舜英　陈　丹　麦小慧　张建平　盛英曦　张　瑛　熊　佳　张燕云　郑贵阳　陈曼文　余　丹　袁成威　陈天才　孙　权　黎志宾　卢春燕　叶　玲　张　灿　黄良辉　王　群　段改霞　涂　君　王圣祥　林爱明　张曼瑞　陈德义　赖伟民

序

工程造价管理是一门不断发展并具有广阔前景的边缘学科，自造价工程师执业资格制度建立以来，工程建设各方都十分重视造价工程师的作用。随着工程造价市场化、信息化、国际化、法制化改革的深入，造价工程师对工程造价的精细化管理显得越来越重要。为培养符合新时代要求的造价工程师，根据住房城乡建设部、交通运输部、水利部、人力资源社会保障部联合印发的《造价工程师职业资格制度规定》和《造价工程师职业资格考试实施办法》（建人〔2018〕67号）、2019年版《全国二级造价工程师职业资格考试大纲》的要求，广东省建设工程标准定额站和广东省工程造价协会编写了广东省二级造价工程师职业资格考试参考培训教材《建设工程计量与计价实务（土木建筑工程）》和《建设工程计量与计价实务（安装工程）》。

本教材的编写，旨在帮助二级造价工程师考生备考学习和促进我省工程造价从业人员职业水平和能力的提升。教材编写内容既遵循国家建设工程造价相关标准和规定，又体现了我省建设工程计量与计价的具体方法，既系统介绍应考人员应掌握的专业知识，又帮助其提升解决实际问题的能力。本教材具有以下主要特点：

1. 教材内容新颖、全面、实用。本教材编写以最新颁布的国家和广东省相关工程造价法规、标准、规范、规程为依据，体现工程造价管理改革的要求，充分参考、吸取全国造价工程师相关教材的优点，博采众长，全面实用。

2. 教材内容广泛、知识架构合理。本教材以2019年版《全国二级造价工程师职业资格考试大纲》为主线，系统介绍了土木建筑工程和安装工程的专业基础、计量与计价方法、工程成本管控、工程造价实例等，教材编写主线明确、层次分明、重点突出、结构合理。

3. 教材案例典型丰富。本教材在编写过程中坚持理论与实践相结合的原则，重视实操应用技能的培养，不仅在理论介绍中引用实用案例，而且选用典型案例系统介绍，以实例练习来提高学习者的实际操作能力。

4. 教材结构便于学习和教学。本教材在每章前面增加了本章提示，摘要本章考生应掌握、熟悉、了解的内容，有助于学习者学习参考，也便于教师教学。

当前，工程造价管理正处于动态调整和深入改革之中，通过技术创新、模式创新、管理创新等实现行业的转型升级，是工程造价改革的路径。造价工程师应以习近平新时代中国特色社会主义思想武装头脑、指导实践，结合新时代新业态的特点，努力提高战略思维能力、创新思维能力和辩证思维能力，以新的更大作为，奋发图强，推动工程造价市场化、信息化、国际化、法制化的建设和工程造价管理的持续、健康发展。

古人云：读书破万卷，下笔如有神。造价管理水平的提高，固然不一定读万卷书，但只要多读书，思想便会丰盈；只要多实践，技术便会提高。一分耕耘一分收获，祝愿广大造价专业人士通过认真学习，取得优异的成绩！

广东省住房和城乡建设厅副厅长

目　　录

第一篇　土木建筑工程专业基础知识

第 1 章　工业与民用建筑工程分类、组成及构造 …… (3)
1.1　工业与民用建筑工程分类及组成 …… (3)
1.1.1　工业建筑分类 …… (3)
1.1.2　民用建筑分类 …… (4)
1.2　民用建筑构造 …… (6)
1.2.1　基础 …… (6)
1.2.2　墙或柱 …… (10)
1.2.3　楼板与地面 …… (14)
1.2.4　阳台与雨篷 …… (17)
1.2.5　楼梯 …… (18)
1.2.6　门与窗 …… (20)
1.2.7　屋顶 …… (22)
1.2.8　装饰构造 …… (29)
1.3　工业建筑构造 …… (32)
1.3.1　单层厂房的结构组成 …… (32)
1.3.2　单层厂房承重结构构造 …… (32)
第 2 章　土建工程常用材料的分类、基本性能及用途 …… (37)
2.1　建筑结构材料 …… (37)
2.1.1　建筑钢材 …… (37)
2.1.2　无机胶凝材料 …… (40)
2.1.3　混凝土 …… (44)
2.1.4　砌筑材料 …… (52)
2.2　建筑装饰材料 …… (54)
2.2.1　饰面材料 …… (54)
2.2.2　建筑玻璃 …… (56)
2.2.3　建筑装饰涂料 …… (59)
2.2.4　建筑塑料 …… (60)
2.2.5　装饰装修用钢材 …… (62)
2.2.6　木材 …… (62)
2.3　建筑功能材料 …… (63)
2.3.1　防水材料 …… (63)
2.3.2　保温隔热材料 …… (65)
2.3.3　吸声、隔声材料 …… (67)
2.3.4　防火材料 …… (67)
第 3 章　土建工程主要施工工艺与方法 …… (69)
3.1　土石方工程施工技术 …… (69)
3.1.1　土石方工程的准备与辅助工作 …… (69)

3.1.2 土石方的填筑与压实 …… (74)
3.2 地基与基础工程施工技术 …… (75)
3.2.1 地基加固处理 …… (75)
3.2.2 桩基础施工 …… (78)
3.3 建筑工程深基坑施工技术 …… (88)
3.3.1 深基坑土方开挖施工 …… (88)
3.3.2 深基坑降排水施工 …… (89)
3.3.3 深基坑支护施工 …… (89)
3.4 地下连续墙施工技术 …… (93)
3.4.1 地下连续墙的分类方法与优缺点 …… (93)
3.4.2 施工工艺 …… (94)
3.5 建筑工程主体结构施工技术 …… (98)
3.5.1 砌体结构工程施工 …… (99)
3.5.2 混凝土结构工程施工 …… (102)
3.5.3 预应力混凝土工程施工 …… (111)
3.5.4 钢结构工程施工 …… (114)
3.5.5 结构吊装工程施工 …… (119)
3.5.6 装配式混凝土施工 …… (124)
3.6 建筑工程防水和保温工程施工技术 …… (126)
3.6.1 屋面防水工程施工 …… (126)
3.6.2 地下防水工程施工 …… (128)
3.6.3 楼层、厕浴间、厨房间防水 …… (129)
3.6.4 保温工程 …… (129)
3.7 建筑装饰装修工程施工技术 …… (130)
3.7.1 抹灰工程 …… (131)
3.7.2 吊顶工程 …… (131)
3.7.3 轻质隔墙工程 …… (132)
3.7.4 墙面铺装工程 …… (132)
3.7.5 涂饰工程 …… (133)
3.7.6 地面工程 …… (133)
3.7.7 幕墙工程 …… (134)
第 4 章 土建工程常用施工机械的类型及应用 …… (139)
4.1 土石方工程施工机械 …… (139)
4.1.1 推土机施工 …… (139)
4.1.2 铲运机施工 …… (139)
4.1.3 单斗挖掘机施工 …… (140)
4.2 起重及垂直运输机械 …… (141)
4.2.1 自行杆式起重机 …… (141)
4.2.2 塔式起重机 …… (141)
4.2.3 施工升降机 …… (142)
4.3 桩工机械 …… (143)
4.3.1 预制桩施工机械 …… (144)
4.3.2 灌注桩成孔机械 …… (144)
4.4 钢筋机械 …… (145)

4.4.1 钢筋冷加工机械 …… (146)
4.4.2 钢筋成型机械 …… (146)
4.4.3 钢筋连接机械 …… (146)
4.4.4 预应力张拉机械 …… (147)
4.5 混凝土机械 …… (148)
4.5.1 混凝土搅拌机械 …… (148)
4.5.2 混凝土搅拌楼和搅拌站 …… (148)
4.5.3 混凝土搅拌运输车 …… (148)
4.5.4 混凝土泵 …… (149)
4.5.5 混凝土振动器 …… (149)
第5章 施工组织设计的编制原理、内容及方法 …… (150)
5.1 施工组织设计的编制原理 …… (150)
5.1.1 施工组织设计的类型 …… (150)
5.1.2 施工组织设计的编制原则 …… (150)
5.1.3 施工组织设计的编制依据 …… (151)
5.2 施工组织设计的编制内容 …… (151)
5.3 施工组织设计的编制方法 …… (151)
5.3.1 施工组织总设计 …… (151)
5.3.2 单位工程施工组织设计 …… (154)
5.3.3 施工方案 …… (155)
5.3.4 专项施工方案 …… (155)
5.3.5 网络计划技术 …… (155)

第二篇 工 程 计 量

第6章 建筑工程识图基本原理及方法 …… (159)
6.1 建筑工程识图原理 …… (159)
6.1.1 建设设计阶段划分 …… (159)
6.1.2 建筑工程施工图的分类 …… (159)
6.1.3 建筑工程施工图识读原理 …… (160)
6.2 建筑工程识图方法 …… (161)
6.2.1 建筑施工图的识读 …… (161)
6.2.2 结构施工图的识读 …… (163)
6.3 装饰装修施工图识图方法 …… (166)
6.3.1 基本知识 …… (166)
6.3.2 识读方法 …… (166)
第7章 建筑面积计算规范及应用 …… (170)
7.1 建筑面积的概念及作用 …… (170)
7.1.1 建筑面积的概念 …… (170)
7.1.2 建筑面积的作用 …… (170)
7.2 建筑工程建筑面积计算规范及应用 …… (171)
7.2.1 应计算建筑面积部分 …… (171)
7.2.2 不应计算建筑面积部分 …… (182)
第8章 土建工程工程量清单的编制 …… (185)
8.1 《建设工程工程量清单计价规范》GB 50500—2013 概述 …… (185)

8.1.1 《建设工程工程量清单计价规范》GB 50500—2013 的内容 …………（185）
8.1.2 工程量清单计价的适应范围 …………（186）
8.1.3 工程量清单计价的作用 …………（186）
8.2 工程量清单的组成 …………（187）
8.2.1 工程量清单的组成 …………（187）
8.2.2 工程量清单的编制依据 …………（187）
8.2.3 工程量清单的编制内容 …………（187）
8.3 工程量清单的编制方法 …………（187）
8.3.1 工程量清单的编制方法 …………（187）
8.3.2 分部分项工程量清单的编制 …………（188）
8.3.3 措施项目清单的编制 …………（190）
8.3.4 其他项目清单的编制 …………（191）
8.3.5 规费项目清单的编制 …………（191）
8.3.6 税金项目清单的编制 …………（191）
第 9 章 土建工程工程量计算规则及应用 …………（192）
9.1 《房屋建筑与装饰工程工程量计算规范》GB 50854—2013 概述…………（192）
9.2 《广东省房屋建筑与装饰工程综合定额（2018）》概述 …………（193）
9.3 工程量计算规则…………（194）
9.3.1 土石方工程 …………（194）
9.3.2 围护及支护工程 …………（196）
9.3.3 桩基础工程 …………（199）
9.3.4 砌筑工程 …………（201）
9.3.5 混凝土及钢筋混凝土工程 …………（204）
9.3.6 金属结构工程 …………（210）
9.3.7 木结构工程 …………（212）
9.3.8 门窗工程 …………（214）
9.3.9 屋面及防水工程 …………（218）
9.3.10 保温、隔热、防腐工程…………（221）
9.3.11 楼地面工程…………（224）
9.3.12 墙、柱面装饰与隔断、幕墙工程…………（227）
9.3.13 天棚工程…………（230）
9.3.14 油漆涂料裱糊工程…………（232）
9.3.15 其他装饰工程…………（234）
9.3.16 拆除工程…………（236）
9.3.17 脚手架工程…………（238）
9.3.18 模板工程…………（240）
9.3.19 垂直运输工程…………（242）
9.3.20 超高施工增加…………（243）
9.3.21 大型机械设备进出场及安拆…………（243）
9.3.22 施工排水、降水…………（245）
9.3.23 安全文明施工及其他措施项目…………（246）
9.4 深圳定额说明及计算规则…………（248）
9.4.1 土石方工程 …………（248）
9.4.2 地基处理与边坡支护工程 …………（252）

9.4.3 桩基础工程 ……………………………………………………………………（254）
9.4.4 砌筑工程 ……………………………………………………………………（257）
9.4.5 混凝土及钢筋混凝土工程 ……………………………………………………（259）
9.4.6 金属结构工程 ………………………………………………………………（264）
9.4.7 木结构工程 …………………………………………………………………（266）
9.4.8 门窗工程 ……………………………………………………………………（267）
9.4.9 屋面及防水工程 ……………………………………………………………（269）
9.4.10 保温、隔热、防腐工程……………………………………………………（271）
9.4.11 楼地面装饰工程……………………………………………………………（272）
9.4.12 墙、柱面装饰与隔断、幕墙工程…………………………………………（274）
9.4.13 天棚工程……………………………………………………………………（275）
9.4.14 油漆、涂料、裱糊工程……………………………………………………（276）
9.4.15 其他装饰工程………………………………………………………………（280）
9.4.16 拆除工程……………………………………………………………………（281）
9.4.17 脚手架工程…………………………………………………………………（283）
9.4.18 混凝土模板及支架…………………………………………………………（287）
9.4.19 建筑物垂直运输……………………………………………………………（290）
9.4.20 超高施工增加………………………………………………………………（291）
9.4.21 大型机械设备进出场及安拆工程…………………………………………（292）
9.4.22 降排水工程…………………………………………………………………（292）
9.4.23 安全文明施工及其他措施项目……………………………………………（292）

第 10 章 计算机辅助工程量计算 ……………………………………………（294）

10.1 计算机辅助工程量计算……………………………………………………（294）
10.1.1 计算机辅助工程量计算传统模式…………………………………………（294）
10.1.2 计算机辅助工程量计算 BIM 全过程应用模式 …………………………（295）

10.2 BIM 在工程量计算的应用 …………………………………………………（295）
10.2.1 BIM 的概念…………………………………………………………………（295）
10.2.2 BIM 的优势…………………………………………………………………（296）
10.2.3 BIM 技术应用现状…………………………………………………………（296）
10.2.4 BIM 在工程量计算的应用…………………………………………………（299）
10.2.5 BIM 技术应用的未来展望…………………………………………………（299）

第三篇 工 程 计 价

第 11 章 预算定额、工期定额……………………………………………………（303）

11.1 预算定额的分类、适用范围 ………………………………………………（303）
11.1.1 预算定额的分类……………………………………………………………（303）
11.1.2 预算定额的适用范围………………………………………………………（303）

11.2 预算定额的调整与应用……………………………………………………（303）
11.2.1 预算定额的直接套用………………………………………………………（303）
11.2.2 预算定额的换算……………………………………………………………（304）
11.2.3 定额换算的基本思路………………………………………………………（305）

11.3 工期定额……………………………………………………………………（306）
11.3.1 工期定额的术语……………………………………………………………（307）
11.3.2 招（投）标工期的计算……………………………………………………（307）

11.3.3 工期的约定 …… (307)
11.3.4 工期的调整 …… (307)
11.3.5 实际施工工期的确定 …… (308)
第12章 施工图预算编制的常用方法 …… (309)
12.1 施工图预算编制依据 …… (309)
12.2 施工图预算编制程序和方法 …… (309)
12.2.1 单位工程施工图预算的编制 …… (309)
12.2.2 单项工程综合预算的编制 …… (311)
12.2.3 建设项目总预算的编制 …… (311)
12.3 广东省建筑与装饰工程计价依据的组成 …… (312)
12.3.1 《广东省建设工程计价依据（2018）》概述 …… (312)
12.3.2 广东省建筑与装饰工程造价组成及计价程序 …… (313)
12.4 深圳市建设工程计价规程 …… (314)
12.4.1 深圳市建设工程计价程序 …… (314)
12.4.2 深圳市建筑工程计价程序 …… (314)
第13章 土建工程最高投标限价的编制 …… (317)
13.1 最高投标限价的编制原则、依据和程序 …… (317)
13.1.1 最高投标限价与标底的关系 …… (317)
13.1.2 最高投标限价的编制原则 …… (318)
13.1.3 最高投标限价的编制依据 …… (318)
13.1.4 最高投标限价的编制程序 …… (318)
13.2 最高投标限价的编制内容和方法 …… (319)
13.2.1 分部分项工程费的编制 …… (319)
13.2.2 措施项目费的编制 …… (320)
13.2.3 其他项目费的编制 …… (320)
13.2.4 规费和税金的编制 …… (320)
第14章 土建工程投标报价的编制 …… (321)
14.1 投标报价的编制原则、依据和程序 …… (321)
14.1.1 投标报价的编制原则 …… (321)
14.1.2 投标报价的编制依据 …… (321)
14.1.3 投标报价的编制程序 …… (322)
14.2 投标报价的编制内容和方法 …… (322)
14.2.1 分部分项工程和单价措施项目清单与计价表的编制 …… (322)
14.2.2 其他项目清单与计价表的编制 …… (324)
14.2.3 规费、税金项目计价表的编制 …… (324)
14.3 投标报价的分析 …… (324)
第15章 土建工程价款结算和合同价款的调整 …… (325)
15.1 工程合同价款的调整 …… (325)
15.2 工程计量与价款结算 …… (325)
15.2.1 工程计量 …… (325)
15.2.2 预付款及期中支付 …… (326)
15.2.3 竣工结算 …… (328)
15.2.4 最终结清 …… (331)
15.2.5 合同价款纠纷的处理 …… (331)

15.3 质量保证金的处理 …… (333)
15.3.1 缺陷责任期的概念和期限 …… (333)
15.3.2 质量保证金的使用及返还 …… (334)
第 16 章 建设工程竣工决算价款的编制 …… (335)
16.1 工程竣工验收 …… (335)
16.1.1 建设项目竣工验收的条件及内容 …… (335)
16.1.2 建设项目竣工验收的方式及报告 …… (336)
16.2 竣工决算的概念及作用 …… (336)
16.2.1 建设项目竣工决算的概念 …… (336)
16.2.2 建设项目竣工决算的作用 …… (337)
16.3 竣工决算的内容和编制 …… (337)
16.3.1 竣工决算的内容 …… (337)
16.3.2 竣工决算的编制 …… (339)

第四篇 参 考 案 例

第 17 章 典型参考案例 …… (343)
17.1 基础资料 …… (343)
17.1.1 案例背景 …… (343)
17.1.2 编制要求 …… (343)
17.2 工程量计算 …… (343)
17.2.1 土石方工程 …… (343)
17.2.2 砌筑工程 …… (346)
17.2.3 混凝土及钢筋混凝土工程 …… (347)
17.2.4 门窗工程 …… (351)
17.2.5 屋面及防水工程 …… (352)
17.2.6 保温、隔热、防腐工程 …… (352)
17.2.7 楼地面装饰工程 …… (353)
17.2.8 墙、柱面装饰与隔断工程 …… (354)
17.2.9 天棚工程 …… (355)
17.2.10 模板工程 …… (356)
17.2.11 脚手架工程 …… (360)
17.2.12 垂直运输工程 …… (361)
17.3 工程量清单 …… (361)
17.3.1 工程量清单编制说明 …… (361)
17.3.2 工程量清单编制案例 …… (361)
17.4 最高投标限价 …… (376)
17.4.1 最高投标限价编制说明 …… (376)
17.4.2 最高投标限价编制案例 …… (376)
第 18 章 深圳参考案例 …… (441)
18.1 基础资料 …… (441)
18.1.1 案例背景 …… (441)
18.1.2 编制要求 …… (441)
18.2 工程量计算 …… (441)
18.2.1 土石方工程 …… (441)

18.2.2 砌筑工程 …… (443)
18.2.3 混凝土及钢筋混凝土工程 …… (445)
18.2.4 门窗工程 …… (450)
18.2.5 屋面及防水工程 …… (450)
18.2.6 楼地面装饰工程 …… (451)
18.2.7 墙、柱面装饰与隔断工程 …… (452)
18.2.8 天棚工程 …… (453)
18.2.9 模板工程 …… (454)
18.2.10 脚手架工程 …… (458)
18.2.11 垂直运输工程 …… (460)
18.3 工程量清单 …… (460)
18.3.1 工程量清单编制说明 …… (460)
18.3.2 工程量清单编制案例 …… (460)
18.4 招标控制价 …… (474)
18.4.1 招标控制价编制说明 …… (474)
18.4.2 招标控制价编制案例 …… (474)

参考文献 …… (553)

第一篇
土木建筑工程专业基础知识

第1章　工业与民用建筑工程分类、组成及构造

【本章提示】通过学习本章，学习人员应熟悉民用建筑的各分部构造；了解工业与民用建筑工程的分类，以及工业建筑的构造。

建筑是根据人们物质生活和精神生活的要求，为满足各种不同的社会过程的需要而建造的有组织的内部和外部的空间环境。建筑一般包括建筑物和构筑物，满足功能要求并提供活动空间和场所的建筑称为建筑物，是供人们生活、学习、工作、居住，以及从事生产和文化活动的房屋，如工厂、住宅、学校、影剧院等；仅满足功能要求的建筑称为构筑物，如水塔、纪念碑等。

建筑物通常按其使用性质分为民用建筑和工业建筑两大类。工业建筑是供生产使用的建筑物，民用建筑是供人们从事非生产性活动使用的建筑物。民用建筑又分为居住建筑和公共建筑两类，居住建筑包括住宅、公寓、宿舍等，公共建筑是供人们进行各类社会、文化、经济、政治等活动的建筑物，如图书馆、车站、办公楼、电影院、宾馆、医院等。

1.1　工业与民用建筑工程分类及组成

1.1.1　工业建筑分类

一、按厂房层数分类

（1）单层厂房，指层数仅为一层的工业厂房。适用于有大型机器设备或有重型起重运输设备的厂房。

（2）多层厂房，指层数在二层及以上的厂房，常用的层数为二至六层。适用于生产设备及产品较轻，可沿垂直方向组织生产的厂房，如食品、电子精密仪器工业等用厂房。

（3）混合层数厂房，指同一厂房内既有单层又有多层的厂房。多用于化学工业、热电站的主厂房等。

二、按工业建筑用途分类

（1）生产厂房，指进行备料、加工、装配等主要工艺流程的厂房；如机械制造厂中有铸工车间、电镀车间、热处理车间、机械加工车间和装配车间等。

（2）生产辅助厂房，指为生产厂房服务的厂房，如机械制造厂房的修理车间、工具车间等。

（3）动力用厂房，指为生产提供动力源的厂房，如发电站、变电所、锅炉房等。

（4）仓储建筑，指贮存原材料、半成品、成品的房屋（一般称仓库）。

（5）仓储用建筑，指管理、储存及检修交通运输工具的房屋，如汽车库、机车库、起重车库、消防车库等。

（6）其他建筑，如水泵房、污水处理建筑等。

三、按其主要承重结构的形式分类

（1）排架结构型。排架结构型是将厂房承重柱的柱顶与屋架或屋面梁做铰接连接，而柱下端则嵌固于基础中，构成平面排架，各平面排架再经纵向结构构件连接组成为一个空间结构。它是目前单层厂房中最基本、应用最普遍的结构形式。

（2）刚架结构型。刚架结构的基本特点是柱和屋架合并为同一个刚性构件。柱与基础的连接通常为铰接，如吊车吨位较大，也可做成刚接。一般重型单层厂房多采用刚架结构。

（3）空间结构型。空间结构型是一种屋面体系为空间结构的结构体系。这种结构体系充分发挥了建筑材料的强度，使结构由单向受力的平面结构，成为能多向受力的空间结构体系，提高了结构的稳定性。一般常见的有膜结构、网架结构、薄壳结构、悬索结构等。

四、按车间生产状况分类

（1）冷加工车间，指在常温状态下，加工非燃烧物质和材料的生产车间，如机械制造类的金工车间、

修理车间等。

（2）热加工车间，指在高温和熔化状态下，加工非燃烧的物质和材料的生产车间，如机械制造类的铸造、锻压、热处理等车间。

（3）恒温恒湿车间，指产品生产需要在稳定的温度、湿度下进行的车间，如精密仪器、纺织等车间。

（4）洁净车间，指产品生产需要在空气净化、无尘甚至无菌的条件下进行的车间，如药品生产车间、集成电路车间等。

（5）其他特种状况的车间。有的产品生产对环境有特殊的需要，如防放射性物质、防电磁波干扰等车间。

1.1.2 民用建筑分类

一、按建筑物的层数和高度分类

根据现行国家标准《民用建筑设计通则》GB 50352—2005、《建筑设计防火规范》GB 50016—2014（2018 年版），民用建筑按层数与高度分类如下：

（1）住宅建筑按层数分类：1~3 层为低层住宅，4~6 层为多层住宅，7~9 层（高度不大于 27m）为中高层住宅，10 层及以上或高度大于 27m 为高层住宅。

（2）除住宅建筑之外的民用建筑高度不大于 24m 者为单层或多层建筑，大于 24m 者为高层建筑（不包括建筑高度大于 24m 的单层公共建筑）。

（3）建筑高度大于 100m 的民用建筑为超高层建筑。

二、按建筑的耐久年限分类

（1）一级建筑：耐久年限为 100 年以上，适用于重要的建筑和高层建筑。

（2）二级建筑：耐久年限为 50~100 年，适用于一般性建筑。

（3）三级建筑：耐久年限为 25~50 年，适用于次要的建筑。

（4）四级建筑：耐久年限为 15 年以下，适用于临时性建筑。

三、按建筑物的承重结构材料分类

（1）木结构。木结构是由木材或主要由木材承受荷载的结构，通过各种金属连接件或榫卯进行连接和固定。目前，我国正大力发展装配式建筑，其中现代木结构建筑是装配式建筑的重要结构类型之一，现代木结构具有绿色环保、节能保温、建造周期短、抗震耐久等诸多优点。

（2）砖木结构。建筑物的主要承重构件用砖木做成，其中竖向承重构件的墙体、柱子采用砖砌，水平承重构件的楼板、屋架采用木材。一般砖木结构适用于低层建筑（1~3 层）。这种结构建造简单，材料容易准备，费用较低。

（3）砖混结构。砖混结构是指建筑物中竖向承重结构的墙、柱等采用砖或砌块砌筑，横向承重的梁、楼板、屋面板等采用钢筋混凝土结构。砖混结构是以小部分钢筋混凝土及大部分砖墙承重的结构。适合开间进深较小、房间面积小、多层或低层的建筑。

（4）钢筋混凝土结构。由钢筋和混凝土两种材料结合成整体，共同受力的工程结构。钢筋混凝土结构的主要承重构件，如梁、板、柱等均采用钢筋混凝土材料，而非承重墙采用砖砌或其他轻质材料做成。

（5）钢结构。主要承重构件均用钢材构成。钢结构的特点是强度高、自重轻、整体刚性好、变形能力强，抗震性能好，适用于建造大跨度和超高、超重型的建筑物。

（6）型钢混凝土组合结构。这种结构是把型钢埋入钢筋混凝土中的一种独立的结构形式。型钢、钢筋、混凝土三者结合使型钢混凝土结构具备了比传统的钢筋混凝土结构承载力大、刚度大、抗震性能好的优点。与钢结构相比，具有防火性能好，结构局部和整体稳定性好，节省钢材的优点。型钢混凝土组合结构应用于大型结构中，力求截面最小化，承载力最大，来节约空间，但是造价比较高。

四、按施工方法分类

（1）现浇、现砌式。房屋的主要承重构件均在现场砌筑和浇筑而成。

（2）装配式结构。按照建筑材料的不同，装配式结构可分为装配式混凝土结构、装配式钢结构、装配式木结构，其中装配式混凝土结构是国家重点发展的方向。

装配式混凝土结构是指主体结构部分或全部采用预制构件装配而成的钢筋混凝土结构。这种结构的特点是建筑构件工厂化生产现场装配，建造速度快，节能、环保，施工受气候条件制约小，节约劳动力。符合绿色节能建筑的发展方向，是我国大力提倡的施工方式。虽然目前单方造价比现浇混凝土结构高，但由于工期缩短，质量提高，综合效益显著。

装配式混凝土结构可分为装配整体式框架结构、装配整体式剪力墙结构、装配整体式框架－现浇剪力墙结构、装配整体式部分框支剪力墙结构。依据现行行业标准《装配式混凝土结构技术规程》JGJ 1—2014，各种结构体系适用的最大高度如表 1.1.2 所示，并满足下列要求：

1）当结构中竖向构件全部为现浇且楼盖采用叠合梁板时，房屋的最大适用高度可按现行行业标准《高层建筑混凝土结构技术规程》JGJ 3—2010 中的规定采用。

2）装配整体式剪力墙结构和装配整体式部分框支剪力墙结构，在规定的水平力作用下，当预制剪力墙构件底部承担的总剪力大于该层总剪力的 50% 时，其最大适用高度应适当降低；当预制剪力墙构件底部承担的总剪力大于该层总剪力的 80% 时，最大适用高度应取表 1.1.2 中括号内的数值。

表 1.1.2　各种结构体系适用的最大高度表（m）

结构体系	非抗震设计	抗震设防烈度			
		6 度	7 度	8 度（0.2g）	8 度（0.3g）
装配整体式框架结构	70	60	50	40	30
装配整体式框架－现浇剪力墙结构	150	130	120	100	80
装配整体式剪力墙结构	140（130）	130（120）	110（100）	90（80）	70（60）
装配整体式部分框支剪力墙结构	120（110）	110（100）	90（80）	70（60）	40（30）

注：房屋高度指室外地面到主要屋面板板顶的高度（不考虑局部凸出屋顶部分）。

五、按承重体系分类

（1）混合结构体系。混合结构房屋一般是指楼盖和屋盖采用钢筋混凝土或钢木结构，而墙和柱采用砌体结构建造的房屋，大多用在住宅、办公楼、教学楼建筑中，一般在 6 层以下。混合结构不宜建造大空间的房屋。混合结构根据承重墙所在的位置，划分为纵墙承重和横墙承重两种方案。

（2）框架结构体系。框架结构是利用梁、柱组成的纵、横两个方向的框架形成的结构体系，同时承受竖向荷载和水平荷载。

（3）剪力墙体系。剪力墙体系是利用建筑物的墙体（内墙和外墙）来抵抗水平力。因为剪力墙既承受垂直荷载，也承受水平荷载。高层建筑主要荷载为水平荷载，墙体既受剪又受弯，所以称剪力墙。剪力墙一般为钢筋混凝土墙，厚度不小于 160mm，剪力墙的墙段长度一般不超过 8m，适用于小开间的住宅和旅馆等。在 180m 高的范围内都可以适用。

（4）框架－剪力墙结构体系。框架－剪力墙结构是在框架结构中设置适当剪力墙的结构，具有框架结构平面布置灵活，有较大空间的优点，又具有侧向刚度较大的优点。框架－剪力墙结构中，剪力墙主要承受水平荷载，竖向荷载主要由框架承担。框架－剪力墙结构一般适用于不超过 170m 高的建筑。

（5）筒体结构体系。在高层建筑中，特别是超高层建筑中，水平荷载越来越大，起着控制作用。筒体结构是抵抗水平荷载最有效的结构体系。筒体结构可分为框架－核心筒结构、筒中筒和多筒结构等，如图 1.1.2–1 所示。这种结构体系

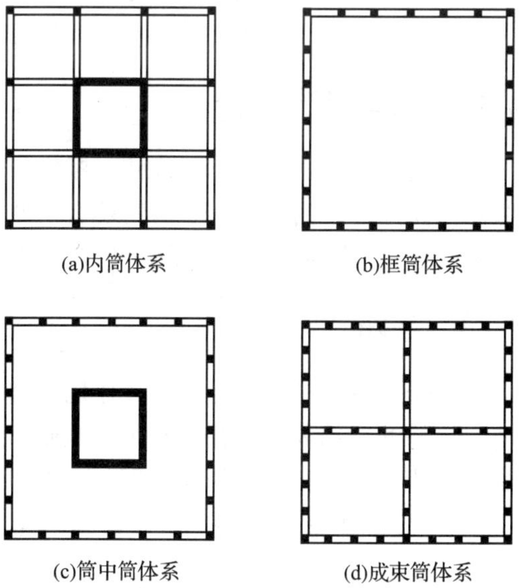

图 1.1.2–1　筒式体系的形式

适用于高度不超过300m的建筑。多筒结构是将多个筒组合在一起，使结构具有更大的抵抗水平荷载的能力。

（6）桁架结构体系。桁架是由杆件组成的结构体系。在进行内力分析时，节点一般假定为铰节点，当荷载作用在节点上时，杆件只有轴向力，其材料的强度可得到充分发挥。

（7）网架结构体系。网架是由许多杆件按照一定规律组成的网状结构。网架结构可分为平板网架和曲面网架。其中平板网架采用较多。平板网架可分为交叉桁架体系和角锥体系两类。角锥体系受力更为合理，刚度更大，如图1.1.2–2所示。

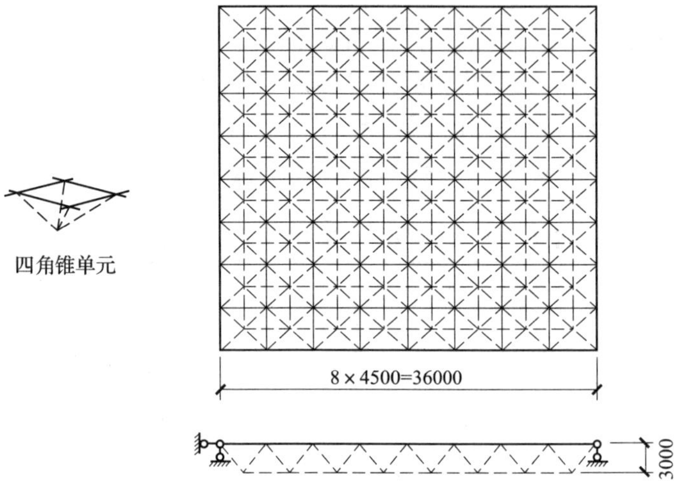

图1.1.2–2　角锥体系平板网架

网架的高度主要取决于跨度，网架尺寸应与网架高度配合决定，腹杆的角度以45°为宜。网架的高度与短跨之比一般为1/15左右。网架杆件一般采用钢管，节点一般采用球节点。

（8）拱式结构体系。拱是一种有推力的结构，其主要内力是轴向压力，因此可利用抗压性能良好的混凝土建造大跨度的拱式结构。它适用于体育馆、展览馆等建筑中。按照结构的组成和支承方式，拱可分为三铰拱、两铰拱和无铰拱。

（9）悬索结构体系。悬索结构是比较理想的大跨度结构形式之一。目前，悬索屋盖结构的跨度已达160m，主要用于体育馆、展览馆中。

悬索结构包括三部分：索网、边缘构件和下部支承结构，可分为单曲面与双曲面两类。

（10）薄壁空间结构体系。薄壁空间结构，也称壳体结构，其厚度比其他尺寸（如跨度）小得多，所以称薄壁。薄壳常用于大跨度的屋盖结构，如展览馆、俱乐部、飞机库等，主要分为筒壳和双曲壳这两种形式。

1.2　民用建筑构造

建筑物一般由基础、墙或柱、楼板与地面、楼梯、屋顶和门窗六大部分组成。这些构件处在不同的部位，发挥各自的作用。建筑物还有一些附属部分，如阳台、雨篷、散水、勒脚、防潮层等，有的还有特殊要求，如楼层之间还要设置电梯、自动扶梯或坡道等。

1.2.1　基础

基础是将结构所承受的各种作用传递到地基上的结构组成部分。基础是建筑物的一个组成部分，承受建筑物的全部荷载，并将其传给地基。地基是指支承基础的土体或岩体，承受由基础传来的建筑物的荷载，地基不是建筑物的组成部分。地基分为天然地基和人工地基两大类。地基基础的设计使用年限不应小于建筑结构的设计使用年限。

一、基础类型

基础的类型与建筑物上部结构形式、荷载大小、地基的承载能力、地基上的地质、水文情况、材料性能等因素有关。

基础按受力特点及材料性能可分为刚性基础和柔性基础，按构造的方式可分为独立基础、条形基础、柱下十字交叉基础、片筏基础、箱形基础、桩基础等。

（一）按受力特点及材料性能分类

（1）刚性基础。刚性基础所用的材料如砖、石、混凝土等，抗压强度较高，但抗拉及抗剪强度偏低。用此类材料建造的基础，应保证其基底只受压，不受拉。刚性基础中压力分角称为刚性角。在设计中，应尽力使基础大放脚与基础材料的刚性角相一致，以确保基础底面不产生拉应力，最大限度地节约基础材料。受刚性角限制的基础称为刚性基础，构造上通过限制刚性基础宽高比来满足刚性角的要求，见图 1.2.1–1。

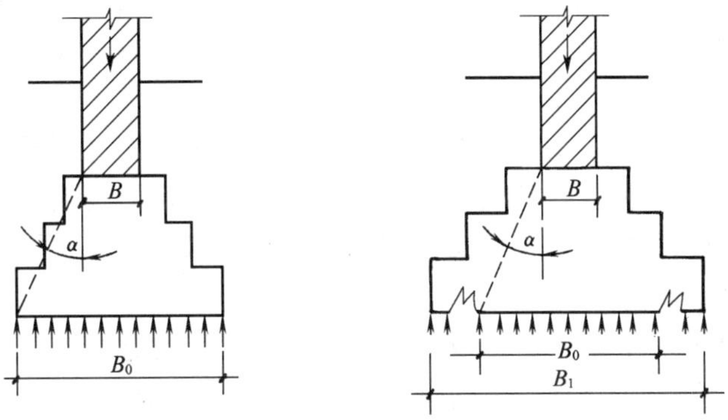

(a)基础受力在刚性角范围以内　(b)基础宽度超过刚性角范围而破坏

图 1.2.1–1　刚性基础受力特点

（2）柔性基础。在混凝土基础底部配置受力钢筋，利用钢筋抗拉，这样基础可以承受弯矩，也就不受刚性角的限制，所以钢筋混凝土基础也称为柔性基础。在相同条件下，采用钢筋混凝土基础比混凝土基础可节省大量的混凝土材料和挖土工程量，见图 1.2.1–2。

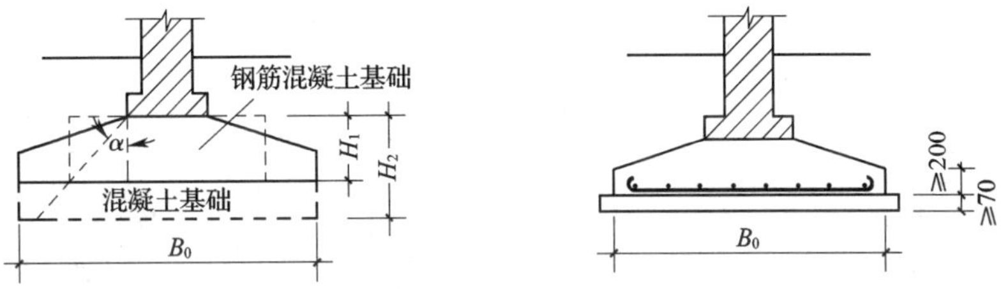

(a) 混凝土基础与钢筋混凝土基础比较　(b) 基础配筋情况

图 1.2.1–2　钢筋混凝土基础

钢筋混凝土基础断面可做成锥形，最薄处高度不小于 200mm；也可做成阶梯形，每踏步高 300~500mm。通常情况下，钢筋混凝土基础下面设有素混凝土垫层，厚度 100mm 左右；无垫层时，钢筋保护层不宜小于 70mm，以保护受力钢筋不受锈蚀。

（二）按基础的构造形式分类

（1）独立基础（单独基础）。

1）柱下独立基础。独立基础是柱子基础的主要类型。它所用材料根据柱的材料和荷载大小而定，常采用砖、石、混凝土和钢筋混凝土等。

2）墙下独立基础。墙下独立基础是当上层土质松软，为了节约基础材料和减少开挖土方量而采用的一种基础形式。砖墙砌在单独基础上边的钢筋混凝土地梁上。地梁的跨度一般为 3~5m。

（2）条形基础。条形基础是指基础长度远大于其宽度的一种基础形式。按上部结构形式，可分为墙下条形基础和柱下条形基础。

1）墙下条形基础。条形基础是承重墙基础的主要形式，常用砖、毛石、三合土或灰土建造。当上部结构荷载较大而土质较差时，可采用钢筋混凝土建造，墙下钢筋混凝土条形基础一般做成无肋式；如地基在水平方向上压缩性不均匀，为了增加基础的整体性，减少不均匀沉降，也可做成肋式的条形基础。

2）柱下钢筋混凝土条形基础。当地基软弱而荷载较大时，采用柱下独立基础，底面积必然很大，因而互相接近。为增强基础的整体性并方便施工，节约造价，可将同一排的柱下基础连通做成钢混凝土条形基础。

（3）柱下十字交叉基础。荷载较大的高层建筑，如土质软弱，为了增强基础的整体刚度，减少不均匀沉降，可以沿柱网纵横方向设置钢筋混凝土条形基础，形成十字交叉基础。

（4）片筏基础。如地基基础软弱而荷载又很大，采用十字基础仍不能满足要求或相邻基槽距离很小时，可用钢筋混凝土做成片筏基础，按构造不同可分为平板式和梁板式两类。平板式又分为两类：一类是在底板上做梁，柱子支承在梁上；另一类是将梁放在底板的下方，底板上面平整，可作建筑物底层底面。

（5）箱形基础。为了使基础具有更大刚度，大大减少建筑物的相对弯矩，可将基础做成由顶板、底板及若干纵横隔墙组成的箱形基础，是片筏基础的进一步发展。箱形基础一般由钢筋混凝土建造，减少了基础底面的附加应力，因而适用于地基软弱土层厚、荷载大和建筑面积不太大的一些重要建筑物，目前高层建筑中多采用箱形基础。

（6）桩基础。桩基础由桩身和桩承台组成。桩基础是按设计的点位将桩身置入土中的，桩的上端灌注钢筋混凝土承台，承台上接柱或墙体，使荷载均匀地传递给桩基础。当建筑物荷载较大，地基的软弱土层厚度在 5m 以上，基础不能埋在软弱土层内，或对软弱土层进行人工处理困难和不经济时，常采用桩基础。采用桩基础能节省材料，减少挖填土方工程量，改善工人的劳动条件，缩短工期。

桩基础的种类很多，根据材料可分为木桩、钢筋混凝土桩和钢桩等；根据断面形式可分为圆形桩、方形桩、环形桩、六角形桩及工字形桩等；根据施工方法可分为预制桩及灌注桩。根据荷载传递的方式可分为端承桩和摩擦桩。

常见的基础形式如图 1.2.1–3 所示，此外还有壳体基础、圆环基础、沉井基础、沉箱基础等其他基础形式。

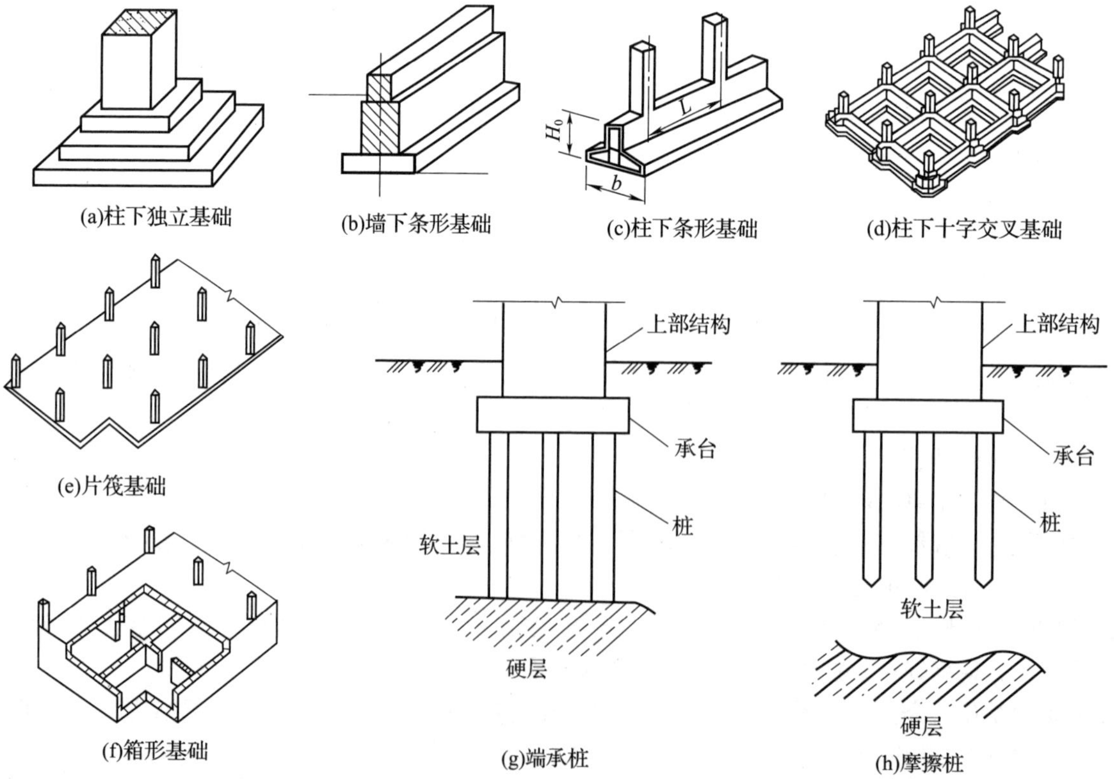

(a)柱下独立基础 (b)墙下条形基础 (c)柱下条形基础 (d)柱下十字交叉基础 (e)片筏基础 (f)箱形基础 (g)端承桩 (h)摩擦桩

图 1.2.1–3　桩基础形式示意图

二、基础埋深

从室外设计地面至基础底面的垂直距离称为基础的埋深。建筑物上部荷载的大小，地基土质的好坏，地下水位的高低，土壤冰冻的深度以及新旧建筑物的相邻交接等，都影响基础的埋深。埋深大于或等于 5m 或者埋深大于或等于基础宽度 4 倍的基础称为深基础；埋深在 0.5~5m 或埋深小于基础宽度 4 倍的基础称为浅基础。基础埋深的原则是在保证安全可靠的前提下尽量浅埋，除岩石地基外，不应浅于 0.5m；靠近地表的土体，一般受气候变化的影响较大，性质不稳定，且又是生物活动、生长的场所，故一般不宜作为地基的持力层。基础顶面应低于设计地面 100mm 以上，避免基础外露，遭受外界的破坏。

三、地下室防潮与防水构造

（一）地下室及其分类

在建筑物底层以下的房间叫地下室。按功能可把地下室分为普通地下室和人防地下室两种；按形式可把地下室分为全地下室和半地下室两种；按材料可把地下室分为砖混结构地下室和钢筋混凝土结构地下室。

（二）地下室防潮

当地下室地坪位于常年地下水位以上时，地下室需做防潮处理。

对于砖墙，其构造要求是：墙体必须采用水泥砂浆砌筑，灰缝要饱满；在墙外侧设垂直防潮层。其具体做法是：在墙体外表面先抹一层 20mm 厚的水泥砂浆找平层，再涂一道冷底子油和两道热沥青，然后在防潮层外侧回填低渗透土壤，并逐层夯实，土层宽 500mm 左右，以防地面雨水或其他地表水的影响。

地下室的所有墙体都必须设两道水平防潮层。一道设在地下室地坪附近，具体位置视地坪构造而定；另一道设置在室外地面散水以上 150~200mm 的位置，以防地下潮气沿地下墙身或勒脚渗入室内。凡在外墙穿管、接缝等处，均应嵌入油膏填缝防潮。当地下室使用要求较高时，可在围护结构内侧涂抹防水涂料，以消除或减少潮气渗入，如图 1.2.1–4 所示。

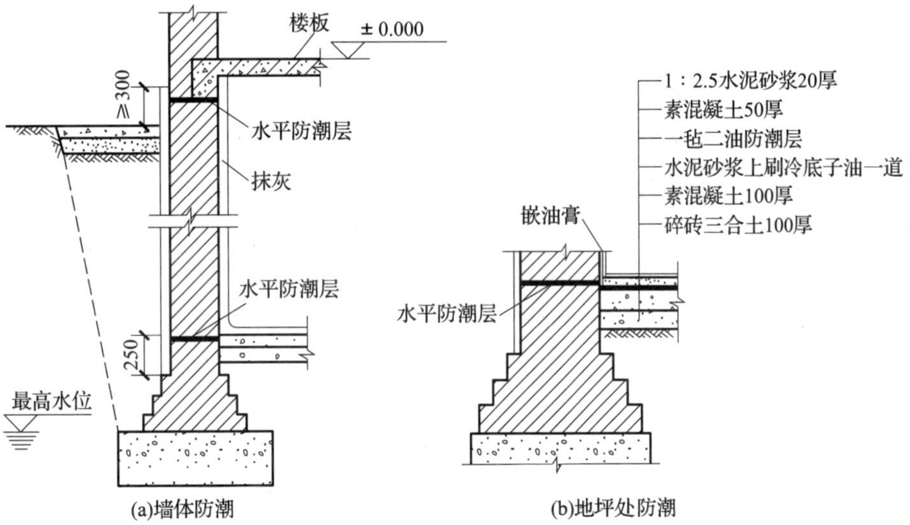

图 1.2.1–4　地下室防潮示意图

地下室地面主要借助混凝土材料的憎水性能来防潮，但当地下室的防潮要求较高时，地层应做防潮处理。一般设在垫层与地面面层之间，且与墙身水平防潮层在同一水平面上。

（三）地下室防水

当地下室地坪位于最高设计地下水位以下时，地下室四周墙体及底板均受水压影响，应有防水功能。

地下室防水可用卷材防水层，也可用加防水剂的钢筋混凝土来防水。卷材防水层的做法是在地基上先浇混凝土垫层底板，板厚约 100mm，将防水层铺满整个地下室，然后于防水层上抹 20mm 厚水泥砂浆保护层，地坪防水层应与垂直防水层搭接，同时做好接头防水层。图 1.2.1–5 为卷材防水层的实例。

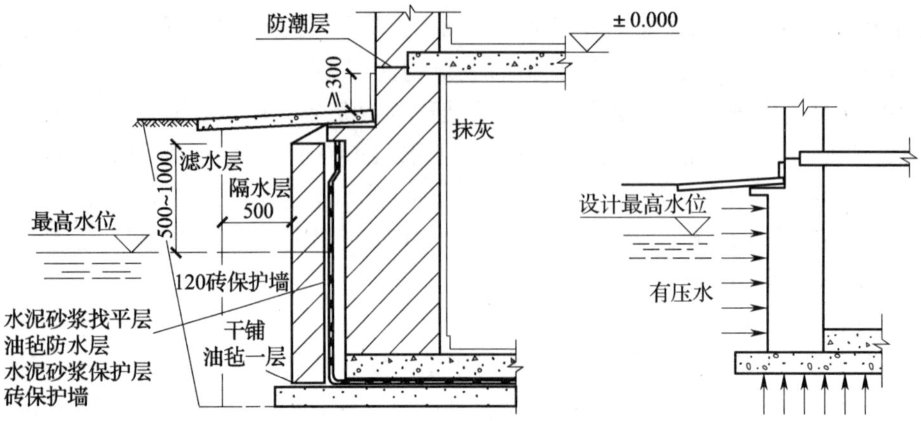

图 1.2.1–5　地下室卷材防水层示意图

1.2.2　墙或柱

墙是建筑物的承重构件和围护构件。在一般砖混结构房屋中，墙体是主要的承重构件，此时柱一般以独立柱的形式布置，与墙体一同承受着建筑物由屋顶和楼板层传来的荷载，并将这些荷载传给基础。在框架承重的建筑中，框架柱和框架梁形成框架承重结构系统，既承受竖向荷载又承受水平荷载。此时填充墙只起围护、分隔空间的作用，而按要求设置的墙间柱为构造柱，则起着提高建筑物整体刚度的作用。

一、墙的类型

墙在建筑物中主要起承重、围护及分隔作用，按墙在建筑物中的位置、受力情况、所用材料和构造方式不同可分不同类型。

根据墙在建筑物中的位置，可分为内墙、外墙、横墙和纵墙；按受力不同，墙可分为承重和非承重墙。建筑物内部只起分隔作用的非承重墙称隔墙。

按构造方式不同，又分为实体墙、空体墙和组合墙三种类型。实体墙是由一种材料构成，如普通砖墙、砌块墙；空体墙也是由一种材料构成，但墙内留有空格，如空斗墙、空气间层墙等；组合墙则是由两种以上材料组合而成的墙。

按所用材料不同，有砖墙、石墙、土墙、混凝土或工业废料制成的砌块墙、板材墙等。

墙体材料选择要贯彻“因地制宜，就地取材”的方针，力求降低造价。在工业城市中，应充分利用工业废料。

（一）几种特殊材料墙体

（1）预制钢筋混凝土墙。预制外墙板是装配在预制或现浇框架结构上的围护外墙，适用于一般办公楼、旅馆、医院、教学、科研楼等民用建筑。装配式墙体的建造构造，设计人员应根据确定的开间、进深、层高，进行全面墙板设计。

（2）加气混凝土墙。加气混凝土墙有砌块、外墙板和隔墙板。如无切实有效措施，加气混凝土砌块墙不得在建筑物 ±0.00 以下，或长期浸水、干湿交替部位，以及受化学侵蚀的环境；制品表面经常处于80℃以上的高温环境。

加气混凝土墙可作承重墙或非承重墙，设计时应进行排块设计，避免浪费，其砌筑方法与构造基本与砌墙类似。当外用墙时，其外表面均应做饰面保护层，在门窗洞口设钢筋混凝土圈梁，外包保温块。在承重墙转角处每隔墙高 1m 左右放水平拉结钢筋，以增加抗震能力。

加气混凝土墙板的布置按建筑物结构构造特点采用三种形式：横向布置墙板、竖向布置墙板和拼装大板。

（3）压型金属板墙。压型金属板材是指采用各种薄型钢板（或其他金属板材），经过辊压冷弯成型为各种断面的板材，是一种轻质高强的建筑材料，有保温型与非保温型两种。

（4）石膏板墙。主要有石膏龙骨石膏板、轻钢龙骨石膏板、增强石膏空心条板等，适用于中低档民用和工业建筑中的非承重内隔墙。

（5）舒乐舍板墙。舒乐舍板由聚苯乙烯泡沫塑料芯材、两侧钢丝网片和斜插腹丝组成，是钢丝网架轻质夹芯板类型中的一个新品种。舒乐舍板墙具有强度高、自重轻、保温隔热、防火及抗震等良好的综合性能，适用于框架建筑的围护外墙及轻质内墙、承重的外保温复合外墙的保温层、低层框架的承重墙和屋面板等，综合效益显著。

（二）隔墙

隔墙是分隔室内空间的非承重构件。由于隔墙不承受任何外来荷载，且本身的重量还要由楼板或墙下小梁来承受，因此设计应使隔墙自重轻、厚度薄、便于安装和拆卸，有一定的隔声能力，同时还要能够满足特殊使用部位（如厨房、卫生间等）的防火、防水、防潮等要求。隔墙的类型很多，按其构造方式可分为块材隔墙、骨架隔墙、板材隔墙三大类。

（1）块材隔墙。块材隔墙是用普通砖、空心砖、加气混凝土等块材砌筑而成的，常用的有普通砖隔墙和砌块隔墙。普通砖隔墙一般采用半砖（120mm）隔墙。半砖隔墙用普通砖顺砌，砌筑砂浆宜大于M5。隔墙上有门时，要预埋铁件或将带有木楔的混凝土预制块砌入隔墙中以固定门框。半砖隔墙坚固耐久，有一定的隔声能力，但自重大、湿作业多，施工较复杂。

为了减少隔墙的重量，可采用质轻块大的各种砌块，目前最常用的是加气混凝土块、粉煤灰硅酸盐砌块、水泥炉渣空心砖等砌筑的隔墙。隔墙厚度由砌块尺寸而定，一般为90~120mm。砌块大多具有质轻、孔隙率大、隔热性能好等优点，但吸水性强，施工时应按要求进行处理。

砌块隔墙厚度较薄，也需采取加强稳定性措施，其方法与砖隔墙类似。

（2）骨架隔墙。骨架隔墙由骨架和面层两部分组成，由于是先立墙筋（骨架）后做面层，因而又称为立筋式隔墙。常用的骨架有木骨架和轻钢骨架，骨架隔墙的面层常用人造板材，如胶合板、纤维板、石膏板、塑料板等。

（3）板材隔墙。板材隔墙是指单板高度相当房间净高，面积较大，且不依赖骨架，直接装配而成的隔墙。目前，采用的大多为条板，如加气混凝土条板、石膏条板、碳化石灰板，蜂窝纸板、水泥刨花板等。

二、墙体细部构造

砖墙是用砂浆将砖按一定技术要求砌筑成的砌体，其主要材料是砖和砂浆。我国普通砖尺寸为240mm × 115mm × 53mm。用砖块的长、宽、高作为砖墙厚度的基数，在错缝或墙厚超过砖块时，均按灰缝10mm进行组砌。从尺寸上可以看出，以砖厚加灰缝、砖宽加灰缝后与砖长形成1∶2∶4的比例为其基本特征，组砌灵活。砖墙厚度有120mm（半砖）、240mm（一砖）、370mm（一砖半）、490mm（两砖）、620mm（两砖半）等。有时为节省材料，砌体中有些砖砌体，构成180mm等按1/4砖厚进位的墙体。

为了保证砖墙的耐久性和墙体与其他构件的连接，应在相应的位置进行构造处理。砖墙的细部构造主要包括以下几个方面。

（一）防潮层

在墙身中设置防潮层的目的是防止土壤中的水分沿基础墙上升和勒脚部位的地面水影响墙身，其作用是提高建筑物的耐久性，保持室内干燥卫生。当室内地面均为实铺时，外墙墙身防潮层在室内地坪以下60mm处；当建筑物墙体两侧地坪不等高时，在每侧地表下60mm处，防潮层应分别设置，并在两个防潮层间的墙上加设垂直防潮层；当室内地面采用架空木地板时，外墙防潮层应设在室外地坪以上，地板木搁栅垫木之下。墙身防潮层一般有油毡防潮层、防水砂浆防潮层、细石混凝土防潮层和钢筋混凝土防潮层等。

（二）勒脚

勒脚是指外墙与室外地坪接近的部分。它的作用是防止地面水、屋檐滴下的雨水对墙面的侵蚀，从而保护墙面，保证室内干燥，提高建筑物的耐久性，同时还有美化建筑外观的作用。勒脚经常采用抹水泥砂浆、水刷石，或在勒脚部位将墙体加厚，或用坚固材料来砌，如石块、天然石板、人造板贴面。勒脚的高度一般为室内地坪与室外地坪的高差，也可以根据立面的需要而提高勒脚的高度。

（三）散水和暗沟（明沟）

为了防止地表水对建筑基础的侵蚀，在建筑物的四周地面上设置暗沟（明沟）或散水。降水量大于900mm的地区应同时设置暗沟（明沟）和散水。暗沟（明沟）沟底应做纵坡，坡度为0.5%~1%，坡向窨井。外墙与暗沟（明沟）之间应做散水，散水宽度一般为600~1000mm，坡度为3%~5%。降水量小于900mm的地区可只设置散水。暗沟（明沟）和散水可用混凝土现浇，也可用有弹性的防水材料嵌缝，以防渗水。

（四）窗台

窗洞口的下部应设置窗台。窗台根据窗子的安装位置可形成内窗台和外窗台。外窗台是防止在窗洞底部积水，并流向室内；内窗台则是为了排除窗上的凝结水，以保护室内墙面。外窗台有砖窗台和混凝土窗台。砖窗台有平砌挑砖和立砌挑砖两种做法，表面可抹1∶3水泥砂浆，并应有10%左右的坡度，挑出尺寸大多为60mm；混凝土窗台一般是现场浇制而成。内窗台的做法也有两种：一种是水泥砂浆窗台，一般是在窗台上表面抹20mm厚的水泥砂浆，并应突出墙面50mm；另一种是窗台板，对于装修要求高的房间，一般均采用窗台板。外窗台外挑部分应做滴水，滴水可做成水槽或鹰嘴形，窗框与窗台交接缝处不能渗水，以防窗框受潮腐烂。

（五）过梁

过梁是门窗等洞口上设置的横梁，承受洞口上部墙体与其他构件（楼层、屋顶等）传来的荷载，它的部分自重可以直接传给洞口两侧墙体，而不由过梁承受。宽度超过300mm的洞口上部，应设置过梁。过梁可直接用砖砌筑，也可用木材、型钢和钢筋混凝土制作。钢筋混凝土过梁采用得最为广泛。

（六）圈梁

圈梁是在房屋的檐口、窗顶、楼层、吊车梁顶或基础顶面标高处，沿砌体墙水平方向设置封闭状的按构造配筋的混凝土梁式构件。它可以提高建筑物的空间刚度和整体性，增加墙体稳定，减少由于地基不均匀沉降而引起的墙体开裂，并防止较大振动荷载对建筑物的不良影响。在抗震设防地区，设置圈梁是减轻震害的重要构造措施。

宿舍、办公楼等多层砌体民用房屋，层数为3~4层时，应在底层和檐口标高处各设置一道圈梁。当层数超过4层时，除应在底层和檐口标高处各设置一道圈梁外，至少还应在所有纵、横墙上隔层设置。多层砌体工业房屋，应每层设置现浇混凝土圈梁。设置墙梁的多层砌体结构房屋，应在托梁、墙梁顶面和檐口标高处设置现浇钢筋混凝土圈梁。

钢筋混凝土圈梁宽度一般同墙厚，对厚度较大的墙体可做到墙厚的2/3，高度不小于120mm。当圈梁遇到洞口不能封闭时，应在洞口上部设置截面不小于圈梁截面的附加梁，其搭接长度不小于1m，且应大于两梁高差的2倍，但对有抗震要求的建筑物，圈梁不宜被洞口截断。

（七）构造柱

在砌体房屋墙体的规定部位，按构造配筋，并按先砌墙后浇灌混凝土柱的施工顺序制成的混凝土柱称为构造柱。圈梁在水平方向将楼板与墙体箍住，构造柱则从竖向加强墙体的连接，与圈梁一起构成空间骨架，提高了建筑物的整体刚度和墙体的延性，约束墙体裂缝的开展，从而增加建筑物承受地震作用的能力。因此有抗震设防要求的建筑物中须设钢筋混凝土构造柱。

构造柱一般在墙的某些转角部位（如建筑物四周、纵横墙相交处、楼梯间转角处等）设置，沿整个建筑高度贯通，并与圈梁、地梁现浇成一体。施工时先砌墙并留马牙槎，随着墙体的上升，逐段浇筑混凝土。要注意构造柱与周围构件的连接，并且应与基础与基础梁有良好的连接。

砖混结构中构造柱的最小截面尺寸为240mm×180mm，竖向钢筋一般用4ф12，箍筋间距不大于250mm，且在柱上下端应适当加密；6、7度抗震设防时超过6层，8度抗震设防时超过五层和9度抗震设防时，构造柱纵向钢筋宜采用4ф14，外墙转角的构造柱可适当加大截面及配筋。构造柱可不单独设置基础，但构造柱应伸入室外地面下 500mm，或与埋深小于 500mm 的基础圈梁相连。

（八）变形缝

变形缝包括伸缩缝、沉降缝和防震缝，它的作用是保证房屋在温度变化、基础不均匀沉降或地震时能有一些自由伸缩，以防止墙体开裂，结构破坏。

（1）伸缩缝。又称温度缝，主要作用是防止房屋因气温变化而产生裂缝。其做法为：沿建筑物长度方向每隔一定距离预留缝隙，将建造物从屋顶、墙体、楼层等地面以上构件全部断开，基础因受温度变化影响较小，不必断开。伸缩缝的宽度一般为 20~30mm，缝内应填保温材料。

（2）沉降缝。当房屋相邻部分的高度、荷载和结构形式差别很大而地基又较弱时，房屋有可能产生不均匀沉降，致使某些薄弱部位开裂。为此，应在适当位置如复杂的平面或体形转折处、高度变化处、荷载、地基的压缩性和地基处理的方法明显不同处设置沉降缝。沉降缝与伸缩缝不同之处是除屋顶、楼板、墙身都要断开外，基础部分也要断开，即使相邻部分也可自由沉降、互不牵制。沉降缝宽度要根据房屋的层数确定：2~3 层时可取 50~80mm，4~5 层时可取 80~120mm，5 层以上时不应小于 120mm。

（3）防震缝。地震区设计的多层房屋，为防止地震使房屋破坏，应用防震缝将房屋分成若干形体简单、结构刚度均匀的独立部分。防震缝一般从基础顶面开始，沿房屋全高设置。缝的宽度按建筑物高度和所在地区的地震烈度来确定。一般多层砌体建筑的缝宽取 50~100mm；多层钢筋混凝土结构建筑，高度 15m 及以下时，缝宽为 70mm；当建筑高度超过 15m 时，按烈度增大缝宽。

（九）烟道与通风道

烟道用于排除燃煤灶的烟气。通风道主要用来排除室内的污浊空气。烟道设于厨房内，通风道常设于暗厕内。

烟道与通风道的构造基本相同，主要不同之处是烟道道口靠墙下部，距楼地面 600~1000mm，通风道道口靠墙上方，比楼板低约 300mm。烟道与通风道宜设于室内十字形或丁字形墙体交接处，不宜设在外墙内。烟道与通风道不能共用，以免串气。

三、墙体保温隔热

建筑物的耗热量主要是由围护结构的传热损失引起的，建筑围护结构的传热损失占总耗热量的 73%~77%。在围护结构的传热损失中，外墙约占 25%，减少墙体的传热损失能显著提高建筑的节能效果。在我国节能标准中，不仅对围护结构墙体的主体部分提出了保温隔热要求，而且对围护结构中的构造柱、圈梁等周边热桥部分也提出了保温要求。

外墙的保温构造，按其保温层所在的位置不同分为单一保温外墙、外保温外墙、内保温外墙和夹芯保温外墙四种类型，如图 1.2.2-1 所示。

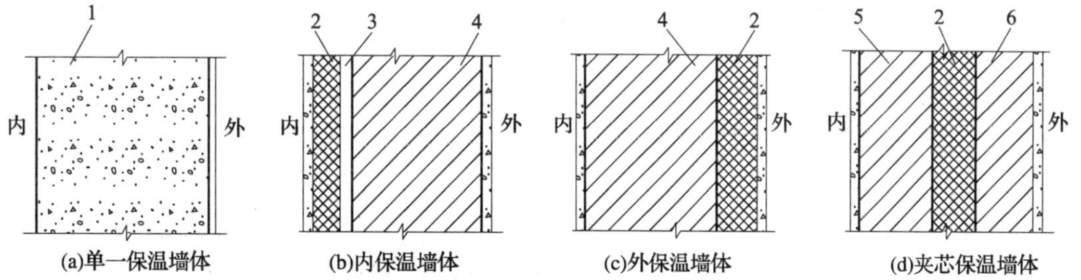

图 1.2.2-1　外墙保温结构的类型

1—主体结构兼保温材料；2—保温材料；3—空气层；4—主体结构；
5—内层墙体；6—外层墙体

外墙外保温是指在建筑物外墙的外表面上设置保温层。其构造由外墙、保温层、保温层的固定和面层等部分组成。具体构造示意如图 1.2.2-2 所示。外墙外保温即将保温材料置于主体围护结构的外侧，是一种最科学、最高效的保温节能技术。

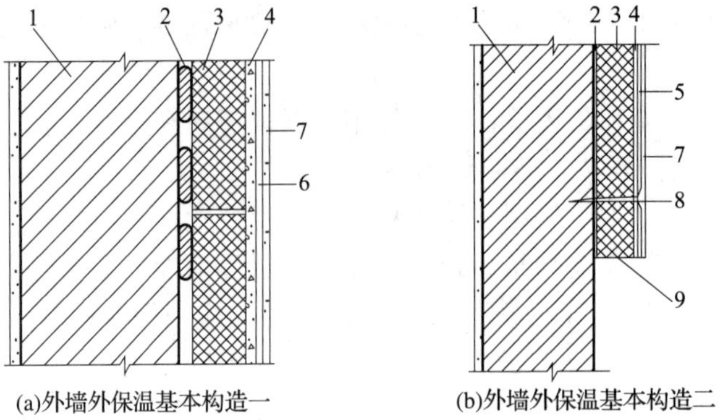

图 1.2.2-2 外墙外保温

1—主体结构；2—胶黏剂；3—保温层；4—抹灰层；5—有钢丝网加强的抹灰层；
6—加强网布；7—饰面层；8—固定件；9—底边覆盖条

1.2.3 楼板与地面

楼板是多层建筑中沿水平方向分隔上下空间的结构构件。它除了承受并传递竖向荷载和水平荷载外，还应具有一定程度的隔声、防火、防水等能力。同时建筑物中的各种水平设备管线也将在楼板内安装。楼板主要由楼板结构层、楼面面层、板底天棚三个部分组成。

一、楼板的类型

根据楼板结构层所采用材料的不同，可分为木楼板、砖拱楼板、钢筋混凝土楼板以及压型钢板与钢梁组合的楼板等多种形式。

木楼板具有自重轻、表面温暖、构造简单等优点，但不耐火、隔声，且耐久性较差。为节约木材，现已极少采用。

砖拱楼板可以节省钢材、水泥和木材，曾在缺乏钢材、水泥的地区采用过。由于它自重大、承载能力差，且不宜用于有振动和地震烈度较高的地区，加上施工繁杂，现已趋于不用。

钢筋混凝土楼板具有强度高、刚度好、耐久、防火，且具有良好的可塑性，便于机械化施工等特点，是目前我国工业与民用建筑楼板的基本形式。近年来，由于压型钢板在建筑上的应用，出现了以压型钢板为底模的钢衬板楼板。

钢筋混凝土楼板按施工方式的不同可以分为现浇整体式、预制装配式和装配整体式楼板。

（一）现浇钢筋混凝土楼板

在施工现场支模，绑扎钢筋，浇筑混凝土并养护，当混凝土强度达到规定的拆模强度，并拆除模板后形成的楼板，称为现浇钢筋混凝土楼板。

由于是在现场施工又是湿作业，且施工工序多，因而劳动强度较大，施工周期相对较长，但现浇钢筋混凝土楼盖具有整体性好，平面形状根据需要任意选择，防水、抗震性能好等优点，在一些房屋特别是高层建筑中被经常采用。

现浇钢筋混凝土楼板主要分为板式楼板、梁板式肋形楼板、井字形密肋楼板、无梁楼板四种。

（1）板式楼板。整块板为一厚度相同的平板。根据周边支承情况及板平面长短边边长的比值，又可把板式楼板分为单向板、双向板和悬挑板。

单向板（长短边比值大于或等于 3，四边支承）仅短边受力，该方向所布钢筋为受力筋，另一方向所配钢筋（一般在受力筋上方）为分布筋。板的厚度一般为跨度的 1/40~1/35，且不小于 80mm。

双向板（长短边比值小于 3，四边支承）是双向受力，按双向配置受力钢筋。

悬挑板只有一边支承，其主要受力钢筋摆在板的上方，分布钢筋放在主要受力筋的下方，板厚为挑长的 1/35，且根部不小于 80mm。由于悬挑的根部与端部承受弯矩不同，悬挑板的端部厚度比根部厚度要小些。

房屋中跨度较小的房间（如厨房、厕所、贮藏室、走廊）及雨篷、遮阳等常采用现浇钢筋混凝土板式楼板。

（2）梁板式肋形楼板。梁板式肋形搂板由主梁、次梁（肋）、板组成。它具有传力线路明确、受力合理的特点。当房屋的开间、进深较大，楼面承受的弯矩较大，常采用这种楼板。

梁板式肋形楼板的主梁沿房屋的短跨方向布置，其经济跨度为5~8m，梁高为跨度的1/14~1/8，梁宽为梁高的1/3~1/2，且主梁的高与宽均应符合有关模数规定。

次梁与主梁垂直，并把荷载传递给主梁。主梁间距即为次梁的跨度。次梁的跨度比主梁跨度要小，一般为4~6m，次梁高为跨度的1/12~1/6，梁宽为梁高的1/3~1/2，次梁的高与宽均应符合有关模数的规定。

板支承在次梁上，并把荷载传递给次梁。其短边跨度即为次梁的间距，一般为1.7~3.0m，板厚一般为板跨的1/40~1/35，常用厚度为60~80mm，并符合模数规定。

梁和板搁置在墙上，应满足规范规定的搁置长度。板的搁置长度不小于120mm，梁在墙上的搁置长度与梁高有关，梁高小于或等于500mm，搁置长度不小于180mm，梁高大于500mm时，搁置长度不小于240mm。通常，次梁搁置长度为240mm，主梁的搁置长度为370mm。值得注意的是，当梁上的荷载较大，梁在墙上的支承面积不足时，为了防止梁下墙体因局部抗压强度不足而破坏，需设置混凝土梁垫或钢筋混凝土梁垫，以扩散由梁传来的过大集中荷载。

（3）井字形密肋楼板。与上述板式肋形楼板所不同的是，井字形密肋楼板没有主梁，都是次梁（肋），且肋与肋间的跨度较小，通常只有1.5~3.0m，肋高也只有180~250mm，肋宽120~200mm。当房间的平面形状近似正方形，跨度在10m以内时，常采用这种楼板。井字形密肋楼板具有天棚整齐美观，有利于提高房屋的净空高度等优点，常用于门厅、会议厅等处。

（4）无梁楼板。对于平面尺寸较大的房间或门厅，也可以不设梁，直接将板支承于柱上，这种楼板称无梁楼板。无梁楼板分无柱帽和有柱帽两种类型。当荷载较大时，为避免楼板太厚，应采用有柱帽无梁楼板，以增加板在柱上的支承面积。无梁楼板的柱网一般布置成方形或矩形，以方形柱网较为经济，跨度一般不超过6m，板厚通常不小于120mm。

无梁楼板的底面平整，增加了室内的净空高度，有利于采光和通风，但楼板厚度较大，这种楼板比较适用于荷载较大、管线较多的商店和仓库等。

（二）预制装配式钢筋混凝土楼板

预制装配式钢筋混凝土楼板是在工厂或现场预制好楼板，然后人工或机械吊装到房屋上经坐浆灌缝而成。此做法可节省模板，改善劳动条件，提高效率，缩短工期，促进工业化水平。但预制楼板的整体性不好，灵活性也不如现浇板，更不宜在楼板上穿洞。

目前，被经常选用的钢筋混凝土楼板有普通型和预应力型两类。

普通型就是把受力钢筋置于板底，并保证其有足够的保护层，浇筑混凝土，并经养护而成。由于普通板在受弯时较预应力板先开裂，使钢筋锈蚀，因而跨度较小，在建筑物中仅用作小型配件。

预应力型就是给楼板的受拉区预先施加压力，以达到延缓板在受弯后受拉区开裂时限。目前，预应力钢筋混凝土楼板常采用先张法建立预应力，即先在张拉平台上张拉板内受力筋，使钢筋具有所需的弹性回缩力，浇筑混凝土并养护，当混凝土强度达到规定值时，剪断钢筋，由钢筋回缩力给板的受拉区施加预压力。与普通型钢筋混凝土构件相比，预应力钢筋混凝土构件可节约钢材30%~50%，节约混凝土10%~30%，因而被广泛采用。

（1）预制装配式钢筋混凝土板的类型。

1）实心平板。预制实心平板的跨度一般较小，不超过2.4m，如做成预应力构件，跨度可达2.7m。板厚一般为板跨的1/30，即50~100mm，宽度为600mm或900mm。

预制实心平板由于跨度较小，常被用作走道板、贮藏室隔板或厨房、厕所板等。它制作方便，造价低，但隔声效果不好。

2）槽形板。槽形板是由四周及中部若干根肋及顶面或底面的平板组成，属肋梁与板的组合构件。由于有肋，它的允许跨度可大些。当肋在板下时，称为正槽板。正槽板的受力较合理，但安装后天棚因一根根肋梁而显得凹凸不平。当肋在板上时，称为反槽板。它的受力不合理，安装后楼面上有凸出板面的一根根肋梁，但天棚平整。采用反槽板楼盖时，楼面上肋与肋间可填放松散材料，再在肋上架设木地板等作地面。这种楼面具有保温、隔声等特点，常用于有特殊隔声、保温要求的建筑。

3）空心板。空心板是将平板沿纵向抽孔而成。孔的断面有圆形、方形、长方形和长圆形等，其中以圆孔板最为常见。空心板与实心平板比较，结构变形小，减轻了地震作用，抗震性能好。空心楼板具有自重小、用料少、强度高、经济等优点，因而在建筑中被广泛采用。

空心板的厚度尺寸视板的跨度而定，一般多为 110~240mm，宽度为 500~1200mm，跨度为 2.4~7.2m，其中较为经济的跨度为 2.4~4.2m。

（2）预制装配式钢筋混凝土板的细部构造。

1）板的搁置方式。板的搁置方式有两种，一种是板直接搁置在墙上，形成板式结构；另一种是将板搁置在梁上，梁支承在墙或柱子上，形成梁板式结构。板的布置方式视结构布置方案而定。

钢筋混凝土预制楼板在梁、承重墙上必须有足够的搁置长度。当圈梁未设在板的同一标高时，板端的搁置长度，在外墙上应不小于 120mm，在内墙上不应小于 100mm，在梁上不应小于 80mm。为使板与墙有可靠的连接，在板安装前，应先在墙上铺设水泥砂浆，俗称坐浆，厚度不小于 10mm。板安装后，板端缝内须用细石混凝土或水泥砂浆灌缝；若为空心板，则应在板的两端用砖块或混凝土堵孔，以防板端在搁置处被压坏，同时也能避免板缝灌浆时细石混凝土流入孔内。空心板靠墙一侧的纵向边应靠墙布置，并用细石混凝土将板边与墙之间的缝隙灌实。为增加建筑物的整体刚度，可用钢筋将板与墙、板与板之间进行拉结。拉结钢筋的配置视建筑物对整体刚度的要求及抗震情况而定。

板在梁上的搁置方式有两种：一是搁置在梁的顶面，如矩形梁；二是搁置在梁出挑的翼缘上，如花篮梁。后一种搁置方式，板的上表面与梁的顶面平齐，此时板的跨度尺寸是梁的中心跨减去梁顶面宽度。

2）板的侧缝有 V 形缝、U 形缝、凹槽缝三种形式。

为便于施工，在进行板的布置时，一般要求的规格、类型越少越好，通常一个房间的预制板宽度尺寸的规格不超过两种。因此，在房间的楼板布置时，板宽方向的尺寸与房间的平面尺寸之间可能会产生差额，即出现不足以排开一块板的缝隙。这时应根据缝隙大小不同，分别采取相应的措施补隙。当缝差在 60mm 以内时，调整板缝宽度；当缝差在 60~120mm 时，可沿墙边挑两皮砖解决；当缝差超过 200mm，则需重新选择板的规格。

（三）装配整体式钢筋混凝土楼板

装配整体式钢筋混凝土楼板是将楼板中的部分构件预制安装后，再通过现浇的部分连接成整体。这种楼板的整体性较好，可节省模板，施工速度较快。

（1）叠合楼板。叠合楼板是由预制板和现浇钢筋混凝土层叠合而成的装配整体式楼板。预制板既是楼板结构的组成部分，又是现浇钢筋混凝土叠合层的永久性模板，现浇叠合层内应设置负弯矩钢筋，并可在其中敷设水平设备管线。叠合楼板的预制部分，可以采用预应力实心薄板，也可采用钢筋混凝土空心板。

（2）密肋填充块楼板。密肋填充块楼板的密肋小梁有现浇和预制两种。现浇密肋填充块楼板以陶土空心砖、矿渣混凝土空心块等作为肋间填充块，然后现浇密肋和面板。填充块与肋和面板相接触的部位带有凹槽，用来与现浇肋或板咬接，使楼板的整体性更好。密肋填充块楼板底面平整，隔声效果好，能充分利用不同材料的性能，节约模板且整体性好。

二、地面构造

（一）地面组成

地面主要由面层、垫层和基层三部分组成，当它们不能满足使用或构造要求时，可考虑增设结合层、隔离层、找平层、防水层、隔声层、保温层等附加层。

（1）面层。面层是地面上表面的铺筑层，也是室内空间下部的装修层。它起着保证室内使用条件和装饰地面的作用。

（2）垫层。垫层是位于面层之下用来承受并传递荷载的部分，它起到承上启下的作用。根据垫层材料的性能，可把垫层分为刚性垫层和柔性垫层。

（3）基层。基层是地面的最下层，它承受垫层传来的荷载，因而要求它坚固、稳定。实铺地面的基层为地表回填土，它应分层夯实，其压缩变形量不得超过允许值。

（二）地面节能构造

地面按是否是直接与土壤接触分为两类：一类是直接接触土壤的地面，另一类是不直接与土壤接触的地面。不直接与土壤接触的地面按情况又可分为接触室外空气的地板和不采暖地下室上部的地板两种。

（1）直接与土壤接触地面的节能构造。对于直接与土壤接触的地面，由于建筑室内地面下部土壤温度的变化情况与地面的位置有关，对建筑室内中部地面下的土壤层、温度的变化范围不太大。一般冬季、春季的温度在10℃左右，夏季、秋季的温度也只有20℃左右，且变化十分缓慢。因此，对一般性的民用建筑，房间中部的地面可以不做保温隔热处理。但是靠近外墙四周边缘部分的地面下部的土壤，温度变化是相当大的。在严寒地区的冬季，靠近外墙周边地区下土壤层的温度很低。因此，对这部分地面必须进行保温处理，否则大量的热能会由这部分地面损失掉，同时使这部分地面出现冷凝现象。常见的保温构造方法是在距离外墙周边2m的范围内设保温层，如图1.2.3–1所示。

对特别寒冷的地区或保温性能要求高的建筑，可对整个地面利用聚苯板对地面进行保温处理，如图1.2.3–2所示。

（2）与室外空气接触地板的节能构造。对直接与室外空气接触的地板（如骑楼、过街楼的地板）以及不采暖地下室上部的地板等，应采取保温隔热措施，使这部分地板满足建筑节能的要求。图1.2.3–3是一种与室外空气接触的地板的节能构造做法。

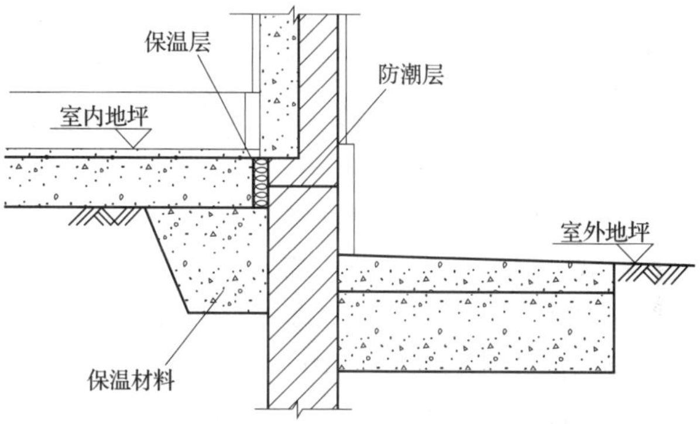

图 1.2.3–1　外墙周边地面的保温构造

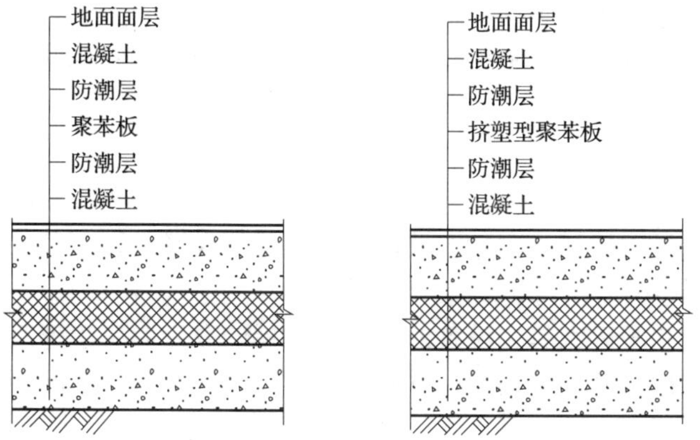

图 1.2.3–2　地面的保温构造

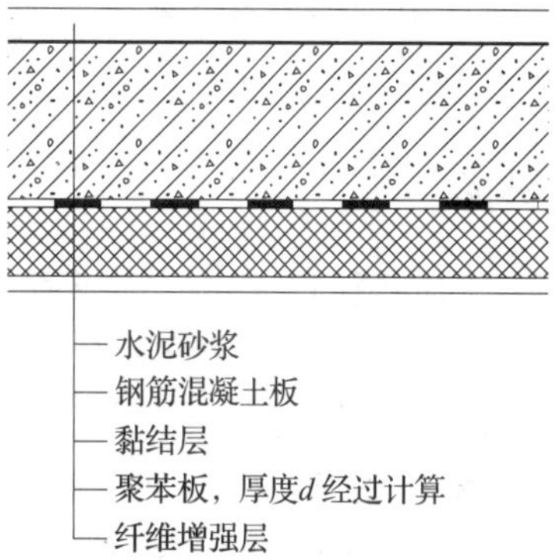

图 1.2.3–3　与室外空气接触地板的节能构造

1.2.4　阳台与雨篷

一、阳台

阳台是楼房中人们与室外接触的场所。阳台主要由阳台板和栏杆扶手组成。阳台板是承重结构，栏杆扶手是围护安全的构件。阳台按其与外墙的相对位置分为挑阳台、凹阳台、半凹半挑阳台、转角阳台。

（一）阳台的承重构件

挑阳台属于悬挑构件，凹阳台的阳台板常为简支板。阳台承重结构的支承方式有墙承式、悬挑式等。

（1）墙承式，是将阳台板直接搁置在墙上，其板型和跨度通常与房间楼板一致。这种支承方式结构简单，施工方便，多用于凹阳台。

（2）悬挑式，是将阳台板悬挑出外墙。为使结构合理、安全，阳台悬挑长度不宜过大，而考虑阳台的使用要求，悬挑长度又不宜过小，一般悬挑长度为1.0~1.5m，以1.2m左右最常见。悬挑式适用于挑阳台或半凹半挑阳台。按悬挑方式不同有挑梁式和挑板式两种。

1）挑梁式，是从横墙上伸出挑梁，阳台板搁置在挑梁上。挑梁压入墙内的长度一般为悬挑长度的1.5倍左右，为防止挑梁端部外露而影响美观，可增设边梁。阳台板的类型和跨度通常与房间楼板一致。挑梁式的阳台悬挑长度可适当大些，而阳台宽度应与横墙间距（即房间开间）一致。挑梁式阳台应用较广泛。

2）挑板式，是将阳台板悬挑，一般有两种做法：一种是将阳台板和墙梁现浇在一起，利用梁上部的墙体或楼板来平衡阳台板，以防止阳台倾覆。这种做法阳台底部平整，外形轻巧，阳台宽度不受房间开间限制，但梁受力复杂，阳台悬挑长度受限，一般不宜超过1.2m。另一种是将房间楼板直接向外悬挑形成阳台板。这种做法构造简单，阳台底部平整，外形轻巧，但板受力复杂，构件类型增多，由于阳台地面与室内地面标高相同，不利于排水。

（二）阳台细部构造

（1）阳台栏杆与扶手。阳台的栏杆（栏板）及扶手是阳台的安全围护设施，既要求能够承受一定的侧压力，又要求有一定的美观性。

（2）阳台排水处理。为避免落入阳台的雨水泛入室内，阳台地面应低于室内地面30~50mm，并应沿排水方向做排水坡，阳台板的外缘设挡水边坎，在阳台的一端或两端埋设泄水管直接将雨水排出。泄水管可采用镀锌钢管或塑料管，管口外伸至少80mm。对高层建筑应将雨水导入雨水管排出。

二、雨篷

雨篷是设置在建筑物外墙出入口的上方用以挡雨并有一定装饰作用的水平构件。雨篷的支承方式多为悬挑式，其悬挑长度一般为0.9~1.5m。按结构形式不同，雨篷有板式和梁板式两种。板式雨篷多做成变截面形式，一般板根部厚度不小于70mm，板端部厚度不小于50mm。梁板式雨篷为使其底面平整，常采用翻梁形式。当雨篷外伸尺寸较大时，其支承方式可采用立柱式，即在入口两侧设柱支承雨篷，形成门廊，立柱式雨篷的结构形式多为梁板式。

雨篷顶面应做好防水和排水处理。雨篷顶面通常采用柔性防水。雨篷表面的排水有两种，一种是无组织排水。雨水经雨篷边缘自由泻落，或雨水经滴水管直接排至地表。另一种是有组织排水。雨篷表面集水经地漏、雨水管有组织地排至地下。为保证雨篷排水通畅，雨篷上表面向外侧或向滴水管处或向地漏处应做有1%的排水坡度。

1.2.5 楼梯

建筑空间的竖向交通联系主要依靠楼梯、电梯、自动扶梯、台阶、坡道以及爬梯等设施进行。其中楼梯作为竖向交通和人员紧急疏散的主要交通设施，使用最为广泛。

楼梯的宽度、坡度和踏步级数都应满足人们通行和搬运家具、设备的要求。楼梯的数量取决于建筑物的平面布置、用途、大小及人流的多少。楼梯应设在明显易找和通行方便的地方，以便在紧急情况下能迅速安全地将室内人员疏散到室外。

一、楼梯的组成

楼梯一般由梯段、平台、栏杆扶手三部分组成。

（一）楼梯段

楼梯段是联系两个不同标高平台的倾斜构件。为了减轻疲劳，梯段的踏步步数一般不宜超过18级，且一般不宜少于3级，以防行走时踩空。

（二）楼梯平台

按平台所处位置和高度不同，有中间平台和楼层平台之分。两楼层之间的平台称为中间平台，用来供人们行走时调节体力和改变行进方向。而与楼层地面标高齐平的平台称为楼层平台，除起着与中间平台相同的作用外，还用来分配从楼梯到达各楼层的人流。楼梯梯段净高不宜小于2.20m，楼梯平台过道处的净高不应小于2m。

（三）栏杆与扶手

栏杆是布置在楼梯梯段和平台边缘处有一定安全保障度的围护构件。扶手一般附设于栏杆顶部，供倚靠扶用。扶手也可附设于墙上，称为靠墙扶手。

二、楼梯的类型

按所在位置，楼梯可分为室外楼梯和室内楼梯两种；按使用性质，楼梯可分为主要楼梯、辅助楼梯，疏散楼梯、消防楼梯等；按所用材料，楼梯可分为木楼梯、钢楼梯、钢筋混凝土楼梯等；按形式楼梯可分为直跑式、双跑式、双分式、双合式、三跑式、四跑式、曲尺式、螺旋式、圆弧形、桥式、交叉式等。

楼梯的形式根据使用要求、在房屋中的位置、楼梯间的平面形状而定。

三、钢筋混凝土楼梯构造

钢筋混凝土楼梯按施工方法不同，主要有现浇整体式和预制装配式两类。

（一）现浇整体式楼梯

现浇整体式楼梯是在施工现场支模绑扎钢筋并浇筑混凝土而形成的整体楼梯。楼梯段与休息平台整体浇筑，因而楼梯的整体刚性好，坚固耐久。现浇整体式楼梯按楼梯段传力的特点可以分为板式和梁式两种。

（1）板式楼梯。板式楼梯的梯段是一块斜放的板，它通常由梯段板、平台梁和平台板组成。梯段板承受着梯段的全部荷载，然后通过平台梁将荷载传给墙体或柱子。必要时，也可取消梯段板一端或两端的平台梁，使平台板与梯段板连为一体，形成折线形的板直接支承于墙或梁上。

在一些公共建筑和庭园建筑中，近年来出现了一种悬臂板式楼梯，梯段和平台均无支承，完全靠上下楼梯段与平台组成的空间板式结构与上下层楼板结构共同来受力，其特点为造型新颖，空间感好。

板式楼梯的梯段底面平整，外形简洁，便于支撑施工。当梯段跨度不大时采用。当梯段跨度较大时，梯段板厚度增加，自重较大，不经济。

（2）梁式楼梯。梁式楼梯段是由斜梁和踏步板组成。当楼梯踏步受到荷载作用时，踏步为一水平受力构造，踏步板把荷载传递到斜梁，斜梁把荷载传递给与之相连的上下休息平台梁，最后平台梁将荷载传给墙体或柱子。

梯梁通常设两根，分别布置在踏步板的两端。梯梁与踏步板在竖向的相对位置有两种，一种为明步，即梯梁在踏步板之下，踏步外露；另一种为暗步，即梯梁在踏步板之上，形成反梁，踏步包在里面。梯梁也可以只设一根，通常有两种形式，一种是踏步板的一端设梯梁，另一端搁置在墙上；另一种是用单梁悬挑踏步板。

当荷载或梯段跨度较大时，采用梁式楼梯比较经济。

（二）预制装配式钢筋混凝土楼梯

装配式钢筋混凝土楼梯根据构件尺度的差别，大致可分为小型构件装配式、中型构件装配式和大型构件装配式。

（1）小型构件装配式楼梯。小型构件装配式楼梯是将梯段、平台分割成若干部分，分别预制成小构件装配而成。按照预制踏步的支承方式分为悬挑式、墙承式、梁承式三种。

1）悬挑式楼梯。这种楼梯的每一踏步板为一个悬挑构件，踏步板的根部压砌在墙体内，踏步板挑出部分多为L形断面，压在墙体内的部分为矩形断面。由于踏步板不把荷载直接传递给平台，这种楼梯不需要设平台梁，只设有平台板，因而楼梯的净空高度大。

2）墙承式楼梯。预制踏步的两端支承在墙上，荷载直接传递给两侧的墙体。墙承式楼梯不需要设梯梁和平台梁。平台板为简支空心板、实心板、槽形板等。踏步断面为L形或一字形。它适宜于直跑式楼梯，若为双楼梯，则需要在楼梯间中部砌墙，用以支承踏步。两跑间加设一道墙后，阻挡上下楼行人视线，为此要在这道隔墙上开洞。这种楼梯不利于搬运大件物品。

3）梁承式楼梯。预制踏步支承在梯梁上，形成梁式梯段，梯梁支承在平台梁上。平台梁一般为L形断面。梯梁的断面形式视踏步构件的形式而定。三角形踏步一般采用矩形梯梁；楼梯为暗步时，可采用L形梯梁；L形和一字形踏步应采用锯齿形梯梁。预制踏步在安装时，踏步之间以及踏步与梯梁之间应用水泥砂浆坐浆。L形和一字形踏步预留孔洞应与锯齿形梯梁上预埋的插铁套接，孔内用水泥砂浆填实。

（2）中型及大型构件装配式楼梯。中型构件装配式楼梯一般是由楼梯段和带有平台梁的休息平台板两大构件组合而成，楼梯段直接与楼梯休息平台梁连接，楼梯的栏杆与扶手在楼梯结构安装后再进行安装。带梁休息平台形成一类似槽形板构件，在支承楼梯段的一侧，平台板肋断面加大，并设计成L形断面以利于楼梯段的搭接。楼梯段与现浇钢筋混凝土楼梯类似，有梁板式和板式两种。

大型构件装配式楼梯是将楼梯段与休息平台一起组成一个构件，每层由第一跑及中间休息平台和第二跑及楼层休息平台板两大构件组合而成。

四、楼梯的细部构造

（一）踏步面层及防滑构造

楼梯踏步面层应便于行走、耐磨、防滑并保持清洁。通常面层可以选用水泥砂浆、水磨石、大理石和防滑砖等。

为防止行人使用楼梯时滑倒，踏步表面应有防滑措施，对表面光滑的楼梯必须对踏步表面进行处理，通常是在接近踏口处设置防滑条，防滑条的材料主要有：金刚砂、马赛克、橡皮条和金属材料等。

（二）栏杆、栏板和扶手

楼梯的栏杆、栏板是楼梯的安全防护设施。它既有安全防护的作用，又有装饰作用。

栏杆多采用方钢、圆钢、扁钢、钢管等金属型材焊接而成，下部与楼梯段锚固，上部与扶手连接。栏杆与梯段的连接方法有预埋铁件焊接、预留孔洞插接、螺栓连接。

栏板多由现浇钢筋混凝土或加筋砖砌体制作，栏板顶部可另设扶手，也可直接抹灰作扶手。楼梯扶手可以用硬木、钢管、塑料、现浇混凝土抹灰或水磨石制作。采用钢栏杆、木制扶手或塑料扶手时，两者间常用木螺丝连接；采用金属栏杆金属扶手时，常采用焊接连接。

五、台阶与坡道

因建筑物构造及使用功能的需要，建筑物的室内外地坪有一定的高差，在建筑物的入口处可以选择台阶或坡道来衔接。

（一）室外台阶

室外台阶一般包括踏步和平台两部分。台阶的坡度应比楼梯小，通常踏步高度为100~150mm，宽度为300~400mm。台阶一般由面层、垫层及基层组成。面层可选用水泥砂浆、水磨石、天然石材或人造石材等块材；垫层材料可选用混凝土、石材或砖砌体；基层为夯实的土壤或灰土。在严寒地区，为了防止冻害，在基层与混凝土垫层之间应设砂垫层。

（二）坡道

考虑车辆通行或有特殊要求的建筑物室外台阶处，应设置坡道或用坡道与台阶组合。与台阶一样，坡道也应采用耐久、耐磨和抗冻性好的材料。坡道对防滑要求较高或坡度较大时可设置防滑条或做成锯齿形。

1.2.6 门与窗

门和窗是建筑物中的围护构件。门在建筑中的作用主要是交通联系，并兼有采光、通风之用；窗的作用主要是采光和通风。门窗的形状、尺寸、排列组合以及材料，对建筑物的立面效果影响很大。门窗还要有一定的保温、隔声、防雨、防风沙等能力，在构造上，应满足开启灵活、关闭紧密、坚固耐久、便于擦洗、符合模数等方面的要求。

一、门、窗的类型

（1）按所用的材料分类，有木、钢、铝合金、玻璃钢、塑料、钢筋混凝土门、窗等几种。

1）木门窗。选用优质松木或杉木等制作。它具有自重轻、加工制作简单、造价低、便于安装等优点。但耐腐蚀性能一般，且耗用木材，目前采用较少。

2）钢门窗。由轧制成型的型钢经焊接而成的。可大批生产，成本较低，又可节约木板。它具有强度大、透光率大、便于拼接组合等优点，但易锈蚀，且自重大，目前采用较少。

3）铝合金门窗。铝合金门窗由经表面处理的专用铝合金型材制作构件，经装配组合制成。它具有质量轻、强度高、安装方便、密封性好、耐腐蚀、坚固耐用及色泽美观的特点。

组合型铝合金门窗的设计宜采用定型产品门窗作为组合单元，应根据使用和安全要求确定铝合金门窗的风压强度性能、雨水渗漏性能、空气渗透性能等综合指标。外墙铝合金门窗的安装高度应有限制，例如，有些地区规定，外墙铝合金门窗安装高度小于或等于60m（不包括玻璃幕墙），层数小于或等于20层，若高度大于60m或20层，则应进行更细致的设计。必要时应进行风洞模型试验。

4）塑料门窗。塑料门窗由工程塑料经注模制作而成，是近几年发展起来的一种新型门窗。它具有轻质、耐腐蚀、密闭性好、隔热、隔声、美观新颖的特点。塑料门窗的缺点是变形较大，刚度较差。为了提高塑料门窗的刚度，一般在塑料型材内腔中加入钢或铝等，形成塑钢门窗或塑铝门窗。塑料门窗本身具有耐腐蚀等功能，不用涂刷涂料，可节约施工时间和费用。因此在建筑中得到广泛应用。

塑料门窗的发展十分迅猛，与铝合金门窗相比，塑料门窗的保温效果较好，造价经济，单框双玻璃窗的传热系数小于双层铝合金窗的传热系数，但是运输、储存、加工要求较严格。

5）钢筋混凝土门窗。主要是用预应力钢筋混凝土做门窗框，门窗扇由其他材料制作。它具有耐久性好、价格低、耐潮湿等优点，但密闭性及表面光洁度较差。

（2）按开启方式分类，可分为平开门、弹簧门、推拉门、转门、折叠门、卷门、自动门等。窗分为平开窗、推拉窗、悬窗、固定窗等几种形式。

（3）按镶嵌材料分类，可以把窗分为玻璃窗、百叶窗、纱窗、防火窗、防爆窗、保温窗、隔音窗等几种。按门板的材料，可以把门分为镶板门、拼板门、纤维板门、胶合板门、百叶门、玻璃门、纱门等。

二、门、窗的构造组成

（一）门的构造组成

一般门的构造主要由门樘和门扇两部分组成。门樘又称门框，由上槛、中槛和边框等组成，多扇门还有中竖框。门扇由上冒头、中冒头、下冒头和边梃等组成。为了通风采光，可在门的上部设腰窗（俗称上亮子），有固定、平开及上悬、中悬、下悬等形式，其构造同窗扇，门框与墙间的缝隙常用木条盖缝，称门头线，俗称贴脸。门上还有五金零件，常见的有铰链、门锁、插销、拉手、停门器、风钩等。

（二）窗的构造组成

窗主要由窗樘和窗扇两部分组成。窗樘又称窗框，一般由上框、下框、中横框、中竖框及边框等组成。窗扇由上冒头、中冒头、下冒头及边梃组成。依镶嵌材料的不同有玻璃窗扇、纱窗扇和百叶窗扇等。窗扇与窗框用五金零件连接，常用的五金零件有铰链、风钩、插销、拉手及导轨、滑轮等。窗框与墙的连接处，为满足不同的要求，有时加有贴脸、窗台板、窗帘盒等。

三、门与窗的尺度

（一）门的尺度

房间中门的最小宽度，是由人体尺寸、通过人流数及家具设备的大小决定的。门的最小宽度一般为700mm，常用于住宅中的厕所、浴室。住宅中卧室、厨房、阳台的门应考虑一人携带物品通行，卧室常取900mm，厨房可取800mm。住宅入户门考虑家具尺寸增大的趋势，常取1000mm。普通教室、办公室等的门应考虑一人正在通行，另一人侧身通行，常采用1000mm。

当房间面积较大，使用人数较多时，单扇门宽度小，不能满足通行要求，为了开启方便和少占使用面积，当门宽大于1000mm时，应根据使用要求采用双扇门、四扇门或者增加门的数量。双扇门的宽度可为1200~1800mm，四扇门的宽度可为2400~3600mm。

按照现行国家标准《建筑设计防火规范》GB 50016—2014（2018年版）的要求，当房间使用人数超过50人，面积超过60m^{2}时，至少需设两个门。对于一些大型公共建筑，如影剧院的观众厅、体育馆的比赛大厅等，由于人流集中，为保证紧急情况下人流迅速、安全的疏散，门的数量和总宽度应按每100人600mm宽计算，并结合人流通行方便分别设双扇外开门于通道外，且每扇门宽度不应小于1400mm。

（二）窗的尺度

窗的尺度主要取决于房间的采光、通风、构造做法和建筑造型等要求，一般平开木窗的窗扇高度为800~1200mm，宽度不宜大于500mm，上、下悬窗的窗扇高度为300~600mm，中悬窗窗扇高不宜大于1200mm，宽度不宜大于1000mm；推拉窗高宽均不宜大于1500mm。各类窗的高度与宽度尺寸通常采用扩大模数3M数列作为洞口的标志尺寸，需要时只要按所需类型及尺度大小直接选用。

四、门窗节能

门窗是建筑节能的薄弱环节，通过门窗损失的能量由门窗构件的传热耗热量和通过门窗缝隙的空气渗透耗热量两部分组成。对北方采暖居住建筑的能耗调查发现，有一半以上的采暖能耗是通过门窗损失出去的。因此，门窗是建筑节能的重要部位，提高建筑门窗的节能效率应从改善门窗的保温隔热性能和加强门窗的气密性两个方面进行。

1.2.7　屋顶

屋顶是房屋最上层起承重和覆盖作用的构件。它的作用主要有三个：一是防御自然界的风、雨、雪、太阳辐射热和冬季低温等的影响；二是承受自重及风、沙、雨、雪等荷载及施工或屋顶检修人员的活荷载；三是屋顶是建筑物的重要组成部分，对建筑形象的美观起着重要的作用。屋顶（从下到上）主要由结构层、找坡层、隔热层（保温层）、找平层、结合层、防水层、保护层等部分组成。其构造简图如图 1.2.7–1 所示。

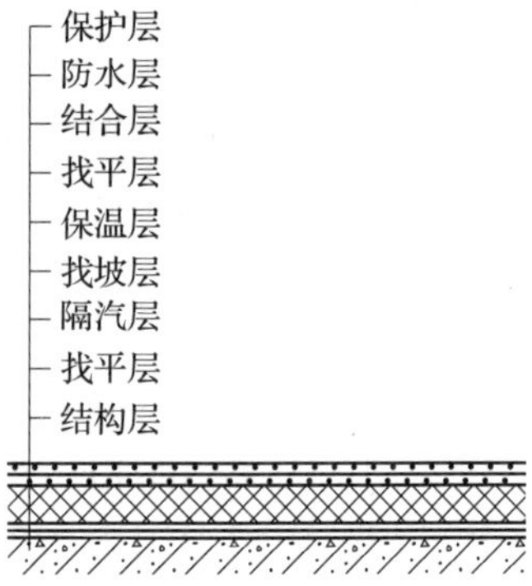

图 1.2.7–1　平屋顶构造

一、屋顶的类型

由于地域不同、自然环境不同、屋面材料不同、承重结构不同，屋顶的类型也很多。归纳起来大致可分为三大类：平屋顶、坡屋顶和曲面屋顶。

（一）平屋顶

平屋顶是指屋面坡度在 10% 以下的屋顶，最常用的排水坡度为 2%~3%。这种屋顶具有屋面面积小、构造简便的特点，但需要专门设置屋面防水层。这种屋顶是多层房屋常采用的一种形式。

（二）坡屋顶

坡屋顶是指屋面坡度在 10% 以上的屋顶。它包括单坡、双坡、四坡、歇山式、折板式等多种形式。这种屋顶的屋面坡度大，屋面排水速度快。其屋顶防水可以采用构件自防水（如平瓦、石棉瓦等自防水）的防水形式。

（三）曲面屋顶

屋顶为曲面，如球形、悬索形、鞍形等等。这种屋顶施工工艺较复杂，但外部形状独特。

二、平屋顶的构造

与坡屋顶相比，平屋顶具有屋面面积小，减少建筑所占体积，降低建筑总高度，屋面便于上人等特点，因而被广泛采用。

（一）平屋顶的排水

（1）平屋顶起坡方式。要使屋面排水通畅，平屋顶应设置不小于 1% 的屋面坡度。形成这种坡度的方法有两种：第一种方法是材料找坡，也称垫坡。这种找坡法是把屋顶板平置，屋面坡度由铺设在屋面板上的厚度有变化的找坡层形成。设有保温层时，利用屋面保温层找坡；没有保温层时，利用屋面找平层找坡。找坡层的厚度最薄处不小于 20mm，平屋顶材料找坡的坡度宜为 2%。第二种方法是结构起坡，也称搁置起坡。把顶层墙体或圈梁、大梁等结构构件上表面做成一定坡度，屋面板依势铺设形成坡度，平屋顶结构找坡的坡度宜为 3%。檐沟、天沟纵向找坡不应小于 1%，沟底水落差不得超过 200mm。

（2）平屋顶排水方式。屋面排水方式的选择，应根据建筑物屋顶形式、气候条件、使用功能等因素确定。屋面排水方式可分为有组织排水和无组织排水两种方式。有组织排水时，宜采用雨水收集系统。

高层建筑屋面宜采用内排水；多层建筑屋面宜采用有组织外排水；低层建筑及檐高小于 10m 的屋面，可采用无组织排水。多跨及汇水面积较大的屋面宜采用天沟排水，天沟找坡较长时，宜采用中间内排水和两端外排水。

屋面应适当划分排水区域，排水路线应简捷，排水应通畅。采用重力式排水时，屋面每个汇水面积内，雨水排水管不宜少于 2 根，暴雨强度较大地区的大型屋面，宜采用虹吸式屋面雨水排水系统。严寒地区应采用内排水，寒冷地区宜采用内排水。湿陷性黄土地区宜采用有组织排水，并应将雨雪水直接排至排水管网。

（3）屋面落水管的布置。屋面落水管的布置量与屋面集水面积大小、每小时最大降雨量、排水管管径等因素有关。

（二）平屋顶柔性防水及构造

屋面防水工程应根据建筑物的类别、重要程度、使用功能要求确定防水等级，并按相应等级进行防水设防，对防水有特殊要求的建筑屋面，应进行专项防水设计。屋面防水等级和设防要求应符合表 1.2.7–1 规定。

表 1.2.7–1　屋面防水等级和设防要求

防水等级	建筑类别	设防要求	具体做法
Ⅰ级	重要建筑和高层建筑	两道	1. 卷材防水层和卷材防水层 2. 卷材防水层和涂膜防水层 3. 复合防水层
Ⅱ级	一般建筑	一道	1. 卷材防水层 2. 涂膜防水层 3. 复合防水层

平屋顶的防水是屋顶使用功能的重要组成部分，它直接影响整个建筑的使用功能。防水层是指能够隔绝水而不使水向建筑物内部渗透的构造层。柔性防水屋顶可采用防水卷材防水、涂膜防水或复合防水。

（1）找平层。卷材、涂膜的基层宜设找平层，找平层设置在结构层或保温层上面，常用 15~25mm 厚的 1∶2.5~1∶3 水泥砂浆做找平层，或用 C20 的细石混凝土做找平层。找平层厚度和技术要求应符合表 1.2.7–2 所示。

表 1.2.7–2　找平层厚度及技术要求

找平层分类	适用的基层	厚度（mm）	技术要求
水泥砂浆	整体现浇混凝土板	15~20	1∶2.5 水泥砂浆
	整体材料保温层	20~25	
细石混凝土	装配式混凝土板	30~35	C20 混凝土宜加钢筋网片
	板状材料保温板		C20 混凝土

与卷材防水屋面相比，找平层的平整度对涂膜防水层的质量影响更大，如果涂膜防水层的厚度得不到保证，将影响涂膜防水层的防水可靠性和耐久性，因此涂膜防水层对平整度的要求更严格。涂膜防水层是满粘于找平层的，按剥离区理论，找平层开裂（强度不足）易引起防水层的开裂，因此涂膜防水层的找平层应有足够的强度，尽可能避免裂缝的产生，出现裂缝应进行修补。

保温层上的找平层应留设分隔缝，缝宽宜为 5~20mm，纵横缝的间距不宜大于 6m。基层转角处应抹成圆弧形，其半径不小于 50mm。找平层表面平整度的允许偏差为 5mm。分格缝处应铺设带胎体增强材料的空铺附加层，其宽度为 200~300mm。

（2）结合层。当采用水泥砂浆及细石混凝土为找平层时，为了保证防水层与找平层能更好地黏结，采用沥青为基材的防水层，在施工前应在找平层上涂刷冷底子油做基层处理（用汽油稀释沥青），当采用高分子防水层时，可用专用基层处理剂。

（3）卷材防水屋面。防水卷材应铺设在表面平整、干燥的找平层上，待表面干燥后作为卷材防水屋面的基层，基层不得有酥松、起砂、起皮现象。为了改善防水胶结材料与屋面找平层间的连接，加大附着力，常在找平层表面涂冷底子油一道（汽油或柴油溶解的沥青），这层冷底子油称为结合层。油毡防水层是由沥青胶结材料和油毡卷材交替黏合而形成的屋面整体防水覆盖层。由于沥青胶结在卷材的上下表面，因此沥青总是比卷材多一层。沥青防水卷材规范已经不提倡使用，目前卷材防水使用较多的是合成高分子防水卷材和高聚物改性沥青防水卷材，其最小厚度如表 1.2.7–3 所示。

表 1.2.7–3　每道卷材防水层最小厚度（mm）

防水等级	合成高分子防水卷材	高聚物改性沥青防水卷材		
		聚酯胎、玻纤胎、聚乙烯胎	自粘聚酯胎	自粘无胎
Ⅰ级	1.2	3.0	2.0	1.5
Ⅱ级	1.5	4.0	3.0	2.0

为了防止屋面防水层出现龟裂现象，一是阻断来自室内的水蒸气，构造上常采取在屋面结构层上的找平层表面做隔汽层，阻断水蒸气向上渗透。在北纬 40° 以北地区，室内湿度大于 75% 或其他地区室内空气湿度常年大于 80% 时，保温屋面应设隔汽层。二是在屋面防水层下保温层内设排汽通道，并使通道开口露出屋面防水层，使防水层下水蒸气能直接从透气孔排出。

（4）涂膜防水屋面。涂膜防水屋面是在屋面基层上涂刷防水涂料，经固化后形成一层有一定厚度和弹性的整体涂膜，从而达到防水目的的一种防水屋面形式。涂膜防水屋面的构造如图 1.2.7–2 所示。

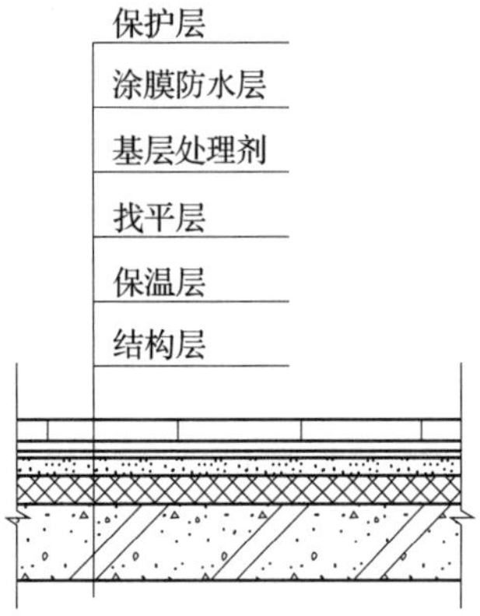

(a)正置式涂膜屋面

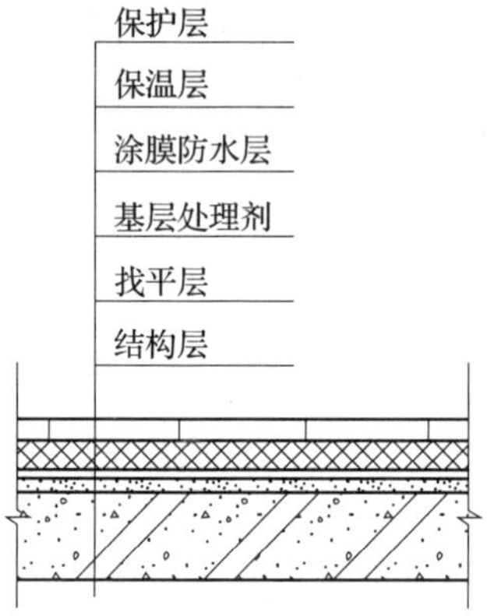

(b)倒置式涂膜屋面

图 1.2.7–2　涂膜防水屋面的构造

按防水层和隔热层的上下设置关系可分为正置式屋面和倒置式屋面。正置式屋面（传统屋面构造做法），其构造一般为隔热保温层在防水层的下面。因为传统屋面隔热保温层的材料普遍存在吸水率大的通病，吸水后保温隔热性能大大降低，无法满足隔热的要求，要靠防水层做在其上面，防止水分的渗入，保证隔热层的干燥，方能隔热保温。倒置式做法即把传统屋面中防水层和隔热层的层次颠倒一下，防水层在下面，保温隔热层在上面。与传统施工法相比，该工法能使防水层无热胀冷缩现象，延长了防水层的使用寿命；同时保温层对防水层提供一层物理性保护，防止其受到外力破坏。

施工时根据涂料品种和屋面构造形式的需要，可在涂膜防水层中增设胎体增强材料。胎体增强材料是指在涂膜防水层中增强用的聚酯无纺布、中性玻璃纤维网络布、中碱玻璃布等材料。

防水涂料按成膜物质的主要成分，可将涂料分成聚合物水泥防水涂膜、高聚物改性沥青防水涂膜和合成高分子防水涂料膜等。涂膜防水层平均厚度应符合设计要求，且最小厚度不得小于设计厚度的 80%。每道涂膜防水层的最小厚度如表 1.2.7–4 所示。

表 1.2.7–4　每道涂膜防水层最小厚度规定（mm）

防水等级	合成高分子防水涂膜	聚合物水泥防水涂膜	高聚物改性沥青防水涂膜
Ⅰ级	1.5	1.2	2.0
Ⅱ级	2.0	2.0	3.0

（5）复合防水屋面。由彼此相容的卷材和涂料组合而成的防水层称作复合防水层。在复合防水层中，选用的防水卷材与防水涂料应相容，防水涂膜宜设置在防水卷材的下面，挥发固化型防水涂料不得作为防水卷材黏结材料使用，水乳型或合成高分子类防水涂膜上面不得采用热熔型防水卷材。复合防水层最小厚度如表 1.2.7–5 所示。

表 1.2.7–5　复合防水层最小厚度规定（mm）

防水等级	合成高分子防水卷材 + 合成高分子防水涂膜	自粘聚合物改性沥青防水卷材（无胎）+ 合成高分子防水涂膜	高聚物改性沥青防水卷材 + 高聚物改性沥青防水涂膜	聚乙烯丙纶卷材 + 聚合物水泥防水胶结材料
Ⅰ级	1.2+1.5	1.5+1.5	3.0+2.0	(0.7+1.3) × 2
Ⅱ级	1.0+1.0	1.2+1.0	3.0+1.2	0.7+1.3

（6）保护层。保护层是防水层上表面的构造层。它可以防止太阳光的辐射而致防水层过早老化。对上人屋面而言，它直接承受人在屋面活动的各种作用。块体材料、水泥砂浆、细石混凝土保护层与卷材、涂膜防水层之间应设置隔离层。块体材料、水泥砂浆保护层可采用塑料膜（0.4mm 厚聚乙烯膜或 3mm 厚发泡聚乙烯膜）、土工布（200g/m^2 聚酯无纺布）、卷材（石油沥青卷材一层）做隔离层，细石混凝土保护层可采用低强度等级砂浆做隔离层。

采用块体材料做保护层时，宜设分隔缝，其纵横间距不宜大于 10m，分隔缝宽度宜为 20mm，并用密封材料嵌填。采用水泥砂浆做保护层时，表面应抹平压光，并应设表面分隔缝，分格面积宜为 1m^2。采用细石混凝土做保护层时，表面应抹平压光，并应设分隔缝，其纵横间距不应大于 6m，分格缝宽度宜为 10~20mm，并应用密封材料嵌填。采用淡色涂料做保护层时，应与防水层黏结牢固，厚薄应均匀，不得漏涂。块体材料，水泥砂浆，细石混凝土与女儿墙或山墙之间，应预留宽度为 30mm 的缝隙，缝内宜填塞聚苯乙烯泡沫塑料，并应用密封材料嵌填。需经常维护的设施周围和屋面出入口至设施之间的人行道，应铺设块体材料或细石混凝土保护层。

（7）平屋顶防水细部构造。屋面细部构造应包括檐口、檐沟和天沟、女儿墙和山墙、水落口、变形缝等。防水屋面必须特别注意各个节点的构造处理。细部构造防水应做到多道设防、复合用材、连续密封、局部增强，并应满足使用功能、温差变形、施工环境和可操作性的要求。细部构造中容易形成热桥的部位均应进行保温处理。檐口、檐沟外侧下端及女儿墙压顶内侧下端等部位均应做滴水处理，滴水槽宽度和深度不宜小于 10mm。

1）檐口。卷材防水屋面檐口 800mm 范围内的应满粘，卷材收头应采用金属压条钉压，并应用密封材料封严。涂膜防水屋面檐口的涂膜收头，应用防水涂料多遍涂刷。卷材防水和涂膜防水檐口下端均应做鹰嘴和滴水槽。如图 1.2.7–3 和图 1.2.7–4 所示。

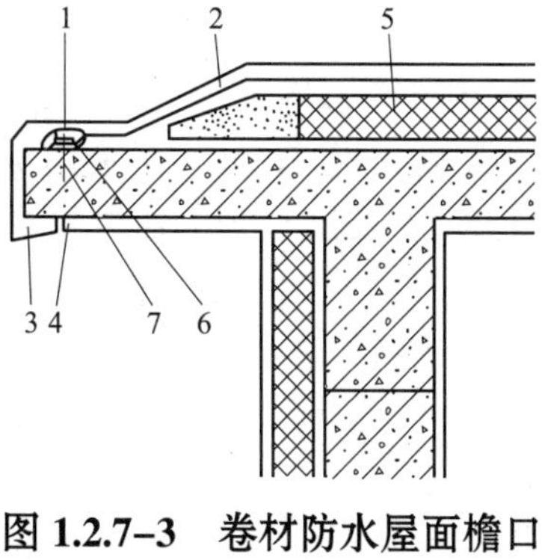

图 1.2.7–3　卷材防水屋面檐口

1—密封材料；2—卷材防水层；3—鹰嘴；4—滴水槽；5—保温层；6—金属压条；7—水泥钉

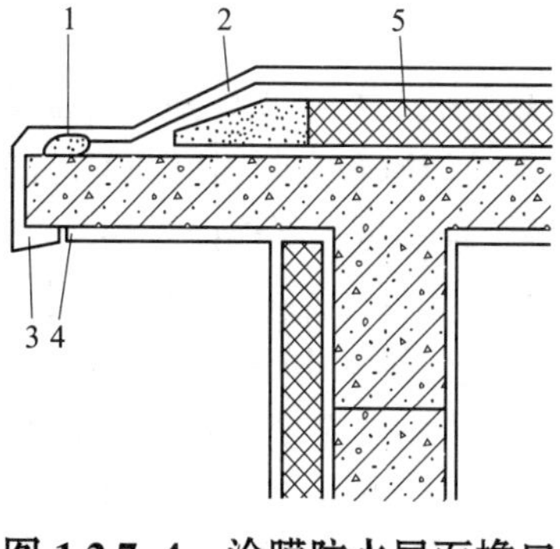

图 1.2.7–4　涂膜防水屋面檐口

1—涂料多遍涂刷；2—涂料防水层；3—鹰嘴；4—滴水槽；5—保温层

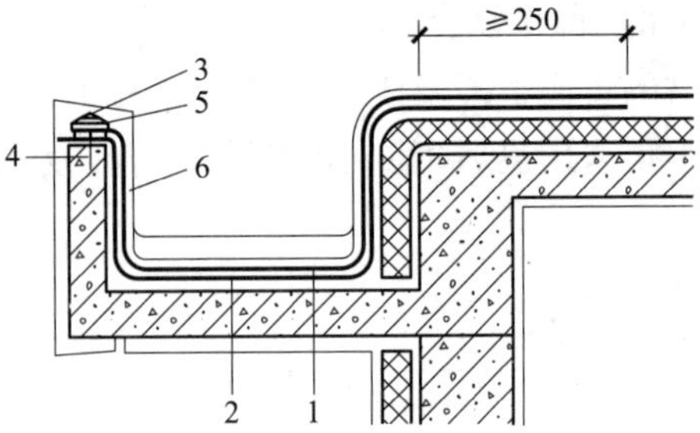

图 1.2.7–5　卷材、涂膜防水屋面檐沟

1—防水层；2—附加层；3—密封材料；4—水泥钉；5—金属压条；6—保护层

2）檐沟和天沟。卷材或涂膜防水屋面檐沟和天沟的防水层下应增设附加层，附加层伸入屋面的宽度不应小于 250mm。檐沟防水层和附加层应由沟底翻上至外侧顶部，卷材收头应用金属压条钉压，并应用密封材料封严，涂膜收头应用防水涂料多遍涂刷。檐沟外侧下端也应做鹰嘴和滴水槽。檐沟外侧高于屋面结构板时，应设置溢水口。卷材或涂膜防水屋面檐沟和天沟的防水构造如图 1.2.7–5 所示。

3）女儿墙。女儿墙压顶可采用混凝土或金属制品。压顶向内排水坡度不应小于 5%，压顶内侧下端应做滴水处理。女儿墙泛水处的防水层下应增设附加层，附加层在平面和立面的宽度均不应小于 250mm。低女儿墙泛水处的防水层可直接铺贴或涂刷至压顶下，卷材收头应用金属压条钉压固定，并应用密封材料封严；涂膜收头应用防水涂料多遍涂刷，如图 1.2.7–6 所示。高女儿墙泛水处的防水层泛水高度不应小于 250mm，泛水上部的墙体应做防水处理，如图 1.2.7–7 所示。

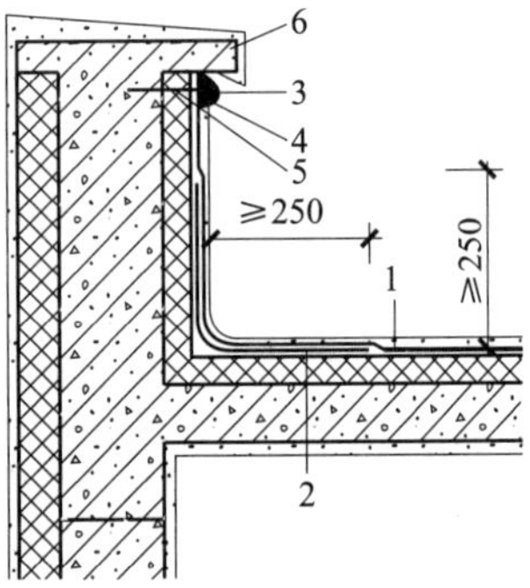

图 1.2.7–6　低女儿墙防水处理

1—防水层；2—附加层；3—密封材料；4—金属盖板；5—水泥钉；6—压顶

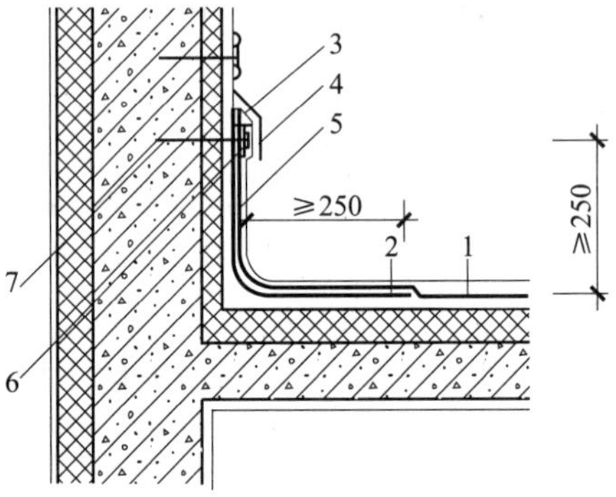

图 1.2.7–7　高女儿墙防水处理

1—防水层；2—附加层；3—密封材料；4—金属盖板；5—保护层；6—金属压条；7—水泥钉

（三）平屋顶的保温、隔热

保温层是指减少屋面热交换作用的构造层。隔热层是指减少太阳辐射热向室内传递的构造层。在寒冷地区，为防止冬季室内热量通过屋顶向外散失，一般需设保温层，即在结构层上铺一定厚度的保温材料。把保温层分为板状材料、纤维材料、整体材料三种类型，隔热层分为种植、架空、蓄水三种形式。保温材料使用时的含水率应相当于该材料在当地自然风干状态下的平衡含水率。

（1）平屋顶的节能措施。

1）屋顶的保温、隔热要求应符合现行国家标准《屋面工程技术规范》GB 50345—2012 的规定。

2）平屋顶保温层的构造方式有正置式和倒置式两种，在可能条件下平屋顶应优先选用倒置式保温。倒置式屋顶是将传统屋顶构造中保温隔热层与防水层的位置“颠倒”，将保温隔热层设置在防水层之上。倒置式屋顶可以减轻太阳辐射和室外高温对屋顶防水层的不利影响，提高防水层的使用年限。

3）平屋顶均可在屋顶设置架空通风隔热层或布置屋顶绿化，以提高屋顶的通风和隔热效果。覆土植草屋顶是具有环保生态效益、节能效益和热环境舒适效益的绿色工程。对未设置保温层的覆土植草屋顶，需要对人行道、排水沟等易产生冷（热）桥的部位进行保温节能改造处理。

4）在室内空气湿度常年大于 80% 的地区，吸湿性保温材料不宜用于封闭式保温层，当需要采用时，应选用气密性、水密性好的防水卷材或防水涂料做隔汽层。

（2）平屋顶的保温材料。平屋顶倒置式保温材料可采用挤塑聚苯板、泡沫玻璃保温板等。平屋顶正置式保温材料可采用膨胀聚苯板、挤塑聚苯板、硬泡聚氨酯、石膏玻璃棉板、水泥聚苯板、加气混凝土等。设计时根据建筑的使用要求、屋面的结构形式等选用保温材料，并经热工计算确定保温层的厚度。

为保证建筑物室内有良好的学习、工作和生活的环境，在我国南方地区，屋顶的隔热是建筑物必须采用的措施。

（3）平屋顶的几种节能构造做法。

1）高效保温材料节能屋顶构造。这种屋顶保温层选用高效轻质的保温材料，保温层为实铺。高效保温材料节能屋顶的构造做法如图 1.2.7–8 所示，其防水层、找平层、找坡层的做法与普通平屋顶的做法相同，结构层可用现浇钢筋混凝土楼板或是预制混凝土圆孔板。

2）架空型保温节能屋顶构造。在屋顶内增加空气层有利于提高保温效果，同时也有利于改善屋顶夏季的隔热。架空层的常见做法是砌 2~3 块实心黏土砖的砖墩，上铺钢筋混凝土板，架空层内铺轻质保温材料。具体构造如图 1.2.7–9 所示。

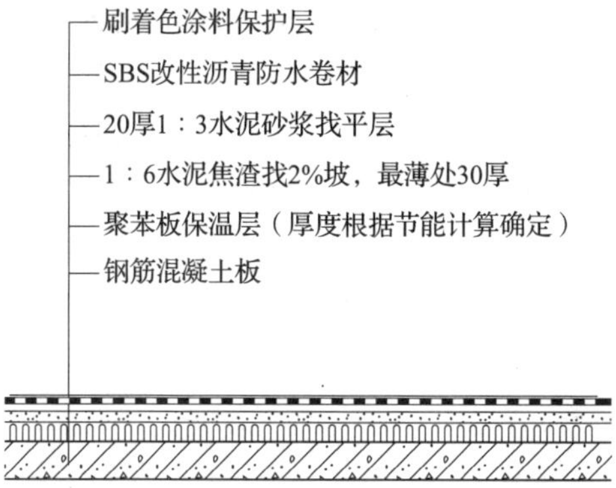

图 1.2.7–8　高效保温材料节能屋顶构造

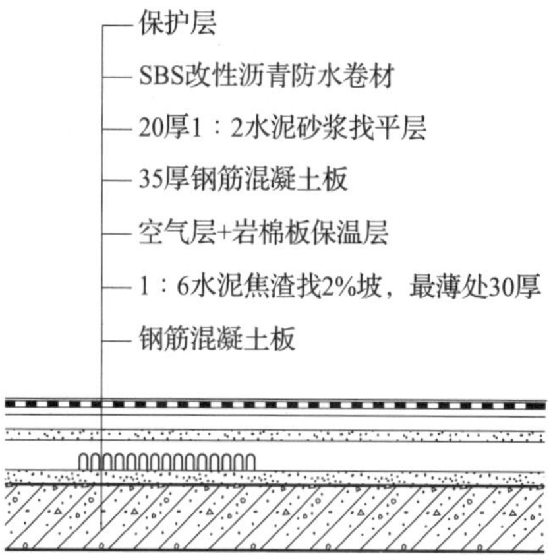

图 1.2.7–9　架空型保温节能屋顶构造

架空隔热层宜在屋顶有良好通风的建筑物上采用，不宜在寒冷地区采用。当采用混凝土板架空隔热层时，屋面坡度不宜大于 5%。架空隔热制品及其支座的质量应符合国家现行有关材料标准规范。架空隔热层的高度宜为 180~300mm，架空板与女儿墙的距离不应小于 250m。当屋面宽度大于 10m 时，架空隔热层中部应设置通风屋脊。架空隔热层的进风口宜设置在当地炎热季节最大频率风向的正压区，出风口宜设置在负压区。

3）保温、找坡结合型保温节能屋顶构造。这种屋顶常用浮石砂或蛭石做保温与找坡相结合的构造层，保温层厚度要经过节能计算，并形成 2% 的排水坡度。具体构造如图 1.2.7–10 所示。

4）倒置型保温节能屋顶构造。倒置型保温屋顶可以防止太阳光直接照射防水层，延缓了防水层老化进程，延长防水层的使用寿命。屋顶最外层适用的蓄热系数大的卵石层或烧制方砖保护层，在夏季还可充分利用其蓄热能力强的特点，调节屋顶内表面温度，使温度最高峰值向后延迟，错开室外空气温度的峰值，有利于屋顶的隔热效果。另外，夏季雨后，卵石或烧制方砖类的材料有一定的吸水性，这层材料可通过蒸发其吸收的水分来降低屋顶的温度而达到隔热的效果。图 1.2.7–11 为其构造图。

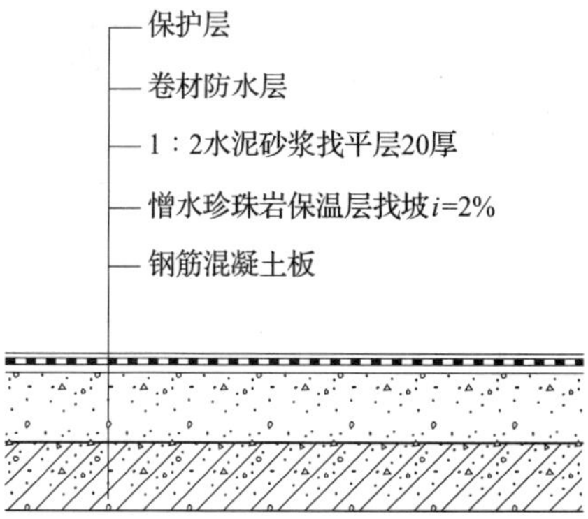

图 1.2.7–10　保温、找坡结合型保温节能屋顶构造

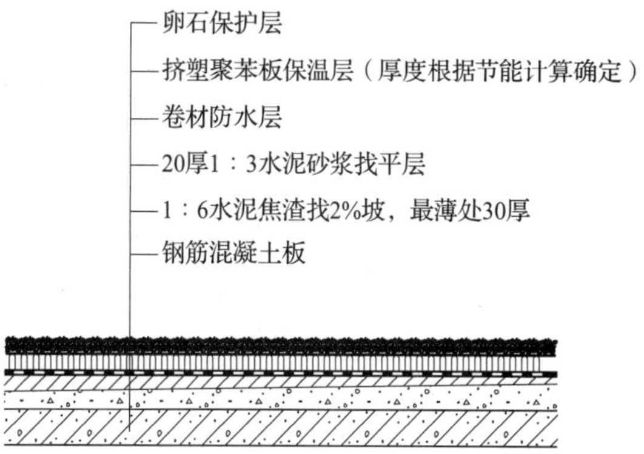

图 1.2.7–11　倒置型保温节能屋顶构造

三、坡屋顶的构造

所谓坡屋顶是指屋面坡度在 10% 以上的屋顶。与平屋顶相比较，坡屋顶的屋面坡度大，因而其屋面构造及屋面防水方式均与平屋面不同。屋面构造层次主要由屋顶天棚、承重结构层及屋面面层组成。必要时还应增设保温层、隔热层等，如图 1.2.7–12 所示。

（一）坡屋顶的承重结构

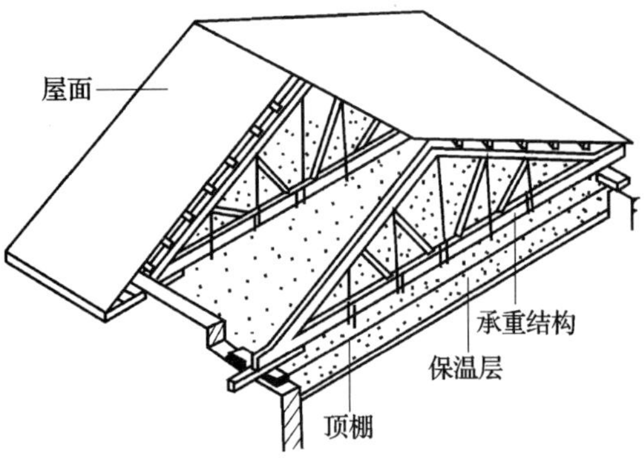

图 1.2.7–12　坡屋顶的构造

（1）砖墙承重。砖墙承重又叫硬山搁檩，是将房屋的内外横墙砌成尖顶状，在上面直接搁置檩条来支承屋面的荷载。砖墙承重结构体系适用于开间较小的房屋。檩条可用木材、预应力钢筋混凝土、轻钢桁架、型钢等材料制作，如图 1.2.7–13（a）所示。

（2）屋架承重。屋顶上搁置屋架，用来搁置檩条以支承屋面荷载。通常屋架搁置在房屋的纵向外墙或柱上，使房屋有一个较大的使用空间。屋架的形式较多，有三角形、梯形、矩形、多边形等，如图 1.2.7–13（b）所示。

（3）梁架结构。民间传统建筑多采用由木柱、木梁、木枋构成的这种结构，又称为穿斗结构，如图 1.2.7–13（c）所示。

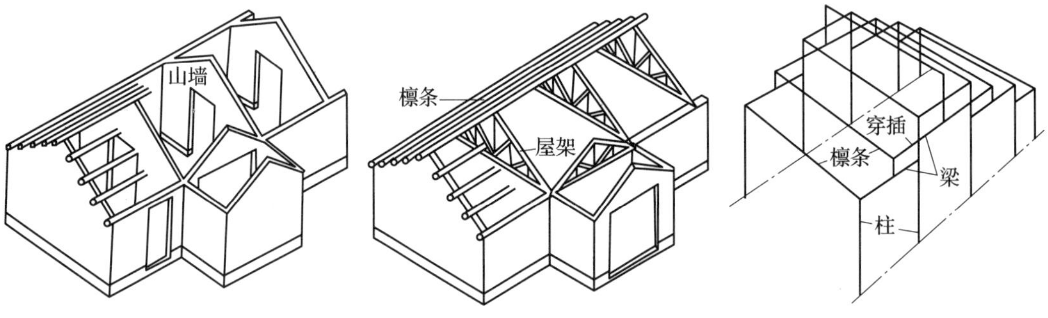

(a)砖墙承重　(b)屋架承重　(c)梁架结构

图 1.2.7–13　坡屋顶的承重结构方式

（4）钢筋混凝土梁板承重。钢筋混凝土承重结构层按施工方法有两种：一种是现浇钢筋混凝土梁和屋面板，另一种是预制钢筋混凝土屋面板直接搁置在山墙上或屋架上。对于空间跨度不大的民用建筑，钢筋混凝土折板结构是目前坡屋顶建筑使用较为普遍的一种结构形式，如图 1.2.7–14 所示。

（二）坡屋顶屋面

（1）平瓦屋面。平瓦有水泥瓦和黏土瓦两种，其外形按防水及排水要求设计制作机平瓦的外形尺寸约为 230mm×（380~420）mm，瓦的四边有榫和沟槽。铺瓦时，每张瓦的上下左右利用榫、槽相互搭接密合，避免雨水从接缝处渗入。

为了保证瓦屋面的防水性，平瓦屋面下必须做一道防水垫层，与瓦屋面共同组成防水层。防水垫层宜采用自粘聚合物沥青防水垫层、聚合物改性沥青防水垫层，其最小厚度和搭接宽度应符合表 1.2.7–6 的规定。

为保证有效排水，烧结瓦、混凝土瓦屋面的坡度不得小于 30%，沥青瓦屋面的坡度不得小于 20%。在屋脊处需盖上鞍形脊瓦，在屋面天沟下需放上镀锌铁皮，以防漏水。

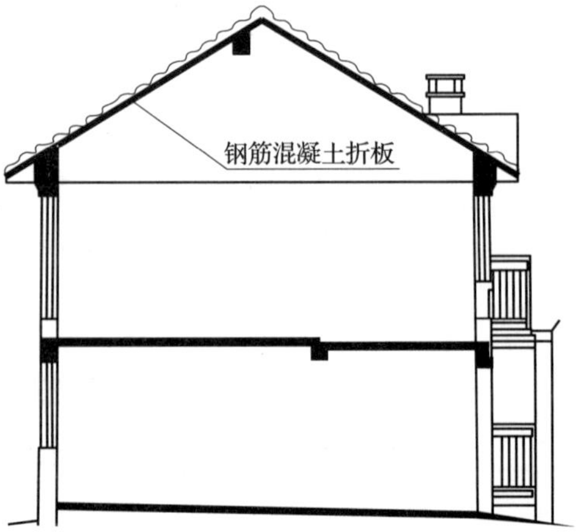

图 1.2.7–14　钢筋混凝土折板结构

表 1.2.7–6　防水垫层的最小厚度和搭接宽度（mm）

防水垫层品种	最小厚度	搭接宽度
自粘聚合物沥青防水垫层	1.0	80
聚合物改性沥青防水垫层	2.0	100

（2）波形瓦屋面。波形瓦屋面包括水泥石棉波形瓦、钢丝网水泥瓦、玻璃钢瓦、钙塑瓦、金属钢板瓦、石棉菱苦土瓦等。根据波形瓦的波浪大小又可分为大波瓦、中波瓦和小波瓦三种。波形瓦具有重量轻、耐火性能好等优点，但易折断，强度较低。

（3）小青瓦屋面。小青瓦屋面在我国传统房屋中采用较多，目前有些地方仍然采用。小青瓦断面呈弧形，尺寸及规格不统一。铺设时分别将小青瓦仰俯铺排，覆盖成垅。仰铺瓦成沟，俯铺瓦盖于仰铺瓦纵向接缝处，与仰铺瓦间搭接瓦长 1/3 左右。上下瓦间的搭接长在少雨地区为搭六露四，在多雨区为搭七露三。小青瓦可以直接铺设于椽条上，也可铺于望板（屋面板）上。

1.2.8　装饰构造

装饰装修可以起到保护建筑物、改善建筑物的使用功能、美化环境、提高建筑物艺术效果的作用。

一、装饰构造的类别

装饰构造的分类方法很多，这里按装饰的位置不同进行分类。

（一）墙面装饰

墙面装饰也称饰面装修，分为室内和室外两部分，是建筑装饰设计的重要环节。它对改善建筑物的功能质量、美化环境等都有重要作用。墙面装饰有保护和改善墙体的热功能性、美观方面的功能。

（二）楼地面装饰

楼地面的构造前面已有论述，以下着重讲解属于装饰范畴的面层构造。楼面和地坪的面层在构造上做法基本相同，对室内装修而言，两者可统称地面。它是人们日常生活、工作、学习必须接触的部分，也是建筑中直接承受荷载，经常受到摩擦、清扫和冲洗的部分。

（三）天棚装饰

天棚的高低、造型、色彩、照明和细部处理，对人们的空间感受具有相当重要的影响。天棚本身往往具有保温、隔热、隔声、吸声等作用。此外，人们还经常利用天棚来处理好人工照明、空气调节、音响、防火等技术问题。

二、墙体饰面装修构造

按材料和施工方式的不同，常见的墙体饰面可分为抹灰类、贴面类、涂料类、裱糊类和铺钉类等。

饰面装修一般由基层和面层组成，基层即支托饰面层的结构构件或骨架，其表面应平整，并应有一定的强度和刚度。饰面层附着于基层表面起美观和保护作用，它应与基层牢固结合，且表面需平整均匀。通常将饰面层最外表面的涂料作为饰面装修构造类型的命名。

（一）抹灰类

抹灰类墙面是指用石灰砂浆、水泥砂浆、水泥石灰混合砂浆、聚合物水泥砂浆、膨胀珍珠岩水泥砂浆，以及麻刀灰、纸筋灰、石膏灰等作为饰面层的装修做法。它主要的优点在于材料的来源广泛、施工操作简便和造价低廉。但也存在着耐久性差、易开裂、湿作业量大、劳动强度高、工效低等缺点。一般抹灰按质量要求分为普通抹灰、中级抹灰和高级抹灰三级。

为保证抹灰层与基层连接牢固，表面平整均匀，避免裂缝和脱落，在抹灰前应将基层表面的灰尘、污垢、油渍等清除干净，并洒水湿润。同时还要求抹灰层不能太厚，并分层完成。普通标准的抹灰一般由底层和面层组成；装修标准较高的房间，当采用中级或高级抹灰时，还要在面层与底层之间加一层或多层中间层。

（二）贴面类

贴面类是指利用各种天然石材或人造板、块，通过绑、挂或直接粘贴于基层表面的饰面做法。这类装修具有耐久性好、施工方便、装饰性强、质量高、易于清洗等优点。常用的贴面材料有陶瓷面砖、马赛克，以及水磨石、水刷石、剁斧石等水泥预制板和天然的花岗岩、大理石板等。其中，质地细腻的材料常用于室内装修，如瓷砖、大理石板等。而质感粗放的材料，如陶瓷面砖、马赛克、花岗岩板等，多用作室外装修。

（三）涂料类

涂料类是指利用各种涂料敷于基层表面，形成完整牢固的膜层，起到保护墙面和美观的一种饰面做法，是饰面装修中最简便的一种形式。它具有造价低、装饰性好、工期短、工效高、自重轻，以及施工操作、维修、更新都比较方便等特点，是一种最有发展前途的装饰材料。

建筑材料中涂料的品种很多，选用时应根据建筑物的使用功能、墙体周围环境、墙身不同部位，以及施工和经济条件等，选择附着力强、耐久、无毒、耐污染、装饰效果好的涂料。如用于外墙面的涂料，应具有良好的耐久、耐冻、耐污染性能。内墙涂料除应满足装饰要求外，还应有一定的强度和耐擦洗性能。炎热多雨地区选用的涂料应有较好的耐水性、耐高温性和防霉性，寒冷地区则对涂料的抗冻性要求较高。

（四）裱糊类

裱糊类是将各种装饰性墙纸、墙布等卷材裱糊在墙面上的一种饰面做法。依面层材料的不同，有塑料面墙纸（PVC 墙纸）、纺织物面墙纸、金属面墙纸及天然木纹面墙纸等。墙布是指可以直接用作墙面装饰材料的各种纤维织物的总称，包括印花玻璃纤维墙面布和锦缎等材料。

墙纸或墙布的裱贴是在抹灰的基层上进行，它要求基层表面平整、阴阳角顺直。

（五）铺钉类

铺钉类指利用天然板条或各种人造薄板借助于钉、胶粘等固定方式对墙面进行的饰面做法。选用不同材质的面板和恰当的构造方式，可以使这类墙面具有质感细腻、美观大方，或给人以亲切感等不同的装饰效果。同时还可以改善室内声学等环境效果，满足不同的功能要求。铺钉类装修是由骨架和面板两部分组成，施工时先在墙面上立骨架（墙筋），然后在骨架上铺钉装饰面板。

骨架有木骨架和金属骨架，木骨架截面一般为 50mm × 50mm，金属骨架多为槽形冷轧薄钢板。常见的装饰面板有硬木条（板）、竹条、胶合板、纤维板、石膏板、钙塑板及各种吸声墙板等。面板在木骨架上用圆钉或木螺丝固定，在金属骨架上一般用自攻螺丝固定。

三、楼地面装饰构造

地面的材料和做法应根据房间的使用要求和装修要求并结合经济条件加以选用。地面按材料形式和施工方式可分为四大类，即整体浇筑楼地面、块料楼地面、卷材地面和涂料地面。

（一）整体浇注楼地面

整体浇注楼地面是指用现场浇注的方法做成整片的地面。按地面材料不同有水泥砂浆楼地面、水磨石楼地面、菱苦土楼地面等。

（1）水泥砂浆楼地面。水泥砂浆楼地面通常是用水泥砂浆抹压而成。一般采用 1 : 2.5 的水泥砂浆一次抹成，即单层做法，但厚度不宜过大，一般为 15~20mm。水泥砂浆楼地面构造简单，施工方便，造价低，且耐水，是目前应用最广泛的一种低档地面做法。但地面易起灰，无弹性，热传导性高，且装饰效果较差。

（2）水磨石楼地面。水磨石楼地面是将用水泥作胶结材料、大理石或白云石等中等硬度石料的石屑作骨料而形成的水泥石屑浆浇抹硬结后，经磨光打蜡而成。水磨石楼地面的常见做法是先用 15~20mm 厚 1 : 3 水泥砂浆找平，再用 10~15mm 厚 1 : 1.5 或 1 : 2 的水泥石屑浆抹面，待水泥凝结到一定硬度后，用磨光机打磨，再由草酸清洗，打蜡保护。水磨石楼地面坚硬、耐磨、光洁，不透水，不起灰，它的装饰效果也优于水泥砂浆楼地面，但造价高于水泥砂浆楼地面，施工较复杂，无弹性，吸热性强，常用于人流量较大的交通空间和房间。

（3）菱苦土楼地面。菱苦土楼地面是用菱苦土、锯末、滑石粉和矿物颜料干拌均匀后，加入氯化镁溶液调制成胶泥，铺抹压光，硬化稳定后，用磨光机磨光打蜡而成。

菱苦土楼地面易于清洁，有一定弹性，热工性能好，适用于有清洁、弹性要求的房间。由于这种地面不耐水也不耐高温，因此，不宜用于经常有水存留及地面温度经常处在 35℃以上的房间。

（二）块料楼地面

块料楼地面是指利用板材或块材铺贴而成的地面。按地面材料不同有陶瓷板块楼地面、石板楼地面、塑料板块楼地面和木楼地面等。

（1）陶瓷板块楼地面。用作地面的陶瓷板块有陶瓷锦砖和缸砖、陶瓷彩釉砖、瓷质无釉砖等各种陶瓷地砖。陶瓷锦砖（又称马赛克）是以优质瓷土烧制而成的小块瓷砖，它有各种颜色、多种几何形状，并可拼成各种图案。

缸砖是用陶土烧制而成，可加入不同的颜料烧制成各种颜色，以红棕色缸砖最常见。

陶瓷彩釉砖和瓷质无釉砖是较理想的新型地面装修材料，其规格尺寸一般较大，如 200mm × 200mm、300mm × 300mm 等。

陶瓷板块地面的特点是坚硬耐磨、色泽稳定，易于保持清洁，而且具有较好的耐水和耐酸碱腐蚀的性能，但造价偏高，一般适用于用水的房间以及有腐蚀的房间。

（2）石板楼地面。石板楼地面包括天然石楼地面和人造石楼地面。

天然石有大理石和花岗石等。天然大理石色泽艳丽，具有各种斑驳纹理，可取得较好的装饰效果。大理石板的规格尺寸一般为 300mm ×（300~500）mm × 500mm，厚度为 20~30mm。天然石楼地面具有较好的耐磨、耐久性能和装饰性，但造价较高。

人造石板有预制水磨石板、人造大理石板等，价格低于天然石板。

（3）塑料板块楼地面。随着石油化工业的发展，塑料楼地面的应用日益广泛。塑料楼地面材料的种类很多，目前聚氯乙烯塑料地面材料应用最广泛。它是以聚氯乙烯树脂为主要胶结材料，添加增塑剂、填充料、稳定剂、润滑剂和颜料等经塑化热压而成。可加工成块材，也可加工成卷材，其材质有软质和半硬质两种。目前在我国应用较多的是半硬质聚氯乙烯块材，其规格尺寸一般为 100mm ×（100~500）mm × 500mm，厚度为 1.5~2.0mm。

（4）木楼地面。木楼地面按构造方式有空铺式和实铺式两种。

空铺式木楼地面是将支承木地板的搁栅架空搁置，使地板下有足够的空间便于通风，以保持干燥，防止木板受潮变形或腐烂。空铺式木楼地面构造复杂，耗费木材较多，因而采用较少。

实铺式木楼地面有铺钉式和粘贴式两种做法。铺钉式实铺木楼地面是将木搁栅搁置在混凝土垫层或钢筋混凝土楼板上的水泥砂浆或细石混凝土找平层上，在搁栅上铺钉木地板。粘贴式实铺木楼地面是将木地板用沥青胶或环氧树脂等黏结材料直接粘贴在找平层上，若为底层地面，则应在找平层上做防潮层，或直接用沥青砂浆找平。

木楼地面具有良好的弹性、吸声能力和低吸热性，易于保持清洁，但耐火性差，保养不善时易腐朽，且造价较高。

（三）卷材楼地面

卷材地面是用成卷的卷材铺贴而成。常见的地面卷材有软质聚氯乙烯塑料地毡、油地毡、橡胶地毡和地毯等。

（四）涂料楼地面

涂料楼地面是利用涂料涂刷或涂刮而成。它是水泥砂浆地面的一种表面处理形式，用以改善水泥砂浆地面在使用和装饰方面的不足。地面涂料品种较多，有溶剂型、水溶型和水乳型等地面涂料。

为保护墙面，防止外界碰撞损坏墙面，或擦洗地面时弄脏墙面，通常在墙面靠近地面处设踢脚线（又称踢脚板）。踢脚线的材料一般与地面相同，故可看作是地面的一部分，即地面在墙面上的延伸部分。踢脚线通常凸出墙面，也可与墙面平齐或凹进墙面，其高度一般为 120~150mm。

四、天棚装饰构造

一般天棚多为水平式，但根据房间用途不同，天棚可做成弧形、凹凸形、高低形、折线形等。依构造方式不同，天棚有直接式天棚和悬吊式天棚之分。

（一）直接式天棚

直接式天棚系指直接在钢筋混凝土楼板下喷、刷、粘贴装修材料构造而成的天棚。多用于工业与民用建筑中。直接式天棚装修常用的方法有以下几种：直接喷、刷涂料、抹灰装修、贴面式装修。

（二）悬吊式天棚

悬吊式天棚又称吊天花，简称吊顶。在现代建筑中，为提高建筑物的使用功能，除照明、给排水管道、煤气管道需安装在楼板层中外，空调管、灭火喷淋、感知器、广播设备等管线及其装置均需安装在天棚上。为处理好这些设施，往往必须借助于吊天棚来解决。

吊顶根据所采用材料、装修标准以及防火要求的不同有木质骨架和金属骨架之分。

1.3 工业建筑构造

1.3.1 单层厂房的结构组成

单层厂房的骨架结构是由支承各种竖向和水平荷载作用的构件所组成。厂房依靠各种结构构件合理地连接为一体，组成一个完整的结构空间以保证厂房的坚固、耐久。

一、承重结构

（1）横向排架：由基础、柱、屋架组成，主要是承受厂房的各种竖向荷载。

（2）纵向连系构件：由吊车梁、圈梁、连系梁、基础梁等组成，与横向排架构成骨架，保证厂房的整体性和稳定性。

（3）支撑系统构件：包括柱间支撑和屋盖支撑两大部分。支撑构件设置在屋架之间的称为屋架支撑，设置在纵向柱列之间的称为柱间支撑。支撑构件主要传递水平荷载，起保证厂房空间刚度和稳定性的作用。

二、围护结构

单层厂房的围护结构包括外墙、屋顶、地面、门窗、天窗、地沟、散水、坡道、消防梯、吊车梯等。

1.3.2 单层厂房承重结构构造

一、屋盖结构

（一）屋盖结构类型

屋盖结构根据构造不同可以分为两类：有檩体系屋盖或无檩体系屋盖。有檩体系屋盖的刚度差，配件和接缝多，在频繁振动下易松动，但屋盖重量较轻，适合小机具吊装，适用于中小型厂房。无檩体系屋面板直接搁置在屋架或屋面梁上，整体性好，刚度大，大中型厂房多采用这种屋面结构形式。

（二）屋盖的承重构件

屋盖结构的主要承重构件直接承受屋面荷载。按制作材料分为钢筋混凝土屋架或屋面梁、钢屋架、木屋架和钢木屋架。

（1）钢筋混凝土屋架或屋面梁。钢筋混凝土屋面梁构造简单、高度小、重心低、较稳定、耐腐蚀、施工方便，但构件重、费材料。一般跨度 9m 以下时用单坡形，跨度 12~18m 为双坡。普通钢筋混凝土屋面梁的跨度一般不大于 15m，预应力钢筋混凝土屋面梁跨度一般不大于 18m。

两铰或三铰拱屋架都可现场集中预制，现场组装，用料省，自重轻，构造简单；但其刚度较差，尤其是屋架平面的刚度更差，对有重型吊车和振动较大的厂房不宜采用。一般的实用跨度是 9~15m。

桁架式屋架按外形可分为三角形、梯形、拱形、折线形等类型。三角形组合式屋架自重较轻，这种屋架的弦杆受力不太理想，但其上弦坡度却适于使用板瓦等有檩结构的屋面。拱形屋架受力最合理，但由于屋架端部屋面坡度太陡，适用于卷材屋面防水面中的中、重型厂房。折线形屋架吸引了拱形屋架的合理外形，改善了屋面坡度，是目前较常采用的一种屋架形式，如图 1.3.2–1 所示。

（2）钢屋架。无檩钢屋架是将大型屋面直接支承在钢屋架上，屋架间距就是大型屋面板的跨度。一般为 6m。特点是：构件的种类和数量少，安装效率高，施工进度快，易于进行铺设保温层等屋面工序的施工。其突出的优点是屋盖横向刚度大、整体性好、屋面构造简单、较为耐久。但因屋面自重较重，对抗震不利。一般是中型以上，特别是重型厂房，因其对厂房的横向刚度要求较高，采用无檩方案比较合适。

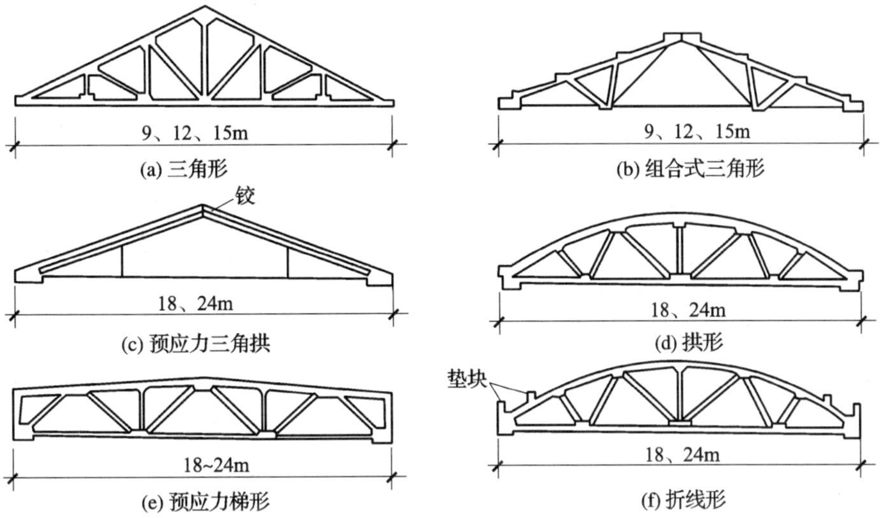

图 1.3.2-1　钢筋混凝土屋架的类型

有檩钢屋架是在屋架上设檩条，在檩条上再铺设屋面板，屋架间距就是檩条的跨度，通常为 4~6m，檩条间距由所用屋面材料确定。有檩方案具有构件重量轻、用料省、运输及安装较方便等优点，缺点是屋盖构件数量多、构造复杂、吊装次数多、横向整体刚度差。对于中小型厂房，特别是不需要设保温层的厂房，采用有檩方案比较合适。

（3）木屋架、钢木屋架。对于温度高、湿度大、结构跨度较大和有较大振动荷载的场所，不宜采用木屋盖结构。木屋盖结构适用范围：跨度不超过 12m，室内相对湿度不大于 70%，室内温度不大于 50℃，吊车起重量不超过 5t，悬挂吊车不超过 1t。一般全木屋架适用跨度不超过 15m，钢木屋架的下弦受力状况好，刚度也较好，适用跨度为 18~21m。

二、柱

厂房中的柱由柱身（包括上柱和下柱）、牛腿及柱上预埋铁件组成，柱是厂房中的主要承重构件之一，在柱顶上支承屋架，在牛腿上支承吊车梁。柱子的类型很多，按材料分为砖柱、钢筋混凝土柱、钢柱等，目前采用较多的是钢筋混凝土柱。

（一）钢筋混凝土柱

钢筋混凝土柱按截面的构造尺寸分为矩形柱、工字形柱、双肢柱、管柱等，如图 1.3.2-2 所示。

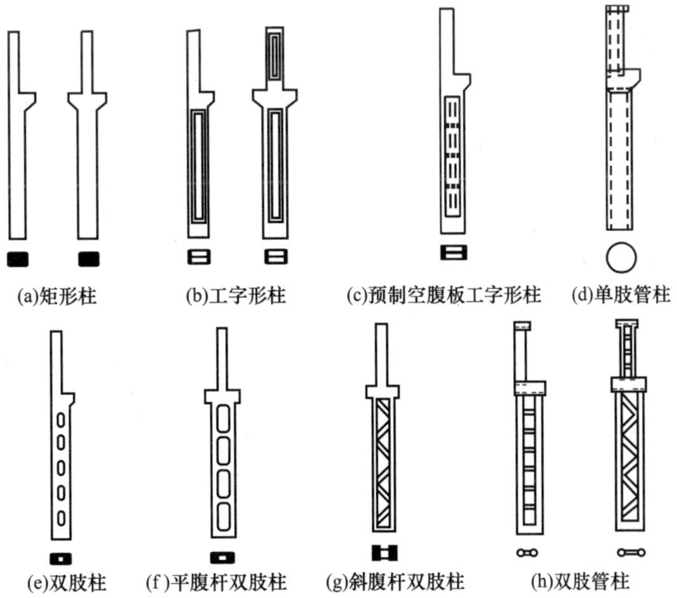

图 1.3.2-2　钢筋混凝土柱的类型

矩形柱截面有方形和长方形两种，多采用长方形，截面尺寸 $b \times h$，一般为 400mm × 600mm，其特点是外形简单，受弯性能好，施工方便，容易保证质量要求。但柱截面中间部分受力较小，不能充分发挥混凝土的承载能力，自重也重，仅适用于小型厂房。

工字形柱截面尺寸 $b \times h$，一般为 400mm × 600mm、400mm × 800mm、500mm × 1500mm 等，与截面尺寸相同的矩形柱相比，承载力基本相等，但因为工字形柱将矩形柱横截面受力较小的中间部分的混凝土省去做成腹板，则可节约混凝土 30%~50%。若截面高度较大时，为了方便水、暖、电等管线穿过，又减轻柱的自重，也可在腹板上开孔。但工字形柱制作比矩形柱复杂，在大、中型厂房内采用较为广泛。

双肢柱由两根承受轴向力的肢杆和联系两肢的腹杆组成。其腹杆有平腹杆和斜腹杆两种布置形式。平腹杆双肢柱的外形简单，施工方便，腹杆上的长方孔便于布置管线，但受力性能和刚度不如斜腹杆双肢柱。斜腹杆双肢柱是桁架形式，各杆基本承受轴向力，弯矩很小，较省材料。当柱的高度和荷载较大，吊车起重量大于 30t，柱的截面尺寸 $b \times h$ 大于 600mm × 1500mm 时，宜选用双肢柱。

钢筋混凝土管柱有单肢管柱和双肢管柱之分，单肢管柱的外形和等截面的矩形柱相似，可伸出支承吊车梁的牛腿。双肢管柱的外形类似双肢柱，管肢 D 为 300~500mm，壁厚 60mm 左右。钢筋混凝土管柱在工厂预制，可采用机械化方式生产，并在现场拼装，受气候影响较小；但因外形是圆的，设置预埋件较困难，与墙的连接也不如其他形式的柱方便。

（二）钢 – 钢混凝土组合柱

当柱较高，自重较重，因受吊装设备的限制，为减轻柱重量时一般采用钢 – 钢混凝土组合柱。其组合形式为上柱为钢柱，下柱为钢筋混凝土双肢柱。

（三）钢柱

一般分为等截面和变截面形式两类柱。它们可以是实腹式的，也可以是格构式的。吊车吨位大的重型厂房适宜选用钢柱。

（四）柱牛腿

单层厂房结构中的屋架、托梁、吊车梁和连系梁等构件，常由设置在柱上的牛腿支承。钢筋混凝土牛腿有实腹式和空腹式之分，通常多采用实腹式。钢筋混凝土实腹式牛腿的构造要求要满足如下要求，见图 1.3.2–3。

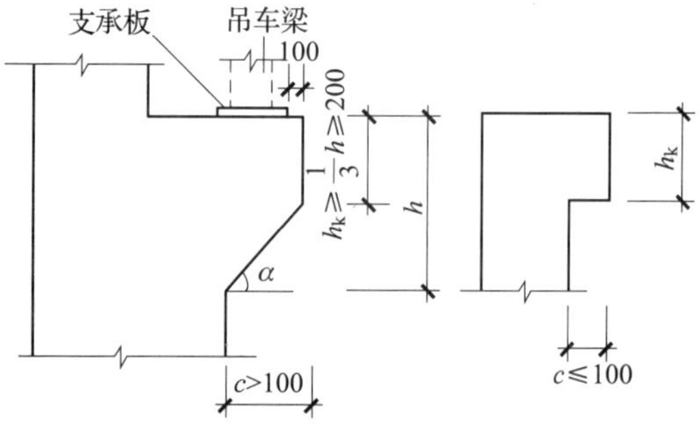

图 1.3.2–3 牛腿的构造要求

（1）为了避免沿支承板内侧剪切破坏，牛腿外缘高 $h_k \geq h/3$，且不小于 200mm。

（2）支承吊车梁的牛腿，其外缘与吊车梁的距离为 100mm，以免影响牛腿的局部承压能力，造成外缘混凝土剥落。

（3）牛腿挑出距离 c 大于 100mm 时，牛腿底面的倾斜角 $\alpha \leq 45°$，否则会降低牛腿的承载能力。当 c 小于或等于 100mm 时，牛腿底面的倾斜角 α 可以为 0°。

三、基础

基础是厂房的主要承重构件，承担着厂房上部的全部重量，并传送到地基。所以基础起着承上传下的重要作用。

基础类型的选择主要取决于建筑物上部结构荷载的性质和大小、工程地质条件等。单层厂房一般是采用预制装配式钢筋混凝土排架结构，厂房的柱距与跨度较大，所以厂房的基础一般多采用独立式基础。

四、吊车梁

吊车梁是有吊车的单层厂房的重要构件之一。当厂房设有桥式或梁式吊车时，需要在柱牛腿上设置吊车梁，吊车的轮子就在吊车梁铺设的轨道上运行。吊车梁直接承受吊车起重、运行和制动时的各种往返移动荷载；同时吊车梁还要承担传递厂房纵向荷载（如山墙上的风荷载），保证厂房纵向刚度和稳定性的作用。

钢筋混凝土吊车梁的类型很多，按截面形式分，有等截面的 T 形、工字形吊车梁，元宝式吊车梁、鱼腹式吊车梁、空腹鱼腹式吊车梁等，如图 1.3.2–4 所示。吊车梁可用非预应力与预应力钢筋混凝土制作。

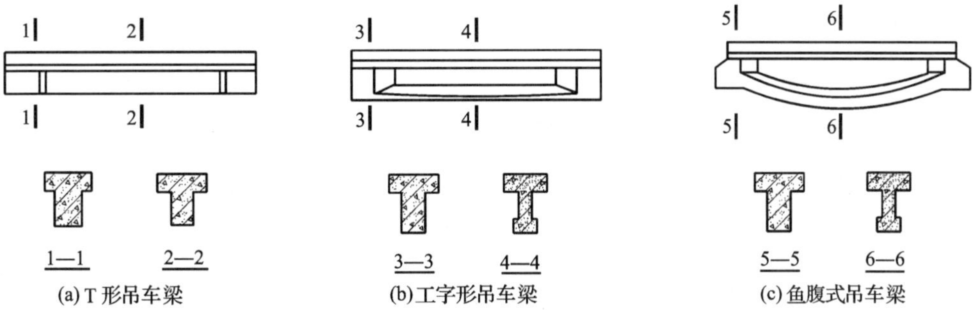

图 1.3.2–4　钢筋混凝土吊车梁的类型

（一）T 形吊车梁

T 形截面的吊车梁，上部翼缘较宽，以增加梁的受压面积，便于固定吊车轨道。它施工简单，制作方便。但自重大，耗费材料多，不是很经济。非预应力混凝土 T 形截面吊车梁一般用于柱距 6m、厂房跨度不大于 30m、吨位 10t 以下的厂房，预应力钢筋混凝土 T 形吊车梁适用于 10~30t 的厂房。

（二）工字形吊车梁

工字形吊车梁腹壁薄，节约材料，自重较轻。预应力工字形吊车梁适用于厂房柱距 6m，厂房跨度 12~33m，吊车起重量为 5~25t 的厂房。

（三）鱼腹式吊车梁

鱼腹式吊车梁腹板薄，外形像鱼腹。该种形式的梁受力合理，能充分发挥材料的强度和减轻自重，节省材料，可承受较大荷载，梁的刚度大；但构造和制作比较复杂，运输、堆放需设专门支垫。预应力混凝土鱼腹式吊车梁适用于厂房柱距不大于 12m，厂房跨度 12~33m，吊车起重量为 15~150t 的厂房。

五、支撑

单层厂房的支撑可以使厂房形成整体的空间骨架，保证厂房的空间刚度；在施工和正常使用时保证构件的稳定和安全；承受和传递吊车纵向制动力、山墙风荷载、纵向地震力等水平荷载。单层厂房的支撑分屋架支撑和柱间支撑两类。

（一）屋架支撑

屋架支撑构件主要有：上弦横向支撑、上弦水平系杆、下弦横向水平支撑、下弦垂直支撑及水平系杆、纵向支撑、天窗架垂直支撑、天窗架上弦横向支撑等。支撑、系杆构件为钢构件或钢筋混凝土构件。

（1）屋架支撑布置原则。屋架支撑应根据厂房的跨度、高度、屋盖形式、屋面刚度、吊车起重量及工作制，有无悬挂吊车和天窗设置等情况并结合抗震要求等进行合理布置。

1）天窗架支撑：天窗上弦水平支撑一般设置于天窗两端开间和中部有屋架上弦横向水平支撑的开间处，天窗两侧的垂直支撑一般与天窗上弦水平支撑位置一致。上弦水平系杆通常设置在天窗中部节点处。

2）屋架上弦横向水平支撑：对于有檩体系必须设置；对于无檩体系，当厂房设有桥式吊车时，通常宜在变形缝区段的两段及有柱间支撑的开间设置。支撑间距一般不大于 60m。

3）屋架垂直支撑：一般应设置于屋架跨中和支座的垂直平面内。除有悬挂吊车外，应与上弦横向水平支撑同一开间内设置。

4）屋架下弦横向水平支撑：一般用于下弦设有悬挂吊车或该水平面内有水平外力作用时。

5）屋架下弦纵向水平支撑：通常在有托架的开间内设置。只有当柱子很高，吊车起重量很大，或车间内有臂行吊车或有较大的锻锤时，才在变形缝区段内与下弦横向水平支撑组合成下弦封闭式支撑体系。

6）纵向系杆：通常在设有天窗架的屋架上、下弦中部节点设置；此外，在所有设置垂直支撑的屋架端部均设置有上弦和下弦的水平系杆。

（2）屋架支撑的类型，包括上、下弦横向水平支撑，上、下弦纵向水平支撑，垂直支撑和纵向水平系杆（加劲杆）等。横向水平支撑和垂直支撑一般布置在厂房端部和伸缩缝两侧的第二或第一柱间上，如图 1.3.2–5 所示。

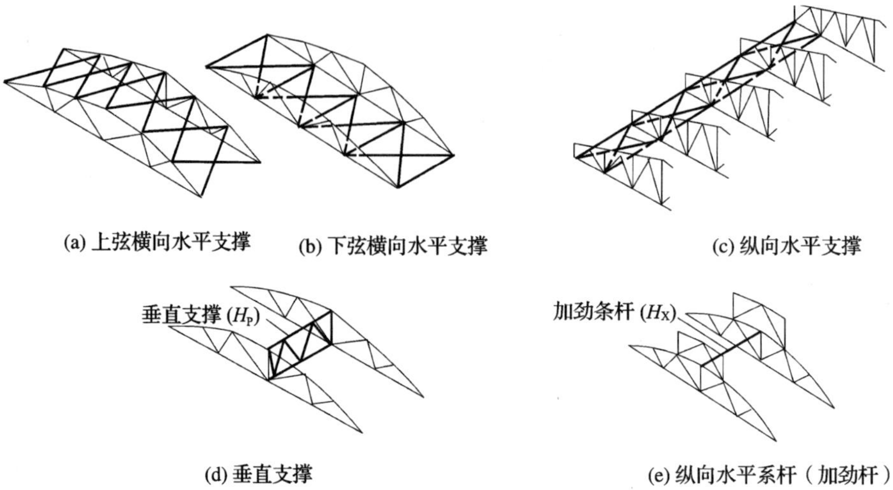

图 1.3.2–5　屋盖支撑的类型

屋架上弦横向支撑、下弦横向水平支撑和纵向支撑，一般采用十字交叉形式，交叉角一般为 25° ~65°，多为 45°。

（二）柱间支撑

柱间支撑的作用是加强厂房纵向刚度和稳定性，将吊车纵向制动力和山墙抗风柱经屋盖系统传来的风力经柱间支撑传至基础。柱间支撑的形式如图 1.3.2–6 所示。

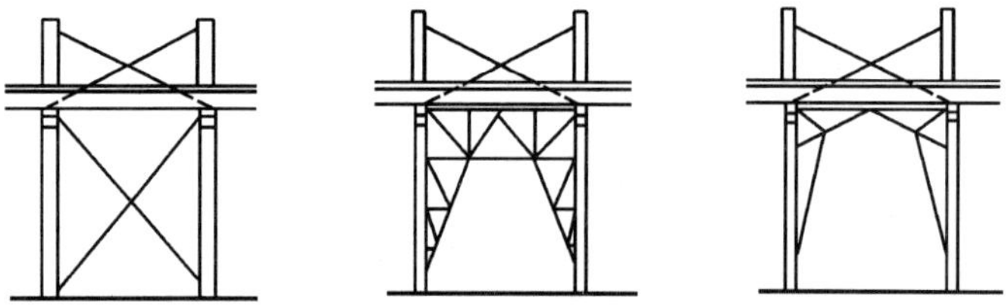

图 1.3.2–6　柱间支撑的形式

柱间支撑的布置形式如下：

（1）有吊车或跨度小于 18m 或柱高大于 8m 的厂房，在变形缝区段中设置；有桥式吊车时，还应在变形缝区段两端开间上加设上柱支撑。

（2）当吊车轨顶标高大于或等于 10m 时，柱间支撑应做成两层；当柱截面高度大于或等于 1.0m 时，下柱支撑宜做成双肢，各肢与柱翼缘连接，肢间用角钢连接。

（3）当柱间需要通行、需设置设备或柱距较大，采用交叉式支撑有困难时，可采用门架式支撑。

柱间支撑一般用钢材制作。其交叉角一般为 35° ~55°，以 45° 为宜。

第 2 章　土建工程常用材料的分类、基本性能及用途

【本章提示】通过学习本章，学习人员应熟悉建筑结构材料中建筑钢材、混凝土、砌筑材料的分类、基本性能及用途；了解建筑结构材料中的无机胶凝材料，以及各种建筑装饰材料、建筑功能材料的分类、性能及用途。

工程材料品种繁多，性能各异，价格相差悬殊，而且用量巨大，因此正确选择和合理使用土木工程材料，对土木工程的安全、适用、美观、耐久及经济都有着重要的意义。

2.1　建筑结构材料

2.1.1　建筑钢材

钢材具有品质稳定、强度高、塑性和韧性好、可焊接和铆接、能承受冲击和振动荷载等优异性能，是土木工程中使用量最大的材料品种之一。常用的钢材品种有普通碳素结构钢、优质碳素结构钢和低合金高强结构钢。

一、常用的建筑钢材

建筑钢材可分为钢筋混凝土结构用钢、钢结构用钢、钢管混凝土结构用钢和建筑装饰用钢材制品等。

（一）钢筋混凝土结构用钢

混凝土结构用钢主要有热轧钢筋、冷加工钢筋、预应力混凝土热处理钢筋、预应力混凝土钢丝和钢绞线。

（1）热轧钢筋。热轧钢筋是建筑工程中用量最大的钢材之一，主要用于钢筋混凝土结构和预应力混凝土结构。热轧钢筋的技术要求应符合《钢筋混凝土用钢　第 1 部分：热轧光圆钢筋》GB/T 1499.1—2017 和《钢筋混凝土用钢　第 2 部分：热轧带肋钢筋》GB/T 1499.2—2018 的相关规定。热轧钢筋的品种及技术要求如表 2.1.1 所示。

表 2.1.1　热轧钢筋的技术要求

<table>
<tr><th rowspan="2">表面形状</th><th rowspan="2">牌号</th><th rowspan="2">公称直径（mm）</th><th>下屈服强度 R_{eL}（MPa）</th><th>抗拉强度品种及 R_m（MPa）</th><th>断后伸长率 A（%）</th><th>最大总伸长率 A_{gt}（%）</th><th rowspan="2">冷弯试验 180°（d—弯心直径；a—公称直径）</th></tr>
<tr><th colspan="4">不小于</th></tr>
<tr><td>光圆</td><td>HPB300</td><td>6.0~22</td><td>300</td><td>420</td><td>25</td><td>10</td><td>$d=a$</td></tr>
<tr><td rowspan="5">带肋</td><td>HRB400
HRBF400</td><td rowspan="2">~25
28~40
>40~50</td><td rowspan="2">400</td><td rowspan="2">540</td><td>16</td><td>7.5</td><td rowspan="2">$d=4a$
$d=5a$
$d=6a$</td></tr>
<tr><td>HRB400E
HRBF400E</td><td>—</td><td>9.0</td></tr>
<tr><td>HRB500
HRBF500</td><td rowspan="2">~25
28~40
>40~50</td><td rowspan="2">500</td><td rowspan="2">630</td><td>15</td><td>7.5</td><td rowspan="2">$d=6a$
$d=7a$
$d=8a$</td></tr>
<tr><td>HRB500E
HRBF500E</td><td>—</td><td>9.0</td></tr>
<tr><td>HRB600</td><td>6~25
28~40
>40~50</td><td>600</td><td>730</td><td>14</td><td>7.5</td><td>$d=6a$
$d=7a$
$d=8a$</td></tr>
</table>

热轧光圆钢筋由碳素结构钢或低合金结构钢经热轧而成，从表 2.1.1–1 中可以看出其强度较低，但具有塑性好，伸长率高，便于弯折成型、容易焊接等特点，可用于中小型混凝土结构的受力钢筋或箍筋，以及作为冷加工（冷拉、冷拔、冷轧）的原料。热轧带肋钢筋采用低合金钢热轧而成，具有较高的强度，塑性和可焊性较好。钢筋表面有纵肋和横肋，从而加强了钢筋与混凝土中间的握裹力，可用于混凝土结构受力筋，以及预应力钢筋。

（2）冷加工钢筋。冷加工钢筋是在常温下对热轧钢筋进行机械加工（冷拉、冷拔、冷轧、冷扭、冲压等）而成。常见的品种有冷拉热轧钢筋、冷轧带肋钢筋和冷拔低碳钢丝。

1）冷拉热轧钢筋。在常温下将热轧钢筋拉伸至超过屈服点小于抗拉强度的某一应力，然后卸荷，即制成了冷拉热轧钢筋。如卸荷后立即重新拉伸，卸荷点成为新的屈服点，因此冷拉可使屈服点提高，材料变脆、屈服阶段缩短，塑性、韧性降低。若卸荷后不立即重新拉伸，而是保持一定时间后重新拉伸，钢筋的屈服强度、抗拉强度进一步提高，而塑性、韧性继续降低，这种现象称为冷拉时效。实践中，可将冷拉、除锈、调直、切断合并为一道工序，这样可简化流程，提高效率。

2）冷轧带肋钢筋。用低碳钢热轧盘圆条直接冷轧或经冷拔后再冷轧，形成三面或两面横肋的钢筋。根据现行国家标准《冷轧带肋钢筋》GB/T 13788—2017 规定，冷轧带肋钢筋分为 CRB550、CRB650、CRB800、CRB600H、CRB680H、CRB800H 六个牌号。CRB550、CRB600H 为普通钢筋混凝土用钢筋，CRB650、CRB800、CRB800H 为预应力混凝土用钢筋，CRB680H 既可作为普通钢筋混凝土用钢筋，也可作为预应力混凝土用钢筋。冷轧带肋钢筋克服了冷拉、冷拔钢筋握裹力低的缺点，具有强度高、握裹力强、节约钢材、质量稳定等优点，但塑性降低，强屈比变小。

3）冷拔低碳钢丝。低碳钢热轧圆盘条或热轧光圆钢筋经一次或多次冷拔制成的光圆钢丝，在使用中应符合现行行业标准《冷拔低碳钢丝应用技术规程》JGJ 19—2010 规定。冷拔低碳钢丝宜作为构造钢筋使用，作为结构构件中纵向受力钢筋使用时应采用钢丝焊接网。冷拔低碳钢丝不得作预应力钢筋使用。作为箍筋使用时，冷拔低碳钢丝的直径不宜小于 5mm，间距不应大于 200mm，构造应符合国家现行相关标准的有关规定。冷拔低碳钢丝只有 CDW550 一个牌号。CDW550 级冷拔低碳钢丝的直径可分为：3mm、4mm、5mm、6mm、7mm 和 8mm。直径小于 5mm 的钢丝焊接网不应作为混凝土结构中的受力钢筋使用；除钢筋混凝土排水管、环形混凝土电杆外，不应使用直径 3mm 的冷拔低碳钢丝；除大直径的预应力混凝土柱外，不宜使用直径 8mm 的冷拔低碳钢丝。

（3）预应力混凝土热处理钢筋。热处理是指将钢材按一定规则加热、保温和冷却，以改变其组织，从而获得所需要性能的一种工艺措施。热处理的方法有退火、正火、淬火和回火。建筑钢材一般只在生产厂完成热处理工艺。

热处理钢筋是钢厂将热轧的带肋钢筋（中碳低合金钢）经淬火和高温回火调质处理而成的，即以热处理状态交货。热处理钢筋强度高，用材省，锚固性好，预应力稳定，主要用作预应力钢筋混凝土轨枕，也可以用于预应力混凝土板、吊车梁等构件。

（4）预应力混凝土用钢丝和钢绞线。预应力混凝土用钢丝是用优质碳素结构钢经冷加工及时效处理或热处理等工艺过程制得，具有高强度、安全可靠、便于施工等优点。根据《预应力混凝土用钢丝》GB/T 5223—2014 规定，预应力混凝土用钢丝按照加工状态分为冷拉钢丝和消除应力钢丝两类。钢丝按外形分为光面钢丝（P）、螺旋肋钢丝（H）和刻痕钢丝（I）三种。消除应力后钢丝的塑性比冷拉钢丝高；刻痕钢丝是经压痕轧制而成，刻痕后与混凝土握裹力大，可减少混凝土裂缝。

钢绞线是以热轧盘条钢为原料，经冷拔后将钢丝若干根捻制而成。根据《预应力混凝土用钢绞线》GB/T 5224—2014，钢绞线按结构分为八类。

预应力钢丝与钢绞线均属于冷加工强化及热处理钢材，拉伸试验时无屈服点，但抗拉强度远远超过热轧钢筋和冷轧钢筋，并具有很好的柔韧性，应力松弛率低，适用于大荷载、大跨度及需要曲线配筋的预应力混凝土结构，如大跨度屋架、薄腹梁、吊车梁等大型构件的预应力结构。

（二）钢结构用钢

钢结构用钢主要是热轧成型的钢板和型钢等。薄壁轻型钢结构中主要采用薄壁型钢、圆钢和小角钢。

钢材所用的母材主要是普通碳素结构钢及低合金高强度结构钢。

钢结构常用的热轧型钢有工字钢、H 型钢、T 型钢、槽钢、等边角钢、不等边角钢等。型钢是钢结构中采用的主要钢材。

钢板材包括钢板、花纹钢板、建筑用压型钢板和彩色涂层钢板等。钢板规格表示方法为“宽度 × 厚度 × 长度”（单位为 mm）。钢板分厚板（厚度大于 4mm）和薄板（厚度不大于 4mm）两种。厚板主要用于结构；薄板主要用于屋面板、楼板和墙板等。在钢结构中，单块钢板一般较少使用，而是用几块板组合成工字形、箱形等结构形式来承受荷载。

（三）钢管混凝土结构用钢

钢管混凝土结构即在薄壁钢管内填充普通混凝土，将两种不同性质的材料组合而形成的复合结构。近年来，随着理论研究的深入和新施工工艺的产生，钢管混凝土结构工程应用日益广泛。钢管混凝土结构按照截面形式的不同，可分为矩形钢管混凝土结构、圆钢管混凝土结构和多边形钢管混凝土结构等，其中矩形钢管混凝土结构和圆钢管混凝土结构应用较广。从现已建成的众多建筑来看，目前钢管混凝土的使用范围还主要限于柱、桥墩、拱架等。

二、钢材的性能

钢材的主要性能包括力学性能和工艺性能。其中力学性能是钢材最重要的使用性能，包括抗拉性能、冲击性能、硬度、疲劳性能等。工艺性能表示钢材在各种加工过程中的行为，包括弯曲性能和焊接性能等。

（一）抗拉性能

抗拉性能是钢材的最主要性能，表征其性能的技术指标主要是屈服强度、抗拉强度和伸长率。低碳钢（软钢）受拉的应力 - 应变图能够较好地解释这些重要的技术指标，如图 2.1.1 所示。

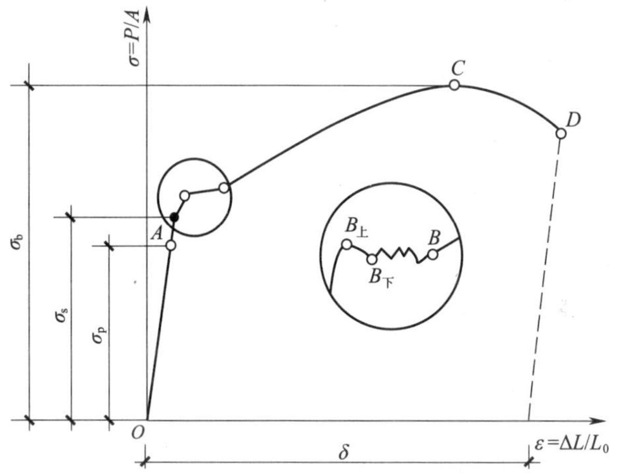

图 2.1.1　低碳钢受拉应力 - 应变图

（1）屈服强度。在弹性阶段 *OA* 段，如卸去拉力，试件能恢复原状，此阶段的变形为弹性变形，应力与应变成正比，其比值即为钢材的弹性模量。与 *A* 点对应的应力称为弹性极限（σ_p）。当对试件的拉伸进入塑性变形的屈服阶段 *AB* 时，应力的增长滞后于应变的增加，屈服下限 $B_下$所对应的应力称为屈服强度，记做 σ_s。设计时一般以 σ_s 作为强度取值的依据。对屈服现象不明显的钢，规定以 0.2% 残余变形时的应力 $\sigma_{0.2}$ 作为屈服强度。

（2）抗拉强度。从 *BC* 曲线逐步上升可以看出：试件在屈服阶段以后，其抵抗塑性变形的能力又重新提高，称为强化阶段。对应于最高点 *C* 的应力称为抗拉强度，用 σ_b 表示。设计中抗拉强度虽然不能利用，但屈强比 σ_s/σ_b 能反映钢材的利用率和结构安全可靠程度。屈强比越小，反映钢材受力超过屈服点工作时的可靠性越大，因而结构的安全性越高。但屈强比太小，则反映钢材不能有效地被利用。

（3）伸长率。当曲线到达 *C* 点后，试件薄弱处急剧缩小，塑性变形迅速增加，产生“颈缩”现象而断裂。

伸长率表征了钢材的塑性变形能力。伸长率的大小与标距长度有关。塑性变形在标距内的分布是不均匀的，颈缩处的伸长较大，离颈缩部位越远，变形越小。因此原标距与试件的直径之比越大，颈缩处伸长值在整个伸长值中的比重越小，计算伸长率越小。通常以 δ_5 和 δ_{10} 分别表示 $L_0=5d_0$ 和 $L_0=10d_0$（d_0 为试件直径）时的伸长率。对同一种钢材，δ_5 大于 δ_{10}。

（二）冲击性能

冲击性能指钢材抵抗冲击荷载的能力。其指标是通过标准试件的弯曲冲击韧性试验确定。按规定，将带有 V 形缺口的试件进行冲击试验。试件在冲击荷载作用下折断时所吸收的功，称为冲击吸收功（或 V 形冲击功）A_{kv}（J）。钢材的化学成分、组织状态、内在缺陷及环境温度等都是影响冲击韧性的重要因素。A_{kv} 值随试验温度的下降而减小，当温度降低达到某一范围时，A_{kv} 急剧下降而呈脆性断裂，这种现象称为冷脆性。发生冷脆时的温度称为脆性临界温度，其数值越低，说明钢材的低温冲击韧性越好。因此对直接承受动荷载而且可能在负温下工作的重要结构，必须进行冲击韧性检验，并选用脆性临界温度比使用温度低的钢材。另外，时效敏感性（因时效导致性能改变的程度）越大的钢材，经过时效以后，其冲击韧性和塑性的降低越显著，对于承受动荷载的结构物应选用时效敏感性较小的钢材。

（三）硬度

钢材的硬度是指表面层局部体积抵抗较硬物体压入产生塑性变形的能力，表征值常用布氏硬度值 *HB* 表示。测试钢材硬度的方法常采用布氏法，在布氏硬度机上用一定直径的硬质钢球，以一定荷载将其压入试件表面，持续至规定的时间后卸去荷载，使其形成压痕，将荷载除以压痕面积，所得的应力值为该钢材的布氏硬度值，数值越大，表示钢材越硬。

（四）耐疲劳性

在交变荷载反复作用下，钢材往往在应力远小于抗拉强度时发生断裂，这种现象称为钢材的疲劳破坏。疲劳破坏的危险应力用疲劳极限来表示，它是指钢材在交变荷载作用下于规定的周期基数内不发生断裂所能承受的最大应力。试验表明，钢材承受的交变应力越大，则断裂时的交变循环次数越少，相反，交变应力越小，则断裂时的交变循环次数越多；当交变应力低于某一值时，交变循环次数达无限次也不会产生疲劳破坏。

（五）冷弯性能

冷弯性能是指钢材在常温下承受弯曲变形的能力，是钢材的重要工艺性能。冷弯性能指标是通过试件被弯曲的角度（90°、180°）及弯心直径 d 对试件厚度（或直径）a 的比值（d/a）区分的。试件按规定的弯曲角和弯心直径进行试验，试件弯曲处的外表面无裂断、裂缝或起层，即认为冷弯性能合格。冷弯时的弯曲角度越大、弯心直径越小，则表示其冷弯性能越好。

冷弯试验能揭示钢材是否存在内部组织不均匀、内应力、夹杂物未熔合和微裂缝等缺陷，而这些缺陷在拉力试验中常因塑性变形导致应力重分布而得不到反映，因此，冷弯试验是一种比较严格的试验，对钢材的焊接质量也是一种严格的检验，能揭示焊件在受弯表面存在的未熔合、裂纹和夹杂物等问题。

（六）焊接性能

钢材的可焊性是指焊接后在焊缝处的性质与母材性质的一致程度。影响钢材可焊性的主要因素是化学成分及含量。含碳量超过 0.3% 时，可焊性显著下降；特别是硫含量较多时，会使焊缝处产生裂纹并硬脆，严重降低焊接质量。正确地选用焊接材料和焊接工艺是提高焊接质量的主要措施。

2.1.2 无机胶凝材料

在建筑材料中，经过一系列物理作用、化学作用，能从浆体变成坚固的石状体，并能将其他固体物料胶结成整体而具有一定机械强度的物质，统称为胶凝材料。根据化学组成的不同，胶凝材料可分为无机与有机两大类。石灰、石膏、水泥等工地上俗称为“灰”的建筑材料属于无机胶凝材料；而沥青、天然或合成树脂等属于有机胶凝材料。无机胶凝材料按其硬化条件的不同又可分为气硬性和水硬性两类。只能在空气中硬化，也只能在空气中保持和发展其强度的称气硬性胶凝材料，如石灰、石膏和水玻璃等；既能在空气中硬化，还能更好地在水中硬化，保持和继续发展其强度的称水硬性胶凝材料，如各种水泥。气硬性胶凝材料一般只适用于干燥环境中，而不宜用于潮湿环境，更不可用于水中。

一、水泥

水泥是一种良好的矿物胶凝材料，属于水硬性胶凝材料。

（一）硅酸盐水泥、普通硅酸盐水泥

（1）定义与代号。

1）硅酸盐水泥。根据《通用硅酸盐水泥》GB 175—2007 规定，凡由硅酸盐水泥熟料、0~5% 的石灰石或粒化高炉矿渣、适量石膏磨细制成的水硬性胶凝材料，称为硅酸盐水泥（国外通称为波特兰水泥）。可分为两种类型：不掺混合材料的称为Ⅰ型硅酸盐水泥，代号 P·Ⅰ；掺入不超过水泥质量 5% 的石灰石或粒化高炉矿渣混合材料的称为Ⅱ型硅酸盐水泥，代号 P·Ⅱ。

2）普通硅酸盐水泥。由硅酸盐水泥熟料、5%~20% 的混合材料、适量石膏磨细制成的水硬性胶凝材料，称为普通硅酸盐水泥，代号 P·O。

掺活性混合材料时，最大掺量不得超过 20%，其中允许用不超过水泥质量 5% 的窑灰或不超过水泥质量 8% 的非活性混合材料来代替。

（2）硅酸盐水泥及普通硅酸盐水泥的技术性质。

1）细度。细度是指硅酸盐水泥及普通水泥颗粒的粗细程度，用比表面积法表示。水泥的细度直接影响水泥的活性和强度。颗粒越细，与水反应的表面积越大，水化速度快，早期强度高，但硬化收缩较大，且粉磨时能耗大，成本高；但颗粒过粗，又不利于水泥活性的发挥，强度也低。现行国家标准《通用硅酸盐水泥》GB 175—2007 规定，硅酸盐水泥比表面积应大于 $300m^2/kg$。

2）凝结时间。凝结时间分为初凝时间和终凝时间。初凝时间为水泥加水拌和起至水泥浆开始失去塑性所需的时间；终凝时间为从水泥加水拌和起至水泥浆完全失去塑性并开始产生强度所需的时间。水泥凝结时间在施工中有重要意义，为使混凝土和砂浆有充分的时间进行搅拌、运输、浇捣和砌筑，水泥初凝时间不能过短；当施工完毕后，则要求尽快硬化，具有强度，故终凝时间不能太长。现行国家标准《通用硅酸盐水泥》GB 175—2007 规定，硅酸盐水泥初凝时间不得早于 45min，终凝时间不得迟于 6.5h；普通硅酸盐水泥初凝时间不得早于 45min，终凝时间不得迟于 10h。

水泥初凝时间不合要求，该水泥报废；终凝时间不合要求，视为不合格。

3）体积安定性。水泥体积安定性是指水泥在硬化过程中，体积变化是否均匀的性能，简称安定性。水泥安定性不良会导致构件（制品）产生膨胀性裂纹或翘曲变形，造成质量事故。引起安定性不良的主要原因是熟料中游离氧化钙、游离氧化镁或石膏含量过多。

安定性不合格的水泥不得用于工程，应废弃。

4）强度。水泥强度是指胶砂的强度而不是净浆的强度，它是评定水泥强度等级的依据。根据现行国家标准《水泥胶砂强度检验方法（ISO 法）》GB/T 17671—1999 的规定，将水泥、标准砂和水按照（质量比）水泥：标准砂 =1：3 拌和，用 0.5 的水灰比制成胶砂试件，在标准温度（20℃ ±1℃）的水中养护，测 3d 和 28d 的试件抗折和抗压强度，以规定龄期的抗压强度和抗折强度划分强度等级。

5）碱含量。水泥的碱含量将影响构件（制品）的质量或引起质量事故。现行国家标准《通用硅酸盐水泥》GB 175—2007 中规定，水泥中碱含量按 $Na_2O+0.658K_2O$ 计算值来表示，若使用活性骨料，用户要求提供低碱水泥时，水泥中碱含量不应大于 0.6% 或由供需双方商定。

6）水化热。水泥的水化热是水化过程中放出的热量。水化热与水泥矿物成分、细度、掺入的外加剂品种、数量、水泥品种及混合材料掺量有关。水泥的水化热主要在早期释放，后期逐渐减少。

对大型基础、水坝、桥墩等大体积混凝土工程，由于水化热产生的热量积聚在内部不易发散，将会使混凝土内外产生较大的温度差，所引起的温度应力使混凝土可能产生裂缝，因此，水化热对大体积混凝土工程是不利的。

（3）硅酸盐水泥、普通硅酸盐水泥的应用。普通硅酸盐水泥混合材料掺量十分有限，性质与硅酸盐水泥十分相近，所以在工程中的适用范围是一致的，主要应用在以下几个方面：

1）水泥强度等级较高，主要用于重要结构的高强度混凝土、钢筋混凝土和预应力混凝土工程。

2）凝结硬化较快、抗冻性好，适用于早期强度要求高、凝结快，冬期施工及严寒地区受反复冻融的工程。

3）水泥中含有较多的氢氧化钙，抗软水侵蚀和抗化学腐蚀性差，所以不宜用于经常与流动软水接触及有水压作用的工程，也不宜用于受海水和矿物等作用的工程。

4）因水化过程放出大量的热，故不宜用于大体积混凝土构筑物。

（二）掺混合材料的硅酸盐水泥

（1）混合材料。在生产水泥时，为改善水泥性能，调节水泥强度等级而加到水泥中的人工或天然矿物材料，称为水泥混合材料。按其性能分为活性（水硬性）混合材料和非活性（填充性）混合材料两类。

1）活性混合材料。常用的活性混合材料有符合国家相关标准的粒化高炉矿渣、矿渣粉、火山灰质混合材料。水泥熟料中掺入活性混合材料，可以改善水泥性能，调节水泥强度等级，扩大水泥使用范围，提高水泥产量，利用工业废料、降低成本，有利于环境保护。

2）非活性混合材料。非活性混合材料是指与水泥成分中的氢氧化钙不发生化学作用或很少参加水泥化学反应的天然或人工的矿物质材料，如石英砂、石灰石及各种废渣，活性指标低于相应国家标准要求的粒化高炉矿渣、粉煤灰、火山灰质混合材料。

水泥熟料掺入非活性混合材料可以增加水泥产量、降低成本、降低强度等级、减少水化热、改善混凝土及砂浆的和易性等。

（2）定义与代号。

1）矿渣硅酸盐水泥。由硅酸盐水泥熟料和20%~70%粒化高炉矿渣、适量的石膏磨细制成的水硬性胶凝材料，称为矿渣硅酸盐水泥，代号P·S。

2）火山灰质硅酸盐水泥。由硅酸盐水泥熟料和20%~40%的火山灰质混合材料、适量石膏磨细制成的水硬性胶凝材料，称为火山灰质硅酸盐水泥，代号P·P。

3）粉煤灰硅酸盐水泥。由硅酸盐水泥熟料和20%~40%的粉煤灰、适量石膏磨细制成的水硬性胶凝材料，称为粉煤灰硅酸盐水泥，代号P·F。

4）复合硅酸盐水泥。由硅酸盐水泥熟料和20%~50%的两种以上混合材料、适量石膏磨细制成的水硬性胶凝材料，称为复合硅酸盐水泥，代号P·C。

（3）常用水泥的主要特性及适用范围。常用水泥的主要特性及适用范围如表2.1.2所示。

二、石灰

石灰是在土木建筑工程中使用很早的矿物胶凝材料之一。

（一）石灰的原料

石灰是由含碳酸钙（$CaCO_3$）较多的石灰石经过高温锻炼生成的气硬性胶凝材料，其主要成分是氧化钙。石灰呈白色或灰色块状，根据它的块末比情况，其表观密度为1200~1400kg/m³。

石灰加水后便消解为熟石灰$Ca(OH)_2$，这个过程称为石灰的熟化。石灰熟化过程中，放出大量的热量，温度升高，其体积增大1~2.5倍。因此未完全熟化的石灰不得用于拌制砂浆，防止抹灰后爆灰起鼓。

（二）石灰膏

石灰加大量水熟化形成石灰浆，再加水冲淡成为石灰乳，俗称淋灰。石灰乳在储灰池中完成全部熟化过程，经沉淀浓缩成为石灰膏。

石灰膏的另一来源是化学工业副产品。例如，用碳化钙（电石，CaC_2）加水制取乙炔时所产生的电石渣，主要成分也是氢氧化钙。石灰膏表观密度为1300~1400kg/m³。

（三）石灰的硬化

石灰浆体在空气中逐渐硬化，是由下述两个同时进行的过程来完成的。

结晶作用——游离水分蒸发，氢氧化钙逐渐从饱和溶液中形成结晶。

碳化作用——氢氧化钙与空气中的二氧化碳化合生成碳酸钙结晶，释出水分并被蒸发，这个过程持续较长时间。碳化作用对石灰后期强度的增长有较大贡献。

（四）石灰的技术性质和要求

生石灰熟化为石灰浆时，能自动形成颗粒极细（直径约为1μm）的呈胶体分散状态的氢氧化钙，表面吸附一层厚的水膜。因此，用石灰调成的石灰砂浆突出的优点是具有良好的可塑性，在水泥砂浆中掺入石灰浆，使可塑性显著提高。

石灰的硬化只能在空气中进行，且硬化缓慢，硬化后的强度也不高，受潮后石灰溶解，强度更低，在水中还会扩散。所以石灰不宜在潮湿的环境下使用，也不宜单独用于建筑物的基础。

石灰在硬化过程中，蒸发大量的游离水而引起显著的收缩，所以除调成石灰乳作薄层涂刷外，不宜单独使用。常在其中掺入砂、纸筋等以减少收缩和节约石灰。

块状生石灰放置太久，会吸收空气中的水分而熟化成消石灰粉，再与空气中的二氧化碳作用而还原为碳酸钙，失去胶结能力。所以贮存生石灰，不但要防止受潮，而且不宜贮存过久。由于生石灰受潮熟化时放出大量的热，而且体积膨胀，所以储存和运输生石灰时还要注意安全。

表 2.1.2　常用水泥的主要特性及适用范围

水泥种类	硅酸盐水泥	普通硅酸盐水泥	矿渣硅酸盐水泥	火山灰质硅酸盐水泥	粉煤灰硅酸盐水泥
密度（g/cm^3）	3.0~3.15	3.0~3.15	2.8~3.10	2.8~3.1	2.8~3.1
堆密度（kg/m^3）	1000~1600	1000~1600	1000~1200	900~1000	900~1000
强度等级	42.5，42.5R，52.5，52.5R，62.5，62.5R	42.5，42.5R，52.5，52.5R	32.5，32.5R，42.5，42.5R，52.5，52.5R	32.5，32.5R，42.5，42.5R，52.5，52.5R	32.5，32.5R，42.5，42.5R，52.5，52.5R
主要特性	1. 早期强度较高，凝结硬化快 2. 水化热较大 3. 耐冻性好 4. 耐热性较差 5. 耐腐蚀及耐水性较差	1. 早期强度较高 2. 水化热较大 3. 耐冻性较好 4. 耐热性较差 5. 耐腐蚀及耐水性较差	1. 早期强度低，后期强度增长较快 2. 水化热较小 3. 耐热性较好 4. 耐硫酸盐侵蚀和耐水性较好 5. 抗冻性较差 6. 干缩性较大 7. 抗碳化能力差	1. 早期强度低，后期强度增长较快 2. 水化热较小 3. 耐热性较差 4. 耐硫酸盐侵蚀和耐水性较好 5. 抗冻性较差 6. 干缩性较大 7. 抗渗性较好 8. 抗碳化能力差	1. 早期强度低，后期强度增长较快 2. 水化热较小 3. 耐热性较差 4. 耐硫酸盐侵蚀和耐水性较好 5. 抗冻性较差 6. 干缩性较小 7. 抗碳化能力较差
适用范围	适用于快硬早强的工程、配制高强度等级混凝土	适用于制造地上、地下及水中的混凝土、钢筋混凝土及预应力钢筋混凝土结构，包括受反复冰冻的结构；也可配制高强度等级混凝土及早期强度要求高的工程	1. 适用于高温车间和有耐热、耐火要求的混凝土结构 2. 大体积混凝土结构 3. 蒸汽养护的混凝土结构 4. 一般地上、地下和水中混凝土结构 5. 有抗硫酸盐侵蚀要求的一般工程	1. 适用于大体积工程 2. 有抗渗要求的工程 3. 蒸汽养护的混凝土构件 4. 可用于一般混凝土结构 5. 有抗硫酸盐侵蚀要求的一般工程	1. 适用于地上、地下水中及大体积混凝土工程 2. 蒸汽养护的混凝土构件 3. 可用于一般混凝土工程 4. 有抗硫酸盐侵蚀要求的一般工程
不适用范围	1. 不宜用于大体积混凝土工程 2. 不宜用于受化学侵蚀、压力水（软水）作用及海水侵蚀的工程	1. 不适用于大体积混凝土工程 2. 不宜用于化学侵蚀、压力水（软水）作用及海水侵蚀的工程	1. 不适用于早期强度要求较高的工程 2. 不适用于严寒地区并处在水位升降范围内的混凝土工程	1. 不适用于处在干燥环境的混凝土工程 2. 不宜用于耐磨性要求高的工程 3. 其他同矿渣硅酸盐水泥	1. 不适用于有抗碳化要求的工程 2. 其他同矿渣硅酸盐水泥

（五）石灰的应用

（1）制作石灰乳涂料。将消石灰粉或熟化好的石灰膏加入大量水搅拌稀释，成为石灰乳。石灰乳是一种廉价易得的传统涂料，主要用于室内墙面和顶棚粉刷。石灰乳中加入各种耐碱颜料，可形成彩色石灰乳。

（2）配制砂浆。用熟化并“陈伏”好的石灰膏和水泥、砂配制而成的水泥石灰混合砂浆是目前用量最大、用途最广的砌筑砂浆；用石灰膏和砂或麻刀或纸筋配制成的石灰砂浆、麻刀灰、纸筋灰，广泛用作内墙、天棚的抹面砂浆。此外，石灰膏还可稀释成石灰乳，用作内墙和天棚的粉刷涂料。

（3）拌制灰土或三合土。将消石灰粉和黏土按一定比例拌和均匀、夯实而形成灰土，如一九灰土、二八灰土及三七灰土。若将消石灰粉、黏土和骨料（砂、碎石、砖块、炉渣等）按一定比例混合均匀并夯实，即为三合土。灰土和三合土广泛用作基础、路面或地面的垫层，它的强度和耐水性远远高出石灰或黏土。其原因是黏土颗粒表面的少量活性氧化硅、氧化铝与石灰之间产生了化学反应，生成了水化硅酸钙和水化铝酸钙等水硬性矿物。石灰改善了黏土可塑性，在强夯之下，密实度提高也是其强度和耐水性改善的原因之一。

（4）生产硅酸盐制品。以磨细生石灰（或消石灰粉）或硅质材料（如石英砂、粉煤灰、矿渣等）为原料，加水拌和，经成型、蒸压处理等工序而成的材料统称为硅酸盐制品，多用作墙体材料。

三、石膏

石膏是以硫酸钙为主要成分的气硬性胶凝材料。由于石膏胶凝材料及其制品具有许多优良性质，原料来源丰富，生产能耗低，因而在土木建筑工程中得到广泛应用。

建筑石膏的技术性质与应用如下：

（1）色白质轻。纯净建筑石膏为白色粉末，密度为 2.60~2.75g/cm^3，堆积密度为 800~1100kg/m^3 。

（2）凝结硬化快。建筑石膏初凝和终凝时间很短，为便于使用，需降低其凝结速度，可加入缓凝剂。缓凝剂的作用是降低半水石膏的溶解度和溶解速度，便于成型。常用的缓凝剂有硼砂、酒石酸钾钠、柠檬酸、聚乙烯醇、石灰活化骨胶或皮胶等。

（3）微膨胀性。建筑石膏浆体在凝结硬化初期体积产生微膨胀（膨胀量约为 0.5%~1.0%），这一性质使石膏胶凝材料在使用中不会产生裂纹。因此，建筑石膏装饰制品，形状饱满密实，表面光滑细腻。

（4）多孔性。半水石膏水化反应理论需水为 18.6%，但为了使石膏浆体具有可塑性，通常加水 60%~80%，在硬化后由于有大量多余水分蒸发，内部具有很大孔隙率（约为 50%~60%），因此，硬化后强度较低。石膏制品表面密度小、保温绝热性能好、吸音性强、吸水率大，但抗渗性、抗冻性和耐水性差。

（5）防火性。当受到高温作用时，二水石膏的结晶水开始脱出，吸收热量，并在表面上产生一层水蒸气幕，阻止了火势蔓延，起到防火作用。但建筑石膏制品不宜长期用于靠近 65℃以上高温的部位，以免二水石膏在此温度作用下分解而失去强度。

（6）装饰性和可加工性。石膏表面光滑饱满，颜色洁白，质地细腻，具有良好的装饰性。微孔结构使其脆性有所改善，所以硬化石膏可锯、可刨、可钉，具有良好的可加工性。

（7）耐水性、抗冻性差。建筑石膏硬化后具有很强的吸湿性，在潮湿条件下，晶体粒间的黏结力减弱，强度显著降低；遇水则因二水石膏晶体溶解而引起破坏；吸水受冻后，将因孔隙中水分结冰而崩裂。所以建筑石膏的耐水性、抗冻性都较差。

根据建筑石膏的上述性能特点，它在土木建筑工程中的主要用途有：制成石膏抹灰材料、各种墙体材料（如纸面石膏板、石膏空心条板、石膏砌块等），各种装饰石膏板、石膏浮雕花饰、雕塑制品等。建筑石膏在运输及储存时应注意防潮，一般储存 3 个月后，强度将降低 30% 左右。储存期超过 3 个月或受潮的石膏，需经检验后才能使用。

2.1.3 混凝土

混凝土是指以胶凝材料、粗细骨料、水及其他材料为原料，按适当比例配制而成的混合物再经硬化而成的复合材料。按所用胶凝材料的种类不同，混凝土可分为水泥混凝土（也称普通混凝土）、沥青混凝土、树脂混凝土、聚合物混凝土、水玻璃混凝土、石膏混凝土等，其中水泥混凝土是土木工程中最常用的混凝土。

一、普通混凝土组成材料

普通混凝土（以下简称混凝土）一般是由水泥、砂、石和水组成。为改善混凝土的某些性能，还常加入适量的外加剂和掺和料。在混凝土中，砂、石起骨架作用，称为骨料或集料；水泥与水形成水泥浆，包裹在骨料的表面并填充其空隙。在混凝土硬化前，水泥浆、外加剂与掺合料起润滑作用，赋予拌和物一定的流动性，便于施工操作。水泥浆硬化后，则将砂、石骨料胶结成一个结实的整体。砂、石一般不参与水泥与水的化学反应，其主要作用是节约水泥、承担荷载和限制硬化水泥的收缩。外加剂、掺合料除了起改善混凝土性能的作用外，还有节约水泥的作用。

（一）水泥

水泥是影响混凝土强度、耐久性及经济性的重要因素。配制混凝土时，应根据工程性质与特点、工程部位、工程所处环境以及施工条件等，根据不同品种水泥的特性进行合理的选择。水泥强度等级的选择，应与混凝土的设计强度等级相适应。对于一般强度的混凝土，水泥强度等级宜为混凝土强度等级的1.5~2.0倍，对于较高强度等级的混凝土，水泥强度宜为混凝土强度等级的0.9~1.5倍。

（二）砂

砂是指在自然条件作用下形成的粒径在4.75mm以下的岩石粒料，主要有天然砂和人工砂两类。天然砂包括河砂、湖砂、海砂和山砂。河砂、湖砂、海砂由于受水流的冲刷作用，颗粒表面较光滑，拌制混凝土时需水量较少，但砂粒与水泥间的胶结力较弱，海砂中常含有贝壳碎片及可溶性盐类等有害杂质；山砂颗粒多具棱角、表面粗糙，需水量较大，和易性差，但砂粒与水泥间的胶结力强，砂中含泥量及有机质等有害杂质较多，建设工程中一般采用河砂作为细骨料。人工砂是机制砂和混合砂的统称，机制砂是经过除土处理，由机械破碎、筛分制成的岩石颗粒，但不含软质岩、风化岩石的颗粒；混合砂是由机制砂和天然砂混合制成的砂。

在现行国家标准《建设用砂》GB/T 14684—2011中，将砂按技术要求分为Ⅰ类、Ⅱ类、Ⅲ类。Ⅰ类宜用于强度等级大于C60的混凝土，Ⅱ类宜用于强度等级为C30~C60及有抗冻、抗渗或其他要求的混凝土，Ⅲ类宜用于强度等级小于C30的混凝土。

（三）石子

普通石子包括碎石和卵石。碎石是由天然岩石或卵石经破碎、筛分而得到的岩石粒料，卵石是天然岩石由自然条件作用而形成的颗粒。

碎石表面粗糙，颗粒多棱角，与水泥浆黏结力强，配制的混凝土强度高，但其总表面积和空隙率较大，拌制混凝土水泥用量较多，拌和物和易性较差；卵石表面光滑，少棱角，空隙率及表面积小，拌制混凝土需用水泥浆量少，拌和物和易性好，便于施工，但所含杂质常较碎石多，与水泥浆黏结力较差，故用其配制的混凝土强度较低。

在现行国家标准《建设用卵石、碎石》GB/T 14685—2011中，将粗骨料按技术要求分为Ⅰ类、Ⅱ类、Ⅲ类。Ⅰ类宜用于强度等级大于C60的混凝土；Ⅱ类宜用于强度等级为C30~C60及有抗冻、抗渗或其他要求的混凝土；Ⅲ类宜用于强度等级小于C30的混凝土。

（四）水

混凝土拌和用水和混凝土养护用水包括饮用水、地表水、地下水、再生水、混凝土企业设备洗刷水和海水等。现行行业标准《混凝土用水标准》JGJ 63—2006规定，对于设计使用年限为100年的结构混凝土，氯离子含量不得超过500mg/L；对使用钢丝或热处理钢筋的预应力混凝土，氯离子含量不得超过350mg/L。混凝土拌和用水不应有漂浮明显的油脂和泡沫，不应有明显的颜色和异味。混凝土企业设备洗刷水不宜用于预应力混凝土、装饰混凝土、加气混凝土和暴露于腐蚀环境的混凝土，不得用于使用碱活性或潜在碱活性骨料的混凝土。在无法获得水源的情况下，海水可用于素混凝土，但不宜用于装饰混凝土。未经处理的海水严禁用于钢筋混凝土和预应力混凝土。

当对拌合用水进行检验时，被检验水样应与饮用水进行水泥凝结时间对比试验。对比试验的水泥初凝时间差及终凝时间差不应大于30min；同时，初凝和终凝时间应符合现行国家标准《通用硅酸盐水泥》GB 175—2007的规定。被检验水样与饮用水样进行水泥胶砂强度对比试验，被检水样配制的水泥胶砂3d和28d强度不应低于饮用水配制的水泥胶砂3d和28d强度的90%。

对硬化混凝土的养护用水，重点控制pH值、氯离子含量、硫酸根离子含量和放射性指标等。对混凝土养护用水的要求，监测项目可适当减少，可不检验不溶物和可溶物、泥凝结时间和水泥胶砂强度。

（五）外加剂

混凝土外加剂是指在拌制混凝土过程中掺入的用以改善新拌混凝土或硬化混凝土性能的材料。在混凝土中应用外加剂，具有投资少、见效快、技术经济效益显著的特点。混凝土外加剂的质量应符合现行国家标准《混凝土外加剂》GB 8076—2008、《混凝土外加剂应用技术规范》GB 50119—2013及相关的外加剂行业标准的有关规定。

（1）外加剂的作用。

1）能改善混凝土拌合物的和易性，减轻体力劳动强度，有利于机械化作业。

2）能减少养护时间或缩短预制构件的蒸养时间，加快模板周转，还可以提早对预应力钢筋混凝土的钢筋放张。

3）能提高或改善混凝土质量。有些外加剂掺入到混凝土中后，可以提高混凝土强度，增加混凝土的耐久性、密实性、抗冻性及抗渗性，并可改善混凝土的干燥收缩及徐变性能。有些外加剂还能提高混凝土中钢筋的耐锈蚀性能。

4）在采取一定的工艺措施之后，掺加外加剂能适当地节约水泥，并不至于影响混凝土的质量。

5）可以使水泥混凝土具备一些特殊性能，如产生膨胀或可以进行低温施工等。

（2）外加剂的分类。外加剂种类繁多，功能多样，所以国内外分类方法很不一致，通常有以下三种分类方法：

1）混凝土外加剂按其主要功能分为四类：

①改善混凝土拌合物流变性能的外加剂，包括各种减水剂、引气剂和泵送剂等。

②调节混凝土凝结时间、硬化性能的外加剂，包括缓凝剂、早强剂和速凝剂等。

③改善混凝土耐久性的外加剂，包括引气剂、防水剂、防冻剂和阻锈剂等。

④改善混凝土其他性能的外加剂，包括加气剂、膨胀剂、着色剂等。

2）混凝土外加剂按化学成分分为有机外加剂、无机外加剂和有机无机复合外加剂。

3）混凝土外加剂按使用效果分为减水剂，调凝剂（缓凝剂、早强剂、速凝剂），引气剂、加气剂、防水剂、阻锈剂、膨胀剂、防冻剂、着色剂、泵送剂，以及复合外加剂（如早强减水剂、缓凝减水剂、缓凝高效减水剂等）。

（3）常用混凝土外加剂。

1）减水剂。混凝土减水剂是指在保持混凝土坍落度基本相同的条件下，具有减水增强作用的外加剂。

混凝土掺入减水剂的技术经济效果：保持坍落度不变，掺减水剂可降低单位混凝土用水量5%~25%，提高混凝土早期强度，同时改善混凝土的密实度，提高耐久性；保持用水量不变，掺减水剂可增大混凝土坍落度100~200mm，能满足泵送混凝土的施工要求；保持强度不变，掺减水剂可节约水泥用量5%~20%。

2）早强剂。混凝土早强剂是指能提高混凝土早期强度，并对后期强度无显著影响的外加剂。若外加剂兼有早强和减水作用则称为早强减水剂。早强剂多用于抢修工程和冬季施工的混凝土。目前常用的早强剂有氯盐、硫酸盐、三乙醇胺和以它们为基础的复合早强剂。

3）引气剂。引气剂是在混凝土搅拌过程中，能引入大量分布均匀的稳定而密封的微小气泡，以减少拌合物泌水离析、改善和易性，同时显著提高硬化混凝土抗冻融耐久性的外加剂。兼有引气和减水作用的外加剂称为引气减水剂。

4）缓凝剂。缓凝剂是指延缓混凝土凝结时间，并不显著降低混凝土后期强度的外加剂。兼有缓凝和减水作用的外加剂称为缓凝减水剂。

缓凝剂用于大体积混凝土、炎热气候条件下施工的混凝土或长距离运输的混凝土，不宜单独用于蒸养混凝土。

5）泵送剂。泵送剂是指能改善混凝土拌合物的泵送性能，使混凝土具有能顺利通过输送管道，不阻塞，不离析，黏塑性良好的外加剂。其组分包含缓凝及减水组分，增稠组分（保水剂），引气组分，及高比表面无机掺合料。应用泵送剂温度不宜高于35℃，掺泵送剂过量可能造成堵泵现象。泵送混凝土水灰比为0.45~0.60，砂率宜为35%~45%。最小水泥用量应大于$0.3t/m^3$。

6）膨胀剂。膨胀剂能使混凝土产生一定的体积膨胀，其与水反应生成膨胀性水化物，与水泥混凝土凝结硬化过程中产生的收缩相抵消。按化学成分可分为硫铝酸盐系膨胀剂、石灰系膨胀剂、铁粉系膨胀剂、氧化镁型膨胀剂和复合型膨胀剂等。

当膨胀剂用于补偿收缩混凝土时膨胀率相当于或稍大于混凝土收缩，用于防裂、防水接缝、补强堵塞。当膨胀剂用于自应力混凝土时，膨胀率远大于混凝土收缩率，可以达到预应力或化学自应力混凝土的目的，常用于自应力钢筋混凝土输水、输气、输油压力管，反应罐、水池、水塔及其他自应力钢筋混凝土构件。

二、混凝土的技术性质

（一）混凝土的强度

（1）立方体抗压强度（f_{cu}）。按照标准的制作方法制成边长为150mm的立方体试件，在标准养护条件（温度20℃ ±2℃，相对湿度95%以上或在氢氧化钙饱和溶液中）下养护到28d，按照标准的测定方法测定其抗压强度值称为混凝土立方体试件抗压强度，简称立方体抗压强度，以f_{cu}表示。而立方体抗压强度（f_{cu}）只是一组试件抗压强度的算术平均值，并未涉及数理统计和保证率的概念。立方体抗压强度标准值（$f_{cu,k}$）是按数理统计方法确定，具有不低于95%保证率的立方体抗压强度。混凝土的强度等级是根据立方体抗压强度标准值来确定的。

（2）抗拉强度。混凝土在直接受拉时，很小的变形就要开裂。它在断裂前没有残余变形，是一种脆性破坏。混凝土的抗拉强度只有抗压强度的1/20~1/10，且强度等级越高，该比值越小，所以混凝土在工作时，一般不依靠其抗拉强度。在设计钢筋混凝土结构时，不是由混凝土承受拉力，而是由钢筋承受拉力。但是混凝土的抗拉强度对减少裂缝很重要，有时也用来间接衡量混凝土与钢筋的黏结强度。

目前，许多国家都是采用劈裂抗拉试验方法间接地求出混凝土抗拉强度，称为劈裂抗拉强度。

（3）抗折强度。在道路和机场工程中，混凝土抗折强度是结构设计和质量控制的重要指标，而抗压强度作为参考强度指标。各交通等级道路路面要求的水泥混凝土设计抗折强度为5.0MPa（特重和重交通量）、4.5MPa（中等交通量）、4.0MPa（轻交通量）。

（4）影响混凝土强度的因素。混凝土的强度主要取决于水泥石强度及其与骨料表面的黏结强度，而水泥石强度及其与骨料的黏结强度又与水泥强度等级、水灰比及骨料性质有密切关系。此外，混凝土的强度还受施工质量、养护条件及龄期的影响。

1）水泥强度等级和水灰比。在配合比相同的条件下，所用的水泥强度等级越高，制成的混凝土强度也越高。当用同一品种及相同强度等级水泥时，混凝土强度等级主要取决于水灰比。因为水泥水化时所需的结合水，一般只占水泥重量的25%左右，为了获得必要的流动性，保证浇灌质量，常需要较多的水，也就是较大的水灰比。当水泥水化后，多余的水分就残留在混凝土中，形成水泡或蒸发后形成气孔，减少了混凝土抵抗荷载的实际有效断面，在荷载作用下，可能在孔隙周围产生应力集中。因此可以认为，在水泥强度等级相同的情况下，水灰比越小，水泥石强度越高，与骨料黏结力也越大，混凝土强度也就越高。适当控制水灰比及水泥用量，是决定混凝土密实性的主要因素。

2）养护的温度和湿度。混凝土的硬化，关键在于水泥的水化作用，温度升高，水泥水化速度加快，因而混凝土强度发展也快。反之，温度降低，水泥水化速度降低，混凝土强度发展将相应迟缓。周围环境的湿度对水泥的水化作用能否正常进行有显著影响，湿度适当，水泥水化便能顺利进行，使混凝土强度得到充分发展。如果湿度不够，混凝土会失水干燥而影响水泥水化作用的正常进行，甚至停止水化。

水泥的水化作用不能完成，致使混凝土结构松散，渗水性增大，或形成干缩裂缝，严重降低了混凝土的强度，从而影响耐久性。因此，在夏季施工中应特别注意浇水，保持必要的湿度，在冬季特别注意保持必要的温度。

3）龄期。混凝土在正常养护条件下，其强度随着龄期增加而提高。最初 7~14d 内，强度增长较快，28d 以后增长缓慢。

（二）混凝土的和易性

（1）和易性概念。混凝土的和易性指混凝土拌合物在一定的施工条件下，便于各种施工工序的操作，以保证获得均匀密实的混凝土的性能。和易性是一项综合技术指标，包括流动性、黏聚性、保水性三个主要方面。

1）流动性，指混凝土拌合物在自重或机械振捣作用下，产生流动并均匀密实地充满模板的能力。

2）黏聚性，指混凝土拌合物具有一定的黏聚力，在施工、运输及浇筑过程中不致出现分层离析，使混凝土保持整体均匀性的能力。

3）保水性，指混凝土拌合物在施工中不致发生严重的泌水现象。

混凝土拌合物的流动性、黏聚性、保水性三者既相互联系，又相互矛盾。黏聚性好的混凝土拌合物，其保水性也好，但流动性较差；如增大流动性，则黏聚性、保水性易变差。

混凝土拌合物和易性通常采用坍落度及坍落扩展度试验和维勃稠度试验进行评定。

（2）影响混凝土和易性的主要因素。

1）水泥浆。水泥浆是普通混凝土和易性最敏感的影响因素。

2）骨料品种与品质。采用最大粒径稍小、棱角少、片状针颗粒少、级配好的粗骨料，细度模数偏大的中粗砂、砂率稍高、水泥浆体量较多的拌合物，混凝土和易性的综合指标较好。

3）砂率。砂率是指混凝土拌合物砂用量与砂石总量比值的百分率。在用水量及水泥用量一定的条件下，存在最佳砂率，使混凝土拌合物获得最大的流动性，且保持黏聚性和保水性。

4）其他因素。

①水泥与外加剂。与普通硅酸盐水泥相比，采用矿渣水泥、火山灰水泥的混凝土拌合物流动性较小。在混凝土拌和物中加入适量外加剂，如减水剂、引气剂等，使混凝土在较低水灰比、较小用水量的条件下仍能获得很好的流动性。

②温度和时间。混凝土拌合物流动性随温度的升高而降低。随着时间的延长，拌和好的混凝土坍落度逐渐减小。

（三）混凝土耐久性

（1）混凝土耐久性概念。混凝土耐久性是指混凝土在实际使用条件下抵抗各种破坏因素作用，长期保持强度和外观完整性的能力。包括混凝土的抗冻性、抗渗性、抗蚀性及抗碳化能力等。

1）抗冻性，指混凝土在饱和水状态下，能经受多次冻融循环而不破坏，也不严重降低强度的性能，是评定混凝土耐久性的主要指标。抗冻性好坏用抗冻等级表示。根据混凝土所能承受的反复冻融次数，划分为 F10、F15、F25、F50、F100、F150、F200、F250、F300 九个等级。

混凝土的密实度、孔隙的构造特征是影响抗冻性的重要因素。密实或具有封闭孔隙的混凝土，其抗冻性较好。

2）抗渗性，指混凝土抵抗水、油等液体渗透的能力。抗渗性好坏用抗渗等级表示。根据标准试件 28d 龄期试验时所能承受的最大水压，分为 P4、P6、P8、P10、P12 共 5 个等级，相应所能承受的水压分别为 0.4MPa、0.6MPa、0.8MPa、1.0MPa、1.2MPa。混凝土水灰比对抗渗性起决定性作用。

3）抗侵蚀性。腐蚀的类型通常有淡水腐蚀、硫酸盐腐蚀、溶解性化学腐蚀、强碱腐蚀等。混凝土的抗侵蚀性与密实度有关，水泥品种、混凝土内部孔隙特征对抗腐蚀性也有较大影响。

4）混凝土碳化。环境中的 CO_2 和水与混凝土内水泥石中的 $Ca(OH)_2$ 反应，生成碳酸钙和水，从而使混凝土的碱度降低，减弱了混凝土对钢筋的保护作用。环境中二氧化碳浓度、环境湿度、混凝土密实度、水泥品种与掺和料用量是影响混凝土碳化的主要因素。

（2）提高混凝土耐久性的措施。混凝土耐久性主要取决于组成材料的质量及混凝土密实度。提高混凝土耐久性的主要措施：

1）根据工程环境及要求，合理选用水泥品种。

2）控制水灰比及保证足够的水泥用量。

3）选用质量良好、级配合理的骨料和合理的砂率。

4）掺用合适的外加剂。

三、预拌混凝土

预拌混凝土是指在搅拌站（楼）生产的、通过运输设备送至使用地点的、交货时为拌合物的混凝土。预拌混凝土作为商品出售时，也称商品混凝土。预拌混凝土作为半成品，质量稳定、技术先进、节能环保，能提高施工效率，有利于文明施工。国家提倡或强制要求采用商品混凝土施工，在采用商品混凝土时要考虑混凝土的经济运距，一般以 15~20km 为宜，运输时间一般不宜超过 1h。

预拌混凝土分为常规品和特制品。常规品代号 A，特制品代号 B，包括的混凝土种类有高强混凝土、自密实混凝土、纤维混凝土、轻骨料混凝土和重混凝土。预拌混凝土供货量应以体积计，计算单位为 m^3。预拌混凝土体积应由运输车实际装载的混凝土拌合物质量除以混凝土拌合物的表观密度求得（一辆运输车实际装载量可由用于该车混凝土中全部原材料的质量之和求得，或可由运输车卸料前后的重量差求得）。预拌混凝土供货量应以运输车的发货总量计算。如需要以工程实际量（不扣除混凝土结构中的钢筋所占体积）进行复核时，其误差不应超过 ±2%。

四、特种混凝土

（一）高性能混凝土

高性能混凝土（High Performance Concrete，简称 HPC）是一种新型高技术混凝土。《高性能混凝土应用技术规程》CECS 207 : 2006 对高性能混凝土的定义为：采用常规材料和工艺生产，具有混凝土结构所要求的各项力学性能，具有高耐久性、高工作性和高体积稳定性的混凝土。这种混凝土特别适用于高层建筑、桥梁以及暴露在严酷环境中的建筑物。

（1）特性。

1）自密实性好。高性能混凝土的用水量较低、流动性好、抗离析性高，具有较优异的填充性。因此配合比恰当的大流动性高性能混凝土有较好的自密实性。

2）体积稳定性好。高性能混凝土的体积稳定性较高，具有高弹性模量、低收缩与徐变、低温度变形。普通混凝土的弹性模量为 20~25GPa，采用适宜的材料与配合比的高性能混凝土弹性模量可达 40~50GPa。采用高弹性模量、高强度的粗集料并降低混凝土中水泥浆体的含量，选用合理的配合比配制的高性能混凝土 90d 龄期的干缩值低于 0.04%。

3）强度高。高性能混凝土的抗压强度已超过 200MPa。28d 平均强度介于 100~120MPa 的高性能混凝土已在工程中应用。高性能混凝土抗拉强度与抗压强度值比高强混凝土有明显增加，高性能混凝土的早期强度发展较快，而后期强度的增长率却低于普通强度混凝土。

4）水化热低。由于高性能混凝土的水灰比较低，会较早地终止水化反应，因此水化热相应地降低。

5）收缩量小。高性能混凝土的总收缩量与其强度成反比，强度越高总收缩量越小，但高性能混凝土的早期收缩率随着早期强度的提高而增大。相对湿度和环境温度仍然是影响高性能混凝土收缩性能的两个主要因素。

6）徐变少。高性能混凝土的徐变变形显著低于普通混凝土，高性能混凝土与普通强度混凝土相比较，高性能混凝土的徐变总量（基本徐变与干燥徐变之和）有显著减少。

7）耐久性好。高性能混凝土除通常的抗冻性、抗渗性明显高于普通混凝土之外，高性能混凝土的渗透率 C_1 明显低于普通混凝土。高性能混凝土具有较高的密实性和抗渗性，其抗化学腐蚀性能显著优于普通强度混凝土。

8）耐高温（火）差。高性能混凝土在高温作用下会产生爆裂、剥落。为克服这一性能缺陷，可在高性能混凝土中掺入有机纤维，在高温下混凝土中的纤维能溶解、挥发，形成许多连通的孔隙，使高温作用产生的蒸汽压力得以释放，从而改善高性能混凝土的耐高温性能。

高性能混凝土是能更好地满足结构功能要求和施工工艺要求的混凝土，能最大限度地延长混凝土结构的使用年限，降低工程造价。

（2）制备高性能混凝土的技术途径。单方高性能混凝土用水量不宜大于 175kg/m³。胶凝材料总量宜为 450~600kg/m³，其中矿物微细粉用量不宜超过胶凝材料总量的 30%。水胶比不宜大于 0.38。砂率宜为 37%~44%。高效减水剂掺量根据坍落度要求而定。

1）选用优质的、符合要求的水泥和粗细集料。水泥应选用不低于 42.5MPa 的硅酸盐水泥或普硅酸盐水泥。水泥中 C_3A 含量应不大于 8%，细度控制在 10% 以内，碱含量小于 0.8%，氯离子含量小于 0.1%。

高性能混凝土应选择级配良好的石灰岩、花岗岩、辉绿岩等碎石，岩石的抗压强度与混凝土的抗压强度等级之比不低于 1.5，其压碎值应小于 10%，粗骨料中针片状颗粒含量应小于 5%，最大粒径宜小于或等于 25mm，宜采用 10~25mm 及 5~10mm 两级粗骨料配合。细骨料应选用处于级配区的中粗河砂，砂的细度模数要求为 2.6~3.7。

2）选用高效减水剂。高性能混凝土中使用的外加剂必须符合《混凝土外加剂》GB 8076—2008 和《混凝土外加剂应用技术规范》GB 50119—2013 的规定，并对混凝土及钢筋无害。所使用的减水剂必须是高效减水剂，其减水率不应低于 20%。

3）选用微细粉。选用具有一定潜在活性或者火山灰活性的矿物掺合料，如硅粉、粉煤灰、磨细矿渣粉、天然沸石粉、偏高岭土粉及复合微细粉等。所选用矿物微细粉必须对混凝土及钢筋无害并满足相关质量标准与技术规程的要求。

4）改善混凝土的施工工艺。目前效果比较显著的有以下几种：

①水泥裹砂混凝土搅拌工艺。裹砂混凝土搅拌工艺与普通搅拌工艺的主要区别是搅拌原料的投料顺序不同。普通搅拌工艺是水泥、砂、石一次配好加入搅拌机后，加上应配的水量拌和，而水泥裹砂搅拌工艺的投料方法如下：细骨材、水泥、微细粉投入加少量水（搅拌约 0.5min）→粗骨料投入（搅拌约 0.5min）→加入拌和用水（搅拌约 1min）→加入减水剂（搅拌约 0.5min）→出料。

②采用超声波振动或高频振动密实，采用振动频率大于或等于 2 万次 /min 的高频振动器，也可以取得一定的改善效果。

③对浇筑成型的新拌混凝土进行真空吸水。

④在真空吸水的同时，最好采用适当的机械振动从而促使新拌混凝土的"液化"而降低脱水阻力，有利于同相颗粒位置的调整，有利于气泡的排出。

（二）高强混凝土

高强度混凝土是用普通水泥、砂石作为原料，采用常规制作工艺，主要依靠高效减水剂，或同时外加一定数量的活性矿物掺合料，使硬化后强度等级不低于 C60 的混凝土。

（1）高强混凝土的特点。

1）高强混凝土的优点：

①高强混凝土可减少结构断面，降低钢筋用量，增加房屋使用面积和有效空间，减轻地基负荷；

②高强混凝土致密坚硬，其抗渗性、抗冻性、耐蚀性、抗冲击性等诸方面性能均优于普通混凝土；

③对预应力钢筋混凝土构件，高强混凝土由于刚度大、变形小，故可以施加更大的预应力和更早地施加预应力，以及减少因徐变而导致的预应力损失。

2）高强混凝土的不利条件：

①高强混凝土容易受到施工各环节中环境条件的影响，所以对其施工过程的质量管理水平要求高；

②高强混凝土的延性比普通混凝土差。

（2）高强混凝土的物理力学性能。

1）抗压性能。与中、低强度混凝土相比，高强混凝土中的孔隙较少，水泥石强度、水泥浆与骨料之间的界面强度、骨料强度这三者之间的差异也很小，所以更接近匀质材料，使得高强混凝土的抗压性能与普通混凝土相比有相当大的差别。

2）早期与后期强度。高强混凝土的水泥用量大，早期强度发展较快，特别是加入高效减水剂促进水化，早期强度更高，早期强度高的后期增长较小，掺高效减水剂的混凝土后期强度增长幅度要低于没有掺减水剂的混凝土。

3）抗拉强度。混凝土的抗拉强度虽然随着抗压强度的提高而提高，但它们之间的比值却随着强度的增加而降低。劈拉强度为立方体的抗压强度f_{cu}的1/18~1/15，抗折强度约为f_{cu}的1/12~1/8，而轴拉强度约为f_{cu}的1/24~1/20。在低强度混凝土中，这些比值均要大得多。

4）收缩。高强混凝土的初期收缩大，但最终收缩量与普通混凝土大体相同，用活性矿物掺合料代替部分水泥还可进一步减小混凝土的收缩。

5）耐久性。混凝土的耐久性包括抗渗性、抗冻性、耐磨性及抗侵蚀性等。高强混凝土在这些方面的性能均明显优于普通混凝土，尤其是外加矿物掺合料的高强度混凝土，其耐久性进一步提高。

（3）对高强混凝土组成材料的要求。

1）应选用质量稳定的硅酸盐水泥或普通硅酸盐水泥。

2）粗骨料应采用连续级配，其最大公称粒径不应大于25.0mm。

3）细骨料的细度模数为2.6~3.0，含泥量不大于2.0%。

4）高强度混凝土的水泥用量不应大于550kg/m³。

（三）轻骨料混凝土

轻骨料混凝土是用轻粗骨料、轻细骨料（或普通砂）和水泥配制而成的干表观密度小于1950kg/m³的混凝土。工程中使用轻骨料混凝土可以大幅度地降低建筑物的自重，降低地基基础工程费用和材料运输费用；可使建筑物绝热性改善，节约能源，降低建筑产品的使用费用；可减小构件或结构尺寸，节约原料，使使用面积增加等。

（四）多孔混凝土

（1）加气混凝土。加气混凝土是以硅质材料（砂、粉煤灰及含硅尾矿等）和钙质材料（石灰、水泥）为主要原料，掺加发气剂（铝粉），通过配料、搅拌、浇筑、预养、切割、蒸压、养护等工艺过程制成的轻质多孔硅酸盐制品。因其经发气后含有大量均匀而细小的气孔，故名加气混凝土。

（2）泡沫混凝土。凡在配制好的含有胶凝物质的料浆中加入泡沫而形成多孔的坯体，并经养护形成的多孔混凝土，称为泡沫混凝土。泡沫的形成可以通过化学发泡剂发泡，压缩空气弥散及天然沸石粉吸附空气（载气）等方法来完成。其中压缩空气弥散形成气泡制得的泡沫混凝土可称为充气型泡沫混凝土，天然沸石吸附空气形成气泡制得的混凝土可称为载气型泡沫混凝土。松香皂发泡剂是目前最常用的发泡剂。

（3）大孔混凝土。大孔混凝土指无细骨料的混凝土，按其粗骨料的种类，可分为普通无砂大孔混凝土和轻骨料大孔混凝土两类。

大孔混凝土适用于制作墙体小型空心砌块、砖和各种板材，也可用于现浇墙体。普通大孔混凝土还可制成滤水管、滤水板等，广泛用于市政工程。

（五）防水混凝土

防水混凝土又叫抗渗混凝土，防水混凝土的抗渗性能不得小于P6，一般通过对混凝土组成材料质量改善，合理选择配合比和集料级配，以及掺加适量外加剂，达到混凝土内部密实或是堵塞混凝土内部毛细管通路，使混凝土具有较高的抗渗性能，可提高混凝土结构自身的防水能力，节省外用防水材料，简化防水构造，对地下结构、高层建筑的基础以及贮水结构具有重要意义。结构混凝土抗渗等级是根据其工程埋置深度来确定的，按现行国家标准《地下工程防水技术规范》GB 50108—2008的规定，设计抗渗等级有P6、P8、P10、P12。

实现混凝土自防水的技术途径有以下几个方面：

（1）提高混凝土的密实度。

1）调整混凝土的配合比提高密实度。一般应在保证混凝土拌合物和易性的前提下，减小水灰比，降低孔隙率，减少渗水通道。适当提高水泥用量、砂率和灰砂比，在粗骨料周围形成质量良好的、足够厚度的砂浆包裹层，阻断沿粗骨料表面的渗水孔隙。改善骨料颗粒级配，降低混凝土孔隙率。

2）掺入化学外加剂提高密实度。在混凝土中掺入适量减水剂、三乙醇胺早强剂或氯化铁防水剂均可提高密实度，增加抗渗性。减水剂既可减少混凝土用水量，又可使水充分分散，水化加速，水化产物增加；三乙醇胺是水泥水化反应的催化剂，可增加水泥水化产物；氯化铁防水剂可与水泥水化产物中的 $Ca(OH)_2$ 生成不溶于水的胶体，填塞孔隙，从而配制出高密度、高抗渗的防水混凝土。氯化铁防水剂的掺量为水泥重量的 3%，用水稀释后使用。

3）使用膨胀水泥（或掺用膨胀剂）提高混凝土密实度，提高抗渗性。目前掺用膨胀剂的方法应用颇广，但必须首先依据现行标准《混凝土膨胀剂》GB/T 23439—2017 严格检验膨胀剂本身的质量，合格后掺用，方可取得应有的防水效果。

（2）改善混凝土内部孔隙结构。在混凝土中掺入适量引气剂或引气减水剂，可以形成大量封闭微小气泡，这些气泡相互独立，既不渗水，又使水路变得曲折、细小、分散，可显著提高混凝土的抗渗性。

防水混凝土施工技术要求较高，施工中应尽量少留或不留施工缝，必须留施工缝时需设止水带；模板不得漏浆；原材料质量应严加控制；加强搅拌、振捣和养护工序等。

（六）碾压混凝土

碾压混凝土是由级配良好的骨料、较低的水泥用量和用水量、较多的混合材料（往往加入适量的缓凝剂、减水剂或引气剂）制成的超干硬性混凝土拌合物，经振动碾压等工艺达到高密度、高强度的混凝土，是道路工程、机场工程和水利工程中性能好、成本低的新型混凝土材料。

（七）纤维混凝土

纤维混凝土是以混凝土为基体，外掺各种纤维材料而成，掺入纤维的目的是提高混凝土的抗拉强度，降低其脆性。纤维的品种有高弹性模量纤维（如钢纤维、碳纤维、玻璃纤维等）和低弹性模量纤维（如尼龙纤维、聚丙烯纤维）两类。纤维混凝土目前已逐渐地应用在高层建筑楼面，高速公路路面，荷载较大的仓库地面、停车场、贮水池等处。

（八）聚合物混凝土

聚合物混凝土是由有机聚合物、无机胶凝材料、集料有效结合而形成的一种新型混凝土材料的总称。它是混凝土与聚合物的复合材料，克服了普通混凝土抗拉强度低、脆性大、易开裂、耐化学腐蚀性差等缺点，扩大了混凝土的使用范围，是国内大力研究和发展的新型混凝土。聚合物混凝土主要分为：聚合物浸渍混凝土、聚合物水泥混凝土和聚合物胶结混凝土（树脂混凝土）三类。

2.1.4 砌筑材料

一、砖

（一）烧结砖

（1）烧结普通砖，根据国家标准《烧结普通砖》GB/T 5101—2017 的规定，按主要原料分为黏土砖（N）、页岩砖（Y）、煤矸石砖（M）、粉煤灰砖（F）、建筑渣土砖（Z）、淤泥砖（U）、污泥砖（W）、固体废弃物砖（G）。

1）基本参数。砖为直角六面体，其公称尺寸为 240mm × 115mm × 53mm，吸水率为 16%~18%。

2）外观质量。烧结普通砖的优等品颜色应基本一致，合格品颜色无要求。外观质量包括对尺寸偏差、弯曲程度、杂质凸出高度、缺棱掉角、裂纹长度和完整面的要求。

3）强度等级。烧结普通砖强度等级是通过取 10 块砖试样进行抗压强度试验，根据抗压强度平均值和强度标准值来划分五个等级：MU30、MU25、MU20、MU15、MU10。

4）耐久性。耐久性包括抗风化性、泛霜和石灰爆裂等指标。抗风化性通常以其抗冻性、吸水率及饱和系数等来进行判别。而石灰爆裂与泛霜均与砖中石灰夹杂有关，这些石灰夹杂可能因原料中含有石灰石，在砖的焙烧过程中相伴产生，也可能生石灰被直接带入。当砖砌筑完毕后，石灰吸水熟化，造成体积膨胀，导致砖开裂，称为石灰爆裂。同时使砌体表面产生一层白色结晶，即为泛霜。它们将不仅影响砖砌体外在观感，而且会造成砌体表面粉刷脱落。优等品不得有泛霜，且不允许出现最大破坏尺寸大于 2mm 的爆裂区域。

烧结普通砖具有较高的强度，良好的绝热性、耐久性、透气性和稳定性，且原料广泛，生产工艺简单，因而可用作墙体材料，砌筑柱、拱、窑炉、烟囱、沟道及基础等。

（2）烧结多孔砖。烧结多孔砖是以黏土、页岩、煤矸石、粉煤灰等为主要原料烧制的主要用于结构承重的多孔砖。多孔砖大面有孔，孔多而小，孔洞垂直于大面（即受压面），孔洞率不小于 28%。

根据现行国家标准《烧结多孔砖和多孔砌块》GB 13544—2011 的规定，按抗压强度分为 MU30、MU25、MU20、MU15、MU10 五个强度等级，砖的密度等级分为 1000、1100、1200、1300 四个等级，砌块的密度等级分为 900、1000、1100、1200 四个等级。烧结多孔砖主要用于六层以下建筑物的承重墙体。

（3）烧结空心砖。烧结空心砖是以黏土、页岩、煤矸石、粉煤灰等为主要原料烧制的主要用于非承重部位的空心砖。其顶面有孔，孔大而少，孔洞为矩形条孔或其他孔形，孔洞率大于 40%。由于其孔洞平行于大面和条面，垂直于顶面，使用时大面承压，承压面与孔洞平行，所以这种砖强度不高，而且自重较轻，因而多用于非承重墙，如多层建筑内隔墙或框架结构的填充墙等。

（二）蒸养（压）砖

蒸养（压）砖属于硅酸盐制品，是以石灰和含硅原料（砂、粉煤灰、炉渣、矿渣、煤矸石等）加水拌和，经成型、蒸养（压）而制成的。目前使用的主要有粉煤灰砖、灰砂砖和炉渣砖。以灰砂砖为例作简单介绍。

蒸压灰砂砖以石灰和砂为原料，经制坯成型、蒸压养护而成。这种砖与烧结普通砖尺寸规格相同。按抗压、抗折强度值可划分为 MU25、MU20、MU15、MU10 四个强度等级。MU15 以上者可用于基础及其他建筑部位。MU10 砖可用于防潮层以上的建筑部位。这种砖均不得用于长期经受 200℃高温、急冷急热或有酸性介质侵蚀的建筑部位。

根据尺寸偏差和外观分为优等品（A）、一等品（B）、合格品（C）三种质量等级。

二、砌块

（1）粉煤灰砌块，以粉煤灰、石灰、石膏为原料，经加水搅拌、振动成型、蒸汽养护制成。

（2）中型空心砌块，按胶结材料不同分为水泥混凝土型及煤矸石硅酸盐型两种。空心率大于或等于 25%。

（3）混凝土小型空心砌块，以水泥或无熟料水泥为胶结料，配以砂、石或轻骨料（浮石、陶粒等），经搅拌、成型、养护而成。

（4）蒸压加气混凝土砌块，以钙质或硅质材料，如水泥、石灰、矿渣、粉煤灰等为基本材料，以铝粉为发气剂，经蒸压养护而成，是一种多孔轻质的块状墙体材料，也可作绝热材料。

砌块建筑是墙体技术改革的一条有效途径，可使墙体自重减轻，建筑功能改善，造价降低，这些突出优点为其广泛使用奠定了基础。

三、石材

砌体结构中，常用的天然石材为无明显风化的花岗岩、砂石和石灰石等。石材的抗压强度高、耐久性好，多用于房屋基础、勒脚部位。在有开采加工能力的地区，也可用于房屋的墙体，但是石材传热性高，用于采暖房屋的墙壁时，厚度需要很大，经济性较差。

四、砌筑砂浆

（一）材料要求

砌筑砂浆根据组成材料的不同，分为水泥砂浆、石灰砂浆、水泥石灰混合砂浆等。一般砌筑基础采用水泥砂浆；砌筑主体及砖柱常采用水泥石灰混合砂浆；石灰砂浆有时用于砌筑简易工程。水泥砂浆及预拌砂浆的强度等级可分为 M5、M7.5、M10、M15、M20、M25、M30；水泥混合砂浆的强度等级可分为 M5、M7.5、M10、M15。工程中根据具体强度要求选择使用。

水泥宜采用通用硅酸盐水泥或砌筑水泥。水泥强度等级应根据砂浆品种及强度等级的要求进行选择。M15 及以下强度等级的砌筑砂浆宜选用 32.5 级的通用硅酸盐水泥或砌筑水泥；M15 以上强度等级的砌筑砂浆宜选用 42.5 级通用硅酸盐水泥。

砂宜选用中砂，并应符合现行行业标准规定，且应全部通过 4.75mm 的筛孔。

石灰膏在水泥石灰混合砂浆中起增加砂浆和易性的作用。生石灰熟化成石灰膏时，应用孔径不大于

3mm × 3mm 的筛网过滤，熟化时间不得少于 7d；磨细生石灰粉的熟化时间不得少于 2d。严禁使用脱水硬化的石灰膏，这种硬化石灰膏既起不到塑化作用，又影响砂浆的强度。除石灰膏外，在水泥石灰混合砂浆中适当掺入电石膏和粉煤灰也能增加砂浆的和易性。

拌制砂浆的水应是不含有害物质的洁净水，食用水可用来拌制各类砂浆。若用工业废水和矿泉水时，须经化验合格后才能使用。

（二）砂浆制备与使用

砂浆的配合比应经试配确定，试配时应采用工程中实际使用的材料。根据现行行业标准《砌筑砂浆配合比设计规程》JGJ/T 98—2010 的规定，水泥砂浆配合比可按表 2.1.4 选用。

表 2.1.4　每立方米水泥砂浆材料用量（kg/m^3）

强度等级	水泥	砂子	砂浆
M5	200~230	砂子的堆积密度值	270~330
M7.5	230~260		
M10	260~290		
M15	290~330		
M20	340~400		
M25	360~410		
M30	430~480		

注：1. M15 及以下强度等级水泥砂浆，水泥强度等级为 32.5 级；M15 以上强度等级水泥砂浆，水泥强度等级为 42.5 级；
2. 当采用细砂或粗砂时，用水量分别取上限或下限；
3. 稠度小于 70mm 时，用水量可小于下限；
4. 施工现场气候炎热或干燥季节，可酌量增加用水量。

砌筑砂浆现场配料，应采用重量计量。水泥、有机塑化剂、外加剂等材料的配料精度应控制在 ±2% 以内；砂、石灰膏、电石膏、粉煤灰等材料的配料精度应控制在 ±5% 以内。

（三）预拌砂浆

预拌砂浆是指由专业化厂家生产的，用于建设工程中的各种砂浆拌和物。按生产方式，可将预拌砂浆分为湿拌砂浆和干混砂浆两大类。

湿拌砂浆是指将水泥、细骨料、矿物掺和料、外加剂、添加剂和水，按一定比例，在搅拌站经计量、拌制后，运至使用地点，并在规定时间内使用的拌合物。湿拌砂浆按用途可分为湿拌砌筑砂浆、湿拌抹灰砂浆、湿拌地面砂浆和湿拌防水砂浆。因特种用途的砂浆黏度较大，无法采用湿拌的形式生产，因而湿拌砂浆中仅包括普通砂浆。

干混砂浆是将水泥、干燥骨料或粉料、添加剂以及根据性能确定的其他组分，按一定比例在专业生产厂计量、混合而成的混合物，在使用地点按规定比例加水或配套组分拌和使用。按用途分为干混砌筑砂浆、干混抹灰砂浆、干混地面砂浆、干混普通防水砂浆、干混陶瓷砖黏结砂浆、干混界面砂浆、干混保温板黏结砂浆、干混保温板抹面砂浆、干混聚合物水泥防水砂浆、干混自流平砂浆、干混耐磨地坪砂浆和干混饰面砂浆。既有普通干混砂浆又有特种干混砂浆。普通干混砂浆主要用于砌筑、抹灰、地面及普通防水工程，而特种干混砂浆是指具有特种性能要求的砂浆。

2.2　建筑装饰材料

2.2.1　饰面材料

常用的饰面材料有天然石材、人造石材、陶瓷与玻璃制品、塑料制品、石膏制品、木材以及金属材料等。

一、饰面石材

（一）天然饰面石材

天然饰面石材一般用致密岩石凿平或锯解而成厚度不大的石板，要求饰面石板具有耐久、耐磨、色彩美观、无裂缝等性质。常用的天然饰面石板有花岗石板、大理石板等。

（1）花岗石板材。花岗石板材为花岗岩经锯、磨、切等工艺加工而成的。花岗石板材质地坚硬密实，抗压强度高，具有优异的耐磨性及良好的化学稳定性，不易风化变质，耐久性好，但由于花岗石中含有石英，在高温下会发生晶型转变，产生体积膨胀，因此，花岗石耐火性差。

（2）大理石板。大理石是将大理石荒料经锯切、研磨、抛光而成的高级室内外装饰材料，其价格因花色、加工质量而异，差别极大。大理石结构致密，抗压强度高，但硬度不大，因此，大理石相对较易锯解、雕琢和磨光等加工。大理石一般含有多种矿物，故通常呈多种彩色组成的花纹，经抛光后光洁细腻，纹理自然，十分诱人。纯净的大理石为白色，称汉白玉，纯白和纯黑的大理石属名贵品种。

大理石板材具有吸水率小、耐磨性好以及耐久等优点，但其抗风化性能较差。因为大理石主要化学成分为碳酸钙，易被侵蚀，使表面失去光泽，变得粗糙而降低装饰及使用效果，故除个别品种（含石英为主的砂岩及石曲岩）外一般不宜用作室外装饰。

（二）人造饰面石材

（1）建筑水磨石板材。建筑水磨石板材是以水泥、石碴和砂为主要原料，经搅拌、成型、养护、研磨、抛光等工序制成的，具有强度高、坚固耐久、美观、刷洗方便、不易起尘、较好的防水与耐磨性能、施工简便等特点。特别值得注意的是，用高铝水泥作胶凝材料制成的水磨石板的光泽度高、花纹耐久，抗风化性、耐火性与防潮性等更好，原因在于高铝水泥水化生成的氢氧化铝胶体，与光滑的模板表面接触时形成氢氧化铝凝胶层，在水泥硬化过程中，这些氢氧化铝胶体不断填充于骨料的毛细孔隙中，形成致密结构，因而表面光滑、有光泽、呈半透明状。

水磨石板比天然大理石有更多的选择性，物美价廉，是建筑上广泛应用的装饰材料，可制成各种形状的饰面板，用于墙面、地面、窗台、踢脚、台面、踏步、水池等。

（2）合成石面板。合成石面板属人造石板，以不饱和聚酯树脂为胶结料，掺以各种无机物填料加反应促进剂制成。具有天然石材的花纹和质感、体积密度小、强度高、厚度薄、耐酸碱性与抗污染性好，其色彩和花纹均可根据设计意图制作，还可制成弧形、曲面等几何形状。品种有仿天然大理石板、仿天然花岗石板等，可用于室内外立面、柱面装饰，作室内墙面与地面装饰材料，还可作楼梯面板、窗台板等。

二、饰面陶瓷

建筑装饰用陶瓷制品是指用于建筑室内外装饰且档次较高的烧土制品。建筑陶瓷制品内部构造致密，有一定的强度和硬度，化学稳定性好，耐久性高，制品有各种颜色、图案，但性脆，抗冲击性能差。建筑陶瓷制品按产品种类分为陶器、瓷器与炻器（半瓷）三类，每类又可分为粗、细两种。

（一）釉面砖

釉面砖又称瓷砖，釉面砖为正面挂釉，背面有凹凸纹，以便于粘贴施工。它是建筑装饰工程中最常用的、最重要的饰面材料之一，是由瓷土或优质陶土煅烧而成，属精陶制品。釉面砖按釉面颜色分为单色（含白色）、花色及图案砖三种；按形状分为正方形、长方形和异型配件砖三种；按外观质量分为优等品、一等品与合格品三个等级。

釉面砖表面平整、光滑，坚固耐用，色彩鲜艳，易于清洁，防火、防水、耐磨、耐腐蚀等。但不应用于室外，因釉面砖砖体多孔，吸收大量水分后将产生湿胀现象，而釉吸湿膨胀非常小，从而导致釉面开裂，出现剥落、掉皮现象。

（二）墙地砖

墙地砖是墙砖和地砖的总称，该类产品作为墙面、地面装饰都可使用，故称为墙地砖，实际上包括建筑物外墙装饰贴面用砖和室内外地面装饰铺贴用砖。墙地砖是以品质均匀，耐火度较高的黏土作为原料，经压制成型，在高温下烧制而成。具有坚固耐用，易清洗、防火、防水、耐磨、耐腐蚀等特点，可制成平面、麻面、仿花岗石面、无光釉面、有光釉面、防滑面、耐磨面等多种产品。为了与基材有良好的黏结，其背面常常具有凹凸不平的沟槽等。墙地砖品种规格繁多，尺寸各异，以满足不同的使用环境条件的需要。

（三）陶瓷锦砖

陶瓷锦砖俗称马赛克，是以优质瓷土烧制成的小块瓷砖。出厂前按设计图案将其反贴在牛皮纸上，每张大小约30cm，称作一联。表面有无釉与有釉两种；花色有单色与拼花两种；基本形状有正方形、长方形、六角形等多种。

陶瓷锦砖色泽稳定、美观、耐磨、耐污染、易清洗，抗冻性能好，坚固耐用，且造价较低，主要用于室内地面铺装。

（四）瓷质砖

瓷质砖又称同质砖、通体砖、玻化砖，是由天然石料破碎后添加化学黏合剂压合经高温烧结而成。瓷质砖的烧结温度高，瓷化程度好，吸水率小于0.5%，吸湿膨胀率极小，故该砖抗折强度高、耐磨损、耐酸碱、不变色、寿命长，在 -15~20℃冻融循环 20 次无可见缺陷。

瓷质砖具有天然石材的质感，而且更具有高光度、高硬度、高耐磨、吸水率低、色差少，以及规格多样化和色彩丰富等优点。装饰在建筑物外墙壁上能起到隔声、隔热的作用，而且它比大理石轻便，质地均匀致密、强度高、化学性能稳定，其优良的物理化学性能源自它的微观结构。瓷质砖是多晶材料，主要由无数微粒级的石英晶粒和莫来石晶粒构成网架结构，这些晶体和玻璃体都有很高的强度和硬度，并且晶粒和玻璃体之间具有相当高的结合强度。瓷质砖是 20 世纪 80 年代后期发展起来的建筑装饰材料，正逐渐成为天然石材装饰材料的替代产品。

三、其他饰面材料

（一）石膏饰面材料

石膏饰面材料包括石膏花饰、装饰石膏板及嵌装式装饰石膏板等。它们均以建筑石膏为主要原料，掺入适量纤维增强材料（玻璃纤维、石棉等纤维及 107 胶等胶黏剂）和外加剂，与水搅拌后，经浇注成型、干燥制成。装饰石膏板按防潮性能分为普通板与防潮板两类，每类又可按平面形状分为平板、孔板与浮雕板三种。如在板材背面四边加厚，并带有嵌装企口则可制成嵌装式装饰石膏板。石膏板主要用作室内吊顶及内墙饰面。

（二）塑料饰面材料

塑料饰面材料包括各种塑料壁纸、塑料装饰板材（塑料贴面装饰、硬质 PVC 板、玻璃钢板、钙塑泡沫装饰吸声板等）、塑料卷材地板、块状塑料地板、化纤地毯等。

（三）木材、金属等饰面材料

此类饰面材料有薄木贴面板、胶合板、木地板、铝合金装饰板、彩色不锈钢板等。

2.2.2 建筑玻璃

玻璃是以石英砂、纯碱、石灰石和长石等主要原料以及一些辅助材料在高温下熔融、成型、急冷而形成的一种无定形非晶态硅酸盐物质，是各向同性的脆性材料。

在土木建筑工程中，玻璃是一种重要的建筑材料。它除了能采光和装饰外，还有控制光线、调节热量、节约能源、控制噪声、降低建筑物自重、改善建筑环境、提高建筑艺术水平等功能。

一、平板玻璃

（一）分类及规格

平板玻璃按颜色属性分为无色透明平板玻璃和本体着色平板玻璃。按生产方法不同，可分为普通平板玻璃和浮法玻璃两类。根据现行国家标准《平板玻璃》GB 11614—2009 的规定，平板玻璃按其公称厚度可分为 2mm、3mm、4mm、5mm、6mm、8mm、10mm、12mm、15mm、19mm、22mm 和 25mm，共 12 种规格。

（二）特性

（1）具有良好的透视、透光性能（3mm、5mm 厚的无色透明平板玻璃的可见光透射比分别为 88% 和

86%）。对太阳光中近红外热射线的透过率较高，但对可见光射至室内墙顶地面和家具、织物而反射产生的远红外长波热射线却能有效阻挡，故可产生明显的“暖房效应”。无色透明平板玻璃对太阳光中紫外线的透过率较低。

（2）隔声，有一定的保温性能。抗拉强度远小于抗压强度，是典型的脆性材料。

（3）有较高的化学稳定性，通常情况下，对酸、碱、盐及化学试剂及气体有较强的抵抗能力，但长期遭受侵蚀性介质的作用也能导致变质和破坏，如玻璃的风化和发霉都会导致外观的破坏和透光能力的降低。

（4）热稳定性较差，急冷急热，易发生炸裂。

（三）等级

按照国家标准，平板玻璃根据其外观质量分为优等品、一等品和合格品三个等级。

（四）应用

3~5mm 的平板玻璃一般直接用于有框门窗的采光，8~12mm 的平板玻璃可用于隔断、橱窗、无框门。平板玻璃的另外一个重要用途是作为钢化、夹层、镀膜、中空等深加工玻璃的原片。

二、装饰玻璃

装饰玻璃包括以装饰性能为主要特色的彩色平板玻璃、釉面玻璃、压花玻璃、喷花玻璃、乳花玻璃、刻花玻璃、冰花玻璃。

三、安全玻璃

（一）防火玻璃

普通玻璃因热稳定性较差，遇火易发生炸裂，故防火性能较差。防火玻璃是经特殊工艺加工和处理、在规定的耐火试验中能保持其完整性和隔热性的特种玻璃。防火玻璃原片可选用浮法平板玻璃、钢化玻璃，复合防火玻璃原片还可选用单片防火玻璃制造。

防火玻璃按结构可分为：复合防火玻璃（以 FFB 表示）、单片防火玻璃（以 DFB 表示）。按耐火性能可分为：隔热型防火玻璃（A 类）、非隔热型防火玻璃（C 类）。按耐火极限可分为五个等级：0.50h、1.00h、1.50h、2.00h、3.00h。防火玻璃主要用于有防火隔热要求的建筑幕墙、隔断等构造和部位。

（二）钢化玻璃

钢化玻璃是用物理或化学的方法，在玻璃的表面上形成一个压应力层，而内部处于较大的拉应力状态，内外拉压应力处于平衡状态。玻璃本身具有较高的抗压强度，表面不会造成破坏的玻璃品种。当玻璃受到外力作用时，这个压应力层可将部分拉应力抵消，避免玻璃的碎裂，从而达到提高玻璃强度的目的。钢化玻璃机械强度高、弹性好、热稳定性好、碎后不易伤人，但可发生自爆。

钢化玻璃具有较好的机械性能和热稳定性，常用作建筑物的门窗、隔墙、幕墙及橱窗、家具等。但钢化玻璃使用时不能切割、磨削，边角亦不能碰击挤压，需按现成的尺寸规格选用或提出具体设计图纸进行加工定制。用于大面积玻璃幕墙的玻璃在钢化程度上要予以控制，宜选择半钢化玻璃（即没达到完全钢化，其内应力较小），以避免受风荷载引起振动而自爆。

（三）夹丝玻璃

夹丝玻璃也称防碎玻璃或钢丝玻璃。它是由压延法生产的，即在玻璃熔融状态时将经预热处理的钢丝或钢丝网压入玻璃中间，经退火、切割而成。夹丝玻璃表面可以是压花的或磨光的，颜色可以制成无色透明或彩色的。

夹丝玻璃具有安全性、防火性和防盗抢性。

（1）安全性：夹丝玻璃由于钢丝网的骨架作用，不仅提高了玻璃的强度，而且遭受到冲击或温度骤变而破坏时，碎片也不会飞散，避免了碎片对人的伤害作用。

（2）防火性：当遭遇火灾时，夹丝玻璃受热炸裂，但由于金属丝网的作用，玻璃仍能保持固定，可防止火焰蔓延。

（3）防盗抢性：当遇到盗抢等意外情况时，夹丝玻璃虽玻璃碎但金属丝仍可保持一定的阻挡性，起到防盗、防抢的安全作用。

夹丝玻璃应用于建筑的天窗、采光屋顶、阳台及有防盗、防抢功能要求的营业柜台的遮挡部位。当用作防火玻璃时，要符合相应耐火极限的要求。夹丝玻璃可以切割，但断口处裸露的金属丝要做防锈处理，以防锈体体积膨胀，引起玻璃“锈裂”。

（四）夹层玻璃

夹层玻璃是将玻璃与玻璃和（或）塑料等材料用中间层分隔并通过处理使其黏结为一体的复合材料的统称。常见和大多使用的是玻璃与玻璃，用中间层分隔并通过处理使其黏结为一体的玻璃构件。而安全夹层玻璃是指在破碎时，中间层能够限制其开口尺寸并提供残余阻力以减少割伤或扎伤危险的夹层玻璃。用于生产夹层玻璃的原片可以是浮法玻璃、钢化玻璃、着色玻璃、镀膜玻璃等。夹层玻璃的层数有2层、3层、5层、7层，最多可达9层。

夹层玻璃的透明度好；抗冲击性能要比一般平板玻璃高好几倍；由于黏结用中间层（PVB胶片等材料）的黏合作用，玻璃即使破碎时，碎片也不会散落伤人；通过采用不同的原片玻璃，夹层玻璃还可具有耐久、耐热、耐湿、耐寒等性能。

夹层玻璃有着较高的安全性，一般在建筑上用于高层建筑的门窗、天窗、楼梯栏板和有抗冲击作用要求的商店、银行、橱窗、隔断及水下工程等安全性能高的场所或部位等。夹层玻璃不能切割，需要选用定型产品或按尺寸定制。

四、节能装饰型玻璃

（一）着色玻璃

着色玻璃是一种既能显著地吸收阳光中热作用较强的近红外线，而又保持良好透明度的节能装饰性玻璃。着色玻璃通常都带有一定的颜色，所以也称为着色吸热玻璃。

着色玻璃能有效吸收太阳的辐射热，产生“冷室效应”，可达到蔽热节能的效果。着色玻璃能吸收较多的可见光，使透过的阳光变得柔和，避免眩光并改善室内色泽。着色玻璃能较强地吸收太阳的紫外线，有效地防止紫外线对室内物品的褪色和变质作用。着色玻璃仍具有一定的透明度，能清晰地观察室外景物。着色玻璃色泽鲜丽，经久不变，能增加建筑物的外形美观。

着色玻璃在建筑装修工程中应用的比较广泛。凡既需采光又需隔热之处均可采用。采用不同颜色的着色玻璃能合理利用太阳光，调节室内温度，节省空调费用，而且对建筑物的外形有很好的装饰效果。一般多用作建筑物的门窗或玻璃幕墙。

（二）镀膜玻璃

镀膜玻璃分为阳光控制镀膜玻璃和低辐射镀膜玻璃，是一种既能保证可见光良好透过又可有效反射热射线的节能装饰型玻璃。镀膜玻璃是由无色透明的平板玻璃镀覆金属膜或金属氧化物而制得。根据外观质量，阳光控制镀膜玻璃和低辐射镀膜玻璃可分为优等品和合格品。

（1）阳光控制镀膜玻璃是对太阳光具有一定控制作用的镀膜玻璃。这种玻璃具有良好的隔热性能。在保证室内采光柔和的条件下，可有效地屏蔽进入室内的太阳辐射能。可以避免暖房效应，节约室内降温空调的能源消耗。阳光控制镀膜玻璃的镀膜层具有单向透视性，故又称为单反玻璃。阳光控制镀膜玻璃可用作建筑门窗玻璃、幕墙玻璃，还可用于制作高性能中空玻璃。具有良好的节能和装饰效果，很多现代的高档建筑都选用镀膜玻璃做幕墙，但在使用时应注意，不恰当或使用面积过大会造成光污染，影响环境的和谐。单面镀膜玻璃在安装时，应将膜层面向室内，以提高膜层的使用寿命和取得节能的最大效果。

（2）低辐射镀膜玻璃又称“Low-E”玻璃，是一种对远红外线有较高反射比的镀膜玻璃。低辐射镀膜玻璃对于太阳可见光和近红外光有较高的透过率，有利于自然采光，可节省照明费用。但玻璃的镀膜对阳光中的和室内物体所辐射的热射线均可有效阻挡，因而可使夏季室内凉爽而冬季则有良好的保温效果，总体节能效果明显。此外，低辐射膜玻璃还具有较强的阻止紫外线透射的功能，可以有效地防止室内陈设物品、家具等受紫外线照射产生老化、褪色等现象。低辐射膜玻璃一般不单独使用，往往与普通平板玻璃、浮法玻璃、钢化玻璃等配合，制成高性能的中空玻璃。

（三）中空玻璃

中空玻璃是由两片或多片玻璃以有效支撑均匀隔开并周边黏结密封，使玻璃层间形成带有干燥气体的空间，从而达到保温隔热效果的节能玻璃制品。中空玻璃按玻璃层数，有双层和多层之分，一般是双层结构。可采用无色透明玻璃、热反射玻璃、吸热玻璃或钢化玻璃等作为中空玻璃的基片。

中空玻璃具有光学性能良好、保温隔热、降低能耗、防结露、隔声性能好等优点。以 6mm 厚玻璃为原片，玻璃间隔（即空气层厚度）为 9mm 的普通中空玻璃，大体相当于 100mm 厚普通混凝土的保温效果。适用于寒冷地区和需要保温隔热、降低采暖能耗的建筑物。中空玻璃具有良好的隔声性能，一般可使噪声下降 30~40dB。

中空玻璃主要用于对保温隔热、隔声等功能要求较高的建筑物，如宾馆、住宅、医院、商场、写字楼等，也广泛用于车船等交通工具。内置遮阳中空玻璃制品是一种新型中空玻璃制品，这种制品在中空玻璃内安装遮阳装置，可控遮阳装置的功能动作在中空玻璃外面操作，大大提高了普通中空玻璃隔热、保温、隔声等性能，并增加了性能的可调控性。

（四）真空玻璃

真空玻璃将两片平板玻璃四周密闭起来，将其间隙抽成真空并密封排气孔，两片玻璃之间的间隙仅为 0.1~0.2mm，而且两片玻璃中一般至少有一片是低辐射玻璃。真空玻璃和中空玻璃在结构和制作上完全不相同，中空玻璃只是简单地把两片玻璃黏合在一起，中间夹有空气层，而真空玻璃是在两片玻璃中间夹入胶片支撑，在高温真空环境下使两片玻璃完全融合，这样就将通过传导、对流和辐射方式散失的热量降到最低。另外，两片玻璃中间保持完全真空，使声音无法传导，虽然真空玻璃的支撑形成了声桥，但这些支撑只占玻璃有效传声面积的千分之几，故这些微小声桥就可以忽略不计。真空玻璃比中空玻璃有更好的隔热、隔声性能。

真空玻璃的技术要求有：厚度偏差、尺寸及其允许偏差、边部加工、保护帽、支撑物、外观质量、封边质量、弯曲度、保温性能、耐辐射性、气候循环耐久性、高温高湿耐久性、隔声性能。保护帽是由金属或有机等材料制成的附着在真空玻璃排气口的保护装置。

真空玻璃是新型、高科技含量的节能玻璃深加工产品，是我国玻璃工业中为数不多的具有自主知识产权的前沿产品，它的研发推广符合国家鼓励自主创新的政策，也符合国家大力提倡的节能政策，在绿色建筑的应用上具有良好的发展潜力和前景。

2.2.3　建筑装饰涂料

一、建筑装饰涂料的基本组成

涂料最早是以天然植物油脂、天然树脂如亚麻子油、桐油、松香、生漆等为主要原料的植物油脂，以前称为油漆。目前，合成树脂在很大程度上已取代了天然树脂，正式命名为涂料，所以油漆仅是一类油性涂料。

建筑涂料主要是指用于墙面与地面装饰涂敷的材料，尽管在个别情况下可少量使用油漆涂料，但用于墙面与地面的涂覆装饰，绝大部分为建筑涂料。建筑涂料的主体是乳液涂料和溶剂型合成树脂涂料，也有以无机材料（钾水玻璃等）胶结的高分子涂料，但成本较高，尚未广泛使用。建筑材料按其使用不同而分为外墙涂料、内墙涂料及地面涂料。

二、对外墙涂料的基本要求

外墙涂料主要起装饰和保护外墙墙面的作用，要求有良好的装饰性、耐水性、耐候性、耐污染性，并要求施工及维修容易。

（1）装饰性良好。要求外墙涂料色彩丰富多样，保色性良好，能较长时间保持良好的装饰性能。

（2）耐水性良好。外墙面暴露在大气中，要经常受到雨水的冲刷，因而作为外墙涂层，应有很好的耐水性能。当基层墙面发生小裂缝时，涂层仍有防水的功能。

（3）耐候性良好。暴露在大气中的涂层，要经受日光、雨水、风沙、冷热变化等作用，在这类自然力的反复作用下，通常涂层会发生干裂、剥落、脱粉、变色等现象，这样涂层会失去原来的装饰与保护功能。因此作为外墙装饰的涂层，要求在规定年限内，不能发生破坏现象，即应有良好的耐候性能。

（4）耐污染性好。大气中的灰尘及其他物质污染涂层以后，涂层会失去装饰效果因而要求外墙装饰涂层不易被这些物质玷污或玷污后容易清除掉。

（5）施工及维修容易。建筑物外墙面积很大，要求外墙涂料施工操作简便。同时为了始终保持涂层良好的装饰效果，要经常进行清理，重涂等维修施工，要求重涂施工容易。

常用于外墙的涂料有苯乙烯－丙烯酸酯乳液涂料、丙烯酸酯系外墙涂料、聚氨酯系外墙涂料、合成树脂乳液砂壁状涂料等。

三、对内墙涂料的基本要求

对于内墙饰面，多数是在近距离上看的，与人接触也很密切，对内墙涂料的基本要求：

（1）色彩丰富、细腻、调和。内墙的装饰效果主要由质感、线条和色彩三个因素构成。采用涂料装饰时，其色彩为主要因素。内墙涂料的颜色一般应淡雅、明亮，由于居住者对颜色的喜爱不同，因此建筑内墙涂料的色彩品种要求十分丰富。

（2）耐碱性、耐水性、耐粉化性良好。由于墙面基层常带有碱性，因而涂料的耐碱性应良好；室内湿度一般比室外高，同时为清洁内墙，涂层常要与水接触，因此要求涂料具有一定的耐水性及可刷洗性：脱粉型的内墙涂料是不可取的，它会给居住者带来极大的不适感。

（3）透气性良好。室内常有水汽，透气性不好的墙面材料易结露、挂水，不利于居住，因而透气性良好是内墙涂料应具备的性能。

（4）涂刷方便，重涂容易。为了保持优雅的居住环境，内墙面翻修的次数较多，因此要求内墙涂料涂刷施工方便，维修容易。

常用于内墙的涂料有聚乙烯醇水玻璃涂料（106内墙涂料）、聚醋酸乙烯乳液涂料、醋酸乙烯－丙烯酸酯有光乳液涂料、多彩涂料等。

四、对地面涂料的基本要求

地面涂料的主要功能是装饰与保护室内地面。为了获得良好的装饰效果和使用性能，对地面涂料的基本要求：

（1）耐碱性良好。因为地面涂料主要涂刷在水泥砂浆基层上，而基层往往带有碱性，因而要求所用的涂料具有优良的耐碱性能。

（2）耐水性良好。为了保持地面的清洁，经常需要用水擦洗，因此要求涂层有良好的耐水洗刷性能。

（3）耐磨性良好。人们的行走，重物的拖移，使地面层经常受到摩擦，因此用作地面保护与装饰的涂料涂层应具有非常好的耐磨性能。

（4）抗冲击性良好。地面容易受到重物的撞击，要求地面涂层受到重物冲击以后不易开裂或脱落，允许有少量凹痕。

（5）与水泥砂浆有好的粘接性能。凡用作水泥地面装饰的涂料，必须具备与水泥类基层的粘接性能，要求在使用过程中不脱落，容易脱落的涂料是不易用作地面涂料的。

（6）涂刷施工方便，重涂容易。为了保持室内地面的装饰效果，待地面涂层磨损或受机械力局部被破坏以后，需要进行重涂，因此要求地面涂料施工方法简单，易于重涂施工。

地面涂料的应用主要有两方面：一是用于木质地面的涂饰，如常用的聚氨酯漆、钙酯地板漆和酚醛树脂地板漆等；二是用于地面装饰，做成无缝涂布地面等，如常用的过氯乙烯地面涂料、聚氨酯地面涂料、环氧树脂厚质地面涂料等。

2.2.4 建筑塑料

塑料是以合成树脂为主要成分，加入各种填充料和添加剂，在一定的温度、压力条件下塑制而成的材料。塑料具有优良的加工性能，质量轻、比强度高，绝热性、装饰性、电绝缘性、耐水性和耐腐蚀性好，但塑料的刚度小，易燃烧、变形和老化，耐热性差。一般习惯将用于建筑工程中的塑料及制品称为建筑塑料，常用作装饰材料、绝热材料、吸声材料、防水材料、管道及卫生洁具等。

一、塑料门窗

由于塑料具有易加工成型和拼装的优点，因此塑料门窗结构形式的设计有很大的灵活性。与钢木门窗及铝合金门窗相比，塑料门窗的隔热性能优异，容易加工，施工方便，同时具有良好的气密性、水密性、装饰性和隔声性能。在节约能耗、保护环境方面，塑料门窗比木、钢、铝合金门窗有明显的优越性。

目前，塑料门窗多用中空异型型材，为了提高塑料型材的刚度，减少变形，常在中空主腔中补加弯成槽形或方形的镀锌钢板，这种门窗称为塑钢门窗。

二、塑料地板

塑料地板包括用于地面装饰的各类塑料块板和铺地卷材。塑料地板作为地面装饰材料应满足耐磨性、耐火性、装饰性好，脚感舒适的各项要求。目前常用的主要有聚氯乙烯塑料地板，其具有较好的耐燃性，且价格便宜。

三、塑料墙纸

塑料墙纸是以一定材料（如纸、纤维织物等）为基材，表面进行涂塑后，再经过印花、压花或发泡处理等多种工艺而制成的一种墙面装饰材料。塑料墙纸与传统的墙纸和织物饰面材料相比，具有装饰效果好、粘贴方便、使用寿命长、易维修保养、物理性能好等优点。广泛用于室内墙面装饰装修，也可用于顶棚、梁、柱以及车辆、船舶、飞机的内部装饰。

四、玻璃钢制品

常见的玻璃钢制品是用玻璃纤维及其织物为增强材料，以热固性不饱和聚酯树脂或环氧树脂等为材料制成的一种复合材料。它的质量轻，强度接近钢材。常见的玻璃钢建筑制品有玻璃钢波形瓦、玻璃钢采光罩、玻璃钢卫生洁具等。

五、塑料管材及配件

塑料管材及配件可在电气安装工程中用于各种电线的套管、各种电器配件（如开关、线盒、插座等）及各种电线的绝缘套等。在水暖安装工程中，上、下水管道的安装主要以硬质管材为主，其配件也为塑料制品；供暖管道的安装主要以新型复合铝塑管为主，配件多以专用金属配件（不锈钢、铜等）进行安装。常用的塑料管材有：硬聚氯乙烯（PVC–U）管、氯化聚氯乙烯（PVC–C）管、无规共聚聚丙烯管（PP–R 管）、丁烯管（PB 管）、交联聚乙烯管（PEX 管）等。

（1）硬聚氯乙烯（PVC–U）管。硬聚氯乙烯（PVC–U）管通常直径为 40~100mm；内壁光滑阻力小、不结垢、无毒、无污染、耐腐蚀；使用温度不大于 40℃，为冷水管；抗老化性能好、难燃，可采用橡胶圈柔性接口安装；主要应用于给水管道（非饮用水）、排水管道、雨水管道。

（2）氯化聚氯乙烯（PVC–C）管。氯化聚氯乙烯（PVC–C）管具有高温机械强度高的特点，适用于受压的场合；安装方便，连接方法为溶剂粘接、螺纹连接、法兰连接和焊条连接；阻燃、防火、导热性能低，管道热损失少；管道内壁光滑，抗细菌的滋生性能优于铜、钢及其他塑料管道；热膨胀系数低，产品尺寸全（可做大口径管材），安装附件少，安装费用低；主要应用于冷热水管、消防水管系统、工业管道系统。因其使用的胶水有毒性，一般不用于饮用水管道系统。

（3）无规共聚聚丙烯管（PP–R 管）。无规共聚聚丙烯管（PP–R 管）具有无毒、无害、不生锈、不腐蚀，有高度的耐酸性和耐氯化物性，耐热性能好，耐腐蚀性好，不生锈，不腐蚀，不会滋生细菌，无电化学腐蚀，保温性能好，膨胀力小；管材内壁光滑，不会结垢，采用热熔连接方式进行连接，牢固不漏，施工便捷，对环境无任何污染，绿色环保，配套齐全，价格适中；抗紫外线能力差，在阳光的长期照射下易老化；属于可燃性材料，不得用于消防给水系统；刚性和抗冲击性能比金属管道差；线膨胀系数较大，明敷或架空敷设所需支吊架较多，影响美观；主要应用于饮用水管、冷热水管。

（4）丁烯管（PB 管）。丁烯管（PB 管）具有较高的强度，韧性好，无毒，易燃，热胀系数大，价格高；主要应用于饮用水、冷热水管；特别适用于薄壁小口径压力管道，如地板辐射采暖系统的盘管。

（5）交联聚乙烯管（PEX 管）。交联聚乙烯管（PEX 管）具有无毒、卫生、透明的特点。有折弯记忆性、不可热熔连接、热蠕动性较小、低温抗脆性较差、原料便宜等性能；可输送冷、热水、饮用水及其他液体；阳光照射下可使 PEX 管加速老化，缩短使用寿命，避光可使塑料制品减缓老化，使寿命延长；主要应用于地板辐射采暖系统的盘管。

2.2.5 装饰装修用钢材

现代建筑装饰工程中，钢材制品得到广泛应用。常用的主要有不锈钢钢板和钢管、彩色不锈钢板、彩色涂层钢板和彩色涂层压型钢板，以及镀锌钢卷帘门板及轻钢龙骨等。

一、不锈钢及其制品

不锈钢是指含铬量在12%以上的铁基合金钢。铬的含量越高，钢的抗腐蚀性越好。建筑装饰工程中使用的是要求具有较好的耐大气和水蒸气侵蚀性的普通不锈钢。用于建筑装饰的不锈钢材主要有薄板（厚度小于2mm）和用薄板加工制成的管材、型材等。

二、轻钢龙骨

轻钢龙骨以镀锌钢带或薄钢板为原料，由特制轧机经多道工艺轧制而成，断面有U形、C形、T形和L形，主要用于装配各种类型的石膏板、钙塑板、吸声板等，用作室内隔墙和吊顶的龙骨支架。与木龙骨相比，具有强度高、防火、耐潮、便于施工安装等特点。轻钢龙骨主要分为吊顶龙骨（代号D）和墙体龙骨（代号Q）两大类。吊顶龙骨又分为主龙骨（承载龙骨）、次龙骨（覆面龙骨）。墙体龙骨分为竖龙骨、横龙骨和通贯龙骨等。

2.2.6 木材

木材是人类使用最早的建筑材料之一。木材的有效综合利用是提高木材利用率，避免浪费，物尽其用，节约木材的方向。充分利用木材的边角废料，生产各种人造板材，则是对木材进行综合利用的重要途径。人造板质量主要取决于木材质量、胶料质量和加工工艺等。

建筑工程中常用木材按其用途和加工程度分为原条、原木、锯材等类别，主要用于脚手架、木结构构件和家具等。为了提高木材利用率，充分利用木材的性能，经过深加工和人工合成，可以制成各种装饰材料和人造板材。

一、旋切微薄木

有色木、桦木或树根瘤多的木段，经水蒸软化后，旋切成0.1mm左右的薄片，与坚韧的纸胶合而成。由于具有天然的花纹，具有较好的装饰性，可压贴在胶合板或其他板材表面，作墙、门和各种柜体的面板。

二、软木壁纸

软木壁纸是由软木纸与基纸复合而成。软木纸是以软木的树皮为原料，经粉碎、筛选和风选的颗粒加胶结剂后，在一定压力和温度下胶合而成。它保持了原软木的材质，手感好，隔声、吸声，典雅舒适，特别适用于室内墙面和顶棚的装修。

三、木质合成金属装饰材料

木质合成金属装饰材料是以木材、木纤维作芯材，再合成金属层（铜和铝），在金属层上进行着色氧化、电镀贵重金属，再涂膜养护等工序加工制成。木质芯材金属化后克服了木材易腐烂、虫蛀、易燃等缺点，又保留了木材易加工、安装的优良工艺性能，主要用于装饰门框、墙面、柱面和顶棚等。

四、木地板

木地板可分为实木地板、强化木地板、实木复合地板和软木地板。实木地板是由天然木材经锯解、干燥后直接加工而成，其断面结构为单层。强化木地板是多层结构地板，由表面耐磨层、装饰层、缓冲层、人造板基材和平衡层组成，具有很高的耐磨性，力学性能较好，安装简便，维护保养简单。实木复合地板是利用珍贵木材或木材中的优质部分以及其他装饰性强的材料作表层，材质较差或质地较差部分的竹、木材料作中层或底层，经高温高压制成的多层结构的地板。

五、人造木材

人造木材是将木材加工过程中的大量边角、碎料、刨花、木屑等，经过再加工处理，制成各种人造板材。

（1）胶合板。胶合板又称层压板，是将原木旋切成大张薄片，各片纤维方向相互垂直交错，用胶黏剂加热压制而成。胶合板一般是3~13层的奇数，并以层数取名，如三合板、五合板等。

生产胶合板是合理利用木材，改善木材物理力学性能的有效途径，能获得较大幅宽的板材，消除各向异性，克服木节和裂纹等缺陷的影响。

胶合板可用于隔墙板、天花板、门芯板、室内装修和家具等。

（2）纤维板。纤维板是将树皮、刨花、树枝等木材废料经切片、浸泡、磨浆、施胶、成型及干燥或热压等工序制成。为了提高纤维板的耐燃性和耐腐性，可在浆料里施加或在湿板坯表面喷涂耐火剂或防腐剂。纤维板材质均匀，完全避免了木节、腐朽、虫眼等缺陷，且胀缩性小、不翘曲、不开裂。纤维板按密度大小分为硬质纤维板、中密度纤维板和软质纤维板。

硬质纤维板密度大、强度高，主要用作壁板、门板、地板、家具和室内装修等。中密度纤维板是家具制造和室内装修的优良材料。软质纤维板表观密度小、吸声绝热性能好，可作为吸声或绝热材料使用。

（3）胶板夹合板（细木工板）。胶合夹心板分实心板和空心板两种。实心板内部将干燥的短木条用树脂胶拼成，表皮用胶合板加压加热黏结制成。空心板内部则由厚纸蜂窝结构填充，表面用胶板加压加热黏结制成。细木工板具有吸声、绝热、易加工等特点，主要适用于家具制作、室内装修等。

（4）刨花板。刨花板是利用木材或木材加工剩余物作原料，加工成刨花（或碎料），再加入一定数量的合成树脂胶粘剂，在一定温度和压力作用下压制而成的一种人造板材，简称刨花板，又称碎料板。按表面状况，刨花板可分为：加压刨花板、砂光或刨光刨花板、饰面刨花板、单板贴面刨花板等。

普通刨花板由于成本低、性能优，用作芯材比木材更受欢迎，而饰面刨花板则由于材质均匀、花纹美观、质量较小等原因，大量应用在家具制作、室内装修、车船装修等方面。

2.3 建筑功能材料

2.3.1 防水材料

一、防水卷材

（一）聚合物改性沥青防水卷材

聚合物改性沥青防水卷材是以合成高分子聚合物改性沥青为涂盖层，纤维织物或纤维毡为胎体，粉状、粒状、片状或薄膜材料为覆面材料制成的可卷曲片状防水材料。由于在沥青中加入了高聚物改性剂，它克服了传统沥青防水卷材温度稳定性差、延伸率小的不足，具有高温不流淌、低温不脆裂、拉伸强度高、延伸率较大等优异性能，且价格适中。常见的有SBS改性沥青防水卷材、APP改性沥青防水卷材、PVC改性焦油沥青防水卷材等。此类防水卷材一般单层铺设，也可复层使用，根据不同卷材可采用热熔法、冷粘法、自粘法施工。

（1）SBS改性沥青防水卷材。SBS改性沥青防水卷材属弹性体沥青防水卷材中的一种，弹性体沥青防水卷材是用沥青或热塑性弹性体（如苯乙烯－丁二烯嵌段共聚物SBS）改性沥青（简称“弹性体沥青”）浸渍胎基，两面涂以弹性体沥青涂盖层，上表面撒以细砂、矿物粒（片）料或覆盖聚乙烯膜，下表面撒以细砂或覆盖聚乙烯膜所制成的一类防水卷材。该类卷材使用玻纤胎和聚酯胎两种胎基。按现行国家标准《弹性体改性沥青防水卷材》GB 18242—2008的规定，玻纤胎卷材厚度为3mm、4mm、5mm，聚酯胎厚度为3mm、4mm。

该类防水卷材广泛适用于各类建筑防水、防潮工程，尤其适用于寒冷地区和结构变形频繁的建筑物防水，并可采用热熔法施工。

（2）APP改性沥青防水卷材。APP改性沥青防水卷材属塑性体沥青防水卷材中的一种。塑性体沥青防水卷材是用沥青或热塑性塑料（如无规聚丙烯APP）改性沥青（简称“塑性体沥青”）浸渍胎基，两面涂以塑性体沥青涂盖层，上表面撒以细砂、矿物粒（片）料或覆盖聚乙烯膜，下表面撒以细砂或覆盖聚乙烯膜所制成的一类防水卷材。本类卷材也使用玻纤毡或聚酯毡两种胎基，厚度与SBS改性沥青防水卷材相同。

该类防水卷材广泛适用于各类建筑防水、防潮工程，尤其适用于高温或有强烈太阳辐射地区的建筑物防水。

（3）沥青复合胎柔性防水卷材。沥青复合胎柔性防水卷材是指以橡胶、树脂等高聚物材料作改性剂制成的改性沥青材料为基料，以两种材料复合毡为胎体，细砂、矿物粒（片）料、聚酯膜、聚乙烯膜等为覆盖材料，以浸涂、滚压等工艺而制成的防水卷材。

该类卷材与沥青卷材相比，柔韧性有较大改善，复合毡为胎基比单独聚乙烯膜胎基卷材抗拉强度高。玻纤毡与玻璃网格布复合毡为胎基的卷材抗拉强度也比单一玻纤毡胎基卷材高。适用于工业与民用建筑的屋面、地下室、卫生间等部位的防水防潮，也可用于桥梁、停车场、隧道等建筑物的防水。

（二）合成高分子防水卷材

合成高分子防水卷材是以合成橡胶、合成树脂或它们两者的共混体为基料，加入适量的化学助剂和填充料等，经混炼、压延或挤出等工序加工而制成的可卷曲的片状防水材料。其中又可分为加筋增强型与非加筋增强型两种。合成高分子防水卷材具有拉伸强度和抗撕裂强度高，断裂伸长率大，耐热性和低温柔性好，耐腐蚀，耐老化等一系列优异的性能，是新型高档防水卷材。常用的有再生胶防水卷材、三元乙丙橡胶防水卷材、三元丁橡胶防水卷材、聚氯乙烯防水卷材、氯化聚乙烯防水卷材、氯化聚乙烯-橡胶共混防水卷材等。一般单层铺设，可采用冷粘法或自粘法施工。

（1）三元乙丙（EPDM）橡胶防水卷材。三元乙丙橡胶防水卷材是以三元乙丙橡胶为主体，掺入适量的硫化剂、促进剂、软化剂、填充料等，经过配料、密炼、拉片、过滤、压延或挤出成型、硫化、检验和分卷包装而成的防水卷材。

由于三元乙丙橡胶分子结构中的主链上没有双键，当它受到紫外线、臭氧、湿和热等作用时，主链上不易发生断裂，故耐老化性能较好，化学稳定性良好。因此，三元乙丙橡胶防水卷材具有优良的耐候性、耐臭氧性和耐热性。此外，它还具有重量轻、使用温度范围宽、抗拉强度高、延伸率大、对基层变形适应性强、耐酸碱腐蚀等特点。广泛适用于防水要求高、耐用年限长的土木建筑工程的防水。

（2）聚氯乙烯（PVC）防水卷材。聚氯乙烯防水卷材是以聚氯乙烯树脂为主要原料，掺加填充料和适量的改性剂、增塑剂、抗氧化剂和紫外线吸收剂等，经混炼、压延或挤出成型、分卷包装而成的防水卷材。聚氯乙烯防水卷材根据其基料的组成与特性分为S型和P型。其中，S型是以煤焦油与聚氯乙烯树脂混熔料为基料的防水卷材；P型是以增塑聚氯乙烯树脂为基料的防水卷材。该种卷材的尺度稳定性、耐热性、耐腐蚀性、耐细菌性等均较好，适用于各类建筑的屋面防水工程和水池、堤坝等防水抗渗工程。

（3）氯化聚乙烯防水卷材。氯化聚乙烯防水卷材是以聚乙烯经过氯化改性制成的新型树脂——氯化聚乙烯树脂，掺入适量的化学助剂和填充料，采用塑料或橡胶的加工工艺，经过捏和、塑炼、压延、卷曲、分卷、包装等工序，加工制成的弹塑性防水材料。该卷材的主体原料——氯化聚乙烯树脂中的含氯量为30%~40%。

氯化聚乙烯防水卷材不但具有合成树脂的热塑性能，而且还具有橡胶的弹性。由于氯化聚乙烯分子结构本身的饱和性以及氯原子的存在，使其具有耐候、耐臭氧和耐油、耐化学药品以及阻燃性能。适用于各类工业、民用建筑的屋面防水、地下防水、防潮隔气、室内墙地面防潮、地下室卫生间的防水，以及冶金、化工、水利、环保、采矿业防水防渗工程。

（4）氯化聚乙烯-橡胶共混型防水卷材。氯化聚乙烯-橡胶共混型防水卷材是以氯化聚乙烯树脂和合成橡胶共混物为主体，加入适量的硫化剂、促进剂、稳定剂、软化剂和填充料等，经过素炼、混炼、过滤、压延或挤出成型、硫化、分卷包装等工序制成的防水卷材。

氯化聚乙烯-橡胶共混型防水卷材兼有塑料和橡胶的特点。它不仅具有氯化聚乙烯所特有的高强度和优异的耐臭氧、耐老化性能，而且具有橡胶类材料所特有的高弹性、高延伸性和良好的低温柔性。因此，该类卷材特别适用于寒冷地区或变形较大的土木建筑防水工程。

二、防水涂料

防水涂料是一种流态或半流态物质，可用刷、喷等工艺涂布在基层表面，经溶剂或水分挥发或各组分间的化学反应，形成具有一定弹性和一定厚度的连续薄膜，使基层表面与水隔绝，起到防水、防潮作用。由于防水涂料固化成膜后的防水涂膜具有良好的防水性能，能形成无接缝的完整防水膜。因此，防水涂料广泛适用于工业与民用建筑的屋面防水工程、地下室防水工程和地面防潮、防渗等，特别适用于各种不规则部位的防水。

防水涂料按成膜物质的主要成分可分为聚合物改性沥青防水涂料和合成高分子防水涂料两类。

（一）高聚物改性沥青防水涂料，指以沥青为基料，用合成高分子聚合物进行改性，制成的水乳型或溶剂型防水涂料。这类涂料在柔韧性、抗裂性、拉伸强度、耐高低温性能、使用寿命等方面比沥青基涂料有很大改善。品种有再生橡胶改性防水涂料、氯丁橡胶改性沥青防水涂料、SBS 橡胶改性沥青防水涂料、聚氯乙烯改性沥青防水涂料等。

（二）合成高分子防水涂料，指以合成橡胶或合成树脂为主要成膜物质制成的单组分或多组分的防水涂料。这类涂料具有高弹性、高耐久性及优良的耐高低温性能，品种有聚氨酯防水涂料、丙烯酸酯防水涂料、环氧树脂防水涂料和有机硅防水涂料等。

三、建筑密封材料

建筑密封材料是能承受接缝位移已达到气密、水密目的而嵌入建筑接缝中的材料。建筑密封材料分为定形密封材料和不定形密封材料。不定型密封材料通常是黏稠状的材料，分为弹性密封材料和非弹性密封材料。按构成类型分为溶剂型、乳液型和反应型，按使用时的组分分为单组分密封材料和多组分密封材料，按组成材料分为改性沥青密封材料和合成高分子密封材料。定型密封材料是具有一定形状和尺寸的密封材料，如密封条带、止水带等。

为保证防水密封的效果，建筑密封材料应具有高水密性和气密性，良好的黏结性、耐高低温性和耐老化性能，一定的弹塑性和拉伸－压缩循环性能。密封材料的选用应首先考虑它的黏结性能和使用部位。密封材料与被粘基层的良好黏结是保证密封的必要条件，因此，应根据被粘基层的材质、表面状态和性质来选择黏结性良好的密封材料；建筑物中不同部位的接缝对密封材料的要求不同，如室外的接缝要求较高的耐候性，而伸缩缝则要求较好的弹塑性和拉伸－压缩循环性能。

（一）不定型密封材料

目前，常用的不定型密封材料有：沥青嵌缝油膏、聚氯乙烯接缝膏、塑料油膏、丙烯酸类密封膏、聚氨酯密封膏、聚硫密封膏和硅酮密封膏等。

（二）定型密封材料

定型密封材料包括密封条带和止水带，如铝合金门窗橡胶密封条、丁腈橡胶－PVC 门窗密封条、自黏性橡胶、橡胶止水带、塑料止水带等。定型密封材料按密封机理的不同可分为遇水非膨胀型和遇水膨胀型两类。

2.3.2 保温隔热材料

在建筑工程中，常把用于控制室内热量外流的材料称为保温材料，将防止室外热量进入室内的材料称为隔热材料，两者统称为绝热材料。绝热材料主要用于墙体及屋顶、热工设备及管道、冷藏库等工程或冬季施工的工程。

一、纤维状绝热材料

（一）岩棉及矿渣棉

岩棉及矿渣棉统称为矿物棉，由熔融的岩石经喷吹制成的称为岩棉，由熔融矿渣经喷吹制成的称为矿渣棉。最高使用温度约 600℃。矿物棉与有机胶结剂结合可以制成矿棉板、毡、筒等制品，也可制成粒状用作填充材料，其缺点是吸水性大、弹性小。矿渣棉可作为建筑物的墙体、屋顶、天花板等处的保温隔热和吸声材料，以及热力管道的保温材料。

（二）石棉

石棉是一种天然矿物纤维，具有耐火、耐热、耐酸碱、绝热、防腐、隔声及绝缘等特性，最高使用温度可达 500~600℃。松散的石棉很少单独使用，常制成石棉粉、石棉纸板、石棉毡等制品用于建筑工程。由于石棉中的粉尘对人体有害，民用建筑很少使用，目前主要用于工业建筑的隔热、保温及防火覆盖等。

（三）玻璃棉

玻璃棉是将玻璃熔化后从流口流出的同时，用压缩空气喷吹形成乱向的玻璃纤维。玻璃棉是玻璃纤维的一种，包括短棉、超细棉。最高使用温度 350~600℃。玻璃棉可制成沥青玻璃棉毡、板及酚醛玻璃棉毡、板等制品，广泛用在温度较低的热力设备和房屋建筑中的保温隔热，同时它还是良好的吸声材料。

（四）陶瓷纤维

陶瓷纤维是一种纤维状轻质耐火材料，直径约为 2~5μm，长度多为 30~250mm，纤维表面呈光滑圆柱形，具有重量轻、耐高温、热稳定性好、导热率低、比热小及耐机械振动等优点，因而在机械、冶金、化工、石油、陶瓷、玻璃、电子等行业都得到了广泛的应用。陶瓷纤维最高使用温度为 1100~1350℃，可用于高温绝热、吸声。

陶瓷纤维制品是指用陶瓷纤维为原材料，通过加工制成的重量轻、耐高温、热稳定性好、导热率低、比热小及耐机械振动等优点的工业制品，专门用于各种高温，高压，易磨损的环境中。

二、散粒状绝热材料

（一）膨胀蛭石

蛭石是一种复杂的镁、铁含水铝硅酸盐矿物，由云母类矿物经风化而成，具有层状结构。膨胀蛭石的堆积密度为 80~200kg/m^3，导热系数为 0.046~0.07W/（m·K），最高使用温度为 1000~1100℃。煅烧后的膨胀蛭石可以呈松散状，铺设于墙壁、楼板、屋面等夹层中，作为绝热、隔声材料，但吸水性大、电绝缘性不好。使用时应注意防潮，以免吸水后影响绝热效果。膨胀蛭石可松散铺设，也可与水泥、水玻璃等胶凝材料配合，浇注成板，用于墙、楼板和屋面板等构件的绝热。

（二）膨胀珍珠岩

膨胀珍珠岩是由天然珍珠岩煅烧而成，呈蜂窝泡沫状的白色或灰白色颗粒，是一种高效能的绝热材料。膨胀珍珠岩的堆积密度为 40~50kg/m^3，导热系数为 0.047~0.07W/（m·K），最高使用温度为 800℃，最低使用温度为 -200℃。膨胀珍珠岩具有吸湿小、无毒、不燃、抗菌、耐腐、施工方便等特点。

以膨胀珍珠岩为主，配合适量胶凝材料，经搅拌成型养护后而制成的一定形状的板、块、管壳等制品称为膨胀珍珠岩制品。

（三）玻化微珠

玻化微珠是一种酸性玻璃质熔岩矿物质（松脂岩矿砂），内部多孔、表面玻化封闭，呈球状体细径颗粒。玻化微珠吸水率低，易分散，可提高砂浆流动性，还具有防火、吸声隔热等性能，是一种具有高性能的无机轻质绝热材料，广泛应用于外墙内、外保温砂浆、装饰板、保温板的轻质骨料。用玻化微珠作为轻质骨料，可提高保温砂浆的易流动性和自抗强度，减少材料收缩率，提高保温砂浆综合性能，降低综合生产成本。

其中玻化微珠保温砂浆是以玻化微珠为轻质骨料与玻化微珠保温胶粉料按照一定的比例搅拌均匀混合而成的用于外墙内、外保温的一种新型无机保温砂浆材料。玻化微珠保温砂浆具有优良的保温隔热性能和防火耐老化性能、不空鼓开裂、强度高等特性。

三、多孔状绝热材料

多孔状材料是由固相和孔隙良好的分散材料组成的，主要有泡沫类和发气类产品。它们整个体积内含有大量均匀分布的气孔。

（1）轻质混凝土，包括轻骨料混凝土、泡沫混凝土、加气混凝土等。采用轻质混凝土作为建筑物墙体及屋面材料，具有良好的节能效果。

（2）微孔硅酸钙，以硅藻土或磨细石英砂为硅质材料、以石灰为钙质材料，经蒸压养护而成的绝热材料；表观密度为 200kg/m^3，导热系数为 0.047W/（m·K），最高使用温度为 650℃。产品有平板、弧形板、管壳。

（3）泡沫玻璃，以碎玻璃、发泡剂在 800℃烧成，具有闭孔结构，气孔直径为 0.1~5mm，表观密度为 150~600kg/m^3，导热系数为 0.058~0.128W/（m·K），抗压强度为 0.8~15MPa，最高使用温度为 500℃，是一种高级保温绝热材料，可用于砌筑墙体或冷库隔热。

四、有机绝热材料

以天然植物材料或人工合成的有机材料为主要成分的绝热材料。常用品种有泡沫塑料、钙塑泡沫板、木丝板、纤维板和软木制品等。这类材料的特点是质轻、多孔、导热系数小，但吸湿性大、不耐久、不耐高温。

2.3.3 吸声、隔声材料

一、吸声材料

在规定频率下平均吸声系数大于 0.2 的材料称为吸声材料。吸声材料是一种能在较大程度上吸收由空气传递的声波能量的工程材料，通常使用的吸声材料为多孔材料。材料的表观密度、厚度、孔隙特征等是影响多孔性材料吸声性能的主要因素。

（一）薄板振动吸声结构

薄板振动吸声结构具有低频吸声特性，同时还有助于声波的扩散。建筑中常用胶合板、薄木板、硬质纤维板、石膏板、石棉水泥板或金属板等将其固定在墙或顶棚的龙骨上，并在背后留有空气层，即成薄板振动吸声结构。

（二）柔性吸声结构

具有密闭气孔和一定弹性的材料，如聚氯乙烯泡沫塑料，表面为多孔材料，但因其有密闭气孔，声波引起的空气振动不是直接传递到材料内部，只能相应地产生振动，在振动过程中由于克服材料内部的摩擦而消耗声能，引起声波衰减。这种材料的吸声特性是在一定的频率范围内出现一个或多个吸收频率。

（三）悬挂空间吸声结构

悬挂于空间的吸声体，由于声波与吸声材料的两个或两个以上的表面接触，增加了有效的吸声面积，产生边缘效应，加上声波的衍射作用，大大提高了吸声效果。空间吸声体有平板形、球形、椭圆形和棱锥形等。

（四）帘幕吸声结构

帘幕吸声结构是具有通气性能的纺织品，安装在离开墙面或窗洞一段距离处，背后设置空气层。这种吸声体对中、高频都有一定的吸声效果。帘幕吸声体安装拆卸方便，兼具装饰作用。

二、隔声材料

隔声材料是能减弱或隔断声波传递的材料。隔声材料必须选用密实、质量大的材料作为隔声材料，如黏土砖、钢板、混凝土和钢筋混凝土等。对固体声最有效的隔绝措施是隔断其声波的连续传递，即采用不连续的结构处理，如在墙壁和梁之间、房屋的框架和隔墙及楼板之间加弹性垫，如毛毡、软木、橡胶等材料。

2.3.4 防火材料

一、物体的阻燃和防火

燃烧是一种同时伴有放热和发光效应的剧烈的氧化反应。放热、发光、生成新物质是燃烧现象的三个特征。可燃物、助燃物和火源通常被称为燃烧三要素。这三个要素必须同时存在并且互相接触，燃烧才可能进行。根据燃烧理论可知，只要对燃烧三要素中的任何一种因素加以抑制，就可达到阻止燃烧进一步进行的目的。材料的阻燃和防火即是这一理论的具体实施。

二、阻燃剂

目前已工业化的阻燃剂有多种类型，主要是针对高分子材料的阻燃设计的。

按使用方法分类，阻燃剂可分为添加型阻燃剂和反应型阻燃剂两类。添加型又可分为有机阻燃剂和无机阻燃剂。添加型阻燃剂是通过机械混合方法加入聚合物中，使聚合物具有阻燃性的；反应型阻燃剂则是作为一种单体参加聚合反应，因此使聚合物本身含有阻燃成分，其优点是对聚合物材料使用性能影响较小，阻燃性持久。

三、防火涂料

防火涂料是指涂覆于物体表面上，能降低物体表面的可燃性，阻隔热量向物体的传播，从而防止物体快速升温，阻滞火势的蔓延，提高物体耐火极限的物质。

防火涂料主要由基料和防火助剂两部分组成。除了应具有普通涂料的装饰作用和对基材提供的物理保护作用外，还需要具有隔热、阻燃和耐火的功能，要求它们在一定的温度和一定时间内形成防火隔热层。因此防火涂料是一种集装饰和防火为一体的特种涂料。

按防火涂料的使用目标分类，可分为饰面性防火涂料、钢结构防火涂料、电缆防火涂料、预应力混凝土楼板防火涂料、隧道防火涂料、船用防火涂料等多种类型。其中，钢结构防火涂料根据其使用场合分为室内用和室外用两类，根据其涂层厚度和耐火极限又可分为厚质型、薄型和超薄型三类。

厚质型（H）防火涂料一般为非膨胀型的，厚度大于7mm且小于或等于45mm，耐火极限根据涂层厚度有较大差别；薄型（B）和超薄（CB）型防火涂料通常为膨胀型的，前者的厚度大于3mm且小于或等于7mm，后者的厚度为小于或等于3mm。薄型和超薄型防火涂料的耐火极限一般与涂层厚度无关，而与膨胀后的发泡层厚度有关。

四、水性防火阻燃液

水性防火阻燃液又称水性防火剂、水性阻燃剂，现行行业标准《水基型阻燃处理剂》GA 159—2011中则将其正式命名为水基型阻燃处理剂。根据该标准的定义，水性防火阻燃液（水基型阻燃处理剂）是指以水为分散介质，采用喷涂或浸渍等方法使木材、织物或纸板等获得规定的燃烧性能的阻燃剂。

根据水性防火阻燃液的使用对象，可分为木材阻燃处理用的水性防火阻燃液、织物阻燃处理用的水性防火阻燃液及纸板阻燃处理用的水性防火阻燃液三类。木材阻燃处理用的水性防火阻燃液可处理各种木材、纤维板、刨花板、竹制品等，经处理后使这些木竹制品由易燃性材料成为难燃性材料；织物阻燃处理用的水性防火阻燃液可处理各种纯棉织物、化纤织物、混纺织物及丝绸麻织物等，使之成为难燃性材料；纸和纸板阻燃处理用的水性防火阻燃液则可处理各种纸张、纸板、墙纸、纸面装饰顶棚、纸箱等易燃材料，可明显改变它们的燃烧性能，使其成为阻燃材料。经水性防火阻燃液处理后的材料一般具有难燃、离火自熄的特点。此外，用防火阻燃液处理材料后，不影响原有材料的外貌、色泽和手感，对木材、织物和纸板还兼具有防蛀、防腐的作用。

五、防火堵料

防火堵料是专门用于封堵建筑物中的各种贯穿物，如电缆、风管、油管、气管等穿过墙壁、楼板形成的各种开孔以及电缆桥架等，具有防火隔热功能且便于更换的材料。

根据防火封堵材料的组成、形状与性能特点可分为三类：以有机高分子材料为胶粘剂的有机防火堵料，以快干水泥为胶凝材料的无机防火堵料，将阻燃材用织物包裹形成的防火包。这三类防火堵料各有特点，在建筑物的防火封堵中均有应用。

有机防火堵料又称可塑性防火堵料，它是以合成树脂为胶黏剂，并配以防火助剂、填料制成的。此类堵料在使用过程中长期不硬化，可塑性好，容易封堵各种不规则形状的孔洞，能够重复使用。遇火时发泡膨胀，因此具有优异的防火、水密、气密性能。施工操作和更换较为方便，因此尤其适合需经常更换或增减电缆、管道的场合。

无机防火堵料又称速固型防火堵料，是以快干水泥为基料，添加防火剂、耐火材料等经研磨、混合而成的防火堵料，使用时加水拌和即可。无机防火堵料具有无毒无味、固化快速，耐火极限与力学强度较高，能承受一定重量，又有一定可拆性的特点。有较好的防火和水密、气密性能。主要用于封堵后基本不变的场合。

防火包又称耐火包或阻火包，是采用特选的纤维织物做包袋，装填膨胀性的防火隔热材料制成的枕状物体，因此又称防火枕。使用时通过垒砌、填塞等方法封堵孔洞，适合于较大孔洞的防火封堵或电缆桥架防火分隔，施工操作和更换较为方便，因此，尤其适合需经常更换或增减电缆、管道的场合。

第 3 章　土建工程主要施工工艺与方法

【本章提示】通过学习本章，学习人员应熟悉地基与基础工程中的桩基础施工技术、建筑主体结构中砌体结构工程、混凝土结构工程施工技术，以及建筑防水和保温工程中的屋面、楼层、厕浴间、厨房间的防水施工技术，装饰装修工程中的抹灰、吊顶、墙面铺装、地面工程的施工技术；了解土石方工程、建筑工程深基坑、地下连续墙施工技术，以及地基与基础工程中的地基加固处理、建筑主体结构中预应力混凝土、钢结构、结构吊装、装配式混凝土施工技术；了解建筑防水与保温工程中的建筑保温工程、地下防水工程，以及装饰装修工程中的轻质隔墙、涂饰工程、幕墙工程施工技术。

施工工艺和方法是完成项目的施工操作流程、技术和做法，熟悉项目的施工工艺和方法是工程造价管理的基础，是控制投资、进度、质量不可缺少的参考标准，是准确计算造价的重要依据。

3.1　土石方工程施工技术

土石方工程是建设工程施工的主要工程之一。它包括土石方的开挖、运输、填筑、平整与压实等主要施工过程，以及场地清理、测量放线、排水、降水、土壁支护等准备工作和辅助工作。土木工程中常见的土石方工程有：

（1）场地平整。场地平整前必须确定场地设计标高，计算挖方和填方的工程量，确定挖方、填方的平衡调配，选择土方施工机械，拟定施工方案。

（2）基坑（槽）开挖。开挖深度在 5m 以内的称为浅基坑（槽），挖深超过 5m（含 5m）的称为深基坑（槽）。应根据建筑物、构筑物的基础形式，坑（槽）底标高及边坡坡度要求开挖基坑（槽）。

（3）基坑（槽）回填。为了确保填方的强度和稳定性，必须正确选择填方土料与填筑方法。填土必须具有一定的密实度，以避免建筑物产生不均匀沉陷。填方应分层进行，并尽量采用同类土填筑。

（4）地下工程大型土石方开挖。对人防工程、大型建筑物的地下室、深基础施工等进行的地下大型土石方开挖涉及降水、排水、边坡稳定与支护地面沉降与位移等问题。

（5）路基修筑。建设工程所在地的场内外道路，以及公路、铁路专用线，均需修筑路基，路基挖方称为路堑，填方称为路堤。路基施工涉及面广，影响因素多，是施工中的重点与难点。

3.1.1　土石方工程的准备与辅助工作

一、土石方工程施工前应做好下述准备工作：

（1）场地清理，包括清理地面及地下各种障碍。

（2）排除地面水，一般采用排水沟、截水沟、挡水土坝等措施。

（3）修筑好临时道路及供水、供电等临时设施。

（4）做好材料、机具及土方机械的进场工作。

（5）做好土方工程测量、放线工作。

（6）根据土方施工设计做好土方工程的辅助工作，如边坡稳定、基坑（槽）支护、降低地下水等。

二、土方边坡及其稳定

土方边坡坡度以其高度（H）与底宽度（B）之比表示。边坡可做成直线形、折线形或踏步形。边坡坡度应根据土质、开挖深度、开挖方法、施工工期、地下水位、坡顶荷载及气候条件等因素确定。

施工中除应正确确定边坡，还要进行护坡，以防边坡发生滑动。因此在土方施工中，要预估各种可能出现的情况，采取必要的措施护坡防塌，特别要注意及时排除雨水、地面水，防止坡顶集中堆载及振动。必要时可采用钢丝网细石混凝土（或砂浆）护坡面层加固。如果是永久性土方边坡，则应做好永久性加固措施。

三、基坑（槽）支护

开挖基坑（槽）时，如地质条件及周围环境许可，采用放坡开挖是较经济的。但在建筑稠密地区施工，或有地下水渗入基坑（槽）时，往往不可能按要求的坡度放坡开挖，这时就需要进行基坑（槽）支护，以保证施工的顺利和安全，并减少对相邻建筑、管线等的不利影响。

基坑（槽）支护结构的主要作用是支撑土壁。此外，钢板桩、混凝土板桩及水泥土搅拌桩等围护结构还兼有不同程度的隔水作用。基坑（槽）支护结构的形式有多种，根据受力状态可分为横撑式支撑、重力式支护结构、板桩式支护结构等，其中，板桩式支护结构又分为悬臂式和支撑式。

（一）横撑式支撑

开挖较窄的沟槽，多用横撑式土壁支撑。横撑式土壁支撑根据挡土板的不同，分为水平挡土板式［图 3.1.1–1（a）］以及垂直挡土板式［图 3.1.1–1（b）］两类。前者挡土板的布置又分间断式和连续式两种。湿度小的黏性土挖土深度小于 3m 时，可用间断式水平挡土板支撑；对松散、湿度大的土可用连续式水平挡土板支撑，挖土深度可达 5m。对松散和湿度很高的土可用垂直挡土板式支撑，其挖土深度不限。挡土板、立柱及横撑的强度、变形及稳定等可根据实际布置情况进行结构计算。

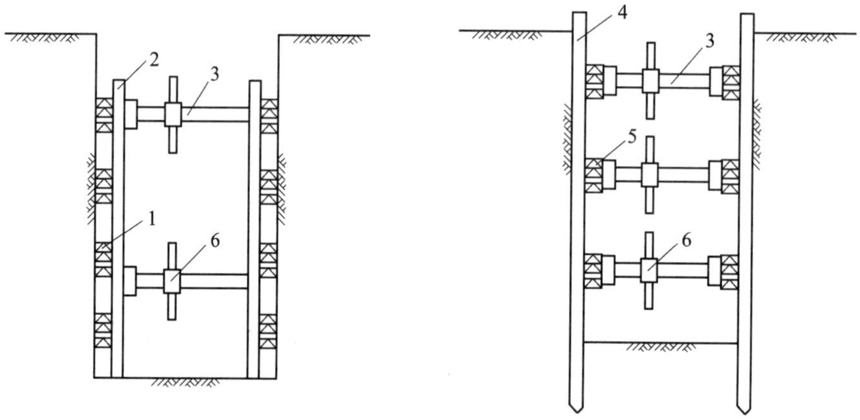

(a) 水平挡土板支撑　　(b)垂直挡土板支撑

图 3.1.1–1　横撑式支撑

1—水平挡土板；2—立柱；3—工具式横撑；4—垂直挡土板；5—横楞木；6—调节螺丝

（二）重力式支护结构

基坑支护结构一般根据地质条件、基坑开挖深度以及对周边环境保护要求采取重力式支护结构、板式支护结构、土钉墙等形式。在支护结构设计中首先要考虑周边环境的保护，其次要满足本工程地下结构施工的要求，再则应尽可能降低造价、便于施工。

重力式支护结构是指主要通过加固基坑周边土形成一定厚度的重力式墙，以达到挡土的目的。水泥土搅拌桩（或称深层搅拌桩）支护结构是近年来发展起来的一种重力式支护结构。

搅拌桩成桩工艺可采用“一次喷浆、二次搅拌”或“二次喷浆、三次搅拌”工艺，主要依据水泥掺入比及土质情况而定。水泥掺量较小，土质较松时，可用前者；反之，可用后者。“一次喷浆、二次搅拌”的施工工艺流程如图 3.1.1–2 所示。当采用“二次喷浆、三次搅拌”工艺时，可在图示步骤 5 作业时也进行注浆，以后再重复一次图示步骤 4 和 5 的过程。

（三）板式支护结构

板式支护结构由两大系统组成：挡墙系统和支撑（或拉锚）系统（见图 3.1.1–3）。悬臂式板桩支护结构则不设支撑（或拉锚）。

挡墙系统常用的材料有槽钢、钢板桩、钢筋混凝土板桩、灌注桩及地下连续墙等。钢板桩有平板形和波浪形两种。钢板桩之间通过锁口互相连接，形成一道连续的挡墙。由于锁口的连接，使钢板桩连接牢固，形成整体。同时也具有较好的隔水能力。钢板桩截面积小，易于打入，U 形、Z 形等波浪式钢板桩截面抗弯能力较好。钢板桩在基础施工完毕后还可拔出重复使用。

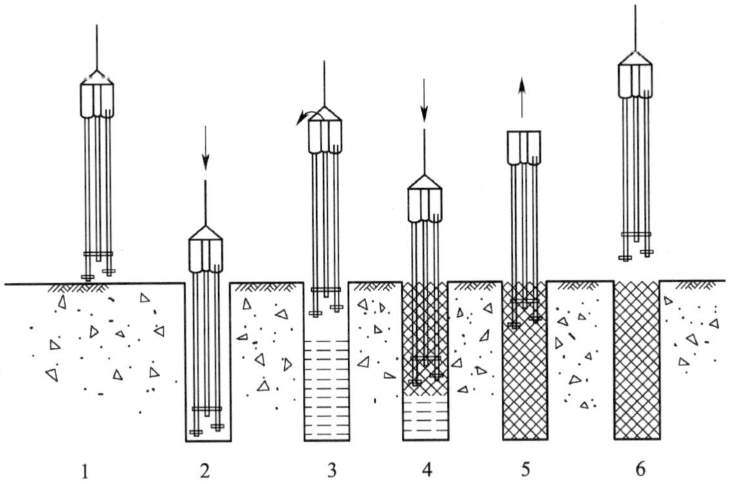

图 3.1.1–2 “一次喷浆、二次搅拌”施工流程

1—定位；2—预埋下沉；3—提升喷浆搅拌；4—重复下沉搅拌；5—重复提升搅拌；6—成桩结束

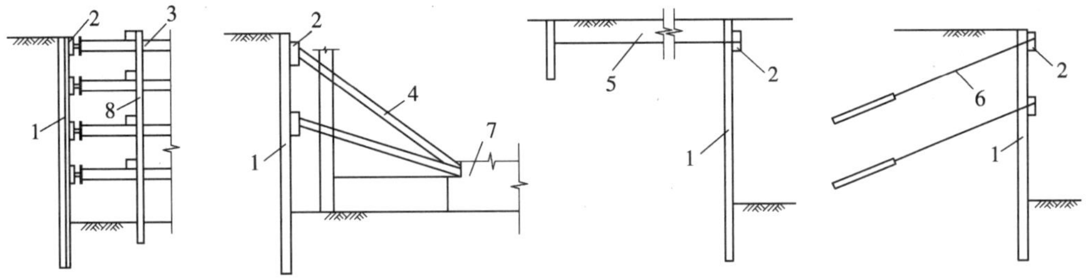

图 3.1.1–3　板式支护结构

1—板桩墙；2—围檩；3—钢支撑；4—斜撑；5—拉锚；6—土锚杆；7—先施工的基础；8—竖撑

支撑系统一般采用大型钢管、H 型钢或格构式钢支撑，也可采用现浇钢筋混凝土支撑。拉锚系统材料一般用钢筋、钢索、型钢或土锚杆。根据基坑开挖的深度及挡墙系统的截面性能可设置一道或多道支点。基坑较浅，挡墙具有一定刚度时，可采用悬臂式挡墙而不设支撑点。支撑或拉锚与挡墙系统通过围檩、冠梁等连接成整体。

板桩墙的施工根据挡墙系统的形式选取相应的方法。一般钢板桩、混凝土板桩采用打入法，而灌注桩及地下连续墙则采用就地成孔（槽）现浇的方法。

四、降水与排水

降水方法可分为重力降水（如积水井、明渠等）和强制降水（如轻型井点、深井泵、电渗井点等）。土石方工程中采用较多的是明排水法和轻型井点降水。

排除地面水一般采取在基坑周围设置排水沟、截水沟或筑土堤等办法，并尽量利用原有的排水系统，使临时排水系统与永久排水设施相结合。

（一）明排水法施工

明排水法是在基坑开挖过程中，在坑底设置集水坑，并沿坑底周围或中央开挖排水沟，使水流入集水坑，然后用水泵抽走（见图 3.1.1–4）。抽出的水应予引开，以防倒流。

明排水法由于设备简单和排水方便，采用较为普遍；宜用于粗粒土层，也用于渗水量小的黏土层。但当土为细砂和粉砂时，地下水渗出会带走细粒，发生流沙现象，导致边坡坍塌、坑底涌砂，难以施工，此时应采用井点降水法。

集水坑应设置在基础范围以外，地下水走向的上游。根据地下水量大小、基坑平面形状及水泵能力，集水坑每隔 20~40m 设置一个。

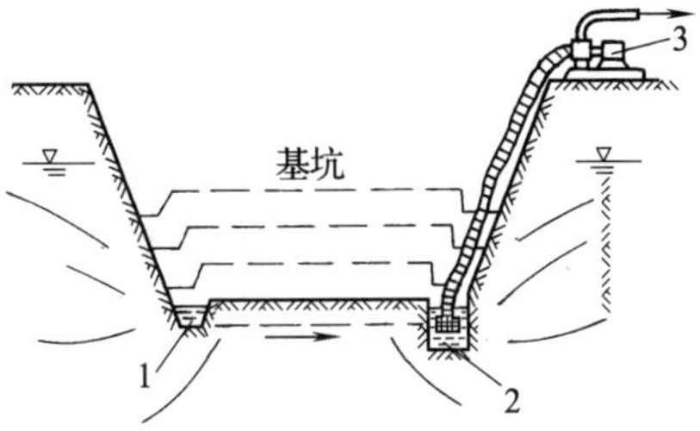

图 3.1.1–4　集水坑降水法

1—排水沟；2—集水坑；3—水泵

集水坑的直径或宽度一般为0.6~0.8m。其深度随着挖土的加深而加深，要经常低于挖土面0.7~1.0m。坑壁可用竹、木或钢筋笼等简易加固。当基础挖至设计标高后，坑底应低于基础底面标高1~2m，并铺设碎石滤水层，以免在抽水时间较长时将泥沙抽出，并防止坑底的土被搅动。

采用集水坑降水时，根据现场土质条件，应能保持开挖边坡的稳定。边坡坡面上如有局部渗出地下水时，应在渗水处设置过滤层，防止土粒流失，并设置排水沟，将水引出坡面。

（二）井点降水施工

井点降水法是在基坑开挖之前，预先在基坑四周埋设一定数量的滤水管（井），利用抽水设备抽水，使地下水位降落到坑底以下，并在基坑开挖过程中仍不断抽水。这样，可使所挖的土始终保持干燥状态，也可防止流沙发生，土方边坡也可陡一些，从而减少了挖方量。

井点降水法有轻型井点、喷射井点、电渗井点、深井井点及管井井点等，井点降水的方法根据土的渗透系数、降低水位的深度、工程特点及设备条件等。

（1）轻型井点。

1）轻型井点构造。轻型井点是沿基坑四周以一定间距埋入直径较小的井点管至地下蓄水层内，井点管的上端通过弯联管与总管相连接，利用抽水设备将地下水从井点管内不断抽出，使原有地下水位降至坑底以下（见图3.1.1–5）。在施工过程中要不断地抽水，直至基础施工完毕并回填土为止。

井点管是用直径38mm或51mm、长5~7m的钢管，管下端配有滤管。集水总管常用直径100~127mm的钢管，每节长4m，一般每隔0.8或1.2m设一个连接井点管的接头。

抽水设备由真空泵、离心泵和水汽分离器等组成。一套抽水设备能带动的总管长度，一般为100~120m。

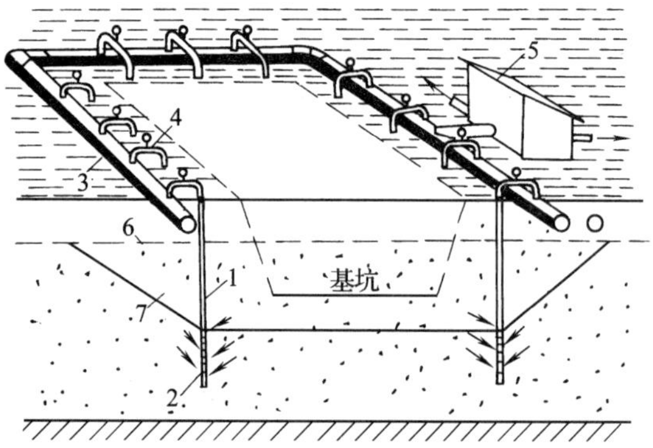

图3.1.1–5 轻型井点法示意图

1—井点管；2—滤管；3—总管；4—弯联管；5—水泵房；6—原有地下水位线；7—降低后地下水位线

2）轻型井点布置。根据基坑平面的大小与深度、土质、地下水位高低与流向、降水深度要求，轻型井点可采用单排布置［见图3.1.1–6（a）］、双排布置［见图3.1.1–6（b）］以及环形布置［见图3.1.1–6（c）］；当土方施工机械需进出基坑时，也可采用U形布置［见图3.1.1–6（d）］。

单排布置适用于基坑、槽宽度小于6m，且降水深度不超过5m的情况。井点管应布置在地下水的上游一侧，两端延伸长度不宜小于坑、槽的宽度［见图3.1.1–6（a）］。双排布置适用于基坑宽度大于6m或土质不良的情况。环形布置适用于大面积基坑。如采用U形布置，则井点管不封闭的一段应设在地下水的下游方向。

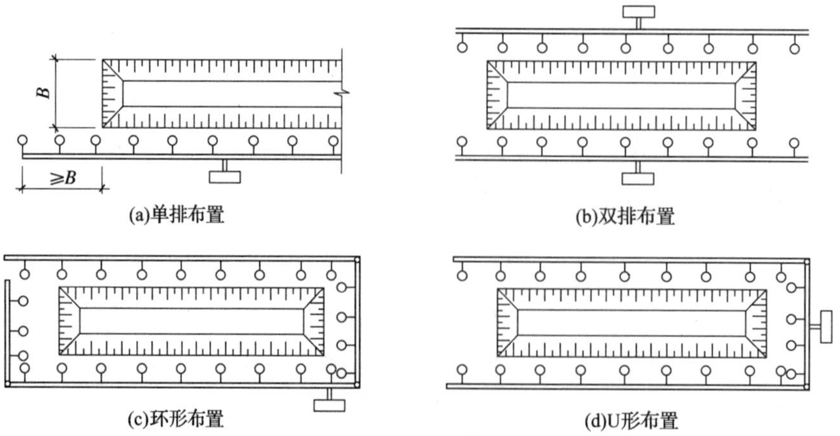

图3.1.1–6 轻型井点的平面布置

3）轻型井点施工。轻型井点系统的施工，主要包括施工准备、井点系统安装与使用。

井点施工前，应认真检查井点设备、施工用具、砂滤料规格和数量、水源、电源等准备工作情况。同时还要挖好排水沟，以便泥浆水的排放。为检查降水效果，必须选择有代表性的地点设置水位观测孔。

井点系统的安装顺序是：挖井点沟槽、铺设集水总管；冲孔，沉设井点管，灌填砂滤料；弯联管将井点管与集水总管连接；安装抽水设备；试抽。

井点系统施工时，各工序间应紧密衔接，以保证施工质量。各部件连接头均应安装严密，以防止接头漏气，影响降水效果。弯联管宜采用软管，以便于井点安装，减少可能漏气的部位，避免因井点管沉陷而造成管件损坏。南方地区可用透明的塑料软管。便于直接观察井点抽水状况，北方寒冷地区宜采用橡胶软管。

井点管沉设一般可按现场条件及土层情况选用下列方法：用冲水管冲孔后，沉设井点管；直接利用井点管水冲下沉；套管式冲枪水冲法或振动水冲法成孔后沉设井点管。

在亚黏土、轻亚黏土等土层中用冲水管冲孔时，也可同时装设压缩空气冲气管辅助冲孔，以提高效率，减少用水量。在淤泥质黏土中冲孔时，也可使用加重钻杆，提高成孔速度。用套管式冲枪水冲法成孔质量好，但速度较慢。

井点管沉设当采用冲水管冲孔方法进行，可分为冲孔［见图 3.1.1–7（a）］与沉管［见图 3.1.1–7（b）］两个过程。冲孔时，先用起重设备将冲管吊起并插在井点位置上，然后开动高压水泵，将土冲松，冲管则边冲边沉。冲管采用直径为 50~70mm 的钢管，长度比井点管长 1.5m 左右。冲管下端装有圆锥形冲嘴；在冲嘴的圆锥面上钻有三个喷水小孔，各孔间焊有三角形立翼，以辅助冲水时扰动土层，便于冲管下沉。冲孔所需的水压根据土质不同，一般为 0.6~1.2MPa。冲孔时应注意冲管垂直，插入土中，并作上下、左右摆动，以加剧土层松动。冲孔孔径不应小于 300mm，并保持垂直，上下一致，使滤管有一定厚度的砂滤层。冲孔深度应比滤管底深 0.5m 以上，以保证滤管埋设深度，并防止被井孔中的沉淀泥沙所淤塞。

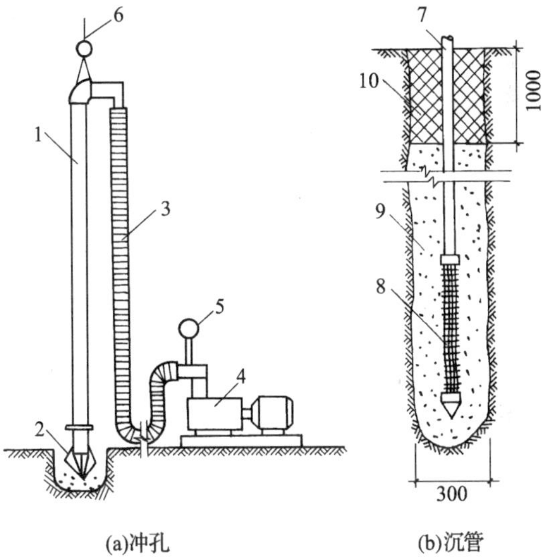

图 3.1.1–7　井点管的埋设

1—冲管；2—冲嘴；3—胶皮管；4—高压水泵；5—压力表；6—起重机吊钩；7—井点管；8—滤管；9—填砂；10—黏土封口

井孔冲成后，应立即拔出冲管，插入井点管，紧接着就灌填砂滤料，以防止塌孔。砂滤料的灌填质量是保证井点管施工质量的一项关键性工作。井点要位于冲孔中央，使砂滤层厚度均匀一致，砂滤层厚度达 100mm；要用干净粗砂灌填，并填至滤管顶以上 1.0~1.5m，以保证水流畅通。

（2）喷射井点。当基坑较深而地下水位又较高时，需要采用多级轻型井点，会增加基坑的挖土量，延长工期并增加设备数量，是不经济的，因此当降水深度超过 8m 时，宜采用喷射井点，降水深度可达 8~20m。

喷射井点的平面布置：当基坑宽度小于或等于 10m 时，井点可作单排布置；当大于 10m 时，可做双排布置；当基坑面积较大时，宜采用环形布置。井点间距一般采用 2~3m，每套喷射井点宜控制在 20~30 根井管。

（3）电渗井点。电渗井点排水是利用井点管（轻型或喷射井点管）本身作阴极，沿基坑外围布置，以钢管（ϕ50~75mm）或钢筋（ϕ25mm 以上）作阳极，垂直埋设在井点内侧，阴阳极分别用电线连接成通路，并对阳极施加强直流电电流。应用电压比降使带负电的土粒向阳极移动（即电泳作用），带正电荷的孔隙水则向阴极方向集中产生电渗现象。在电渗与真空的双重作用下，强制黏土中的水在井点管附近积聚，由井点管快速排出，使井点管连续抽水，地下水位逐渐降低。而电极间的土层则形成电帷幕，由于电场作用从而阻止地下水从四面流入坑内。

在饱和黏土中，特别是淤泥和淤泥质黏土中，由于土的透水性较差，持水性较强，用一般喷射井点和轻型井点降水效果较差，此时宜增加电渗井点来配合轻型或喷射井点降水，以便对透水性较差的土起疏干作用，使水排出。

电渗井点埋设程序一般是先埋设轻型井点或喷射井点管，预留出布置电渗井点阳极的位置，待轻型井点降水不能满足降水要求时，再埋设电渗阴极，以改善降水性能。电渗井点阴极埋设与轻型井点、喷射井点相同，阳极埋设可用75mm旋叶式电钻钻孔埋设，钻进时加水和高压空气循环排泥，阳极就位后，利用下一钻孔排出泥浆倒灌填孔，使阳极与土接触良好，减少电阻，以利电渗。如深度不大，也可用锤击法打入。钢筋埋设必须垂直，严禁与相邻阴极相碰，以免造成短路，损坏设备。

（4）深井井点。当降水深度超过15m时，在管井井点内采用一般的潜水泵和离心泵满足不了降水要求时，可加大管井深度，改用深井泵即深井井点来解决。深井井点一般可降低水位30~40m，有的甚至可达百米以上。常用的深井泵有两种类型：电动机在地面上的深井泵及深井潜水泵（沉没式深井泵）。

（5）管井井点。管井井点就是沿基坑每隔一定距离设置一个管井，每个管井单独用一台水泵不断抽水来降低地下水位。在土的渗透系数大、地下水量大的土层中，宜采用管井井点。管井直径为150~250mm。管井的间距，一般为20~50m。

3.1.2 土石方的填筑与压实

一、填筑压实的施工要求

（1）填方的边坡坡度，应根据填方高度、土的类别、使用期限及其重要性确定。永久性填方的边坡坡度见表3.1.2–1。

表3.1.2–1 永久性填方的边坡坡度

土的种类	填方高度（m）	边坡坡度
黏土	6	1 : 1.50
亚黏土、泥灰岩土	6~7	1 : 1.50
轻亚黏土、细砂	6~8	1 : 1.50
黄土、类黄土	6	1 : 1.50
中砂、粗砂	10	1 : 1.50
碎石土	10~12	1 : 1.50
易风化的岩石	12	—

（2）填方宜采用同类土填筑，如采用不同透水性的土分层填筑时，下层宜填筑透水性较大、上层宜填筑透水性较小的填料，或将透水性较小的土层表面做成适当坡度，以免形成水囊。

（3）基坑（槽）回填前，应清除沟槽内积水和有机物，检查基础的结构混凝土达到一定的强度后方可回填。

（4）填方应按设计要求预留沉降量，如无设计要求时，可根据工程性质、填方高度、填料类别、压实机械及压实方法等，同有关部门共同确定。

（5）填方压实工程应由下至上分层铺填，分层压（夯）实，分层厚度及压（夯）实遍数，根据压（夯）实机械、密实度要求、填料种类及含水量确定，填土施工时的分层厚度及压实遍数如表3.1.2–2所示。

表3.1.2–2 填土施工时的分层厚度及压实遍数

压实机具	分层厚度（mm）	每层压实遍数（次）
平碾	250~300	6~8
振动压实机	250~350	3~4
柴油打夯机	200~250	3~4
人工打夯	<200	3~4

二、土料选择与填筑方法

为了保证填土工程的质量，必须正确选择土料和填筑方法。

碎石类土、砂土、爆破石渣及含水量符合压实要求的黏性土可作为填方土料。淤泥、冻土、膨胀性土及有机物含量大于 8% 的土，以及硫酸盐含量大于 5% 的土均不能作填土。填方土料为黏性土时，填土前应检验其含水量是否在控制范围以内，含水量大的黏土不宜作填土用。

填方施工应接近水平地分层填土、分层压实，每层的厚度根据土的种类及选用的压实机械而定。应分层检查填土压实质量，符合设计要求后，才能填筑上层。当填方位于倾斜的地面时，应先将斜坡挖成阶梯状，然后分层填筑，以防填土横向移动。

三、填土压实方法

填土压实方法有碾压法、夯实法及振动压实法。

平整场地等大面积填土多采用碾压法，小面积的填土工程多用夯实法，而振动压实法主要用于压实非黏性土。

（1）碾压法。碾压法是利用机械滚轮的压力压实土壤，使之达到所需的密实度。碾压适用于大面积填土工程。碾压机械有平碾、羊足碾和气胎碾。平碾（光碾压路机）是一种以内燃机为动力的自行式压路机，重量为 6~15t。羊足碾一般没有动力，靠拖拉机牵引，有单筒、双筒两种。根据碾压要求，又可分为空筒及装砂、注水等三种。羊足碾虽与土接触面积小，但单位面积的压力比较大，土壤压实的效果好。羊足碾一般用于碾压黏性土，不适于砂性土，因在砂土中碾压时，土的颗粒受到羊足碾较大的单位压力后会向四面移动而使土的结构破坏。此外，松土不宜用重型碾压机械直接滚压，否则土层有强烈起伏现象，效率不高。如果先用轻碾压实，再用重碾压实就会取得较好效果。

（2）夯实法。夯实法是利用夯锤自由下落的冲击力来夯实土壤，主要用于小面积回填土。夯实主要用于小面积填土，可以夯实黏性土或非黏性土。夯实法分人工夯实和机械夯实两种。人工夯实所用的工具有木夯、石夯等，常用的夯实机械有夯锤、内燃夯土机和蛙式打夯机等。

（3）振动压实法。振动压实法是将振动压实机放在土层表面，借助振动机构使压实机振动，土颗粒发生相对位移而达到紧密状态。振动碾是一种振动和碾压同时作用的高效能压实机械，比一般平碾提高功效 1~2 倍，可节省动力 30%。这种方法对于振实填料为爆破石渣、碎石类土、杂填土和粉土等非黏性土效果较好。

3.2　地基与基础工程施工技术

地基是指基础下面承受由基础传来荷载的土体或岩体，可分为天然地基和人工地基。基础是指建筑物地面以下的承重结构，它承受建筑物上部结构传来的全部荷载，并把它们连同自重一起传给地基。地基和基础的强度和稳定性对于保证建筑物的坚固耐久具有非常重要的作用。

3.2.1　地基加固处理

一、土木工程的地基问题

概括地说，可包括以下四个方面：

（1）强度和稳定性问题。当地基的承载能力不足以支承上部结构的自重及外荷载时，地基就会产生局部或整体剪切破坏。

（2）压缩及不均匀沉降问题。当地基在上部结构的自重及外荷载作用下产生过大的变形时，会影响结构物的正常使用，特别是超过结构物所能容许的不均匀沉降时，结构可能开裂破坏。沉降量较大时，不均匀沉降往往也较大。

（3）地基的渗漏量超过容许值时，会发生水量损失导致发生事故。

（4）地震、机器以及车辆的振动、波浪作用和爆破等动力荷载可能引起地基土，特别是饱和无黏性土的液化、失稳和震陷等危害。

二、常用的地基处理方法

当结构物的天然地基存在上述问题时，必须采用相应的地基处理措施以保证结构物的安全与正常使用。地基处理的方法有很多，工程中人们常常采用的一类方法是采取措施使土中孔隙减少，土颗粒之间靠近，密度加大，土的承载力提高；另一类方法是在地基中掺加各种物料，通过物理、化学作用把土颗粒胶结在一起，使地基承载力提高，刚度加大，变形减小。

（一）换填地基法

当建筑物基础下的持力层比较软弱，不能满足上部荷载对地基的要求时，常采用换填地基法来处理软弱地基。换填地基法是先将基础底面以下一定范围内的软弱土层挖去，然后回填强度较高、压缩性较低并且没有侵蚀性的材料，如中粗砂、碎石或卵石、灰土、素土、石屑、矿渣等，再分层夯实后作为地基的持力层。换填地基按其回填的材料可分为灰土地基、砂和砂石地基、粉煤灰地基等。

（二）土工合成材料地基

土工合成材料地基可以分为土工织物地基和加筋土地基。

土工织物地基又称土工聚合物地基，是在软弱地基中或边坡上埋设土工织物作为加筋，使其共同作用形成弹性复合土体，达到排水、反滤、隔离、加固和补强等方面的目的，以提高土体承载力，减少沉降和增加地基的稳定。

加筋土地基是由填土、填土中布置的一定量带状筋体（或称拉筋）以及直立的墙面板三部分组成的一个整体的复合结构。

（三）夯实地基法

夯实地基法主要有重锤夯实法和强夯法两种。

（1）重锤夯实法。重锤夯实法是利用起重机械将夯锤（2~3t）提升到一定的高度，然后自由下落产生较大的冲击能来挤密地基、减少孔隙、提高强度，经不断重复夯击，使地基得以加固，达到满足建筑物对地基承载力和变形要求。

（2）强夯法。强夯法是用起重机械将大吨位（一般 8~30t）夯锤起吊到 6~30m 高度后，自由落下，给地基土以强大的冲击能量的夯击，使土中出现冲击波和很大的冲击应力，迫使土层孔隙压缩，土体局部液化，在夯击点周围产生裂隙，形成良好的排水通道，孔隙水和气体逸出，使土料重新排列，经时效压密达到固结，从而提高地基承载力，降低其压缩性的一种有效的地基加固方法。

（四）预压地基

预压地基又称排水固结法地基。在建筑物建造前，直接在天然地基或在设置有袋状砂井、塑料排水带等竖向排水体的地基上先行加载预压，使土体中孔隙水排出，提前完成土体固结沉降，逐步增加地基强度的一种软土地基加固方法。

（五）振冲地基

振冲法又称振动水冲法，是以起重机吊起振冲器，启动潜水电机带动偏心块使振动器产生高频振动；同时启动水泵通过喷嘴喷射高压水流，在边振边冲的共同作用下，将振动器沉到土中的预定深度，经清孔后，从地面向孔内逐段填入碎石，或不加填料，使地基在振动作用下被挤密实，达到要求的密实度后即可提升振动器，如此重复填料和振密直至地面，在地基中形成一个大直径的密实桩体与原地基构成复合地基，从而提高地基的承载力，减少沉降和不均匀沉降，是一种快速、经济、有效的加固方法。

（六）砂桩、碎石桩和水泥粉煤灰碎石桩

砂桩和碎石桩合称为粗颗粒土桩，是指用振动、冲击或振动水冲等方式在软弱地基中成孔，再将碎石或砂挤压入孔，形成大直径的由碎石或砂所构成的密实桩体，具有挤密、置换、排水、垫层和加筋等加固作用。

水泥粉煤灰碎石桩（CFG 桩）是在碎石桩基础上加进一些石屑、粉煤灰和少量水泥，加水拌和制成的具有一定黏结强度的桩（目前常用低标号的素混凝土代替）。桩的承载能力来自桩全长产生的摩阻力及桩端承载力，桩越长承载力越高，桩土形成的复合地基承载力提高幅度可达 4 倍以上且变形量小，适用于多层和高层建筑地基。

褥垫层的作用是保证桩和桩间土共同作用承担荷载，是水泥粉煤灰碎石桩形成复合地基的重要条件。褥垫层材料宜用中砂、粗砂、级配砂石和碎石，最大粒径不宜大于30mm；不宜采用卵石，由于卵石咬合力差，施工时扰动较大、褥垫厚度不容易保证均匀。褥垫层的位置是位于CFG桩和建筑物基础之间，厚度可取200~300mm。褥垫层不仅仅用于CFG桩，也可用于碎石桩、管桩等，以形成复合地基，保证桩和桩间土的共同作用。

（七）土桩和灰土桩

土桩和灰土桩挤密地基是由桩间挤密土和填夯的桩体组成的人工"复合地基"，适用于处理地下水位以上深度5~15m的湿陷性黄土或人工填土地基。土桩主要适用于消除湿陷性黄土地基的湿陷性，灰土桩主要适用于提高人工填土地基的承载力。地下水位以下或含水量超过25%的土，不宜采用。

（八）深层搅拌桩地基

深层搅拌桩地基是利用水泥、石灰等材料作为固化剂的主剂，通过特制的深层搅拌机械，在地基深处就地将软土和固化剂（浆液或粉体）强制搅拌，利用固化剂和软土之间所产生的一系列物理、化学反应，使软土硬结成具有整体性的并具有一定承载力的复合地基。

深层搅拌桩地基适用于加固各种成因的淤泥质土、黏土和粉质黏土地基等，用于增加软土地基的承载能力，减少沉降量，提高边坡的稳定性和各种坑槽工程施工时的挡水帷幕。

施工前，应依据工程地质勘查资料，进行室内配合比试验，结合设计要求，选择最佳水泥掺入比，确定搅拌工艺。用于深层搅拌的施工工艺目前有两种，一种是用水泥浆和地基土搅拌的水泥浆搅拌（简称旋喷桩），另一种是用水泥粉或石灰粉和地基土搅拌的粉体喷射搅拌（简称粉喷桩）。竖向承载搅拌桩施工时，停浆（灰）面应高于桩顶设计标高300~500mm。在开挖基坑时，应将搅拌桩顶端施工质量较差的桩段用人工挖除。

（九）柱锤冲扩桩

柱锤冲扩桩法是指反复将柱状重锤提到高处使其自由下落冲击成孔，然后分层填料夯实形成扩大桩体，与桩间土组成复合地基的处理方法。该方法施工简便，振动及噪声小，适用于处理杂填土、粉土、黏性土、素填土、黄土等地基；对地下水位以下饱和松软土层应通过现场试验确定其适用性；地基处理深度不宜超过6m，复合地基承载力特征值不宜超过160kPa。

（十）高压喷射注浆桩

高压喷射注浆桩是以高压旋转的喷嘴将水泥浆喷入土层与土体混合，形成连续搭接的水泥加固体。高压喷射注浆法适用于处理淤泥、淤泥质土、流塑、软塑或可塑黏性土、粉土、砂土、黄土、素填土和碎石土等地基。高压喷射注浆法分旋喷、定喷和摆喷三种类别。根据工程需要和土质要求，施工时可分别采用单管法、二重管法、三重管法和多重管法。高压喷射注浆法固结体形状可分为垂直墙状、水平板状、柱列状和群状。

（1）单管法。利用一根单管喷射高压水泥浆液作为喷射流。成桩直径较小，一般为0.3~0.8m。

（2）二重管法。用同轴双通道二重注浆管复合喷射高压水泥浆和压缩空气两种介质，以浆液作为喷射流，但在其外围裹着一圈空气流成为复合喷射流，成桩直径为1.0m左右。

（3）三重管法。使用分别输送水、气、浆三种介质的三重注浆管，在以高压泵等高压发生装置产生20MPa左右的高压水喷射流的周围，环绕一股0.7MPa左右的圆筒状气流，进行高压水喷射流和气流同轴喷射冲切土体，形成较大的空隙，再另由泥浆泵注入压力2~5MPa的浆液填充，当喷嘴做旋转和提升运动时，便在土中凝固为直径较大的圆柱状固结体。成桩直径较大，一般有1.0~2.0m，但桩身强度较低，一般为0.9~1.2MPa。

（4）多重管法。首先在地面钻一个导孔，然后置入多重管，用逐渐向下运动的旋转超高压水（压力约为40MPa）射流，切削破坏四周的土体，经高压水冲击下来的土和水，随着泥浆立即用真空泵从多重管抽出。如此反复地冲和抽，便在土层中形成一个较大的额定空间，然后根据工程要求选用浆液、砂浆、砾石等材料填充。最终在地层中形成一个大直径的柱状固结体，在砂性土中最大直径可达4m。

单管法、二重管法、三重管法和多重管法的施工程序基本一致，都是先把钻杆插入或打进预定土层中，自上而下进行喷射作业。

3.2.2 桩基础施工

桩基础是由若干根桩和桩顶的承台组成的一种常用的深基础。它具有承载能力大、抗震性能好、沉降量小等特点。采用桩基施工可省去大量土方、排水、支撑、降水设施，而且施工简便，可以节约劳动力和压缩工期。

根据桩在土中受力情况的不同，可以分为端承桩和摩擦桩。端承桩是穿过软弱土层而达到硬土层或岩层的一种桩，上部结构荷载主要依靠桩墙反力支撑；摩擦桩是完全设置在软弱土层一定深度的一种桩，上部结构荷载主要由桩侧的摩阻力承担，而桩端反力承担的荷载只占很小的部分。

按施工方法的不同，桩身可以分为预制桩和灌注桩两大类。预制桩是在工厂或施工现场制成各种材料和形式的桩（如钢筋混凝土桩、钢桩、木桩等），然后用沉桩设备将桩打入、压入、旋入或振入土中。灌注桩是在施工现场的桩位上先成孔，然后在孔内灌注混凝土，也可加入钢筋后灌注混凝土。根据成孔方法的不同可分为钻孔灌注桩、挖孔灌注桩、冲孔灌注桩、沉管灌注桩和爆扩桩等。

一、钢筋混凝土预制桩施工

钢筋混凝土桩坚固耐久，不受地下水和潮湿变化的影响，可做成各种需要的断面和长度，而且能承受较大的荷载，在建筑工程中广泛应用。

常用的钢筋混凝土预制桩断面有实心方桩与预应力混凝土空心管桩两种。方形桩边长通常为200~550mm，桩内设纵向钢筋或预应力钢筋和横向钢筋，在尖端设置桩靴。预应力混凝土管桩直径为400~600mm，在工厂内用离心法制成。

（一）桩的制作、起吊、运输和堆放

（1）桩的制作。长度在10m以下的短桩，一般多在工厂预制，较长的桩因不便于运输，通常就在打桩现场附近露天预制。

制作预制桩有并列法、间隔法、重叠法、翻模法等。现场预制桩多用重叠法预制，重叠层数不宜超过4层，层与层之间应涂刷隔离剂，上层桩或邻近桩的灌注，应在下层桩或邻近桩混凝土达到设计强度等级的30%以后方可进行。

（2）起吊和运输。钢筋混凝土预制桩应在混凝土达到设计强度的70%方可起吊，达到100%方可运输和打桩。如提前吊运，应采取措施并经验算合格后方可进行。桩在起吊和搬运时，吊点应符合设计要求，满足吊桩弯矩最小的原则。

（3）堆放。桩堆放时，地面必须平整、坚实，不得产生不均匀沉陷。桩堆放时应设置垫木，垫木的位置与吊点位置相同，各层垫木应上下对齐，堆放层数不宜超过4层。不同规格的桩应分别堆放。

（二）沉桩

沉桩的施工方法为将各种预先制作好的桩（主要是钢筋混凝土或预应力混凝土实心桩或管桩）以不同的沉入方式沉至地基内达到所需要的深度。

沉桩的方式主要有锤击沉桩（打入桩）、静力压桩（压入桩）、射水沉桩（旋入桩）和振动沉桩（振入桩）。

（1）锤击沉桩。锤击沉桩是利用桩锤下落时的瞬时冲击机械能，克服土体对桩的阻力，使其静力平衡状态遭到破坏，导致桩体下沉，达到新的静压平衡状态，如此反复地锤击桩头，桩身也就不断地下沉。锤击沉桩是预制桩最常用的沉桩方法。

1）适用范围。锤击沉桩法适用于桩径较小（一般桩径在0.6m以下），地基土土质为可塑性黏土、砂性土、粉土、细砂以及松散的碎卵石类土的情况。此方法施工速度快，机械化程度高，适用范围广，现场文明程度高，但施工时有挤土、噪声和振动等公害，在城市中心和夜间施工有所限制。

2）锤击法施工。

①打桩机具的选择。打桩机具主要包括桩锤、桩架和动力装置三部分。桩锤是对桩施加冲击力，将桩打入土中的主要机具；桩架是将桩吊到打桩位置，并在打桩过程中引导桩的方向，保证桩锤能沿要求

的方向冲击打桩设备；动力装置包括驱动桩锤及卷扬机用的动力设备。在选择打桩机具时，应根据地基土壤的性质、工程的大小、桩的种类、施工期限、动力供应条件和现场情况确定。

桩锤的选择应先根据施工条件确定桩锤的类型，然后再决定锤重。要求锤重应有足够的冲击能，锤重应大于或等于桩重。实践证明，当锤重大于桩重的 1.5~2.0 倍时，能取得良好的效果，但桩锤不能过重，过重易将桩打坏；当桩重大于 2t 时，可采用比桩轻的桩锤，但不能小于桩重的 75%。这是因为在施工中，宜采用“重锤低击”，即锤的重量大而落距小，这样桩锤不易产生回跃，不至于损坏桩头，且桩易打入土中，效率高；反之，若“轻锤高击”，则桩锤易产生回跃，易损坏桩头，桩难以打入土中。

②打桩准备。打桩前，应认真处理地上、地下障碍物（地下管线、既有基础、树木等），打桩机进场及移动范围内的场地应平整压实，使地面有一定的承载力，并保证桩机的垂直度。在打桩前应根据设计图纸确定桩基轴线，并将桩的准确位置测设到地面。

③确定打桩顺序。打桩顺序是否合理，直接影响打桩进度和施工质量。确定打桩顺序时要综合考虑桩的密集程度、基础的设计标高、现场地形条件、土质情况等。

一般当基坑不大时，打桩应从中间分头向两边或四周进行；当基坑较大时，应将基坑分为数段，而后在隔断范围内分别进行（见图 3.2.2–1）。打桩应避免自外向内，或从周边向中间进行。当桩基的设计标高不同时，打桩顺序易先深后浅；当桩的规格不同时，打桩顺序宜先大后小、先长后短。

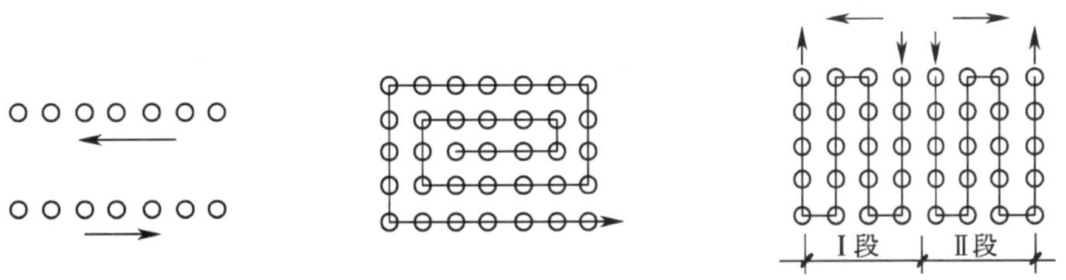

(a) 逐排打设　(b) 自中部向四周打设　(c) 分段打设

图 3.2.2–1　打桩顺序

④打桩方法。打桩机就位后，将桩锤和桩帽吊起来，然后吊桩并送至导杆内，垂直对准桩位缓缓送下插入土中，垂直度偏差不得超过 0.5%，然后固定桩帽和桩锤，使桩、桩帽、桩锤在同一垂线上，确保桩能垂直下沉。在桩锤和桩帽之间应加弹性衬垫，桩帽与桩顶周围应有 5~10mm 的间隙，以防损伤桩顶。

打桩开始时，锤的落距应较小，待桩入土一定深度（约 2m）并稳定后，再按要求的落距锤击，用落锤或单动汽锤打桩时，最大落距不宜大于 1m；用柴油锤时应使锤跳动正常。在打桩过程中，遇有贯入度剧变，桩身突然发生倾斜、移位或有严重回弹，桩顶或桩身出现严重裂缝或破碎等异常情况时，应暂停打桩，及时研究处理。打桩是一项隐蔽工程，为了确保工程质量，必须在打桩过程中做好记录。

（2）静力压桩。静力压桩是利用压桩架的自重及附属设备（卷扬机及配重等）的重量，通过卷扬机的牵引，由钢丝绳滑轮及压梁将整个压桩架的重量传至桩顶，将桩逐节压入土中。

静力压桩施工时无冲击力，噪声和振动较小，桩顶不易损坏，且无污染，对周围环境的干扰小，适用于软土地区、城市中心或建筑物密集处的桩基础工程，以及精密工厂的扩建工程。

静力压桩由于受设备行程的限制，在一般情况下是分段预制、分段压入、逐段压入、逐段接长，其施工工艺顺序为：测量定位→压桩机就位→吊桩、插桩→桩身对中调直→静压沉桩→接桩→再静压沉桩→送桩→终止压桩→切割桩头。当第一节桩压入土中，其上端距地面 0.5~1.0m 左右时，将第二节桩接上，继续压入。静力压桩沉桩程序如图 3.2.2–2 所示。

（3）射水沉桩。射水沉桩法是锤击沉桩的一种辅助方法。利用高压水流经过桩侧面或空心桩内部的射水管冲击桩尖附近土层，便于锤击沉桩。一般是边冲水边打桩，当沉桩至最后 1~2m 时停止冲水，用锤击至规定标高。射水沉桩法适用于砂土和碎石土，有时对于特别长的预制桩，单靠锤击有一定困难时，也可用射水沉桩法辅助。

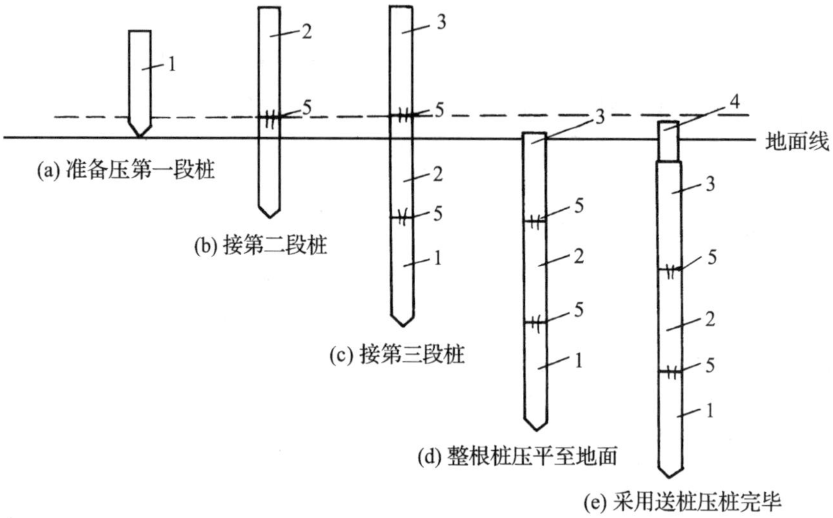

图 3.2.2–2　压桩施工顺序

1—第一段；2—第二段；3—第三段；4—送桩；5—接桩处

射水沉桩法的选择应视土质情况而异，在砂夹卵石层或坚硬土层中，一般以射水为主，锤击或振动为辅；在亚黏土或黏土中，为避免降低承载力，一般以锤击或振动为主，以射水为辅，并应适当控制射水时间和水量；下沉空心桩，一般用单管内射水。

射水沉桩的施工要点是：吊插桩基时要注意及时引送输水胶管，防止拉断与脱落；基桩插正立稳后，压上桩帽桩锤，并开始用较小水压，使桩靠自重下沉。初期应控制桩身不使其下沉过快，以免阻塞射水管嘴，并注意随时控制和校正桩的方向；下沉渐趋缓慢时，可开锤轻击，沉至一定深度（8~10m）能保持桩身稳定后，可逐步加大水压和锤的冲击动能；沉桩距设计标高一定距离（2.0m 以上）停止射水，拔出射水管，进行锤击或振动使桩下沉至设计要求标高，以保证桩的承载力。

（4）振动沉桩。振动沉桩的原理是借助固定于桩头上的振动箱产生的振动力，以减小桩与土壤颗粒之间的摩擦力，使桩在自重与机械力的作用下沉入土中。

振动沉桩主要适用于砂土、砂质黏土、亚黏土层。在含水砂层中的效果更为显著，但在砂砾层中采用此法时，尚需配以水冲法。

振动沉桩法的优点是设备构造简单，使用方便，效能高，所消耗的动力少，附属机具设备少。其缺点是适用范围较窄，不宜用于黏性土以及土层中夹有孤石的情况。

（三）接桩与拔桩

钢筋混凝土预制长桩受运输条件和打桩架的高度限制，一般分成数节制作，分节打入，在现场接桩。常用接桩方式有焊接、法兰接及硫黄胶泥锚接等几种形式，其中焊接接桩应用最多，前两种接桩方法适用于各种土层；后者只适用于软弱土层。焊接接桩钢板宜用低碳钢，焊条宜用 E43，焊接时应先将四角点焊固定，然后对称焊接，并应确保焊缝质量和设计尺寸。法兰接桩时钢板和螺栓也宜用低碳钢并紧固牢靠。硫黄胶泥锚接桩使用的硫黄胶泥配合比应通过试验确定。

当已打入的混凝土预制桩由于某种原因拔出时，长桩可用拔桩机进行，一般桩可用人字桅杆借卷扬机或用钢丝绳捆紧桩头部借横梁用液压千斤顶抬起。采用蒸汽锤打桩的，可直接用蒸汽锤拔桩。

（四）桩头处理

各种预制桩在施工完毕后，按设计要求的桩顶标高将桩头多余的部分截去。截桩头时不能破坏桩身，要保证桩身的主筋伸入承台，长度应符合设计要求。当桩顶标高在设计标高以下时，在桩位上挖成喇叭口，凿掉桩头混凝土，剥出主筋并焊接接长至设计要求长度，与承台钢筋绑扎在一起，用桩身同强度等级的混凝土与承台一起浇筑接长桩身。

二、钢管桩

在我国沿海及内陆冲积平原地区，土质常为很厚（深达 50~60m）的软土层，用常规钢筋混凝土和预应力混凝土桩难以适应时多选用钢管桩来加固地基。

钢管桩具有重量轻、刚性好，承载力高，桩长易于调节，排土量小，对邻近建筑物影响小，接头连接简单，工程质量可靠，施工速度快的优点。但钢管桩也存在钢材用量大，工程造价较高，打桩机具设备较复杂，振动和噪声较大，桩材保护不善、易腐蚀等缺点。

（一）钢管桩构造、形式及规格

钢管桩的管材，一般用普通碳素钢，抗拉强度为402MPa，屈服强度为235.2MPa，或按设计要求选用。按加工工艺区分，有螺旋缝钢管和直缝钢管两种。由于螺旋缝钢管刚度大，工程上使用较多。为便于运输和受桩架高度所限，钢管桩常分别由一根上节桩，一根下节桩和若干根中节桩组合而成，每节的长度一般为13m或15m。钢管桩的直径为ϕ406.4~2032.0mm，壁厚为6~25mm，应根据工程地质、荷载、基础平面、上部荷载以及施工条件综合考虑后加以选择。国内常用的有ϕ406.4mm、ϕ609.6mm和ϕ914.4mm等几种，壁厚用10mm、11mm、12.7mm和13mm等几种。

作为钢管桩的附件，主要有用于承受上部荷载而焊在桩顶上的桩盖，焊于钢桩顶部用的扁钢带及用于保护桩底的保护圈，以及用于桩节焊接的铜夹箍。

（二）打桩机械的选择

打桩机械的选择要根据工程地貌、地质，配套锤的型号、外形尺寸、重量，桩的材质、规格及埋入深度，工程量大小、工期长短等而定。打桩机的形式很多，有桅杆式（履带行走），柱脚式、塔式、龙门式等多种，其中以三点支撑桅杆式（履带行走）柴油打桩机使用较普遍。该设备具有桩架移动机动灵活，可全向转动，导杆垂直度可全方位调节，锤、导杆可自由上下移动，可各种角度微调，打桩精度较高，整机稳定性好，操作方便、安全，工效较高等优点；但对场地要求较高，要铺填厚100~300mm碎石并碾压密实。

（三）施工准备

施工准备包括平整和清理场地，测量定位放线，标出桩心位置并用石灰撒圈标出桩径大小和位置，标出打桩顺序和桩机开行路线，并在桩机开行部位上铺垫碎石。

（四）打桩顺序

钢管桩施工，有先挖土后打桩和先打桩后挖土两种。在软土地区，一般表层土承载力尚可，深部地基承载力则往往很差，且地下水位较高，较难以排干。为避免基坑长时间大面积暴露被扰动，同时也为了便于施工作业，一般采取先打桩后挖土的施工顺序。

钢管桩的施工顺序是：桩机安装→桩机移动就位→吊桩→插桩→锤击下沉→接桩→锤击至设计深度→内切钢管桩→精割→焊桩盖→浇筑垫层混凝土→绑钢筋→支模板→浇筑混凝土基础承台。

（五）桩的运输与吊放

钢管桩可由平板拖车运至现场，用吊车卸于桩机一侧，按打桩先后顺序及桩的配套要求堆放，并注意方向。场地宽时宜用单层排列。吊钢管桩多采用一点绑扎起吊，待吊到桩位进行插桩，将钢管桩对准事先用石灰划出的样桩位置，做到桩位正、桩身直。

（六）打桩

为防止桩头在锤击时损坏，打桩前要在桩头顶部放置特制的桩帽。直接受锤击的部位应放置减振木垫。打桩时，先将两台经纬仪架设在桩架的正面及侧面，校正桩架导向杆及桩的垂直度，并保持锤、桩帽与桩在同一纵轴线上，然后空打1~2m，再次校正垂直度后正式打桩。当沉至某一深度并经复核沉桩质量良好时，再连续打击，至桩顶高出地面60~80cm时，停止锤击，进行接桩，再用同样步骤直至达到设计深度为止。若开始阶段发现桩位不正或倾斜，应调正或将钢管桩拔出重新插打。

（七）接桩

钢管接长时，如管径不变宜采用等强度的坡口焊缝焊接；如管径改变可采用法兰盘和螺栓连接，同样应满足等强度要求。钢管桩接桩一般采用焊接。

（八）送桩

当桩顶标高离地面有一定差距而不再需要接桩时，可用送桩筒将桩打至设计标高。送桩筒应满足以下要求：打入阻力不太大；打击能量能有效传给所打的桩；上拔容易，能连续持久使用。

（九）贯入度控制

钢管桩一般都不设桩靴，直接开口打入。沉桩时，土体由桩口涌入桩管内至一定高（一般为1/3~1/2的桩体贯入深度）度后，即闭塞封死，其效用与闭口桩相似。停打标准以贯入深度为主，并结合打桩时的贯入量最后1m锤击数和每根桩的总锤击数等综合判定。

（十）钢管桩切割

钢管桩打入地下，为便于基坑机械化挖土，基底以上的钢管桩要切割。由于周围被地下水和土层包围，只能在钢管桩的管内地下切割。切割设备有等离子体切桩机、手把式氧乙炔切桩机、半自动氧乙炔切桩机、悬吊式全回转氧乙炔自动切割机等。前两种使用较普遍，工作时可吊挂送入钢管桩内的任意深度，靠风动顶针装置固定在钢管桩内壁，割嘴按预先调整好的间隙进行回转切割。

割出的短桩头用内胀式拔桩装置借吊车拔出，拔出的短桩焊接接长后可再次使用。

（十一）焊桩盖

为使钢管桩与承台共同工作，可在每个钢管桩上加焊一个桩盖，并在外壁加焊8~12根ϕ20mm的锚固钢筋。桩盖形式有平桩盖和凹面形两种。当挖土至设计标高，使钢管桩外露，取下临时桩盖，按设计标高用气焊进行钢管桩顶的精割，方法是先用水准仪在每根钢管桩上按设计标高定上三点，然后按此水平标高固定一环作为割框的支撑点，用气焊切割，切割清理平整后打坡口，放上配套桩盖焊牢。

（十二）桩端与承台连接

钢管桩顶端与承台的连接一般采用刚性接头，将桩头嵌入承台内的长度不小于$1d$（d为钢管桩外径）长度，或仅嵌入承台内100mm左右，再利用钢筋予以补强或在钢管桩顶端焊以基础锚固钢筋，再按常规方法施工上部钢筋混凝土基础。

三、混凝土灌注桩施工

灌注桩是直接在桩位上就地成孔，然后在孔内安放钢筋笼（也有直接插筋或省缺钢筋的），再灌注混凝土而成。根据成孔工艺不同，分为泥浆护壁成孔、干作业成孔、人工挖孔、套管成孔和爆扩成孔等。

灌注桩能适应地层的变化，无须接桩，施工时无振动、无挤土，噪声小，适宜在建筑物密集地区使用。但其操作要求严格，施工后需一定的养护期方可承受荷载，成孔时有大量土基或泥浆排出。

（一）泥浆护壁成孔灌注桩

泥浆护壁成孔灌注桩按成孔工艺和成孔机械不同分为正循环钻孔灌注桩、反循环钻孔灌注桩、钻孔扩底灌注桩和冲击成孔灌注桩，其使用范围如下：

（1）正循环钻孔灌注桩适用于黏性土、砂土、强风化、中等到微风化岩石。可用于桩径小于1.5m、孔深一般小于或等于50m场地。

（2）反循环钻孔灌注桩适用于黏性土、砂土、细粒碎石土及强风化、中等－微风化岩石，可用于桩径小于2m，孔深一般小于或等于60m的场地。

（3）钻孔扩底灌注桩适用于黏性土、砂土、细粒碎石土、全风化、强风化、中等风化岩石时，孔深一般小于或等于40m。

（4）冲击成孔灌注桩适用于黏性土、砂土、碎石土和各种岩层。对厚砂层软塑－流塑状态的淤泥及淤泥质土应慎重使用。

泥浆护壁成孔灌注桩的施工流程如图3.2.2–3所示。灌注桩的桩顶标高至少要比设计标高高出0.8~1.0m，桩底清孔质量按不同成桩工艺有不同的要求，应按规范要求执行。

（二）干作业成孔灌注桩

干作业成孔灌注桩指在地下水位以上地层可采用机械或人工成孔并灌注混凝土的成桩工艺。干作业成孔灌注具有施工振动小、噪声低、环境污染少的优点。干作业成孔灌注桩即不用泥浆或套管护壁措施而直接排出土成孔的灌注桩。这是在没有地下水阶情况下进行施工的方法。目前干作业成孔的灌注桩常用的有螺旋钻孔灌注桩、螺旋钻孔扩孔灌注桩、机动洛阳铲挖孔灌注桩及人工挖孔灌注桩四种。螺旋钻孔灌注桩的施工机械形式有长螺旋钻孔机和短螺旋钻孔机两种。但施工工艺除长螺旋钻孔机为一次成孔，短螺旋钻孔机为分段多次成孔外，其他都相同。

干作业成孔灌注桩的施工流程如图 3.2.2–4 所示。

（三）套管成孔灌注桩

套管成孔灌注桩是目前采用最为广泛的一种灌注桩。它有锤击沉管灌注桩、振动沉管灌注桩和套管夯打灌注桩三种。利用捶击沉桩设备沉管、拔管时，称为锤击灌注桩；利用激振器振动沉管、拔管时，称为振动灌注桩。图 3.2.2–5 为沉管灌注桩施工过程示意图。

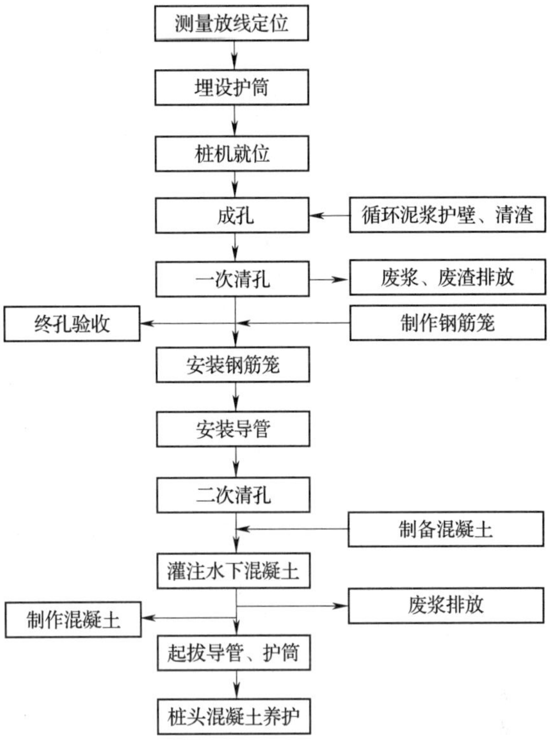

图 3.2.2–3　泥浆护壁成孔灌注桩施工流程

（1）锤击沉管灌注桩。锤击沉管灌注桩是利用锤击打桩机，将带有活瓣式桩靴或设置钢筋混凝土预制桩尖的钢套管锤击沉入土中，然后边浇筑混凝土边用卷扬机拔桩管成桩。

施工开始时，将桩管对准预先埋设在桩位上的预制钢筋混凝土桩靴上，校正桩管的垂直度后，即可用锤打击桩管。当桩管打至要求的贯入度或标高后，检查管内无泥浆或水进入，即可灌注混凝土。待混凝土灌满桩管后，开始拔管，拔管时要使速度均匀，同时使管内混凝土保持略高于地面，这样一直到桩管全部拔出地面为止。

上面所述工艺过程，属于单打灌注桩的施工。为了提高桩的质量和承载力，还可以采用复打扩大灌注桩。其施工方法是在第一次打完并将混凝土灌注到桩顶设计标高、拔出桩管后，清除管外壁上的污泥和桩孔周围地面上的浮土，在原桩位上第二次安放桩靴做第二次沉管，使未凝固的混凝土向四周挤压扩大桩径，然后再第二次灌注混凝土。桩管在第二次打入时，应与第一次的轴线重合，并必须在第一次灌注的混凝土初凝之前完成扩大灌注第二次混凝土工作。

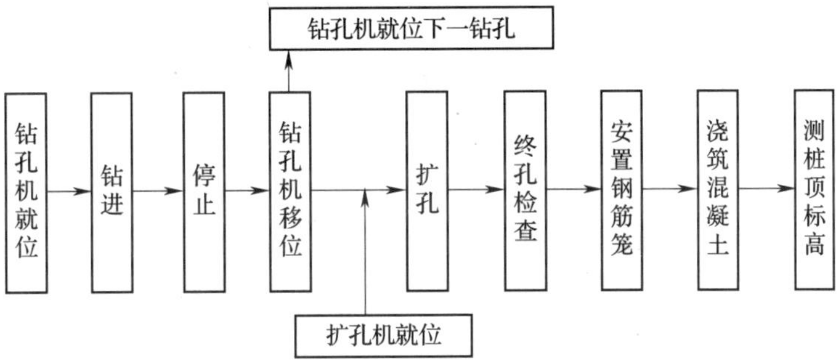

图 3.2.2–4　干作业成孔灌注桩施工流程

（2）振动沉管灌注桩。振动沉管灌注桩的机械设备与锤击沉管振动灌注桩基本相同，不同的是以激振器代替桩锤。桩管下端装有活瓣桩尖，桩管上部与振动桩锤刚性连接。

施工时，将桩管下端活瓣合拢，利用振动机及桩管自重，把桩尖压入土中。当桩管沉到设计标高后，停止振动，将混凝土灌入桩管内，混凝土一般可灌满桩管或略高于地面。混凝土浇灌完毕，再次开动沉桩机和卷扬机拔出桩管，边振边拔，桩管内的混凝土被振实而留在土中成桩。

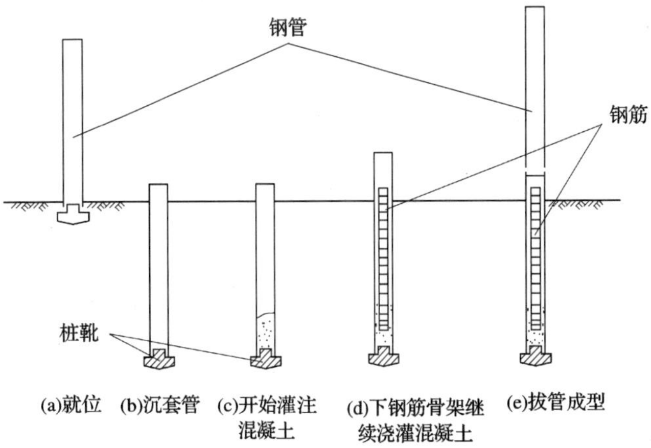

图 3.2.2–5　沉管灌注桩施工过程

根据承载力的不同要求，桩可采用单打法、反插法或复打法施工。

1）单打法，即一次拔管法。单打法施工时，在沉入土中的套管内灌满混凝土，开动激振器，振动5~10s，再开始拔管，边振边拔。每拔0.5~1m，停拔振动5~10s，如此反复直到套管全部拔出。单打法施工速度快，混凝土用量较小，但桩的承载力较低。

2）复打法。采用单打法施工完成后，再把活瓣闭合起来，在原桩孔混凝土上第二次沉下桩管，将未凝固的混凝土向四周挤压，然后进行第二次灌注混凝土和振动拔管。复打法能使桩径增大，提高桩的承载能力。

3）反插法。施工时，在套管内灌满混凝土后，先振动再开始拔管，每次拔管高度0.5~1.0m，向下反插深度0.3~0.5m。如此反复进行并始终保持振动，直至套管全部拔出地面。反插法能使桩的截面增大，从而提高桩的承载力，一般适用于较差的软土地基。

（四）爆扩成孔灌注桩

爆扩成孔灌注桩又称爆扩桩，是由桩柱和扩大头两部分组成。爆扩桩的一般施工过程是：采用简易的麻花钻（手工或机动）在地基上钻出细而长的小孔，然后在孔内安放适量的炸药，利用爆炸的力量挤土成孔，也可用机钻成孔接着在孔底安放炸药，利用爆炸的力量在底部形成扩大头（见图3.2.2-6）；最后灌注混凝土或钢筋混凝土而成。这种桩成孔方法简便，能节省劳动力，降低成本，做成的桩承载力也较大。爆扩桩的适用范围较广，除软土和新填土外，其他各种土层中均可使用。爆扩桩成孔方法有两种，即一次爆扩法及两次爆扩法。

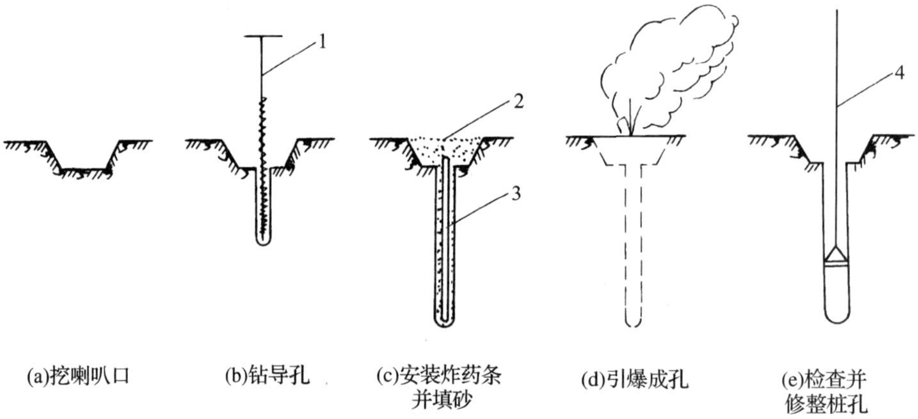

图3.2.2-6 爆扩成孔工艺流程图

1—手提钻；2—砂；3—炸药条；4—太阳铲

（五）旋挖钻孔灌注桩

旋挖钻孔灌注桩是我国近几年推广使用的一种较先进的桩基施工工艺，具有施工速度快、施工精度高、噪声小、机械化程度高、使用地层广泛、易于管理等优点。

在旋挖机进入工作状态时，通过变幅机构和桅杆调平控制系统调整桅杆角度，使钻头能够垂直钻进，动力系统给钻杆和钻头提供动力，使钻头做旋转切削；同时加压油缸通过动力头传递加压力给钻杆和钻头，实现钻头的加压钻进，钻头回转破碎岩土，并直接将其装入钻头后，当钻头内装填渣土后，再由钻机提升装置和伸缩式钻杆将钻头提出孔外卸土，这样循环往复，不断地取土、卸土，直至钻至设计深度。对黏性好的岩土层，可采用干式或清水钻进工艺；而在松散、易坍塌地层，则必须采用泥浆护壁钻进工艺。该钻机适用范围广、效率较高，施工时可根据不同的地层配置不同的钻头。

旋挖桩工艺流程：放样定位→旋挖机安装就位→埋设护筒→旋挖机成孔→清孔→钢筋笼制作与安放→下导管→混凝土浇筑→起拔护筒→回填桩孔。

旋挖钻机根据地质情况可分为四种钻进方式：切削、破碎、拨动和碾磨。

（1）切削式。切削钻进使用斗齿，使用双底捞沙斗配合摩阻式钻杆，可以钻进较为平稳且阻力小的地层，一般地质强度在 400kPa 以内的泥层、粉土和沙层，通过斗齿旋转切削，可减小阻力，提升钻机速度。

（2）破碎式。破碎钻进使用截齿钻进，多数使用双底入岩钻斗，根据地质强度可配置摩阻或机锁钻杆，可钻进强度为 500~1000kPa 的砂砾、泥岩、砂岩、页岩和中风化岩等，通过加压力传递给截齿上的合金点实现破碎钻进。

（3）拨动式。可使用双底捞沙斗和双底入岩钻斗，也可配合宝峨齿使用，由于地质的种类不同，导致钻进方式随之改变，如钻进卵石层时，由于卵石排列无规则，不可切削和破碎，可用拨动式钻进，用主卷吊着钻杆，用钻斗齿尖拨动卵石，把卵石松动后再浮动下放钻斗，此操作方式可避开卵石的强度和振动。

（4）碾磨式。使用入岩筒钻和牙轴钻，配合机锁式钻杆钻进以单周抗压强度为计算的岩层，强度从几兆帕至几十兆帕，通常为入岩端承桩，通过筒钻环切碾磨入岩，或通过牙轴钻碾磨钻进，同时根据岩层的种类、强度、脆性和裂隙不排除有破碎的可能性。

四、钻孔压浆桩

钻孔压浆桩施工法是利用长螺旋钻孔机钻孔至设计深度，在提升钻杆的同时通过设在钻头上的喷嘴向孔内高压灌注制备好的以水泥浆为主剂的浆液，至浆液达到没有塌孔危险的位置或地下水位以上 0.5~1.0m 处；起钻后向孔内放入钢筋笼，并放入至少 1 根直通孔底的高压注浆管，然后投放粗骨料至孔口设计标高以上 0.3m 处；最后通过高压注浆管，在水泥浆终凝之前多次重复地向孔内补浆，直至孔口冒浆为止，如图 3.2.2–7 所示。

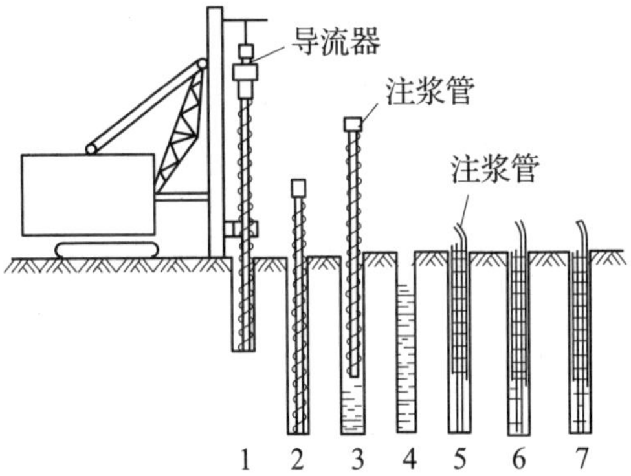

图 3.2.2–7　钻孔压浆桩施工程序

1—钻机就位；2—钻进；3—首次注浆；4—提出钻杆；5—放钢筋笼；6—放碎石；7—二次补浆

（一）优缺点

钻孔压浆桩的优点：

（1）振动小，噪声低。

（2）由于钻孔后的土柱和钻杆是被孔底的高压水泥浆置换后提出孔外的，所以能在流沙、淤泥、砂卵石、易塌孔和地下水的地质条件下，采用水泥浆护壁而顺利地成孔成桩。

（3）由于高压注浆对周围的地层有明显的渗透、加固挤密作用，可解决断桩、缩颈、桩底虚土等问题，还有局部膨胀扩径现象，提高承载力。

（4）因不用泥浆护壁，就没有因大量泥浆制备和处理而带来的污染环境、影响施工速度和质量等弊端。

（5）施工速度快、工期短。

（6）单承载力较高。

钻孔压浆桩的缺点：

（1）因为桩身用无砂混凝土，故水泥消耗量较普通钢筋混凝土灌注桩多，其脆性比普通钢筋混凝土桩要大。

（2）桩身上部的混凝土密实度比桩身下部差，静载试验时有发生桩顶压裂现象。

（3）注浆结束后，地面上水泥浆流失较多。

（4）遇到厚流沙层，成桩较难。

（二）适用范围

钻孔压浆桩适用范围较广，几乎可用于各种地质土层条件施工，既能在水位以上干作业成孔成桩，也能在地下水位以下成孔成桩；既能在常温下施工，也能在 –35℃的低温条件下施工；采用特制钻头可在风化岩层、盐渍土层及砂卵石层中成孔；采用特殊措施可在厚流沙层中成孔；还能在紧邻持续振动源的困难环境下施工。钻孔压浆桩的直径一般为 300mm、400mm、500mm、600mm 和 800mm，常用桩径为 400mm、600mm，桩长最大可达 31m。

（三）施工流程

钻孔压浆桩施工设备主要有长螺旋钻孔机、导流器、钻杆、钻头、注浆泵及管路系统、注水器、浆液制备装置等。施工工艺流程如图 3.2.2–8 所示。

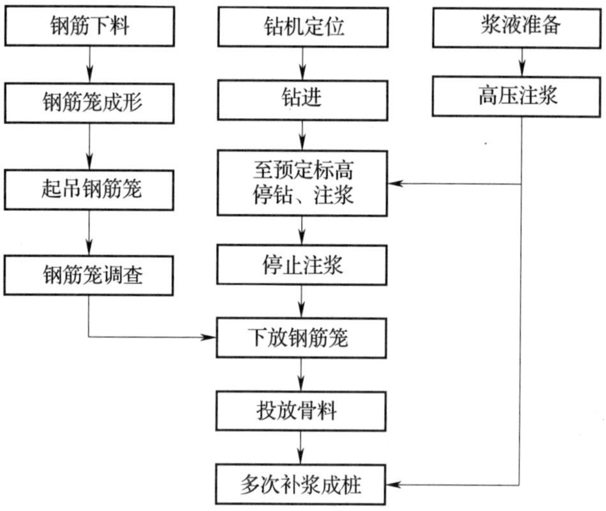

图 3.2.2–8　钻孔压浆桩施工工艺流程图

（1）钻机就位。在设计桩位上将钻机放平稳，使钻杆竖直，对准桩位钻进，随时注意并校正钻杆的垂直度。

（2）钻进。钻至设计深度后，停止进尺，回转钻具，空钻清底。

（3）首次注浆。把高压胶管一端接在钻杆顶部的导流器预留管口，另一端接在注浆泵上，将配制好的水泥浆由下而上在提钻同时在高压作用下喷入孔内。

（4）提钻。对于有地下水的情况，注浆至无坍孔危险位置以上 0.5~1.0m 处，提出钻杆，形成水泥浆护壁孔。成孔时边注浆边提钻，每次提钻在钻头下所形成的空间必须有足够的水泥浆填充，而且压进水泥浆的体积要略大于提钻所形成的空间，必须保证水泥浆要包裹在钻头以上 1m，不得把钻杆提出水泥浆面。

（5）放钢筋笼和注浆管。将塑料注浆管或钢注浆管固定在制作好的钢筋笼上，使用钻机的吊装设备吊起钢筋笼对准孔位，并将其竖直地慢慢放入孔内，下到设计标高后，固定钢筋笼。

（6）放骨料。碎（卵）石通过孔口漏斗倒入孔内，用铁棍捣实。

（7）二次注浆（补浆）。利用固定在钢筋笼上的塑料管或钢管进行二次注浆，此工序与首次注浆间隔不得超过 45min，二次注浆通常要多次反复，最后一次补浆必须在水泥浆接近终凝前完成，注浆完成后立即拔管洗净备用。

补浆分三种情况：

1）长管补浆。投料完成以后约 15min，将注浆管接头与拟补浆桩孔的长补浆管的快速接头连接，开泵补浆后浆面上升，首次补浆应将泥水返净，每次补浆都应见纯净水泥浆液开始从桩孔流出方可终止，停泵后卸开注浆管接头，通常长管补浆一次。

2）短管补浆。长管补浆后约 15min，将注浆管接头与拟补浆桩孔的短补浆管快速接头连接，开泵补浆后，浆面上升，见纯净水泥浆液开始从桩孔口流出终止补浆。由于水泥浆在桩孔内的析水原因，浆面反复下降，因此必需多次补浆直至浆面停止下降方可结束全部补浆工序。

3）花管补浆。基础桩施工末次补浆前将花管插入桩头下约 4m。末次补浆应采用花管补浆并振捣。基础桩桩头采用插入式振捣器振捣，快插慢拔，且不得长时间在一处振捣，振捣深度应大于 1.5m。振捣完毕的桩头注意防止车辆、钻机压碾。

（四）施工要点

注浆泵的工作压力应根据地质条件确定，首次注浆压力一般为 4~8MPa，二次补浆压力一般为 2~4MPa。两次高压注浆都是由下而上，靠高压浆液振荡，并顶升排出桩体内的空气，使桩身混凝土达到密实，因此桩身混凝土强度等级能达到 C20、C25，甚至更高。

制备浆液用的水泥宜采用强度等级不低于 32.5 级的硅酸盐水泥或普通硅酸盐水泥，不宜使用矿渣水泥。当平均气温低于 –20℃时，可采用早强型普通硅酸盐水泥。水泥浆液可根据不同的使用要求掺加不同的外加剂。浆液应通过 14mm ×（14~18）mm × 18mm 的筛子，以免掺入水泥袋屑或其他杂物。水泥浆的水灰比宜为 0.45~0.60。碎（卵）石用粒径 20~40mm 的碎石或卵石，含泥量小于 3%。碎（卵）石和浆液的体积比约为 1 : 0.8。

钻孔压浆桩的施工顺序，应根据桩间距和土层渗透情况，按编号顺序跳跃式进行，或采用凝固时间间隔进行，桩孔间应防止窜浆，避免造成对已施工完毕的邻桩的损坏。桩施工完毕后 3d 内，应避免钻机或重型机械直接碾压桩头引起桩头破坏。

桩头清理应在桩头混凝土凝固后进行。清理桩头应采用人工清理，严禁挖掘机等机械强行清理。桩顶标高至少要比设计标高高出 0.8~1.0m。

五、灌注桩后压浆

灌注桩后压浆是指钻孔灌注桩在成桩后，由预埋的注浆通道用高压注浆泵将一定压力的水泥浆压入桩端土层和桩侧土层，通过浆液对桩端沉渣和桩端持力层及桩周泥皮起到渗透、填充、压密、劈裂、固结等作用来增强桩侧土和桩端土的强度，从而达到提高桩基极限承载力，减少群桩沉降量的一项技术措施。钻孔灌注桩后压浆施工技术主要有桩底后压浆、桩侧后压浆、复式压浆（桩底和桩侧同时后压浆）三类。

灌注桩后压浆的施工流程：准备工作→管阀制作→灌注桩施工（后压浆管埋设）→压浆设备选型及加筋软管与桩身压浆管连接安装→打开排气阀并开泵放气调试→关闭排气阀压清水开塞→按设计水灰比拌制水泥浆液→水泥浆经过滤至储浆桶（不断搅拌）→待压浆管道通畅后压注水泥浆液→桩检测。

（一）压浆管与管阀埋设

压浆管一般采用直径≥ ϕ25mm，管壁厚度≥ 2.0mm 的焊接钢管，管阀与压浆管焊接连接。压浆管随同钢筋笼一起沉入钻孔中，边下放钢筋笼边接长压浆管，压浆管紧贴钢筋笼内侧，压浆管应沿钢筋笼圆周对称设置，压浆管的根数根据设计要求及桩径大小确定。为保证管阀顺利地进入桩底持力层中，管阀应超出引导压浆管钢筋笼底端一定长度，超出长度根据土层类别或设计确定，保证管阀进入土层长度符合要求。安装过程中防止钢管发生扭曲，压浆管与钢筋笼加劲箍和螺旋箍筋焊接或绑扎固定。压浆管采用钢套管连接，连接应牢固和密封，不漏水，上端用丝堵封口，避免杂物落入管内造成堵管。在吊放钢筋笼过程中，严禁撞笼、扭笼、墩笼，钢筋笼应竖直缓慢下放，进入持力层后，钢筋笼不得扭动，以免管阀在进入土层时受到损坏。管阀采用与压浆管同种材料制作，长不小于 300mm，其中小孔喷射段不小于 200mm，均匀钻 10mm 孔于管壁上，喷射段小孔用环形橡皮由上自下逐层搭接封闭密实，最后在外面包裹一层橡皮，上下用铁丝扎紧。

（二）压浆设备安装

高压压浆系统由浆液搅拌器、带滤网的贮浆斗、高压压浆泵、压力表、高压胶管、预埋在桩中的压浆导管和单向阀等组成。

高压压浆泵是实施后压浆的主要设备，高压压浆泵一般采用额定压力 6~12MPa，额定流量 30~100L/min 的压浆泵；高压压浆泵的压力表量程应为额定泵压的 1.5~2.0 倍。

浆液搅拌器的容量应与额定压浆流量相匹配，搅拌器浆液出口应设置水泥浆滤网，避免水泥团进入贮浆筒后吸入压浆导管内而造成堵管或爆管事件。

高压压浆泵与压浆管之间采用能承受 2 倍以上最大压浆压力的加筋软管，其长度一般不超过 50cm，输浆软管与压浆管之间设置卸压阀。

（三）浆液制备

采用与灌注桩水泥同强度等级的普通硅酸盐水泥与清水拌制成水泥浆液，浆液的水灰比应根据土的饱和度、渗透性设计确定。

现行行业标准《建筑桩基技术规范》JGJ 94—2008 规定，饱和土的水灰比宜为 0.45~0.65，非饱和土的水灰比宜为 0.7~0.9，松散碎石土、沙砾的水灰比宜为 0.5~0.6。在正式搅拌前，将一定水灰比水泥浆液的对应刻度在搅拌筒外壁上做出标记。配制水泥浆液时先在搅拌机内加一定量的水，然后边搅拌边加入定量水泥，根据水灰比再补加水，水泥浆搅拌好后达到对应刻度。搅拌时间不少于 3min，浆液中不得混有水泥结石、水泥袋等杂物。

刚开始拌制水泥浆液时，水灰比应适中，以便根据压浆情况上下调整水灰比。水泥浆液过滤后可放入储浆筒内以备压浆。浆液在储浆筒内应不断搅拌，避免浆液长时间静置而沉淀。

（四）开塞

压浆前，为使整个压浆线路畅通，先用压力清水开塞，开塞的时机为成桩3~5d后，用高压水冲开出浆口的管阀密封装置。开塞采用逐步升压法，当压力骤降，流量突增时，表明通道已经开通，立即停机，防止大量水涌入地下。

（五）压浆

开塞后立即进行压浆，原则上开一管注一管，不允许普遍开塞。压浆应连续进行，压力采用由小到大逐级增加的原则。

（1）正式压浆作业之前，应进行试压浆，对浆液水灰比、注浆压力、注浆量等工艺参数调整优化，最终确定工艺参数。

（2）在压浆过程中，严格控制单位时间内水泥浆注入量和注浆压力。压浆速度一般控制在30~50L/min。

（3）压浆量和注浆终止压力根据设计要求控制。

（4）被压浆桩离正在成孔桩作业点的距离不小于10*d*（*d*为桩直径），桩底压浆应对两根压浆管实施等量压浆，对于群桩压浆，应先外围后内部。

（5）在压浆过程中，当出现注浆压力长时间低于正常值、地面出现冒浆或周围桩孔串浆时应改为间歇压浆，间歇压浆可适当降低水灰比，间歇时间如超过60min，应用清水清洗压浆管和管阀，以保证后续压浆能正常进行。

（六）压浆终止条件

压浆过程采用“双控”的方法进行控制压浆终止条件，当满足下列条件之一可终止压浆：

（1）压浆总量和压浆压力均达到设计要求。

（2）压浆总量已经达到设计值的70%，且压浆压力达到设计压浆压力的150%并维持5min以上。

（3）压浆总量已经达到设计值的70%，且桩顶或地面出现明显上抬。桩体上抬不得超过2mm。

（七）桩检测

压浆后的桩通常要求保养至少25d以上，以便桩底浆液凝固，方可按规定采用弹性波反射法进行桩基检测，以取得真实的注浆桩基承载力。

3.3 建筑工程深基坑施工技术

住房和城乡建设部《危险性较大的分部分项工程安全管理规定》（建办质〔2018〕87号）附件二中关于深基坑工程的规定如下：开挖深度超过5m（含5m）的基坑（槽）的土方开挖、支护、降水工程；开挖深度虽未超过5m，但地质条件、周围环境和地下管线复杂，或影响毗邻建筑（构筑）物安全的基坑（槽）的土方开挖、支护、降水工程。

深基坑施工是大型和高层建筑施工中极其重要的环节，而深基坑支护结构技术无疑是保证深基坑顺利施工的关键。

3.3.1 深基坑土方开挖施工

深基坑挖土是基坑工程的重要部分，直接影响着工程质量进度。基坑的土方开挖工艺主要分为放坡挖土、中心岛式（也称墩式）挖土、盆式挖土。前者无支护结构，后两者皆有支护结构。采取哪种形式，主要根据基坑的深浅、围护结构的形式、地基土岩性、地下水位及渗水量、挖掘施工机械及场地大小、周围环境等情况决定。

一、放坡挖土

放坡开挖通常是最经济的挖土方案。当基坑开挖深度不大（软土地区挖深不超过4m，地下水位低的土质较好地区挖深亦可较大）、周围环境又允许，经验算能确保土坡的稳定性时，均可采用放坡开挖。基坑采用机械挖土，坑底应保留200~300mm厚基土，用人工清理整平，防止坑底土扰动。待挖至设计标高后，应清除浮土，经验槽合格后，及时进行垫层施工。

开挖深度较大的基坑，当采用放坡挖土时，宜设置多级平台分层开挖，每级平台的宽度不宜小于1.5m。对土质较差且施工工期较长的基坑，对边坡宜采用钢丝网水泥喷浆或用高分子聚合材料覆盖等措施进行护坡。在地下水位较高的软土地区，应在降水达到要求后再进行土方开挖，宜采用分层开挖的方式进行开挖，分层挖土厚度不宜超过2.5m。挖土时要注意保护工程桩，防止碰撞或因挖土过快、高差过大使工程桩受侧压力而倾斜。如有地下水，放坡开挖应采取有效措施降低坑内水位和排除地表水，严防地表水或坑内排出的水倒流回渗入基坑。

二、中心岛式挖土

中心岛式挖土适用于大型基坑，支护结构的支撑形式为角撑、环梁式或边桁（框）架式，中间具有较大空间，此时可利用中间的土墩作为支点搭设栈桥。挖土机可利用栈桥下到基坑挖土，运土的汽车也可利用栈桥进入基坑运土，这样可以加快挖土和运土的速度。中心岛（墩）式挖土，中间土墩的留土高度、边坡的坡度、挖土层次与高差都要经过仔细研究确定。由于在雨季遇有大雨土墩边坡易滑坡，必要时边坡需加固。挖土应分层开挖，多数是先全面挖去第一层，然后中间部分留置土墩，周围部分分层开挖。开挖多用反铲挖土机，如基坑深度大则用向上逐级传递的方式进行装车外运。

整个的土方开挖顺序，必须与支护结构的设计工况严格一致。要遵循开槽支撑、先撑后挖、分层开挖、严禁超挖的原则。同一基坑内当深浅不同时，土方开挖宜先从浅基坑处开始，如条件允许可待浅基坑处底板浇筑后，再挖基坑较深处的土方。当两个深浅不同的基坑同时挖土时，土方开挖宜先从较深基坑开始，待较深基坑底板浇筑后，再开始挖较浅基坑的土方。当基坑底部有局部加深的电梯井、水池等，如深度较大宜先对其边坡进行加固处理后再进行开挖。

三、盆式挖土

盆式挖土是先开挖基坑中间部分的土，周围四边留土坡，土坡最后挖除。这种挖土方式的优点是周边的土坡对围护墙有支撑作用，有利于减少围护墙的变形。其缺点是大量的土方不能直接外运，需集中提升后装车外运。

盆式挖土周边留置的土坡其宽度、高度和坡度大小均应通过稳定验算确定。如留得过小，对围护墙支撑作用不明显，失去盆式挖土的意义。如坡度太陡边坡不稳定，在挖土过程中可能失稳滑动，不但失去对围护墙的支撑作用，影响施工，而且有损于工程桩的质量。

盆式挖土需设法提高土方上运的速度，对加速基坑开挖起很大作用。

3.3.2　深基坑降排水施工

深基坑降水方法有集水沟明排水法和人工降低地下水位法等，可以根据基坑规模、深度、场地及周边工程、水文与地质条件、需降水深度、周围环境状况、支护结构种类、工期要求及技术经济效益等全面综合考虑、分析、比较后合理选用降水类型，其与土石方工程中基坑降水类似。

3.3.3　深基坑支护施工

一、深基坑支护形式

（一）深基坑支护的基本形式

深基坑支护形式很多，工程上常用的典型的支护形式按其工作机理和围护墙的形式有下列所示几种，如图3.3.3-1所示。

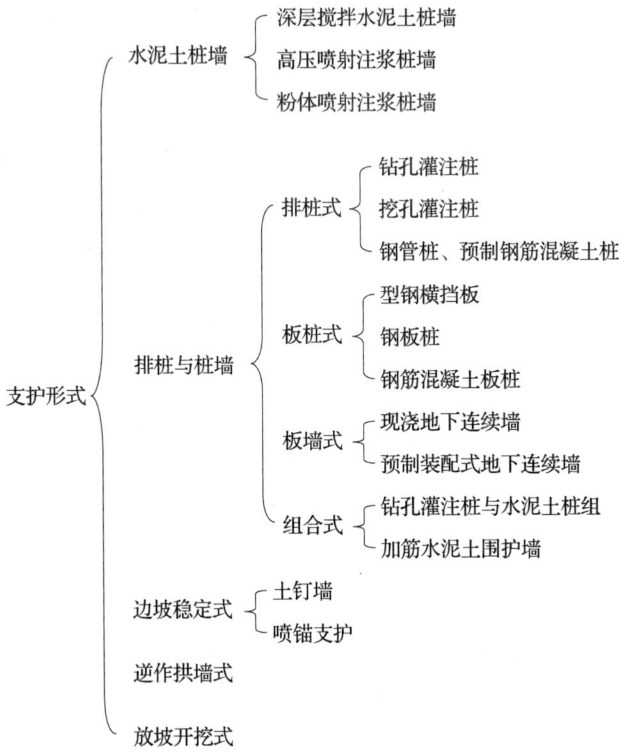

图3.3.3-1　深基坑支护基本形式

（二）深基坑支护基本形式的选择

深基坑支护形式的选择应综合考虑工程地质与水文地质条件、基础类型、基坑开挖深度、降排水条件、周边环境对基坑侧壁位移的要求、基坑周边荷载、施工季节、支护结构使用期限等因素，做到因工程、因地、因时制宜，合理选择，精心施工，严格监控。深基坑支护形式的选择应考虑基坑结构的安全等级，如表 3.3.3 所示，对同一基坑的不同部位，可采用不同的安全等级。

表 3.3.3　基坑结构安全等级及重要性系数

安全等级	破 坏 后 果	γ_0
一级	支护结构失效、土体失稳或过大变形对基坑周边环境及地下结构施工影响很严重	1.10
二级	支护结构失效、土体失稳或过大变形对基坑周边环境及地下结构施工影响严重	1.00
三级	支护结构失效、土体失稳或过大变形对基坑周边环境及地下结构施工影响不严重	0.90

（1）水泥土挡墙式。系由水泥土桩相互搭接形成的格栅状、壁状等形式的连续重力式挡土止水墙体。具有挡土、截水双重功能，施工机具设备相对较简单、成墙速度快、使用材料单一、造价较低等特点。其适用条件如下：基坑侧壁安全等级宜为二、三级；水泥土墙施工范围内地基承载力不宜大于 150kPa；基坑深度不宜大于 6m；基坑周围具备水泥土墙的施工宽度。

（2）排桩与板墙式。挡土灌注排桩是以现场灌注桩、按队列式布置组成的支护结构；地下连续墙系用机械施工方法成槽浇灌钢筋混凝土形成的地下墙体。具有刚度大、抗弯强度高、变形小、适应性强、工作场地不大、振动小、噪声低等特点，但排桩墙不能止水，连续墙施工需要较多机具设备。其适用条件如下：适于基坑侧壁安全等级一、二、三级；悬臂式结构在软土场地中不宜大于 5m；当地下水位高于基坑底面时，宜采用降水、排桩与水泥土桩组合截水帷幕或采用地下连续墙；用作逆作法施工。

（3）边坡稳定式。系用土钉或预应力锚杆加固的基坑侧壁土体与喷射钢筋混凝土护面组成的支护结构。具有结构简单、承载力较高、可阻水、变形小、安全可靠、适应性强、施工机具简单、施工灵活、污染小、噪声低、对周边环境影响小、支护费用低等特点。其适用条件如下：基坑侧壁安全等级宜为二、三级非软土场地；土钉墙基坑深度不宜大于 12m；喷锚支护适用于无流沙、含水量不高、不是淤泥等流塑土层的基坑，开挖深度不大于 18m；当地下水位高于基坑底面时，应采取降水或截水措施。

（4）逆作挡墙式。系在平面上将支护墙体或排桩做成的闭合拱形支护结构。该种结构主要承受压应力，可充分发挥材料特性，结构截面小，底部不用嵌固，可减少埋深，具有受力安全可靠、变形小、外形简单、施工方便快速、质量易保证、费用低等特点。其适用条件如下：基坑侧壁安全等级宜为二、三级；淤泥和淤泥质土场地不宜采用；基坑平面尺寸近似方形或圆形，施工场地适合拱圈布置；拱墙轴线的矢跨比不宜小手 1/8，坑深不宜大于 12m；地下水位高于基坑底面时，应采取降水或截水措施。

（5）放坡开挖式。对土质较好、地下水位低、场地开阔的基坑采取规范允许的坡度放坡开挖，或仅在坡脚叠袋护脚，坡面做适当保护。此种方法不用支撑支护，需加强边坡稳定监测，土方量大，需外运。其适用条件如下：基坑侧壁安全等级宜为三级；基坑周围场地应满足放坡条件，土质较好；当地下水位高于坡脚时，应采取降水措施。

二、深基坑支护技术

（一）复合土钉墙支护技术

复合土钉墙是由普通土钉墙与一种或若干种单项轻型支护技术（如预应力锚杆、竖向钢管、微型桩等）或截水技术（深层搅拌桩、旋喷桩等）有机组合而成的支护——截水体系。其主要构成要素有土钉（钢筋土钉或钢管土钉）、预应力锚杆（索）、截水帷幕、微型桩（树根桩）、挂网喷射混凝土面层、原位土体等。

复合土钉墙支护具有轻型、复合、机动灵活、针对性强、适用范围广、支护能力强的特点，可做超前支护，并兼备支护、截水等效果。复合土钉墙支护技术可用于回填土、淤泥质土、黏性土、砂土、粉土等常见土层，施工时可不降水；在工程规模上，深度 16m 以上的深基坑均可根据已有条件，灵活、合理使用。

（1）施工工艺。复合土钉墙目前尚无专用技术规范，其主要组成要素如普通土钉墙、预应力锚杆、深层搅拌桩、旋喷桩等应按照现行国家有关标准执行。通常施工工艺顺序为：放线定位→施作截水帷幕或微型桩→分层开挖→喷射第一层混凝土→土钉及预应力锚杆钻孔安装注浆→挂网喷射第二层混凝土→（无预应力锚杆部位）养护24h后继续分层开挖→（布置预应力锚杆部位）浆体强度达到设计要求并张拉锁定后继续分层开挖。

（2）施工要点。

1）土方开挖与土钉喷射混凝土等工艺必须密切配合，这是确保复合土钉墙顺利施工的关键。整个施工最好由一个施工单位总包，统一部署、计划、安排和协调。

2）控制开挖时间和开挖顺序，及时施作喷锚支护。土方开挖必须严格遵循分层、分段、平衡、协调、适时等原则，以尽量缩短支护时间。

3）合理选择土钉。一般来说，地下水位以上，或有一定自稳能力的地层中，钢筋土钉和钢管土钉均可采用；但是地下水位以下，软弱土层、砂质土层等，由于成孔困难，则应采用钢管土钉。钢管土钉不需打孔，它是通过专用设备直接打入土层，并通过管壁与土层的摩阻力产生锚拉力达到稳定的目的。

选用钢管土钉，施工时还应注意以下要点：

①钢管土钉在土层中严禁引孔（帷幕除外），由于设备能力不够而造成土钉不能全部被打进时，则应更换设备。

②钢管土钉外端应有足够的自由段长度，自由段一般不小于3m，不开孔，靠其与土层之间的紧密贴合保证里段有较高的注浆压力和注浆量，提高加固和锚固效果。

③在帷幕上开孔的钢管土钉，土钉安装后必须对孔口进行封闭，防止渗水漏水。

（二）组合内支撑技术

组合内支撑技术是建筑基坑支护的一项新技术，它是在混凝土内支撑技术的基础上发展起来的一种内支撑结构体系，主要利用组合式钢结构构件截面灵活可变，加工方便等优点。

组合内支撑技术适用于周围建筑物密集，相邻建筑物基础埋深较大，周围土质情况复杂，施工场地狭小，软土场地等深大基坑。该技术可在各种地质情况和复杂周边环境下使用，施工速度快，支撑形式多样，计算理论成熟，并可拆卸重复利用，节省投资。

（1）施工工艺。组合钢支撑支护体系施工顺序：钢支撑吊装、就位、焊接→钢支撑施加预应力→斜撑、纵向系杆安装→临时钢立柱安装。

（2）施工要点。

1）土方开挖。与钢支撑体系施工配合，土方开挖按照自上而下分层进行，每层由中间向两侧开挖。每层靠近护坡桩的土方保留，作为预留平台。利用预留平台可控制基坑土体位移，保证基坑稳定；还可利用其作为钢支撑支护体系施工的工作平台。待本层钢支撑施工完成后，将本层预留平台与下一层土方同时开挖。

2）支护体系施工。土方开挖分层、分段并预留平台，以控制整个基坑土体的水平位移，增加基坑稳定性。

在基坑范围内设置应力监测点，定期（3d）检测支护系统的受力状态，实际受力值小于设计受力值为合格。

支护系统施工中，严禁蹬踏钢支撑，操作应在操作平台上进行，并由专人负责。

钢立柱四周1m范围内预留结构的板筋，待拆除钢立柱后即可焊接钢筋、浇筑楼板混凝土。

基础结构施工中，严禁在钢支撑上放置重物及行走。

3）钢支撑支护体系的拆除。待基础结构自下而上施工到支撑下1.0m处且楼板混凝土，强度达到80%以上时，开始拆除基础结构楼板下的支护体系，否则将使巨大的侧压力传至楼板。

支护体系拆除的顺序为自下而上，先水平构件，后垂直构件（钢立柱）。具体步骤：先行拆除斜撑、纵向系杆、柱箍，再用千斤顶卸载主撑，撤除撑端的钢楔块，用塔吊将钢支撑吊出基坑。

4）施工监测。施工全过程应对支护体系的稳定性和相邻建筑物的沉降进行严密的监测和测试。至基础结构施工全部完成，各项监测指标均应在正常范围内。

（三）型钢水泥土复合搅拌桩支护技术（SMW 工法）

型钢水泥土复合搅拌桩支护技术，又称 SMW 工法，也被称为加筋水泥地下连续墙工法，它是在一排相互连续搭接的水泥土桩中加强芯材（型钢）的一种地下连续墙施工技术。

型钢水泥土复合搅拌桩支护技术基本原理：水泥土搅拌桩作为围护结构无法承受较大的弯矩和剪力，通过在水泥土连续墙中插入 H 形或工字形等型钢形成复合墙体，从而改善墙体受力。型钢主要用来承受弯矩和剪力，水泥土主要用来防渗，同时对型钢还有围箍作用。

型钢水泥土复合搅拌桩支护技术可在黏性土、粉土、砂砾土中使用，目前在国内主要在软土地区有成功应用。该技术目前可在开挖深度 15m 以下的基坑围护工程中应用。

型钢水泥土复合搅拌桩支护的施工，首先，通过特制的多轴深层搅拌机（SMW 搅拌桩机）自上而下将施工场地原位土体切碎，同时从搅拌头处将水泥浆等固化剂注入土体并与土体搅拌均匀，通过连续的重叠搭接施工，形成水泥土地下连续墙；然后，在水泥土凝结硬化之前，将型钢插入墙中，形成型钢与水泥土的复合墙体。

型钢水泥土复合搅拌桩支护技术施工工艺流程如图 3.3.3–2 所示。

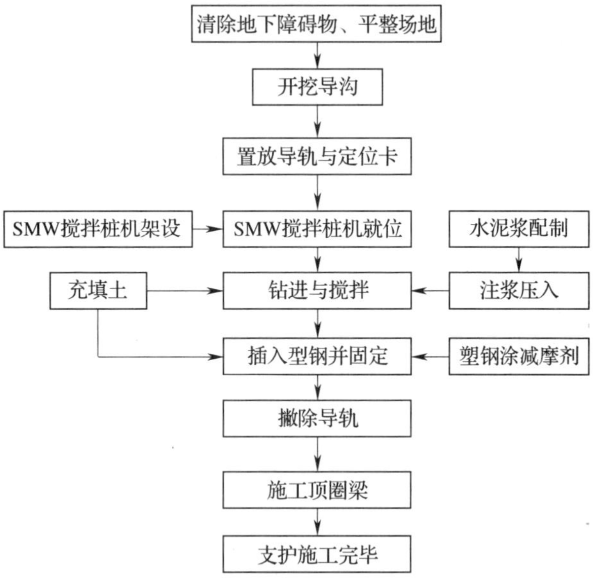

图 3.3.3–2　型钢水泥土复合搅拌桩支护技术施工工艺流程

（四）冻结排桩法基坑支护技术

冻结排桩法是一种将冻结施工技术与排桩支护技术科学合理地结合起来的一种新型技术。该技术是以含水地层冻结形成的隔水帷幕墙为基坑的封水结构，以基坑内排桩支撑系统为抵抗水土压力的受力结构，充分发挥各自的优势特点，以满足大基坑围护要求。

冻结排桩法支护体系由排桩、压顶梁、钢筋混凝土支撑和立柱桩组成。其中，压顶梁为桩顶连接的钢筋混凝土结构，平面支撑由圈梁、对撑、角撑组成，立柱桩设置于平面支撑的节点处。以保证整个支护体系的稳定隔水帷幕是在基坑四周、排桩外侧采用人工制冷的办法形成的一圈冻土墙，称为“冻土壁”。

冻结排桩法适用于大体积深基础开挖施工、含水量高的地基基础和软土地基基础以及地下水丰富的地基基础施工。

（1）施工工艺。冻结排桩法施工，即在基坑开挖之前，根据基坑开挖深度，利用钻孔灌注桩技术沿基坑四周超前施工一排灌注桩，并用现浇钢筋混凝土梁把排桩顶端固定在一起使排桩形成支撑结构体系，在排桩外侧按设计要求施做一排冻结孔，同时在冻结孔外侧据其中心一定位置处插花布设多个卸压孔；然后利用人工冻结技术形成冻土墙隔水帷幕，与超前施工的排桩支撑结构体系一道形成一个临时支护结构，在此支护结构的保护下进行基坑开挖，并随着开挖深度的增加支设内支撑以保证支护结构的稳定，当开挖至设计标高时，浇筑垫层混凝土。

冻结排桩法施工流程如图 3.3.3–3 所示。

（2）施工要点。应用冻结排桩法进行特大型深基坑施工时需要注意以下问题：

1）在冻结过程中土的体积膨胀将对排桩产生较大的水平冻胀压力。

2）排桩靠基坑内侧在基坑开挖过程中与空气接触后，温度将急剧上升，而另外一侧与冻土墙体接触温度非常低，排桩因两侧巨大温差将产生温度应力。

3）冻土墙达到设计厚度后，如何对其进行有效控制从而避免产生更大的冻胀力。

4）岩土力学基本理论的不成熟，设计计算所采用的数学力学模型与岩土体的实际应力一应变状态常存在着较大的差距，必须加强工程检测，通过信息化施工及时发现问题，保证工程安全。

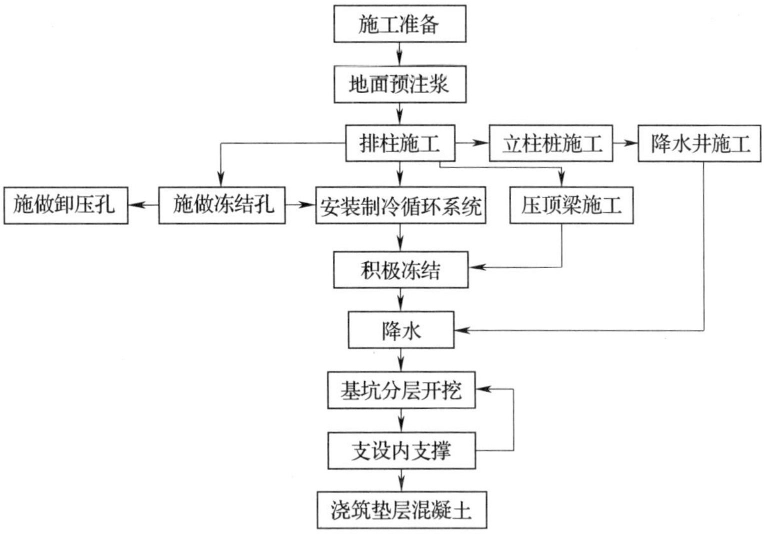

图 3.3.3–3　冻结排桩法施工流程

3.4　地下连续墙施工技术

地下连续墙是以专门的挖槽设备，沿着深基或地下构筑物周边，采用触变泥浆护壁，按设计的宽度、长度和深度开挖沟槽，待槽段形成后，在槽内设置钢筋笼，采用导管法浇筑混凝土，筑成一个单元槽段的混凝土墙体。依次继续挖槽、浇筑施工，并以某种接头方式将相邻单元槽段墙体连接起来形成一道连续的地下钢筋混凝土墙或帷幕，以作为防渗、挡土、承重的地下墙体结构。

地下连续墙可以用作深基坑的支护结构，也可以既作为深基坑的支护，又作为建筑物的地下室外墙，后者更为经济。

3.4.1　地下连续墙的分类方法与优缺点

一、地下连续墙的分类方法

从国内外的使用情况及习惯考虑，地下连续墙（见图 3.4.1）有如下几种类型：按槽孔的形式可以分为壁板式和桩排式两种；按开挖方式及机械分类，可分为抓斗冲击式、旋转式和旋转冲击式；按施工方法的不同可以分为现浇、预制和二者组合成墙等；按功能及用途分为承重基础或地下构筑物的结构墙、挡土墙、防渗心墙、阻滑墙、隔震墙等；按墙体材料不同分为钢筋混凝土、素混凝土、黏土、自凝泥浆混合墙等墙体。

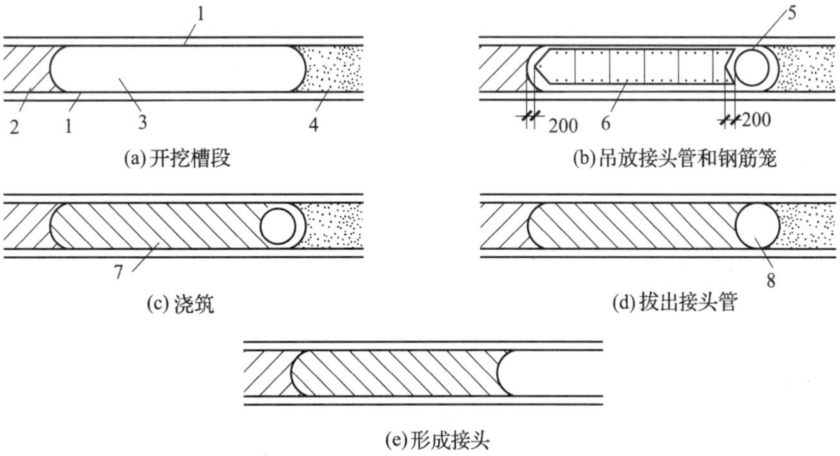

图 3.4.1　地下连续墙施工程序

1—导墙；2—已浇筑混凝土的单元槽段；3—开挖的槽段；4—未开挖的槽段；5—接头管；6—钢筋笼；7—正浇筑混凝土的单元槽段；8—接头管拔出后的孔洞

二、地下连续墙的优缺点

（一）地下连续墙的优点

地下连续墙的优点主要表现在如下方面：

（1）施工全盘机械化，速度快、精度高，并且振动小、噪声低，适用于城市密集建筑群及夜间施工。

（2）具有多功能用途，如防渗、截水、承重、挡土、防爆等，由于采用钢筋混凝土或素混凝土，强度可靠，承压力大。

（3）对开挖的地层适应性强，在我国除熔岩地质外，可适用于各种地质条件，无论是软弱地层或在重要建筑物附近的工程中，都能安全地施工。

（4）可以在各种复杂的条件下施工，如美国 110 层世界贸易中心的地基，过去曾为河岸，地下埋有码头等构筑物，用地下连续墙则易处理；广州白天鹅宾馆基础施工，地下连续墙呈腰鼓状，两头狭中间弯，形状虽复杂也能施工。

（5）开挖基坑无须放坡，土方量小，浇混凝土无须支模和养护，并可在低温下施工，降低成本，缩短施工时间。

（6）用触变泥浆保护孔壁和止水，施工安全可靠，不会引起水位降低而造成周围地基沉降，保证施工质量。

（7）可将地下连续墙与"逆作法"施工结合起来，地下连续墙为基础墙，地下室梁板作支撑，地下部分施工可自上而下与上部建筑同时施工，将地下连续墙筑成挡土、防水和承重的墙，形成一种深基础多层地下室施工的有效方法。

（二）地下连续墙的缺点

（1）每段连续墙之间的接头质量较难控制，往往容易形成结构的薄弱点。

（2）墙面虽可保证垂直度，但比较粗糙，尚须加工处理或做衬壁。

（3）施工技术要求高，无论是造槽机械选择、槽体施工、泥浆下浇筑混凝土、接头、泥浆处理等环节，均应处理得当，不容疏漏。

（4）制浆及处理系统占地较大，管理不善易造成现场泥泞和污染。

由于地下连续墙优点多，适用范围广，广泛应用在建筑物的地下基础、深基坑支护结构、地下车库、地下铁道、地下城、地下电站及水坝防渗等工程中。

3.4.2 施工工艺

地下连续墙由多幅槽段组成，其施工工艺过程如图 3.4.2-1 所示。

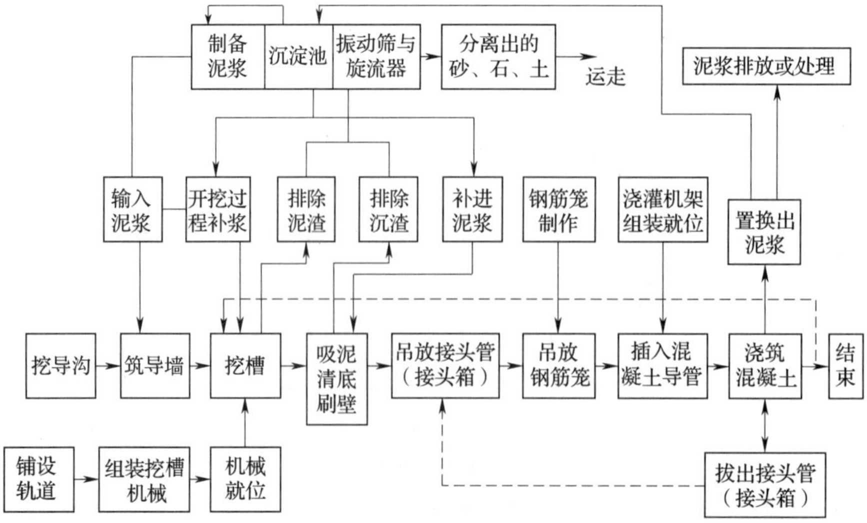

图 3.4.2-1 地下连续墙的施工工艺过程

一、导墙施工

导墙是地下连续墙挖槽之前修筑的导向墙，两片导墙之间的距离即为地下连续墙的厚度。导墙宜采用混凝土结构，且混凝土强度等级不宜低于 C20。导墙底面不宜设置在新近填土上，且埋深不宜小于 1.5m。导墙的强度和稳定性应满足成槽设备和顶拔接头管施工的要求。导墙虽属于临时结构，但它除了引导挖槽方向之外，还起着多方面的重要作用。

（一）导墙作用

（1）作为挡土墙。在挖掘地下连续墙沟槽时，导墙起到支挡上部土压力，防止槽口崩塌的作用。为防止导墙在土、水压力的作用下产生位移，一般在导墙内侧每隔 1m 左右加设上、下两道木支撑；如附近地面有较大荷载或有机械运行时，可在导墙内每隔 20~30m 设一道钢板支撑。

（2）作为测量的基准。导墙上可标明单元槽段的划分位置，亦可将其作为测量挖槽标高、垂直度和精度的基准。

（3）作为重物的支承。导墙既是挖槽机械轨道的支承，又是搁置钢筋笼、接头管等重物的支承，有时还要承受其他施工设备的荷载。

（4）存储泥浆。导墙内可存蓄泥浆，以稳定槽内泥浆的液面。泥浆液面应始终保持在导墙顶面以下 20cm 处，并高于地下水位 1.0m 以上，使泥浆起到稳定槽壁的作用。

此外，导墙还可以防止雨水等地面水流入槽内；当地下连续墙距离已建建筑物很近时，施工中导墙还可起到一定的补强作用。

（二）导墙形式

导墙一般为现浇钢筋混凝土结构，但也有钢制的或预制钢筋混凝土的装配式结构，后者可多次重复使用，可根据表层土质、导墙上荷载及周边环境等情况选择适宜的形式。

一般在表层地基良好地段采用简易形式钢筋混凝土导墙；在表层土软弱的地带采用现浇 L 形钢筋混凝土导墙。

（三）导墙施工

现浇钢筋混凝土导墙的施工顺序为平整场地→测量定位→挖槽及处理弃土→绑扎钢筋→支模板→浇筑混凝土→拆模板并设置横撑→导墙外侧回填土。

二、开挖槽段

挖槽是地下连续墙施工中的重要工序。挖槽约占地下连续墙工期的一半，因此提高挖槽效率是缩短工期的关键；同时，槽壁的形状决定了墙体的外形，所以挖槽的精度又是保证地下连续墙质量的关键之一。地下连续墙挖槽的主要工作包括：单元槽段的划分，挖槽机械的选择与正确使用，制定防止槽壁坍塌的措施等。

（一）单元槽段划分

地下连续墙施工前，需预先沿墙体长度方向划分好施工的单元槽段。单元槽段的最小长度不得小于挖土机械挖土工作装置的一次挖土长度（称为一个挖掘段）。单元槽段宜尽量长一些，以减少槽段的接头数量和增加地下连续墙的整体性，又可提高其防水性能和施工效率。但在确定其长度时除考虑设计要求和结构特点外，还应考虑以下各方面因素。

（1）地质条件。当土层不稳定时，为防止槽壁坍塌，应减少单元槽段的长度，以缩短挖槽时间。

（2）地面荷载。若附近有高大的建筑物、构筑物，或邻近地下连续墙有较大的地面静载或动载时，为了保证槽壁的稳定，应缩短单元槽段的长度。

（3）起重机的起重能力。由于一个单元槽段的钢筋笼多为整体吊装（钢筋笼过长时可水平分为两段），所以应根据起重机械的起重能力估算钢筋笼的重量和尺寸，以此推算单元槽段的长度。

（4）单位时间内混凝土的供应能力。一般情况下一个单元槽段长度内的全部混凝土，宜在 4h 内一次浇筑完毕，所以可按 4h 内混凝土的最大供应量来推算单元槽段的长度。

（5）泥浆池（罐）的容积。泥浆池（罐）的容积应不小于每一单元槽段挖土量的二倍，所以该因素也影响单元槽段的长度。

此外，划分单元槽段时还应考虑接头的位置，接头应避免设在转角处及地下连续墙与内部结构的连接处，以保证地下连续墙有较好的整体性；单元槽段的划分还与接头形式有关。单元槽段宜采用间隔一个或多个槽段的跳幅施工顺序。每个单元槽段，挖槽分段不宜超过3个。成槽时，护壁泥浆液面应高于导墙底面500mm。

（二）挖槽方法

地下连续墙挖槽常见的方法有多头钻施工法、钻抓斗施工法和冲击式施工法。

（1）多头钻施工法。多头钻挖槽机主体由多头钻和潜水电动机组成。挖槽时用钢索悬吊，采用全断面钻进方式，可一次完成一定长度和宽度的深槽。施工槽壁平整，效率高，对周围建筑物影响小，适用于黏性土、沙质土、砂砾层及淤泥等土层。

（2）钻抓式施工法。钻抓式钻机由潜水钻机、导板抓斗机架、轨道等组成。抓斗有中心提拉式和斗体推压式两种。钻抓斗式挖槽机构造简单，出土方便，能抓出地层中障碍物，但当深度大于15m及挖坚硬土层时，成槽效率显著降低，成槽精度较多头挖槽机差，适用于黏性土和 N 值小于30的砂性土，不适用于软黏土。

（3）冲击式施工法。冲击式钻机由冲击锥、机架和卷扬机等组成，主要采用各种冲击式凿井机械，适用于老黏性土、硬土和夹有孤石等地层，多用于排桩式地下连续墙成孔。其设备比较简单，操作容易。但工效较低，槽壁平整度也较差。桩排对接和交错接头采取间隔挖槽施工方法。

三、泥浆护壁

泥浆的主要成分是膨润土、掺和物和水。泥浆的作用主要有：护壁、携砂、冷却和润滑，其中以护壁为主。施工过程中，泥浆要与地下水、砂和混凝土接触，并一同返回泥浆池，经过处理后再继续使用。泥浆循环分为正循环及反循环两种。

四、清底

挖槽结束后，悬浮在泥浆中的土颗粒将逐渐沉淀到槽底，此外，在挖槽过程中未被排出而残留在槽内的土渣，以及吊放钢筋笼时从槽壁上刮落的泥皮等都堆积在槽底。在挖槽结束后清除槽底沉淀物的工作称为清底。

清底的方法一般有沉淀法和置换法两种。沉淀法是在土渣基本都沉淀到槽底之后再进行清底，常用的有砂石吸力泵排泥法，压缩空气升液排泥法，带搅动翼的潜水泥浆泵排泥法等。置换法是在挖槽结束之后，土渣还没有沉淀之前就用新泥浆把槽内的泥浆置换出来。在土木工程施工中，我国多采用置换法进行清底。清底后槽内泥浆的相对密度应在1.15g/cm^{3}以下。

清底一般安排在插入钢筋笼之前进行，对于以泥浆反循环法进行挖槽施工，可在挖槽后紧接着进行清底工作。如果清底后到混凝土浇筑前的间隔时间较长，亦可在浇筑混凝土前利用混凝土导管再进行一次清底。

五、钢筋笼加工与吊放

（一）钢筋笼加工

钢筋笼需按地下连续墙设计施工图要求制作。钢筋笼成型作业需在符合设计要求的台架上进行。台架根据工程施工条件可分为固定式和移动式两种。台架的钢筋定位卡需准确放线确定。钢筋笼需按单元槽段做成一个整体。如果地下连续墙很深或受起重设备的起重能力限制，可分段制作，然后在吊放时再逐段连接。钢筋笼的拼接一般应采用焊接，且宜用帮条焊，不宜采用绑扎搭接接头。

钢筋笼端部与接头管或混凝土接头面间应留有150~200mm的空隙。主筋净保护层厚度通常为70~80mm，保护层垫块厚50mm，在垫块和墙面之间留有20~30mm的间隙。由于用砂浆制作的垫块容易在吊放钢筋笼时破碎，又易擦伤槽壁面，所以一般用薄钢板制作垫块，焊于钢筋笼上。

制作钢筋笼时，要在密集的钢筋中预留出导管的位置，以便于浇筑水下混凝土时导管的插入。由于横向钢筋有时会阻碍导管插入，所以纵向主筋应放在内侧，横向钢筋放在外侧。纵向钢筋底端应稍向内弯折，以防止吊放钢筋笼时擦伤槽壁，但向内弯折的程度也不影响浇灌混凝土的导管插入。加工钢筋笼时，要根据钢筋笼重量、尺寸以及起吊方式和吊点布置，在钢筋笼内布置一定数量的纵向桁架。钢筋笼的钢筋、埋设件连接采用电焊，纵横向钢筋交点接头除主要结构部需全部焊接外，其接头可按50%间隔焊接。钢筋笼的临时绑扎铁丝在入槽前必须全部拆除，避免在绑扎铁丝上凝成泥球而影响混凝土质量。

如有具体设计要求，则应按其规定进行。

（二）钢筋笼吊放

钢筋笼吊放入槽前，必须对已开挖槽段侧边的垂直面进行刷壁并进行槽底清孔。

钢筋笼应根据场地、起重条件，分若干段吊装，各段钢筋笼在其入槽时连接成整体。钢筋笼在搬运、堆放及吊装过程中，不应产生不可恢复的变形、焊点脱离及散架等现象。

开工前应做好钢筋笼吊装作业设计，以设置好吊点、加工好吊具，并选定吊机和起吊方式。在主吊机将钢筋笼吊入槽段前，可另配一台副吊机配合抬吊将钢筋笼由水平放置状态直立起来。

钢筋笼起吊时，顶部要用一根横梁（常用工字钢），其长度要和钢筋笼尺寸相适应。钢丝绳须吊住四个角。为了不使钢筋笼在起吊时产生很大的弯曲变形，通常采用两台吊车同时操作，其中一副主吊钩吊住顶部，另一副吊钩吊住中间部位。为了不使钢筋笼在空中晃动，钢筋笼下端可系绳索用人力控制。起吊时不允许钢筋笼下端在地面上拖行，以防造成下端钢筋弯曲变形。

插入钢筋笼时，吊点中心必须对准槽段中心，然后徐徐下降，垂直而又准确地将钢筋笼吊入槽内。在钢筋笼进入槽段内时，必须注意不要使钢筋笼产生横向摆动，造成槽壁坍塌。钢筋笼插入槽内后，检查其顶端高度是否符合设计要求，然后用槽钢等将其搁置在导墙上。

如果钢筋笼是分段制作，吊放时需要接长时，下段钢筋笼要垂直悬挂在导墙上，然后将上段钢筋笼垂直吊起，上段钢筋笼的下端与下段钢筋笼上端用电焊直线连接。

如果钢筋笼不能顺利插入槽内，应该重新吊出，查明原因加以解决。如有必要，则在修槽之后再吊放。不能将钢筋笼做自由坠落状强行插入基槽，否则会引起钢筋笼变形或使槽壁坍塌，产生大量沉渣，影响地下墙体质量。

六、混凝土浇筑

（1）地下连续墙对混凝土的要求。地下连续墙槽段内的混凝土浇筑过程具有一般水下混凝土浇筑的施工特点。混凝土强度等级一般为 C30~C40。混凝土的级配除了满足结构强度要求外，还要满足水下混凝土施工的要求。其配合比应按重力自密式流态混凝土设计，水与胶凝材料比不应大于 0.55，水泥用量不宜小于 400kg/m^3，入槽坍落度不宜小于 180mm。混凝土应具有良好的和易性和流动性。

（2）混凝土浇灌前的准备工作。混凝土浇灌前应按作业设计规定的位置安装好混凝土导管。导管的数量与槽段长度有关，槽段长度小于 4m 时，可使用一根导管。导管内径约为粗骨料粒径的 8 倍，不得小于粗骨料粒径的 4 倍。

混凝土导管接口应密封不漏浆，导管底部应与槽底相距约 200mm。导管内应放置保证混凝土与泥浆隔离的管塞。

混凝土浇灌前，应利用混凝土导管进行约 15min 以上的泥浆循环，以改善泥浆质量。

（3）槽段内混凝土浇灌。地下连续墙的混凝土是在泥浆中采用导管浇灌的，导管拼接时，其接缝应密闭。混凝土浇筑时，导管内应预先设置隔水栓。槽段内混凝土浇灌如图 3.4.2-2 所示。

钢筋笼就位后应及时浇筑混凝土，若槽段长度不大于 6m 时，混凝土宜采用两根导管同时浇筑；槽段长度大于 6m 时，混凝土宜采用三根导管同时浇筑。每根导管分担的浇筑面积应基本均等。混凝土浇筑过程中，导管埋入混凝土面的深度宜在 2.0~4.0m，只有当混凝土浇灌到地下连续墙墙顶附近，导管内混凝土不易流出的时候，方可将导管的埋入深度减为 1m 左右，并可将导管适当地做上下运动，促使混凝土流出导管。浇筑液面的上升速度不宜小于 3m/h。混凝土浇筑面宜高于地下连续墙设计顶面 500mm。导管须全长度水密。

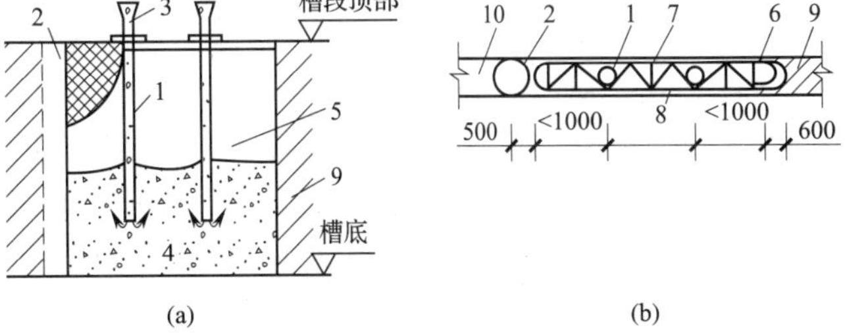

图 3.4.2-2　槽段中混凝土导管的布置

1—导管；2—接头管；3—漏斗；4—混凝土；5—泥浆；6—施工槽段；7—纵向桁架；8—横向桁架；9—已完成槽段；10—未完成槽段

值得注意的是，在钢筋笼入槽后须尽快浇灌混凝土，混凝土要连续浇灌，不能长时间中断，一般可允许中断 5~10min，最长也只允许中断 20~30min，以保持混凝土的均匀性。混凝土搅拌好之后，以 1.5h 内浇筑完毕为原则。在夏天由于混凝土凝结较快，所以必须在搅拌好之后 1h 内尽快浇完，否则应掺入适量的缓凝剂。多根导管进行混凝土浇灌时，应注意浇灌的同步性，保持混凝土面呈水平状态上升，其各点混凝土高度差不得大于 300mm。

混凝土加水搅拌至入槽的时间不宜超过 1h。分次往导管内供应混凝土的时间间隔不得超过 0.5h。槽段内混凝土面上升速度宜达到 3~4m/h，并做好混凝土浇灌深度的测量和记录。

在浇灌过程中，要经常量测混凝土灌注量和上升高度。量测混凝土上升高度可用测锤，由于混凝土上升面一般都不是水平的，所以要在三个以上的位置进行量测。

在浇筑完成后的地下连续墙墙顶存在一层浮浆层，因此混凝土顶面需要比设计高度超浇 0.5m 以上。凿去浮浆层后，地下连续墙墙顶才能与主体结构或支撑相连，成为整体。

七、槽段接头施工

地下连续墙的接头分为两大类：施工接头和结构接头。施工接头是在浇筑地下连续墙时，沿墙的纵向连接两相邻单元墙段的接头；结构接头是已完工的地下连续墙在水平向与其他构件（如与内部结构的梁、板、墙等）相连接的接头。

（一）施工接头

（1）接头管（亦称锁口管）接头。接头管是目前地下连续墙施工中采用最多的一种接头。施工时，当一个单元槽段的土方挖完后，在槽段的端部用吊车放入接头管，然后吊放钢筋笼并浇筑混凝土。待混凝土强度达到 0.05~0.20MPa 时（一般混凝土浇筑后 3~5h，视气温而定），开始用吊车或液压顶升架提拔接头管。提拔速度应与混凝土浇筑速度、混凝土强度增长速度相适应，一般为 2~4m/h，并在混凝土浇筑结束后 8h 以内将接头管全部拔出。接头管直径一般比墙厚小 50mm，可根据需要分段接长。接头管拔出后，单元槽段的端部形成半圆形，继续施工时即形成两相邻槽段的接头。

（2）接头箱接头。接头箱接头的施工方法与接头管接头相似，只是以接头箱代替接头管。接头箱在浇筑混凝土的一面是开口的，所以钢筋笼端部的水平钢筋可以插入接头箱内。浇筑混凝土时，接头箱的开口面被焊在钢筋笼端部的钢板封住，因而混凝土不能进入接头箱内。混凝土初凝后，与接头管一样逐步吊出接头箱。当后一个单元槽段再浇筑混凝土时，由于两相邻槽段的水平钢筋交错搭接，可形成整体接头。接头箱接头的整体性好，接头处刚度较大。

（3）隔板式接头。隔板式接头按隔板的形状分为平隔板、榫形隔板和 V 形隔板。由于隔板与槽壁之间难免有缝隙，为防止浇筑的混凝土渗入，应在钢筋笼的两边铺设化纤布。化纤布可以把单元槽段的钢筋笼全部罩住，也可以只有 2~3m 宽，吊放钢筋笼时应注意不要损坏化纤布。带有接头钢筋的榫形隔板能使各单元墙段形成整体，是一种较好的接头方式，但插入钢筋笼时较困难，且接头处混凝土的流动会受到阻碍，施工时应特别加以注意。

（二）结构接头

（1）预埋连接钢筋法。预埋连接钢筋法是应用最多的一种方法。它是在浇筑地下连续墙混凝土之前，按设计要求将连接钢筋弯折后预埋在墙体内。待土方开挖露出墙体时，凿开连接钢筋处的墙面，将露出的连接钢筋恢复成设计形状，再与后浇结构的受力钢筋连接。为便于施工，预埋连接钢筋的直径不宜大于 22mm，且弯折时宜缓慢进行加热，以免其强度降低过多。考虑到连接处往往是结构的薄弱处，设计时一般将连接钢筋增加 20% 的富余量。

（2）预埋连接钢板法。这是一种钢筋间接连接的接头方式。在浇筑地下连续墙混凝土之前，将预埋连接钢板焊固在钢筋笼上。浇筑混凝土后凿开墙面使预埋钢板外露，将后浇结构中的受力钢筋与预埋钢板焊接。施工时要注意保证预埋钢板处混凝土的密实性。

（3）预埋剪力连接件法。剪力连接件的形式有多种，但以不妨碍浇筑混凝土、承压面大且形状简单的为好。剪力连接件先预埋在地下连续墙内，然后剔凿出与后浇结构连接。

3.5 建筑工程主体结构施工技术

主体结构是位于地基基础之上，接受、承担和传递建筑工程所有的上部荷载，维持上部结构整体性、稳定性和安全性有机联系的体系，是建筑工程结构安全、稳定、可靠的载体和重要组成部分。建筑工程主体结构的组成部分包括砌体工程、钢结构工程、混凝土工程、结构吊装工程等。

3.5.1　砌体结构工程施工

一、砌筑砂浆

（1）水泥使用应符合下列规定：

1）水泥进场时应对其品种、等级、包装或散装仓号、出厂日期等进行检查，并应对其强度、安定性进行复验，其质量必须符合现行国家标准《通用硅酸盐水泥》GB 175—2007 的有关规定。

2）当在使用中对水泥质量有怀疑或水泥出厂超过三个月（快硬硅酸盐水泥超过一个月）时，应复查试验，并按复验结果使用。

3）不同品种的水泥，不得混合使用。抽检数量：按同一生产厂家、同品种、同等级、同批号连续进场的水泥，袋装水泥不超过 200t 为一批，散装水泥不超过 500t 为一批，每批抽样不少于一次。检验方法：检查产品合格证、出厂检验报告和进场复验报告。

（2）建筑生石灰、建筑生石灰粉熟化为石灰膏，分别不得少于 7d 和 2d；沉淀池中储存的石灰膏，其熟化时间应防止干燥、冻结和污染，严禁采用脱水硬化的石灰膏；建筑生石灰粉、消石灰粉不得替代石灰膏配制水泥石灰砂浆。

（3）砌筑砂浆应进行配合比设计。当砌筑砂浆的组成材料有变更时，其配合比应重新确定。

（4）施工中不应采用强度等级小于 M5 水泥砂浆替代同强度等级水泥混合砂浆，如需替代，应将水泥砂浆提高一个强度等级。

（5）砌筑砂浆应采用机械搅拌，搅拌时间自投料完起算应符合下列规定：水泥砂浆和水泥混合砂浆不得少于 120s；水泥粉煤灰砂浆和掺用外加剂的砂浆不得少于 180s；掺增塑剂的砂浆从加水开始，搅拌时间不得少于 210s。

（6）现场拌制的砂浆应随拌随用，拌制的砂浆应在 3h 内使用完毕；当施工期间最高气温超过 30℃时，应在 2h 内使用完毕。预拌砂浆及蒸压加气混凝土砌块专用砂浆的使用时间应按照厂方提供的说明书确定。

（7）砌筑砂浆试块强度验收时其强度合格标准应符合下列规定：同一验收批砂浆试块强度平均值应大于或等于设计强度等级值的 1.1 倍；同一验收批砂浆试块抗压强度的最小一组平均值应大于或等于设计强度等级值的 85%。

二、砌体结构施工基本规定

（1）砌筑顺序应符合下列规定：

1）基底标高不同时，应从低处砌起，并应由高处向低处搭砌。当设计无要求时，搭接长度 L 不应小于基础底的高差 H，搭接长度范围内下层基础应扩大砌筑（见图 3.5.1–1）。

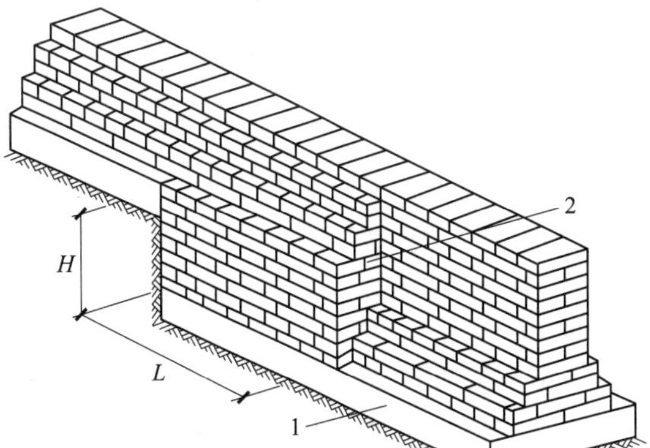

图 3.5.1–1　基底标高不同时的搭砌示意图（条形基础）

1—混凝土垫层；2—基础扩大部分

2）砌体的转角处和交接处应同时砌筑，当不能同时砌筑时，应按规定留槎、接槎。

（2）砌筑墙体应设置皮数杆。

（3）在墙上留置临时施工洞口，其侧边离交接处墙面不应小于 500mm，洞口净宽度不应超过 1m。抗震设防烈度为 9 度地区建筑物的临时施工洞口位置，应会同设计单位确定。临时施工洞口应做好补砌。

（4）不得在下列墙体或部位设置脚手眼：

1）120mm 厚墙、清水墙、料石墙、独立柱和附墙柱。

2）过梁上与过梁成 60° 角的三角形范围及过梁净跨度 1/2 的高度范围内。

3）宽度小于 1m 的窗间墙。

4）门窗洞口两侧石砌体 300mm，其他砌体 200mm 范围内；转角处石砌体 600mm，其他砌体 450mm 范围内。

5）梁或梁垫下及其左右 500mm 范围内。

6）设计不允许设置脚手眼的部位。

7）轻质墙体。

8）夹心复合墙外叶墙。

（5）设计要求的洞口、沟槽、管道应于砌筑时正确留出或预埋，未经设计同意，不得打凿墙体和在墙体上开凿水平沟槽。宽度超过 300mm 的洞口上部，应设置钢筋混凝土过梁。不应在截面长边小于 500mm 的承重墙体、独立柱内埋设管线。

（6）砌体施工质量控制等级分为 A、B、C 三级，砌筑工人质量等级为 A 级的要求为中级以上，其中高级工不少于 30%，B 级的要求为高、中级不少于 70%，C 级的要求为初级工以上。

（7）正常施工条件下，砖砌体、小砌块砌体每日砌筑高度宜控制在 1.5m 或一步脚手架高度内；石砌体不宜超过 1.2m。

（8）砌体结构工程检验批的划分应同时符合下列规定：

1）所用材料类型及同类型材料的强度等级相同；

2）不超过 250m³ 砌体；

3）主体结构砌体一个楼层（基础砌体可按一个楼层计）；填充墙砌体量少时可多个楼层合并。

三、砖砌体工程

砌砖施工通常包括抄平、放线、摆砖样、立皮数杆、挂准线、铺灰、砌砖等工序。如果是清水墙，则还要进行勾缝。

（1）砌体砌筑时，混凝土多孔砖、混凝土实心砖、蒸压灰砂砖、蒸压粉煤灰砖等块体的产品龄期不应小于 28d。

（2）有冻胀环境和条件的地区，地面以下或防潮层以下的砌体，不应采用多孔砖。

（3）不同品种的砖不得在同一楼层混砌。

（4）采用铺浆法砌筑砌体，铺浆长度不得超过 750mm；当施工期间气温超过 30℃时，铺架长度不得超过 500mm。

（5）多孔砖的孔洞应垂直于受压面砌筑。半盲孔多孔砖的封底面应朝上砌筑。

（6）砖墙灰缝宽度宜为 10mm，且不应小于 8mm，也不应大于 12mm。竖向灰缝不应出现瞎缝、透明缝和假缝。

（7）砖砌体的转角处和交接处应同时砌筑，严禁无可靠措施的内外墙分砌施工。在抗震设防烈度为 8 度及 8 度以上地区，对不能同时砌筑而又必须留置的临时间断处应砌成斜槎，普通砖砌体斜槎水平投影长度不应小于高度的 2/3，多孔砖砌体的斜搓长高比不应小于 1/2。斜槎高度不得超过一步脚手架的高度。

（8）非抗震设防及抗震设防烈度为 6 度、7 度地区的临时间断处，当不能留斜槎时，除转角处外，可留直槎，但直槎必须做成凸槎，且应加设拉结钢筋，拉结钢筋应符合下列规定：

1）每 120mm 墙厚放置 1ϕ6 拉结钢筋（240mm 厚墙应放置 2ϕ6 拉结钢筋）；

2）间距沿墙高不应超过 500mm，且竖向间距偏差不应起过 100mm；

3）埋入长度从留槎处算起每边均不应小于 500mm，对抗震设防烈度 6 度、7 度的地区，不应小于 1000mm；

4）末端应有 90° 弯钩（见图 3.5.1–2）。

四、混凝土小型空心砌块砌体工程

砌块砌筑的主要工序：铺灰、砌块安装就位、校正、灌缝、镶砖。

（1）小砌块的产品龄期不应小于 28d，承重墙体使用的小砌块应完整、无破损、无裂缝。

（2）底层室内地面以下或防潮层以下的砌体，应采用强度等级不低于 C20（或 Cb20）的混凝土灌实小砌块的孔洞。

（3）砌筑普通混凝土小型空心砌块砌体，不需对小砌块浇水湿润，如遇天气干燥炎热，宜在砌筑前对其喷水湿润；对轻骨料混凝土小砌块，应提前浇水湿润，块体的相对含水率宜为40%~50%。雨天及小砌块表面有浮水时，不得施工。

（4）小砌块墙体应孔对孔、肋对肋错缝搭砌。单排孔小砌块的搭接长度应为块体长度的1/2；多排孔小砌块的搭接长度可适当调整，但不宜小于小砌块长度的1/3，且不应小于90mm。墙体的个别部位不能满足上述要求时，应在灰缝中设置拉结钢筋或钢筋网片，但竖向通缝仍不得超过两皮小砌块。

（5）小砌块应将生产时的底面朝上反砌于墙上。

（6）砌体水平灰缝和竖向灰缝的砂浆饱满度，按净面积计算不得低于90%。

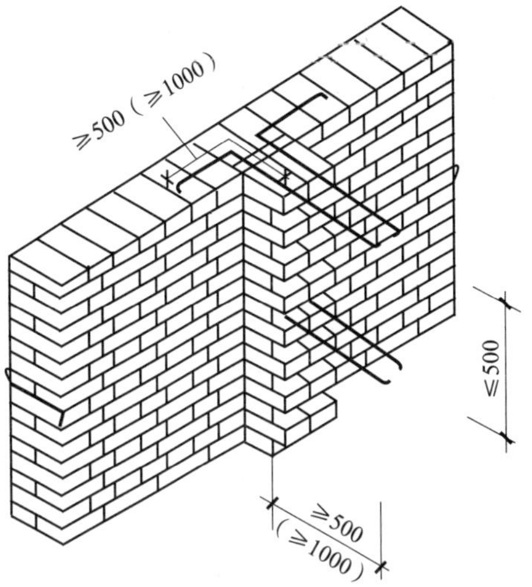

图 3.5.1–2　直槎处拉结钢筋示意图

（7）墙体转角处和纵横交接处应同时砌筑。临时间断处应砌成斜槎，斜槎水平投影长度不应小于斜槎高度。施工洞口可预留直槎，但在洞口砌筑和补砌时，应在直槎上下搭砌的小砌块孔洞内用强度等级不低于C20（或Cb20）的混凝土灌实。砌体的水平灰缝厚度和竖向灰缝宽度宜为10mm，但不应小于8mm，也不应大于12mm。

五、配筋砌体工程

（1）施工配筋小砌块砌体剪力墙，应采用专用的小砌块砌筑砂浆砌筑，专用小砌块灌孔混凝土浇筑芯柱。

（2）设置在灰缝内的钢筋，应居中置于灰缝内，水平灰缝厚度应大于钢筋直径4mm以上。

（3）构造柱与墙体的连接应符合下列规定：墙体应砌成马牙槎，马牙槎凹凸尺寸不宜小于60mm，高度不应超过300mm，马牙槎应先退后进，对称砌筑。拉结钢筋应沿墙高每隔500mm设2ϕ6，伸入墙内不宜小于600mm，钢筋的竖向移位不应超过100mm，且竖向移位每一构造柱不得超过2处。施工中不得任意弯折拉结钢筋。

六、填充墙砌体工程

（1）砌筑填充墙时，轻骨料混凝土小型空心砌块和蒸压加气混凝土砌块的产品龄期不应小于28d，蒸压加气混凝土砌块的含水率宜小于30%。

（2）烧结空心砖、蒸压加气混凝土砌块、轻骨料混凝土小型空心砌块等的运输装卸过程中，严禁抛掷和倾倒；进场后应按品种、规格堆放整齐，堆置高度不宜超过2m。蒸压加气混凝土砌块在运输及堆放中应防止雨淋。

（3）吸水率较小的轻骨料混凝土小型空心砌块及采用薄灰砌筑法施工的蒸压加气混凝土砌块，砌筑前不应对其浇（喷）水湿润；在气候干燥炎热的情况下，对吸水率较小的轻骨料混凝土小型空心砌块宜在砌筑前喷水湿润。

（4）采用普通砌筑砂浆砌筑填充墙时，烧结空心砖、吸水率较大的轻骨料混凝土小型空心砌块应提前1 ~ 2d浇（喷）水湿润。蒸压加气混凝土砌块采用蒸压加气混凝土砌块砌筑砂浆或普通砌筑砂浆砌筑时，应在砌筑当天对砌块砌筑面喷水湿润。

（5）砌块、在厨房、卫生间、浴室等处采用轻骨料混凝土小型空心砌块、蒸压加气混凝土砌块砌筑墙体时，墙底部宜现浇混凝土坎台，其高度宜为150mm。

（6）蒸压加气混凝土砌块、轻骨料混凝土小型空心砌块不应与其他块体混砌，不同强度等级的同类块体也不得混砌。

（7）填充墙砌体砌筑，应待承重主体结构检验批验收合格后进行。填充墙与承重主体结构间的空（缝）隙部位施工，应在填充墙砌筑14d后进行。

3.5.2 混凝土结构工程施工

一、钢筋工程

（一）钢筋验收

（1）钢筋进场时，应按国家现行相关标准的规定抽取试件做力学性能和重量偏差检验，检验结构必须符合有关标准的规定。钢筋应平直、无损伤，表面不得有裂纹、油污、颗粒状或片状老锈。

（2）对有抗震设防要求的结构，其纵向受力钢筋的性能应满足设计要求；当设计无具体要求时，对按一、二、三级抗震等级设计的框架和斜撑构件（含梯段）中的纵向受力钢筋应采用HRB335E、HRB400E、HRB500E、HRBF335E、HRBF400E或HRBF500E钢筋，其强度和最大力下总伸长率的实测值应符合下列规定：

1）钢筋的抗拉强度实测值与屈服强度实测值的比值不应小于1.25。

2）钢筋的屈服强度实测值与屈服强度标准值的比值不应大于1.30。

3）钢筋的最大力下总伸长率不应小于9%。

（3）当发现钢筋脆断、焊接性能不良或力学性能显著不正常等现象时，应停止使用该批钢筋，并应对该批钢筋进行化学成分检验或其他专项检验。

（二）钢筋加工

（1）钢筋加工包括冷拉、调直、除锈、剪切和弯曲等，宜在常温状态下进行，加工过程中不应对钢筋进行加热。钢筋应一次弯折到位。

（2）调直。钢筋宜采用无延伸功能的机械设备进行调直，也可采用冷拉方法调直。当采用冷拉方法调直时，HPB300光圆钢筋的冷拉率不宜大于4%；HRB335、HRB400、HRB500、HRBF335、HRBF400、HRBF500及RRB400带肋钢筋的冷拉率不宜大于1%。

（3）剪切。钢筋下料剪断可用钢筋剪切机或手动剪切器。手动剪切器一般只用于剪切直径小于12mm的钢筋；钢筋剪切机可剪切直径小于40mm的钢筋；直径大于40mm的钢筋则需用锯床锯断或用氧－乙炔焰或电弧割切。

（4）弯曲。

1）受力钢筋的弯折和弯钩应符合下列规定：

① HPB300级钢筋末端应做180°弯钩，弯弧内直径不应小于钢筋直径的2.5倍，弯钩的弯后平直部分长度不应小于钢筋直径的3倍。

②设计要求钢筋末端做135°弯钩时，HRB335级、HRB400级钢筋的弯弧内直径不应小于4d，弯钩后的平直长度应符合设计要求。

③钢筋作不大于90°的弯折时，弯折处的弯弧内直径不应小于5d。

2）除焊接封闭箍筋外，箍筋、拉筋的末端应按设计要求做弯钩。当设计无具体要求时，应符合下列规定：

①箍筋弯钩的弯弧内直径除应满足受力钢筋的弯折和弯钩的规定外，尚不应小于受力钢筋直径。

②箍筋弯钩的弯折角度：一般结构不宜小于90°；有抗震等要求的结构弯钩应为135°。

③弯钩后平直部分长度：一般结构不应小于箍筋直径的5倍；有抗震等要求的结构不应小于箍筋直径的10倍。

（三）钢筋连接

钢筋的连接方法有焊接连接、绑扎搭接连接和机械连接。

（1）钢筋连接的基本要求。

1）钢筋的接头宜设置在受力较小处。同一纵向受力钢筋不宜设置两个或两个以上接头，接头末端至钢筋弯起点的距离不应小于钢筋直径的10倍。

2）当受力钢筋采用机械连接接头或焊接接头时，设置在同一构件内的接头宜相互错开。纵向受力钢筋机械连接接头及焊接接头连接区段的长度为35d（d为纵向受力钢筋的较大直径）且不小于500mm，凡接头中点位于该连接区段长度内的接头均属于同一连接区段。同一连接区段内，纵向受力钢筋机械连接及焊接的接头面积百分率为该区段内有接头的纵向受力钢筋截面面积与全部纵向受力钢筋截面面积的比值。同一连接区段内，纵向受力钢筋的接头面积百分率应符合设计要求；当设计无具体要求时，应符合下列规定：

①在受拉区不宜大于 50%；

②接头不宜设置在有抗震设防要求的框架梁端、柱端的箍筋加密区；当无法避开时，对等强度高质量机械连接接头，不应大于 50%；

③直接承受动力荷载的结构构件中，不宜采用焊接接头；当采用机械连接接头时，不应大于 50%。

（2）焊接连接。常用焊接方法有：闪光对焊、电弧焊、电阻点焊、电渣压力焊、埋弧压力焊、气压焊等。直接承受动力荷载的结构构件中，纵向钢筋不宜采用焊接接头。

1）闪光对焊。闪光对焊是利用对焊机使两段钢筋接触、通过低电压的强电流，把电能转化为热能，待钢筋被加热到一定温度后，即施加轴向压力挤压（称为顶锻）便形成对焊接头。钢筋闪光对焊工艺通常有连续闪光焊、预热闪光焊和闪光 - 预热 - 闪光焊。闪光对焊广泛应用于钢筋纵向连接及预应力钢筋与螺丝端杆的焊接。

2）电弧焊。电弧焊是利用弧焊机使焊条与焊件之间产生高温电弧，使焊条和高温电弧范围内的焊件金属熔化，焊化的金属凝固后便形成焊缝和焊接接头。电弧焊广泛应用于钢筋接头、钢筋骨架焊接、装配式结构接头的焊接、钢筋与钢板的焊接及各种钢结构的焊接。钢筋电弧焊的接头形式有搭接焊接头、帮条焊接头、剖口焊接头、熔槽帮条焊接头和窄间隙焊。

3）电阻点焊。电阻点焊是指当钢筋交叉点焊时，接触点只有一个，且接触电阻较大，在接触的瞬间，电流产生的全部热量都集中在一点上，因而使金属受热而熔化，同时在电极加压下使焊点金属得到焊合。电阻点焊主要用于小直径钢筋的交叉连接，如用来焊接钢筋骨架、钢筋网中交叉钢筋的焊接。

4）电渣压力焊。电渣压力焊是利用电流通过电渣池产生的电阻热将钢筋端部熔化，然后施加压力使钢筋焊接为一体。电渣压力焊适用于现浇钢筋混凝土结构中直径 14~40mm 的竖向或斜向钢筋的焊接接长。

5）气压焊。钢筋气压焊是采用一定比例的氧气和乙炔的混合气体燃烧的高温火焰为热源，对需要焊接的两根钢筋端部接缝处进行加热烘烤，使其达到热塑状态，同时对钢筋施加 30~40N/mm^2 的轴向压力，使钢筋顶锻在一起。气压焊不仅适用于竖向钢筋的连接，也适用于各种方位布置的钢筋连接。当不同直径钢筋焊接时，两钢筋直径差不得大于 7mm。

（3）绑扎搭接连接。

1）同一构件中相邻纵向受力钢筋的绑扎搭接接头宜相互错开。绑扎搭接接头中钢筋的横向净距不应小于钢筋直径，且不应小于 25mm。

2）钢筋绑扎搭接接头连接区段的长度为 1.3l_l（l_l 为搭接长度），凡搭接接头中点位于该连接区段长度内的搭接接头均属于同一连接区段。同一连接区段内，纵向钢筋搭接接头面积百分率为该区段内有搭接接头的纵向受力钢筋截面面积与全部纵向受力钢筋截面面积的比值，如图 3.5.2-1 所示。

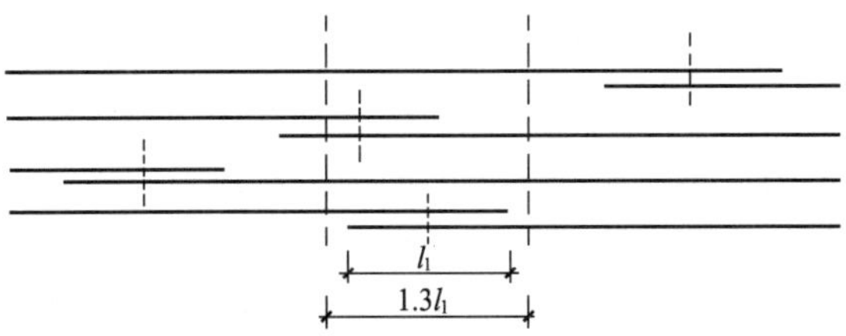

图 3.5.2-1　钢筋绑扎搭接接头连接区段及接头面积百分率

注：图中所示搭接接头同一连接区段内的搭接钢筋为两根，当各钢筋直径相同时，接头面积百分率为 50%

同一连接区段内，纵向受拉钢筋搭接接头面积百分率应符合设计要求；当设计无具体要求时，应符合下列规定：

①对梁类、板类及墙类构件，不宜大于 25%；

②对柱类构件，不宜大于 50%；

③当工程中确有必要增大接头面积百分率时，对梁类构件不应大于 50%；对其他构件，可根据实际情况放宽。

3）在梁、柱类构件的纵向受力钢筋搭接长度范围内，应按设计要求配置箍筋。当设计无具体要求时，应符合下列规定：

①箍筋直径不应小于搭接钢筋较大直径 0.25 倍；

②受拉搭接区段的箍筋间距不应大于搭接钢筋较小直径的 5 倍，且不应大于 100mm；

③受压搭接区段的箍筋间距不应大于搭接钢筋较小直径的 10 倍，且不应大于 200mm；

④当柱中纵向受力钢筋直径大于 25mm 时，应在搭接接头两端外 100mm 范围内各设置两个箍筋，其间距宜为 50mm。

（4）机械连接。钢筋机械连接包括套筒挤压连接和螺纹套管连接。

1）钢筋套筒挤压连接。钢筋套筒挤压连接是指将需要连接的两根变形钢筋插入特制钢套筒内，利用液压驱动的挤压机沿径向或轴向压缩套筒，使钢套筒产生塑性变形，靠变形后的钢套筒内壁紧紧咬住变形钢筋来实现钢筋的连接。这种方法适用于竖向、横向及其他方向的较大直径变形钢筋的连接。

2）钢筋螺纹套管连接。钢筋螺纹套筒连接分为锥螺纹套管连接和直螺纹套管连接两种。锥形螺纹套管连接是指将用于这种连接的钢套管内壁，用专用机床加工有锥螺纹，钢筋的对接端头亦在套丝机上加工有与套管匹配的锥螺纹，连接时，经对螺纹检查无油污和损伤后，先用手旋入钢筋，然后用扭矩扳手紧固至规定的扭矩，即完成连接。钢筋螺纹套筒连接施工速度快，不受气候影响，自锁性能好，对中性好，能承受拉、压轴向力和水平力，可在施工现场连接同径或异径的竖向、水平或任何倾角的钢筋，已在我国广泛应用。

二、模板工程

模板是保证混凝土浇筑成型的模型，钢筋混凝土结构的模板系统是由模板、支撑及紧固件等组成。

（一）模板类型与基本要求

（1）木模板。木模板是由一些板条用拼条钉拼而成的模板系统。木模板由于重复利用率低，损耗大，为节约木材，在现浇混凝土结构施工中使用率已经大大降低。

（2）组合模板。组合模板是一种工具式模板，是工程施工中用得最多的一种模板，有组合钢模板、钢框竹（木）胶合板模板等。它由具有一定模数的若干类型的板块、角膜、支撑和连接件组成，用它可以拼出多种尺寸和几何形状，也可用它拼成大模板、隧道模和台模等。钢框木胶合板模板由于自重轻、面积大、拼缝少、维修方便等优点，使用广泛。

（3）大模板。大模板是一种大尺寸的工具式模板。一块大模板由面板、主肋、次肋、支撑桁架、稳定机构及附件组成（见图 3.5.2-2）。面板要求平整、刚度好。次肋的作用是固定面板，把混凝土侧压力传递给主肋。面板若按单向板设计，则只有水平（或垂直）次肋；面板若按双向板设计，则不分主、次肋。主肋是穿墙螺栓的固定支点，承受传来的水平力和垂直力，一般用背靠背的两个槽钢，间距约为 1.0~1.2m。一般是一块墙面用一块大模板。因为其重量大，装拆皆需起重机械吊装，但可提高机械化程度，减少用工量和缩短工期。大模板是目前我国剪力墙和筒体体系的高层建筑施工用得较多的一种模板，已形成一种工业化建筑体系。

（4）滑升模板。滑升模板是一种工具式模板，由模板系统、操作平台系统和液压系统三部分组成。适用于现场浇筑高耸的构筑物和高层建筑物等，如烟囱、筒仓、电视塔、竖井、沉井、双曲线冷却塔和剪力墙体系及筒体体系的高层建筑等。滑升模板施工的特点是在构筑物或建筑物底部，沿其墙、柱、梁等构件的周边组装高 1.2m 左右的滑升模板，随着向模板内不断地分层浇筑混凝土，用液压提升设备使模板不断地沿埋在混凝土中的支承杆向上滑升，直到需要浇筑的高度为止。用滑升模板施工可以节约模板和支撑材料，加快施工速度和保证结构的整体性。但模板一次性投资多、耗钢量大，对建筑的立面造型和构件断面变化有一定的限制。施工时宜连续作业，施工组织要求较严。

（5）爬升模板。爬升模板简称爬模，国外亦称跳模，是施工剪力墙体系和筒体体系的钢筋混凝土结构高层建筑的一种有效的模板体系。由于模板能自爬，不需起重运输机械吊运，减少了高层建筑施工中起重运输机械的吊运工作量，能避免大模板受大风影响而停止工作。由于自爬的模板上悬挂有脚手架，所以还省去了结构施工阶段的外脚手架，因为能减少起重机械的数量、加快施工速度而经济效益较好。爬模分有爬架爬模和无爬架爬模两类。

（6）台模。台模是一种大型工具式模板，主要用于浇筑平板式或带边梁的楼板，一般是一个房间一块台模，有时甚至更大。利用台模施工楼板可省去模板的装拆时间，能降低劳动消耗和加速施工，但一次性投资较大。按台模的支承形式分为支腿式和无支腿式两类。

（7）永久式模板。永久式模板是指一些施工时起模板作用而浇筑混凝土后又是结构本身组成部分之一的预制板材。目前国内外常用的有异形（波形、密肋形等）金属薄板（亦称压型钢板）、预应力混凝土薄板、玻璃纤维水泥模板、小梁填块（小梁为倒T形，填块放在梁底凸缘上，再浇混凝土）、钢桁架型混凝土板等。预应力混凝土薄板在我国已在一些高层建筑中应用，铺设后稍加支撑，然后在其上铺放钢筋浇筑混凝土形成楼板，施工简便。压型钢板在我国一些高层钢结构施工中多有应用，施工简便，施工速度快，但耗钢量较大。

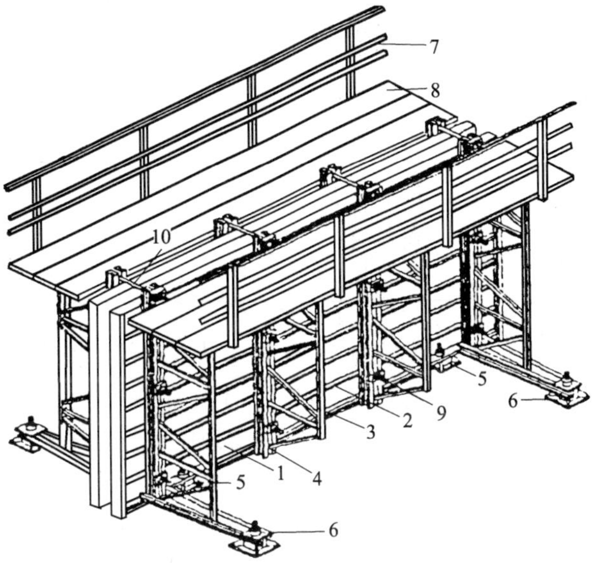

图 3.5.2–2　大模板构造示意图

1—面板；2—次肋；3—支撑桁架；4—主肋；5—调整水平用的螺旋千斤顶；6—调整垂直用的螺旋千斤顶；7—栏杆；8—脚手板；9—穿墙螺栓；10—卡具

（二）模板安装

尽管模板结构是钢筋混凝土工程施工时所使用的临时结构物，但它对钢筋混凝土工程的施工质量和工程成本影响很大。模板安装的基本要求如下：

（1）安装现浇结构的上层模板及其支架时，下层楼板应具有承受上层荷载的承载能力，或加设支架；上、下层支架的立柱应对准，并铺设垫板；

（2）在涂刷模板隔离剂时，不得玷污钢筋和混凝土接槎处；

（3）模板的接缝严密，不应漏浆；在浇筑混凝土前，木模板应浇水湿润，但模板内不应有积水；

（4）模板与混凝土的接触面应清理干净并涂刷隔离剂，但不得采用影响结构性能或妨碍装饰工程施工的隔离剂；

（5）浇筑混凝土前，模板内的杂物应清理干净；

（6）对清水混凝土工程及装饰混凝土工程，应使用能达到设计效果的模板；

（7）用作模板的地坪、胎模等应平整光洁，不得产生影响构件质量的下沉、裂缝、起砂或起鼓；

（8）对跨度不小于 4m 的钢筋混凝土梁、板，其模板应按设计要求起拱；当设计无具体要求时，起拱高度宜为跨度的 1/1000~3/1000；

（9）固定在模板上的预埋件、预留孔和预留洞均不得遗漏，且应安装牢固，其偏差应符合现行国家标准《混凝土结构工程施工质量验收规范》GB 50204—2015 的规定；

（10）模板安装应保证结构和构件各部分的形状、尺寸和相互间位置的正确性。现浇结构模板安装的偏差、预制构件模板安装的偏差应符合现行国家标准《混凝土结构工程施工质量验收规范》GB 50204—2015 的规定；

（11）构件简单，装拆方便，能多次周转使用。

（三）模板拆除

（1）模板拆除要求。

1）底模及其支架拆除时的混凝土强度应符合设计要求；当设计无具体要求时，混凝土强度应符合表 3.5.2 的规定。

表 3.5.2 底模拆除时的混凝土强度要求

构件类型	构件跨度（m）	达到设计的混凝土立方体抗压强度标准值的百分率（%）
板	≤2	≥50
	>2，≤8	≥75
	>8	≥100
梁、拱、壳	≤8	≥75
	>8	≥100
悬臂构件	—	≥100

2）对后张法预应力混凝土结构构件，侧模板宜在预应力张拉前拆除；底模支架的拆除应按施工技术方案执行，当无具体要求时，不应在结构构件建立预应力前拆除。

3）后浇带模板的拆除和支顶应按施工技术方案执行。

4）侧模板拆除时的混凝土强度应能保证其表面及棱角不受损伤。

5）模板拆除时，不应对楼层形成冲击荷载。拆除的模板和支架宜分散堆放并及时清运。

（2）模板拆除顺序。模板的拆除顺序一般是先拆非承重模板，后拆承重模板；先拆侧模板，后拆底模板。框架结构模板的拆除顺序一般是柱、楼板、梁侧模、梁底模。拆除大型结构的模板时，必须事先制定详细方案。

（四）新模板技术

（1）清水混凝土模板技术。清水混凝土模板是指能确保混凝土表面质量和外观设计效果能达到清水混凝土质量要求和设计效果的模板，可选择多种材质制作。清水混凝土模板必须做到表面平整光洁，模板分块，面板分割和穿墙螺栓孔眼排列规律整齐，几何尺寸准确，拼缝严密，周转使用次数多等要求。清水混凝土模板施工技术一般施工工艺流程：根据图纸结构形式设计计算模板强度和板块规格→结合留洞位置绘制组合展开图→按实际尺寸放大样→加工配制标准和非标准板块→模板块检测验收→编排顺序号码、涂刷隔离剂→测量放线→钢筋绑扎、管线预埋→排架搭设→焊定位筋→柱、墙模板组装校正、验收→浇筑柱、墙混凝土至梁底下 50mm →安装梁底模→侧模→梁钢筋绑扎→拆除柱、墙下段模板、吊运保养→二次安装柱头、墙头接高模板→第二面梁帮模板安装、校正、验收→铺设平台模板→平台筋绑扎、管线敷设→浇筑混凝土、保养→模板拆除后保养待翻转使用。

（2）早拆模板技术。早拆模板技术是指支撑系统和模板能够分离，当混凝土浇筑 3~4d 后，强度达到设计强度的 50% 以上时，可敲击早拆柱头，提前拆除横楞和模板，而柱头顶板仍然支顶着现浇结构构件，直到混凝土强度达到符合规范允许拆模数值为止的模板技术。早拆模板体系由模板、支撑系统（立柱）、早拆柱头、横梁和可调底座等组成。它的主要施工工艺为模板安装和模板拆除。模板安装按以下工序进行：

1）按模板工程施工图放线，在放线交点处安放独立式钢立柱或安放立杆，用横杆将立杆互相连成整体支架；

2）支架安装后，将早拆柱头、早拆托架或可调顶托的螺杆插入立杆顶部孔内，并使插销和托架就位，然后放横梁调整位置；

3）横梁就位后从一侧开始铺设模板，模板与柱头板交接处随铺模板随将柱头板调至所需高度；

4）铺完模板后，涂刷隔离剂，板缝处贴胶带防止漏浆，并进行模板检查验收和质量评定工作。模板拆除要满足拆模强度，按模板施工图保留部分立杆和早拆柱头，其余部分可同步拆除，拆模时从一侧或一端开始，保留的立杆和早拆柱头应在混凝土强度达到正常拆模强度后再进行拆除，如需提前拆除保留立杆时，必须加设临时支撑。

（3）液压自动爬模技术。它是将钢管支承杆设在结构体内、体外或结构顶部，以液压千斤顶或液压油缸为动力提升提升架、模板、操作平台及吊架等，爬升成套爬模。液压自动爬模技术适用于高层建筑全剪力墙结构、框架结构核心筒、钢结构核心筒、高耸构造物、桥墩、巨型柱等结构的施工。液压自动爬模主要由模板系统、液压提升系统和操作平台系统组成。

1）模板系统。由定型组合大钢模板、全钢大模板或钢框胶合板模板、调节缝板、角模、钢背楞及穿墙螺栓、铸钢螺母、铸钢垫片等组成。

2）液压提升系统。由提升架立柱、横梁、斜撑、活动支腿、滑道夹板、围圈、千斤顶、支承杆、液压控制台、各种孔径的油管及阀门、接头等组成。当支承杆设在结构顶部时，增加导轨、防坠装置、钢牛腿、挂钩等。

3）操作平台系统。由操作平台、吊平台、中间平台、上操作平台、外挑梁、外架立柱、斜撑、栏杆、安全网等组成。

液压爬模施工工艺包括爬模的安装、浇筑混凝土、脱模及爬升。

三、混凝土工程

混凝土工程是钢筋混凝土工程中的重要组成部分，混凝土工程的施工过程有混凝土的制备、运输、浇筑和养护等。

（一）混凝土搅拌

混凝土的搅拌就是根据混凝土的配合比，把水泥、砂、石、外加剂、矿物掺合料和水通过搅拌使其成为均质的混凝土，混凝土拌合物的入模温度不应低于5℃，且不高于35℃。

（1）混凝土搅拌机类型及选用。混凝土搅拌机按其工作原理，可以分为自落式和强制式两大类，自落式混凝土搅拌机适用于搅拌塑性混凝土；强制式搅拌机的搅拌作用比自落式搅拌机强烈，宜于搅拌干硬性混凝土和轻骨料混凝土。

（2）混凝土搅拌制度确定。为了拌制出均匀优质的混凝土，除合理地选择搅拌机外，还必须正确地确定搅拌制度，即进料容量、混凝土搅拌时间和投料顺序。

（二）混凝土的运输

混凝土运输分为地面运输、垂直运输和楼地面运输三种情况，不论用何种运输方法，混凝土在运输过程中，都应满足下列要求：①在运输过程中应保持混凝土的均质性，不发生离析现象。②混凝土运至浇筑点开始浇筑时，应满足设计配合比所规定的坍落度。③应保证在混凝土初凝之前能有充分时间进行浇筑和振捣。

（三）混凝土的浇筑

（1）混凝土浇筑的一般规定。

1）混凝土运输、输送、浇筑过程中严禁加水，混凝土运输、输送、浇筑过程中散落的混凝土严禁用于结构浇筑，混凝土运输、浇筑及间歇的全部时间不应超过混凝土的初凝时间。同一施工段的混凝土应连续浇筑，并应在底层混凝土初凝之前将上一层混凝土浇筑完毕。当底层混凝土初凝后浇筑上一层混凝土时，应按施工技术方案中对施工缝的要求进行处理。

2）浇筑混凝土前，应清除模板内或垫层上的杂物。表面干燥的地基、垫层、模板上还应洒水湿润，现场环境温度高于35℃时宜对金属模板进行洒水降温，洒水后不得留有积水。

3）混凝土输送宜采用泵送方式。混凝土粗骨料最大粒径不大于25mm时，可采用内径不小于125mm的输送泵管；混凝土粗骨料最大粒径不大于40mm时，可采用内径不小于150mm的输送泵管。输送泵管安装接头应严密，输送泵管道转向宜平缓。输送泵管应采用支架固定，支架应与结构牢固连接，输送泵管转向处支架应加密。

4）在浇筑竖向结构混凝土前，应先在底部填以不大于30mm厚与混凝土内砂浆成分相同的水泥砂浆；浇筑过程中混凝土不得发生离析现象。

5）柱、墙模板内的混凝土浇筑时，当无可靠措施保证混凝土不产生离析，其自由倾落高度应符合如下规定，当不能满足时，应加设串筒、溜管、溜槽等装置。

①粗骨料料径大于25mm时，不宜超过3m；

②粗骨料料径不大于25mm时，不宜超过6m。

6）在浇筑与柱和墙连成整体的梁和板时，应在柱和墙浇筑完毕后停歇 1~1.5h，再继续浇筑。

7）梁和板宜同时浇筑混凝土，有主、次梁的楼板宜顺着次梁方向浇筑，单向板宜沿着板的长边方向浇筑；拱和高度大于 1m 时的梁等结构，可单独浇筑混凝土。

（2）大体积混凝土结构浇筑。大体积混凝土结构是指混凝土结构物实体最小几何尺寸不小于 1m 的大体量混凝土，或预计会因混凝土中胶凝材料水化引起的温度变化和收缩而导致有害裂缝产生的混凝土。大体积混凝土结构由于承受的荷载大，整体性要求高，往往不允许留设施工缝，要求一次连续浇筑完毕。另外，大体积混凝土结构在浇筑后，水泥水化热大而且聚积在内部不易散发，浇筑初期混凝土内部温度显著升高，而表面散热较快，这样形成较大的内、外温差，混凝土内部产生压应力，而表面产生拉应力，则混凝土表面会产生裂缝。在浇筑后期，当混凝土内部逐渐散热冷却产生收缩时，由于受到基底或已浇筑的混凝土的约束，接触处将产生很大的拉应力，当拉应力超过混凝土当时龄期的极限抗拉强度时，便会产生裂缝。要防止大体积混凝土结构浇筑后产生裂缝，就要降低混凝土的温度应力，大体积混凝土施工温度控制应符合下列规定：

1）混凝土入模温度不宜大于 30℃，混凝土浇筑体最大温升不宜大于 50℃。

2）在覆盖养护或带模养护阶段，混凝土浇筑体表面以内 40~100mm 位置处的温度与混凝土浇筑体表面温度差值不宜大于 25℃；结束覆盖养护或拆模后，混凝土浇筑体表面以内 40~100mm 位置处的温度与环境温度差值不应大于 25℃。

3）混凝土降温速率不宜大于 2.0℃/d。为此应采取相应的措施有：应优先选用水化热低的水泥；在满足设计强度要求的前提下，尽可能减少水泥用量；掺入适量的粉煤灰（粉煤灰的掺量一般以 15%~25% 为宜）；降低浇筑速度和减小浇筑层厚度；采取蓄水法或覆盖法进行人工降温措施；必要时经过计算和取得设计单位同意后可留后浇带或施工缝分层分段浇筑。

大体积混凝土结构的浇筑方案，一般分为全面分层、分段分层和斜面分层三种（图 3.5.2–3）。全面分层法要求的混凝土浇筑强度较大，斜面分层法混凝土浇筑强度较小，施工中可根据结构物的具体尺寸、捣实方法和混凝土供应能力，认真选择浇筑方案。目前应用较多的是斜面分层法。

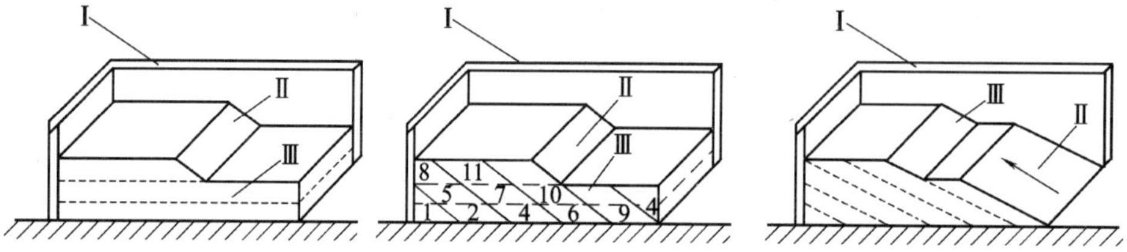

(a)全面分层　(b)分段分层　(c)斜面分层

图 3.5.2–3　大体积混凝土浇筑方案

Ⅰ—模板；Ⅱ—新浇筑的混凝土；Ⅲ—已浇筑的混凝土

（3）混凝土密实成型。

1）混凝土振动密实成型。用于振动捣实混凝土拌合物的振动器按其工作方式可分为内部振动器、外部振动器、表面振动器和振动台四种（见图 3.5.2–4）。

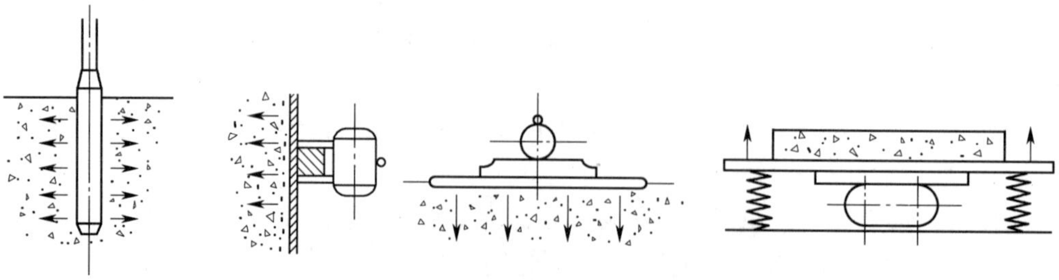

(a)内部振动器　(b)外部振动器　(c)表面振动器　(d)振动台

图 3.5.2–4　大模板构造示意图

内部振动器又称插入式振动器，其工作部分是一棒状空心圆柱体，内部装有偏心振子，在电动机带动下产生高速转动而产生高频微幅的振动。内部振动器适用于基础、柱、梁、墙等深度或厚度较大的结构构件的混凝土捣实。

振动棒振捣混凝土应按分层浇筑厚度分别进行振捣，振动棒的前端应插入前一层混凝土中，插入深度不应小于 50mm；振动棒应垂直于混凝土表面并快插慢拔均匀振捣；当混凝土表面无明显塌陷、有水泥浆出现、不再冒气泡时，可结束该部位振捣；振动棒与模板的距离不应大于振动棒作用半径的 0.5 倍；振捣插点间距不应大于振动棒的作用半径的 1.4 倍。振捣棒移动方式有行列式和交错式两种（见图 3.5.2–5）。

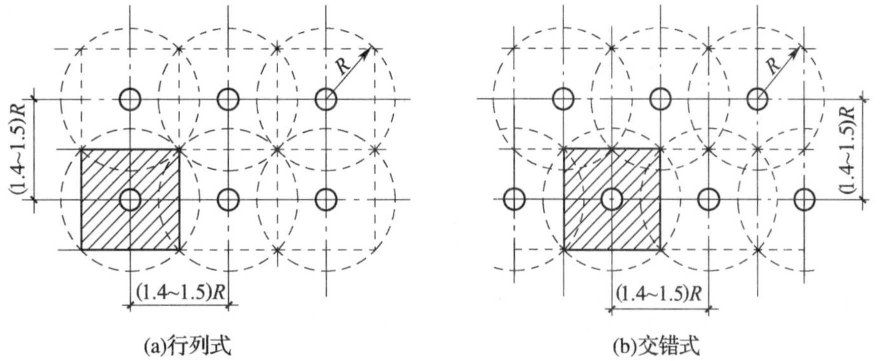

图 3.5.2–5　振动棒插点的布置（*R*=8~10 倍振动棒直径）

表面振动器又称平板振动器，是放在混凝土表面进行振捣，适用于振捣楼板、地面和薄壳等薄壁构件。当采用表面振动器时，要求振动器的平板与混凝土保持接触，其移动间距应保证振动器的平板能覆盖已振实部分的边缘，应相互搭接 30~50mm，以保证衔接处混凝土的密实。最好振捣两遍，两遍方向互相垂直。第一遍主要使混凝土密实，第二遍主要使混凝土表面平整。每一位置的延续时间一般为 25~40s，以混凝土表面均匀出现浮浆为准。

外部振动器又称附着式振动器，它是直接固定在模板上，利用带偏心块的振动器产生的振动通过模板传递给混凝土拌合物，以达到振实的目的。适用于振捣断面较小或钢筋较密的柱、梁、墙等构件。使用外部振动器时，应考虑其有效作用范围约 1~1.5m，作用深度约 250mm。当构件尺寸较厚时，需在构件两侧安设振动器同时进行振动。当钢筋配置较密和构件断面较深较窄时，也可采取边浇筑边振动的方法。

振动台是混凝土预制构件厂中的固定生产设备，用于振实预制构件。

2）混凝土真空作业法。混凝土真空作业法是指借助于真空负压，将水从刚浇筑成型的混凝土拌合物中吸出，同时使混凝土拌合物密实的一种成型方法。按真空作业的方式，分为表面真空作业和内部真空作业。表面真空作业是在混凝土构件的上、下表面或侧面布置真空腔进行吸水。上表面真空作业适用于楼板、预制混凝土平板、道路、机场跑道等，下表面真空作业适用于薄壳、隧道顶板等，墙壁、水池、桥墩等则宜用侧表面真空作业。有时还可将上述几种方法结合使用。

（4）施工缝留置及处理。混凝土结构多要求整体浇筑，但由于技术上或组织上的原因，浇筑不能连续进行时，且中间的间歇时间有可能超过混凝土的初凝时间，则应事先确定在适当位置留置施工缝。施工缝的位置应在混凝土浇筑前按设计要求和施工技术方案确定。由于施工缝是结构中的薄弱环节，因此施工缝宜留置在结构受剪力较小且便于施工的部位。柱子宜留在基础顶面、梁或吊车梁牛腿的下面、吊车梁的上面、无梁楼盖柱帽的下面（见图 3.5.2–6），同时又要照顾到施工的方便。与板连成整体的大断面梁应留在板底面以下 20~30mm 处，当板下有梁托时，留置在梁托下部。单向板应留在平行于板短边的任何位置。有主、次梁楼盖宜顺着次梁方向浇筑，应留在次梁跨度的中间 1/3 跨度范围内（见图 3.5.2–7）。楼梯应留在楼梯段跨度端部 1/3 长度范围内。墙可留在门洞口过梁跨中 1/3 范围内，也可留在纵横墙的交接处。双向受力的楼板、大体积混凝土结构、拱、薄壳、多层框架等及其他结构复杂的结构，应按设计要求留置施工缝。

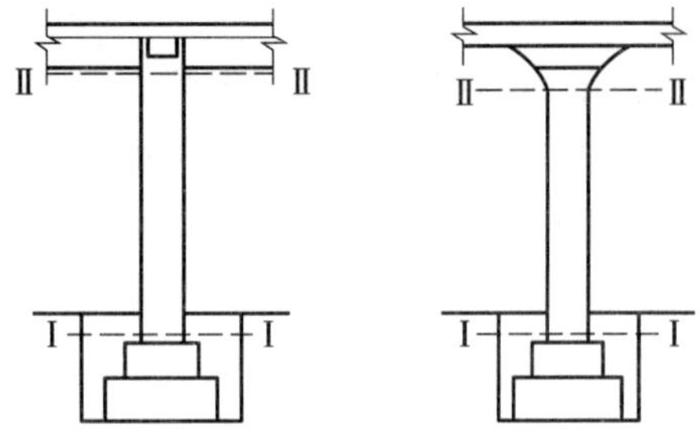

(a)梁板式结构　(b)无梁楼盖结构

图 3.5.2–6　柱子的施工缝位置

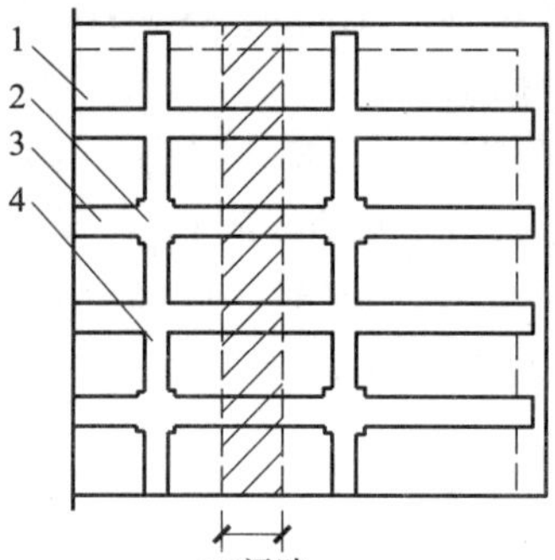

图 3.5.2–7　有主、次梁楼盖的施工缝位置

1—楼板；2—柱；3—次梁；4—主梁

（四）混凝土的养护

混凝土养护一般可分为标准养护、加热养护和自然养护。选择养护方式应考虑现场条件、环境温湿度、构件特点、技术要求、施工操作等因素。

（1）标准养护。混凝土在温度为 20℃ ±2℃，相对湿度为 90% 以上的潮湿环境或水中进行的养护，称为标准养护。用于对混凝土立方体试件进行养护。

（2）加热养护。为了加速混凝土的硬化过程，对混凝土拌合物进行加热处理，使其在较高的温度和湿度环境下迅速凝结、硬化的养护，称为加热养护。常用的热养护方法是蒸汽养护。

（3）自然养护。在常温下（平均气温不低于 5℃）采用适当的材料覆盖混凝土，并采取浇水润湿、防风防干、保温防冻等措施所进行的养护，称为自然养护。自然养护分洒水养护和喷涂薄膜养生液养护两种。洒水养护就是用草帘将混凝土覆盖，经常浇水使其保持湿润。喷涂薄膜养生液养护适用于不宜浇水养护的高耸构筑物和大面积混凝土结构。喷涂薄膜养生液养护是指混凝土表面覆盖薄膜后，能阻止混凝土内部水分的过早过多蒸发，保证水泥充分水化。

混凝土的自然养护应符合下列规定：

1）应在浇筑完毕后的 12h 以内对混凝土加以覆盖并保湿养护，干硬性混凝土应于浇筑完毕后立即进行养护。当日最低温度低于 5℃时，不应采用洒水养护。

2）混凝土浇筑后应及时进行保湿养护，保湿养护可采用洒水、覆盖、喷涂养护剂等方式，混凝土洒水养护的时间：采用硅酸盐水泥、普通硅酸盐水泥或矿渣硅酸盐水泥配制的混凝土，不应少于 7d；采用其他品种水泥时，养护时间应根据水泥性能确定；采用缓凝型外加剂、大掺量矿物掺和料配制的混凝土，不应少于 14d；抗渗混凝土、强度等级 C60 及以上的混凝土，不应少于 14d；后浇带混凝土的养护时间不应少于 14d；地下室底层和上部结构首层柱、墙混凝土带模养护时间，不宜少于 3d。

3）浇水次数应能保持混凝土处于湿润状态，混凝土养护用水应与拌制用水相同。

4）采用塑料布覆盖养护的混凝土，其敞露的全部表面应覆盖严密，并应保持塑料布内有凝结水。

5）混凝土强度达到 1.2N/mm^2 前，不得在其上踩踏、堆放荷载、安装模板及支架。

四、混凝土季节性施工

（一）混凝土冬期施工

当室外日平均气温连续 5 日稳定低于 5℃时，应采取冬期施工措施；当混凝土未达到受冻临界强度而气温骤降至 0℃以下时，应按冬期施工的要求采取应急防护措施。

（二）混凝土雨期施工

（1）雨期施工期间，对水泥和掺合料应采取防水和防潮措施，并应对粗、细骨料含水率实时监测，及时调整混凝土配合比。

（2）应选用具有防雨水冲刷性能的模板脱模剂。

（3）雨期施工期间，对混凝土搅拌、运输设备和浇筑作业面应采取防雨措施，并应加强施工机械检查维修及接地接零检测工作。

（4）除采用防护措施外，小雨、中雨天气不宜进行混凝土露天浇筑，且不应开始大面积作业面的混凝土露天浇筑；大雨、暴雨天气不应进行混凝土露天浇筑。

（5）雨后应检查地基面的沉降，并应对模板及支架进行检查。

（6）应采取防止基槽或模板内积水的措施。基槽或模板内和混凝土浇筑分层面出现积水时，应在排水后再浇筑混凝土。

（7）混凝土浇筑过程中，对因雨水冲刷致使水泥浆流失严重的部位，应采取补救措施后再继续施工。

（8）浇筑板、墙、柱混凝土时，可适当减小坍落度。梁板同时浇筑时应沿次梁方向浇筑，此时如遇雨而停止施工，可将施工缝留在弯矩剪力较小处的次梁和板上，从而保证主梁的整体性。

（9）混凝土浇筑完毕后，应及时采取覆盖塑料薄膜等防雨措施。

（三）高温施工

当日平均气温达到30℃及以上时，应按高温施工要求采取措施。

高温施工宜采用低水泥用量的原则，并可采用粉煤灰取代部分水泥。宜选用水化热较低的水泥；混凝土坍落度不宜小于70mm，混凝土浇筑入模温度不应高于35℃。

3.5.3　预应力混凝土工程施工

预应力混凝土是在构件承受外荷载前，预先在构件的受拉区对混凝土施加预压力，这种压力通常称为预应力。构件在使用阶段的外荷载作用下产生的拉应力，首先要抵消预压应力，这就推迟了混凝土裂缝的出现，同时也限制了裂缝的开展，从而提高了构件的抗裂度和刚度。对混凝土构件受拉区施加预压应力的方法，是张拉受拉区中的预应力钢筋，通过预应力钢筋和混凝土间的黏结力或锚具，将预应力钢筋的弹性收缩力传递到混凝土构件中，并产生预压应力。

一、预应力钢筋的种类

主要有冷拉钢筋、高强度钢丝、钢绞线、热处理钢筋等。

二、对混凝土的要求

在预应力混凝土结构中，混凝土的强度等级不应低于C30；当采用钢绞线、钢丝、热处理钢筋作预应力钢筋时，混凝土强度等级不宜低于C40。在预应力混凝土构件的施工中，不能掺用对钢筋有侵蚀作用的氯盐、氯化钠等，否则会发生严重的质量事故。

三、预应力的施加方法

根据与构件制作相比较的先后顺序，预应力的施加方法分为先张法、后张法两大类。当工程所处环境温度低于 −15℃时，不宜进行预应力筋张拉。

（一）先张法

先张法是在台座或模板上先张拉预应力筋并用夹具临时固定，再浇筑混凝土，待混凝土达到一定强度后，放张预应力筋，通过预应力筋与混凝土的黏结力，使混凝土产生预压应力的施工方法，如图3.5.3−1所示。

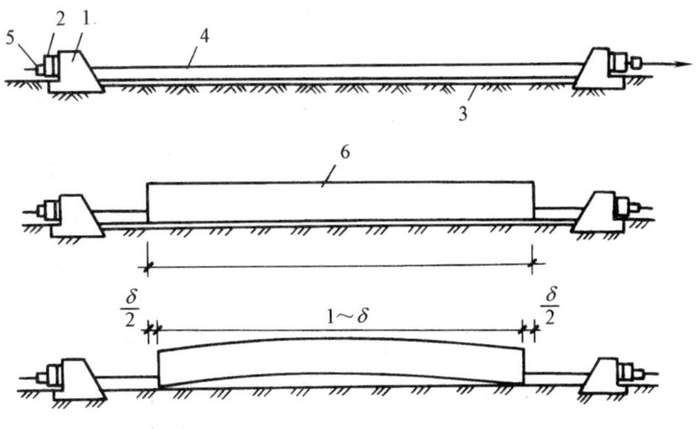

图3.5.3−1　先张法生产示意图

1—台座承力结构；2—横梁；3—台面；4—预应力筋；5—锚固夹具；6—混凝土构件

先张法多用于预制构件厂生产定型的中小型构件，也常用于生产预应力桥跨结构等。先张法工艺流程如图3.5.3−2所示。

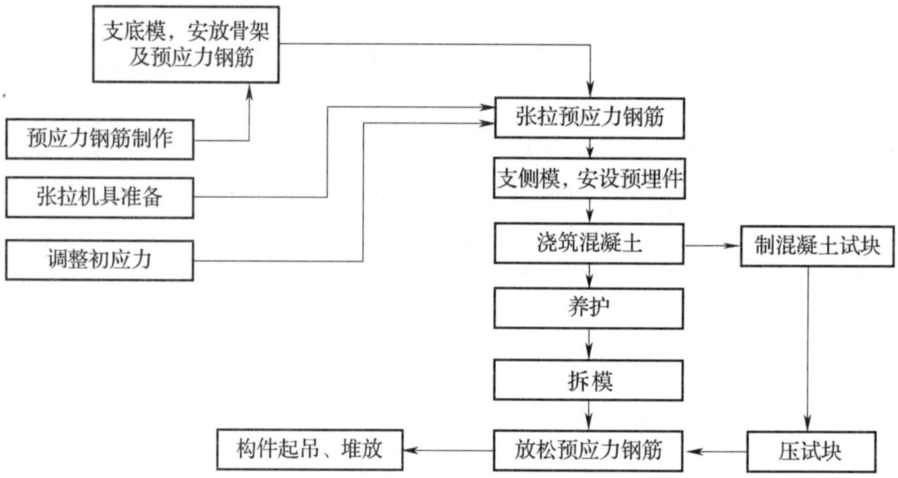

图 3.5.3–2　先张法工艺流程

（1）预应力筋的张拉。预应力筋张拉应根据设计要求，采用合适的张拉方法、张拉顺序及张拉程序进行，并应有可靠的质量保证措施和安全技术措施。

（2）混凝土的浇筑与养护。采用重叠法生产构件时，应待下层构件的混凝土强度达到 5.0MPa 后，方可浇筑上层构件的混凝土。

混凝土可采用自然养护或湿热养护。但必须注意，当预应力混凝土构件进行湿热养护时，应采取正确的养护制度以减少由于温差引起的预应力损失。先张法在台座上生产预应力混凝土构件，其最高允许的养护温度应根据设计规定的允许温差（张拉钢筋时的温度与台座养护温度之差）计算确定。

（3）预应力筋放张。为保证预应力筋与混凝土的良好黏结，预应力筋放张时，混凝土强度应符合设计要求；当设计无具体要求时，不应低于设计的混凝土立方体抗压强度标准值的 75%，先张法预应力筋放张时不应低于 30MPa。

（二）后张法

后张法是在混凝土达到一定强度的构件或结构中，张拉预应力筋并用锚具永久固定，使混凝土产生预压应力的施工方法，如图 3.5.3–3 所示。

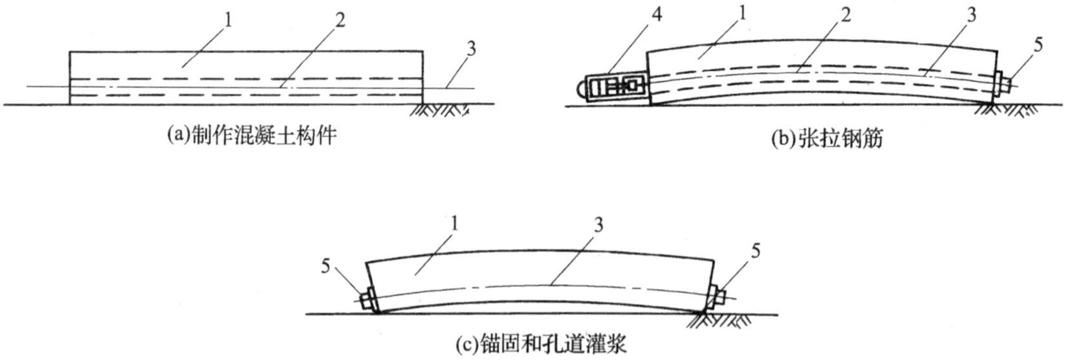

图 3.5.3–3　后张法生产示意图

1—混凝土构件；2—预留孔道；3—预应力筋；4—千斤顶；5—锚具

后张法的特点是直接在构件上张拉预应力筋，构件在张拉预应力筋的过程中完成混凝土的弹性压缩，因此，混凝土的弹性压缩不直接影响预应力筋有效预应力值的建立。后张法预应力的传递主要靠预应力筋两端的锚具。锚具作为预应力构件的一个组成部分，永远留在构件上，不能重复使用。

后张法施工分为有黏结后张法施工和无黏结预应力施工，后张法宜用于现场生产大型预应力构件、特种结构和构筑物，可作为一种预应力预制构件的拼装手段。

后张法施工工艺流程如图 3.5.3–4 所示。

（1）孔道的留设。孔道留设是后张法构件制作的关键工序之一。后张黏结预应力筋预留孔道的规格、数量、位置和形状除应符合设计要求外，尚应符合下列规定：预留孔道的定位应牢固，浇筑混凝土时不应出现移位和变形；孔道应平顺，端部的预埋锚垫板应垂直于孔道中心线；成孔用管道应密封良好，接头应严密且不得漏浆；灌浆孔的间距：对预埋金属螺旋管不宜大于 30m；对抽芯成形孔道不宜大于 12m；在曲线孔道的曲线波峰部位应设置排气管兼作泌水管，必要时可在最低点设置排水孔；灌浆孔及泌水管的孔径应能保证浆液畅通。孔道留设的方法有以下几种：

1）钢管抽芯法。预先将钢管埋设在模板内孔道位置处，在混凝土浇筑过程中和浇筑后，每间隔一定时间慢慢转动钢管，使之不与混凝土黏结，待混凝土初凝后，终凝前抽出钢管，形成孔道。该法只可留设直线孔道。

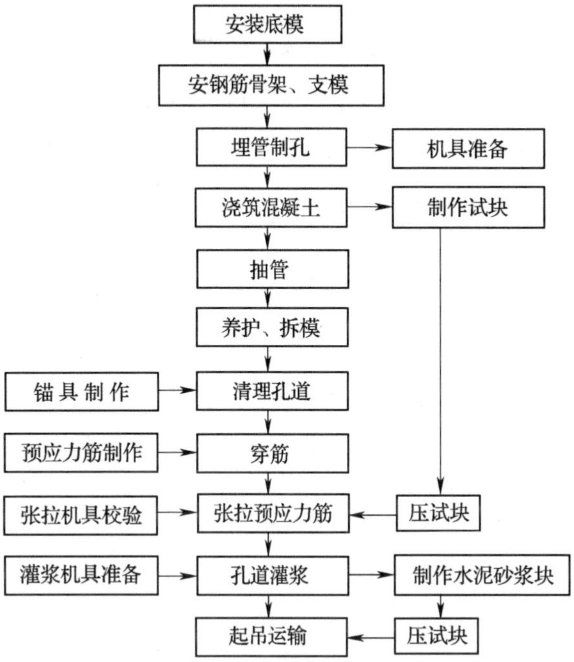

图 3.5.3–4　后张法工艺流程图

2）胶管抽芯法。胶管有五层或七层夹布胶管和钢丝网胶管两种，用间距不大于 0.5m 的钢筋井字架固定位置，在浇筑混凝土前胶管内充入压力为 0.6~0.8MPa 的压缩空气或压力水，此时胶管直径可增大约 3mm，待浇筑的混凝土初凝以后，放出压缩空气或压力水，管径缩小而与混凝土脱离，随即抽出胶管，形成孔道。胶管抽芯留孔与钢管抽芯法相比，它的弹性好，便于弯曲。因此，它不仅可留设直线孔道，也能留设曲线孔道。

3）预埋波纹管法。金属波纹管是用 0.3~0.5mm 的钢带由专用的制管机卷制而成。预埋时用间距不大于 0.8m 的钢筋井字架固定。波纹管与混凝土有良好的黏结力，波纹管预埋在构件中，浇筑混凝土后永不抽出。

（2）预应力筋张拉。张拉预应力筋时，构件混凝土的强度应按设计规定，如设计无规定，则不低于设计的混凝土立方体抗压强度标准值的 75%。对后张法预应力梁和板，现浇结构混凝土的龄期分别不宜小于 7d 和 5d。

后张法预应力筋的张拉程序与所采用的锚具种类有关，为减少松弛应力损失，张拉程序一般与先张法相同。

（3）孔道灌浆。预应力筋张拉后，应随即进行孔道灌浆，孔道内水泥浆应饱满、密实，以防预应力筋锈蚀，同时增加结构的抗裂性和耐久性。当工程所处环境温度高于 35℃或连续 5 天环境日平均温度低于 5℃时，不宜进行灌浆施工。冬期灌浆施工时，应对预应力构件采取保温措施或采用抗冻水泥浆。

四、无黏结预应力混凝土

无黏结预应力施工方法是后张法预应力混凝土的发展。在普通后张法预应力混凝土中，预应力筋与混凝土通过灌浆或其他措施相互间存在黏结力，在使用荷载作用下，构件的预应力筋与混凝土不会产生纵向的相对滑动。无黏结预应力在国外发展较早，近年来在我国无黏结预应力技术也得到了较大的推广。

无黏结预应力施工方法是：在预应力筋表面刷涂料并包塑料布（管）后，如同普通钢筋一样先铺设在安装好的模板内，然后浇筑混凝土，待混凝土达到设计要求强度后，进行预应力筋张拉锚固。这种预应力工艺的优点是不需要预留孔道和灌浆，施工简单，张拉时摩阻力较小，预应力筋易弯成曲线形状，适用于曲线配筋的结构。在双向连续平板和密肋板中应用无黏结预应力束比较经济合理，在多跨连续梁中也很有发展前途。

五、有黏结预应力混凝土

有黏结预应力混凝土技术采用在结构或构件设计配筋位置预留孔道，待混凝土硬化达到设计强度后，穿入预应力筋，施加预应力，并通过专用锚具将预应力锚固在结构中，然后在孔道中灌入水泥浆的一种预应力混凝土施工技术。该技术可运用于多高层房屋建筑的楼板，转换层和框架结构等，以抵抗大跨度或重荷载在混凝土结构中的效应，提高结构、构件性能，降低造价，也可用于电视塔、核电站、安全壳、水泥仓等特种结构，在各类大跨度桥梁结构中，该技术也得到了广泛使用。

有黏结预应力筋应整束张拉；对直线形或平行编排的有黏结预应力钢绞线束，当各根钢绞线不受叠压影响时，也可逐根张拉。

3.5.4 钢结构工程施工

一、钢结构选材

结构设计和施工对钢材均有要求，必须根据需要，对钢材的强度、塑性、韧性、耐疲劳性能、焊接性能、耐腐蚀性能等综合考虑优化选用。对厚钢板结构、焊接结构、低温结构和采用含碳量高的钢材制作的结构，应防止脆性破坏。

承重结构的钢材应保证抗拉强度、伸长率、屈服点和硫、磷的极限含量。焊接结构应保证碳的极限含量。必要时还应有冷弯试验的合格证。

二、钢结构构件的制作加工

（一）钢结构放样

放样时，以 1∶1 的比例在样板台上弹出大样。当大样尺寸过大时，可分段弹出。对一些三角形构件，如只对其节点有要求的可以缩小比例弹出样子，但应注意精度。放样结束，应进行自检。检查样板是否符合图纸要求，核对样板加工数量。本工序结束后报专职人员检验。

（二）钢材切割下料

钢材的切割可以通过切削、冲剪、摩擦机械力和热切割来实现。常用的切割方法有机械剪切、气割和等离子切割三种方法。

（三）钢构件模具压制与制孔

（1）模具压制。模具压制是在压力设备上利用模具使钢材成型的一种工艺方法。钢材及构件成型的好坏与精度如何，完全取决于模具的形状尺寸和制造质量。当室温低于 –20℃时应停止施工，以免钢板冷脆而发生裂缝。

（2）钢构件制孔。钢结构制作中，常用的加工方法有冲孔、钻孔、铰孔、扩孔等，施工时，可根据不同的技术要求合理选用。

1）钻孔。钻孔是钢结构制作中普遍采用的方法，能用于几乎任何规格的钢板、型钢的孔加工。

2）冲孔。冲孔是在冲孔机（冲床）上进行的，一般只能在较薄的钢板或型钢上冲孔。

3）铰孔。铰孔是用铰刀对已经粗加工的孔进行精加工，以提高孔的光洁度和精度。铰孔时必须选择好铰削用量和冷却润滑液。

4）扩孔。扩孔是将已有孔眼扩大到需要的直径，常用的扩孔工具有扩孔钻或麻花钻。扩孔主要用于构件的拼装和安装。

（四）钢构件边缘加工

对外露边缘、焊接边缘、直接传力的边缘，需要进行铲、刨、铣等再加工。根据不同要求，一般采用风铲、刨边机、碳弧气刨、端面铣床等机具、设备进行。

（五）钢构件弯曲成型

弯曲加工是根据构件形状的需要，利用加工设备和一定的工具、模具把板材或型钢弯制成一定形状的工艺方法。

在钢结构制造中，用弯曲方法加工构件的种类非常多，可根据构件的技术要求和已有的设备条件进行选择。工程中，常用的分类方法及其适用范围如下：

（1）按构件的加工方法，可分为压弯、滚弯和拉弯三种：压弯适用于一般直角弯曲（V 形件）、双直角弯曲（U 形件），以及其他适宜弯曲的构件；滚弯适用于滚制圆筒形构件及其他弧形构件；拉弯主要用于将长条板材拉制成不同曲率的弧形构件。

（2）按构件的加热程度分类，可分为冷弯和热弯两种。冷弯是在常温下进行弯制加工，它适用于一般薄板、型钢等的加工。热弯是将钢材加热至 950~1100℃，在模具上进行弯制加工，它适用于板厚及较复杂形状构件、型钢等的加工。

（六）钢构件矫正

矫正就是通过外力或加热作用制造新的变形，去抵消已经发生的变形，使材料或结构平直或达到一定几何形状要求，从而符合技术标准的一种工艺方法。矫正的形式主要有三种，即矫直、矫平和矫形。

矫正方法有以下几种：手工矫正、机械矫正、火焰矫正和混合矫正。

三、钢结构构件的连接

钢结构的连接方法分为焊接、螺栓连接、铆接等。

（一）焊接

焊接连接有气焊、接触焊和电弧焊等方法。在电弧焊中又分为手工焊、自动焊和半自动焊三种。钢结构的焊接方法应根据结构特性、材料性能、厚度以及生产条件确定。采用电弧焊时，常用的焊条型号是 E43×× 型和 E50×× 型。

焊接是使用最普遍的方法，该方法对几何形体适应性强，构造简单，省材省工，易于自动化，工效高；但是焊接属于热加工过程，对材质要求高，对于工人的技术水平要求也高，焊接程序严格，质量检验工作量大。

（二）螺栓连接

螺栓连接分为普通螺栓连接和高强度螺栓连接两种。

普通螺栓连接一般有粗制螺栓和精制螺栓两种。粗制螺栓由圆钢热压而成，表面粗糙，受剪能力较差，一般用于安装连接中；精致螺栓抗剪能力好，制作比较费工，成本较高，较少采用。普通螺栓连接装卸便利，设备简单，工人易于操作；但是对于该方法，螺栓精度低时不宜受剪，螺栓精度高时加工和安装难度较大。

高强螺栓连接加工方便，对结构削弱少，可拆换，能承受动力荷载，耐疲劳，塑性、韧性好，安装工艺略为复杂，造价略高。

（三）铆接

铆钉连接传力可靠，韧性和塑性好，质量易于检查，抗动力荷载好；但是由于铆接时必须进行钢板的搭接，费钢、费工，现在已基本不用。

四、钢构件组装与预拼装

（一）钢构件组装施工

钢结构零、部件的组装是指遵照施工图的要求，把已经加工完成的各零件或半成品等钢构件采用装配的手段组合成为独立的成品。

（1）钢构件组装分类。根据钢构件的特性以及组装程度，可分为部件组装、组装、预总装。

1）部件组装是装配最小单元的组合，它一般是由两个或两个以上的零件按照施工图的要求装配成为半成品的结构部件。

2）组装也称拼装、装配、组立，是把零件或半成品按照施工图的要求装配成为独立的成品构件。

3）预总装是根据施工图的要求把相关的两个以上成品构件，在工厂制作场地上，按其各个构件的空间位置总装起来。其目的是客观地反映出各构件的装配节点，以保证构件安装质量。目前，这种装配方法已广泛应用在高强度螺栓连接的钢结构构件制造中。

（2）钢构件组装方法。钢构件的组装方法较多，但较常采用的是地样组装法和胎膜组装法。

在选择构件组装方法时，必须根据构件的结构特性和技术要求，结合制造厂的加工能力、机械设备等情况，选择能有效控制组装精度、耗时少、效益高的方法进行。

（二）钢构件预拼装

钢构件拼装方法有平装法、立拼法和利用模具拼装法三种。

（1）构件平装法。平装法适用于拼装跨度较小、构件相对刚度较大的钢结构，如长 18m 以内的钢柱、跨度 6m 以内的天窗架及跨度 21m 以内的钢屋架的拼装。

该拼装方法操作方便，不需要稳定加固措施，也不需要搭设脚手架。焊缝焊接大多数为平焊缝，焊接操作简易，不需要技术很高的焊接工人，焊缝质量易于保证，校正及起拱方便、准确。

（2）构件立拼法。构件立拼法主要适用于跨度较大、侧向刚度较差的钢结构，如 18m 以上钢柱、跨度 9m 及 12m 窗架、24m 以上钢屋架以及屋架上的天窗架。

该拼装法可一次拼装多榀，块体占地面积小，不用铺设或搭设专用拼装操作平台或枕木墩，节省材料和工时。但需搭设一定数量的稳定支架，块体的校正、起拱较难，钢构件的连接节点及预制构件的连接件的焊接立缝较多，增加焊接操作的难度。

（3）利用模具拼装法。利用模具拼装法的模具是符合工件几何形状或轮廓的模型（内模或外模）。用模具来拼装组焊钢结构，具有产品质量好、生产效率高等许多优点。

五、钢结构单层厂房安装

单层厂房钢结构构件，包括柱、钢屋架、吊车梁、天窗架、檩条及墙架等，构件的形式、尺寸、重量及安装标高都不同，因此所采用的起重设备、吊装方法等亦需随之变化，与其相适应，以达到经济合理。单跨结构宜从跨端一侧向另一侧、中间向两端或两端向中间的顺序进行吊装。多跨结构宜先吊主跨、后吊副跨；当有多台起重设备共同作业时，也可多跨同时吊装。单层钢结构在安装过程中，应及时安装临时柱间支撑或稳定缆绳，应在形成空间结构稳定体系后再扩展安装。

（一）钢柱安装

一般钢柱的刚性较好，吊装时通常采用一点起吊。常用的吊装方法有旋转法、滑行法和递送法。对于重型钢柱也可采用双机抬吊。

钢柱吊装回直后，慢慢插进地脚锚固螺栓找正平面位置。经过平面位置校正，垂直度初校、柱顶四面拉上临时缆风钢丝绳，地脚锚固螺栓临时固定后，起重机方可脱钩。再次对钢柱进行复校，具体可优先采用缆风绳校正；对于不便采用缆风绳校正的钢柱，可采用调撑杆或千斤顶校正。复校的同时在柱脚底板与基础间间隙垫紧垫铁，复校后拧紧锚固螺栓，并将垫铁点焊固定，并拆除缆风绳。

（二）钢屋架安装

钢屋架侧向刚度较差，安装前需进行吊装稳定性验算，稳定性不足时应进行吊装临时加固，通常可在钢屋架上下弦处绑扎杉木杆加固。

钢屋架吊点必须选择在上弦节点处，并符合设计要求。吊装就位时，应以屋架下弦两端的定位标记和柱顶的轴线标记严格定位并临时固定。为使屋架起吊后不致发生摇摆，碰撞其他构件，起吊前宜在离支座节间附近用麻绳系牢，随吊随放，控制屋架位置。第一榀屋架吊装就位后，应在屋架上弦两侧对称设缆风固定；第二榀屋架就位后，每坡宜用一个屋架间调整器，进行屋架垂直度校正。再固定两端支座，并安装屋架间水平及垂直支撑、檩条及屋面板等。

如果吊装机械性能允许，屋面系统结构可采用扩大拼装后进行组合吊装，即在地面上将两榀屋架及其上的天窗架、檩条、支撑等拼装成整体后一次吊装。

（三）吊车梁安装

在钢柱吊装完成经调整固定于基础上之后，即可吊装吊车梁。

钢吊车梁均为简支梁。梁端之间留有 10mm 左右的空隙。梁的搁置处与牛腿面之间留有空隙，设钢垫板。梁与牛腿用螺栓连接，梁与制动架之间用高强螺栓连接。

吊车梁吊装的起重机械常采用自行杆式起重机，以履带式起重机应用最多。有时也可采用塔式起重机、拔杆、桅杆式起重机等进行吊装。对重量很大的吊车梁，可用双机抬吊。个别情况下还可设置临时支架分段进行吊装。

（四）钢桁架安装

钢桁架可用自行杆式起重机（尤其是履带式起重机）、塔式起重机和桅杆式起重机等进行吊装。由于桁架的跨度、重量和安装高度不同，吊装机械和吊装方法亦随之而异。桁架多用悬空吊装，为使桁架在吊起后不致发生摇摆，同其他构件碰撞，起吊前在离支座的节间附近应用麻绳系牢，随吊随放，以此保证其正确位置。桁架的绑扎点要保证桁架的吊装稳定，否则就需要在吊装前进行临时加固。

六、多层及高层、高耸钢结构安装

多层及高层钢结构宜划分多个流水作业段进行安装，流水段宜以每节框架为单位。流水段划分应符合下列规定：

（1）流水段内的最重构件应在起重设备的起重能力范围内。

（2）起重设备的爬升高度应满足下节流水段内构件的起吊高度。

（3）每节流水段内的柱长度应根据工厂加工、运输堆放、现场吊装等因素确定，长度宜取 2~3 个楼层高度，分节位置宜在梁顶标高以上 1.0~1.3m 处。

（4）流水段的划分应与混凝土结构施工相适应。

（5）每节流水段可根据结构特点和现场条件在平面上划分流水区进行施工。

流水作业段内的构件吊装宜符合下列规定：

（1）吊装可采用整个流水段内先柱后梁或局部先柱后梁的顺序，单柱不得长时间处于悬臂状态。

（2）钢楼板及压型金属板安装应与构件吊装进度同步。

（3）特殊流水作业段内的吊装顺序应按安装工艺确定，并应符合设计文件的要求。

多层及高层钢结构安装时，楼层标高可采用相对标高或设计标高进行控制，并应符合下列规定：

（1）当采用设计标高控制时，应以每节柱为单位进行柱标高调整，并应使每节柱的标高符合设计的要求。

（2）建筑物总高度的允许偏差和同一层内各节柱的柱顶高度差应符合现行国家标准《钢结构工程施工质量验收规范》GB 50205 的有关规定。

同一流水作业段、同一安装高度的一节柱，当各柱的全部构件安装、校正、连接完毕并验收合格后，应再从地面引放上一节柱的定位轴线。

高耸钢结构可采用高空散件（单元）法、整体起扳法和整体提升（顶升）法等安装方法。

七、压型金属板施工

（1）压型金属板类型。压型金属板有镀锌压型钢板、涂层压型钢板和锌铝复合涂层压型钢板等。

（2）压型金属板选用。压型钢板截面形式不同，其应用范围也不相同，其要求如下：

1）高波板，即波高大于 50mm 的压型钢板，多用于单坡长度较长的屋面。

2）中波板，即波高为 35~50mm 的压型钢板，多用于屋面板。

3）低波板，即波高为 12~35mm 的压型钢板，多用于墙面板和现场复合的保温屋面，也可用于墙面的内板。

4）彩色钢板曲面压型板多用于曲线形屋面或曲线檐口。当屋面曲率半径较大时，可用平面板的长向弯曲成型，不需另成型。当自然弯曲不能达到所需曲率时，应用曲面压型板。彩色钢板瓦形压型板是指彩色钢板经辊压成型，再冲压成瓦形或直接冲压成瓦形的产品。成型后类似黏土瓦、筒形瓦等，多用于民用建筑。

（3）压型金属板制作。压型金属板的制作是采用金属板压型机，将彩涂钢卷进行连续的开卷、剪切、辊压成型等过程。

（4）压型金属板安装。压型钢板系用 0.7mm 和 0.9mm 两种厚度镀锌钢板压制而成，宽 640mm，板肋高 51mm。在施工期间同时起永久性模板作用。可避免漏浆并减少支、拆模工作，加快施工速度，压型板在钢梁上搁置的情况如图 3.5.4–1 所示。

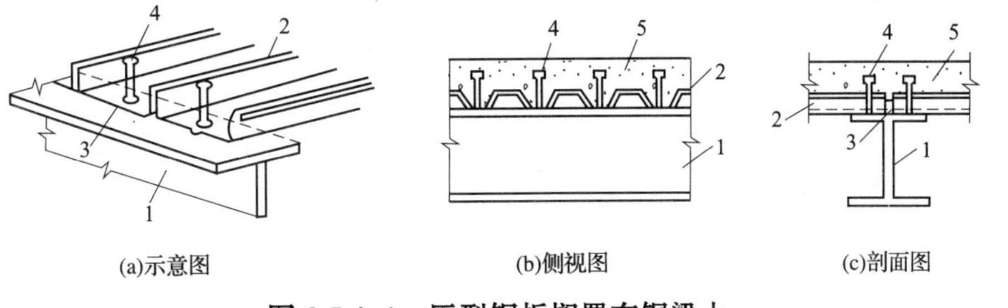

图 3.5.4–1　压型钢板搁置在钢梁上

1—钢梁；2—压型板；3—点焊；4—剪力栓；5—楼板混凝土

栓钉是组合楼层结构的剪力连接件，用以传递水平荷载到梁柱框架上，它的规格、数量由楼面与钢梁连接处的剪力大小确定。栓钉直径有 13mm、16mm、19mm、22mm 四种。

铺设至变截面梁处，一般从梁中向两端进行，至端部调整补缺；等截面梁处则可从一端开始，至另一端调整补缺。压型板铺设后，将两端点焊于钢梁上翼缘上，并用指定的焊枪进行剪力栓焊接。

八、轻型钢结构施工

（一）轻型钢结构材料

（1）彩色涂层钢板。彩色涂层钢板可分为冷轧基板彩色涂层钢板、热镀锌彩色涂层钢板、热镀铝锌彩色涂层钢板、电镀锌彩色涂层钢板及印花彩色涂层钢板、金属压花彩色涂层钢板等。

（2）H 型钢。H 型钢的翼缘宽，侧向刚度大；抗弯能力强，比工字钢大 5%~10%；翼缘两表面相互平行，构造简单。结构强度高，自重轻；设计风格灵活、丰富；工程施工快，占地面积小，适合全天候施工；便于机械加工、结构连接和安装，易于拆除和再利用。

以热轧 H 型钢为主的钢结构，塑性和韧性良好，结构稳定性高，抗自然灾害能力强，特别适用于地震多发地带的建筑结构；与混凝土结构相比，可增加结构使用面积；与焊接 H 型钢相比，能明显地省工省料，残余应力低，外观和表面质量好。

（3）冷弯薄壁型钢。冷弯薄壁型钢是用薄钢板（厚度为 0.3~1mm，最厚为 1.6mm）在压型机上冷压而成的。具有轻质高强、便于加工、施工简便、速度快等特点，在大型工业厂房、食品加工车间、大型库房、飞机维修库等建筑中普遍使用。冷弯薄壁型钢一般有卷边 C 形和卷边 Z 形两种。

（二）轻钢结构制作

轻型钢结构制作流程如图 3.5.4-2 所示。

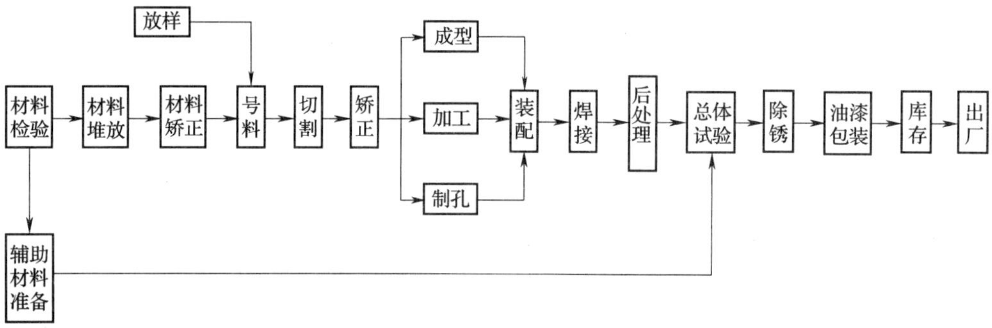

图 3.5.4-2　轻型钢结构制作流程

（三）轻钢结构安装

构件的安装应符合下列规定：

（1）宜采取综合安装方法，对容易变形的构件应做强度和稳定性计算，必要时应采取加固措施，以确保施工时结构的安全。

（2）刚架安装宜先立柱，然后将在地面组装好的斜梁吊起就位，并与柱连接。

（3）结构吊装时，应采取适当措施，防止产生过大的弯扭变形，同时应将绳扣与构件的接触部位加垫块垫好，以防损伤构件。

（4）构件悬吊应选择好吊点。构件的捆绑和悬吊部位，应采取防止构件局部变形和损坏的措施。

（5）当山墙墙架宽度较小时，可先在地面装好，再进行整体起吊安装。

（6）结构吊装就位后，应及时系牢支撑及其他连系构件，以保证结构的稳定性，且各种支撑的拧紧程度，以不将构件拉弯为原则。

（7）所有上部结构的吊装，必须在下部结构就位、校正并系牢支撑构件以后再进行。

（8）不得利用已安装就位的构件起吊其他重物；不得在主要受力部位焊接其他物件。

（9）刚架在施工中以及人员离开现场的夜间，均应采用支撑和缆绳充分固定。

（10）根据工地安装机械的起重能力，在地面上组装成较大的安装单元，以减少高空作业的工作量。

九、钢结构涂装施工

（一）表面处理

经处理的钢材表面不应有焊渣、焊疤、灰尘、油污、水和毛刺等；对于镀锌构件，酸洗除锈后，钢材表面应露出金属色泽，并应无污渍、锈迹和残留酸液。

（二）防腐涂装施工

（1）主要施工工艺流程：基面处理→底漆涂装→中间漆涂装→面漆涂装→检查验收。

（2）涂装施工顺序：一般应按先上后下、先左后右、先里后外、先难后易的原则施涂，不漏涂，不流坠，使漆膜均匀、致密、光滑和平整。

（3）油漆防腐涂装。油漆防腐涂装可采用涂刷法、手工滚涂法、空气喷涂法和高压无气喷涂法。

（4）金属热喷涂。钢结构表面处理与热喷涂施工的间隔时间，晴天或湿度不大的气候条件下应在 12h 以内，雨天、潮湿、有盐雾的气候条件下不应超过 2h。

（三）防火涂料涂装施工

防火涂料涂装施工可采用喷涂、抹涂或滚涂等方法。主要施工工艺流程：基层处理→调配涂料→涂装施工→检查验收。基层表面应无油污、灰尘和泥沙等污垢，且防锈层应完整、底漆无漏刷。构件连接处的缝隙应采用防火涂料或其他防火材料填平。防火涂料涂装施工应分层施工，应在上层涂层干燥或固化后，再进行下道涂层施工。薄涂型防火涂料面层涂装施工应符合下列规定：面层应在底层涂装干燥后开始涂装；面层涂装应颜色均匀、一致，接槎应平整。

3.5.5　结构吊装工程施工

将建筑物设计成许多单独的构件，分别在施工现场或工厂预制结构构件或构件组合，然后在施工现场用起重机械把它们吊起并安装在设计位置上去的全部施工过程，称为结构吊装工程，用这种施工方式形成的结构称为装配式结构。

一、混凝土结构吊装

混凝土结构吊装分为构件吊装和结构吊装两大类。其中，构件的吊装包括构件的制作、运输、堆放、吊装；结构吊装分为单层工业厂房结构吊装和多层装配式框架结构吊装，吊装顺序由于吊装方案的不同而不同。

（一）预制构件吊装工艺

预制构件吊装工艺应考虑构件的制作、运输、堆放、平面布置和构件的吊装过程。

（1）预制构件的制作和运输。预制构件如柱、屋架、梁、桥面板等一般在现场预制或工厂预制。在许可的条件下，预制时尽可能采用叠浇法，重叠层数由地基承载能力和施工条件确定，一般不超过 4 层，上、下层间应做好隔离层，上层构件的浇筑应等到下层构件混凝土达到设计强度的 30% 以后才可进行，整个预制场地应平整夯实，不可因受荷、浸水而产生不均匀沉陷。

工厂预制的构件需在吊装前运至工地，构件运输宜选用载重量较大的载重汽车和半拖式或全拖式的平板拖车，将构件直接运到工地构件堆放处。对构件运输时的混凝土强度要求是：如设计无规定时，不应低于设计的混凝土强度标准值的 75%。

（2）构件的平面布置。预制构件的堆放应考虑便于吊升及吊升后的就位，特别是大型构件，应做好构件堆放的布置图，以便一次吊升就位，减少起重设备负荷开行。对于小型构件，则可考虑布置在大型构件之间，也应以便于吊装、减少二次搬运为原则。但小型构件常采用随吊随运的方法，以便减少对施工场地的占用。

（3）预制构件的吊装。预制构件吊装过程一般包括绑扎、吊升、就位、临时固定、校正和最后固定等工序。

1）柱的吊装。

①柱的绑扎。柱身绑扎点数和绑扎位置，要保证柱在吊装过程中受力合理，不发生变形或裂缝而折断。一般中、小型柱绑扎一点；重型柱或配筋少而细长的柱常绑扎两点甚至两点以上以减少柱的吊装弯矩。必要时，需经吊装应力和裂缝控制计算后确定。一点绑扎时，绑扎位置在牛腿下面。

按柱吊起后柱身是否能保持垂直状态，分为斜吊法和直吊法，相应的绑扎方法有：斜吊绑扎法和直吊绑扎法。斜吊绑扎法用于柱的宽面抗弯能力满足吊装要求时，此法无须将预制柱翻身，但因起吊后柱身与杯底不垂直，对线就位较难；直吊绑扎法用于柱宽面抗弯能力不足，必须将预制柱翻身后窄面向上，刚度增大，再绑扎起吊。它需要较长的起重杆。

②柱的起吊。柱的起吊方法，按柱在吊升过程中柱身运动的特点分为旋转法和滑行法；按使用起重机的数量，有单机起吊和双机抬吊。单机起吊的工艺如下：

a. 旋转法（图 3.5.5–1）。起重机边起钩、边旋转，使柱身绕柱脚旋转而逐渐吊起的方法称为旋转法。其要点是保持柱脚位置不动，并使柱的吊点、柱脚中心和杯口中心三点共圆。其特点是柱吊升中所受震动较小，但对起重机的机动性要求高。一般采用自行式起重机。

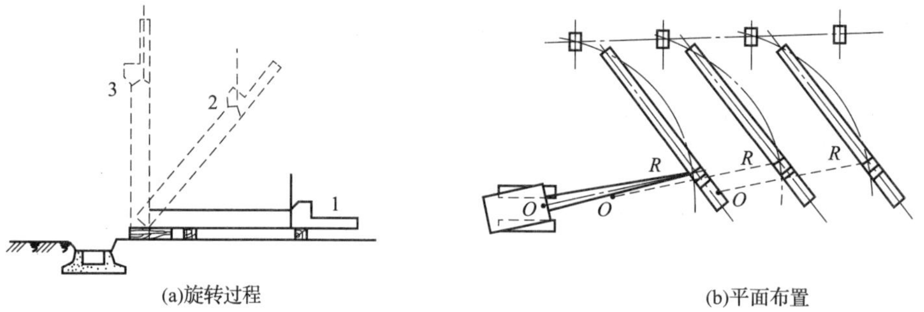

图 3.5.5–1 旋转法吊柱

1—柱子平卧时；2—起吊中途；3—直立

b. 滑行法。起吊时起重机不旋转，只起升吊钩，使柱脚在吊钩上升过程中沿着地面逐渐向前滑行，直至柱身直立的方法称为滑行法。其要点是柱的吊点要布置在杯口旁；并与杯口中心两点共圆弧。其特点是起重机只需转动吊杆，即可将柱子吊装就位，较安全，但滑行过程中柱子受震动。故只有起重机、场地受限时才采用此法（图 3.5.5–2）。

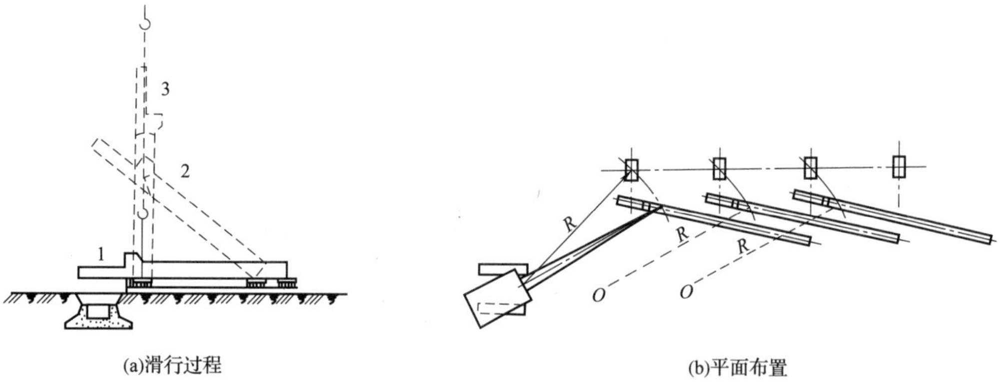

图 3.5.5–2 滑行法吊柱

1—柱子平卧时；2—起吊中途；3—直立

③柱的就位和临时固定。柱脚插入杯口后，使柱的安装中心线对准杯口的安装中心线（吊装准线），然后用 8 个楔块从柱四周插入杯口，打紧将柱临时固定。吊装重型、细长柱时，除采用以上措施进行临时固定外，必要时增设缆风绳拉锚。

④柱的校正。柱的校正包括平面定位轴线、标高和垂直度的校正。

⑤柱的最后固定。柱底部四周与基础杯口的空隙之间，浇筑细石混凝土，捣固密实，使柱的底脚完全嵌固在基础内作为最后固定。灌筑工作分两次进行，第一次先浇至楔块底面，待混凝土强度达到 25% 设计强度后，拔去楔块再第二次灌筑混凝土至杯口顶面。

2）吊车梁的吊装。吊车梁的吊装须在柱子最后固定好，接头混凝土达到 70% 设计强度后进行。吊车梁的绑扎应使吊钩对准吊车梁的重心，起吊后使构件保持水平。吊车梁就位时应缓慢落下，争取使吊车梁中心线与支承面的中心线能一次对准，并使两端搁置长度相等。吊车梁的校正应在屋盖结构构件校正和最后固定后进行。校正的内容有：中心线对定位轴线的位移、标高、垂直度。

3）屋盖的吊装。屋盖构件包括屋架（或屋面梁）、屋架上下弦水平支撑和垂直支撑、天沟板和屋面板、天窗架和天窗侧板等。屋盖的吊装一般都按节间依次采用综合吊装法。吊装的施工顺序是：绑扎、扶直堆放、吊升、就位、临时固定、校正和最后固定。

（二）单层工业厂房结构吊装

单层工业厂房的主要承重结构由基础、柱、吊车梁、屋架、天窗架、屋面板等组成。一般中小型单层工业厂房的特点：承重结构多数采用装配式钢筋混凝土结构，除基础在施工现浇就地浇筑外，其他构件多采用钢筋混凝土预制构件；平面尺寸大，承重结构跨度与重量大，构件类型少，厂房内设备基础多。因此，在拟定结构吊装方案时，应着重解决起重机的选用、结构吊装方案。

（1）起重机械选择与布置。

1）起重机械选择：起重机的选择要根据所吊装构件的尺寸、重量及吊装位置来确定。可选择的机械有履带式起重机、塔式起重机或自升式塔式起重机等。履带式起重机适于安装4层以下结构，塔式起重机适于4~10层结构，自升式塔式起重机适于10层以上结构。因此，要保证所选择的起重机的三个工作参数：起重量 Q、起重高度 H 和起重幅度 R，均应满足结构吊装的要求。

①起重量。起重机的起重量必须大于所安装构件的质量与索具重量之和，即：

$$Q \geqslant Q_1+Q_2 \tag{3.5.5-1}$$

式中：Q——起重机的起重量（t）；

Q_1——构件的重量（t）；

Q_2——索具的重量（t）。

②起重高度。起重机的起重高度必须满足所吊构件的吊装高度要求（见图3.5.5-3），对于吊装单层厂房应满足：

起重机的起重高度：

$$H \geqslant h_1+h_2+h_3+h_4 \tag{3.5.5-2}$$

式中：H——起重机的起重高度（m），从停机面算起至吊钩中心；

h_1——安装支座表面高度（m），从停机面算起；

h_2——安装空隙（m），一般不小于0.3m；

h_3——绑扎点至所吊构件底面的距离（m）；

h_4——索具高度（m），自绑扎点至吊钩中心，视具体情况而定。

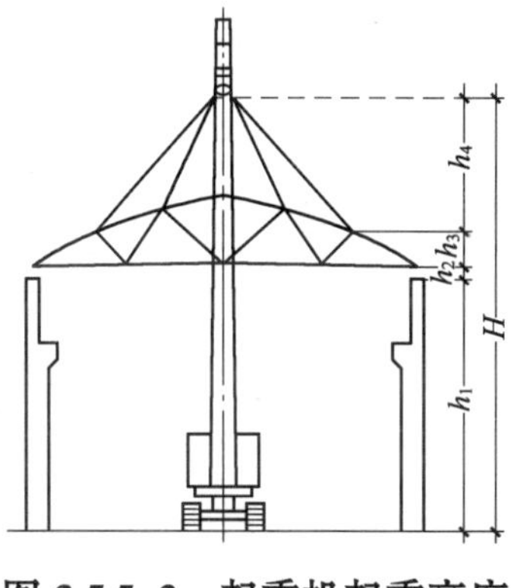

图3.5.5-3 起重机起重高度

③起重幅度。在一般情况下，当起重机可以不受限制地开到所安装构件附近去吊装时，对起重幅度可不做要求。但是当起重机受到限制不能靠近安装位置去吊装构件时，则应该验算起重幅度为定值时的起重量和起重高度是否满足吊装要求。一般根据所需要最小起重量 Q_{min} 和最小起重高度 H_{min}，初步确定起重机型号，再对最小起重幅度 R_{min} 进行验算。

2）起重机的平面布置。起重机的布置方案主要根据房屋平面形状、构件重量、起重机性能及施工现场环境条件等确定。一般有四种布置方案（见图3.5.5-4）：单侧布置、双侧布置、跨内单行布置和跨内环形布置。

当建筑物四周场地狭窄，起重机不能布置在建筑物外侧，或者由于构件较重、房屋较宽，起重机布置在外侧满足不了吊装所需要的力矩时，可将起重机布置在跨内，其布置方式有跨内单行布置［图3.5.5-4（c）］和跨内环行布置［图3.5.5-4（d）］两种。

（2）结构吊装方法与吊装顺序。

1）分件吊装法：起重机在车间内或沿着间外每开行一次，仅吊装一种或两种构件。通常分三次开行吊装完全部构件：第一次开行，吊装全部柱子，并加以校正及最后固定；第二次开行，吊装全部吊车梁、连系梁及柱间支撑；第三次开行，分节间吊装屋架、天窗架、屋面板及屋面支撑等。吊装的顺序如图3.5.5-5所示。

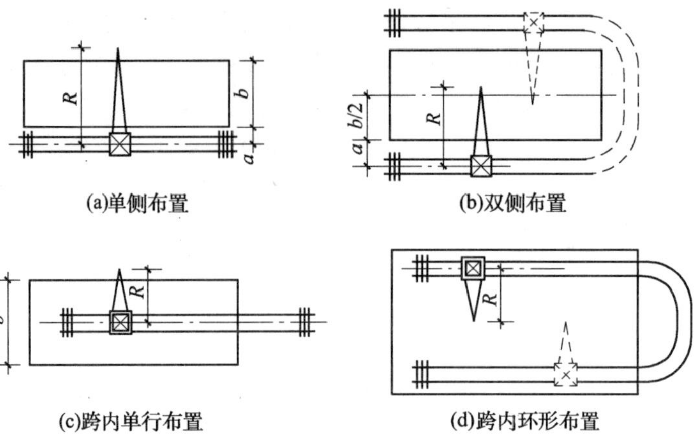

图 3.5.5–4　塔式起重机布置方案

这种方法的优点是：由于每次均吊装同类型构件，可减少起重机变幅和索具的更换次数，从而提高吊装效率，能充分发挥起重机的工作能力，构件供应与现场平面布置比较简单，也能给构件校正、接头焊接、灌筑混凝土和养护提供充分的时间。缺点是不能为后继工序及早提供工作面，起重机的开行路线较长。分件吊装法是目前单层工业厂房结构吊装中采用较多的一种方法。

2）综合吊装法：起重机在车间内每开行一次（移动一次），就分节间吊装完节间内所有各种类型的构件。吊装的顺序如图 3.5.5–6 所示，即先吊装 4~6 根柱子，并加以校正和最后固定；随后吊装这个节间内的吊车梁、连系梁、屋架和屋面板等构件。一个节间的全部构件吊装完后，起重机移至下一个节间进行吊装，直至整个厂房结构吊装完毕。

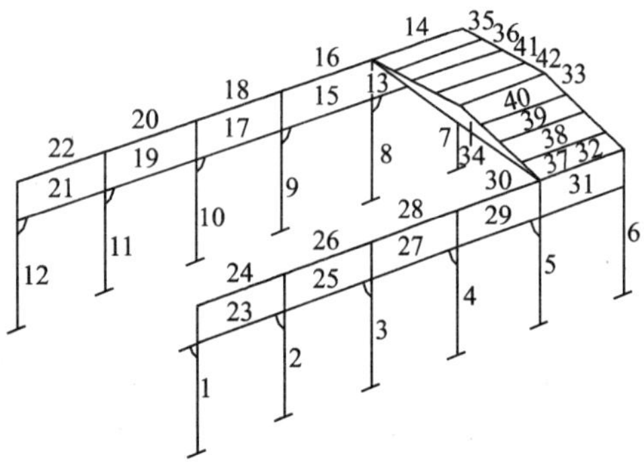

图 3.5.5–5　分件吊装时的构件吊装顺序

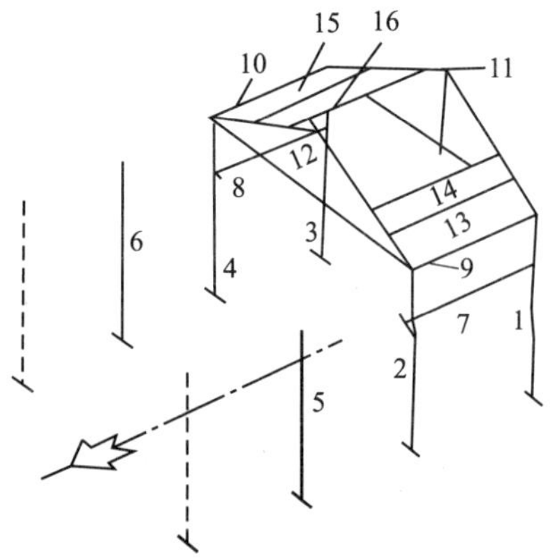

图 3.5.5–6　综合吊装时的构件吊装顺序

这种方法的优点是：开行路线短，停机点少；吊完一个节间，其后续工种就可进入节间内工作，使各个工种进行交叉平行流水作业，有利于缩短工期。缺点是：采用综合吊装法，每次吊装不同构件需要频繁变换索具，工作效率低；使构件供应紧张和平面布置复杂；构件的校正困难。因此，目前较少采用。

二、大跨度结构吊装

大跨度结构的体系分为平面结构和空间结构两大类。平面结构有桁架、刚架与拱等结构，空间结构有网架、薄壳、悬索等结构。

大跨度结构的特点是跨度大、构件重、安装位置高。因此，合理选择安装方法，是大跨度结构施工的重要环节。现就大跨度结构几种典型的吊装方法简述如下：

（一）大跨度结构整体吊装法施工

整体吊升法是焊接球节点网架吊装的一种常用方法。它是在地面（单层建筑）或在网架设计位置的下层楼边上（多层建筑）将网架一次拼装成整体，然后采用吊升设备将网架整体吊升到设计位置就位固定。此法不需高的拼装支架，高空作业少，易保证整体焊接质量，但需要大起重量的起重设备，技术较复杂。因此，此法较适合焊接球节点钢管网架。

根据所用设备的不同，整体吊升法可分为多机抬吊法、桅杆吊升法。不论哪种方法，都要合理确定网架吊点的位置。

（1）多机抬吊法。多机抬吊法是利用两台以上的起重机联合作业，即将地面错位拼装（指拼装位置与安装轴线错开一定距离）好的屋盖，整体吊过柱顶后，在空中进行移位，降落就位安装固定。如网架重量较小，或起重机的起重量都满足要求时，宜将起重机布置在网架两侧。

多机抬吊法的特点是准备工作简单，吊装比较方便，但只适用于重量和高度不大的中小型网架结构（多在 40m × 40m 以内）。

（2）桅杆吊升法。桅杆吊升法是将网架结构在地面上错位拼装后，用多根单柱桅杆（或称独角拔杆）将其整体提升到柱顶以上，进行空中移位或旋转，然后落位安装。采用此法时柱和桅杆应在网架拼装前竖立。

采用多根桅杆吊升法的优点是吊装设备较一般，且桅杆可以自制，起重量可达 100~200t，桅杆高可达 50~60m，能适合于吊装高、重、大的屋盖结构，特别是网架。但由于此法所需设备数量大，劳动力耗用多，所以一般中小型网架可利用自行式起重机吊装时，尽量不采用桅杆吊升要经济合理得多。

（二）大跨度结构滑移法施工

滑移法是先用起重机将网架的分块（榀）单元吊到屋盖一端搭设的拼装支架上，然后利用牵引设备将其逐步水平滑移到设计位置，就位后拼装成整体。按滑移顺序有逐条滑移和累计滑移。逐条滑移是起吊一个单元，即将其滑移到设计位置，此法所需的牵引力小（采用滚动摩擦更为有利），且安装方便，但当高空拼装地点分散，常需要搭设较多的脚手架。累计滑移（见图 3.5.5–7）是吊装一网架单元，就与前一单元进行拼接，一起平移一段距离，然后再吊装拼接一个单元，如此依次顺序进行；每滑移一次再拼装组合上一个单元，直到远端滑移到设计位置为止。

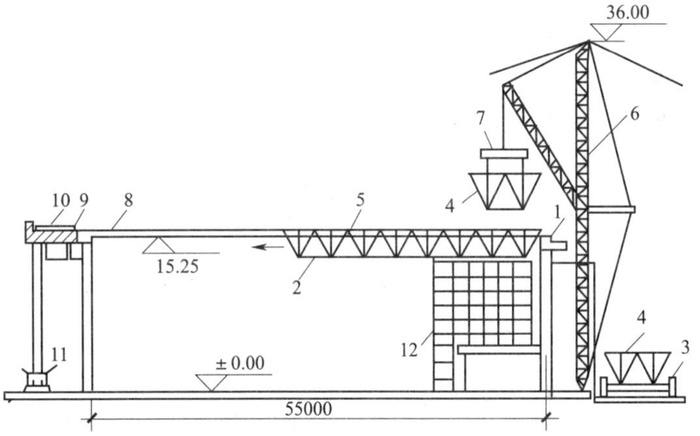

图 3.5.5–7　累积滑移法安装网架结构

1—天沟梁；2—网架；3—拖车架；4—网架分块单元；5—拼装节点；6—悬臂桅杆；7—一字形铁扁担；8—牵引线；9—牵引滑轮组；10—反力架；11—卷扬机；12—脚手架

滑移法所需的牵引力较大，但高空拼装作业地点集中在起点一端，搭设脚手架较少。滑移法可采用一般土建单位常用的施工机械，同时还有利于室内土建施工平行作业，特别是场地狭窄，起重机械无法出入时更为有效。故这种新工艺在大跨度桁架结构和网架结构安装中常常采用。由于在起吊和平移过程中，网架单向受力，与设计时的受力状态不同，因此，网架结构形式宜采用上下弦正放类型，以减少临时加固。当网架安装跨度大于 50m 时，为减少网架平移时的挠度，宜在跨中增设支点。

（三）大跨度结构高空拼装法施工

高空拼装法是先在设计位置搭设满堂或部分拼装支架，然后直接将网架杆件和节点吊运到拼装支架上进行拼装；或先将网架杆件和节点预拼成小拼单元，再将其吊运到拼装支架上进行整体拼装。

高空拼装法对施工场地，起重设备的能力要求不高，但要搭设满堂或部分拼装支架，高空作业量大，且网架几何尺寸的总调整较麻烦，特别是拼装支架发生移动、沉降时，校正困难，影响网架的安装精度。

采用焊接节点的网架（如焊接球节点钢管网架）时，对安全防火应充分重视。故此法用于螺栓连接（包括螺栓球、高强螺栓）的非焊接节点的各种类型网架较为适宜。此方法目前多用于钢网架结构的吊装。

（四）大跨度结构整体顶升法施工

整体顶升法是将网架结构在地面上就位拼装或现浇后，利用千斤顶的顶升及柱块的轮番填塞，将其顶升到设计标高的一种垂直吊装方法。此法所需设备简单，顶升能力大，容易掌握。但为满足顶升需要，柱的截面尺寸一般较大。目前此法在国内还只适用于净空不高和尺寸不大的薄壳结构吊装中。

三、升板法施工

升板法施工是指楼板用提升法施工的板柱框架结构工程。升板法施工的方法是利用柱子作为导杆，配备相应的提升设备，将预制在地面上的各层楼板，提升到设计标高，然后加以固定。其施工顺序是：先将预制柱吊装好，再浇筑室内地坪，然后以地坪作为胎膜，就地叠层浇筑各层楼板和屋面板，待混凝土达到一定强度后，利用沿柱自升的提升机，将柱作为提升支承和导杆，把各层板逐一提升到设计标高，并加以固定。

升板结构及其施工特点：柱网布置灵活，设计结构单一；各层板叠浇制作，节约大量模板；提升设备简单，不用大型机械；高空作业减少，施工较为安全；劳动强度减轻，机械化程度提高；节省施工用地，适宜狭窄场地施工；但用钢量较大，造价偏高。

3.5.6 装配式混凝土施工

一、材料要求

装配整体式结构中，预制构件的混凝土强度等级不宜低于 C30；预应力混凝土预制构件的混凝土强度等级不宜低于 C40，且不应低于 C30；现浇混凝土的强度等级不应低于 C25。

预制构件吊环应采用未经冷加工的 HPB300 钢筋制作。预制构件吊装用内埋式螺母或内埋式吊杆及配套的吊具，应根据相应的产品标准和应用技术规定选用。

二、构件预制

预制构件制作单位应具备相应的生产工艺设施，并应有完善的质量管理体系和必要的试验检测手段。

预制构件制作前，应对其技术要求和质量标准进行技术交底，并应制定生产方案；生产方案应包括生产工艺、模具方案、生产计划、技术质量控制措施、成品保护、堆放及运输方案等内容。

带面砖或石材饰面的预制构件宜采用反打一次成型工艺制作，并应符合下列规定：

（1）当构件饰面层采用面砖时，在模具中铺设面砖前，应根据排砖图的要求进行配砖和加工；饰面砖应采用背面带有燕尾槽或黏结性能可靠的产品。

（2）当构件饰面层采用石材时，在模具中铺设石材前，应根据排板图的要求进行配板和加工；应按设计要求在石材背面钻孔、安装不锈钢卡钩、涂覆隔离层。

（3）应采用具有抗裂性和柔韧性、收缩小且不污染饰面的材料嵌填面砖或石材之间的接缝，并应采取防止面砖或石材在安装钢筋、浇筑混凝土等生产过程中发生位移的措施。

夹心外墙板宜采用平模工艺生产，生产时应先浇筑外叶墙板混凝土层，再安装保温材料和拉结件，最后浇筑内叶墙板混凝土层；当采用立模工艺生产时，应同步浇筑内外叶墙板混凝土层，并应采取保证保温材料及拉结件位置准确的措施。

应根据混凝土的品种、工作性、预制构件的规格形状等因素，制定合理的振捣成型操作规程。混凝土应采用强制式搅拌机搅拌，并宜采用机械振捣。

预制构件采用洒水、覆盖等方式进行常温养护时，应符合现行国家标准《混凝土结构工程施工规范》GB 50666—2011 的要求。预制构件采用加热养护时，应制定养护制度对静停、升温、恒温和降温时间进行控制，宜在常温下静停 2~6h，升温、降温速度不应超过 20℃ /h，最高养护温度不宜超过 70℃，预制构件出池的表面温度与环境温度的差值不宜超过 25℃。

脱模起吊时，预制构件的混凝土立方体抗压强度应满足设计要求且不应小于 15N/mm^2。

三、连接构造要求

（1）装配整体式结构中，节点及接缝处的纵向钢筋连接宜根据接头受力、施工工艺等要求选用机械连接、套筒灌浆连接、浆锚搭接连接、焊接连接、绑扎搭接连接等连接方式，并应符合国家现行有关标准的规定。

1）纵向钢筋采用套筒灌浆连接时，钢筋接头应满足现行行业标准《钢筋机械连接技术规程》JGJ 107—2016 中Ⅰ级接头的性能要求，并应符合国家现行有关标准的规定；预制剪力墙中钢筋接头处套筒外侧钢筋的混凝土保护层厚度不应小于 15mm，预制柱中钢筋接头处套筒外侧箍筋的混凝土保护层厚度不应小于 20mm；套筒之间的净距不应小于 25mm。

2）纵向钢筋采用浆锚搭接连接时，对预留孔成孔工艺、孔道形状和长度、构造要求、灌浆料和被连接钢筋，应进行力学性能以及适用性的试验验证。直径大于 20mm 的钢筋不宜采用浆锚搭接连接，直接承受动力荷载构件的纵向钢筋不应采用浆锚搭接连接。

（2）预制构件与后浇混凝土、灌浆料、坐浆材料的结合面应设置粗糙面、键槽。

1）预制板与后浇混凝土叠合层之间的结合面应设置粗糙面。

2）预制梁与后浇混凝土叠合层之间的结合面应设置粗糙面。预制梁端面应设置键槽且宜设置粗糙面。键槽的尺寸和数量应按规定计算确定；键槽的深度不宜小于 30mm，宽度不宜小于深度的 3 倍且不宜大于深度的 10 倍；键槽可贯通截面，当不贯通时槽口距离截面边缘不宜小于 50mm；键槽间距宜等于键槽宽度；键槽端部斜面倾角不宜大于 30°。

3）预制剪力墙的顶部和底部与后浇混凝土的结合面应设置粗糙面；侧面与后浇混凝土的结合面应设置粗糙面，也可设置键槽；键槽深度不宜小于 20mm，宽度不宜小于深度的 3 倍且不宜大于深度的 10 倍，键槽间距宜等于键槽宽度，键槽端部斜面倾角不宜大于 30°。

4）预制柱的底部应设置键槽且宜设置粗糙面，键槽应均匀布置，键槽深度不宜小于 30mm，键槽端部斜面倾角不宜大于 30°，柱顶应设置粗糙面。

5）粗糙面的面积不宜小于结合面的 80%，预制板的粗糙面凹凸深度不应小于 4mm，预制梁端、预制柱端、预制墙端的粗糙面凹凸深度不应小于 6mm。

（3）预制楼梯与支承构件之间宜采用简支连接。预制楼梯宜一端设置固定铰，另一端设置滑动铰，其转动及滑动变形能力应满足结构间位移的要求，且预制楼梯端部在支承构件上的最小搁置长度 6、7 度抗震设防时为 75mm，8 度抗震设防时为 100mm。预制楼梯设置滑动铰的端部应采取防止滑落的构造措施。

四、构件储运

应制定预制构件的运输与堆放方案，其内容应包括运输时间、次序、堆放场地、运输线路、固定要求、堆放支垫及成品保护措施等。对于超高、超宽、形状特殊的大型构件的运输和堆放应有专门的质量安全保证措施。

预制构件的运输车辆应满足构件尺寸和载重要求，装卸构件时，应采取保证车体平衡的措施；应采取防止构件移动、倾倒、变形等的固定措施；应采取防止构件损坏的措施，对构件边角部或链索接触处的混凝土，宜设置保护衬垫。

堆放场地应平整、坚实，并应有排水措施；预埋吊件应朝上，标识宜朝向堆垛间的通道；构件支垫应坚实，垫块在构件下的位置宜与脱模、吊装时的起吊位置一致；重叠堆放构件时，每层构件间的垫块应上下对齐，堆垛层数应根据构件、垫块的承载力确定，并应根据需要采取防止堆垛倾覆的措施；堆放预应力构件时，应根据构件起拱值的大小和堆放时间采取相应措施。

（1）当采用靠放架堆放或运输构件时，靠放架应具有足够的承载力和刚度，与地面倾斜角度宜大于 80°；墙板宜对称靠放且外饰面朝外，构件上部宜采用木垫块隔离；运输时构件应采取固定措施。

（2）当采用插放架直立堆放或运输构件时，宜采取直立运输方式；插放架应有足够的承载力和刚度，并应支垫稳固。

（3）采用叠层平放的方式堆放或运输构件时，应采取防止构件产生裂缝的措施。

五、结构施工

（一）一般规定

装配式结构施工前应制定施工组织设计、施工方案，施工组织设计的内容应符合现行国家标准《建筑施工组织设计规范》GB/T 50502—2009 的规定，施工方案的内容应包括构件安装及节点施工方案、构件安装的质量管理及安全措施等。

（二）构件吊装与就位

吊装用吊具应按国家现行有关标准的规定进行设计、验算或试验检验。吊具应根据预制构件形状、尺寸及重量等参数进行配置，吊索水平夹角不宜小于60°，且不应小于45°；对尺寸较大或形状复杂的预制构件，宜采用有分配梁或分配桁架的吊具。

未经设计允许不得对预制构件进行切割、开洞。吊运过程中，应设专人指挥，操作人员应位于安全可靠位置，不应有人员随预制构件一同起吊。

安装施工前，应进行测量放线、设置构件安装定位标识，应复核构件装配位置、节点连接构造及临时支撑方案等，应检查复核吊装设备及吊具处于安全操作状态，应核实现场环境、天气、道路状况等满足吊装施工要求。装配式结构施工前，宜选择有代表性的单元进行预制构件试安装，并应根据试安装结果及时调整完善施工方案和施工工艺。

预制构件吊装就位后，应及时校准并采取临时固定措施，每个预制构件的临时支撑不宜少于2道，并应符合现行国家标准《混凝土结构工程施工规范》GB 50666—2011的相关规定。

（三）构件安装

（1）安装准备。墙、柱构件安装前，应清洁结合面；构件底部应设置可调整接缝厚度和底部标高的垫块；钢筋套筒灌浆连接接头、钢筋浆锚搭接连接接头灌浆前，应对接缝周围进行封堵，封堵措施应符合结合面承载力设计要求；多层预制剪力墙底部采用坐浆材料时，其厚度不宜大于20mm。

（2）钢筋套筒连接施工。采用钢筋套筒灌浆连接、钢筋浆锚搭接连接的预制构件就位前，应检查套筒、预留孔的规格、位置、数量和深度；被连接钢筋的规格、数量、位置和长度。当套筒、预留孔内有杂物时，应清理干净；当连接钢筋倾斜时，应进行校直。连接钢筋偏离套筒或孔洞中心线不宜超过5mm。

钢筋套筒灌浆前，应在现场模拟构件连接接头的灌浆方式，每种规格钢筋应制作不少于3个套筒灌浆连接接头，进行灌注质量以及接头抗拉强度的检验；经检验合格后，方可进行灌浆作业。

钢筋套筒灌浆连接接头、钢筋浆锚搭接连接接头应按检验批划分要求及时灌浆，灌浆作业应符合国家现行有关标准及施工方案的要求，并应符合下列规定：灌浆施工时，环境温度不应低于5℃；当连接部位养护温度低于10℃时，应采取加热保温措施；灌浆操作全过程应有专职检验人员负责旁站监督并及时形成施工质量检查记录；应按产品使用说明书的要求计量灌浆料和水的用量，并搅拌均匀；每次拌制的灌浆料拌合物应进行流动度的检测，且其流动度应满足规定；灌浆作业应采用压浆法从下口灌注，当浆料从上口流出后应及时封堵，必要时可设分仓进行灌浆；灌浆料拌合物应在制备后30min内用完。

（3）后浇混凝土施工。后浇混凝土施工时，预制构件结合面疏松部分的混凝土应剔除并清理干净；模板应保证后浇混凝土部分形状、尺寸和位置准确，并应防止漏浆；在浇筑混凝土前应洒水润湿结合面，混凝土应振捣密实；浇筑用的材料的强度等级应符合设计要求，设计无要求时，浇筑用材料的强度等级不应低于连接处构件混凝土强度设计等级的较大值；同一配合比的混凝土，每工作班且建筑面积不超过1000m^2应制作1组标准养护试件，同一楼层应制作不少于3组标准养护试件。构件连接部位后浇混凝土及灌浆料的强度达到设计要求后，方可拆除临时固定措施。

3.6 建筑工程防水和保温工程施工技术

防水工程是一项系统工程，主要包括屋面防水、地下室防水、卫生间防水、外墙防水等。主要目的是保证建筑物不受水侵蚀，内部空间不受危害，提高建筑物使用功能，改善人们的居住环境。

保温工程是建筑工程中的一种科学、高效的节能技术，该技术有效解决了冬夏两季室内外温差大而造成的能源损失问题。将保温材料用于主体围护结构中，不仅可以达到保温隔热的目的，而且还能保护建筑物主体结构，延长建筑物的使用寿命。

防水工程和保温工程作为建筑工程中的两大施工技术，起着至关重要的作用。如果建筑物的防水和保温措施做得不严密，不仅会扰乱人们正常的生活、生产秩序，而且直接影响建筑物的使用寿命。所以在建筑工程施工过程中，必须严格、认真地做好建筑工程的防水和保温措施。

3.6.1 屋面防水工程施工

屋面防水工程根据防水材料的不同又可分为卷材防水层屋面（柔性防水层屋面）、涂膜防水屋面、刚性防水屋面等。目前应用最普遍的是卷材防水屋面。

一、屋面防水的基本要求

（1）混凝土结构层宜采用结构找坡，坡度不应小于3%；当采用材料找坡时，宜采用质量轻、吸水率低和有一定强度的材料，坡度宜为2%。

（2）保温层上的找平层应在水泥初凝前压实抹平，并应留设分格缝，缝宽宜为5~20mm，纵横缝的间距不宜大于6m。水泥终凝前完成收水后应二次压光，并应及时取出分格条。养护时间不得少于7d。

（3）找平层设置的分格缝可兼作排汽道，排汽道的宽度宜为40mm，排汽道应纵横贯通，并应与大气连通的排汽孔相通，排汽孔可设在檐口下或纵横排汽道的交叉处；排汽道纵横间距宜为6m，屋面面积每36m^{2}宜设置一个排汽孔，排汽孔应做防水处理；在保温层下也可铺设带支点的塑料板。

（4）涂膜防水层的胎体增强材料宜采用无纺布或化纤无纺布；胎体增强材料长边搭接宽度不应小于50mm，短边搭接宽度不应小于70mm；上下层胎体增强材料的长边搭接缝应错开，且不得小于幅宽的1/3；上下层胎体增强材料不得相互垂直铺设。

二、卷材防水屋面施工

卷材防水层应采用沥青防水卷材、高聚物改性沥青防水卷材和合成高分子防水卷材。

（1）铺贴方法。卷材防水屋面铺贴方法的选择应根据屋面基层的结构类型、干湿程度等实际情况来确定。卷材防水层一般用满粘法、点粘法、条粘法和空铺法等来进行铺贴。当卷材防水层上有重物覆盖或基层变形较大时，应优先采用空铺法、点粘法、条粘法或机械固定法，但距屋面周边800mm内以及叠层铺贴的各层之间应满粘；当防水层采取满粘法施工时，找平层的分隔缝处宜空铺，空铺的宽度宜为100mm。立面或大坡面铺贴卷材时，应采用满粘法，并宜减少卷材短边搭接。

高聚物改性沥青防水卷材的施工方法一般有热熔法、冷粘法和自粘法等。合成高分子防水卷材的施工方法一般有冷粘法、自粘法、焊接法和机械固定法。

（2）铺贴顺序与卷材接缝。卷材防水层施工时，应先进行细部构造处理，然后由屋面最低标高向上铺贴；檐沟、天沟卷材施工时，宜顺檐沟、天沟方向铺贴，搭接缝应顺流水方向；卷材宜平行屋脊铺贴，上下层卷材不得相互垂直铺贴。

铺贴卷材应采用搭接法卷材搭接缝应符合下列规定：

1）平行屋脊的搭接缝应顺流水方向，搭接缝宽度应符合现行国家标准《屋面工程质量验收规范》GB 50207—2012的规定。

2）同一层相邻两幅卷材短边搭接缝错开不应小于500mm。

3）上下层卷材长边搭接缝应错开，且不应小于幅宽的1/3。

4）叠层铺贴的各层卷材，在天沟与屋面的交接处，应采用叉接法搭接，搭接缝应错开；搭接缝宜留在屋面与天沟侧面，不宜留在沟底。

（3）卷材防水层的施工环境温度。热熔法和焊接法不宜低于-10℃；冷粘法和热粘法不宜低于5℃；自粘法不宜低于10℃。

（4）卷材防水屋面施工的注意事项。为了保证防水层的施工质量，所选用的基层处理剂、接缝胶粘剂、密封材料等配套材料应与铺贴的卷材性能相容。铺贴卷材前，应根据屋面特征及面积大小，合理划分施工流水段并在屋面基层上放出每幅卷材的铺贴位置，弹上标记。卷材在铺贴前应保持干燥。通常采用浇油法或刷油法在干燥的基层上涂满沥青玛蹄脂，应随浇（涂）随铺卷材。铺贴时，卷材要展平压实，使之与下层紧密黏结，卷材的接缝应用沥青玛蹄脂赶平压实。对容易渗漏的薄弱部位（如檐沟、檐口、天沟、变形缝、水落口、泛水、管道根部、天窗根部、女儿墙根部、烟囱根部等屋面阴阳角转角部位）用附加卷材或防水材料、密封材料做附加增强处理，然后才能铺贴防水层，防水层施工至末尾还应做收头处理。

三、涂膜防水屋面施工

涂膜防水屋面是在屋面基层上涂刷防水涂料，经固化后形成一层有一定厚度和弹性的整体结膜，从而达到防水的目的。

涂膜防水层施工的工艺流程为：清理、修理基层表面→喷涂基层处理剂（底涂料）→特殊部位附加增强处理→涂布防水涂料及铺贴胎体增强材料→清理与检查修整→保护层施工。

3.6.2 地下防水工程施工

地下工程防水方案主要有以下三类：一是结构自防水。它是以地下结构本身的密实性（即防水混凝土）实现防水功能，使结构承重和防水合为一体。二是表面防水层防水，即在结构的外表面加设防水层，以达到防水的目的。常用的防水层有水泥砂浆防水层、卷材防水层、涂膜防水层等。三是防排结合，即采用防水加排水措施，排水方案可采用盲沟排水、渗排水、内排水等。地下工程防水等级分为4级，地下防水工程不得在雨天、雪天和五级风及其以上时施工。

一、防水混凝土

防水混凝土是以调整混凝土的配合比或掺外加剂的方法来提高混凝土的密实度、抗渗性、抗蚀性，满足设计对地下工程的抗渗要求，达到防水的目的。防水混凝土结构具有取材容易、施工简便、工期短、造价低、耐久性好等优点，因此在地下工程防水中广泛应用。目前，常用的防水混凝土有普通防水混凝土、外加剂或掺和料防水混凝土和膨胀水泥防水混凝土。

普通防水混凝土是通过控制材料选择、混凝土拌制、浇筑、振捣的施工质量，以减少混凝土内部的空隙和消除空隙间的连通，最后达到防水要求。外加剂防水混凝土是在混凝土中掺入一定的有机或无机的外加剂，改善混凝土的性能和结构组成，提高混凝土的密实性和抗渗性，从而达到防水目的。常用的外加剂防水混凝土有：三乙醇胺防水混凝土、加气剂防水混凝土、减水剂防水混凝土、氯化铁防水混凝土。膨胀水泥防水混凝土是利用膨胀水泥在水化硬化过程中形成大量体积增大的结晶，改善混凝土的孔结构，提高混凝土的抗渗性能。

二、表面防水层防水

表面防水层防水有刚性、柔性两种。

（一）水泥砂浆防水层

水泥砂浆防水层是一种刚性防水层，它是依靠提高砂浆层的密实性来达到防水要求。这种防水层取材容易，施工方便，防水效果较好，成本较低，适用于地下砖石结构的防水层或防水混凝土结构的加强层。但水泥砂浆防水层抵抗变形的能力较差，当结构产生不均匀下沉或受较强烈振动荷载时，易产生裂缝或剥落。对于受腐蚀、高温及反复冻融的砖砌体工程不宜采用。

（二）涂膜防水施工

涂膜防水层施工具有较大的随意性，无论是形状复杂的基面，还是面积狭小的节点，凡是能涂刷到的部位，均可做涂膜防水层，因此在地下工程中广泛应用。地下工程涂膜防水层的设置有内防水、外防水和内外结合防水。

（三）卷材防水层

卷材防水层是用沥青胶结材料粘贴油毡而成的一种防水层，属于柔性防水层。这种防水层具有良好的韧性和延伸性，可以适应一定的结构振动和微小变形，防水效果较好，目前仍作为地下工程的一种防水方案而被较广泛采用。其缺点是：沥青油毡吸水率大，耐久性差，机械强度低，直接影响防水层质量，而且材料成本高，施工工序多，操作条件差，工期较长，发生渗漏后修补困难。

卷材防水层施工的铺贴方法，按其与地下防水结构施工的先后顺序分为外贴法和内贴法两种。

（1）外贴法。外贴法是指在地下建筑墙体做好后，直接将卷材防水层铺贴墙上，然后砌筑保护墙（见图3.6.2–1）。外贴法的优点是构筑物与保护墙有不均匀沉降时，对防水层影响较小；防水层做好后即可进行漏水试验，修补方便。缺点是工期较长，占地面积较大；底板与墙身接头处卷材易受损。

（2）内贴法。内贴法施工是指在地下建筑墙体施工前，先砌筑保护墙，然后将卷材防水层铺贴在保护墙上，最后进行地下建筑墙体浇筑（见图3.6.2–2）。内贴法的优点是防水层的施工比较方便，不必留接头；施工占地面积小。缺点是构筑物与保护墙有不均匀沉降时，对防水层影响较大；保护墙稳定性差；竣工后如发现漏水较难修补。

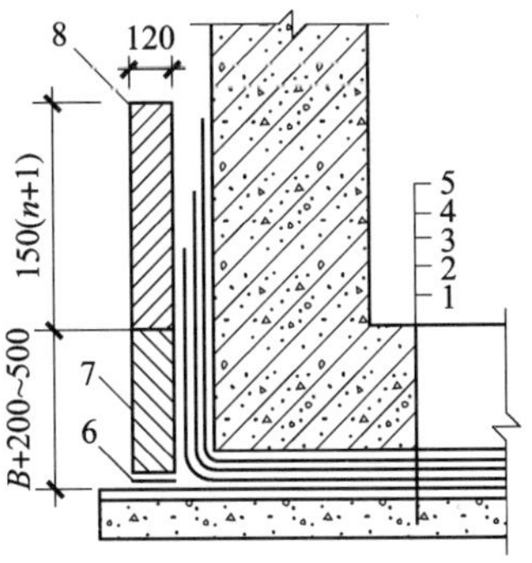

图 3.6.2–1　外贴法

1—垫层；2—找平层；3—卷材防水层；
4—保护层；5—构筑物；6—油毡；
7—永久保护墙；8—临时性保护墙

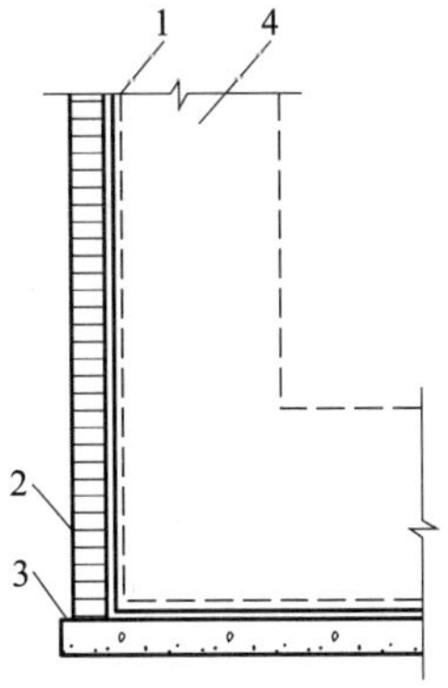

图 3.6.2–2　内贴法

1—卷材防水层；2—保护墙；
3—垫层；4—尚未施工的构筑物

三、止水带防水

为适应建筑结构沉降、温度伸缩等因素产生的变形，在地下建筑的变形缝（沉降缝或伸缩缝）、地下通道的连接口等处，两侧的基础结构之间留有 20~30mm 的空隙，两侧的基础是分别浇筑的，这是防水结构的薄弱环节，如果这些部位产生渗漏时，抗渗堵漏较难实施。为防止变形缝处的渗漏水现象，除在构造设计中考虑防水的能力外，通常还采用止水带防水。

目前，常见的止水带材料有橡胶止水带、塑料止水带、氯丁橡胶板止水带和金属止水带等。其中，橡胶及塑料止水带均为柔性材料，抗渗、适应变形能力强，是常用的止水带材料；氯丁橡胶止水板是一种新的止水材料，具有施工简便、防水效果好、造价低且易修补的特点，金属止水带一般仅用于高温环境条件下，而无法采用橡胶止水带或塑料止水带时。

止水带构造形式有：粘贴式、可卸式和埋入式等。目前较多采用的是埋入式。根据防水设计的要求，有时在同一变形缝处，可采用数层、数种止水带的构造形式。

3.6.3　楼层、厕浴间、厨房间防水

住宅和公共建筑中穿过楼地面或墙体的上下水管道，供热、燃气管道一般都集中明敷在厕浴间和厨房间，其防水方法应用柔性涂膜防水层和刚性防水砂浆防水层，或两者复合的防水层防水。防水涂料涂布于复杂的细部构造部位，能形成没有接缝的、完整的涂膜防水层。由于防水涂膜的延伸性较好，基本能适应基层变形的需要。防水砂浆则以补偿收缩水泥砂浆较为理想，其微膨胀的特性，能防止或减少砂浆收缩开裂，使砂浆致密化，提高其抗裂性和抗渗性。

一、涂膜防水

涂膜防水的材料，可以用合成的高分子防水涂料和高聚物改性沥青防水涂料。该防水层必须在管道安装完毕，管孔四周堵填密实后，做地面工程之前，做一道柔性防水层。防水层必须翻至墙面并做到离地面 150mm 处，施工中应按规定要求操作，这样才能起到良好的楼层间防渗漏作用。

二、刚性防水

其理想材料是具有微胀性能的补偿收缩混凝土和补偿收缩水泥砂浆。厕浴间、厨房间中的穿楼板管道、地漏口、蹲便器下水管等节点是重点防水部位。

3.6.4　保温工程

一、外墙外保温工程

外墙外保温工程是将外墙外保温系统通过组合、组装、施工或安装，固定在外墙外表面上所形成的建筑物实体。施工的基本要求如下：

（1）基层应坚实、平整。保温层施工前，应进行基层处理。除 EPS 板现浇混凝土外保温系统和 EPS

钢丝网架板现浇混凝土外保温系统外，外保温工程的施工应在基层施工质量验收合格后进行。

（2）除 EPS 板现浇混凝土外保温系统和 EPS 钢丝网架板现浇混凝土外保温系统外，外保温工程施工前，外门窗洞口应通过验收，洞口尺寸、位置应符合设计要求和质量要求，门窗框或辅框应安装完毕。伸出墙面的消防梯、水落管、各种进户管线和空调器等的预埋件、联结件应安装完毕，并按外保温系统厚度留出间隙。

（3）外保温工程施工期间以及完工后 24h 内，基层及环境空气温度应不低于 5℃。夏季应避免阳光曝晒。在 5 级以上大风天气和雨天不得施工。

（4）外保温工程应做好系统在檐口、勒脚处的包边处理。装饰缝、门窗四角和阴阳角等处应做好局部加强网施工。基层墙体变形缝处应做好防水和保温构造处理。

（5）泡沫塑料保温板表面不得长期裸露，安装上墙后应及时做抹面层。

（6）现场取样胶粉 EPS 颗粒保温浆料干密度不应大于 250kg/m^3，并且不应小于 180kg/m^3。现场检验保温层厚度应符合设计要求，不得有负偏差。

（7）粘贴饰面砖工程应进行专项设计，编制施工方案，当外保温系统的饰面层采用粘贴饰面砖做法时，系统供应商应提供包括饰面砖拉伸黏结强度内容的耐候性检验报告，对于粘贴饰面砖的建筑物高度，严寒、寒冷地区不宜超过 20m，夏热冬冷、夏热冬暖地区不宜超过 40m。

（8）外保温工程完工后应做好成品保护。

二、屋面保温工程

屋面保温工程施工的基本要求如下：

（1）保温材料的导热系数、表观密度或干密度、抗压强度或压缩强度、燃烧性能，必须符合设计要求。

（2）板状材料保温层采用干铺法施工时，保温材料应紧靠在基层表面上，应铺平垫稳；分层铺设的板块上下层接缝应相互错开，板间缝隙应采用同类材料的碎屑嵌填密实。

（3）纤维材料保温层的纤维材料填充后，不得上人踩踏。装配式骨架纤维保温材料施工时，先在基层上铺设保温龙骨或金属龙骨，龙骨间填充纤维保温材料，再在龙骨上铺钉水泥纤维板。金属龙骨和固定件应经防锈处理，金属龙骨与基层间采取隔热断桥措施。

（4）喷涂硬泡聚氨酯保温层施工，喷涂时喷嘴与施工基面的间距应由试验确定。一个作业面应分遍喷涂完成，每遍厚度不宜大于 15mm；当日的作业面应当日连续喷涂施工完毕。硬泡聚氨酯喷涂后 20min 内严禁上人，喷涂完成后，应及时做保护层。

（5）在浇筑泡沫混凝土前，应将基层上的杂物和油污清理干净。基层应浇水湿润，但不得有积水。在浇筑过程中，应随时检查泡沫混凝土的湿密度。

（6）种植隔热层与防水层之间宜设细石混凝土保护层。种植隔热层的屋面坡度大于 20% 时，其排水层、种植土层应采取防滑措施。排水层应与排水系统连通，挡墙或挡板泄水孔的留设应符合设计要求，并不得堵塞。

（7）蓄水隔热层与屋面防水层之间应设隔离层。蓄水池的所有孔洞应预留，不得后凿，设置的给水管、排水管和溢水管等，均应在蓄水池混凝土施工前安装完毕。每个蓄水区的防水混凝土应一次浇筑完毕，不得留施工缝。防水混凝土初凝后应覆盖养护，终凝后浇水养护不得少于 14d；蓄水后不得断水。

3.7 建筑装饰装修工程施工技术

装饰装修工程是为保护建筑物的主体结构、完善建筑物的使用功能和美化建筑物，采用装饰装修材料，对建筑物的内外表面及空间进行各种装饰的过程。能够保护建筑物的各种构件免受自然的风、雨、潮气等的侵蚀，改善隔热、隔声、防潮功能。装饰装修工程包括抹灰工程、吊顶工程、轻质隔墙工程、墙面铺装工程、涂饰工程、地面工程、幕墙工程、门窗工程等。其施工特点是项目繁多、工程量大、工期长、用工量大且工程投入资金多等。

装饰装修能够使建筑物满足人们的视觉、触觉享受，进一步提高建筑物的空间质量，同时为人们创造良好的生产、生活及工作环境。因此建筑装饰已成为现代建筑工程不可缺少的部分。

3.7.1　抹灰工程

抹灰用的水泥宜为硅酸盐水泥、普通硅酸盐水泥，其强度等级不应小于32.5。不同品种不同强度等级的水泥不得混合使用。抹灰用砂子宜选用中砂，砂子使用前应过筛，不得含有杂物。抹灰用石灰膏的熟化期不应少于15d，罩面用磨细石灰粉的熟化期不应少于3d。

不同材料基体交接处表面的抹灰应采取防止开裂的加强措施。室内墙面、柱面和门洞口的阳角做法应符合设计要求，设计无要求时，应采用1∶2水泥砂浆做暗护角，其高度不应低于2m，每侧宽度不应小于50mm。水泥砂浆抹灰层应在抹灰24h后进行养护。

基层处理应符合下列规定：①砖砌体应清除表面杂物、尘土，抹灰前应洒水湿润。②混凝土表面应凿毛或在表面洒水润湿后涂刷1∶1水泥砂浆（加适量胶粘剂）。③加气混凝土应在湿润后边刷界面剂边抹强度不小于M5的水泥混合砂浆。

大面积抹灰前应设置标筋。抹灰应分层进行，每遍厚度宜为5~7mm。抹石灰砂浆和水泥混合砂浆每遍厚度宜为7~9mm。当抹灰总厚度超出35mm时，应采取加强措施。

用水泥砂浆和水泥混合砂浆抹灰时，应待前一抹灰层凝结后方可抹后一层；用石灰砂浆抹灰时，应待前一抹灰层七八成干后方可抹后一层。

3.7.2　吊顶工程

后置埋件、金属吊杆、龙骨应进行防腐处理。木吊杆、木龙骨、造型木板和木饰面板应进行防腐、防火、防蛀处理。

重型灯具、电扇及其他重型设备严禁安装在吊顶龙骨上。

（1）龙骨的安装应符合下列要求：

1）应根据吊顶的设计标高在四周墙上弹线。弹线应清晰、位置应准确。

2）主龙骨吊点间距、起拱高度应符合设计要求。当设计无要求时，吊点间距应小于1.2m，应按房间短向跨度适当起拱。主龙骨安装后应及时校正其位置标高。

3）吊杆应通直，距主龙骨端部距离不得超过300mm。当吊杆与设备相遇时，应调整吊点构造或增设吊杆。

4）次龙骨应紧贴主龙骨安装。固定板材的次龙骨间距不得大于600mm，在潮湿地区和场所，间距宜为300~400mm。用沉头自攻钉安装饰面板时，接缝处次龙骨宽度不得小于40mm。

5）暗龙骨系列横撑龙骨应用连接件将其两端连接在通长次龙骨上。明龙骨系列的横撑龙骨与通长龙骨搭接处的间隙不得大于1mm。

（2）纸面石膏板和纤维水泥加压板安装应符合下列规定：

1）板材应在自由状态下进行安装，固定时应从板的中间向板的四周固定。

2）纸面石膏板螺钉与板边距离：纸包边宜为10~15mm，切割边宜为15~20mm；水泥加压板螺钉与板边距离宜为8~15mm。

3）板周边钉距宜为150~170mm，板中钉距不得大于200mm。

4）安装双层石膏板时，上下层板的接缝应错开，不得在同一根龙骨上接缝。

5）螺钉头宜略埋入板面，并不得使纸面破损。钉眼应做防锈处理并用腻子抹平。

6）石膏板的接缝应按设计要求进行板缝处理。

（3）石膏板、钙塑板的安装应符合下列规定：

1）当采用钉固法安装时，螺钉与板边距离不得小于15mm，螺钉间距宜为150~170mm，均匀布置，并应与板面垂直，钉帽应进行防锈处理，并应用与板面颜色相同涂料涂饰或用石膏腻子抹平。

2）当采用粘接法安装时，胶粘剂应涂抹均匀，不得漏涂。

3.7.3 轻质隔墙工程

（1）轻钢龙骨的安装应符合下列规定：

1）应按弹线位置固定沿地龙骨、沿顶龙骨及边框龙骨，龙骨的边线应与弹线重合。龙骨的端部应安装牢固，龙骨与基体的固定点间距应不大于 1m。

2）安装竖向龙骨应垂直，龙骨间距应符合设计要求。潮湿房间和钢板网抹灰墙，龙骨间距不宜大于 400mm。

3）安装支撑龙骨时，应先将支撑卡安装在竖向龙骨的开口方向，卡距宜为 400~600mm，距龙骨两端的距离宜为 20~25mm。

4）安装贯通系列龙骨时，低于 3m 的隔墙安装一道，3~5m 隔墙安装两道。

5）饰面板横向接缝处不在沿地龙骨、沿顶龙骨上时，应加横撑龙骨固定。

（2）木龙骨的安装应符合下列规定：

1）木龙骨的横截面积及纵、横向间距应符合设计要求。

2）骨架横、竖龙骨宜采用开半榫、加胶、加钉连接。

3）安装饰面板前应对龙骨进行防火处理。

（3）纸面石膏板的安装应符合以下规定：

1）石膏板宜竖向铺设，长边接缝应安装在竖龙骨上。

2）龙骨两侧的石膏板及龙骨一侧的双层板的接缝应错开，不得在同一根龙骨上接缝。

3）轻钢龙骨应用自攻螺钉固定，木龙骨应用木螺钉固定。沿石膏板周边钉间距不得大于 200mm，板中钉间距不得大于 300mm，螺钉与板边距离应为 10~15mm。

4）安装石膏板时应从板的中部向板的四边固定。钉头略埋入板内，但不得损坏纸面，钉眼应进行防锈处理。

5）石膏板的接缝应按设计要求进行板缝处理。石膏板与周围墙或柱应留有 3mm 的槽口，以便进行防开裂处理。

（4）胶合板的安装应符合下列规定：

1）胶合板安装前应对板背面进行防火处理。

2）轻钢龙骨应采用自攻螺钉固定。木龙骨采用圆钉固定时，钉距宜为 80~150mm，钉帽应砸扁；采用钉枪固定时，钉距宜为 80~100mm。

3）阳角处宜作护角。

4）胶合板用木压条固定时，固定点间距不应大于 200mm。

（5）玻璃砖墙的安装应符合下列规定：

1）玻璃砖墙宜以 1.5m 高为一个施工段，待下部施工段胶结材料达到设计强度后再进行上部施工。

2）当玻璃砖墙面积过大时应增加支撑。玻璃砖墙的骨架应与结构连接牢固。

3）玻璃砖应排列均匀整齐，表面平整，嵌缝的油灰或密封膏应饱满密实。

3.7.4 墙面铺装工程

湿作业施工现场环境温度宜在 5℃以上；裱糊时空气相对湿度不得大于 85%，应防止湿度及温度剧烈变化。

（1）墙面砖铺贴应符合下列规定：

1）墙面砖铺贴前应进行挑选，并应浸水 2h 以上，晾干表面水分。

2）铺贴前应进行放线定位和排砖，非整砖应排放在次要部位或阴角处。每面墙不宜有两列非整砖，非整砖宽度不宜小于整砖的 1/3。

3）铺贴前应确定水平及竖向标志，垫好底尺，挂线铺贴。墙面砖表面应平整、接缝应平直、缝宽应均匀一致。阴角砖应压向正确，阳角线宜做成 45° 角对接，在墙面突出物处，应整砖套割吻合，不得用非整砖拼凑铺贴。

4）结合砂浆宜采用 1∶2 水泥砂浆，砂浆厚度宜为 6~10mm。水泥砂浆应满铺在墙砖背面，一面墙不宜一次铺贴到顶，以防塌落。

（2）墙面石材铺装应符合下列规定：

1）墙面砖铺贴前应进行挑选，并应按设计要求进行预拼。

2）强度较低或较薄的石材应在背面粘贴玻璃纤维网布。

3）当采用湿作业法施工时，固定石材的钢筋网应与预埋件连接牢固。每块石材与钢筋网拉接点不得少于 4 个。拉接用金属丝应具有防锈性能。灌注砂浆前应将石材背面及基层湿润，并应用填缝材料临时封闭石材板缝，避免漏浆。灌注砂浆宜用 1∶2.5 水泥砂浆，灌注时应分层进行，每层灌注高度宜为 150~200mm，且超过板高的 1/3，插捣应密实。待其初凝后方可灌注上层水泥砂浆。

4）当采用粘贴法施工时，基层处理应平整但不应压光。胶粘剂的配合比应符合产品说明书的要求。胶液应均匀、饱满的刷抹在基层和石材背面，石材就位时应准确，并应立即挤紧、找平、找正，进行顶、卡固定。溢出胶液应随时清除。

（3）木装饰装修墙制作安装应符合下列规定：

1）打孔安装木砖或木楔，深度不应小于 40mm，木砖或木楔应做防腐处理。

2）龙骨间距应符合设计要求。当设计无要求时：横向间距宜为 300mm，竖向间距宜为 400mm。龙骨与木砖或木楔连接应牢固。龙骨本质基层板应进行防火处理。

3.7.5　涂饰工程

混凝土或抹灰基层涂刷溶剂型涂料时，含水率不得大于 8%；涂刷水性涂料时，含水率不得大于 10%；木质基层含水率不得大于 12%。

施工现场环境温度宜在 5~35℃之间，并应注意通风换气和防尘。

涂饰施工一般方法：

（1）滚涂法：将蘸取漆液的毛辊先按 W 形将涂料大致涂在基层上，然后用不蘸取漆液的毛辊紧贴基层上下、左右来回滚动，使漆液在基层上均匀展开，最后用蘸取漆液的毛辊按一定方向满滚一遍。阴角及上下口宜采用排笔刷涂找齐。

（2）喷涂法：喷枪压力宜控制在 0.4~0.8MPa 范围内。喷涂时喷枪与墙面应保持垂直，距离宜在 500mm 左右，匀速平行移动。两行重叠宽度宜控制在喷涂宽度的 1/3。

（3）刷涂法：直按先左后右、先上后下、先难后易、先边后面的顺序进行。

木质基层涂刷调和漆：先满刷清油一遍，待其干后用油腻子将钉孔、裂缝、残缺处嵌刮平整，干后打磨光滑，再刷中层和面层油漆。

对泛碱、析盐的基层应先用 3% 的草酸溶液清洗，然后用清水冲刷干净或在基层上满刷一遍耐碱底漆，待其干后刮腻子，再涂刷面层涂料。

浮雕涂饰的中层涂料应颗粒均匀，用专用塑料辊蘸煤油或水均匀滚压，厚薄一致，待完全干燥固化后，才可进行面层涂饰，面层为水性涂料应采用喷涂，溶剂型涂料应采用刷涂。间隔时间宜在 4h 以上。

3.7.6　地面工程

（1）石材、地面砖铺贴应符合下列规定：

1）石材、地面砖铺贴前应浸水湿润。天然石材铺贴前应进行对色、拼花并试拼、编号。

2）结合层砂浆宜采用体积比为 1∶3 的干硬性水泥砂浆，厚度宜高出实铺厚度 2~3mm。铺贴前应在水泥砂浆上刷一道水灰比为 1∶2 的素水泥浆或干铺水泥 1~2mm 后洒水。

3）铺贴后应及时清理表面，24h 后应用 1∶1 水泥浆灌缝，选择与地面颜色一致的颜料与白水泥拌和均匀后嵌缝。

（2）竹、实木地板铺装应符合下列规定：

1）基层平整度误差不得大于 5mm。

2）铺装前应对基层进行防潮处理，防潮层宜涂刷防水涂料或铺设塑料薄膜。

3）铺装前应对地板进行选配，宜将纹理、颜色接近的地板集中使用于一个房间或部位。

4）木龙骨应与基层连接牢固，固定点间距不得大于 600mm。

5）毛地板应与龙骨成 30° 或 45° 铺钉，板缝应为 2~3mm，相邻板的接缝应错开。

6）在龙骨上直接铺装地板时，主次龙骨的间距应根据地板的长宽模数计算确定，地板接缝应在龙骨的中线上。

7）毛地板及地板与墙之间应留有 8~10mm 的缝隙。

（3）强化复合地板铺装应符合下列规定：

1）防潮垫层应满铺平整，接缝处不得叠压。

2）安装第一排时应凹槽面靠墙。地板与墙之间应留有 8~10mm 的缝隙。

3）房间长度或宽度超过 8m 时，应在适当位置设置伸缩缝。

（4）地毯铺装应符合下列规定：

1）地毯对花拼接应按毯面绒毛和织纹走向的同一方向拼接。

2）当使用张紧器伸展地毯时，用力方向应呈 V 字形，应由地毯中心向四周展开。

3）当使用倒刺板固定地毯时，应沿房间四周将倒刺板与基层固定牢固。

4）地毯铺装方向，应是毯面绒毛走向的背光方向。

5）满铺地毯，应用扁铲将毯边塞入卡条和墙壁间的间隙中或塞入踢脚下面。

6）裁剪楼梯地毯时，长度应留有一定余量，以便在使用中可挪动常磨损的位置。

3.7.7 幕墙工程

建筑幕墙是建筑物主体结构外围的围护结构，具有防风、防雨、隔热、保温、防火、抗震和避雷等多种功能，具有新颖耐久、美观时尚，装饰感强、施工快捷、便于维修等特点，是一种广泛运用于现代建筑的结构构件。按幕墙材料可分为玻璃幕墙、石材幕墙、金属幕墙、混凝土幕墙和组合幕墙。玻璃幕墙是国内外目前最常用的一种幕墙，广泛运用于现代化高档公共建筑的外墙装饰，是用玻璃板片做墙面板材与金属构件组成悬挂在建筑物主体结构上的非承重连续外围护墙体。

一、建筑幕墙施工的准备工作

预埋件制作与安装。常用建筑幕墙预埋件有平板型和槽型两种，其中平板型预埋件最为广泛应用。平板型预埋件的加工要求如下：

（1）锚板宜采用 Q235、Q345 级钢，受力预埋件的锚筋应采用 HRB400（带肋）或 HPB300（光圆）钢筋，不应使用冷加工钢筋。除受压直锚筋外，当采用光圆钢筋时，钢筋末端应做 180° 弯钩。

（2）直锚筋与锚板应采用 T 形焊。当锚筋直径不大于 20mm 时，宜采用压力埋弧焊；当锚筋直径大于 20mm 时，宜采用穿孔塞焊。当采用手工焊时，焊缝高度不宜小于 6mm 及 $0.5d$（HPB300 级钢筋）或 $0.64d$（HRB335 级、HRB400 级钢筋），d 为锚筋直径。

为保证预埋件与主体结构连接的可靠性，连接部位的主体结构混凝土强度等级不应低于 C20。预埋件的锚筋应置于混凝土构件最外排主筋的内侧。为防止预埋件在混凝土浇捣过程中产生位移，应将预埋件与钢筋或模板连接固定；在混凝土浇捣过程中，派专人跟踪观察，若有偏差应及时纠正；梁板顶面的埋件，一般与混凝土浇捣同步进行，随捣随埋，预埋板下面的混凝土应注意振捣密实。幕墙与砌体结构连接时，宜在连接部位的主体结构上增设钢筋混凝土或钢结构梁、柱。轻质填充墙不应作幕墙的支承结构。

二、玻璃幕墙施工

玻璃幕墙的施工工序较多，施工技术和安装精度比较高，凡从事玻璃安装施工的企业，必须取得相应专业资格后方可承接业务。

（一）有框玻璃幕墙施工

有框玻璃幕墙主要由幕墙立柱、横梁、玻璃、主体结构、预埋件、连接件以及连接螺栓、垫杆和胶缝、开启扇组成。竖直玻璃幕墙立柱应悬挂连接在主体结构上并使其处于受拉状态。

有框玻璃幕墙施工工艺流程：测量、放线→调整和后置预埋件→确认主体结构轴线和各面中心线→以中心线为基准向两侧排基准竖线→按图样要求安装钢连接件和立柱、校正误差→钢连接件满焊固定、表面防腐处理→安装横框→上下边密封、修整→安装玻璃组件→安装开启窗扇→填充泡沫塑料棒→注胶→清洁、整理→检查、验收。

（1）弹线定位。弹线工作以建筑物轴线为准，依据设计要求先将骨架位置线弹到主体结构上，以确定竖向杆件位置。工程主体部分，以中部水平线为基准，向上下放线，确定每层水平线后用水准仪对横向节点的标高进行抄平。测量结果应与主体工程施工测量轴线一致，如主体结构轴线误差大于规定的允许偏差时，应征得监理和设计人员同意后，调整装饰工程轴线。

（2）钢连接件安装。钢连接件的预埋钢板应尽量采用原主体结构预埋钢板，无条件时可采用后置钢锚板加膨胀螺栓的方法，但要经过试验确定其承载力。玻璃幕墙与主体结构连接的钢构件一般采用三维可调连接件，其对预埋件埋设精度要求不高，安装骨架时，上下左右及幕墙平面垂直度等可自行调整。

（3）框架安装。立柱先于连接件连接，连接件再与主体结构预埋件连接并调整、固定。同一层横梁安装由下向上进行，安装完一层高度时进行检查调整校正，符合质量要求后固定。横梁与立柱连接处应垫弹性橡胶垫片，用于消除横向热胀冷缩应力及变形造成的横竖杆件的摩擦响声。

（4）玻璃安装。安装前擦净玻璃表面尘土，镀膜玻璃的镀膜面应朝向室内，玻璃与构件不得直接接触，以防止玻璃因温度变化引起胀缩导致破坏。玻璃四周与构件凹槽应保持一定空隙，每块玻璃下部应设不少于 2 块的弹性定位垫块。垫块宽度与槽宽相同，长度不小于 100mm。

（5）缝隙处理。窗间墙，窗槛墙之间采用防火材料堵塞，隔离挡板采用 1.5mm 厚的钢板，并涂防火材料两遍。接缝处用防火密封胶封闭，保证接缝处的严密。

（6）避雷设施安装。安装立柱时应按设计要求进行防雷体系的连接。均压环应与主体结构避雷系统相连，预埋件与均压环通过截面积不小于 $48mm^2$ 的圆钢或扁钢连接。圆钢或扁钢与预埋件均压环进行搭接焊接，焊缝长度不小于 75mm，位于均压环所在层的每个立柱与支座间应用宽度不小于 24mm、厚度不小于 2mm 的铝条连接，保证其导电电阻小于 10Ω。

（二）全玻璃幕墙施工

由玻璃板和玻璃肋制作的玻璃幕墙称为全玻璃幕墙，采用较厚的玻璃隔声效果较好、通透性强，用于外墙装饰时使室内外环境浑然一体，被广泛用于各种底层公共空间的外装饰。全玻璃幕墙按构造方式可分为吊挂式和坐落式两种。以吊挂式全玻璃幕墙为例，其施工流程为：定位放线→上部钢架安装→下部和侧面嵌槽安装→玻璃肋、玻璃板安装就位→镶嵌固定及注入密封胶→表面清洗和验收。

（1）施工定位放线。同有框玻璃幕墙，即使用经纬仪、水准仪配合钢卷尺、重锤、水平尺复核主体结构轴线、标高及尺寸，对原预埋件进行位置检查、质量复核。

（2）上部钢架安装。上部钢架用于安装玻璃吊具的支架，强度和稳定性要求较高，应使用热镀锌钢材，严格按照设计要求施工、制作。安装前应注意以下事项：

1）钢架安装前要检查预埋件或钢锚板的质量是否符合设计要求，锚栓位置离混凝土边缘不小于 50mm。

2）相邻柱间的钢架、吊具的安装必须通顺平直。

3）钢架应进行隐蔽工程验收，需要经监理公司有关人员验收合格后方可对施焊处进行防锈处理。

（3）下部和侧面嵌槽安装。镶嵌固定玻璃的槽口应采用型钢，如尺寸较小的槽钢应与预埋件焊接牢固，验收后必须进行防锈处理。下部槽口内每块玻璃的两角附近放置两块氯丁胶垫块，长度不小于 100mm。

（4）玻璃板安装。

1）检查玻璃质量。重点是检查玻璃有无裂纹和崩边，粘接在玻璃上的铜夹片位置是否正确，要擦拭干净用笔做好中心标记。

2）安装电动玻璃吸盘。玻璃吸盘要对称吸附于玻璃面并吸附牢固。

3）安装完毕后先试吸，即将玻璃试吊起 2~3m，检查各吸盘的牢固度。

4）在玻璃适当位置安装手动吸盘、拉缆绳和侧面保护胶套协助就位和保证安全。

5）在镶嵌固定玻璃的上下槽口内侧，一般应粘贴低发泡塑料垫条，垫条的宽度同嵌缝胶的宽度，并且留有足够的注胶深度。

6）吊车移动玻璃至安装位置，待完全对准后进行安装。

7）上层的工人把握好玻璃，等下层工人都能把握住深度吸盘时，可去掉玻璃一侧的保护胶套，利用洗盘的手动吊链吊起玻璃，使玻璃下端略高于下部槽口。此时，下层工人将玻璃拉入槽内并利用木板遮挡防止碰撞相邻玻璃，用木板轻托玻璃下端，防止与金属槽口碰撞。

8）玻璃定位。安装好玻璃夹具，各吊杆螺栓应在上部钢架的定位处，并与钢架轴钱重合，上下调节吊挂螺栓的螺钉，使玻璃提升和准确就位。第一块玻璃安装后要检查其侧边的垂直度，以后玻璃只需检查缝隙宽度是否相等、符合设计尺寸即可。

9）做好上部吊挂后，镶嵌固定上下边框槽口外侧垫条，使安装好的玻璃镶嵌固定到位。

（5）灌注密封胶。

1）用专用清洁剂擦拭干净，但不能用湿布和清水擦洗，所注胶面必须干燥。

2）注胶前需在玻璃上粘贴美纹纸加上保护。

3）由专业注胶工施工，注胶从内外两侧同时进行，注胶速度和厚度要均匀，不要夹带气泡。密封胶的表面要呈现出凹曲面的形状。

4）耐候硅酮胶的施工厚度一般应为 3.5~4.5mm，保证密封性能。

5）结构密封胶的厚度应遵守设计中的规定，结构硅酮胶必须在产品有效期内使用。

（6）洁面处理。玻璃幕墙施工完毕后，要认真清洗玻璃幕墙表面，使之达到竣工验收的标准。

（三）点支撑玻璃幕墙施工

点支撑幕墙是指在幕墙玻璃的四角打孔，用幕墙专用钢爪将玻璃连接起来，并将荷载传给相应构件，最后传给主体结构的一种幕墙做法。点式连接玻璃幕墙主要有：玻璃肋点式连接玻璃幕墙、钢桁架点式连接玻璃幕墙和拉索式点式连接玻璃幕墙。玻璃肋点式连接玻璃幕墙是指玻璃肋支撑在主体结构上，在玻璃肋上面安装连接板和钢爪，玻璃开孔后与钢爪（4 脚支架）用特殊螺栓连接的幕墙形式，如图 3.7.7–1 所示。钢桁架点式玻璃幕墙是指在金属桁架上安装钢爪，在面板玻璃的四角进行打孔，钢爪上的特殊螺栓穿过玻璃孔，紧固后将玻璃固定在钢爪上形成幕墙，如图 3.7.7–2 所示。

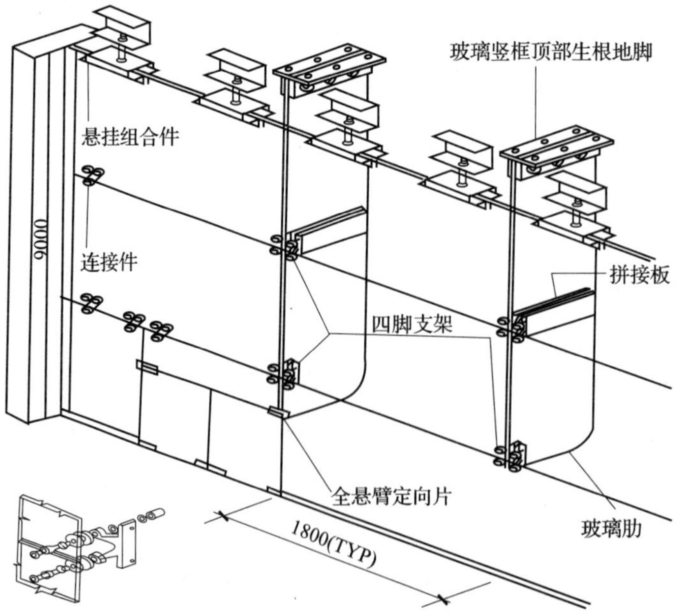

图 3.7.7–1 玻璃肋点式连接玻璃幕墙示意

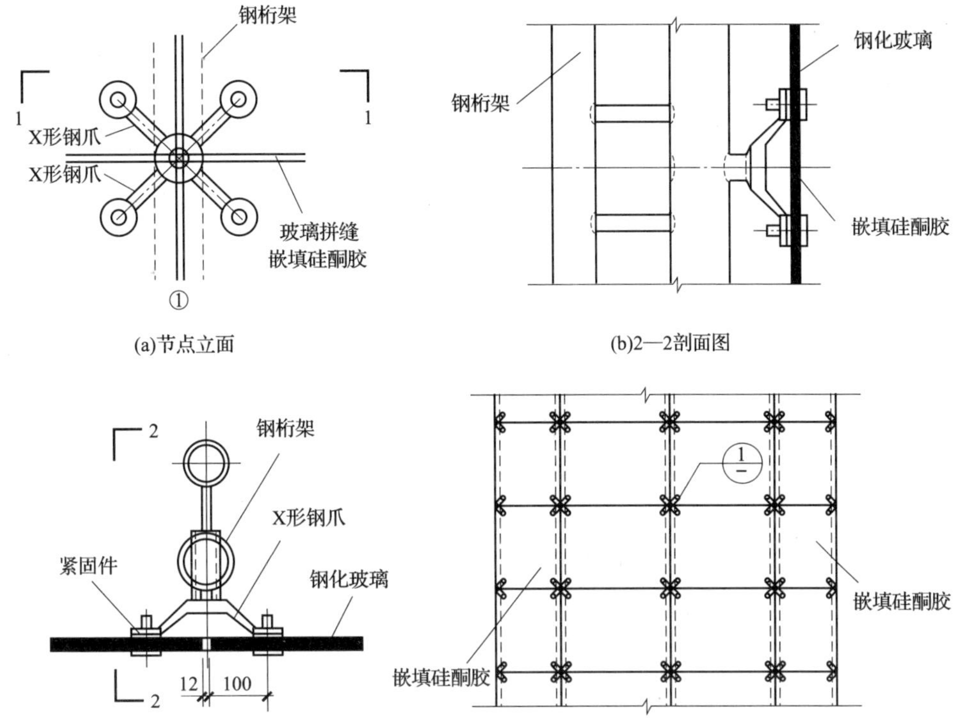

(a)节点立面　(b)2—2剖面图

(c)1—1剖面图　(d)立面图

图 3.7.7–2　钢桁架点式连接玻璃幕墙示意

拉索式点式连接玻璃幕墙是将玻璃面板用钢爪固定在索桁架上的玻璃幕墙，由玻璃面板，索桁架和支撑结构组成。索桁架悬挂在支撑结构上，它由按一定规律布置的预应力索具及连系杆等组成。索桁架起着形成幕墙支撑系统、承受面板玻璃荷载并传递至支撑结构上的作用，如图 3.7.7–3 所示。拉索式点式玻璃幕墙施工与其他玻璃幕墙不同，需要施加预应力，其工艺流程为：测设轴线及标高→支撑结构的安装→索桁架的安装→索桁架张拉→玻璃幕墙的安装→安装质量控制→幕墙的竣工验收。

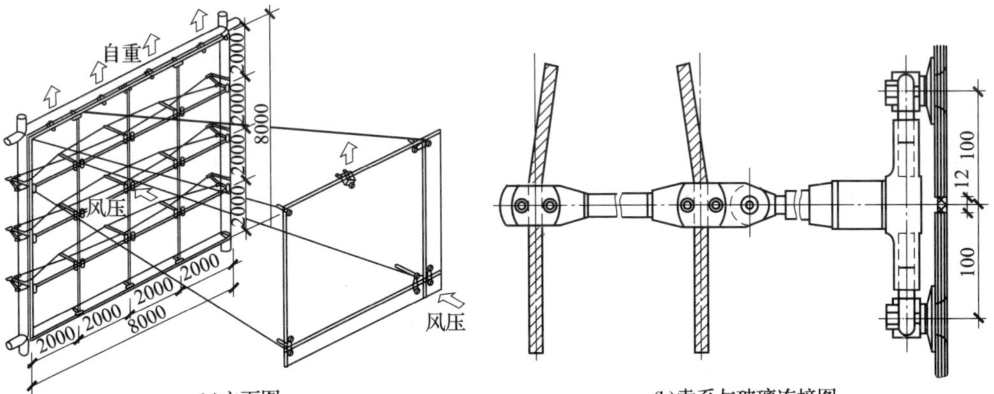

(a)立面图　(b)索系与玻璃连接图

图 3.7.7–3　拉索式点式连接玻璃幕墙示意

（1）测设轴线及标高。按照幕墙设计轴线及标高，安装前应分别测定屋面、楼板及支撑钢梁、水平基础梁、各楼层钢索水平撑杆的轴线及标高，从而形成三维立体的幕墙安装控制网，满足相关定位要求。

（2）支撑结构安装。在主体结构上安装悬挑梁或在主梁上安装张拉附梁。在梁上设计位置安装悬挂钢索的锚墩，根据钢索的空间位置计算出各种角度后，与钢梁焊接成一个整体。在支撑结构安装过程中，应特别注意主梁在幕墙自重、钢索预应力等作用下的挠度必须符合设计的规定。

（3）桁架地锚的安装。在地锚的预埋件上用螺栓固定厚度为 20mm 的不锈钢底板，然后将筋板焊于底板上，形成倒 T 形的连接件。

（4）钢索体系安装。

1）根据钢索的设计长度及预应力作用下的延伸长度，准确计算出钢索的实际下料长度。

2）在地面上按设计图纸要求，仔细组装单榀索桁架，并初步固定连系杆。

3）按施工图纸要求制作索桁架的上、下索头，为进行整个桁架的安装打下良好基础，索桁架组成如图 3.7.7–4 所示。

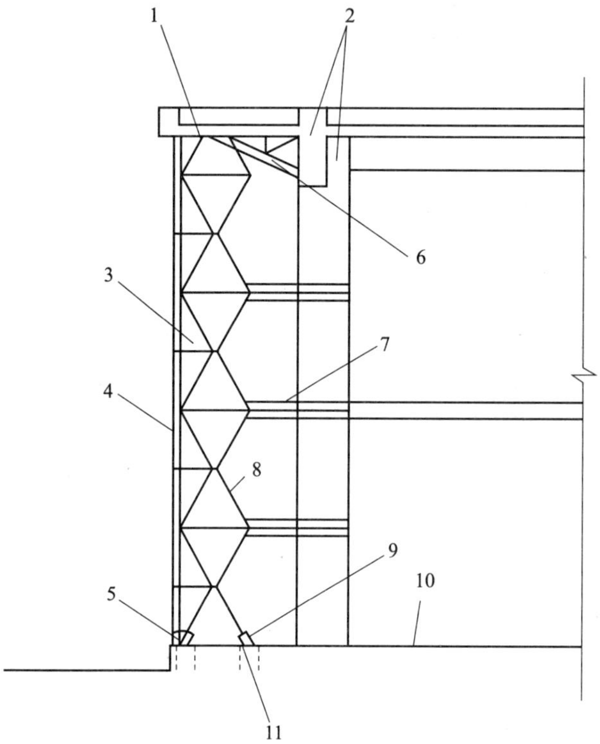

图 3.7.7–4　索桁架组成示意

1—上索头；2—主体结构；3—主索；4—玻璃面板；
5—幕墙趾部；6—辅助斜撑；7—楼层上撑杆；
8—索系；9—下索头；10—室内地坪；11—地锚

4）将制作好的上索头固定在索桁架锚墩上并确定固定牢靠。

5）用设计规定的千斤顶在地面上张拉钢索，并将下索头与地锚筋板采用开口销进行固定。

6）按设计顺序依次安装幕墙里面的全部索桁架，为幕墙面板的安装做准备。

7）按设计要求穿上水平索，并按设计位置调整连系杆的水平位置，调整合格后固定。

8）在桁架的设计位置安装钢爪，使十字钢爪的臂与水平成 45°，H 形钢爪的主爪臂与水平成 90°。

（5）幕墙玻璃安装。首先按照设计位置和尺寸将玻璃进行编号，然后按编号自上而下安装玻璃。玻璃拼装宽度应顺直、适宜、高低差应符合要求。用连接件与钢爪固定连接，最后清理拼缝并进行注浆。

（6）立面墙趾安装。玻璃幕墙的墙趾是将不锈钢 U 形地槽用铆钉固定在地梁预埋件上，地槽内按一定间距设有经过防腐处理的垫块。当玻璃幕墙就位并调整其位置完全符合要求后，再在地槽两侧嵌入泡沫塑料棒并注满硅酮密封胶，最后在墙趾表面安装相应的装饰面板。

第4章　土建工程常用施工机械的类型及应用

【本章提示】通过学习本章，学习人员应熟悉起重及垂直运输机械中的塔式起重机、施工升降机的类型及应用；了解起重及垂直运输机械中的自行杆式起重机，以及土石方工程的施工机械、桩工机械、钢筋机械、混凝土机械的类型及应用。

建筑机械是工业与民用建筑中不可缺少的施工设备，在经济建设、科技进步和社会发展中占有十分重要的地位和作用。随着我国建筑业的迅速发展，建筑机械的需求量越来越大，施工机械化程度越来越高。建筑机械对减轻繁重的体力劳动、节约劳动力、保证施工质量、加快工程进度、降低工程造价、提高劳动生产率起到了决定性的作用。

4.1　土石方工程施工机械

4.1.1　推土机施工

推土机的特点是操作灵活、运输方便，所需工作面较小，行驶速度较快，易于转移。推土机可以单独使用，也可以卸下铲刀牵引其他无动力的土方机械，如拖式铲运机、松土机、羊足碾等。推土机的经济运距在100m以内，以30~60m为最佳运距，使用推土机推土的几种施工方法：

（1）下坡推土法。推土机顺地面坡势进行下坡推土，可以借机械本身的重力作用增加铲刀的切土力量，因而可增大推土机铲土深度和运土数量，提高生产效率，在推土丘、回填管沟时，均可采用。

（2）分批集中，一次推送法。在较硬的土中，推土机的切土深度较小，一次铲土不多，可分批集中，再整批地推送到卸土区。应用此法，可使铲刀的推送数量增大，缩短运输时间，提高生产效率12%~18%。

（3）并列推土法。在较大面积的平整场地施工中，采用两台或三台推土机并列推土。能减少土的散失，因为两台或三台单独推土时，有四边或六边向外撒土，而并列后只有两边向外撒土，一般可使每台推土机的推土量增加20%。并列推土时，铲刀间距15~30cm。并列台数不宜超过四台，否则互相影响。

（4）沟槽推土法。就是沿第一次推过的原槽推土，前次推土所形成的土埂能阻止土的散失，从而增加推运量。这种方法可以和分批集中、一次推送法联合运用。能够更有效地利用推土机，缩短运土时间。

（5）斜角推土法。将铲刀斜装在支架上，与推土机横轴在水平方向形成一定角度进行推土。一般在管沟回填且无倒车余地时可采用这种方法。

4.1.2　铲运机施工

铲运机的特点是能独立完成铲土、运土、卸土、填筑、压实等工作，对行驶道路要求较低，行驶速度快，操纵灵活，运转方便，生产效率高。常用于坡度在20°以内的大面积场地平整，开挖大型基坑、沟槽，以及填筑路基等土方工程。铲运机可在Ⅰ~Ⅲ类土中直接挖土、运土，适宜运距为600~1500m，当运距为200~350m时效率最高。

一、铲运机的开行路线

由于挖填区的分布不同，根据具体条件，选择合理的铲运路线，对生产率影响很大。根据实践，铲运机的开行路线有以下几种：

（1）环形路线。施工地段较短、地形起伏不大的挖、填工程，适宜采用环形路线［见图4.1.2（a）、图4.1.2（b）］。当挖土和填土交替，而挖填之间距离又较短时，则可采用大环形路线［见图4.1.2（c）］。大环形路线的优点是一个循环能完成多次铲土和卸土，从而减少了铲运机的转弯次数，提高了工作效率。

（2）8字形路线。对于挖、填相邻、地形起伏较大，且工作地段较长的情况，可采用8字路线

[见图 4.1.2（d）]。其特点是铲运机行驶一个循环能完成两次作业，而每次铲土只需转弯一次，比环形路线可缩短运行时间，提高生产效率。同时，一个循环中两次转弯方向不同机械磨损较均匀。

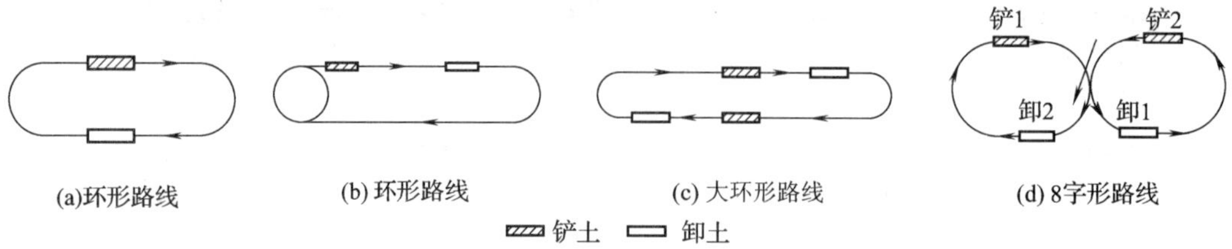

图 4.1.2 铲运机开行路线

二、铲运机铲土的施工方法

为了提高铲运机的生产率，除规划合理的开行路线外，还可根据不同的施工条件，采用下列施工方法：

（1）下坡铲土。应尽量利用有利地形进行下坡铲土。这样可以利用铲运机的重力来增大牵引力，使铲斗切土加深，缩短装土时间，从而提高生产效率。一般地面坡度以 5°~7° 为宜。如果自然条件不允许，可在施工中逐步创造一个下坡铲土的地形。

（2）跨铲法。预留土埂，间隔铲土的方法。可使铲运机在挖两边土槽时减少向外撒土量，挖土埂时增加了两个自由面，阻力减小，铲土容易，土埂高度应不大于 300mm，宽度以不大于拖拉机两履带间净距为宜。

（3）助铲法。在地势平坦、土质较坚硬时，可采用推土机助铲以缩短铲土时间。此法的关键是双机要紧密配合，否则达不到预期效果。一般每 3~4 台铲运机配 1 台推土机助铲。推土机在助铲的空隙时间，可作松土或其他零星的平整工作，为铲运机施工创造条件。

当铲运机铲土接近设计标高时，为了正确控制标高，宜沿平整场地区域每隔 10m 左右，配合水平仪抄平，先铲出一条标准槽，以此为准，使整个区域平整达到设计要求。

当场地的平整度要求较高时，还可采用铲运机抄平。此法是铲运机放低斗门，高速行走，使铲土和铺土厚度经常保持在 50mm 左右，往返铲铺数次。如土的自然含水量在最佳含水量范围内，往返铲铺 2~3 次，表面平整的高差可达 50mm 左右。

4.1.3 单斗挖掘机施工

单斗挖掘机是基坑（槽）土方开挖常用的一种机械。按其行走装置的不同，分为履带式和轮胎式两类；按其工作装置的不同，可以分为正铲、反铲、拉铲和抓铲四种；按其传动装置又可分为机械传动和液压传动两种。

当场地起伏高差较大、土方运输距离超过 1000m，且工程量大而集中时，可采用挖掘机挖土，配合自卸汽车运土，并在卸土区配备推土机平整土堆。

一、正铲挖掘机

正铲挖掘机的挖土特点是：前进向上，强制切土。其挖掘力大，生产率高，能开挖停机面以内的Ⅰ~Ⅳ级土，开挖大型基坑时需设下坡道，适宜在土质较好、无地下水的地区工作。

根据挖掘机与运输工具的相对位置不同，正铲挖土和卸土的方式有以下两种：正向挖土、侧向卸土；正向挖土、后方卸土。

二、反铲挖掘机

反铲挖掘机的特点是：后退向下，强制切土。其挖掘力比正铲小，能开挖停机面以下的Ⅰ~Ⅲ级的砂土或黏土，适宜开挖深度 4m 以内的基坑，对地下水位较高处也适用。反铲挖掘机的开挖方式可分为沟端开挖与沟侧开挖。

三、拉铲挖掘机

拉铲挖掘机的挖土特点是：后退向下，自重切土。其挖掘半径和挖土深度较大，能开挖停机面以下的Ⅰ~Ⅱ级土，适宜开挖大型基坑及水下挖土。拉铲挖掘机的开挖方式基本与反铲挖掘机相似，也可分为沟端开挖和沟侧开挖。

四、抓铲挖掘机

抓铲挖土机的挖土特点是：直上直下，自重切土。其挖掘力较小，只能开挖Ⅰ~Ⅱ级土，可以挖掘独立基坑、沉井，特别适于水下挖土。

4.2　起重及垂直运输机械

起重及垂直运输机械是施工中担负垂直运送材料、建筑构件和施工人员上下的机械设备，有行走机构的还可兼作短距离的水平运输。在建筑施工中，特别是在高层建筑和大型厂房垂直运输与结构吊装中已是必不可少的设备，对于减轻工人繁重的体力劳动、降低施工成本、提高生产效率、缩短施工周期和实现施工机械化等都有着十分重要的作用。

4.2.1　自行杆式起重机

一、履带式起重机

履带式起重机由行走装置、回转机构、机身及起重杆等组成。采用链式履带的行走装置，对地面压力大为减小，装在底盘上的回转机构使机身可回转 360°。机身内部有动力装置、卷扬机及操纵系统。它操作灵活，使用方便，起重杆可分节接长，在装配式钢筋混凝土单层工业厂房结构吊装中得到广泛的使用。其缺点是稳定性较差，未经验算不宜超负荷吊装。履带式起重机的主要参数有三个：起重量 Q、起重高度 H 和起重半径 R。

二、汽车起重机

汽车起重机是一种将起重作业部分安装在通用或专用汽车底盘上，具有载重汽车行驶性能的轮式起重机。汽车起重机的主要技术性能有最大起重量、整机质量、吊臂全伸长度、吊臂全缩长度、最大起重高度、最小工作半径、起升速度、最大行驶速度等。汽车起重机作业时，必须先打开支腿，以增大机械的支承面积，保证必要的稳定性。因此汽车起重机不能负荷行驶。汽车起重机机动灵活性好，能够迅速转移场地，广泛用于土木工程。

三、轮胎起重机

轮胎起重机不采用汽车底盘，而另行设计轴距较小的专门底盘。其构造与履带式起重机基本相同，只是底盘上装有可伸缩的支腿，起重时可使用支腿以增加机身的稳定性，并保护轮胎。轮胎起重机的优点是行驶速度较高，能迅速地转移工作地点或工地，对路面破坏小。但这种起重机不适合在松软或泥泞的地面上工作。轮胎起重机的主要技术性能有额定起重量、整机质量、最大起重高度、最小回转半径、起升速度等。

4.2.2　塔式起重机

塔式起重机是工业与民用建筑结构及设备安装工程的主要施工机械之一。塔式起重机具有较高的塔身，起重臂安装在塔身顶部，具有较高的有效高度和较大的工作半径，起重臂可以回转 360°。因此塔式起重机在多及高层结构吊装和垂直运输中得到广泛应用。塔式起重机的类型可按有无行走机构、变幅方法、回转部位和爬升方式等划分。常用的有轨道式、爬升式、附着式塔式起重机。

一、轨道式塔式起重机

轨道式塔式起重机是土木工程中使用最广泛的一种起重机。它可带重行走，作业范围大，非生产时间少，生产效率高。轨道式塔式起重机的主要性能有吊臂长度、起重幅度、起重量、起升速度及行走速度等。

二、爬升式塔式起重机

又称内爬式塔式起重机，通常安装在建筑物的电梯井或特设的开间内，也可安装在筒形结构内，依靠爬升机构随着结构的升高而升高，一般是每建造 3~8m，起重机就爬升一次，塔身自身高度只有 20m 左右，起重高度随施工高度而定。爬升式起重机的优点是：起重机以建筑物作支承，塔身短，起重高度大，而且不占建筑物外围空间。缺点是：司机作业往往不能看到起吊全过程，需靠信号指挥，施工结束后拆卸复杂，一般需设辅助起重机拆卸。

三、附着式塔式起重机

又称自升式塔式起重机，直接固定在建筑物或构筑物近旁的混凝土基础上，随着结构的升高，不断自行接高塔身，使起重高度不断增大。为了塔身稳定，塔身每隔 20m 高度左右用系杆与结构锚固。附着式塔式起重机多为小车变幅，因起重机械在结构近旁，司机能看到吊装的全过程，自身的安装与拆卸不妨碍施工过程。图 4.2.2 为 QTZ80 型塔式起重机的构造简图。

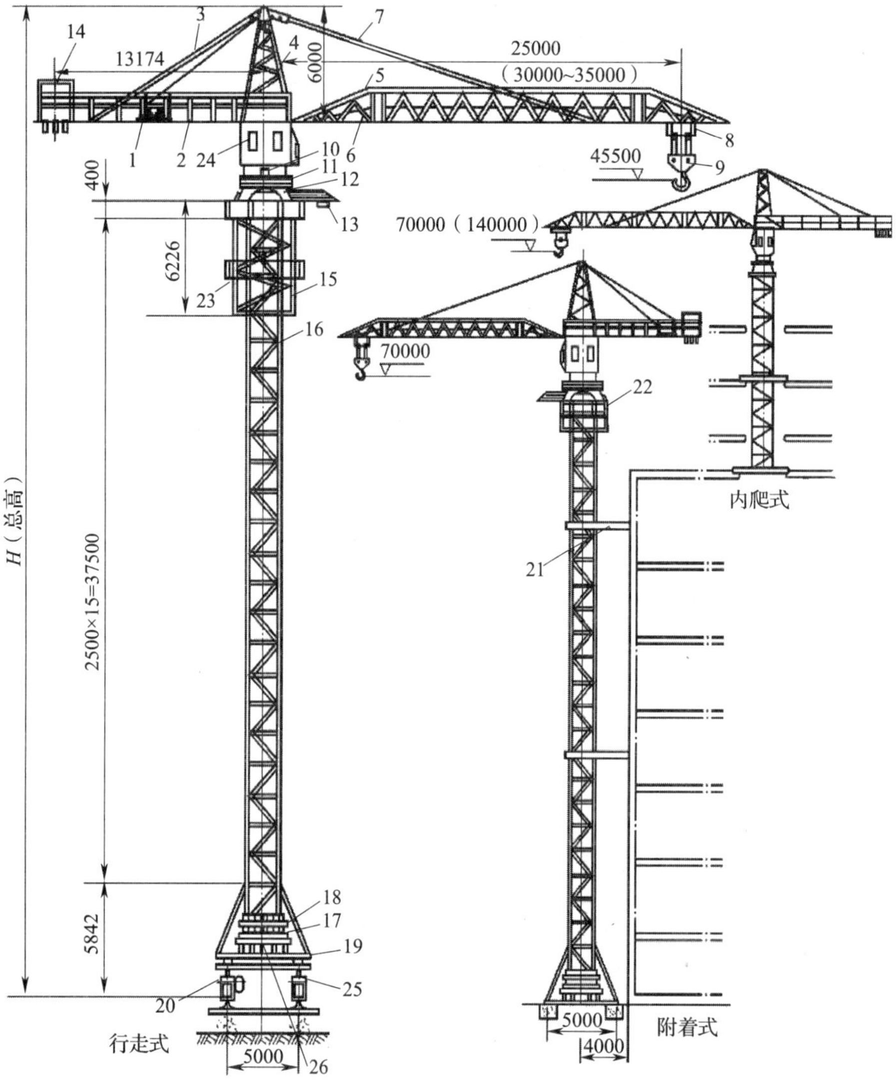

图 4.2.2 QTZ80 型塔式起重机简图

1—起升机构；2—平衡臂；3—平衡臂拉索；4—塔帽；5—起重臂；6—小车牵引机构；7—起重臂拉索；8—起重小车；9—吊钩滑轮；10—回转机构；11—回转支撑；12—下支座；13—引进小车；14—平衡重；15—顶升架；16—塔身；17，18—压重；19—底架；20—主动台车；21—附着装置；22—平台；23—液压顶升机构；24—操纵室；25—被动台车；26—电缆卷筒

4.2.3 施工升降机

施工升降机是用吊笼载人、载物沿导轨作上下运输的施工机械。施工升降机在现场通常是配合塔吊使用，是现代高层建筑施工中必不可少的重要施工设备，对于保证施工工期与安全、降低施工成本、减轻劳动强度起着不可替代的作用。

一、双导架式（门式）升降机

双导架式（门式）升降机是由单个标准节段金属桅杆及顶架横梁装配起来的门架、起重平台、卷扬机及钢丝绳滑车组系统等组成。起重平台不能在水平面内回转，因此，在布置升降机时应使门架平行于建筑物，并使起重平台有一边直接靠近建筑物，以利于在楼层上卸载。如图 4.2.3–1（a）所示。

二、井架式升降机

井架式升降机简称井字架或井架，如图 4.2.3–1（b）所示。是由钢结构立柱（钢井架）、吊笼（或工作平台）、牵引卷扬机、绳轮系统及导向装置、附墙支撑、爬升套架和超高限位器等组成。目前使用的井架形式很多，按吊笼与立柱的组合方式可分为单柱单笼、单柱双笼、双柱一笼和双柱三笼等，根据工地需要来选择。

三、施工电梯（附墙齿轮齿条式施工升降机）

施工电梯在高层建筑施工中广泛应用，它既可运送施工人员，又可运输各种轻、小型建筑材料和设备。施工电梯分单笼和双笼两种。

图 4.2.3–2 为单笼施工电梯结构示意图。导架 2 由四根无缝钢管为主肢焊成桁架式的标准节段，承插节之间用螺栓连接，施工时可以按需要高度用小起重机 6 逐节接高，再通过稳固撑杆与建筑物连接。吊笼 1 置于导架 2 的侧面，借八只滚轮将吊笼扣于导架上。小起重机 6 装于吊笼的顶端，可以回转；导架组装完毕后应拆卸下来。导架下面设底笼，是吊笼的保护装置，底笼与基础固定，同时支持导架。吊笼顶部受钢丝绳悬吊，钢丝绳经导架顶端的天轮 4 后吊挂着平衡重箱 3，这样可使吊笼的升降功率大为降低。平衡重箱总重等于吊笼自重加 1/2 的额定起重量。导架侧面固定着与节段等长的齿条作为吊笼升降的传动主体。

图 4.2.3–1　门式升降机与井架式升降机

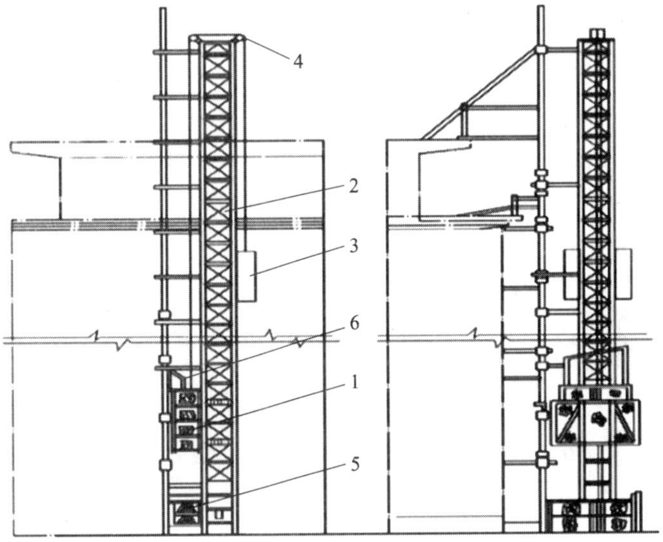

图 4.2.3–2　单笼施工电梯结构示意图

1—吊笼；2—导架；3—平衡重箱；4—天轮；5—底笼；6—小起重机

吊笼门在升降过程中是不能开启的，吊笼底部还设有缓冲弹簧。吊笼降至地面，笼门才能打开，且笼门一开升降机构就不能启动。

导架的顶部及底部都装有限位撞板，当它与吊笼上的限位开关作用时，升降机构自动停车。另外，还有三相紧急开关，一旦限位器失灵时，可立即动作，切断电源，使升降机停车。

吊笼由一名司机操纵，笼内设有楼层控制装置，每个停靠站有一按钮。另外，每个停靠站设有呼唤按钮，吊笼可以按照按钮的指令停靠而自动停车。万一吊笼在运行中突然断电，吊笼在常闭式制动器控制下可自动停车。还有手动装置可使吊笼缓慢下降，安全到达停靠站。这种用齿轮齿条驱动的施工电梯比钢丝绳驱动式升降机安全可靠，应用广泛。

4.3　桩工机械

在桩基础施工中所采用的各种机械，通称为桩工机械。桩工机械按其工作原理分为冲击式、振动式、静压式和成孔灌注式四类，常用的有柴油打桩机、液压打桩机、振动打桩机、静力压桩机、各种成孔机、连续墙挖槽机以及与桩锤配套使用的各种桩架等。按桩类型可分为预制桩施工机械、灌注桩施工机械。

4.3.1 预制桩施工机械

一、柴油锤

柴油锤同内燃机一样，是一个单缸二冲程自由活塞式发动机，它利用活塞和汽缸的相对往复运动使柴油在燃烧室内燃烧，发出能量而使桩锤得到提升，然后在具有势能之后自由落下打击桩体。柴油锤起动时需要外力，起动后便可连续打桩。

柴油锤按其结构的不同可分为导杆式和筒式两种。导杆式柴油锤是用导杆为往复运动的缸体导向，活塞固定而缸体运动的柴油锤。筒式柴油锤的活塞在筒形汽缸内往复运动，汽缸固定，其结构和技术性能较为先进，国内目前广泛采用。

二、振动锤

振动锤利用激振器产生垂直定向振动，使桩在重力或附加压力作用下沉入土中。振动锤可以用来沉预制桩，也可用来拔桩。如只用静力拔一根土壤中的工字钢桩，需 200~300t 的拔桩力，如用振动拔桩只需静力拔桩 10% 的拔桩力就够了。振动锤使用较方便，不用设置导向桩架，只需用起重机吊起即可。

振动锤按锤形状的不同分为一般振动锤和中孔振动锤，它们的工作原理相同，构造也类似。中孔振动锤是在振动锤的中心垂直方向有个贯通的长孔，便于放置钢筋笼，浇灌混凝土用。

振动锤按工作原理不同分为柔式振动锤、刚式振动锤和冲击式振动锤。

三、液压冲击桩锤

液压冲击锤简称液压锤，是继柴油锤之后发展起来的一种新型桩锤。它具有一些其他打桩设备不具有的优点，包括：不受土质的影响；噪声、污染小；能克服柴油锤等其他设备制造难度大，一旦损坏则维修非常不便的缺点。从环保和节约能源角度出发，在发达国家液压锤已取代了柴油锤。液压锤有如下特点：

（1）液压传动为封闭循环，无废气排放，无噪声和振动公害。

（2）锤头的沉桩行程和频率可根据桩径的大小和地基的情况来调节。

（3）液压锤不受土质限制，在软土层上仍可能对桩进行连续打击。

（4）施工安全、施工管理不是很复杂，打桩效率高。液压锤的能量传递效率比柴油锤高得多，普通柴油锤的能量传递效率为 30%~40%，而液压锤可达 60%~80%。

（5）液压锤可用来打斜桩，其贯入度大。若增加一个密封罩，液压锤即可用于水下打桩，桩头不易被打坏。

四、全液压静力压桩机

全液压静力压桩机是一种新型的施工机械，在桩基施工方面已开始广泛应用。静力压桩机分为机械式和液压式两种。机械式压桩力由机械方式传递，而液压式用液压缸产生的静压力来压桩和拔桩。全液压静力压桩机与传统的打桩机相比有下列特点：

（1）全液压静力压桩机操作灵敏、安全，有辅桩工作机吊桩就位，不用另配起重机吊桩。

（2）因为是静力压桩，施工中无噪声、振动和废气污染，适用于城区内医院、学校及精密工作区、车间等桩基的施工。

（3）能避免像其他打桩机那样因连续打击桩身而引起桩头和桩身的破坏。

其缺点是油管与油路、组合元件很多且很复杂，油料泄漏的可能性相应增多，维修的技术含量高。这种现象使油料损耗加大，易污染地面，并降低液压传动的效率。

4.3.2 灌注桩成孔机械

在施工现场就地成孔，浇注钢筋混凝土或素混凝土就称为成孔灌注桩，是广泛采用的一种桩基础形式。其施工工艺是：先利用成孔机在预定桩位上成孔，然后在桩孔中放置钢筋，接着浇灌混凝土，成为钢筋混凝土桩。如不放钢筋就浇混凝土，就是素混凝土桩。

灌注桩成孔的优点是施工中钢筋用量少，成本低；不用截桩和接桩；没有噪声和振动；以及不受地质条件限制等。常用的灌注桩成孔机械有螺旋钻机、回旋钻机、冲击钻机、潜水钻机、旋挖钻机等。

一、螺旋钻机

螺旋钻机成孔是钻的下部有切削刀，切下来的土沿钻杆上的螺旋叶片上升并从地面排出，其作用与麻花钻相似，连续地切土和取土，成孔速度快。螺旋钻机在我国北方使用较多。

螺旋钻机包括长螺旋钻机（最大钻深可达 20m）、短螺旋钻机（最大钻深可达 5m）、双螺旋钻机（钻深可达 4~5m，这种钻机一般用于冻土地带）三种。

二、回旋钻机

回旋钻机是由动力装置带动钻机的回旋装置转动，并带动带有钻头的钻杆转动，由钻头切削土壤。切削形成的土渣通过泥浆循环排出桩孔。根据泥浆循环方式的不同，分为正循环和反循环，需根据桩型、钻孔深度、土层情况、泥浆排放条件、允许沉渣厚度等进行选择。

正循环回旋钻机成孔：泥浆由钻杆内部注入，并从钻杆底部喷出，携带钻下的土渣沿孔壁向上流动，由孔口将土渣带出流入沉淀池，经沉淀的泥浆流入泥浆池再注入钻杆，由此进行循环。沉淀的土渣用泥浆车运出排放。

反循环回旋钻机成孔：泥浆由钻杆与孔壁间的环状间隙流入钻孔，然后由砂石泵在钻杆内形成真空，使钻下的土渣由钻杆内腔吸出至地面而流向沉淀池，沉淀后再流入泥浆池。反循环工艺的泥浆上流的速度较高，排放渣土的能力强大。

三、潜水钻机

潜水钻机是一种旋转式钻孔机械，其动力、变速机构和钻头连在一起，加以密封，因而可以下放至孔中地下水位以下进行切削土壤成孔。用正循环工艺输入泥浆，进行护壁和将钻下的土渣排出孔外。潜水钻机适用于地下水位高的地层，既可钻淤泥、黏性土、砂质土，也可钻岩层。

四、冲击钻机

冲击钻机把带钻刃的重钻头（又称冲锤）提高，靠自由下落的冲击力上下往复冲击来削切土体、破碎岩石，再通过泥浆排出碎渣成孔。冲击钻机有钻杆式和钢丝绳式两种。前者所钻孔径较小、效率较低、应用较少。后者其适应范围较广，能适应各类地质条件，在施工中使用也较多。

五、旋挖钻机

旋挖钻机主要由操作系统、动力系统、行走系统和钻进系统（导向柱、钻杆、钻筒、长短螺旋杆）组成，如图 4.3.2 所示。其操作系统主要由电脑控制、液压传动，动力系统由柴油机提供钻进、行走动力，采用履带式行走系统（一般利用挖掘机行走系统改装）；钻进系统由钻头和钻杆组成。钻头由螺旋钻和掏渣桶组成，形式多样，可根据不同的地质条件更换不同的钻头。钻杆采用抽芯片式带动钻头旋转，并将钻进所需的压力和扭矩传递给钻头。钻机配有竖向及横向调平系统，能够确保成孔的垂直度，并能显示钻孔的深度，随时掌握钻孔的状况。

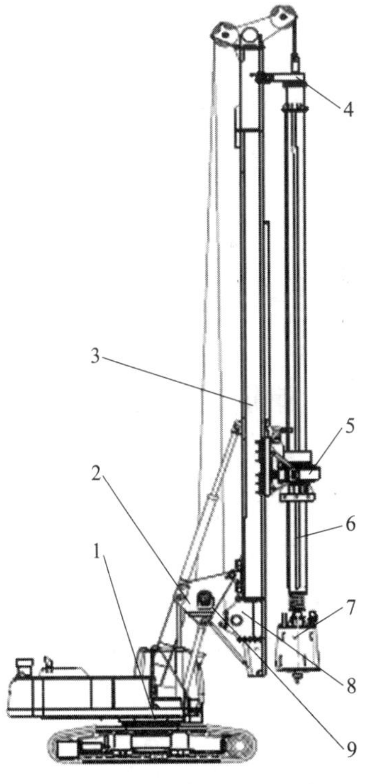

图 4.3.2　旋挖钻机结构图

1—底盘；2—变幅机构；3—桅杆总成；4—随动架；5—动刀头；6—钻杆；7—钻具；8—主卷扬；9—副卷扬

4.4　钢筋机械

钢筋机械是建筑施工现场和混凝土预制构件厂不可缺少的机械设备，包括钢筋加工机械和钢筋焊接机械两大类。钢筋加工机械指钢筋的冷拉、冷拔等钢筋强化机械和钢筋的调直、剪切、弯曲等钢筋成型机械，钢筋焊接机械指钢筋的对焊、点焊等连接机械。

4.4.1 钢筋冷加工机械

为了提高钢筋的强度和硬度潜力，节约钢材，减小塑性变形，常用的方法是对钢筋进行冷加工。钢筋冷加工的方法有冷拉、冷拔和冷轧三种，其原理是利用机械对钢筋施以超过屈服点的外力，使钢筋产生不同形式的变形，从而提高钢筋的强度和硬度，减小塑性变形。

进行冷加工的专用设备有钢筋冷拉机、钢筋冷拔机、冷轧带肋钢筋成型机等。

钢筋冷拉机根据冷拉工艺和控制冷拉参数的要求不同，常用的钢筋冷拉机有卷扬机式、阻力轮式、液压式和丝杆式。钢筋冷拔机按卷筒的布置方式不同分为立式冷拔机和卧式冷拔机两种。

4.4.2 钢筋成型机械

钢筋成型机械就是把原料钢筋按各种混凝土结构所需的钢筋制品进行成型工艺加工的机械设备，主要有钢筋调直切断机、钢筋切断机、钢筋弯曲机等。

一、钢筋调直切断机

钢筋调直是钢筋加工中的一项重要工序，原因是混凝土结构中的曲折钢筋将会影响构件的受力性能，造成提前发生裂缝的现象，并且对钢筋失去准确的尺寸度量，会造成钢材浪费。另外，调直过程中还可对钢筋除锈。钢筋调直切断机是调直细钢筋和冷拔钢丝的一种专用机床，它能自动调直和切断钢筋。按其切断机构的不同有下切式剪刀型和旋转式剪刀型两种；按调直原理的不同，钢筋调直切断机还可分为孔模式和斜辊式两种。常见的钢筋调直切断机有孔模式、斜辊式、数控式三种。

二、钢筋切断机

钢筋切断机是按照钢筋混凝土结构所需的钢筋原材在调直后根据其下料长度将钢筋切断的专用机械。按结构形式分为卧式和立式；按传动方式可分为机械式和液压式，机械式又分为曲柄连杆式和凸轮式。常见的钢筋切断机有曲柄连杆式钢筋切断机、凸轮式钢筋切断机、液压式钢筋切断机。

三、钢筋弯曲机

钢筋弯曲机是将调直、切断配好的钢筋弯曲成所要求的尺寸和形状的专用设备。常用的台式钢筋弯曲机按传动方式不同可分为机械式和液压式两类。常见的钢筋弯曲机有蜗轮蜗杆式钢筋弯曲机、齿轮式钢筋弯曲机。

4.4.3 钢筋连接机械

钢筋混凝土结构工程中，大量的钢筋需进行连接，因此钢筋连接成为结构设计和施工中的重要环节。钢筋的连接主要有人工绑扎和焊接。由于人工绑扎受力性能差，浪费材料，所以逐渐被焊接方法代替，这不仅可提高生产效率、减轻劳动强度，还可保证钢筋网和骨架的刚度，并节省绑扎用的细铁丝，且可充分利用短头余料，以短接长，节省建筑用钢材。

一、钢筋焊接机械

在钢筋预制加工及现场施工中，目前普遍采用闪光对焊接、电渣压力焊接和气压焊接。传统的电弧焊接劳动强度大、施工速度慢、钢材耗用多，而且由于节点钢筋有搭接，配筋密集，影响混凝土浇捣质量，在施工现场已较少采用。

（一）钢筋对焊机

对焊属于塑性压力焊接，它是利用电能转化成的热能将对接的钢筋端头部位加热到近于熔化的高温状态，并施加一定压力实行顶锻而达到连接的一种工艺。

（二）钢筋点焊机

钢筋点焊机的工作原理与对焊机基本相同，它是将相互交叉的钢筋在接触处牢固地焊接上的一种压力焊接方法。钢筋点焊机适合于钢筋预制加工中焊接各种形式的钢筋网。

（三）钢筋电渣压力焊机

钢筋电渣压力焊机是目前兴起的一种钢筋连接技术，它具有生产效率高、施工简便、节能节材、质量好、成本低等优点，适用于现浇钢筋混凝土结构中竖向和斜向钢筋的连接。

（四）钢筋气压焊设备

钢筋气压焊接不仅适用于竖向钢筋的焊接，也适用于各种方向布置的钢筋。钢筋气压焊设备具有设备投资少、施工安全、节约钢材和电能等优点，但对操作人员的技术要求较严。

二、钢筋机械连接设备

（一）钢筋挤压连接

钢筋挤压连接是将需要连接的螺纹钢筋插入特制的钢套管内，利用挤压机压缩钢套管，使之产生塑性变形，靠变形后的钢套管与钢筋的紧固力来实现钢筋的连接。此种连接方法的特点是节约钢材，节省电能，不受季节影响，不用明火，施工简便，工艺性能良好，接头强度高等，适用于任何直径的螺纹钢筋的连接。钢筋的挤压连接技术有径向挤压工艺和轴向挤压工艺之分。

（二）钢筋锥螺纹连接

钢筋锥螺纹连接是采用锥螺纹连接钢筋的一种机械连接方法，这种方法具有连接速度快、对中性好、工艺简单、安全可靠、无明火作业、节约钢材及能源，可 24h 连续施工等特点。

（三）钢筋热剂连接

此连接方法的特点与挤压连接相同，但是成本高于其他钢筋连接方法，主要在某些特殊情况下应用（如钢筋的可焊性不好时）。

4.4.4　预应力张拉机械

预应力张拉机械是对预应力混凝土构件中钢筋施加张拉力的专用机械。常用的张拉机械有液压式张拉机和机械式张拉机两种。

一、张拉锚具、夹具

锚具就是将构件与构件端部连在一起共同承受拉力并不再取下的钢筋端部紧固件，多用于后张法。夹具是用于夹持钢筋以便张拉，预应力构件制成后取下来再重复使用的钢筋端部紧固件。

锚具、夹角的种类较多，如图 4.4.4 所示。

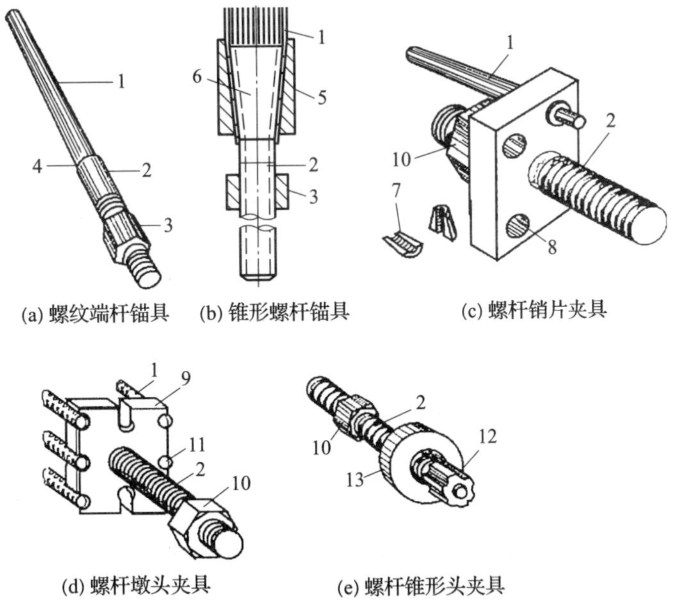

(a) 螺纹端杆锚具　(b) 锥形螺杆锚具　(c) 螺杆销片夹具

(d) 螺杆墩头夹具　(e) 螺杆锥形头夹具

图 4.4.4　螺杆类锚具、夹具

1—钢筋；2—螺纹端杆（与张拉机连接）；3—锚固用螺母；4—焊接接头；5—套筒；6—带单向齿（用以夹紧钢筋）的锥形杆；7—锥片（两半合拢后将钢筋夹紧，其外观为截锥体）；8—锥形孔；9—锚板；10—螺母；11—钢筋端部的墩粗头；12—锥形螺母（外圆上的槽为夹持钢筋用）；13—夹套（内为锥形圆孔）

二、液压式张拉机

液压式张拉机由千斤顶、高压油泵、油管和各种附件组成。液压千斤顶是液压张拉机的主要设备，按构造和工作特点分为台座式、拉杆式、穿心式和锥锚式四种，后三种有时称为液压拉伸机。

三、机械式张拉机

机械式张拉机是采用机械传动的方法张拉预应力钢筋的设备。其张拉力没有液压式张拉机大，多用在承载能力不很大的混凝土构件中。常用有电动张拉机、手动张拉机等。

4.5 混凝土机械

混凝土机械在现代建筑施工中已显示出日益巨大的作用。在目前的建筑工程中，钢筋混凝土结构占有主导地位，混凝土的制备、输送、振捣等成为必不可少的项目，而且占用很大的工程量，施工现场都已普遍采用各种类型的混凝土机械，主要有混凝土拌和机械、混凝土运输车、混凝土输送设备、混凝土振动器等。

4.5.1 混凝土搅拌机械

“搅拌”是混凝土生产工艺过程中极为重要的一道工序。配制混凝土的各种材料经搅拌以后才能成为均匀的拌合料。按混凝土配合比设计时细骨料须填满粗骨料的间隙，水泥胶泥又均匀地分布在粗细骨料表面。采用机械搅拌比手工搅拌可使强度提高 20%~30%，且能减轻劳动强度，提高生产效率。

混凝土搅拌机械按照搅拌原理、卸料方式、工作过程和结构特征进行分类。应根据工程量的大小、混凝土拌合物的稠度、骨料的尺寸等要求，并结合各种搅拌机的性能特点综合考虑。

（1）自落式混凝土搅拌机：按其形状和卸料方式分为鼓筒式、锥形反转出料式、锥形倾翻出料式三种，其中鼓筒式由于其性能指标落后已被淘汰。

（2）涡浆式搅拌机：是一种构造简单的立轴强制式搅拌机，通过立轴旋转进行搅拌。适用于拌制各种稠度的混凝土拌合物，更适用于拌制自落式搅拌机不能拌制的干硬性混凝土拌合物和轻骨料混凝土拌合物。

（3）行星式搅拌机：行星式搅拌机分为定盘式和转盘式两种。它是一种高效的立轴强制式搅拌机，通过立轴进行搅拌。

（4）卧轴式搅拌机：卧轴式搅拌机是近期发展起来的新型搅拌机，通过水平轴的旋转进行搅拌。卧轴式搅拌机分单卧轴和双卧轴两种。

4.5.2 混凝土搅拌楼和搅拌站

混凝土搅拌楼和搅拌站也叫混凝土工厂，它主要用来集中搅拌混凝土。它的主要特点是：混凝土集中搅拌可实现机械化和自动化，对混凝土配合比可严格控制，质量稳定，成本低。采用集中搅拌不必在现场安装搅拌装置、堆放砂石和贮存水泥，从而可节约场地，降低劳动强度。

混凝土搅拌楼和搅拌站根据生产能力的大小和结构形式的不同可分为下列四种类型。

（1）固定式混凝土搅拌楼：常建成大型的生产混凝土的工厂，具有自动化程度高、生产能力大等优点，主要用在商品混凝土工厂、大型预制构件厂和水利工地。

（2）固定式混凝土搅拌站：是一种生产规模较小的混凝土生产装置，整套设备简单，投资少，建设快，适用于中、小型混凝土预制构件厂。

（3）拆装式混凝土搅拌站：主要由几个大型组件拼装而成，投资少，比较经济，生产量小，在施工现场之间转移拆装方便，适用于混凝土用量不大的工地。

（4）移动式混凝土搅拌站：通常是把这种搅拌站的混凝土生产装置安装在一台或几台拖车上，可随时转移，主要用于一些短期工程项目中。

4.5.3 混凝土搅拌运输车

混凝土搅拌运输车可以对混凝土拌合物搅拌或水平输送，是运送混凝土的专用设备。

混凝土的搅拌运输车能边行驶边搅动，以满足混凝土输送的要求，它比其他运输设备（翻斗车、自卸卡车等）允许有较长的输送距离。在实际输送过程中，规定最大的输送距离只在少数国家采用，我国规定混凝土拌合物以从搅拌机卸出到浇筑完毕的最长延续时间为标准，大多数国家也采用这一方法。

4.5.4　混凝土泵

混凝土泵是利用压力沿管道将混凝土拌合物连续输送到浇筑地点的建筑机械。它能同时完成水平输送和垂直输送，其工作可靠，输送距离长，费用低，质量好。其最大水平输送距离可达 800m，垂直距离可达 300m。现在的高层建筑工地，混凝土的浇筑都是用混凝土泵来分担的，用混凝土泵输送拌合物还对保证混凝土拌合物质量起到了检验作用。

混凝土泵经过铺设的管道输送混凝土拌合物，在管道末端有易弯曲的软管，以便于布料。但在工地上铺设和拆除输送管道是很麻烦的，因此发展了臂架式混凝土泵车。臂架式混凝土泵车是将混凝土泵和布料装置（由折叠式臂架和装在其上的输送管道，以及回转装置组成）装在汽车底盘上，因此具有机动性强、布料灵活、浇灌作业的平面与空间铺盖面积大、减轻工人劳动强度等优点。泵车的布料杆在一个固定点的某一平面内的工作范围内，臂架可 360° 全回转，实际上形成了一个立体空间。混凝土泵车特别适用于基础工程、地下室工程、六层以下的公共建筑物以及烟囱、水塔等的混凝土浇灌。

4.5.5　混凝土振动器

混凝土拌合物浇筑之后须经密实成型，可用一种振幅小而振动频率高的振动机械来捣固混凝土，使混凝土内部大小砂石填满模板的每个角落，并使间隙中填满水泥浆，让空气形成小气泡上浮至表面排出，从而保证混凝土的组织密实，以提高强度，减少水泥用量，降低成本。

一、混凝土振动器的分类

混凝土振动器的分类如图 4.5.5 所示。

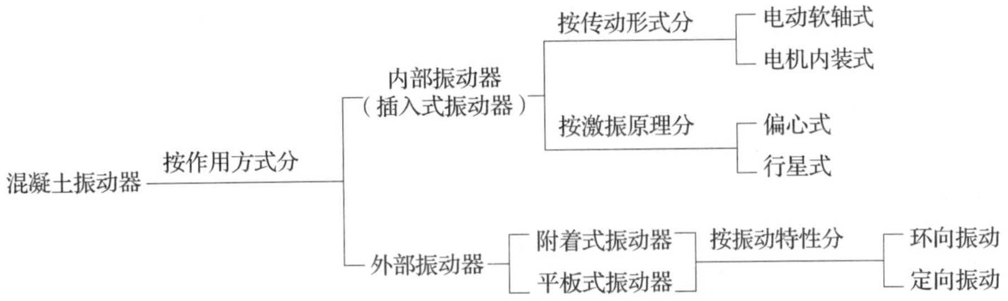

图 4.5.5　混凝土振动器的分类

二、混凝土振动器的特点及应用

内部振动器又称插入式振动器，施工时插入到混凝土拌合物内进行密实振动。其密实振动效率高，适用于较厚的混凝土层，如桥墩、基础、沉井、柱、梁等的施工，应用较广泛。

外部振动器可安装在模板上，作为附着式振动器，通过模板将振动传给混凝土拌合物，使之密实；也可以安装一块底板，作为平板式振动器，通过底板将振动作用于混凝土拌合物的表面；还可作振动平台用。它的振动力是从表面传递到混凝土内，适用于薄壳构件、空心板梁；平板式振动器用于楼板、路面和地坪等施工。

第5章 施工组织设计的编制原理、内容及方法

【本章提示】通过学习本章，学习人员应熟悉施工组织设计的编制内容，以及施工组织设计中的施工组织总设计的编制办法；了解施工组织设计的编制原理，以及施工组织设计中的单位工程、施工方案、专项施工方案、网络计划技术的编制方法。

施工组织设计是施工单位控制工程成本和进行有序施工的重要基础。根据《建筑施工组织设计规范》GB/T 50502—2009，施工组织设计是指以施工项目为对象编制的，用以指导施工的技术、经济和管理的综合性文件。

5.1 施工组织设计的编制原理

5.1.1 施工组织设计的类型

一、按编制阶段分类

根据编制阶段的不同，施工组织设计可划分为两类：一类是投标前编制的施工组织设计，简称“标前设计”；另一类是中标后编制的施工组织设计，简称“标后设计”。

（1）标前设计是投标前编制的施工组织设计，其主要作用是指导工程投标与签订工程承包合同，并作为投标书的一项重要内容（技术标）和合同文件的一部分。在工程投标阶段编好施工组织设计，充分反映施工企业的综合实力，是实现中标、提高市场竞争力的重要途径。

（2）标后设计是签订工程承包合同后编制的施工组织设计，其主要作用是指导施工前的准备工作和工程施工全过程的进行。

二、按编制对象范围分类

施工组织设计按编制对象和范围不同可划分为三类：施工组织总设计、单位工程施工组织设计和分部分项工程施工组织设计。具体如下：

（1）施工组织总设计是以一个建设项目为编制对象，规划其施工全过程各项活动的技术、经济的全局性控制性文件。它是整个建设项目施工的战略部署，涉及范围较广，内容比较概括。一般是在初步设计或扩大初步设计批准后，由总承包单位的总工程师负责，会同建设、设计和分包单位的工程师共同编制。施工组织总设计是施工单位编制年度施工计划和单位工程施工组织设计的依据。

（2）单位工程施工组织设计是以单位工程为编制对象，用来指导其施工全过程各项活动的技术、经济的局部性、指导性文件。它是拟建工程施工的战术安排，是施工单位年度施工计划和施工组织总设计的具体化，内容更详细。它是在施工图设计完成后，由工程项目主管工程师负责编制的，可作为编制季度、月度计划和分部分项工程施工组织设计的依据。

（3）分部分项工程施工组织设计是以某些新结构、新工艺、技术复杂的或缺乏施工经验的分部（分项）工程为编制对象（如大型吊装工程、复杂的基础工程以及有特殊要求的高级装饰工程等），用来指导其施工活动的技术、经济文件。它结合施工单位的月、旬作业计划，把单位工程施工组织设计进一步具体化，是专业工程的具体施工设计。

5.1.2 施工组织设计的编制原则

（1）符合施工合同或招标文件中有关工程进度、质量、安全、环境保护、造价等方面的要求。

（2）积极开发、使用新技术和新工艺，推广应用新材料和新设备。

（3）坚持科学的施工程序和合理的施工顺序，采用流水施工和网络计划等方法，科学配置资源，合

理布置现场，采取季节性施工措施，实现均衡施工，达到合理的经济技术指标。

（4）采取技术和管理措施，推广建筑节能和绿色施工。

（5）与质量、环境和职业健康安全三个管理体系有效结合。

5.1.3 施工组织设计的编制依据

（1）工程建设有关法律法规及政策。

（2）工程建设标准和技术经济指标。

（3）工程设计文件。

（4）工程施工合同文件。

（5）工程现场条件，工程地质与水文地质、气象等条件。

（6）与工程有关的资源供应条件。

（7）施工单位的生产能力、机具设备状况及技术水平等。

5.2 施工组织设计的编制内容

施工组织设计的内容是根据不同工程的特点和要求，以及现有的和可能创造的施工条件，从实际出发，决定各生产要素（材料、机械、资金、劳动力和施工方法等）的结合方式。不同类型的施工组织设计的主要内容各不相同，一般包括以下基本内容：编制依据、工程概况、施工部署、施工进度计划、施工准备与资源配置计划、主要施工方法、施工现场平面布置及主要施工管理计划等基本内容。

5.3 施工组织设计的编制方法

5.3.1 施工组织总设计

施工组织总设计是指以若干单位工程组成的群体工程或特大型工程项目为主要对象编制的施工组织设计，对整个工程项目的施工过程起统筹规划、重点控制的作用。

施工组织总设计的主要内容包括工程概况、总体施工部署、施工总进度计划、总体施工准备与主要资源配置计划、主要施工方法、施工总平面布置。

施工组织总设计应由施工项目负责人主持编制，应由总承包单位技术负责人负责审批。

工程项目施工过程中，发生下列情形之一时，应及时修改、补充施工组织总设计：①工程设计有重大修改；②有关法律法规、标准的实施、修订或废止；③主要施工方法有重大调整；④主要施工资源配置有重大调整；⑤施工环境有重大改变。修改、补充后的施工组织总设计经审批后方可实施。

一、工程概况

工程概况应包括工程项目主要情况和主要施工条件。

（1）工程项目主要情况包括工程项目名称、性质、地理位置和建设规模，工程项目的建设、勘察、设计、监理等相关单位的情况，工程项目设计概况，工程项目承包范围及主要分包工程范围，施工合同中对工程项目施工的重点要求等。

（2）主要施工条件包括工程项目建设地点气象状况，工程项目施工区域地形和工程水文地质状况，工程项目施工区域地上、地下管线及相邻的地上、地下建（构）筑物情况，与工程项目施工有关的道路、河流等状况，当地建筑材料、设备供应和交通运输等服务能力状况，当地供水、供电、供热和通信能力状况等。

二、总体施工部署

总体施工部署是在充分了解工程情况、施工条件和建设要求的基础上，对整个工程进行全面安排和解决工程施工中重大问题的方案。总体施工部署也是编制施工总进度计划的前提。

施工组织总设计中应对工程项目总体施工做出下列宏观部署：

（1）确定工程项目施工总目标，包括进度、质量、成本、安全生产及环境保护目标。

（2）根据工程项目施工总目标的要求，确定工程项目分阶段（期）交付使用计划。

（3）确定工程项目分阶段（期）施工的合理顺序和空间组织。

施工组织总设计中还应简要分析工程项目施工的重点和难点。对于工程项目施工中开发和使用的新技术、新工艺，也应做出规划，并采取可行的技术、管理措施来满足工期、质量等要求。

此外，施工组织总设计中还应根据工程项目规模、复杂程度、专业特点、人员素质和地域范围确定总承包单位的项目管理组织机构形式，并采用框图形式表示。工程项目需要分包的，还应对分包项目施工单位的资质和能力提出明确要求。

三、施工总进度计划

施工总进度计划是根据总体施工部署的要求，用来确定各单位工程的施工顺序、施工时间及相互衔接关系的计划。施工总进度计划的编制步骤和方法如下：

（1）计算工程量。根据工程项目一览表，按单位工程分别计算其主要实物工程量，以便选择施工方案和施工机械，组织主要工种工程的流水施工，计算劳动量、施工机械及建筑材料的需要量。

（2）确定各单位工程的施工期限。各单位工程的施工期限应根据合同工期确定，同时还要考虑建筑类型、结构特征、施工方法、施工管理水平、施工机械化程度及施工现场条件等因素。如果在编制施工总进度计划时没有合同工期，则应保证计划工期不超过工期定额。

（3）确定各单位工程的开竣工时间和相互搭接关系。确定各单位工程的开竣工时间和相互搭接关系主要应考虑以下方面：

1）同一时期施工的项目不宜过多，以避免人力、物力过于分散。

2）尽量做到均衡施工，以使劳动力、施工机械和主要材料的供应在整个工期范围内达到均衡。

3）尽量提前建设可供工程施工使用的永久性工程，以节省临时工程费用。

4）急需和关键的工程先施工，以保证工程项目如期交工。对于某些技术复杂、施工周期较长、施工困难较多的工程，也应安排提前施工，以利于整个工程项目按期交付使用。

5）施工顺序必须与主要生产系统投入生产的先后次序相吻合。同时还要安排好配套工程的施工时间，以保证建成的工程能迅速投入生产或交付使用。

6）应注意季节对施工顺序的影响，避免施工受季节影响，导致工期拖延，影响工程质量。尽可能减少冬期、雨期施工的附加费用。

7）安排一部分附属工程或零星项目作为后备项目，用以调整主要项目的施工进度。

8）主要工种和主要施工机械能连续施工。

（4）编制初步施工总进度计划。施工总进度计划应安排全工地性的流水作业。全工地性的流水作业安排应以工程量大、工期长的单位工程为主导，组织若干条流水线，并以此带动其他工程。

施工总进度计划既可以用横道图表示，也可以用网络图表示。如果用横道图表示，则常用的格式如表5.3.1所示。由于采用网络计划技术控制工程进度更加有效，因此人们更多地开始采用网络图来表示施工总进度计划。特别是计算机的广泛应用，为网络计划技术的推广和普及创造了更加有利的条件。

（5）编制正式的施工总进度计划。初步施工总进度计划编制完成后，要对其进行检查。主要是检查总工期是否符合要求，资源使用是否均衡且其供应是否能得到保证。如果出现问题，则应进行调整。调整的主要方法是改变某些工程的起止时间或调整主导工程的工期。如果是网络计划，则可以利用计算机分别进行工期优化、费用优化及资源优化。当初步施工总进度计划经过调整符合要求后，即可形成正式的施工总进度计划。

四、总体施工准备与主要资源配置计划

（一）总体施工准备

总体施工准备包括技术准备、现场准备和资金准备等。

（1）技术准备包括：施工过程所需技术资料的准备、施工方案编制计划、试验检验及设备调试工作计划等。

表 5.3.1　某宿舍楼施工进度计划横道图

序号	工作名称	持续时间	2019年1月			2019年2月			2019年3月			2019年4月			2019年5月			2019年6月			2019年7月			2019年8月		
			上旬	中旬	下旬	上旬	中旬	下旬	上旬	中旬	下旬	上旬	中旬	下旬	上旬	中旬	下旬	上旬	中旬	下旬	上旬	中旬	下旬	上旬	中旬	下旬
1	施工准备	4	—																							
2	土方工程	4	—																							
3	基础工程	47	—	—	—	—	—	—																		
4	主体工程	75						—	—	—	—	—	—	—	—											
5	屋面工程	50														—	—	—								
6	室内一般抹灰工程	40														—	—	—								
7	楼地面工程	40														—	—	—								
8	外墙抹灰	41														—	—	—								
9	内墙面涂料	56																	—	—	—	—				
10	门窗工程	82																	—	—	—	—	—	—		
11	外墙装饰面层	48																	—	—	—	—	—	—		
12	室外工程	20																							—	—
13	水电安装调试	172							—	—	—	—	—	—	—	—	—	—	—	—	—	—	—	—	—	—
14	竣工滑体验收	7																								—
施工进度计划：总工期 243 天																										

（2）现场准备包括：现场生产、生活等临时设施（如临时生产，生活用房，临时道路，材料堆放场等），临时用水、用电和供热、供气等的计划。

（3）资金准备应根据施工总进度计划编制资金使用计划。

（二）主要资源配置计划

主要资源配置计划包括人力资源配置计划和材料设备配置计划。

（1）人力资源配置计划。人力资源配置计划应根据各工程项目的工程量及施工总进度计划，参照概预算编制办法及有关资料编制。合理的人力资源配置计划，可减少劳务作业人员不必要的进场、退场及避免窝工，进而节约施工成本。人力资源配置计划应解决的问题：确定各施工阶段（期）的总用工量；根据施工总进度计划确定各施工阶段（期）的劳动力配置计划。

（2）材料设备配置计划。应根据总体施工部署和施工总进度计划确定主要材料设备的计划总量及进、退场时间。科学合理的材料设备配置计划，既可保证工程建设的顺利进行，又可降低工程成本。材料设备配置计划应解决的问题：根据施工总进度计划确定主要工程材料和设备的配置计划；根据总体施工部署和施工总进度计划确定主要施工周转材料和施工机具的配置计划。

五、主要施工方法

对于工程量大、施工难度大、工期长，对整个工程项目的完成起关键作用的建（构）筑物以及影响全局的分部分项工程，施工组织总设计中应简要说明其施工方法。此外，对脚手架工程、起重吊装工程、临时用水用电工程、季节性施工等专项工程所采用的施工方法也应进行简要说明。对施工方法的确定要兼顾工艺技术的先进性、可操作性及经济方面的合理性。

六、施工总平面布置

施工总平面应按照工程项目分期（分批）施工计划进行布置，并绘制施工总平面布置图。施工总平面布置图应有比例关系，各种临时设施应标注外围尺寸，并有文字说明。

（一）施工总平面布置应遵循的原则

（1）平面布置科学合理，施工场地占用面积少。

（2）合理组织运输，减少二次搬运。

（3）施工区域的划分和场地的临时占用应符合总体施工部署和施工流程的要求，减少相互干扰。

（4）充分利用既有建（构）筑物和既有设施为工程项目施工服务，降低临时设施的建造费用。

（5）临时设施应方便生产、生活，办公区、生活区和生产区宜分离设置。

（6）符合节能、环保、安全和消防等要求。

（7）遵守工程所在地政府建设主管部门和建设单位关于施工现场安全文明施工的相关规定。

（二）施工总平面布置图的内容

（1）工程项目施工用地范围内的地形状况。

（2）全部拟建的建（构）筑物和其他基础设施的位置。

（3）工程项目施工用地范围内的加工设施、运输设施、存贮设施、供电设施、供水供热设施、排水排污设施、临时施工道路和办公、生活用房等。

（4）施工现场必备的安全、消防、保卫和环境保护等设施。

（5）相邻的地上、地下既有建（构）筑物及相关环境。

5.3.2 单位工程施工组织设计

单位工程施工组织设计是指以单位（子单位）工程为主要对象编制的施工组织设计，对单位（子单位）工程的施工过程起指导和制约作用。

单位工程施工组织设计的主要内容包括工程概况、施工部署、施工进度计划、施工准备与资源配置计划、主要施工方案、施工现场平面布置。

单位工程施工组织设计应由施工项目负责人主持编制，应由施工单位技术负责人或其授权的技术人员负责审批。

5.3.3 施工方案

施工方案是指以分部（分项）或专项工程为主要对象编制的施工技术与组织方案，用以具体指导分部（分项）或专项工程的施工过程。施工方案不同，施工成本也不相同，应在技术经济分析论证的基础上，编制施工方案。在工程施工过程中，施工方案发生变化，也会引起施工成本的变化。

施工方案应由项目技术负责人审批，重点、难点分部（分项）或专项工程的施工方案应由施工单位技术部门组织相关专家评审，施工单位技术负责人批准。由专业承包单位施工的分部（分项）或专项工程的施工方案，应由专业承包单位技术负责人或其授权的技术人员审批；有总承包单位时，应由总承包单位项目技术负责人核准备案。规模较大的分部（分项）或专项工程的施工方案应按单位工程施工组织设计进行编制和审批。

施工方案包括工程概况、施工安排、施工进度计划、施工准备与资源配置计划、施工方法及工艺要求。

5.3.4 专项施工方案

根据《建设工程安全生产管理条例》，施工单位应当在危险性较大的分部分项工程施工前编制专项施工方案。

一、专项施工方案的内容

专项施工方案应当包括以下内容：

（1）工程概况。包括危险性较大的分部分项工程概况、施工平面布置、施工要求和技术保证条件。

（2）编制依据。包括相关法律、法规、规范性文件、标准、规范及图纸（国标图集）、施工组织设计等。

（3）施工计划。包括施工进度计划、材料与设备计划。

（4）施工工艺技术。包括技术参数、工艺流程、施工方法、检查验收等。

（5）施工安全保证措施。包括组织保障、技术措施、应急预案、监测监控等。

（6）劳动力计划。包括专职安全生产管理人员、特种作业人员等。

（7）计算书及相关图纸。

二、专项施工方案的审查

专项方案应当由施工单位技术部门组织本单位施工技术、安全、质量等部门的专业技术人员进行审核。经审核合格的，由施工单位技术负责人签字。实行施工总承包的，专项施工方案应当由总承包单位技术负责人及相关专业承包单位技术负责人签字。不需专家论证的专项施工方案，经施工单位审核合格后报监理单位，由项目总监理工程师审核签字。

三、专项施工方案的论证

超过一定规模的危险性较大的分部分项工程专项施工方案应当由施工单位组织召开专家论证会。实行施工总承包的，由施工总承包单位组织召开专家论证会。

5.3.5 网络计划技术

网络计划技术的基本原理是：首先应用网络图形来表达一项计划（或工程）中各项工作的开展顺序及其相互间的关系；然后通过计算找出计划中的关键工作及关键线路；继而通过不断改进网络计划，寻求最优方案，并付诸实施；最后在执行过程中进行有效的控制和监督。

在建筑施工中，网络计划技术主要是用来编制工程项目施工的进度计划和建筑施工企业的生产计划，并通过对计划的优化、调整和控制，达到缩短工期、提高效率、节约劳力、降低消耗的项目施工管理目标。

一、网络计划的分类

按照《工程网络计划技术规程》JGJ/T 121—2015，我国常用的工程网络计划类型包括双代号网络计划、双代号时标网络计划、单代号网络计划、单代号搭接网络计划。

双代号时标网络计划兼有网络计划与横道计划的优点，它能够清楚地将网络计划的时间参数直观地表达出来，随着计算机应用技术的发展成熟，目前已成为应用最为广泛的一种网络计划。

二、网络计划时差

时差可分为总时差和自由时差两种：工作总时差，是指在不影响总工期的前提下，本工作可以利用的机动时间；工作自由时差，是指在不影响所有紧后工作最早开始的前提下，本工作可以利用的机动时间。

三、确定关键工作和关键线路

在网络计划中，总时差最小的工作为关键工作，特别地，当网络计划的计划工期等于计算工期时，总时差为零的工作就是关键工作。找出关键工作之后，将这些关键工作首尾相连，便构成从起点节点到终点节点的通路，位于该通路上各项工作的持续时间总和最大，这条通路就是关键线路。在关键线路上可能有虚工作存在。

关键线路一般用粗箭线或双线箭线标出。在关键线路法中，关键线路上各项工作的持续时间总和应等于网络计划的计算工期，这一特点也是判别关键线路是否正确的准则。

【例 5.3.5】某工程双代号网络计划图六时标注法如图 5.3.5 所示。

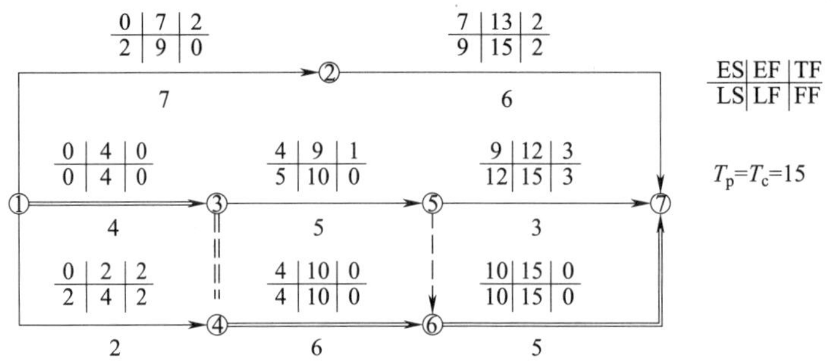

图 5.3.5 双代号网络计划图

ES——工作的最早开始时间；

LS——在总工期已确定的情况下，工作的最迟开始时间；

EF——工作的最早完成时间；

LF——在总工期已确定的情况下，工作的最迟完成时间；

TF——工作的总时差；

FF——工作的自由时差。

第二篇

工 程 计 量

第 6 章 建筑工程识图基本原理及方法

【本章提示】通过学习本章，学习人员应了解建设设计阶段的划分，熟悉装饰装修施工图的基本知识及识读方法，掌握建筑工程施工图的分类及识读原理，掌握建筑及结构施工图的识读方法。

工程识图是工程造价的基础。工程图纸是将建筑物或构筑物的形状、功能按一定比例在图纸上的表达，能够熟识图纸内容并开展造价工作是每一位工程造价人员都必须掌握的技能。

6.1 建筑工程识图原理

6.1.1 建设设计阶段划分

我国工程项目建设程序分为决策阶段、设计阶段、建设实施阶段、竣工验收阶段及后评价阶段。根据项目建设的具体情况，设计阶段又可分为四个阶段，即设计准备阶段、方案设计阶段、初步设计阶段和施工图设计阶段，设计要求由概括全面转向专业准确，各个阶段所提交的设计成果也有所不同。

一、设计准备阶段

设计人员收集拟建项目的有关资料并进行现场调研、明确设计任务和要求，接受委托并签订合同。

二、方案设计阶段

设计人员通过方案投标、竞赛等方式进行方案评优，最终评选出一套最佳方案设计文件提交建设方并满足政府行政主管部门的正式规划申报要求。方案设计文件包括设计说明、主要技术经济指标、设计图纸、效果图及模型或其他设计效果展示等。

其中设计图纸包括总图系列图纸和建筑设计图纸（即方案图）。方案设计图纸宜用彩色表达，平面图宜按照功能分区填色，立面图宜进行渲染。

三、初步设计阶段

在已批准的方案设计文件的基础上，对各专业设计方案以及重大技术问题解决方案进行的一系列满足技术适用性、可靠性和经济合理性的综合技术分析。初步设计图纸包括总平面系列、平面系列、立面图、剖面图及详图系列。初设阶段需要做专业配合。

四、施工图设计阶段

根据已经批准的初步设计，设计人员编制出完整、准确和详细的用于指导施工的设计文件。施工图设计文件包括施工图设计说明、施工图设计图纸、计算书、技术经济指标、材料用料表等。

本章主要介绍建筑专业施工图的识读原理及方法。

6.1.2 建筑工程施工图的分类

建筑工程施工图（简称施工图）是在建筑物的设计阶段，由设计人员将一幢建筑物的内外形状和尺寸大小以及各部分的结构、构造、装修、设备等内容，按照制图标准的规定和正投影的原理，详细准确地表达出来的图样，用以直接指导房屋建筑工程施工。

一套完整的建筑工程施工图包括建筑、结构、设备和装饰装修等专业施工图，具有图纸齐全，表达准确，要求具体的特点，是建筑工程技术人员表达设计思想、交流设计意图、组织工程施工，编制施工图预算和施工组织设计的依据，也是进行技术管理的重要技术文件，被喻为工程界的“语言”。

一、建筑施工图

建筑施工图（简称“建施”）是由建筑设计师通过建筑设计来完成的，主要表达建筑设计的内容。即表示建筑物的总体布局、外部造型、内部布置、内外装饰、细部构造及施工要求等。它包括图纸目录、建筑设计说明、总平面图、建筑平面图、建筑立面图、建筑剖面图和建筑详图。

二、结构施工图

结构施工图（简称“结施”）是由结构设计师通过结构设计来完成的，主要表达建筑结构构件的类型、平面布置、材料、截面尺寸、配筋信息及构造做法等。它包括结构设计说明、基础平面布置图和详图、各层结构平面布置图、结构构件详图。

三、设备施工图

设备施工图（简称“设施”）是由各专业设计师来完成的，主要表达建筑物中水、暖、电等各种设备、管道和线路的布置、走向以及安装的施工要求等。它分为给水排水、采暖通风、电气照明、燃气管道等施工图。它主要由各专业设计说明、各专业平面布置图、系统图、轴测图及详图组成。

四、装饰施工图

装饰施工图（简称“装施”）主要表达建筑室内外装饰造型、装饰效果、装饰材料及构造做法等。它由地面、顶棚装饰平面图、室内外墙柱装饰立面图，剖面图及节点详图等组成，必要时增绘家具制作图。其中详图是反映装饰装修施工细部做法的图样，用于表明节点形式、细部尺寸、凸凹变化、连接做法、工艺要求等。对于简单的装饰，可直接在建筑施工图上用文字或表格的形式加以说明。

6.1.3 建筑工程施工图识读原理

一、识读必备知识

（1）熟悉正投影原理、掌握投影图的表示方法。

（2）掌握房屋建筑的基本构造，准确判断各部位的位置及相互关系。

（3）熟悉建筑工程图中常用的图例、符号、线型等的含义及应用。

（4）熟悉各专业施工图的组成、用途、图示内容和表达方法。

（5）熟悉查阅建筑标准图集的方法。

二、识读原理

识读图纸包含识图及读图两层含义。识图就是根据投影规律，将建筑平面图还原为空间形状；读图是根据国家制图标准图例、符号和制图要求，解读图纸所表达的各种意思。

不论是具有设计任务书和总体规划的建设项目，还是具有独立设计文件的单项工程，其建筑工程施工图都应按专业顺序编排，包括图纸目录、总图、建筑图、结构图、给水排水图、暖通空调图、电气图等。各专业图纸应按图纸内容的主次关系、逻辑关系进行分类排序。一般是重要图纸在前，次要图纸在后；先施工的在前，后施工的在后；基本图纸在前，详图在后。

识读原理如下：

（1）按照图纸的装订顺序，先粗看整体再细看重要图纸的顺序识读图纸，次要图纸与重要图纸相互对照看，各专业图纸相互对照看。仔细研究图形、说明、技术要求等。

（2）运用投影规律，将建筑物的平面图、立面图和施工图联系起来，相互对照，理清相互关系，分析整个建筑物的大小及平立面造型。

（3）对有疑问的图纸要做出标记，查阅有关图集资料或咨询设计人员，寻求准确解释。

（4）理论结合实际，要接触实际工程，对照工程实况，积累识读经验，提高识读图纸的速度和准确率。

三、识读步骤

识读建筑工程施工图时，应按照先整体后局部，先文字说明后图样，先基本图样后详图，先图形后尺寸等原则进行。具体步骤是：一看标题，二看说明，三看形体，四看尺寸，五看要求，最后总结。

（1）看标题。识读整套工程图样的总标题，了解建设项目的名称；对于具体图纸可以先看标题栏，了解图纸名称、类别、设计单位信息。

（2）看说明。看设计说明和总平面图，掌握建筑平面形状、结构、用途、总长、总宽、室内外标高、图例、材料说明，了解地理位置情况。

（3）看形体。结合平面图、立面图、剖面图想象建筑平面造型和空间形体。分析平面与平面、平面与立面、立面与剖面、详图与整体、局部与整体、建施与结施（设施、装施）等建筑图样之间的对应关系。

（4）看尺寸、技术要求和做法说明。阅读楼层平面图、主要立面图及剖面图等图样，了解轴线尺寸，门窗宽度、墙体厚度、结构标高、建筑层高等细部尺寸，熟悉有关施工技术要求及工程做法。

（5）综合总结。通过以上步骤综合总结项目的规模、用途、结构形式、施工难易点、材料品种、施工做法等，全面复核审查，对于设计不明确或错误之处及时标记并找设计人员解决，为后续的计量计价做好准备。

6.2　建筑工程识图方法

6.2.1　建筑施工图的识读

一、首页图与建筑总平面图

（一）首页图

首页图是全套施工图纸的第一张图纸，包括全套图纸的目录、设计说明、建筑装修及工程做法、构配件统计表和门窗表等。

（1）图纸目录。图纸目录放在一套图纸的最前面，说明本工程的图纸类别、图号编排、图纸名称、备注等。表 6.2.1–1 是一幢住宅楼的施工图纸目录，该住宅楼共有建筑施工图 12 张，结构施工图 6 张，给排水施工图 5 张，电气施工图 6 张。

表 6.2.1–1　图纸目录

序号	图纸名称	图号	序号	图纸名称	图号
1	建筑设计说明、门窗表、工程做法图	建施 01	19	给水排水设计说明	水施 01
2	总平面图	建施 02	20	给水系统图	水施 02
…			…		
13	结构设计说明	结施 01	24	底层照明平面图	电施 01
14	基础平面图、详图	结施 02	…		
…			35	弱电系统图	电施 06

（2）设计总说明。主要说明工程的概况和总的要求。内容包括工程设计依据、设计标准（建筑标准、结构荷载等级、抗震要求、耐火等级等）、建设规模（建筑面积、建筑物高度等）、工程做法（墙体、楼地面、屋面做法）、材料要求等。

（3）门窗表。反映门窗的类型、编号、数量、洞口尺寸、选用材料及所在层数等，如表 6.2.1–2 所示。

表 6.2.1–2　门窗统计表

门窗名称	洞口尺寸		门窗数量					门窗类型
	宽	高	一层	二层	三层	天面层	总数	
M1	1200	2500	3	2	2		7	夹板门
M2	1000	2200	2				2	夹板门
M3	900	2200			4	4	8	夹板门
GM1	900	2500	2				2	不锈钢门
C1	1500	2300	1				1	铝合金窗
C2	1800	2300	2				2	铝合金窗

（二）建筑总平面图，简称总平面图，主要反映新建建筑物的平面形状、位置、朝向及其与原有建筑物的关系、标高、道路、绿化、地貌、地形等情况，如图 6.2.1–1 所示。

总平面图可以作为新建房屋定位、施工放线、土方施工以及绘制水暖电等管线总平面图和施工总平面图布置的依据。因区域面积大，故建筑总平面图的比例采用小比例，一般为 1∶500、1∶1000、1∶2000 等。

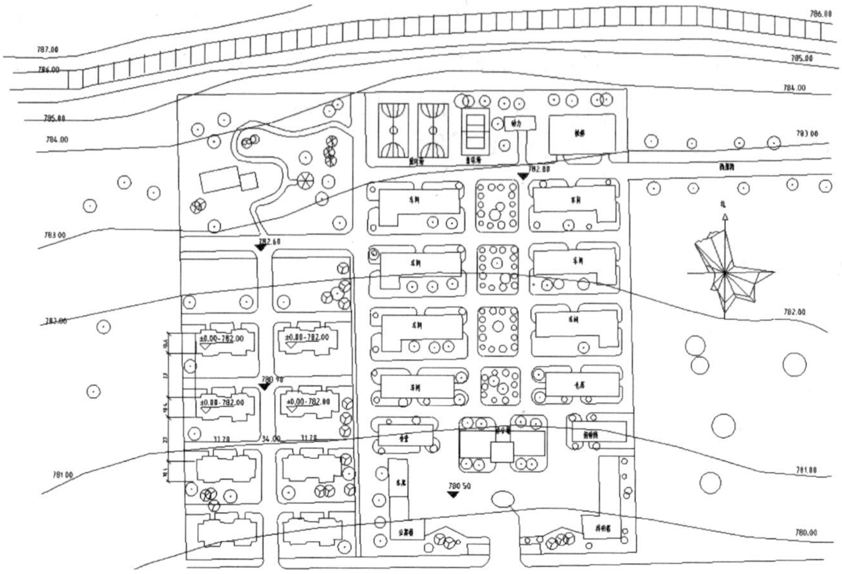

图 6.2.1–1　建筑总平面图

二、建筑平面图

用一个假想的距离地面约 1m 的水平剖切面沿各层门、窗洞口部位水平剖切，从上向下对于剖切平面以下可见部分所做的水平正投影图。主要表达房屋的平面形状、大小和房间的布置、用途、墙或柱的位置、厚度、材料、门窗的位置、大小和开启方向等。作为施工时定位放线、砌墙、安门窗、室内装修及编制预算的重要依据。建筑平面图通常采用 1∶100、1∶200 绘图比例。如建筑物各层平面布置不同时，应分别绘制各层平面图。相同的楼层可用一个标准平面图绘制。如平面左右对称，可用对称符号将两层平面图各画一半合并为一张图，在图纸下方分别注写图名及比例。

首层平面图是建筑平面图中较重要的图纸，一般要标注指北针、散水、台阶、剖切线、详图索引符号等内容。以图 6.2.1–2 为例，1–1 剖切符号表示，在 4 轴到 5 轴之间通过 M–1 和 M–3 位置做一个假想

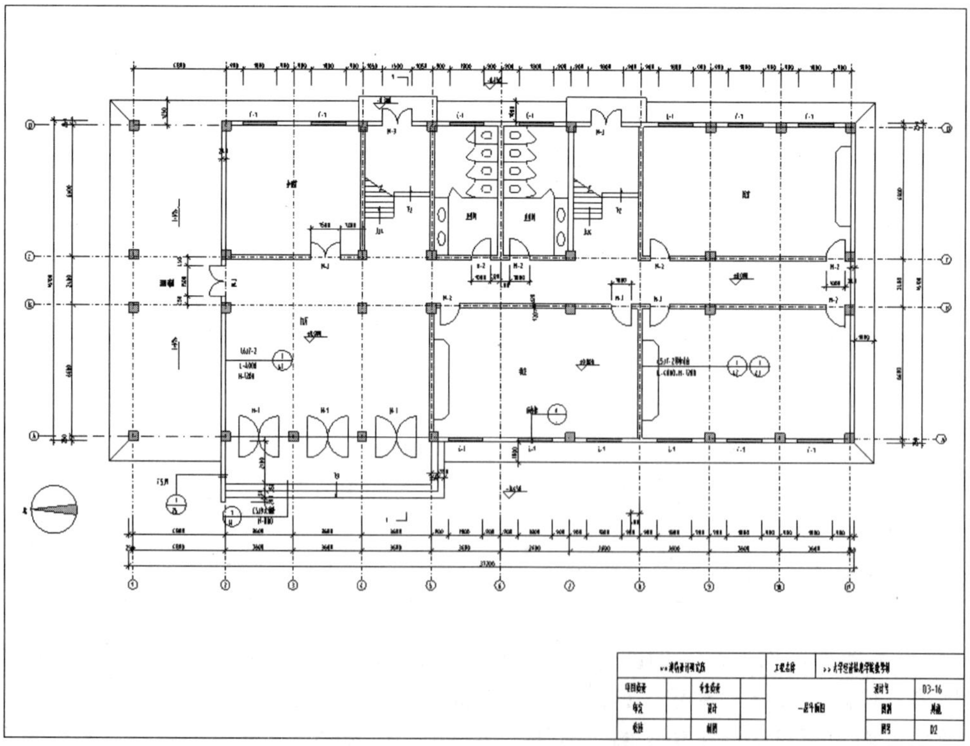

图 6.2.1–2　某教学楼首层平面图

的铅垂剖切面将建筑物分为左右两部分，移去右半部分从右向左看到的正投影图即为1-1剖面图。从6~7/A轴引出的详图索引符号可知C-1窗台板的大样图参见本图的详图A。

三、建筑立面图

建筑立面图简称立面图，是在与房屋立面平行的投影面上所做的房屋立面正投影图。立面图反映建筑的标高、层数、立面造型及装修做法，门窗、阳台、雨篷、台阶、勒脚、散水、挑檐天沟等构配件的位置做法。对于有定位轴线的建筑物，立面图的名称宜根据两端轴线编号确定，如①~⑥轴立面图，C~A轴立面图等。立面图的比例一般与平面图一致。

四、建筑剖面图

建筑剖面图简称剖面图，是用一个假想的铅垂剖切面把房屋剖切后移去靠近观察者部分所作的剩余部分的立面正投影图。剖面图主要反映建筑物内部的结构或构造。剖面图的剖切位置或数量应选择房屋内部构造比较复杂或有代表性的横向或纵向部位，如门窗洞口或楼梯间。剖切符号标注在一层平面图中，剖面图的图名应与平面图剖切符号编号一致。剖面图一般不画基础，比例及线型同平面图。

五、建筑详图

建筑详图简称详图，是将房屋细部构造及构配件的形状、大小、材料做法等用较大比例（如1∶10、1∶20）按正投影法详细准确表达出来的图样，如卫生间大样、墙身节点详图和楼梯详图等。详图比例大、表达清楚、尺寸齐全、文字说明详尽，是房屋细部施工、室内外装修、构配件制作编制工程预算的重要依据。

6.2.2 结构施工图的识读

一、识读基础

结构施工图简称结施图，是由结构设计人员把一幢建筑物的结构构件的形状、尺寸、材料、做法、钢筋布置及连接等内容按照国标的规定，用正投影的方法详细准确地表达出来的图样。结施图反映的是房屋结构构件如屋顶、楼板、楼梯、梁、柱、基础等的结构设计内容。

结施图一般包括结构图纸目录、结构设计说明、基础、柱、墙、梁、板、楼梯等的结构平面布置图及结构构件详图。

结施图与建施图一样也是采用水平正投影方法及平面整体表示方法绘制的表达结构构件平面位置、形状、尺寸以及配筋信息图样。识读顺序一般按照结构设计总说明→各层结构平面布置图→结构构件详图展开，识读时还需要注意结施图与建施图对照、详图与结构平面布置图对照、结施图与设施图对照。

二、钢筋混凝土结构基本知识

（一）混凝土

由水泥、砂、石子和水按照一定配合比例拌和、制作、浇捣、养护后硬化而成的混凝土，抗压强度高、抗拉强度低。在标准养护条件下测得的混凝土抗压强度称为混凝土强度等级，规范规定混凝土强度等级从C15到C80共14个等级。在混凝土构件受拉区配置一定数量的钢筋称为钢筋混凝土，钢筋混凝土结构是目前建筑工程应用最广泛的结构类型。

（二）钢筋

建筑结构构件中的钢筋按其强度、品种的不同分为四个等级七种类型。根据配置在混凝土中的钢筋的作用及位置不同分为以下几种：

（1）受力筋。在构件内承受拉、压应力的钢筋，其配置应通过结构计算确定且满足构造要求。

（2）架立筋。一般设在梁的受压区，与纵向受力钢筋平行，用来固定箍筋并承受构件因收缩及温度变化引起的内应力。

（3）箍筋。用于承受梁、柱的剪力、扭矩，固定纵向受力钢筋的位置。

（4）分布筋。布置在板中用于固定受力筋并承受构件因收缩及温度变化而产生的内应力，方向与受力筋垂直并靠近板内部。

（5）构造钢筋。因构造要求或施工安装需要而布置的钢筋，如腰筋、吊环、预埋锚固筋。

三、结构施工图识读

（一）结构设计总说明

结构设计总说明是结构施工图的总体概述，通常单独绘制，放在结施图的首页，内容包括结构部分工程概况、结构设计依据、材料、基本结构构造和有关注意事项。

（二）基础图

基础图是建筑物地下部分承重结构的施工图，包括基础平面布置图、基础详图和设计说明。

（1）基础设计说明，是明确室内地面的设计标高及基础埋深、基础持力层及其承载力特征值、基础材料、基础施工等具体要求的说明。

（2）基础平面布置图，是在基础未回填土之前用一个假想的水平剖切面沿室内地面与基础之间将房屋切开，将房屋上部移开对房屋下部作水平正投影而形成的水平剖切面。主要表示基础的平面尺寸、基础与墙柱的定位轴线关系、基础底部的宽度、基础预留的孔洞、构件、管沟的位置等。基础的全部轮廓为可见中实线，垫层省略不画。基础平面布置图是基础施工放线的主要依据。

（3）基础详图，是用一个假想的铅垂剖切面在指定的部位剖切，用较大的比例（1∶20）绘制的基础断面图，主要表示基础的形状、构造、材料、基础埋置深度和截面尺寸、室内外地面标高、防潮层位置、所处轴线、基底标高等。

（三）结构平面图

以框架结构为例，结构平面图包括柱定位及配筋图、各楼层梁配筋平面图、各楼层板配筋平面图、楼梯剖面配筋图及节点配筋大样图。

（1）柱定位及配筋图，是将柱的尺寸、定位及配筋等信息，按照平面整体表示方法的制图规则，直接整体表达在柱的结构平面布置图上，再与柱的构造详图相配合，设计出的一套完整的柱结构施工图。

（2）柱平法施工图表达方式。列表注写方式，是在柱平面布置图上，分别在同一编号的柱中选择一个截面标注几何参数代号；在柱表中注写柱编号、柱段起止标高、几何尺寸与配筋的具体数值，并配以各种柱截面及其箍筋类型图的方式来表达的柱平法施工图，如表 6.2.2 所示。

表 6.2.2　某教学楼柱表

柱编号	层高	高度或H_J/H_0	混凝土强度等级	截面形式	截面尺寸				竖筋					插筋		⑧⑨⑩⑪⑫号筋			复合箍内箍肢数			备注
					$b\times h$或直径	$b_1\times h_1$	t_1	t_2	①	②	③	④	5a+5b	⑥	⑦	中部	端部箍筋	端部L_n	节点内	91b边短肢	92h边长肢	
KZ8	3	3600	C25	D1	450×450				2Φ18	1Φ18	1Φ18					ϕ8@200	ϕ8@100	600	ϕ8@100			
	2	3600	C25	F	450×450				2Φ20	2Φ20	2Φ20					ϕ8@200	ϕ8@100	600	ϕ8@100			
	1	3800	C25	F	450×450				2Φ20	2Φ20	2Φ20					ϕ8@200	ϕ8@100	1200	ϕ8@100			
	H_0		C25	F	450×450				2Φ20	2Φ20	2Φ20					ϕ8@100	ϕ8@100		ϕ8@100			
	H_J				500×500				2Φ20	2Φ20	2Φ20					上	中下	各	1ϕ8			

以表 6.2.2 中 KZ8 为例。矩形柱混凝土强度等级为 C25，高度为 11m，截面尺寸 $b\times h$=450×450mm，首二层角筋为 4 根直径为 20mm 的 HRB335 的钢筋，b 边和 h 边各布置 2 根直径为 20mm 的 HRB335 的钢筋，柱箍筋直径为 8mm 的 HPB300 钢筋，加密区间距 100mm，非加密区间距 200mm，箍筋肢数

$m \times n=4 \times 4$，箍筋类型为 F。

（3）柱截面注写方式，是在柱平面布置图上，分别在同一编号的柱中选择一个截面，在适当的位置直接注写柱截面尺寸、配筋数值及布置层数的方式来表达的柱平法施工图。

从图 6.2.2–1 可知，KZ8 的截面尺寸为 $b \times h$=450mm × 450mm，柱中心与轴线交点重合。布置起止层数为一层至三层。

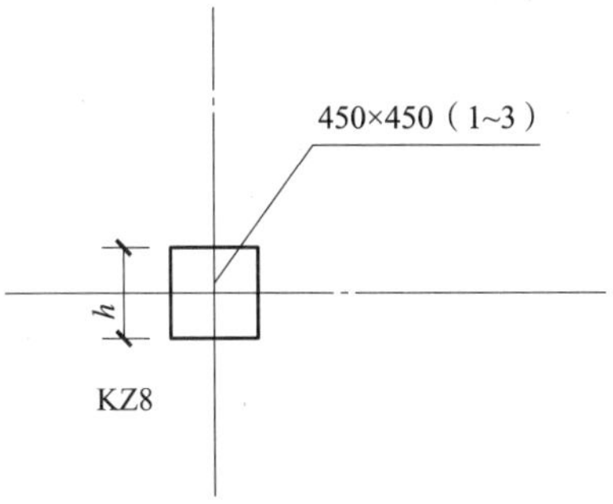

图 6.2.2–1　某教学楼柱截面示例

（4）梁配筋平面图，是在梁平面布置图上采用平面注写方式或截面注写方式表达梁的尺寸、位置及配筋等信息，再与梁的构造详图相配合，设计出的一套完整的梁结构施工图。

一般采用平面注写方式来表示，平面注写方式包括集中标注与原位标注。集中标注表达梁的通用数值，从梁的任一跨用一条引线引出注写，包括五项必注值（梁编号、梁截面尺寸、梁箍筋、梁上部通长筋或架立筋、梁侧面构造筋）和一项选注值（梁顶面标高高差）；原位标注表达梁的特殊数值，反映的是与集中标注不同的数值、附加箍筋或吊筋，一般注写在数值变化处的梁上部或下部部位，在施工中原位标注优于集中标注，如图 6.2.2–2 所示。

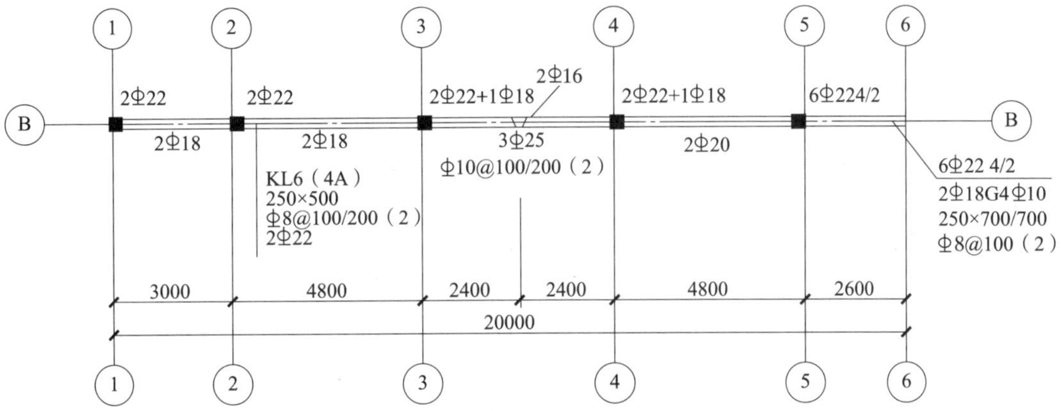

图 6.2.2–2　某教学楼框架梁平法布置图

以某教学楼 1~6/B 轴的 KL6 为例，对其配筋信息进行识读。

1）集中标注：

①KL6（4A），表示第 6 号框架梁，4 跨，一端悬挑。（B 为两端悬挑，无注则无悬挑）

②250 × 500，表示梁的截面宽度为 250mm，截面高度为 500mm。

③Φ8@100/200（2），表示箍筋为直径 8mm 的 HPB300 钢筋，加密区间距 100mm，非加密区间距 200mm 的两肢箍。

④2Φ22，表示梁的上部配置了 2 根直径为 22mm 的 HRB335 通长钢筋。

2）原位标注：

①2Φ22，表示梁第一跨靠近左端支座上部同一排布置了 2 根直径为 22mmHRB335 的钢筋，布置在角部（与集中标注一致）。第二跨与第一跨一样。

②第三跨上部钢筋 2Φ22+1Φ18，表示第三个支座左侧上部布置了一排三根钢筋，其中 2Φ22 布置在角部，1Φ22 布置在中间（相当于第一排支座负筋）。第四跨左支座与第三跨一样，右支座与悬挑端一样。

③悬挑端上部钢筋 6Φ22 4/2，表示悬挑端布置了两排钢筋直径为 22mm 的 HRB335 钢筋，其中第一排 4 根，第二排 2 根。

④第一、二跨下部钢筋 2Φ18，表示在梁的下部布置了非贯通筋，分一排布置，是 2 根直径 18mm 的 HRB335 钢筋，全部进支座。

⑤第三跨下部钢筋布置了 3 根直径为 25mm 的 HRB335 非贯通筋，箍筋直径也变为 10mm。

⑥悬挑端下部钢筋为 2Φ18，截面尺寸为 250 × 700/700，为等截面悬挑梁，在梁两侧对称布置了两根

直径为 10mm 的 HPB300 构造筋，箍筋为直径 8mm 的 HPB300 钢筋 2 肢箍，间距不分加密及非加密均为 100mm。

（5）板配筋平面图。现浇板分为有梁楼盖和无梁楼盖，本章以有梁楼盖平法施工图为例进行说明，有梁楼盖对应于以梁为支座的楼面与屋面板的平法施工图。

一般采用板平面注写方式来表示板的厚底，配筋形式。分为板块集中标注和板支座原位标注，如图 6.2.2–3 所示。

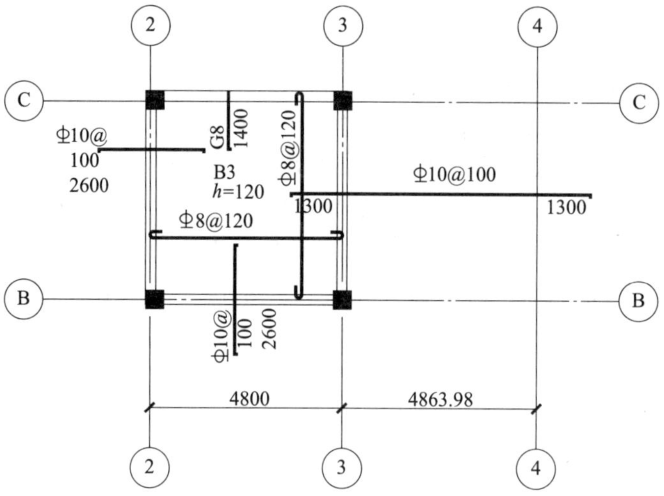

图 6.2.2–3 某教学楼板平面布置图

以 2~3/C~B 轴的 B3 为例。集中标注位于板块中心，B3 表示本跨板为第 3 号楼面板，板厚 120mm，板下部配置的 X 方向受力筋为直径 8mm 的 HPB300 钢筋，间距 120mm；Y 方向受力筋配置同 X 方向。原位标注反映的是板支座上部非贯通筋和悬挑板上部受力筋的配筋信息。还是以 2~3/C~B 轴的 B3 为例，跨过 C~B/2 轴的 KL2 的板支座负筋，配筋值为直径 10mm 的 HPB300 钢筋，间距 100mm，沿 C 轴到 B 轴等距布置，自支座（梁）中心线向板内对称伸出 2600mm，只标注一侧。

6.3 装饰装修施工图识图方法

6.3.1 基本知识

建筑装饰装修施工图（简称装施图）是按照装饰装修设计方案确定的空间造型、尺寸、选材、构造做法等，按照建筑及装修设计规范要求绘制的，用以指导装饰装修施工、编制预算以及施工管理的主要技术文件。

装施图与建施图的图示原理相同，制图时需要遵守现行国家标准《房屋建筑制图统一标准》GB/T 50001—2017 的规定，采用标准图例符号和图线，标注必要的文字、标高和尺寸等。

装施图的特点是采用的图例大多具有形象性。因装修材料选材广泛，构造做法多，所以装施图的详图较多。

6.3.2 识读方法

装施图一般由设计说明、平面布置图、楼地面平面图、吊顶平面图、墙柱面立面图、装饰装修构造详图（节点图）等组成。其中平面布置图、楼地面平面图、吊顶平面图、墙柱立面图为基本图样，表明装饰装修的主要做法和基本要求；装饰装修构造详图反映细部装饰做法，用于表达凸凹变化、基层与面层的连接方式、细部尺寸和工艺要求等。一套图纸中，以基本图在前详图在后的顺序排列。

一、图纸目录及设计说明

装施图的目录位于整套图纸的第一页，包括图别、图号、图纸名称、采用标准图集代号、备注等。

一般应将工程概况、设计风格、材料选用、施工工艺、注意事项及施工图不易表达的内容加以文字表达，形成设计说明。

二、平面布置图

平面布置图是装施图的主要图样，主要表达室内的家具布置，绿化与陈设的布局，设计尺寸及选材等内容，体现室内的功能分区，是确定装修空间平面尺度、形体定位的主要依据。

平面布置图的主要内容有：

（1）建筑平面尺寸、墙柱位置、门窗位置及代号、门开启方向等。

（2）活动家具的平面位置。

（3）室内陈设、绿化美化的布置等。

（4）内视投影符号。

（5）现场制作的固定家具、设施的形状及定位尺寸。

（6）房间的平面尺寸、轴线编号等。

（7）索引符号、图名、必要的说明等。

以图 6.3.2–1 某会议室平面布置图为例，该房间平面形状为矩形，开间 9900mm，进深 5400mm。根据平面布置图中的内视投影符号可知，A、B、C、D 四个字母表示内视投影的四个墙面分别对应的是 B、4、A、1 的内墙面。该会议室地面为混纺地毯，会议桌椅布置在房间左中位置，M–1 为子母门，门洞宽为 1200mm。1、4 轴装饰有背景墙，背景墙厚度为 120mm。

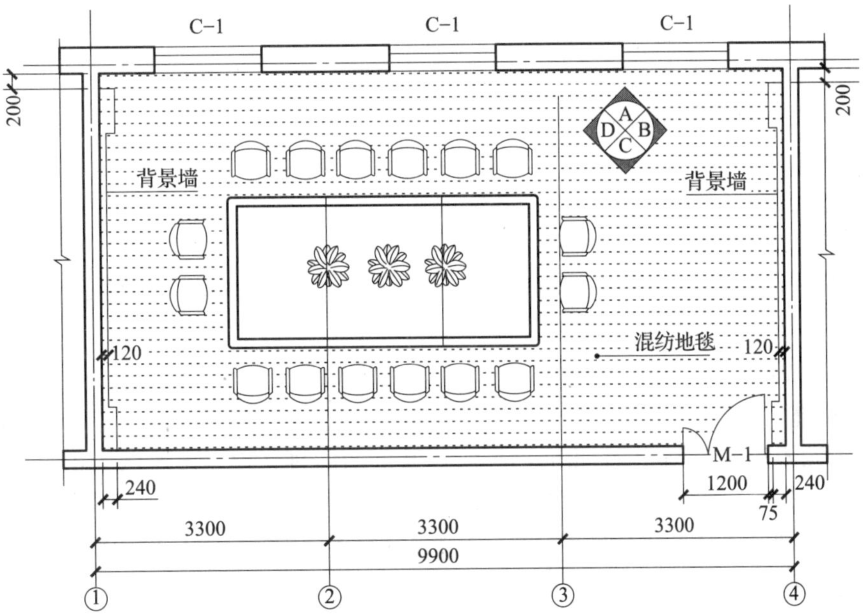

图 6.3.2–1　某会议室平面布置图

三、楼地面平面图

楼地面平面图也称地面拼花图，只画楼地面装饰分格图案，标注地面材质、颜色、尺寸和楼地面标高等，不画活动家具、绿化布置等内容。如楼地面平面图设计简单，可以与平面布置图合并绘制。常用绘图比例是 1∶50、1∶100、1∶150。主要内容有：楼地面的材料选用、颜色、分格尺寸及地面标高等；楼地面拼花造型。

图 6.3.2–2 会客厅地面布置 800mm × 800mm 幼点白麻花岗石，150mm 宽黑金砂边线，中央为拼花图案，具体做法详见本图纸 1 号详图。完成装饰面后的建筑面标高为 ± 0.00m。

四、吊顶平面图

吊顶平面图是反映房间装修后吊顶的平面形状、灯具位置、材料选用、尺寸标高等内容的图样，包括以下主要内容：

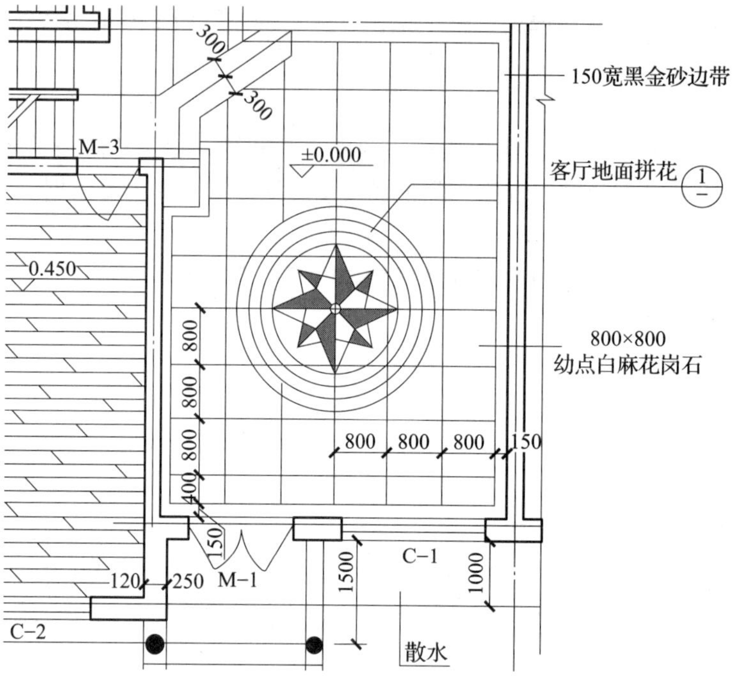

图 6.3.2–2　某房间地面石材拼花图

（1）建筑平面尺寸、墙柱位置及门窗洞口的投影。

（2）吊顶的造型、选用的材料做法和说明。

（3）灯具的投影符号和具体定位尺寸。

（4）各种吊顶平面的完成面标高。

（5）与吊顶相连接的家具、设备的位置及几何尺寸。

（6）窗帘、窗帘盒、窗帘帷幕板的投影。

（7）空调送风口、消防及自动报警装置的投影，吊顶上布置的音视频设施的投影等。

（8）轴网符号、开间进深、总长总宽等尺寸。

（9）索引符号、说明文字、图名及比例的标注。

五、墙柱面立面图

墙柱面立面图是按内视投影符号的指向，将墙体装饰面向直立投影面所做的正投影图。用于反映墙体面层的装饰装修设计尺寸、材料、色彩等做法内容的主要图样之一，是确定墙面做法的主要依据。墙柱立面图的名称应根据平面布置图中内视投影符号的编号或字母确定。主要内容包括：

（1）墙柱立面装饰装修轮廓线，墙面与吊顶的收口形式，可见的灯具投影图形等。

（2）墙面装饰装修造型及陈设，门窗造型及分格，墙面灯具、暖气罩等装饰内容。

（3）装饰选材、立面的高度尺寸和标高、做法说明等。

（4）附墙的固定家具及造型（如背景墙、壁柜等）。

（5）索引符号、说明文字、图名及比例等。

从图 6.3.2–3A 向立面图来观察会议室大门所在墙面的造型和装修做法。墙面自上而下的做法分别是微晶玻璃、海吉布和樱桃木踢脚线，海吉布贴面后刷三遍浅米黄色乳胶漆饰面。墙面水平方向 7850mm 范围内进行 5 等分，等分处由竖向装饰带分割，装饰带凸出墙面 40mm，宽为 60mm，采用木工板包樱桃木饰面板。

六、装饰装修详图

由于平面布置图、楼地面平面图、吊顶平面图及墙柱面立面装饰装修图的绘图比例较小，一些装饰装修造型、构造做法、材料选用、细部尺寸等无法表达清楚，满足不了施工的需要。故需放大比例画出详细图样，形成装饰装修详图。主要内容包括：

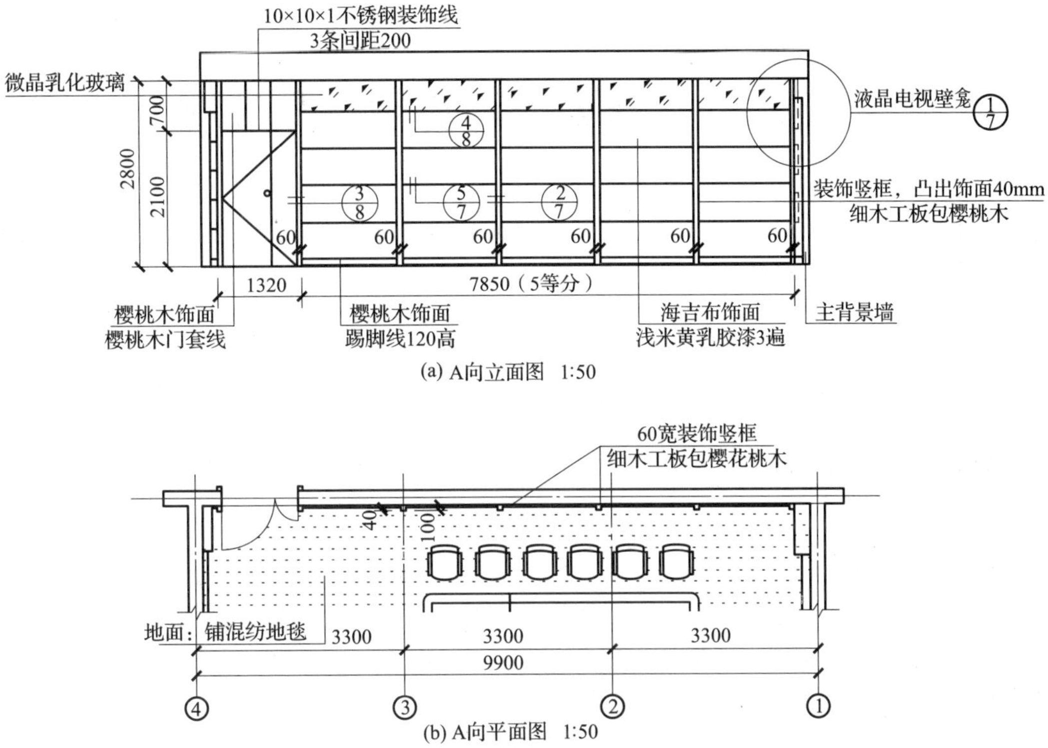

图 6.3.2–3　某会议室墙面布置图

（1）吊顶详图。

（2）墙柱面装饰装修造型详图。

（3）门、窗及门窗套详图。

（4）楼地面详图。

（5）小品及饰物详图。

第 7 章　建筑面积计算规范及应用

【本章提示】通过学习本章，学习人员应熟悉建筑面积的概念及作用，掌握建筑工程建筑面积计算规范，并会应用规范计算建筑工程建筑面积。

建筑面积的计算在工程建设中起着非常重要的作用，建筑面积的计算不仅是工程计价的需要，也在加强建设工程科学管理、促进社会和谐等方面起着非常重要的作用。

7.1　建筑面积的概念及作用

7.1.1　建筑面积的概念

建筑面积是指建筑物（包括墙体）所形成的楼地面面积。面积是所占平面图形的大小，建筑面积主要是墙体围合的楼地面面积（包括墙体的面积），因此计算建筑面积时，首先以外墙结构外围水平面积计算。建筑面积还包括附属于建筑物的室外阳台、雨篷、檐廊、室外走廊、室外楼梯等建筑部件的面积。建筑面积包括使用面积、辅助面积和结构面积。

（1）使用面积，是指建筑物各层平面布置中，可直接为生产或生活使用的净面积总和。居室净面积在民用建筑中也称“居住面积”，如住宅建筑中的居室、客厅、书房等。

（2）辅助面积，是指建筑物各层平面布置中为辅助生产或生活所占净面积的总和。如住宅建筑中的楼梯、走道、卫生间、厨房等。使用面积与辅助面积的总和称为“有效面积”。

（3）结构面积，是指建筑物各层平面布置中的墙体、柱等结构所占面积的总和（不包括抹灰厚度所占面积）。

7.1.2　建筑面积的作用

建筑面积计算是工程计量的最基础工作，在工程建设中具有重要意义。首先，工程建设的技术经济指标中，大多数以建筑面积为基数，建筑面积是核定估算、概算、预算工程造价的一个重要基础数据，是计算和确定工程造价，并分析工程造价和工程设计合理性的一个基础指标；其次，建筑面积是国家进行建设工程数据统计、固定资产宏观调控的重要指标；最后，建筑面积还是房地产交易、工程承发包交易、建筑工程有关营运费的核定等的一个关键指标。建筑面积的作用，具体有以下几个方面：

（1）确定建设规模的重要指标。根据项目立项批准文件所核准的建筑面积，是初步设计的重要控制指标。

（2）确定各项技术经济指标的基础。根据建筑面积，计算每平方米建筑面积的工程造价及其他经济指标，如：

单位面积工程造价 = 工程造价 / 建筑面积　（7.1.2–1）

单位建筑面积的材料消耗指标 = 工程材料用量 / 建筑面积　（7.1.2–2）

单位建筑面积人工用量 = 工程人工工日消耗量 / 建筑面积　（7.1.2–3）

（3）评价设计方案的依据。建筑设计和建筑规划中，经常使用建筑面积控制某些指标，如：

容积率 = 建筑总面积 / 建筑占地面积 × 100%　（7.1.2–4）

建筑密度 = 建筑物底层面积 / 建筑占地总面积 × 100%　（7.1.2–5）

（4）计算有关分项工程量的依据和基础。建筑面积是确定某些分项工程量的基本数据。

（5）选择概算指标和编制概算的基础数据。用概算指标编制概算时，要以建筑面积为计算基础。

7.2　建筑工程建筑面积计算规范及应用

7.2.1　应计算建筑面积部分

（1）建筑物的建筑面积应按自然层外墙结构外围水平面积之和计算。结构层高在 2.20m 及以上的，应计算全面积；结构层高在 2.20m 以下的，应计算 1/2 面积。

建筑面积计算在主体结构内形成的建筑空间，满足计算面积结构层高要求的，均应按上述规定计算建筑面积。主体结构外的室外阳台、雨篷、檐廊、室外走廊、室外楼梯等按相应条款计算建筑面积。当外墙结构本身在一个层高范围内不等厚时，以楼地面结构标高处的外围水平面积计算。

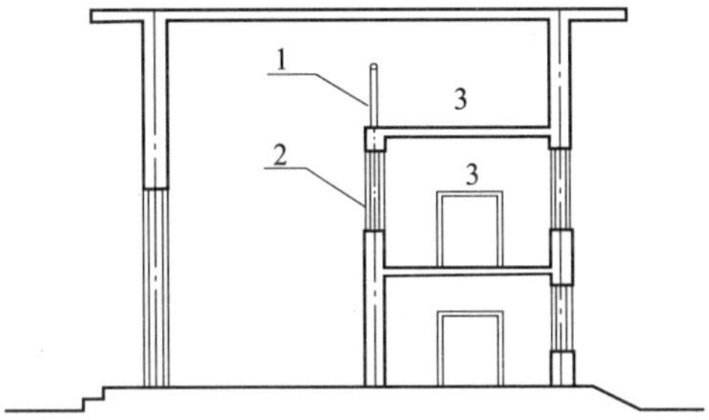

图 7.2.1–1　建筑物内局部楼层

1—围护设施；2—围护结构；3—局部楼层

（2）建筑物内设有局部楼层时（见图 7.2.1–1），对于局部楼层的二层及以上楼层，有围护结构的应按其围护结构外围水平面积计算，无围护结构的应按其结构底板水平面积计算。结构层高在 2.20m 及以上的，应计算全面积；结构层高在 2.20m 以下的，应计算 1/2 面积。

【例 7.2.1–1】计算图 7.2.1–2 的建筑面积。

解： 建筑面积 $S=10.44 \times 15.24+3.24 \times 10.44+3.24 \times 10.44 \times 1/2=209.84$（$m^2$）

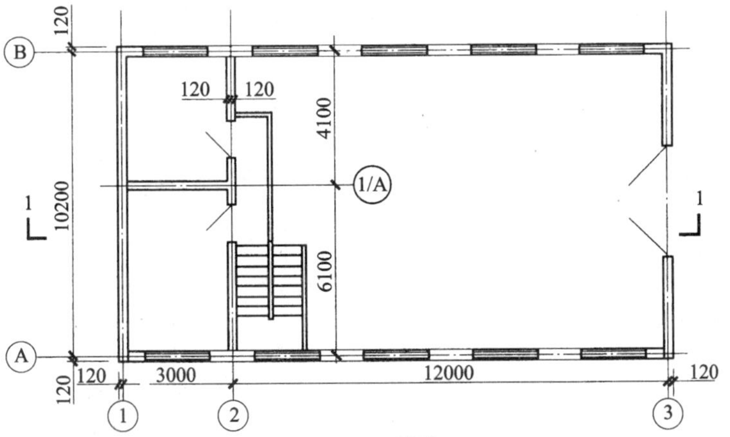

(a) 平面

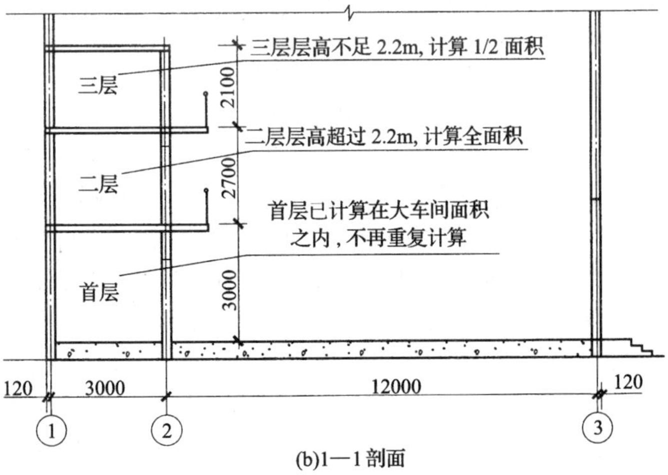

(b)1—1 剖面

图 7.2.1–2　某建筑物局部楼层示意图

注：墙厚均为 240，轴线居中。

（3）形成建筑空间的坡屋顶，结构净高超过 2.10m 及以上的部位应计算全面积；结构净高在 1.20m 及以上至 2.10m 以下的部位应计算 1/2 面积；结构净高在 1.20m 以下的部位不应计算建筑面积。

如图 7.2.1–3 所示，当净高 $h \geq 2.10$m 时，计算全面积；当 1.20m $\leq$ 净高 $h<2.10$m 时，计算 1/2 面积；当净高 $h<1.20$m 时，不计算建筑面积。

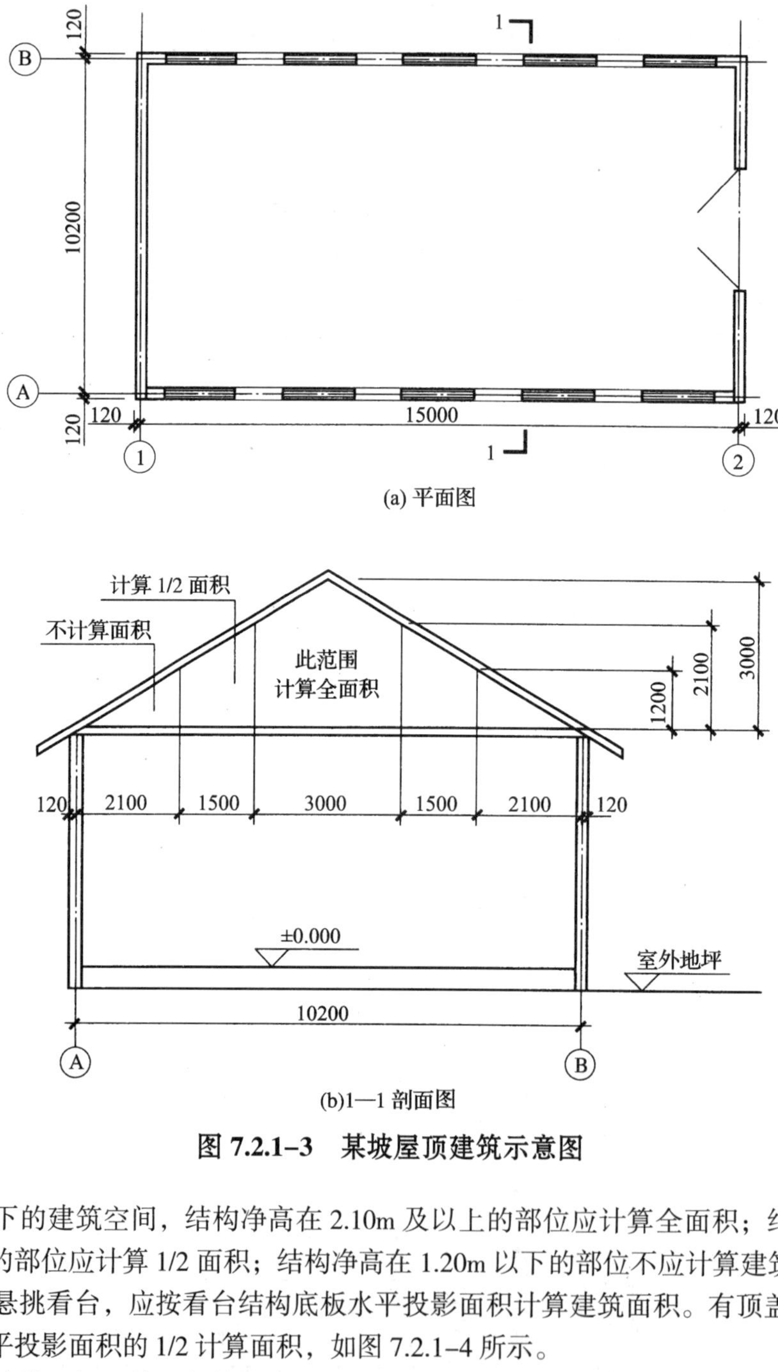

图 7.2.1–3　某坡屋顶建筑示意图

（4）场馆看台下的建筑空间，结构净高在 2.10m 及以上的部位应计算全面积；结构净高在 1.20m 及以上至 2.10m 以下的部位应计算 1/2 面积；结构净高在 1.20m 以下的部位不应计算建筑面积。室内单独设置的有围护设施的悬挑看台，应按看台结构底板水平投影面积计算建筑面积。有顶盖无围护结构的场馆看台应按其顶盖水平投影面积的 1/2 计算面积，如图 7.2.1–4 所示。

场馆看台下的建筑空间因其上部结构多为斜板，所以采用净高的尺寸划定建筑面积的计算范围和对应规则。室内单独设置的有围护设施的悬挑看台，因其看台上部设有顶盖且可供人使用，所以按看台板的结构底板水平投影计算建筑面积。“有顶盖无围护结构的场馆看台”中所称的“场馆”为专业术语，指各种“场”类建筑，如体育场、足球场、网球场、带看台的风雨操场等。

（5）地下室、半地下室应按其结构外围水平面积计算。结构层高在 2.20m 及以上的，应计算全面积；结构层高在 2.20m 以下的，应计算 1/2 面积，如图 7.2.1–5 所示。

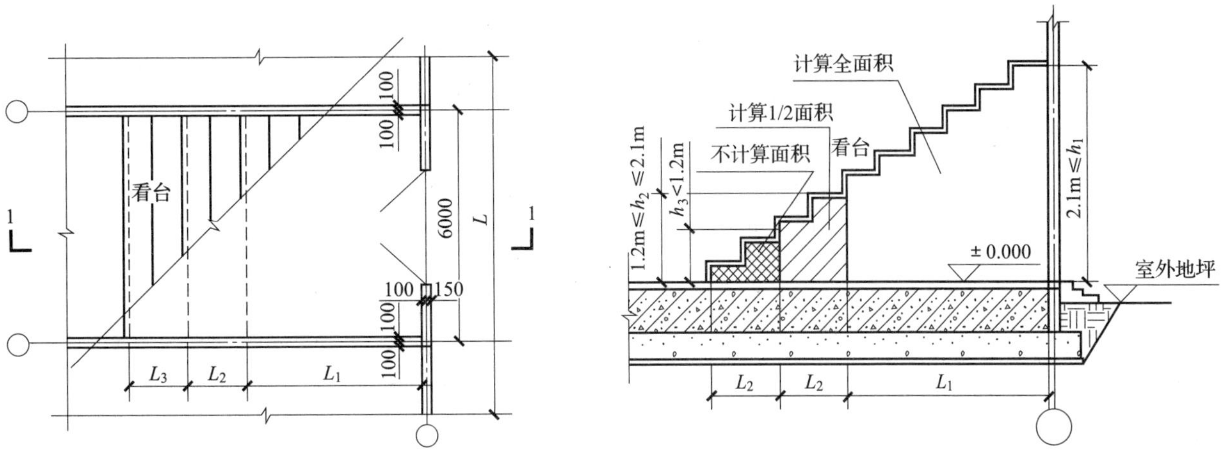

(a) 平面图　　(b) 1—1剖面图

图 7.2.1-4　某场馆看台示意图

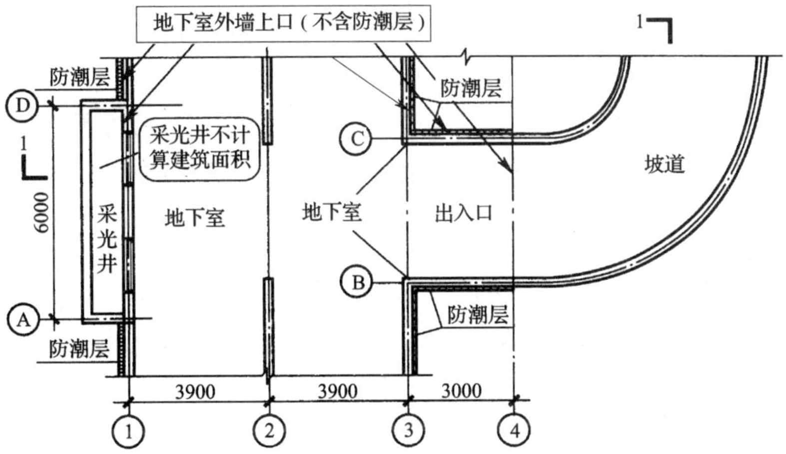

(a) 平面图

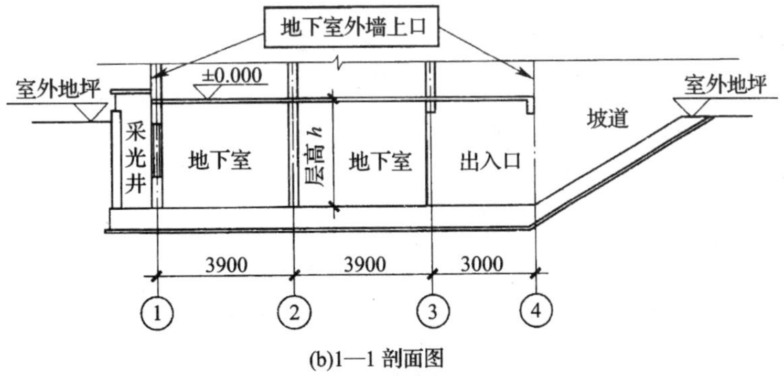

(b)1—1 剖面图

图 7.2.1-5　某地下室局部示意图

（6）出入口外墙外侧坡道有顶盖的部位，应按其外墙结构外围水平面积的 1/2 计算面积。

出入口坡道分有顶盖出入口坡道和无顶盖出入口坡道，出入口坡道顶盖的挑出长度，为顶盖结构外边线至外墙结构外边线的长度；顶盖以设计图纸为准，对后增加及建设单位自行增加的顶盖等，不计算建筑面积。顶盖不分材料种类（如钢筋混凝土顶盖、彩钢板顶盖、阳光板顶盖等），如图 7.2.1-6 所示。

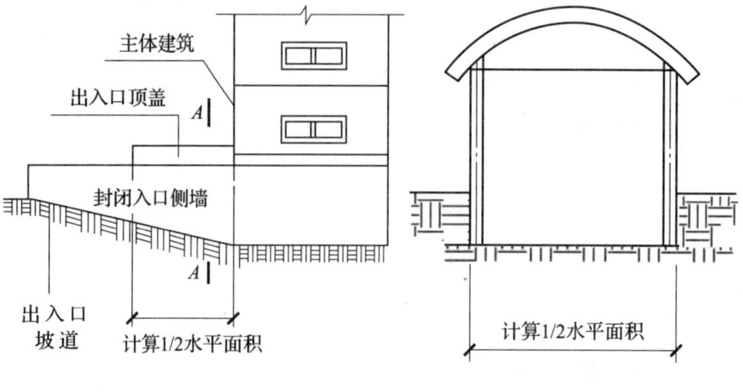

(a)平面图　　(b)A—A剖面图

图 7.2.1–6　某地下室出入口示意图

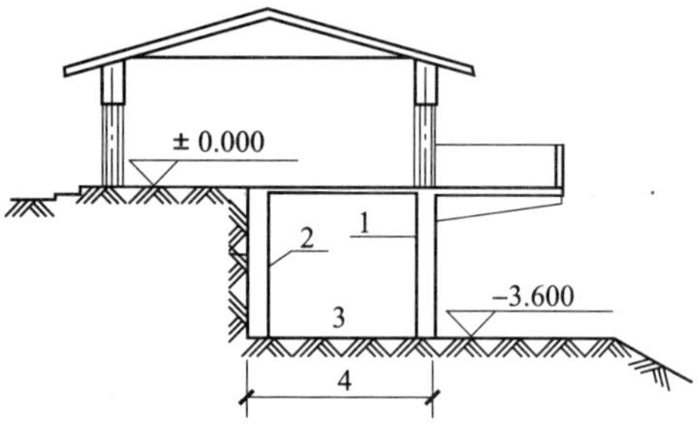

图 7.2.1–7　建筑物吊脚架空层

1—柱；2—墙；3—吊脚架空层；4—计算建筑面积部位

（7）建筑物架空层及坡地建筑物吊脚架空层，应按其顶板水平投影计算建筑面积。结构层高在 2.20m 及以上的，应计算全面积；结构层高在 2.20m 以下的，应计算 1/2 面积。

以上规定既适用于建筑物吊脚架空层、深基础架空层建筑面积的计算，也适用于目前部分住宅、学校教学楼等工程在底层架空或在二楼或以上某个甚至多个楼层架空，作为公共活动、停车、绿化等空间的建筑面积的计算。架空层中有围护结构的建筑空间按相关规定计算，如图 7.2.1–7 所示。

（8）建筑物的门厅、大厅按一层计算建筑面积。门厅、大厅内设置的走廊应按走廊结构底板水平投影面积计算建筑面积。结构层高在 2.20m 及以上的，应计算全面积；结构层高在 2.20m 以下的，应计算 1/2 面积。

【例 7.2.1–2】如图 7.2.1–8 所示，某办公楼首层大厅部分无板，这部分大厅按一层计算建筑面积，门厅层高高于一层，也按一层计算建筑面积。

（9）建筑物间的架空走廊，有顶盖和围护结构的，应按其围护结构外围水平面积计算全面积；无围护结构、有围护设施的，应按其结构底板水平投影面积计算 1/2 面积，如图 7.2.1–9 和图 7.2.1–10 所示。

【例 7.2.1–3】计算图 7.2.1–11 中架空走廊的建筑面积。

解：图中的二层架空走廊，属于无围护结构的架空走廊，无围护结构，有围护设施，按其结构底板水平投影面积计算 1/2 面积，则：

$$S_{\text{二层架空走廊}}=1/2\times12.00\times2.20=13.20\ (\mathrm{m}^2)$$

图中的三层走廊，属于有围护结构的架空走廊，架空走廊应计算全面积，则：

$$S_{\text{三层架空走廊}}=12.00\times2.20=26.40\ (\mathrm{m}^2)$$

（10）立体书库、立体仓库、立体车库，有围护结构的，应按其围护结构外围水平面积计算建筑面积；无围护结构、有围护设施的，应按其结构底板水平投影面积计算建筑面积。无结构层的应按一层计算，有结构层的应按其结构层面积分别计算。结构层高在 2.20m 及以上的，应计算全面积；结构层高在 2.20m 以下的，应计算 1/2 面积。

以上主要规定了图书馆中的立体书库、仓储中心的立体仓库、大型停车场的立体车库等建筑的建筑面积计算规则。起局部分隔、存储等作用的书架层、货架层或可升降的立体钢结构停车层均不属于结构层，故该部分分层不计算建筑面积。

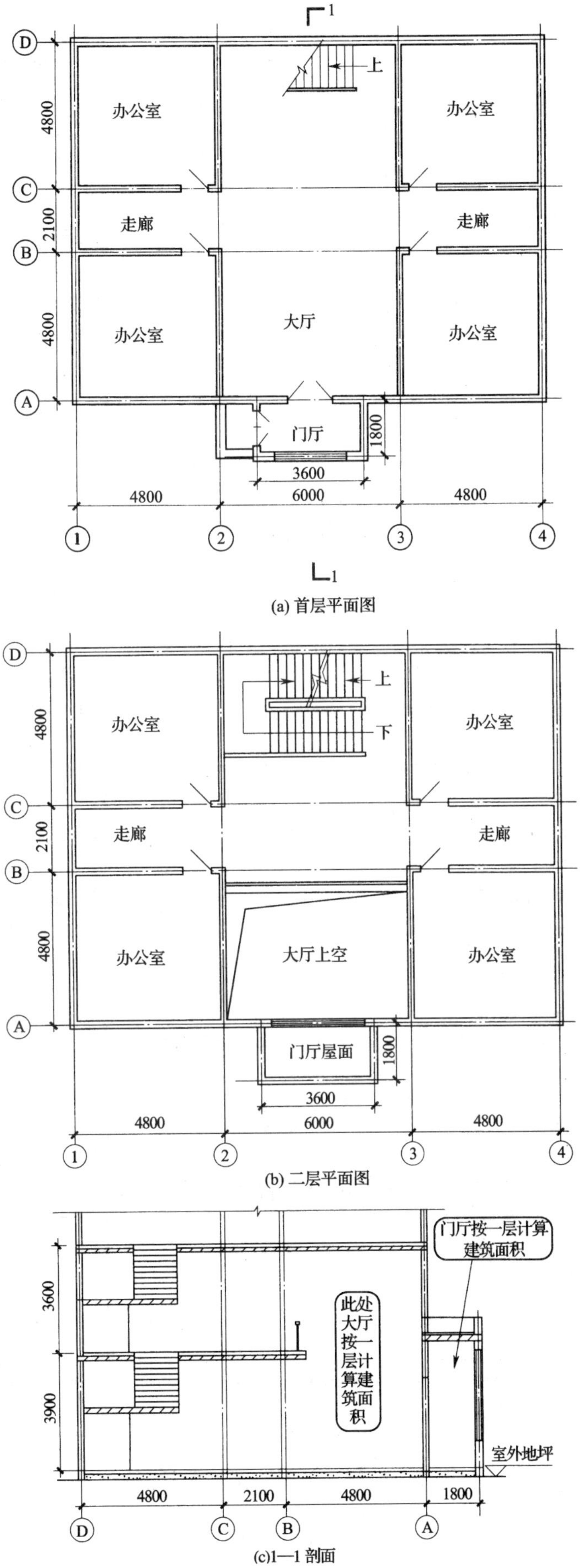

图 7.2.1–8　某办公楼门厅、大厅示意图

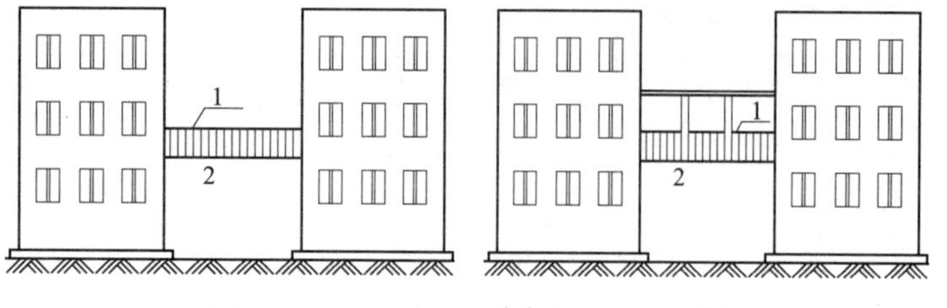

图 7.2.1–9　无围护结构架空走廊

1—栏杆；2—架空走廊

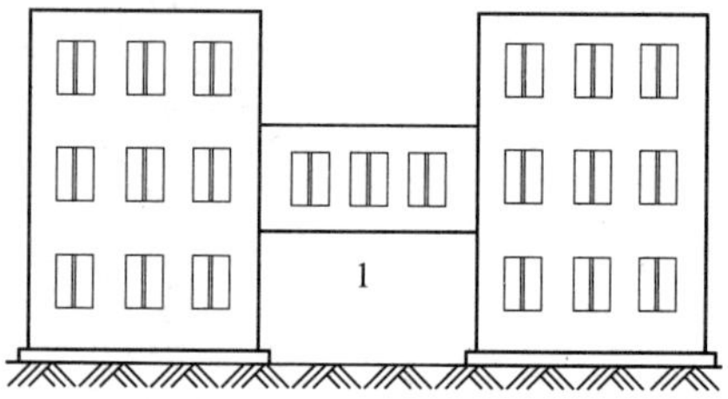

图 7.2.1–10　有围护结构架空走廊

1—架空走廊

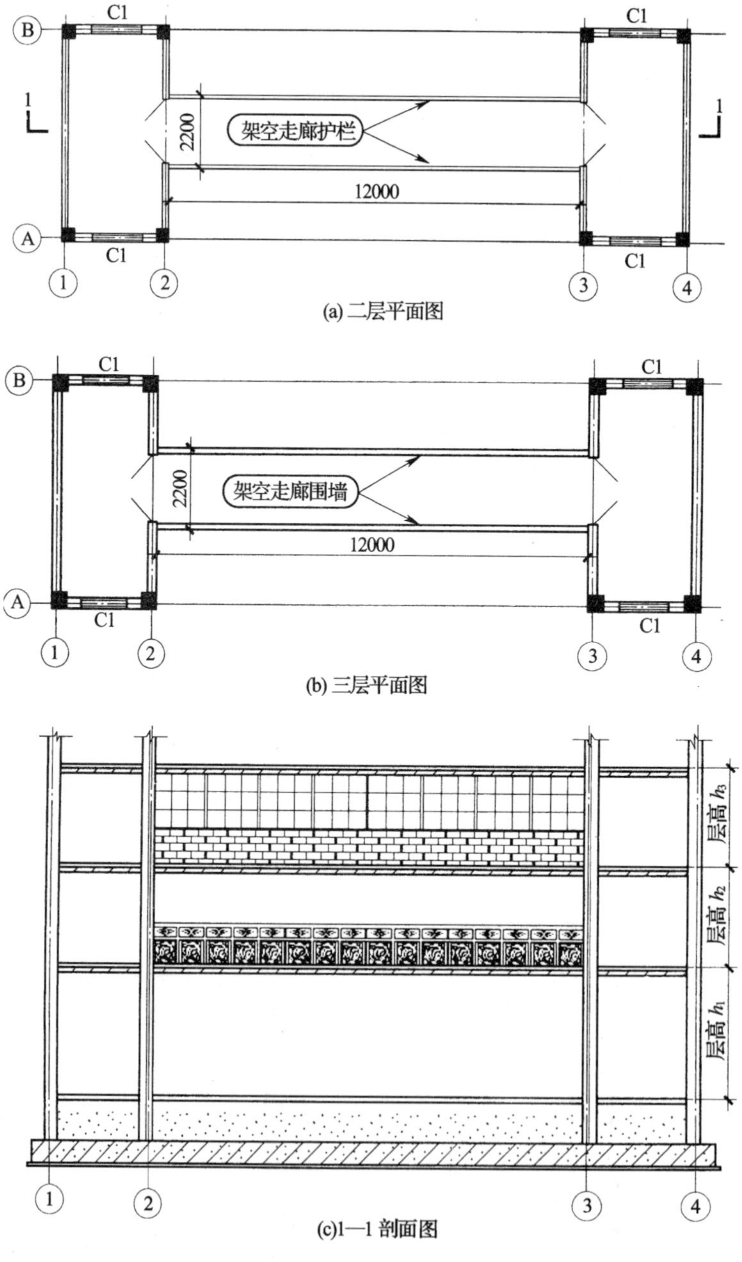

图 7.2.1–11　某架空走廊示意图

（11）有围护结构的舞台灯光控制室，应按其围护结构外围水平面积计算。结构层高在 2.20m 及以上的，应计算全面积；结构层高在 2.20m 以下的，应计算 1/2 面积。

（12）附属在建筑物外墙的落地橱窗，应按其围护结构外围水平面积计算。结构层高在 2.20m 及以上的，应计算全面积；结构层高在 2.20m 以下的，应计算 1/2 面积。

【例 7.2.1–4】 计算图 7.2.1–12 中落地橱窗的建筑面积。

解： 当橱窗层高 $h \geqslant 2.20$m 时：

$$S_{橱窗}=0.60 \times 2.22=1.33\ (m^2)$$

当橱窗层高 $h<2.20$m 时：

$$S_{橱窗}=1/2 \times 0.60 \times 2.22=0.67\ (m^2)$$

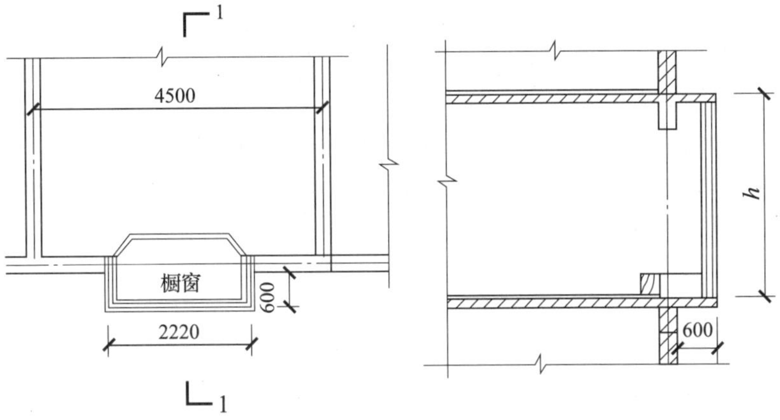

图 7.2.1–12　某落地橱窗示意图

（13）窗台与室内楼地面高差在 0.45m 以下且结构净高在 2.10m 及以上的凸（飘）窗，应按其围护结构外围水平面积计算 1/2 面积。

【例 7.2.1–5】 计算图 7.2.1–13 中凸窗的建筑面积。

解： 当窗台与室内楼地面高差 $h_1<0.45$m 且结构净高 $\geqslant 2.10$m 时：

$$S_{凸窗}=1/2 \times (0.60 \times 0.98 \times 1/2) \times 2+1/2 \times 0.60 \times 0.90=0.56\ (m^2)$$

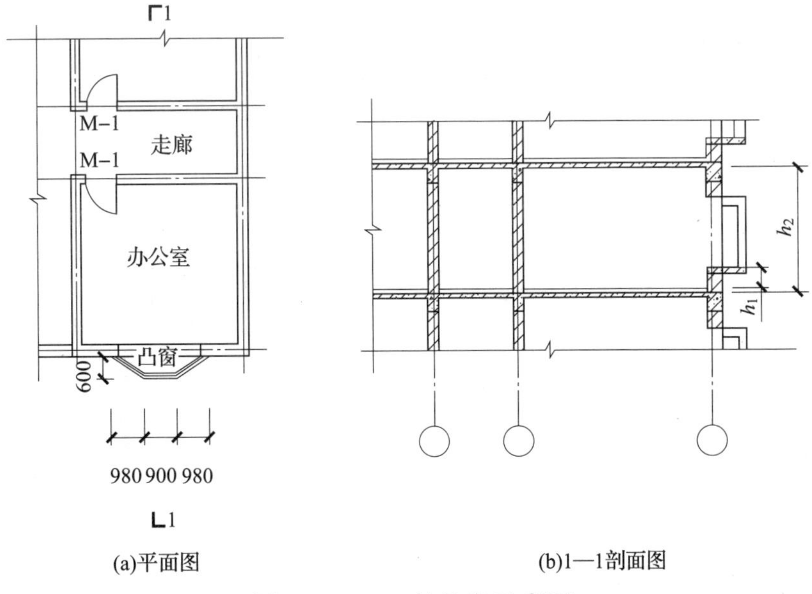

图 7.2.1–13　某凸窗示意图

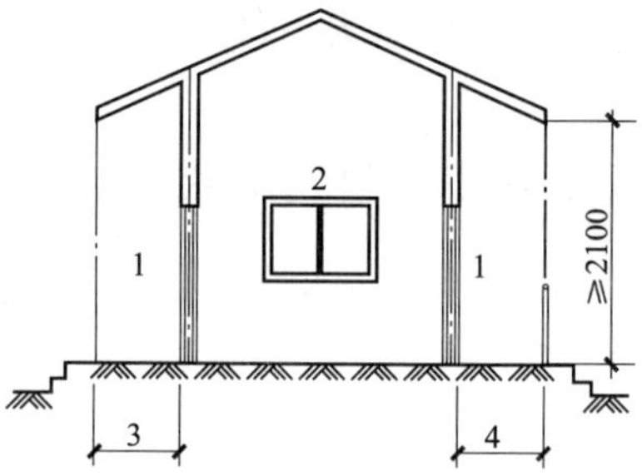

图 7.2.1–14　檐廊示意图

1—檐廊；2—室内；3—不计算建筑面积部位；4—计算 1/2 建筑面积部位

（14）有围护设施的室外走廊（挑廊）结构，应按其结构底板水平投影面积计算 1/2 面积；有围护设施（或柱）的檐廊（见图 7.2.1–14），应按其围护设施（或柱）外围水平面积计算 1/2 面积。

【例 7.2.1–6】计算图 7.2.1–15 中挑廊的建筑面积。

解：$S_{挑廊}$=1/2×18.10×1.50=13.58（m^2）

（15）门斗应按其围护结构外围水平面积计算建筑面积。结构层高在 2.20m 及以上的，应计算全面积；结构层高在 2.20m 以下的，应计算 1/2 面积，如图 7.2.1–16 所示。

（16）门廊应按顶板水平投影面积的 1/2 计算建筑面积（见图 7.2.1–17）；有柱雨篷应按其结构板水平投影面积的 1/2 计算建筑面积；无柱雨篷的结构外边线至外墙结构外边线的宽度在 2.10m 及以上的，应按雨篷结构板的水平投影面积的 1/2 计算建筑面积。

雨篷分为有柱雨篷和无柱雨篷。有柱雨篷，没有出挑宽度的限制，也不受跨越层数的限制，均计算建筑面积。无柱雨篷，其结构板不能跨层，并受出挑宽度的限制，设计出挑宽度大于或等于 2.10m 时，计算建筑面积。出挑宽度是指雨篷结构外边线至外墙结构外边线的宽度，弧形或异型时，取最大宽度，如图 7.2.1–18 所示。

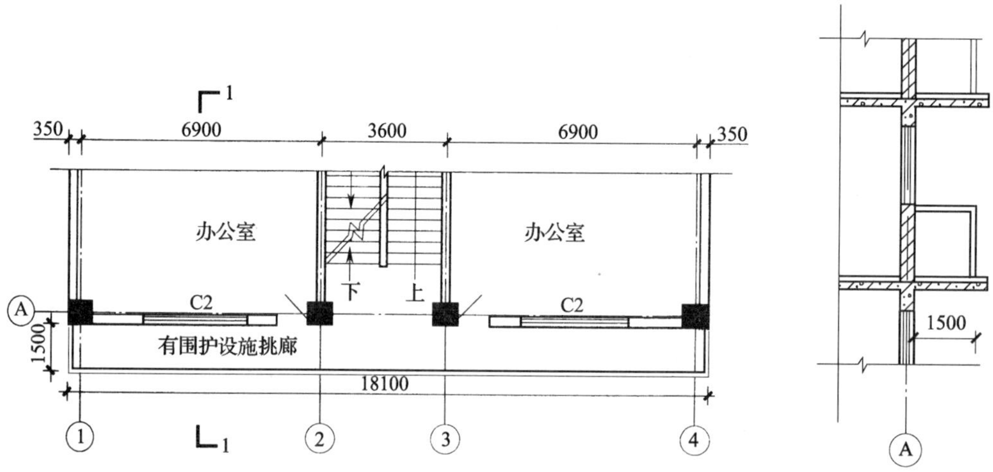

(a) 平面图　　(b) 1—1剖面图

图 7.2.1–15　某室外走廊示意图

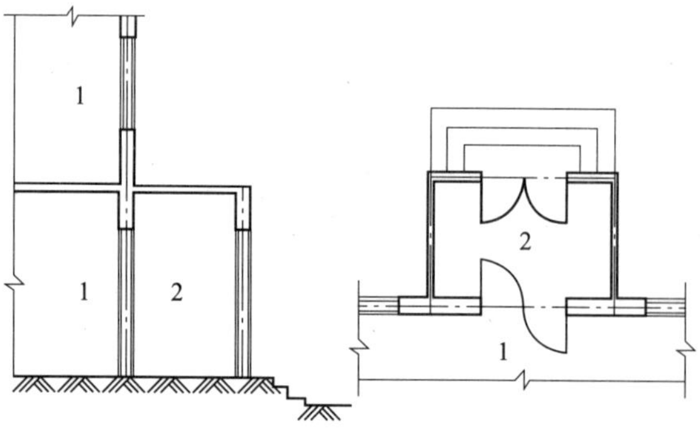

(a)　　(b)

图 7.2.1–16　门斗示意图

1—室内；2—门斗

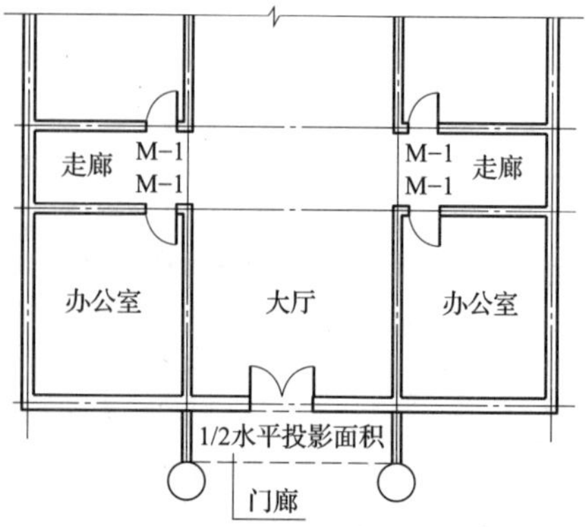

图 7.2.1–17　门廊建筑面积示意图

【例 7.2.1–7】计算图 7.2.1–18 中雨篷的建筑面积。

解：此雨篷为有柱雨篷，有一边距离墙的外边线为 2.4m，超过 2.10m，应按结构板水平投影面积的 1/2 计算面积。$S_{雨篷}=1/2\times2.4\times1.8=2.16$（$m^2$）

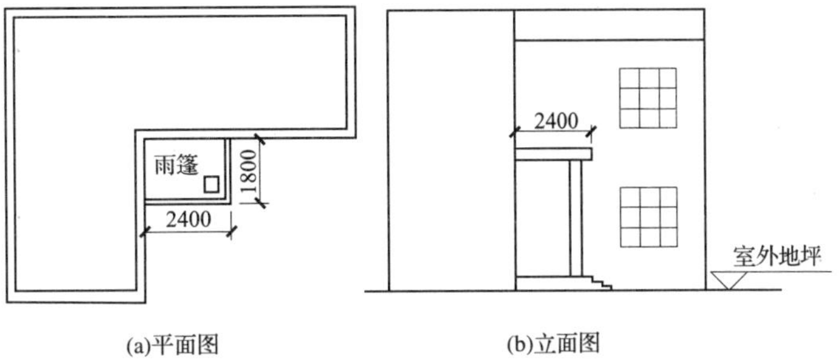

图 7.2.1–18 雨篷示意图

（17）设在建筑物顶部的、有围护结构的楼梯间、水箱间、电梯机房等，结构层高在 2.20m 及以上的应计算全面积；结构层高在 2.20m 以下的，应计算 1/2 面积。

如遇建筑物屋顶的楼梯间是坡屋顶，应按坡屋的相关条文计算面积，如图 7.2.1–19 所示。

（18）围护结构不垂直于水平面的楼层，应按其底板面的外墙外围水平面积计算。结构净高在 2.10m 及以上的部位，应计算全面积；结构净高在 1.20m 及以上至 2.10m 以下的部位，应计算 1/2 面积；结构净高在 1.20m 以下的部位，不应计算建筑面积。

以上规定对于向内、向外倾斜均适用。在划分高度上，本规定使用的是结构净高，与其他正常平楼层按层高划分不同，但与斜屋面的划分原则一致。由于目前很多建筑设计追求新奇、特，造型越来越复杂，很多时候根本无法明确区分什么是围护结构、什么是屋顶，因此对于斜围护结构与斜屋顶采用相同的计算规则，即只要外壳倾斜，就按结构净高划段，分别计算建筑面积，如图 7.2.1–20 所示。

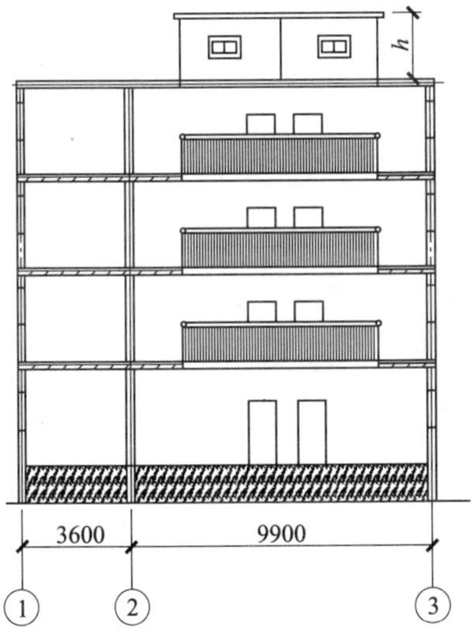

图 7.2.1–19 建筑物顶部楼梯间示意图

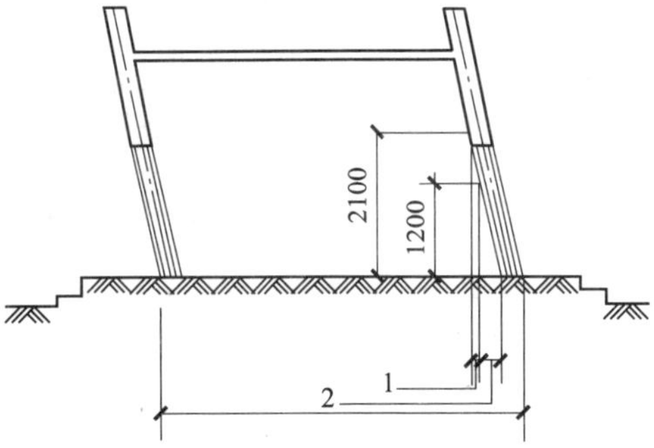

图 7.2.1–20 斜围护结构示意图

1—计算 1/2 建筑面积部位；2—不计算建筑面积部位

（19）建筑物的室内楼梯、电梯井、提物井、管道井、通风排气竖井、烟道，应并入建筑物的自然层计算建筑面积。有顶盖的采光井应按一层计算面积，结构净高在 2.10m 及以上的，应计算全面积，结构净高在 2.10m 以下的，应计算 1/2 面积。

建筑物的楼梯间层数按建筑物的层数计算。有顶盖的采光井包括建筑物中的采光井和地下室采光井。图 7.2.1–21 所示电梯井应按 5 层计算建筑面积。图 7.2.1–22 中的采光井应按一层计算建筑面积。

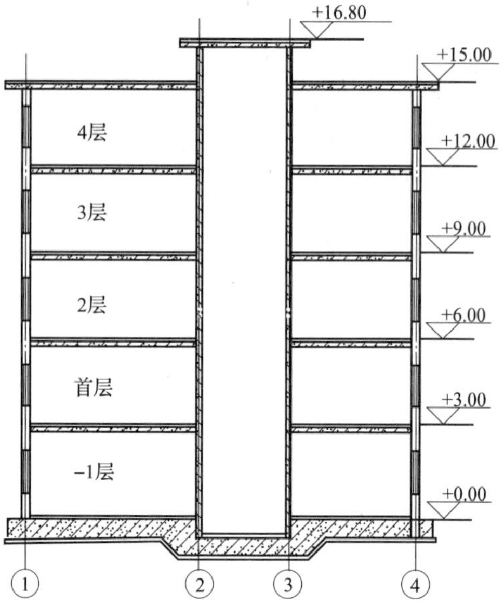

图 7.2.1–21 建筑物电梯井剖面图

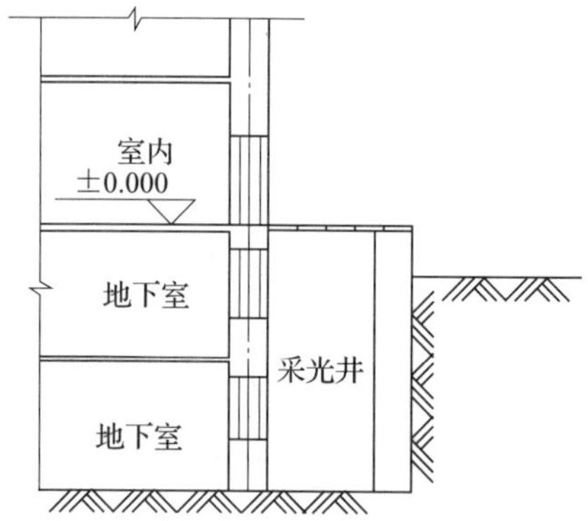

图 7.2.1–22 地下室采光井示意图

（20）室外楼梯应并入所依附建筑物自然层，并应按其水平投影面积的 1/2 计算建筑面积。

室外楼梯作为连接该建筑物层与层之间交通不可缺少的基本部件，无论从其功能还是工程计价的要求来说，均需计算建筑面积。层数为室外楼梯所依附的楼层数，即梯段部分投影到建筑物范围的层数。利用室外楼梯下部的建筑空间不得重复计算建筑面积；利用地势砌筑的为室外踏步，不计算建筑面积。

【例 7.2.1–8】计算图 7.2.1–23 中室外楼梯的建筑面积。

解：$S_{室外楼梯}$=1/2×3.00×6.625×2=19.88（m^2）

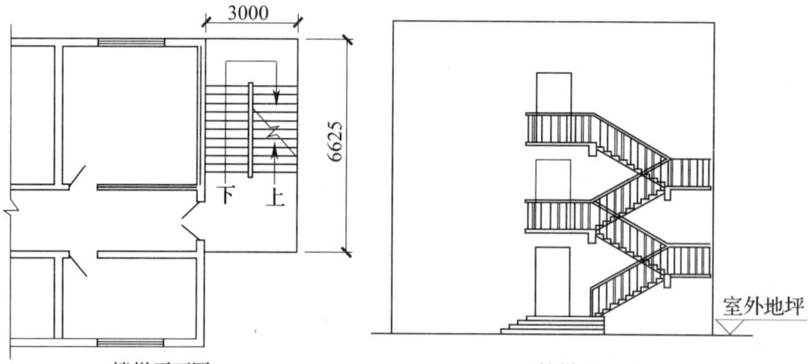

(a)楼梯平面图　　(b)楼梯立面图

图 7.2.1–23 室外楼梯示意图

（21）在主体结构内的阳台，应按其结构外围水平面积计算全面积；在主体结构外的阳台，应按其结构底板水平投影面积计算 1/2 面积。

建筑物的阳台，不论其形式如何，均以建筑物主体结构为界分别计算建筑面积。

【例 7.2.1–9】计算图 7.2.1–24 中阳台的建筑面积。

解：（1）凹阳台属于在主体结构内的阳台，应按其结构外围水平面积计算全面积。

$$S_{凹阳台}=3.40\times1.20\times2=8.16（m^2）$$

（2）挑阳台属于在主体结构外的阳台，应按其结构底板水平投影面积计算 1/2 面积。

$$S_{凸阳台}=4.40\times1.50\times2\times1/2=6.60（m^2）$$

（3）此建筑物阳台建筑面积：

$$S_{阳台}=S_{凹阳台}+S_{凸阳台}=8.16+6.60=14.76\ (m^2)$$

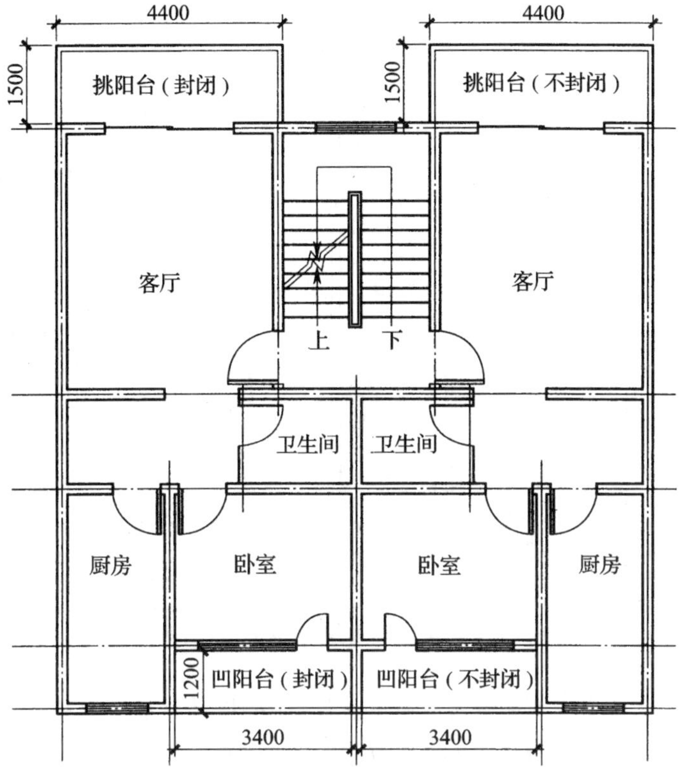

图 7.2.1–24　建筑物阳台示意图

（22）有顶盖无围护结构的车棚、货棚、站台、加油站、收费站等，应按其顶盖水平投影面积的 1/2 计算建筑面积。

（23）以幕墙作为围护结构的建筑物，应按幕墙外边线计算建筑面积，如图 7.2.1–25 所示。

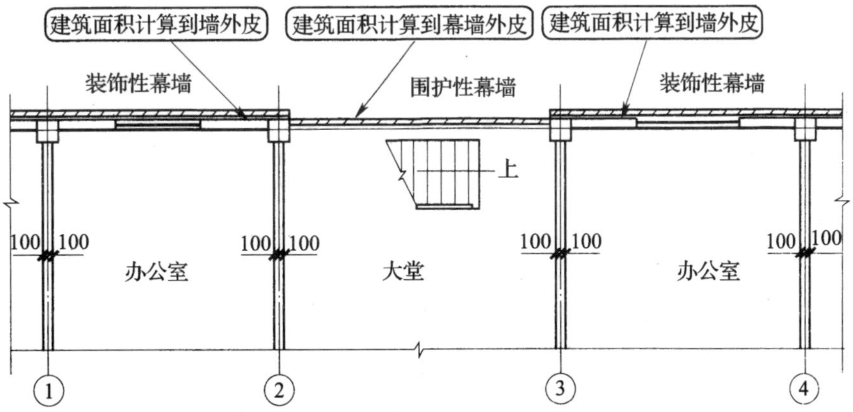

图 7.2.1–25　某建筑物幕墙示意图

幕墙通常有两种，围护性幕墙和装饰性幕墙，围护性幕墙计算建筑面积，装饰性幕墙一般贴在墙外皮，其厚度不再计算建筑面积。

（24）建筑物的外墙外保温层，应按其保温材料的水平截面积计算，并计入自然层建筑面积。

（25）与室内相通的变形缝，是指暴露在建筑物内，在建筑物内可以看得见的变形缝，应按其自然层合并在建筑物面积内计算。对于高低联跨的建筑物，当高低跨内部连通时，其变形缝应计算在低跨面积内。图 7.2.1–26 中的变形缝应按其自然层计算建筑面积。

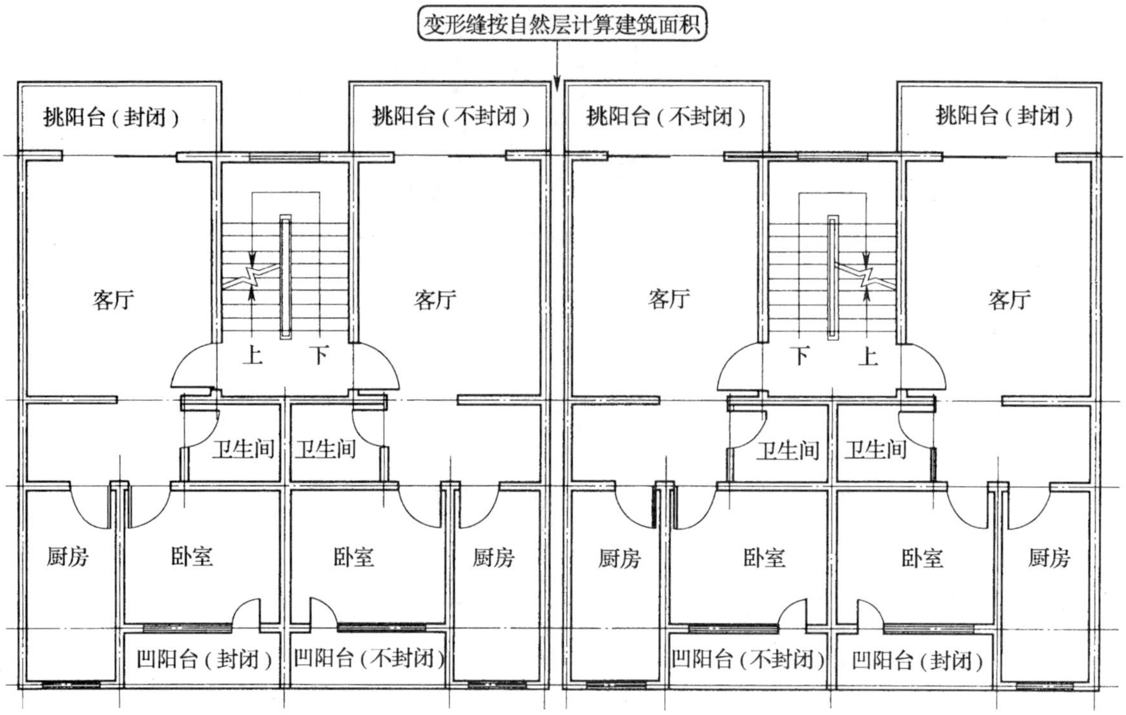

图 7.2.1–26　某建筑物标准层示意图

（26）对于建筑物内的设备层、管道层、避难层等有结构层的楼层，结构层高在 2.20m 及以上的，应计算全面积；结构层高在 2.20m 以下的，应计算 1/2 面积。设备、管道楼层归为自然层，其计算规则与普通楼层相同。在吊顶空间内设置管道的，则吊顶空间部分不能被视为设备层、管道层，如图 7.2.1–27 所示。

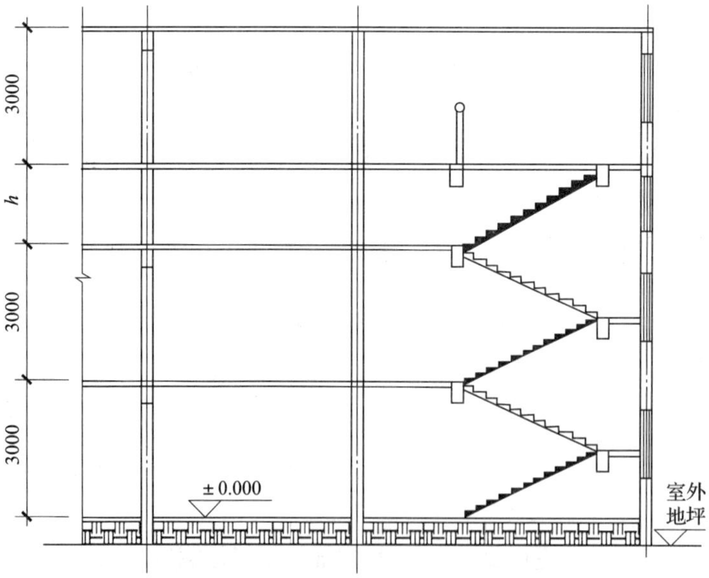

图 7.2.1–27　建筑物设备层示意图

h—设备层

7.2.2　不应计算建筑面积部分

下列项目不应计算建筑面积：

（1）与建筑物内不相连通的建筑部件。它指的是依附于建筑物外墙外不与户室开门连通，起装饰作用的敞开式挑台（廊）、平台，以及不与阳台相通的空调室外机搁板（箱）等设备平台部件。

（2）骑楼、过街楼底层的开放公共空间和建筑物通道。

（3）舞台及后台悬挂幕布和布景的天桥、挑台等。这里指的是影剧院的舞台及为舞台服务的可供上人维修、悬挂幕布、布置灯光及布景等搭设的天桥和挑台等构件设施。

（4）露台、露天游泳池、花架、屋顶的水箱及装饰性结构构件，如图 7.2.2–1 所示。

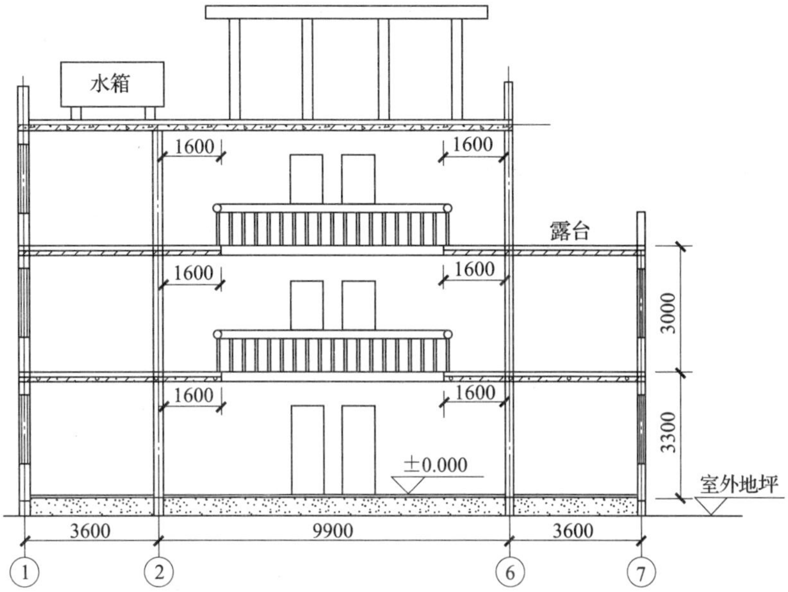

图 7.2.2–1　建筑物屋顶水箱、露台示意图

（5）建筑物内的操作平台、上料平台、安装箱和罐体的平台。建筑物内不构成结构层的操作平台、上料平台（包括工业厂房、搅拌站和料仓等建筑中的设备操作控制平台、上料平台等），其主要作用为室内构筑物或设备服务的独立上人设施，因此不计算建筑面积，如图 7.2.2–2 所示。

（6）勒脚、附墙柱、垛、台阶、墙面抹灰、装饰面、镶贴块料面层、装饰性幕墙，主体结构外的空调室外机搁板（箱）、构件、配件，挑出宽度在 2.10m 以下的无柱雨篷和顶盖高度达到或超过两个楼层的无柱雨篷。附墙柱是指非结构性装饰柱，如图 7.2.2–3 所示。

图 7.2.2–2　某车间操作平台示意图

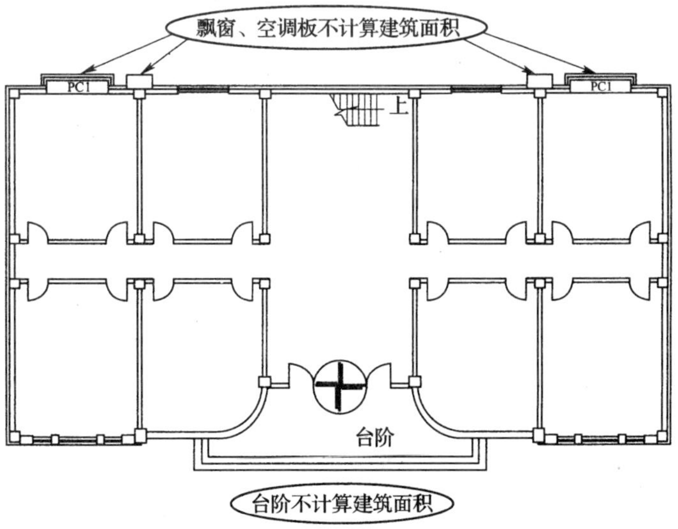

图 7.2.2–3　建筑物首层平面图

（7）窗台与室内地面高差在 0.45m 以下且结构净高在 2.10m 以下的凸（飘）窗，窗台与室内地面高差在 0.45m 及以上的凸（飘）窗。

（8）室外爬梯、室外专用消防钢楼梯；室外钢楼梯需要区分具体用途，如专用于消防楼梯，则不计算建筑面积，如果是建筑物唯一通道，兼用于消防，则需要按本节第 20 条计算建筑面积。

（9）无围护结构的观光电梯。

（10）建筑物以外的地下人防通道，独立的烟囱、烟道、地沟、油（水）罐、气柜、水塔、贮油（水）池、贮仓、栈桥等构筑物。

第 8 章　土建工程工程量清单的编制

【本章提示】通过学习本章，学习人员应了解工程量清单计价的适应范围及作用；熟悉《建设工程工程量清单计价规范》GB 50500—2013 的内容，熟悉工程量清单的组成、编制依据及编制内容，掌握工程量清单的编制方法及各清单的编制。

工程量清单应由招标人或受其委托的具有相应资质的工程造价咨询企业编制。按照工程量清单计价规范和招标文件的有关规定，根据施工图纸和施工现场的情况，并将拟建工程的全部工程项目和内容及工程项目特征等列在清单上供投标人逐一报价。工程量清单必须体现招标人要求完成的工程内容及相应的工程数量，全面反映投标报价的要求。工程量清单是投标人投标报价的依据，是招标文件的组成部分。

8.1 《建设工程工程量清单计价规范》GB 50500—2013 概述

8.1.1 《建设工程工程量清单计价规范》GB 50500—2013 的内容

《建设工程工程量清单计价规范》GB 50500—2013（以下简称《计价规范》）是根据《中华人民共和国建筑法》《中华人民共和国合同法》《中华人民共和国招标投标法》等法律法规，遵照国家宏观调控、市场竞争的原则，在总结了《建设工程工程量清单计价规范》GB 50500—2008 实施以来的经验及执行中存在问题的基础上修编的。

《计价规范》是规范工程造价计价行为，统一建设工程计价文件的编制和计价方法，是处理建设工程工程量清单计价活动中发包人与承包人各种关系的规范文件，《计价规范》由正文、附录及条文说明三部分组成。

正文共 16 章，包括总则，术语，一般规定，工程量清单编制，招标控制价，投标报价，合同价款约定，工程计量，合同价款调整，合同价款期中支付，竣工结算与支付，合同解除的价款结算与支付，合同价款争议的解决，工程造价鉴定，工程计价资料与档案，工程计价表格。正文分别就计价规范的使用范围、遵循的原则进行了明确规定，其内容涵盖了建设工程从招投标开始至工程结算的全过程计价及管理，包括工程量清单的编制、招标控制价及投标报价的编制、合同价款的约定、施工过程计量与支付、索赔和现场签证，工程价款的调整、结算办理以及计价争议的处理等内容。

附录包括内容如下：

（1）附录 A　物价变化合同价款调整方法；

（2）附录 B　工程计价文件封面；

（3）附录 C　工程计价文件扉页；

（4）附录 D　工程计价总说明；

（5）附录 E　工程计价汇总表；

（6）附录 F　分部分项工程和措施项目计价表；

（7）附录 G　其他项目计价表；

（8）附录 H　规费、税费项目计价表；

（9）附录 J　工程计量申请（核准）表；

（10）附录 K　合同价款支付申请（核准）表；

（11）附录 L　主要材料、工程设备一览表。

条文说明对正文中每个条款的具体说明及解释，便于理解和执行。

8.1.2 工程量清单计价的适应范围

《计价规范》适用于建设工程发承包及其实施阶段的计价活动。建设工程发承包及实施阶段的计价活动包括招标工程量清单、招标控制价、投标报价的编制，工程合同价款的约定，竣工结算的办理以及施工过程中的工程计量、合同价款支付、施工索赔与现场签证、合同价款调整和合同价款争议的解决等活动。

使用国有资金投资的建设工程发承包必须采用工程量清单计价；非国有资金投资的建设工程宜采用工程量清单计价；不采用工程量清单计价的建设工程，应执行《计价规范》中除工程量清单等专门性规定外的其他规定。

国有资金投资的项目包括全部使用国有资金（含国家融资资金）投资或国有资金投资为主的工程建设项目。

国有资金投资的工程建设项目包括：

（1）使用各级财政预算资金的项目。

（2）使用纳入财政管理的各种政府性专项建设资金的项目。

（3）使用国有企事业单位自有资金，并且国有资产投资者实际拥有控制权的项目。

国家融资资金投资的工程建设项目包括：

（1）使用国家发行债券所筹资金的项目。

（2）使用国家对外借款或者担保所筹资金的项目。

（3）使用国家政策性贷款的项目。

（4）国家授权投资主体融资的项目。

（5）国家特许的融资项目。

国有资金（含国家融资资金）为主的工程建设项目是指国有资金占投资总额 50% 以上，或虽不足 50% 但国有投资者实质上拥有控股权的工程建设项目。

8.1.3 工程量清单计价的作用

一、提供一个平等的竞争条件

采用施工图预算来投标报价，由于设计图纸的缺陷，不同施工企业的人员理解不一，计算出的工程量也不同，报价就更相去甚远，也容易产生纠纷。而工程量清单报价就为投标者提供了一个平等竞争的条件，相同的工程量由企业根据自身的实力来填报不同的单价。投标人的这种自主报价，使得企业的优势体现到投标报价中，可在一定程度上规范建筑市场秩序，确保工程质量。

二、满足市场经济条件下竞争的需要

招投标过程就是竞争的过程，招标人提供工程量清单，投标人根据自身情况确定综合单价，利用单价与工程量逐项计算每个项目的合价，再分别填入工程量清单表内，计算出投标总价。单价成了决定性的因素，定高了不能中标，定低了又要承担过大的风险。单价的高低直接取决于企业管理水平和技术水平的高低，这种局面促成了企业整体实力的竞争，有利于我国建设市场的快速发展。

三、有利于提高工程计价效率，能真正实现快速报价

采用工程量清单计价方式避免了传统计价方式下招标人与投标人之间在工程量计算上的重复工作，各投标人以招标人提供的工程量清单为统一平台，结合自身的管理水平和施工方案进行报价，促进了各投标人企业定额的完善和工程造价信息的积累和整理，体现了现代工程建设中快速报价的要求。

四、有利于工程款的拨付和工程造价的最终结算

中标后，业主要与中标单位签订施工合同，中标价就是确定合同价的基础，投标清单上的单价就成了拨付工程款的依据。业主根据施工企业完成的工程量，可以很容易地确定进度款的拨付额。工程竣工后，根据设计变更、工程量增减等，业主也很容易确定工程的最终造价，可在某种程度上减少业主与施工单位之间的纠纷。

五、有利于业主对投资的控制

采用现在的施工图预算形式，业主对因设计变更、工程量的增减所引起的工程造价变化不敏感，往往等到竣工结算时才知道这些变化对项目投资的影响有多大，但此时常常是为时已晚。而采用工程量清单报价的方式则可对投资变化一目了然，在要进行设计变更时，能马上知道它对工程造价的影响，业主就能根据投资情况来决定是否变更或进行方案比较，以决定最恰当的处理方法。

8.2　工程量清单的组成

8.2.1　工程量清单的组成

工程量清单是载明建设工程分部分项工程项目、措施项目和其他项目的名称和相应数量以及规费和税金项目等内容的明细清单。其中由招标人根据国家标准、招标文件、设计文件以及施工现场实际情况编制的称为招标工程量清单，而作为投标文件组成部分的已标明价格并经承包人确认的称为已标价工程量清单。招标工程量清单应由具有编制能力的招标人或受其委托，具有相应资质的工程造价咨询人或招标代理人编制。采用工程量清单方式招标，招标工程量清单必须作为招标文件的组成部分，其准确性和完整性由招标人负责。

根据《建设工程工程量清单计价规范》GB 50500—2013，招标工程量清单应以单位（项）工程为单位编制，由分部分项工程项目清单、措施项目清单、其他项目清单、规费项目清单和税金项目清单组成。

8.2.2　工程量清单的编制依据

（1）《建设工程工程量清单计价规范》GB 50500—2013 和相关工程的国家计量规范。

（2）国家或省级、行业建设主管部门颁发的计价定额和办法。

（3）建设工程设计文件及相关资料。

（4）与建设工程有关的标准、规范、技术资料。

（5）拟定的招标文件（工程量清单除外）。

（6）施工现场情况、地勘水文资料、工程特点及常规施工方案。

（7）其他相关资料。

8.2.3　工程量清单的编制内容

根据《建设工程工程量清单计价规范》GB 50500—2013 编制工程量清单的内容：

（1）编制说明。主要对工程项目的基本概况，工程量清单的编制依据，编制内容、工程质量标准要求及其他需要说明的内容等进行说明。

（2）分部分项工程量清单。

（3）措施项目清单。

（4）其他项目清单。

（5）规费项目清单。

（6）税金项目清单。

8.3　工程量清单的编制方法

8.3.1　工程量清单的编制方法

一、工程量清单的编制方法

（1）按《建设工程工程量清单计价规范》GB 50500—2013 和各专业工程工程量计算规范的规定，列出项目编码、项目名称、项目特征、计量单位。

（2）按拟建工程的设计图纸、设计要求、设计说明、施工方案以及相关设计规范、施工规范的有关规定编制每个分部分项工程项目的工程特征。

（3）按工程量清单工程量的计算规则计算每个分部分项工程项目的工程量。

（4）按《建设工程工程量清单计价规范》GB 50500—2013 要求，填写《计价规范》规定的工程量清单标准表格。

二、工程量清单编制表格应符合的规定

（1）工程量清单编制使用表格按《计价规范》的工程计价表格执行。

（2）扉页应按规定的内容填写、签字、盖章，由造价人员编制的工程量清单应有负责审核的造价工程师签字、盖章。受委托编制的工程量清单，应有造价工程师签字、盖章以及工程造价咨询人盖章。

（3）总说明应按下列内容填写：

1）工程概况：建设规模、工程特征、计划工期、施工现场实际情况、自然地理条件、环境保护要求等；

2）工程招标和专业工程发包范围；

3）工程量清单编制依据；

4）工程质量、材料、施工等的特殊要求；

5）其他需说明的问题。

8.3.2 分部分项工程量清单的编制

分部分项工程是“分部工程”和“分项工程”的总称。“分部工程”是单位工程的组成部分，是按结构部位、路段长度及施工特点或施工任务将单位工程划分为若干分部的工程。例如，房屋建筑与装饰工程中的砌筑工程分为砖砌体、砌块砌体、石砌体、垫层分部工程。“分项工程”是分部工程的组成部分，是按不同施工方法、材料、工序及路段长度等将分部工程划分为若干个分项或项目的工程。例如，砖砌体分为砖基础、砖砌挖孔桩护壁、实心砖墙、多孔砖墙、空心砖墙、空斗墙、空花墙、填充墙、实心砖柱、多孔砖柱、砖检查井、零星砌砖、砖散水、砖地坪、砖地沟、砖明沟等分项工程。

分部分项工程项目清单必须载明项目编码、项目名称、项目特征、计量单位和工程量，分部分项工程项目清单必须根据各专业工程工程量计算规范规定的项目编码、项目名称、项目特征、计量单位和工程量计算规则进行编制。其格式如表 8.3.2 所示，在分部分项工程项目清单的编制过程中，由招标人负责前六项内容填列，金额部分在编制最高投标限价或投标报价时填列。

表 8.3.2 分部分项工程和单价措施项目清单与计价表

工程名称： 标段： 第 页 共 页

序号	项目编码	项目名称	项目特征描述	计量单位	工程量	金 额		
						综合单价	合价	其中：暂估价

注：为计取规费等的使用，可在表中增设“定额人工费”。

一、项目编码

项目编码是分部分项工程和措施项目清单名称的阿拉伯数字标识。清单项目编码以五级编码设置，用十二位阿拉伯数字表示，一、二、三、四级编码为全国统一，即一至九位应按各专业工程工程量计算规范附录的规定设置；第五级即十至十二位为清单项目编码，应根据拟建工程的工程量清单项目名称设置，不得有重号，这三位清单项目编码由招标人针对招标工程项目具体编制，并应自 001 起顺序编制。

各级编码代表的含义如下：

（1）第一级表示专业工程代码（分二位）；

（2）第二级表示附录分类顺序码（分二位）；

（3）第三级表示分部工程顺序码（分二位）；

（4）第四级表示分项工程项目名称顺序码（分三位）；
（5）第五级表示清单项目名称顺序码（分三位）。
项目编码结构如图 8.3.2 所示（以房屋建筑与装饰工程为例）。

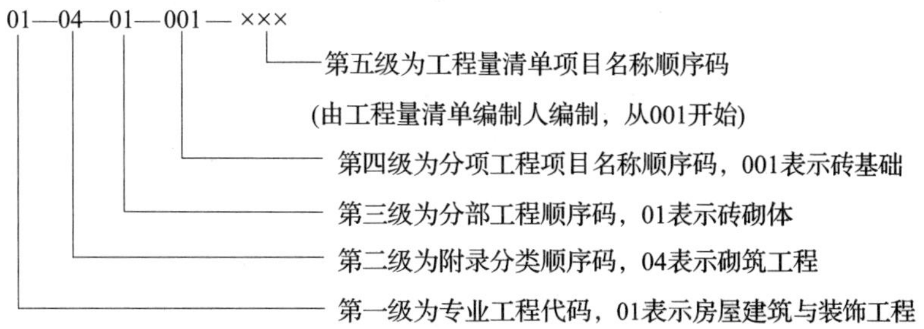

图 8.3.2　工程量清单项目编码结构图

当同一标段（或合同段）的一份工程量清单中含有多个单位工程且工程量清单是以单位工程为编制对象时，在编制工程量清单时应特别注意对项目编码十至十二位的设置不得有重码的规定，如一个标段（或合同段）的工程量清单中含有三个单位工程，每一单位工程中都有项目特征相同的实心砖墙砌体，在工程量清单中又需要反映三个不同单位工程的实心砖墙砌体工程量时，则第一个单位工程的实心砖墙的项目编码应为 010401003001，第二个单位工程的实心砖墙的项目编码应为 010401003002，第三个单位工程的实心砖墙的项目编码应为 010401003003，并分别列出各单位工程实心砖墙的工程量。

二、项目名称

分部分项工程项目清单的项目名称，应按各专业工程量计算规范附录的项目名称并结合拟建工程的实际来确定。附录表中的“项目名称”为分项工程项目名称，是形成分部分项工程项目清单项目名称的基础。即在编制分部分项工程项目清单时，以附录中的分项工程项目名称为基础，考虑该项目的规格、型号、材质等特征要求，结合拟建工程的实际情况，使其工程量清单项目名称具体化、细化，以反映影响工程造价的主要因素。如“门窗工程”中“特种门”应区分“冷藏门”“冷冻闸门”“保温门”“变电室门”“隔音门”“防射线门”“人防门”“金库门”等。清单项目名称应该表达详细、准确，各专业工程量计算规范中的分项工程项目名称如有缺陷，招标人可作补充，并报当地工程造价管理机构（省级）备案。

三、项目特征

项目特征是构成分部分项工程项目、措施项目自身价值的本质特征。项目特征是对项目的准确描述，是确定一个清单项目综合单价不可缺少的重要依据，是区分清单项目的依据，是履行合同义务的基础。分部分项工程项目清单的项目特征应按各专业工程的工程量计算规范附录中规定的项目特征，结合技术规范、标准图集、施工图纸，按照工程结构、使用材质及规格或安装位置等，予以详细而准确的表述和说明。凡是项目特征中未描述到的其他独有特征，由清单编制人视项目具体情况确定，以准确描述清单项目为准。

在各专业工程工程量计算规范附录中还有关于各清单项目“工程内容”的描述。工程内容是指完成清单项目可能发生的具体工作和操作程序，但应注意的是，在编制分部分项工程项目清单时，工程内容通常无须描述，因为在工程量计算规范中，工程量清单项目与工程量计算规则、工程内容有一一对应关系，当采用工程量计算规范这一标准时，工程内容均有规定。

四、计量单位

计量单位应采用基本单位，除各专业另有特殊规定外均按以下单位计量：
（1）以重量计算的项目：吨或千克（t 或 kg）。
（2）以体积计算的项目：立方米（m^3）。
（3）以面积计算的项目：平方米（m^2）。
（4）以长度计算的项目：米（m）。
（5）以自然计量单位计算的项目：个、套、块、樘、组、台……。

（6）没有具体数量的项目：宗、项……

各专业有特殊计量单位的，再另外加以说明，当计量单位有两个或两个以上时，应根据所编工程量清单项目的特征要求，选择最适宜表现该项目特征并方便计量的单位。例如，门窗工程计量单位为“樘 /m^2”两个计量单位，实际工作中，就应选择最适宜、最方便计量和组价的单位来表示。计量单位的有效位数应遵守下列规定：

（1）以“t”为单位，应保留三位小数，第四位小数四舍五入。

（2）以“m^3”“m^2”“m”“kg”为单位，应保留两位小数，第三位小数四舍五入。

（3）以“个”“项”等为单位，应取整数。

五、工程数量的计算

工程数量主要通过工程量计算规则计算得到，工程量计算规则是指对清单项目工程量计算的规定。除另有说明外，所有清单项目的工程量应以实体工程量为准，并以完成后的净值计算；投标人投标报价时，应在单价中考虑施工中的各种损耗和需要增加的工程量。

根据《计价规范》与各专业工程工程量计算规范的规定，工程量计算规则可以分为房屋建筑与装饰工程，仿古建筑工程，通用安装工程，市政工程，园林绿化工程，构筑物工程，矿山工程，城市轨道交通工程，爆破工程等九大类。

以房屋建筑与装饰工程为例，其工程量计算规范中规定的分类项目包括土石方工程，地基处理与边坡支护工程，桩基工程，砌筑工程，混凝土及钢筋混凝土工程，金属结构工程，木结构工程，门窗工程，屋面及防水工程，保温、隔热、防腐工程，楼地面装饰工程，墙、柱面装饰与隔断、幕墙工程，天棚工程，油漆、涂料、裱糊工程，其他装饰工程，拆除工程、措施项目等，分别制定了它们的项目的设置和工程量计算规则。

随着工程建设中新材料、新技术、新工艺等的不断涌现，各专业工程工程量计算规范附录所列的工程量清单项目不可能包含所有项目。在编制工程量清单时，当出现各专业工程工程量计算规范附录中未包括的清单项目时，编制人应做补充。在编制补充项目时应注意以下三个方面：

（1）补充项目的编码应按工程量计算规范的规定确定。具体做法如下：补充项目的编码由各专业工程工程量计算规范的代码与 B 和三位阿拉伯数字组成，并应从 001 起按顺序编制，例如房屋建筑与装饰工程如需补充项目，则其编码应从 01B001 开始起按顺序编制，同一招标工程的项目不得重码。

（2）在工程量清单中应附补充项目的项目名称、项目特征、计量单位、工程量计算规则和工作内容。

（3）将编制的补充项目报省级或行业工程造价管理机构备案。

8.3.3 措施项目清单的编制

措施项目是指为完成工程项目施工，发生于该工程施工准备和施工过程中的技术、生产、安全、环境保护等方面的项目。

措施项目清单应根据各专业工程工程量计算规范的规定编制，并应根据拟建工程的实际情况列项。措施项目清单为可调整清单，投标人对招标人所列的项目根据企业的自身情况做适当的调整。投标人对拟建工程可能发生的措施项目和措施费用通盘考虑，清单计价一经报出，即被认为是包括所有应该发生的措施项目的全部费用，如果报出的清单中没有列项的，且施工过程又必须发生的项目，业主有权认为其已包括在投标价中，将来措施项目发生投标人不得以任何借口提出索赔或调整。

措施项目中列出了项目编码、项目名称、项目特征、计量单位、工程量计算规则的项目，编制工程量清单时，应按照各专业工程工程量计算规范分部分项工程的规定执行。

措施项目中仅列出项目编码、项目名称，未列出项目特征、计量单位和工程量计算规则的项目，编制工程量清单时，应按各专业工程工程量计算规范附录措施项目规定的项目编码、项目名称确定。

措施项目清单的编制需考虑多种因素，除工程本身的因素外，还涉及水文、气象、环境、安全等因素。由于影响措施项目设置的因素太多，各专业工程工程量计算规范不可能将施工中可能出现的措施项目一一列出。在编制措施项目清单时，因工程情况不同，出现各专业工程工程量计算规范附录中未列的措施项目，可根据工程的具体情况对措施项目清单做补充。

各专业工程工程量计算规范将措施项目划分为两类：一类是不能计算工程量的项目（总价措施项目），如绿色施工安全防护措施费等，以“项”为计量单位进行编制，称为“总价项目”；另一类是可以计算工程量的项目（单价措施项目），如脚手架，模板工程等，这类措施项目按照分部分项工程项目清单的方式采用综合单价计价，更有利于措施费的确定和调整，称为“单价项目”。

8.3.4　其他项目清单的编制

其他项目清单是指分部分项工程项目清单、措施项目清单所包含的内容以外，因招标人的特殊要求而发生的与拟建工程有关的其他费用项目和相应数量的清单。

工程建设标准的高低、工程的复杂程度、工程的工期长短、工程的组成内容、发包人对工程管理的要求等都直接影响其他项目清单的具体内容。其他项目清单包括暂列金额，暂估价（包括材料暂估单价、工程设备暂估单价、专业工程暂估价），计日工，总承包服务费。其他项目清单内的暂列金额、工程优质费、总包服务费由招标人根据工程实际情况提出。在实际工程中，对其他项目一览表中不足的部分，清单编制人可做补充，补充项目应列在清单项目最后，并以“补”字在“序号”栏中示之。

8.3.5　规费项目清单的编制

规费项目清单（《建设工程工程量清单计价规范》GB 50500—2013）按下列内容列项：

（1）工程排污费；

（2）施工噪声排污费；

（3）防洪工程维护费；

（4）危险作业意外伤害保险费。

规费是强制性费用，在工程计价时，必须按工程所在地的规定列出项目的名称和标准。

8.3.6　税金项目清单的编制

税金必须按国家或省级政府部门的规定计算。

第 9 章　土建工程工程量计算规则及应用

【本章提示】通过学习本章，学习人员应熟悉国家标准《房屋建筑与装饰工程工程量计算规范》GB 50854—2013（以下简称《计算规范》）及《广东省房屋建筑与装饰工程综合定额（2018）》（以下简称《综合定额》）概述的内容。

通过对工程量计算规则的学习，学习人员应了解各分部工程的概述内容；了解地基处理与边坡支护工程、金属结构工程、木结构工程、其他装饰工程、拆除工程等《计算规范》规定的工程量计算规则；熟悉保温隔热防腐工程、超高施工增加、大型机械设备进出场及安拆、施工排水降水等《计算规范》规定的工程量计算规则；掌握土石方工程、桩基工程、砌筑工程、混凝土及钢筋混凝土工程、门窗工程、屋面及防水工程、楼地面装饰工程、墙柱面装饰与隔断幕墙工程、天棚工程、油漆涂料裱糊工程、脚手架工程、混凝土模板及支架（撑）、垂直运输、安全文明施工及其他措施项目等《计算规范》规定的工程量计算规则。

通过对工程量计算规则的学习，学习人员应了解围护及支护工程、金属结构工程、木结构工程、其他装饰工程、拆除工程、保温隔热防腐工程、超高施工增加、大型机械设备进出场及安拆、施工排水降水等《综合定额》规定的工程量计算规则；熟悉土石方工程、桩基础工程、砌筑工程、混凝土及钢筋混凝土工程、装配式混凝土结构建筑构件及部品工程、门窗工程、屋面及防水工程、楼地面工程、墙柱面装饰与隔断幕墙工程、天棚工程、油漆涂料裱糊工程、模板工程、脚手架工程、垂直运输工程、材料及小型构件二次水平运输、成品保护工程、井点降水工程、绿色施工安全防护措施费、措施其他项目、其他项目等《综合定额》规定的工程量计算规则或相关费用标准。

特别需要提示的是，由于篇幅有限，本章未详细介绍《综合定额》规定的工程量计算规则或相关费用标准，学习人员应结合《综合定额》进行学习。

房屋建筑与装饰工程的工程量，广东省和深圳市可根据《建设工程工程量清单计价规范》GB 50500—2013、《房屋建筑与装饰工程工程量计算规范》GB 50854—2013 及《广东省建设工程计价依据》或《深圳市建设工程计价依据》进行计算；建筑安装工程费用，广东省和深圳市可根据各地区的综合定额、工期定额、建设工程计价程序及相关部门计价文件为依据进行计算。在建设工程的工程量清单编制中，广东省和深圳市可依据国家标准《建设工程工程量清单计价规范》GB 50500—2013、各专业工程工程量计算规范及本地区的建设工程计价依据来进行计量与计价。

9.1 《房屋建筑与装饰工程工程量计算规范》GB 50854—2013 概述

《房屋建筑与装饰工程工程量计算规范》GB 50854—2013 是根据住房和城乡建设部《关于印发〈2009 年工程建设标准规范制定、修订计划〉的通知》（建标函〔2009〕88 号）的要求，为进一步适应建设市场计量、计价的需要，对《建设工程工程量清单计价规范》GB 50500—2008 附录 A 建筑物部分、附录 B 装饰装修工程进行修订并增加新项目而成。《计算规范》包括正文、附录和条文说明三部分。

《计算规范》是为了规范房屋建筑与装饰工程造价计量行为，统一房屋建筑与装饰工程工程量计算规则、工程量清单编制方法。该规范适用于工业与民用建筑与装饰工程发承包及实施阶段计价活动中的工程计量和工程量编制。

（1）《计算规范》正文共 4 章，包括总则、术语、工程计量、工程量清单编制。

（2）《计算规范》附录对分部分项工程和可计量的措施项目的项目编码、项目名称、项目特征描述的内容、计量单位、工程量计算规则及工作内容做了规定；对于不能计量的措施项目则规定了项目编码、项目名称和工作内容及包含范围。附录内容如下：

1）附录 A（土石方工程）为 01；
2）附录 B（地基处理与边坡支护工程）为 02；
3）附录 C（桩基工程）为 03；
4）附录 D（砌筑工程）为 04；
5）附录 E（混凝土及钢筋混凝土工程）为 05；
6）附录 F（金属结构工程）为 06；
7）附录 G（木结构工程）为 07；
8）附录 H（门窗工程）为 08；
9）附录 J（屋面及防水工程）为 09；
10）附录 K（保温、隔热、防腐工程）为 10；
11）附录 L（楼地面装饰工程）为 11；
12）附录 M（墙、柱面装饰与隔断、幕墙工程）为 12；
13）附录 N（天棚工程）为 13；
14）附录 P（油漆、涂料、裱糊工程）为 14；
15）附录 Q（其他装饰工程）为 15；
16）附录 R（拆除工程）为 16；
17）附录 S（措施项目）为 17。

（3）条文说明对正文中的条款进行了具体说明及解释，便于理解和执行。

9.2 《广东省房屋建筑与装饰工程综合定额（2018）》概述

《广东省房屋建筑与装饰工程综合定额（2018）》是在国家标准《建设工程工程量清单计价规范》GB 50500—2013、《房屋建筑与装饰工程消耗量定额》TY01-31—2015 及《（广东省建设工程计价依据》（2010）的基础上，结合广东省实际，根据现行国家产品标准、设计规范和施工验收规范、质量评定标准、安全操作规程、绿色施工评价标准等编制的。

（1）《综合定额》适用于广东省行政区域内采用绿色施工标准新建、扩建和改建的房屋建筑与装饰工程。

（2）《综合定额》是广东省房屋建筑与装饰工程合理确定和有效控制工程造价、衡量工程造价合理性的基础，是编审设计概算、施工图预算、招标控制价、竣工结算的依据，是处理工程造价纠纷、鉴定工程造价的依据，也可作为企业投标报价、加强内部管理和核算的参考。

（3）《综合定额》是完成单位工程量所需的人工费用、材料、机具等消耗量及管理费标准，该消耗量及费用标准是按正常的施工条件，以广东省建筑企业的施工机械装备程度、合理的施工工期、采用绿色施工标准的施工工艺、劳动组织为基础综合确定的，反映了社会平均水平。

（4）《综合定额》由分部分项工程项目、措施项目、其他项目、税金、附录共五部分组成。子目基价及其组项价格均不包含增值税可抵扣进项税额。

（5）《综合定额》按章、节、项目、子目排列，各章均有章说明、工程量计算规则，项目由工作内容和定额表格组成，有的加上必要的附注。工作内容简明扼要地说明主要施工工序，次要施工工序虽未具体说明，但均已综合考虑在内。

（6）《综合定额》的分部分项工程项目包括土石方工程，围护及支护工程，桩基础工程，砌筑工程，混凝土及钢筋混凝土工程，装配式混凝土结构、建筑构件及部品工程，金属结构工程，木结构工程，门窗工程，屋面及防水工程，保温、隔热、防腐工程，楼地面工程，墙、柱面装饰与隔断、幕墙工程，天棚工程，油漆涂料裱糊工程，其他装饰工程，景观工程，石作工程，拆除工程共 19 个分部工程。每个分部工程又分为若干个项目。如土石方工程包括土方工程、石方工程、回填方及其他三节。

（7）《综合定额》的措施项目包括模板工程、脚手架工程、垂直运输工程、材料及小型构件二次水平运输、成品保护工程、井点降水工程、绿色施工安全防护措施费、措施其他项目共 8 个内容。

9.3 工程量计算规则

9.3.1 土石方工程

一、概述

（一）清单规范内容

《计算规范》“附录 A 土石方工程”，内容包括土方工程、石方工程、回填共 3 节 13 个工程量清单项目。

工程量清单项目设置、项目特征描述的内容、计量单位及工程量计算规则应按《计算规范》附录 A 所附相应表格的规定执行。

《计算规范》附录 A 还包括：表 A.1–1 土壤分类表、表 A.1–2 土方体积折算系数表、表 A.1–3 放坡系数表、表 A.1–4 基础施工所需工作面宽度计算表、表 A.1–5 管沟施工每侧所需工作面宽度计算表、表 A.2–1 岩石分类表、表 A.2–2 石方体积折算系数表共 7 个表格，详见《计算规范》附录 A。

（二）定额内容

《综合定额》“A.1.1 土石方工程”，内容包括土方工程、石方工程、回填方及其他共 3 节 137 个定额子目。

定额内容包括定额说明、工程量计算规则、工作内容、计量单位、定额编号、子目名称、子目单价、单价组成及人材机消耗量等，应根据工程勘察、设计图纸、施工方案等资料选择相应的定额子目使用。

（三）注意事项

编制工程量清单时，应注意以下事项：

（1）根据《计算规范》“表 A.1 土方工程（编码：010101）”，应注意：

1）挖土方平均厚度应按自然地面测量标高至设计地坪标高间的平均厚度确定。基础土方开挖深度应按基础垫层底表面标高至交付施工场地标高确定，无交付施工场地标高时，应按自然地面标高确定。

2）建筑物场地厚度≤±300mm 的挖、填、运、找平，应按该表中平整场地项目编码列项。厚度>±300mm 的竖向布置挖土或山坡切土应按该表中挖一般土方项目编码列项。

3）沟槽、基坑、一般土方的划分为：底宽≤7m，且底长>3 倍底宽为沟槽；底长≤3 倍底宽，且底面积≤150m^2 为基坑；超出上述范围则为一般土方。

4）挖土方如需截桩头时，应按桩基工程相关项目列项。

5）桩间挖土不扣除桩的体积，并在项目特征中加以描述。

6）弃、取土运距可以不描述，但应注明由投标人根据施工现场实际情况自行考虑，决定报价。

7）土壤的分类应按《计算规范》表 A.1–1 确定，如土壤类别不能准确划分时，招标人可注明为综合，由投标人根据地勘报告决定报价。

8）土方体积应按挖掘前的天然密实体积计算。非天然密实土方应按《计算规范》表 A.1–2 折算。

9）挖沟槽、基坑、一般土方因工作面和放坡增加的工程量（管沟工作面增加的工程量）是否并入各土方工程量中，应按各省、自治区、直辖市或行业建设主管部门的规定实施，如并入各土方工程量中，办理工程结算时，按经发包人认可的施工组织设计规定计算，编制工程量清单时，可按《计算规范》表 A.1–3~ 表 A.1–5 计算。

10）挖方出现流砂、淤泥时，如设计未明确，在编制工程量清单时，其工程数量可为暂估量，结算时应根据实际情况由发包人与承包人双方现场签证确认工程量。

11）管沟土方项目适用于管道（给排水、工业、电力、通信）、光（电）缆沟［包括人（手）孔、接口坑］及连接井（检查井）等。

（2）根据《计算规范》表“A.2 石方工程（编码：010102）”，应注意：

1）挖石应按自然地面测量标高至设计地坪标高的平均厚度确定。基础石方开挖深度应按基础垫层底表面标高至交付施工现场地标高确定，无交付施工场地标高时，应按自然地面标高确定。

2）厚度>±300mm 的竖向布置挖石或山坡凿石应按该表中挖一般石方项目编码列项。

3）沟槽、基坑、一般石方的划分为：底宽≤7m，且底长 >3 倍底宽为沟槽；底长≤3 倍底宽，且底面积≤150m² 为基坑；超出上述范围则为一般石方。

4）弃渣运距可以不描述，但应注明由投标人根据施工现场实际情况自行考虑，决定报价。

5）岩石的分类应按《计算规范》表 A.2–1 确定。

6）石方体积应按挖掘前的天然密实体积计算。非天然密实石方应按《计算规范》表 A.2–2 折算。

7）管沟石方项目适用于管道（给排水、工业、电力、通信）、光（电）缆沟［包括人（手）孔、接口坑］及连接井（检查井）等。

（3）根据《计算规范》“表 A.3 回填（编码：010103）”，应注意：

1）填方密实度要求，在无特殊要求情况下，项目特征可描述为满足设计和规范的要求。

2）填方材料品种可以不描述，但应注明由投标人根据设计要求验方后方可填入，并符合相关工程的质量规范要求。

3）填方粒径要求，在无特殊要求情况下，项目特征可以不描述。

4）如需买土回填应在项目特征填方来源中描述，并注明买土方数量。

（4）注意区分清单工程量计算规则与定额工程量计算规则的不同点，正确计算工程量，不能混淆。

以挖沟槽土方为例，按《计算规范》“表 A.1 土方工程（编码：010101）”中的工程量计算规则计算的土方量，未含工作面及放坡系数增加的土方量；按《综合定额》工程量计算规则计算的土方量，含有工作面及放坡系数增加的土方量。

（5）编制工程量清单时，若出现《计算规范》附录 A 未包括的清单项目，编制人应做补充清单，具体规定详见《计算规范》第 4.1.3 条规定。

二、工程量清单项目编制及工程量计算规则

（一）清单项目设置

根据《计算规范》“附录 A 土石方工程”，内容包括土方工程、石方工程以及回填 3 节共 13 个工程量清单项目；各项目编码、项目名称、项目特征描述、计量单位、工程量计算规则及包含的工作内容详见《计算规范》，部分内容、形式见表 9.3.1。

表 9.3.1　土方工程（编号：010101）

项目编码	项目名称	项目特征	计量单位	工程量计算规则	工作内容
010101001	平整场地	1. 土壤类别 2. 弃土运距 3. 取土运距	m^2	按设计图示尺寸以建筑物首层建筑面积计算	1. 土方开挖 2. 场地找平 3. 运输
010101002	挖一般土方	1. 土壤类别 2. 挖土深度 3. 弃土运距	m^3	按设计图示尺寸以体积计算	1. 排地表水 2. 土方开挖 3. 围护（挡土板）、支撑 4. 基底钎探 5. 运输
010101003	挖沟槽土方			按设计图示尺寸以基础垫层底面积乘以挖土深度计算	
010101004	挖基坑土方	1. 冻土厚度 2. 弃土运距			
010101005	冻土开挖	1. 挖掘深度 2. 弃淤泥，流沙距离		按设计图示尺寸开挖面积乘厚度以体积计算	1. 爆破 2. 开挖 3. 清理 4. 运输
010101006	挖淤泥流沙	1. 土壤类别 2. 弃土运距 3. 取土运距	m^3	按设计图示位置、界限以体积计算	1. 开挖 2. 运输
010101007	管沟土方	1. 土壤类别 2. 管外径 3. 挖沟深度 4. 回填要求	m	以米计量，按设计图示以管道中心线长度计算	1. 排地表水 2. 土方开挖 3. 围护（挡土板）、支撑 4. 运输 5. 回填

（二）清单项目工程量计算规则

清单项目应按《计算规范》规定的计量单位和工程量计算规则计算工程量。《计算规范》规定如下：

（1）土方工程：

1）平整场地：以“m^2”计量，按设计图示尺寸以建筑物首层建筑面积计算。

2）挖一般土方：以“m^3”计量，按设计图示尺寸以体积计算。

3）挖沟槽土方、挖基坑土方：以“m^3”计量，按设计图示尺寸以基础垫层底面积乘以挖土深度计算。

4）冻土开挖：以“m^3”计量，按设计图示尺寸开挖面积乘厚度以体积计算。

5）挖淤泥流沙：以“m^3”计量，按设计图示位置、界限以体积计算。

6）管沟土方：

①以“m”计量，按设计图示以管道中心线长度计算；

②以“m^3”计量，按设计图示管底垫层面积乘以挖土深度计算；无管底垫层按管外径的水平投影面积乘以挖土深度计算。不扣除各类井的长度，井的土方并入。

（2）石方工程：

1）挖一般石方：以“m^3”计量，按设计图示尺寸以体积计算。

2）挖沟槽石方：以“m^3”计量，按设计图示尺寸沟槽底面积乘以挖石深度以体积计算。

3）挖基坑石方：以“m^3”计量，按设计图示尺寸基坑底面积乘以挖石深度以体积计算。

4）挖管沟石方：

①以“m”计量，按设计图示以管道中心线长度计算；

②以“m^3”计量，按设计图示截面积乘以长度计算。

（3）回填：

1）回填方：以“m^3”计量，按设计图示尺寸以体积计算。

①场地回填：回填面积乘平均回填厚度；

②室内回填：主墙间面积乘回填厚度，不扣除间隔墙；

③基础回填：按挖方清单项目工程量减去自然地坪以下埋设的基础体积（包括基础垫层及其他构筑物）。

2）余方弃置：以“m^3”计量，按挖方清单项目工程量减利用回填方体积（正数）计算。

三、定额项目内容及工程量计算规则

相关内容详见《综合定额》“A.1.1 土石方工程”。

9.3.2 围护及支护工程

一、概述

（一）清单规范内容

《计算规范》“附录 B 地基处理与边坡支护工程”，内容包括地基处理、基坑与边坡支护共 2 节 28 个工程量清单项目。

工程量清单项目设置、项目特征描述的内容、计量单位及工程量计算规则应按《计算规范》附录 B 所附相应表格的规定执行。

（二）定额内容

《综合定额》“A.1.2 围护及支护工程”，内容包括打拔钢板桩、高压旋喷桩、深层搅拌桩、地下连续墙、锚杆土钉、高压定喷防渗墙、大型钢支撑安装拆除、喷射混凝土共 8 节 64 个定额子目。

定额内容包括定额说明、工程量计算规则、工作内容、计量单位、定额编号、子目名称、子目单价、单价组成及人材机消耗量等，应根据工程勘察、设计图纸、施工方案等资料选择相应的定额子目使用。

（三）注意事项

编制工程量清单时，应注意以下事项：

（1）根据《计算规范》“表 B.1 地基处理（编码：010201）”，应注意：

1）地层情况按《计算规范》“表 A.1-1 土壤分类表”和“表 A.2-1 岩石分类表”的规定，并根据岩土工程勘察报告按单位工程各地层所占比例（包括范围值）进行描述。对无法准确描述的地层情况，可注明由投标人根据岩土工程勘察报告自行决定报价。

2）项目特征中的桩长应包括桩尖，空桩长度 = 孔深 – 桩长，孔深为自然地面至设计桩底的深度。

3）高压喷射注浆类型包括旋喷、摆喷、定喷，高压喷射注浆方法包括单管法、双重管法、三重管法。

4）如采用泥浆护壁成孔，工作内容包括土方、废泥浆外运，如采用沉管灌注成孔，工作内容包括桩尖制作、安装。

（2）根据《计算规范》“表 B.2 基坑与边坡支护（编码：010202）”，应注意：

1）地层情况按《计算规范》“表 A.1–1 土壤分类表” 和 “表 A.2–1 岩石分类表” 的规定，并根据岩土工程勘察报告按单位工程各地层所占比例（包括范围值）进行描述。对无法准确描述的地层情况，可注明由投标人根据岩土工程勘察报告自行决定报价。

2）土钉置入方法包括钻孔置入、打入或射入等。

3）混凝土种类：指清水混凝土、彩色混凝土等，如在同一地区既使用预拌（商品）混凝土，又允许现场搅拌混凝土时，也应注明（下同）。

4）地下连续墙和喷射混凝土（砂浆）的钢筋网、咬合灌注桩的钢筋笼及钢筋混凝土支撑的钢筋制作、安装，按《计算规范》附录 E 中相关项目列项。未列的基坑与边坡支护的排桩按《计算规范》附录 C 中相关项目列项。水泥土墙、坑内加固按《计算规范》表 B.1 中相关项目列项。砖、石挡土墙、护坡按《计算规范》附录 D 中相关项目列项。混凝土挡土墙按《计算规范》附录 E 中相关项目列项。

（3）《计算规范》规定，计量单位有两种或两种以上选择时，应注意计算工程量应与计量单位相匹配。

（4）编制工程量清单时，若出现《计算规范》附录 B 未包括的清单项目，编制人应做补充清单，具体规定详见《计算规范》第 4.1.3 条规定。

二、工程量清单项目编制及工程量计算规则

（一）工程量清单项目设置

根据《计算规范》“附录 B 地基处理与边坡支护工程”，内容包括地基处理、基坑与边坡支护共 2 节 28 个工程量清单项目；各项目编码、项目名称、项目特征描述、计量单位、工程量计算规则及包含的工作内容详见《计算规范》，部分内容、形式见表 9.3.2。

表 9.3.2　地基处理（编号：010201）

项目编码	项目名称	项目特征	计量单位	工程量计算规则	工作内容
010201001	换填垫层	1. 材料种类及配比 2. 压实系数 3. 掺加剂品种	m^3	按设计图示尺寸以体积计算	1. 分层铺填 2. 碾压、振密或夯实 3. 材料运输
010201002	铺设土工合成材料	1. 部位 2. 品种 3. 规格	m^2	按设计图示尺寸以面积计算	1. 挖填锚固沟 2. 铺设 3. 固定 4. 运输
010201003	预压地基	1. 排水竖井种类、断面尺寸、排列方式、间距、深度 2. 预压方法 3. 预压荷载、时间 4. 砂垫层厚度		按设计图示处理范围以面积计算	1. 设置排水竖井、盲沟、滤水管 2. 铺设砂垫层、密封膜 3. 堆载、卸载或抽气设备安拆、抽真空 4. 材料运输
010201004	强夯地基	1. 夯击能量 2. 夯击遍数 3. 夯击点布置形式、间距 4. 地耐力要求 5. 夯填材料种类			1. 铺设夯填材料 2. 强夯 3. 夯填材料运输
010201005	振冲密实（不填料）	1. 地层情况 2. 振密深度 3. 孔距			1. 振冲加密 2. 泥浆运输

（二）清单项目工程量计算规则

清单项目应按《计算规范》规定的计量单位和工程量计算规则计算工程量。《计算规范》规定如下：

（1）地基处理：

1）换填垫层：以“m^3”计量，按设计图示尺寸以体积计算。

2）铺设土工合成材料：以“m^2”计量，按设计图示尺寸以面积计算。

3）预压地基、强夯地基、振冲密实（不填料）：以“m^2”计量，按设计图示处理范围以面积计算。

4）振冲桩（填料）：

①以“m”计量，按设计图示尺寸以桩长计算；

②以“m^3”计量，按设计桩截面乘以桩长以体积计算。

5）砂石桩：

①以“m”计量，按设计图示尺寸以桩长（包括桩尖）计算；

②以“m^3”计量，按设计桩截面乘以桩长（包括桩尖）以体积计算。

6）水泥粉煤灰碎石桩、夯实水泥土桩、石灰桩、灰土（土）挤密桩：以“m”计量，按设计图示尺寸以桩长（包括桩尖）计算。

7）深层搅拌桩、粉喷桩、高压喷射注浆桩、柱锤冲扩桩：以“m”计量，按设计图示尺寸以桩长计算。

8）注浆地基：

①以“m”计量，按设计图示尺寸以钻孔深度计算；

②以“m^3”计量，按设计图示尺寸以加固体积计算。

9）褥垫层：

①以“m^2”计量，按设计图示尺寸以铺设面积计算；

②以“m^3”计量，按设计图示尺寸以体积计算。

（2）基坑与边坡支护：

1）地下连续墙：以“m^3”计量，按设计图示墙中心线长乘以厚度乘以槽深以体积计算。

2）咬合灌注桩：

①以“m”计量，按设计图示尺寸以桩长计算；

②以“根”计量，按设计图示数量计算。

3）圆木桩、预制钢筋混凝土板桩：

①以“m”计量，按设计图示尺寸以桩长（包括桩尖）计算；

②以“根”计量，按设计图示数量计算。

4）型钢桩：

①以“t”计量，按设计图示尺寸以质量计算；

②以“根”计量，按设计图示数量计算。

5）钢板桩：

①以“t”计量，按设计图示尺寸以质量计算；

②以“m^2”计量，按设计图示墙中心线长乘以桩长以面积计算。

6）锚杆（锚索）、土钉：

①以“m”计量，按设计图示尺寸以钻孔深度计算；

②以“根”计量，按设计图示数量计算。

7）喷射混凝土、水泥砂浆：以“m^2”计量，按设计图示尺寸以面积计算。

8）钢筋混凝土支撑：以“m^3”计量，按设计图示尺寸以体积计算。

9）钢支撑：以“t”计量，按设计图示尺寸以质量计算。不扣除孔眼质量，焊条、铆钉、螺栓等不另增加质量。

三、定额项目内容及工程量计算规则

相关内容详见《综合定额》“A.1.2 围护及支护工程”。

9.3.3　桩基础工程

一、概述

（一）清单规范内容

《计算规范》“附录 C 桩基工程”，内容包括打桩、灌注桩共 2 节 11 个工程量清单项目。

工程量清单项目设置、项目特征描述的内容、计量单位及工程量计算规则应按《计算规范》附录 C 所附相应表格的规定执行。

（二）定额内容

《综合定额》“A.1.3 桩基础工程”，内容包括预制混凝土桩、钢管桩、成孔混凝土灌注桩、微型桩（树根桩）、砂石灌注桩、圆木桩、截（凿）桩头共 7 节 142 个定额子目。

定额内容包括定额说明、工程量计算规则、工作内容、计量单位、定额编号、子目名称、子目单价、单价组成及人材机消耗量等，应根据工程勘察、设计图纸、施工方案等资料选择相应的定额子目使用。

（三）注意事项

编制工程量清单时，应注意以下事项：

（1）根据《计算规范》“表 C.1 打桩（编码：010301）”，应注意：

1）地层情况按《计算规范》“表 A.1–1 土壤分类表”和“表 A.2–1 岩石分类表”的规定，并根据岩土工程勘察报告按单位工程各地层所占比例（包括范围值）进行描述。对无法准确描述的地层情况，可注明由投标人根据岩土工程勘察报告自行决定报价。

2）项目特征中的桩截面、混凝土强度等级、桩类型等可直接用标准图代号或设计桩型进行描述。

3）预制钢筋混凝土方桩、预制钢筋混凝土管桩项目以成品桩编制，应包括成品桩购置费，如果用现场预制，应包括现场预制桩的所有费用。

4）打试验桩和打斜桩应按相应项目单独列项，并应在项目特征中注明试验桩或斜桩（斜率）。

5）截（凿）桩头项目适用于《计算规范》附录 B、附录 C 所列桩的桩头截（凿）。

6）预制钢筋混凝土管桩桩顶与承台的连接构造按《计算规范》附录 E 相关项目列项。

（2）根据《计算规范》“表 C.2 灌注桩（编码：010302）”，应注意：

1）地层情况按《计算规范》表 A.1–1 和表 A.2–1 的规定，并根据岩土工程勘察报告按单位工程各地层所占比例（包括范围值）进行描述。对无法准确描述的地层情况，可注明由投标人根据岩土工程勘察报告自行决定报价。

2）项目特征中的桩长应包括桩尖，空桩长度 = 孔深 – 桩长，孔深为自然地面至设计桩底的深度。

3）项目特征中的桩截面（桩径）、混凝土强度等级、桩类型等可直接用标准图代号或设计桩型进行描述。

4）泥浆护壁成孔灌注桩是指在泥浆护壁条件下成孔，采用水下灌注混凝土的桩。其成孔方法包括冲击钻成孔、冲抓锥成孔、回旋钻成孔、潜水钻成孔、泥浆护壁的旋挖成孔等。

5）沉管灌注桩的沉管方法包括锤击沉管法、振动沉管法、振动冲击沉管法、内夯沉管法等。

6）干作业成孔灌注桩是指不用泥浆护壁和套管护壁的情况下，用钻机成孔后，下钢筋笼，灌注混凝土的桩，适用于地下水位以上的土层使用。其成孔方法包括螺旋钻成孔、螺旋钻成孔扩底、干作业的旋挖成孔等。

7）混凝土种类：指清水混凝土、彩色混凝土、水下混凝土等，如在同一地区既使用预拌（商品）混凝土，又允许现场搅拌混凝土时，也应注明（下同）。

8）混凝土灌注桩的钢筋笼制作、安装，按《计算规范》附录 E 中相关项目编码列项。

（3）《计算规范》规定计量单位有两种或两种以上选择时，应注意计算工程量应与计量单位相匹配。

（4）编制工程量清单时，若出现《计算规范》附录 C 未包括的清单项目，编制人应做补充清单，具体规定详见《计算规范》第 4.1.3 条规定。

二、工程量清单项目编制及工程量计算规则

（一）工程量清单项目设置

根据《计算规范》“附录 C 桩基工程”，内容包括打桩、灌注桩共 2 节 11 个工程量清单项目；各项目编码、项目名称、项目特征描述、计量单位、工程量计算规则及包含的工作内容详见《计算规范》，部分内容、形式见表 9.3.3。

表 9.3.3　打桩（编号：010301）

项目编码	项目名称	项目特征	计量单位	工程量计算规则	工作内容
010301001	预制钢筋混凝土方桩	1. 地层情况 2. 送桩深度、桩长 3. 桩截面 4. 桩倾斜度 5. 沉桩方法 6. 接桩方式 7. 混凝土强度等级	1. m 2. m^3 3. 根	1. 以“m”计量，按设计图示尺寸以桩长（包括桩尖）计算 2. 以“m^3”计量，按设计图示截面积乘以桩长（包括桩尖）以实体积计算 3. 以“根”计量，按设计图示数量计算	1. 工作平台搭拆 2. 桩机竖拆、移位 3. 沉桩 4. 接桩 5. 送桩
010301002	预制钢筋混凝土管桩	1. 地层情况 2. 送桩深度、桩长 3. 桩外径、壁厚 4. 桩倾斜度 5. 沉桩方法 6. 桩尖类型 7. 混凝土强度等级 8. 填充材料种类 9. 防护材料种类			1. 工作平台搭拆 2. 桩机竖拆、移位 3. 沉桩 4. 接桩 5. 送桩 6. 桩尖制作、安装 7. 填充材料、刷防护材料
010301003	钢管桩	1. 地层情况 2. 送桩深度、桩长 3. 材质 4. 管径、壁厚 5. 桩倾斜度 6. 沉桩方法 7. 填充材料种类 8. 防护材料种类	1. t 2. 根	1. 以“t”计量，按设计图示尺寸以质量计算 2. 以“根”计量，按设计图示数量计算	1. 工作平台搭拆 2. 桩机竖拆、移位 3. 沉桩 4. 接桩 5. 送桩 6. 切割钢管、精割盖帽 7. 管内取土 8. 填充材料、刷防护材料
010301004	截（凿）桩头	1. 桩类型 2. 桩头截面、高度 3. 混凝土强度等级 4. 有无钢筋	1. m^3 2. 根	1. 以“m^3”计量，按设计图示桩截面乘以桩头长度以体积计算 2. 以“根”计量，按设计图示数量计算	1. 截（切割）桩头 2. 凿平 3. 废料外运

（二）清单项目工程量计算规则

清单项目应按《计算规范》规定的计量单位和工程量计算规则计算工程量。《计算规范》规定如下：

（1）打桩：

1）预制钢筋混凝土方桩、预制钢筋混凝土管桩：

①以“m”计量，按设计图示尺寸以桩长（包括桩尖）计算；

②以“m^3”计量，按设计图示截面积乘以桩长（包括桩尖）以实体积计算；

③以“根”计量，按设计图示数量计算。

2）钢管桩：

①以“t”计量，按设计图示尺寸以质量计算；

②以“根”计量，按设计图示数量计算。

3）截（凿）桩头：

①以“m^3”计量，按设计图示桩截面乘以桩头长度以体积计算；

②以“根”计量，按设计图示数量计算。

（2）灌注桩：

1）泥浆护壁成孔灌注桩、沉管灌注桩、干作业成孔灌注桩：

①以“m”计量，按设计图示尺寸以桩长（包括桩尖）计算；

②以“m^3”计量，按不同截面在桩上范围内以体积计算；

③以“根”计量，按设计图示数量计算。

2）挖孔桩土（石）方：以“m^3”计量，按设计图示尺寸（含护壁）截面积乘以挖孔深度以体积计算。

3）人工挖孔灌注桩：

①以“m^3”计量，按桩芯混凝土体积计算；

②以“根”计量，按设计图示数量计算。

4）钻孔压浆桩：

①以“m”计量，按设计图示尺寸以桩长计算；

②以“根”计量，按设计图示数量计算。

5）灌注桩后压浆：以“孔”计量，按设计图示以注浆孔数计算。

三、定额项目内容及工程量计算规则

相关内容详见《综合定额》“A.1.3 桩基础工程”。

9.3.4　砌筑工程

一、概述

（一）清单规范内容

《计算规范》“附录 D 砌筑工程”，内容包括砖砌体、砌块砌体、石砌体、垫层共 4 节 27 个工程量清单项目。

工程量清单项目设置、项目特征描述的内容、计量单位及工程量计算规则应按《计算规范》附录 D 所附相应表格的规定执行。

（二）定额内容

《综合定额》“A.1.4 砌筑工程”，内容包括砌砖、砌块、砌石、其他砌体、垫层共 5 节 127 个定额子目。

定额内容包括定额说明、工程量计算规则、工作内容、计量单位、定额编号、子目名称、子目单价、单价组成及人材机消耗量等，应根据设计图示选择相应的定额子目使用。

（三）注意事项

编制工程量清单时，应注意以下事项：

（1）根据《计算规范》“表 D.1 砖砌体（编码：010401）”，应注意：

1）“砖基础”项目适用于各种类型砖基础：柱基础、墙基础、管道基础等。

2）基础与墙（柱）身使用同一种材料时，以设计室内地面为界（有地下室者，以地下室室内设计地面为界），以下为基础，以上为墙（柱）身。基础与墙身使用不同材料时，位于设计室内地面高度 $\leq\pm300$mm 时，以不同材料为分界线；高度 $>\pm300$mm 时，以设计室内地面为分界线。

3）砖围墙以设计室外地坪为界，以下为基础，以上为墙身。

4）框架外表面的镶贴砖部分，按零星项目编码列项。

5）附墙烟囱、通风道、垃圾道应按设计图示尺寸以体积（扣除孔洞所占体积）计算并入所依附的墙体体积内。当设计规定孔洞内需抹灰时，应按《计算规范》附录 M 中零星抹灰项目编码列项。

6）空斗墙的窗间墙、窗台下、楼板下、梁头下等的实砌部分，按零星砌砖项目编码列项。

7）"空花墙"项目适用于各种类型的空花墙，使用混凝土花格砌筑的空花墙，实砌墙体与混凝土花格应分别计算，混凝土花格按混凝土及钢筋混凝土中预制构件相关项目编码列项。

8）台阶、台阶挡墙、梯带、锅台、炉灶、蹲台、池槽、池槽腿、砖胎模、花台、花池、楼梯栏板、阳台栏板、地垄墙、≤$0.3m^2$的孔洞填塞等，应按零星砌砖项目编码列项。砖砌锅台与炉灶可按外形尺寸以"个"计算，砖砌台阶可按水平投影面积以"m^2"计算，小便槽、地垄墙可按长度计算、其他工程以"m^3"计算。

9）砖砌体内钢筋加固，应按《计算规范》附录E中相关项目编码列项。

10）砖砌体勾缝按《计算规范》附录M中相关项目编码列项。

11）检查井内的爬梯按《计算规范》附录E中相关项目编码列项，井内的混凝土构件按《计算规范》附录E中混凝土及钢筋混凝土预制构件编码列项。

12）如施工图设计标注做法见标准图集时，应在项目特征描述中注明标注图集的编码、页号及节点大样。

（2）根据《计算规范》"表D.2 砌块砌体（编码：010402）"，应注意：

1）砌体内加筋、墙体拉结的制作、安装，应按《计算规范》附录E中相关项目编码列项。

2）砌块排列应上、下错缝搭砌，如果搭错缝长度满足不了规定的压搭要求，应采取压砌钢筋网片的措施，具体构造要求按设计规定。若设计无规定时，应注明由投标人根据工程实际情况自行考虑；钢筋网片按《计算规范》附录F中相应编码列项。

3）砌体垂直灰缝宽>30mm时，采用C20细石混凝土灌实。灌注的混凝土应按《计算规范》附录E相关项目编码列项。

（3）根据《计算规范》"表D.3 石砌体（编码：010403）"，应注意：

1）石基础、石勒脚、石墙的划分：基础与勒脚应以设计室外地坪为界。勒脚与墙身应以设计室内地面为界。石围墙内外地坪标高不同时，应以较低地坪标高为界，以下为基础；内外标高之差为挡土墙时，挡土墙以上为墙身。

2）"石基础"项目适用于各种规格（粗料石、细料石等）、各种材质（砂石、青石等）和各种类型（柱基、墙基、直形、弧形等）基础。

3）"石勒脚""石墙"项目适用于各种规格（粗料石、细料石等）、各种材质（砂石、青石、大理石、花岗石等）和各种类型（直形、弧形等）勒脚和墙体。

4）"石挡土墙"项目适用于各种规格（粗料石、细料石、块石、毛石、卵石等）、各种材质（砂石、青石、石灰石等）和各种类型（直形、弧形、台阶形等）挡土墙。

5）"石柱"项目适用于各种规格、各种石质、各种类型的石柱。

6）"石栏杆"项目适用于无雕饰的一般石栏杆。

7）"石护坡"项目适用于各种石质和各种石料（粗料石、细料石、片石、块石、毛石、卵石等）。

8）"石台阶"项目包括石梯带（垂带），不包括石梯膀，石梯膀应按《计算规范》附录C石挡土墙项目编码列项。

9）如施工图设计标注做法见标准图集时，应在项目特征描述中注明标注图集的编码、页号及节点大样。

（4）根据《计算规范》"表D.4 垫层（编码：010404）"，应注意：除混凝土垫层应按《计算规范》附录E中相关项目编码列项外，没有包括垫层要求的清单项目应按《计算规范》表D.4垫层项目编码列项。

二、工程量清单项目编制及工程量计算规则

（一）工程量清单项目设置

根据《计算规范》"附录D 砌筑工程"，内容包括砖砌体、砌块砌体、石砌体、垫层共4节26个工程量清单项目；各项目编码、项目名称、项目特征描述、计量单位、工程量计算规则及包含的工作内容详见《计算规范》，部分内容、形式见表9.3.4。

表 9.3.4 砖砌体（编号：010401）

项目编码	项目名称	项目特征	计量单位	工程量计算规则	工作内容
010401001	砖基础	1. 砖品种、规格、强度等级 2. 基础类型 3. 砂浆强度等级 4. 防潮层材料种类	m^3	按设计图示尺寸以体积计算。包括附墙垛基础宽出部分体积，扣除地梁（圈梁）、构造柱所占体积，不扣除基础大放脚T形接头处的重叠部分及嵌入基础内的钢筋、铁件、管道、基础砂浆防潮层和单个面积≤$0.3m^2$的孔洞所占体积，靠墙暖气沟的挑檐不增加基础长度：外墙按外墙中心线，内墙按内墙净长线计算	1. 砂浆制作、运输 2. 砌砖 3. 防潮层铺设 4. 材料运输
010401002	砖砌挖孔桩护壁	1. 砖品种、规格、强度等级 2. 砂浆强度等级		按设计图示尺寸以立方米计算	1. 砂浆制作、运输 2. 砌砖 3. 材料运输

（二）清单项目工程量计算规则

清单项目应按《计算规范》规定的计量单位和工程量计算规则计算工程量。《计算规范》规定如下：

（1）砖砌体：

1）砖基础：以“m^3”计量，设计图示尺寸以体积计算。包括附墙垛基础宽出部分体积，扣除地梁（圈梁）、构造柱所占体积，不扣除基础大放脚T形接头处重叠部分以及嵌入基础内的钢筋、铁件、管道、基础砂浆防潮层及单个面积≤$0.3m^2$的孔洞所占体积，靠墙暖气沟的挑檐不增加。

基础长度：外墙按中心线，内墙按内墙净长线计算。

2）砖砌挖孔桩护壁：以“m^3”计量，设计图示尺寸以立方米计算。

3）实心砖墙、多孔砖墙、空心砖墙：以“m^3”计量，按设计图示尺寸以体积计算。扣除门窗、洞口、嵌入墙内的钢筋混凝土柱、梁、圈梁、挑梁、过梁以及凹进墙内的壁龛、管槽、暖气槽、消火栓箱所占体积，不扣除梁头、板头、檩头、垫木、木楞头、沿缘木、木砖、门窗走头、砖墙内加固钢筋、木筋、铁件、钢管及单个面积≤$0.3m^2$的孔洞所占体积，凸出墙面的腰线、挑檐、压顶、窗台线、虎头砖、门窗套的体积亦不增加。凸出墙面的砖垛并入墙体体积内计算。

①墙长度：外墙按中心线计算，内墙按净长线计算。

②墙高度：

外墙：斜（坡）屋面无檐口天棚者算至屋面板底，有屋架且室内外均有天棚者算至屋架下弦底另加200mm，无天棚者算至屋架下弦底另加300mm，出檐宽度超过600mm时按实砌高度计算，与钢筋混凝土楼板隔层者算至板顶。平屋顶算至钢筋混凝土板底。

内墙：位于屋架下弦者，算至屋架下弦底；无屋架者算至天棚底另加100mm；有钢筋混凝土楼板隔层者算至楼板顶；有框架梁时算至梁底。

女儿墙：从屋面板上表面算至女儿墙顶面（如有混凝土压顶时，算至压顶下表面）。

内、外山墙：按其平均高度计算。

框架间墙：不分内外墙按墙体净尺寸以体积计算。

围墙：高度算至压顶上表面（如有混凝土压顶时算至压顶下表面），围墙柱并入围墙体积内。

4）空斗墙：以“m^3”计量，按设计图示尺寸以空斗墙外形体积计算。墙角、内外墙交接处、门窗洞口立边、窗台砖、屋檐处的实砌部分体积并入空斗墙体积内。

5）空花墙：以“m^3”计量，按设计图示尺寸以空花部分外形体积计算，不扣除空洞部分体积。

6）填充墙：以“m^3”计量，按设计图示尺寸以填充墙外形体积计算。

7）实心砖柱、多孔砖柱：以“m^3”计量，按设计图示尺寸以体积计算。扣除混凝土及钢筋混凝土梁垫、梁头、板头所占体积。

8）砖检查井：以“座”计量，按设计图示数量计算。

9）零星砌砖：

①以“m^3”计量，按设计图示尺寸截面积乘以长度计算。

②以“m^2”计量，按设计图示尺寸水平投影面积计算。

③以“m”计量，按设计图示尺寸长度计算。

④以“个”计量，按设计图示数量计算。

10）砖散水、地坪：以“m^2”计量，按设计图示尺寸以面积计算。

11）砖地沟、明沟：以“m”计量，按设计图示以中心线长度计算。

（2）砌块砌体：

1）砌块墙：以“m^3”计量，按设计图示尺寸以体积计算（注：墙长度及高度的划分同实心砖墙的计算规则，详见《计算规范》表D.2）。

2）砌块柱：以“m^3”计量，按设计图示尺寸以体积计算，扣除混凝土及钢筋混凝土梁垫、梁头、板头所占体积。

（3）石砌体：

1）石基础：以“m^3”计量，按设计图示尺寸以体积计算。包括附墙跺基础宽出部分体积，不扣除基础砂浆防潮层及单个面积≤$0.3m^2$以内的孔洞所占体积，靠墙暖气沟的挑檐不增加体积。基础长度：外墙按中心线计算，内墙按净长计算。

2）石勒脚：以“m^3”计量，按设计图示尺寸以体积计算，扣除单个面积>$0.3m^2$的孔洞所占的体积。

3）石墙：以“m^3”计量，按设计图示尺寸以体积计算（注：墙长度及高度的划分同010401003实心砖墙的计算规则，详见《计算规范》表D.3）。

4）石挡土墙、石柱：以“m^3”计量，按设计图示尺寸以体积计算。

5）石栏杆：以“m”计量，按设计图示以长度计算。

6）石护坡、石台阶：以“m^3”计量，按设计图示尺寸以体积计算。

7）石坡道：以“m^2”计量，按设计图示以水平投影面积计算。

8）石地沟、石明沟：以“m”计量，按设计图示以中心线长度计算。

（4）垫层：以“m^3”计量，按设计图示尺寸以体积计算。

三、定额项目内容及工程量计算规则

相关内容详见《综合定额》“A.1.4 砌筑工程”。

9.3.5 混凝土及钢筋混凝土工程

一、概述

（一）清单规范内容

《计算规范》“附录E 混凝土及钢筋混凝土工程”，内容包括现浇混凝土基础，现浇混凝土柱，现浇混凝土梁，现浇混凝土墙，现浇混凝土板，现浇混凝土楼梯，现浇混凝土其他构件，后浇带，预制混凝土柱，预制混凝土梁，预制混凝土屋架，预制混凝土板，预制混凝土楼梯，其他预制构件，钢筋工程，螺栓、铁件共16节76个工程量清单项目。

工程量清单项目设置、项目特征描述的内容、计量单位及工程量计算规则应按《计算规范》附录E所附相应表格的规定执行。

（二）定额内容

对应《综合定额》“A.1.5 混凝土及钢筋混凝土工程”“A.1.6 装配式混凝土结构、建筑构件及部品工程”两部分内容。

“A.1.5 混凝土及钢筋混凝土工程”内容包括：现浇建筑物混凝土，现浇构筑物混凝土，二次灌浆、垫层、地坪，钢筋笼、桩头钢筋、网片、锚杆制安，现浇构件钢筋制安，预应力钢筋、钢丝束、钢绞线制安，钢筋接头，劲性骨架节点现场焊接，铁件、螺栓、植筋共9节162个定额子目。

"A.1.6 装配式混凝土结构、建筑构件及部品工程"内容包括：包括预制构件安装、后浇混凝土浇捣、单元式幕墙安装、轻质陶瓷隔墙板、成品烟道及通风道安装、成品护栏安装、装饰成品部件安装、仿木结构构件安装共 8 节 130 个定额子目。

定额内容包括定额说明、工程量计算规则、工作内容、计量单位、定额编号、子目名称、子目单价、单价组成及人材机消耗量等，应根据设计图纸及工艺做法选择相应的定额子目使用。

（三）注意事项

编制工程量清单时，应注意以下事项：

（1）根据《计算规范》"表 E.1 现浇混凝土基础（编码：010501）"，应注意以下事项：

1）有肋带形基础、无肋带形基础应按《计算规范》表 E.1 中相关项目列项，并注明肋高。

2）箱式满堂基础中柱、梁、墙、板按《计算规范》表 E.2、表 E.3、表 E.4、表 E.5 相关项目分别编码列项；箱式满堂基础底板按《计算规范》表 E.1 的满堂基础项目列项。

3）框架式设备基础中柱、梁、墙、板分别按《计算规范》表 E.2、表 E.3、表 E.4、表 E.5 相关项目分别编码列项；基础部分按《计算规范》表 E.1 相关项目编码列项。

4）如为毛石混凝土基础，项目特征应描述毛石所占比例。

（2）根据《计算规范》"表 E.2 现浇混凝土柱（编码：010502）"，应注意以下事项：混凝土种类：指清水混凝土、彩色混凝土等，如在同一地区既使用预拌（商品）混凝土，又允许现场搅拌混凝土时，也应注明（下同）。

（3）根据《计算规范》"表 E.4 现浇混凝土墙（编码：010504）"，应注意以下事项：短肢剪力墙是指截面厚度不大于 300mm、各肢截面高度与厚度之比的最大值大于 4 但不大于 8 的剪力墙；各肢截面高度与厚度之比的最大值不大于 4 的剪力墙按柱项目编码列项。

（4）根据《计算规范》"表 E.5 现浇混凝土板（编码：010505）"，应注意以下事项：现浇挑檐、天沟板、雨篷、阳台与板（包括屋面板、楼板）连接时，以外墙外边线为分界线；与圈梁（包括其他梁）连接时，以梁外边线为分界线。外边线以外为挑檐、天沟、雨篷或阳台。

（5）根据《计算规范》"表 E.6 现浇混凝土楼梯（编码：010506）"，应注意以下事项：整体楼梯（包括直形楼梯、弧形楼梯）水平投影面积包括休息平台、平台梁、斜梁和楼梯的连接梁。当整体楼梯与现浇楼板无梯梁连接时，以楼梯的最后一个踏步边缘加 300mm 为界。

（6）根据《计算规范》"表 E.7 现浇混凝土其他构件（编码：010507）"，应注意以下事项：

1）现浇混凝土小型池槽、垫块、门框等，应按本表其他构件项目编码列项。

2）架空式混凝土台阶，按现浇楼梯计算。

（7）根据《计算规范》"表 E.9 预制混凝土柱（编号：010509）""表 E.10 预制混凝土梁（编号：010510）"，应注意以下事项：以根计量，必须描述单件体积。

（8）根据《计算规范》"表 E.11 预制混凝土屋架（编号：010511）"，应注意以下事项：

1）以榀计量，必须描述单件体积。

2）三角形屋架按表 E.11 中折线型屋架项目编码列项。

（9）根据《计算规范》"表 E.12 预制混凝土板（编号：010512）"，应注意以下事项：

1）以块、套计量，必须描述单件体积。

2）不带肋的预制遮阳板、雨篷板、挑檐板、拦板等，应按《计算规范》表 E.12 平板项目编码列项。

3）预制 F 形板、双 T 形板、单肋板和带反挑檐的雨篷板、挑檐板、遮阳板等，应按《计算规范》表 E.12 带肋板项目编码列项。

4）预制大型墙板、大型楼板、大型屋面板等，按表 E.12 中大型板项目编码列项。

（10）根据《计算规范》"表 E.13 预制混凝土楼梯（编号：010513）"，应注意以下事项：以块计量，必须描述单件体积。

（11）根据《计算规范》"表 E.14 其他预制构件（编号：010514）"，应注意以下事项：

1）以块计量，必须描述单件体积。

2）预制钢筋混凝土小型池槽、压顶、扶手、垫块、隔热板、花格等，按《计算规范》表 E.14 中其他构件项目编码列项。

（12）根据《计算规范》“表 E.15 钢筋工程（编号：010515）”，应注意以下事项：

1）现浇构件中伸出构件的锚固钢筋应并入钢筋工程量内。除设计（包括规范规定）标明的搭接外，其他施工搭接不计算工程量，在综合单价中综合考虑。

2）现浇构件中固定位置的支撑钢筋、双层钢筋用的“铁马”在编制工程量清单时，如果设计未明确，其工程数量可为暂估量，结算时按现场签证数量计算。

（13）根据《计算规范》“表 E.16 螺栓、铁件（编号：010516）”，应注意以下事项：编制工程量清单时，如果设计未明确，其工程数量可为暂估量，实际工程量按现场签证数量计算。

（14）清单计价时，现浇混凝土、小型预制混凝土清单项目对应定额“A.1.5 混凝土及钢筋混凝土工程”相关子目组价；中大型预制混凝土清单项目对应定额“A.1.6 装配式混凝土结构、建筑构件及部品工程”中的装配式混凝土结构的相关子目组价。

（15）涉及定额“A.1.6 装配式混凝土结构、建筑构件及部品工程”的工程，有对应的清单项目的则直接套用，如没有对应的清单项目，可借用相关的清单项目；没有相关的清单项目的，则根据《计算规范》的清单项目设置规则，自行补充清单项目。

（16）《计算规范》规定，计量单位有两种或两种以上选择时（以混凝土楼梯为例），应注意计算工程量应与计量单位相匹配。

1）以“m^3”计量时，按设计图示尺寸以体积计算。

2）以“m^2”计量时，按设计图示尺寸以水平投影面积计算，不扣除宽度≤500mm 的楼梯井，伸入墙内部分不计。

（17）注意区分清单工程量计算规范与定额工程量计算规则的不同点，正确计算工程量，如：

1）电缆沟清单项目的计量单位为“m”，定额计量单位为“m^3”，组价套用定额电缆沟的工程量必须以“m^3”进行计量，清单工程量与定额工程量表现形式不一样。

2）散水清单项目的计量单位为“m^2”，定额计量单位为“m^3”，组价套用定额散水的工程量必须以“m^3”进行计量，清单工程量与定额工程量表现形式不一样。

3）混凝土楼梯清单项目的计量单位为“m^2”或“m^3”，定额计量单位为“m^3”，当清单项目以“m^2”计量时，组价套用定额混凝土楼梯的工程量必须以“m^3”进行计量，清单工程量与定额工程量表现形式不一样。

（18）现浇混凝土工程设置清单项目时，必须按设计图纸注明：浇筑部位、构件名称或规格，混凝土强度等级，混凝土搅拌合料要求（入碎石粒径、添加料等），特殊工艺要求（如现场搅拌等）；并根据《计价规范》规定每个项目可能包含的工程内容组合，构成各个清单项目。

二、工程量清单项目编制及工程量计算规则

（一）清单项目设置

根据《计算规范》“附录 E 混凝土及钢筋混凝土工程”，内容包括现浇混凝土基础，现浇混凝土柱，现浇混凝土梁，现浇混凝土墙，现浇混凝土板，现浇混凝土楼梯，现浇混凝土其他构件，后浇带，预制混凝土柱，预制混凝土梁，预制混凝土屋架，预制混凝土板，预制混凝土楼梯，其他预制构件，钢筋工程，螺栓、铁件共 16 节 76 个工程量清单项目；各项目编码、项目名称、项目特征描述、计量单位、工程量计算规则及包含的工作内容详见《计算规范》，部分内容、形式见表 9.3.5。

（二）清单项目工程量计算规则

清单项目应按《计算规范》规定的计量单位和工程量计算规则计算工程量。《计算规范》规定有如下：

（1）现浇混凝土基础：以“m^3”计量，按设计图示尺寸以体积计算。不扣除伸入承台基础的桩头所占体积。

表 9.3.5　现浇混凝土基础

项目编码	项目名称	项目特征	计量单位	工程量计算规则	工作内容
010501001	垫层	1. 混凝土种类 2. 混凝土强度等级	m^3	按设计图示尺寸以体积计算。不扣除伸入承台基础的桩头所占体积	1. 模板及支撑制作、安装、拆除、堆放、运输及清理模内杂物、刷隔离剂等 2. 混凝土制作、运输、浇筑、振捣、养护
010501002	带形基础	1. 混凝土种类 2. 混凝土强度等级	m^3	按设计图示尺寸以体积计算。不扣除伸入承台基础的桩头所占体积	1. 模板及支撑制作、安装、拆除、堆放、运输及清理模内杂物、刷隔离剂等 2. 混凝土制作、运输、浇筑、振捣、养护
010501003	独立基础				
010501004	满堂红基础				
010501005	桩承台基础				
010501006	设备基础	1. 混凝土种类 2. 混凝土强度等级 3. 灌浆材料及其强度等级			

注：1. 有肋带形基础、无肋带形基础应按本表中相关项目列项，并注明肋高；

2. 箱式满堂基础中柱、梁、墙、板按《计算规范》附录表 E.2、表 E.3、表 E.4、表 E.5 相关项目分别编码列项；箱式满堂基础底板按本表的满堂基础项目列项；

3. 框架式设备基础中柱、梁、墙、板分别按《计算规范》附录表 E.2、表 E.3、表 E.4、表 E.5 相关项目分别编码列项，基础部分按本表相关项目编码列项；

4. 如为毛石混凝土基础，项目特征应描述毛石所占比例。

（2）现浇混凝土柱：以“m^3”计量，按设计图示尺寸以体积计算。柱高计算（见图 9.3.5–1）按下列规定：

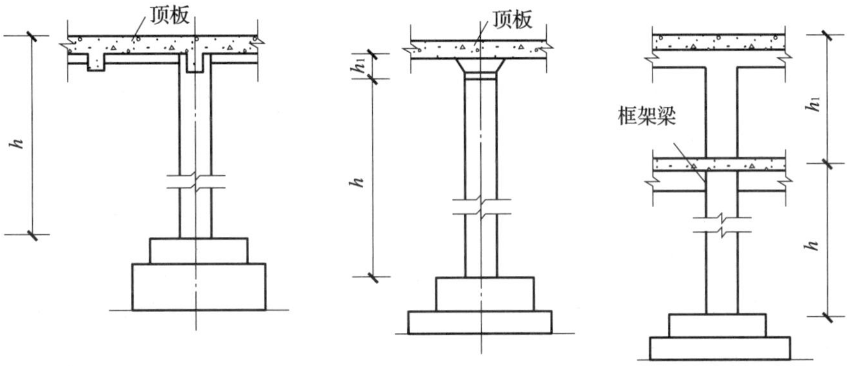

(a)有梁板的柱高　(b)无梁板的柱高　(c)框架柱的柱高

图 9.3.5–1　柱高计算示意图

1）有梁板的柱高，应自柱基上表面（或楼板上表面）至上一层楼板上表面之间的高度计算；

2）无梁板的柱高，应自柱基上表面（或楼板上表面）至柱帽下表面之间的高度计算；

3）框架柱的柱高，应自柱基上表面至柱顶高度计算；

4）构造柱按全高计算，嵌接墙体部分（马牙槎）并入柱身体积；

5）依附柱上的牛腿和升板的柱帽，并入柱身体积计算。

（3）现浇混凝土梁：以“m^3”计量，按设计图示尺寸以体积计算。伸入墙内的梁头、梁垫并入梁体积内，梁长计算（见图 9.3.5–2）按下列规定：

1）梁与柱连接时，梁长算至柱侧面；

2）主梁与次梁连接时，次梁长算至主梁侧面。

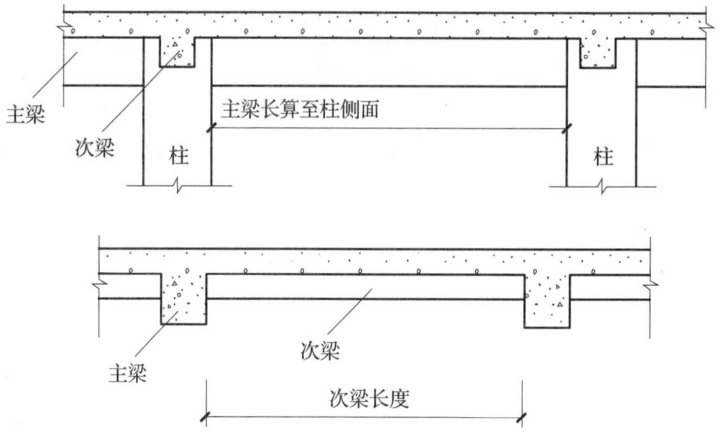

图 9.3.5-2 主梁、次梁长度计算示意图

（4）现浇混凝土墙：以“m^3”计量，按设计图示尺寸以体积计算。扣除门窗洞口及单个面积 >0.3m^2 的孔洞所占体积，墙垛及突出墙面部分并入墙体体积内计算。

（5）现浇混凝土板：

1）有梁板、无梁板、平板、拱板、薄壳板、栏板：以“m^3”计量，按设计图示尺寸以体积计算，不扣除单个面积≤0.3m^2 的柱、垛以及孔洞所占体积，压形钢板混凝土楼板扣除构件内压形钢板所占体积有梁板（包括主、次梁与板）按梁、板体积之和计算，无梁板按板和柱帽体积之和计算，各类板伸入墙内的板头并入板体积内，薄壳板的肋、基梁并入薄壳体积内计算；

2）天沟（檐沟）、挑檐板、其他板：以“m^3”计量，按设计图示尺寸以体积计算；

3）雨篷、悬挑板、阳台板：以“m^3”计量，按设计图示尺寸以墙外部分体积计算，包括伸出墙外的牛腿和雨篷反挑檐的体积；

4）空心板：以“m^3”计量，按设计图示尺寸以体积计算，空心板（GBF 高强薄壁蜂巢芯板等）应扣除空心部分体积。

（6）现浇混凝土楼梯：

1）以“m^2”计量，按设计图示尺寸以水平投影面积计算。不扣除宽度≤500mm 的楼梯井，伸入墙内部分不计算；

2）以“m^3”计量，按设计图示尺寸以体积计算。

（7）现浇混凝土其他构件：

1）散水、坡道、室外地坪：以“m^2”计量，按设计图示尺寸以水平投影面积计算，不扣除单个≤0.3m^2 的孔洞所占面积；

2）电缆沟、地沟：以“m”计量，按设计图示尺寸以中心线长度计算；

3）台阶：

①以“m^2”计量，按设计图示尺寸以水平投影面积计算；

②以“m^3”计量，按设计图示尺寸以体积计算。

4）扶手、压顶：

①以“m”计量，按设计图示的中心线延长米计算；

②以“m^3”计量，按设计图示尺寸以体积计算。

5）化粪池、检查井：

①以“m^3”计量，按设计图示尺寸以体积计算；

②以“座”计量，按设计图示数量计算。

6）其他构件：以“m^3”计量，按设计图示尺寸以体积计算；

（8）后浇带：

以“m^3”计量，按设计图示尺寸以体积计算。

（9）预制混凝土柱：

1）以“m^3”计量，按设计图示尺寸以体积计算；

2）以“根”计量，按设计图示尺寸以数量计算。

（10）预制混凝土梁：

1）以“m^3”计量，按设计图示尺寸以体积计算；

2）以“根”计量，按设计图示尺寸以数量计算。

（11）预制混凝土屋架：

1）以“m^3”计量，按设计图示尺寸以体积计算；

2）以“榀”计量，按设计图示尺寸以数量计算。

（12）预制混凝土板：

1）平板、空心板、槽形板、网架板、折线板、带肋板、大型板：

①以“m^3”计量，按设计图示尺寸以体积计算，不扣除单个面积≤300mm×300mm的孔洞所占体积，扣除空心板空洞体积；

②以“块”计量，按设计图示尺寸以数量计算。

2）沟盖板、井盖板、井圈：

①以“m^3”计量，按设计图示尺寸以体积计算；

②以“块（套）”计量，按设计图示尺寸以数量计算。

（13）预制混凝土楼梯：

1）以“m^3”计量，按设计图示尺寸以体积计算，扣除空心踏步板空洞体积；

2）以“段”计量，按设计图示尺寸以数量计算。

（14）其他预制构件：

1）以“m^3”计量，按设计图示尺寸以体积计算，不扣除单个面积≤300mm×300mm的孔洞所占体积，扣除烟道、垃圾道、通风道的孔洞所占体积；

2）以“m^2”计量，按设计图示尺寸以面积计算，不扣除单个面积≤300mm×300mm的孔洞所占面积；

3）以“根（块、套）”计量，按设计图示尺寸以数量计算。

（15）钢筋工程：

1）现浇构件钢筋、预制构件钢筋、钢筋网片、钢筋笼：以“t”计量，按设计图示钢筋（网）长度（面积）乘单位理论质量计算；

2）先张法预应力钢筋：以“t”计量，按设计图示钢筋长度乘单位理论质量计算；

3）后张法预应力钢筋、预应力钢丝、预应力钢绞线：以“t”计量，按设计图示钢筋（丝束、绞线）长度乘单位理论质量计算：

①低合金钢筋两端均采用螺杆锚具时，钢筋长度按孔道长度减0.35m计算，螺杆另行计算；

②低合金钢筋一端采用镦头插片，另一端采用螺杆锚具时，钢筋长度按孔道长度计算，螺杆另行计算；

③低合金钢筋一端采用镦头插片，另一端采用帮条锚具时，钢筋增加0.15m计算；两端均采用帮条锚具时，钢筋长度按孔道长度增加0.3m计算；

④低合金钢筋采用后张混凝土自锚时，钢筋长度按孔道长度增加0.35m计算；

⑤低合金钢筋（钢绞线）采用JM、XM、QM型锚具，孔道长度≤20m时，钢筋长度增加1m计算，孔道长度>20m时，钢筋长度增加1.8m计算；

⑥碳素钢丝采用锥形锚具，孔道长度≤20m时，钢丝束长度按孔道长度增加1m计算，孔道长度>20m时，钢丝束长度按孔道长度增加1.8m计算；

⑦碳素钢丝采用镦头锚具时，钢丝束长度按孔道长度增加0.35m计算；

4）支撑钢筋（铁马）：以“t”计量，按钢筋长度乘单位理论质量计算。

5）声测管：以“t”计量，按设计图示尺寸以质量计算。

（16）螺栓、铁件：

1）螺栓、预埋铁件：以“t”计量，按设计图示尺寸以质量计算；

2）机械连接：以“个”计量，按数量计算。

三、定额项目内容及工程量计算规则

相关内容详见《综合定额》“A.1.5 混凝土及钢筋混凝土工程”“A.1.6 装配式混凝土结构、建筑构件及部品工程”。

9.3.6 金属结构工程

一、概述

（一）清单规范内容

《计算规范》“附录 F 金属结构工程”，内容包括钢网架，钢屋架、钢托架、钢桁架、钢架桥，钢柱，钢梁，钢板楼板、墙板，钢构件，金属制品共 7 节 31 个工程量清单项目。

工程量清单项目设置、项目特征描述的内容、计量单位及工程量计算规则应按《计算规范》附录 F 所附相应表格的规定执行。

金属结构工程中的结构性锚栓、栓钉、高强螺栓单独列项计算，执行混凝土工及钢筋混凝土工程的“E.16 螺栓、铁件”相应项目。

（二）定额内容

《综合定额》“A.1.17 金属结构工程”，内容包括厂房仓库、高层建筑、超高层建筑、空间结构（场馆）、其他钢构件安装（通用部分）、金属结构件运输、其他项目共 7 节 167 个定额子目。

定额内容包括定额说明、工程量计算规则、工作内容、计量单位、定额编号、子目名称、子目单价、单价组成及人材机消耗量等，应根据设计图纸及工艺做法选择相应的定额子目使用。

（三）注意事项

编制工程量清单时，应注意以下事项：

（1）根据《计算规范》“表 F.2 钢屋架、钢托架、钢桁架、钢桥架（编码：010602）”，应注意以下事项：以“榀”计量，按标准图设计的应注明标准图代号，按非标准图设计的项目特征必须描述单榀屋架的质量。

（2）根据《计算规范》“表 F.3 钢柱（编码：010603）”，应注意以下事项：

1）实腹钢柱类型指十字形、T 形、L 形、H 形等。

2）空腹钢柱类型指箱形、格构式等。

3）型钢混凝土柱浇筑钢筋混凝土，其混凝土和钢筋应按《计算规范》附录 E 混凝土及钢筋混凝土工程中相关项目编码列项。

（3）根据《计算规范》“表 F.4 钢梁（编码：010604）”，应注意以下事项：

1）梁类型指 H 形、L 形、T 形、箱形、格构式等。

2）型钢混凝土梁浇筑钢筋混凝土，其混凝土和钢筋应按《计算规范》附录 E 混凝土及钢筋混凝土工程中相关项目编码列项。

（4）根据《计算规范》“表 F.5 钢板楼板、墙板（编码：010605）”，应注意以下事项：

1）钢板楼板上浇筑钢筋混凝土，其混凝土和钢筋应按《计算规范》附录 E 混凝土及钢筋混凝土工程中相关项目编码列项。

2）压型钢楼板按《计算规范》表 F.5 钢板楼板项目编码列项。

（5）根据《计算规范》“表 F.6 钢构件（编码：010606）”，应注意以下事项：

1）钢墙架项目包括墙架柱、墙架梁和连接杆件。

2）钢支撑、钢拉条类型指单式、复式，钢檩条类型指型钢式、格构式，钢漏斗形式指方形、圆形，天沟形式指矩形沟或半圆形沟。

3）加工铁件等小型构件，按表 F.6 中零星钢构件项目编码列项。

（6）根据《计算规范》“表 F.7 金属制品（编码：010607）”，应注意以下事项：抹灰钢丝网加固按本表中砌块墙钢丝网加固项目编码列项。

（7）注意清单项目所包含的工作内容，与定额子目包括的工作内容的区别，清单项目所包含的工作内容一般需要分别套用几个定额子目进行组价。但一些工作内容有可能在某项定额子目内已包含，如：金属结构工程清单项目工作内容包括：①拼装；②安装；③探伤；④补刷油漆。在清单计价时，应根据施工组织设计，按需要分别套用定额对应各构件的拼装、安装、探伤子目。清单项目中的补刷油漆工作内容，已包含在相应的拼装、安装定额子目中，不应单独套补漆定额，否则会重复组价。

（8）注意区分清单工程量计算规范与定额工程量计算规则的不同点，正确计算工程量，有些清单项目的工程量计算规则与定额子目的工程量计算规则相同，但是有些清单项目的工程量计算规则与定额子目的工程量计算规则不一样，如：钢构件在同一项清单项目内，定额拼装、安装子目与清单项目规则相同按重量以“t”计算，探伤子目则按不同的方法分别按定额不同的计算规则和计量单位，以“10张”“10m”“$10m^2$”计算。

二、工程量清单项目编制及工程量计算规则

（一）清单项目设置

根据《计算规范》“附录 F 金属结构工程”，内容包括钢网架，钢屋架、钢托架、钢桁架、钢架桥，钢柱，钢梁，钢板楼板、墙板，钢构件，金属制品共 7 节 31 个工程量清单项目；各项目编码、项目名称、项目特征描述、计量单位、工程量计算规则及包含的工作内容详见《计算规范》，部分内容、形式见表 9.3.6。

表 9.3.6　钢网架

项目编码	项目名称	项目特征	计量单位	工程量计算规则	工作内容
010601001	钢网架	1. 钢材品种、规格 2. 网架节点形式、连接方式 3. 网架跨度、安装高度 4. 探伤要求 5. 防火要求	t	按设计图示尺寸以质量计算。不扣除孔眼的质量，焊条、铆钉等不另增加质量	1. 拼装 2. 安装 3. 探伤 4. 补刷油漆

（二）清单项目工程量计算规则

清单项目应按《计算规范》规定的计量单位和工程量计算规则计算工程量。《计算规范》规定如下：

（1）钢网架：工程量清单项目编码 010601001，以“t”计量，按设计图示尺寸以质量计算。不扣除孔眼的质量，焊条、铆钉等不另增加质量。

（2）钢屋架、钢托架、钢桁架、钢架桥：包括 010602001 钢屋架 ~010602004 钢架桥 4 个工程量清单项目，其工程量计算规则如下：

1）钢屋架：

①以“榀”计量，按设计图示数量计算；

②以“t”计量，按设计图示尺寸以质量计算。不扣除孔眼的质量，焊条、铆钉、螺栓等不另增加质量。

2）钢托架、钢桁架、钢架桥：以“t”计量，按设计图示尺寸以质量计算。不扣除孔眼的质量，焊条、铆钉、螺栓等不另增加质量。

（3）钢柱：包括 010603001 实腹钢柱 ~010603003 钢管柱 3 个工程量清单项目，其工程量计算规则如下：

1）实腹钢柱、空腹钢柱，以“t”计量，按设计图示尺寸以质量计算。不扣除孔眼的质量，焊条、铆钉、螺栓等不另增加质量，依附在钢柱上的牛腿及悬臂梁等并入钢柱工程量内。

2）钢管柱，以“t”计量，按设计图示尺寸以质量计算。不扣除孔眼的质量，焊条、铆钉、螺栓等不另增加质量，钢管柱上的节点板、加强环、内衬管、牛腿等并入钢管柱工程量内。

（4）钢梁：包括 010604001 钢梁、010604002 钢吊车梁 2 个工程量清单项目，其工程量计算规则如下：以“t”计量，按设计图示尺寸以质量计算。不扣除孔眼的质量，焊条、铆钉、螺栓等不另增加质量，制动梁、制动板、制动桁架、车挡并入钢吊车梁工程量内。

（5）钢板楼板、墙板：包括 010605001 钢板楼板、010605002 钢板墙板 2 个工程量清单项目，其工程量计算规则如下：

1）钢板楼板，以“m^2”计量，按设计图示尺寸以铺设水平投影面积计算。不扣除单个面积≤$0.3m^2$柱、垛及孔洞所占面积。

2）钢板墙板，以“m^2”计量，按设计图示尺寸以铺挂展开面积计算。不扣除单个面积≤$0.3m^2$梁、孔洞所占面积，包角、包边、窗台泛水等不另加面积。

（6）钢构件：包括 010606001 钢支撑、钢拉条 ~010606013 零星钢构件 13 个工程量清单项目，其工程量计算规则如下：

1）以“t”计量，按设计图示尺寸以质量计算，不扣除孔眼的质量，焊条、铆钉、螺栓等不另增加质量。

2）钢漏斗、钢板天沟，以“t”计量，按设计图示尺寸以质量计算。不扣除孔眼的质量，焊条、铆钉、螺栓等不另增加质量，依附漏斗或天沟的型钢并入漏斗或天沟工程量内。

3）钢支架、零星钢构件，以“t”计量，按设计图示尺寸以质量计算。不扣除孔眼的质量，焊条、铆钉、螺栓等不另增加质量。

（7）金属制品：包括 010607001 成品空调金属百叶护栏条 ~010607006 后浇带金属网 6 个工程量清单项目，其工程量计算规则如下：

1）成品空调金属百叶护栏条、成品栅栏、金属网栏以“m^2”计量，按设计图示尺寸以框外围展开面积计算。

2）成品雨篷：

①以“m”计量，按设计图示接触边以米计算；

②以“m^2”计量，按设计图示尺寸以展开面积计算。

3）砌块墙钢丝网加固、后浇带金属网，以“m^2”计量，按设计图示尺寸以面积计算。

三、定额项目内容及工程量计算规则

相关内容详见《综合定额》“A.1.7 金属结构工程”。

9.3.7 木结构工程

一、概述

（一）清单规范内容

《计算规范》“附录 G 木结构工程”，内容包括木屋架、木构件、屋面木基层共 3 节 8 个工程量清单项目。

工程量清单项目设置、项目特征描述的内容、计量单位及工程量计算规则应按《计算规范》附录 G 所附相应表格的规定执行。

（二）定额内容

《综合定额》“A.1.8 木结构工程”，内容包括木屋架、木构件、屋面木基层共 3 节 82 个定额子目。

定额内容包括定额说明、工程量计算规则、工作内容、计量单位、定额编号、子目名称、子目单价、单价组成及人材机消耗量等，应根据设计的建筑做法选择相应的定额子目使用。

（三）注意事项

编制工程量清单时，应注意以下事项：

（1）根据《计算规范》“表 G.1 木屋架（编码：010701）”，应注意以下事项：

1）屋架的跨度应以上、下弦中心线两交点之间的距离计算。

2）带气楼的屋架和马尾、折角以及正交部分的半屋架，按相关屋架项目编码列项。

3）以"榀"计量，按标准图设计的应注明标准图代号，按非标准图设计的项目特征必须按《计算规范》表 G.1 要求以描述。

（2）根据《计算规范》"表 G.2 木构件（编码：010702）"，应注意以下事项：

1）木楼梯的栏杆（栏板）、扶手，应按《计算规范》附录 Q 中的相关项目编码列项。

2）以"m"计量，项目特征必须描述构件规格尺寸。

（3）注意区分清单工程量计算规范与定额工程量计算规则的不同点（以屋面木基层为例），正确计算工程量。

1）按《计算规范》规定，屋面木基层的工程量计算规则：按设计图示尺寸以斜面积计算，不扣除房上烟囱、风帽底座、风道、小气窗、斜沟等所占面积。小气窗的出檐部分不增加面积。

2）以《综合定额》为例，屋面木基层的工程量计算规则：

①檩木上钉椽板工程量，按屋面的斜面积以"m^2"计算，不扣除屋面烟囱及斜沟部分所占面积，天窗挑檐重叠面积并入屋面基层工程量内。

②檩木工程量，按竣工木料体积以"m^3"计算。简支檩长度按设计规定计算，如设计无规定时，按屋架或山墙中距增加 200mm 计算，如两端出山，檩条长度算至博风板；连续檩条的长度按设计长度计算，其接头长度按全部连续檩木总体积的 5% 计算。

③屋面板工程量按屋面斜面积计算，不扣除屋面烟囱、风帽底座、风道、小气窗及斜沟等所占面积。

（4）《计算规范》规定，计量单位有两种或两种以上选择时（以木檩为例），应注意计算工程量应与计量单位相匹配。

按《计算规范》规定，木檩的工程量计算规则有两种选择：

1）以"m^3"计量，按设计图示尺寸以体积计算；

2）以"m"计量，按设计图示尺寸以长度计算。

（5）编制工程量清单时，若出现《计算规范》附录 G 未包括的清单项目，编制人应做补充清单，具体规定详见《计算规范》第 4.1.3 条规定。

二、程量清单项目编制及工程量计算规则

（一）清单项目设置

根据《计算规范》"附录 G 木结构工程"，内容包括木屋架、木构件、屋面木基层共 3 节 8 个工程量清单项目；各项目编码、项目名称、项目特征描述、计量单位、工程量计算规则及包含的工作内容详见《计算规范》，部分内容、形式见表 9.3.7。

表 9.3.7　木屋架

项目编码	项目名称	项目特征	计量单位	工程量计算规则	工作内容
010701001	木屋架	1. 跨度 2. 材料品种、规格 3. 刨光要求 4. 拉杆及夹板种类 5. 防护材料种类	1. 榀 2. m^3	1. 以榀计量，按设计图示数量计算 2. 以立方米计量，按设计图示的规格尺寸以体积计算	1. 制作 2. 运输 3. 安装 4. 刷防护材料
010701002	钢木屋架	1. 跨度 2. 木材品种、规格 3. 刨光要求 4. 钢材品种、规格 5. 防护材料种类	榀	以榀计量，按设计图示数量计算	

（二）清单项目工程量计算规则

清单项目应按《计算规范》规定的计量单位和工程量计算规则计算工程量。《计算规范》规定如下：

（1）木屋架：包括 010701001 木屋架、010701002 钢木屋架 2 个工程量清单项目。

1）010701001 木屋架，其工程量计算规则如下：

①以“榀”计量，按设计图示数量计算；

②以“m^3”计量，按设计图示的规格尺寸以体积计算。

2）010701002 钢木屋架，其工程量计算规则如下：以“榀”计量，按设计图示数量计算。

（2）木构件：包括 010702001 木柱 ~010702005 其他木构件 5 个工程量清单项目：

1）010702001 木柱、010702002 木梁，其工程量计算规则：以“m^3”计量，按设计图示尺寸以体积计算。

2）010702003 木檩，其工程量计算规则如下：

①以“m^3”计量，按设计图示尺寸以体积计算；

②以“m”计量，按设计图示尺寸以长度计算。

3）010702004 木楼梯，其工程量计算规则如下：以“m^2”计量，按设计图示尺寸以水平投影面积计算。不扣除宽度≤300mm 的楼梯井，伸入墙内部分不计算；木楼梯的栏杆（栏板）、扶手，应按《计算规范》附录 Q 中的相关项目编码列项。

4）010702005 其他木构件，其工程量计算规则如下：

①以“m^3”计量，按设计图示尺寸以体积计算；

②以“m”计量，按设计图示尺寸以长度计算。

（3）屋面木基层：包括 010703001 屋面木基层 1 个工程量清单项目，其工程量计算规则如下：

以“m^2”计量，按设计图示尺寸以斜面积计算，不扣除房上烟囱、风帽底座、风道、小气窗、斜沟等所占面积。小气窗的出檐部分不增加面积。

三、定额项目内容及工程量计算规则

相关内容详见《综合定额》“A.1.8 木结构工程”。

9.3.8 门窗工程

一、概述

（一）清单规范内容

《计算规范》“附录 H 门窗工程”，内容包括金属门，金属卷帘（闸）门，厂库房大门、特种门，其他门，木窗，金属窗，门窗套，窗台板，窗帘、窗帘盒、轨共 10 节 55 个工程量清单项目。

工程量清单项目设置、项目特征描述的内容、计量单位及工程量计算规则应按《计算规范》附录 H 所附相应表格的规定执行。

（二）定额内容

《综合定额》“A.1.9 门窗工程”，内容包括木门窗，门窗装饰，厂库房大门、特种门，钢门窗安装，塑料、塑钢、彩钢、不锈钢及其他门窗安装，铝合金门窗、全玻璃门安装，特殊五金安装，铝塑共挤门窗共 8 节 249 个定额子目。其中，传统门窗 7 节，共 229 个定额子目；铝塑共挤门窗 1 节，共 20 个定额子目。

定额内容包括定额说明、工程量计算规则、工作内容、计量单位、定额编号、子目名称、子目单价、单价组成及人材机消耗量等，应根据设计的建筑做法选择相应的定额子目使用。

（三）注意事项

编制工程量清单时，应注意以下事项：

（1）根据《计算规范》“表 H.1 木门（编码：010801）”，应注意以下事项：

1）木质门应区分镶板木门、企口木板门、实木装饰门、胶合木门、夹板装饰门、木纱门、全玻门（带木质扇框），木质半玻门（带木质扇框）等项目，分别编码列项。

2）木门五金应包括折页、插销、门碰珠、弓背拉手、搭机、木螺丝、弹簧折页（自动门），管子拉手（自由门、地弹门）、地弹簧（地弹门）、角铁、门轧头（地弹门、自由门）等。

3）木质门带套计量按洞口尺寸以面积计算，不包括门套面积，但门套应计算在综合单价中。

4）以“樘”计量，项目特征必须描述洞口尺寸；以“m^2”计量，项目特征可不描述洞口尺寸。

5）单独制作安装木门框按木门框项目编码列项。

（2）根据《计算规范》“表 H.2 金属门（编码：010802）”，应注意以下事项：

1）金属门应区分金属平开门、金属推拉门、金属地弹门、全玻门（带金属扇框）、金属半玻门（带扇框）等项目，分别编码列项。

2）铝合金门五金包括：地弹簧、门锁、拉手、门插、门铰、螺丝等。

3）金属门五金包括 L 形执手插锁（双舌）、执手锁（单舌）、门轨头、地锁、防盗门寄、门眼（猫眼）、门碰珠、电子锁（磁卡锁）、闭门器、装饰拉手等。

4）以“樘”计量，项目特征必须描述洞口尺寸，没有洞口尺寸必须描述门框或扇外围尺寸；以“m^2”计量，项目特征可不描述洞口尺寸及框或扇外围尺寸。

5）以“m^2”计量，无设计图示洞口尺寸，按门框或扇外围以面积计算。

（3）根据《计算规范》“表 H.3 金属卷帘（闸）门（编码：010803）”，应注意以下事项：

以“樘”计量，项目特征必须描述洞口尺寸；以“m^2”计量，项目特征可不描述洞口尺寸。

（4）根据《计算规范》“表 H.4 厂库房大门、特种门（编码：010804）”，应注意以下事项：

1）特种门应区分冷藏门、冷冻间门、保温门、变电室门、隔音门、防射线门、人防门、金库门等项目，分别编码列项。

2）以“樘”计量，项目特征必须描述洞口尺寸，没有洞口尺寸必须描述门框或扇外围尺寸；以“m^2”计量，项目特征可不描述洞口尺寸及框、扇的外围尺寸。

3）以“m^2”计量，无设计图示洞口尺寸，按门框、扇外围以面积计算。

（5）根据《计算规范》“表 H.5 其他门（编码：010805）”，应注意以下事项：

1）以“樘”计量，项目特征必须描述洞口尺寸，没有洞口尺寸必须描述门框或扇外围尺寸；以“m^2”计量，项目特征可不描述洞口尺寸及框、扇的外围尺寸。

2）以“m^2”计量，无设计图示洞口尺寸，按门框、扇外围以面积计算。

（6）根据《计算规范》“表 H.6 木窗（编码：010806）”，应注意以下事项：

1）木质窗应区分木百叶窗、木组合窗、木天窗、木固定窗、木装饰空花窗等项目，分别编码列项。

2）以“樘”计量，项目特征必须描述洞口尺寸，没有洞口尺寸必须描述窗框外围尺寸；以“m^2”计量，项目特征可不描述洞口尺寸及框的外围尺寸。

3）以“m^2”计量，无设计图示洞口尺寸，按窗框外围以面积计算。

4）木橱窗、木飘（凸）窗以樘计量，项目特征必须描述框截面及外围展开面积。

5）木窗五金包括：折页、插销、风钩、木螺丝、滑楞滑轨（推拉窗）等。

（7）根据《计算规范》“表 H.7 金属窗（编码：010807）”，应注意以下事项：

1）金属窗应区分金属组合窗、防盗窗等项目，分别编码列项。

2）以“樘”计量，项目特征必须描述洞口尺寸，没有洞口尺寸必须描述窗框外围尺寸，以“m^2”计量；项目特征可不描述洞口尺寸及框的外围尺寸。

3）以“m^2”计量，无设计图示洞口尺寸，按窗框外围以面积计算。

4）金属橱窗、飘（凸）窗以樘计量，项目特征必须描述框外围展开面积。

5）金属窗中铝合金窗五金应包括卡锁、滑轮、铰拉、执手、拉把、拉手、风撑、角码、牛角刺等。

（8）根据《计算规范》“表 H.8 门窗套（编码：010808）”，应注意以下事项：

1）以“樘”计量，项目特征必须描述洞口尺寸、门窗套展开宽度。

2）以“m^2”计量，项目特征可不描述洞口尺寸、门窗套展开宽度。

3）以“m”计量，项目特征必须描述门窗套展开宽度、筒子板及贴脸宽度。

4）木门窗套适用于单独门窗套的制作、安装。

（9）根据《计算规范》“表 H.10 窗帘、窗帘盒、轨（编码：010810）”，应注意以下事项：

1）窗帘若是双层，项目特征必须描述每层材质。

2）窗帘以“m”计量，项目特征必须描述窗帘高度和宽。

（10）注意区分清单工程量计算规范与定额工程量计算规则的不同点（以金属门为例），正确计算工程量。

1）按《计算规范》规定，金属门的工程量计算规则如下：

①以“樘”计量，按设计图示数量计算；

②以“m^2”计量，按设计图示洞口尺寸以面积计算。

2）以《综合定额》为例，金属门的工程量计算规则如下：

①钢门窗安装工程量，按设计图示框外围面积以“m^2”计算；

②塑料、塑钢、彩钢板、不锈钢及其他门窗安装：

a. 塑料门、塑钢门窗、彩钢板门窗、不锈钢全玻璃门窗、纱窗安装工程量，按设计图示框外围面积以“m^2”计算。

b. 电子感应自动门、全玻转门、不锈钢电动伸缩门按设计图示数量以“樘”计算。

c. 卷闸门窗安装，按设计图示尺寸以“m^2”计算，如设计无规定时，安装于门窗洞槽中、洞外或洞内的，按洞口实际宽度两边共加100mm计算；安装于门、窗洞口中则不增加，高度按洞口尺寸加500mm计算。电动装置安装按设计图示数量以“套”计算，小门安装按设计图示数量以“个”计算。

③铝合金门窗、全玻璃门、铝塑共挤门窗安装：

a. 铝合金门窗、铝塑共挤门窗安装，按设计图示框外围面积以“m^2”计算；但折形、弧形等的铝合金门窗，则按设计图示展开面积以“m^2”计算。如设计只标注洞口尺寸，门窗按洞口尺寸每边减去15mm计算。

b. 铝合金、塑钢窗、铝塑共挤窗由推拉窗、平开窗、固定窗等各种形式组成组合窗的，以不同类型窗共用的窗框中心线为分界线，区分推拉窗、平开窗、固定窗等各种形式的窗分别计算工程量。

c. 全玻璃门，按设计图示门洞口面积以“m^2”计算。

d. 全玻璃门的配件，按设计图示数量以“套”计算。

e. 窗框外侧环保防腐层，按设计图示尺寸以“m”计算。

（11）《计算规范》规定，计量单位有两种或两种以上选择时（以010801001木质门为例），应注意计算工程量应与计量单位相匹配。

按《计算规范》规定，010801001木质门的工程量计算规则有两种选择：

1）以“樘”计量，按设计图示数量计算；

2）以“m^2”计量，按设计图示洞口尺寸以面积计算。

（12）编制工程量清单时，若出现《计算规范》附录H未包括的清单项目，编制人应做补充清单，具体规定详见《计算规范》第4.1.3条的规定。

二、工程量清单项目编制及工程量计算规则

（一）清单项目设置

根据《计算规范》“附录H门窗工程”，内容包括木门，金属门，金属卷帘（闸）门，厂库房大门、特种门，其他门，木窗，金属窗，门窗套，窗台板，窗帘、窗帘盒、轨共10节55个工程量清单项目；各项目编码、项目名称、项目特征描述、计量单位、工程量计算规则及包含的工作内容详见《计算规范》，部分内容、形式见表9.3.8。

（二）清单项目工程量计算规则

清单项目应按《计算规范》规定的计量单位和工程量计算规则计算工程量。《计算规范》规定如下：

（1）木门：包括010801001木质门~010801006门锁安装6个工程量清单项目：

1）010801001木质门、010801002木质门带套、010801003木质连窗门、010801004木质防火门4个工程量清单项目，其工程量计算规则如下：

①以“樘”计量，按设计图示数量计算；

表 9.3.8 金属门

项目编码	项目名称	项目特征	计量单位	工程量计算规则	工作内容
010802001	金属（塑钢）门	1. 门代号及洞口尺寸 2. 门框或扇外围尺寸 3. 门框、扇材质 4. 玻璃品种、厚度	1. 樘 2. m^2	1. 以“樘”计量，按设计图示数量计算 2. 以“平方米”计量，按设计图示洞口尺寸以面积计算	1. 门安装 2. 五金安装 3. 玻璃安装
010802002	彩钢门	1. 门代号及洞口尺寸 2. 门框或扇外围尺寸			
010802003	钢质防火门	1. 门代号及洞口尺寸 2. 门框或扇外围尺寸 3. 门框、扇材质			
010802004	防盗门				1. 门安装 2. 五金安装

②以“m^2”计量，按设计图示洞口尺寸以面积计算。

2）010801005 木门框，其工程量计算规则：

①以“樘”计量，按设计图示数量计算；

②以“m”计量，按设计图示框的中心线以延长米计算。

3）010801006 门锁安装，其工程量计算规则如下：以“个（套）”计量，按设计图示数量计算。

（2）金属门：包括 010802001 金属（塑钢）门 ~ 010802004 防盗门 4 个工程量清单项目，其工程量计算规则如下：

1）以“樘”计量，按设计图示数量计算。

2）以“m^2”计量，按设计图示洞口尺寸以面积计算。

（3）金属卷帘（闸）门：包括 010803001 金属卷帘（闸）门、010803002 防火卷帘（闸）门 2 个工程量清单项目，其工程量计算规则如下：

1）以“樘”计量，按设计图示数量计算；

2）以“m^2”计量，按设计图示洞口尺寸以面积计算。

（4）厂库房大门、特种门：包括 010804001 木板大门 ~010804007 特种门 7 个工程量清单项目：

1）010804001 木板大门、010804002 钢木大门、010804003 全钢板大门、010804005 金属格栅门、010804007 特种门 5 个工程量清单项目，其工程量计算规则如下：

①以“樘”计量，按设计图示数量计算；

②以“m^2”计量，按设计图示洞口尺寸以面积计算。

2）010804004 防护铁丝门、010804006 钢质花饰大门 2 个工程量清单项目，其工程量计算规则如下：

①以“樘”计量，按设计图示数量计算；

②以“m^2”计量，按设计图示门框或扇以面积计算。

（5）其他门：包括 010805001 电子感应门 ~010805007 复合材料门 7 个工程量清单项目，其工程量计算规则如下：

1）以“樘”计量，按设计图示数量计算；

2）以“m^2”计量，按设计图示洞口尺寸以面积计算。

（6）木窗：包括 010806001 木质窗 ~010804004 木纱窗 4 个工程量清单项目。

1）010806001 木质窗，其工程量计算规则如下：

①以“樘”计量，按设计图示数量计算；

②以“m^2”计量，按设计图示洞口尺寸以面积计算。

2）010806002 木飘（凸）窗、010806003 木橱窗 2 个工程量清单项目，其工程量计算规则如下：

①以“樘”计量，按设计图示数量计算；

②以“m^2”计量，按设计图示尺寸以框外围展开面积计算。

3）010806004 木纱窗，其工程量计算规则如下：

①以“樘”计量，按设计图示数量计算；

②以“m^2”计量，按框的外围尺寸以面积计算。

（7）金属窗：包括 010807001 金属（塑钢、断桥）窗 ~010807009 复合材料窗 9 个工程量清单项目。

1）010807001 金属（塑钢、断桥）窗、010807002 金属防火窗、010807003 金属百叶窗、010807005 金属格栅窗 4 个工程量清单项目，其工程量计算规则如下：

①以“樘”计量，按设计图示数量计算；

②以“m^2”计量，按设计图示洞口尺寸以面积计算。

2）010807004 金属纱窗，其工程量计算规则如下：

①以“樘”计量，按设计图示数量计算；

②以“m^2”计量，按框的外围尺寸以面积计算。

3）010807006 金属（塑钢、断桥）橱窗、010807007 金属（塑钢、断桥）飘（凸）窗 2 个工程量清单项目，其工程量计算规则：

①以“樘”计量，按设计图示数量计算；

②以“m^2”计量，按设计图示尺寸以框外围展开面积计算。

4）010807008 彩板窗、010807009 复合材料窗 2 个工程量清单项目，其工程量计算规则：

①以“樘”计量，按设计图示数量计算；

②以“m^2”计量，按设计图示洞口尺寸或框外围以面积计算。

（8）门窗套：包括 010808001 木门窗套 ~010808007 成品木门窗套 7 个工程量清单项目：

1）010808001 木门窗套、010808002 木筒子板、010808003 饰面夹板筒子板、010808004 金属门窗套、010808005 石材门窗套、010808007 成品木门窗套 6 个工程量清单项目，其工程量计算规则：

①以“樘”计量，按设计图示数量计算；

②以“m^2”计量，按设计图示尺寸以展开面积计算；

③以“m”计量，按设计图示中心以延长米计算。

2）010808006 门窗木贴脸，其工程量计算规则：

①以“樘”计量，按设计图示数量计算；

②以“m”计量，按设计图示尺寸以延长米计算。

（9）窗台板：包括 010809001 木窗台板 ~010809004 石材窗台板 4 个工程量清单项目，其工程量计算规则：以“m^2”计量，按设计图示尺寸以展开面积计算。

（10）窗帘、窗帘盒、轨包括 010810001 窗帘 ~010810005 窗帘轨 5 个工程量清单项目：

1）010810001 窗帘，其工程量计算规则：

①以“m”计量，按设计图示尺寸以成活后长度计算；

②以“m^2”计量，计量，按图示尺寸以成活后展开面积计算。

2）010810002 木窗帘盒，010810003 饰面夹板、塑料窗帘盒，010810001 铝合金窗帘盒，010810005 窗帘轨 4 个工程量清单项目，其工程量计算规则：以“m”计量，按设计图示尺寸以长度计算。

三、定额项目编制及工程量计算规则

相关内容详见《综合定额》“A.1.9 门窗工程”。

9.3.9 屋面及防水工程

一、概述

（一）清单规范内容

《计算规范》“附录 J 屋面及防水工程”，内容包括：瓦、型材及其他屋面，屋面防水及其他，墙面防水、防潮，楼（地）面防水、防潮共 4 节 21 个工程量清单项目。

工程量清单项目设置、项目特征描述的内容、计量单位及工程量计算规则应按《计算规范》附录 J 所附相应表格的规定执行。

（二）定额内容

《综合定额》“A.1.10 屋面及防水工程”，内容包括瓦、型材、阳光板屋面，防水（潮）工程，变形缝共 3 节 209 个定额子目。

定额内容包括定额说明、工程量计算规则、工作内容、计量单位、定额编号、子目名称、子目单价、单价组成及人材机消耗量等，应根据设计的建筑做法选择相应的定额子目使用。

（三）注意事项

编制工程量清单时，应注意以下事项：

（1）根据《计算规范》“表 J.1 瓦、型材及其他屋面（编码：010901）”，应注意以下事项：

1）瓦屋面若是在木基层上铺瓦，项目特征不必描述黏结层砂浆的配合比，瓦屋面铺防水层按《计算规范》表 J.2 屋面防水及其他中相关项目编码列项。

2）型材屋面、阳光板屋面、玻璃钢屋面的柱、梁、屋架，按《计算规范》附录 F 金属结构工程、附录 G 木结构工程中相关项目编码列项。

（2）根据《计算规范》“表 J.2 屋面防水及其他（编码：010902）”，应注意以下事项：

1）屋面刚性层无钢筋，其钢筋项目特征不必描述。

2）屋面找平层按《计算规范》附录 L 楼地面装饰工程“平面砂浆找平层”项目编码列项。

3）屋面防水搭接及附加层用量不另行计算，在综合单价中考虑。

4）屋面保温找坡层按《计算规范》附录 K 保温、隔热、防腐工程“保温隔热屋面”项目编码列项。

（3）根据《计算规范》“表 J.3 墙面防水、防潮（编码：010903）”，应注意以下事项：

1）墙面防水搭接及附加层用量不另行计算，在综合单价中考虑。

2）墙面变形缝，若做双面，工程量乘系数 2。

3）墙面找平层按《计算规范》附录 M 墙、柱面装饰与隔断工程、幕墙工程“立面砂浆找平层”项目编码列项。

（4）根据《计算规范》“表 J.4 楼（地）面防水、防潮（编码：010904）”，应注意以下事项：

1）楼（地）面防水找平层按《计算规范》附录 L 楼地面装饰工程“平面砂浆找平层”项目编码列项。

2）楼（地）面防水搭接及附加层用量不另行计算，在综合单价中考虑。

（5）注意区分清单工程量计算规范与定额工程量计算规则的不同点（以瓦、型材及其他屋面为例），正确计算工程量：

1）按《计算规范》规定，瓦、型材及其他屋面的工程量计算规则：

① 010901001 瓦屋面、010901002 型材屋面 2 个工程量清单项目，其工程量计算规则为：以“m^2”计量，按设计图示尺寸以斜面积计算；不扣除房上烟囱、风帽底座、风道、小气窗、斜沟等所占面积。小气窗的出檐部分不增加面积。

② 010901003 阳光板屋面、010901004 玻璃钢屋面 2 个工程量清单项目，其工程量计算规则为：以“m^2”计量，按设计图示尺寸以斜面积计算；不扣除屋面面积≤$0.3m^2$ 孔洞所占面积。

③ 010901005 膜结构屋面，其工程量计算规则为：以“m^2”计量，按设计图示尺寸以需要覆盖的水平投影面积计算。

2）以《综合定额》为例，瓦、型材及其他屋面的工程量计算规则如下：

①瓦、型材屋面工程量，除另有规定外，按设计图示斜面积以“m^2”计算。亦可按屋面水平投影面积乘以屋面坡度系数以“m^2”计算。不扣除房上烟囱、风帽底座、风道、小气窗、斜沟等所占面积，小气窗的出檐部分不增加面积。

②西班牙瓦脊、彩色水泥瓦脊、琉璃瓦脊、小青瓦脊、檐口线工程量，按设计图示尺寸以“m”计算。

③琉璃宝顶、琉璃挠角（卷尾）、正吻、套兽工程量，按设计图示数量以“座”计算。

④围墙瓦顶工程量，按设计图示尺寸以“m”计算（围墙瓦顶不包括出砖线）。

⑤聚碳酸酯（PC）中空板（阳光板）屋面工程量，按设计图示展开面积以“m^2”计算。

（6）编制工程量清单时，若出现《计算规范》附录J未包括的清单项目，编制人应做补充清单，具体规定详见《计算规范》第4.1.3条的规定。

二、工程量清单项目编制及工程量计算规则

（一）清单项目设置

根据《计算规范》“附录J屋面及防水工程”，内容包括瓦、型材及其他屋面，屋面防水及其他，墙面防水、防潮，楼（地）面防水、防潮共4节21个工程量清单项目；各项目编码、项目名称、项目特征描述、计量单位、工程量计算规则及包含的工作内容详见《计算规范》，部分内容、形式见表9.3.9。

表9.3.9 瓦、型材及其他屋面

项目编码	项目名称	项目特征	计量单位	工程量计算规则	工作内容
010901001	瓦屋面	1. 瓦品种、规格 2. 黏结层砂浆的配合比	m^2	按设计图示尺寸以斜面积计算 不扣除房上烟囱、风帽底座、风道、小气窗、斜沟等所占面积。小气窗的出檐部分不增加面积	1. 砂浆制作、运输、摊铺、养护 2. 安瓦、做瓦脊
010901002	型钢屋面	1. 型材品种、规格 2. 金属檩条材料品种、规格 3. 接缝、嵌缝材料种类			1. 檩条制作、运输、安装 2. 屋面型材安装 3. 接缝、嵌缝
010901003	阳光板屋面	1. 阳光板品种、规格 2. 骨架材料品种、规格 3. 接缝、嵌缝材料种类 4. 油漆品种、刷漆遍数	m^2	按设计图示尺寸以斜面积计算 不扣除屋面面积≤$0.3m^2$孔洞所占面积	1. 骨架制作、运输安装、刷防护材料、油漆 2. 阳光板安装 3. 接缝、嵌缝
010901004	玻璃钢屋面	1. 玻璃钢品种、规格 2. 骨架材料品种、规格 3. 玻璃钢固定方式 4. 接缝、嵌缝材料种类 5. 油漆品种、刷漆遍数			1. 骨架制作、运输、安装、刷防护材料、油漆 2. 玻璃钢制作、安装 3. 接缝、嵌缝
010901005	膜结构屋面	1. 膜布品种、规格 2. 支柱（网架）钢材品种、规格 3. 钢丝绳品种、规格 4. 锚固基座做法 5. 油漆品种、刷漆遍数		按设计图示尺寸以需要覆盖的水平投影面积计算	1. 膜布热压胶接 2. 支柱（网架）制作、安装 3. 膜布安装 4. 穿钢丝绳、锚头锚固 5. 锚固基座、挖土、回填 6. 刷防护材料，油漆

（二）清单项目工程量计算规则

清单项目应按《计算规范》规定的计量单位和工程量计算规则计算工程量。《计算规范》规定如下：

（1）瓦、型材及其他屋面：包括010901001瓦屋面~010901005膜结构屋面5个工程量清单项目。

1）010901001瓦屋面、010901002型钢屋面2个工程量清单项目，其工程量计算规则为：以“m^2”计量，按设计图示尺寸以斜面积计算；不扣除房上烟囱、风帽底座、风道、小气窗、斜沟等所占面积。小气窗的出檐部分不增加面积。

2）010901003阳光板屋面、010901004玻璃钢屋面2个工程量清单项目，其工程量计算规则为：以“m^2”计量，按设计图示尺寸以斜面积计算；不扣除屋面面积≤$0.3m^2$孔洞所占面积。

3）010901005膜结构屋面，其工程量计算规则：以“m^2”计量，按设计图示尺寸以需要覆盖的水平投影面积计算。

（2）屋面防水及其他：包括010902001屋面卷材防水~010902008屋面变形缝8个工程量清单

项目：

1）010902001 屋面卷材防水、010901002 屋面涂膜防水 2 个工程量清单项目，其工程量计算规则为：以“m^2”计量，按设计图示尺寸以面积计算。

①斜屋顶（不包括平屋顶找坡）按斜面积计算，平屋顶按水平投影面积计算；

②不扣除房上烟囱、风帽底座、风道、屋面小气窗和斜沟所占面积；

③屋面的女儿墙、伸缩缝和天窗等处的弯起部分，并入屋面工程量内。

2）010902003 屋面刚性层，其工程量计算规则：以“m^2”计量，按设计图示尺寸以面积计算。不扣除房上烟囱、风帽底座、风道等所占面积。

3）010902004 屋面排水管，其工程量计算规则为：以“m”计量，按设计图示尺寸以长度计算。如设计未标注尺寸，以檐口至设计室外散水上表面垂直距离计算。

4）010902005 屋面排（透）气管，其工程量计算规则为：以“m”计量，按设计图示尺寸以长度计算。

5）010902006 屋面（廊、阳台）泄（吐）水管，其工程量计算规则为：以“根（个）”计量，按设计图示数量计算。

6）010902007 屋面天沟、檐沟，其工程量计算规则为：以“m^2”计量，按设计图示尺寸以展开面积计算。

7）010902008 屋面变形缝，其工程量计算规则为：以“m”计量，按设计图示尺寸以长度计算。

（3）墙面防水、防潮：包括 010903001 墙面卷材防水 ~010903004 墙面变形缝 4 个工程量清单项目。

1）010903001 墙面卷材防水、010903002 墙面涂膜防水、010903003 墙面砂浆防水（防潮）3 个工程量清单项目，其工程量计算规则为：以“m^2”计量，按设计图示尺寸以面积计算。

2）010903004 墙面变形缝，其工程量计算规则为：以“m”计量，按设计图示以长度计算。

（4）楼（地）面防水、防潮：包括 010904001 楼（地）面卷材防水~010904004 楼（地）面变形缝 4 个工程量清单项目。

1）010904001 楼（地）面卷材防水、010904002 楼（地）面涂膜防水、010904003 楼（地）面砂浆防水（防潮）3 个工程量清单项目，其工程量计算规则为：以“m^2”计量，按设计图示尺寸以面积计算。

①楼（地）面防水：按主墙间净空面积计算，扣除凸出地面的构筑物、设备基础等所占面积，不扣除间壁墙及单个面积≤$0.3m^2$ 柱、垛、烟囱和孔洞所占面积。

②楼（地）面防水反边高度≤300mm 算作地面防水，反边高度 >300mm 按墙面防水计算。

2）010904004 楼（地）面变形缝，其工程量计算规则为：以“m”计量，按设计图示以长度计算。

三、定额项目编制及工程量计算规则

相关内容详见《综合定额》“A.1.10 屋面及防水工程”。

9.3.10 保温、隔热、防腐工程

一、概述

（一）清单规范内容

《计算规范》“附录 K 保温、隔热、防腐工程”，内容包括：保温、隔热，防腐面层，其他防腐共 3 节 16 个工程量清单项目。

工程量清单项目设置、项目特征描述的内容、计量单位及工程量计算规则应按《计算规范》附录 K 所附相应表格的规定执行。

（二）定额内容

《综合定额》“A.1.11 保温、隔热、防腐工程”，内容包括：保温、隔热，防腐共 2 节 172 个定额子目。

定额内容包括定额说明、工程量计算规则、工作内容、计量单位、定额编号、子目名称、子目单价、单价组成及人材机消耗量等，应根据设计的建筑做法选择相应的定额子目使用。

（三）注意事项

编制工程量清单时，应注意以下事项：

（1）根据《计算规范》“表 K.1 保温、隔热（编码：011001）”，应注意以下事项：

1）保温隔热装饰面层，按《计算规范》附录 L、M、N、P、Q 中相关项目编码列项；仅做找平层按《计算规范》附录 L 楼地面装饰工程“平面砂浆找平层”或附录 M 墙、柱面装饰与隔断、幕墙工程“立面砂浆找平层”项目编码列项。

2）柱帽保温隔热应并入天棚保温隔热工程量内。

3）池槽保温隔热应按其他保温隔热项目编码列项。

4）保温隔热方式：指内保温、外保温、夹心保温。

5）保温柱、梁适用于不与墙、天棚相连的独立柱、梁。

（2）根据《计算规范》“表 K.2 防腐面层（编码：011002）”，应注意以下事项：

防腐踢脚线，应按《计算规范》附录 L 楼地面装饰工程“踢脚线”项目编码列项。

（3）根据《计算规范》“表 K.3 其他防腐（编码：011003）”，应注意以下事项：浸渍砖砌法指平砌、立砌。

（4）注意区分清单工程量计算规范与定额工程量计算规则的不同点（以防腐面层为例），正确计算工程量。

1）按《计算规范》规定，防腐面层的工程量计算规则如下：

① 011002001 防腐混凝土面层、011002002 防腐砂浆面层、011002003 防腐胶泥面层、011002004 玻璃钢防腐面层、011002005 聚氯乙烯板面层、011002006 块料防腐面层 6 个工程量清单项目，其工程量计算规则为：以“m^2”计量，按设计图示尺寸以面积计算。平面防腐：扣除凸出地面的构筑物、设备基础等以及面积 >0.3m^2 孔洞、柱、垛等所占面积，门洞、空圈、暖气包槽、壁龛的开口部分不增加面积。立面防腐：扣除门、窗、洞口以及面积 >0.3m^2 孔洞、梁所占面积，门、窗、洞口侧壁、垛突出部分按展开面积并入墙面积内。

②011002007 池、槽块料防腐面层，其工程量计算规则为：以“m^2”计量，按设计图示尺寸以展开面积计算。

2）以《综合定额》为例，防腐面层的工程量计算规则为：

①防腐工程量，均按设计图示尺寸以“m^2”计算。平面防腐：扣除凸出地面的构筑物、设备基础等所占的面积；立面防腐：砖垛等突出部分按展开面积并入墙面面积内；踢脚板防腐：扣除门洞所占面积并相应增加门洞侧壁展开面积。

②平面砌筑双层耐酸块料时，按单层面积乘以系数 2.00 计算。

（5）编制工程量清单时，若出现《计算规范》附录 K 未包括的清单项目，编制人应做补充清单，具体规定详见《计算规范》第 4.1.3 条规定。

二、工程量清单项目编制及工程量计算规则

（一）清单项目设置

根据《计算规范》“附录 K 保温、隔热、防腐工程”，内容包括保温、隔热，防腐面层，其他防腐共 3 节 16 个工程量清单项目；各项目编码、项目名称、项目特征描述、计量单位、工程量计算规则及包含的工作内容详见《计算规范》，部分内容、形式见表 9.3.10。

（二）清单项目工程量计算规则

清单项目应按《计算规范》规定的计量单位和工程量计算规则计算工程量。《计算规范》规定如下：

（1）保温、隔热：包括 011001001 保温隔热屋面 ~011001006 其他保温隔热 6 个工程量清单项目：

1）011001001 保温隔热屋面，其工程量计算规则为：以“m^2”计量，按设计图示尺寸以面积计算。扣除面积 >0.3m^2 孔洞及占位面积。

表 9.3.10　保温、隔热

项目编码	项目名称	项目特征	计量单位	工程量计算规则	工作内容
011001001	保温隔热屋面	1. 保温隔热材料品种、规格、厚度 2. 隔气层材料品种、厚度 3. 黏结材料种类、做法 4. 防护材料种类、做法	m^2	按设计图示尺寸以面积计算。扣除面积 >0.3m^2 孔洞及占位面积	1. 基层清理 2. 刷黏结材料 3. 铺粘保温层 4. 铺、刷（喷）防护材料
011001002	保温隔热天棚	1. 保温隔热面层材料品种、规格、性能 2. 保温隔热材料品种、规格及厚度 3. 黏结材料种类及做法 4. 防护材料种类及做法		按设计图示尺寸以面积计算。扣除积 >0.3m^2 上柱、垛、孔洞所占面积，与天棚相连的梁按展开面积，计算并入天棚工程量内	
011001003	保温隔热墙面	1. 保温隔热部位 2. 保温隔热方式 3. 踢脚线、勒脚线保温做法 4. 龙骨材料品种、规格 5. 保温隔热面层材料品种、规格、性能 6. 保温隔热材料品种、规格及厚度 7. 增强网及抗裂防水砂浆种类 8. 黏结材料种类及做法 9. 防护材料种类及做法		按设计图示尺寸以面积计算。扣除门窗洞口以及面积 >0.3m^2 梁、孔洞所占面积；门窗洞口侧壁以及与墙相连的柱，并入保温墙体工程量内	1. 基层清理 2. 刷界面剂 3. 安装龙骨 4. 填贴保温材料 5. 保温板安装 6. 粘贴面层 7. 铺设增强格网、抹抗裂防水砂浆面层 8. 嵌缝 9. 铺、刷（喷）防护材料
011001004	保温柱、梁			按设计图示尺寸以面积计算 1. 柱按设计图示柱断面保温层中心线展开长度乘保温层高度以面积计算，扣除面积 >0.3m^2 梁所占面积 2. 梁按设计图示梁断面保温层中心线展开长度乘保温层长度以面积计算	
011001005	保温隔热楼地面	1. 保温隔热部位 2. 保温隔热材料品种、规格、厚度 3. 隔气层材料品种、厚度 4. 黏结材料种类及做法 5. 防护材料种类及做法		按设计图示尺寸以面积计算。扣除面积 >0.3m^2 柱、垛、孔洞等所占面积。门洞、空圈、暖气包槽、壁龛的开口部分不增加面积	1. 基层清理 2. 刷黏结材料 3. 铺粘保温层 4. 铺、刷（喷）防护材料
011001006	其他保温隔热	1. 保温隔热部位 2. 保温隔热方式 3. 隔气层材料品种、厚度 4. 保温隔热面层材料品种、规格、性能 5. 保温隔热材料品种、规格及厚度 6. 黏结材料种类及做法 7. 增强网及抗裂防水砂浆种类 8. 防护材料种类及做法	m^2	按设计图示尺寸以展开面积计算。扣除面积 >0.3m^2 孔洞及占位面积	1. 基层清理 2. 刷界面剂 3. 安装龙骨 4. 填贴保温材料 5. 保温板安装 6. 粘贴面层 7. 铺设增强格网、抹抗裂防水砂浆面层 8. 嵌缝 9. 铺、刷（喷）防护材料

2）011001002 保温隔热天棚，其工程量计算规则为：以"m^2"计量，按设计图示尺寸以面积计算。扣除面积 >0.3m^2 上柱、垛、孔洞所占面积，与天棚相连的梁按展开面积，计算并入天棚工程量内。

3）011001003 保温隔热墙面，其工程量计算规则为：以"m^2"计量，按设计图示尺寸以面积计算。扣除门窗洞口以及面积 >0.3m^2 梁、孔洞所占面积；门窗洞口侧壁以及与墙相连的柱，并入保温墙体工程量内。

4）011001004 保温柱、梁，其工程量计算规则为：以"m^2"计量，按设计图示尺寸以面积计算。

①柱按设计图示柱断面保温层中心线展开长度乘保温层高度以面积计算，扣除面积 >0.3m^2 梁所占面积；

②梁按设计图示梁断面保温层中心线展开长度乘保温层长度以面积计算。

5）011001005 保温隔热楼地面，其工程量计算规则为：以"m^2"计量，按设计图示尺寸以面积计算。扣除面积 >0.3m^2 柱、垛、孔洞等所占面积。门洞、空圈、暖气包槽、壁龛的开口部分不增加面积。

6）011001006 其他保温隔热，其工程量计算规则为：以"m^2"计量，按设计图示尺寸以展开面积计算。扣除面积 >0.3m^2 孔洞及占位面积。

（2）防腐面层：包括 011002001 防腐混凝土面层 ~011002007 池、槽块料防腐面层 7 个工程量清单项目。

1）011002001 防腐混凝土面层、011002002 防腐砂浆面层、011002003 防腐胶泥面层、011002004 玻璃钢防腐面层、011002005 聚氯乙烯板面层、011002006 块料防腐面层 6 个工程量清单项目，其工程量计算规则为：以"m^2"计量，按设计图示尺寸以面积计算。

①平面防腐：扣除凸出地面的构筑物、设备基础等以及面积 >0.3m^2 孔洞、柱、垛等所占面积，门洞、空圈、暖气包槽、壁龛的开口部分不增加面积。

②立面防腐：扣除门、窗、洞口以及面积 >0.3m^2 孔洞、梁所占面积，门、窗、洞口侧壁、垛突出部分按展开面积并入墙面积内。

2）011002007 池、槽块料防腐面层，其工程量计算规则：以"m^2"计量，按设计图示尺寸以展开面积计算。

（3）其他防腐：包括 011003001 隔离层 ~011003003 防腐涂料 3 个工程量清单项目。

1）011003001 隔离层、011003003 防腐涂料 2 个工程量清单项目，其工程量计算规则为：以"m^2"计量，按设计图示尺寸以面积计算。

①平面防腐：扣除凸出地面的构筑物、设备基础等以及面积 >0.3m^2 孔洞、柱、垛等所占面积，门洞、空圈、暖气包槽、壁龛的开口部分不增加面积。

②立面防腐：扣除门、窗、洞口以及面积 >0.3m^2 孔洞、梁所占面积，门、窗、洞口侧壁、垛突出部分按展开面积并入墙面积内。

2）011003002 砌筑沥青浸渍砖，其工程量计算规则：以"m^3"计量，按设计图示尺寸以体积计算。

三、定额项目编制及工程量计算规则

相关内容详见《综合定额》"A.1.11 保温、隔热、防腐工程"。

9.3.11 楼地面工程

一、概述

（一）清单规范内容

《计算规范》"附录 L 楼地面装饰工程"，内容包括：整体面层及找平层、块料面层、橡胶面层、其他材料面层、踢脚线、楼梯面层、台阶装饰、零星装饰项目共 8 节 43 个工程量清单项目。

工程量清单项目设置、项目特征描述的内容、计量单位及工程量计算规则应按《计算规范》附录 L 所附相应表格的规定执行。

（二）定额内容

《综合定额》"A.1.12 楼地面工程"，内容包括找平层、整体面层、块料面层、橡塑料面层、其他材料面层、踢脚线及其他、其他共 7 节 182 个定额子目。

定额内容包括定额说明、工程量计算规则、工作内容、计量单位、定额编号、子目名称、子目单价、单价组成及人材机消耗量等，应根据设计的建筑做法选择相应的定额子目使用。

（三）注意事项

编制工程量清单时，应注意以下事项：

（1）根据《计算规范》“表 L.1 整体面层及找平层（编码：011101）”，应注意以下事项：

1）水泥砂浆面层处理是拉毛还是提浆压光应在面层做法要求中描述。

2）平面砂浆找平层只适用于仅做找平层的平面抹灰。

3）间壁墙指墙厚≤120mm 的墙。

4）楼地面混凝土垫层另按《计算规范》附录 E.1 垫层项目编码列项，除混凝土外的其他材料垫层按《计算规范》表 D.4 垫层项目编码列项。

（2）根据《计算规范》“表 L.2 块料面层（编码：011102）”，应注意以下事项：

1）在描述碎石材项目的面层材料特征时可不用描述规格、颜色。

2）石材、块料与黏结材料的结合面刷防渗材料的种类在防护层材料种类中描述。

3）《计算规范》表 L.2 工作内容中的磨边指施工现场磨边，后面章节工作内容中涉及的磨边含义同。

（3）根据《计算规范》“表 L.3 橡胶面层（编码：011103）”，应注意以下事项：

表 L.3 项目中如涉及找平层，另按《计算规范》表 L.1 找平层项目编码列项。

（4）根据《计算规范》“表 L.5 踢脚线（编码：011105）”，应注意以下事项：石材、块料与黏结材料的结合面刷防渗材料的种类在防护材料种类中描述。

（5）根据《计算规范》“表 L.6 楼梯面层（编码：011106）”“L.7 台阶装饰（编码：011107）”，应注意以下事项：

1）在描述碎石材项目的面层材料特征时可不用描述规格、颜色。

2）石材、块料与黏结材料的结合面刷防渗材料的种类在防护材料种类中描述。

（6）根据《计算规范》“表 L.8 零星装饰项目（编码：011108）”，应注意以下事项：

1）楼梯、台阶牵边和侧面镶贴块料面层，不大于 $0.5m^2$ 的少量分散的楼地面镶贴块料面层，应按《计算规范》表 L.8 执行。

2）石材、块料与黏结材料的结合面刷防渗材料的种类在防护材料种类中描述。

（7）注意区分清单工程量计算规范与定额工程量计算规则的不同点（以零星装饰项目为例），正确计算工程量。

1）按《计算规范》规定，零星装饰项目的工程量计算规则：按设计图示尺寸以面积计算。

2）以《综合定额》为例，零星装饰项目的工程量计算规则：

①零星装饰，按设计图示尺寸以“m^2”计算；

②梯级拦水线，按设计图示水平投影面积以“m^2”计算。

（8）《计算规范》规定，计量单位有两种或两种以上选择时（以《计算规范》“L.5 踢脚线”，包含水泥砂浆、石材、块料、塑料板、木质、金属、防静电踢脚线为例），应注意计算工程量应与计量单位相匹配。

按《计算规范》规定，“L.5 踢脚线”的工程量计算规则有两种选择：

1）以“m^2”计量，按设计图示长度乘高度以面积计算；

2）以“m”计量，按延长米计算。

（9）编制工程量清单时，若出现《计算规范》附录 L 未包括的清单项目，编制人应做补充清单，具体规定详见《计算规范》第 4.1.3 条的规定。

二、工程量清单项目编制及工程量计算规则

（一）清单项目设置

根据《计算规范》“附录 L 楼地面装饰工程”，内容包括整体面层及找平层、块料面层、橡胶面层、其他材料面层、踢脚线、楼梯面层、台阶装饰、零星装饰项目共 8 节 43 个工程量清单项目；各项目编码、项目名称、项目特征描述、计量单位、工程量计算规则及包含的工作内容详见《计算规范》，部分内容、形式见表 9.3.11。

表 9.3.11　块料面层

项目编码	项目名称	项目特征	计量单位	工程量计算规则	工作内容
011102001	石材楼地面	1. 找平层厚度、砂浆配合比 2. 结合层厚度、砂浆配合比 3. 面层材料品种、规格、颜色 4. 嵌缝材料种类 5. 防护层材料种类 6. 酸洗、打蜡要求	m^2	按设计图示尺寸以面积计算。门洞、空圈、暖气包槽、壁龛的开口部分并入相应的工程量内	1. 基层清理 2. 抹找平层 3. 面层铺设、磨边 4. 嵌缝 5. 刷防护材料 6. 酸洗、打蜡 7. 材料运输
011102002	碎石材楼地面				
011102003	块料楼地面				

（二）清单项目工程量计算规则

清单项目应按《计算规范》规定的计量单位和工程量计算规则计算工程量。《计算规范》规定如下：

（1）整体面层及找平层：包括 011101001 水泥砂浆楼地面 ~011101006 平面砂浆找平层 6 个工程量清单项目。

1）011101001 水泥砂浆楼地面、011101002 现浇水磨石楼地面、011101003 细石混凝土楼地面、011101004 菱苦土楼地面、011101005 自流坪楼地面 5 个工程量清单项目，其工程量计算规则为：以“m^2”计量，按设计图示尺寸以面积计算。扣除凸出地面构筑物、设备基础、室内铁道、地沟等所占面积，不扣除间壁墙及≤$0.3m^2$ 柱、垛、附墙烟囱及孔洞所占面积。门洞、空圈、暖气包槽、壁龛的开口部分不增加面积。

2）011101006 平面砂浆找平层，其工程量计算规则为：以“m^2”计量，按设计图示尺寸以面积计算。

（2）块料面层：包括 011102001 石材楼地面 ~011102003 块料楼地面 3 个工程量清单项目，其工程量计算规则为：以“m^2”计量，按设计图示尺寸以面积计算。门洞、空圈、暖气包槽、壁龛的开口部分并入相关的工程量内。

（3）橡胶面层：包括 011103001 橡胶板楼地面 ~011103004 塑料卷材楼地面 4 个工程量清单项目，其工程量计算规则为：以“m^2”计量，按设计图示尺寸以面积计算。门洞、空圈、暖气包槽、壁龛的开口部分并入相关的工程量内。

（4）其他材料面层：包括 011104001 地毯楼地面 ~011104004 防静电活动地板 4 个工程量清单项目，其工程量计算规则为：以“m^2”计量，按设计图示尺寸以面积计算。门洞、空圈、暖气包槽、壁龛的开口部分并入相关的工程量内。

（5）踢脚线：包括 011105001 水泥砂浆踢脚线 ~011105007 防静电踢脚线 7 个工程量清单项目，其工程量计算规则如下：

1）以“m^2”计量，按设计图示长度乘高度以面积计算；

2）以“m”计量，按延长米计算。

（6）楼梯面层：包括 011106001 石材楼梯面层 ~011106009 塑料板楼梯面层 9 个工程量清单项目，其工程量计算规则为：以“m^2”计量，按设计图示尺寸以楼梯（包括踏步、休息平台及≤500mm 的楼梯井）水平投影面积计算。楼梯与楼地面相连时，算至梯口梁内侧边沿；无梯口梁者，算至最上一层踏步边沿加 300mm。

（7）台阶装饰：包括 011107001 石材台阶面 ~011107006 剁假石台阶面 6 个工程量清单项目，其工程量计算规则为：以“m^2”计量，按设计图示尺寸以台阶（包括最上层踏步边沿加 300mm）水平投影面积计算。

（8）零星装饰项目：包括 011108001 石材零星项目 ~011108004 水泥砂浆零星项目 4 个工程量清单项目，其工程量计算规则为：以“m^2”计量，按设计图示尺寸以面积计算。

三、定额项目编制及工程量计算规则

相关内容详见《综合定额》“A.1.12 楼地面工程”。

9.3.12　墙、柱面装饰与隔断、幕墙工程

一、概述

（一）清单规范内容

《计算规范》“附录 M 墙、柱面装饰与隔断、幕墙工程”，内容包括墙面抹灰、柱（梁）面抹灰、零星抹灰、墙面块料面层、柱（梁）面镶贴块料、镶贴零星块料、墙饰面、柱（梁）饰面、幕墙工程、隔断共 10 节 35 个工程量清单项目。

工程量清单项目设置、项目特征描述的内容、计量单位及工程量计算规则应按《计算规范》附录 M 所附相应表格的规定执行。

（二）定额内容

《综合定额》“A.1.13 墙、柱面装饰与隔断、幕墙工程”，内容包括：抹灰、块料面层、木装饰及其他、幕墙共 4 节 341 个定额子目。

定额内容包括定额说明、工程量计算规则、工作内容、计量单位、定额编号、子目名称、子目单价、单价组成及人材机消耗量等，应根据设计的建筑做法选择相应的定额子目使用。

（三）注意事项

编制工程量清单时，应注意以下事项：

（1）根据《计算规范》“表 M.1 墙面抹灰（编码：011201）”，应注意以下事项：

1）立面砂浆找平项目适用于仅做找平层的立面抹灰。

2）墙面抹石灰砂浆、水泥砂浆、混合砂浆、聚合物水泥砂浆、麻刀石灰浆、石膏灰浆等按《计算规范》表 M.1 中墙面一般抹灰列项，墙面水刷石、斩假石、干粘石、假面砖等按《计算规范》表 M.1 中墙面装饰抹灰列项。

3）飘窗凸出外墙面增加的抹灰并入外墙工程量内。

4）有吊顶天棚的内墙面抹灰，抹至吊顶以上部分在综合单价中考虑。

（2）根据《计算规范》“表 M.2 柱（梁）面抹灰（编码：011202）”，应注意以下事项：

1）砂浆找平项目适用于仅做找平层的柱（梁）面抹灰。

2）柱（梁）面抹石灰砂浆、水泥砂浆、混合砂浆、聚合物水泥砂浆、麻刀石灰浆、石膏灰浆等按《计算规范》表 M.2 中柱（梁）面一般抹灰编码列项；柱（梁）面水刷石、斩假石、干粘石、假面砖等按《计算规范》表 M.2 中柱（梁）面装饰抹灰项目编码列项。

（3）根据《计算规范》“表 M.3 零星抹灰（编码：011203）”，应注意以下事项：

1）零星项目抹石灰砂浆、水泥砂浆、混合砂浆、聚合物水泥砂浆、麻刀石灰浆、石膏灰浆等按《计算规范》表 M.3 中零星项目一般抹灰编码列项，水刷石、斩假石、干粘石、假面砖等按《计算规范》表 M.3 中零星项目装饰抹灰编码列项。

2）墙、柱（梁）面≤0.5m^2 的少量分散的抹灰按《计算规范》表 M.3 中零星抹灰项目编码列项。

（4）根据《计算规范》“表 M.4 墙面块料面层（编码：011204）”，应注意以下事项：

1）在描述碎块项目的面层材料特征时可不用描述规格，颜色。

2）石块、材料与黏结材料的结合面刷防渗材料的种类在防护层材料种类中描述。

3）安装方式可描述为砂浆或黏结剂粘贴、挂贴、干挂等，不论哪种安装方式，都要详细描述与组价相关的内容。

（5）根据《计算规范》“表 M.5 柱（梁）面镶贴块料（编码：011205）”，应注意以下事项：

1）在描述碎块项目的面层材料特征时可不用描述规格、颜色。

2）石材、块料与粘接材料的结合面刷防渗材料的种类在防护层材料种类中描述。

3）柱梁面干挂石材的钢骨架按《计算规范》表 M.4 相应项目编码列项。

（6）根据《计算规范》“表 M.6 镶贴零星块料（编码：011206）”，应注意以下事项：

1）在描述碎块项目的面层材料特征时可不用描述规格、颜色。

2）石材、块料与粘接材料的结合面刷防渗材料的种类在防护材料种类中描述。

3）零星项目干挂石材的钢骨架按《计算规范》表 M.4 相应项目编码列项。

4）柱面≤0.5m^2 的少量分散的镶贴块料面层按《计算规范》表 M.4 中零星项目执行。

（7）根据《计算规范》“表 M.9 幕墙工程（编码：011209）”，应注意以下事项：

幕墙钢骨架按《计算规范》表 M.4 干挂石材钢骨架编码列项。

（8）注意区分清单工程量计算规范与定额工程量计算规则的不同点（以幕墙工程为例），正确计算工程量。

1）按《计算规范》规定，幕墙工程的工程量计算规则如下：

① 011209001 带骨架幕墙，其工程量计算规则：以“m^2”计量，按设计图示框外围尺寸以面积计算。与幕墙同种材料的窗所占面积不扣除。

② 011209002 全玻（无框玻璃）幕墙，其工程量计算规则：以“m^2”计量，按设计图示尺寸以面积计算。带肋全玻幕墙按展开面积计算。

2）以《综合定额》为例，幕墙工程的工程量计算规则如下：

①带骨架幕墙，按设计图示框外围尺寸以“m^2”计算。与幕墙同种材质的窗所占面积不扣除。

②全玻璃幕墙，按设计图示尺寸以“m^2”计算。不扣除明框、胶缝所占的面积，但应扣除吊夹以上钢结构部分的面积。带肋全玻璃幕墙，按设计图示展开面积以“m^2”计算，肋玻璃另行计算面积并入幕墙内。

③构件式幕墙的上悬窗增加费，按窗扇设计图示外围尺寸以“m^2”计算。

④干挂石材钢骨架、点支式全玻璃幕墙钢结构桁架，按设计图示尺寸以“t”计算。

⑤幕墙防火隔断，按其设计图示镀锌板的展开面积以“m^2”计算。

⑥通风器按设计图示尺寸以“m”计算。

（9）《计算规范》规定，计量单位有两种或两种以上选择时（以成品隔断为例），应注意计算工程量应与计量单位相匹配。

按《计算规范》规定，成品隔断的工程量计算规则有两种选择：

1）以“m^2”计量，按设计图示框外围尺寸以面积计算；

2）以“间”计量，按设计间的数量计算。

（10）编制工程量清单时，若出现《计算规范》附录 M 未包括的清单项目，编制人应做补充清单，具体规定详见《计算规范》第 4.1.3 条的规定。

二、工程量清单项目编制及工程量计算规则

（一）清单项目设置

根据《计算规范》“附录 M 墙、柱面装饰与隔断、幕墙工程”，内容包括墙面抹灰、柱（梁）面抹灰、零星抹灰、墙面块料面层、柱（梁）面镶贴块料、镶贴零星块料、墙饰面、柱（梁）饰面、幕墙工程、隔断共 10 节 35 个工程量清单项目；各项目编码、项目名称、项目特征描述、计量单位、工程量计算规则及包含的工作内容详见《计算规范》，部分内容、形式见表 9.3.12。

表 9.3.12 墙面块料面层

<table>
<tr><th>项目编码</th><th>项目名称</th><th>项目特征</th><th>计量单位</th><th>工程量计算规则</th><th>工作内容</th></tr>
<tr><td>011204001</td><td>石材墙面</td><td rowspan="3">1. 墙体类型
2. 安装方式
3. 面层材料品种、规格、颜色
4. 缝宽、嵌缝材料种类
5. 防护材料种类
6. 磨光、酸洗、打蜡要求</td><td rowspan="3">m^2</td><td rowspan="3">按镶贴表面积计算</td><td rowspan="3">1. 基层清理
2. 砂浆制作、运输
3. 黏结层铺贴
4. 面层安装
5. 嵌缝
6. 刷防护材料
7. 磨光、酸洗、打蜡</td></tr>
<tr><td>011204002</td><td>拼碎石材墙面</td></tr>
<tr><td>011204003</td><td>块料墙面</td></tr>
<tr><td>011204004</td><td>干挂石材钢骨架</td><td>1. 骨架种类、规格
2. 防锈漆品种遍数</td><td>t</td><td>按设计图示以质量计算</td><td>1. 骨架制作、运输、安装
2. 刷漆</td></tr>
</table>

（二）清单项目工程量计算规则

清单项目应按《计算规范》规定的计量单位和工程量计算规则计算工程量。《计算规范》规定如下：

（1）墙面抹灰：包括 011201001 墙面一般抹灰~011201004 立面砂浆找平层 4 个工程量清单项目，其工程量计算规则为：以“m^2”计量，按设计图示尺寸以面积计算。扣除墙裙、门窗洞口及单个 >0.3m^2 的孔洞面积，不扣除踢脚线、挂镜线和墙与构件交接处的面积，门窗洞口和孔洞的侧壁及顶面不增加面积。附墙柱、梁、垛、烟囱侧壁并入相应的墙面面积内。

1）外墙抹灰面积按外墙垂直投影面积计算；

2）外墙裙抹灰面积按其长度乘以高度计算；

3）内墙抹灰面积按主墙间的净长乘以高度计算；

①无墙裙的，高度按室内楼地面至天棚底面计算；

②有墙裙的，高度按墙裙顶至天棚底面计算；

③有吊顶天棚抹灰，高度算至天棚底；

4）内墙裙抹灰面按内墙净长乘以高度计算。

（2）柱（梁）面抹灰：包括 011202001 柱、梁面一般抹灰~011202004 柱面勾缝 4 个工程量清单项目，其工程量计算规则为：以“m^2”计量：

1）柱面抹灰：按设计图示柱断面周长乘高度以面积计算。

2）梁面抹灰：按设计图示梁断面周长乘长度以面积计算。

（3）零星抹灰：包括 011203001 零星项目一般抹灰~011203003 零星项目砂浆找平 3 个工程量清单项目，其工程量计算规则为：以“m^2”计量，按设计图示尺寸以面积计算。

（4）墙面块料面层：包括 011204001 石材墙面~011204004 干挂石材钢骨架 4 个工程量清单项目：

1）011204001 石材墙面、011204002 拼碎石材墙面、011204003 块料墙面 3 个工程量清单项目，其工程量计算规则为：以“m^2”计量，按镶贴表面积计算。

2）011204004 干挂石材钢骨架，其工程量计算规则为：以“t”计量，按设计图示以质量计算。

（5）柱（梁）面镶贴块料：包括 011205001 石材柱面~011205005 块料梁面 5 个工程量清单项目，其工程量计算规则为：以“m^2”计量，按镶贴表面积计算。

（6）镶贴零星块料：包括 011206001 石材零星项目~011206003 拼碎块零星项目 3 个工程量清单项目，其工程量计算规则为：以“m^2”计量，按镶贴表面积计算。

（7）墙饰面：包括 011207001 墙面装饰板、011207002 墙面装饰浮雕 2 个工程量清单项目：

1）011207001 墙面装饰板，其工程量计算规则为：以“m^2”计量，按设计图示墙净长乘净高以面积计算。扣除门窗洞口及单个 >0.3m^2 的孔洞所占面积。

2）011207002 墙面装饰浮雕，其工程量计算规则为：以“m^2”计量，按设计图示尺寸以面积计算。

（8）柱（梁）饰面：包括 011208001 柱（梁）面装饰、011208002 成品装饰柱 2 个工程量清单项目：

1）011208001 柱（梁）面装饰，其工程量计算规则为：以“m^2”计量，按设计图示饰面外围尺寸以面积计算。柱帽、柱墩并入相应柱饰面工程量内。

2）011208002 成品装饰柱，其工程量计算规则如下：

①以“根”计量，按设计数量计算；

②以“m”计量，按设计长度计算。

（9）幕墙工程：包括 011209001 带骨架幕墙、011209002 全玻（无框玻璃）幕墙 2 个工程量清单项目：

1）011209001 带骨架幕墙，其工程量计算规则：以“m^2”计量，按设计图示框外围尺寸以面积计算。与幕墙同种材料的窗所占面积不扣除。

2）011209002 全玻（无框玻璃）幕墙，其工程量计算规则：以“m^2”计量，按设计图示尺寸以面积计算。带肋全玻幕墙按展开面积计算。

（10）隔断：包括 011210001 木隔断~011210006 其他隔断 6 个工程量清单项目：

1）011210001 木隔断、011210002 金属隔断 2 个工程量清单项目，其工程量计算规则：以“m^2”计量，按设计图示框外围尺寸以面积计算。不扣除单个≤0.3m^2的孔洞所占面积；浴厕门的材质与隔断相同时，门的面积并入隔断面积内。

2）011210003 玻璃隔断、011210004 塑料隔断、011210006 其他隔断 3 个工程量清单项目，其工程量计算规则：以"m^2"计量，按设计图示框外围尺寸以面积计算。不扣除单个≤0.3m^2的孔洞所占面积。

3）011210005 成品隔断，其工程量计算规则：

①以"m^2"计量，按设计图示框外围尺寸以面积计算；

②以"间"计量，按设计间的数量计算。

三、定额项目编制及工程量计算规则

相关内容详见《综合定额》"A.1.13 墙、柱面装饰与隔断、幕墙工程"。

9.3.13 天棚工程

一、概述

（一）清单规范内容

《计算规范》"附录 N 天棚工程"，内容包括：天棚抹灰、天棚吊顶、采光天棚、天棚其他装饰共 4 节 10 个工程量清单项目。

工程量清单项目设置、项目特征描述的内容、计量单位及工程量计算规则应按《计算规范》附录 N 所附相应表格的规定执行。

（二）定额内容

《综合定额》"A.1.14 天棚工程"，内容包括：天棚抹灰，平面、跌级天棚，艺术造型天棚，其他天棚（含龙骨和面层），天棚其他装饰共 5 节 237 个定额子目。

定额内容包括定额说明、工程量计算规则、工作内容、计量单位、定额编号、子目名称、子目单价、单价组成及人材机消耗量等，应根据设计的建筑做法选择相应的定额子目使用。

（三）注意事项

编制工程量清单时，应注意以下事项：

（1）根据《计算规范》"表 N.3 采光天棚（编码：011303）"，应注意以下事项：

采光天棚骨架不包含在本节中，应单独按《计算规范》附录 F 相关项目编码列项。

（2）注意区分清单工程量计算规范与定额工程量计算规则的不同点（以天棚抹灰为例），正确计算工程量：

1）按《计算规范》规定，天棚抹灰的工程量计算规则：以"m^2"计量，按设计图示尺寸以水平投影面积计算。不扣除间壁墙、垛、柱、附墙烟囱、检查口和管道所占的面积，带梁天棚的梁两侧抹灰面积并入天棚面积内，板式楼梯底面抹灰按斜面积计算，锯齿形楼梯底板抹灰按展开面积计算。

2）以《综合定额》为例，天棚抹灰的工程量计算规则如下：

①天棚抹灰，除注明外，按设计图示水平投影面积以"m^2"计算。不扣除间壁墙、垛、柱、附墙烟囱、检查口和管道所占的面积。带梁天棚，梁两侧抹灰面积并入天棚面积内，板式楼梯底面抹灰按斜面积以"m^2"计算，梁式楼梯底板抹灰按展开面积以"m^2"计算。

②阳台底面抹灰，按设计图示水平投影面积以"m^2"计算，并入相应的天棚抹灰面积内。阳台带悬臂梁者，悬臂梁内侧抹灰面积并入天棚面积内以"m^2"计算。

③雨篷底层抹灰，按设计图示水平投影面积以"m^2"计算，并入相应的天棚抹灰面积内。

④天棚抹灰如带有装饰线时，装饰线按设计图示尺寸以"m"计算，计算天棚抹灰工程量时不扣除装饰线所占面积。

⑤天棚中平面、跌级和艺术造型天棚抹灰，均按设计图示展开面积以"m^2"计算。

（3）编制工程量清单时，若出现《计算规范》附录 N 未包括的清单项目，编制人应做补充清单，具体规定详见《计算规范》第 4.1.3 条的规定。

二、工程量清单项目编制及工程量计算规则

（一）清单项目设置

根据《计算规范》"附录 N 天棚工程"，内容包括天棚抹灰、天棚吊顶、采光天棚、天棚其他装饰共

4 节 10 个工程量清单项目；各项目编码、项目名称、项目特征描述、计量单位、工程量计算规则及包含的工作内容详见《计算规范》，部分内容、形式见表 9.3.13。

表 9.3.13 天棚吊顶

项目编码	项目名称	项目特征	计量单位	工程量计算规则	工作内容
011302001	吊顶天棚	1. 吊顶形式、吊杆规格、高度 2. 龙骨材料种类、规格、中距 3. 基层材料种类、规格 4. 面层材料品种、规格 5. 压条材料种类、规格 6. 嵌缝材料种类 7. 防护材料种类	m^2	按设计图示尺寸以水平投影面积计算。天棚面中的灯槽及跌级、锯齿形、吊挂式、藻井式天棚面积不展开计算。不扣除间壁墙、检查口、附墙烟囱、柱垛和管道所占面积，扣除单个 $>0.3m^2$ 的孔洞、独立柱及与天棚相连的窗帘盒所占的面积	1. 基层清理、吊杆安装 2. 龙骨安装 3. 基层板铺贴 4. 面层铺贴 5. 嵌缝 6. 刷防护材料
011302002	格栅吊顶	1. 龙骨材料种类、规格、中距 2. 基层材料种类、规格 3. 面层材料品种、规格 4. 防护材料种类		按设计图示尺寸以水平投影面积计算	1. 基层清理 2. 安装龙骨 3. 基层板铺贴 4. 面层铺贴 5. 刷防护材料
011302003	吊筒吊顶	1. 吊筒形状、规格 2. 吊筒材料种类 3. 防护材料种类			1. 基层清理 2. 吊筒制作、安装 3. 刷防护材料
011302004	藤条造型悬挂吊顶	1. 骨架材料种类、规格 2. 面层材料品种、规格			1. 基层清理 2. 龙骨安装 3. 铺贴面层
011302005	织物软雕吊顶				
011302006	装饰网架吊顶	网架材料品种、规格			1. 基层清理 2. 网架制作、安装

（二）清单项目工程量计算规则

清单项目应按《计算规范》规定的计量单位和工程量计算规则计算工程量。《计算规范》规定如下：

（1）天棚抹灰：包括 011301001 天棚抹灰 1 个工程量清单项目，其工程量计算规则为：以“m^2”计量，按设计图示尺寸以水平投影面积计算。不扣除间壁墙、垛、柱、附墙烟囱、检查口和管道所占的面积，带梁天棚的梁两侧抹灰面积并入天棚面积内，板式楼梯底面抹灰按斜面积计算，锯齿形楼梯底板抹灰按展开面积计算。

（2）天棚吊顶：包括 011302001 吊顶天棚 ~011302006 装饰网架吊顶 6 个工程量清单项目。

1）011302001 吊顶天棚，其工程量计算规则为：以“m^2”计量，按设计图示尺寸以水平投影面积计算。天棚面中的灯槽及跌级、锯齿形、吊挂式、藻井式天棚面积不展开计算。不扣除间壁墙、检查口、附墙烟囱、柱垛和管道所占面积，扣除单个 $>0.3m^2$ 的孔洞、独立柱及与天棚相连的窗帘盒所占的面积。

2）011302002 格栅吊顶、011302003 吊筒吊顶、011302004 藤条造型悬挂吊顶、011302005 织物软雕吊顶、011302006 装饰网架吊顶，其工程量计算规则为：以“m^2”计量，按设计图示尺寸以水平投影面积计算。

（3）采光天棚：包括 011303001 采光天棚 1 个工程量清单项目，其工程量计算规则为：以“m^2”计量，按框外围展开面积计算。

（4）天棚其他装饰：包括 011304001 灯带（槽）、011304002 送风口、回风口 2 个工程量清单项目。

1）011304001 灯带（槽），其工程量计算规则为：以“m^2”计量，按设计图示尺寸以框外围面积计算。

2）011304002 送风口、回风口，其工程量计算规则为：以“个”计量，按设计图示数量计算。

三、定额项目编制及工程量计算规则

相关内容详见《综合定额》“A.1.14 天棚工程”。

9.3.14 油漆涂料裱糊工程

一、概述

（一）清单规范内容

《计算规范》“附录 P 油漆、涂料、裱糊工程”，内容包括门油漆、窗油漆、木扶手及其他板条线条油漆、木材面油漆、金属面油漆、抹灰面油漆、喷刷涂料、裱糊共 8 节 36 个工程量清单项目。

工程量清单项目设置、项目特征描述的内容、计量单位及工程量计算规则应按《计算规范》附录 P 所附相应表格的规定执行。

（二）定额内容

《综合定额》“A.1.15 油漆涂料裱糊工程”，内容包括木材面油漆、金属面油漆、抹灰面油漆、喷塑、喷（刷）涂料、裱糊共 6 节 242 个定额子目。

定额内容包括定额说明、工程量计算规则、工作内容、计量单位、定额编号、子目名称、子目单价、单价组成及人材机消耗量等，应根据设计的建筑做法选择相应的定额子目使用。

（三）注意事项

编制工程量清单时，应注意以下事项：

（1）《计算规范》“表 P.1 门油漆（编码：011401）”：

1）木门油漆应区分木大门、单层木门、双层（一玻一纱）木门、双层（单裁口）木门、全玻自由门、半玻自由门、装饰门及有框门或无框门等项目分别编码列项。

2）金属门油漆应区分平开门、推拉门、钢质防火门等项目，分别编码列项。

3）以“m^2”计量，项目特征可不必描述洞口尺寸。

（2）《计算规范》“表 P.2 窗油漆（编码：011402）”：

1）木窗油漆应区分单层木窗、双层（一玻一纱）木窗、双层框扇（单裁口）木窗、双层框三层（二玻一纱）木窗、单层组合窗、双层组合窗、木百叶窗、木推拉窗等项目，分别编码列项。

2）金属窗油漆应区分平开窗、推拉窗、固定窗、组合窗、金属隔栅窗等项目，分别编码列项。

3）以“m^2”计量，项目特征可不必描述洞口尺寸。

（3）《计算规范》“表 P.3 木扶手及其他板条线条油漆（编码：011403）”：

1）木扶手油漆应区分带托板与不带托板分别编码列项；

2）若木栏杆带扶手，木扶手油漆不应单独列项，应包含在木栏杆油漆中。

（4）注意区分清单工程量计算规则与定额工程量计算规则的不同点（以门油漆为例），正确计算工程量，不能混淆。

1）按《计算规范》规定，门油漆的工程量计算规则有两种选择：

①以“樘”计量，按设计图示数量计算；

②以“m^2”计量，按设计图示尺寸以面积计算。

2）以《综合定额》为例，执行门油漆的项目，其工程量计算规则及其相应系数（系数详见定额表格）如下：

①按设计图示框外围面积以“m^2”计算，但无框装饰门、成品门按设计图示门扇面积以“m^2”计算；

②按设计图示门扇面积以“m^2”计算；

③按设计图示尺寸以“t”计算。

（5）《计算规范》规定，计量单位有两种或两种以上选择时，应注意计算工程量与计量单位相匹配。

（6）编制工程量清单时，已在相关制作安装等清单项目（如门、窗）考虑油漆、涂料的，不应再单独编列油漆、涂料清单项目。

（7）编制工程量清单时，若出现《计算规范》附录 P 未包括的清单项目，编制人应做补充清单，具

体规定详见《计算规范》第 4.1.3 条的规定。

二、工程量清单项目编制及工程量计算规则

（一）清单项目设置

根据《计算规范》“附录 P 油漆、涂料、裱糊工程”，内容包括门油漆，窗油漆，木扶手及其他板条、线条油漆，木材面油漆，金属面油漆，抹灰面油漆，喷刷涂料、裱糊 8 节共 36 个工程量清单项目；各项目编码、项目名称、项目特征描述、计量单位、工程量计算规则及包含的工作内容详见《计算规范》，部分内容、形式见表 9.3.14。

表 9.3.14 门油漆（编码：011401）

项目编码	项目名称	项目特征	计量单位	工程量计算规则	工作内容
011401001	木门油漆	1. 门类型 2. 门代号及洞口尺寸 3. 腻子的种类 4. 刮腻子遍数 5. 防护材料种类 6. 油漆品种、刷漆遍数	1. 樘 2. m^2	1. 以“樘”计量，按设计图示数量计量 2. 以“m^2”计量，按设计图示洞口尺寸以面积计算	1. 基层清理 2. 刮腻子 3. 刷防护材料、油漆
011401002	金属门油漆				1. 除锈、基层清理 2. 刮腻子 3. 刷防护材料、油漆

（二）清单项目工程量计算规则

清单项目应按《计算规范》规定的计量单位和工程量计算规则计算工程量。《计算规范》规定如下：

（1）门油漆：包括木门油漆、金属门油漆 2 个工程量清单项目：

1）以“樘”计量，按设计图示数量计算。

2）以“m^2”计量，按设计图示洞口尺寸以面积计算。

（2）窗油漆：包括木窗油漆、金属窗油漆 2 个工程量清单项目：

1）以“樘”计量，按设计图示数量计算。

2）以“m^2”计量，按设计图示洞口尺寸以面积计算。

（3）木扶手及其他板条、线条油漆：包括木扶手油漆、窗帘盒油漆、封檐板顺水板油漆、挂衣板黑板框油漆、挂镜线窗帘棍单独木线油漆 5 个工程量清单项目：以“m”计量，按设计图示尺寸以长度计算。

（4）木材面油漆：

1）包括木护墙木墙裙油漆、窗台板筒子板盖板门窗套踢脚线油漆、清水板条天棚檐口油漆、木方格吊顶天棚油漆、吸音板墙面天棚面油漆、暖气罩油漆、其他木材面 7 个工程量清单项目：以“m^2”计量，按设计图示尺寸以面积计算。

2）包括木间壁木隔断油漆、玻璃间壁露明墙筋油漆、木栅栏木栏杆（带扶手）油漆 3 个工程量清单项目：以“m^2”计量，按设计图示尺寸以单面外围面积计算。

3）包括衣柜壁柜油漆、梁柱饰面油漆、零星木装修油漆：以“m^2”计量，按设计图示尺寸以油漆部分展开面积计算。

4）包括木地板油漆、木地板烫硬蜡面 2 个工程量清单项目：以“m^2”计量，按设计图示尺寸以面积计算。空洞、空圈、暖气包槽、壁龛的开口部分并入相应的工程量内。

（5）金属面油漆：

1）以“t”计量，按设计图示尺寸以质量计算。

2）以“m^2”计量，按设计展开面积计算。

（6）抹灰面油漆

1）抹灰面油漆：以“m^2”计量，按设计图示尺寸以面积计算。

2）抹灰线条油漆：以“m”计量，按设计图示尺寸以长度计算。

3）满刮腻子：以“m^2”计量，按设计图示尺寸以面积计算。

（7）喷刷涂料：

1）包括墙面喷刷涂料、天棚喷刷涂料、木材构件喷刷防火涂料3个工程量清单项目：以“m^2”计量，按设计图示尺寸以面积计算。

2）空花格栏杆刷涂料：以“m^2”计量，按设计图示尺寸以单面外围面积计算。

3）线条刷涂料：以“m”计量，按设计图示尺寸以长度计算。

4）金属构件刷防火涂料：

①“t”计量，按设计图示尺寸以质量计算。

②以“m^2”计量，按设计展开面积计算。

（8）裱糊：包括墙纸裱糊、织锦缎裱糊，以“m^2”计量，按设计图示尺寸以面积计算。

三、定额项目内容及工程量计算规则

相关内容详见《综合定额》“A.1.15 油漆涂料裱糊工程”。

9.3.15 其他装饰工程

一、概述

（一）清单规范内容

《计算规范》“附录Q其他装饰工程”，内容包括：柜类货架、压条装饰线、扶手栏杆栏板装饰、暖气罩、浴厕配件、雨篷旗杆、招牌灯箱、美术字共8节62个工程量清单项目。

工程量清单项目设置、项目特征描述的内容、计量单位及工程量计算规则应按《计算规范》附录Q所附相应表格的规定执行。

（二）定额内容

《综合定额》“A.1.16 其他装饰工程”，内容包括装饰线、扶手栏杆栏板装饰、浴厕配件、开孔钻孔、封洞、石材磨边开槽、旗杆、雨篷采光棚、招牌灯箱、美术字共10节309个定额子目。

定额内容包括定额说明、工程量计算规则、工作内容、计量单位、定额编号、子目名称、子目单价、单价组成及人材机消耗量等，应根据设计采用的建筑做法选择相应的定额子目使用。

（三）注意事项

编制工程量清单时，应注意以下事项：

（1）注意区分清单工程量计算规范与定额工程量计算规则的不同点（以扶手栏杆栏板装饰为例），正确计算工程量。

1）《计算规范》规定的工程量计算规则为：按设计图示以扶手中心线长度（包括弯头长度）计算。

2）《综合定额》规定的工程量计算规则如下：

①栏杆（古式栏杆除外）、栏板、扶手，按设计图示扶手中心线长度以“m”计算，不扣除独立柱所占长度，但应扣除弯头、曲踭长度。设计图有注明的，按设计图示尺寸扣除弯头、曲踭长度；设计图没有注明的，预算按照30cm扣除，结算时按实际尺寸扣除。

②古式栏杆按设计图示尺寸以“m^2”计算。

③弯头、曲踭以“个”计算。

（2）《计算规范》规定，计量单位有两种或两种以上选择时（以洗漱台为例），应注意计算工程量与计量单位相匹配：

1）以“m^2”计量，按设计图示尺寸以台面外接矩形面积计算。不扣除孔洞、挖弯、削角所占面积，挡板、吊沿板面积并入台面面积内。

2）以“个”计量，按设计图示数量计算。

（3）编制工程量清单时，若出现《计算规范》附录Q未包括的清单项目，编制人应做补充清单，具体规定详见《计算规范》第4.1.3条的规定。

二、工程量清单项目编制及工程量计算规则

（一）清单项目设置

根据《计算规范》“附录Q其他装饰工程”，内容包括柜类货架、压条装饰线、扶手栏杆栏板装饰、暖气罩、浴厕配件、雨篷旗杆、招牌灯箱、美术字共 8 节 62 个工程量清单项目；各项目编码、项目名称、项目特征描述、计量单位、工程量计算规则及包含的工作内容详见《计算规范》，部分内容、形式见表 9.3.15。

表 9.3.15　压条、装饰线（编码：011502）

项目编码	项目名称	项目特征	计量单位	工程量计算规则	工作内容
011502001	金属装饰线	1. 基层类型 2. 线条材料品种、规格、颜色 3. 防护材料种类	m	按设计图示尺寸以长度计算	1. 线条制作、安装 2. 刷防护材料
011502002	木质装饰线				
011502003	石材装饰线				
011502004	石膏装饰线				
011502005	镜面玻璃线				
011502006	铝塑装饰线				
011502007	塑料装饰线				
011502008	GRC 装饰线条	1. 基层类型 2. 线条规格 3. 线条安装部位 4. 填充材料种类			线条制作、安装

（二）清单项目工程量计算规则

清单项目应按《计算规范》规定的计量单位和工程量计算规则计算工程量。《计算规范》规定如下：

（1）柜类、货架：包括柜台、酒柜、衣柜、存包柜、鞋柜、书柜、厨房壁柜、木壁柜、厨房低柜、厨房吊柜、矮柜、吧台背柜、酒吧吊柜、酒吧台、展台、收银台、试衣间、货架、书架、服务台 20 个工程量清单项目。

1）以“个”计量，按设计图示数量计算；

2）以“m”计量，按设计图示尺寸以延长米计算；

3）以“m^3”计量，按设计图示尺寸以体积计算。

（2）压条、装饰线：包括金属装饰线、木质装饰线、石材装饰线、石膏装饰线、镜面玻璃线、铝塑装饰线、塑料装饰线、GRC 装饰线条 8 个工程量清单项目；以“m”计量，按设计图示尺寸以长度计算。

（3）扶手、栏杆、栏板装饰：包括金属扶手栏杆栏板、硬木扶手栏杆栏板 ~ 玻璃栏板 8 个工程量清单项目：以“m”计量，按设计图示尺寸以扶手中心线长度（包括弯头长度）计算。

（4）暖气罩：包括饰面板暖气罩、塑料板暖气罩、金属暖气罩 3 个工程量清单项目：以“m^2”计量，按设计图示尺寸以垂直投影面积（不展开）计算。

（5）浴厕配件：

1）洗漱台：

①以“m^2”计量，按设计图示尺寸以台面外接矩形面积计算。不扣除孔洞、挖弯、削角所占面积，挡板、吊沿板面积并入台面面积内；

②以“个”计量，按设计图示数量计算。

2）晒衣架、帘子杆、浴缸拉手、卫生间扶手、卫生纸盒、肥皂盒、镜箱 7 个工程量清单项目：以“个”计量，按设计图示数量计算。

3）毛巾杆（架）：以“套”计量，按设计图示数量计算。

4）毛巾环：以“副”计量，按设计图示数量计算。

5）镜面玻璃：以“m^2”计量，按设计图示尺寸以边框外围面积计算。

（6）雨篷、旗杆：

1）雨篷吊挂饰面、玻璃雨篷 2 个工程量清单项目：以“m^2”计量，按设计图示尺寸以水平投影面积计算。

2）金属旗杆：以“根”计量，按设计图示数量计算。

（7）招牌、灯箱：

1）平面箱式招牌：以“m^2”计量，按设计图示尺寸以正立面边框外围面积计算。复杂形的凸凹造型部分不增加面积。

2）竖式灯箱、灯箱、信报箱 3 个工程量清单项目：以“个”计量，按设计图示数量计算。

（8）美术字：包括泡沫塑料字、有机玻璃字、木质字、金属字、吸塑字 5 个工程量清单项目：以“个”计量，按设计图示数量计算。

三、定额项目内容及工程量计算规则

相关内容详见《综合定额》“A.1.16 其他装饰工程”。

9.3.16 拆除工程

一、概述

（一）清单规范内容

《计算规范》“附录 R 拆除工程”，内容包括砖砌体拆除、混凝土及钢筋混凝土构件拆除、木构件拆除、抹灰层拆除、块料面层拆除、龙骨及饰面拆除、屋面拆除、铲除油漆涂料裱糊面、栏杆栏板轻质隔断隔墙拆除、门窗拆除、金属构件拆除、管道及卫生洁具拆除、灯具玻璃拆除、其他构件拆除、开孔（打洞）共 15 节 37 个工程量清单项目。

工程量清单项目设置、项目特征描述的内容、计量单位及工程量计算规则应按《计算规范》附录 R 所附相应表格的规定执行。

（二）定额内容

《综合定额》“A.1.19 拆除工程”，内容包括砖砌体拆除工程、现浇混凝土及钢筋混凝土构件拆除、木构件拆除、抹灰面拆除、块料面层拆除、龙骨及饰面拆除、屋面拆除、铲除油漆涂料裱糊面、栏杆轻质隔断隔墙拆除、门窗拆除、玻璃拆除、其他构件拆除、开孔打洞、旧木地板机械磨光、拆除废料外运共 15 节 70 个定额子目。

定额内容包括定额说明、工程量计算规则、工作内容、计量单位、定额编号、子目名称、子目单价、单价组成及人材机消耗量等，应根据拆除构件的部位、材质、规格尺寸、厚度及拆除方法等实际情况选择相应的定额子目使用。

（三）注意事项

编制工程量清单时，应注意以下事项：

（1）根据实际情况选择合适的计量单位：《计算规范》编列的大部分拆除项目，其计量单位一般有两种或两种以上选择，应注意选择合适的计量单位，所计算工程量应与计量单位相匹配。以钢筋混凝土构件拆除为例，有三种选择：

1）以“m^3”计量，按拆除构件的混凝土体积计算。

2）以“m^2”计量，按拆除部位的面积计算。

3）以“m”计量，按拆除部位的延长米计算。

（2）应根据所选择的计量单位，对被拆除构件的相关规格尺寸、厚度等项目特征进行必要的、完整的描述，具体详见《计算规范》附录 R 各表格备注。以钢筋混凝土构件拆除为例：

1）以“m^3”为计量单位时，可不描述构件的规格尺寸。

2）以“m^2”为计量单位时，则应描述构件的厚度。

3）以“m”为计量单位时，则必须描述构件的规格尺寸。

（3）应根据被拆除构件的实际情况，对拆除部位、构件名称、表面附着物等情况进行必要的、完整的描述，具体详见《计算规范》附录 R 各表格备注。

（4）编制工程量清单时，若出现《计算规范》附录 R 未包括的清单项目，编制人应做补充清单，具体规定详见《计算规范》第 4.1.3 条规定。

二、工程量清单项目编制及工程量计算规则

（一）清单项目设置

根据《计算规范》“附录 R 拆除工程”，内容包括有砖砌体拆除、混凝土及钢筋混凝土构件拆除、木构件拆除、抹灰层拆除、块料面层拆除、龙骨及饰面拆除、屋面拆除、铲除油漆涂料裱糊面、栏杆栏板轻质隔断隔墙拆除、门窗拆除、金属构件拆除、管道及卫生洁具拆除、灯具玻璃拆除、其他构件拆除、开孔（打洞）15 节共 37 个工程量清单项目；各项目编码、项目名称、项目特征描述、计量单位、工程量计算规则及包含的工作内容详见《计算规范》，部分内容、形式见表 9.3.16。

表 9.3.16　砖砌体拆除（编码：011601）

项目编码	项目名称	项目特征	计量单位	工程量计算规则	工作内容
011601001	砖砌体拆除	1. 砌体名称 2. 砌体材质 3. 拆除高度 4. 拆除砌体的截面尺寸 5. 砌体表面的附着物种类	1. m^3 2. m	1. 以“m^3”计量，按拆除的体积计算 2. 以“m”计量，按拆除的延长米计算	1. 拆除 2. 控制扬尘 3. 清理 4. 建渣场内、外运输

注：1. 砌体名称指墙、柱、水池等；
2. 砌体表面的附着物种类指抹灰层、块料层、龙骨及装饰面层等；
3. 以“m”计量，如砖地沟、砖明沟等必须描述拆除部位的截面尺寸；以“m^3”计量，截面尺寸则不必描述。

（二）清单项目工程量计算规则

清单项目应按《计算规范》规定的计量单位和工程量计算规则计算工程量。《计算规范》规定如下：

（1）砖砌体拆除：

1）以“m^3”计量，按拆除的体积计算。

2）以“m”计量，按拆除的延长米计算。

（2）混凝土及钢筋混凝土构件拆除：包括混凝土构件拆除、钢筋混凝土构件拆除 2 个工程量清单项目：

1）以“m^3”计量，按拆除构件的混凝土体积计算。

2）以“m^2”计量，按拆除部位的面积计算。

3）以“m”计量，按拆除部位的延长米计算。

（3）木构件拆除：

1）以“m^3”计量，按拆除构件的体积计算。

2）以“m^2”计量，按拆除面积计算。

3）以“m”计量，按拆除延长米计算。

（4）抹灰层拆除：包括平面抹灰层拆除、立面抹灰层拆除、天棚抹灰面拆除 3 个工程量清单项目：以“m^2”计量，按拆除部位的面积计算。

（5）块料面层拆除：包括平面块料拆除、立面块料拆除 2 个工程量清单项目：以“m^2”计量，按拆除面积计算。

（6）龙骨及饰面拆除：包括楼地面龙骨及饰面拆除、墙柱面龙骨及饰面拆除、天棚面龙骨及饰面拆除 3 个工程量清单项目：以“m^2”计量，按拆除面积计算。

（7）屋面拆除：包括刚性层拆除、防水层拆除 2 个工程量清单项目：以“m^2”计量，按铲除部位的面积计算。

（8）铲除油漆面涂料裱糊面：包括铲除油漆面、铲除涂料面、拆除裱糊面 3 个工程量清单项目。

1）以“m^2”计量，按铲除部位的面积计算。

2）以“m”计量，按拆除部位的延长米计算。

（9）栏杆栏板、轻质隔断隔墙拆除：

1）栏杆栏板拆除：

①以“m^2”计量，按拆除部位的面积计算；

②以“m”计量，按拆除的延长米计算。

2）隔断隔墙拆除：以“m^2”计量，按拆除部位的面积计算。

（10）门窗拆除：

包括木门窗拆除、金属门窗拆除 2 个工程量清单项目：

1）以“m^2”计量，按拆除面积计算。

2）以“樘”计量，按拆除樘数计算。

（11）金属构件拆除：

1）钢梁拆除、钢柱拆除、钢支撑钢墙架拆除、其他金属构件拆除 4 个工程量清单项目。

①以“t”计量，按拆除构件的质量计算；

②以“m”计量，按拆除延长米计算。

2）钢网架拆除：以“t”计量，按拆除构件的质量计算。

（12）管道及卫生洁具拆除：

1）管道拆除：以“m”计量，按拆除管道的延长米计算。

2）卫生洁具拆除：以“套”或“个”计量，按拆除的数量计算。

（13）灯具、玻璃拆除：

1）灯具拆除：以“套”计量，按拆除的数量计算。

2）玻璃拆除：以“m^2”计量，按拆除的面积计算。

（14）其他构件拆除：

1）暖气罩拆除、柜体拆除 2 个工程量清单项目：

①以“个”计量，按拆除个数计算；

②以“m”计量，按拆除延长米计算。

2）窗台板拆除、筒子板拆除 2 个工程量清单项目：

①以“块”计量，按拆除数量计算；

②以“m”计量，按拆除的延长米计算。

3）窗帘盒拆除、窗帘轨拆除 2 个工程量清单项目：以“m”计量，按拆除的延长米计算。

（15）开孔（打洞）：以“个”计量，按拆除个数计算。

三、定额项目内容及工程量计算规则

相关内容详见《综合定额》“A.1.19 拆除工程”。

9.3.17 脚手架工程

一、概述

（一）清单规范内容

《计算规范》“附录 S 措施项目”，内容包括脚手架工程、混凝土模板及支架（撑）、垂直运输、超高施工增加、大型机械设备进出场及安拆、施工排水降水、安全文明施工及其他措施项目共 7 节 53 个工程量清单项目。其中脚手架工程包括综合脚手架、外脚手架、里脚手架、悬空脚手架、挑脚手架、满堂脚手架、整体提升架、外装饰吊篮 8 个工程量清单项目。

工程量清单项目设置、项目特征描述的内容、计量单位及工程量计算规则应按《计算规范》“表 S.1 脚手架工程（编码：011701）”的规定执行。

（二）定额内容

《综合定额》“A.1.21 脚手架工程”，内容包括建筑脚手架、单排装饰脚手架工程、工具式脚手架共 3 节 201 个定额子目。

定额内容包括定额说明、工程量计算规则、工作内容、计量单位、定额编号、子目名称、子目单价、单价组成及人材机消耗量等，应根据工程实际选择相应的定额子目使用。

（三）注意事项

编制工程量清单时，应注意以下事项：

（1）《计算规范》“表 S.1 脚手架工程（编码：011701）”：

1）使用综合脚手架时，不再使用外脚手架、里脚手架等单项脚手架；综合脚手架适用于能够按建筑面积计算规则计算建筑面积的建筑工程脚手架，不适用于房屋加层、构筑物及附属工程脚手架。

2）同一建筑物有不同檐高时，按建筑物竖向切面分别按不同檐高编列清单项目。

3）整体提升架已包括 2m 高的防护架体设施。

4）脚手架材质可以不描述，但应注明由投标人根据工程实际情况按照《建筑施工扣件式钢管脚手架安全技术规范》JGJ 130—2011、《建筑施工附着升降脚手架管理暂行规定》（建建〔2000〕230 号）等自行确定。

（2）编制工程量清单时，若出现《计算规范》附录 S 未包括的清单项目，编制人应做补充清单，具体规定详见《计算规范》第 4.1.3 条的规定。

二、工程量清单项目编制及工程量计算规则

（一）清单项目设置

根据《计算规范》"附录 S 措施项目"，内容包括综合脚手架、外脚手架、里脚手架、悬空脚手架、挑脚手架、满堂脚手架、整体提升架、外装饰吊篮 8 个工程量清单项目；各项目编码、项目名称、项目特征描述、计量单位、工程量计算规则及包含的工作内容详见《计算规范》"表 S.1 脚手架工程（编码：011701）"，部分内容、形式见表 9.3.17。

表 9.3.17　脚手架工程（编码：011701）

<table>
<tr><th>项目编码</th><th>项目名称</th><th>项目特征描述</th><th>计量单位</th><th>工程量计算规则</th><th>工作内容</th></tr>
<tr><td>011701001</td><td>综合脚手架</td><td>1. 建筑结构形式
2. 檐口高度</td><td rowspan="4">m^2</td><td>按建筑面积计算</td><td>1. 场内、场外材料搬运
2. 搭、设脚手架、斜道、上料平台
3. 安全网的铺设
4. 选择附墙点与主体连接
5. 测试电动装置、安全锁等
6. 拆除脚手架后材料的堆放</td></tr>
<tr><td>011701002</td><td>外脚手架</td><td rowspan="2">1. 搭设方式
2. 搭设高度
3. 脚手架材质</td><td rowspan="2">按服务对象的垂直投影面积计算</td><td rowspan="5">1. 场内、场外材料搬运
2. 搭、设脚手架、斜道、上料平台
3. 安全网的铺设
4. 拆除脚手架后材料的堆放</td></tr>
<tr><td>011701003</td><td>里脚手架</td></tr>
<tr><td>011701004</td><td>悬空脚手架</td><td rowspan="2">1. 搭设方式
2. 悬挑宽度
3. 脚手架材质</td><td>按搭设的水平投影面积计算</td></tr>
<tr><td>011701005</td><td>挑脚手架</td><td>m</td><td>按搭设长度乘以搭设层数以延长米计算</td></tr>
<tr><td>011701006</td><td>满堂脚手架</td><td>1. 搭设方式
2. 搭设高度
3. 脚手架材质</td><td rowspan="3">m^2</td><td>按搭设的水平投影面积计算</td></tr>
<tr><td>011701007</td><td>整体提升架</td><td>1. 搭设方式及启动装置
2. 搭设高度</td><td rowspan="2">按所服务对象的垂直投影面积计算</td><td>1. 场内、场外材料搬运
2. 选择附墙点与主体连接
3. 搭、设脚手架、斜道、上料平台
4. 安全网的铺设
5. 测试电动装置、安全锁等
6. 拆除脚手架后材料的堆放</td></tr>
<tr><td>011701008</td><td>外装饰吊篮</td><td>1. 升降方式及启动装置
2. 搭设高度及吊篮型号</td><td>1. 场内、场外材料搬运
2. 吊篮的安装
3. 测试电动装置、安全锁、平衡控制器等
4. 吊篮的拆卸</td></tr>
</table>

（二）清单项目工程量计算规范则

《计算规范》规定的清单工程量计算规则如下：

（1）综合脚手架：以“m^2”计量，按建筑面积计算。

（2）外脚手架：以“m^2”计量，按服务对象的垂直投影面积计算。

（3）里脚手架：以“m^2”计量，按服务对象的垂直投影面积计算。

（4）悬空脚手架：以“m^2”计量，按搭设的水平投影面积计算。

（5）挑脚手架：以“m”计量，按搭设长度乘以搭设层数以延长米计算。

（6）满堂脚手架：以“m^2”计量，按搭设的水平投影面积计算。

（7）整体提升架：以“m^2”计量，按服务对象的垂直投影面积计算。

（8）外装吊篮：以“m^2”计量，按服务对象的垂直投影面积计算。

三、定额项目内容及工程量计算规则

相关内容详见《综合定额》“A.1.21 脚手架工程”。

9.3.18 模板工程

一、概述

（一）清单规范内容

《计算规范》“附录 S 措施项目”，内容包括脚手架工程、混凝土模板及支架（撑）、垂直运输、超高施工增加、大型机械设备进出场及安拆、施工排水降水、安全文明施工及其他措施项目共 7 节 53 个工程量清单项目。其中混凝土模板及支架（撑）包括基础、矩形柱、构造柱、异型柱、基础梁、矩形梁等 32 个工程量清单项目。

工程量清单项目设置、项目特征描述的内容、计量单位及工程量计算规则应按《计算规范》附录 S 所附表格“S.2 混凝土模板及支架（撑）（编码：011702）”的规定执行。

（二）定额内容

《综合定额》“A.1.20 模板工程”，内容包括混凝土模板及支撑、现浇混凝土构筑物模板、预制混凝土模板、预制构件后浇混凝土模板、铝合金模板共 5 节 169 个定额子目。

定额内容包括定额说明、工程量计算规则、工作内容、计量单位、定额编号、子目名称、子目单价、单价组成及人材机消耗量等内容，应根据工程实际选择相应的定额子目使用。

（三）注意事项

编制工程量清单时，应注意以下事项：

（1）根据《计算规范》“表 S.2 混凝土模板及支架（撑）（编码：011702）”，应注意：

1）原槽浇筑的混凝土基础，不计算模板。

2）混凝土模板及支架（撑）项目，只适用于以平方米计量，按模板与混凝土构件的接触面积计算。以立方米计量的模板及支架（撑），按混凝土及钢筋混凝土实体项目执行，其综合单价中应包含模板及支架（撑）。

3）若采用清水模板时，应在特征中注明。

4）若现浇混凝土梁板支撑高度超过 3.6m 时，项目特征应描述支撑高度。

（2）编制工程量清单时，若出现《计算规范》附录 S 未包括的清单项目，编制人应做补充清单，具体规定详见《计算规范》第 4.1.3 条的规定。

二、工程量清单项目编制及工程量计算规则

（一）清单项目设置

根据《计算规范》“附录 S 措施项目”，内容包括基础、矩形柱、构造柱、异型柱、基础梁、矩形梁等 32 个工程量清单项目；各项目编码、项目名称、项目特征描述、计量单位、工程量计算规则及包含的工作内容详见《计算规范》“表 S.2 混凝土模板及支架（撑）（编码：011702）”，部分内容、形式见表 9.3.18。

表 9.3.18　混凝土模板及支架（撑）（编码：011702）

项目编码	项目名称	项目特征	计量单位	工程量计算规则	工作内容
011702001	基础	基础类型	m^2	按模板与现浇混凝土构件的接触面积计算 1. 现浇钢筋混凝土墙、板单孔面积≤0.3m^{2}的孔洞不予扣除，洞侧壁模板亦不增加；单孔面积>0.3m^{2}时应予扣除，洞侧壁模板面积并入墙、板工程量内计算 2. 现浇框架分别按梁、板、柱有关规定计算；附墙柱、暗梁、暗柱并入墙内工程量内计算 3. 柱、梁、墙、板相互连接的重叠部分，均不计算模板面积 4. 构造柱按图示外露部分计算模板面积	1. 模板制作 2. 模板安装、拆除、整理堆放及场内外运输 3. 清理模板黏结物及模内杂物、刷隔离剂等
011702002	矩形柱				
011702003	构造柱				
011702004	异型柱	柱截面形状			
011702005	基础梁	梁截面形状			
011702006	矩形梁	支撑高度			
011702007	异型梁	1. 梁截面形状 2. 支撑高度			
011702008	圈梁				
011702009	过梁				
011702010	弧形、拱形梁	1. 梁截面形状 2. 支撑高度			

（二）清单项目工程量计算规则

《计算规范》规定的清单工程量计算规则如下：

（1）基础、柱、梁、墙、板：包括基础、矩形柱、构造柱、异型柱、基础梁、矩形梁、异型梁、圈梁、过梁、弧形拱形梁、直形墙、弧形墙、短肢剪力墙电梯井壁、有梁板、无梁板、平板、拱板、薄壳板、空心板、其他板、栏板共 21 个混凝土模板及支架（撑）工程量清单项目：以“m^2”计量，按模板与现浇混凝土构件的接触面积计算。

1）现浇钢筋混凝土墙、板单孔面积≤0.3m^{2}的孔洞不予扣除，洞侧壁模板亦不增加；单孔面积>0.3m^{2}时应予扣除，洞侧壁模板面积并入墙、板工程量内计算。

2）现浇框架分别按梁、板、柱有关规定计算，附墙柱、暗梁、暗柱并入墙内工程量内计算。

3）柱、梁、墙、板相互连接的重叠部分，均不计算模板面积。

4）构造柱按图示外露部分计算模板面积。

（2）天沟、挑檐：以“m^2”计量，按模板与现浇混凝土构件的接触面积计算。

（3）雨篷、悬挑板、阳台板：以“m^2”计量，按图示外挑部分尺寸的水平投影面积计算，挑出墙外的悬臂梁及板边不另计算。

（4）楼梯：以“m^2”计量，按楼梯（包括休息平台、平台梁、斜梁和楼层板的连接梁）的水平投影面积计算，不扣除宽度≤500mm 的楼梯井所占面积，楼梯踏步、踏步板、平台梁等侧面模板不另计算，伸入墙内部分亦不增加。

（5）其他现浇构件：以“m^2”计量，按模板与现浇混凝土构件的接触面积计算。

（6）电缆沟、地沟：以“m^2”计量，按模板与电缆沟、地沟接触的面积计算。

（7）台阶：以“m^2”计量，按图示台阶水平投影面积计算，台阶端头两侧不另计算模板面积，架空式混凝土台阶按现浇楼梯计算。

（8）扶手：以“m^2”计量，按模板与扶手的接触面积计算。

（9）散水：以“m^2”计量，按模板与散水的接触面积计算。

（10）后浇带：以“m^2”计量，按模板与后浇带的接触面积计算。

（11）化粪池、检查井：以“m^2”计量，按模板与混凝土接触面积计算。

三、定额项目内容及工程量计算规则

相关内容详见《综合定额》“A.1.20 模板工程”。

9.3.19 垂直运输工程

一、概述

（一）清单规范内容

《计算规范》“附录S措施项目”，内容包括脚手架工程、混凝土模板及支架（撑）、垂直运输、超高施工增加、大型机械设备进出场及安拆、施工排水降水、安全文明施工及其他措施项目共7节53个工程量清单项目。其中垂直运输包括1个工程量清单项目：垂直运输。

工程量清单项目设置、项目特征描述的内容、计量单位及工程量计算规则应按《计算规范》“表S.3垂直运输（编码：011703）”的规定执行。

（二）定额内容

《综合定额》“A.1.22垂直运输工程”，内容包括建筑工程垂直运输、单独装饰工程垂直运输共2节83个定额子目。

定额内容包括定额说明、工程量计算规则、工作内容、计量单位、定额编号、子目名称、子目单价、单价组成及人材机消耗量等内容，应根据工程实际选择相应的定额子目使用。

（三）注意事项

编制工程量清单时，应注意以下事项：

（1）根据《计算规范》“表S.3垂直运输（编码：011703）”，应注意：

1）建筑物的檐口高度是指设计室外地坪至檐口滴水的高度（平屋顶系指屋面板底高度），突出主体建筑物屋顶的电梯机房、楼梯出口间、水箱间、瞭望塔、排烟机房等不计入檐口高度。

2）垂直运输指施工工程在合理工期内所需垂直运输机械。

3）同一建筑物有不同檐高时，按建筑物的不同檐高做纵向分割，分别计算建筑面积，以不同檐高分别编码列项。

（2）编制工程量清单时，若出现《计算规范》附录S未包括的清单项目，编制人应做补充清单，具体规定详见《计算规范》第4.1.3条的规定。

二、工程量清单项目编制及工程量计算规则

（一）清单项目设置

垂直运输工程量清单项目的项目编码、项目名称、项目特征描述、计量单位、工程量计算规则及包含的工作内容详见《计算规范》“表S.3垂直运输（编码：011703）”，部分内容、形式见表9.3.19。

表9.3.19 垂直运输（编码：011703）

项目编码	项目名称	项目特征描述	计量单位	工程量计算规则	工程内容
011703001	垂直运输	1. 建筑物建筑类型及结构形式 2. 地下室建筑面积 3. 建筑物檐口高度、层数	1. m^2 2. 天	1. 按建筑面积计算 2. 按施工工期日历天数计算	1. 垂直运输机械的固定装置、基础制作、安装 2. 行走式垂直运输机械轨道的铺设、拆除、摊销

（二）清单项目工程量计算规则

《计算规范》规定的垂直运输清单工程量计算规则：

（1）以“m^2”计量，按建筑面积计算；

（2）以“天”计量，按施工工期日历天数计算。

三、定额工程量计算规则

相关内容详见《综合定额》“A.1.22垂直运输工程”。

9.3.20　超高施工增加

一、概述

（一）清单规范内容

《计算规范》“附录 S 措施项目”，内容包括脚手架工程、混凝土模板及支架（撑）、垂直运输、超高施工增加、大型机械设备进出场及安拆、施工排水降水、安全文明施工及其他措施项目共 7 节 53 个工程量清单项目。其中超高施工增加包括 1 个工程量清单项目：超高施工增加。

工程量清单项目设置、项目特征描述的内容、计量单位及工程量计算规则应按《计算规范》“表 S.4 超高施工增加（编码：011704）”的规定执行。

（二）定额内容

《综合定额》附录一“建筑物超高增加人工、机具”，对建筑工程和单独装饰工程的超高增加费计取方法做了 11 条规定，且该部分费用应计入分部分项工程费内，详见其定额说明。

（三）注意事项

编制工程量清单时，应注意以下事项：

（1）根据《计算规范》“表 S.3 超高施工增加（编码：011704）”，应注意：

1）单层建筑物檐口高度超过 20m，多层建筑物超过 6 层时，可按超高部分的建筑面积计算超高施工增加。计算层数时，地下室不计入层数。

2）同一建筑物有不同檐高时，可按不同高度的建筑面积分别计算建筑面积，以不同檐高分别编码列项。

（2）编制工程量清单时，若出现《计算规范》附录 S 未包括的清单项目，编制人应做补充清单，具体规定详见《计算规范》第 4.1.3 条的规定。

二、工程量清单项目编制及工程量计算规则

（一）清单项目设置

超高施工增加工程量清单项目的项目编码、项目名称、项目特征描述、计量单位、工程量计算规则及包含的工作内容详见《计算规范》“表 S.4 超高施工增加（编码：011704）”，部分内容、形式见表 9.3.20。

表 9.3.20　超高施工增加（011704）

项目编码	项目名称	项目特征	计量单位	工程量计算规则	工作内容
011704001	超高施工增加	1. 建筑物建筑类型及结构形式 2. 建筑物檐口高度、层数 3. 单层建筑物檐口高度超过 20m，多层建筑物超过 6 层部分的建筑面积	m^2	按建筑物超高部分的建筑面积计算	1. 建筑物超高引起的人工工效降低以及由于人工工效降低引起的机械降效 2. 高层施工用水加压水泵的安装、拆除及工作台班 3. 通信联络设备的使用及摊销

（二）清单项目工程量计算规则

《计算规范》规定的超高施工增加工程量计算规则：

以“m^2”计量，按建筑物超高部分的建筑面积计算。

三、定额工程量计算规则

《综合定额》无相关定额子目及工程量计算规则，应按附录一“建筑物超高增加人工、机具”规定执行，并计入分部分项工程费。

9.3.21　大型机械设备进出场及安拆

一、概述

（一）清单规范内容

《计算规范》“附录 S 措施项目”，内容包括脚手架工程、混凝土模板及支架（撑）、垂直运输、超高

施工增加、大型机械设备进出场及安拆、施工排水降水、安全文明施工及其他措施项目共7节53个工程量清单项目。其中大型机械设备进出场及安拆包括1个工程量清单项目：大型机械设备进出场及安拆。

工程量清单项目设置、项目特征描述的内容、计量单位及工程量计算规则应按《计算规范》“表S.5 大型机械设备进出场及安拆（编码：011705）”的规定执行。

（二）定额内容

根据《综合定额》“总说明”第九条关于施工机具费、第十条关于管理费和《广东省建设工程施工机具台班费用编制规则（2018）》关于安拆费的说明，大型机械设备进出场费用已在管理费中考虑，不再另计；安拆复杂，移动需要起重及运输机械的重型施工机械，其安拆费单独计算。定额相关说明如下：

（1）施工机具费是指施工作业所发生的施工机械使用费和施工仪器仪表使用费。其中施工机械使用费包括安拆费。

（2）管理费是指施工企业为完成承包工程而组织施工生产和经营管理所发生的费用。其中包括施工单位进退场费。

（3）施工单位进退场费：施工单位根据建设任务需要，派遣生产人员和施工机具设备从基地迁往工程所在地或从一个项目迁往另一个项目所发生的搬迁费，包括生产工人调遣的差旅费，调遣转移期间的工资、行李运费，施工机械、工具、用具、周转性材料及其他施工装备的搬运费用等。

（4）安拆费：根据施工机械不同分为不需计算、计入台班单价和单独计算三种类型。不需要安拆或固定在车间的，不计算施工机械安拆费；安拆简单，移动需要起重及运输机械的轻型施工机械，其安拆费计入台班单价；安拆复杂，移动需要起重及运输机械的重型施工机械，其安拆费单独计算。

（5）《广东省建设工程施工机具台班费用编制规则（2018）》中规定单独计算的费用包括混凝土搅拌站、静力压桩机、潜水钻孔机、施工电梯、塔式起重机、自升式塔式起重机、柴油打桩机、塔式起重机固定基础、塔式起重机轨道式基础等安拆费用共20个定额子目。

（三）注意事项

编制工程量清单时，应注意以下事项：

根据《综合定额》编制施工图预算或最高投标限价时，已在分部分项工程量清单中计取大型机械设备进出场及安拆费用的，不应重复编制大型机械设备进出场及安拆费用清单并重复计费；需单独计算的大型机械设备安拆费，应按工程实际情况编制工程量清单并计取费用。

二、工程量清单项目编制及工程量计算规则

（一）清单项目设置

大型机械设备进出场及安拆工程量清单项目的项目编码、项目名称、项目特征描述、计量单位、工程量计算规则及包含的工作内容详见《计算规范》“表S.5 大型机械设备进出场及安拆（编码：011705）”部分内容、形式见表9.3.21。

表9.3.21 大型机械设备进出场及安拆（编码：011705）

项目编码	项目名称	项目特征	计量单位	工程量计算规则	工作内容
011705001	大型机械设备进出场及安拆	1. 机械设备名称 2. 机械设备规格型号	台次	按使用机械设备的数量计算	1. 安拆费包括施工机械、设备在现场进行安装拆卸所需人工、材料、机械和试运转费用以及机械辅助设施的折旧、搭设、拆除等费用 2. 进出场费包括施工机械、设备整体或分体自停放地点运至施工现场或由一施工地点运至另一施工地点所发生的运输、装卸、辅助材料等费用

（二）清单项目工程量计算规则

《计算规范》规定的清单工程量计算规则：大型机械设备进出场及安拆：以“台次”计量，按使用机械设备的数量计算。

三、定额工程量计算规则

《综合定额》没有规定相应的工程计算规则。根据其定额说明，大型机械设备进出场费用已在管理费中考虑；需单独计算的大型机械设备安拆费，以“台次”计量；塔式起重机固定基础，以“座”计量；塔式起重机轨道式基础，以“m”计量，按轨道式基础的延长米（双轨）计算，相关内容详见《综合定额》“总说明”、《广东省建设工程施工机具台班费用编制规则（2018）》“说明”及“9913 单独计算的费用”各相关子目。

9.3.22　施工排水、降水

一、概述

（一）清单规范内容

《计算规范》“附录 S 措施项目”，内容包括脚手架工程、混凝土模板及支架（撑）、垂直运输、超高施工增加、大型机械设备进出场及安拆、施工排水降水、安全文明施工及其他措施项目共 7 节 53 个工程量清单项目。其中施工排水降水包括成井、排水降水 2 个工程量清单项目。

工程量清单项目设置、项目特征描述的内容、计量单位及工程量计算规则应按《计算规范》“表 S.6 施工排水降水（编码：011706）”的规定执行。

（二）定额内容

《综合定额》“A.1.25 井点降水工程”，内容包括轻型井点、喷射井点、大口径井点共 3 节 24 个定额子目。

定额内容包括定额说明、工程量计算规则、工作内容、计量单位、定额编号、子目名称、子目单价、单价组成及人材机消耗量等，应根据施工组织设计方案选择相应的定额子目使用。

（三）注意事项

编制工程量清单时，应注意以下事项：

（1）根据《计算规范》“表 S.6 施工排水降水（编码：011706）”，应注意：相应专项设计不具备时，可按暂估量计算。

（2）编制工程量清单时，若出现《计算规范》附录 S 未包括的清单项目，编制人应做补充清单，具体规定详见《计算规范》第 4.1.3 条的规定。

二、工程量清单项目编制及工程量计算规则

（一）清单项目设置

施工排水降水工程量清单项目的项目编码、项目名称、项目特征描述、计量单位、工程量计算规则及包含的工作内容详见《计算规范》“表 S.6 超高施工增加（编码：011706）”，部分内容、形式见表 9.3.22。

表 9.3.22　施工排水、降水（编码：011706）

项目编码	项目名称	项目特征	计量单位	工程量计算规则	工作内容
011706001	成井	1. 成井方式 2. 地层情况 3. 成井直径 4. 井（滤）管类型、直径	m	按设计图示尺寸以钻孔深度计算	1. 准备钻孔机械、埋设护筒、钻机就位；泥浆制作、固壁；成孔、出渣、清孔等 2. 对接上、下井管（滤管），焊接，安放，下滤料，洗井，连接试抽等
011706002	排水、降水	1. 机械规格型号 2. 降排水管规格	昼夜	按排、降水日历天数计算	1. 管道安装、拆除，场内搬运等 2. 抽水、值班、降水设备维修等

（二）清单项目工程量计算规则

《计算规范》规定的工程量计算规则：

（1）成井：以“m”计量，按设计图示尺寸以钻孔深度计算。

（2）排水、降水：以“昼夜”计量，按排水、降水日历天数计算。

三、定额工程量计算规则

相关内容详见《综合定额》“A.1.25 井点降水工程”。

9.3.23 安全文明施工及其他措施项目

一、概述

（一）清单规范内容

《计算规范》“附录 S 措施项目”，内容包括脚手架工程、混凝土模板及支架（撑）、垂直运输、超高施工增加、大型机械设备进出场及安拆、施工排水降水、安全文明施工及其他措施项目共 7 节 53 个工程量清单项目。其中安全文明施工及其他措施项目包括安全文明施工、夜间施工、非夜间施工照明、二次搬运、冬雨季施工、地上地下设施建筑物的临时保护设施、已完工程及设备保护共 7 个工程量清单项目。

工程量清单项目设置、计量单位、工作内容及包含范围应按《计算规范》“表 S.7 安全文明施工及其他措施项目（编码：011707）”的规定执行。

（二）定额内容

《综合定额》“A.1.23 材料及小型构件二次水平运输”“A.1.24 成品保护工程”“A.1.26 绿色施工安全防护措施费”“A.1.27 措施其他项目”、第三部分“其他项目”等各章所包括的相关内容分别介绍如下：

（1）A.1.23 材料及小型构件二次水平运输：内容包括材料二次运输、小型构件二次运输、零星材料运输共 3 节 44 个定额子目。

（2）A.1.24 成品保护工程：内容包括楼地面台阶成品保护、楼梯栏杆成品保护、柱面墙面成品电梯内装饰保护共 3 节 15 个定额子目。

（3）A.1.26 绿色施工安全防护措施费：内容包括费用组成及其计费标准、工作内容构成表。

（4）A.1.27 措施其他项目：内容包括文明工地增加费、夜间施工增加费、赶工措施费的费用标准。

（5）其他项目：内容包括暂列金额、暂估价、计日工、总承包服务费、预算包干费、工程优质费、概算幅度差、其他费用等的费用标准。

以上各章包括章说明、工程量计算规则、工作内容、计量单位、定额编号、子目名称、子目单价、单价组成、人材机消耗量、计费标准等内容，应根据工程实际选择相应的定额子目及计费标准。

（三）注意事项

编制工程量清单时，应注意以下事项：

（1）根据《计价规范》第 3.1.5 条规定，措施项目中的安全文明施工费必须按国家或省级、行业建设主管部门的规定计算，不得作为竞争性费用。

（2）《计算规范》表 S.7 所列清单项目，应根据工程实际情况计算措施项目费用，需分摊的应合理计算摊销费用。

（3）执行绿色施工标准、各地建设行政主管部门补充规定或建设单位相关要求的，应编制补充清单项目计取相关费用，或一并计入其他相关绿色施工安全防护费内。

（4）按照《综合定额》规定：“绿色施工安全防护措施费，属于不可竞争费用，工程计价时，应单独列项并按本定额相应项目及费率计算”。

二、关于安全文明施工及其他措施项目设置及工作内容

（一）清单项目设置及工作内容

安全文明施工及其他措施项目工程量清单项目的项目编码、项目名称、计量单位、工作内容及包含范围详见《计算规范》“表 S.7 安全文明施工及其他措施项目（编码：011707）”，部分内容、形式见表 9.3.23。

表 9.3.23　安全文明施工及其他措施项目（011707）

项目编码	项目名称	工作内容及包含范围
011707001	安全文明施工	1. 环境保护：现场施工机械设备降低噪声、防扰民措施，水泥和其他易飞扬细颗粒建筑材料密闭存放或采取覆盖措施等，工程防扬尘洒水，土石方、建渣外运车辆防护措施等，现场污染源的控制、生活垃圾清理外运、场地排水排污措施，其他环境保护措施 2. 文明施工："五牌一图"，现场围挡的墙面美化（包括内外粉刷、刷白、标语等）、压顶装饰；现场厕所便槽刷白、贴面砖，水泥砂浆地面或地砖，建筑物内临时便溺设施；其他施工现场临时设施的装饰装修、美化措施；现场生活卫生设施；符合卫生要求的饮水设备、淋浴、消毒等设施；生活用洁净燃料；防煤气中毒、防蚊虫叮咬等措施；施工现场操作场地的硬化；现场绿化、治安综合治理；现场配备医药保健器材、物品和急救人员培训；现场工人的防暑降温、电风扇、空调等设备及用电；其他文明施工措施 3. 安全施工：安全资料、特殊作业专项方案的编制，安全施工标志的购置及安全宣传；"三宝"（安全帽、安全带、安全网）、"四口"（楼梯口、电梯井口、通道口、预留洞口）、"五临边"（阳台围边、楼板围边、屋面围边、槽坑围边、卸料平台两侧），水平防护架、垂直防护架、外架封闭等防护；施工安全用电，包括配电箱三级配电、两级保护装置要求、外电防护措施；起重机、塔吊等起重设备（含井架、门架）及外用电梯的安全防护措施（含警示标志）及卸料平台的临边防护、层间安全门、防护棚等设施；建筑工地起重机械的检验检测；施工机具防护棚及其围栏的安全保护设施；施工安全防护通道；工人的安全防护用品、用具购置；消防设施与消防器材的配置；电气保护、安全照明设施；其他安全防护措施 4. 临时设施：施工现场采用彩色、定型钢板，砖、混凝土砌块等围挡的安砌、维修、拆除；施工现场临时建筑物、构筑物的搭设、维修、拆除，如临时宿舍、办公室，食堂、厨房、厕所、诊疗所、临时文化福利用房、临时仓库、加工场、搅拌台、临时简易水塔、水池等；施工现场临时设施的搭设、维修、拆除，如临时供水管道、临时供电管线、小型临时设施等；施工现场规定范围内临时简易道路铺设，临时排水沟、排水设施安砌、维修、拆除；其他临时设施搭设、维修、拆除
011707002	夜间施工	1. 夜间固定照明灯具和临时可移动照明灯具的设置、拆除 2. 夜间施工时，施工现场交通标志、安全标牌、警示灯等的设置、移动、拆除 3. 包括夜间照明设备及照明用电、施工人员夜班补助、夜间施工劳动效率降低等
011707003	非夜间施工照明	为保证工程施工正常进行，在地下室等特殊施工部位施工时所采用的照明设备的安拆、维护及照明用电等
011707004	二次搬运	由于施工场地条件限制而发生的材料、成品、半成品等一次运输不能到达堆放地点，必须进行的二次或多次搬运
011707005	冬雨季施工	1. 冬雨（风）季施工时增加的临时设施（防寒保温、防雨、防风设施）的搭设、拆除 2. 冬雨（风）季施工时，对砌体、混凝土等采用的特殊加温、保温和养护措施 3. 冬雨（风）季施工时，施工现场的防滑处理、对影响施工的雨雪的清除 4. 包括冬雨（风）季施工时增加的临时设施、施工人员的劳动保护用品、冬雨（风）季施工劳动效率降低等
011707006	地上、地下设施、建筑物的临时保护设施	在工程施工过程中，对已建成的地上、地下设施和建筑物进行的遮盖、封闭、隔离等必要保护措施
011707007	已完工程及设备保护	对已完工程及设备采取的覆盖、包裹、封闭、隔离等必要保护措施

注：本表所列项目应根据工程实际情况计算措施项目费用，需分摊的应合理计算摊销费用。

（二）清单项目工程量计算规则

《计算规范》“表 S.7 安全文明施工及其他措施项目（编码：011707）”列出了 7 个工程量清单的项目编码、项目名称、工作内容及包含范围，但没有规定相应的工程量计算规则。造价人员应根据工程实际情况，遵照国家或省级、行业建设主管部门的规定或工程量清单编制指引，编制措施项目清单并计取费用。

三、关于安全文明施工及其他措施项目费用标准

相关内容详见《综合定额》“A.1.23 材料及小型构件二次水平运输”“A.1.24 成品保护工程”“A.1.26 绿色施工安全防护措施费”“A.1.27 措施其他项目”、第三部分“其他项目”。

9.4 深圳定额说明及计算规则

9.4.1 土石方工程

一、概述

（1）土石方工程部分包括土方工程、石方工程、平整场地、回填土、打夯、土（石）方运输、支撑工程等项目，适用于建筑工程中的土（石）方工程及支撑工程。

（2）土（石）方工程中土壤及岩石类别的划分，依工程勘测资料与“土壤及岩石（普氏）分类表”对照后确定。

（3）沟槽、基坑及一般土（石）方的划分：底宽≤ 7m 且底长 >3 倍底宽为沟槽，底长≤ 3 倍底宽且底面积≤ 150m^2 为基坑；超过上述范围的土（石）方按一般土（石）方计算。

（4）子目未包括地下水位以下施工的排水费用，实际发生时另按降排水工程相应子目执行。挖土方时如有地表水需要排除时，亦应另行计算。

（5）人工及人力车运输土、石方以道路坡度≤ 15% 编制的，坡度 >15% 时，人工费乘以系数 3.0。

（6）推土机推土或铲运机铲土的土层平均厚度 <300mm 时，子目中的推土机台班消耗量乘以系数 1.25，铲运机台班消耗量乘以系数 1.17。

（7）推土机和铲运机推、铲未经压实的积土时，按相应一、二类土子目人工费、机械消耗量乘以系数 0.87。

（8）推土机推土、推石碴，铲运机铲运土重车上坡时，如果坡度 >5%，其运距按坡度区段斜长乘以表 9.4.1-1 中的系数计算。

表 9.4.1-1 推土机、铲运机坡度调整系数表

坡度（%）	5~10	15 以内	20 以内	25 以内
系数	1.75	2.00	2.25	2.50

（9）机械上下行驶坡道的土方工程量应合并在一般土方工程量内，不单独列项计算。

（10）人工垂直运土按照人工运土相应子目消耗量乘以 5.0 执行，运输距离按照垂直距离计算。

（11）人工装、自卸汽车运土（石）方子目仅适用于少量的零星土（石）方外运。

（12）自卸汽车运土（石）方相关子目重车上坡降效因素已在相应的运输子目中综合考虑，不再另行计算。

（13）自卸汽车运土运输道路是按一、二、三类道路综合确定的，已考虑了运输过程中道路清理的人工，如需要铺筑材料时，另行计算。

（14）自卸汽车运土（石）方子目按深圳市交通主管部门的有关规定，综合考虑了 2h 以内的装、卸排队及等待时间。定额子目中未包括弃土场受纳处置费，弃土场受纳处置费应根据相关规定列入工程建设其他费中单独计算。

（15）挖掘机挖淤泥、流砂直接装车按照不装车相应子目计价；淤泥、流砂运输按即挖即运考虑，套用泥浆运输相应子目。对没有即时运走的，经晾晒后的淤泥、流砂运输按一般土方外运子目计算。

（16）除有特殊说明外，挖、运土（石）方的工程量区分不同的土（石）方类别，均按照天然密实度的体积以“m^3”计算。

（17）回填土（石）方区分夯填、松填按图示回填体积以“m^3”计算，体积折算可按表 9.4.1–2、表 9.4.1–3 所列数值进行换算。

表 9.4.1–2　土方体积折算表

天然密实度体积	虚方体积	夯实后体积	松填体积
0.77	1.00	0.67	0.83
0.92	1.20	0.80	1.00
1.00	1.30	0.87	1.08
1.15	1.50	1.00	1.25

表 9.4.1–3　石方体积折算表

石方类别	天然密实度体积	虚方体积	松填体积
石方	1.00	1.54	1.31
块方	1.00	1.75	1.43
砂夹石	1.00	1.07	0.94

二、工程量清单项目编制及工程量计算规则

详见前述部分。

三、定额项目内容及工程量计算规则

（一）土方工程

（1）平整场地是指建筑场地挖、填土方厚度在 ±300mm 以内的挖、填、运、找平。平整场地按施工组织设计或图示平整面积以“m^2”计算，如无具体规定时，按照建筑物首层外墙外边线向外扩 2m 的面积计算。打夯按夯击范围的设计图示面积以“m^2”计算。建筑场地原土碾压按设计图示面积以“m^2”计算，填土碾压按照设计图示碾压面积乘以厚度的体积以“m^3”计算。

（2）挖、填土方厚度超过 ±300mm 时，分别执行一般挖方和填方子目，不再计算平整场地的工程量。

（3）土方工程子目是按干土编制的，人工挖湿土按相应子目人工费乘以系数 1.18；机械挖湿土按相应子目人工费、机械台班消耗量乘以系数 1.15。

（4）干湿土的划分：以地质勘测资料为准，含水率≤ 25% 为干土、含水率 >25% 为湿土；没有地质勘测资料的，以地下常水位为准划分，地下常水位以上为干土，以下为湿土；已采用降水措施进行开挖土方时按挖干土计算。

（5）人工挖地（沟）槽子目按深度最深 6m 编制的，实际深度超过 6m 时，人工费乘以系数 1.25；人工挖基坑土方子目按深度最深 4m 编制的，实际深度超过 4m 时，人工费乘以系数 1.25。

（6）机械挖沟槽、基坑土方工程量可按设计图纸及施工组织设计要求计算，无施工组织设计要求时，按机械挖沟槽、基坑土方 100% 计，另按机械挖土方量的 6% 附加人工挖土，以增加人工清理土方、机械降效等费用。但机械超挖换填土不涉及人工辅助清理，不附加 6% 人工挖土费用。

（7）机械在垫板上进行作业时，相应子目中的人工费、机械乘以系数 1.25，子目内不包括垫板铺设所需的工料、机械消耗，另行计算。

（8）长臂挖掘机挖沟槽、基坑土方按照长臂挖掘机挖一般土方相应子目乘以系数 1.25。

（9）桩间净距小于 4 倍桩径（或桩边长）的桩间挖土：人工挖桩间土方时，按相应子目的人工费乘以系数 1.20；机械挖桩间土方时，按相应子目的人工费、机械消耗量乘以系数 1.10。

（10）在有挡土板支撑下人工挖土时，相应子目中人工费乘以系数 1.43。

（11）计算挖沟槽、基坑土方工程量时，挖土深度在放坡起点以内时，不得计算放坡；在超过表9.4.1–4放坡起点（包括起点）深度而设计图纸或施工组织设计又未规定时，放坡系数按照表9.4.1–4的规定计算。

表9.4.1–4　放坡系数表

土壤类别	放坡起点（m）	人工挖土	机械挖土	
			在坑内作业	在坑上作业
一、二类土	1.20	1∶0.50	1∶0.33	1∶0.75
三类土	1.50	1∶0.33	1∶0.25	1∶0.67
四类土	2.00	1∶0.25	1∶0.10	1∶0.33

注：1. 沟槽、基坑中土壤类别不同时，分别按其放坡系数依不同土壤厚度加权平均计算，施工组织设计有规定时按施工组织设计要求计算；
2. 计算放坡时，不扣除放坡交叉处的重复工程量；
3. 槽、坑需作基础垫层时，放坡自垫层上表面标高算起。

（12）挖沟槽、基坑需支挡土板时，其宽度按图示沟槽、基坑底宽，单面加100mm，双面加200mm计算。挡土板面积按槽、坑垂直支撑面积以"m^2"计算，支挡土板后，不得再计算放坡。

（13）基础施工所需工作面宽度按表9.4.1–5的规定计算；同时存在多项工作面要求时，工作面的选择应满足所有构件施工操作要求。

表9.4.1–5　所需工作面宽度计算表

基础材料	每边各增加工作面宽度（mm）
砖基础	200
浆砌毛石、条石基础	150
混凝土基础垫层支模板	300
混凝土基础支模板	300
基础垂直面做防水层	1000（防水面层）

（14）挖基础沟槽长度，外墙按图示中心线长度计算；内墙按图示基础底面之间净长线长度计算；内外突出部分（垛、附墙烟囱等）体积并入沟槽土方工程量内计算。

（15）挖管道沟槽长度按图示管道中心线长度计算；管道沟槽底宽度，设计有规定的，按设计尺寸计算；设计无规定时，可按表9.4.1–6管沟底部每侧增加工作面宽度的规定计算。

表9.4.1–6　管道沟槽底部每侧增加工作面宽度表

管道结构宽（mm）	100以内	500以内	1000以内	2500以内	2500以上
混凝土及钢筋混凝土管道（mm）	200	400	500	600	700
其他材质管道（mm）	200	300	400	500	600

注：1. 按上表计算管道沟槽土方工程量时，管道接口作业坑和沿线各种井室（检查井、阀门井等，不包括化粪池等构筑物）所需增加的土方工程量按沟槽总土方量乘以系数并入沟槽土方计算，排水平接口增加2.0%，排水承插口增加3.0%，给水及其他增加2.5%；
2. 管道结构宽：管道无管座按管道外径计算，有管座按管道基础外缘计算，如设挡土板每侧另增加100mm；
3. 若双管或多管在同一沟槽内敷设，无管座的以管束外侧管道外壁的间距作为管道结构宽，有管座的按管束的管道基础外缘作为管道结构宽。

（16）沟槽、基坑深度应按槽、坑底面标高至交付施工场地标高确定，无交付施工场地标高时，应按自然地面标高确定。

（17）地下室土方大开挖后再挖地槽、地坑，其深度以大开挖后土面至槽、坑底标高计算。

（18）盖挖（逆作法）挖土方工程量按建筑物地下围护结构内围尺寸面积乘以挖土深度以“m^3”计算，挖土深度为设计顶板底至底板或垫层底的高度。

（19）支撑下挖土方工程量按挖土区域水平投影面积乘以支撑下挖土深度以“m^3”计算，支撑下挖土深度为最上一道支撑梁的上表面至基坑底面的高度。

（20）桩间挖土仅考虑该区域外围桩体外包面积内的挖土，应扣除单根截面面积 0.5m^2 以上的桩（或未回填桩孔）所占的体积。

（21）土方运距的计算：①推土机推土运距：按挖方区重心至回填区重心之间的直线距离计算。②铲运机铲运土运距：按挖方区重心至卸土区重心加转向距离 45m 计算。③自卸汽车运土运距：按挖方区重心至填土区（或堆放地点）重心的最短运距计算。

（二）石方工程

（1）摊座是指爆破后的水平面，用人工凿岩方式进行修理，按设计图纸要求加工成平整的表面。设计图纸有此要求的，才可计算人工摊座或者人工修整石方边坡。

（2）石方爆破子目包括机械打眼爆破、微差控制爆破以及静力爆破三种形式。其中，机械打眼爆破、微差控制爆破不分明炮、闷炮方式，但闷炮的覆盖材料应另行计算。

（3）机械打眼爆破、微差控制爆破按电雷管导电起爆编制的，实际工程采用火雷管爆破时，雷管材料可换算，消耗量不变。

（4）石方爆破子目中的爆破材料是按炮孔中无地下渗水、积水编制的，炮孔中若出现地下渗水、积水时，处理渗水或积水发生的费用另行计算。项目内未计爆破时所需覆盖的安全网、草袋、架设安全屏障等设施，发生时另行计算。

（5）开凿及爆破岩石工程量，区别石质按下列规定计算：①人工凿岩石按体积以“m^3”计算。②爆破岩石按体积以“m^3”计算，超爆量部分岩石并入岩石挖方量之内计算。其沟槽、基坑深度、宽度允许超爆量为：次坚石，200mm；特坚石，150mm。③人工摊座、人工修整石方边坡按面积以 m^2 计算。计算人工摊座或人工修整石方边坡时，不得计算超深爆破量。

（6）石方运距的计算：①挖、运石方均按实方体积以“m^3”计。②推土机推石方运距：按挖方区重心至回填区重心之间的直线距离计算。③铲运机运石方运距：按挖方区重心至卸石方区重心加转向距离 45m 计算。④自卸汽车运石方运距：按挖方区重心至填石方区（或堆放地点）重心的最短运距计算。

（三）回填

（1）回填子目不区分平地及槽、坑，按照施工方式区分人工回填及机械回填。回填子目中未包含回填材料，场外取料时，应结合材料体积换算表，按设计要求的回填方式（夯填、松填）增加材料消耗。

（2）沟槽、基坑回填土以挖方体积减去交付施工场地（自然地坪）标高以下埋设砌筑物（包括基础垫层及其他构筑物）体积以“m^3”计算。

（3）管道沟槽回填土方工程量计算时，管道结构宽在 500mm 以内的，可不扣减体积，管道结构宽在 500mm 以上的，应扣减管道垫层、管道基础及管道的体积，其中单根管道的体积可按实或参照表 9.4.1–7 计算。

表 9.4.1–7　管道扣减土方体积（单位：m^2/ 每延米）

管道类型	管道公称直径（mm）					
	600 以内	800 以内	1000 以内	1200 以内	1400 以内	1600 以内
钢管或塑料管	0.21	0.44	0.71			
铸铁管	0.24	0.49	0.77			
混凝土管	0.33	0.60	0.92	1.15	1.35	1.55

（4）房心回填土工程量，按主墙之间的净空面积乘以回填土厚度以“m^2”计算。

（5）余土或取土工程量的计算按下述公式计算：

$$余土外运体积 = 挖土总体积 - 回填土总体积 \tag{9.4.1}$$

公式计算结果为正值时为余土外运体积，公式计算结果为负值时为取土体积。

9.4.2 地基处理与边坡支护工程

一、概述

（1）地基处理与边坡支护工程包括地基处理、边坡支护、支撑工程，适用于建筑工程中的地基处理、边坡支护及支撑工程。

（2）地基处理包括土工材料铺设、塑料排水板插板、地基强夯、砂石桩、深层搅拌水泥桩、注浆地基等。

（3）边坡支护工程包括旋喷桩、钻孔灌浆微型桩、钢板桩、地下连续墙、锚杆、土钉、短钢筋土钉、喷射混凝土以及坡面挂钢丝网。

（4）废浆外运按本书“9.4.1　土石方工程”中泥浆运输子目执行。

（5）钢筋笼、钢筋网片、锚杆、土钉制作、安装另按本书“9.4.5　混凝土及钢筋混凝土工程”中相应子目执行。

二、工程量清单项目编制及工程量计算规则

详见前述部分。

三、定额项目内容及工程量计算规则

（一）地基处理

（1）土工材料铺设相关子目中已给出各类土工材料的规格，设计要求不同时可以进行调整，但消耗量保持不变。土工材料铺设按照实际铺贴面积以“m^2”计算。塑料排水板插板按设计长度以“m”计算。

（2）地基强夯部分包括满夯、点夯和夯坑填料：

1）满夯子目消耗量按照夯击一遍考虑，如设计夯击遍数不同时，每增一遍可按设计要求重复套用定额子目算。

2）在地基一遍强夯的过程中，如各夯点击数不同，按加权平均击数计算。

3）夯击能量考虑最大为6000kN·m，当夯击能量高于6000kN·m时，每增加1000kN·m，按6000kN·m相关子目人工费、机械消耗量乘以系数1.15执行，夯击能量增加不足1000kN·m时按照插值法计算调整系数。

4）条形基础、管沟地基强夯时，按照夯击子目的人工费、材料、机械台班消耗量乘以系数1.10。

5）各子目消耗量中不包括机下垫板，根据土质情况需要垫板时，每100m^2增加松杂枋板材0.05m^2、相应子目的人工费乘以系数1.20。各子目中已包含夯前、夯间和夯后整平的人工费与机械消耗。

6）满夯按照夯击能量以及每点夯击次数设置相关子目，实际工程中每点夯击次数不同时可按照“每增一击”子目进行调整。

7）点夯按照每百平方米夯击点数、夯击能量以及每点夯击次数设置子目。设计要求每百平方米夯击点数不同时，可按照“每增减一点”子目调整；设计要求每夯击点数不同时，可按照“每点每增一击”子目调整。

8）夯坑填料夯坑填料子目中未包含回填材料，计算时应按设计要求增加材料（填料）消耗。夯坑填料回填砂或土时按照回填石粉渣子目执行，人工费乘以系数0.85；回填碎石时，按照回填石粉渣子目执行，人工费乘以系数1.15。

9）地基强夯按设计图示强夯波及面积以“m^2”计算。强夯波及面积是指设计图示最外围夯点轴线外加其相邻轴线距离的1/2所包围的面积。

10）夯坑填料的工程量按图示夯坑面积与夯沉量的乘积以“m^2”计算，设计未明确夯沉量时，按实际填料夯实后体积计算。

（3）砂石桩：

1）挤密碎石桩、振冲灌注碎石桩、水泥粉煤灰碎石桩子目填料材料的消耗量可按照设计要求调整。

2）如在原桩位打扩大（复打）桩时，人工费乘以系数 0.85，机械消耗量乘以系数 0.50；如在支架上打桩，人工费、机械消耗量乘以系数 1.25。

3）砂石桩打桩子目按陆地打垂直桩编制。设计要求打斜桩时，斜度≤ 1∶6 时，相应项目的人工费、机械消耗量乘以 1.25，斜度 >1∶6 时，相应项目的人工费、机械消耗量乘以系数 1.43。

4）桩间补桩或在地槽（基坑）中及强夯后的地基上打桩时，相应项目的人工费、机械消耗量乘以系数 1.15。

5）若单位工程的砂石桩工程量≤ 60m^2 时，其相应项目的人工费、机械消耗量乘以系数 1.25。

6）砂石桩灌注砂桩、碎石挤密桩、水泥粉煤灰碎石桩的工程量按照设计桩断面面积与设计桩长（包括桩尖）乘积的体积以“m^3”计算。

（4）深层搅拌水泥桩：

1）深层搅拌水泥桩按照工艺设置喷粉、喷浆两类子目，不区分桩径，均按本章相应子目执行。

2）深层搅拌水泥桩空搅部分按相应项目的人工费、搅拌桩机台班乘以系数 0.5 计算。

3）深层搅拌水泥桩子目中的水泥用量与设计不同时，按照设计要求调整，水泥损耗率为 4%，其他不变。

4）深层搅拌水泥桩体的工程量按设计桩断面面积与实桩桩长的乘积以“m^2”计算。深层搅拌水泥桩空桩的工程量按设计桩断面面积与空桩长度的乘积以“m^2”计算。

（5）注浆地基：

1）注浆地基所用的注浆材料消耗量可按照设计要求调整。

2）注浆项目中注浆管消耗量为摊销量，如实际为一次性使用，可进行调整。

3）分层注浆钻孔数量按设计图示钻孔深度以“m”计算。注浆数量按设计图纸注明加固土体的体积以“m^3”计算。

（二）基坑与边坡支护

（1）旋喷桩：

1）旋喷桩空桩部分按相应项目的人工费、旋喷桩机台班乘以系数 0.5 计算。

2）旋喷桩桩体按照加固深度设置子目，子目中的加固深度是指包含空桩长度的旋喷桩孔深。

3）旋喷桩子目中的水泥用量与设计不同时，按照设计要求调整，水泥损耗率为 5%，其他不变。

4）旋喷桩桩体的工程量按照设计桩长以“m”计算。旋喷桩空桩的工程量按照设计桩顶面标高与场地标高的差额以“m”计算。

（2）钻孔灌浆微型桩空桩部分按相应子目人工费、机械消耗量乘以系数 0.55，材料费乘以系数 0.25。钻孔灌浆微型桩工程量按照设计桩长以“m”计算。

（3）钢板桩：

1）本章钢板桩部分设置了打桩、拔桩、导向夹具安装以及钢板桩延时使用四类子目，其中打桩子目中已包含 3 个月内的钢板桩使用费，超过 3 个月部分的钢板桩摊销费用按“钢板桩延时使用”子目执行。

2）钢板桩正常使用过程的摊销量已计入钢板桩打桩子目，摊销量按照周转使用 15 次、损耗率 5% 计算。

3）单位工程的钢板桩工程量≤ 50t 时，其相应项目的人工费、机械消耗量乘以系数 1.25。

4）打、拔槽钢或钢轨，按打、拔钢板桩子目机械消耗量乘以系数 0.77，其他不变。

5）打、拔钢板桩的工程量按照桩体重量以“t”计算。钢板桩安拆导向夹具的工程量按照设计图示尺寸长度以“m”计算。

（4）地下连续墙：

1）地下连续墙成槽子目已考虑泥浆的制作、运输，不另计算泥浆的制作费和泥浆外运。

2）混凝土浇捣子目中已考虑 1.20 的充盈系数，设计要求不同时，可按设计要求调整，混凝土的损耗率为 1.0%。

3）地下连续墙成槽的工程量按墙设计断面面积与设计墙深度的乘积以“m^2”计算。

4）地下连续墙混凝土浇捣、清底置换的工程量按墙设计断面面积与设计墙深度加 0.5m 的乘积以“m^2”计算。

5）地下连续墙锁口管吊拔的工程量按照施工图设计或施工组织设计以段计算，设计或者施工组织无规定时，按照 6m 一段计算，结算按实际分段计算。

6）地下连续墙封口板制作、安装的工程量按照设计图示封口板的重量以“t”计算。

（5）锚杆、土钉、短钢筋土钉：

1）锚杆（锚索）钻孔、灌浆子目是按照钻孔直径 100mm 以内考虑的，钻孔直径在 101~150mm 内的，子目人工费、钻孔机械消耗量乘以系数 1.30，钻孔直径在 151~200mm 内的，子目人工费、钻孔机械消耗量乘以系数 1.50，其材料用量根据设计要求换算。如设计要求采用扩大头施工锚杆时，其扩大头施工段部分应按锚杆（锚索）钻孔、灌浆子目的人工费乘以系数 1.85，机械费乘以系数 2.10，其他材料用量可根据设计要求调整。

2）土钉钻孔、灌浆子目是按照钻孔直径 100mm 以内考虑的，钻孔直径在 101~150mm 内的，子目人工费、钻孔机械消耗量乘以系数 1.10，钻孔直径在 151~200mm 内的，子目人工费、钻孔机械消耗量乘以系数 1.25，其材料用量根据设计要求换算。

3）锚杆（土钉）钻孔、灌浆为竖直方向施工的，按子目综合单价乘以系数 0.8 计算。

4）本章中的短钢筋土钉是指以不需要钻孔，直接将钢筋打入土体的土体加固措施。子目中钢筋消耗量按 ϕ16 考虑，钢筋直径不同时，按照设计要求调整消耗量，钢筋损耗率按照 5% 计算。

5）锚杆、土钉、短钢筋土钉成孔如需铺设钢板、搭设操作平台进行施工时，其费用另行计算，高于地面 1.2m 作业搭设的操作平台，按实际搭设长度乘以 2m 宽，套用满堂脚手架子目。

6）锚杆、土钉的工程量按照设计长度以“m”计算。锚杆入岩增加费按照入岩长度以 m 计算。锚杆套管增加费按照套管长度以“m”计算。短钢筋土钉工程量区分不同直径，按照设计图示土钉长度以“m”计算。

（6）喷射混凝土的工程量区分不同厚度按设计图示面积以“m^2”计算。

（7）坡面挂钢丝网的工程量按照设计图示面积以“m^2”计算。

（8）套管咬合灌注桩的工程量，按照桩长与桩设计断面乘积的体积以“m^3”计算，咬合重叠部分的体积不予扣除。

（9）支撑工程：

1）本章挡土板子目包括区分疏排、密排，以木支撑、钢支撑设置子目，适用于建筑工程中的沟槽、基坑、工作坑及检查井的各类支撑工程。

2）土石方采用放坡开挖方式时不得再计算挡土板。

3）支撑所发生的费用应列入措施项目费中。

4）支撑工程木挡土板、钢制挡土板支撑工程的工程量区分不同材质、支撑方式按施工组织设计确定的支撑面积以“m^2”计算；型钢支撑工程量按设计重量以“t”计算。

9.4.3 桩基础工程

一、概述

（1）桩基础工程包括打桩、混凝土灌注桩等，本章定额适用于陆地上桩基工程，所列打桩机械的规格、型号是按常规施工工艺取定，并综合考虑了土质级别。

（2）本章中地基处理包括土工材料铺设、塑料排水板插板、地基强夯、砂石桩、深层搅拌水泥桩、注浆地基等。

（3）单位工程桩基础工程量在表 9.4.3-1 规定的数量以内时，按照相应桩子目人工费、机械消耗量乘以系数 1.25，灌注桩单位工程的桩基工程量是指灌注混凝土量。

表 9.4.3–1 单位工程的桩基础工程量表

项 目	桩基工程量
预制钢筋混凝土方桩	1000m
预制钢筋混凝土管桩	800m
钢管桩	50t
沉管、冲（击）孔成孔灌注桩	100m^2
钻孔、旋挖成孔灌注桩	150m^2

（4）各类桩基础子目中均不包括桩基施工前的场地平整、压实地基、地下障碍处理、桩的抽芯检查、荷载试验、动测检验等的费用，发生时另行计算。

（5）各类桩成孔定额的成孔深度是指包含空桩成孔的深度，计价时不区分空桩、实桩，空桩成孔根据不同的成孔机械、工艺套用本章相应子目执行，材料按照设计要求进行调整，其他不变。

（6）桩钢筋笼、插筋等钢筋制作、安装，另按本定额本书“9.4.5 混凝土及钢筋混凝土工程”中的相应子目执行。

（7）沉管灌注桩成孔、人工挖孔桩成孔、螺旋钻机成孔定额子目按干作业成孔工艺编制，干作业成孔工艺的桩内土（石）方运输执行本书“9.4.1 土石方工程”的土方、石方运输子目。

二、工程量清单项目编制及工程量计算规则

详见前述部分。

三、定额项目内容及工程量计算规则

（一）打桩

（1）打试验桩（混凝土预制桩、钢管桩）按相应打桩子目人工费、机械消耗量乘以系数 1.50 执行。

（2）本章各子目是按陆地打垂直桩编制的。设计要求打斜桩时，斜度≤ 1∶6 者，相应子目人工费、机械消耗量乘以系数 1.25 执行；斜度 >1∶6 者，相应子目人工费、机械消耗量乘以系数 1.43 执行。

（3）本部分各子目是按在平地（坡度小于 15°）施工编制的。如在斜坡上（坡度大于 15°）施工，按相应子目人工费、机械消耗量乘以系数 1.15 执行，如在基坑内（基坑深度 >1.5m 且基坑面积≤ 500m^2）打桩或在地坪上打坑槽内（坑槽深度 >1m）桩时，按相应子目人工费、机械消耗量乘以系数 1.10。

（4）在桩间补桩（桩间距小于 4 倍桩径）或强夯后的地基上施工时，按相应桩子目人工费、机械消耗量乘以系数 1.15 执行。

（5）如实际发生送桩时，可按相应打（压）桩子目人工费、机械消耗量乘以表 9.4.3–2 规定的系数执行。

表 9.4.3–2 送桩系数表

送桩深度	系 数
≤ 2m	1.25
≤ 4m	1.43
>4m	1.67

（6）打、压预制钢筋混凝土方桩、管桩区分不同截面尺寸、桩长按设计桩长以“m”计算。打（压）混凝土预制桩的相关子目中均未包括接桩，接桩另按相应接桩子目执行。

（7）打（压）桩过程中桩帽、送桩器、桩帽盖、活辨桩尖、钢管、料斗等金属周转材料属于周转性使用的材料，其消耗量已在子目中综合考虑，不另计算。打桩工程的送桩工程量均按设计桩顶标高至打桩前的自然地坪标高另加 0.5m 计算。方桩、管桩的接桩区分不同的接桩方式按接头个数计算。

（8）预制钢筋混凝土管桩，如设计要求灌填充材料时，填充料部分另按本章钢管桩填芯相应子目执行，预制钢筋混凝土管桩空心部分填充料的工程量，按照设计图示灌注体积以“m^3”计算。预制钢筋混凝土管桩空心部分封堵钢板的工程量，另按本书“9.4.5 混凝土及钢筋混凝土工程”中的预埋铁件子目执行，按照设计图示的重量以“t”计算。

（9）钢管桩：

1）子目中焊接钢管消耗量与设计要求不同时，可按设计要求调整材料消耗量，其他不变。

2）钢管桩子目不包含除锈、防锈以及防腐等处理费用，如发生另行计算。钢管桩的工程量区分不同的桩径和桩长，按照钢管桩桩长（含桩尖长度）以“m”计算。

3）钢管桩内切割、精割盖帽按设计要求的数量以“个”计算。

4）钢管桩管内钻孔取土、填芯，按设计桩长（包括桩尖）乘以填芯截面积，以体积计算。

（10）钢桩尖的工程量按设计图示重量以“t”计算。

（11）混凝土桩尖工程量按设计图示体积以“m^3”计算。

（二）灌注桩

（1）设计要求进入岩石层时，执行入岩增加费子目，全风化、强风化不做入岩计算，入岩是指钻入中风化岩层及以上标准。

（2）定额各种灌注桩的材料用量中，均已包括了充盈系数和材料损耗，如表 9.4.3–3 所示。

表 9.4.3–3　灌注桩充盈系数和材料损耗表

项 目 名 称	充盈系数	损耗率（%）
冲孔桩机成孔灌注混凝土桩	1.30	1
旋挖、冲击钻机成孔灌注混凝土桩	1.25	1
回旋、螺旋钻机钻孔灌注混凝土桩	1.20	1
沉管桩机成孔灌注混凝土桩	1.15	1

（3）沉管灌注（夯扩）桩：

1）如在原桩位打扩大（复打）桩时，人工费乘以系数 0.85，机械消耗量乘以系数 0.50；如在支架上打桩，人工费、机械消耗量乘以系数 1.25。

2）桩孔空钻部分需回填应根据施工组织设计要求套用本书“9.4.1 土石方工程”相应子目执行。

3）沉管灌注桩区分不同桩径按打桩前自然地坪标高至设计桩底标高（不包括预制桩尖）的成孔长度乘以钢管外径截面积，以体积计算。

4）沉管灌注桩灌注混凝土工程量按钢管外径截面积乘以设计桩长（不包括预制桩尖）另加加灌长度，以体积计算。设计有规定加灌长度的，按设计要求计算，无规定者，加灌长度按 0.5m 计算。

5）复打桩按单桩体积乘以复打次数以“m^2”计算。

6）混凝土夯扩桩按夯扩部分体积和未夯扩部分体积之和以“m^2”计算。

（4）人工挖孔桩：

1）人工挖孔桩成孔过程时必要的照明、通风及安全保健费用，按照相应子目人工费的 10% 计算。设计要求增设安全防护措施所用材料、设备费用另按实计算。

2）人工挖孔桩成孔工程量按成孔深度与设计护壁外围断面积乘积的体积（包括桩底扩大头部分的体积）以“m^2”计算。

3）人工挖孔桩护壁模板按护壁混凝土与模板的实际接触面积以“m^2”计算。

4）人工挖孔桩护壁混凝土浇捣按照设计护壁平均厚度计算的体积以“m^3”计算。

5）人工挖孔桩桩芯混凝土浇捣按设计图示截面积乘以设计桩长加加灌长度（包含桩底扩大头部分的体积）的体积以“m^3”计算，设计有规定加灌长度的，按设计要求计算，无规定者，加灌长度按 0.25m 计算。

6）人工挖孔桩成孔入岩增加费（含桩底扩大头入岩及桩身穿过岩层、鼓石）按桩身入岩部分的体积以“m^3”计算，不得计算超挖（爆）量。

7）人工挖孔桩成孔穿越淤泥、流砂层增加费，按淤泥流沙层厚度部分的桩成孔体积以“m^3”计算。

8）人工挖孔桩的土（石）方外运的工程量，按照成孔的体积以“m^3”计算。

（5）其他灌注桩说明及计算规则：

1）回旋钻机成孔、冲抓锥（冲击锤）成孔、旋挖成孔定额子目已包括泥浆的制作，未包括泥浆运输、钢护筒埋设及拆除。定额按湿作业成孔工艺编制，桩内泥浆（泥渣）运输执行“土（石）方工程”的泥浆运输子目，不另计算土方运输工程量。

2）如采用全套管施工的灌注桩，全套管费用按本章“打灌注桩全套管”子目执行，并扣除灌注桩成孔子目中黏土、泥浆泵、潜水泵的台班消耗量，泥渣外运执行“9.4.1 土石方工程”的土方、石方运输子目。

3）回旋钻机成孔、旋挖钻机成孔、冲抓锥（冲击锤）成孔、螺旋钻孔成孔的工程量按打桩前自然地坪标高至设计桩底标高的成孔深度乘以设计桩径截面积，以体积计算。入岩增加费工程量按实际入岩深度乘以设计桩径截面积，以体积计算。

4）灌注桩混凝土浇捣的工程量按照设计桩径截面积乘以设计桩长另加加灌长度（包括桩尖）的体积以“m^3”计算，设计有规定加灌长度的，按设计要求计算，无规定者，加灌长度按 0.5m 计算。

5）钢护筒埋设、拆除的工程量按照设计要求的护筒埋设深度以“m”计算。

6）回旋钻机、旋挖钻机、冲抓锥（冲击锤）成孔的泥浆（泥渣）外运工程量按成孔体积（含空桩）以“m^3”计算。

（6）其他说明：

1）打灌注桩全套管的工程量区分不同的桩径按照套管长度的重量以“t”计算。

2）桩头钢筋截断的工程量按截断钢筋数量以“根”计算。

3）凿桩头工程量区分不同桩型按凿除部分的体积以“m^3”计算。

4）桩体机械截断按截断断面的数量以“口”计算。

5）空桩回填部分的工程量按打桩前自然地坪标高至桩加灌长度的顶面乘以桩孔截面积的体积以“m^3”计算。

6）注浆管、埋设工程量按打桩前自然地坪标高至设计桩底标高另加 0.5m，以长度计算。

7）桩底（侧）后压浆工程量按设计注入水泥用量以“t”计算。

9.4.4 砌筑工程

一、概述

（1）砌筑工程包括砖砌体、砌块砌体、石砌体。

（2）本部分定额中砖、砌块、石料按常用规格编制，设计规格与定额不同时，按设计要求调整换算。砌筑砂浆按干混预拌砌筑砂浆、定额所列砌筑砂浆种类和强度等级与设计不同时，按设计要求调整换算。

（3）本部分定额子目按砌筑高度 3.6m 以内编制，超过 3.6m 时，其超过部分工程量的定额人工费乘以系数 1.30。

（4）墙体子目中不含墙体加固钢筋，如设计要求采用钢筋加固的，按砌体内钢筋加固子目计算。砌体内的钢筋加固工程量按设计图示长度的重量以“t”计算。

（5）各类砖、砌块及石砌体的砌筑均按直形砌筑编制，如为圆（弧）形砌筑者，按相应定额人工费乘以系数 1.10，砖、砌块、石砌体、砂浆用量乘以系数 1.03 计算。

（6）基础与墙（柱）身的划分：

1）基础与墙（柱）身使用同一种材料时，以设计室内地面为界（有地下室者，以地下室室内设计地面为界），设计室内地面以下为基础，以上为墙（柱）身。

2）基础与墙（柱）身使用品种不同材料时，位于设计室内地面高度 ±300mm 以内时，以不同材料为分界线，超过 ±300mm 时，以设计室内地面为分界线。

3）围墙以设计室外地坪为界，设计室外地坪以下为基础，以上为墙身。

（7）外墙墙基长度按外墙基中心线长度计算，内墙墙基长度按内墙基净长计算。

（8）外墙墙体长度按外墙中心线计算，内墙墙体长度按内墙净长线计算。

（9）墙高度：

1）外墙高度斜（坡）屋面无檐口天棚者算至屋面板底；有屋架且室内外均有天棚者，算至屋架下弦底另加 200mm；无天棚者算至屋架下弦底加 300mm，出檐宽度超过 600mm 时，按实砌高度计算；平屋面算至钢筋混凝土板底。

2）内墙高度位于屋架下弦者，算至屋架下弦底；无屋架者算至天棚底另加 100mm；有钢筋混凝土楼板隔层者算至楼板底；有框架梁时算至梁底。

3）女儿墙高度从屋面板上表面算至女儿墙顶面（如有混凝土压顶时算至混凝土压顶下表面）。

4）内、外山墙高度按其平均高度计算。

5）围墙高度算至压顶上表面（如有混凝土压顶时算至压顶下表面），围墙柱并入围墙体积内计算。

（10）墙厚度：

1）混凝土实心砖的规格按照 240mm × 115mm × 53mm 编制，计算厚度与常见墙厚砖数的对应关系如表 9.4.4 所示。

表 9.4.4　标准砖砌体计算厚度表

砖数（厚度）	1/4	1/2	3/4	1	1.5	2
计算厚度（mm）	53	115	180	240	365	490

2）使用非标准砖时，其砌体厚度应按砖实际规格和设计厚度计算。

二、工程量清单项目编制及工程量计算规则

详见前述部分。

三、定额项目内容及工程量计算规则

（一）砖砌体

（1）砖基础、石基础按设计图示尺寸以“m^2”计算。附墙垛基础宽出部分体积按折加长度合并计算，扣除钢筋混凝土地梁（圈梁）、构造柱所占体积，不扣除基础大放脚 T 形接头处的重叠部分及嵌入基础内的钢筋、铁件、管道、基础砂浆防潮层和单个面积 0.3m^2 以内的孔洞所占体积，靠墙暖气沟的挑檐不增加。

（2）实心砖墙、砌块墙、石墙的工程量均按设计图示尺寸以“m^2”计算，应扣除门窗洞口，过人洞，空圈，嵌入墙内的钢筋混凝土柱、梁（包括过梁、圈梁、挑梁）及消火栓箱所占体积，不扣除梁头、板头、檩头、垫木、木楞头、沿缘木、木砖、门窗走头、砖墙内的加固钢筋、木筋、铁件、钢管及单个面积 0.3m^2 以内的孔洞所占体积，凸出墙面的腰线、挑檐、压顶、窗台线、虎头砖、门窗套的体积亦不增加；凸出墙面的墙垛并入墙体体积内计算。

（3）化粪池不分墙基和墙身，按砌砖墙相应子目执行。

（4）砖砌体不分内、外墙，均套用相应品种的砖定额，其中：

1）定额中已包括了立门窗框的调直、门窗套、窗楣线、窗台线、砖旋、砖过梁、腰线、压顶线及挑檐等用工。

2）定额均已包括了原浆勾缝，如设计要求加浆勾缝时，应另行计算。

3）砖砌体定额按混水砖墙编制，如实际采用清水砖墙，单面清水砖墙按相应子目人工费乘以系数 1.15 执行，双面清水砖墙按相应子目人工费乘以系数 1.30 执行。

（5）厕所蹲台、水槽腿、垃圾箱、炉灶、台阶挡墙、梯带、楼梯栏板、阳台栏板、地垄墙、支撑地楞的砖墩、隔热板带、花池、花台、小于 0.3m^2 的孔洞填塞、构件砌体体积在 0.1m^2 以内且未单列子目的构件，按零星砌体子目执行。零星砌体的工程量按设计图纸尺寸的体积以“m^3”计算。

（6）砖砌地沟执行明沟、暗沟定额子目，砖砌明沟、暗沟定额不区分墙基和墙身。

（7）砖胎模执行砖基础子目。

（8）混凝土实心砖柱按设计图示尺寸以“m^3”计算，应扣除嵌入柱内的混凝土构件及钢筋混凝土梁垫、梁头、板头所占体积。

（9）混凝土实心砖台阶（不含梯带）按照设计图示水平投影面积以“m^2”计算。

（10）明沟、暗沟以及其他各类地沟按设计图示尺寸以“m^2”计算。

（11）混凝土实心砖散水按设计图示尺寸的水平投影面积以“m^2”计算。

（二）砌块砌体

（1）砖砌体和砌块砌体不分内、外墙，均套用相应品种的砖和砌块定额，其中：

1）定额中已包括了立门窗框的调直、门窗套、窗楣线、窗台线、砖旋、砖过梁、腰线、压顶线及挑檐等用工。

2）定额均已包括了原浆勾缝，如设计要求加浆勾缝时，应另行计算。

（2）砌块砌体定额已综合考虑墙上、下部位的实心砖砌筑和门窗洞口镶砌的预制素混凝土块的人工费和材料消耗，不另行计算。

（三）石砌体

（1）石基础、石墙的工程量计算规则参照砖砌体相应规定。

（2）石砌体勾缝按设计图示尺寸以面积计算。

（四）垫层

楼地面垫层工程量，区分不同材质按主墙间的结构净空面积乘以设计厚度以“m^2”计算（其中，水泥石粉渣垫层区分不同厚度按面积以“m^2”计算），应扣除凸出地面构筑物、设备基础、室内管道、地沟等所占面积，不扣除间壁墙和截面积 $0.3m^2$ 以内的柱、跺、附墙烟囱及孔洞所占面积，门洞、空圈、暖气包槽、壁龛的开口部分不增加面积。

9.4.5 混凝土及钢筋混凝土工程

一、概述

（1）混凝土及钢筋混凝土工程包括现浇预拌商品混凝土、预制混凝土构件制作、安装子目，钢筋制作及安装等项目，适用于建筑工程中的混凝土及钢筋混凝土工程，模板工程另按措施项目中“模板工程”相关规定执行。

（2）现浇混凝土工程中混凝土为预拌商品混凝土，混凝土浇捣（养护）区分为泵送和非泵送两种方式，根据设计要求或施工组织设计方案选定。

（3）泵送混凝土子目按照泵送高度 100m 以内综合考虑，泵送高度超过 100m 时，高度超过 100m 的部分另按超高泵送增加费子目计算泵送超高费用。计算建筑物超高泵送增加费的构件应按照楼层高度情况分别确定：如楼层底板的标高超过 100m，该楼层全部混凝土构件均应计算超高泵送增加费；如楼层底板标高低于 100m，楼层顶板高度超过 100m，则该层混凝土底板不计超高泵送增加费，其他混凝土构件均应计算超高泵送增加费。超高泵送增加费子目综合考虑因高度引起泵送费用的增加。泵送混凝土子目中未明确列出的构件均按泵送其他部位混凝土浇捣子目执行。

（4）现浇混凝土只列出常用强度等级，设计要求不同时，混凝土材料类型可以换算，设计图纸要求的外加剂另行计算。

（5）建筑物现浇混凝土浇捣、养护，除另有规定者外，均按设计图示尺寸以“m^2”计算，不扣除构件内钢筋、预埋件及墙、板中单孔面积 $0.3m^2$ 以内孔洞所占体积。计算型钢混凝土时，应扣除型钢所占体积。

（6）采用逆作法施工的，逆作法施工部分的混凝土工程、钢筋工程的安装子目，其定额人工费乘以系数 1.10。

（7）预制混凝土构件均按外购成品现场安装进行编制，安装子目中的预制混凝土构件为未计价材料，计价时，应根据实际情况确定成品构件价格，成品构件价格应包含构件运到施工现场的费用。

（8）预制混凝土构件安装子目已包括构件固定所需临时支撑的搭设及拆除费用，并综合考虑了支撑（含支撑用预埋铁件）种类、数量及搭设方式。

（9）预制混凝土构件安装子目消耗量已考虑构件在施工现场的必要倒运过程、配合塔吊吊装所消耗的起重设备；预制混凝土构件垂直运输、超高降效的费用应按相关规定另行计算。

（10）预制混凝土构件安装工程量按成品构件的设计图示尺寸以实际体积计算，依附于构件制作的各类保温层、饰面层的体积并入相应构件安装中计算，不扣除构件内钢筋、预埋铁件、配管、套管、线盒及单个面积≤ $0.3m^2$ 的孔洞、线箱等所占体积，构件外露钢筋体积亦不再增加。

（11）套筒注浆的工程量按设计数量以“个”计算。

（12）外墙嵌缝、注胶的工程量按设计图示尺寸的长度以“m”计算。

（13）预制混凝土构件施工现场如有发生的成品保护费用的，应根据设计要求或施工组织设计方案计算，在措施项目费中单独列项计算。

二、工程量清单项目编制及工程量计算规则

详见前述部分。

三、定额项目内容及工程量计算规则

（一）现浇混凝土基础

（1）垫层的工程量按设计图示尺寸的体积以“m^3”计算。

（2）混凝土及钢筋混凝土基础与墙（柱）身的划分以设计图纸规定为准。如图纸未明确表示时，则按照基础的扩大顶面为界；无扩大顶面时，可按照墙（柱）脚分界。

（3）独立基础、有肋带形混凝土基础、满堂基础的工程量，按设计图示尺寸的体积以“m^3”计算。有肋带形混凝土基础肋部高宽比在 4∶1 以内的，肋部和底部均按带形基础计算；高宽比大于 4∶1 时，其底部按带形基础计算，肋部按混凝土墙计算。

（4）箱式基础分别按基础、柱、墙、梁、板等有关规定计算，墙与顶板、底板的划分以顶板底、底板面为界。边缘实体体积按照底板计算。

（5）设备基础除块体（块体设备基础是指没有空间的实心混凝土形状）以外，分别按照基础、柱、梁、板、墙有关规定计算。

（6）非泵送毛石混凝土基础定额按毛石占混凝土体积的 20% 计算，如设计要求不同时，可按设计要求进行换算。

（7）二次灌浆工程量按实际灌注混凝土体积计算。如灌注材料与设计不同时，可按设计要求换算。

（二）现浇混凝土柱

（1）钢筋混凝土矩形柱、T 形柱、L 形柱与混凝土墙按照以下规则划分：以矩形柱、T 形柱、L 形柱最长边（h 或 h'）与最短边（b 或 b'）之比 r 为基准进行划分，当 $r \leq 4$ 时按柱计算；当 $r>4$ 时按墙计算，如图 9.4.5 所示。

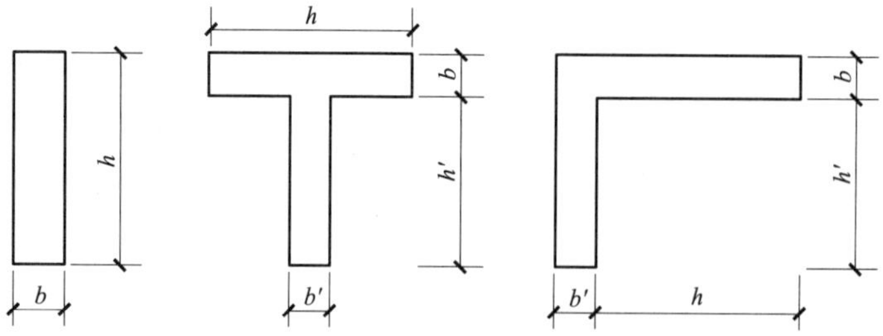

图 9.4.5　柱、墙划分图

（2）柱的工程量按图示断面面积乘以柱高的体积以“m^3”计算，依附在柱上的牛腿并入柱体积内计算。

其中柱高：①无梁板的柱高，应自柱基上表面（或楼板上表面）至柱帽下表面之间的高度计算。②框架柱的柱高，应自柱基上表面至柱顶的高度计算。③有梁板的柱高，应自柱基上表面（或楼板上表面）至上一层楼板上表面之间的高度计算。④构造柱按全高计算，与墙体嵌接部分的体积（马牙槎）并入柱身体积内计算。

（3）正八边形柱、工字形柱、十字形柱、T 形柱按照异型柱计算，L 形柱按照矩形柱计算。

（三）现浇混凝土梁

（1）梁的工程量按图示断面面积乘以梁长的体积以"m^3"计算，伸入砌体内的梁头、梁垫并入梁体积内。伸入混凝土墙内的梁体积并入墙计算。梁高为梁底至梁顶面的高度，与板相接的梁，其梁高算至板底（梁两侧与不同厚度楼板连接时，应取平均板厚）。挑檐、天沟与梁连接时，以梁外边线为分界线。

（2）梁长：①梁与柱（墙）连接时，梁长算至柱（墙）侧面。②主梁与次梁连接时，次梁长算至主梁侧面。③独立过梁长度按图示尺寸计算。④圈梁的长度，外墙按中心线，内墙按净长线计算。⑤圈梁与过梁重叠时，按照洞口两侧各加 150mm 计算过梁长度。

（3）混凝土斜梁（板、墙）的坡度 >10° 且≤ 30° 时，相应子目的人工费乘以系数 1.05，坡度 >30° 时，相应子目的人工费乘以系数 1.10。

（四）现浇混凝土墙

（1）混凝土墙中的暗梁、暗柱、端柱以及与墙相连的混凝土柱按混凝土墙子目执行。

（2）与墙相连的柱，其工程量并入与其相连的墙，执行墙相应子目。

（3）外墙按图示中心线长度、内墙按图示净长度乘以墙高及墙厚的体积以"m^3"计算，应扣除门窗洞口及单孔面积 0.3m^2 以外孔洞所占的体积。墙垛（附墙柱）、暗柱、暗梁及墙面突出 150mm 以内部分并入墙体积计算。

（五）现浇混凝土板

（1）现浇混凝土阶梯教室、场馆看台板子目适用于学校阶梯教室、体育场、足球场、网球场、操场及会堂、展馆等带斜板的阶梯看台。阶梯教室、场馆看台板工程量按照设计图示尺寸的体积以"m^3"计算。

（2）除另有规定外，水平悬挑构件伸出构件外 200mm 以内的，并入相应构件计算；伸出构件外 800mm 以内的，按照挑檐计算；伸出构件外 1500mm 以上的，按照阳台、雨篷、悬挑板计算。

（3）除另有规定外，混凝土竖向构件（板边反檐）高度超出板面 600mm 以内时，按反檐计算；高度在 600mm 至 1000mm 时，按栏板计算；高度超出 1000mm 以上的按墙计算。

（4）板工程量按照图示面积乘以板厚的体积以"m^3"计算：①无梁板的工程量，按照板和柱帽体积之和以"m^3"计算。②有梁板包括梁与板，按梁、板体积之和计算。③空心板按设计图示尺寸以体积（扣除空心部分）计算。④压型钢板上浇的混凝土板楼板不包含压型钢板所占体积，构件内钢筋体积不扣除。⑤各类板伸入砖墙内的板头并入板体积内计算。与混凝土柱、墙相接的板部分体积分别并入柱、墙计算。

（5）阳台、雨篷（包括带反檐的雨篷）、天沟挑檐板、悬挑板按伸出墙外的实体体积以"m^3"计算，包括板下挑梁及突出板面反坎的体积。

（6）板边反檐、栏板的工程量按照设计图示尺寸的体积以"m^3"计算。

（六）现浇混凝土楼梯

（1）楼梯是按建筑物一个自然层双跑楼梯考虑，单跑直行楼梯（即一个自然层直上直下、无休息平台）按相应定额子目乘以系数 1.20；三跑楼梯（即一个自然层、二个休息平台）按相应定额子目乘以系数 0.9；四跑楼梯（即一个自然层、三个休息平台）按相应定额子目乘以系数 0.75。

（2）整体楼梯的工程量，包括休息平台、平台梁、斜梁及楼梯与楼板连接的梁、踏步板、踏步按设计图示尺寸的体积以"m^3"计算，伸入混凝土墙内的体积并入墙计算。

（七）现浇混凝土其他构件

（1）化粪池应根据结构形式拆分，按有关规定计算分别按满堂基础、墙（柱）、板。

（2）单个容量在 50m^3 以内的屋面（房上）水池，按房上水池计算，超过 50m^3 容量的水池，按有关规定以柱、梁、墙、板分别计算。房上水池的工程量按照设计图示尺寸的体积以"m^3"计算。

（3）非泵送挡水坎混凝土定额适用于厨房、卫生间、浴室、阳台等底部浇筑高度 300mm 以内的现浇混凝土构件。挡水坎按照设计图示尺寸的体积以"m^3"计算。

（4）小型混凝土构件是指单件体积在 0.1m^3 以内且未明确列出子目的构件。

（5）单个池槽、花池体积在 0.5m^3 以内的按小型池槽子目执行，体积超过 0.5m^3 以上的池槽、花池按照有关规定分别套用相应子目。

（6）凸出混凝土外墙面、阳台梁、栏板外侧≤ 300mm 的装饰线条，套用扶手项目；凸出混凝土外墙、阳台梁、栏板外侧 >300mm 的板，套用悬挑板项目。

（7）压顶、扶手与门框的工程量按照断面积与长度乘积的体积以“m^3”计算。

（8）地沟电缆沟、小型池槽、小型零星构件、散水、坡道以及台阶的工程量按照设计图示尺寸的体积以“m^3”计算。

（八）后浇带

（1）现浇混凝土梁、板、墙工程量应扣除后浇带体积，后浇带工程量另按设计图示尺寸的体积以“m^3”计算。

（2）预制混凝土构件连接部分的后浇混凝土按混凝土后浇带子目执行，其人工费、机械台班消耗量乘以系数 1.35。

（九）预制混凝土柱

预制混凝土柱、墙板、女儿墙等构件安装定额中，构件底部座浆按砌筑砂浆铺筑考虑，遇设计采用灌浆料的，人工费乘以系数 1.05，其余不变。

（十）预制混凝土板

（1）预制混凝土叠合楼板（叠合阳台板）按相应的预制混凝土板（阳台板）安装子目执行，其人工费乘以系数 1.20。预制混凝土叠合板上的现浇混凝土按相关子目执行。

（2）空调板安装定额适用于单独预制的空调板安装，依附于阳台板制作的栏板、翻沿、空调板，并入阳台板内计算。

（十一）其他预制构件

（1）预制混凝土墙板安装定额不分是否带有门窗洞口，均按相应定额执行。凸（飘）窗安装定额适用于单独预制的凸（飘）窗安装，依附于外墙板制作的凸（飘）窗，并入外墙板内计算，相应定额人工费乘以系数 1.20。

（2）压顶安装定额适用于单独预制的压顶安装，依附于女儿墙制作的压顶，并入女儿墙计算。

（3）嵌缝注胶子目中的缝断面按照 20mm × 15mm 编制，设计断面尺寸不同时，耐候胶用量可以调整，其他不变；如嵌缝材料种类不同，材料单价可以换算；只嵌缝不注胶时，扣除子目中耐候胶消耗量，人工消耗量乘以系数 0.75，其他保持不变。

（4）非承重隔墙安装按板材材质，划分为钢丝网架轻质夹心隔墙板安装、轻质条板隔墙安装以及预制轻钢龙骨隔墙安装三类，各类板材按照板材厚度分设定额子目。

（5）非承重内隔墙安装子目按照单层墙板安装编制，设计为双层墙板时，根据双层墙板各自厚度不同，分别套用相应单层墙板安装定额子目；双层墙板中间设置保温、隔热或者隔声功能层时，需另行计算。

（6）非承重隔墙板安装定额中未考虑按照构造要求设置的圈梁、过梁以及构造柱的消耗，发生时另计。

（7）非承重隔墙板安装定额已包含各类固定配件、补（填）缝、抗裂措施、门洞口所需的切割改锯、孔洞加固等构造的消耗，发生时不另计算；安装过程使用的木楔、钢钉以及自攻螺钉等材料的消耗已计入其他材料费用。

（8）钢丝网架轻质夹心隔墙板安装定额，按照聚苯乙烯泡沫夹芯板编制，如夹芯材料不同，可换算墙板主材，其他消耗量保持不变。

（9）“增加一道硅酸钙板”子目适用于在预制轻钢龙骨墙板外进行的单层补板。

（10）非承重内隔墙安装工程量按设计图示以墙体面积计算，应扣除门窗、洞口、嵌入墙内的钢筋混凝土柱、梁、圈梁等所占体积，不扣除梁头、板头、檩头、垫木、木楞头、沿缘木、木砖、门窗走头、砖墙内加固钢筋、木筋、铁件、钢管及单个面积≤ $0.3m^2$ 孔洞的面积。

（十二）钢筋工程

（1）钢筋工程包括钢筋制作、安装两部分，按照钢筋的不同品种、规格、工艺设置子目，定额中的钢筋品种、规格与设计不同时，可按设计要求进行调整。

（2）斜柱钢筋安装按照相应钢筋安装子目人工费乘以系数 1.10 执行。

（3）预应力混凝土构件中的非预应力钢筋、钢管混凝土及劲性钢筋混凝土中的柔性钢筋按照本章相应钢筋制作、安装子目执行。

（4）绑扎铁丝、成型点焊和接头焊接的电焊条已在相应子目中综合考虑；防雷接地的连接焊按照《深圳市安装工程消耗量定额》相应规定执行。

（5）非预应力钢筋子目中不包括冷加工，设计要求冷加工时，应另行计算。

（6）本章定额未包括劲性钢筋（型钢）的制作、安装子目，如设计要求另按相关子目计价。

（7）微型桩钢管制作、安装可套用钢花管无倒刺子目。

（8）表 9.4.5 所列的构件，其钢筋制作、安装子目可按照表 9.4.5 中的系数调整人工费、机械消耗量。

表 9.4.5 钢筋工程子目系数调整表

项目	现浇钢筋		构筑物钢筋			
系数范围	小型构件	小型池槽	烟囱	水塔	贮仓	
					矩形	圆形
人工费、机械消耗量调整系数	2.00	2.52	1.70	1.70	1.25	1.50

（9）现浇构件钢筋工程量按照设计图示钢筋长度乘以单位理论重量以“t”计算。计算钢筋工程量时，钢筋搭接长度应按设计图示及规范要求计算，其搭接长度计入钢筋制作、安装的工程量。设计图示及规范要求未标明的，不另计算。

（10）预制混凝土构件后浇混凝土钢筋制作按相应钢筋制作子目执行；后浇混凝土钢筋安装按相应钢筋安装子目执行，其人工费乘以系数 1.35。

（11）钢筋接头数量应按设计图示及规范要求计算。

（12）钢筋笼、桩头插筋、网片按设计图示钢筋（网）长度（面积）乘以单位理论重量以“t”计算（包含钢筋笼的螺旋钢筋），设计及规范以外的加工搭接和施工损耗已包括在子目含量内。

（13）喷射混凝土挂钢筋网按设计图示钢筋网面积乘以单位理论重量以“t”计算。

（14）后张法预应力钢筋按照设计图纸规定的预应力钢筋预留孔道长度，并区别不同锚具类型，分别按照下列规则计算：

1）低合金钢筋两端采用螺杆锚具时，预应力钢筋长度按照预留孔道长度减 0.35m，螺杆另行计算。

2）低合金钢筋一端采用镦头插件，另一端采用螺杆锚具时，预应力钢筋长度按照预留孔道长度计算，螺杆另行计算。

3）低合金钢筋一端采用镦头插件，另一端采用帮条锚具时，预应力钢筋长度增加 0.15m，两端均采用帮条锚具时预应力钢筋长度共增加 0.3m 计算。

4）低合金钢筋采用后张混凝土自锚时，预应力钢筋长度增加 0.35m 计算。

5）低合金钢筋或钢绞线采用 JM、XM、QM 型锚具，孔道长度在 20m 内时，预应力钢筋长度增加 1m，孔道长度在 20m 以上时，预应力钢筋长度增加 1.8m 计算。

6）碳素钢丝采用锥形锚具，孔道长度在 20m 内时，预应力钢筋长度增加 1m，孔道长度在 20m 以上时，预应力钢筋长度增加 1.8m 计算。

7）碳素钢丝两端采用镦粗头时，预应力钢丝长度增加 0.35m 计算。

（15）钢花管制作、安装按照设计图示尺寸以“t”计算，倒刺消耗量按实计算，并入相应钢花管制作、安装工程量中。

（16）固定双层钢筋的支撑钢筋（如铁马、马凳铁、垫铁等）的工程量应按设计、规范要求或审定的施工组织方案的规定以“t”计算，并入钢筋工程量中。

（17）声测管埋设如设计要求的材质、规格不同时，可以换算材料，其余不变。声测管埋设工程量按打桩前自然地坪标高至设计桩底标高另加 0.5m，以长度计算。

（十三）螺栓、铁件

（1）螺纹套筒连接件价格为包括螺栓和螺帽等配件的整套价格。

（2）现浇混凝土构件预埋铁件、螺栓按设计图示尺寸以“t”计算。

（3）固定预埋螺栓及预埋铁件的支架工程量并入预埋螺栓及预埋铁件工程量内，按设计图示尺寸以“t”计算。

（4）钢筋电渣压力焊接头、套筒锥形螺栓钢筋接头、套筒直螺纹接头、冷挤压钢筋接头以“个”计算。

9.4.6 金属结构工程

一、概述

（1）金属结构工程包括各类钢结构构件安装（拼装）、运输、除锈、油漆等，适用于建筑工程中的钢结构工程。

（2）钢结构构件安装子目消耗量已考虑构件在施工现场的必要倒运过程、配合塔吊吊装所消耗的起重设备；钢结构构件的垂直运输费、超高增加费应按《深圳市建筑工程消耗量定额》的相关规定另行计算，其中超高增加费应列入清单综合单价中。

（3）钢结构构件安装子目未包含钢结构深化设计费用，发生时另行计算。

（4）跨度在 60m 以上的钢构件安装，相应子目机械消耗量乘以系数 1.20 计算。

（5）钢结构构件安装子目已包含将构件进行组装、加固、绑扎、翻身、整体吊装、校正就位、焊接或临时螺栓连接等全部工作内容。

（6）钢结构构件安装子目中不包括焊缝无损检测（如 X 光透视、超声波探伤、磁粉探伤及着色探伤）、探伤固定支架制作和被检工件的退磁、构件变形监测、沉降观测等费用。

（7）各类钢结构构件均按外购成品考虑，钢构件安装定额中的钢构件均为未计价材料，其成品价格应包含钢构件材料费（按 8% 损耗计算）、钢结构构件制作加工费。

（8）钢结构构件制作加工费仅供参考使用。

（9）钢结构构件制作加工费参考价格已考虑加工制作现场内（工厂内）的材料运输、下料、加工、成品堆放等工序，包括加工过程中所消耗的人工费（占比 35%）、辅材材料、机械费，但未包括钢结构构件的钢材材料费（按 8% 损耗计算）、建设单位及设计要求的加工场内整体预拼装、场外运输、二次运输、设计要求的除锈和油漆、深化设计费、焊缝无损检测等第三方检测费。

（10）钢筋穿孔增加费子目适用于劲性混凝土构件结构的钢筋穿钢构件预留孔洞的情形，子目中钢板厚度指所穿过型钢构件钢板厚度。

（11）采用逆作法施工的钢结构工程，逆作法部分的钢结构工程相应子目的人工费乘以系数 1.30。

（12）钢结构构件安装、运输工程量均按设计图示尺寸的重量以“t”计算，不扣除单个面积≤ 0.3m^2 的孔眼的质量，焊条、铆钉、螺栓等重量也不另增加。

（13）高强度螺栓、栓钉工程量，按设计数量以“套”计算。

（14）钢套筒安装的工程量以套筒的图示数量以“个”计算。

（15）钢筋穿孔工程量按实际穿孔数量以“个”计算。

（16）现场开孔、钢柱侧壁开混凝土灌浆孔及封孔的工程量，按照实际开孔数量以“个”计算。

（17）钢结构构件场外运输、二次运输：

1）钢结构构件场外运输子目适用于由构件加工厂至施工现场或构件堆放场地的运输设备以及运输过程中构件绑扎固定、装卸过程的消耗；子目消耗量综合考虑了道路等级、重车上下坡等各种因素，执行过程中不得因道路条件不同而调整子目消耗量；构件运输子目中未包括过路过桥费、保险费、遇路桥限载（限高）而发生的加固及拓宽费、公安交通管理部门的保安护送费等特殊费用，发生时另行计算。

2）钢结构构件二次运输子目适用因施工场地限制钢构件不能一次进场，需经停第三地倒运进施工现场而发生的搬运；因施工场地内钢构件堆放位置发生变化而进行的搬运，执行钢结构构件二次运输子目。

（18）钢结构工程措施项目：

1）拼装平台及支撑钢胎架安拆子目适用于钢构件现场拼装所需的拼装平台及支撑钢胎架的费用。

2）拼装平台及支承钢胎架的材料摊销次数按5次考虑，损耗率按8%计算；如施工组织设计中规定的摊销次数不同，可按比例调整材料摊销量，其他保持不变。

3）拼装平台及支承钢胎架运输工程量与制作工程量相同，执行相应钢构件运输子目。

4）耳板工程量按设计图纸尺寸以“t”计算，并入相应构件工程量中，如设计未明确的，可按相应构件工程量的0.6%计算。

5）构件安装所需的拼装平台、支承钢胎架（安拆）的工程量，按施工组织设计文件的要求进行计算；如施工组织设计未明确的，钢结构房建工程可按钢结构工程量的12%计算，场馆类建筑（体育馆、展览馆、音乐厅、机场等）可按钢结构工程量的35%计算。

（19）钢结构金属面除锈、油漆：

1）本部分金属面油漆子目适用于建筑钢结构工程的金属面油漆。

2）金属面手工除锈子目适用于施工现场钢构件的部分部位的修补除锈。

3）喷砂、抛丸除锈定额的除锈级别为Sa2.5，设计要求的除锈级别与定额不同时，Sa3.0按相应子目综合价格乘以系数1.10，Sa2.0级按相应子目综合价格乘以系数0.90。

4）钢结构构件底漆、封闭漆、中间漆子目按每遍40μm综合考虑。

5）钢结构构件油漆子目中引用的材料均以国产品牌考虑，如实际不同时，可换算材料单价。

6）金属面刮腻子子目按平面刮腻子考虑，构件为曲面时，其定额人工费乘以系数1.15，其他保持不变。

7）钢结构构件除锈工程量按照钢结构构件的设计图示尺寸以“m^2”计算。

8）钢结构构件防火涂料、油漆工程量按设计图示尺寸的展开面积以“m^2”计算。

9）钢结构防火涂料表面刮腻子的工程量按照设计图示尺寸的展开面积以“m^2”计算。

二、工程量清单项目编制及工程量计算规则

详见前述部分。

三、定额项目内容及工程量计算规则

（一）钢网架

（1）钢网架支座的工程量按照支座点位数以“套”为单位计算，球节点钢网架工程量包括钢管、锥头钢板、套筒封板、钢球的重量。

（2）钢网架安装子目已包括现场拼装的费用。

（二）钢屋架、钢托架、钢桁架、钢桥架

钢桁架、钢托架、钢屋架安装子目已包括现场拼装的费用。

（三）钢柱

（1）钢柱、钢梁的拼装子目仅适用于受构件运输过程限制，需分节、分段制作并运至现场拼装的构件。如设计文件或者施工组织设计文件有明确要求需要分段制作并运输至施工现场时，可按拼装子目另行计算；设计文件或者施工组织设计文件无明确要求时，设计钢柱、钢梁的截面直径或者大边尺寸大于2.2m，长度大于13.0m时，可按拼装子目另行计算。

（2）钢柱安装子目按照垂直柱考虑，钢柱与竖直方向夹角在26°以内，安装子目按人工费、机械消耗量乘以系数1.10执行，夹角在26°以上的，安装子目按人工费、机械消耗量乘以系数1.15执行。

（3）钢柱侧壁开混凝土灌浆孔及封孔子目不包含封（堵）孔所需的钢材材料费，应另行计算。现场开孔子目不包括孔洞周边加强加固所需的材料和开孔过程中搭设的操作平台等措施项目，发生时另行计算。

（4）钢柱工程量应包括依附于在钢柱上的牛腿及悬臂梁，钢管柱工程量应包括钢管柱上的节点板、加强环、内衬管、牛腿等构造的重量。

（5）钢柱分为实腹钢柱、空腹钢柱和钢管柱。实腹钢柱类型指十字形、T形、L形、H形等，空腹钢柱类型指箱形、格构式等。

（四）钢梁

（1）钢梁的拼装子目仅适用于受构件运输过程限制，需分节、分段制作并运至现场拼装的构件。设计文件或者施工组织设计文件有明确要求需要分段制作并运输至施工现场时，可按拼装子目另行计算；设计文件或者施工组织设计文件无明确要求时，设计钢梁的截面直径或者大边尺寸大于2.2m，长度大于13.0m时，可按拼装子目另行计算。

（2）斜钢梁可参照钢柱本规则计算。钢柱安装子目按照垂直柱考虑，钢柱与竖直方向夹角在26°以内，安装子目按人工费、机械消耗量乘以系数1.10执行，夹角在26°以上的，安装子目按人工费、机械消耗量乘以系数1.15执行。

（3）钢吊车梁安装子目不包括钢轨道安装费用，发生时按相应子目另行计算。

（4）钢吊车梁工程量包括制动梁、制动板、制动桁架、车挡的重量。

（5）钢梁类型指H形、L形、T形、箱形、格构式等。

（五）钢板楼板、墙板

（1）压型钢板的工程量按设计图示尺寸的铺设面积以"m^2"计算，不扣除单个面积≤0.3m^2的柱、垛及孔洞所占面积。

（2）墙面板的工程量按设计图示尺寸以铺挂展开面积计算，不扣除单个面积≤0.3m^2的梁、孔洞所占面积。

（3）压型钢楼板周边收边板（挡泥板）按设计图示尺寸的展开面积以"m^2"计算。

（4）钢墙架工程量包括墙架柱、墙架梁及连接柱杆等全部构件的重量。

（六）钢构件

（1）钢煤斗和钢漏斗工程量包括依附于煤斗和漏斗的型钢重量。

（2）零星构件是指子目未列明的、单件重量100kg以内的结构性零散构件。

（3）大型预埋件是指单件重量超过100kg的埋件，未超过100kg的埋件按照《深圳市建筑工程消耗量定额》的预埋件子目执行。

9.4.7 木结构工程

一、概述

（1）木结构工程包括木屋架、木构件及屋架木基层。

（2）木屋架、檩条工程量按设计图示的规格尺寸以体积计算。附属于其上的木夹板、垫木、风撑、挑檐木、檩条三角条均按木料体积并入屋架、檩条工程量内。单独挑檐木并入檩条工程量内。

二、工程量清单项目编制及工程量计算规则

详见前述部分。

三、定额项目内容及工程量计算规则

（一）木屋架

（1）木屋架按工厂加工，现场安装编制，采用现场拼装时相应定额子目的人工费、机械消耗量乘以系数1.35。

（2）屋架跨度是指屋架两端上、下弦杆中心线交点之间的距离。

（3）钢木屋架的钢拉杆、铁件、垫铁等均已在定额中综合考虑，不得另行计算。

（4）圆木屋架连接的挑檐木、支撑等设计为方木时，应将设计方木木料体积乘以系数1.70折成圆木，并入圆木屋架工程量内。

（5）钢木屋架的工程量按设计图示的规格尺寸以体积计算。

（6）屋架的马尾、折角、正交部分半屋架应并入相连的屋架体积内计算。

（二）木构件

（1）木楼梯柱梁按木柱、木梁定额执行，木楼梯扶手、栏杆按装饰工程的相应定额执行。

（2）单独的木挑檐按檩木定额执行。

（3）木檩托的消耗已综合在檩木的定额子目中，不得另行计算。

（4）木柱、木梁按设计图示尺寸的体积以“m^2”计算。

（5）木楼梯按设计图示尺寸水平投影面积以“m^2”计算，不扣除宽度≤ 300mm 的楼梯井，伸入墙内部分不计算。

（6）檩条工程量按设计图示的规格尺寸以体积计算。

（7）封檐板按设计图示檐口外围长度以“m”计算；博风板按斜长度以“m”计算，每个大刀头增加长度 500mm。

（8）封檐盒按设计图示尺寸的展开面积以“m^2”计算。

（三）屋面木基层

屋面木基层按设计图示尺寸以屋面斜面积以“m^2”计算，不扣除屋面烟囱、风帽底座、风道、小气窗、斜沟等所占面积。小气窗的出檐部分不增加面积。

9.4.8 门窗工程

一、概述

（1）门窗工程包括木门窗、金属门窗、厂库房大门、特种门及其他门窗等项目。

（2）本部分子目是按机械和手工操作综合编制的，不论采用何种操作方法均按相应子目执行。

（3）本部分木门窗子目按制作、安装分别编制。木门制作子目按木门框、木门扇、纱门扇、亮子、纱亮子等分别编制，木门安装子目按是否带纱门、亮子区分不同门扇类型编制。扇制作与木门窗安装。

（4）实际采用成品木门窗安装时，按本章相应木门窗安装子目执行，每 $100m^2$ 的门窗工程量按 $97.92m^2$ 门框外围面积或 $97.50m^2$ 窗框外围面积计算。

（5）木门窗子目中木材木种分类如下：一类，红松、水桐木、樟子松；二类，白松（方杉、冷杉）、杉木、杨木、柳木、椴木；三类，青松、黄花松、秋子木、马尾松、东北榆木、柏木、苦楝木、梓木、黄菠萝、椿木、楠木、柚木、樟木；四类，栎木（柞木）、檀木、色木、槐木、荔木、麻栗木（麻栎、青刚）、桦木、荷木、水曲柳、华北榆木。

（6）木材木种除子目中注明者外，均以一、二类木种为准，如采用三、四类木种时，分别乘以下列系数：木门窗制作，按相应子目的人工和机械乘以系数 1.30；木门窗安装，按相应子目的人工和机械乘以系数 1.16；其他子目的人工和机械乘以系数 1.35。

（7）本部分子目中的板、枋材规格，分类如表 9.4.8 所示。

表 9.4.8　板、枋材规格表

项目	按宽厚尺寸比例分类	按板材厚度、枋材宽厚乘积				
板材	宽≥ 3 × 厚	名称	薄板	中板	厚板	特厚板
		厚度（mm）	≤ 18	19~35	36~65	≥ 66
枋材	宽 <3 × 厚	名称	小枋	中枋	大枋	特大枋
		宽 × 厚（cm^2）	≤ 54	55~100	101~225	≥ 226

（8）本部分木材的断面或厚度除子目中注明者外，均以竣工木料为准，即子目中已包括板枋材一面增加 3mm、两面增加 5mm 以及圆木每立方米体积增加 $0.05m^3$ 的刨光损耗在内。

（9）本部分子目中木材是以自然干燥条件下的含水率为准编制，实际需人工干燥时，其费用另行计算。

（10）本部分相关子目中木门窗框、扇断面取定如下：无纱镶板门框（单裁口）：55mm × 95mm；有纱镶板门框（双裁口）：55mm × 115mm；无纱窗框（单裁口）：55mm × 85mm；有纱窗框（双裁口）：55mm × 105mm；无纱镶板门扇：40mm × 95mm；有纱镶板门扇：40mm × 95mm+30mm × 95mm；无纱窗扇：40mm × 55mm；有纱窗扇：40mm × 55mm+30mm × 55mm；胶合板门扇：32mm × 55mm；半截玻璃门扇：40mm × 105mm；如设计断面与子目取定不同时，可按比例换算。框料以边框断面为准（框裁口如为钉条者加贴条的断面），扇料以主梃断面为准。换算公式为：

$$\text{设计断面} / \text{子目采用断面} \times \text{子目木料消耗量} \quad (9.4.8)$$

（11）附录中的木门、窗五金配件表仅作备料参考。

（12）各类门扇的区分如下：全部用冒头结构镶木板的为镶板门扇；全部用冒头结构镶木板及玻璃，不带玻璃棱的为玻璃镶板门扇；二冒以下或丁字冒，上部装玻璃，带玻璃棱的为半截玻璃门扇；门扇无中冒头或不带玻璃棱，全部装玻璃的为全玻璃门扇。

（13）子目中的玻璃品种、厚度，与设计不同时可以调整。玻璃厚度、颜色，密封油膏（按塑料油膏计列），堵缝材料如设计与子目不符时可调整。

（14）"在门、窗洞口安装玻璃"子目，适用于在原有旧门、窗洞口上安装玻璃时套用；本章中的门窗制作、安装子目均已含玻璃的材料及安装人工费用，不得重复套用。

（15）各类门、窗制作、安装工程量，除另有注明者外，均按门、窗洞口面积以"m^2"计算。平面为折线形、弧形、异形的门、窗按展开面积以"m^2"计。

（16）门窗五金安装工程量按"只、把、付"等计算。

（17）门窗洞口安装玻璃工程量按洞口面积以"m^2"计算。

二、工程量清单项目编制及工程量计算规则

详见前述部分。

三、定额项目内容及工程量计算规则

（一）木门

（1）门扇未含油漆，另按"油漆、涂料、裱糊工程"中相应子目执行。

（2）木门框制作、安装工程量按长度以"m"计算。

（3）木门扇、纱扇制作、安装工程量按设扇外围面积以"m^2"计算。

（4）浴厕木门、隔断、硬木折叠门制作、安装工程量按门扇外围面积以"m^2"计算。

（二）金属门

（1）铝合金门窗制作不分在施工单位附属加工厂制作或在施工现场制作，均按本章相应铝合金门窗制作、安装子目执行；采用成品铝合金门窗安装时，按相应铝合金门窗（成品）安装子目执行。

（2）铝合金地弹门制作型材（框料）是按 101.6mm × 44.5mm × 1.5mm（厚度）方管制定的；铝合金单扇平开门、双扇平开窗型材（框料）是按国标 38 系列制定的；铝合金推拉窗型材（框料）是按国标 90 系列制定的。实际采用的型材断面及厚度与子目取定的规格不符时，可按图示尺寸计算调整铝合金型材用量，损耗率按 6.0% 计算。

（3）铝合金门窗制作、安装子目中不包括五金配件，但包括其安装人工费用，五金配件另列子目。

（4）彩板门窗、塑料门窗、钢门窗等成品门窗安装子目均以成品（包括门窗附件）编制。

（三）金属卷帘（闸）门

（1）铝合金卷闸（包括卷筒、导轨）安装子目均以成品（包括门窗附件）编制。

（2）卷闸门安装工程量按（门洞口高度 +600mm）×（卷闸门实际宽度）以"m^2"计算。电动装置安装以"套"计算，小门安装以"个"计算。

（四）厂库房大门、特种门

（1）厂库房大门、特种门均按成品现场安装编制。

（2）厂库房大门、特种门等的配套五金（除闭门器、拉手、门锁外）均包括在门的材料价格中，闭门器、拉手、门锁另按装饰工程相应定额执行。

（3）厂库房大门、特种门工程量按设计图示洞口尺寸的面积以"m^2"计算。

（五）其他门

（1）电子感应门电气部分的安装调试另按"安装工程消耗量标准"中相应子目执行。

（2）无框玻璃门安装工程量按洞口面积以"m^2"计算。防盗门、窗安装工程量按设计框外围面积以"m^2"计算。

（3）电子感应门及旋转门、不锈钢电动伸缩门安装工程量按标准尺寸以“樘”计算。

（六）木窗

（1）木窗框制作、安装工程量按长度以“m”计算。

（2）木窗扇、纱扇制作、安装工程量按扇外围面积以“m^2”计算。

（七）金属窗

（1）铝合金门窗制作不分在施工单位附属加工厂制作或在施工现场制作，均按本章相应铝合金门窗制作、安装子目执行；采用成品铝合金门窗安装时，按相应铝合金门窗（成品）安装子目执行。

（2）铝合金地弹门制作型材（框料）是按 101.6mm×44.5mm×1.5mm（厚度）方管制定的；铝合金单扇平开门、双扇平开窗型材（框料）是按国标 38 系列制定的；铝合金推拉窗型材（框料）是按国标 90 系列制定的。实际采用的型材断面及厚度与子目取定的规格不符时，可按图示尺寸计算调整铝合金型材用量，损耗率按 6.0% 计算。

（3）铝合金门窗制作、安装子目中不包括五金配件，但包括其安装人工费用；五金配件另列子目。

（4）彩板门窗、塑料门窗、钢门窗等成品门窗安装子目均以成品（包括门窗附件）编制。

（八）门窗套

（1）门窗套设计饰面材料与子目采用的规格、材质不同时，可以调整。

（2）门窗套未含油漆，另按本书“油漆、涂料、裱糊工程”中相应子目执行。

（3）不锈钢板包门框、门窗套、石材门套、门窗筒子板工程量按展开面积以“m^2”计算。

（4）门窗贴脸工程量按长度以“m”计算。

（5）门扇踢脚板及门扇面包不锈钢板、隔音层工程量按实铺面积以“m^2”计算。

（九）窗台板

窗台板安装工程量按面积以“m^2”计算。

（十）窗帘，窗帘盒、轨

（1）窗帘盒展开宽度为 430mm，宽度不同时，材料用量可做调整。

（2）吊装滑动门轨工程量按长度以“m”计算。

（3）窗帘盒、窗帘轨道安装工程量按长度以“m”计算，如设计图纸没有注明尺寸的，按窗洞口宽度加 30cm 计算。

（4）成品窗纱、窗帘安装工程量按窗帘轨道长度乘以垂挂高度以“m^2”计算。水波幔帘安装工程量按设计图示长度以“m”计算。

9.4.9　屋面及防水工程

一、概述

（1）屋面及防水工程包括屋面工程、卷材防水、涂膜防水、刚性防水、变形缝及其他防水工程等项目。

（2）瓦及型材屋面、卷材防水、涂膜防水、刚性防水、变形缝盖板、止水带等定额是按常用材料编制，如设计与定额不同时，材料可以换算，人工费、机械消耗量不变。

（3）卷材防水、涂膜防水及刚性防水定额适用于屋面、楼地面、墙基、墙身以及构筑物等 ±0.00 以上部位的防水工程，建筑物 ±0.00 以下部位的防水、防潮工程按相应子目人工费乘以系数 1.10。

（4）卷材防水子目均按平面编制，直形立面防水卷材按相应卷材防水子目人工费乘以系数 1.15，弧形立面卷材防水按相应卷材防水子目人工费乘以系数 1.30。

（5）如设计采用防水卷材厚度超过 3mm 时，按相应子目人工费乘以系数 1.10，其他不变。

（6）卷材防水子目中已包含了接缝、收头等人工、材料消耗量；卷材防水附加层根据设计及规范要求另行计算，套用相应防水卷材子目，卷材材料损耗率按 15% 计算，人工费乘以系数 1.43。

（7）涂膜防水子目按平面、立面设置，实际立面为弧形时，按相应定额的人工费乘以系数 1.18。

（8）刚性防水定额未考虑钢筋网铺设，如设计要求，另按钢筋混凝土工程相应子目执行。

（9）本章变形缝各子目按照填缝断面尺寸为 30mm×20mm 编制，如设计断面尺寸与定额不同时，材料消耗量可以换算，其他不变。

（10）钢板止水带规格为3mm厚、展开宽420mm，紫铜板止水带规格为2mm厚、展开宽450mm，如设计规格与定额不同时，材料消耗量可以换算，其他不变。

（11）变形缝成品安装子目，包括盖板、止水条、阻火带等全部配件。

（12）细石混凝土保护层子目中未包括分格缝做缝、填缝工料，发生时按分格缝子目执行。

（13）分格缝缝断面按20mm×10mm设置，实际缝断面与定额不同时，材料消耗量可以换算，其他不变。

（14）塑料排水板按本书“地基处理与边坡支护工程”相关子目执行。

（15）卷材与涂膜防水，平面与立面交接处弯起高度在300mm以内者，按展开面积并入平面工程量内计算；弯起高度大于300mm时，按立面防水计算。

（16）变形缝嵌（填）缝、止水带、变形缝盖缝以及成品变形缝安装的工程量，均按变形缝长度以“m”计算。

（17）基层处理、隔离层工程量按图示尺寸的面积以“m^2”计算。

（18）桩头防水工程量，桩径500mm以内者按桩头个数以“个”计算，桩径500mm以外者按防水层展开面积以“m^2”计算。

（19）锚杆头防水按“桩头防水直径500mm以内”子目执行，人工费、材料消耗量乘以系数0.35。

（20）锚杆头防水按照锚杆头个数以“个”计算。

二、工程量清单项目编制及工程量计算规则

详见前述部分。

三、定额项目内容及工程量计算规则

（一）瓦、型材及其他屋面

（1）西班牙瓦、琉璃瓦屋面子目不包括脊瓦、檐口线等，西班牙脊瓦、琉璃脊瓦和瓦檐口线另按相应定额计算。

（2）玻纤胎沥青瓦铺设坡度≤25°时，按平铺子目执行；铺设坡度>25°时，按斜铺子目执行。

（3）钢板、阳光板屋面定额子目是按平面矩形编制，设计为异型时，相应定额子目的人工费乘以系数1.10。

（4）膜结构屋面材料与设计不同时，按设计要求调整，其钢支柱、锚固支座混凝土基础等另按相应子目计算。

（5）瓦、型材屋面（包括挑檐部分）工程量，按设计图示尺寸的斜面积以“m^2”计算，不扣除房上烟囱、风帽底座、风道、小气窗、斜沟等所占面积，屋面小气窗的出檐部分亦不增加。

（6）琉璃瓦、西班牙瓦等瓦屋面瓦脊、檐口线工程量，按设计图示尺寸的长度以“m”计算。

（7）膜结构屋面、阳光板屋面工程量，按设计图示尺寸的斜面积以“m^2”计算，不扣除单孔面积≤$0.3m^2$孔洞所占面积。

（二）屋面防水及其他

（1）卷材（涂膜）防水屋面工程量按设计图示尺寸的面积以“m^2”计算。斜屋顶按斜面积计算，平屋顶按水平投影面积计算，不扣除房上烟囱、风帽底座、风道、屋面小气窗和斜沟所占面积，上翻部分也不另计算；屋面的女儿墙、伸缩缝和天窗等处的弯起部分，按设计图示尺寸计算。如设计无规定时，女儿墙、伸缩缝的弯起部分可按250mm计算，天窗的弯起部分可按500mm计算。

（2）屋面刚性防水的工程量按设计图示尺寸的面积以“m^2”计算。斜屋顶按斜面积计算，平屋顶按水平投影面积计算，不扣除房上烟囱、风帽底座、风道、屋面小气窗和斜沟所占面积。

（3）屋面防水保护层工程量，按设计图示尺寸的面积以“m^2”计算，但不扣除房上烟囱、风帽底座、风道、屋面小气窗和斜沟所占面积。

（4）屋面分格缝工程量按设计图示尺寸的长度以“m”计算。

（三）墙面防水、防潮

（1）墙面卷材（涂膜）防水工程量按设计图示尺寸的面积以“m^2”计算，应扣除>$0.3m^2$孔洞所占面积，附墙柱、墙垛侧面并入墙体工程量内。

（2）墙面刚性防水工程量按设计图示尺寸的面积以“m^2”计算，应扣除 >0.3m^2 孔洞所占面积，附墙柱、墙垛侧面并入墙体工程量内。

（3）地下室外墙防水保护层按设计图示尺寸的面积以“m^2”计算。

（四）楼（地）面防水、防潮

（1）建筑物楼（地）面卷材（涂膜）防水工程量，按主墙间净空面积以“m^2”计算，扣除凸出地面的构筑物、设备基础等所占面积，不扣除间壁墙及单个面积≤ 0.3m^2 柱、垛、烟囱和孔洞所占面积。

（2）建筑物楼（地）面刚性防水、防潮层，按主墙间净空面积以“m^2”计算，扣除凸出地面的构筑物、设备基础等所占面积，不扣除间壁墙及单个面积≤ 0.3m^2 柱、垛、烟囱和孔洞所占面积。

（3）建筑物墙基防水、防潮层，按照墙长度乘以墙厚度的面积以“m^2”计算。其中，外墙长度按中心线、内墙长度按净长线计算。

9.4.10　保温、隔热、防腐工程

一、概述

保温、隔热、防腐工程包括各类防腐层、保温与隔热层，分别适用于建筑工程中的防腐、保温与隔热工程。

二、工程量清单项目编制及工程量计算规则

详见前述部分。

三、定额项目内容及工程量计算规则

（一）保温、隔热

（1）保温隔热层子目适用于中温、低温及恒温的工业厂（库）房的隔热工程，以及一般保温工程。

（2）保温隔热层子目中只包括保温隔热材料的铺贴，不包括隔气防潮、保护层或衬墙等。

（3）墙体铺贴块体材料，已包括基层上涂沥青一遍。

（4）屋面保温定额子目是按屋面坡度≤ 22° 编制的，设计为坡度 >22° 时按相应子目人工费乘以系数 1.10。

（5）保温隔热墙面包括保温层的基层处理，不包括底层抹灰，设计要求抹灰时，按照装饰工程定额中的相应子目执行。

（6）圆（弧）形墙面保温层，按墙面保温相应子目人工费乘以系数 1.15，其他不变。

（7）防腐卷材接缝、附加层、收头等人工费、材料消耗已包括在子目中，不再另行计算。

（8）保温隔热层的工程量区分不同保温、隔热材料，按设计图示尺寸的体积或面积计算。

（9）保温隔热层的厚度按保温隔热材料（不包括胶结材料）净厚度计算，屋面找坡保温隔热层的厚度按设计图示尺寸的平均厚度计算。

（10）屋面保温隔热层的面积，按设计图示面积以“m^2”计算，扣除面积 >0.3m^2 孔洞所占面积。

（11）天棚保温隔热层的面积，按设计图示尺寸面积以“m^2”计算，扣除柱、垛、面积 >0.3m^2 孔洞所占面积，与天棚相连的梁按展开面积计算并入天棚保温隔热层工程量中；柱帽保温隔热层按设计图示面积并入天棚保温隔热层的面积。

（12）墙体保温隔热层的面积，外墙按保温隔热层中心线长、内墙按保温隔热层净长乘以相应图示高度以“m^2”计算。应扣除门窗、洞口、梁以及面积 >0.3m^2 孔洞所占面积；门窗洞口侧壁以及与墙相连的柱如需做保温时，并入保温墙体工程量内。

（13）柱体保温隔热层的面积，按设计图示柱体保温隔热层的中心线展开长度乘以设计图示高度以“m^2”计算，扣除与柱相接触且面积 >0.3m^2 梁所占面积。

（14）梁保温隔热层的面积，按设计图示梁断面保温隔热层中心线展开长度乘以梁保温隔热层长度的面积以“m^2”计算。

（15）楼地面保温隔热层的面积，按围护结构墙体间净面积以“m^2”计算，扣除柱、垛、面积 >0.3m^2 孔洞等所占面积，门洞、空圈等的开口部分不增加。

（16）池槽保温隔热层的面积按图示展开面积以“m^2”计算。

（二）防腐面层

（1）防腐整体面层子目适用于平面、立面（包括沟、槽、坑等）的防腐耐酸工程。

（2）防腐块料面层是按平面铺贴编制的，立面铺贴时按相应平面铺贴子目人工费乘以系数 1.38；防腐块料踢脚板按照相应子目人工费乘以系数 1.56。

（3）各种防腐面层子目，除软聚氯乙烯塑料地面子目外，均不包括踢脚板。若设计有整体面层踢脚板时，按整体面层相应子目执行，人工费乘以系数 1.60，其他不变。

（4）防腐整体面层、块料面层的工程量应区分不同防腐材料种类及其厚度，按设计图示尺寸的面积以“m^2”计算。平面防腐的工程量应扣除凸出地面的构筑物、设备基础、柱、垛以及面积 $>0.3m^2$ 孔洞等所占面积，门洞、空圈等的开口部分不增加；立面防腐的工程量应扣除门、窗洞口，梁以及面积 $>0.3m^2$ 孔洞所占面积，门窗、洞口侧壁、垛等突出墙面部分按展开面积计算并入墙面防腐工程量内。

（5）踢脚板的工程量按设计图示长度乘以高度以“m^2”计算，扣除门洞所占面积并相应增加侧壁展开面积。

（6）池、槽块料防腐面层的工程量按设计图示尺寸的展开面积以“m^2”计算；平面砌筑双层耐酸块料时，工程量按单层面积乘以系数 2.00 计算。

（7）防腐工程中各种砂浆、胶泥、混凝土材料的种类、配合比及各种整体面层的厚度，如设计要求与子目取定不同时，可以换算。

（三）其他防腐

（1）隔离层子目适用于平面、立面（包括沟、槽、坑等）的防腐耐酸工程。

（2）隔离层、涂料层的工程量，应区分不同防腐材料种类及其厚度，按设计图示尺寸的面积以 m^2 计算。平面防腐的工程量应扣除凸出地面的构筑物、设备基础、柱、垛以及面积 $>0.3m^2$ 孔洞等所占面积，门洞、空圈等的开口部分不增加；立面防腐的工程量应扣除门、窗洞口，梁以及面积 $>0.3m^2$ 孔洞所占面积，门窗、洞口侧壁、垛等突出墙面部分按展开面积计算并入墙面防腐工程量内。

9.4.11 楼地面装饰工程

一、概述

（1）楼地面装饰工程包括楼地面垫层、找平层、面层（整体、块料）等楼地面装饰项目，适用于建筑装饰工程中的楼地面装饰工程。

（2）子目中所注明的砂浆、水泥石子浆等种类、配合比，面层材料型号、规格、用量与设计不同的，可以换算材料，人工、机械消耗量不变。

（3）抹灰子目中的不同砂浆分别列出厚度，如（12+8）mm，表示底、面层砂浆厚度分别为 12mm 和 8mm。如设计厚度与子目中不同时，除注明外，不得换算。

（4）“零星项目”子目适用于楼梯侧面，台阶的牵边、侧面，小便池，蹲台，池槽以及面积在 $0.5m^2$ 以内且本章中未列子目的少量分散的楼地面装饰工程。单个面积在 $0.5m^2$ 以外的雨篷顶面抹灰按相应楼地面子目执行。

（5）楼地面整体面层、块料面层均不包括踢脚线；楼梯不包括踢脚板，应另按相应子目执行。楼梯踢脚线块料面层按相应踢脚线子目乘以系数 1.15。木地板踢脚线子目适用高度为 200mm 以内，其余踢脚线子目适用高度为 300mm 以内，高度超过上述规定时，另按本书“墙、柱面装饰与隔断、幕墙工程”相应子目执行。

（6）大理石、花岗岩楼地面拼花按成品考虑；镶拼面积小于 $0.015m^2$ 的石材执行点缀子目；楼梯、台阶的大理石、花岗石块料面层刷养护液、保护液时，子目乘以相应系数：楼梯 1.36，台阶 1.48。

（7）楼梯、台阶面层子目中不包括防滑条，需做防滑条时，另按相应子目计算。楼梯面层子目中不包括楼梯侧面、底面抹灰，侧面抹灰另按本节第（4）项执行，底面抹灰另按本书“9.4.13 天棚工程”中相应子目执行。

（8）螺旋形楼梯的装饰按相应项目：人工费乘以系数 1.20；块料用量乘以系数 1.10；整体面层、栏杆扶手材料用量乘以系数 1.05。

（9）木地板如需油漆，另按本书“9.4.14 油漆、涂料、裱糊工程”中相应子目执行。

（10）阳台、雨篷的整体面层并入相应的楼地面项目计算。雨篷顶面带反檐或反梁者，其工程量乘以系数 1.20。反檐只适用于高出板面 600mm 以内的装饰檐板，高度超过 600mm 的檐板作栏板计。

二、工程量清单项目编制及工程量计算规则

详见前述部分。

三、定额项目内容及工程量计算规则

（一）整体面层及找平层

（1）楼地面垫层工程量，区分不同材质，按主墙间的结构净空面积乘以设计厚度以“m^2”计算（其中，水泥石粉渣垫层区分不同厚度按面积以“m^2”计算），应扣除凸出地面构筑物、设备基础、室内管道、地沟等所占面积，不扣除间壁墙和截面积 0.3m^2 以内的柱、跺、附墙烟囱及孔洞所占面积，门洞、空圈、暖气包槽、壁龛的开口部分不增加面积。

（2）楼地面整体面层、找平层，区分不同材质、厚度，均按主墙间的结构净空面积以“m^2”计算，应扣除凸出地面构筑物、设备基础、室内管道、地沟等所占面积，不扣除间壁墙和截面积 0.3m^2 以内的柱、跺、附墙烟囱及孔洞所占面积，门洞、空圈、暖气包槽、壁龛的开口部分不增加面积。

（3）水磨石嵌铜条、防滑条及楼地面嵌金属分隔条均按长度以“m”计算。

（二）块料面层

（1）楼地面块料面层，区分不同材质，按面积以“m^2”计算。应扣除凸出地面构筑物、设备基础、室内管道、地沟等所占面积，不扣除间壁墙和 0.3m^2 以内的柱、跺、附墙烟囱及孔洞所占面积，门洞、空圈、暖气包槽、壁龛的开口部分面积不扣除。

（2）楼地面块料拼花、碎拼、波打线（嵌边）按相应的楼地面块料面层工程量计算规则按面积以“m^2”计算。

（三）橡塑面层

橡胶面层、塑料面层按面积以“m^2”计算，门洞、空圈、暖气包槽、壁龛的开口部分面积不扣除。

（四）其他材料面层

（1）地毯面层、木地板、竹地板、防静电活动地板、金属复合地板面层按面积以“m^2”计算，门洞、空圈、暖气包槽、壁龛的开口部分面积不扣除。

（2）木地板、竹地板的基层、龙骨及填充、防潮层均按相应木地板、竹地板面层的工程量计算规则以“m^2”计算；木地板、竹地板的各类踢脚线均按设计图示长度乘以高度以“m^2”计算。

（3）地毯面层配件中，压棍按套计算，压板按长度以“m”计算。

（五）踢脚线

（1）水泥砂浆、水磨石踢脚线按面积以“m^2”计算。

（2）成品石材踢脚线按长度以“m”计算，直线形和弧形石材踢脚线按面积以“m^2”计算。

（3）预制水磨石块、缸砖、马赛克、塑料板等踢脚线均按设计图示长度乘以高度以“m^2”计算。

（4）木地板、竹地板的各类踢脚线均按设计图示长度乘以高度以“m^2”计算。

（六）楼梯面层

（1）楼梯整体面层，按楼梯（包括踏步、平台以及小于 500mm 宽的楼梯井）水平投影面积以“m^2”计算；楼梯与楼地面相连时，算至梯口梁外侧边沿；无梯口梁者，算至最上一层踏步边沿加 300mm。

（2）楼梯块料面层，按楼梯（包括踏步、平台以及小于 500mm 宽的楼梯井）水平投影面积以“m^2”计算；楼梯与楼地面相连时，算至梯口梁外侧边沿；无梯口梁者，算至最上一层踏步边沿加 300mm。

（3）楼梯踏步面层防滑条按长度以“m”计算。设计未注明长度时，防滑条按踏步两端距离各减 150mm 计算。

（七）台阶装饰

（1）台阶整体面层，按台阶（包括踏步及最上一层踏步沿 300mm）水平投影面积以“m^2”计算。

（2）台阶块料面层，按台阶（包括最上层踏步边沿加 300mm）水平投影面积计算。

（3）台阶踏步面层防滑条按长度以“m”计算。设计未注明长度时，防滑条按踏步两端距离各减 150mm 计算。

（八）零星装饰项目

（1）台阶整体面层的牵边、侧面装饰按展开面积计算，套用相应的零星项目。

（2）块料面层的零星装饰项目按面积计算。

（3）楼地面石材点缀按个计算，计算主体铺贴楼地面面积时，不扣除点缀所占面积。

9.4.12 墙、柱面装饰与隔断、幕墙工程

一、概述

（1）墙、柱面装饰与隔断、幕墙工程包括墙柱面抹灰、镶贴块料、墙饰面、幕墙工程、隔断等墙柱面装饰项目；适用于装饰装修工程的墙柱面装饰工程。

（2）子目中所注明的砂浆强度等级、饰面材料型号规格（含型材）与设计不同时，可以换算材料，人工、机械消耗量不变。

（3）抹灰砂浆厚度按不同砂浆分别列在子目中，同类砂浆列总厚度，不同砂浆分别列出厚度，如定额子目中（15+5）mm 即表示两种不同砂浆的各自厚度。如设计抹灰砂浆厚度与子目取定不同时，除有注明厚度的子目可以按相应的“水泥砂浆抹灰层厚度每增减 1mm”子目调整外，其他不做调整。

（4）圆弧形、锯齿形等不规则墙面抹灰、镶贴块料、饰面按相应子目人工乘以系数 1.15。

（5）镶贴陶瓷面砖，凡设计规定缝宽尺寸的，按疏缝相应子目计算，没有缝宽要求的，按密缝计算；如灰缝超过 20mm 以上者，其块料及灰缝材料用量可以调整，其他不变。

（6）附墙柱、与墙相连的柱、底部与墙相连的梁等柱、梁面的一般抹灰、装饰抹灰和块料镶贴，不论柱、梁面与墙相平、凸出或凹入，均按墙面子目执行。

（7）块料镶贴和装饰抹灰的“零星项目”子目适用于挑檐、天沟、腰线、窗台线、门窗套、压顶、栏板、扶手和遮阳板、雨篷周边等。一般抹灰的“零星项目”子目适用于各种壁柜、碗柜、过人洞、暖气壁龛、池槽、花台以及 $1m^2$ 以内的抹灰。

（8）本部分子目中木龙骨基层是按双向计算的，设计为单向时，材料、人工消耗量乘以系数 0.55。木龙骨如采用膨胀螺栓固定者，不得换算。

（9）面层、隔墙（间壁）、隔断子目内，除注明者外均未包括压条、收边、装饰线（板），设计要求时，应按本书“9.4.15 其他装饰工程”中的相应子目计算。

（10）隔墙（间壁）、隔断所用的轻钢、铝合金龙骨，设计要求与项目要求不同时，允许按设计调整，但人工不变。隔墙如有门窗者，扣除门窗面积，另按本书“9.4.8 门窗工程”中相应子目执行。

（11）玻璃幕墙设计有平开、推拉窗者，仍执行幕墙子目，窗型材、窗五金相应增加，其他不变。玻璃幕墙子目中的玻璃按成品玻璃考虑，幕墙中的避雷装置、防火隔离层子目已综合，但幕墙的封边、封顶的费用另行计算。

二、工程量清单项目编制及工程量计算规则

详见前述部分。

三、定额项目内容及工程量计算规则

（一）墙面抹灰

（1）内墙面抹灰按面积以 m^2 计算，应扣除内墙裙、门窗洞口和单个面积 $0.3m^2$ 以外的孔洞所占的面积，不扣除踢脚线、挂镜线和墙与构件交接处的面积，洞口侧面不另增加。附墙柱、梁、垛和附墙烟囱侧壁并入相应内墙面抹灰面积内计算。

（2）内墙面抹灰面积按主墙间的净长尺寸乘以高度以“m^2”计算，其高度确定如下：

1）无墙裙的，其高度按室内楼地面至天棚底面之间的距离计算。

2）有墙裙的，其高度按墙裙顶至天棚底面之间的距离计算。

3）钉板条天棚的内墙面抹灰，其高度按室内楼地面至天棚底面另加 100mm 计算。

（3）外墙面抹灰面积按外墙面的垂直投影面积以“m^2”计算，应扣除外墙裙、门窗洞口和单个面积 0.3m^2 以外的孔洞所占面积，洞口侧面面积不另增加。附墙柱、梁、垛和附墙烟囱侧壁并入相应外墙面抹灰面积内计算。

（4）外墙各种装饰抹灰均按实抹面积以“m^2”计算。应扣除门窗洞口空圈的面积，其侧壁面积不另增加。

（5）女儿墙（包括泛水、挑砖）、阳台栏板（不扣除花格所占孔洞面积）内侧抹灰按垂直投影面积乘以系数 1.10 以“m^2”计算，执行墙面、墙裙子目；其外侧抹灰并入相应外墙面抹灰面积内计算。

（6）墙面勾缝按墙面垂直投影面积以“m^2”计算，应扣除墙裙和墙面抹灰的面积，不扣除门窗洞口、门窗套、腰线等零星抹灰所占的面积，附墙柱和门窗洞口侧面的勾缝面积亦不增加。

（二）柱（梁）面抹灰

（1）柱（梁）面一般抹灰、装饰抹灰按柱（梁）面结构尺寸以“m^2”计算，应扣除柱与梁、梁与梁交接处面积。

（2）独立柱面勾缝按柱表面积以“m^2”计算。

（三）零星抹灰

（1）墙柱面零星抹灰工程量按展开面积以“m^2”计算。

（2）窗台线、门窗套、挑檐、腰线、遮阳板等抹灰，展开宽度超过 300mm 以上者，按展开面积计算，执行零星抹灰子目。

（3）挑檐、天沟、腰线、栏杆、栏板、门窗套、窗台线、压顶、反檐等均按展开面积计算，执行零星装饰抹灰子目。其中，挑檐指伸出墙外 50cm 以内的挑板，伸出墙外 50cm 以上的挑板为雨篷，高出或底出板面 60cm 以内的装饰檐板按反檐计算，高度超过 60cm 的反檐按栏杆计算，超过 100cm 的按墙计算。

（四）墙面块料面层

墙面镶贴各类块料面层均按面积以“m^2”计算。附墙柱、垛按展开面积并入相应墙面计算。

（五）柱（梁）面镶贴块料

柱（梁）面镶贴块料按柱（梁）面结构尺寸以“m^2”计算，应扣除柱与梁、梁与梁交接处面积。

（六）镶贴零星块料

墙柱面镶贴零星块料工程量按展开面积以“m^2”计算。

（七）墙饰面

（1）墙柱面装饰龙骨、基层及饰面工程量按展开面积以“m^2”计算。

（2）木隔墙、墙裙、护壁板，均按长度乘以高度按实铺面积以“m^2”计算。

（八）柱（梁）饰面

（1）柱（梁）饰面按柱（梁）面外围饰面尺寸以“m^2”计算，应扣除柱与梁、梁与梁交接处面积。

（2）独立柱装饰龙骨、基层及饰面工程量按展开面积以“m^2”计算。

（九）幕墙工程

各类幕墙工程量均按面层展开面积以“m^2”计算。幕墙防火隔断工程量按面层展开面积以“m^2”计算。点支式（驳接式）全玻璃幕墙钢结构桁架工程量按重量以“t”计算。幕墙金属骨架调整工程量按重量以“t”计算。

（十）隔断

（1）玻璃隔墙按框外围展开面积以“m^2”计算。

（2）浴厕木隔断按下横档底面至上横档顶面高度乘长度以“m^2”计算，门扇面积并入隔断面积内计算。

（3）铝合金、轻钢隔墙按四周框外围面积以“m^2”计算。

9.4.13 天棚工程

一、概述

（1）天棚工程包括天棚抹灰、天棚吊顶、采光天棚等天棚装饰项目；适用于装饰装修工程中的天棚装饰工程。

（2）本部分中所注明的砂浆种类、配合比，龙骨种类、间距和规格，饰面材料型号、规格与设计不同的，材料可以换算，人工、机械消耗量不变。

（3）天棚抹灰砂浆的厚度，按不同砂浆分别列在子目中，同类砂浆列总厚度，不同砂浆分别列出厚度，如子目中注明（10+5）mm 即表示不同砂浆的各自厚度。

（4）天棚面层在同一标高称为平面天棚，天棚面层不在同一标高且高差在 200mm 以上者为跌级天棚；跌级天棚其面层人工乘以系数 1.10。

（5）除部分子目为龙骨、基层、面层合并列项外，其余均为天棚龙骨、基层及面层分别列项编制。

（6）子目中轻钢龙骨、铝合金龙骨为双层结构（即中、小龙骨紧贴大龙骨底面吊挂），如为单层结构（大中小龙骨在同一水平上），人工乘以系数 0.85。

（7）平面、跌级天棚指一般直线型天棚，子目中不包括灯光槽的制作安装；艺术造型天棚子目中已包括灯光槽的制作、安装。

（8）灯光槽及发光天棚中的灯饰及照明管线均不包含在子目中，另按“深圳安装工程消耗量标准”中相应子目执行。

二、工程量清单项目编制及工程量计算规则

详见前述部分。

三、定额项目内容及工程量计算规则

（一）天棚抹灰

（1）天棚（包括密肋梁和井字梁天棚）抹灰面积，按天棚展开面积以“m^2”计算，不扣除间壁墙、垛、柱、附墙烟囱、检查口和管道所占面积；带梁天棚，梁底及梁侧抹灰面积，并入天棚抹灰工程量内计算。

（2）阳台底面（包括悬臂梁）抹灰，按展开面积以“m^2”计算，并入相应天棚抹灰面积内。

（3）雨篷底面（包括悬臂梁）抹灰，按展开面积以“m^2”计算，并入相应天棚抹灰面积内。

（4）板式楼梯底板面抹灰按斜面积以“m^2”计算，锯齿型楼梯底板面抹灰按展开面积以“m^2”计算。

（5）天棚中的折线、灯槽线、圆弧形线、拱形线等艺术形式的抹灰，按展开面积以“m^2”计算。

（二）天棚吊顶

（1）各种天棚吊顶龙骨按主墙间净空面积以“m^2”计算，不扣除间壁墙、检查口、附墙烟囱、附墙垛和管道所占面积，扣除独立柱、与天棚相连的窗帘盒及单个面积 0.3m^2 以上的孔洞所占的面积；天棚中的折线、跌落等圆弧形、高低灯槽等面积也不展开计算（注：本章中龙骨、基层、面层合并列项的子目，工程量计算按此条规则执行）。

（2）天棚基层及装饰面层，按主墙间实铺面积以“m^2”计算，不扣除间壁墙、检查口、附墙烟囱、附墙垛和管道所占面积，扣除灯槽、独立柱、与天棚相连的窗帘盒及单个面积 0.3m^2 以上孔洞所占面积；扣除天棚中的折线、迭落等圆弧形、高低灯槽等按展开面积以“m^2”计算。

（三）天棚其他装饰

（1）灯槽按长度以“m”计算。

（2）送（回）风口按设计数量以“个”计算。

9.4.14 油漆、涂料、裱糊工程

一、概述

（1）油漆、涂料、裱糊工程包括门、窗、木扶手及其他板条和线条、木材面、金属面、抹灰面油漆及涂料、裱糊等项目，适用于装饰装修工程中的油漆、涂料、裱糊等工程。

（2）刷涂料、刷油漆子目基本上采用手工操作，同时也考虑了部分机械操作的可能；喷塑、喷涂、喷油子目采用机械操作。实际采用操作方法不同时，一般不予调整。

（3）油漆子目中消耗量已综合考虑了油漆浅、中、深各种颜色情况，不论采用何种颜色均不得换算。

由于涂料品种繁多，如采用品种不同时，材料可以换算，人工不变。

（4）子目中消耗量已综合考虑了在同一平面上的分色及门窗内外分色情况。如需做美术图案者另行计算。

（5）子目中所规定的喷、涂、刷遍数与设计图纸要求不同时，可按相应每增加一遍子目进行调整。

（6）子目中双层（单裁口）木门窗是指双层框扇，三层（二玻一纱）木窗是指双层框三层扇。

（7）子目中单层木门刷油是按双面刷油考虑的，如采用单面刷油，按相应子目消耗量乘以系数 0.49 计算。

（8）木门窗油漆子目中已包括贴脸油漆。

（9）隔墙、隔断（间壁）、护壁、柱、天棚、木地板中木龙骨及木龙骨带毛地板刷防火涂料子目，均已包括枋板材光面和暗面（即枋板材四周表面）刷油。

（10）隔墙、隔断（间壁）、护壁、柱、天棚、木地板面层刷防火漆涂料，执行“其他木材面刷防火漆涂料”相应子目。

（11）抹灰面刷乳胶漆区分满刮腻子和刮腻子两种做法分别执行相应子目，乳胶漆分为不含底油和含底油两种做法分别执行相应子目。

二、工程量清单项目编制及工程量计算规则

详见前述部分。

三、定额项目内容及工程量计算规则

（一）门油漆

（1）木门油漆工程量按表 9.4.14–1 相应规则计算。

表 9.4.14–1　执行“单层木门”子目工程量系数表

项目名称		系数	工程量计算规则
木门	单层木门	1.00	按单面洞口面积以“m^2”计算
	双层（一板一纱）木门	1.36	
	双层（单裁口）木门	2.00	
	单层全玻门	0.83	
	木百叶门	1.25	
	厂库大门	1.10	

（2）金属门油漆工程量按表 9.4.14–2 相应规则计算。

表 9.4.14–2　执行“单层钢门”子目工程量系数表

项目名称		系数	工程量计算规则
单层钢门	单层钢门	1.00	按单面洞口面积以“m^2”计算
	双层（一玻一纱）钢门	1.48	
	百叶钢门	2.74	
	半截百叶钢门	2.22	
	满钢门或包铁皮门	1.63	
	钢折叠门	2.30	
	射线防护门	2.96	按框（扇）外围面积以“m^2”计算
	厂库房平开、推拉门	1.70	
	铁丝网大门	0.81	

（二）窗油漆

（1）木窗油漆工程量按表 9.4.14–3 相应规则计算。

表 9.4.14-3 执行“单层木窗”子目工程量系数表

项目名称		系数	工程量计算规则
单层木窗	单层木窗	1.00	按单面洞口面积以“m^2”计算
	双层（一玻一纱）木窗	1.36	
	双层（单裁口）木窗	2.00	
	三层（二玻一纱）木窗	2.60	
	单层组合窗	0.83	
	双层组合窗	1.13	
	木百叶窗	1.50	

（2）金属窗油漆工程量按表 9.4.14-4 相应规则计算。

表 9.4.14-4 执行“单层钢窗”子目工程量系数表

项目名称		系数	工程量计算规则
单层钢窗	单层钢窗	1.00	按单面洞口面积以“m^2”计算
	双层（一玻一纱）钢窗	1.48	

（三）木扶手及其他板条、线条油漆

木扶手及其他板条、线条油漆工程量按表 9.4.14-5 相应规则计算。

表 9.4.14-5 执行“木扶手（不带托板）”子目工程量系数表

项目名称		系数	工程量计算规则
木扶手（不带托板）	木扶手（不带托板）	1.00	按长度以“m”计算
	木扶手（带托板）	2.60	
	窗帘盒	2.04	
	封檐板、顺水板、博风板	1.74	
	挂衣板、黑板框	0.52	
	挂镜线、窗帘棍	0.35	

（四）木材面油漆

（1）木材面油漆工程量按表 9.4.14-6、表 9.4.14-7 相应规则计算。

表 9.4.14-6 执行“其他木材面”子目工程量系数表

项目名称		系数	工程量计算规则
其他木材面	木板、纤维板、胶合板天棚、檐口	1.00	按长 × 宽以“m^2”计算
	清水板条天棚、檐口	1.07	
	木方格吊顶天棚	1.20	
	吸音板墙面、天棚面	0.87	
	木护墙、墙裙	0.91	
	窗台板、筒子板、盖板、门窗套、踢脚线	0.82	
	鱼鳞板墙	2.48	
	屋面板（带檩条）	1.11	按斜长 × 宽以“m^2”计算
	木间壁、木隔断	1.90	按单面外围面积以“m^2”计算
	玻璃间壁露明墙筋	1.65	
	木栅栏、木栏杆（带扶手）	1.82	
	衣柜、壁柜	0.91	按投影面积（不展开）以“m^2”计算
	木屋架	1.79	按跨度（长）× 中高 ×1/2 面积以“m^2”计算
	零星木装修	0.87	按展开面积以“m^2”计算

表 9.4.14–7　执行“木地板”子目工程量系数表

项目名称		系数	工程量计算规则
木地板	木地板、木踢脚线	1.00	按面积计算，空洞、空圈、暖气包槽、壁龛的开口部分并入相应工程量内
	木楼梯面层（带踢板）	2.30	按露明尺寸以水平投影面积以“m^2”计算，不扣除小于 500mm 的楼梯井所占面积。楼梯与楼地面相连时，算至梯口梁外侧边沿；无梯口梁者，算至最上一层踏步边沿加 300mm
	木楼梯面层（不带踢板）	1.20	
	木楼梯底层（带踢板，底封板）	1.30	
	木楼梯底层（带踢板，底不封板）	2.30	
	木楼梯底层（不带踢板）	1.20	

（2）隔墙、隔断（间壁）、护壁木龙骨：按面层正立面投影面积以“m^2”计算。

（3）柱木龙骨：按面层外围面积以“m^2”计算。

（4）木地板中木龙骨及木龙骨带毛地板：按地板面积以“m^2”计算。

（5）金属面油漆工程量按表 9.4.14–8、表 9.4.14–9 相应规则计算并执行“单层钢窗”子目。

表 9.4.14–8　执行“单层钢门窗”子目工程量系数表

项目名称		系数	工程量计算规则
金属面	间壁	1.85	按长 × 宽以“m^2”计算
	平板屋面	0.74	按斜长 × 宽以“m^2”计算
	瓦垄板屋面	0.89	
	排水、伸缩缝盖板	0.78	按展开面积以“m^2”计算
	吸气罩	1.63	按水平投影面积以“m^2”计算

表 9.4.14–9　执行“其他金属面”子目工程量系数表

项目名称		系数	工程量计算规则
其他金属面	檩条、钢屋架、天窗架、挡风架、屋架梁、梁支撑	1.00	按重量以“t”计算
	墙架（空腹式）	0.50	
	墙架（格板式）	0.82	
	钢柱、吊车梁、花式梁、柱、空花构件	0.63	
	操作台、走台、制动梁、钢梁车挡	0.71	
	铁栅栏门、栏杆、窗栅	1.71	
	钢爬梯	1.18	
	轻钢屋架	1.42	
	踏步式钢扶梯	1.05	
	零星铁件	1.32	

（6）抹灰面油漆工程量按表 9.4.10–10 相应规则计算。

（7）喷刷涂料工程量按表 9.4.14–10 相应规则计算。

（8）裱糊工程量按表 9.4.14–10 相应规则计算。

表 9.4.14–10 抹灰面油漆工程量系数表

项 目 名 称	系数	工程量计算规则
楼地面、天棚面、墙、柱、梁面	1.00	按设计图示尺寸以展开面积计算
混凝土楼梯底	1.00	
混凝土花格窗、栏杆花饰	1.82	按设计图示尺寸以单面外围面积计算

9.4.15 其他装饰工程

一、概述

（1）其他装饰工程包括柜类和货架、压条和装饰线、扶手和栏杆及栏板装饰、浴厕配件、雨篷、招牌和灯箱、美术字等细部装饰项目；适用于装饰装修工程中的细部装饰工程。

（2）设计中采用的材料品种、规格与本章子目中取定不同时，可以换算，但人工、机械消耗量不变。

（3）子目中木基层、木饰面、实木线均不包括刷油漆和防火涂料，如设计需涂刷油漆、防火涂料，另按“油漆、涂料、裱糊工程”中相应子目执行。

（4）子目中铁件已包括刷防锈漆一遍，如设计需涂刷油漆、防火涂料，另按“油漆、涂料、裱糊工程”中相应项目执行。

（5）石膏装饰线、实木装饰线以及木饰面子目中均不包括刷油漆、涂料及防火涂料，如设计需要刷油漆涂料时另按“油漆、涂料、裱糊工程”中相应子目执行。

（6）各种装饰线条子目均以成品安装为准，如在现场制作木压条者，每 10m 增加 0.25 工日。石材装饰线条的磨边、磨圆角、开槽等均包括在成品单价中，不再另计。

（7）装饰线条子目以墙面安装为准，在木基层天棚钉压条、装饰线条者，其人工乘以系数 1.34；在轻钢龙骨天棚板面上钉压条、装饰线条者，其人工乘以系数 1.68；木装饰条做图案者，人工乘以系数 1.80。

（8）本部分各类开孔、钻孔及石材磨边、开槽均为现场磨制。

（9）招牌、灯箱分为平面招牌、箱式招牌、竖式标箱，按以下规则计算：

1）平面招牌是指安装在墙面上，以一般和复杂分别设置子目：一般子目是指正立面平整无凹凸面，复杂子目是指正立面有凹凸造型的。

2）箱式招牌、竖式标箱是指六面体固定在墙面上，以矩形和异形分别设置子目：矩形子目是指正立面平整无凹凸面，异形子目是指正立面有凹凸造型的。

3）沿雨篷、檐口、阳台走向设立的立式招牌，按平面招牌复杂子目执行。

4）招牌、灯箱的灯饰及照明管线均不包含在子目中，另按相应专业消耗量标准执行。

（10）本部分子目中美术字均以成品安装固定为准；美术字不分字体均按本章子目执行。

二、工程量清单项目编制及工程量计算规则

详见前述部分。

三、定额项目内容及工程量计算规则

（一）柜类、货架

（1）文件柜、吊柜、矮柜均按正立面（包括柜脚的高度在内）面积以“m^2”计算。

（2）衣柜按正立面面积以“m^2”计算。

（3）总台、服务台按长度以“m”计算。

（4）酒吧台按长度以“m”计算。

（5）酒柜按正立面面积以“m^2”计算。

（6）商场柜台按长度以“m”计算。

（二）压条、装饰线

石膏装饰线、实木装饰线、石材装饰线及其他装饰线均按长度以“m”计算。

（三）扶手、栏杆、栏板装饰

扶手、栏杆、栏板制作、安装均按其中心线长度以“m”计算，计算扶手时不扣除弯头所占长度，弯头制作、安装按“个”计算。

（四）浴厕配件

（1）毛巾环、肥皂盒、浴缸拉手、毛巾杆等洗手间五金配件按“副”计算。

（2）镜面玻璃按面积以“m^2”计算。

（3）玻璃切角、磨边按长度以“m”计算。

（4）大理石洗面台按长度以“m”计算。

（5）石材磨边、开槽按长度以“m”计算。

（五）雨篷

雨篷吊挂饰面参照“天棚工程”的天棚吊顶工程量计算规则执行。

（六）招牌、灯箱

（1）平面招牌基层按正立面面积以“m^2”计算，复杂型的凹凸造型部分亦不增减。

（2）沿雨篷、檐口或阳台走向的立式招牌基层，按平面招牌复杂型执行时，应按展开面积以“m^2”计算。

（3）箱式招牌和竖式标箱的基层按外围体积以“m^2”计算。突出箱外的灯饰、店徽及其他艺术装潢等均另行计算。

（4）灯箱的面层按展开面积以“m^2”计算。

（5）广告牌钢骨架工程量按重量以“t”计算。

（七）美术字

美术字安装工程量区分字的最大外围矩形面积不同按“个”计算。

9.4.16 拆除工程

一、概述

（1）拆除工程为建筑物局部拆除，包括混凝土及钢筋混凝土构件拆除，砌体、隔墙拆除，门窗拆除，楼地面拆除，墙面拆除，天棚面拆除，屋面拆除，屋架拆除，屋面排水拆除，拆除排水管、明沟、散水，钻孔、剔槽，家具拆除及拆除废料外运。适用于房屋修缮工程中的拆除工程。

（2）拆除子目中不包括垂直运输、脚手架和局部支撑。发生局部支撑时，支撑高度≤4.5m时，按模板工程中模板支撑费用扣减相应子目执行，支撑高度>4.5m时，按模板工程中顶架相应子目执行。

（3）拆除子目均按非保护性拆除编制。实际采用保护性拆除施工时，其保护性措施费根据施工方案另行计算。

（4）建筑物拆除废料外运的工程量，按拆除构件的外形体积以“m^3”计算。拆除时形成的零碎散料装运所需编织袋在相应子目中综合考虑。本章部分未列编织袋消耗量的拆除子目，其拆除废料是按非零散状态考虑的，不执行本章废料外运子目，另行计价。

（5）废料外运子目已综合考虑各类材质废料外运，无论废料材质形状如何均按该子目执行，不予调整。

（6）楼梯的楼地面拆除工程量并入相应楼地面拆除子目计价。

（7）楼地面各类装饰面层的拆除工程量，区分不同材质按实际拆除面积以“m^2”计算。楼梯的楼地面拆除工程量按楼梯水平投影面积乘以系数1.5所得的面积以“m^2”计算。

（8）踢脚线拆除工程量按长度以“延长米”计算。

（9）木楼梯（含休息平台）拆除工程量按梯段长度以“延长米”计算，钢楼梯拆除工程量按水平投影面积以“m^2”计算。

（10）明沟、散水拆除子目编制时已综合考虑明沟体积和散水体积，实际不同时不调整。

（11）墙柱面各类装饰面层的拆除工程量，区分不同材质按实际拆除面积以“m^2”计算。

（12）天棚面各类装饰面层的拆除工程量，区分不同材质按实际拆除面积以“m^2”计算。

（13）天棚抹灰面拆除工程量按展开面积以“m^2”计算，不扣除间壁墙、垛、柱、附墙烟囱、检查口和管道所占面积，带梁天棚、梁底及梁侧并入天棚计算。各类天棚吊顶拆除工程量按主墙间展开面积以“m^2”计算，不扣除间壁墙、垛、柱、附墙烟囱、检查口和管道所占面积，折线、迭落等部位按展开面积并入吊顶拆除工程量计算。

二、工程量清单项目编制及工程量计算规则

详见前述部分。

三、定额项目内容及工程量计算规则

（一）砖砌体拆除

（1）砌体隔墙拆除子目，是按照砌体与其表面装饰层及所连带的门窗同时拆除编制的。与墙体拆除同时发生的表面装饰层和门窗拆除不再另行计价。

（2）砖石砌体的拆除工程量按砌筑工程的相关规定计算。

（3）计算砌体拆除工程量时，其表面装饰面层（一般抹灰层、装饰抹灰层、块料面层等）和门窗洞口所占的体积并入砌体拆除工程量。

（4）砌体隔墙拆除子目是按以小型机械施工为主、人工辅助进行拆除的方式编制。

（二）混凝土及钢筋混凝土构件拆除

（1）混凝土及钢筋混凝土构件拆除子目，是按照构件与其表面装饰层、与构件所连带的门窗同时拆除编制的。与构件拆除同时发生的表面装饰层和门窗拆除不再另行计价。

（2）构件人工拆除是指全部采用人工进行拆除或以人工拆除为主，使用手持式风动凿岩机等小型工（机）具为辅进行的拆除；构件机械拆除是指采用以大型机械为主，人工、小型机械为辅进行的拆除。

（3）混凝土及钢筋混凝土构件拆除子目中，除注明为预制构件的，其他均为现浇构件。

（4）混凝土及钢筋混凝土构件的拆除工程量，按混凝土及钢筋混凝土工程中的相关规定计算。

（5）计算构件拆除工程量时，其表面装饰面层（一般抹灰层、装饰抹灰层、块料面层等）和门窗洞口所占的体积并入构件拆除工程量。

（6）打花（钢筋）混凝土表面、凿除（钢筋）混凝土保护层按面积以“m^2”计算。

（三）木构件拆除

木檩条、木椽条、木支撑拆除工程量按数量以“根”计算，各类屋架拆除工程量区分不同材质、不同跨度按“榀”计算。

（四）抹灰面拆除

（1）水泥砂浆地面拆除厚度按 20mm 考虑，整体水磨石地面拆除厚度按 35mm 考虑。实际拆除厚度不同时，按厚度调整子目中工料机消耗量。

（2）墙面抹灰的拆除厚度按 20mm 综合考虑。

（3）天棚面抹灰的拆除厚度按 10mm 考虑，实际拆除厚度不同时，按厚度调整子目中工料机消耗量。

（五）块料面层拆除

（1）混凝土预制板地面、石材地面、预制水磨石板地面的拆除厚度按 50mm 综合考虑，实际厚度不同时不调整。子目中已包括结合层拆除，不再另计。

（2）马赛克地面、面砖地面的拆除厚度按 40mm 综合考虑，实际厚度不同时不调整。子目中已包括结合层拆除，不再另计。

（3）墙面块料面层、石材粘贴、石材挂贴的铲除厚度按 40mm 考虑；墙面壁纸（布）的拆除厚度按 3mm 考虑，其余类墙面的拆除厚度均按 20mm 综合考虑；实际厚度不同时不调整。

（六）龙骨及饰面拆除

各类天棚吊顶拆除子目已综合考虑厚度，实际厚度不同时不调整。

（七）屋面拆除

（1）屋面拆除子目按拆除屋面面层编制，未包括基层拆除，发生时可另计。

（2）各类瓦拆除、柔性防水层拆除子目编制时已综合考虑厚度，实际厚度不同时不调整。

（3）屋面隔热层拆除子目包括砖砌支承拆除，实际与此不同时不调整。

（4）刚性屋面的拆除厚度按 40mm 考虑，保温层的拆除厚度按 100mm 考虑，实际拆除厚度不同时，按厚度调整子目中工料机消耗量。

（5）屋面瓦拆除工程量按水平投影面积以“m^2”计算，防水及隔热层拆除工程量按拆除面积以“m^2”计算。

（6）天沟、檐沟、泛水、雨水斗拆除子目已综合考虑各类材料材质，实际不同时不调整。

（八）拆除油漆涂料裱糊面

（1）墙面油漆涂料层与抹灰层一同铲除时，执行墙面抹灰铲拆除子目，油漆涂料拆除不再另计；墙面壁纸（布）层与抹灰层一同铲除时，按墙面抹灰铲除、墙面壁纸（布）拆除子目分别执行；去除油皮子目适用于单独铲除表面油皮的拆除工程。

（2）墙面壁纸（布）的拆除厚度按 3mm 考虑，实际厚度不同时不调整。

（3）拆除工程量按实际拆除面积以“m^2”计算。

（九）栏杆、轻质隔断隔墙拆除

（1）扶手、栏板（钢筋混凝土栏板除外）、窗帘盒、窗帘轨拆除工程量，按长度以“延长米”计算。混凝土及钢筋混凝土栏板拆除工程量按混凝土构件拆除工程量计算规则计算。

（2）各类隔板墙拆除子目按人工拆除方式编制，子目中已综合各类隔板墙的厚度，实际不同时不调整。

（3）隔板墙拆除工程量按隔墙面积以“m^2”计算，不扣除单个面积 $1m^2$ 以内的孔洞所占的面积。隔墙上的门窗一并拆除时，门窗所占的面积不扣除，门窗拆除工程量亦不另计。

（十）门窗拆除

（1）各类材质的门窗拆除子目均按门窗连框带扇及玻璃五金配件整体拆除编制，未包括窗帘盒（轨）、门窗套、窗台板和金属防盗网的拆除，发生时按本章相应子目另计。

（2）门窗拆除工程量按洞口面积以“m^2”计算，门窗框拆除工程量按数量以“樘”计算，门窗扇拆除工程量按数量以“扇”计算。

（十一）金属构件拆除

（1）钢檩条、钢支撑拆除工程量按重量以“t”计算，各类屋架拆除工程量区分不同材质、不同跨度按“榀”计算。

（2）雨水斗拆除工程量按数量以“个”计算，水落管及镀锌铁皮天沟、泛水、檐沟按长度以“延长米”计算。

（3）金属防盗网、金属围栏拆除工程量按展开面积以“m^2”计算。

（十二）其他构件拆除

（1）家具拆除子目按拆除固定家具编制。拆除地柜时发生的石材台面、钢筋混凝土台面拆除，另按楼地面拆除相应子目执行。

（2）地柜、吊柜拆除工程量按柜体长度以“延长米”计算；壁柜拆除工程量按柜体长度乘以高度所得面积以“m^2”计算。

（3）木质窗台板拆除按窗套拆除子目执行，石材窗台板拆除按石材楼地面拆除子目执行。

（4）窗台板、门窗套拆除工程量按展开面积以“m^2”计算。

（十三）开孔（打洞）

（1）机械钻孔子目按在混凝土及钢筋混凝土构件钻孔编制。在砖砌体或砌块砌体上钻孔时，区分规格按相应钻孔子目乘以系数 0.7 执行。

（2）机械垂直钻孔子目是按照垂直向下的方向考虑的，实际钻孔方向不同时按下述规定调整：钻孔方向与水平面夹角 $\leq 45°$ 时，相应子目中人工消耗量乘以系数 1.3；钻孔方向与水平面夹角 $>45°$ 且 $\leq 90°$ 时，相应子目中人工消耗量乘以系数 1.1；向上钻孔时相应子目中人工消耗量乘以系数 1.3。

（3）机械水平钻孔子目是按照钻孔方向与垂直面夹角为 90° 编制的，实际钻孔方向不同时按下述规定进行调整：钻孔方向与水平面夹角 $\leq 45°$ 时，相应子目中人工消耗量乘以系数 1.1；钻孔方向与水平面夹角大于 $>45°$ 且 $\leq 90°$ 时，相应子目中人工消耗量乘以系数 1.3。

（4）钻孔工程量区分钻孔方向按成孔深度以“延长米”计算。

9.4.17　脚手架工程

一、概述

（1）脚手架工程包括外脚手架、里脚手架、满堂脚手架及电梯井架、活动脚手架、构筑物脚手架及安全防护设施，适用于建筑、装饰工程中的脚手架工程。

（2）除构筑物脚手架外，其他项目应根据建筑超高增加费有关规定计算建筑超高增加费。

（3）各定额子目步距是根据脚手架实际搭设高度设置的。

二、工程量清单项目编制及工程量计算规则

详见前述部分。

三、定额项目内容及工程量计算规则

（一）外脚手架

（1）外脚手架是指单独为建筑物外墙外边线上构件施工（含建筑及外墙外面装饰工程）所需搭设的脚手架，包括钢管式外脚手架（悬挑及落地式）、电动整体提升式脚手架、电动吊篮式脚手架。

（2）单独搭设的装饰工程外脚手架可按相应子目乘以系数 0.65 计算；建筑外墙部分装饰工程（如幕墙工程）需独立搭设外脚手架时，按照相应子目乘以系数 0.35 计算。

（3）钢管式外脚手架：

1）钢管式外脚手架按照立杆是否落地分为落地式及悬挑式两种形式；按照立杆的排数分为单排脚手架和双排脚手架两类；如采用多排（三排及三排以上）脚手架可在双排脚手架子目基础上，按照"每增加一排立杆"子目进行调整。

2）钢管式外脚手架类型应按经审定的施工组织文件确定，无施工组织文件时，除以下规定外均按双排脚手架执行：

①建筑物上部墙体外边线挑出 1.5m 以上时，按照上层的外墙外边线凹凸长度乘以建筑物总高度计算外脚手架搭设面积；下部墙体缩入部分可按照围护结构的垂直投影面积另计单排脚手架。

②凹入部分的采光井：当外口宽度（外墙结构间距）≤ 3.5m 时，按凹入部分内侧外墙垂直投影面积计算单排脚手架，采光井外口不论有无连梁，均与外墙一并计算双排脚手架；当外口宽度（外墙结构间距）>3.5m 时，按凹入部分内侧外墙垂直投影面积以"m^2"计算双排脚手架，采光井外口有连梁的，与外墙一并计算双排脚手架，无连梁的不计算脚手架。

③石墙砌筑不论内外墙，高度超过 1.2m 时，计算一面双排脚手架；墙厚大于 40cm 时，计算一面双排脚手架及一面单排脚手架。

④大型设备基础高度超过 2m 时，按其外形周长乘以基础高度以"m^2"计算单排脚手架。

⑤屋顶女儿墙高度超过 1.2m 时，其内面装饰可另计一次装饰用单排脚手架；女儿墙外面砌筑及装饰等并入该建筑物外墙脚手架，不另计算。

⑥围墙高度超过 1.2m 时，按相应垂直投影面积计算单排脚手架；围墙双面装饰的另计一次装饰用单排脚手架。

⑦屋顶楼梯间、设备用房平面面积小于屋顶平面面积的三分之一时，其脚手架工程量按其自身高度，套用单排脚手架子目。

⑧建筑物的错层阳台（需做天棚装饰）按里脚手架和满堂脚手架的有关规定计算。

3）同一栋建筑物不同高度部位的外脚手架周转用材的使用时间不同，因此钢管式外脚手架按搭拆、使用分别编制子目，脚手架搭拆及使用的时间规律如图 9.4.17 所示。

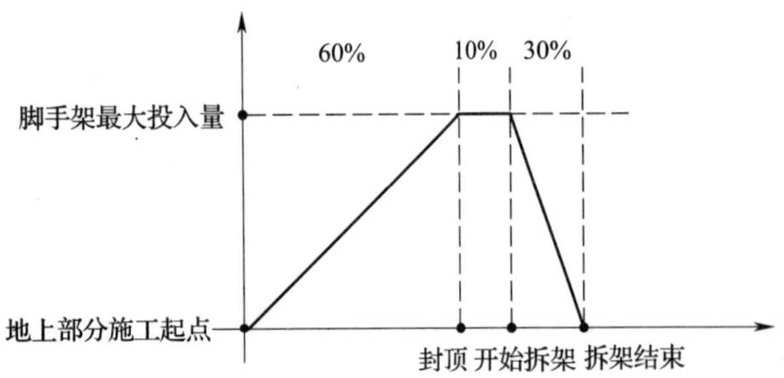

图 9.4.17　建筑工程地上部分脚手架使用情况示意图

4）双排、单排及多排外脚手架（无论悬挑式、落地式）搭拆工程量按外墙外边线的凹凸（包含阳台、凸窗等突出部分的长度，不含二次浇捣混凝土构件的突出长度）总长度乘以脚手架搭设高度的面积以"m^2"计算，门窗洞口、空圈等所占面积不扣除。

5）双排、单排及多排外脚手架（无论悬挑式、落地式）使用工程量按脚手架搭设面积乘以脚手架在施工现场的有效使用天数以"$100m^2 \cdot 10$"天计算。

6）双排、单排及多排外脚手架搭设高度的确定，如有施工组织设计的，按经审定的施工组织设计文件的规定确定，无施工组织设计时，按以下规定计算：

①脚手架搭设高度按平均设计室外地坪标高与建筑物的顶板面的结构标高（有女儿墙时计至女儿墙顶）的高度差加 1.5m 综合确定。

②地下室外墙脚手架搭设高度按设计室外地坪至地下室底板垫层底高度确定。

③同一建筑物高度不同时按不同高度分别计算。如果沿建筑物的顶层板外墙外边线的结构标高（有女儿墙时计至女儿墙顶）出现不同时：间断变化时（标高变化不连续，如局部突出的屋面楼梯间）可按不同高度分段计算脚手架搭设高度；连续变化时（如坡面）按照平均标高计算脚手架的搭设高度。

④当突出屋面的楼梯间、设备房等距外墙外边线 >1.5m，其脚手架搭设高度按自身搭设高度计算，距外墙外边线≤ 1.5m 时，其高度从设计室外地坪标高算至屋面顶板面结构标高加 1.5m。

⑤当裙楼外墙外边线与塔楼外墙外边线间的距离 >1.5m 时，分别单独计算裙楼和塔楼的脚手架，裙楼脚手架高度计至裙楼顶板面的结构标高加 1.5m 综合确定（有女儿墙时计至女儿墙顶加 1.5m，金属栏杆不考虑），塔楼脚手架高度计至塔楼顶板面的结构标高加 1.5m 综合确定（有女儿墙时计至女儿墙顶加 1.5m，金属栏杆不考虑）。

⑥当裙楼外墙外边线与塔楼外墙外边线间的距离≤ 1.5m 时，裙楼与塔楼脚手架一并计算，高度计至塔楼顶板面的结构标高加 1.5m 综合确定（有女儿墙时计至女儿墙顶加 1.5m，金属栏杆不计）。

⑦屋面沿外墙边设置框架式钢筋混凝土棚架时，外脚手架搭设高度计至棚架顶面。

7）脚手架使用的有效使用天数：

①有经审核的施工组织设计文件时：

$$\text{地下工程的脚手架有效使用天数}=(\text{地下工程工期}-\text{土方开挖工期})/2 \quad (9.4.17\text{-}1)$$

$$\begin{matrix}\text{地上工程的建筑及装饰用}\\\text{脚手架有效使用天数}\end{matrix}=\left(\text{主体工程工期}+\begin{matrix}\text{开始拆架至拆架结束的}\\\text{间隔期}\end{matrix}\right)\times 0.5+\begin{matrix}\text{封顶至开始拆架的}\\\text{间隔期}\end{matrix} \quad (9.4.17\text{-}2)$$

②无经审核的施工组织设计文件时，按照主体工程工期占地上工程工期的 60%；装饰工程工期占 30%；封顶至拆架间隔时间占 10% 综合考虑。计算方法如下：

$$\text{地下工程的脚手架有效使用天数}=\text{地下工程工期}/4 \quad (9.4.17\text{-}3)$$

$$\text{地上工程的建筑及装饰用脚手架有效使用天数}=\text{地上工程工期}\times 0.55 \quad (9.4.17\text{-}4)$$

$$\text{地上工程的建筑用脚手架有效使用天数}=\text{地上工程工期}\times 0.40 \quad (9.4.17\text{-}5)$$

$$\text{地上工程的装饰用脚手架有效使用天数}=\text{地上工程工期}\times 0.15 \quad (9.4.17\text{-}6)$$

其中：地上工程工期是指室外地坪以上开始搭脚手架至拆架结束的时间间隔。

8）对于建筑外墙外边线上部分装饰工程（如幕墙工程）需另外单独搭设外脚手架的，搭设面积按照该装饰部分的垂直投影面积计算，使用时间按照该装饰工程的工期乘以系数 0.5 综合考虑。

（4）电动整体提升式脚手架：

1）电动整体提升式脚手架分为全钢结构和钢管结构两种形式。全钢结构指爬升架体主体由型钢组成、防护设施为型钢及钢网组成的电动整体提升式脚手架；钢管结构指爬升架体主体由型钢组成，防护设施主要由脚手架钢管、安全网组成的电动整体提升式脚手架。

2）电动整体提升式脚手架费用分为搭拆及使用两个部分。相应子目中的架高是指爬升架体外侧维护部分的高度，当架体高度超过 13.5m 时，可按照架高每增加 1.5m 子目采用插值法进行调整。

3）电动整体提升式脚手架搭拆、使用定额已包括底层脚手架的搭拆和使用、防护措施，防护网，常规建筑形体的架体系统设计费用、拼装调试费用等，架体系统的场外运输及特殊建筑形体的架体设计增加费应另行计算。

4）电动整体提升式脚手架搭拆的工程量按外墙外边线的凹凸（包含阳台、凸窗等突出部分的长度，不含二次浇捣混凝土构件的突出长度）总长度以“m”计算。

5）电动整体提升式脚手架使用按搭拆总长度与脚手架有效使用天数的乘积以“10m · 10 天”计算。

电动整体提升式脚手架有效使用天数的计算方法与钢管式外脚手架相同。

（5）电动吊篮式脚手架：

1）电动吊篮式脚手架搭拆与使用定额中的作业高度是指吊篮提升设备固定端至吊篮作业最低点之间的垂直距离。定额按照载重 0.5t 考虑，载重超过 0.5t 时，可按《深圳市建设工程施工机械台班定额（2014）》进行换算台班类型，台班消耗量保持不变。

2）建筑物电动吊篮的工程量按其施工对象所覆盖的垂直投影面积以“m^2”计算，应扣除大于 $1m^2$ 的孔洞所占的面积。

（二）里脚手架

（1）里脚手架包括外墙内面装饰脚手架、内墙砌筑及装饰用脚手架、外走廊及阳台（含错层阳台）的外墙砌筑与装饰脚手架、走廊柱、独立柱的砌筑与装饰脚手架、现捣混凝土柱、混凝土墙等的建筑及装饰用脚手架费用。如实际存在部分区域为毛坯房交工，则毛坯房交工部分建筑面积的工程量套用相应里脚手架子目乘以系数 0.65。

（2）突出屋面框架结构形式的钢筋混凝土棚架（花架），可按棚架的水平投影面积计算里脚手架，棚架（花架）超过 3.6m 且需做天棚装饰时，套用满堂脚手架相应子目，其里脚手架应乘以系数 0.50 计算。

（3）建筑物里脚手架的工程量区分不同的层高、建筑类型，按建筑面积以“m^2”计算。当建筑物层高超过 3.6m 时，每增加 1.2m，计一次增加层费用，增加不足 0.6m 的部分不计。在有满堂脚手架搭设的部分，相应里脚手架乘以系数 0.50 计算。

$$里脚手架增加层 =（层高 -3.6m）/1.2m（四舍五入取整） \quad (9.4.17-7)$$

（三）满堂脚手架

（1）短边宽度超过 3m 的基础混凝土浇捣以及层高超过 3.6m 的天棚装饰工程可计算满堂脚手架。

（2）层高超过 3.6m 的天棚装饰用满堂脚手架工程量，按主墙间净空面积以“m^2”计算。层高超过 5.2m 时，每增加 1.2m，计一次增加费用，增加不足 0.6m 的部分不计。

$$满堂脚手架增加层 =（层高 -5.2m）/1.2m \quad (9.4.17-8)$$

（3）钢筋混凝土底板短边宽度超过 3m 时，可按满堂钢筋混凝土基础计算满堂脚手架，即按其底板面积以“m^2”计算满堂脚手架，并按满堂脚手架基本层子目的 50% 计算。

（四）电梯井架

电梯井架工程量按照各电梯井的净空体积以“m^3”计算。

（五）活动脚手架

（1）建筑物活动脚手架适用于独立于建筑物建筑面积以外，且未依附于建筑外墙的附属部分施工所需脚手架，或者用于建筑物内局部单独发承包时脚手架工程。

（2）墙体混凝土浇捣、砌筑或装饰用活动脚手架按墙体的面积以“m^2”计算，其中砌筑用按单面、装饰用按双面计算。

（3）柱混凝土浇捣或者装饰用活动脚手架按柱断面周长加 3.6m 后乘以柱高的面积以“m^2”计算。

（4）天棚面装饰及修整用脚手架按主墙间的净空面积以“m^2”计算。

（六）构筑物脚手架

（1）构筑物脚手架按照脚手架搭设的不同高度设置子目。

（2）烟筒、水塔脚手架搭设高度按照施工组织设计文件取定；如果没有明确规定，按照场地标高至构筑物结构顶标高之间的高度差另加 1.5m 确定。

（3）构筑物脚手架的工程量按构筑物座数以座计算。

（七）安全防护措施

（1）安全防护措施包括防护架（含水平安全挡板及安全防护通道）、靠脚手架安全挡板和安全网（含外脚手架挂安全网和水平安全兜网）。

（2）水平安全挡板：

1）水平安全挡板是指设有水平支撑和斜撑、立杆不落地的水平遮挡。

2）水平安全挡板的工程量按搭设宽度乘以搭设长度的面积以“m^2”计算。

（3）安全防护通道：

1）安全防护通道是指脚手架以外单独搭设的，用于车辆通道、人行通道、临街防护和施工现场与其他危险场所隔离的防护措施。子目消耗中已包含水平支撑、落地立杆以及防护通道顶覆盖的遮挡板。

2）安全防护通道的工程量按搭设宽度乘以搭设长度的面积以“m^2”计算。

（4）靠脚手架安全挡板：

1）靠脚手架安全挡板是指设置在钢管式脚手架外立杆内侧做安全防护的遮挡设施。靠脚手架安全挡板分设搭拆和使用两个子目。

2）有经审核的施工组织设计文件时，靠脚手架安全挡板搭拆的工程量按照施工组织设计中的搭设面积以“m^2”计算；无施工组织设计文件的，靠脚手架安全挡板搭拆的工程量按每层安全挡板的支设面积乘以支设层数以“m^2”计算。其中，每层安全挡板的支设面积为建筑物外墙的凹凸总长度加16m乘以挡板宽度2m的面积；支设层数按每3层或9m设一层计算。

3）靠脚手架安全挡板使用的工程量，按照靠脚手架安全挡板搭拆的工程量与外脚手架有效使用天数的乘积以$100m^2$·10天为单位计算。

（5）脚手架上挂安全网：

1）本章中脚手架上挂安全网是指在钢管脚手架外立杆上垂直挂设的安全网，水平安全兜网是指以脚手架钢管或其他类型构件作为支撑水平挂设的安全网。

2）建筑物脚手架上安全网挂设的工程量按实挂面积以“m^2”计算；如无明确实挂面积数据时，按照建筑物外墙外边线的凹凸（包含阳台、凸窗等突出部分的长度，不含二次浇捣混凝土构件的突出长度）总长度加16m乘以脚手架搭设高度的面积以“m^2”计算。

（八）其他说明

（1）挑出宽度超过1.5m的雨篷檐口装饰线，如未计算双排脚手架，可计单排脚手架（顶层雨篷不适用）。

（2）凿桩头的高度如超过1.2m时可按照活动脚手架中“独立柱装饰”子目及相应的工程量计算规则执行，人工挖孔桩凿护壁不得计算脚手架。

（3）斜板、拱形板、弧形板屋面和架空阶梯等脚手架高度按平均高度确定。

9.4.18　混凝土模板及支架

一、概述

（1）混凝土模板及支架包括各类现浇混凝土建筑物模板、构筑物模板、顶架工程及爬模等项目，适用于建筑工程中的模板工程。

（2）现浇混凝土模板子目按钢模板、木模板编制，模板支撑已综合考虑支撑类型。木模板子目中，采用建筑模板1830×915×18三级黑板，模板的材料规格、类型不同时，可按设计要求进行换算。

（3）当设计要求为清水混凝土模板时，执行相应模板子目，人工费乘以系数1.20。

（4）采用逆作法施工时，其逆作法施工部分的模板工程相应子目人工费乘以系数1.15，如建筑模板为一次性摊销时，材料消耗量按一次使用量调整。

（5）建筑物地下室部分的墙、柱、梁、板模板按相应子目的人工费乘以系数1.15，建筑模板的消耗量乘以系数1.20。

（6）现浇钢筋混凝土柱、梁、墙、板的模板子目是按支模高度4m编制的。

（7）现浇钢筋混凝土柱、墙、梁（板）的支模高度指地坪面至梁（板）底面或下层梁（楼板）顶面至上层梁（楼板）底面的距离。

（8）斜柱、斜梁、斜（拱）板支模高度按平均高度确定，电梯井按建筑物自然层层高确定支模高度。混凝土柱、墙偏离垂直方向>11°时，按相应子目人工费乘以系数1.20执行，偏离垂直方向>26°时，按相应子目人工费乘以系数1.30执行。混凝土梁、板的斜度或坡度>11°时，分别执行斜梁、斜板的相应子目。

（9）混凝土女儿墙高度>1.2m时，执行相应墙子目，混凝土女儿墙高度≤1.2m时执行栏板子目。

（10）现浇钢筋混凝土柱、墙模板实际支模高度超过 4m 时，相应模板子目中的人工、铁钉乘以系数 1.20；实际支模高度超过 6m 时，相应模板子目中的人工、铁钉乘以系数 1.30。

（11）现浇钢筋混凝土梁、板模板实际支模高度超过 4m 时，另按“顶架工程”中梁板顶架超高增加费子目计算顶架增加费用，不扣除模板子目中的人工费和材料消耗量。

（12）砖胎膜按“砌筑工程”的砖基础子目执行。

（13）现浇混凝土及钢筋混凝土模板，除另有规定者外，均应区分模板的不同材质，按照混凝土与模板的接触面积以“m^2”计算。

（14）基础与墙（柱）身的划分以设计图纸规定为准。如图纸未明确表示时，则按照基础的扩大顶面为界；无扩大顶面时，可按照墙（柱）脚分界。

（15）矩形柱、T 形柱、L 形柱与墙按照以下规则划分：以矩形柱、T 形柱、L 形柱最长边（h 或 h'）与最短边（b 或 b'）之比 r 为基准进行划分，当 $r \leqslant 4$ 时按柱计算；当 $r>4$ 时按墙计算，如图 9.4.18 所示。

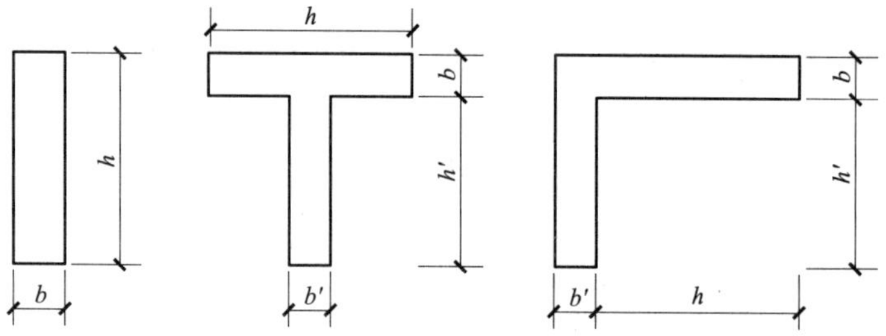

图 9.4.18　柱与墙划分方式示意图

（16）计算梁、柱、墙模板工程量时，柱与梁、梁与梁、墙与梁等连接的重叠部分面积不扣除。

（17）计算梁、板、墙工程量时不扣除后浇带所占的面积。

（18）与墙相连的柱，无论是否与墙同厚，其模板工程量均并入与其相连的墙。

（19）墙与梁重叠，当墙厚等于梁宽时，墙与梁模板工程量合并按墙计算；当墙厚小于梁宽时，墙、梁模板工程量分别计算。

（20）模板施工如采用止水对拉螺栓时，扣除相应定额中的对拉螺栓消耗量，按对拉螺栓的重量套用“混凝土及钢筋混凝土工程”的预埋铁件子目执行。

（21）除另有规定外，混凝土竖向构件（板边反檐）支模板高度超出板面 600mm 以内时，按反檐计算；高度在 600mm 至 1000mm 时，按栏板计算；高度超出 1000mm 的按墙计算。

（22）除另有规定外，水平悬挑构件伸出构件外 200mm 以内的，并入相应构件计算；伸出构件外 800mm 以内的，按照挑檐计算；伸出构件外 1500mm 以上的，按照阳台、雨篷计算。

二、工程量清单项目编制及工程量计算规则

详见前述部分。

三、定额项目内容及工程量计算规则

（一）基础模板

（1）混凝土基础模板子目包括钢筋混凝土带形基础、独立柱基础、杯形基础、满堂基础、独立式桩基承台等。

（2）满堂基础是指筏板式满堂基础、箱式满堂基础、框架式基础等。

（3）独立基础（含设备基础）、带形基础以及满堂基础模板工程量按照基础与模板的接触面积以“m^2”计算。

（4）有肋带形混凝土基础，其肋部高宽比在 4 : 1 以内的，肋部和底部均按照基础计算；高宽比大于 4 : 1 时，其底部按照基础计算，肋部按照墙计算。

（二）柱模板

（1）高、低跨相交接分界处的钢筋混凝土柱，其支模高度按高跨计算。

（2）正八边形柱、工字形柱、十字形柱、T 形柱按照异形柱计算，L 形柱按照矩形柱计算。

（3）柱模板工程量按柱周长乘以柱高的面积以“m^2”计算，依附于柱的牛腿模板并入柱模板工程量中。

（4）柱高：

1）无梁板的柱高，应自柱基上表面（或楼板上表面）至柱帽下表面之间的高度计算。

2）框架柱的柱高，应自柱基上表面至柱顶之间的高度计算。

3）有梁板的柱高，应自柱基上表面（或楼板上表面）至上一层楼板下表面之间的高度计算。

（5）构造柱的模板按照外露部分的接触面积以“m^2”计算，马牙槎部分的接触面积并入构造柱的模板工程量。

（三）梁模板

（1）梁模板工程量按图示构件与模板接触的展开面积以“m^2”计算。

（2）梁长按照以下规定计算：

1）梁与柱（墙）连接时，梁长算至柱（墙）侧面。

2）主梁与次梁连接时，次梁长算至主梁侧面。

3）独立过梁长度按图示尺寸计算。

4）圈梁的长度按照墙体长度计算：外墙按中心线长度，内墙按净长线长度计算。

（四）墙模板

（1）墙体模板按照图示长度乘以高度的面积以“m^2”计算，外墙高度由墙基上表面（或楼板上表面）算至上一层楼板上表面，内墙高度由墙基上表面（或楼板上表面）算至上一层楼板（或梁）下表面。

（2）计算墙模板工程量时，不扣除单孔面积≤ $1.0m^2$ 的孔洞（含门窗洞口）面积，洞口侧壁模板亦不增加；单孔面积 $>1.0m^2$ 的孔洞（含门窗洞口）应予扣除，洞口侧壁模板并入墙模板工程量内计算。

（3）附墙柱、暗柱、暗梁及墙面突出宽度≤ 150mm 部分的模板并入墙模板工程量。

（五）板模板

（1）楼板的模板工程量按图示尺寸的面积以“m^2”计算。

（2）计算板模板工程量时，不扣除单孔面积≤ $1.0m^2$ 的孔洞所占的面积，洞口侧壁模板亦不增加；单孔面积 $>1.0m^2$ 的孔洞，应予扣除，洞口侧壁模板并入板模板工程量内计算。

（3）计算板的模板时，应扣除混凝土柱、梁、墙所占的面积。

（4）无梁板的柱帽按展开面积以“m^2”计算，并入板模板工程量中。

（六）楼梯模板

（1）楼梯是按建筑物一个自然层双跑楼梯考虑，如单跑直行楼梯（即一个自然层直上直下、无休息平台）按相应定额子目乘以系数 1.20；三跑楼梯（即一个自然层、两个休息平台）按相应定额子目乘以系数 0.9；四跑楼梯（即一个自然层、三个休息平台）按相应定额子目乘以系数 0.75。

（2）架空式混凝土台阶按现浇楼梯子目执行。

（3）楼梯（包括休息平台、平台梁、斜梁和楼层板连接的梁）按照图示露明尺寸的水平投影面积以“m^2”计算，不扣除≤ 500mm 楼梯井所占面积，楼梯的踏步、踏步板、平台梁等侧面模板不另计算。当整体楼梯与现浇楼板无梯梁连接时，以楼梯的最后一个踏步边缘加 300mm 为界。

（七）其他模板

（1）外形体积在 $1m^2$ 以内的独立池槽和花池、单个构件体积在 $0.1m^2$ 以内且未列项目的混凝土构件按小型构件模板子目执行，外形体积超过 $1m^2$ 的独立池槽和花池分别执行梁、板、墙相应子目。

（2）阶梯教室、场馆看台板模板执行台阶模板子目，人工费乘以系数 1.05，建筑模板消耗量乘以系数 1.05。

（3）坡道模板执行台阶模板子目，人工费乘以系数 0.80。

（4）现浇飘窗板、空调板执行挑檐子目，散水模板执行垫层子目。

（5）后浇带模板工程量按模板与后浇带混凝土的接触面积以“m^2”计算。

（6）混凝土台阶不包括梯带，台阶按设计图示台阶尺寸的水平投影面积以“m^2”计算，台阶端头两侧不另计算模板面积。其中，台阶的水平投影面积计至最上踏步边另加 300mm 处。

（7）挑檐、天沟与板（包括屋面板、楼板）相连时，以外墙外边线为分界线；与梁（包括圈梁等）

连接时，以梁为分界线；外墙外边线或梁外边线以外为挑檐、天沟。

（8）挑檐、雨篷、阳台按设计图示挑出部分尺寸的水平投影面积以“m^2”计算，挑出墙外的悬臂梁及板边的模板不另计算。

（9）压顶模板按设计图示尺寸面积以“m^2”计算。

（八）现浇混凝土构筑物模板

（1）用液压滑升钢模板施工的烟囱、水塔及贮仓是按照无井架施工编制的，并包含了操作平台，不再另计算脚手架及竖井架。

（2）用液压滑升钢模板施工的烟囱、水塔、提升模板使用的钢爬架用量是按照100%摊销计算的，贮仓是按照50%摊销计算的，设计要求不同时可以换算。

（3）倒锥壳水塔塔身钢滑升模板子目同样适用于一般水塔塔身滑升模板工程。

（4）烟囱钢滑升模板子目均已包括烟囱筒身、牛腿、烟道口等模板用量，水塔钢滑升模板均已包括直筒、门窗洞口等模板用量。

（5）液压滑升钢模板施工的烟囱、水塔塔身、贮仓等均按照混凝土体积以“m^3”计算。

（6）倒锥壳水塔的水箱提升按照不同容积和不同提升高度以“座”计算。

（九）顶架

（1）顶架工程包括梁、板顶架超高增加费以及厚板顶架增加费，适用于一般高层、超高层的超高、超厚板、梁模板工程，不适用于地铁上盖物业工程中回顶支架。

（2）梁、板顶架超高增加费子目消耗量按照梁截面高度1m以内、板厚300mm以内编制，板厚超过300mm时，另按本章厚板顶架增加费相关子目计算超厚板支模的增加费用。

（3）梁截面高度>1m且≤1.5m时按梁、板顶架超高增加费子目乘以系数1.15；梁截面高度≤2m时，按梁、板顶架超高增加费子目乘以系数1.25；梁截面高度≤2.5m时，按梁、板顶架超高增加费子目乘以系数1.35。

（4）计算梁顶架超高增加费时，按梁的水平投影面积乘以梁的支撑高度（斜梁按照平均高度）以“m^2”计算。

（5）计算板顶架超高增加费、厚板模板顶架增加费时，按板的水平投影面积（扣除与其相连接的梁、柱、墙的水平投影面积）乘以板的支撑高度（斜板按照平均高度）以“m^2”计算。

（十）爬模

（1）爬模子目的消耗量已包括常规建筑形体的架体系统的设计、拼装、调试费用等，架体系统的场外运输、特殊建筑形体的设计增加费应另行计算。

（2）爬模工程量按照爬升设备模板系统与混凝土构件的接触面积以“m^2”计算。

9.4.19 建筑物垂直运输

一、概述

（1）建筑物垂直运输子目按照垂直运输机械类型划分，包括电动卷扬机、平臂式塔吊、动臂式塔吊、施工电梯。

（2）本部分定额子目包含正常使用期间内所需机上操作人员以及配合人工等的全部工作内容。不包括垂直运输机械的场外运输、安拆、轨道铺拆等费用，塔吊与电梯基础、施工塔吊和电梯与建筑物连接的费用另行计算。

（3）本部分定额子目根据建筑物的不同檐高，综合取定垂直运输机械的型号，实际采用的垂直运输机种的型号与定额不同时，不予换算。

（4）计算垂直运输费时，应结合现状和工期进度要求，综合确定垂直运输机械的配置及数量，结算时，按实际使用的各垂直运输数量进行调整。

（5）本章定额子目均按一台垂直运输机械工作一天考虑，若一个工程出现同一台垂直运输机械服务两个或两个以上的建筑物时，檐口高度按塔吊所服务的最高建筑物高度取定。

（6）建筑物垂直运输高度≤ 3.6m 的单层建筑物、单独地下室和围墙，不计算垂直运输费用。

二、工程量清单项目编制及工程量计算规则

详见前述部分。

三、定额项目内容及工程量计算规则

（1）电动卷扬机、平臂式塔吊、动臂式塔吊、施工电梯的工程量区分不同的檐口高度按照垂直运输机械台数与实际使用天数的乘积以“台·天”计算。

（2）同一项目中不同的垂直运输机械的实际使用天数不同时，应分别计算。

（3）垂直运输机械的台数和使用天数应按经审定的施工组织设计文件计算。无施工组织设计文件或者施工组织设计文件中未明确的，垂直运输机械的台数应根据项目需求和进度安排组织专家论证确定；垂直运输机械的使用天数应按以下规定计算：

1）平臂式和动臂式塔吊的使用天数可按定额工期乘以 0.85 的天数确定；

2）施工电梯及卷扬机的使用天数可按定额工期乘以 0.75 的天数确定；

3）定额工期不扣除打桩、挖土的工期。

结算时，按各自垂直运输机械的实际使用台数和实际使用天数调整。

9.4.20　超高施工增加

一、概述

（1）建筑物超高增加费指在高层建筑物施工过程中，由于施工人员垂直交通时间、休息时间的延长造成的人工降效以及与施工人员配合使用的施工机械也随之产生的降效，需在相应分部分项工程或措施项目的综合单价中增加的费用，其中包括了由于水压不足所发生的加压水泵台班费用。

（2）建筑物超高增加费适用于建筑物 8 层或高度 24m 以上的工程，其费用应列入分部分项工程或相应措施项目综合单价中。

（3）建筑物高度是指设计室外地坪标高（室外地坪标高不等时按照平均标高）至建筑物屋顶结构层上表面标高计算；当突出屋面的楼梯间、设备房等部分的水平投影面积大于屋顶水平投影面积的三分之一时，建筑物高度计至突出屋面的楼梯间、设备房等的顶板结构层上表面标高；当设计室外地坪标高不等时，按平均标高计算。

（4）建筑物不同高度区段的人工、机械降效系数 J 如表 9.4.20 所示。

表 9.4.20　人工、机械降效系数表

系数（%）	建筑物高度区间（在 m 以内）											
	24	40	60	80	100	120	140	160	180	200	300m 以内每增 20m	400m 以内每增 20m
J	0.00	8.36	14.97	21.04	27.06	33.08	39.15	45.29	51.43	57.56	6.13	6.27

二、工程量清单项目编制及工程量计算规则

详见前述部分。

三、定额项目内容及工程量计算规则

（一）建筑物超高降效系数加权平均计算方法

（1）建筑物各自然楼层的人工、机械降效系数值。

根据第 i 自然楼层的高度（指设计室外地坪标高至该楼层地面结构层上表面结构标高的高度）所在的高度区间，按照表 9.4.20 分别确定该楼层的人工、机械降效系数（J_i）。

（2）加权平均降效系数（$J_{平均}$）。

根据各楼层建筑面积，按以下公式计算建筑物超高人工、机械加权平均降效系数（$J_{平均}$）。

$$J_{平均}=(S_1\times J_1+\cdots+S_i\times J_i+\cdots+S_n\times J_n)/(S_1+\cdots+S_i+\cdots+S_n) \tag{9.4.20}$$

式中：S_1、S_i、S_n——第 1、i、n 自然楼层的建筑面积；

J_1、J_i、J_n——第 1、i、n 自然楼层的人工、机械降效系数。

（3）人工、机械加权平均降效系数（$J_{平均}$）应以项目承包范围为整体计算，不得分栋分解计算。

（二）建筑物超高增加费用的计算方法

（1）建筑物整体发包时，将该建筑物室外地坪以上全部楼层可计量的分部分项工程及措施项目（混凝土预制构件运输、钢结构构件运输、钢筋制作、建筑物垂直运输除外）的相应人工费、机械费乘以该建筑物的人工、机械加权平均降效系数（$J_{平均}$）计算超高增加费用。

（2）仅发包建筑物室外地坪以上某一楼层时，将该楼层所有可计量的分部分项工程及措施项目中的人工费、机械费分别乘以该楼层所在高度的人工、机械降效系数（J_i）计算超高增加费用。

（3）建筑物室外地坪以上部分楼层整体发包时，按照所发包楼层可计量的分部分项工程及措施项目的人工费、机械费乘以所发包楼层的加权平均降效系数（$J_{平均}$）计算超高增加费用。

9.4.21 大型机械设备进出场及安拆工程

一、概述

大型机械设备进出场及安拆应根据拟建工程的规模、工期要求，制定合理的施工组织设计方案，确定大型机械设备的型号、数量，并按照消耗量定额、费率标准等计价标准的规定计算。

二、工程量清单项目编制及工程量计算规则

详见前述部分。

三、定额项目内容及工程量计算规则

9.4.22 降排水工程

一、概述

（1）降排水工程包括各类井点降水及深井降水措施项目，适用于建筑工程中的降排水工程。

（2）井点使用时间按施工组织设计文件确定。

二、工程量清单项目编制及工程量计算规则

详见前述部分。

三、定额项目内容及工程量计算规则

（1）井点降水中的轻型井点、喷射井点、大口径井点的采用由施工组织设计确定。一般情况下，降水深度 6m 以内采用轻型井点，6m 以上 30m 以内采用相应的喷射井点，特殊情况下可选用大口径井点。

（2）喷射井点子目包括两根观察孔制作，喷射井管包括了内管和外管。井点材料使用摊销量中已包括井点拆除时的材料损耗量。井管的安装、拆除工程量按井管点位数以“根”计算；井点使用工程量按井管根数与使用天数的乘积以“根·天”为单位计算；使用天数根据一天工作 24h 核算，计算结果保留小数点后一位。

（3）井点间距根据地质和降水要求由施工组织设计确定，一般轻型井点管间距为 1.2m，喷射井点管间距为 2.5m，大口径井点管间距为 10m。

（4）井点降水成孔过程中产生的泥水处理及挖沟排水工作应另行计算，遇有天然水源可用时，不计水费。

（5）降水每昼夜实际累计开机时间不同时，机械费可以调整：不足 4h 按 0.5 个台班计算，不足 8h 按 1 个台班计算，不足 16h 按 2 个台班计算，超过 16h 按 3 个台班计算。

（6）深井成孔工程量区分不同口径及土质按实际井深以“m”计算；井管、井笼制作、安装按工程量设计长度以“m”计算；降水机械费按实际抽水时间以“每昼夜每口井”为单位计算。

9.4.23 安全文明施工及其他措施项目

一、概述

（1）安全文明施工措施费：内容包括施工企业临时设施、所有涉及工程安全和文明施工的费用等。

（2）临时设施费：是指施工企业为进行建筑安装工程施工所必需的生活和生产用的临时建筑物、构筑物和其他临时设施的搭设、维修、拆除费用或摊销费用，包括临时宿舍、文化福利及公用事业房屋与构筑物，仓库、办公室、加工厂以及规定范围内道路、水、电、管线等临时设施和小型临时设施。

（3）安全施工费：是依照国家有关安全生产法律法规，为保证工程建设项目所涉及人员安全而采取的必要的安全防护措施所需的费用。

（4）文明施工费：是依照深圳市有关文明施工法律法规，为满足建筑施工现场文明施工及环境保护措施所需的费用。

（5）环境保护费：是指按照建设行政主管部门和环保部门的有关规定要求采取的施工场地周边的环境保护措施所需的各项费用。

二、工程量清单项目编制及工程量计算规则

详见前述部分。

三、定额项目内容及工程量计算规则

安全文明施工措施应当按照费率标准等计价标准的规定计算。

计算公式：

$$\text{安全文明施工措施费 } I=(X+Y_1+Y_2+Y_3+Y_4+Z)\times i \qquad (9.4.23)$$

式中：X——分部分项工程费；

Y_1、Y_2、Y_3、Y_4——分别为措施项目费中的“混凝土 / 钢筋混凝土模板及支架费”“脚手架费”“垂直运输机械费”“大型机械设备进出场及安拆费”；

Z——其他项目费；

i——安全文明施工措施费费率，区分专业工程特征如表 9.4.23 所示，需跨专业借用子目时，应统一按发包项目的主体工程相应费率计算。

表 9.4.23　安全文明施工措施费费率表（单位：%）

专业工程		参考范围	推荐费率
建筑工程		1.8~5.4	3.3
地基处理与边坡支护、桩基工程		0.9~3.4	2.1
机械施工土石方及基坑支护工程		1.0~3.9	2.2
安装工程		0.5~2.1	1.2
装饰工程		0.6~1.9	1.1
园林建筑工程		0.9~3.6	1.7
绿化工程		0.5~1.5	0.8
钢结构工程		1.2~4.4	2.8
房屋修缮工程		0.5~1.8	1.3
市政工程	道路	0.8~3.0	2.0
	桥梁	1.1~3.9	2.1
	水厂泵站	1.1~4.6	2.3
	交通设施	0.7~3.0	1.6
	市政维修	0.7~3.0	1.6
	其他	0.8~2.6	1.5
轨道交通	土建工程	1.0~3.5	2.7
	安装工程	0.5~2.1	1.2

注：1. 无论是否一同发包均按各自专业费率取费，建筑工程包括装配式建筑工程；

2. 安全文明施工措施费计费基数为 500 万元以内的项目，安全文明施工费费率乘以系数 1.2；

3. 安全网、施工临时围挡、基坑内场地硬地化应按实际工程量另行计算；

4. 安全文明施工措施费包含内容详见附件《安全文明施工措施费内容》，具体做法参见《深圳市建设工程安全文明施工标准》，执行推荐性标准的，可另行计算相应费用。

第 10 章 计算机辅助工程量计算

【本章提示】通过学习本章，学习人员应了解计算机辅助工程量计算的模式，了解 BIM 在工程量计算中的应用。

计算机辅助工程量计算大量缩短了工程造价计算过程中最耗时、最烦琐工作的时间，方便了对比修正，提高了工程计量的工作效率，减少了计量过程的争议，大大提高了计量的准确性。

10.1 计算机辅助工程量计算

随着信息化技术的发展，市场有不少软件企业开发出了一系列计量计价软件。在经历了算盘、计算器、EXCEL 电子表格计算工程量的低效繁复的阶段后，人们可以利用计算机快速出量算价，不仅大大提高了量价计算的准确度，也节省了大量的时间。

利用计算机辅助计算工程量，目前市场上存在着以传统的 CAD 二维设计图纸建模算量和最新的用 BIM 技术搭建三维模型算量两大模式。

10.1.1 计算机辅助工程量计算传统模式

软件公司开发出可以直接导入 CAD 图纸后由人工手动建模或计算机识别建模的算量软件平台，通过分析构件扣减关系，按照软件内置的工程量计算规则，计算机会自动算出工程量；通过给工程量挂接清单和定额，软件也可以自动组价并算出造价，如图 10.1.1 所示。现阶段国内建筑行业使用的大多数是这种传统的基于 CAD 二维模型基础上的土建安装算量软件。在传统算量平台上，各专业根据各自的 CAD 图纸在指定的专业软件中进行建模，运算速度快，准确率高，但是模型功能单一，量价均为静态数据，不能满足项目动态管理的需要。

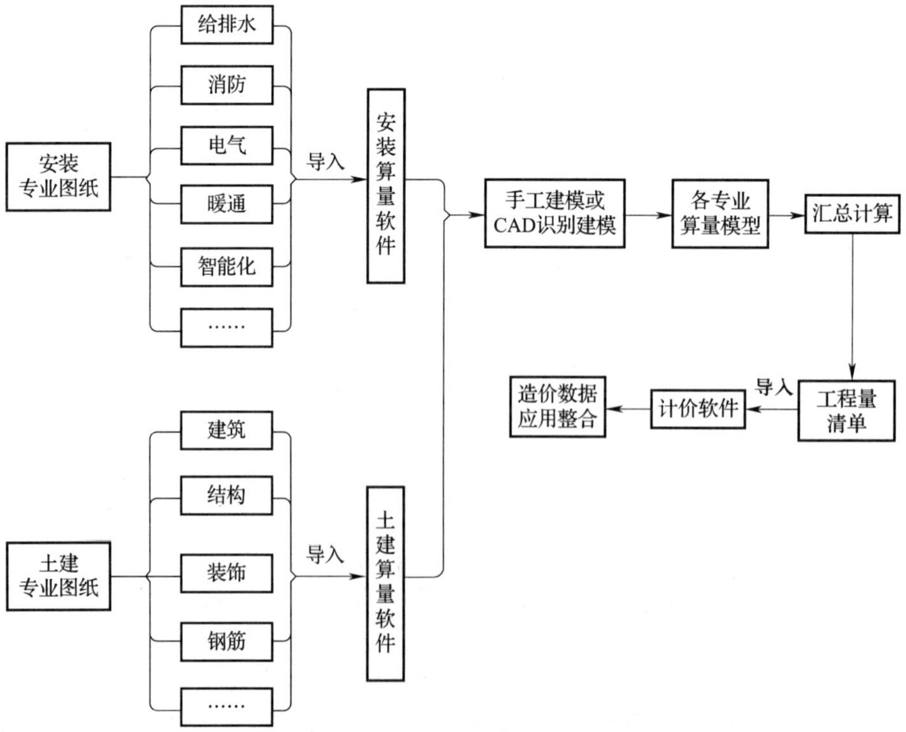

图 10.1.1 计算机辅助工程量计算传统模式

10.1.2　计算机辅助工程量计算 BIM 全过程应用模式

随着 BIM 技术在工程项目中的应用逐渐深入，由三维设计软件建好的三维模型可以直接导入到三维算量软件中进行算量。但是由于三维设计模型输出的构件实体工程量与预算工程量差别较大，需要利用插件把构件实体工程量通过 ifc 或者是 xml 文件格式转化为传统算量软件内置的计算规则（国标清单计算规则及各省市定额计算规则）可以识别的量才能汇总计算，而这个过程存在两次数据传递，一次是模型转化为中继文件（ifc 文件或 xml 文件），一次是将中继文件导入平台，都有可能会造成构件丢失。因此为了出量准确，很多造价从业人员还是选择使用传统算量平台建模出量。为了避免重复建模，国内部分软件公司已经尝试在三维设计建模软件上开发算量插件，直接嵌入国内清单及定额计算规则，省略了数据导出导入的步骤，可实现自动化精准算量，并贯穿工程造价全过程管理，一模多用。

以图 10.1.2 为例，首先在设计阶段进行 BIM 三维建模正向设计，模型碰撞检查及管综优化后直接出具施工图，并实现设计与算量同步进行。将模型构件关联清单得出的工程量清单导入清单计价软件按照项目特征计价（编制预算、核算成本或编制标底）后再把清单文件回导 BIM 软件（把清单单价与工料机匹配到 BIM 模型构件），最后给构件匹配进度做虚拟建造（构件关联清单即关联清单内的工料机），即可进行清单进度申报管理、资源计划管理、资源实际管理、工料机结算价差管理、赢得值及三算对比、工程量结算量差管理等；全过程 BIM5D 数据（3D 模型 +1D 造价 +1D 进度）上传到云端轻量化交互管理、交付运维，真正实现一模多用，将 BIM5D 信息传递效果最大化。

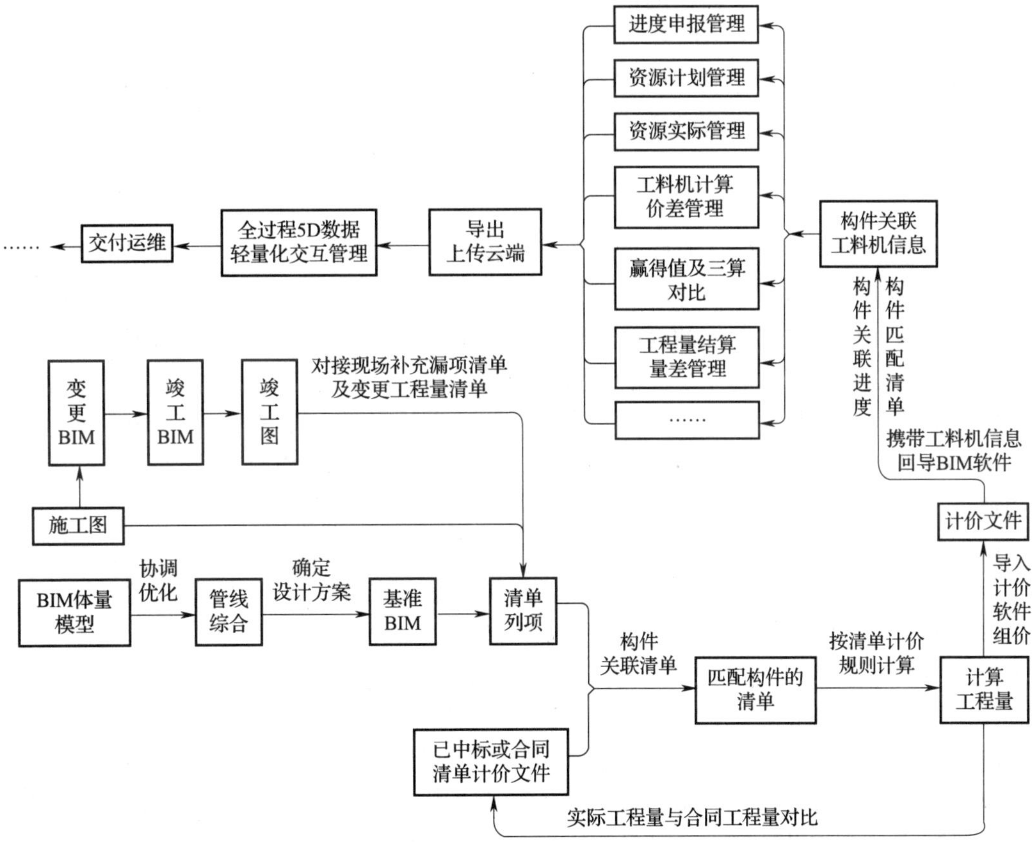

图 10.1.2　计算机辅助工程量计算 BIM 模式

10.2　BIM 在工程量计算的应用

10.2.1　BIM 的概念

BIM 的概念原型最早于 1974 年由美国的查克·伊斯曼博士提出，他提出的 BDS（Building Description

System）理论旨在解决建筑图纸冗余、信息不一致以及人工摘录图纸等问题。随着信息技术的发展，2002年由美国 Autodesk 明确提出了 BIM 的概念，BIM 技术开始在工程建设中得到应用。

BIM 是英文 Building Information Modeling 或 Building Information Model 的缩写，代表建筑信息模型化或建筑信息模型。对于 BIM 并没有统一的定义，但是在各国的标准文件中都做出了各自的解释。我国《建筑信息模型应用统一标准》GB/T 51212—2016 中定义 BIM 为工程项目及其设施物理和功能的数字化表达，在全生命期内提供共享的信息资源，并为各种决策提供基础信息。

10.2.2 BIM 的优势

随着 BIM 技术在我国建设领域应用逐步深入，BIM 的应用价值在工程算量、施工模拟、深化设计、专业协调和进度控制等方面都得到了很高的体现，BIM 技术被认为是建筑行业信息化的最佳解决方案。以下是 BIM 最突出的几大优势。

一、可视化

可视化是 BIM 最显著的优点，也就是"所见即所得"。与传统的二维图纸相比，三维模型的可视化特性可以让设计师在三维模式下，搭建与实际工程一样的模型，能按照三维的思考方式来完成设计，同时也给业主提供了最直接有效的感官体验，建筑物的体量形态、空间位置一目了然，通过三维模型的展示，业主能直观地看到自己的投资成果，方便业主和设计师之间更好地沟通、讨论与决策。

二、参数化

参数化在工程设计阶段发挥了突出的优势。面对多个设计方案或设计变更，传统的方法是设计人员对大量的图纸进行手动修改调整，费时耗力且容易出错。而利用 BIM 的参数化修改引擎，对模型设计的任何部位所做的修改，都可以自动修改到其相关联的部分，在任一视图下所发生的变更都能参数化地、双向地传播到所有视图，以保证所有图纸的一致性，无须逐一对所有视图进行修改，大大提高了工作效率和工作质量。

三、协同化

各专业设计师基于统一的 IFC 工业标准建立 BIM 模型，不同应用程序之间可以完成数据的转换和共享。设计师们采用 BIM 技术并通过网络将各自的设计理念整合到一起，实现协同设计，得到最终的数字化模型。该模型不仅可以完成对图形的描述，还可以容纳从设计、施工、运维到项目报废为止的全生命周期的信息，使所有信息相互之间完全关联。协同的结果不仅是消除了项目中的信息孤岛和不同专业软件之间的不兼容性，也为各相关人员提供了一个交流、共享的平台。模型信息可以被平台上各相关人员共享，避免重复利用，减少信息传递过程的损失，从而大大提高整体工作效率。

四、模拟性

BIM 模型不仅是模拟建筑物的形状，对于一些抽象的信息，比如温度、光度、日照等都可以进行模拟实验，从而得出适合建筑物应用的设计方案；与施工进度计划链接，可以模拟整个施工过程，为科学布置施工现场、合理确定施工计划、优化使用施工资源提供指导；进行运营阶段日常紧急情况的处理方式模拟，确定灾害发生位置，分析灾害发生原因，合理制定人员快速疏散路线，为有效预防地震、火灾、人员伤亡事件发生等提供最佳应对方案。

五、可出图性

BIM 数据库由参数化数据组成，可以以多种方式导出。对建筑物进行了可视化展示、协调、模拟、优化以后，出具对应的建筑设计图、经过碰撞检查和设计修改后的施工图、综合管线图、综合结构留洞图（预埋套管图）、碰撞检查侦错报告和建议改进方案等。另外，工程量清单、设备表等电子表格信息及电子文档信息也可以输出。

10.2.3 BIM 技术应用现状

近年来，我国的 BIM 技术发展很快，在很多标志性项目中都推广应用了 BIM 技术，积累了不少典型案例的经验。目前国内大多数大型建筑企业都有非常强烈地应用 BIM 提升生产效率的意识，并逐渐在一些项目上开展了试点应用。国家政策也给予了大力的支持，各级政府纷纷出台 BIM 应用推广的政策，呈现政府和企业双管齐下，多渠道推动的态势。

一、政府出台了相关政策和标准

住房和城乡建设部于 2016 年 9 月发布了《2016—2020 年建筑业信息化发展纲要》，明确提出“十三五”期间全面提高建筑业信息化水平，着力增强 BIM、大数据、智能化、移动通信、云计算、物联网等信息技术集成应用能力；2017 年，国家和地方政府加大 BIM 政策与标准落地应用力度，《建筑业十项新技术 2017》将 BIM 列为建筑业重点推广的信息技术之首。

地方政府也相继推出发展 BIM 技术的政策。2014 年 9 月，广东省住房和城乡建设厅发出《关于开展建筑信息模型 BIM 技术推广应用的通知》，要求 2020 年底 2 万平方米以上建筑工程普遍应用 BIM 技术。在国家级 BIM 标准不断推进的同时，各地也针对 BIM 技术应用出台了一部分地方或行业标准。如北京市出台了地方标准《民用建筑信息模型（BIM）设计基础标准》，也出台了一些细分领域行业标准，如门窗、幕墙等行业相关 BIM 标准及规范。一些大型房地产开发企业如万达、碧桂园也制定了企业内的 BIM 技术实施导则。

二、各行业企业 BIM 技术应用分析

（一）设计企业 BIM 应用的主要内容

（1）方案设计和初步设计。使用 BIM 技术能进行项目立体模型的直观展示，分析造型、体量和空间的不足之处并进行修改，快速确定方案，还可以同时进行能耗分析和建造成本分析等，使得初期方案决策更具有科学性。

（2）详细设计分析及模拟。基于建筑、结构、机电各专业建立的 BIM 模型，进行日照、能耗、室内外风环境、声学、热工、环境光污染及噪声等分析，进行垂直交通模拟、应急模拟，相对于传统设计可以在设计工期很紧的情况下，快速完成设计分析和模拟，大幅提高设计质量。

（3）施工图设计。基于三维几何模型的 BIM 工程数据可以通过工具软件自动生成各种平面、立面、剖面图纸和统计报表。设计变更也可以通过修改模型自动完成相应图纸的修改，把设计人员从繁重的绘制二维图纸中解放出来，把主要精力放到方案设计和扩初设计阶段，集中在创造性劳动上。

（4）设计评审。在设计会签之前，利用 BIM 的三维模型进行错漏碰缺的检查，能够直观地解决建筑物空间关系上的冲突，检查出设计中存在的错误，并利用专业知识查勘缺失项目，从而优化工程设计，减少在正式施工时可能存在的问题，最大程度避免返工。同时可以通过 BIM 模型进行空间标高的优化，对装修完成面和管线排布方案进行调整和美化。

（二）施工企业 BIM 应用的主要内容

（1）专业协调。施工单位利用错漏碰缺优化后的方案，进行施工交底和施工模拟，对各专业施工进行协调，能够大大提高施工质量，最大程度减少返工。

（2）模拟优化施工方案。在 BIM 模型三维可视化模型的基础上增加时间维度，结合施工组织设计和施工方案，进行施工进度的模拟。将不同方案的模拟效果进行对比，可以优选方案；将模拟施工进度与施工现场的实际进度进行对比，可以提前预警，提醒工程技术人员调整进度安排和资源配置。

（3）项目综合管控。运用 BIM5D 技术追踪现场的施工过程，监控各种危险源，发现问题进行标记、跟踪、记录并进行数据同步，通知现场质安人员核实查看完成质量、安全管理工作；将实际进度完成情况反馈进 BIM5D，可以看到当前的进度情况与计划对比的效果，进行进度调控；在已经关联了进度计划的 BIM5D 模型中，可以根据进度、部位、不同材料类别进行材料查询，生成材料报表，辅助材料管理人员对现场材料进行管控；BIM5D 提供合同造价、实际造价和结算造价等资金信息，可随时查询不同时期计划资金与实际资金的差距，进而可预测项目的实时盈亏情况；此外，BIM5D 还可以提供移动端、PC 端和网页端的互联网 + 应用，对项目进行综合管控。

（三）建设单位运维阶段 BIM 应用的主要内容

（1）空间管理。在为各系统进行空间位置信息的编码后，将原来编号或者文字表示的内容变成三维图形位置，能够非常直观地查找设施、设备的位置，提升空间管理的效率。例如，通过 RFID 获取安保人员位置；消防报警时，在 BIM 模型上快速定位所在位置，并查看周边疏散通道和重要设备等。

（2）设施管理。主要包括设施的装修、空间规划和维护操作。美国国家标准与技术协会（NIST）于 2004 年进行的研究显示，业主和运营商在持续设施运营和维护方面耗费的成本几乎占总成本的 2/3。对重要设备进行远程控制，了解设备的运行状况，可降低由于缺乏互操作性而导致的成本损失，为业主提供更好的运维管理条件。

（3）隐蔽工程管理。项目施工阶段一些管线或者设备可能被隐蔽在封闭的吊顶上方，或者放置在不太被关注的某个角落里，只有设计师和少数物业管理人员知道。随着建筑物使用年限的不断增加，物业管理人员更换频繁，这些隐蔽的工程便有可能成为安全隐患。通过 BIM 模型可以将隐蔽的管线或者设备的信息进行可视化的共享，内部管理人员可以通过共享的信息随时查看设备数据可能发生的调整，并及时更新这些信息，从而确保信息的完整性和准确性，对设备进行维护，最大概率地降低安全风险。

（4）应急管理。公共建筑、大型建筑和高层建筑等作为人流聚集区域，对突发事件的应急响应能力变得至关重要。通过 BIM 技术的运维管理对突发事件管理包括预防、警报和处理。可以迅速定位故障设施设备的位置，避免了在浩如烟海的图纸中寻找信息，降低酿成灾难性事故的风险。

（5）节能减排管理。BIM 模型通过与物联网技术的结合，可以方便地进行日常能源管理监控。通过传感器采集到的建筑能耗数据，实现数据的实时传输、初步分析、定时定点上传等基本功能，并实时地在 BIM 模型上进行显示，进行数据的可视化处理。

（四）广州地区 BIM 技术应用现状分析

根据广州市建设科学技术委员会办公室 2017 年对广州市建筑业有代表性的设计单位、施工企业、咨询公司、教育机构等多家单位的调研显示，广州市建筑行业内 BIM 技术仍然属于前沿技术，多数企业和个人还处在初学起步阶段，市场并未成熟，运用成熟的 BIM 技术为企业提供全过程集成化的管理服务还为时尚早。

从图 10.2.3–1 可以看出，目前广州市建设企业的 BIM 技术应用点集中于碰撞检查、方案模拟、深化设计等方面，BIM 仅仅是作为项目的数据和技术支撑手段，从边缘层面上支持项目管理，还没有形成项目全生命周期的全面深入应用。

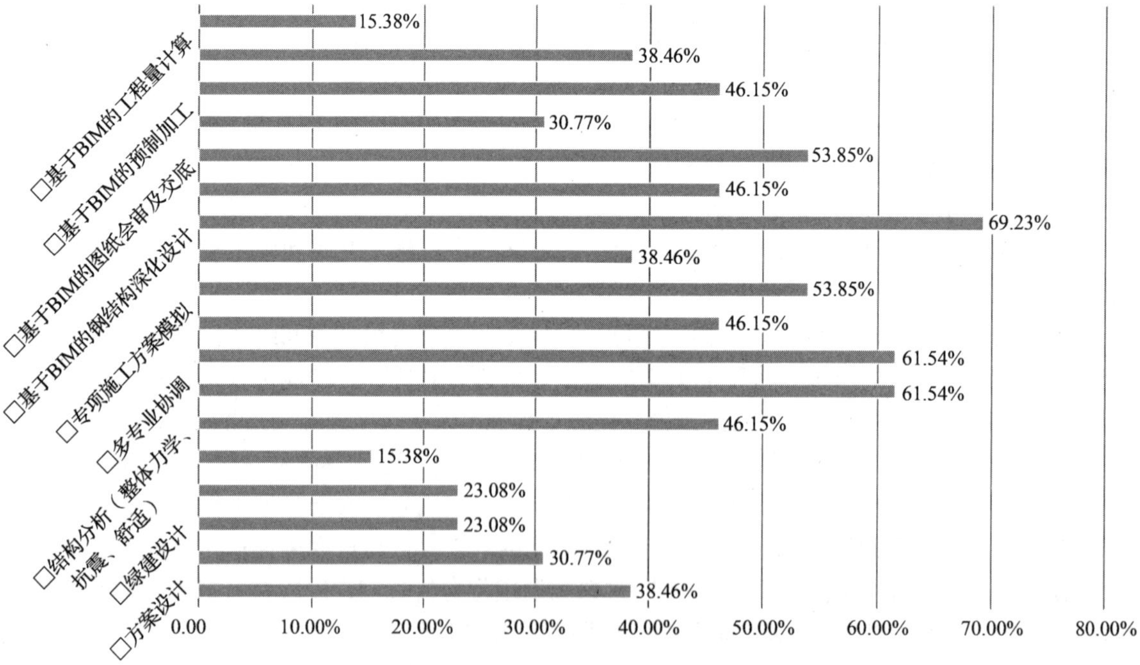

图 10.2.3–1　广州市实施 BIM 技术的应用点

不同类型的工程项目采用 BIM 技术的情况参差不齐。从图 10.2.3–2 可以看出高层办公楼、商业广场运用 BIM 技术的比例最高，住宅工程中也有超过半数的项目使用了 BIM 技术，市政、路桥的应用比例最低。此结果反映了目前 BIM 技术的应用很不均衡，主要还是集中在常规民建项目。

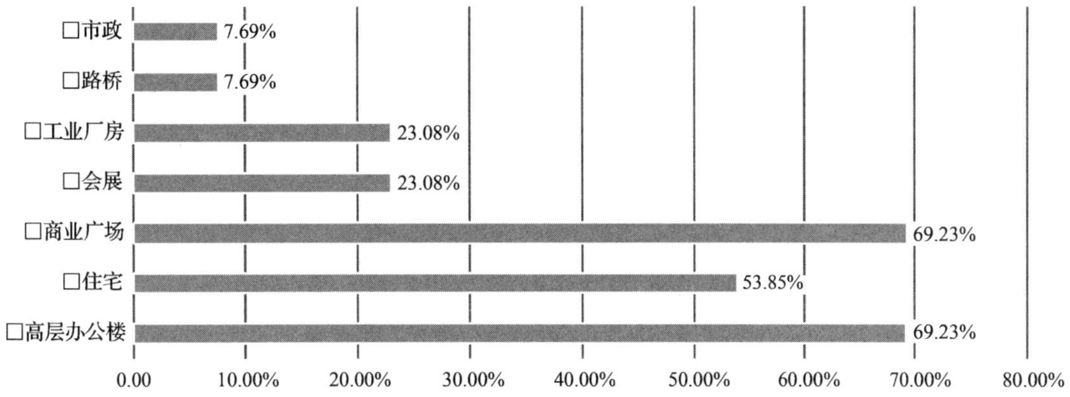

图 10.2.3–2　广州市采用 BIM 技术的工程类型

10.2.4　BIM 在工程量计算的应用

由于 Revit 只能导出实物工程量，与我国现行的计量规范还有一定的差异，所以要从 BIM 模型中提取符合现行规范的工程量并直接输出工程量清单，需要使用专门开发的插件进行转换，对建模的深度也有一定的要求。首先应按规定的建模规则进行建模并描述构件的信息，即应建立并遵守统一的建模规则，其次对于设计图纸中构件信息不完整不规范的要进行补充完善。如果建模提供的模型深度和建模规则达不到要求，会导致转换过程中的信息错误或构件丢失。

10.2.5　BIM 技术应用的未来展望

随着 BIM 技术在建筑领域的应用逐步深入，其为建筑行业提高工作效率节省成本的优势将显而易见，相信 BIM 未来将会在更多的领域发挥更大的作用。比如 BIM 技术为装配式建筑、地下管廊、绿色建筑、智能建筑的建设提供关键技术支撑。BIM 技术结合物联网、GIS 等技术，也将在智慧城市建设、城市管理和园区物业管理等方面实现更多的技术创新和管理创新。

推进 BIM 技术需要大量的掌握 BIM 技术的复合型人才。一个合格的 BIM 从业人员不仅要具备工程专业背景和工程项目实践经验，还要理解 BIM 理念，熟练掌握核心 BIM 软件的操作，能够结合企业和项目的实际需求制订 BIM 应用方案和技术标准。另外，市场也应大力开发 BIM 配套应用软件，在项目性能分析、施工管理、协同建造、进度分析、成本管控等方面提供更加高效的服务。

我们要加大人才培养力度，尽快培养出一批符合市场需要的复合型 BIM 人才，为 BIM 技术的推广提供人才支持；借鉴国外软件的优势，大力开发符合本土工程需求和习惯的 BIM 软件和平台；加快制定 BIM 应用技术相关标准和指南等文件，指导技术人员和企业开展 BIM 业务。相信随着科技水平的提高，大数据、云计算、物联网技术的高速发展，BIM 技术的应用也将迎来一个新的发展阶段。无论是硬件的提升还是软件的飞跃，BIM 技术改变整个建设行业的趋势不可阻挡，我们也会成为新技术的使用者和受益者。

第三篇

工 程 计 价

第 11 章　预算定额、工期定额

【本章提示】通过学习本章，学习人员应掌握预算定额的调整与应用；熟悉预算定额的分类、适用范围；了解工期定额的术语、招（投）标工期的计算、工期的约定、工期的调整、实际施工工期的确定。

工程计价定额是指工程定额中直接用于工程计价的定额或指标，主要用来在建设项目的不同阶段作为确定和计算工程造价的依据，包括预算定额、概算定额、概算指标和估算指标等。预算定额是应用最广、体系最成熟的工程计价定额，是在正常的施工条件下，完成一定计量单位合格分项工程和结构构件所需消耗的人工、材料、施工机具台班数量及其相应费用标准。预算定额是工程建设中的一项重要的技术经济文件，是编制施工图预算的主要依据，是确定和控制工程造价的基础。

11.1　预算定额的分类、适用范围

11.1.1　预算定额的分类

（1）按专业性质分，预算定额有建筑工程预算定额和安装工程预算定额两大类。

1）建筑工程预算定额按专业对象又分建筑工程预算定额、市政工程预算定额、铁路工程预算定额、公路工程预算定额、房屋修缮工程预算定额、矿山井巷预算定额等。

2）安装工程预算定额按专业对象又分为机械设备安装工程预算定额，热力设备安装工程预算定额，静置设备与工艺金属结构制作安装工程预算定额，电气设备安装工程预算定额，建筑智能化工程预算定额，自动化控制仪表安装工程预算定额，通风空调工程预算定额，工业管道安装工程预算定额，消防工程预算定额，给排水、采暖、燃气工程预算定额，通信设备及线路工程预算定额，刷油、防腐蚀、绝热工程预算定额等。

（2）从管理权限和执行范围分，预算定额可分为全国统一定额、行业统一定额和地区统一定额等。

（3）预算定额按物资要素区分的劳动定额、机械定额和材料消耗定额，但它们相互依存形成一个整体，作为编制预算定额的依据，各自不具有独立性。

11.1.2　预算定额的适用范围

（1）全国统一定额。全国统一定额是由国家建设行政主管部门综合全国工程建设中技术和施工组织管理的情况编制，并在全国范围内执行的定额，如全国通用安装工程消耗量定额。

（2）行业部门统一定额。行业部门统一定额是考虑到各行各业部门专业工程的技术特点以及施工生产和管理水平编制的。

（3）地区统一定额。地区统一定额是各省、市、自治区考虑地区特点并结合全国统一定额水平适当调整补充而编制的，在规定的地区范围内使用的定额。目前广东省执行《广东省房屋建筑与装饰工程综合定额（2018）》，深圳市执行《深圳市建筑工程消耗量定额（2016）》。

11.2　预算定额的调整与应用

11.2.1　预算定额的直接套用

（1）当施工图的设计要求、项目内容与预算定额的项目内容完全一致时，可直接套用预算定额计算直接工程费。

（2）直接套用定额时可按分部工程－定额节－定额项目表－子项目的顺序找出所需项目。在编制单位工程施工图预算的过程中，大多数项目是可以直接套用预算定额，套用时应注意以下几点：

1）根据施工图、设计说明和做法说明选择定额项目。

2）要从工程内容、技术特征和施工方法上仔细核对，才能准确地确定相对应的定额项目。

3）分项工程的名称和计量单位要与预算定额相一致。预算定额项目基本上是扩大的计量单位，要注意把分项工程量转变成定额计量单位数量。

4）要注意定额项目表上的工作内容，工作内容中所列出的施工过程已包括在定额基价内，编制预算时不能重复列项。

5）查阅定额时应注意定额项目表下面的附注，附注作为定额项目表的补充与完善，套用时必须严格执行。预算定额直接套用举例：

【例 11.2.1】试求 8.83m^{3}M7.5 水泥砂浆砖基础所需要的人工和材料消耗量。砖基础定额如表 11.2.1 所示。

表 11.2.1　砖基础（摘录）

工作内容：运料、淋砖、砂浆运输、清理基槽坑、砌砖等。　　　　计量单位：10m^3

定额编号			A1-4-1
项目名称			砖基础
类别	名称	单位	消耗量
人工	人工费	元	1555.22
材料	预拌水泥砂浆 M7.5	m^3	（2.360）
	标准砖 240mm×115mm×53mm	千块	5.236
	水	m^3	1.05
	其他材料费	元	18.77

【解】根据表 11.2.1，人工：8.83×1555.22/10=1373.26（元）

材料：预拌水泥砂浆：M7.5：8.83×2.36/10=2.084（m^3）

标准砖：8.83×5.236/10=4.623（千块）

水：8.83×1.05/10=0.927（m^3）

11.2.2　预算定额的换算

当套用预算定额时，如果工程项目内容与套用相应定额项目的要求不相符合，当定额规定允许换算时，就要在定额规定的范围内进行换算，从而使施工图纸的内容与定额中的要求相一致，这个过程称为定额的换算。经过换算后的项目，要在其定额编号后加注“换”字，以示区别。

1）预算定额的换算原则。为了保持定额的水平，在预算定额的说明中规定了有关的换算原则，一般包括：

①定额的砂浆、混凝土强度等级。如设计与定额不同时，允许按定额附录的砂浆、混凝土配合比表换算，但配合比中的各种材料用量不得调整。

②定额中抹灰项目已考虑了常用厚度，各层砂浆的厚度一般不做调整。设计有特殊要求时，定额中人工、材料可以按厚度比换算。

③必须按预算定额中的各项规定换算定额。

2）预算定额的换算类型。预算定额的换算类型有以下四种：

①砂浆换算。即砌筑砂浆强度等级、抹灰砂浆配合比及砂浆用量的换算。

②混凝土换算。即构件混凝土、楼地面混凝土的强度等级，混凝土类型的换算。

③系数换算。即按规定对定额中的人工费、材料费、机械费乘以各种系数的换算。

④其他换算。即除了以上三种情况外的换算。

11.2.3　定额换算的基本思路

定额换算的基本思路是：根据选定的预算定额基价，按规定换入增加费用，换出扣除的费用。这一思路用下列表达式表述：

换算后的定额基价 = 原定额基价 + 换入的费用 – 换出的费用　　（11.2.3–1）

例如，某工程施工图设计用 M15 水泥砂浆砌砖墙，查预算定额中只有 M5 水泥砂浆砌砖墙的项目，这时就需要选用预算定额中的某个项目，再依据定额附录中 M15 水泥砂浆的配合比用量表和基价进行换算：

换算后定额基价 =M5 水泥砂浆砌砖墙定额基价 + 定额砂浆用料 ×M15 水泥砂浆基价（换入的费用）–
定额砂浆用量 ×M5 水泥砂浆基价（换出的费用）

1）砌筑砂浆换算：

①换算原因：当设计图纸要求的砌筑砂浆强度等级在预算定额中缺项时，就需要调整砂浆强度等级，求出新的定额基价。

②换算特点：由于砂浆用量不变，所以人工费、机械费不变，因而只换算砂浆强度等级和调整砂浆材料费。

③砌筑砂浆换算公式：

换算后定额基价 = 原定额基价 + 定额砂浆用量 ×（换入砂浆基价 – 换出砂浆基价）　　（11.2.3–2）

【例 11.2.3】根据广东省房屋建筑与装饰工程综合定额，求 M5.0 水泥砂浆砌筑基础。

【解】根据表 11.2.3–1 中定额可知：

换算定额号：表 11.2.3–1 中 A1–4–1 及表 11.2.3–2 中编号 8005901。

表 11.2.3–1　广东省房屋建筑与装饰工程综合定额（摘录）

工程内容：略　　单位：$10m^3$

定额编号				A1–4–1
项目名称				砖基础
类别	名称	单位	单价	消耗量
基价		元		3442.24
其中	人工费	元		1555.22
	材料费	元		1651.56
	机具费	元		—
	管理费	元		235.46
人工	人工费	元	—	1555.22
材料	预拌水泥砂浆 M7.5	m^3	—	（2.360）
	标准砖 240mm×115mm×53mm	千块	310.92	5.236
	水	m^3	4.58	1.05
	其他材料费	元	1.00	18.77

表 11.2.3–2　砌筑砂浆配合比表（摘录）

单位：m^3

编号			8005901	8005902	8005903	8005904
项目	单位	单价（元）	湿拌砌筑砂浆			
			M5	M7.5	M10	M15
基价	元		271	290	296	303

换算后定额基价 =3442.24+2.36×（271−0）=3442.24+639.56=4081.8（元 /10m^3）

2）抹灰砂浆换算：

①换算原因：当设计图纸要求的抹灰砂浆配合比或抹灰厚度与预算定额的抹灰砂浆配合比或厚度不同时，就要进行抹灰砂浆换算。

②换算特点：

a. 第一种情况：当抹灰厚度不变只换算配合比时，人工费、机械费不变，只调整材料费；

b. 第二种情况：当抹灰厚度发生时，砂浆用量要改变，人工费、机械费变化，因而人工费、材料费、机械费均要换算。

③换算公式：下面主要介绍第一种情况的换算公式：

换算后定额基价 = 原定额基价 +（定额人工费 + 定额施工机具费）×（K−1）+ ∑（各层换入砂浆用量 × 换入砂浆基价 − 各层换出砂浆用量 × 换出砂浆基价）（11.2.3−3）

式中：K——人工费、机械费换算系数，且 K= 设计抹灰砂浆总厚 ÷ 定额抹灰砂浆总厚；

各层换入砂浆用量 = 定额砂浆用量 ÷ 定额砂浆厚度 × 设计厚度；

各层换出砂浆用量 = 定额砂浆用量。

3）构件混凝土换算：

①换算原因：当设计要求构件采用的混凝土强度等级在预算定额中没有相符合的项目时，就产生了混凝土强度等级或石子粒径的换算。

②换算特点：混凝土用量不变，人工费、机械费不变，只换算混凝土强度等级或石子粒径。

③换算公式：

换算定额基价 = 原定额基价 + 定额混凝土用量 ×（换入混凝土基价 − 换出混凝土基价）（11.2.3−4）

4）楼地面混凝土换算：

①换算原因：楼地面混凝土面层的定额单位一般是 m^3。因此当设计厚度与定额厚度不同时，就产生了定额基价的换算。

②换算特点：同抹灰砂浆的换算特点。

③换算公式：

换算后定额基价 = 原定额基价 +（定额人工费 + 定额机械费）×（K−1）+ 换入混凝土 × 换入砂浆基价 − 换出砂浆用量 × 换出砂浆基价（11.2.3−5）

式中：K——人工费、机械费换算系数，K= 混凝土设计厚度 / 混凝土定额厚度；

各层换入砂浆用量 = 定额混凝土用量 ÷ 定额混凝土厚度 × 设计混凝土厚度；

换出混凝土用量 = 定额混凝土用量；

换算方式同抹灰砂浆。

5）乘系数的换算和其他换算：

①乘系数换算是指在使用预算定额项目时，定额的一部分或全部乘以规定的系数。

例如，广东省预算定额规定，人工挖土方挖桩间土方时，人工乘以系数 1.30。

②其他换算是指不属于上述几种换算情况的定额基价换算。

11.3 工期定额

（1）建筑工程工期定额是依据国家建筑工程质量检验评定标准施工及验收规范有关规定，结合各施工条件，本着平均、经济合理的原则制定的，工期定额是编制施工组织设计、安排施工计划和考核施工工期的依据，是编制招标标底、投标标书和签订建筑工程合同的重要依据。目前广东省现行工期定额为《广东省建设工程施工标准工期定额（2011）》，深圳市工期定额为《深圳市建设工程施工工期定额（2017）》。

（2）建设工程施工工期的确定和调整应遵循科学、客观、公正、公平的原则。

（3）建设单位、施工单位应保证建设工程有合理的施工工期，不得任意压缩工期。

（4）建设工程施工工期的计算与管理活动，包括但不限于以下事项：

1）工期目标及招标工期的确定。

2）施工合同工期的确定。

3）工期的调整。

4）施工进度计划的编制和调整。

5）工期纠纷的处理。

11.3.1　工期定额的术语

（1）标准工期：是指按照工期定额规定计算的工期。标准工期已包括完成施工合同约定全部工程内容达到过程验收标准之日为止的全过程所需的日历天数，但不包括施工准备、竣工文件的编制和实施验收的时间。

（2）招标工期：是指招标人在招标文件中提出的，完成施工招标内容并通过施工质量竣工验收所需的日历天数。

（3）投标工期：是指投标人根据招标文件的要求，结合企业自身和拟定的施工组织设计对招标工程报出的完成施工招标内容和通过施工质量竣工验收所需的日历天数。

11.3.2　招（投）标工期的计算

（1）招标人应在招标文件中明确招标工期并说明确定依据、计划开工日期等有关事项。扣减施工质量竣工验收时间后招标工期短于标准工期的，应在招标文件中单独说明，工程量清单和最高投标限价（施工图预算）应开列“赶工措施项目”和“赶工措施费用”，赶工措施费用按照现行广东省建设工程计价依据的有关规定计算。扣减施工质量竣工验收时间后的招标工期不得少于标准工期的80%。

（2）投标工期应符合招标工期的要求：

1）招标文件规定确定性招标工期的，投标工期按照招标工期。

2）招标文件规定非确定性招标工期的，投标工期应由投标人根据项目特征和规模，结合本定额的规定在投标施工组织方案的基础上自行确定。

（3）投标工期少于标准工期的80%的，投标人应提供详细的施工进度计划，要有明确的赶工措施和施工方案确保工程质量和安全。

11.3.3　工期的约定

（1）发、承包双方应在施工合同中明确合同工期，并约定以下与工期有关的事项：①开工日期；②工期调整事项；③工期调整程序；④工期责任；⑤工期争议的处理方式。

（2）施工合同中没有约定或约定不明的，由双方协商确定；协商不能达成一致的，按照本定额的有关规定执行。

11.3.4　工期的调整

（1）因承包人原因未能按规定开工的，工期不予顺延。因发包人原因致使工程不具备开工条件的，工期应予顺延。

（2）施工合同履行过程中，发生下列情形之一影响施工进度或暂停施工的，应按照相关规定顺延施工工期：

1）遇异常恶劣的自然天气和不可抗力的。

2）地质勘察报告与实际地质出入较大的。

3）遇地下障碍物或发现地下文物、化石、古迹遗址等具有考古价值文物的。

4）发生重大设计变更的。

5）发包人违约导致暂停施工或影响关键工作的。

6）停水、停电、停气导致暂停施工的。

7）其他非承包人原因引起的暂停施工或工期延误的。

11.3.5 实际施工工期的确定

（1）实际施工工期的确定应依据：

1）工期定额；

2）施工合同；

3）建设工程设计文件及相关资料；

4）与建设项目相关的标准、规范、技术资料施工组织设计；

5）施工记录，地质勘察报告和实际地质情况；

6）其他相关资料。

（2）调整后的合同工期天数应以合同约定天数（中标工期天数）为基础，考虑合同履行过程中的工程调整，具体算式为：

$$T_{dc}=T_{db}+T_{ds}+T_{dz}-T_{dj} \quad (11.3.5)$$

式中：T_{dc}——调整后的合同工期天数；

T_{db}——中标工期天数或合同工期约定天数；

T_{ds}——顺延工期天数；

T_{dz}——增加工期天数；

T_{dj}——缩短工期天数。

第 12 章　施工图预算编制的常用方法

【本章提示】通过学习本章，学习人员应掌握广东省建设工程计价依据（2018）编制原则、广东省建筑与装饰工程造价组成及计价程序、深圳市建设工程计价规程；熟悉施工图预算编制依据、单位工程施工图预算的编制、单项工程综合预算的编制、建设项目总预算的编制、《广东省建设工程计价依据（2018）》概述。

施工图预算是以施工图设计文件为依据，按照规定的程序、方法和依据，在工程施工前对工程项目的工程费用进行的预测与计算。施工图预算的成果文件称作施工图预算书，也简称施工图预算，它是在施工图设计阶段对工程建设所需资金做出较精确计算的技术经济文件。施工图预算价格既可以是按照政府统一规定的预算单价、取费标准、计价程序计算而得到的属于计划或预期性质的价格，也可以是通过招标投标法定程序后施工企业根据自身的实力、资源市场单价以及市场供求及竞争状况计算得到的反映市场性质的价格。

12.1　施工图预算编制依据

施工图预算的编制必须遵循以下依据：

（1）国家、行业和地方有关规定。

（2）相应工程造价管理机构发布的预算定额。

（3）施工图设计文件及相关标准图集和规范。

（4）项目相关文件、合同、协议等。

（5）工程所在地的人工、材料、设备、施工机具预算价格。

（6）施工组织设计和施工方案。

（7）项目的管理模式、发包模式及施工条件。

（8）其他应提供的资料。

12.2　施工图预算编制程序和方法

12.2.1　单位工程施工图预算的编制

一、建筑安装工程费计算

单位工程施工图预算包括建筑工程费、安装工程费和设备及工器具购置费。单位工程施工图预算中的建筑安装工程费应根据施工图设计文件、预算定额（或综合单价）以及人工、材料及施工机具台班等价格资料进行计算。为适应工程量清单计价模式，目前预算定额采用综合单价的模式编制，施工图预算的编制也相应从工料单价法全面转向了综合单价法。

综合单价是指完成一个规定计量单位的项目所需的人工费、材料费、施工机具费、管理费和利润、工程设备费以及一定范围内的风险费用。预算定额中各子目综合单价计算公式如下：

综合单价 G= 人工费 A+ 材料费 B+ 施工机具费 C+ 管理费 E+ 利润 F+ 工程设备费 H　　（12.2.1–1）

采用综合单价法编制建筑安装工程预算的程序见图 12.2.1。编制程序为：

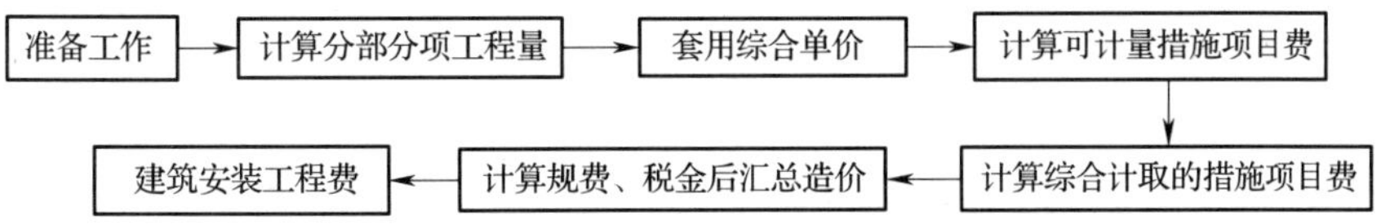

图 12.2.1　施工图预算中建筑安装工程费的计算程序

（1）准备工作。准备工作阶段应主要完成以下工作内容：

1）收集编制施工图预算的编制依据。其中主要包括现行建筑安装定额、取费标准、工程量计算规则、地区材料预算价格以及市场材料价格等各种资料。

2）熟悉施工图等基础资料。熟悉施工图纸、有关的通用标准图、图纸会审记录、设计变更通知等资料，并检查施工图纸是否齐全、尺寸是否清楚，了解设计意图，掌握工程全貌。

3）了解施工组织设计和施工现场情况。全面分析各分部分项工程，充分了解施工组织设计和施工方案，如工程进度、施工方法、人员使用、材料消耗、施工机械、技术措施等内容，注意影响费用的关键因素；核实施工现场情况，包括工程所在地地质、地形、地貌等情况，工程实地情况，当地气象资料、当地材料供应地点及运距等情况；了解工程布置、地形条件、施工条件、料场开采条件、场内外交通运输条件等。

（2）在工程量清单计价模式下，工程造价首先按照第二篇的方法划分为分部分项工程量清单、措施费清单及规费税金等，各清单又细分为不同的清单项目。在此基础上我们需要对每个清单进行单价分析。目前单价分析多采用定额进行编制。

（3）列项并计算工程量。

1）根据清单项目工程内容列出对应的定额子目。

2）根据清单工程量列出下挂各定额子目的工程量。

3）根据施工图纸上的设计尺寸及有关数据，计算各定额子目工程量。

（4）套用定额综合单价。核对工程量计算结果后，根据编制期人工、材料的市场价格或造价信息价格调整后得出定额子目综合单价，乘以工程量得出合价，汇总求出分部分项工程费。计算综合单价时需要注意以下几个问题：

1）清单项目的名称、规格、计量单位与定额所列内容完全一致时，可以直接套用综合单价。

2）定额人工、材料价格需要按市场价格或当地造价信息调整单价。

3）分项工程施工工艺条件与定额不一致而造成人工、机具的数量增减时，应按定额规定调整。

4）措施项目费的计算。建筑安装工程预算的措施项目费应按下列规定计算：

可以计量的措施项目费与分部分项工程费的计算方法相同，综合计取的措施项目费按相关规定通常以费率计算。

（5）按计价程序计取其他费用，并汇总造价。根据规定的税率、费率和相应的计取基础，分别计算规费和税金。将上述费用累计后与直接费进行汇总，得到单位工程预算造价。

（6）复核。对项目填列、工程量计算公式、计算结果、套用单价、取费费率、数字计算结果、数据精确度等进行全面复核，及时发现差错并修改，以保证预算的准确性。

（7）填写封面、编制说明。封面应写明工程编号、工程名称、预算总造价和单方造价等，将封面、编制说明、预算费用汇总表、材料汇总表、工程预算分析表按顺序编排并装订成册，便完成了单位施工图预算的编制工作。

全费用综合单价是在上述综合单价的基础上，增加安全文明施工措施费、规费及税金等内容。全费用综合单价直接采用包含全部费用和税金等项在内的综合单价进行计算，过程简单，其目的是适应目前推行的全过程全费用单价计价的需要。

二、设备及工器具购置费计算

设备购置费由设备原价和设备运杂费构成，未到达固定资产标准的工器具购置费一般以设备购置费为计算基数，按照规定的费率计算。设备及工器具购置费编制方法及内容可参照设计概算相关内容。

三、单位工程施工图预算书编制

单位工程施工图预算由建筑安装工程费和设备及工器具购置费组成，将计算好的建筑安装工程费和设备及工器具购置费相加，即得到单位工程施工图预算，即：

$$单位工程施工图预算 = 建筑安装工程预算 + 设备及工器具购置费 \quad (12.2.1\text{–}2)$$

12.2.2 单项工程综合预算的编制

单项工程综合预算备价由组成该单项工程的各个单位工程预算造价汇总而成，填入单项工程造价汇总表。计算公式如下：

$$\text{单项工程施工图预算} = \sum \text{单位建筑工程费用} + \sum \text{单位设备及安装工程费用} \quad (12.2.2)$$

12.2.3 建设项目总预算的编制

建设项目总预算由组成该建设项目的各个单项工程综合预算，以及经计算的工程建设其他费、预备费和建设期利息和铺底流动资金汇总而成。三级预算编制中总预算由综合预算和工程建设其他费、预备费、建设期利息及铺底流动资金汇总而成，计算公式如下：

$$\text{总预算} = \sum \text{单项工程施工图预算} + \text{工程建设其他费} + \text{预备费} + \text{建设期利息} + \text{铺底流动资金} \quad (12.2.3\text{-}1)$$

二级预算编制中总预算由单位工程施工图预算和工程建设其他费、预备费、建设期利息及铺底流动资金汇总而成，计算公式如下：

$$\text{总预算} = \sum \text{单位建筑工程费用} + \sum \text{单位设备及安装工程费用} + \text{工程建设其他费} + \text{预备费} + \text{建设期利息} + \text{铺底流动资金} \quad (12.2.3\text{-}2)$$

以建设项目施工图预算编制时为界线，若上述费用（工程建设其他费、预备费、建设期利息及铺底流动资金）已经发生，按合理发生金额列计，如果还未发生，按照原概算内容和本阶段的计费原则计算列入。

采用三级预算编制形式的工程预算文件，包括封面、签署页及目录、编制说明、总预算表、综合预算表、单位工程预算表、附件等内容。其中，总预算表的格式如表 12.2.3 所示。

表 12.2.3 总预算表

总预算编号： 工程名称： 单位：万元 第 页 共 页

序号	预算编号	工程项目或费用名称	建筑工程费	设备及工器具购置费	安装工程费	其他费用	合计	其中：引进部分		占总投资比例（%）
								美元	折合人民币	
一		工程费用								
1		主要工程								
		×××××								
2		辅助工程								
		×××××								
3		配套工程								
		×××××								
二		其他费用								
1		×××××								
三		预备费								

续表 12.2.3

序号	预算编号	工程项目或费用名称	建筑工程费	设备及工器具购置费	安装工程费	其他费用	合计	其中：引进部分		占总投资比例（%）
								美元	折合人民币	
四		专项费用								
1		×××××								
		建设项目预算								

12.3 广东省建筑与装饰工程计价依据的组成

广东省建筑与装饰工程计价方法包括工程量清单计价法和定额计价法两种，全部采用国有资金投资或国有资金投资为主的建设项目，必须采用工程量清单计价。其他投资主体的建设项目由业主确定采用工程量清单计价法或定额计价法，如施工合同未约定计价方法的，应采用工程量清单计价法。

采用工程量清单计价的，其计价依据由《建设工程工程量清单计价规范》GB 50500—2013、《房屋建筑与装饰工程工程量计算规范》GB 50854—2013、2018 年《广东省建设工程计价依据》及《广东省建筑与装饰工程工程量清单计价指引》组成。采用定额计价的，其计价依据由 2018 年《广东省建设工程计价依据》组成。

12.3.1 《广东省建设工程计价依据（2018）》概述

（1）《广东省建设工程计价依据（2018）》包括广东省建筑与装饰工程综合定额（2018）、广东省安装工程综合定额（2018）、广东省市政工程综合定额（2018）、广东省园林工程综合定额（2018）、广东省建设工程施工机具台班费用编制规则（2018）等内容。

（2）《广东省建设工程计价依据（2018）》编制原则。

1）采用“量价合一”的表现形式，消耗量体现全省的统一性，保证绿色施工和安全生产的需要；工料机价格采用编制时期综合价格，由各市动态调整，合理确定工程造价。

2）项目划分、计量单位和工程量计算规则三者必须有机统一，简洁明了，便于初步设计概算编制、投标报价、工程价款结算以及单位内部核算与管理。

3）项目的工、料、机消耗量参考全国统一定额及公路专业定额，参考其他兄弟省市最新定额，在《广东省建设工程计价依据》（2010 年）的基础上，结合现行设计规范、施工验收规范、质量评定标准和安全操作规程下实际施工发生的社会平均水平调整取定，科学理顺量价关系，贴近市场实际。

4）依据广东省地方标准《建筑工程绿色施工评价标准》DBJ/T 15-97-2013，删减因工艺材料落后等因素需要淘汰的项目，提升绿色环保施工管理标准。

5）局部调整各专业册定额子目水平偏差和不合理部分，对措施项目、其他项目、税金、附录等进行了审查梳理，修改相关内容、计费基数、计费标准等。

6）根据《建设工程工程量清单计价规范》GB 50500—2013 以及《房屋建筑与装饰工程工程量计算规范》GB 50854—2013 完善定额子目设置、结构、内容，结合广东省实际情况的要求，满足工程量清单计价和定额计价的需要。

7）定额编制有利于衔接市场实际，有利于服务项目管理，有利于推行工程量清单计价，有利于促进工程造价管理信息化发展，有利于形成公平、规范的计价市场秩序，有利于增强政府宏观调控和政策引导作用。

12.3.2　广东省建筑与装饰工程造价组成及计价程序

建筑与装饰工程计价方法包括工程量清单计价和定额计价两种。使用国有资金投资的工程建设项目必须采用工程量清单计价，其他建设工程由发包人根据有关法律法规在招标文件或合同中予以明确采用工程量清单计价还是定额计价方法，在条件许可的情况下应首先选择采用工程量清单计价。两种计价方法不能同时使用。

一、广东省建筑与装饰工程工程量清单计价的工程造价组成及计价程序

采用工程量清单计价，是按照《建设工程工程量清单计价规范》GB 50500—2013 的规定计算建设工程造价的计价。当采用工程量清单计价时，工程造价由分部分项工程费、措施项目费、其他项目费、规费、税金组成。费用组成图如图 12.3.2–1 所示，工程造价计价程序如表 12.3.2–1 所示。

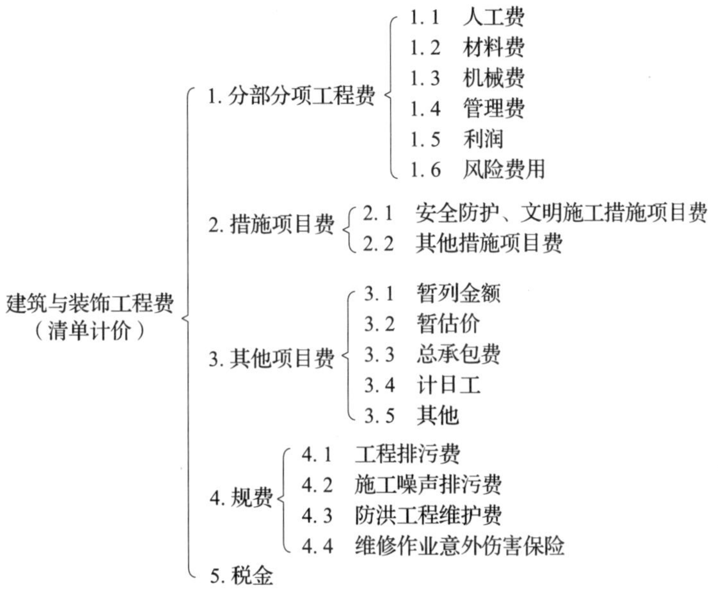

图 12.3.2–1　建筑与装饰工程清单计价费用组成结构图

表 12.3.2–1　工程量清单计价的计价程序

序号	名　　称	计 算 办 法
1	分部分项工程费	Σ（清单工程量 × 综合单价）
2	措施项目费	2.1+2.2
2.1	绿色施工安全防护措施费	按规定计算（包括利润）
2.2	其他措施项目费	按规定计算（包括利润）
3	其他项目费	按规定计算
4	税前工程造价	1+2+3
5	增值税销项税额	税率按税务部门的规定计算
6	总造价	4+5

二、广东省建筑与装饰工程定额计价的工程造价组成及计价程序

采用定额计价，是按照《广东省房屋建筑与装饰工程综合定额（2018）》的规定计算建设工程造价的计价。采用定额计价时，工程造价由分部分项工程费（包括定额分部分项工程费、价差及利润）、措施项目费、其他项目费和税金组成。费用组成如图 12.3.2–2 所示，工程造价计价程序如表 12.3.2–2 所示。

建筑与装饰工程费（定额计价）
- 1. 分部分项工程费
  - 1.1 定额分部分项工程费
  - 1.2 价差
  - 1.3 利润
- 2. 措施项目费
  - 2.1 绿色施工安全防护措施费
  - 2.2 其他措施项目费
- 3. 其他项目费
- 4. 税金

图 12.3.2–2 建筑与装饰工程费定额计价费用组成结构图

表 12.3.2–2 定额计价的计价程序

序号	名　称	计 算 方 法
1	分部分项工程费	1.1+1.2+1.3
1.1	定额分部分项工程费	Σ（工程量 × 子目基价）
1.2	价差	Σ［数量 ×（编制价 – 定额价）］
1.3	利润	人工费 × 利润率
2	措施项目费	2.1+2.2
2.1	绿色施工安全防护措施费	按规定计算（包括价差和利润）
2.2	其他措施项目费	按规定计算（包括价差和利润）
3	其他项目费	按有关规定计算
4	税前工程造价	1+2+3
5	增值税销项税额	税率按税务部门规定计算
6	总造价	4+5

注：1. 定额计价法所称子目基价是指为完成《广东省房屋建筑与装饰工程综合定额（2018）》分部分项工程项目所需的人工费、材料费、施工机具费、管理费之和；

2. 定额计价所称价差是指编制时人工、材料和施工机具费的价格和《广东省房屋建筑与装饰工程综合定额（2018）》取定的相应价格之差，结算需调整的必须在招标文件中明确。

12.4 深圳市建设工程计价规程

12.4.1 深圳市建设工程计价程序

深圳市现行的建筑工程计价依据由《深圳市建设工程计价规程（2017）》《深圳市建筑工程消耗量定额（2016）》以及相应的补充子目、补充清单等组成。

《深圳市建设工程计价规程（2017）》规定了深圳市计价标准体系的构成以及采用深圳市计价标准的程序、格式及造价相关术语定义等，《深圳市建设工程计价规程（2017）》附录包括《建设工程工程量清单计价规范》GB 50500—2013 清单规范深圳市实施规定及深圳补充清单和 2017 年度编制最高投标限价的推荐费率，以及为运用全费用综合单价计价进行的相应的规定等。

其中增值税采用应纳税费率的方法计取，参与计价的工料机价格不需要进行除税处理。

12.4.2 深圳市建筑工程计价程序

深圳市使用国有资金投资的工程建设项目必须按照计价规程的规定采用工程量清单计价。非国有资金投资的工程建设项目可按照计价规程的规定采用工程量清单计价或消耗量清单计价。建设工程计价基本程序按表 12.4.2 进行。

深圳市建设工程造价包括建筑安装工程费、工程建设其他费、设备及工器具购置费及预备费，其中建筑安装工程费由直接费、企业管理费、利润、规费和应纳税费组成。费用组成如图 12.4.2 所示。

表 12.4.2　建设工程计价程序

<table>
<tr><th colspan="4">构成关系</th><th>项 目 名 称</th><th>参考计算公式</th></tr>
<tr><td rowspan="16">工程项目造价</td><td rowspan="14">单项工程建筑安装工程造价</td><td rowspan="12">单位工程建筑安装工程造价</td><td>1</td><td>分部分项工程费</td><td>Σ（工程量 × 综合单价）</td></tr>
<tr><td>2</td><td>措施项目费</td><td></td></tr>
<tr><td>2.1</td><td>混凝土 / 钢筋混凝土模板及支架费等</td><td>Σ（工程量 × 综合单价）</td></tr>
<tr><td>2.2</td><td>安全文明施工措施费</td><td>按规定计算</td></tr>
<tr><td>2.3</td><td>履约担保手续费、赶工措施费等</td><td>按项计算</td></tr>
<tr><td>3</td><td>其他项目费</td><td>按规定计算</td></tr>
<tr><td>4</td><td>规费</td><td>[（1）+（2）+（3）] 中的人工费 × 费率</td></tr>
<tr><td>5</td><td>不含税建筑安装工程造价</td><td>（1）+（2）+（3）+（4）</td></tr>
<tr><td>6</td><td>应纳税费</td><td></td></tr>
<tr><td>6.1</td><td>增值税应纳税额</td><td>（5）× 增值税综合应纳税费率</td></tr>
<tr><td>6.2</td><td>城市维护建设税、教育费附加及地方教育费附加</td><td>（6.1）× 税务部门公布的税（费）率</td></tr>
<tr><td>7</td><td>含税建筑安装工程造价</td><td>（5）+（6）</td></tr>
<tr><td colspan="2">8</td><td>暂列金额</td><td>按规定计算</td></tr>
<tr><td colspan="2">9</td><td>专业工程暂估（结算）价</td><td>按规定计算</td></tr>
<tr><td colspan="3">10</td><td>工程建设其他费</td><td>按规定计算</td></tr>
<tr><td colspan="3">11</td><td>设备及工器具购置费</td><td>按规定计算</td></tr>
</table>

消耗量定额中各子目综合单价计算公式如下：

综合单价 G= 人工费 A+ 材料费 B+ 机械费 C+ 企业管理费 E+ 利润 F+ 工程设备费 H　（12.4.2）

式中：人工费 A=Σ（人工工日消耗量 × 人工工日单价）或 Σ 各类人工费；

材料费 B=Σ（材料消耗量 × 材料单价）；

机械费 C=Σ（施工机械台班消耗量 × 机械台班单价）；

企业管理费 E、利润 F 的计算办法详见费率标准相关规定。

工程量清单综合单价计算公式参照消耗量定额综合单价结合工程实际确定。

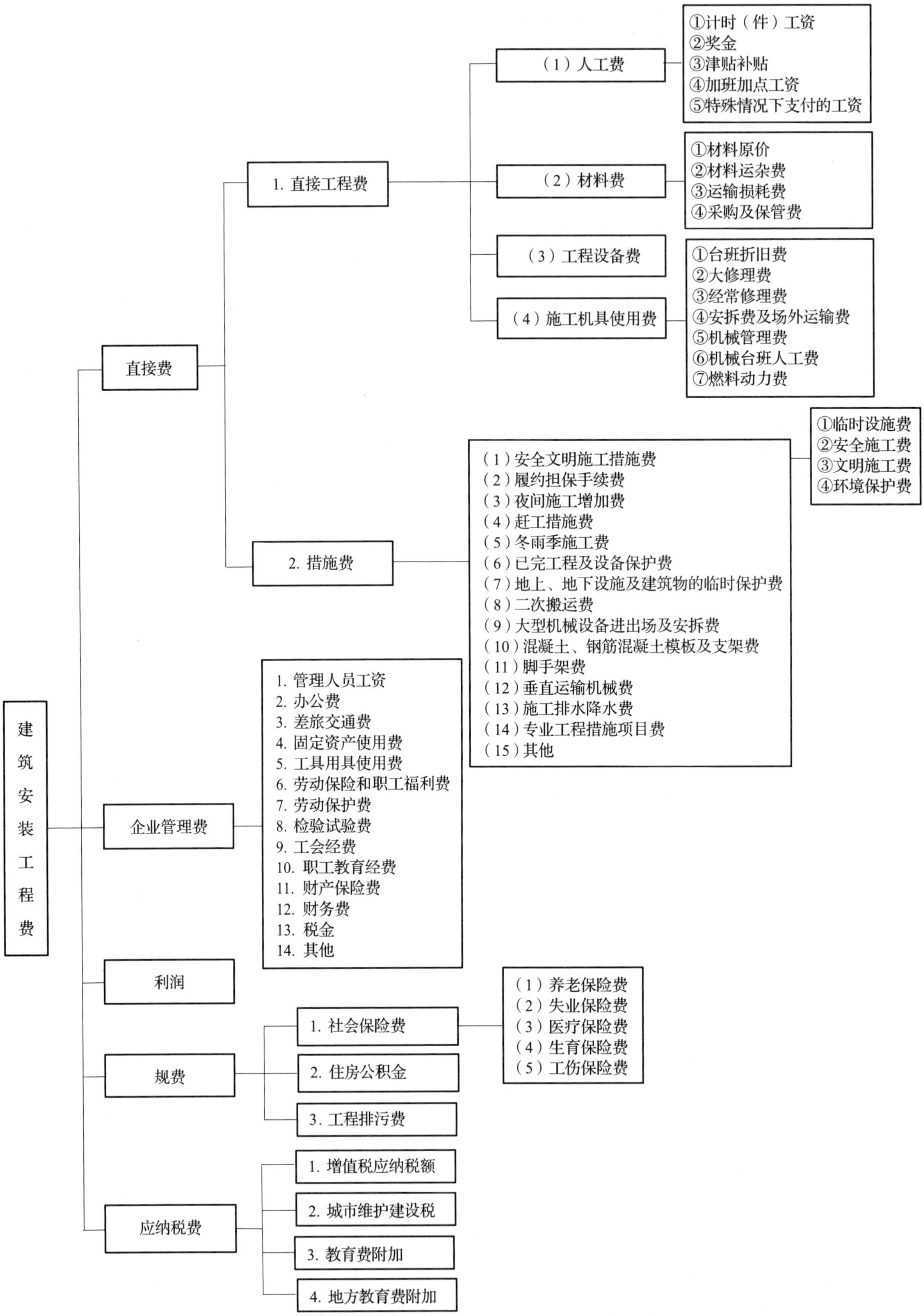

图 12.4.2　深圳市建筑安装工程费用组成图

第 13 章　土建工程最高投标限价的编制

【本章提示】 通过学习本章，学习人员应掌握最高投标限价中分部分项工程费、措施项目费的编制，其他项目费、规费和税金的编制；了解最高投标限价与标底的关系、编制最高投标限价的原则、最高投标限价的编制依据、最高投标限价的编制程序。

最高投标限价又称招标控制价，是指根据国家或省级建设行政主管部门颁发的有关计价依据和办法，依据拟订的招标文件和招标工程量清单，结合工程具体情况发布的招标工程的最高投标限价。根据住房和城乡建设部颁布的《建筑工程施工发包与承包计价管理办法》（住建部令第 16 号）的规定，国有资金投资的建筑工程招标的，应当设有最高投标限价；非国有资金投资的建筑工程招标的，可以设有最高投标限价或者招标标底。

13.1　最高投标限价的编制原则、依据和程序

13.1.1　最高投标限价与标底的关系

最高投标限价是推行工程量清单计价过程中对传统标底概念的性质进行界定后所设置的专业术语，它使招标时评标定价的管理方式发生了很大的变化。设标底招标、无标底招标以及最高投标限价招标的利弊分析如下：

（1）设标底招标：

1）设标底时易发生泄露标底及暗箱操作的现象，失去招标的公平公正性，容易诱发违法违规行为。

2）编制的标底价是预期价格，因较难考虑施工方案、技术措施对造价的影响，容易与市场造价水平脱节，不利于引导投标人理性竞争。

3）标底在评标过程的特殊地位使标底价成为左右工程造价的杠杆，不合理的标底会使合理的投标报价在评标中显得不合理，有可能成为地方或行业保护的手段。

4）将标底作为衡量投标人报价的基准，导致投标人尽力地去迎合标底，往往招标投标过程反映的不是投标人实力的竞争，而是投标人编制预算文件能力的竞争，或者各种合法或非法的“投标策略”的竞争。

（2）无标底招标：

1）容易出现围标串标现象，各投标人哄抬价格，给招标人带来投资失控的风险。

2）容易出现低价中标后偷工减料，以牺牲工程质量来降低工程成本，或产生先低价中标，后高额索赔等不良后果。

3）评标时，招标人对投标人的报价没有参考依据和评判基准。

（3）最高投标限价招标：

1）采用最高投标限价招标的优点：

①可有效控制投资，防止恶性哄抬报价带来的投资风险；

②提高了透明度，避免了暗箱操作、寻租等违法活动的产生；

③可使各投标人自主报价、公平竞争，符合市场规律，投标人自主报价，不受标底的左右；

④既设置了控制上限，又尽量减少了业主依赖评标基准价的影响。

2）采用最高投标限价招标也可能出现如下问题：

①若“最高限价”大大高于市场平均价，就预示中标后利润很丰厚，只要投标不超过公布的限额都是有效投标，从而可能诱导投标人串标、围标。

②若公布的最高限价远远低于市场平均价，就会影响招标效率。即可能出现只有 1~2 人投标或出现无人投标的情况，因为按此限额投标将无利可图，超出此限额投标又成为无效投标，结果使招标人不得不修改最高投标限价进行二次招标。

13.1.2 最高投标限价的编制原则

（1）国有资金投资的工程建设项目应实行工程量清单招标，招标人应编制最高投标限价，并应当拒绝高于最高投标限价的投标报价，即投标人的投标报价若超过公布的最高投标限价，则其投标应被否决。

（2）最高投标限价应由具有编制能力的招标人或受其委托、具有相应资质的工程造价咨询人编制。工程造价咨询人不得同时接受招标人和投标人对同一工程的最高投标限价和投标报价的编制。

（3）最高投标限价应当依据工程量清单、工程计价有关规定和市场价格信息等编制。最高投标限价应在招标文件中公布，对所编制的最高投标限价不得进行上浮或下调。招标人应当在招标时公布最高投标限价的总价，以及各单位工程的分部分项工程费、措施项目费、其他项目费、规费和税金。

（4）最高投标限价超过批准的概算时，招标人应将其报原概算审批部门审核。这是由于我国对国有资金投资项目的投资控制实行的是设计概算审批制度，国有资金投资的工程原则上不能超过批准的设计概算。

（5）投标人经复核认为招标人公布的最高投标限价未按照《建设工程工程量清单计价规范》GB 50500—2013 的规定进行编制的，应在最高投标限价公布后 5 天内向招标投标监督机构和工程造价管理机构投诉。工程造价管理机构受理投诉后，应立即对最高投标限价进行复查，组织投诉人、被投诉人或其委托的最高投标限价编制人等单位人员对投诉问题逐一核对。工程造价管理机构应当在受理投诉的 10 天内完成复查，特殊情况下可适当延长，并做出书面结论通知投诉人、被投诉人及负责该工程招标投标监督的招标投标管理机构。当最高投标限价复查结论与原公布的最高投标限价误差大于 ±3% 时，应责成招标人改正。当重新公布最高投标限价时，重新公布之日起至原投标截止期不足 15 天的应延长投标截止期。

（6）招标人应将最高投标限价及有关资料报送工程所在地或有该工程管辖权的行业管理部门工程造价管理机构备查。

13.1.3 最高投标限价的编制依据

最高投标限价的编制依据是指在编制最高投标限价时需要进行工程量计量、价格确认、工程计价的有关参数、率值的确定等工作时所需的基础性资料，主要包括：

（1）现行国家标准《建设工程工程量清单计价规范》GB 50500—2013 与各专业工程量计算规范。

（2）国家或省级、行业建设主管部门颁发的计价定额和计价办法。

（3）建设工程设计文件及相关资料。

（4）拟定的招标文件及招标工程量清单。

（5）与建设项目相关的标准、规范、技术资料。

（6）施工现场情况、工程特点及常规施工方案。

（7）工程造价管理机构发布的工程造价信息，工程造价信息没有发布的，参照市场价。

（8）其他的相关资料。

13.1.4 最高投标限价的编制程序

建设工程的最高投标限价反映的是单位工程费用，各单位工程费用是由分部分项工程费、措施项目费、其他项目费、规费和税金组成。单位工程最高投标限价计价程序如表 13.1.4 所示。

由于投标人（施工企业）投标报价计价程序与招标人（建设单位）最高投标限价计价程序具有相同的表格，为便于对比分析，此处将两种表格合并列出，其中表格栏目中斜线后带括号的内容用于投标报价，其余为通用栏目。

表 13.1.4　建设单位工程最高投标限价计价程序（施工企业投标报价计价程序）表

工程名称：　　　　　　　　　　　　　　标段：　　　　　　　　　　　第　页　共　页

序号	汇总内容	计算方法	金额（元）
1	分部分项工程	按计价规定计算 /（自主报价）	
1.1			
1.2			
2	措施项目	按计价规定计算 /（自主报价）	
2.1	其中：安全文明施工费	按规定标准估算 /（按规定标准计算）	
3	其他项目		
3.1	其中：暂列金额	按计价规定估算 /（按招标文件提供金额计列）	
3.2	其中：专业工程暂估价	按计价规定估算 /（按招标文件提供金额计列）	
3.3	其中：计日工	按计价规定估算 /（自主报价）	
3.4	其中：总承包服务费	按计价规定估算 /（自主报价）	
4	规费	按规定标准计算	
5	税金	按规定标准计算	
最高投标限价 /（投标报价）		合计 =1+2+3+4+5	

注：本表适用于单位工程最高投标限价计算或投标报价计算，如无单位工程划分，单项工程也使用本表。

13.2　最高投标限价的编制内容和方法

13.2.1　分部分项工程费的编制

分部分项工程费应根据招标文件中的分部分项工程项目清单及有关要求，按《建设工程工程量清单计价规范》GB 50500—2013 的有关规定确定综合单价计价。

一、综合单价的组价过程

最高投标限价的分部分项工程费应由各单位工程的招标工程量清单中给定的工程量乘以其相应综合单价汇总而成。综合单价应按照招标人发布的分部分项工程项目清单的项目名称、工程量、项目特征描述，依据工程所在地区颁发的计价定额和人工、材料、机具台班价格信息等进行组价确定。首先，依据提供的工程量清单和施工图纸，按照工程所在地区颁发的计价定额的规定，确定所组价的定额项目名称，并计算出相应的工程量。其次，依据工程造价政策规定或工程造价信息确定其人工、材料、机具台班单价。同时，在考虑风险因素确定管理费率和利润率的基础上，按规定程序计算出所组价定额项目的合价，如式（13.2.1–1）所示，然后将若干项所组价的定额项目合价相加除以工程量清单项目工程量，便得到工程量清单项目综合单价，如式（13.2.1–2）所示，对于未计价材料费（包括暂估单价的材料费）应计入综合单价。

$$\text{定额项目合价}=\text{定额项目工程量}\times\sum(\text{定额人工消耗量}\times\text{人工单价})+\sum(\text{定额材料消耗量}\times\text{材料单价})+\sum(\text{定额机械台班消耗量}\times\text{机械台班单价})+\text{价差（基价或人工、材料、机具费用）}+\text{管理费和利润}\quad(13.2.1\text{–}1)$$

$$\text{工程量清单综合单价}=\frac{\sum\text{定额项目合价}+\text{未计价材料}}{\text{工程量清单项目工程量}}\quad(13.2.1\text{–}2)$$

二、综合单价中的风险因素

为使最高投标限价与投标报价所包含的内容一致，综合单价中应包括招标文件中要求投标人所承担的风险内容及其范围（幅度）产生的风险费用。

（1）对于技术难度较大和管理复杂的项目，可考虑一定的风险费用，并纳入综合单价中。

（2）对于工程设备、材料价格的市场风险，应依据招标文件的规定、工程所在地或行业工程造价管理机构的有关规定以及市场价格趋势考虑一定率值的风险费用，纳入综合单价中。

（3）税金、规费等法律、法规、规章和政策变化的风险和人工单价等风险费用不应纳入综合单价。

13.2.2 措施项目费的编制

（1）措施项目费中的安全文明施工费应当按照国家或省级、行业建设主管部门的规定标准计价，该部分不得作为竞争性费用。

（2）措施项目应按招标文件中提供的措施项目清单确定，措施项目分为以“量”计算和以“项”计算两种。对于可计量的措施项目，以“量”计算即按其工程量用与分部分项工程项目清单单价相同的方式确定综合单价；对于不可计量的措施项目，则以“项”为单位，采用费率法按有关规定综合取定，采用费率法时需确定某项费用的计费基数及其费率，结果应是包括除规费、税金以外的全部费用，计算公式为：

$$\text{以“项”计算的措施项目清单费} = \text{措施项目计费基数} \times \text{费率} \qquad (13.2.2)$$

13.2.3 其他项目费的编制

（1）暂列金额。暂列金额由招标人根据工程特点、工期长短，按有关计价规定进行估算（一般可以分部分项工程费的 10%~15% 为参考，深圳的一般可以分部分项工程费的 5%~10% 为参考）。

（2）暂估价。暂估价中的材料单价应按照工程造价管理机构发布的工程造价信息中的材料单价计算，工程造价信息未发布的材料单价，其单价参考市场价格估算；暂估价中的专业工程暂估价应分不同专业，按有关计价规定估算。

（3）计日工。在编制最高投标限价时，对计日工中的人工单价和施工机具台班单价应按省级、行业建设主管部门或其授权的工程造价管理机构公布的单价计算；材料应按工程造价管理机构发布的工程造价信息中的材料单价计算，工程造价信息未发布单价的材料，其价格应按市场调查确定的单价计算。

（4）总承包服务费。总承包服务费应按照省级或行业建设主管部门规定的标准计算。

13.2.4 规费和税金的编制

规费和税金必须按国家或省级政府部门的规定计算。

第 14 章　土建工程投标报价的编制

【本章提示】通过学习本章，学习人员应掌握分部分项工程和单价措施项目清单与计价表的编制，其他项目清单与计价表的编制，规费、税金项目计价表的编制；了解投标报价的编制原则、投标报价的编制依据、投标报价的编制程序、投标报价的分析。

投标报价是投标人希望达成工程承包交易的期望价格，它不能高于招标人设定的最高投标限价。作为投标报价计算的必要条件，应预先确定施工方案和施工进度，此外，投标报价计算还必须与采用的合同形式相协调。

14.1　投标报价的编制原则、依据和程序

14.1.1　投标报价的编制原则

报价是投标的关键性工作，报价是否合理不仅直接关系到投标的成败，还关系到中标后企业的盈亏。投标报价的编制原则如下：

（1）投标报价由投标人自主确定，但必须执行《建设工程工程量清单计价规范》GB 50500—2013 的强制性规定。投标报价应由投标人或受其委托、具有相应资质的工程造价咨询人员编制。

（2）投标人的投标报价不得低于工程成本。《中华人民共和国招标投标法》第四十一条规定："中标人的投标应当符合下列条件……（二）能够满足招标文件的实质性要求，并且经评审的投标价格最低；但是投标价格低于成本的除外"。《评标委员会和评标方法暂行规定》（七部委第 12 号令）第二十一条规定："在评标过程中，评标委员会发现投标人的报价明显低于其他投标报价或者在设有标底时明显低于标底，使得其投标报价可能低于其个别成本的，应当要求该投标人做出书面说明并提供相关证明材料。投标人不能合理说明或者不能提供相关证明材料的，由评标委员会认定该投标人以低于成本报价竞标，应当否决其投标"。根据上述法律、规章的规定，特别要求投标人的投标报价不得低于工程成本。

（3）投标报价要以招标文件中设定的发承包双方责任划分，作为考虑投标报价费用项目和费用计算的基础，发承包双方的责任划分不同，会导致合同风险不同的分摊，从而导致投标人选择不同的报价；根据工程发承包模式考虑投标报价的费用内容和计算深度。

（4）以施工方案、技术措施等作为投标报价计算的基本条件，以反映企业技术和管理水平的企业定额作为计算人工、材料和机具台班消耗量的基本依据，充分利用现场考察、调研成果、市场价格信息和行情资料编制基础标价。

（5）报价计算方法要科学严谨，简明适用。

14.1.2　投标报价的编制依据

《建设工程工程量清单计价规范》GB 50500—2013 规定，投标报价应根据下列依据编制：

（1）《建设工程工程量清单计价规范》GB 50500—2013 与专业工程量计算规范。

（2）国家或省级、行业建设主管部门颁发的计价办法。

（3）企业定额，国家或省级、行业建设主管部门颁发的计价定额。

（4）招标文件、工程量清单及其补充通知、答疑纪要。

（5）建设工程设计文件及相关资料。

（6）施工现场情况、工程特点及投标时拟定的施工组织设计或施工方案。

（7）与建设项目相关的标准、规范等技术资料。

（8）市场价格信息或工程造价管理机构发布的工程造价信息。

（9）其他的相关资料。

14.1.3 投标报价的编制程序

投标报价的编制过程应首先根据招标人提供的工程量清单编制分部分项工程和措施项目清单与计价表，其他项目清单与计价汇总表，规费、税金项目计价表，计算完毕之后，汇总得到单位工程投标报价汇总表，再层层汇总，分别得出单项工程投标报价汇总表和工程项目投标总价汇总表，投标总价的组成如图 14.1.3 所示。在编制过程中，投标人应按招标人提供的工程量清单填报价格。填写的项目编码、项目名称、项目特征、计量单位、工程量必须与招标人提供的一致。

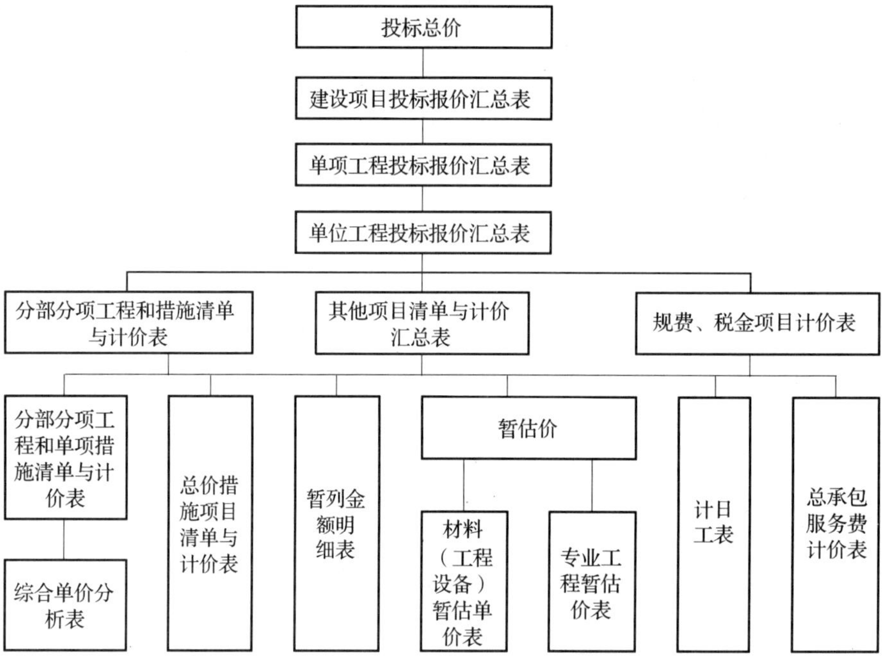

图 14.1.3 建设项目施工投标总价组成

14.2 投标报价的编制内容和方法

14.2.1 分部分项工程和单价措施项目清单与计价表的编制

承包人投标报价中的分部分项工程费和以单价计算的措施项目费应按招标文件中分部分项工程和单价措施项目清单与计价表的特征描述确定综合单价计算。因此，确定综合单价是分部分项工程和单价措施项目清单与计价表编制过程中最主要的内容。综合单价包括完成一个规定清单项目所需的人工费、材料和工程设备费、施工机具费、管理费、利润，并考虑风险费用的分摊。

$$综合单价 = 人工费 + 材料和工程设备费 + 施工机具费 + 管理费 + 利润 \quad (14.2.1–1)$$

一、确定综合单价时的注意事项

（1）以项目特征描述为依据。项目特征是确定综合单价的重要依据之一，投标人投标报价时应依据招标文件中清单项目的特征描述确定综合单价。在招标投标过程中，当出现招标工程量清单特征描述与设计图纸不符时，投标人应以招标工程量清单的项目特征描述为准，确定投标报价的综合单价。当施工中施工图纸或设计变更与招标工程量清单项目特征描述不一致时，发承包双方应按实际施工的项目特征，依据合同约定重新确定综合单价。

（2）材料、工程设备暂估价的处理。招标文件中在其他项目清单中提供了暂估单价的材料和工程设备，应按其暂估的单价计入清单项目的综合单价中。

（3）考虑合理的风险。招标文件中要求投标人承担的风险费用，投标人应考虑进入综合单价。在施工过程中，当出现的风险内容及其范围（幅度）在招标文件规定的范围（幅度）内时，综合单价不得变动，合同价款不做调整。根据国际惯例并结合我国工程建设的特点，发承包双方对工程施工阶段的风险宜采用如下分摊原则：

1）对于主要由市场价格波动导致的价格风险，如工程造价中的建筑材料、燃料等价格风险，发承包双方应当在招标文件中或在合同中对此类风险的范围和幅度予以明确约定，进行合理分摊。根据工程特点和工期要求，一般采取的方式是承包人承担5%以内的材料、工程设备价格风险，10%以内的施工机具使用费风险。

2）对于法律、法规、规章或有关政策出台导致工程税金、规费、人工费发生变化，并由省级、行业建设行政主管部门或其授权的工程造价管理机构根据上述变化发布的政策性调整，以及由政府定价或政府指导价管理的原材料等价格进行了调整，承包人不应承担此类风险，应按照有关调整规定执行。

3）对于承包人根据自身技术水平、管理、经营状况能够自主控制的风险，如承包人的管理费、利润的风险，承包人应结合市场情况，根据企业自身的实际合理确定、自主报价，该部分风险由承包人全部承担。

二、综合单价确定的步骤和方法

当分部分项工程内容比较简单，由单一计价子项计价，且《建设工程工程量清单计价规范》GB 50500—2013与所使用计价定额中的工程量计算规则相同时，综合单价的确定只需用相应计价定额子目中的人、材、机费做基数计算管理费、利润，再考虑相应的风险费用即可。当工程量清单给出的分部分项工程与所用计价定额的单位不同或工程量计算规则不同时，则需要按计价定额的计算规则重新计算工程量，并按照下列步骤来确定综合单价。

（1）确定计算基础。计算基础主要包括消耗量指标和生产要素单价。应根据本企业的实际消耗量水平，并结合拟定的施工方案确定完成清单项目需要消耗的各种人工、材料、机具台班的数量。计算时应采用企业定额，在没有企业定额或企业定额缺项时，可参照与本企业实际水平相近的国家、地区、行业定额，并通过调整来确定清单项目的人、材、机单位用量。各种人工、材料、机具台班的单价则应根据询价的结果和市场行情综合确定。

（2）分析每一清单项目的工程内容。在招标工程量清单中，招标人已对项目特征进行了准确、详细的描述，投标人根据这一描述，再结合施工现场情况和拟定的施工方案确定完成各清单项目实际应发生的工程内容。必要时可参照《建设工程工程量清单计价规范》GB 50500—2013中提供的工程内容，有些特殊的工程也可能出现规范列表之外的工程内容。

（3）计算工程内容的工程数量与清单单位的含量。每一项工程内容都应根据所选定额的工程量计算规则计算其工程数量，当定额的工程量计算规则与清单的工程量计算规则相一致时，可直接以工程量清单中的工程量作为工程内容的工程数量。

当采用清单单位含量计算人工费、材料费、施工机具使用费时，还需要计算每一计量单位的清单项目所分摊的工程内容的工程数量，即清单单位含量。

$$清单单位含量=\frac{某工程内容的定额工程量}{清单工程量} \tag{14.2.1-2}$$

（4）分部分项工程人工、材料、施工机具使用费的计算。以完成每一计量单位的清单项目所需的人工、材料、机具用量为基础计算，即：

$$每一计量单位清单项目某种资源的使用量=该种资源的定额单位用量\times相应定额条目的清单单位含量 \tag{14.2.1-3}$$

再根据预先确定的各种生产要素的单位价格，可计算出每一计量单位清单项目的分部分项的人工费，材料费与施工机具使用费。

计算综合单价。管理费和利润的计算可按照规定的取费基数以及一定的费率取费计算，若以人工费与施工机具使用费之和为取费基数，则：

$$管理费=（分部分项人工费+施工机具费）\times 管理费费率 \quad （14.2.1-4）$$

$$利润=（分部分项人工费+施工机具费）\times 利润率 \quad （14.2.1-5）$$

将上述五项费用汇总，并考虑合理的风险费用后，即可得到清单综合单价。根据计算出的综合单价，可编制分部分项工程和单价措施项目清单与计价表。

三、工程量清单综合单价分析表的编制

为表明综合单价的合理性，投标人应对其进行单价分析，以作为评标时的判断依据。综合单价分析表的编制应反映上述综合单价的编制过程，并按照规定的格式进行。

14.2.2 其他项目清单与计价表的编制

其他项目费主要包括暂列金额、暂估价、计日工以及总承包服务费组成。

14.2.3 规费、税金项目计价表的编制

规费和税金应按国家或省级、行业建设主管部门的规定计算，不得作为竞争性费用。这是由于规费和税金的计取标准是依据有关法律、法规和政策规定制定的，具有强制性。因此，投标人在投标报价时必须按照国家或省级、行业建设主管部门的有关规定计算规费和税金。

14.3 投标报价的分析

投标人的投标总价应当与组成工程量清单的分部分项工程费、措施项目费、其他项目费和规费、税金的合计金额相一致，即投标人在进行工程量清单招标的投标报价时，不能进行投标总价优惠（或降价、让利），投标人对投标报价的任何优惠（或降价、让利）均应反映在相应清单项目的综合单价中。

第 15 章　土建工程价款结算和合同价款的调整

【本章提示】通过学习本章，学习人员应掌握工程计量；熟悉工程合同价款的调整、预付款及期中支付、竣工结算、最终结清、合同价款纠纷的处理；了解缺陷责任期的概念和期限、质量保证金的使用及返还。

合同的计价方式有很多种，不同种类的合同有不同的应用条件、不同的权力和责任分配、不同的付款方式，同时合同双方的风险也不同，应依具体情况选择合同类型。目前，合同的类型主要有三种：单价合同、总价合同、成本加酬金合同。

15.1　工程合同价款的调整

（1）发承包双方应当在施工合同中约定合同价款，实行招标工程的合同价款由合同双方依据中标通知书的中标价款在合同协议书中约定，不实行招标工程的合同价款由合同双方依据双方确定的施工图预算的总造价在合同协议书中约定。在工程施工阶段，由于项目实际情况的变化，发承包双方在施工合同中约定的合同价款可能会出现变动。为合理分配双方的合同价款变动风险，有效地控制工程造价，发承包双方应当在施工合同中明确约定合同价款的调整事件、调整方法及调整程序。

（2）发承包双方按照合同约定调整合同价款的若干事项，大致包括五大类：

1）法规变化类，主要包括法律法规变化事件；

2）工程变更类，主要包括工程变更、项目特征不符、工程量清单缺项、工程量偏差、计日工等事件；

3）物价变化类，主要包括物价波动、暂估价事件；

4）工程索赔类，主要包括不可抗力、提前竣工（赶工补偿）、误期赔偿、索赔等事件；

5）其他类，主要包括现场签证以及发承包双方约定的其他调整事项，现场签证根据签证内容，有的可归于工程变更类，有的可归于索赔类，有的可能不涉及合同价款调整。

（3）经发承包双方确认调整的合同价款，作为追加（减）合同价款，应与工程进度款或结算款同期支付。

15.2　工程计量与价款结算

合同价款结算是指依据建设工程发承包合同等进行工程预付款、进度款、竣工价款结算的活动。

15.2.1　工程计量

对承包人已经完成的合格工程进行计量并予以确认，是发包人支付工程价款的前提工作。因此，工程计量不仅是发包人控制施工阶段工程造价的关键环节，也是约束承包人履行合同义务的重要手段。

一、工程计量的原则与范围

（一）工程计量的概念

所谓工程计量，就是发承包双方根据合同约定，对承包人完成合同工程的数量进行的计算和确认。具体地说，就是双方根据设计图纸、技术规范以及施工合同约定的计量方式和计算方法，对承包人已经完成的质量合格的工程实体数量进行测量与计算，并以物理计量单位或自然计量单位进行标识、确认的过程。

招标工程量清单中所列的数量，通常是根据设计图纸计算的数量，是对合同工程的估计工程量。工程施工过程中，通常会由于一些原因导致承包人实际完成工程量与工程量清单中所列工程量的不一致，比如，招标工程量清单缺项或项目特征描述与实际不符，工程变更，现场施工条件的变化，现场签证，暂估价中的专业工程发包等。因此，在工程合同价款结算前，必须对承包人履行合同义务所完成的实际工程进行准确的计量。

（二）工程计量的原则

工程计量的原则包括下列三个方面：

（1）不符合合同文件要求的工程不予计量。即工程必须满足设计图纸、技术规范等合同文件对其在工程质量上的要求，同时有关的工程质量验收资料齐全、手续完备，满足合同文件对其在工程管理上的要求。

（2）按合同文件所规定的方法、范围、内容和单位计量。工程计量的方法、范围、内容和单位受合同文件所约束，其中工程量清单（说明）、技术规范、合同条款均会从不同角度、不同侧面涉及这方面的内容。在计量中要严格遵循这些文件的规定，并且一定要结合起来使用。

（3）因承包人原因造成的超出合同工程范围施工或返工的工程量，发包人不予计量。

（三）工程计量的范围与依据

（1）工程计量的范围。工程计量的范围包括工程量清单及工程变更所修订的工程量清单的内容；合同文件中规定的各种费用支付项目，如费用索赔、各种预付款、价格调整、违约金等。

（2）工程计量的依据。工程计量的依据包括工程量清单及说明、合同图纸、工程变更令及其修订的工程量清单、合同条件、技术规范、有关计量的补充协议、质量合格证书等。

二、工程计量的方法

工程量必须按照相关工程现行国家工程量计算规范规定的工程量计算规则计算。工程计量可选择按月或按工程形象进度分段计量，具体计量周期在合同中约定。因承包人原因造成的超出合同工程范围施工或返工的工程量，发包人不予计量。通常区分单价合同和总价合同规定不同的计量方法，成本加酬金合同按照单价合同的计量规定进行计量。

（一）单价合同计量

单价合同工程量必须以承包人完成合同工程应予计量的按照现行国家工程量计算规范规定的工程量计算规则计算得到的工程量确定。施工中工程计量时，若发现招标工程量清单中出现缺项、工程量偏差，或因工程变更引起工程量的增减，应按承包人在履行合同义务中完成的工程量计算。

（二）总价合同计量

采用工程量清单方式招标形成的总价合同，工程量应按照与单价合同相同的方式计算。采用经审定批准的施工图纸及其预算方式发包形成的总价合同，除按照工程变更规定引起的工程量增减外，总价合同各项目的工程量是承包人用于结算的最终工程量。总价合同约定的项目计量应以合同工程经审定批准的施工图纸为依据，发承包双方应在合同中约定工程计量的形象目标或时间节点进行计量。

15.2.2　预付款及期中支付

一、预付款

工程预付款是由发包人按照合同约定，在正式开工前由发包人预先支付给承包人，用于购买工程施工所需的材料和组织施工机械和人员进场的价款。

（一）预付款的支付

工程预付款额度，各地区、各部门的规定不完全相同，主要是保证施工所需材料和构件的正常储备。工程预付款额度一般是根据施工工期、建筑安装工作量、主要材料和构件费用占建筑安装工程费的比例以及材料储备周期等因素经测算来确定。

（1）百分比法。发包人根据工程的特点、工期长短、市场行情、供求规律等因素，招标时在合同条件中约定工程预付款的百分比。包工包料工程的预付款的支付比例不得低于签约合同价（扣除暂列金额）的10%，不宜高于签约合同价（扣除暂列金额）的30%。

（2）公式计算法。公式计算法是根据主要材料（含结构件等）占年度承包工程总价的比重，材料储备定额天数和年度施工天数等因素，通过公式计算预付款额度的一种方法。其计算公式为：

$$工程预付款数额=\frac{年度工程总价\times材料比例(\%)}{年度施工天数}\times材料储备定额天数 \quad (15.2.2\text{–}1)$$

其中，年度施工天数按 365 天日历天计算，材料储备定额天数由当地材料供应的在途天数、加工天数、整理天数、供应间隔天数、保险天数等因素决定。

（二）预付款的扣回

发包人支付给承包人的工程预付款属于预支性质，随着工程的逐步实施后，原已支付的预付款应以充抵工程价款的方式陆续扣回，抵扣方式应当由双方当事人在合同中明确约定。扣款的方法主要有以下两种：

（1）按合同约定扣款。预付款的扣款方法由发包人和承包人通过洽商后在合同中予以确定，一般是在承包人完成金额累计达到合同总价的一定比例后，由承包人开始向发包人还款，发包人从每次应付给承包人的金额中扣回工程预付款，发包人至少在合同规定的完工期前将工程预付款的总金额逐次扣回。国际工程中的扣款方法一般为：当工程进度款累计金额超过合同价格的 10%~20% 时开始起扣，每月从进度款中按一定比例扣回。

（2）起扣点计算法。从未施工工程尚需的主要材料及构件的价值相当于工程预付款数额时起扣，此后每次结算工程价款时，按材料所占比重扣减工程价款，至工程竣工前全部扣清。起扣点的计算公式如下：

$$T=P-\frac{M}{N} \quad (15.2.2\text{–}2)$$

式中：T——起扣点（即工程预付款开始扣回时）的累计完成工程金额；

P——承包工程合同总额；

M——工程预付款总额；

N——主要材料及构件所占比重。

该方法对承包人比较有利，最大限度地占用了发包人的流动资金，但是显然不利于发包人资金使用。

（三）预付款担保

（1）预付款担保的概念及作用。预付款担保是指承包人与发包人签订合同后领取预付款前，承包人正确、合理使用发包人支付的预付款而提供的担保。其主要作用是保证承包人能够按合同规定的目的使用并及时偿还发包人已支付的全部预付金额。如果承包人中途毁约，中止工程，使发包人不能在规定期限内从应付工程款中扣除全部预付款，则发包人有权从该项担保金额中获得补偿。

（2）预付款担保的形式。预付款担保的主要形式为银行保函。预付款担保的担保金额通常与发包人的预付款是等值的。预付款一般逐月从工程进度款中扣除，预付款担保的担保金额也相应逐月减少。承包人的预付款保函的担保金额根据预付款扣回的数额相应扣减，但在预付款全部扣回之前一直保持有效。

预付款担保也可以采用发承包双方约定的其他形式，如由担保公司提供担保或采取抵押等担保形式。

（四）安全文明施工费

发包人应在工程开工后的 28 天内预付不低于当年施工进度计划的安全文明施工费总额的 60%，其余部分按照提前安排的原则进行分解，与进度款同期支付。

发包人没有按时支付安全文明施工费的，承包人可催告发包人支付；发包人在付款期满后的 7 天内仍未支付的，若发生安全事故，发包人应承担连带责任。

二、期中支付

合同价款的期中支付是指发包人在合同工程施工过程中，按照合同约定对付款周期内承包人完成的合同价款给予支付的款项，也就是工程进度款的结算支付。发承包双方应按照合同约定的时间、程序和方法，根据工程计量结果，办理期中价款结算，支付进度款。进度款支付周期应与合同约定的工程计量周期一致。

（一）期中支付价款的计算

（1）已完工程的结算价款。已标价工程量清单中的单价项目，承包人应按工程计量确认的工程量与综合单价计算。如综合单价发生调整的，以发承包双方确认调整的综合单价计算进度款。

已标价工程量清单中的总价项目，承包人应按合同中约定的进度款支付分解，分别列入进度款支付申请中的安全文明施工费和本周期应支付的总价项目的金额中。

（2）结算价款的调整。承包人现场签证和得到发包人确认的索赔金额列入本周期应增加的金额中。由发包人提供的材料、工程设备金额，应按照发包人签约提供的单价和数量从进度款支付中扣出，列入本周期应扣减的金额中。

（3）进度款的支付比例。进度款的支付比例按照合同约定，按期中结算价款总额计，不低于60%，不高于90%。

（二）期中支付的文件

（1）进度款支付申请。承包人应在每个计量周期到期后向发包人提交已完工程进度款支付申请一式四份，详细说明此周期认为有权得到的款额，包括分包人已完工程的价款。支付申请的内容包括：

1）累计已完成的合同价款。

2）累计已实际支付的合同价款。

3）本周期合计完成的合同价款，其中包括：①本周期已完成单价项目的金额；②本周期应支付的总价项目的金额；③本周期已完成的计日工价款；④本周期应支付的安全文明施工费；⑤本周期应增加的金额。

4）本周期合计应扣减的金额，其中包括：①本周期应扣回的预付款；②本周期应扣减的金额。

5）本周期实际应支付的合同价款。

（2）进度款支付证书。发包人应在收到承包人进度款支付申请后，根据计量结果和合同约定对申请内容予以核实，确认后向承包人出具进度款支付证书。若发承包双方对有的清单项目的计量结果出现争议，发包人应对无争议部分的工程计量结果向承包人出具进度款支付证书。

（3）支付证书的修正。发现已签发的任何支付证书有错、漏或重复的数额，发包人有权予以修正，承包人也有权提出修正申请。经发承包双方复核同意修正的，应在本次到期的进度款中支付或扣除。

15.2.3 竣工结算

工程竣工结算是指工程项目完工并经竣工验收合格后，发承包双方按照施工合同的约定对所完成的工程项目进行的合同价款的计算、调整和确认。工程竣工结算分为单位工程竣工结算、单项工程竣工结算和建设项目竣工总结算，其中，单位工程竣工结算和单项工程竣工结算也可看作是分阶段结算。

一、工程竣工结算的编制和审核

单位工程竣工结算由承包人编制，发包人审查；实行总承包的工程，由具体承包人编制，在总包人审查的基础上，发包人审查。单项工程竣工结算或建设项目竣工总结算由总（承）包人编制，发包人可直接进行审查，也可以委托具有相应资质的工程造价咨询机构进行审查。政府投资项目，由同级财政部门审查。单项工程竣工结算或建设项目竣工总结算经发承包人签字盖章后有效。承包人应在合同约定期限内完成项目竣工结算编制工作，未在规定期限内完成并且提不出正当理由延期的，责任自负。

（一）工程竣工结算的编制依据

工程竣工结算由承包人或受其委托具有相应资质的工程造价咨询人编制，由发包人或受其委托具有相应资质的工程造价咨询人核对。工程竣工结算编制的主要依据有：

（1）《建设工程工程量清单计价规范》GB 50500—2013；

（2）工程合同；

（3）发承包双方实施过程中已确认的工程量及其结算的合同价款；

（4）发承包双方实施过程中已确认调整后追加（减）的合同价款；

（5）建设工程设计文件及相关资料；

（6）投标文件；

（7）其他依据。

（二）工程竣工结算的计价原则

在采用工程量清单计价的方式下，工程竣工结算的编制应当规定的计价原则如下：

（1）分部分项工程和措施项目中的单价项目应依据双方确认的工程量与已标价工程量清单的综合单价计算；如发生调整的，以发承包双方确认调整的综合单价计算。

（2）措施项目中的总价项目应依据合同约定的项目和金额计算；如发生调整的，以发承包双方确认调整的金额计算，其中安全文明施工费必须按照国家或省级、行业建设主管部门的规定计算。

（3）其他项目应按下列规定计价：

1）计日工应按发包人实际签证确认的事项计算；

2）暂估价应由发承包双方按照《建设工程工程量清单计价规范》GB 50500—2013 的相关规定计算；

3）总承包服务费应依据合同约定金额计算，如发生调整的，以发承包双方确认调整的金额计算；

4）施工索赔费用应依据发承包双方确认的索赔事项和金额计算；

5）现场签证费用应依据发承包双方签证资料确认的金额计算；

6）暂列金额应减去工程价款调整（包括索赔、现场签证）金额计算，如有余额归发包人。

7）规费和税金应按照国家或省级、行业建设主管部门的规定计算。规费中的工程排污费应按工程所在地环境保护部门规定标准缴纳后按实列入。

（4）发承包双方在合同工程实施过程中已经确认的工程计量结果和合同价款，在竣工结算办理中应直接进入结算。

（5）采用总价合同的，应在合同总价基础上，对合同约定能调整的内容及超过合同约定范围的风险因素进行调整；采用单价合同的，在合同约定风险范围内的综合单价应固定不变，并应按合同约定进行计量，且应按实际完成的工程量进行计量。

（三）竣工结算的审核

（1）国有资金投资建设工程的发包人，应当委托具有相应资质的工程造价咨询企业对竣工结算文件进行审核，并在收到竣工结算文件后的约定期限内向承包人提出由工程造价咨询企业出具的竣工结算文件审核意见；逾期未答复的，按照合同约定处理，合同没有约定的，竣工结算文件视为已被认可。

（2）非国有资金投资的建筑工程发包人，应当在收到竣工结算文件后的约定期限内予以答复，逾期未答复的，按照合同约定处理，合同没有约定的，竣工结算文件视为已被认可；发包人对竣工结算文件有异议的，应当在答复期内向承包人提出，并可以在提出异议日起的约定期限内与承包人协商；发包人在协商期内未与承包人协商或者经协商未能与承包人达成协议的，应当委托工程造价咨询企业进行竣工结算审核，并在协商期满后的约定期限内向承包人提出由工程造价咨询企业出具的竣工结算文件审核意见。

（3）发包人委托工程造价咨询机构核对竣工结算的，工程造价咨询机构应在规定期限内核对完毕，核对结论与承包人竣工结算文件不一致的，应提交给承包人复核，承包人应在规定期限内将同意核对结论或不同意见的说明提交工程造价咨询机构。工程造价咨询机构收到承包人提出的异议后，应再次复核，复核无异议的，发承包双方应在规定期限内在竣工结算文件上签字确认，竣工结算办理完毕；复核后仍有异议的，对于无异议部分办理不完全竣工结算，有异议部分由发承包双方协商解决，协商不成的，按照合同约定的争议解决方式处理。

承包人逾期未提出书面异议的，视为工程造价咨询机构核对的竣工结算文件已经承包人认可。

（4）接受委托的工程造价咨询机构从事竣工结算审核工作通常应包括下列三个阶段：

1）准备阶段。准备阶段应包括收集、整理竣工结算审核项目的审核依据资料，做好送审资料的交验、核实、签收工作，并应对资料的缺陷向委托方提出书面意见及要求。

2）审核阶段应包括现场踏勘核实，召开审核会议，澄清问题，提出补充依据性资料和必要的弥补性措施，形成会商纪要，进行计量、计价审核与确定工作，完成初步审核报告。

3）审定阶段应包括就竣工结算审核意见与承包人和发包人进行沟通，召开协调会议，处理分歧事项，形成竣工结算审核成果文件，签订竣工结算审定签署表，提交竣工结算审核报告等工作。

4）竣工结算审核的成果文件应包括竣工结算审核书封面、签署页、竣工结算审核报告、竣工结算审定签署表、竣工结算审核汇总对比表、单项工程竣工结算审核汇总对比表、单位工程竣工结算审核汇总对比表等。

5）竣工结算审核应采用全面审核法，除委托咨询合同另有约定外，不得采用重点审核法、抽样审核法或类比审核法等其他方法。

（四）质量争议工程的竣工结算

发包人对工程质量有异议，拒绝办理工程竣工结算的：

（1）已经竣工验收或已竣工未验收但实际投入使用的工程，其质量争议按该工程保修合同执行，竣工结算按合同约定办理。

（2）已竣工未验收且未实际投入使用的工程以及停工、停建工程的质量争议，双方应就有争议的部分委托有资质的检测鉴定机构进行检测，根据检测结果确定解决方案，或按工程质量监督机构的处理决定执行后办理竣工结算，无争议部分的竣工结算按合同约定办理。

二、竣工结算款的支付

工程竣工结算文件经发承包双方签字确认的，应当作为工程结算的依据，未经对方同意，另一方不得就已生效的竣工结算文件委托工程造价咨询企业重复审核。发包人应当按照竣工结算文件及时支付竣工结算款。竣工结算文件应当由发包人报工程所在地县级以上地方人民政府住房和城乡建设主管部门备案。

（一）承包人提交竣工结算款支付申请

承包人应根据办理的竣工结算文件，向发包人提交竣工结算款支付申请。该申请应包括下列内容：

（1）竣工结算合同价款总额；

（2）累计已实际支付的合同价款；

（3）应扣留的质量保证金；

（4）实际应支付的竣工结算款金额。

（二）发包人签发竣工结算支付证书

发包人应在收到承包人提交竣工结算款支付申请后的规定时间内予以核实，向承包人签发竣工结算支付证书。

（三）支付竣工结算款

发包人签发竣工结算支付证书后的规定时间内，按照竣工结算支付证书列明的金额向承包人支付结算款。

发包人在收到承包人提交的竣工结算款支付申请后规定时间内不予核实，不向承包人签发竣工结算支付证书的，视为承包人的竣工结算款支付申请已被发包人认可；发包人应在收到承包人提交的竣工结算款支付申请规定时间内，按照承包人提交的竣工结算款支付申请列明的金额向承包人支付结算款。

发包人未按照规定的程序支付竣工结算款的，承包人可催告发包人支付，并有权获得延迟支付的利息。发包人在竣工结算支付证书签发后或者在收到承包人提交的竣工结算款支付申请规定时间内仍未支付的，除法律另有规定外，承包人可与发包人协商将该工程折价，也可直接向人民法院申请将该工程依法拍卖。承包人就该工程折价或拍卖的价款优先受偿。

三、合同解除的价款结算与支付

发承包双方协商一致解除合同的，按照达成的协议办理结算和支付合同价款。

（一）不可抗力解除合同

由于不可抗力解除合同的，发包人除应向承包人支付合同解除之日前已完成工程但尚未支付的合同价款，还应支付下列金额：

（1）合同中约定应由发包人承担的费用。

（2）已实施或部分实施的措施项目应付价款。

（3）承包人为合同工程合理订购且已交付的材料和工程设备货款。发包人一经支付此项货款，该材料和工程设备即成为发包人的财产。

（4）承包人撤离现场所需的合理费用，包括员工遣送费和临时工程拆除、施工设备运离现场的费用。

（5）承包人为完成合同工程而预期开支的任何合理费用，且该项费用未包括在本款其他各项支付之内。

（6）发承包双方办理结算合同价款时，应扣除合同解除之日前发包人应向承包人收回的价款。当发包人应扣除的金额超过了应支付的金额，则承包人应在合同解除后的56天内将其差额退还给发包人。

（二）违约解除合同

（1）承包人违约。因承包人违约解除合同的，发包人应暂停向承包人支付任何价款。发包人应在合同解除后规定时间内核实合同解除时承包人已完成的全部合同价款以及按施工进度计划已运至现场的材料和工程设备货款，按合同约定核算承包人应支付的违约金以及造成损失的索赔金额，并将结果通知承包人。发承包双方应在规定时间内予以确认或提出意见，并办理结算合同价款，如果发包人应扣除的金额超过了应支付的金额，则承包人应在合同解除后的规定时间内将其差额退还给发包人。发承包双方不能就解除合同后的结算达成一致的，按照合同约定的争议解决方式处理。

（2）因发包人违约解除合同的，发包人除应按照有关不可抗力解除合同的规定向承包人支付各项价款外，还需按合同约定核算发包人应支付的违约金以及给承包人造成损失或损害的索赔金额费用。该笔费用由承包人提出，发包人核实后与承包人协商确定后的规定时间内向承包人签发支付证书。协商不能达成一致的，按照合同约定的争议解决方式处理。

15.2.4　最终结清

（1）所谓最终结清，是指合同约定的缺陷责任期终止后，承包人已按合同规定完成全部剩余工作且质量合格的，发包人与承包人结清全部剩余款项的活动。

1）最终结清申请单。缺陷责任期终止后，承包人已按合同规定完成全部剩余工作且质量合格的，发包人签发缺陷责任期终止证书，承包人可按合同约定的份数和期限向发包人提交最终结清申请单，并提供相关证明材料，详细说明承包人根据合同规定已经完成的全部工程价款金额以及承包人认为根据合同规定应进一步支付的其他款项。发包人对最终结清申请单内容有异议的，有权要求承包人进行修正和提供补充资料，由承包人向发包人提交修正后的最终结清申请单。

2）最终支付证书。发包人收到承包人提交的最终结清申请单后的规定时间内予以核实，向承包人签发最终支付证书。发包人未在约定时间内核实，又未提出具体意见的，视为承包人提交的最终结清申请单已被发包人认可。

3）最终结清付款。发包人应在签发最终结清支付证书后的规定时间内，按照最终结清支付证书列明的金额向承包人支付最终结清款。承包人按合同约定接受了竣工结算支付证书后，应被认为已无权再提出在合同工程接收证书颁发前所发生的任何索赔。承包人在提交的最终结清申请中，只限于提出工程接收证书颁发后发生的索赔。提出索赔的期限自接受最终支付证书时终止。发包人未按期支付的，承包人可催告发包人在合理的期限内支付，并有权获得延迟支付的利息。

（2）最终结清时，如果承包人被扣留的质量保证金不足以抵减发包人工程缺陷修复费用的，承包人应承担不足部分的补偿责任。

（3）最终结清付款涉及政府投资资金的，按照国库集中支付等国家相关规定和专用合同条款的约定办理。

（4）承包人对发包人支付的最终结清款有异议的，按照合同约定的争议解决方式处理。

15.2.5　合同价款纠纷的处理

建设工程合同价款纠纷，是指发承包双方在建设工程合同价款的约定、调整以及结算等过程中所发生的争议。按照争议合同的类型不同，可以把工程合同价款纠纷分为总价合同价款纠纷、单价合同价款纠纷以及成本加酬金合同价款纠纷；按照纠纷发生的阶段不同，可以分为合同价款约定纠纷、合同价款调整纠纷和合同价款结算纠纷；按照纠纷的成因不同，可以分为合同无效的价款纠纷、工期延误的价款纠纷、质量争议的价款纠纷以及工程索赔的价款纠纷。

建设工程合同价款纠纷的解决途径主要有四种：和解、调解、仲裁和诉讼。建设工程合同发生纠纷后，当事人可以通过和解或者调解解决合同争议。当事人不愿和解、调解或者和解、调解不成的，可以根据仲裁协议向仲裁机构申请仲裁。当事人没有订立仲裁协议或者仲裁协议无效的，可以向人民法院起诉。当事人应当履行发生法律效力的法院判决或裁定、仲裁裁决、法院或仲裁调解书；拒不履行的，对方当事人可以请求人民法院执行。

（一）和解

和解是指当事人在自愿互谅的基础上，就已经发生的争议进行协商并达成协议，自行解决争议的一种方式。发生合同争议时，当事人应首先考虑通过和解解决争议。合同争议和解解决方式简便易行，能经济、及时地解决纠纷，同时有利于维护合同双方的友好合作关系，使合同能更好地得到履行。根据《建设工程工程量清单计价规范》GB 50500—2013 的规定，双方可通过以下方式进行和解：

（1）协商和解。合同价款争议发生后，发承包双方任何时候都可以进行协商。协商达成一致的，双方应签订书面和解协议，和解协议对发承包双方均有约束力。如果协商不能达成一致协议，发包人或承包人都可以按合同约定的其他方式解决争议。

（2）监理或造价工程师暂定。若发包人和承包人之间就工程质量、进度、价款支付与扣除、工期延期、索赔、价款调整等发生任何法律上、经济上或技术上的争议，首先应根据已签约合同的规定，提交合同约定职责范围内的总监理工程师或造价工程师解决，并抄送另一方。总监理工程师或造价工程师在收到此提交件后 14 天内应将暂定结果通知发包人和承包人。发承包双方对暂定结果认可的，应以书面形式予以确认，暂定结果成为最终决定。

（3）发承包双方在收到总监理工程师或造价工程师的暂定结果通知之后的 14 天内，未对暂定结果予以确认也未提出不同意见的，视为发承包双方已认可该暂定结果。

发承包双方或一方不同意暂定结果的，应以书面形式向总监理工程师或造价工程师提出，说明自己认为正确的结果，同时抄送另一方，此时该暂定结果成为争议。在暂定结果不实质影响发承包双方当事人履约的前提下，发承包双方应实施该结果，直到其按照发承包双方认可的争议解决办法被改变为止。

（二）调解

调解是指双方当事人以外的第三人应纠纷当事人的请求，依据法律规定或合同约定，对双方当事人进行疏导、劝说，促使他们互相谅解、自愿达成协议解决纠纷的一种途径。《建设工程工程量清单计价规范》GB 50500—2013 规定了以下的调解方式：

（1）管理机构的解释或认定。合同价款争议发生后，发承包双方可就工程计价依据的争议以书面形式提请工程造价管理机构对争议以书面文件进行解释或认定。工程造价管理机构应在收到申请的 10 个工作日内就发承包双方提请的争议问题进行解释或认定。

发承包双方或一方在收到工程造价管理机构书面解释或认定后，仍可按照合同约定的争议解决方式提请仲裁或诉讼。除工程造价管理机构的上级管理部门做出了不同的解释或认定，或在仲裁裁决或法院判决中不予采信的外，工程造价管理机构做出的书面解释或认定是最终结果，对发承包双方均有约束力。

（2）双方约定争议调解人进行调解。通常按照以下程序进行：

1）约定调解人。发承包双方应在合同中约定或在合同签订后共同约定争议调解人，负责双方在合同履行过程中发生争议的调解。合同履行期间，发承包双方可以协议调换或终止任何调解人，但发包人或承包人都不能单独采取行动。除非双方另有协议，在最终结清支付证书生效后，调解人的任期即终止。

2）争议的提交。如果发承包双方发生了争议，任何一方可以将该争议以书面形式提交调解人，并将副本抄送另一方，委托调解人调解。发承包双方应按照调解人提出的要求，给调解人提供所需要的资料、现场进入权及相应设施。调解人应被视为不是在进行仲裁人的工作。

3）进行调解。调解人应在收到调解委托后 28 天内，或由调解人建议并经发承包双方认可的其他期限内提出调解书，发承包双方接受调解书的，经双方签字后作为合同的补充文件，对发承包双方具有约束力，双方都应立即遵照执行。

4）异议通知。如果发承包任一方对调解人的调解书有异议，应在收到调解书后 28 天内向另一方发出异议通知，并说明争议的事项和理由。但除非并直到调解书在协商和解或仲裁裁决、诉讼判决中做出修改，或合同已经解除，承包人应继续按照合同实施工程。

如果调解人已就争议事项向发承包双方提交了调解书，而任一方在收到调解书后28天内，均未发出表示异议的通知，则调解书对发承包双方均具有约束力。

（三）仲裁

仲裁是当事人根据在纠纷发生前或纠纷发生后达成的有效仲裁协议，自愿将争议事项提交双方选定的仲裁机构进行裁决的一种纠纷解决方式。

（1）仲裁方式的选择。在民商事仲裁中，有效的仲裁协议是申请仲裁的前提，没有仲裁协议或仲裁协议无效的，当事人就不能提请仲裁机构仲裁，仲裁机构也不能受理。因此发承包双方如果选择仲裁方式解决纠纷，必须在合同中订立有仲裁条款或者以书面形式在纠纷发生前或者纠纷发生后达成了请求仲裁的协议。

仲裁协议的内容应当包括：①请求仲裁的意思表示；②仲裁事项；③选定的仲裁委员会。

前述三项内容必须同时具备，仲裁协议方为有效。

（2）仲裁裁决的执行。仲裁裁决做出后，当事人应当履行裁决，一方当事人不履行的，另一方当事人可以向被执行人所在地或者被执行财产所在地的中级人民法院申请执行。

（3）关于通过仲裁方式解决合同价款争议，《建设工程工程量清单计价规范》GB 50500—2013做出了如下规定：

1）如果发承包双方的协商和解或调解均未达成一致意见，其中一方已就此争议事项根据合同约定的仲裁协议申请仲裁的，应同时通知另一方。

2）仲裁可在竣工之前或之后进行，但发包人、承包人、调解人各自的义务不得因在工程实施期间进行仲裁而有所改变。当仲裁是在仲裁机构要求停止施工的情况下进行时，承包人应对合同工程采取保护措施，由此增加的费用由败诉方承担。

3）若双方通过和解或调解形成的有关的暂定或和解协议或调解书已经有约束力的情况下，当发承包中一方未能遵守暂定或和解协议或调解书时，另一方可在不损害他可能具有的任何其他权利的情况下，将未能遵守暂定或不执行和解协议或调解书达成的事项提交仲裁。

（四）诉讼

民事诉讼是指当事人请求人民法院行使审判权，通过审理争议事项并做出具有强制执行效力的裁判，从而解决民事纠纷的一种方式。在建设工程合同中，发承包双方在履行合同时发生争议，双方当事人不愿和解、调解或者和解、调解未能达成一致意见，又没有达成仲裁协议或者仲裁协议无效的，可依法向人民法院提起诉讼。

关于建设工程施工合同纠纷的诉讼管辖，根据《最高人民法院关于适用〈中华人民共和国民事诉讼法〉的解释》（法释〔2015〕5号）的规定，建设工程施工合同纠纷按照不动产纠纷确定管辖。根据《中华人民共和国民事诉讼法》的规定，因不动产纠纷提起的诉讼，由不动产所在地人民法院管辖。因此因建设工程合同纠纷提起的诉讼，应当由工程所在地人民法院管辖。

15.3　质量保证金的处理

15.3.1　缺陷责任期的概念和期限

一、缺陷责任期与保修期的概念区别

（1）缺陷责任期。缺陷是指建设工程质量不符合工程建设强制标准、设计文件，以及承包合同的约定。缺陷责任期是指承包人对已交付使用的合同工程承担合同约定的缺陷修复责任的期限。

（2）保修期。建设工程保修期是指在正常使用条件下，建设工程的最低保修期限。其期限长短由《建设工程质量管理条例》规定。

二、缺陷责任期与保修期的期限

（1）缺陷责任期的期限。缺陷责任期从工程通过竣工验收之日起计。由于承包人原因导致工程无法

按规定期限进行竣工验收的，缺陷责任期从实际通过竣工验收之日起计。单位工程先于全部工程进行验收，经验收合格并交付使用的，该单位工程缺陷责任期自单位工程验收合格之日起算。因发包人原因导致工程无法按合同约定期限进行竣工验收的，缺陷责任期自承包人提交竣工验收申请报告之日起开始计算；发包人未经竣工验收擅自使用工程的，缺陷责任期自工程转移占有之日起开始计算。缺陷责任期一般为1年，最长不超过2年，由发承包双方在合同中约定。

（2）保修期的期限。保修期自实际竣工日期起计算，具体分部分项工程的保修期由合同当事人在专用合同条款中约定，但不得低于法定最低保修年限。在工程保修期内，承包人应当根据有关法律规定以及合同约定承担保修责任。发包人未经竣工验收擅自使用工程的，保修期自转移占有之日起算。按照《建设工程质量管理条例》的规定，保修期限如下：

1）地基基础工程和主体结构工程为设计文件规定的该工程的合理使用年限；

2）屋面防水工程、有防水要求的卫生间、房间和外墙面的防渗漏为5年；

3）供热与供冷系统为2个采暖期和供热期；

4）电气管线、给排水管道、设备安装和装修工程为2年。

15.3.2 质量保证金的使用及返还

一、质量保证金的含义

根据《建设工程质量保证金管理办法》（建质〔2016〕295号）的规定，建设工程质量保证金（以下简称保证金）是指发包人与承包人在建设工程承包合同中约定，从应付的工程款中预留，用以保证承包人在缺陷责任期内对建设工程出现的缺陷进行维修的资金。

二、质量保证金预留及管理

（1）质量保证金的预留。发包人应按照合同约定方式预留质量保证金，质量保证金总预留比例不得高于工程价款结算总额的5%。合同约定由承包人以银行保函替代预留质量保证金的，保函金额不得高于工程价款结算总额的5%。在工程项目竣工前，已经缴纳履约保证金的，发包人不得同时预留工程质量保证金。采用工程质量保证担保、工程质量保险等其他方式的，发包人不得再预留质量保证金。

（2）缺陷责任期内，实行国库集中支付的政府投资项目，质量保证金的管理应按国库集中支付的有关规定执行。其他政府投资项目，质量保证金可以预留在财政部门或发包方。缺陷责任期内，如发包方被撤销，质量保证金随交付使用资产一并移交使用单位，由使用单位代行发包人职责。社会投资项目采用预留质量保证金方式的，发承包双方可以约定将质量保证金交由金融机构托管。

（3）质量保证金的使用。缺陷责任期内，由承包人原因造成的缺陷，承包人应负责维修，并承担鉴定及维修费用。如承包人不维修也不承担费用，发包人可按合同约定从质量保证金或银行保函中扣除，费用超出质量保证金额的，发包人可按合同约定向承包人进行索赔。承包人维修并承担相应费用后，不免除对工程的损失赔偿责任。由他人及不可抗力原因造成的缺陷，发包人负责组织维修，承包人不承担费用，且发包人不得从质量保证金中扣除费用。发承包双方就缺陷责任有争议时，可以请有资质的单位进行鉴定，责任方承担鉴定费用并承担维修费用。

三、质量保证金的返还

缺陷责任期内，承包人认真履行合同约定的责任，到期后，承包人向发包人申请返还质量保证金。

发包人在接到承包人返还质量保证金申请后，应于14天内会同承包人按照合同约定的内容进行核实。如无异议，发包人应当按照约定将质量保证金返还给承包人。返还期限没有约定或者约定不明确的，发包人应当在核实后14天内将质量保证金返还承包人，逾期未返还的，依法承担违约责任。发包人在接到承包人返还质量保证金申请后14天内不予答复，经催告后14天内仍不予答复，视同认可承包人的返还保证金申请。

第 16 章　建设工程竣工决算价款的编制

【本章提示】通过学习本章，学习人员应了解建设项目竣工验收的条件及内容，建设项目竣工验收的方式，建设项目竣工验收报告，建设项目竣工决算的概念，建设项目竣工决算的作用，竣工决算的内容，竣工决算的编制。

建设项目竣工决算是综合全面地反映竣工项目建设成果及财务情况的总结性文件，是正确核定新增固定资产价值，考核分析投资效果，建立健全经济责任制的依据，是反映建设项目实际造价和投资效果的文件。

16.1　工程竣工验收

建设项目竣工验收是指由发包人、承包人和项目验收委员会，以项目批准的设计任务书和设计文件以及国家或部门颁发的施工验收规范和质量检验标准为依据，按照一定的程序和手续，在项目建成并试生产合格后（工业生产性项目），对工程项目的总体进行检验和认证、综合评价和鉴定的活动。按照我国建设程序的规定，竣工验收是建设工程的最后阶段，是建设项目施工阶段和保修阶段的中间过程，是全面检验建设项目是否符合设计要求和工程质量检验标准的重要环节，是审查投资使用是否合理的重要环节，是投资成果转入生产或使用的标志。只有经过竣工验收，建设项目才能实现由承包人管理向发包人管理的过渡，它标志着建设投资成果投入生产或使用，对促进建设项目及时投产或交付使用、发挥投资效果、总结建设经验有着重要的作用。

16.1.1　建设项目竣工验收的条件及内容

一、建设项目竣工验收的条件

《建设工程质量管理条例》规定，建设工程竣工验收应当具备以下条件：

（1）完成建设工程设计和合同约定的各项内容，主要是指设计文件所确定的、在承包合同中载明的工作范围，也包括监理工程师签发的变更通知单中所确定的工作内容。

（2）有完整的技术档案和施工管理资料。

（3）有工程使用的主要建筑材料、建筑构配件和设备的进场试验报告。对建设工程使用的主要建筑材料、建筑构配件和设备的进场，除具有质量合格证明资料外，还应当有试验、检验报告。试验、检验报告中应当注明其规格、型号、用于工程的哪些部位、批量批次、性能等技术指标，其质量要求必须符合国家规定的标准。

（4）有勘察、设计、施工、工程监理等单位分别签署的质量合格文件，勘察、设计、施工、工程监理等有关单位依据工程设计文件及承包合同所要求的质量标准，对竣工工程进行检查和评定，符合规定的，签署合格文件。

（5）有施工单位签署的工程保修书。

二、建设项目竣工验收的内容

不同的建设项目竣工验收的内容可能有所不同，但一般包括工程资料验收和工程内容验收两部分。

（一）工程资料验收

包括工程技术资料、工程综合资料和工程财务资料验收三个方面的内容。

（二）工程内容验收

工程内容验收包括建筑工程验收和安装工程验收。

（1）建筑工程验收的内容。主要包括：

1）建筑物的位置、标高、轴线是否符合设计要求。

2）对基础工程中的土石方工程、垫层工程、砌筑工程等资料的审查验收。

3）对结构工程中的砖木结构、砖混结构、内浇外砌结构、钢筋混凝土结构的审查验收。

4）对屋面工程的屋面瓦、保温层、防水层等的审查验收。

5）对门窗工程的审查验收。

6）对装饰工程的审查验收（抹灰、油漆等工程）。

（2）安装工程验收的内容。安装工程验收分为建筑设备安装工程、工艺设备安装工程和动力设备安装工程验收。

16.1.2 建设项目竣工验收的方式及报告

一、建设项目竣工验收的方式

为了保证建设项目竣工验收的顺利进行，验收必须遵循一定的程序，并按照建设项目总体计划的要求以及施工进展的实际情况分阶段进行。建设项目竣工验收按被验收的对象划分，可分为单位工程验收、单项工程验收及工程整体验收（称为“动用验收”），如表 16.1.2 所示。

表 16.1.2 不同阶段的工程验收

类型	验收条件	验收组织
单位工程验收（中间验收）	（1）按照施工承包合同的约定，施工完成到某一阶段后要进行中间验收； （2）主要的工程部位施工已完成了隐蔽前的准备工作，该工程部位将置于无法查看的状态	由监理单位组织，业主和承包商派人参加，该部位的验收资料将作为最终验收的依据
单项工程验收（交工验收）	（1）建设项目中的某个合同工程已全部完成； （2）合同内约定有单项移交的工程已达到竣工标准，可移交给业主投入试运行	由业主组织，会同施工单位、监理单位、设计单位及使用单位等有关部门共同进行
工程整体验收（动用验收）	（1）建设项目按设计规定全部建成，达到竣工验收条件； （2）初验结果全部合格； （3）竣工验收所需资料已准备齐全	大中型和限额以上项目由国家发改委或由其委托项目主管部门或地方政府部门组织验收；小型和限额以下项目由项目主管部门组织验收。业主、监理单位、施工单位、设计单位和使用单位参加验收工作

二、建设项目竣工验收报告

建设项目竣工验收合格后，建设单位应当及时提出办理工程竣工验收报告。

（1）工程竣工验收报告主要包括工程概况，建设单位执行基本建设程序情况，对工程勘察、设计、施工、监理等方面的评价，工程竣工验收时间、程序、内容和组织形式，工程竣工验收意见等内容。

（2）工程竣工验收报告还应附有下列文件：

1）施工许可证；

2）施工图设计文件审查意见；

3）验收组人员签署的工程竣工验收意见；

4）市政基础设施工程应附有质量检测和功能性试验资料；

5）施工单位签署的工程质量保修书；

6）法规、规章规定的其他有关文件。

16.2 竣工决算的概念及作用

16.2.1 建设项目竣工决算的概念

（1）项目竣工决算是指所有项目竣工后，项目单位按照国家有关规定在项目竣工验收阶段编制的竣工决算报告。竣工决算是以实物数量和货币指标为计量单位，综合反映竣工建设项目全部建设费用、建设成果和财务状况的总结性文件，是竣工验收报告的重要组成部分，竣工决算是正确核定新增固定资产价值，考核分析投资效果，建立健全经济责任制的依据，是反映建设项目实际造价和投资效果的文件。竣工决算是建设工程经济效益的全面反映，是项目法人核定各类新增资产价值、办理其交付使用的依据。竣工决算是工程造价管理的重要组成部分，做好竣工决算是全面完成工程造价管理目标的关键性因素之一。通过竣工决算，既能够正确反映建设工程的实际造价和投资结果，又可以通过竣工决算与概算、预算的对比分析，考核投资控制的工作成效，为工程建设提供重要的技术经济方面的基础资料，提高未来工程建设的投资效益。

（2）项目竣工时，应编制建设项目竣工财务决算。建设周期长、建设内容多的项目，单项工程竣工，具备交付使用条件的，可编制单项工程竣工财务决算。建设项目全部竣工后应编制竣工财务总决算。

16.2.2　建设项目竣工决算的作用

（1）建设项目竣工决算是综合全面地反映竣工项目建设成果及财务情况的总结性文件，它采用货币指标、实物数量、建设工期和各种技术经济指标综合、全面地反映建设项目自开始建设到竣工为止全部建设成果和财务状况。

（2）建设项目竣工决算是办理交付使用资产的依据，也是竣工验收报告的重要组成部分。建设单位与使用单位在办理交付资产的验收交接手续时，通过竣工决算反映了交付使用资产的全部价值，包括固定资产、流动资产、无形资产和其他资产的价值。及时编制竣工决算可以正确核定固定资产价值并及时办理交付使用，可缩短工程建设周期，节约建设项目投资，准确考核和分析投资效果。可作为建设主管部门向企业使用单位移交财产的依据。

（3）建设项目竣工决算是分析和检查设计概算的执行情况，考核建设项目管理水平和投资效果的依据。竣工决算反映了竣工项目计划、实际的建设规模、建设工期以及设计和实际的生产能力，反映了概算总投资和实际的建设成本，同时还反映了所达到的主要技术经济指标。通过对这些指标计划数、概算数与实际数进行对比分析，不仅可以全面掌握建设项目计划和概算执行情况，而且可以考核建设项目投资效果，为今后制订建设项目计划，降低建设成本，提高投资效果提供必要的参考资料。

16.3　竣工决算的内容和编制

16.3.1　竣工决算的内容

建设项目竣工决算应包括从筹集到竣工投产全过程的全部实际费用，即包括建筑工程费、安装工程费、设备工器具购置费及预备费等费用。根据财政部、国家发改委及住房和城乡建设部的有关文件规定，竣工决算是由竣工财务决算说明书、竣工财务决算报表、工程竣工图和工程竣工造价对比分析四部分组成。其中竣工财务决算说明书和竣工财务决算报表两部分又称建设项目竣工财务决算，是竣工决算的核心内容。竣工财务决算是正确核定项目资产价值、反映竣工项目建设成果的文件，是办理资产移交和产权登记的依据。

一、竣工财务决算说明书

竣工财务决算说明书主要反映竣工工程建设成果和经验，是对竣工决算报表进行分析和补充说明的文件，是全面考核分析工程投资与造价的书面总结，是竣工决算报告的重要组成部分，其内容主要包括：

（1）项目概况。一般从进度、质量、安全和造价方面进行分析说明。进度方面主要说明开工和竣工时间，对照合理工期和要求工期分析是提前还是延期；质量方面主要根据竣工验收委员会或相当一级质量监督部门的验收评定等级、合格率和优良品率；安全方面主要根据劳动工资和施工部门的记录，对有无设备和人身事故进行说明；造价方面主要对照概算造价，说明节约或超支的情况，用金额和百分率进行分析说明。

（2）会计账务的处理、财产物资清理及债权债务的清偿情况。

（3）项目建设资金计划及到位情况，财政资金支出预算、投资计划及到位情况。

（4）项目建设资金使用、项目结余资金等分配情况。

（5）项目概（预）算执行情况及分析，竣工实际完成投资与概算差异及原因分析。

（6）尾工工程情况。项目一般不得预留尾工工程，确需预留尾工工程的，尾工工程投资不得超过批准的项目概（预）算总投资的5%。

（7）历次审计、检查、审核、稽查意见及整改落实情况。

（8）主要技术经济指标的分析、计算情况。概算执行情况分析，根据实际投资完成额与概算进行对比分析；新增生产能力的效益分析，说明交付使用财产占总投资额的比例，不增加固定资产的造价占投资总额的比例，分析有机构成和成果。

（9）项目管理经验、主要问题和建议。

（10）预备费动用情况。

（11）项目建设管理制度执行情况、政府采购情况、合同履行情况。

（12）征地拆迁补偿情况、移民安置情况。

（13）需说明的其他事项。

二、竣工财务决算报表

建设项目竣工决算报表包括：基本建设项目概况表，基本建设项目竣工财务决算表，基本建设项目资金情况明细表，基本建设项目交付使用资产总表，基本建设项目交付使用资产明细表，待摊投资明细表，待核销基建支出明细表，转出投资明细表等。

三、建设工程竣工图

建设工程竣工图是真实地记录各种地上、地下建筑物和构筑物等情况的技术文件，是工程进行交工验收、维护、改建和扩建的依据，是国家的重要技术档案。全国各建设、设计、施工单位和各主管部门都要认真做好竣工图的编制工作。国家规定：各项新建、扩建、改建的基本建设工程，特别是基础、地下建筑、管线、结构、井巷、桥梁、隧道、港口、水坝以及设备安装等隐蔽部位都要编制竣工图。为确保竣工图质量，必须在施工过程中（不能在竣工后）及时做好隐蔽工程检查记录，整理好设计变更文件。编制竣工图的形式和深度，应根据不同情况区别对待，其具体要求包括：

（1）凡按图竣工没有变动的，由承包人（包括总包和分包承包人，下同）在原施工图上加盖“竣工图”表之后，即作为竣工图。

（2）凡在施工过程中，虽有一般性设计变更，但能将原施工图加以修改补充作为竣工图的，可不重新绘制，由承包人负责在原施工图（必须是新蓝图）上注明修改的部分，并附以设计变更通知单和施工说明，加盖“竣工图”标志后，作为竣工图。

（3）凡结构形式改变、施工工艺改变、平面布置改变、项目改变以及有其他重大改变，不宜再在原施工图上修改、补充时，应重新绘制改变后的竣工图。由原设计原因造成的，由设计单位负责重新绘制；由施工原因造成的，由承包人负责重新绘图；由其他原因造成的，由建设单位自行绘制或委托设计单位绘制。承包人负责在新图上加盖“竣工图”标志，并附以有关记录和说明，作为竣工图。

（4）为了满足竣工验收和竣工决算需要，还应绘制反映竣工工程全部内容的工程设计平面示意图。

（5）重大的改建、扩建工程项目涉及原有的工程项目变更时，应将相关项目的竣工图资料统一整理归档，并在原图案卷内增补必要的说明一起归档。

四、工程造价对比分析

对控制工程造价所采取的措施、效果及其动态的变化需要进行认真地比较对比，总结经验教训。批准的概算是考核建设工程造价的依据。在分析时，可先对比整个项目的总概算，然后将建筑安装工程费、设备工器具费和其他工程费用逐一与竣工决算表中所提供的实际数据和相关资料及批准的概算、预算指标，实际的工程造价进行对比分析，以确定竣工项目总造价是节约还是超支，并在对比的基础上，总结先进经验，找出节约和超支的内容和原因，提出改进措施。在实际工作中，应主要分析以下内容：

（1）考核主要实物工程量。对于实物工程量出入比较大的情况，必须查明原因。

（2）考核主要材料消耗量。要按照竣工决算表中所列明的三大材料实际超概算的消耗量，查明是在工程的哪个环节超出量最大，再进一步查明超耗的原因。

（3）考核建设单位管理费、措施费和间接费的取费标准。建设单位管理费、措施费和间接费的取费标准要按照国家和各地的有关规定，根据竣工决算报表中所列的建设单位管理费与概预算所列的建设单位管理费数额进行比较，依据规定查明是否有多列或少列的费用项目，确定其节约超支的数额，并查明原因。

16.3.2 竣工决算的编制

一、建设项目竣工决算的编制条件

编制工程竣工决算应具备下列条件：

（1）经批准的初步设计所确定的工程内容已完成；

（2）单项工程或建设项目竣工结算已完成；

（3）收尾工程投资和预留费用不超过规定的比例；

（4）涉及法律诉讼、工程质量纠纷的事项已处理完毕；

（5）其他影响工程竣工决算编制的重大问题已解决。

二、建设项目竣工决算的编制依据

建设项目竣工决算应依据下列资料编制：

（1）《基本建设财务规则》（财政部令第 81 号）等法律、法规和规范性文件，项目计划任务书及立项批复文件；

（2）项目总概算书和单项工程概算书文件；

（3）经批准的设计文件及设计交底、图纸会审资料；

（4）招标文件和最高投标限价；

（5）工程合同文件；

（6）项目竣工结算文件；

（7）工程签证、工程索赔等合同价款调整文件；

（8）设备、材料调价文件记录；

（9）会计核算及财务管理资料；

（10）其他有关项目管理的文件。

三、竣工决算的编制要求

为了严格执行建设项目竣工验收制度，正确核定新增固定资产价值，考核分析投资效果，建立健全经济责任制，所有新建、扩建和改建等建设项目竣工后，都应及时、完整、正确地编制好竣工决算。建设单位要做好以下工作：

（1）按照规定组织竣工验收，保证竣工决算的及时性。对建设工程的全面考核，所有的建设项目（或单项工程）按照批准的设计文件所规定的内容建成后，具备了投产和使用条件的，都要及时组织验收。对于竣工验收中发现的问题，应及时查明原因，采取措施加以解决，以保证建设项目按时交付使用和及时编制竣工决算。

（2）积累、整理竣工项目资料，保证竣工决算的完整性。积累、整理竣工项目资料是编制竣工决算的基础工作，它关系到竣工决算的完整性和质量的好坏。因此，在建设过程中，建设单位必须随时收集项目建设的各种资料，并在竣工验收前，对各种资料进行系统整理，分类立卷，为编制竣工决算提供完整的数据资料，为投产后加强固定资产管理提供依据。在工程竣工时，建设单位应将各种基础资料与竣工决算一起移交给生产单位或使用单位。

（3）清理、核对各项账目，保证竣工决算的正确性。工程竣工后，建设单位要认真核实各项交付使用资产的建设成本；做好各项账务、物资以及债权的清理结余工作，应偿还的及时偿还，该收回的应及时收回，对各种结余的材料、设备、施工机械工具等，要逐项清点核实，妥善保管，按照国家有关规定进行处理不得任意侵占；对竣工后的结余资金，要按规定上交财政部门或上级主管部门。在完成上述工作，核实了各项数字的基础上，正确编制从年初起到竣工月份止的竣工年度财务决算，以便根据历年的财务决算和竣工年度财务决算进行整理汇总，编制建设项目竣工决算。

第四篇

参 考 案 例

第 17 章　典型参考案例

17.1　基础资料

17.1.1　案例背景

依据幼儿园教学楼施工图，计算房屋建筑与装饰工程的工程量，并编制招标工程量清单及最高投标限价。

17.1.2　编制要求

（1）依据建设单位提供的施工图纸计算工程量。

（2）依据国家标准《建设工程工程量清单计价规范》GB 50500—2013、《房屋建筑与装饰工程工程量计算规范》GB 50854—2013 编制招标工程量清单。

附件 1：结构图：G–01~G–12（另册）

建筑图：J–01~J–12（另册）

17.2　工程量计算

17.2.1　土石方工程

（一）平整场地

解：依据图号 J–05。

S（平）=20×10=200（m^2）。

（二）挖基础土方

解：（1）挖基础土方清单工程量，如表 17.2.1–1、表 17.2.1–2 所示。

挖基础土方清单工程量：V（挖土方）=217.42+21.70=239.12（m^3）

表 17.2.1–1　建筑（独立基础挖土方清单量）工程量计算表

序号	工程项目或轴线说明	工程量计算式					单位	数量	备注
		相同件数	长（m）	宽（m）	高（m）	小计			
	独立基础								G–03
1	ZJ1	2	2.3+0.1×2	2.3+0.1×2	2–0.3+0.1	11.25	m^3	22.50	
2	ZJ2	1	1.8+0.1×2	1.8+0.1×2	2–0.3+0.1	7.20	m^3	7.20	
3	ZJ3	2	2.9+0.1×2	2.9+0.1×2	2–0.3+0.1	17.30	m^3	34.60	
4	ZJ4	3	2.2+0.1×2	2.2+0.1×2	2–0.3+0.1	10.37	m^3	31.10	
5	ZJ5	4	2.8+0.1×2	2.8+0.1×2	2–0.3+0.1	16.20	m^3	64.80	
6	ZJ6	2	3.3+0.1×2	3.3+0.1×2	2–0.3+0.1	22.05	m^3	44.10	
7	ZJ7	1	2.5+0.1×2	2.5+0.1×2	2–0.3+0.1	13.12	m^3	13.12	
	合计						m^3	217.42	

表 17.2.1-2　建筑（基础梁挖土方清单量）工程量计算表

序号	工程项目或轴线说明	工程量计算式					单位	数量	备注
		相同件数	长（m）	宽（m）	高（m）	小计			
	基础梁								G-04
1	Ⓐ轴 JKL5（4A）	1	20-2.5/2-3.1-3×2-3.3	0.25+0.1×2	0.5+0.5+0.1	2.29	m^3	2.29	
2	Ⓑ轴 JKL6（4A）	1	20-2.5/2-3.1-3×2-3.3	0.25+0.1×2	0.5+0.5+0.1	2.29	m^3	2.29	
3	Ⓒ轴 JKL5（4A）	1	20-2/2-2.4×3-2.7	0.25+0.1×2	0.5+0.5+0.1	3.28	m^3	3.28	
4	①轴 JKL1（2）	1	10-2.5/2-2.5-2/2	0.25+0.1×2	0.5+0.5+0.1	1.89	m^3	1.89	
5	②轴 JKL2（2）	1	10-3.1/2-3.1-2.4/2	0.25+0.1×2	0.5+0.5+0.1	1.49	m^3	1.49	
6	③④轴 JKL3(2)	2	10-3/2-3-2.4/2	0.25+0.1×2	0.5+0.5+0.1	1.55	m^3	3.10	
7	⑤轴 JKL4（2）	1	10-3.5/2-3.5-2.7/2	0.25+0.1×2	0.5+0.5+0.1	1.22	m^3	1.22	
8	⑥轴 JL2（2）	1	10+0.1×2	0.2+0.1×2	0.5+0.7+0.1	4.08	m^3	4.08	
9	①②交ⒷⒸ轴间 JL3（1）	1	3-0.25-0.09-0.1×2	0.2+0.1×2	0.5+0.45+0.1	0.74	m^3	0.74	
10	②③交ⒶⒷ轴间 JL1（1）	1	5-0.25-0.125-0.1×2	0.2+0.1×2	0.5+0.45+0.1	1.33	m^3	1.33	
	合计						m^3	21.70	

（2）挖基础土方定额工程量：

1）独立基础挖土方工程量：

解： 放坡系数为 1∶0.33，则 V（挖土）$=h/6\,[ab+(a+a_1)\times(b+b_1)+a_1b_1]\times$ 个数

ZJ1 基坑中的 $a_1=2.3+0.1\times2+0.3\times2=3.1$（m）

$b_1=2.3+0.1\times2+0.3\times2=3.1$（m）

$a=a_1+h\times0.33\times2=3.1+1.8\times0.33\times2=4.288$（m）

$b=b_1+h\times0.33\times2=3.1+1.8\times0.33\times2=4.288$（m）

$h=2-0.3+0.1=1.8$（m）

ZJ1 基坑挖土：

$V_1=1.8/6\times[4.288\times4.288+(4.288+3.1)\times(4.288+3.1)+3.1\times3.1]\times2=49.55$（$m^3$）

其他独立基础的挖土方按公式计算，具体如表 17.2.1-3 所示。

表 17.2.1-3　建筑（独立基础挖土方定额）工程量计算表

序号	工程项目或轴线说明	工程量计算式							单位	数量	备注
		相同件数	底长（m）	底宽（m）	面长（m）	面宽（m）	高（m）	小计			
	独立基础		a_1	a	b_1	b	h				G-03
1	ZJ1	2	3.1	4.288	3.1	4.288	2-0.3+0.1	24.77	m^3	49.55	
2	ZJ2	1	2.6	3.788	2.6	3.788	1.8	18.57	m^3	18.57	
3	ZJ3	2	3.7	4.888	3.7	4.888	1.8	33.40	m^3	66.80	
4	ZJ4	3	3	4.188	3	4.188	1.8	23.46	m^3	70.39	
5	ZJ5	4	3.6	4.788	3.6	4.788	1.8	31.87	m^3	127.49	
6	ZJ6	2	4.1	5.288	4.1	5.288	1.8	39.87	m^3	79.74	
7	ZJ7	1	3.3	4.488	3.3	4.488	1.8	27.51	m^3	27.51	
	合计								m^3	440.05	

2）基础梁挖土方工程量如表 17.2.1–4 所示。

表 17.2.1–4　建筑（基础梁挖土方定额）工程量计算表

序号	工程项目或轴线说明	工程量计算式					单位	数量	备注
		相同件数	长（m）	宽（m）	高（m）	小计			
	基础梁								G–04
1	Ⓐ轴 JKL5（4A）	1	20–2.5/2–3.1–3×2–3.3	0.25+0.1×2+0.3×2	0.5+0.5+0.1	5.33	m^3	5.33	
2	Ⓑ轴 JKL6（4A）	1	20–2.5/2–3.1–3×2–3.3	0.25+0.1×2+0.3×2	0.5+0.5+0.1	5.33	m^3	5.33	
3	Ⓒ轴 JKL5（4A）	1	20–2/2–2.4×3–2.7	0.25+0.1×2+0.3×2	0.5+0.5+0.1	7.64	m^3	7.64	
4	①轴 JKL1（2）	1	10–2.5/2–2.5–2/2	0.25+0.1×2+0.3×2	0.5+0.5+0.1	4.41	m^3	4.41	
5	②轴 JKL2（2）	1	10–3.1/2–3.1–2.4/2	0.25+0.1×2+0.3×2	0.5+0.5+0.1	3.49	m^3	3.49	
6	③④轴 JKL3（2）	2	10–3/2–3–2.4/2	0.25+0.1×2+0.3×2	0.5+0.5+0.1	3.61	m^3	7.22	
7	⑤轴 JKL4（2）	1	10–3.5/2–3.5–2.7/2	0.25+0.1×2+0.3×2	0.5+0.5+0.1	2.86	m^3	2.86	
8	⑥轴 JL2（2）	1	10+0.1×2	0.2+0.1×2+0.3×2	0.5+0.7+0.1	10.20	m^3	10.20	
9	①②交ⒷⒸ轴间 JL3（1）	1	3–0.25–0.09–0.1×2	0.2+0.1×2+0.3×2	0.5+0.45+0.1	1.85	m^3	1.85	
10	②③交ⒶⒷ轴间 JL1（1）	1	5–0.25–0.125–0.1×2	0.2+0.1×2+0.3×2	0.5+0.45+0.1	3.32	m^3	3.32	
	合计						m^3	51.65	

挖基础土方定额工程量：V（挖土方）=440.05+51.65=491.70（m^3）

（三）土（石）方回填

解：V（回填土）=V（挖土量）–V（地坪标高以下埋设的构件所占的体积）

其中埋地构件体积：V_1（基础层柱子）=5.37m^3，如表 17.2.1–5 所示。

表 17.2.1–5　建筑（基础层矩形柱）工程量计算表

序号	工程项目或轴线说明	工程量计算式					单位	数量	备注
		相同件数	长（m）	宽（m）	高（m）	小计			
	首层现浇柱								G–04~G–06
1	KZ1	1	0.4	0.45	1.5	0.27	m^3	0.27	
2	KZ2	1	0.4	0.45	1.5	0.27	m^3	0.27	
3	KZ3	1	0.4	0.45	1.5	0.27	m^3	0.27	
4	KZ4	1	0.4	0.45	1.5	0.27	m^3	0.27	
5	KZ5	1	0.5	0.55	1.5	0.41	m^3	0.41	
6	KZ6	1	0.45	0.45	1.5	0.30	m^3	0.30	
7	KZ7	4	0.5	0.5	1.5	0.38	m^3	1.50	
8	KZ8	2	0.5	0.5	1.5	0.38	m^3	0.75	
9	KZ9	1	0.55	0.55	1.5	0.45	m^3	0.45	
10	KZ10	1	0.55	0.6	1.5	0.50	m^3	0.50	
11	KZ11	1	0.5	0.5	1.5	0.38	m^3	0.38	
	合计							5.37	

V_2（独立基础）=47.38m³，详见混凝土章节工程量计算式。

V_3（基础梁）=13.82m³，详见混凝土章节工程量计算式。

V（地坪标高以下埋设的构件所占的体积）=5.37+47.38+13.82=66.57（m³）

V（回填土）=491.70−66.57=425.13（m³）

（四）土石方外运

解：V（外运土方）=V（地坪标高以下埋设的构件所占的体积）=66.57（m³）

17.2.2 砌筑工程

（一）砖基础

解：依据图号 G−04、J−12，V（砖基础）=7.4m³。

基础梁面标高为 −0.5m，故基础梁顶至 ±0.0 标高处即为砖基础，砖基础厚度同首层砖墙厚度，砖基础工程量如表 17.2.2 所示。

表 17.2.2 建筑（砖基础）工程量计算表

序号	工程项目或轴线说明	工程量计算式					单位	数量	备注
		相同件数	长（m）	宽（m）	高（m）	小计			
1	外墙								G−04
	Ⓐ轴	1	4.8×3−0.31−0.45×2−0.41	0.18	0.5	1.15	m³	1.15	
	Ⓑ轴	1	3+2.6−0.25−0.09×2	0.18	0.5	0.47	m³	0.47	
	Ⓒ轴	1	20−0.3−0.4−0.45×3	0.18	0.5	1.62	m³	1.62	
	①轴	1	10−0.4×3	0.18	0.5	0.79	m³	0.79	
	②轴	1	5−0.25−0.4	0.18	0.5	0.39	m³	0.39	
	⑤轴	1	5−0.275−0.5	0.18	0.5	0.38	m³	0.38	
	⑥轴	1	10−0.18×2	0.18	0.5	0.87	m³	0.87	
	外墙小计 $L_{外}$		62.92				m³	5.66	
2	内墙	1							
	①②交ⒷⒸ	1	3−0.18−0.09	0.12	0.5	0.16	m³	0.16	
	Ⓑ交②③	1	4.8−0.36−0.225	0.12	0.5	0.25	m³	0.25	
	②轴	1	5−0.25−0.4	0.12	0.5	0.26	m³	0.26	
	ⒶⒷ交②③	1	5−0.18−0.09	0.12	0.5	0.28	m³	0.28	
	③轴	1	10−0.45×3	0.12	0.5	0.52	m³	0.52	
	⑤轴	1	5−0.275−0.45	0.12	0.5	0.26	m³	0.26	
	内墙小计 $L_{内}$	1	28.95				m³	1.74	
	合计						m³	7.40	

（二）砌块

解：依据图号 J−05，并从砖基础计算稿中得到砖墙长度，从门窗、过梁、构造柱计算稿得到相应扣减的数量，以下以首层计算过程为例：

（1）蒸压灰砂砖外墙（180 厚）：

V（外墙 180 厚）=（$L_{外}\times h_{外}$−外墙门窗面积）×$d_{墙厚}$−过梁−构造柱

=［62.92×（3.8−0.5）−49.65］×0.18−1.01−1.30=26.13（m³）

（2）蒸压灰砂砖内墙（120 厚）：

V（内墙 120 厚）=（$L_{内}\times h_{内}$−内墙门窗面积）×$d_{墙厚}$−过梁−构造柱

=［28.95×（3.8−0.5）−7.4］×0.12−0.11=10.47（m^3）

以首层计算过程为例，依次计算出其他楼层的工程量，最终汇总得到：

蒸压灰砂砖外墙（180厚）工程量：91.6m^3；

蒸压灰砂砖外墙（120厚）工程量：32.1m^3。

17.2.3 混凝土及钢筋混凝土工程

（一）独立基础

解： 依据图号G−03，V（独立基础）=47.38m^3，如表17.2.3−1所示。

表17.2.3−1 建筑（独立基础）工程量计算表

序号	工程项目或轴线说明	工程量计算式					单位	数量	备注
		相同件数	长（m）	宽（m）	高（m）	小计			
	独立基础								G−03
1	ZJ1	2	2.3	2.3	0.5	2.65	m^3	5.29	
2	ZJ2	1	1.8	1.8	0.5	1.62	m^3	1.62	
3	ZJ3−底	2	2.9	2.9	0.3	2.52	m^3	5.05	
3−1	ZJ3−顶	2	1.6	1.6	0.3	0.77	m^3	1.54	
4	ZJ4	3	2.2	2.2	0.5	2.42	m^3	7.26	
5	ZJ5−底	4	2.8	2.8	0.3	2.35	m^3	9.41	
5−1	ZJ5−顶	4	1.6	1.6	0.3	0.77	m^3	3.07	
6	ZJ6−底	2	3.3	3.3	0.4	4.36	m^3	8.71	
6−1	ZJ6−顶	2	1.7	1.7	0.4	1.16	m^3	2.31	
7	ZJ7	1	2.5	2.5	0.5	3.13	m^3	3.13	
	合计						m^3	47.38	

（二）基础梁

解： 依据图号G−04，V（基础梁）=13.72m^3，如表17.2.3−2所示。

表17.2.3−2 建筑（基础梁）工程量计算表

序号	工程项目或轴线说明	工程量计算式					单位	数量	备注
		相同件数	长（m）	宽（m）	高（m）	小计			
	基础梁								G−04
1	Ⓐ©轴JKL5（4A）	2	20−0.35−0.4−0.453−0.18	0.25	0.5	2.22	m^3	4.43	
2	Ⓑ轴JKL6（4A）	1	20−0.25−0.453−0.5−0.18	0.25	0.5	2.22	m^3	2.22	
3	①轴JKL1（2）	1	10−0.4×3	0.25	0.5	1.10	m^3	1.10	
4	②轴JKL2（2）	1	10−0.4×2−0.5	0.2	0.45	0.78	m^3	0.78	
5	③④轴JKL3（2）	2	10−0.4×3	0.25	0.5	1.10	m^3	2.20	
6	⑤轴JKL4（2）	1	10−0.5−0.55−0.45	0.25	0.5	1.06	m^3	1.06	
7	⑥轴JL2（2）	1	10−0.3−3	0.2	0.7	1.27	m^3	1.27	
8	①②交Ⓑ©轴间JL3（1）	1	3−0.25−0.09	0.2	0.45	0.24	m^3	0.24	
9	②③交ⒶⒷ轴间JL1（1）	1	5−0.25−0.125	0.2	0.45	0.42	m^3	0.42	
	合计						m^3	13.72	

（三）混凝土垫层

解：依据图号 G–03、G–04，并利用独立基础、基础梁计算稿中的数据，混凝土垫层工程量计算如表 17.2.3–3 所示。

表 17.2.3–3 建筑（混凝土垫层）工程量计算表

序号	工程项目或轴线说明	工程量计算式					单位	数量	备注
		相同件数	长（m）	宽（m）	高（m）	小计			
1	独立基础垫层								G–03
	ZJ1	2	2.3+0.1×2	2.3+0.1×2	0.1	0.63	m^3	1.25	
	ZJ2	1	1.8+0.1×2	1.8+0.1×2	0.1	0.40	m^3	0.40	
	ZJ3	2	2.9+0.1×2	2.9+0.1×2	0.1	0.96	m^3	1.92	
	ZJ4	3	2.2+0.1×2	2.2+0.1×2	0.1	0.58	m^3	1.73	
	ZJ5	4	2.8+0.1×2	2.8+0.1×2	0.1	0.90	m^3	3.60	
	ZJ6	2	3.3+0.1×2	3.3+0.1×2	0.1	1.23	m^3	2.45	
	ZJ7	1	2.5+0.1×2	2.5+0.1×2	0.1	0.73	m^3	0.73	
2	基础梁垫层								
	ⒶⒸ轴 JKL5（4A）	2	20–0.35–0.4–0.45×3–0.18	0.25+0.1×2	0.1	0.80	m^3	1.59	
	Ⓑ轴 JKL6（4A）	1	20–0.25–0.45×3–0.5–0.18	0.25+0.1×2	0.1	0.80	m^3	0.80	
	①轴 JKL1（2）	1	10–0.4×3	0.25+0.1×2	0.1	0.40	m^3	0.40	
	②轴 JKL2（2）	1	10–0.4×2–0.5	0.2+0.1×2	0.1	0.35	m^3	0.35	
	③④轴 JKL3（2）	2	10–0.4×3	0.25+0.1×2	0.1	0.40	m^3	0.79	
	⑤轴 JKL4（2）	1	10–0.5–0.55–0.45	0.25+0.1×2	0.1	0.38	m^3	0.38	
	⑥轴 JL2（2）	1	10–0.3–3	0.2+0.1×2	0.1	0.27	m^3	0.27	
	①②交ⒷⒸ轴间 JL3（1）	1	3–0.25–0.09	0.2+0.1×2	0.1	0.11	m^3	0.11	
	②③交ⒶⒷ轴间 JL1（1）	1	5–0.25–0.125	0.2+0.1×2	0.1	0.19	m^3	0.19	
	合计						m^3	16.95	

（四）矩形柱

解：依据图号 G–04~G–06，以下以首层计算过程为例：

V（首层矩形柱）=11.05m^3，如表 17.2.3–4 所示。

表 17.2.3–4 建筑（矩形柱）工程量计算表

序号	工程项目或轴线说明	工程量计算式					单位	数量	备注
		相同件数	长（m）	宽（m）	高（m）	小计			
	首层现浇柱								G–04~G–06
1	KZ1	1	0.35	0.4	3.8	0.53	m^3	0.53	
2	KZ2	1	0.35	0.4	3.8	0.53	m^3	0.53	
3	KZ3	1	0.35	0.4	3.8	0.53	m^3	0.53	
4	KZ4	1	0.4	0.4	3.8	0.61	m^3	0.61	

续表 17.2.3–4

序号	工程项目或轴线说明	工程量计算式					单位	数量	备注
		相同件数	长（m）	宽（m）	高（m）	小计			
5	KZ5	1	0.45	0.5	3.8	0.86	m^3	0.86	
6	KZ6	1	0.4	0.4	3.8	0.61	m^3	0.61	
7	KZ7	4	0.45	0.45	3.8	0.77	m^3	3.08	
8	KZ8	2	0.45	0.45	3.8	0.77	m^3	1.54	
9	KZ9	1	0.5	0.5	3.8	0.95	m^3	0.95	
10	KZ10	1	0.5	0.55	3.8	1.05	m^3	1.05	
11	KZ11	1	0.45	0.45	3.8	0.77	m^3	0.77	
	合计							11.05	

以首层计算过程为例，依次计算出其他楼层的工程量，最终汇总得到：V（矩形柱）$=41.6m^3$。

（五）构造柱

解：依据图号 G–04，以下以首层计算过程为例：

V（构造柱）$=0.18\times0.3\times(0.5+3.8-0.5)\times3+0.18\times0.25\times(0.5+3.8-0.5)\times4=1.30$（$m^3$）

以首层计算过程为例，依次计算出其他楼层的工程量，最终汇总得到：V（构造柱）$=7.4m^3$。构造柱个数包含结构设计总说明中要求设置的构造柱。

（六）有梁板

解：依据图号 G–07，以下以首层计算过程为例：

V（二层有梁板）$=36.78m^3$，如表 17.2.3–5 所示。

表 17.2.3–5　建筑（有梁板）工程量计算表

序号	工程项目或轴线说明	工程量计算式					单位	数量	备注
		相同件数	长（m）	宽（m）	高（m）	小计			
1	二层 – 梁								G–07
	Ⓐ轴 KL5（4A）	1	20–0.25–0.4–0.45×2–0.5	0.25	0.5–0.1	1.80	m^3	1.80	
	Ⓑ轴 KL6（4A）	1	20–0.25–0.4–0.45×2–0.5	0.25	0.5–0.1	1.80	m^3	1.80	
	Ⓒ轴 JL7（4A）	1	20–0.35–0.4–0.45×3	0.25	0.5–0.1	1.79	m^3	1.79	
	KL5、KL6、KL7 挑檐段变截面增加	3	2.6–0.09	0.25	0.7–0.5	0.13	m^3	0.38	
	①轴 KL1（2A）	1	10–0.4×3	0.25	0.5–0.1	0.88	m^3	0.88	
	①轴 KL1（2A）–挑檐段	1	2+0.1	0.25	0.6–0.1	0.26	m^3	0.26	
	②轴 KL2（2A）	1	10–0.4×2–0.5	0.25	0.5–0.1	0.87	m^3	0.87	
	②轴 KL2（2A）–挑檐段	1	2+0.5	0.25	0.6–0.1	0.31	m^3	0.31	
	③④轴 KL3（2A）	2	10–0.4×3	0.25	0.5–0.1	0.88	m^3	1.76	
	③④轴 KL3（2A）–挑檐段	2	2+0.32	0.25	0.6–0.1	0.29	m^3	0.58	
	⑤轴 KL4（2A）	1	10–0.5–0.55–0.45	0.25	0.5–0.1	0.85	m^3	0.85	

续表 17.2.3–5

序号	工程项目或轴线说明	工程量计算式					单位	数量	备注
		相同件数	长（m）	宽（m）	高（m）	小计			
	⑤轴 KL4（2A）–挑檐段	1	2+0.3	0.25	0.6–0.1	0.29	m^3	0.29	
	⑥轴 L2（2A）	1	10–0.25×3	0.2	0.7–0.1	1.11	m^3	1.11	
	⑥轴 L2（2A）–挑檐段	1	2+0.3	0.2	0.6–0.1	0.23	m^3	0.23	
	③④轴 L1（2）	1	10–0.25×3	0.2	0.4–0.1	0.56	m^3	0.56	
	Ⓐ轴下方 L3（5）	1	20–0.25×4–0.2	0.2	0.6–0.1	1.88	m^3	1.88	
	Ⓐ轴左侧 L4	1	0.5	0.2	0.5–0.1	0.04	m^3	0.04	
2	二层–板					0.00	m^3	0.00	
	板 B1~B15	1	20	10+2	0.1	24.00	m^3	24.00	
3	扣楼梯洞口 T1	–1	3–0.25–0.09	5–0.25–0.125	0.1	1.23	m^3	–1.23	
	扣楼梯洞口 T2	–1	2.6–0.2–0.09	5–0.25–0.125	0.1	1.07	m^3	–1.07	
	扣柱位 1	–3	0.35	0.4	0.1	0.01	m^3	–0.04	
	扣柱位 2	–2	0.4	0.4	0.1	0.02	m^3	–0.03	
	扣柱位 3	–1	0.45	0.5	0.1	0.02	m^3	–0.02	
	扣柱位 4	–7	0.45	0.45	0.1	0.02	m^3	–0.14	
	扣柱位 5	–1	0.5	0.5	0.1	0.03	m^3	–0.03	
	扣柱位 6	–1	0.5	0.55	0.1	0.03	m^3	–0.03	
	合计						m^3	36.78	

以首层计算过程为例，依次计算出其他楼层的工程量，最终汇总得到：V（有梁板）=126.4m^3。

（七）过梁

解：依据图号 J–05、G–01，以下以首层计算过程为例：

V（首层过梁）=0.12+0.11=0.23（m^3），如表 17.2.3–6 所示。

表 17.2.3–6 建筑（首层过梁）工程量计算表

序号	工程项目或轴线说明	工程量计算式					单位	数量	备注
		相同件数	长（m）	宽（m）	高（m）	小计			G–04~G–06
	首层外墙过梁								
1	M1	2	1.2+0.25×2	0.18	0.2	0.06	m^3	0.12	
2	GM1								宽小于 1m
3	C1								顶部为矩形梁
4	C2								
5	C3								
6	C4								
7	C5								
	小计						m^3	0.12	
	首层内墙过梁								

续表 17.2.3-6

序号	工程项目或轴线说明	工程量计算式					单位	数量	备注
		相同件数	长（m）	宽（m）	高（m）	小计			G-04~G-06
8	M1	1	1.2+0.25×2	0.12	0.2	0.04	m^3	0.04	
9	M2	2	1.0+0.25×2	0.12	0.2	0.04	m^3	0.07	
	小计						m^3	0.11	

以首层计算过程为例，依次计算出其他楼层的工程量，最终汇总得到：V（过梁）=0.33m^3。

（八）直形楼梯

解： 依据图号 G-11、G-12，以下以首层计算过程为例：

V（首层楼梯）=4.95m^3，如表 17.2.3-7 所示。

表 17.2.3-7 建筑（首层楼梯）工程量计算表

序号	工程项目或轴线说明	工程量计算式					单位	数量	备注
		相同件数	长（m）	宽（m）	高（m）	小计			G-04~G-06
	首层 T1								
1	TB1- 平板	1	3.82	1.25	0.13	0.62	m^3	0.62	
2	TB1- 踏步	12	0.28	1.25	0.152	0.03	m^3	0.32	三角形公式
3	TB2- 平板	1	3.76	1.25	0.13	0.61	m^3	0.61	
4	TB2- 踏步	11	0.28	1.25	0.152	0.03	m^3	0.29	三角形公式
5	TL1	1	3-0.25-0.09	0.18	0.4	0.19	m^3	0.19	
6	TL2	1	3-0.07-0.09	0.2	0.4	0.23	m^3	0.23	
7	PB1	1	3-0.25-0.09	1.5-0.2-0.09	0.13	0.42	m^3	0.42	
	首层 T2								
1	TB1- 平板	1	3.82	1.05	0.13	0.52	m^3	0.52	
2	TB1- 踏步	12	0.28	1.05	0.152	0.02	m^3	0.27	三角形公式
3	TB2- 平板	1	3.76	1.05	0.13	0.51	m^3	0.51	
4	TB2- 踏步	11	0.28	1.05	0.152	0.02	m^3	0.25	三角形公式
5	TL1	1	2.6-0.09-0.18	0.18	0.4	0.17	m^3	0.17	
6	TL2	1	2.6-0.09-0.18	0.2	0.4	0.19	m^3	0.19	
7	PB1	1	2.6-0.09-0.18	1.5-0.2-0.09	0.13	0.37	m^3	0.37	
	合计						m^3	4.95	

以首层计算过程为例，依次计算出其他楼层的工程量，最终汇总得到：V（楼梯）=12.92m^3。

（九）屋面水池

解： 依据图号 G-10，参照有梁板的计算过程，计算出屋面水池工程量，最终汇总得到：

V（屋面水池）=9.75m^3。

17.2.4 门窗工程

解： 依据图号 J-12，按材质分类，以平方米计算，并依据《广东省房屋建筑与装饰工程综合定额（2018）》中门窗工程的章节说明“如设计只标洞口尺寸的，按洞口尺寸每边减去 15cm 计算”，具体如表 17.2.4 所示。

表 17.2.4 建筑（门窗）工程量计算表

序号	工程项目或轴线说明	工程量计算式					单位	数量	备注
		相同件数	长（m）	宽（m）	高（m）	小计			G-04~G-06
1	M1	7		1.2-0.015×2	2.5-0.015	2.91	m^2	20.35	带亮双扇夹板门
2	M2	2		1.0-0.015×2	2.2-0.015	2.12	m^2	4.24	不带单扇亮夹板门
3	M3	8		0.9-0.015×2	2.2-0.015	1.90	m^2	15.21	不带单扇亮夹板门
4	GM1	2		0.9	2.5	2.25	m^2	4.50	不锈钢门
5	GM2	1		1.0	2.2	2.20	m^2	2.20	不锈钢门
6	C1	1		1.5-0.015×2	2.3-0.015×2	3.34	m^2	3.34	铝合金窗
7	C2	2		1.8-0.015×2	2.3-0.015×2	4.02	m^2	8.04	铝合金窗
8	C3	2		1.2-0.015×2	2.3-0.015×2	2.66	m^2	5.31	铝合金窗
9	C4	3		3.0-0.015×2	2.3-0.015×2	6.74	m^2	20.23	铝合金窗
10	C5	1		0.8-0.015×2	1.5-0.015×2	1.13	m^2	1.13	铝合金窗
11	C6	8		3.0-0.015×2	2.1-0.015×2	6.15	m^2	49.18	铝合金窗
12	C7	8		1.2-0.015×2	2.1-0.015×2	2.42	m^2	19.38	铝合金窗

17.2.5 屋面及防水工程

解：依据图号 J-06~J-07：

（1）屋面涂膜防水：

S_1（天面层）=（20-3-0.09-0.18）×（10+2-0.18×2）+（上反 250mm）×[（20-3-0.09-0.18）+（10+2-0.18×2）]×2×0.25=208.92（m^2）

S_2[梯间（水箱间）]=（3-0.18-0.09）×（10+2-0.18×2）+（上反 250mm）×[（3-0.18-0.09）+（10+2-0.18×2）]×2=60.52（m^2）

S（屋面防水）=208.92+60.52=269.44（m^2）

（2）屋面排水沟防水清单工程量：

排水沟防水（附加层）=（20-3-0.09-0.18-0.3）×2+（10+2-0.18×2-0.3）×2=55.54（m）

（3）屋面排水沟防水定额工程量：

S[屋面排水防水沟防水（附加层）]=55.54×[0.3+0.25×2（一侧沿女儿墙上反 250mm，一侧按图纸标注延伸 250mm）]=44.43（m^2）

（4）屋面刚性层清单工程量：

S_1（天面层）=（20-3-0.09-0.18）×（10+2-0.18×2）-55.54×0.3（扣减排水沟）=178.08（m^2）

S_2[梯间（水池）池]=（3-0.18-0.09）×（10+2-0.18×2）=31.78（m^2）

S（屋面刚性层）=178.08+31.78=209.86（m^2）

厨房、卫生间、阳台地面防水涂膜 =227.4m^2

厨房、卫生间、阳台墙面防水涂膜 =467.47m^2

外墙面防水涂膜 =697.99m^2

水池墙面防水涂膜 =[（5-0.27）×2+（3-0.27）×2]×（13.8-12-0.1）=25.36（m^2）

17.2.6 保温、隔热、防腐工程

S（屋面保温）=（20-3-0.09-0.18）×（10+2-0.18×2）-55.54×0.3（扣减排水沟）=178.08（m^2）（出屋面楼梯间、水箱不考虑保温）

17.2.7　楼地面装饰工程

解：依据图号 J–01~J–12，如表 17.2.7 所示。

表 17.2.7　二层楼地面工程量计算表

序号	工程项目或轴线说明	工程量计算式					单位	数量	备注
		相同件数	长（m）	宽（m）	高（m）	小计			
	800mm×800mm 米黄色耐磨砖地面								
1	活动室 A–B×2–3	2	4.8–0.09	5–0.18		22.70	m^2	45.40	
2	B–C×2–3	2	4.8–0.15	5–0.18		22.41	m^2	44.82	
3	B–C×3–4	2	2.4–0.06	5–0.24		11.14	m^2	22.28	
4	衣帽间左	1	2.4–0.12	5–0.24		10.85	m^2	10.85	
5	衣帽间右	1	2.6–0.27	5–0.27		11.02	m^2	11.02	
6	合计						m^2	134.37	
	300mm×300mm 米黄色防滑砖地面								
7	卫生间 3	1	3–0.24	5–0.27		13.05	m^2	13.05	
8	卫生间 4	1	2.4–0.12	5–0.24		10.85	m^2	10.85	
9	走廊	1	20–0.24	2–0.12		37.15	m^2	37.15	
10	T1 楼梯－走廊边	1	3–0.27	0.42		1.15	m^2	1.15	
11	T2 楼梯－走廊边	1	2.6–0.27	0.42		0.98	m^2	0.98	
12	合计						m^2	63.18	
	20mm 厚米黄色花岗岩楼梯								
13	T1 楼梯	1	3–0.27	4.49		12.26	m^2	12.26	
14	T2 楼梯	1	2.6–0.27	4.49		10.46	m^2	10.46	
15	合计						m^2	22.72	
	100mm×800mm 黄色耐磨砖踢脚线								
16	活动室	2	7.2–0.15	10–0.36	0.1	3.34	m^2	6.68	
17	扣 M1	–2	1.2		0.1	–0.12	m^2	–0.24	
18	扣 M3	–4	0.9		0.1	–0.09	m^2	–0.36	
19	衣帽间左	1	2.4–0.12	5–0.24	0.1	1.41	m^2	1.41	
20	衣帽间右	1	2.6–0.27	5–0.27	0.1	1.41	m^2	1.41	
21	扣 M3	2	0.9		0.1	–0.09	m^2	–0.18	
22	合计						m^2	8.72	

以二层计算过程为例，依次计算出其他楼层的工程量，最终汇总得到：

800mm×800mm 米黄色耐磨砖地面 =386.1m^2

300mm×300mm 米黄色防滑砖地面 =227.7m^2

20mm 厚米黄色花岗岩楼梯 =70.5m^2

100mm×100mm 白色瓷片水池地面 =13m^2

100mm×800mm 黄色耐磨砖踢脚线 =24.7m^2

17.2.8 墙、柱面装饰与隔断工程

以二层的内墙和⑥－①轴外墙计算过程为例。

解： 依据图号 J-01~J-12，如表 17.2.8 所示。

表 17.2.8 工程量计算表

序号	工程项目或轴线说明	工程量计算式					单位	数量	备注
		相同件数	长（m）	宽（m）	高（m）	小计			
	300mm × 600mm 花白色瓷片贴面								
1	卫生间 3	1	3–0.24	5–0.27	3.6–0.1	52.43	m^2	52.43	
2	卫生间 4	1	2.4–0.12	5–0.24	3.6–0.1	49.28	m^2	49.28	
3	扣 C7	–2		1.2	2.1	2.52	m^2	–5.04	
4	扣 M3	–2		0.9	2.2	1.98	m^2	–3.96	
5	T1 楼梯间	1	3–0.27	5–0.09	3.6–0.1	43.93	m^2	43.93	
6	T2 楼梯间	1	2.6–0.27	5–0.09	3.6–0.1	42.53	m^2	42.53	
7	走廊Ⓐ	1	14.4		3.6–0.1	50.4	m^2	50.4	
8	走廊①⑥	2	2–0.12		3.6–0.1	6.58	m^2	13.16	
9	走廊Ⓐ外	1	20–0.24		1.2	23.71	m^2	23.71	
10	扣 C6	–2		3	2.1	6.30	m^2	–12.60	
11	扣 M1	–2		1.2	2.5	3.00	m^2	–6.00	
12	合计						m^2	247.84	
	墙面一般抹灰乳胶腻子刮面								
13	活动室	2	7.2–0.15	10–0.36	3.6–0.1	116.83	m^2	233.66	
14	衣帽间左	1	2.4–0.12	5–0.24	3.6–0.1	49.28	m^2	49.28	
15	衣帽间右	1	2.6–0.27	5–0.27	3.6–0.1	49.35	m^2	49.35	
16	扣 M3	–6		0.9	2.2	1.98	m^2	–11.88	
17	扣 C7	–2		1.2	2.1	2.52	m^2	–5.04	
18	扣 C6	–4		3	2.1	6.30	m^2	–25.20	
19	扣 M1	–2		1.2	2.5	3.00	m^2	–6.00	
20	合计						m^2	284.17	
	⑥－①轴釉面砖外墙 45mm × 45mm								
21	标高 ±0.000–12.200	1	20		12.2	244	m^2	244.00	
22	标高 12.200–14.800	1	3+0.09		2.6	8.03	m^2	8.03	
23	①轴外 3.300–13.800	1	0.5		10.5	5.25	m^2	5.25	
24	扣 C3	–2		1.2	2.3	2.76	m^2	–5.52	
25	扣 C4	–3		3	2.3	6.90	m^2	–20.70	
26	扣 C6	–4		3	2.1	6.30	m^2	–25.20	
27	扣 C7	–8		1.2	2.1	2.52	m^2	–20.16	
28	合计						m^2	185.70	

依次计算出其他楼层和其他朝向外墙的工程量，最终汇总得到：

墙面一般抹灰乳胶腻子刮面 =797.52m^2

300mm × 600mm 花白色瓷片块料墙面 =787.5m^2

45mm × 45mm 釉面砖外墙 =697.99m^2

45mm × 45mm 釉面砖柱面墙 =12.3m^2

45mm × 45mm 釉面砖零星块料 =31m^2

卫生间 12mm 厚抗倍特板隔断 =12.96m^2

水池 100mm × 100mm 白瓷片 =25.36m^2

外墙砌块墙钢丝网加固 =697.99m^2

内墙两种不同材料交接处钢丝网加固 =239m^2

17.2.9　天棚工程

以二层的天棚工程计算过程为例，如表 17.2.9 所示。

表 17.2.9　二层工程量计算表

序号	工程项目或轴线说明	工程量计算式					单位	数量	备注
		相同件数	长（m）	宽（m）	高（m）	小计			
	天棚抹灰								
1	活动室 A–B × 2–3	2	4.8–0.09	5–0.18		22.70	m^2	45.40	
2	B–C × 2–3	2	4.8–0.15	5–0.18		22.41	m^2	44.82	
3	B–C × 3–4	2	2.4–0.06	5–0.24		11.14	m^2	22.28	
4	衣帽间左	1	2.4–0.12	5–0.24		10.85	m^2	10.85	
5	衣帽间右	1	2.6–0.27	5–0.27		11.02	m^2	11.02	
6	走廊	1	20–0.24	2		39.52	m^2	39.52	
7	T1 楼梯 – 走廊边	1	3–0.27	0.42		1.15	m^2	1.15	
8	T2 楼梯 – 走廊边	1	2.6–0.27	0.42		0.98	m^2	0.98	
9	T1 楼梯	1	3–0.27	4.87		13.30	m^2	13.30	
10	T2 楼梯	1	2.6–0.27	4.87		10.86	m^2	10.86	
11	活动室Ⓑ轴梁侧	2	4.8–0.4	0.4 × 2		3.52	m^2	7.04	
12	活动室 3/4 轴梁侧	2	5–0.75	0.4 × 2		3.4	m^2	6.8	
13	走廊梁侧	4	2	0.4 × 2		1.6	m^2	6.4	
14	走廊封口梁侧	1	20	0.5		10	m^2	10	
15	合计							254.32	
	600mm × 600mm × 1.0mm 铝合金扣板								
16	卫生间 3	1	3–0.24	5–0.27		13.05	m^2	13.05	
17	卫生间 4	1	2.4–0.12	5–0.24		10.85	m^2	10.85	
18	合计							23.91	

依次计算出其他楼层的工程量，最终汇总得到：

天棚抹灰 10 厚 1∶1∶6 水泥石灰砂浆打底扫毛，5 厚 1∶0.5∶3 水泥石灰砂浆压光，面层材料：打腻子两遍 =734.07m^2，600mm × 600mm × 1.0mm 铝合金扣板天棚 =60.53m^2。

17.2.10 模板工程

（一）独立基础模板

解： 依据图号 G–03，*S*（独立基础模板）=78.92m^2，如表 17.2.10–1 所示。

表 17.2.10–1 建筑（独立基础模板）工程量计算表

序号	工程项目或轴线说明	工程量计算式					单位	数量	备注
		相同件数	长（m）	宽（m）	高（m）	小计			
	独立基础模板								G–03
1	ZJ1	2	2.3	2.3	0.5	4.6	m^2	9.2	
2	ZJ2	1	1.8	1.8	0.5	3.6	m^2	3.6	
3	ZJ3–底	2	2.9	2.9	0.3	3.48	m^2	6.96	
3–1	ZJ3–顶	2	1.6	1.6	0.3	1.92	m^2	3.84	
4	ZJ4	3	2.2	2.2	0.5	4.4	m^2	13.2	
5	ZJ5–底	4	2.8	2.8	0.3	3.36	m^2	13.44	
5–1	ZJ5–顶	4	1.6	1.6	0.3	1.92	m^2	7.68	
6	ZJ6–底	2	3.3	3.3	0.4	5.28	m^2	10.56	
6–1	ZJ6–顶	2	1.7	1.7	0.4	2.72	m^2	5.44	
7	ZJ7	1	2.5	2.5	0.5	5	m^2	5	
	合计						m^2	78.92	

（二）基础垫层模板

解： 依据图号 G–3，*S*（基础垫层模板）=38.99m^2，如表 17.2.10–2 所示。

表 17.2.10–2 建筑（基础垫层模板）工程量计算表

序号	工程项目或轴线说明	工程量计算式					单位	数量	备注
		相同件数	长（m）	宽（m）	高（m）	小计			
1	独立基础垫层								G–03
	ZJ1	2	2.3+0.1×2	2.3+0.1×2	0.1	1	m^2	2	
	ZJ2	1	1.8+0.1×2	1.8+0.1×2	0.1	0.8	m^2	0.8	
	ZJ3	2	2.9+0.1×2	2.9+0.1×2	0.1	1.24	m^2	2.48	
	ZJ4	3	2.2+0.1×2	2.2+0.1×2	0.1	0.96	m^2	2.88	
	ZJ5	4	2.8+0.1×2	2.8+0.1×2	0.1	1.2	m^2	4.8	
	ZJ6	2	3.3+0.1×2	3.3+0.1×2	0.1	1.4	m^2	2.8	
	ZJ7	1	2.5+0.1×2	2.5+0.1×2	0.1	1.08	m^2	1.08	
2	基础梁垫层								
	Ⓐ©轴 JKL5（4A）	2	20–0.35–0.4–0.45×3–0.18		0.1	3.54	m^2	7.09	
	Ⓑ轴 JKL6（4A）	1	20–0.25–0.45×3–0.5–0.18		0.1	3.54	m^2	3.54	
	①轴 JKL1（2）	1	10–0.4×3		0.1	1.76	m^2	1.76	
	②轴 JKL2（2）	1	10–0.4×2–0.5		0.1	1.74	m^2	1.74	

续表 17.2.10–2

序号	工程项目或轴线说明	工程量计算式					单位	数量	备注
		相同件数	长（m）	宽（m）	高（m）	小计			
	③④轴 JKL3（2）	2	10–0.4×3		0.1	1.76	m^2	3.52	
	⑤轴 JKL4（2）	1	10–0.5–0.55–0.45		0.1	1.70	m^2	1.70	
	⑥轴 JL2（2）	1	10–0.3–3		0.1	1.34	m^2	1.34	
	①②交Ⓑ©轴间 JL3（1）	1	3–0.25–0.09		0.1	0.53	m^2	0.53	
	②③交ⒶⒷ轴间 JL1（1）	1	5–0.25–0.125		0.1	0.93	m^2	0.93	
	合计						m^2	38.99	

（三）基础梁模板

解：依据图号 G–04，*S*（基础梁模板）=115.19m^2，如表 17.2.10–3 所示。

表 17.2.10–3　建筑（基础梁模板）工程量计算表

序号	工程项目或轴线说明	工程量计算式					单位	数量	备注
		相同件数	长（m）	宽（m）	高（m）	小计			
	基础梁模板								G–04
1	Ⓐ©轴 JKL5（4A）	2	20–0.35–0.4–0.453–0.18		0.5	17.72	m^2	35.44	
2	Ⓑ轴 JKL6（4A）	1	20–0.25–0.453–0.5–0.18		0.5	17.72	m^2	17.72	
3	①轴 JKL1（2）	1	10–0.4×3		0.5	8.80	m^2	8.80	
4	②轴 JKL2（2）	1	10–0.4×2–0.5		0.45	7.83	m^2	7.83	
5	③④轴 JKL3（2）	2	10–0.4×3		0.5	8.80	m^2	17.60	
6	⑤轴 JKL4（2）	1	10–0.5–0.55–0.45		0.5	8.50	m^2	8.50	
7	⑥轴 JL2（2）	1	10–0.3–3		0.7	12.74	m^2	12.74	
8	①②交Ⓑ©轴间 JL3（1）	1	3–0.25–0.09		0.45	2.39	m^2	2.39	
9	②③交ⒶⒷ轴间 JL1（1）	1	5–0.25–0.125		0.45	4.16	m^2	4.16	
	合计						m^2	115.19	

（四）矩形柱模板（首层工程量）

解：依据图号 G–04~G–06，*S*（首层矩形柱模板）=99.94m^2，如表 17.2.10–4 所示。

表 17.2.10–4　建筑（矩形柱）工程量计算表

序号	工程项目或轴线说明	工程量计算式					单位	数量	备注
		相同件数	长（m）	宽（m）	高（m）	小计			
	首层现浇柱								G–04~G–06
1	KZ1	1	0.35	0.4	3.8	5.7	m^2	5.7	
2	KZ2	1	0.35	0.4	3.8	5.7	m^2	5.7	
3	KZ3	1	0.35	0.4	3.8	5.7	m^2	5.7	
4	KZ4	1	0.4	0.4	3.8	6.08	m^2	6.08	

续表 17.2.10–4

序号	工程项目或轴线说明	工程量计算式					单位	数量	备注
		相同件数	长（m）	宽（m）	高（m）	小计			
5	KZ5	1	0.45	0.5	3.8	7.22	m^2	7.22	
6	KZ6	1	0.4	0.4	3.8	6.08	m^2	6.08	
7	KZ7	4	0.45	0.45	3.8	6.84	m^2	27.36	
8	KZ8	2	0.45	0.45	3.8	6.84	m^2	13.68	
9	KZ9	1	0.5	0.5	3.8	7.6	m^2	7.6	
10	KZ10	1	0.5	0.55	3.8	7.98	m^2	7.98	
11	KZ11	1	0.45	0.45	3.8	6.84	m^2	6.84	
	合计						m^2	99.94	

以首层计算过程为例，依次计算出其他楼层的工程量，最终汇总得到：S（矩形柱模板）=385m^2。

（五）构造柱模板（首层工程量）

解：依据图号 G–04，S（构造柱模板）=（0.18+0.3）×（0.5+3.8–0.5）×3+（0.18+0.25）×（0.5+3.8–0.5）×4=12.01m^2。

以首层计算过程为例，依次计算出其他楼层的工程量，最终汇总得到：S（构造柱模板）=107m^2（该工程量包含了结构说明内的砖墙转角处的构造柱工程量）。

（六）有梁板模板（二层工程量）

解：依据图号 G–07，S（矩形梁模板矩形柱）=167.76m^2，S（板模板矩形柱）=181.00m^2，如表 17.2.10–5 所示。

表 17.2.10–5 建筑（矩形梁模板）工程量计算表

序号	工程项目或轴线说明	工程量计算式					单位	数量	备注
		相同件数	长（m）	宽（m）	高（m）	小计			
1	二层 – 梁								G–07
	Ⓐ轴 KL5（4A）	1	20–0.25–0.4–0.45×2–0.5	0.25	0.5–0.1	18.85	m^2	18.85	
	Ⓑ轴 KL6（4A）	1	20–0.25–0.4–0.45×2–0.5	0.25	0.5–0.1	18.85	m^2	18.85	
	Ⓒ轴 JL7（4A）	1	20–0.35–0.4–0.45×3	0.25	0.5–0.1	18.80	m^2	18.80	
	KL5、KL6、KL7 挑檐段变截面增加	3	2.6–0.09	0.25	0.7–0.5	1.63	m^2	4.89	
	①轴 KL1（2A）	1	10–0.4×3	0.25	0.5–0.1	9.24	m^2	9.24	
	①轴 KL1（2A）–挑檐段	1	2+0.1	0.25	0.6–0.1	2.63	m^2	2.63	
	②轴 KL2（2A）	1	10–0.4×2–0.5	0.25	0.5–0.1	9.14	m^2	9.14	
	②轴 KL2（2A）–挑檐段	1	2+0.5	0.25	0.6–0.1	3.13	m^2	3.13	
	③④轴 KL3（2A）	2	10–0.4×3	0.25	0.5–0.1	9.24	m^2	18.48	
	③④轴 KL3（2A）–挑檐段	2	2+0.32	0.25	0.6–0.1	2.90	m^2	5.80	
	⑤轴 KL4（2A）	1	10–0.5–0.55–0.45	0.25	0.5–0.1	8.93	m^2	8.93	
	⑤轴 KL4（2A）–挑檐段	1	2+0.3	0.25	0.6–0.1	2.88	m^2	2.88	

续表 17.2.10-5

序号	工程项目或轴线说明	工程量计算式					单位	数量	备注
		相同件数	长（m）	宽（m）	高（m）	小计			
	⑥轴 L2（2A）	1	10−0.25×3	0.2	0.7−0.1	12.95	m^2	12.95	
	⑥轴 L2（2A）−挑檐段	1	2+0.3	0.2	0.6−0.1	2.76	m^2	2.76	
	③④轴 L1（2）	1	10−0.25×3	0.2	0.4−0.1	7.40	m^2	7.40	
	Ⓐ轴下方 L3（5）	1	20−0.25×4−0.2	0.2	0.6−0.1	22.56	m^2	22.56	
	Ⓐ轴左侧 L4	1	0.5	0.2	0.5−0.1	0.50	m^2	0.50	
	梁模板合计						m^2	167.76	
2	二层板模板								
	板 B1~B15	1	20	10+2		240.00	m^2	240.00	
	扣梁宽 25cm	−1	100.33	0.25		25.08	m^2	−25.08	长度从梁模板读取
	扣梁宽 20cm	−1	40.1	0.2		8.02	m^2	−8.02	
	扣楼梯洞口 T1	−1	3−0.25−0.09	5−0.25−0.125		12.30	m^2	−12.30	
	扣楼梯洞口 T2	−1	2.6−0.2−0.09	5−0.25−0.125		10.68	m^2	−10.68	
	扣柱位 1	−3	0.35	0.4		0.14	m^2	−0.42	
	扣柱位 2	−2	0.4	0.4		0.16	m^2	−0.32	
	扣柱位 3	−1	0.45	0.5		0.23	m^2	−0.23	
	扣柱位 4	−7	0.45	0.45		0.20	m^2	−1.42	
	扣柱位 5	−1	0.5	0.5		0.25	m^2	−0.25	
	扣柱位 6	−1	0.5	0.55		0.28	m^2	−0.28	
	板模板合计						m^2	181.00	

以首层计算过程为例，依次计算出其他楼层的工程量，最终汇总得到：S（矩形梁模板）=560m^2，S（有梁板模板）=596m^2。

（七）过梁模板

解：依据图号 J−05、G−01，S（首层过梁模板）=4.42m^2，如表 17.2.10-6 所示。

表 17.2.10-6　建筑（首层过梁模板）工程量计算表

序号	工程项目或轴线说明	工程量计算式					单位	数量	备注
		相同件数	长（m）	宽（m）	高（m）	小计			G−04~G−06
	首层外墙过梁								
1	M1	2	1.2+0.25×2	0.18	0.2	0.99	m^2	1.97	
2	GM1								宽小于 1m
3	C1								顶部为矩形梁
4	C2								
5	C3								
6	C4								
7	C5								

续表 17.2.10-6

序号	工程项目或轴线说明	工程量计算式					单位	数量	备注
		相同件数	长（m）	宽（m）	高（m）	小计			G-04~G-06
	首层内墙过梁								
8	M1	1	1.2+0.25×2	0.12	0.2	0.88	m^2	0.88	
9	M2	2	1.0+0.25×2	0.12	0.2	0.78	m^2	1.56	
	合计						m^2	4.42	

以首层计算过程为例，依次计算出其他楼层的工程量，最终汇总得到：S（过梁模板）=5.03m^2。

（八）楼梯模板

解： 依据图号 G-11、G-12，楼梯模板为水平投影面积。

S（首层楼梯模板）=22.98m^2，如表 17.2.10-7 所示。

表 17.2.10-7 建筑（楼梯模板）工程量计算表

序号	工程项目或轴线说明	工程量计算式					单位	数量	备注
		相同件数	长（m）	宽（m）	高（m）	小计			
1	扣楼梯洞口 T1	1	3-0.25-0.09	5-0.25-0.125		12.30	m^2	12.30	
2	扣楼梯洞口 T2	1	2.6-0.2-0.09	5-0.25-0.125		10.68	m^2	10.68	
	板模板合计						m^2	22.98	

以首层计算过程为例，依次计算出其他楼层的工程量，最终汇总得到：S（楼梯模板）=59.88m^2。

17.2.11 脚手架工程

解： 依据图号 J-05~J-08，脚手架工程量如表 17.2.11 所示。

S（综合脚手架）=882.80m^2

S（单排钢脚手架）=74m^2

S（满堂脚手架）=184.91m^2

S（里脚手架）=577m^2

表 17.2.11 建筑（综合脚手架）工程量计算表

序号	工程项目或轴线说明	工程量计算式					单位	数量	备注
		相同件数	长（m）	宽（m）	高（m）	小计			
1	综合脚手架								
	地坪到女儿墙顶	1	（20+10+2）×2		11+1.2+0.15	790.4	m^2	790.4	
	水池顶①轴	1	10+2+3+3		13.8+1-11-1.2	46.8	m^2	46.8	
	水池顶②轴	1	10+2		13.8+1-11	45.6	m^2	45.6	
	综合脚手架						m^2	882.8	
2	单排钢脚手架								
	首层Ⓐ轴	1	20		3.8-0.1	m^2	74	74	
	单排钢脚手架						m^2	74	
3	满堂脚手架（首层）								

续表 17.2.11

序号	工程项目或轴线说明	工程量计算式					单位	数量	备注
		相同件数	长（m）	宽（m）	高（m）	小计			
	首层面积	1	20	10		200	m^2	200.00	
	扣墙位 -180 厚	-1	62.92	0.18		11.33	m^2	-11.33	
	扣墙位 -180 厚	-1	28.95	0.12		3.47	m^2	-3.47	
	扣柱位 1~7				-0.29	-0.29	m^2	-0.29	
	满堂脚手架						m^2	184.91	
4	里脚手架		717				m^2	717	
	扣减首层已计满堂脚手架	1	20	10	-1/2	-100	m^2	-100	
	里脚手架						m^2	617	

17.2.12　垂直运输工程

解：依据图号 J-02，S（建筑面积）=677m^2。

17.3　工程量清单

17.3.1　工程量清单编制说明

（一）工程概况

（1）项目名称：幼儿园教学楼土建工程。

（2）建设（委托）单位：×××××× 学校。

（3）建设地点：×× 省 ×× 市。

（4）建筑面积：677m^2。

（5）建筑物总高度：11.15m。

（6）楼层高度：首层为 3.8m，二至三层为 3.6m。

（7）结构形式：钢筋混凝土框架结构。

（8）基础形式：柱下独立基础。

（二）编制范围

包括施工图范围内的建筑工程、装饰工程内容。

（三）工程量清单编制依据

（1）依据建设单位提供的施工图纸，具体图号如下：

结构图：G-01~G-12（另册）；

建筑图：J-01~J-12（另册）。

（2）执行国家标准《建设工程工程量清单计价规范》GB 50500—2013。

（四）工程的计价依据

计价依据执行国家标准《建设工程工程量清单计价规范》GB 50500—2013、《房屋建筑与装饰工程工程量计算规范》GB 50854—2013。

17.3.2　工程量清单编制案例

如表 17.3.2-1~ 表 17.3.2-8 所示。

幼儿园教学楼______________工程

工 程 量 清 单

招　标　人：______________________________
（单位盖章）

造价咨询人：______________________________
（单位盖章）

年　　月　　日

幼儿园教学楼　　　　　　工程

招 标 工 程 量 清 单

招　标　人：______________________
（单位盖章）

造价咨询人：______________________
（单位资质专用章）

法定代表人
或其授权人：______________________
（签字或盖章）

法定代表人
或其授权人：______________________
（签字或盖章）

编　制　人：______________________
（造价人员签字盖专用章）

复　核　人：______________________
（造价工程师签字盖专用章）

编制时间：　　年　　月　　日

复核时间：　　年　　月　　日

表 17.3.2–1　单位工程最高投标限价汇总表

工程名称：幼儿园教学楼　　　　标段：　　　　第　页　共　页

序号	汇总内容	金额（元）	其中：暂估价（元）
1	分部分项合计		
1.1	土石方工程		
1.2	砌筑工程		
1.3	混凝土及钢筋混凝土工程		
1.4	门窗工程		
1.5	屋面及防水工程		
1.6	保温、隔热、防腐工程		
1.7	楼地面装饰工程		
1.8	墙、柱面装饰与隔断工程		
1.9	天棚工程		
2	措施合计		
2.1	绿色施工安全防护措施费		
2.2	其他措施费		
3	其他项目		
3.1	暂列金额		
3.2	暂估价		
3.3	计日工		
3.4	总承包服务费		
3.5	预算包干费		
3.6	工程优质费		
3.7	概算幅度差		
3.8	索赔费用		
3.9	现场签证费用		
3.10	其他费用		
4	税前工程造价		
5	增值税销项税额		
6	总造价		
7	人工费		
招标控制价合计 =1+2+3+4+5			

注：本表适用于单位工程招标控制价或投标报价的汇总，如无单位工程划分，单项工程也使用本表汇总。

表 17.3.2–2　分部分项工程和单价措施项目清单与计价表

工程名称：幼儿园教学楼　　　　标段：　　　　第　页　共　页

序号	项目编码	项目名称	项目特征描述	计量单位	工程量	金额（元）		
						综合单价	综合合价	其中：暂估价
		土石方工程						
1	010101001001	平整场地	1. 土壤类别：以地质勘察报告为准 2. 弃土运距：根据现场实际情况自行考虑 3. 取土运距：场内取土	m^2	200.00			
2	010101004001	挖基坑土方	1. 土壤类别：以地质勘察报告为准 2. 工程部位：独立基础、基础梁 3. 挖土深度：2m 以内 4. 弃土运距：场内运输，投标人自行考虑	m^3	239.12			
3	010103001001	回填方	1. 密实度要求：压实系数≥94% 2. 填方材料品种：采用原素土回填 3. 场内运距：投标人自行考虑	m^3	425.13			
4	010103002001	余方弃置	1. 废弃料品种：余泥渣土 2. 运距：20km	m^3	66.57			
		土石方工程合计						
		砌筑工程						
5	010401001001	砖基础	1. 砖品种、规格、强度等级：灰砂砖，240mm×115mm×53mm，MU10 2. 砂浆强度等级：M7.5 砌筑用水泥砂浆 3. 防潮层材料种类：1∶2 防水砂浆	m^3	7.40			
6	010402001001	砌块墙	1. 墙体类型：外墙 2. 墙体厚度：180mm 3. 砌块品种、规格、强度等级：灰砂砖 MU10 4. 砂浆强度等级：M5 砌筑用水泥砂浆	m^3	91.60			
7	010402001002	砌块墙	1. 墙体类型：内墙 2. 墙体厚度：120mm 3. 砌块品种、规格、强度等级：灰砂砖 MU10 4. 砂浆强度等级：M5 砌筑用水泥砂浆	m^3	32.10			
8	010401012001	零星砌砖（水厕蹲位）	1. 蹲便器蹲位做法详见中南地区通用建筑标准设计《公用厨房卫生间设施》98ZJ512 3/20 2. 其他	个	16.00			
		砌筑工程合计						

续表 17.3.2–2

序号	项目编码	项目名称	项目特征描述	计量单位	工程量	金额（元）		
						综合单价	综合合价	其中：暂估价
		混凝土及钢筋混凝土工程						
9	010501001001	垫层	1. 混凝土种类：商品混凝土 2. 混凝土强度等级：C10	m^3	16.95			
10	010501003001	独立基础	1. 混凝土种类：商品混凝土 2. 混凝土强度等级：C25	m^3	47.38			
11	010502001001	矩形柱	1. 混凝土种类：商品混凝土 2. 混凝土强度等级：C25 3. 综合考虑：混凝土泵送增加费	m^3	41.60			
12	010502002001	构造柱	1. 混凝土种类：商品混凝土 2. 混凝土强度等级：C20 3. 综合考虑：混凝土泵送增加费	m^3	7.40			
13	010503001001	基础梁	1. 混凝土种类：商品混凝土 2. 混凝土强度等级：C25	m^3	13.72			
14	010503005001	过梁	1. 混凝土种类：商品混凝土 2. 混凝土强度等级：C20 3. 综合考虑：混凝土泵送增加费	m^3	0.33			
15	010505001001	有梁板	1. 混凝土种类：商品混凝土 2. 混凝土强度等级：C25 3. 综合考虑：混凝土泵送增加费	m^3	126.40			
16	010506001001	直形楼梯	1. 混凝土种类：商品混凝土 2. 混凝土强度等级：C25 3. 综合考虑：混凝土泵送增加费	m^3	12.92			
17	010507007001	屋顶水池	1. 混凝土种类：商品混凝土 2. 混凝土强度等级：C30 P6 3. 综合考虑：混凝土泵送增加费	m^3	9.70			
18	010505007001	天沟（檐沟）、挑檐板	1. 混凝土种类：商品混凝土 2. 混凝土强度等级：C25 3. 综合考虑：混凝土泵送增加费	m^3	1.80			
19	010505006001	栏板、反檐	1. 混凝土种类：商品混凝土 2. 混凝土强度等级：C25 3. 综合考虑：混凝土泵送增加费	m^3	18.50			
20	010507005001	扶手、压顶	1. 混凝土种类：商品混凝土 2. 混凝土强度等级：C20 3. 综合考虑：混凝土泵送增加费	m^3	1.75			
21	010507004001	台阶	1. 混凝土种类：商品混凝土 2. 混凝土强度等级：C20 3. 综合考虑：混凝土泵送增加费	m^3	3.00			
22	010507002001	地坪	1. 地坪厚度：10cm 2. 混凝土种类：商品混凝土 3. 混凝土强度等级：C20 4. 其他	m^2	24.70			
23	010515001001	现浇构件钢筋	钢筋种类、规格：现浇构件圆钢（一级）ϕ10 以内	t	12.55			

续表 17.3.2–2

序号	项目编码	项目名称	项目特征描述	计量单位	工程量	金额（元）		
						综合单价	综合合价	其中：暂估价
24	010515001002	现浇构件钢筋	钢筋种类、规格：现浇构件螺纹钢 （二级）ϕ10 以内	t	0.02			
25	010515001003	现浇构件钢筋	钢筋种类、规格：现浇构件螺纹钢 （二级）ϕ10~25	t	19.16			
26	010515001004	现浇构件钢筋	钢筋种类、规格：现浇构件箍筋圆钢 （一级）ϕ10 以内	t	6.58			
27	010515001005	现浇构件钢筋	钢筋种类、规格：现浇构件箍筋圆钢 （一级）ϕ10 以外	t	0.30			
28	010516003001	钢筋接头电渣压力焊	连接方式：电渣压力焊	个	782.00			
		混凝土及钢筋混凝土工程合计						
		门窗工程						
29	010801002001	木质门带套	1. 门代号：带亮单扇夹板门（M1） 2. 洞口尺寸：1.2m × 2.5m 3. 材料品种：双面 7mm 木夹板，面贴 3mm 木纹板 4. 油漆：底油一遍　调和漆两遍 5. 五金材料：门锁及五金配件	樘	7.00			
30	010801002002	木质门带套	1. 门代号：不带亮单扇夹板门（M2） 2. 洞口尺寸：1.0m × 2.2m 3. 材料品种：双面 7mm 木夹板，面贴 3mm 木纹板 4. 油漆：底油一遍　调和漆两遍 5. 五金材料：门锁及五金配件	樘	2.00			
31	010801002003	木质门带套	1. 门代号：不带亮单扇夹板门（M3） 2. 洞口尺寸：0.9m × 2.2m 3. 材料品种：双面 7mm 木夹板，面贴 3mm 木纹板 4. 油漆：底油一遍　调和漆两遍 5. 五金材料：门锁及五金配件	樘	8.00			
32	010802001002	金属（塑钢）门	1. 门代号：不锈钢门（GM1） 2. 洞口尺寸：0.9m × 2.5m 3. 门框、扇材质：304# 不锈钢 4. 五金材料：五金配件	樘	2.00			
33	010802001003	金属（塑钢）门	1. 门代号：不锈钢门（GM2） 2. 洞口尺寸：1.0m × 2.2m 3. 门框、扇材质：304# 不锈钢 4. 五金材料：五金配件	樘	1.00			

续表 17.3.2–2

序号	项目编码	项目名称	项目特征描述	计量单位	工程量	金额（元）		
						综合单价	综合合价	其中：暂估价
34	010807001001	金属（塑钢、断桥）窗	1. 窗代号：铝合金推拉窗（C1） 2. 洞口尺寸：1.5m × 2.3m 3. 框、扇材质：窗铝型材厚度1.4mm（2000 系列） 4. 玻璃品种、厚度：5mm+6A+5mm 厚 Low–E 中空白色玻璃	樘	1.00			
35	010807001002	金属（塑钢、断桥）窗	1. 窗代号：铝合金推拉窗（C2） 2. 洞口尺寸：1.8m × 2.3m 3. 框、扇材质：窗铝型材厚度1.4mm（2000 系列） 4. 玻璃品种、厚度：5mm+6A+5mm 厚 Low–E 中空白色玻璃	樘	2.00			
36	010807001003	金属（塑钢、断桥）窗	1. 窗代号：铝合金推拉窗（C3） 2. 洞口尺寸：1.2m × 2.3m 3. 框、扇材质：窗铝型材厚度1.4mm（2000 系列） 4. 玻璃品种、厚度：5mm+6A+5mm 厚 Low–E 中空白色玻璃	樘	3.00			
37	010807001004	金属（塑钢、断桥）窗	1. 窗代号：铝合金推拉窗（C4） 2. 洞口尺寸：3.0m × 2.3m 3. 框、扇材质：窗铝型材厚度1.4mm（2000 系列） 4. 玻璃品种、厚度：5mm+6A+5mm 厚 Low–E 中空白色玻璃	樘	3.00			
38	010807001005	金属（塑钢、断桥）窗	1. 窗代号：铝合金推拉窗（C5） 2. 洞口尺寸：0.8m × 1.5m 3. 框、扇材质：窗铝型材厚度1.4mm（2000 系列） 4. 玻璃品种、厚度：5mm+6A+5mm 厚 Low–E 中空白色玻璃	樘	1.00			
39	010807001006	金属（塑钢、断桥）窗	1. 窗代号：铝合金推拉窗（C6） 2. 洞口尺寸：3.0m × 2.1m 3. 框、扇材质：窗铝型材厚度1.4mm（2000 系列） 4. 玻璃品种、厚度：5mm+6A+5mm 厚 Low–E 中空白色玻璃	樘	8.00			
40	010807001007	金属（塑钢、断桥）窗	1. 窗代号：铝合金推拉窗（C7） 2. 洞口尺寸：1.2m × 2.1m 3. 框、扇材质：窗铝型材厚度1.4mm（2000 系列） 4. 玻璃品种、厚度：5mm+6A+5mm 厚 Low–E 中空白色玻璃	樘	8.00			

续表 17.3.2–2

序号	项目编码	项目名称	项目特征描述	计量单位	工程量	金额（元）		
						综合单价	综合合价	其中：暂估价
		门窗工程合计						
		屋面及防水工程						
41	010902002001	屋面涂膜防水	1. 部位：屋面 2. 防水膜品种：弹性聚胺酯防水涂膜 3. 涂膜厚度：1.5mm（涂抹三遍）	m^2	269.44			
42	010902003001	屋面刚性层	1. 1∶2 水泥砂浆保护层 15mm 2. 碎石混凝土防水层 40mm 3. 白灰砂浆隔离层 10mm 4. 1∶3 水泥砂浆找平层 20mm 5. 1∶8 水泥陶粒 80mm	m^2	209.86			
43	010902008001	屋面排水沟	1. 1∶2 水泥砂浆保护层 15mm 2. 有胎体增强材料的防水附加层 3. 1∶3 水泥砂浆找平层 20mm	m	55.54			
44	010904002001	楼（地）面涂膜防水	1. 涂膜厚度、遍数：2mm 聚氨酯（非焦油型）防水涂膜 2. 部位：厨房、卫生间、阳台地面	m^2	227.40			
45	010903002001	墙面涂膜防水	1. 涂膜厚度、遍数：2mm 聚氨酯（非焦油型）防水涂膜 2. 部位：厨房、卫生间、阳台地面	m^2	467.47			
46	010903002002	墙面涂膜防水	1. 涂膜厚度、遍数：2mm 聚氨酯（非焦油型）防水涂膜 2. 部位：外墙面	m^2	697.99			
47	010903002003	墙面涂膜防水	1. 涂膜厚度、遍数：2mm 聚氨酯（非焦油型）防水涂膜 2. 部位：水池	m^2	25.36			
		屋面及防水工程合计						
		保温、隔热、防腐工程						
48	011002005001	聚氯乙烯板面层	保温隔热材料品种、规格、厚度：挤塑聚苯乙烯保温隔热层 30mm	m^2	178.08			
		保温、隔热、防腐工程合计						
		楼地面装饰工程						
49	011102003001	块料楼地面	1. 找平层厚度、砂浆配合比：20 厚 1∶2.5 水泥砂浆找平层 2. 结合层厚度、砂浆配合比：3 厚纯水泥浆 3. 面层材料品种、规格、品牌、颜色：800mm × 800mm 米黄色耐磨砖 4. 嵌缝材料种类：纯水泥扫缝 5. 部位：房间	m^2	386.10			

续表 17.3.2–2

序号	项目编码	项目名称	项目特征描述	计量单位	工程量	金额（元）		
						综合单价	综合合价	其中：暂估价
50	011102003002	块料楼地面	1. 找平层厚度、砂浆配合比：20厚1∶2.5水泥砂浆找平层 2. 结合层厚度、砂浆配合比：3厚纯水泥浆 3. 面层材料品种、规格、品牌、颜色：300mm×300mm米黄色防滑砖 4. 嵌缝材料种类：纯水泥扫缝 5. 部位：卫生间、阳台、走廊、厨房	m^2	227.70			
51	011106001001	石材楼梯面层	1. 找平层厚度、砂浆配合比：20厚1∶2.5水泥砂浆找平层 2. 结合层厚度、砂浆配合比：3厚纯水泥浆 3. 面层材料品种、规格、品牌、颜色：20mm厚米黄色花岗岩 4. 嵌缝材料种类：纯水泥扫缝	m^2	70.50			
52	011102003003	块料楼地面	1. 找平层厚度、砂浆配合比：20厚1∶2.5水泥砂浆找平层 2. 结合层厚度、砂浆配合比：3厚纯水泥浆 3. 面层材料品种、规格、品牌、颜色：100mm×100mm白色瓷片 4. 嵌缝材料种类：纯水泥扫缝 5. 部位：水池地面贴砖	m^2	12.91			
53	011105003001	块料踢脚线	1. 踢脚线高度：100mm 2. 找平层：20厚1∶1∶6水泥石灰砂浆打底 3. 粘贴层厚度、材料种类：3厚纯水泥浆结合层 4. 面层材料品种、规格、颜色：100mm×800mm黄色耐磨砖、纯水泥浆	m^2	24.70			
		楼地面装饰工程合计						
		墙、柱面装饰与隔断工程						
54	011201001001	墙面一般抹灰	1. 底层厚度、砂浆配合比：15厚1∶1∶6水泥石灰砂浆打底扫毛 2. 面层厚度、砂浆配合比：5厚1∶0.5∶3水泥石灰砂浆粉光 3. 装饰面材料种类：乳胶腻子刮面两遍	m^2	797.52			

续表 17.3.2–2

序号	项目编码	项目名称	项目特征描述	计量单位	工程量	金额（元）		
						综合单价	综合合价	其中：暂估价
55	011204003001	块料墙面	1. 找平层：20厚1∶1∶6水泥石灰砂浆打底扫毛 2. 结合层：3厚纯水泥浆结合层 3. 面层材料品种、规格、颜色：300mm×600mm花白色瓷片贴面 4. 缝宽、嵌缝材料种类：白水泥浆擦缝 5. 部位：楼梯间、卫生间、阳台、厨房	m^2	787.50			
56	011204003002	块料墙面	1. 找平层：15厚1∶3水泥砂浆打底扫毛 2. 结合层：3厚纯水泥浆结合层 3. 面层材料品种、规格、颜色：面贴45mm×45mm釉面砖 4. 缝宽、嵌缝材料种类：白水泥浆扫缝 5. 部位：外墙	m^2	697.99			
57	011205002001	块料柱面	1. 找平层：15厚1∶3水泥砂浆打底扫毛 2. 结合层：3厚纯水泥浆结合层 3. 面层材料品种、规格、颜色：面贴45mm×45mm釉面砖 4. 缝宽、嵌缝材料种类：白水泥浆扫缝 5. 部位：外墙	m^2	12.30			
58	011206002001	块料零星项目	1. 找平层：15厚1∶3水泥砂浆打底扫毛 2. 结合层：3厚纯水泥浆结合层 3. 面层材料品种、规格、颜色：面贴45mm×45mm釉面砖 4. 缝宽、嵌缝材料种类：白水泥浆扫缝 5. 部位：外墙	m^2	31.00			
59	011204003003	块料墙面	1. 找平层：20厚1∶1∶6水泥石灰砂浆打底扫毛 2. 结合层：3厚纯水泥浆结合层 3. 面层材料品种、规格、颜色：面贴100mm×100mm白色瓷片贴面 4. 缝宽、嵌缝材料种类：白水泥浆扫缝 5. 部位：水池壁	m^2	25.36			

续表 17.3.2–2

序号	项目编码	项目名称	项目特征描述	计量单位	工程量	金额（元）		
						综合单价	综合合价	其中：暂估价
60	011210006001	其他隔断	1. 隔板材料品种、规格、颜色：12mm 厚抗倍特板 2. 嵌缝、塞口材料品种：综合考虑 3. 部位：卫生间	m^2	12.96			
61	010607005001	砌块墙钢丝网加固	1. 材料品种、规格：铁丝网 2. 加固方式：综合考虑 3. 部位：外墙	m^2	697.99			
62	010607005002	砌块墙钢丝网加固	1. 材料品种、规格：铁丝网 2. 加固方式：综合考虑 3. 部位：两种不同材料交接处	m^2	239.00			
		墙、柱面装饰与隔断工程合计						
		天棚工程						
63	011301001001	天棚抹灰	1. 抹灰厚度、材料种类：10 厚 1∶1∶6 水泥石灰砂浆打底扫毛，5 厚 1∶0.5∶3 水泥石灰砂浆压光 2. 面层材料：打腻子两遍	m^2	734.07			
64	011302001001	吊顶天棚	1. 吊项形式：不上人型铝扣板天棚 2. 基层材料种类、规格：配套轻钢龙骨标准骨架 3. 面层材料品种、规格：600mm × 600mm × 1.0mm 铝扣板 4. 部位：卫生间、厨房	m^2	60.53			
		天棚工程合计						
		分部分项合计						
		措施项目						
65	粤 011701008001	综合钢脚手架	1. 搭设高度：12.5m 以内 2. 脚手架材质：钢管	m^2	882.80			
66	粤 011701009001	单排钢脚手架	1. 搭设高度：10m 以内 2. 脚手架材质：钢管	m^2	74.00			
67	粤 011701010001	满堂脚手架	1. 搭设高度：3.8m 以内 2. 脚手架材质：钢管	m^2	184.91			
68	粤 011701011001	里脚手架	1. 搭设高度：3.8m 以内 2. 脚手架材质：钢管	m^2	577.00			
69	011702001001	基础	基础类型：基础垫层模板	m^2	38.99			
70	011702001002	基础	基础类型：独立基础模板	m^2	78.92			

续表 17.3.2–2

序号	项目编码	项目名称	项目特征描述	计量单位	工程量	金额（元）		
						综合单价	综合合价	其中：暂估价
71	011702002001	矩形柱	1. 支模高度：3.8m 以内 2. 柱周长：综合考虑	m^2	385.00			
72	011702003001	构造柱	1. 支模高度：3.6m 以内 2. 柱周长：1.2m 以内	m^2	107.00			
73	011702005001	基础梁	截面形式：矩形	m^2	115.19			
74	011702006001	矩形梁	1. 支撑高度：3.6m 以内 2. 梁宽：25cm 以内	m^2	560.00			
75	011702009001	过梁	1. 过梁、圈梁模板 2. 支撑高度：3.6m 以内	m^2	5.03			
76	011702014001	有梁板	1. 有梁板 – 板模板 2. 支撑高度：3.6m 以内	m^2	596.00			
77	011702024001	楼梯	类型：直形楼梯模板	m^2	59.88			
78	011702027001	台阶	台阶模板	m^2	1.00			
79	011702021001	栏板	栏板、反檐模板	m^2	208.00			
80	011702028001	压顶	压顶、扶手模板	m^2	47.00			
81	011702022001	天沟、檐沟	挑檐模板	m^2	1.00			
82	011703001001	垂直运输	1. 建筑物建筑类型及结构形式：现浇框架结构 2. 建筑物檐口高度、层数：20m 以内	m^2	677.00			
		单价措施合计						
合　计								

注：为计取规费等的使用，可在表中增设“其中：定额人工费”。

表 17.3.2–3　综合单价分析表

工程名称：　　　　　　　　　　　　标段：　　　　　　　　　　　　第　页　共　页

<table>
<tr><td colspan="2">项目编码</td><td colspan="2"></td><td>项目名称</td><td colspan="3"></td><td>计量单位</td><td></td><td>工程量</td><td></td></tr>
<tr><td colspan="12">清单综合单价组成明细</td></tr>
<tr><td rowspan="2">定额编号</td><td rowspan="2">定额项目名称</td><td rowspan="2">定额单位</td><td rowspan="2">数量</td><td colspan="4">单　价</td><td colspan="4">合　价</td></tr>
<tr><td>人工费</td><td>材料费</td><td>机具费</td><td>管理费和利润</td><td>人工费</td><td>材料费</td><td>机具费</td><td>管理费和利润</td></tr>
<tr><td></td><td></td><td></td><td></td><td></td><td></td><td></td><td></td><td></td><td></td><td></td><td></td></tr>
<tr><td colspan="2">人工单价</td><td colspan="6">小　计</td><td></td><td></td><td></td><td></td></tr>
<tr><td colspan="2">元 / 工日</td><td colspan="6">未计价材料费</td><td colspan="4"></td></tr>
<tr><td colspan="8">清单项目综合单价</td><td colspan="4"></td></tr>
</table>

续表 17.3.2-3

	主要材料名称、规格、型号	单位	数量	单价（元）	合价（元）	暂估单价（元）	暂估合价（元）
材料费明细							
	其他材料费			—		—	
	材料费小计			—		—	

注：1. 如不使用省级或行业建设主管部门发布的计价依据，可不填定额编号、名称等；
2. 招标文件提供了暂估单价的材料，按暂估的单价填入表内“暂估单价”栏及“暂估合价”栏。

表 17.3.2-4　总价措施项目清单与计价表

工程名称：幼儿园教学楼　　标段：　　第　页　共　页

序号	项目编码	项目名称	计算基础	费率（%）	金额（元）	调整费率（%）	调整后金额（元）	备注
1	LSSGCSF00001	绿色施工安全防护措施费	分部分项人工费 + 分部分项机具费	19				以分部分项的人工费与施工机具费之和为计算基础，费率 19%
2	WMGDZJF00001	文明工地增加费	分部分项人工费 + 分部分项机具费	0				以分部分项的人工费与施工机具费之和为计算基础，市级文明工地为 1.20%，省级文明工地为 2.10%
3	011707002001	夜间施工增加费		20				以夜间施工项目人工费的 20% 计算
4	GGCSF0000001	赶工措施费	分部分项人工费 + 分部分项机具费	0				赶工措施费 =（1−δ）×（分部分项的人工费 + 施工机具费）× 0.3（式中：δ = 合同工期 / 定额工期，$0.8 \leq \delta < 1$）
5	QTFY00000001	其他费用						按经批准的专项施工组织方案计算
合　计								

编制人（造价人员）：　　复核人（造价工程师）：

表 17.3.2–5　其他项目清单与计价汇总表

工程名称：幼儿园教学楼　　标段：　　第　页　共　页

序号	项目名称	金额（元）	结算金额（元）	备注
1	暂列金额	0.00		
2	暂估价	0.00		
2.1	材料暂估价	—		
2.2	专业工程暂估价	0.00		
3	计日工			
4	总承包服务费			
5	预算包干费			
6	工程优质费			
7	概算幅度差			
8	现场签证费用			
9	索赔费用			
10	其他费用			
合　计				—

注：材料（工程设备）暂估单价进入清单项目综合单价，此处不汇总。

表 17.3.2–6　总承包服务费计价表

工程名称：幼儿园教学楼　　标段：　　第　页　共　页

序号	项目名称	项目价值（元）	服务内容	计算基础	费率（%）	金额
合　计						

注：此表项目名称、服务内容由招标人填写，编制招标控制价时，费率及金额由招标人按有关计价规定确定；投标时，费率及金额由投标人自主报价，计入投标总价中。

表 17.3.2–7　税金项目清单与计价表

工程名称：幼儿园教学楼　　标段：　　第　页　共　页

序号	项目名称	计算基础	计算基数	计算费率（%）	金额（元）
1	增值税销项税额	分部分项合计＋措施合计＋其他项目		9	
合　计					

编制人（造价人员）：　　复核人（造价工程师）：

表 17.3.2-8　主要材料设备价格表

工程名称：幼儿园教学楼　　　　　　　　　　第　页　共　页

序号	材料设备编码	材料设备名称	规格、型号等特殊要求	单位	单价（元）

17.4 最高投标限价

17.4.1 最高投标限价编制说明

（一）工程概况

（1）项目名称：幼儿园教学楼土建工程；

（2）建设（委托）单位：×××××× 学校；

（3）建设地点：×× 省 ×× 市；

（4）建筑面积：677m^2；

（5）建筑物总高度：14.95m；

（6）楼层高度：首层为 3.8m，二 ~ 三层为 3.6m；

（7）结构形式：钢筋混凝土框架结构；

（8）基础形式：柱下独立基础。

（二）编制范围

包括施工图范围内的建筑工程、装饰工程内容。

（三）工程量清单编制依据

（1）依据建设单位提供的施工图纸，具体图号如下：

结构图：G-01~G-12（另册）；

建筑图：J-01~J-12（另册）。

（2）执行国家标准《建设工程工程量清单计价规范》GB 50500—2013。

（四）工程的计价依据

（1）计价依据执行国家标准《建设工程工程量清单计价规范》GB 50500—2013、《房屋建筑与装饰工程工程量计算规范》GB 50854—2013、《广东省房屋建筑与装饰工程综合定额（2018）》及广州市现行的计价程序。

（2）本工程绿色施工安全防护措施费按 19% 计取，预算包干费费率按 7% 计取，不列支暂列金额，增值税销项税税率按 9% 计取。人工费、机具费及主要材料价格按照 2019 年 1 月份《广州地区建设工程常用材料综合价格》计算，缺项材料价参考同期不含税市场价格。

（五）其他需要说明的问题

余泥渣土弃置运距按 20km 考虑。

17.4.2 最高投标限价编制案例

如表 17.4.2-1~ 表 17.4.2-88 所示。

幼儿园教学楼＿＿＿＿＿＿＿＿工程

最 高 投 标 限 价

招　标　人：＿＿＿＿＿＿＿＿＿＿＿＿＿＿
（单位盖章）

造价咨询人：＿＿＿＿＿＿＿＿＿＿＿＿＿＿
（单位盖章）

年　　月　　日

幼儿园教学楼 工程

最 高 投 标 限 价

招标控制价 （小写）：1,615,693.04
（大写）：壹佰陆拾壹万伍仟陆佰玖拾叁元零肆分

招 标 人：________（单位盖章）

造价咨询人：________（单位资质专用章）

法定代表人
或其授权人：________（签字或盖章）

法定代表人
或其授权人：________（签字或盖章）

编 制 人：________（造价人员签字盖专用章）

复 核 人：________（造价工程师签字盖专用章）

编制时间： 年 月 日

复核时间： 年 月 日

表 17.4.2–1　单位工程最高投标限价汇总表

工程名称：幼儿园教学楼　　　　标段：　　　　第　页　共　页

序号	汇总内容	金额（元）	其中：暂估价（元）
1	分部分项合计	1212846.16	
1.1	土石方工程	15967.03	
1.2	砌筑工程	87704.87	
1.3	混凝土及钢筋混凝土工程	434298.68	
1.4	门窗工程	77985.58	
1.5	屋面及防水工程	134338.11	
1.6	保温、隔热、防腐工程	6558.69	
1.7	楼地面装饰工程	110185.89	
1.8	墙、柱面装饰与隔断工程	288942.79	
1.9	天棚工程	56864.52	
2	措施合计	248161.09	
2.1	绿色施工安全防护措施费	89675.96	
2.2	其他措施费	158485.13	
3	其他项目	21279.94	—
3.1	暂列金额		
3.2	暂估价		
3.3	计日工		
3.4	总承包服务费		
3.5	预算包干费	21279.94	
3.6	工程优质费		
3.7	概算幅度差		
3.8	索赔费用		
3.9	现场签证费用		
3.10	其他费用		
4	税前工程造价	1482287.19	
5	增值税销项税额	133405.85	—
6	总造价	1615693.04	
7	人工费	380129.23	
招标控制价合计 =1+2+3+4+5		1,615,693.04	0.00

注：本表适用于单位工程招标控制价或投标报价的汇总，如无单位工程划分，单项工程也使用本表汇总。

表 17.4.2–2 分部分项工程和单价措施项目清单与计价表

工程名称：幼儿园教学楼　　　　标段：　　　　第 页 共 页

序号	项目编码	项目名称	项目特征描述	计量单位	工程量	金额（元）		
						综合单价	综合合价	其中：暂估价
		土石方工程					15967.03	
1	010101001001	平整场地	1. 土壤类别：以地质勘察报告为准 2. 弃土运距：根据现场实际情况自行考虑 3. 取土运距：场内取土	m^2	200.00	1.86	372.00	
2	010101004001	挖基坑土方	1. 土壤类别：以地质勘察报告为准 2. 工程部位：独立基础、基础梁 3. 挖土深度：2m 以内 4. 弃土运距：场内运输，投标人自行考虑	m^3	239.12	17.47	4177.43	
3	010103001001	回填方	1. 密实度要求：压实系数 ≥ 94% 2. 填方材料品种：采用原素土回填 3. 场内运距：投标人自行考虑	m^3	425.13	19.53	8302.79	
4	010103002001	余方弃置	1. 废弃料品种：余泥渣土 2. 运距：20km	m^3	66.57	46.79	3114.81	
		砌筑工程					87704.87	
5	010401001001	砖基础	1. 砖品种、规格、强度等级：灰砂砖，240mm × 115mm × 53mm，MU10 2. 砂浆强度等级：M7.5 砌筑用水泥砂浆 3. 防潮层材料种类：1∶2 防水砂浆	m^3	7.40	639.58	4732.89	
6	010402001001	砌块墙	1. 墙体类型：外墙 2. 墙体厚度：180mm 3. 砌块品种、规格、强度等级：灰砂砖 MU10 4. 砂浆强度等级：M5 砌筑用水泥砂浆	m^3	91.60	599.05	54872.98	
7	010402001002	砌块墙	1. 墙体类型：内墙 2. 墙体厚度：120mm 3. 砌块品种、规格、强度等级：灰砂砖 MU10 4. 砂浆强度等级：M5 砌筑用水泥砂浆	m^3	32.10	588.43	18888.60	
8	010401012001	零星砌砖（水厕蹲位）	1. 蹲便器蹲位做法详见中南地区通用建筑标准设计《公用厨房卫生间设施》98ZJ512 3/20 2. 其他	个	16.00	575.65	9210.40	

续表 17.4.2–2

序号	项目编码	项目名称	项目特征描述	计量单位	工程量	金额（元）		
						综合单价	综合合价	其中：暂估价
		混凝土及钢筋混凝土工程					434298.68	
9	010501001001	垫层	1. 混凝土种类：商品混凝土 2. 混凝土强度等级：C10	m^3	16.95	636.94	10796.13	
10	010501003001	独立基础	1. 混凝土种类：商品混凝土 2. 混凝土强度等级：C25	m^3	47.38	675.22	31991.92	
11	010502001001	矩形柱	1. 混凝土种类：商品混凝土 2. 混凝土强度等级：C25 3. 综合考虑：混凝土泵送增加费	m^3	41.60	818.70	34057.92	
12	010502002001	构造柱	1. 混凝土种类：商品混凝土 2. 混凝土强度等级：C20 3. 综合考虑：混凝土泵送增加费	m^3	7.40	886.56	6560.54	
13	010503001001	基础梁	1. 混凝土种类：商品混凝土 2. 混凝土强度等级：C25	m^3	13.72	673.19	9236.17	
14	010503005001	过梁	1. 混凝土种类：商品混凝土 2. 混凝土强度等级：C20 3. 综合考虑：混凝土泵送增加费	m^3	0.33	796.48	262.84	
15	010505001001	有梁板	1. 混凝土种类：商品混凝土 2. 混凝土强度等级：C25 3. 综合考虑：混凝土泵送增加费	m^3	126.40	715.96	90497.34	
16	010506001001	直形楼梯	1. 混凝土种类：商品混凝土 2. 混凝土强度等级：C25 3. 综合考虑：混凝土泵送增加费	m^3	12.92	776.06	10026.70	
17	010507007001	屋顶水池	1. 混凝土种类：商品混凝土 2. 混凝土强度等级：C30 P6 3. 综合考虑：混凝土泵送增加费	m^3	9.70	776.52	7532.24	
18	010505007001	天沟（檐沟）、挑檐板	1. 混凝土种类：商品混凝土 2. 混凝土强度等级：C25 3. 综合考虑：混凝土泵送增加费	m^3	1.80	906.66	1631.99	
19	010505006001	栏板、反檐	1. 混凝土种类：商品混凝土 2. 混凝土强度等级：C25 3. 综合考虑：混凝土泵送增加费	m^3	18.50	882.96	16334.76	
20	010507005001	扶手、压顶	1. 混凝土种类：商品混凝土 2. 混凝土强度等级：C20 3. 综合考虑：混凝土泵送增加费	m^3	1.75	958.96	1678.18	

续表 17.4.2–2

序号	项目编码	项目名称	项目特征描述	计量单位	工程量	金额（元）		
						综合单价	综合合价	其中：暂估价
21	010507004001	台阶	1. 混凝土种类：商品混凝土 2. 混凝土强度等级：C20 3. 综合考虑：混凝土泵送增加费	m^3	3.00	731.12	2193.36	
22	010507002001	地坪	1. 地坪厚度：10cm 2. 混凝土种类：商品混凝土 3. 混凝土强度等级：C20 4. 其他	m^2	24.70	74.10	1830.27	
23	010515001001	现浇构件钢筋	钢筋种类、规格：现浇构件圆钢 （一级）ϕ10 以内	t	12.55	5242.81	65797.27	
24	010515001002	现浇构件钢筋	钢筋种类、规格：现浇构件螺纹钢 （二级）ϕ10 以内	t	0.02	5159.53	103.19	
25	010515001003	现浇构件钢筋	钢筋种类、规格：现浇构件螺纹钢 （二级）ϕ10~25	t	19.16	4922.47	94314.53	
26	010515001004	现浇构件钢筋	钢筋种类、规格：现浇构件箍筋圆钢 （一级）ϕ10 以内	t	6.58	6083.65	40030.42	
27	010515001005	现浇构件钢筋	钢筋种类、规格：现浇构件箍筋圆钢 （一级）ϕ10 以外	t	0.30	5316.96	1595.09	
28	010516003001	钢筋接头电渣压力焊	连接方式：电渣压力焊	个	782.00	10.01	7827.82	
		门窗工程					77985.58	
29	010801002001	木质门带套	1. 门代号：带亮单扇夹板门（M1） 2. 洞口尺寸：1.2m × 2.5m 3. 材料品种：双面 7mm 木夹板，面贴 3mm 木纹板 4. 油漆：底油一遍 调和漆两遍 5. 五金材料：门锁及五金配件	樘	7.00	1402.98	9820.86	
30	010801002002	木质门带套	1. 门代号：不带亮单扇夹板门（M3） 2. 洞口尺寸：1.0m × 2.2m 3. 材料品种：双面 7mm 木夹板，面贴 3mm 木纹板 4. 油漆：底油一遍 调和漆两遍 5. 五金材料：门锁及五金配件	樘	2.00	1171.91	2343.82	
31	010801002003	木质门带套	1. 门代号：不带亮单扇夹板门（M3） 2. 洞口尺寸：0.9m × 2.2m 3. 材料品种：双面 7mm 木夹板，面贴 3mm 木纹板 4. 油漆：底油一遍 调和漆两遍 5. 五金材料：门锁及五金配件	樘	8.00	1111.91	8895.28	

续表 17.4.2-2

序号	项目编码	项目名称	项目特征描述	计量单位	工程量	金额（元）		
						综合单价	综合合价	其中：暂估价
32	010802001002	金属（塑钢）门	1. 门代号：不锈钢门（GM1） 2. 洞口尺寸：0.9m×2.5m 3. 门框、扇材质：304# 不锈钢 4. 五金材料：五金配件	樘	2.00	1470.09	2940.18	
33	010802001003	金属（塑钢）门	1. 门代号：不锈钢门（GM2） 2. 洞口尺寸：1.0m×2.2m 3. 门框、扇材质：304# 不锈钢 4. 五金材料：五金配件	樘	1.00	1438.54	1438.54	
34	010807001001	金属（塑钢、断桥）窗	1. 窗代号：铝合金推拉窗（C1） 2. 洞口尺寸：1.5m×2.3m 3. 框、扇材质：窗铝型材厚度 1.4mm（2000 系列） 4. 玻璃品种、厚度：5mm+6A+5mm 厚 Low-E 中空白色玻璃	樘	1.00	1636.21	1636.21	
35	010807001002	金属（塑钢、断桥）窗	1. 窗代号：铝合金推拉窗（C2） 2. 洞口尺寸：1.8m×2.3m 3. 框、扇材质：窗铝型材厚度 1.4mm（2000 系列） 4. 玻璃品种、厚度：5mm+6A+5mm 厚 Low-E 中空白色玻璃	樘	2.00	1976.95	3953.90	
36	010807001003	金属（塑钢、断桥）窗	1. 窗代号：铝合金推拉窗（C3） 2. 洞口尺寸：1.2m×2.3m 3. 框、扇材质：窗铝型材厚度 1.4mm（2000 系列） 4. 玻璃品种、厚度：5mm+6A+5mm 厚 Low-E 中空白色玻璃	樘	2.00	1308.33	2616.66	
37	010807001004	金属（塑钢、断桥）窗	1. 窗代号：铝合金推拉窗（C4） 2. 洞口尺寸：3.0m×2.3m 3. 框、扇材质：窗铝型材厚度 1.4mm（2000 系列） 4. 玻璃品种、厚度：5mm+6A+5mm 厚 Low-E 中空白色玻璃	樘	3.00	3322.75	9968.25	
38	010807001005	金属（塑钢、断桥）窗	1. 窗代号：铝合金推拉窗（C5） 2. 洞口尺寸：0.8m×1.5m 3. 框、扇材质：窗铝型材厚度 1.4mm（2000 系列） 4. 玻璃品种、厚度：5mm+6A+5mm 厚 Low-E 中空白色玻璃	樘	1.00	550.04	550.04	

续表 17.4.2–2

序号	项目编码	项目名称	项目特征描述	计量单位	工程量	金额（元）		
						综合单价	综合合价	其中：暂估价
39	010807001006	金属（塑钢、断桥）窗	1. 窗代号：铝合金推拉窗（C6） 2. 洞口尺寸：3.0m × 2.1m 3. 框、扇材质：窗铝型材厚度 1.4mm（2000 系列） 4. 玻璃品种、厚度：5mm+6A+5mm 厚 Low–E 中空白色玻璃	樘	8.00	3032.52	24260.16	
40	010807001007	金属（塑钢、断桥）窗	1. 窗代号：铝合金推拉窗（C7） 2. 洞口尺寸：1.2m × 2.1m 3. 框、扇材质：窗铝型材厚度 1.4mm（2000 系列） 4. 玻璃品种、厚度：5mm+6A+5mm 厚 Low–E 中空白色玻璃	樘	8.00	1195.21	9561.68	
		屋面及防水工程					134338.11	
41	010902002001	屋面涂膜防水	1. 部位：屋面 2. 防水膜品种：弹性聚胺酯防水涂膜 3. 涂膜厚度：1.5mm（涂抹三遍）	m^2	269.44	36.00	9699.84	
42	010902003001	屋面刚性层	1. 1∶2 水泥砂浆保护层 15mm 2. 碎石混凝土防水层 40mm 3. 白灰砂浆隔离层 10mm 4. 1∶3 水泥砂浆找平层 20mm 5. 1∶8 水泥陶粒 80mm	m^2	209.86	192.04	40301.51	
43	010902008001	屋面排水沟	1. 1∶2 水泥砂浆保护层 15mm 2. 有胎体增强材料的防水附加层 3. 1∶3 水泥砂浆找平层 20mm	m	55.54	55.43	3078.58	
44	010904002001	楼（地）面涂膜防水	1. 涂膜厚度、遍数：2mm 聚氨酯（非焦油型）防水涂膜 2. 部位：厨房、卫生间、阳台地面	m^2	227.40	52.72	11988.53	
45	010903002001	墙面涂膜防水	1. 涂膜厚度、遍数：2mm 聚氨酯（非焦油型）防水涂膜 2. 部位：厨房、卫生间、阳台地面	m^2	467.47	55.63	26005.36	
46	010903002002	墙面涂膜防水	1. 涂膜厚度、遍数：2mm 聚氨酯（非焦油型）防水涂膜 2. 部位：外墙面	m^2	697.99	59.96	41851.48	
47	010903002003	墙面涂膜防水	1. 涂膜厚度、遍数：2mm 聚氨酯（非焦油型）防水涂膜 2. 部位：水池	m^2	25.36	55.71	1412.81	

续表 17.4.2-2

序号	项目编码	项目名称	项目特征描述	计量单位	工程量	金额（元）		
						综合单价	综合合价	其中：暂估价
		保温、隔热、防腐工程					6558.69	
48	011002005001	聚氯乙烯板面层	保温隔热材料品种、规格、厚度：挤塑聚苯乙烯保温隔热层 30mm	m^2	178.08	36.83	6558.69	
		楼地面装饰工程					110185.89	
49	011102003001	块料楼地面	1. 找平层厚度、砂浆配合比：20 厚 1∶2.5 水泥砂浆找平层 2. 结合层厚度、砂浆配合比：3 厚纯水泥浆 3. 面层材料品种、规格、品牌、颜色：800mm × 800mm 米黄色耐磨砖 4. 嵌缝材料种类：纯水泥扫缝 5. 部位：房间	m^2	386.10	106.36	41065.6	
50	011102003002	块料楼地面	1. 找平层厚度、砂浆配合比：20 厚 1∶2.5 水泥砂浆找平层 2. 结合层厚度、砂浆配合比：3 厚纯水泥浆 3. 面层材料品种、规格、品牌、颜色：300mm × 300mm 米黄色防滑砖 4. 嵌缝材料种类：纯水泥扫缝 5. 部位：卫生间、阳台、走廊、厨房	m^2	227.70	98.46	22419.34	
51	011106001001	石材楼梯面层	1. 找平层厚度、砂浆配合比：20 厚 1∶2.5 水泥砂浆找平层 2. 结合层厚度、砂浆配合比：3 厚纯水泥浆 3. 面层材料品种、规格、品牌、颜色：20mm 厚米黄色花岗岩 4. 嵌缝材料种类：纯水泥扫缝	m^2	70.50	595.55	41986.28	
52	011102003003	块料楼地面	1. 找平层厚度、砂浆配合比：20 厚 1∶2.5 水泥砂浆找平层 2. 结合层厚度、砂浆配合比：3 厚纯水泥浆 3. 面层材料品种、规格、品牌、颜色：100mm × 100mm 白色瓷片 4. 嵌缝材料种类：纯水泥扫缝 5. 部位：水池地面贴砖	m^2	12.91	126.25	1629.89	

续表 17.4.2–2

序号	项目编码	项目名称	项目特征描述	计量单位	工程量	金额（元）		
						综合单价	综合合价	其中：暂估价
53	011105003001	块料踢脚线	1. 踢脚线高度：100mm 2. 找平层：20厚1:1:6水泥石灰砂浆打底 3. 粘贴层厚度、材料种类：3厚纯水泥浆结合层 4. 面层材料品种、规格、颜色：100mm×800mm黄色耐磨砖、纯水泥浆	m^2	24.70	124.89	3084.78	
		墙、柱面装饰与隔断工程					288942.79	
54	011201001001	墙面一般抹灰	1. 底层厚度、砂浆配合比：15厚1:1:6水泥石灰砂浆打底扫毛 2. 面层厚度、砂浆配合比：5厚1:0.5:3水泥石灰砂浆粉光 3. 装饰面材料种类：乳胶腻子刮面两遍	m^2	797.52	42.88	34197.66	
55	011204003001	块料墙面	1. 找平层：20厚1:1:6水泥石灰砂浆打底扫毛 2. 结合层：3厚纯水泥浆结合层 3. 面层材料品种、规格、颜色：300mm×600mm花白色瓷片贴面 4. 缝宽、嵌缝材料种类：白水泥浆擦缝 5. 部位：楼梯间、卫生间、阳台、厨房	m^2	787.50	166.59	131189.63	
56	011204003002	块料墙面	1. 找平层：15厚1:3水泥砂浆打底扫毛 2. 结合层：3厚纯水泥浆结合层 3. 面层材料品种、规格、颜色：面贴45mm×45mm釉面砖 4. 缝宽、嵌缝材料种类：白水泥浆扫缝 5. 部位：外墙	m^2	697.99	129.91	90675.88	
57	011205002001	块料柱面	1. 找平层：15厚1:3水泥砂浆打底扫毛 2. 结合层：3厚纯水泥浆结合层 3. 面层材料品种、规格、颜色：面贴45mm×45mm釉面砖 4. 缝宽、嵌缝材料种类：白水泥浆扫缝 5. 部位：外墙	m^2	12.30	132.73	1632.58	

续表 17.4.2–2

序号	项目编码	项目名称	项目特征描述	计量单位	工程量	金额（元）		
						综合单价	综合合价	其中：暂估价
58	011206002001	块料零星项目	1. 找平层：15厚1∶3水泥砂浆打底扫毛 2. 结合层：3厚纯水泥浆结合层 3. 面层材料品种、规格、颜色：面贴45mm×45mm釉面砖 4. 缝宽、嵌缝材料种类：白水泥浆扫缝 5. 部位：外墙	m^2	31.00	205.81	6380.11	
59	011204003003	块料墙面	1. 找平层：20厚1∶1∶6水泥石灰砂浆打底扫毛 2. 结合层：3厚纯水泥浆结合层 3. 面层材料品种、规格、颜色：面贴100mm×100mm白色瓷片贴面 4. 缝宽、嵌缝材料种类：白水泥浆扫缝 5. 部位：水池壁	m^2	25.36	137.62	3490.04	
60	011210006001	其他隔断	1. 隔板材料品种、规格、颜色：12mm厚抗倍特板 2. 嵌缝、塞口材料品种：综合考虑 3. 部位：卫生间	m^2	12.96	249.75	3236.76	
61	010607005001	砌块墙钢丝网加固	1. 材料品种、规格：铁丝网 2. 加固方式：综合考虑 3. 部位：外墙	m^2	697.99	19.36	13513.09	
62	010607005002	砌块墙钢丝网加固	1. 材料品种、规格：铁丝网 2. 加固方式：综合考虑 3. 部位：两种不同材料交接处	m^2	239.00	19.36	4627.04	
		天棚工程					56864.52	
63	011301001001	天棚抹灰	1. 抹灰厚度、材料种类：10厚1∶1∶6水泥石灰砂浆打底扫毛，5厚1∶0.5∶3水泥石灰砂浆压光 2. 面层材料：打腻子两遍	m^2	734.07	61.03	44800.29	
64	011302001001	吊顶天棚	1. 吊项形式：不上人型铝扣板天棚 2. 基层材料种类、规格：配套轻钢龙骨标准骨架 3. 面层材料品种、规格：铝扣板600mm×600mm×1.0mm 4. 部位：卫生间、厨房	m^2	60.53	199.31	12064.23	

续表 17.4.2–2

序号	项目编码	项目名称	项目特征描述	计量单位	工程量	金额（元）		
						综合单价	综合合价	其中：暂估价
		措施项目					190401.24	
65	粤 011701008001	综合钢脚手架	1. 搭设高度：12.5m 以内 2. 脚手架材质：钢管	m^2	882.80	22.49	19854.17	
66	粤 011701009001	单排钢脚手架	1. 搭设高度：10m 以内 2. 脚手架材质：钢管	m^2	74.00	8.95	662.30	
67	粤 011701010001	满堂脚手架	1. 搭设高度：3.8m 以内 2. 脚手架材质：钢管	m^2	184.91	12.69	2346.51	
68	粤 011701011001	里脚手架	1. 搭设高度：3.8m 以内 2. 脚手架材质：钢管	m^2	577.00	15.69	9053.13	
69	011702001001	基础	基础类型：基础垫层模板	m^2	38.99	29.51	1150.59	
70	011702001002	基础	基础类型：独立基础模板	m^2	78.92	49.84	3933.37	
71	011702002001	矩形柱	1. 支模高度：3.8m 以内 2. 柱周长：综合考虑	m^2	385.00	58.66	22584.10	
72	011702003001	构造柱	1. 支模高度：3.6m 以内 2. 柱周长：1.2m 以内	m^2	107.00	69.51	7437.57	
73	011702005001	基础梁	截面形式：矩形	m^2	115.19	57.78	6655.68	
74	011702006001	矩形梁	1. 支撑高度：3.6m 以内 2. 梁宽：25cm 以内	m^2	560.00	66.61	37301.60	
75	011702009001	过梁	1. 过梁、圈梁模板 2. 支撑高度：3.6m 以内	m^2	5.03	50.86	255.83	
76	011702014001	有梁板	1. 有梁板 – 板模板 2. 支撑高度：3.6m 以内	m^2	596.00	62.18	37059.28	
77	011702024001	楼梯	类型：直形楼梯模板	m^2	59.88	175.03	10480.80	
78	011702027001	台阶	台阶模板	m^2	1.00	39.08	39.08	
79	011702021001	栏板	栏板、反檐模板	m^2	208.00	61.72	12837.76	
80	011702028001	压顶	压顶、扶手模板	m^2	47.00	40.01	1880.47	
81	011702022001	天沟、檐沟	挑檐模板	m^2	1.00	65.86	65.86	
82	011703001001	垂直运输	1. 建筑物建筑类型及结构形式：现浇框架结构 2. 建筑物檐口高度、层数：20m 以内	m^2	677.00	24.82	16803.14	
合　计							1403247.40	

注：为计取规费等的使用，可在表中增设“其中：定额人工费”。

表 17.4.2-3　综合单价分析表

工程名称：幼儿园教学楼　　　　　　　　　标段：　　　　　　　　　第　页　共　页

项目编码		010101001001		项目名称	平整场地			计量单位	m^2	工程量	200
清单综合单价组成明细											
定额编号	定额项目名称	定额单位	数量	单价				合价			
				人工费	材料费	机具费	管理费和利润	人工费	材料费	机具费	管理费和利润
A1-1-1	平整场地	$100m^2$	0.01	13.80		123.44	48.72	0.14		1.23	0.49
人工单价		小　计						0.14		1.23	0.49
		未计价材料费									
清单项目综合单价								1.86			
材料费明细	主要材料名称、规格、型号					单位	数量	单价（元）	合价（元）	暂估单价（元）	暂估合价（元）
	材料费小计										

注：1. 如不使用省级或行业建设主管部门发布的计价依据，可不填定额编号、名称等；

2. 招标文件提供了暂估单价的材料，按暂估的单价填入表内“暂估单价”栏及“暂估合价”栏。

表 17.4.2-4　综合单价分析表

工程名称：幼儿园教学楼　　　　　　　　　标段：　　　　　　　　　第　页　共　页

项目编码		010101004001		项目名称	挖基坑土方			计量单位	m^3	工程量	239.12
清单综合单价组成明细											
定额编号	定额项目名称	定额单位	数量	单价				合价			
				人工费	材料费	机具费	管理费和利润	人工费	材料费	机具费	管理费和利润
A1-1-9	人工挖基坑土方 一、二类土 深度在 2m 以内	$100m^3$	0.001	3126.36			1109.86	3.22			1.14
A1-1-35	人工装车土方	$100m^3$	0.001	1122.67			398.54	1.15			0.41
A1-1-48	挖掘机挖装沟槽、基坑土方 一、二类土	$1000m^3$	0.002	716.63		3644.63	1548.25	1.40		7.12	3.02
人工单价		小　计						5.77		7.12	4.57
		未计价材料费									
清单项目综合单价								17.46			
材料费明细	主要材料名称、规格、型号					单位	数量	单价（元）	合价（元）	暂估单价（元）	暂估合价（元）
	材料费小计										

注：1. 如不使用省级或行业建设主管部门发布的计价依据，可不填定额编号、名称等；

2. 招标文件提供了暂估单价的材料，按暂估的单价填入表内“暂估单价”栏及“暂估合价”栏。

表 17.4.2–5　综合单价分析表

工程名称：幼儿园教学楼　　　　标段：　　　　第　页　共　页

项目编码		010103001001		项目名称	回填方			计量单位	m³	工程量	425.13
清单综合单价组成明细											
定额编号	定额项目名称	定额单位	数量	单价				合价			
				人工费	材料费	机具费	管理费和利润	人工费	材料费	机具费	管理费和利润
A1–1–129	回填土 夯实机夯实 槽、坑	100m³	0.01	1231.8		209.44	511.64	12.32		2.09	5.12
人工单价		小　计						12.32		2.09	5.12
		未计价材料费									
清单项目综合单价								19.53			
材料费明细	主要材料名称、规格、型号					单位	数量	单价（元）	合价（元）	暂估单价（元）	暂估合价（元）
	材料费小计										

注：1. 如不使用省级或行业建设主管部门发布的计价依据，可不填定额编号、名称等；
　　2. 招标文件提供了暂估单价的材料，按暂估的单价填入表内“暂估单价”栏及“暂估合价”栏。

表 17.4.2–6　综合单价分析表

工程名称：幼儿园教学楼　　　　标段：　　　　第　页　共　页

项目编码		010103002001		项目名称	余方弃置			计量单位	m³	工程量	66.57
清单综合单价组成明细											
定额编号	定额项目名称	定额单位	数量	单价				合价			
				人工费	材料费	机具费	管理费和利润	人工费	材料费	机具费	管理费和利润
A1–1–51	挖掘机装土方	1000m³	0.001	389.27		1573.48	696.78	0.39		1.58	0.7
A1–1–53 换	自卸汽车运土方 运距 1km 以内 实际运距：20km	1000m³	0.001			32345.93	11482.81			32.55	11.56
人工单价		小　计						0.39		34.13	12.26
		未计价材料费									
清单项目综合单价								46.79			
材料费明细	主要材料名称、规格、型号					单位	数量	单价（元）	合价（元）	暂估单价（元）	暂估合价（元）
	材料费小计										

注：1. 如不使用省级或行业建设主管部门发布的计价依据，可不填定额编号、名称等；
　　2. 招标文件提供了暂估单价的材料，按暂估的单价填入表内“暂估单价”栏及“暂估合价”栏。

表 17.4.2–7　综合单价分析表

工程名称：幼儿园教学楼　　　　标段：　　　　第　页　共　页

项目编码	010401001001	项目名称	砖基础					计量单位	m^3	工程量	7.4
清单综合单价组成明细											
定额编号	定额项目名称	定额单位	数量	单价				合价			
				人工费	材料费	机具费	管理费和利润	人工费	材料费	机具费	管理费和利润
A1–4–1	砖基础	$10m^3$	0.1	1555.22	3218.67		546.5	155.52	321.87		54.65
80010080	砌筑用水泥砂浆（配合比）中砂 M7.5	m^3	0.2359		455.77				107.54		
人工单价		小计						155.52	429.41		54.65
		未计价材料费									
清单项目综合单价								639.58			

材料费明细	主要材料名称、规格、型号	单位	数量	单价（元）	合价（元）	暂估单价（元）	暂估合价（元）
	复合普通硅酸盐水泥 P·C 32.5	t	0.0644	464.62	29.92		
	水	m^3	0.1522	4.58	0.70		
	中砂	m^3	0.2827	273.8	77.40		
	标准砖 240×115×53	千块	0.5236	408.29	213.78		
	其他材料费	元	1.877	1	1.88		
	材料费小计			—	323.68	—	

注：1. 如不使用省级或行业建设主管部门发布的计价依据，可不填定额编号、名称等；

2. 招标文件提供了暂估单价的材料，按暂估的单价填入表内“暂估单价”栏及“暂估合价”栏。

表 17.4.2–8　综合单价分析表

工程名称：幼儿园教学楼　　　　标段：　　　　第　页　共　页

项目编码	010402001001	项目名称	砌块墙					计量单位	m^3	工程量	91.6
清单综合单价组成明细											
定额编号	定额项目名称	定额单位	数量	单价				合价			
				人工费	材料费	机具费	管理费和利润	人工费	材料费	机具费	管理费和利润
A1–4–59	蒸压灰砂砖外墙 墙体厚度 17.5cm	$10m^3$	0.1	1757.53	3113.75		617.6	175.75	311.38		61.76
80010070	砌筑用水泥砂浆（配合比）中砂 M5	m^3	0.118		425.1				50.16		
人工单价		小计						175.75	361.54		61.76
		未计价材料费									
清单项目综合单价								599.05			

材料费明细	主要材料名称、规格、型号	单位	数量	单价（元）	合价（元）	暂估单价（元）	暂估合价（元）
	圆钉 50~75	kg	0.038	3.54	0.13		
	复合普通硅酸盐水泥 P·C 32.5	t	0.029	464.62	13.47		
	蒸压灰砂砖 240×175×115	千块	0.1871	1348.13	252.24		
	松杂板枋材	m^3	0.0018	1333	2.40		
	水	m^3	0.1686	4.58	0.77		
	中砂	m^3	0.1414	273.8	38.72		
	其他材料费	元	0.941	1	0.94		
	材料费小计			—	308.67	—	

注：1. 如不使用省级或行业建设主管部门发布的计价依据，可不填定额编号、名称等；

2. 招标文件提供了暂估单价的材料，按暂估的单价填入表内“暂估单价”栏及“暂估合价”栏。

表 17.4.2–9　综合单价分析表

工程名称：幼儿园教学楼　　标段：　　第　页　共　页

项目编码		010402001002		项目名称	砌块墙			计量单位	m³	工程量	32.1
清单综合单价组成明细											
定额编号	定额项目名称	定额单位	数量	单价				合价			
				人工费	材料费	机具费	管理费和利润	人工费	材料费	机具费	管理费和利润
A1-4-60	蒸压灰砂砖内墙 墙体厚度 11.5cm	10m³	0.1	1701.87	3082.79		598.03	170.19	308.28		59.8
80010070	砌筑用水泥砂浆（配合比）中砂 M5	m³	0.118		425.1				50.16		
人工单价		小　计						170.19	358.44		59.8
		未计价材料费									
清单项目综合单价								588.43			
材料费明细	主要材料名称、规格、型号					单位	数量	单价（元）	合价（元）	暂估单价（元）	暂估合价（元）
	圆钉 50~75					kg	0.023	3.54	0.08		
	复合普通硅酸盐水泥 P·C 32.5					t	0.0263	464.62	12.22		
	松杂板枋材					m³	0.0011	1333	1.47		
	水					m³	0.1596	4.58	0.73		
	中砂					m³	0.1414	273.8	38.72		
	蒸压灰砂砖 240×115×115					千块	0.2838	885.91	251.42		
	其他材料费					元	0.94	1	0.94		
	材料费小计							—	305.58	—	

注：1. 如不使用省级或行业建设主管部门发布的计价依据，可不填定额编号、名称等；
2. 招标文件提供了暂估单价的材料，按暂估的单价填入表内“暂估单价”栏及“暂估合价”栏。

表 17.4.2–10　综合单价分析表

工程名称：幼儿园教学楼　　标段：　　第　页　共　页

项目编码		010401012001		项目名称	零星砌砖（水厕蹲位）			计量单位	个	工程量	16
清单综合单价组成明细											
定额编号	定额项目名称	定额单位	数量	单价				合价			
				人工费	材料费	机具费	管理费和利润	人工费	材料费	机具费	管理费和利润
A1-4-106	水厕（蹲位）水泥砂浆面	10 个	0.1	2896.1	1842.69		1017.69	289.61	184.27		101.77
人工单价		小　计						289.61	184.27		101.77
		未计价材料费									
清单项目综合单价								575.65			
材料费明细	主要材料名称、规格、型号					单位	数量	单价（元）	合价（元）	暂估单价（元）	暂估合价（元）
	复合普通硅酸盐水泥 P·C 32.5					t	0.06	464.62	27.88		
	水					m³	0.4003	4.58	1.83		
	中砂					m³	0.035	273.8	9.58		
	标准砖 240×115×53					千块	0.0473	408.29	19.31		
	生石灰					t	0.0252	393.67	9.9		
	碎石 10					m³	0.046	214.19	9.85		
	炉（矿）渣 综合					m³	0.4736	65.96	31.24		
	其他材料费					元	3.761	1	3.76		
	材料费小计							—	113.35	—	

注：1. 如不使用省级或行业建设主管部门发布的计价依据，可不填定额编号、名称等；
2. 招标文件提供了暂估单价的材料，按暂估的单价填入表内“暂估单价”栏及“暂估合价”栏。

表 17.4.2–11　综合单价分析表

工程名称：幼儿园教学楼　　　　　　　　标段：　　　　　　　　第　页　共　页

项目编码		010501001001		项目名称	垫层		计量单位	m^3	工程量	16.95	
清单综合单价组成明细											
定额编号	定额项目名称	定额单位	数量	单价				合价			
				人工费	材料费	机具费	管理费和利润	人工费	材料费	机具费	管理费和利润
A1–5–78	混凝土垫层	10m^3	0.1	578.36	7.88		281.95	57.84	0.79		28.2
8021901	普通预拌混凝土 碎石粒径综合考虑 C10	m^3	1.015		542				550.12		
人工单价		小计						57.84	550.91		28.2
		未计价材料费									
清单项目综合单价								636.94			
材料费明细	主要材料名称、规格、型号					单位	数量	单价（元）	合价（元）	暂估单价（元）	暂估合价（元）
	水					m^3	0.172	4.58	0.79		
	普通预拌混凝土 碎石粒径综合考虑 C10					m^3	1.015	542	550.13		
	材料费小计							—	550.92	—	

注：1. 如不使用省级或行业建设主管部门发布的计价依据，可不填定额编号、名称等；

2. 招标文件提供了暂估单价的材料，按暂估的单价填入表内“暂估单价”栏及“暂估合价”栏。

表 17.4.2–12　综合单价分析表

工程名称：幼儿园教学楼　　　　　　　　标段：　　　　　　　　第　页　共　页

项目编码		010501003001		项目名称	独立基础		计量单位	m^3	工程量	47.38	
清单综合单价组成明细											
定额编号	定额项目名称	定额单位	数量	单价				合价			
				人工费	材料费	机具费	管理费和利润	人工费	材料费	机具费	管理费和利润
A1–5–2	现浇建筑物混凝土 其他混凝土基础	10m^3	0.1	456.92	81.24	8.08	226.69	45.69	8.12	0.81	22.67
8021904	普通预拌混凝土 碎石粒径综合考虑 C25	m^3	1.01		592				597.92		
人工单价		小计						45.69	606.04	0.81	22.67
		未计价材料费									
清单项目综合单价								675.22			
材料费明细	主要材料名称、规格、型号					单位	数量	单价（元）	合价（元）	暂估单价（元）	暂估合价（元）
	水					m^3	0.056	4.58	0.26		
	土工布					m^2	1.176	6.69	7.87		
	普通预拌混凝土 碎石粒径综合考虑 C25					m^3	1.01	592	597.92		
	材料费小计							—	606.05	—	

注：1. 如不使用省级或行业建设主管部门发布的计价依据，可不填定额编号、名称等；

2. 招标文件提供了暂估单价的材料，按暂估的单价填入表内“暂估单价”栏及“暂估合价”栏。

表 17.4.2–13 综合单价分析表

工程名称：幼儿园教学楼　　　　标段：　　　　第　页　共　页

项目编码		010502001001	项目名称	矩形柱				计量单位	m^3	工程量	41.6
清单综合单价组成明细											
定额编号	定额项目名称	定额单位	数量	单价				合价			
				人工费	材料费	机具费	管理费和利润	人工费	材料费	机具费	管理费和利润
A1–5–5	现浇建筑物混凝土 矩形、多边形、异形、圆形柱，钢管柱	10m^3	0.1	1181	187.77	13.01	582.08	118.1	18.78	1.3	58.21
8021904	普通预拌混凝土 碎石粒径综合考虑 C25	m^3	1.01		592				597.92		
A1–5–51	泵送混凝土至建筑部位 高度 50m 以内（含 ±0.00 以下）	10m^3	0.1	15.18	13.57	119.82	65.81	1.52	1.36	11.98	6.58
8021904	普通预拌混凝土 碎石粒径综合考虑 C25	m^3	0.005		592				2.96		
人工单价		小　计						119.62	621.02	13.28	64.79
		未计价材料费									
清单项目综合单价								818.7			
材料费明细	主要材料名称、规格、型号					单位	数量	单价（元）	合价（元）	暂估单价（元）	暂估合价（元）
	水					m^3	0.1069	4.58	0.49		
	土工布					m^2	2.704	6.69	18.09		
	普通预拌混凝土 碎石粒径综合考虑 C25					m^3	1.015	592	600.88		
	密封胶圈					个	0.027	13.33	0.36		
	高压橡胶管 综合					m	0.009	59.37	0.53		
	管箍					个	0.006	9.29	0.06		
	其他材料费					元	0.605	1	0.61		
	材料费小计							—	621.02	—	

注：1. 如不使用省级或行业建设主管部门发布的计价依据，可不填定额编号、名称等；

2. 招标文件提供了暂估单价的材料，按暂估的单价填入表内“暂估单价”栏及“暂估合价”栏。

表 17.4.2–14 综合单价分析表

工程名称：幼儿园教学楼　　　　标段：　　　　第　页　共　页

项目编码		010502002001	项目名称	构造柱				计量单位	m^3	工程量	7.4
清单综合单价组成明细											
定额编号	定额项目名称	定额单位	数量	单价				合价			
				人工费	材料费	机具费	管理费和利润	人工费	材料费	机具费	管理费和利润
A1–5–6	现浇建筑物混凝土 构造柱	10m^3	0.1	1885.36	11.43	13.01	925.45	188.54	1.14	1.3	92.55
8021903	普通预拌混凝土 碎石粒径综合考虑 C20	m^3	1.01		573				578.73		

续表 17.4.2–14

定额编号	定额项目名称	定额单位	数量	单价				合价			
				人工费	材料费	机具费	管理费和利润	人工费	材料费	机具费	管理费和利润
A1-5-51	泵送混凝土至建筑部位 高度 50m 以内（含 ±0.00 以下）	$10m^3$	0.1	15.18	13.57	119.82	65.81	1.52	1.36	11.98	6.58
8021903	普通预拌混凝土 碎石粒径综合考虑 C20	m^3	0.005		573				2.87		
人工单价		小计						190.06	584.1	13.28	99.13
		未计价材料费									
清单项目综合单价								886.56			
材料费明细	主要材料名称、规格、型号					单位	数量	单价（元）	合价（元）	暂估单价（元）	暂估合价（元）
	水					m^3	0.2121	4.58	0.97		
	普通预拌混凝土 碎石粒径综合考虑 C20					m^3	1.015	573	581.6		
	密封胶圈					个	0.027	13.33	0.36		
	高压橡胶管 综合					m	0.009	59.37	0.53		
	管箍					个	0.006	9.29	0.06		
	其他材料费					元	0.579	1	0.58		
	材料费小计							—	584.1	—	

注：1. 如不使用省级或行业建设主管部门发布的计价依据，可不填定额编号、名称等；

2. 招标文件提供了暂估单价的材料，按暂估的单价填入表内“暂估单价”栏及“暂估合价”栏。

表 17.4.2–15　综合单价分析表

工程名称：幼儿园教学楼　　　　标段：　　　　第　页　共　页

项目编码		010503001001	项目名称	基础梁				计量单位	m^3	工程量	13.72
清单综合单价组成明细											
定额编号	定额项目名称	定额单位	数量	单价				合价			
				人工费	材料费	机具费	管理费和利润	人工费	材料费	机具费	管理费和利润
A1-5-8	现浇建筑物混凝土 基础梁	$10m^3$	0.1	364.32	191.32	13.11	184	36.43	19.13	1.31	18.4
8021904	普通预拌混凝土 碎石粒径综合考虑 C25	m^3	1.01		592				597.91		
人工单价		小计						36.43	617.04	1.31	18.4
		未计价材料费									
清单项目综合单价								673.19			
材料费明细	主要材料名称、规格、型号					单位	数量	单价（元）	合价（元）	暂估单价（元）	暂估合价（元）
	水					m^3	0.152	4.58	0.7		
	土工布					m^2	2.564	6.69	17.15		
	普通预拌混凝土 碎石粒径综合考虑 C25					m^3	1.01	592	597.92		
	其他材料费					元	1.283	1	1.28		
	材料费小计							—	617.05	—	

注：1. 如不使用省级或行业建设主管部门发布的计价依据，可不填定额编号、名称等；

2. 招标文件提供了暂估单价的材料，按暂估的单价填入表内“暂估单价”栏及“暂估合价”栏。

表 17.4.2–16 综合单价分析表

工程名称：幼儿园教学楼　　　　标段：　　　　第　页　共　页

项目编码		010503005001		项目名称	过梁			计量单位	m³	工程量	0.33
清单综合单价组成明细											
定额编号	定额项目名称	定额单位	数量	单价				合价			
				人工费	材料费	机具费	管理费和利润	人工费	材料费	机具费	管理费和利润
A1-5-10	现浇建筑物混凝土 圈梁、过梁、弧形梁	10m³	0.1	1156.72	193.48	13.11	570.3	115.67	19.35	1.31	57.03
8021903	普通预拌混凝土 碎石粒径综合考虑 C20	m³	1.0091		573				578.73		
A1-5-51	泵送混凝土至建筑部位 高度 50m 以内（含 ±0.00 以下）	10m³	0.1	15.18	13.57	119.82	65.81	1.52	1.36	11.98	6.58
8021903	普通预拌混凝土 碎石粒径综合考虑 C20	m³	0.0061		573				3.47		
人工单价		小计						117.19	602.39	13.29	63.61
		未计价材料费									
清单项目综合单价								796.48			
材料费明细	主要材料名称、规格、型号					单位	数量	单价（元）	合价（元）	暂估单价（元）	暂估合价（元）
	水					m³	0.1336	4.58	0.61		
	普通预拌混凝土 碎石粒径综合考虑 C20					m³	1.0152	573	584.71		
	土工布					m²	2.367	6.69	15.84		
	密封胶圈					个	0.027	13.33	0.36		
	高压橡胶管 综合					m	0.0091	59.37	0.54		
	管箍					个	0.0061	9.29	0.06		
	其他材料费					元	3.308	1	3.31		
	材料费小计							—	602.43	—	

注：1. 如不使用省级或行业建设主管部门发布的计价依据，可不填定额编号、名称等；

2. 招标文件提供了暂估单价的材料，按暂估的单价填入表内“暂估单价”栏及“暂估合价”栏。

表 17.4.2–17 综合单价分析表

工程名称：幼儿园教学楼　　　　标段：　　　　第　页　共　页

项目编码		010505001001		项目名称	有梁板			计量单位	m³	工程量	126.4
清单综合单价组成明细											
定额编号	定额项目名称	定额单位	数量	单价				合价			
				人工费	材料费	机具费	管理费和利润	人工费	材料费	机具费	管理费和利润
A1-5-14	现浇建筑物混凝土 平板、有梁板、无梁板	10m³	0.1	466.03	221.37	14.65	234.34	46.6	22.14	1.47	23.43
8021904	普通预拌混凝土 碎石粒径综合考虑 C25	m³	1.01		592				597.92		

续表 17.4.2-17

定额编号	定额项目名称	定额单位	数量	单价				合价			
				人工费	材料费	机具费	管理费和利润	人工费	材料费	机具费	管理费和利润
A1-5-51	泵送混凝土至建筑部位 高度 50m 以内（含 ±0.00 以下）	10m^3	0.1	15.18	13.57	119.82	65.81	1.52	1.36	11.98	6.58
8021904	普通预拌混凝土 碎石粒径综合考虑 C25	m^3	0.005		592				2.96		
人工单价		小计						48.12	624.38	13.45	30.01
		未计价材料费									
清单项目综合单价								715.96			
材料费明细	主要材料名称、规格、型号					单位	数量	单价（元）	合价（元）	暂估单价（元）	暂估合价（元）
	水					m^3	0.1142	4.58	0.52		
	土工布					m^2	2.861	6.69	19.14		
	普通预拌混凝土 碎石粒径综合考虑 C25					m^3	1.015	592	600.88		
	密封胶圈					个	0.027	13.33	0.36		
	高压橡胶管 综合					m	0.009	59.37	0.53		
	管箍					个	0.006	9.29	0.06		
	其他材料费					元	2.882	1	2.88		
	材料费小计							—	624.37	—	

注：1. 如不使用省级或行业建设主管部门发布的计价依据，可不填定额编号、名称等；

2. 招标文件提供了暂估单价的材料，按暂估的单价填入表内"暂估单价"栏及"暂估合价"栏。

表 17.4.2-18　综合单价分析表

工程名称：幼儿园教学楼　　　　标段：　　　　第　页　共　页

项目编码		010506001001	项目名称	直形楼梯				计量单位	m^3	工程量	12.92
清单综合单价组成明细											
定额编号	定额项目名称	定额单位	数量	单价				合价			
				人工费	材料费	机具费	管理费和利润	人工费	材料费	机具费	管理费和利润
A1-5-21	现浇建筑物混凝土 直形楼梯	10m^3	0.1	837.94	259.64	20.98	418.72	83.79	25.96	2.1	41.87
8021904	普通预拌混凝土 碎石粒径综合考虑 C25	m^3	1.01		592				597.91		
A1-5-51	泵送混凝土至建筑部位 高度 50m 以内（含 ±0.00 以下）	10m^3	0.1	15.18	13.57	119.82	65.81	1.52	1.36	11.98	6.58
8021904	普通预拌混凝土 碎石粒径综合考虑 C25	m^3	0.005		592				2.98		
人工单价		小计						85.31	628.21	14.08	48.45
		未计价材料费									
清单项目综合单价								776.36			

续表 17.4.2–18

	主要材料名称、规格、型号	单位	数量	单价（元）	合价（元）	暂估单价（元）	暂估合价（元）
材料费明细	水	m^3	0.3426	4.58	1.57		
	土工布	m^2	3.378	6.69	22.6		
	普通预拌混凝土 碎石粒径综合考虑 C25	m^3	1.015	592	600.88		
	密封胶圈	个	0.027	13.33	0.36		
	高压橡胶管 综合	m	0.009	59.37	0.53		
	管箍	个	0.006	9.29	0.06		
	其他材料费	元	2.203	1	2.20		
	材料费小计			—	628.2	—	

注：1. 如不使用省级或行业建设主管部门发布的计价依据，可不填定额编号、名称等；

2. 招标文件提供了暂估单价的材料，按暂估的单价填入表内“暂估单价”栏及“暂估合价”栏。

表 17.4.2–19 综合单价分析表

工程名称：幼儿园教学楼　　　　标段：　　　　第　页　共　页

项目编码		010507007001		项目名称	屋顶水池			计量单位	m^3	工程量	9.7
清单综合单价组成明细											
定额编号	定额项目名称	定额单位	数量	单价				合价			
				人工费	材料费	机具费	管理费和利润	人工费	材料费	机具费	管理费和利润
A1-5-62	现浇构筑物混凝土 贮水（油）池 池壁	$10m^3$	0.1	659.43	62.72	20.98	331.7	65.94	6.27	2.10	33.17
8021923	预拌 S6~S8 防水混凝土 碎石粒径综合考虑 C30	m^3	1.01		638				644.38		
A1-5-51	泵送混凝土至建筑部位 高度 50m 以内（含 ±0.00 以下）	$10m^3$	0.1	15.18	13.57	119.82	65.81	1.52	1.36	11.98	6.58
8021923	预拌 S6~S8 防水混凝土 碎石粒径综合考虑 C30	m^3	0.0051		638				3.22		
人工单价		小　　计						67.46	655.23	14.08	39.75
		未计价材料费									
清单项目综合单价								776.52			
材料费明细	主要材料名称、规格、型号					单位	数量	单价（元）	合价（元）	暂估单价（元）	暂估合价（元）
	水					m^3	1.2476	4.58	5.71		
	密封胶圈					个	0.027	13.33	0.36		
	高压橡胶管 综合					m	0.009	59.37	0.53		
	管箍					个	0.006	9.29	0.06		
	预拌 S6~S8 防水混凝土 碎石粒径综合考虑 C30					m^3	1.0151	638	647.63		
	其他材料费					元	0.966	1	0.97		
	材料费小计							—	655.26	—	

注：1. 如不使用省级或行业建设主管部门发布的计价依据，可不填定额编号、名称等；

2. 招标文件提供了暂估单价的材料，按暂估的单价填入表内“暂估单价”栏及“暂估合价”栏。

表 17.4.2–20　综合单价分析表

工程名称：幼儿园教学楼　　　　　　标段：　　　　　　第　页　共　页

项目编码		010505007001		项目名称	天沟（檐沟）、挑檐板			计量单位	m^3	工程量	1.8
清单综合单价组成明细											
定额编号	定额项目名称	定额单位	数量	单价				合价			
				人工费	材料费	机具费	管理费和利润	人工费	材料费	机具费	管理费和利润
A1-5-32	现浇混凝土其他构件 天沟、挑檐	10m^3	0.1	1847.41	64.18	20.98	910.84	184.74	6.42	2.1	91.08
8021904	普通预拌混凝土 碎石粒径综合考虑 C25	m^3	1.01		592				597.92		
A1-5-51	泵送混凝土至建筑部位 高度 50m 以内（含 ±0.00 以下）	10m^3	0.1	15.18	13.57	119.82	65.81	1.52	1.36	11.98	6.58
8021904	普通预拌混凝土 碎石粒径综合考虑 C25	m^3	0.005		592				2.96		
人工单价		小计						186.26	608.66	14.08	97.66
		未计价材料费									
清单项目综合单价								906.66			
材料费明细	主要材料名称、规格、型号					单位	数量	单价（元）	合价（元）	暂估单价（元）	暂估合价（元）
	水					m^3	0.6056	4.58	2.77		
	普通预拌混凝土 碎石粒径综合考虑 C25					m^3	1.015	592	600.88		
	密封胶圈					个	0.027	13.33	0.36		
	高压橡胶管 综合					m	0.009	59.37	0.53		
	管箍					个	0.006	9.29	0.06		
	其他材料费					元	4.052	1	4.05		
	材料费小计							—	608.65	—	

注：1. 如不使用省级或行业建设主管部门发布的计价依据，可不填定额编号、名称等；

2. 招标文件提供了暂估单价的材料，按暂估的单价填入表内“暂估单价”栏及“暂估合价”栏。

表 17.4.2–21　综合单价分析表

工程名称：幼儿园教学楼　　　　　　标段：　　　　　　第　页　共　页

项目编码		010505006001		项目名称	栏板、反檐			计量单位	m^3	工程量	18.5
清单综合单价组成明细											
定额编号	定额项目名称	定额单位	数量	单价				合价			
				人工费	材料费	机具费	管理费和利润	人工费	材料费	机具费	管理费和利润
A1-5-30	现浇混凝土其他构件 栏板、反檐	10m^3	0.1	1719.75	16.94	20.98	848.61	171.98	1.69	2.1	84.86
8021904	普通预拌混凝土 碎石粒径综合考虑 C25	m^3	1.01		592				597.92		

续表 17.4.2–21

定额编号	定额项目名称	定额单位	数量	单价				合价			
				人工费	材料费	机具费	管理费和利润	人工费	材料费	机具费	管理费和利润
A1–5–51	泵送混凝土至建筑部位 高度 50m 以内（含 ± 0.00 以下）	$10m^3$	0.1	15.18	13.57	119.82	65.81	1.52	1.36	11.98	6.58
8021904	普通预拌混凝土 碎石粒径综合考虑 C25	m^3	0.005		592				2.98		
人工单价		小计						173.5	603.95	14.08	91.44
		未计价材料费									
清单项目综合单价								882.96			
材料费明细	主要材料名称、规格、型号					单位	数量	单价（元）	合价（元）	暂估单价（元）	暂估合价（元）
	水					m^3	0.2633	4.58	1.21		
	普通预拌混凝土 碎石粒径综合考虑 C25					m^3	1.015	592	600.88		
	密封胶圈					个	0.027	13.33	0.36		
	高压橡胶管 综合					m	0.009	59.37	0.53		
	管箍					个	0.006	9.29	0.06		
	其他材料费					元	0.895	1	0.90		
	材料费小计							—	603.94	—	

注：1. 如不使用省级或行业建设主管部门发布的计价依据，可不填定额编号、名称等；

2. 招标文件提供了暂估单价的材料，按暂估的单价填入表内“暂估单价”栏及“暂估合价”栏。

表 17.4.2–22 综合单价分析表

工程名称：幼儿园教学楼　　　　标段：　　　　第　页　共　页

项目编码		010507005001	项目名称	扶手、压顶				计量单位	m^3	工程量	1.75
清单综合单价组成明细											
定额编号	定额项目名称	定额单位	数量	单价				合价			
				人工费	材料费	机具费	管理费和利润	人工费	材料费	机具费	管理费和利润
A1–5–35	现浇混凝土其他构件 压顶、扶手	$10m^3$	0.1	2310.4	120.12		1126.32	231.04	12.01		112.63
8021903	普通预拌混凝土 碎石粒径综合考虑 C20	m^3	1.0103		573				578.89		
A1–5–51	泵送混凝土至建筑部位 高度 50m 以内（含 ± 0.00 以下）	$10m^3$	0.1	15.18	13.57	119.82	65.81	1.52	1.36	11.98	6.58
8021903	普通预拌混凝土 碎石粒径综合考虑 C20	m^3	0.0051		573				2.95		
人工单价		小计						232.56	595.21	11.98	119.21
		未计价材料费									
清单项目综合单价								958.96			

续表 17.4.2–22

	主要材料名称、规格、型号	单位	数量	单价（元）	合价（元）	暂估单价（元）	暂估合价（元）
材料费明细	水	m^3	0.8338	4.58	3.82		
	普通预拌混凝土 碎石粒径综合考虑 C20	m^3	1.0154	573	581.82		
	密封胶圈	个	0.027	13.33	0.36		
	高压橡胶管 综合	m	0.009	59.37	0.53		
	管箍	个	0.006	9.29	0.06		
	其他材料费	元	8.6	1	8.6		
	材料费小计			—	595.19	—	

注：1. 如不使用省级或行业建设主管部门发布的计价依据，可不填定额编号、名称等；

2. 招标文件提供了暂估单价的材料，按暂估的单价填入表内“暂估单价”栏及“暂估合价”栏。

表 17.4.2–23 综合单价分析表

工程名称：幼儿园教学楼　　　　标段：　　　　第 页 共 页

项目编码		010507004001	项目名称	台阶			计量单位	m^3	工程量	3	
清单综合单价组成明细											
定额编号	定额项目名称	定额单位	数量	单价				合价			
				人工费	材料费	机具费	管理费和利润	人工费	材料费	机具费	管理费和利润
A1–5–34	现浇混凝土其他构件 台阶	$10m^3$	0.1	968.48	52.03	20.98	482.36	96.85	5.2	2.1	48.24
8021903	普通预拌混凝土 碎石粒径综合考虑 C20	m^3	1.01		573				578.73		
人工单价		小计						96.85	583.93	2.1	48.24
		未计价材料费									
清单项目综合单价								731.12			

	主要材料名称、规格、型号	单位	数量	单价（元）	合价（元）	暂估单价（元）	暂估合价（元）
材料费明细	水	m^3	0.352	4.58	1.61		
	普通预拌混凝土 碎石粒径综合考虑 C20	m^3	1.01	573	578.73		
	其他材料费	元	3.591	1	3.59		
	材料费小计			—	583.93	—	

注：1. 如不使用省级或行业建设主管部门发布的计价依据，可不填定额编号、名称等；

2. 招标文件提供了暂估单价的材料，按暂估的单价填入表内“暂估单价”栏及“暂估合价”栏。

表 17.4.2-24 综合单价分析表

工程名称：幼儿园教学楼　　　　标段：　　　　第　页　共　页

项目编码		010507002001		项目名称	地坪			计量单位	m^2	工程量	24.7
清单综合单价组成明细											
定额编号	定额项目名称	定额单位	数量	单价				合价			
				人工费	材料费	机具费	管理费和利润	人工费	材料费	机具费	管理费和利润
A1-5-80 换	地坪 厚度 8cm 实际厚度：10cm	100m^2	0.01	1033	7.83	14.65	510.73	10.33	0.08	0.15	5.11
8021903	普通预拌混凝土 碎石粒径综合考虑 C20	m^3	0.102		573				58.44		
人工单价		小　计						10.33	58.52	0.15	5.11
		未计价材料费									
清单项目综合单价								74.1			
材料费明细	主要材料名称、规格、型号					单位	数量	单价（元）	合价（元）	暂估单价（元）	暂估合价（元）
	水					m^3	0.0171	4.58	0.08		
	普通预拌混凝土 碎石粒径综合考虑 C20					m^3	0.102	573	58.45		
	材料费小计							—	58.53	—	

注：1. 如不使用省级或行业建设主管部门发布的计价依据，可不填定额编号、名称等；

2. 招标文件提供了暂估单价的材料，按暂估的单价填入表内“暂估单价”栏及“暂估合价”栏。

表 17.4.2-25 综合单价分析表

工程名称：幼儿园教学楼　　　　标段：　　　　第　页　共　页

项目编码		010515001001		项目名称	现浇构件钢筋			计量单位	t	工程量	12.55
清单综合单价组成明细											
定额编号	定额项目名称	定额单位	数量	单价				合价			
				人工费	材料费	机具费	管理费和利润	人工费	材料费	机具费	管理费和利润
A1-5-102	现浇构件圆钢 ϕ10 以内	t	1	710.25	4143.68	28.66	360.22	710.25	4143.68	28.66	360.22
人工单价		小　计						710.25	4143.68	28.66	360.22
		未计价材料费									
清单项目综合单价								5242.81			
材料费明细	主要材料名称、规格、型号					单位	数量	单价（元）	合价（元）	暂估单价（元）	暂估合价（元）
	热轧圆盘条 ϕ10 以内					t	1.02	3999.88	4079.88		
	镀锌低碳钢丝 ϕ0.7~1.2					kg	9.09	5.74	52.18		
	其他材料费					元	11.62	1	11.62		
	材料费小计							—	4143.68	—	

注：1. 如不使用省级或行业建设主管部门发布的计价依据，可不填定额编号、名称等；

2. 招标文件提供了暂估单价的材料，按暂估的单价填入表内“暂估单价”栏及“暂估合价”栏。

表 17.4.2-26 综合单价分析表

工程名称：幼儿园教学楼　　　　标段：　　　　第　页　共　页

项目编码		010515001002		项目名称	现浇构件钢筋			计量单位	t	工程量	0.02
清单综合单价组成明细											
定额编号	定额项目名称	定额单位	数量	单价				合价			
				人工费	材料费	机具费	管理费和利润	人工费	材料费	机具费	管理费和利润
A1-5-105	现浇构件带肋钢筋 ϕ10 以内	t	1	656.02	4139.97	29.4	334.14	656.02	4139.97	29.4	334.14
人工单价		小计						656.02	4139.97	29.4	334.14
		未计价材料费									
清单项目综合单价								5159.53			
材料费明细	主要材料名称、规格、型号					单位	数量	单价（元）	合价（元）	暂估单价（元）	暂估合价（元）
	镀锌低碳钢丝 ϕ0.7~1.2					kg	5.64	5.74	32.37		
	螺纹钢筋 ϕ10 以内					t	1.02	4015.4	4095.71		
	其他材料费					元	11.89	1	11.89		
	材料费小计							—	4139.97	—	

注：1. 如不使用省级或行业建设主管部门发布的计价依据，可不填定额编号、名称等；
2. 招标文件提供了暂估单价的材料，按暂估的单价填入表内“暂估单价”栏及“暂估合价”栏。

表 17.4.2-27 综合单价分析表

工程名称：幼儿园教学楼　　　　标段：　　　　第　页　共　页

项目编码		010515001003		项目名称	现浇构件钢筋			计量单位	t	工程量	19.16
清单综合单价组成明细											
定额编号	定额项目名称	定额单位	数量	单价				合价			
				人工费	材料费	机具费	管理费和利润	人工费	材料费	机具费	管理费和利润
A1-5-106	现浇构件带肋钢筋 ϕ25 以内	t	1	478.16	4131.54	53.56	259.21	478.16	4131.54	53.56	259.21
人工单价		小计						478.16	4131.54	53.56	259.21
		未计价材料费									
清单项目综合单价								4922.47			
材料费明细	主要材料名称、规格、型号					单位	数量	单价（元）	合价（元）	暂估单价（元）	暂估合价（元）
	水					m^3	0.11	4.58	0.5		
	镀锌低碳钢丝 ϕ0.7~1.2					kg	2.32	5.74	13.32		
	低碳钢焊条 综合					kg	9.65	5.34	51.53		
	螺纹钢筋 ϕ25 以内					t	1.025	3955.47	4054.36		
	其他材料费					元	11.83	1	11.83		
	材料费小计							—	4131.54	—	

注：1. 如不使用省级或行业建设主管部门发布的计价依据，可不填定额编号、名称等；
2. 招标文件提供了暂估单价的材料，按暂估的单价填入表内“暂估单价”栏及“暂估合价”栏。

表 17.4.2–28　综合单价分析表

工程名称：幼儿园教学楼　　　　标段：　　　　第　页　共　页

项目编码		010515001004		项目名称	现浇构件钢筋			计量单位	t	工程量	6.58
清单综合单价组成明细											
定额编号	定额项目名称	定额单位	数量	单价				合价			
				人工费	材料费	机具费	管理费和利润	人工费	材料费	机具费	管理费和利润
A1–5–111	现浇构件箍筋 圆钢 ϕ10 以内	t	1	1246.1	4141.67	59.43	636.45	1246.1	4141.67	59.43	636.45
人工单价		小计						1246.1	4141.67	59.43	636.45
		未计价材料费									
清单项目综合单价								6083.65			
材料费明细	主要材料名称、规格、型号					单位	数量	单价（元）	合价（元）	暂估单价（元）	暂估合价（元）
	镀锌低碳钢丝 ϕ0.7~1.2					kg	8.74	5.74	50.17		
	圆钢 ϕ10 以内					t	1.02	3999.88	4079.88		
	其他材料费					元	11.62	1	11.62		
	材料费小计							—	4141.67	—	

注：1. 如不使用省级或行业建设主管部门发布的计价依据，可不填定额编号、名称等；
2. 招标文件提供了暂估单价的材料，按暂估的单价填入表内“暂估单价”栏及“暂估合价”栏。

表 17.4.2–29　综合单价分析表

工程名称：幼儿园教学楼　　　　标段：　　　　第　页　共　页

项目编码		010515001005		项目名称	现浇构件钢筋			计量单位	t	工程量	0.3
清单综合单价组成明细											
定额编号	定额项目名称	定额单位	数量	单价				合价			
				人工费	材料费	机具费	管理费和利润	人工费	材料费	机具费	管理费和利润
A1–5–112	现浇构件箍筋 圆钢 ϕ10 以外	t	1	716.97	4214.93	23.89	361.17	716.97	4214.93	23.89	361.17
人工单价		小计						716.97	4214.93	23.89	361.17
		未计价材料费									
清单项目综合单价								5316.96			
材料费明细	主要材料名称、规格、型号					单位	数量	单价（元）	合价（元）	暂估单价（元）	暂估合价（元）
	镀锌低碳钢丝 ϕ0.7~1.2					kg	4.62	5.74	26.52		
	圆钢 ϕ12~25					t	1.025	4075	4176.88		
	其他材料费					元	11.54	1	11.54		
	材料费小计							—	4214.94	—	

注：1. 如不使用省级或行业建设主管部门发布的计价依据，可不填定额编号、名称等；
2. 招标文件提供了暂估单价的材料，按暂估的单价填入表内“暂估单价”栏及“暂估合价”栏。

表 17.4.2–30 综合单价分析表

工程名称：幼儿园教学楼　　　　标段：　　　　第　页　共　页

<table>
<tr><td colspan="2">项目编码</td><td>010516003001</td><td>项目名称</td><td colspan="3">钢筋接头 电渣压力焊</td><td>计量单位</td><td>个</td><td>工程量</td><td>782</td></tr>
<tr><td colspan="12">清单综合单价组成明细</td></tr>
<tr><td rowspan="2">定额编号</td><td rowspan="2">定额项目名称</td><td rowspan="2">定额单位</td><td rowspan="2">数量</td><td colspan="4">单　价</td><td colspan="4">合　价</td></tr>
<tr><td>人工费</td><td>材料费</td><td>机具费</td><td>管理费和利润</td><td>人工费</td><td>材料费</td><td>机具费</td><td>管理费和利润</td></tr>
<tr><td>A1-5-131</td><td>电渣压力焊接 φ32 以内</td><td>10 个接头</td><td>0.1</td><td>45.57</td><td>8.53</td><td>15.96</td><td>30</td><td>4.56</td><td>0.85</td><td>1.6</td><td>3</td></tr>
<tr><td colspan="2">人工单价</td><td colspan="6">小　计</td><td>4.56</td><td>0.85</td><td>1.6</td><td>3</td></tr>
<tr><td colspan="2"></td><td colspan="6">未计价材料费</td><td colspan="4"></td></tr>
<tr><td colspan="8">清单项目综合单价</td><td colspan="4">10.01</td></tr>
<tr><td rowspan="6">材料费明细</td><td colspan="5">主要材料名称、规格、型号</td><td>单位</td><td>数量</td><td>单价（元）</td><td>合价（元）</td><td>暂估单价（元）</td><td>暂估合价（元）</td></tr>
<tr><td colspan="5">圆钢 φ10 以内</td><td>kg</td><td>0.085</td><td>4</td><td>0.34</td><td></td><td></td></tr>
<tr><td colspan="5">焊剂</td><td>kg</td><td>0.0312</td><td>2.57</td><td>0.08</td><td></td><td></td></tr>
<tr><td colspan="5">石棉垫</td><td>kg</td><td>0.036</td><td>6.42</td><td>0.23</td><td></td><td></td></tr>
<tr><td colspan="5">其他材料费</td><td>元</td><td>0.202</td><td>1</td><td>0.2</td><td></td><td></td></tr>
<tr><td colspan="7">材料费小计</td><td>—</td><td>0.85</td><td>—</td><td></td></tr>
</table>

注：1. 如不使用省级或行业建设主管部门发布的计价依据，可不填定额编号、名称等；
2. 招标文件提供了暂估单价的材料，按暂估的单价填入表内“暂估单价”栏及“暂估合价”栏。

表 17.4.2–31 综合单价分析表

工程名称：幼儿园教学楼　　　　标段：　　　　第　页　共　页

<table>
<tr><td colspan="2">项目编码</td><td>010801002001</td><td>项目名称</td><td colspan="3">木质门带套</td><td>计量单位</td><td>m^2</td><td>工程量</td><td>7</td></tr>
<tr><td colspan="12">清单综合单价组成明细</td></tr>
<tr><td rowspan="2">定额编号</td><td rowspan="2">定额项目名称</td><td rowspan="2">定额单位</td><td rowspan="2">数量</td><td colspan="4">单　价</td><td colspan="4">合　价</td></tr>
<tr><td>人工费</td><td>材料费</td><td>机具费</td><td>管理费和利润</td><td>人工费</td><td>材料费</td><td>机具费</td><td>管理费和利润</td></tr>
<tr><td>A1-9-86</td><td>带门套成品装饰平开复合木门 单开</td><td>樘</td><td>1</td><td>70.4</td><td>1258.2</td><td></td><td>24.4</td><td>70.4</td><td>1258.2</td><td></td><td>24.4</td></tr>
<tr><td>A1-9-223</td><td>特殊五金安装 门锁安装 单向</td><td>100 套</td><td>0.001</td><td>1836.32</td><td>2525</td><td></td><td>636.46</td><td>18.36</td><td>25.25</td><td></td><td>6.36</td></tr>
<tr><td colspan="2">人工单价</td><td colspan="6">小　计</td><td>88.76</td><td>1283.45</td><td></td><td>30.76</td></tr>
<tr><td colspan="2"></td><td colspan="6">未计价材料费</td><td colspan="4">1200</td></tr>
<tr><td colspan="8">清单项目综合单价</td><td colspan="4">1402.98</td></tr>
<tr><td rowspan="8">材料费明细</td><td colspan="5">主要材料名称、规格、型号</td><td>单位</td><td>数量</td><td>单价（元）</td><td>合价（元）</td><td>暂估单价（元）</td><td>暂估合价（元）</td></tr>
<tr><td colspan="5">单舌（双舌）门锁</td><td>把</td><td>1.01</td><td>25</td><td>25.25</td><td></td><td></td></tr>
<tr><td colspan="5">不锈钢铰链 5#</td><td>只</td><td>2.02</td><td>7.72</td><td>15.59</td><td></td><td></td></tr>
<tr><td colspan="5">门磁吸</td><td>只</td><td>1</td><td>12.82</td><td>12.82</td><td></td><td></td></tr>
<tr><td colspan="5">发泡剂 750mL</td><td>支</td><td>1</td><td>29.45</td><td>29.45</td><td></td><td></td></tr>
<tr><td colspan="5">成品装饰单开木门及门套 1.2m×2.5m（复合）</td><td>樘</td><td>1</td><td>1200</td><td>1200</td><td></td><td></td></tr>
<tr><td colspan="5">其他材料费</td><td>元</td><td>0.34</td><td>1</td><td>0.34</td><td></td><td></td></tr>
<tr><td colspan="7">材料费小计</td><td>—</td><td>1283.45</td><td>—</td><td></td></tr>
</table>

注：1. 如不使用省级或行业建设主管部门发布的计价依据，可不填定额编号、名称等；
2. 招标文件提供了暂估单价的材料，按暂估的单价填入表内“暂估单价”栏及“暂估合价”栏。

表 17.4.2–32　综合单价分析表

工程名称：幼儿园教学楼　　　　　　　　　　标段：　　　　　　　　　　第　页　共　页

项目编码		010801002002		项目名称	木质门带套			计量单位	m^2	工程量	2
清单综合单价组成明细											
定额编号	定额项目名称	定额单位	数量	单价				合价			
				人工费	材料费	机具费	管理费和利润	人工费	材料费	机具费	管理费和利润
A1–9–87	带门套成品装饰平开复合木门 双开	樘	1	105.71	979.58		36.64	105.71	979.58		36.64
A1–9–223	特殊五金安装 门锁安装 单向	100 套	0.01	1836.32	2525		636.46	18.36	25.25		6.36
人工单价		小　计						124.07	1004.83		43
		未计价材料费						880			
清单项目综合单价								1171.91			
材料费明细	主要材料名称、规格、型号					单位	数量	单价（元）	合价（元）	暂估单价（元）	暂估合价（元）
	单舌（双舌）门锁					把	1.01	25	25.25		
	不锈钢铰链 5#					只	4.04	7.72	31.19		
	插销 75 以内					副	2	2	4		
	门磁吸					只	2	12.82	25.64		
	发泡剂 750mL					支	1.3	29.45	38.29		
	成品装饰双开木门及门套 1.0m × 2.2m（复合）					樘	1	880	880		
	其他材料费					元	0.47	1	0.47		
	材料费小计							—	1004.84	—	

注：1. 如不使用省级或行业建设主管部门发布的计价依据，可不填定额编号、名称等；

2. 招标文件提供了暂估单价的材料，按暂估的单价填入表内“暂估单价”栏及“暂估合价”栏。

表 17.4.2–33　综合单价分析表

工程名称：幼儿园教学楼　　　　　　　　　　标段：　　　　　　　　　　第　页　共　页

项目编码		010801002003		项目名称	木质门带套			计量单位	m^2	工程量	8
清单综合单价组成明细											
定额编号	定额项目名称	定额单位	数量	单价				合价			
				人工费	材料费	机具费	管理费和利润	人工费	材料费	机具费	管理费和利润
A1–9–87	带门套成品装饰平开复合木门 双开	樘	1	105.71	979.58		36.64	105.71	979.58		36.64
A1–9–223	特殊五金安装 门锁安装 单向	100 套	0.01	1836.32	2525		636.46	18.36	25.25		6.36
人工单价		小　计						124.07	1004.83		43
		未计价材料费						820			
清单项目综合单价								1111.91			
材料费明细	主要材料名称、规格、型号					单位	数量	单价（元）	合价（元）	暂估单价（元）	暂估合价（元）
	单舌（双舌）门锁					把	1.01	25	25.25		
	不锈钢铰链 5#					只	4.04	7.72	31.19		
	插销 75 以内					副	2	2	4		
	门磁吸					只	2	12.82	25.64		
	发泡剂 750mL					支	1.3	29.45	38.29		
	成品装饰双开木门及门套 0.9m × 2.2m（复合）					樘	1	820	820		
	其他材料费					元	0.47	1	0.47		
	材料费小计							—	944.84	—	

注：1. 如不使用省级或行业建设主管部门发布的计价依据，可不填定额编号、名称等；

2. 招标文件提供了暂估单价的材料，按暂估的单价填入表内“暂估单价”栏及“暂估合价”栏。

表 17.4.2-34　综合单价分析表

工程名称：幼儿园教学楼　　　　标段：　　　　第　页　共　页

项目编码		010802001002		项目名称	金属（塑钢）门			计量单位	m^2	工程量	2
清单综合单价组成明细											
定额编号	定额项目名称	定额单位	数量	单价				合价			
				人工费	材料费	机具费	管理费和利润	人工费	材料费	机具费	管理费和利润
A1-9-197	钢质防盗门安装	100m^2	0.0225	1731.08	732.92	38.83	613.45	38.95	16.49	0.87	13.8
MC1-115	钢质防盗门	m^2	2.25		600				1350		
A1-9-223	特殊五金安装 门锁安装 单向	100 套	0.01	1836.32	2525		636.46	18.36	25.25		6.36
人工单价		小　计						57.31	1391.74	0.87	20.16
		未计价材料费									
清单项目综合单价								1470.09			
材料费明细	主要材料名称、规格、型号					单位	数量	单价（元）	合价（元）	暂估单价（元）	暂估合价（元）
	铁件 综合					kg	2.1551	6.8	14.65		
	单舌（双舌）门锁					把	1.01	25	25.25		
	电焊条					kg	0.2181	5.34	1.16		
	钢质防盗门					m^2	2.25	600	1350		
	其他材料费					元	0.6723	1	0.67		
	材料费小计							—	1391.73	—	

注：1. 如不使用省级或行业建设主管部门发布的计价依据，可不填定额编号、名称等；

2. 招标文件提供了暂估单价的材料，按暂估的单价填入表内“暂估单价”栏及“暂估合价”栏。

表 17.4.2-35　综合单价分析表

工程名称：幼儿园教学楼　　　　标段：　　　　第　页　共　页

项目编码		010802001002		项目名称	金属（塑钢）门			计量单位	m^2	工程量	1
清单综合单价组成明细											
定额编号	定额项目名称	定额单位	数量	单价				合价			
				人工费	材料费	机具费	管理费和利润	人工费	材料费	机具费	管理费和利润
A1-9-197	钢质防盗门安装	100m^2	0.022	1731.08	732.92	38.83	613.45	38.08	16.12	0.85	13.5
MC1-115	钢质防盗门	m^2	2.2		600				1320		
A1-9-223	特殊五金安装 门锁安装 单向	100 套	0.01	1836.32	2525		636.46	18.36	25.25		6.36
人工单价		小　计						56.44	1361.37	0.85	19.86
		未计价材料费									
清单项目综合单价								1438.54			
材料费明细	主要材料名称、规格、型号					单位	数量	单价（元）	合价（元）	暂估单价（元）	暂估合价（元）
	铁件 综合					kg	2.1071	6.8	14.33		
	单舌（双舌）门锁					把	1.01	25	25.25		
	电焊条					kg	0.2132	5.34	1.14		
	钢质防盗门					m^2	2.2	600	1320		
	其他材料费					元	0.6574	1	0.66		
	材料费小计							—	1361.38	—	

注：1. 如不使用省级或行业建设主管部门发布的计价依据，可不填定额编号、名称等；

2. 招标文件提供了暂估单价的材料，按暂估的单价填入表内“暂估单价”栏及“暂估合价”栏。

表 17.4.2–36 综合单价分析表

工程名称：幼儿园教学楼　　　　标段：　　　　第　页　共　页

项目编码		010807001001		项目名称	金属（塑钢、断桥）窗		计量单位	m²	工程量	1
清单综合单价组成明细										
定额编号	定额项目名称	定额单位	数量	单价				合价		
				人工费	材料费	机具费	管理费和利润	人工费	材料费	机具费	管理费和利润
A1-9-207 换	推拉窗安装	100m²	0.033	2169.58	22802.9		751.98	71.6	752.5		24.82
MC1-99	铝合金双扇推拉窗 90 系列	m²	3.337		235.93				787.3		
人工单价		小计						71.6	1539.8		24.82
		未计价材料费									
清单项目综合单价								1636.21			
材料费明细	主要材料名称、规格、型号				单位		数量	单价（元）	合价（元）	暂估单价（元）	暂估合价（元）
	铝合金双扇推拉窗 90 系列				m²		3.337	235.93	787.3		
	不锈钢螺钉 M5×12				10 套		3.0238	2.23	6.74		
	木螺钉 M5×50				10 套		6.0476	0.32	1.94		
	密封毛条				m		19.9924	0.34	6.8		
	镀锌铁码				支		28.875	0.47	13.57		
	软填料				kg		1.7335	3.9	6.76		
	玻璃胶 335g/ 支				支		1.5952	13.73	21.9		
	墙边胶				L		0.5049	46.77	23.61		
	Low-E 中空白色玻璃 5mm+6A+5mm 厚				m²		2.706	248	671.09		
	其他材料费				元		0.0838	1	0.08		
	材料费小计							—	1539.79	—	

注：1. 如不使用省级或行业建设主管部门发布的计价依据，可不填定额编号、名称等；

2. 招标文件提供了暂估单价的材料，按暂估的单价填入表内“暂估单价”栏及“暂估合价”栏。

表 17.4.2–37 综合单价分析表

工程名称：幼儿园教学楼　　　　标段：　　　　第　页　共　页

项目编码		010807001002		项目名称	金属（塑钢、断桥）窗		计量单位	m²	工程量	2	
清单综合单价组成明细											
定额编号	定额项目名称	定额单位	数量	单价				合价			
				人工费	材料费	机具费	管理费和利润	人工费	材料费	机具费	管理费和利润
A1-9-207 换	推拉窗安装	100m²	0.04	2169.58	22802.9		751.98	86.78	912.12		30.08
MC1-99	铝合金双扇推拉窗 90 系列	m²	4.018		235.93				947.97		
人工单价		小计						86.78	1860.09		30.08
		未计价材料费									
清单项目综合单价								1976.95			

续表 17.4.2–37

	主要材料名称、规格、型号	单位	数量	单价（元）	合价（元）	暂估单价（元）	暂估合价（元）
材料费明细	铝合金双扇推拉窗 90 系列	m^2	4.018	235.93	947.97		
	不锈钢螺钉 M5 × 12	10 套	3.6652	2.23	8.17		
	木螺钉 M5 × 50	10 套	7.3304	0.32	2.35		
	密封毛条	m	24.2332	0.34	8.24		
	镀锌铁码	支	35	0.47	16.45		
	软填料	kg	2.1012	3.9	8.19		
	玻璃胶 335g/ 支	支	1.9336	13.73	26.55		
	墙边胶	L	0.612	46.77	28.62		
	Low–E 中空白色玻璃 5mm+6A+5mm 厚	m^2	3.28	248	813.44		
	其他材料费	元	0.1016	1	0.1		
	材料费小计			—	1860.08	—	

注：1. 如不使用省级或行业建设主管部门发布的计价依据，可不填定额编号、名称等；

2. 招标文件提供了暂估单价的材料，按暂估的单价填入表内“暂估单价”栏及“暂估合价”栏。

表 17.4.2–38　综合单价分析表

工程名称：幼儿园教学楼　　　　标段：　　　　第　页　共　页

项目编码		010807001003		项目名称	金属（塑钢、断桥）窗			计量单位	m^2	工程量	2
清单综合单价组成明细											
定额编号	定额项目名称	定额单位	数量	单价				合价			
				人工费	材料费	机具费	管理费和利润	人工费	材料费	机具费	管理费和利润
A1-9-207 换	推拉窗安装	$100m^2$	0.0265	2169.58	22802.9		751.98	57.49	604.28		19.93
MC1-99	铝合金双扇推拉窗 90 系列	m^2	2.656		235.93				626.63		
人工单价		小计						57.49	1230.91		19.93
		未计价材料费									
清单项目综合单价								1308.33			

	主要材料名称、规格、型号	单位	数量	单价（元）	合价（元）	暂估单价（元）	暂估合价（元）
材料费明细	铝合金双扇推拉窗 90 系列	m^2	2.656	235.93	626.63		
	不锈钢螺钉 M5 × 12	10 套	2.4282	2.23	5.41		
	木螺钉 M5 × 50	10 套	4.8564	0.32	1.55		
	密封毛条	m	16.0545	0.34	5.46		
	镀锌铁码	支	23.1875	0.47	10.9		
	软填料	kg	1.3921	3.9	5.43		
	玻璃胶 335g/ 支	支	1.281	13.73	17.59		
	墙边胶	L	0.4055	46.77	18.97		
	Low–E 中空白色玻璃 5mm+6A+5mm 厚	m^2	2.173	248	538.9		
	其他材料费	元	0.0673	1	0.07		
	材料费小计			—	1230.91	—	

注：1. 如不使用省级或行业建设主管部门发布的计价依据，可不填定额编号、名称等；

2. 招标文件提供了暂估单价的材料，按暂估的单价填入表内“暂估单价”栏及“暂估合价”栏。

表 17.4.2–39 综合单价分析表

工程名称：幼儿园教学楼　　　　　　　　标段：　　　　　　　　第　页　共　页

项目编码		010807001004		项目名称	金属（塑钢、断桥）窗		计量单位	m²	工程量	3	
清单综合单价组成明细											
定额编号	定额项目名称	定额单位	数量	单价				合价			
				人工费	材料费	机具费	管理费和利润	人工费	材料费	机具费	管理费和利润
A1-9-207 换	推拉窗安装	100m²	0.0673	2169.58	22802.9		751.98	146.09	1535.4		50.63
MC1-99	铝合金双扇推拉窗 90 系列	m²	6.742		235.93				1590.64		
人工单价		小计						146.09	3126.04		50.63
		未计价材料费									
清单项目综合单价								3322.75			
材料费明细	主要材料名称、规格、型号					单位	数量	单价（元）	合价（元）	暂估单价（元）	暂估合价（元）
	铝合金双扇推拉窗 90 系列					m²	6.742	235.93	1590.64		
	不锈钢螺钉 M5 × 12					10 套	6.1698	2.23	13.76		
	木螺钉 M5 × 50					10 套	12.3395	0.32	3.95		
	密封毛条					m	40.7926	0.34	13.87		
	镀锌铁码					支	58.9167	0.47	27.69		
	软填料					kg	3.537	3.9	13.79		
	玻璃胶 335g/ 支					支	3.2549	13.73	44.69		
	墙边胶					L	1.0302	46.77	48.18		
	Low–E 中空白色玻璃 5mm+6A+5mm 厚					m²	5.5213	248	1369.28		
	其他材料费					元	0.171	1	0.17		
	材料费小计							—	3126.02	—	

注：1. 如不使用省级或行业建设主管部门发布的计价依据，可不填定额编号、名称等；

2. 招标文件提供了暂估单价的材料，按暂估的单价填入表内“暂估单价”栏及“暂估合价”栏。

表 17.4.2–40 综合单价分析表

工程名称：幼儿园教学楼　　　　　　　　标段：　　　　　　　　第　页　共　页

项目编码		010807001005		项目名称	金属（塑钢、断桥）窗		计量单位	m²	工程量	1	
清单综合单价组成明细											
定额编号	定额项目名称	定额单位	数量	单价				合价			
				人工费	材料费	机具费	管理费和利润	人工费	材料费	机具费	管理费和利润
A1-9-207 换	推拉窗安装	100m²	0.011	2169.58	22802.9		751.98	23.87	250.83		8.27
MC1-99	铝合金双扇推拉窗 90 系列	m²	1.132		235.93				267.07		
人工单价		小计						23.87	517.9		8.27
		未计价材料费									
清单项目综合单价								550.04			

续表 17.4.2-40

	主要材料名称、规格、型号	单位	数量	单价（元）	合价（元）	暂估单价（元）	暂估合价（元）
材料费明细	铝合金双扇推拉窗 90 系列	m^2	1.132	235.93	267.07		
	不锈钢螺钉 M5×12	10 套	1.0079	2.23	2.25		
	木螺钉 M5×50	10 套	2.0159	0.32	0.65		
	密封毛条	m	6.6641	0.34	2.27		
	镀锌铁码	支	9.625	0.47	4.52		
	软填料	kg	0.5778	3.9	2.25		
	玻璃胶 335g/ 支	支	0.5317	13.73	7.3		
	墙边胶	L	0.1683	46.77	7.87		
	Low-E 中空白色玻璃 5mm+6A+5mm 厚	m^2	0.902	248	223.7		
	其他材料费	元	0.0279	1	0.03		
	材料费小计			—	517.91	—	

注：1. 如不使用省级或行业建设主管部门发布的计价依据，可不填定额编号、名称等；

2. 招标文件提供了暂估单价的材料，按暂估的单价填入表内“暂估单价”栏及“暂估合价”栏。

表 17.4.2-41　综合单价分析表

工程名称：幼儿园教学楼　　　　标段：　　　　第　页　共　页

项目编码		010807001006	项目名称	金属（塑钢、断桥）窗		计量单位		m^2	工程量		8
清单综合单价组成明细											
定额编号	定额项目名称	定额单位	数量	单价				合价			
				人工费	材料费	机具费	管理费和利润	人工费	材料费	机具费	管理费和利润
A1-9-207 换	推拉窗安装	$100m^2$	0.0615	2169.58	22802.9		751.98	133.43	1402.38		46.25
MC1-99	铝合金双扇推拉窗 90 系列	m^2	6.1479		235.93				1450.47		
人工单价		小　计						133.43	2852.85		46.25
		未计价材料费									
清单项目综合单价								3032.52			

	主要材料名称、规格、型号	单位	数量	单价（元）	合价（元）	暂估单价（元）	暂估合价（元）
材料费明细	铝合金双扇推拉窗 90 系列	m^2	6.1479	235.93	1450.47		
	不锈钢螺钉 M5×12	10 套	5.6353	2.23	12.57		
	木螺钉 M5×50	10 套	11.2705	0.32	3.61		
	密封毛条	m	37.2586	0.34	12.67		
	镀锌铁码	支	53.8125	0.47	25.29		
	软填料	kg	3.2306	3.9	12.6		
	玻璃胶 335g/ 支	支	2.9729	13.73	40.82		
	墙边胶	L	0.941	46.77	44.01		
	Low-E 中空白色玻璃 5mm+6A+5mm 厚	m^2	5.043	248	1250.66		
	其他材料费	元	0.1562	1	0.16		
	材料费小计			—	2852.86	—	

注：1. 如不使用省级或行业建设主管部门发布的计价依据，可不填定额编号、名称等；

2. 招标文件提供了暂估单价的材料，按暂估的单价填入表内“暂估单价”栏及“暂估合价”栏。

表 17.4.2–42 综合单价分析表

工程名称：幼儿园教学楼　　　　标段：　　　　第 页 共 页

项目编码		010807001007		项目名称	金属（塑钢、断桥）窗			计量单位	m²	工程量	8
清单综合单价组成明细											
定额编号	定额项目名称	定额单位	数量	单价				合价			
				人工费	材料费	机具费	管理费和利润	人工费	材料费	机具费	管理费和利润
A1–9–207 换	推拉窗安装	100m²	0.0243	2169.58	22802.9		751.98	52.61	552.97		18.24
MC1–99	铝合金双扇推拉窗 90 系列	m²	2.4219		235.93				571.39		
人工单价		小计						52.61	1124.36		18.24
		未计价材料费									
清单项目综合单价								1195.21			
材料费明细	主要材料名称、规格、型号					单位	数量	单价（元）	合价（元）	暂估单价（元）	暂估合价（元）
	铝合金双扇推拉窗 90 系列					m²	2.4219	235.93	571.4		
	不锈钢螺钉 M5 × 12					10 套	2.222	2.23	4.96		
	木螺钉 M5 × 50					10 套	4.4441	0.32	1.42		
	密封毛条					m	14.6914	0.34	5		
	镀锌铁码					支	21.2188	0.47	9.97		
	软填料					kg	1.2739	3.9	4.97		
	玻璃胶 335g/ 支					支	1.1723	13.73	16.1		
	墙边胶					L	0.371	46.77	17.35		
	Low–E 中空白色玻璃 5mm+6A+5mm 厚					m²	1.9885	248	493.15		
	其他材料费					元	0.0616	1	0.06		
	材料费小计							—	1124.38	—	

注：1. 如不使用省级或行业建设主管部门发布的计价依据，可不填定额编号、名称等；

2. 招标文件提供了暂估单价的材料，按暂估的单价填入表内“暂估单价”栏及“暂估合价”栏。

表 17.4.2–43 综合单价分析表

工程名称：幼儿园教学楼　　　　标段：　　　　第 页 共 页

项目编码		010902002001		项目名称	屋面涂膜防水			计量单位	m²	工程量	269.44
清单综合单价组成明细											
定额编号	定额项目名称	定额单位	数量	单价				合价			
				人工费	材料费	机具费	管理费和利润	人工费	材料费	机具费	管理费和利润
A1–10–64 换	屋面单组分聚氨酯防水涂料 2mm 厚 实际厚度：1.5mm	100m²	0.01	470	2968.4		161.96	4.7	29.68		1.62
人工单价		小计						4.7	29.68		1.62
		未计价材料费									
清单项目综合单价								36			
材料费明细	主要材料名称、规格、型号					单位	数量	单价（元）	合价（元）	暂估单价（元）	暂估合价（元）
	聚氨酯防水涂料 单组分 I 型					kg	2.4	12.16	29.18		
	其他材料费					元	0.5	1	0.5		
	材料费小计							—	29.68	—	

注：1. 如不使用省级或行业建设主管部门发布的计价依据，可不填定额编号、名称等；

2. 招标文件提供了暂估单价的材料，按暂估的单价填入表内“暂估单价”栏及“暂估合价”栏。

表 17.4.2-44　综合单价分析表

工程名称：幼儿园教学楼　　　　　　　　　　　标段：　　　　　　　　　　　第　页　共　页

项目编码		010902003001		项目名称	屋面刚性层			计量单位	m²	工程量	209.86
清单综合单价组成明细											
定额编号	定额项目名称	定额单位	数量	单价				合价			
				人工费	材料费	机具费	管理费和利润	人工费	材料费	机具费	管理费和利润
A1-10-87	屋面防水砂浆 2cm 厚	100m²	0.01	1014.71	1270.16		349.67	10.15	12.7		3.5
A1-10-80 换	细石混凝土刚性防水 厚 3.5cm 实际厚度：4cm	100m²	0.01	1155.38	204		398.15	11.56	2.04		3.98
8021903	普通预拌混凝土 碎石粒径综合考虑 C20	m³	0.0408		573				23.38		
A1-10-88	屋面镇水粉隔离层 1cm 厚	100m²	0.01	1893.33	1468.6		652.45	18.94	14.69		6.53
A1-12-1	楼地面水泥砂浆找平层 混凝土或硬基层上 20mm	100m²	0.01	703.99	997.2		265.62	7.04	9.97		2.66
80010230	抹灰水泥砂浆（配合比）中砂 1∶3	m³	0.0202		516.16				10.43		
A1-11-126 换	屋面现浇陶粒混凝土隔热层 25# 100mm 厚 实际厚度：80mm	100m²	0.01	1385.33	3584.35		477.39	13.86	35.85		4.77
人工单价		小　计						61.55	109.06		21.44
		未计价材料费									
清单项目综合单价								192.04			
材料费明细	主要材料名称、规格、型号					单位	数量	单价（元）	合价（元）	暂估单价（元）	暂估合价（元）
	材料费调整					元		1			
	复合普通硅酸盐水泥 P·C 32.5					t	0.0291	464.62	13.52		
	松杂板枋材					m³	0.0006	1333	0.8		
	水					m³	0.1603	4.58	0.73		
	中砂					m³	0.046	273.8	12.59		
	普通预拌混凝土 碎石粒径综合考虑 C20					m³	0.0408	573	23.38		
	防水粉					kg	0.5486	2.1	1.15		
	镇水粉					kg	6	2.14	12.84		
	隔离纸					m²	1.3	1.42	1.85		
	黏土陶粒					m³	0.1044	307.69	32.14		
	其他材料费					元	0.4584	1	0.46		
	材料费小计							—	99.47	—	

注：1. 如不使用省级或行业建设主管部门发布的计价依据，可不填定额编号、名称等；

2. 招标文件提供了暂估单价的材料，按暂估的单价填入表内“暂估单价”栏及“暂估合价”栏。

表 17.4.2–45　综合单价分析表

工程名称：幼儿园教学楼　　　　　　　　　　　　标段：　　　　　　　　　　　　　　第　页　共　页

项目编码		010902008001		项目名称	屋面排水沟			计量单位	m	工程量	55.54
清单综合单价组成明细											
定额编号	定额项目名称	定额单位	数量	单价				合价			
				人工费	材料费	机具费	管理费和利润	人工费	材料费	机具费	管理费和利润
A1–10–87	屋面防水砂浆 2cm厚	100m²	0.006	1014.71	1270.16		349.67	6.08	7.62		2.1
A1–12–1	楼地面水泥砂浆找平层 混凝土或硬基层上 20mm	100m²	0.006	703.99	997.2		265.62	4.22	5.98		1.59
80010230	抹灰水泥砂浆（配合比）中砂 1∶3	m³	0.0121		516.16				6.25		
A1–10–64 换	屋面单组分聚氨酯防水涂料 2mm 厚 实际厚度：1.5mm	100m²	0.006	470	2968.4		161.96	2.82	17.8		0.97
人工单价		小　计						13.12	37.65		4.66
		未计价材料费									
清单项目综合单价								55.43			
材料费明细	主要材料名称、规格、型号					单位	数量	单价（元）	合价（元）	暂估单价（元）	暂估合价（元）
	复合普通硅酸盐水泥 P·C 32.5					t	0.0122	464.62	5.65		
	水					m³	0.012	4.58	0.06		
	中砂					m³	0.0276	273.8	7.54		
	聚氨酯防水涂料 单组分 I 型					kg	1.439	12.16	17.5		
	防水粉					kg	0.3286	2.1	0.69		
	其他材料费					元	0.4925	1	0.49		
	材料费小计							—	31.93	—	

注：1. 如不使用省级或行业建设主管部门发布的计价依据，可不填定额编号、名称等；

2. 招标文件提供了暂估单价的材料，按暂估的单价填入表内“暂估单价”栏及“暂估合价”栏。

表 17.4.2–46　综合单价分析表

工程名称：幼儿园教学楼　　　　标段：　　　　第　页　共　页

项目编码		010904002001		项目名称	楼（地）面涂膜防水			计量单位	m²	工程量	227.4
清单综合单价组成明细											
定额编号	定额项目名称	定额单位	数量	单价				合价			
				人工费	材料费	机具费	管理费和利润	人工费	材料费	机具费	管理费和利润
A1–10–89 换	单组分聚氨酯涂膜防水 平面 1.5mm 厚 实际厚度 2mm	100m²	0.01	863.7	4110.71		297.63	8.64	41.11		2.98
人工单价		小计						8.64	41.11		2.98
		未计价材料费									
清单项目综合单价								52.72			
材料费明细	主要材料名称、规格、型号					单位	数量	单价（元）	合价（元）	暂估单价（元）	暂估合价（元）
	聚氨酯防水涂料 单组分 Ⅰ型					kg	3.296	12.16	40.08		
	细砂					m³	0.0031	292.49	0.91		
	其他材料费					元	0.121	1	0.12		
	材料费小计							—	41.11	—	

注：1. 如不使用省级或行业建设主管部门发布的计价依据，可不填定额编码、名称等；
2. 招标文件提供了暂估单价的材料，按暂估的单价填入表内“暂估单价”栏及“暂估合价”栏。

表 17.4.2–47　综合单价分析表

工程名称：幼儿园教学楼　　　　标段：　　　　第　页　共　页

项目编码		010903002001		项目名称	墙面涂膜防水			计量单位	m²	工程量	467.47
清单综合单价组成明细											
定额编号	定额项目名称	定额单位	数量	单价				合价			
				人工费	材料费	机具费	管理费和利润	人工费	材料费	机具费	管理费和利润
A1–10–89 换	单组分聚氨酯涂膜防水 平面 1.5mm 厚 实际厚度 2mm 立面涂刷聚氨酯 人工 ×1.25	100m²	0.01	1079.63	4110.71		372.04	10.8	41.11		3.72
人工单价		小计						10.8	41.11		3.72
		未计价材料费									
清单项目综合单价								55.63			
材料费明细	主要材料名称、规格、型号					单位	数量	单价（元）	合价（元）	暂估单价（元）	暂估合价（元）
	聚氨酯防水涂料 单组分 Ⅰ型					kg	3.2962	12.16	40.08		
	细砂					m³	0.0031	292.49	0.91		
	其他材料费					元	0.121	1	0.12		
	材料费小计							—	41.11	—	

注：1. 如不使用省级或行业建设主管部门发布的计价依据，可不填定额编号、名称等；
2. 招标文件提供了暂估单价的材料，按暂估的单价填入表内“暂估单价”栏及“暂估合价”栏。

表 17.4.2–48　综合单价分析表

工程名称：幼儿园教学楼　　　　标段：　　　　第　页 共　页

项目编码		010903002002	项目名称	墙面涂膜防水			计量单位		m^2	工程量	697.99
清单综合单价组成明细											
定额编号	定额项目名称	定额单位	数量	单价				合价			
				人工费	材料费	机具费	管理费和利润	人工费	材料费	机具费	管理费和利润
A1–10–95 换	聚合物水泥（JS）防水涂料 立面 1.5mm 厚 实际厚度 2mm	100m^2	0.01	1074.32	4551.25		370.21	10.74	45.51		3.7
人工单价		小计						10.74	45.51		3.7
		未计价材料费									
清单项目综合单价								59.96			
材料费明细	主要材料名称、规格、型号					单位	数量	单价（元）	合价（元）	暂估单价（元）	暂估合价（元）
	聚合物水泥防水涂料 JS–Ⅱ					kg	3.8501	11.79	45.39		
	其他材料费					元	0.121	1	0.12		
	材料费小计							—	45.51	—	

注：1. 如不使用省级或行业建设主管部门发布的计价依据，可不填定额编号、名称等；

2. 招标文件提供了暂估单价的材料，按暂估的单价填入表内“暂估单价”栏及“暂估合价”栏。

表 17.4.2–49　综合单价分析表

工程名称：幼儿园教学楼　　　　标段：　　　　第　页 共　页

项目编码		010903002003	项目名称	墙面涂膜防水			计量单位		m^2	工程量	25.36
清单综合单价组成明细											
定额编号	定额项目名称	定额单位	数量	单价				合价			
				人工费	材料费	机具费	管理费和利润	人工费	材料费	机具费	管理费和利润
A1–10–89 换	单组分聚氨酯涂膜防水 平面 1.5mm 厚 实际厚度 2mm 立面涂刷聚氨酯 人工 ×1.25	100m^2	0.01	1079.63	4110.71		372.04	10.81	41.17		3.73
人工单价		小计						10.81	41.17		3.73
		未计价材料费									
清单项目综合单价								55.71			
材料费明细	主要材料名称、规格、型号					单位	数量	单价（元）	合价（元）	暂估单价（元）	暂估合价（元）
	聚氨酯防水涂料 单组分 Ⅰ型					kg	3.3012	12.16	40.14		
	细砂					m^3	0.0031	292.49	0.91		
	其他材料费					元	0.1212	1	0.12		
	材料费小计							—	41.17	—	

注：1. 如不使用省级或行业建设主管部门发布的计价依据，可不填定额编号、名称等；

2. 招标文件提供了暂估单价的材料，按暂估的单价填入表内“暂估单价”栏及“暂估合价”栏。

表 17.4.2-50　综合单价分析表

工程名称：幼儿园教学楼　　标段：　　第　页　共　页

项目编码		011002005001		项目名称	聚氯乙烯板面层		计量单位	m²	工程量	178.08	
清单综合单价组成明细											
定额编号	定额项目名称	定额单位	数量	单价				合价			
				人工费	材料费	机具费	管理费和利润	人工费	材料费	机具费	管理费和利润
A1-11-121	干铺聚苯乙烯泡沫板屋面保温 50mm	100m²	0.01	1044.29	2277.94		359.86	10.44	22.78		3.6
人工单价		小　计						10.44	22.78		3.6
		未计价材料费									
清单项目综合单价								36.82			
材料费明细	主要材料名称、规格、型号					单位	数量	单价（元）	合价（元）	暂估单价（元）	暂估合价（元）
	聚苯乙烯泡沫板　δ30					m²	1.02	22.29	22.74		
	其他材料费					元	0.0436	1	0.04		
	材料费小计							—	22.78	—	

注：1. 如不使用省级或行业建设主管部门发布的计价依据，可不填定额编号、名称等；
2. 招标文件提供了暂估单价的材料，按暂估的单价填入表内“暂估单价”栏及“暂估合价”栏。

表 17.4.2-51　综合单价分析表

工程名称：幼儿园教学楼　　标段：　　第　页　共　页

项目编码		011102003001		项目名称	块料楼地面		计量单位	m²	工程量	386.1	
清单综合单价组成明细											
定额编号	定额项目名称	定额单位	数量	单价				合价			
				人工费	材料费	机具费	管理费和利润	人工费	材料费	机具费	管理费和利润
A1-12-1	楼地面水泥砂浆找平层　混凝土或硬基层上 20mm	100m²	0.01	703.99	1015.38		265.62	7.04	10.15		2.66
A1-12-75	楼地面陶瓷地砖　每块周长 3200 以内　水泥砂浆	100m²	0.01	2967.23	4564.67		1119.54	29.67	45.65		11.2
人工单价		小　计						36.71	55.8		13.86
		未计价材料费									
清单项目综合单价								106.36			
材料费明细	主要材料名称、规格、型号					单位	数量	单价（元）	合价（元）	暂估单价（元）	暂估合价（元）
	复合普通硅酸盐水泥　P·C 32.5					t	0.0012	464.62	0.56		
	水					m³	0.031	4.58	0.14		
	白色硅酸盐水泥　32.5					t	0.0001	839.85	0.08		
	米黄色耐磨砖　800mm × 800mm					m²	1.04	33.78	35.13		
	白棉纱					kg	0.015	11.47	0.17		
	其他材料费					元	0.241	1	0.24		
	材料费小计							—	36.32	—	

注：1. 如不使用省级或行业建设主管部门发布的计价依据，可不填定额编号、名称等；
2. 招标文件提供了暂估单价的材料，按暂估的单价填入表内“暂估单价”栏及“暂估合价”栏。

表 17.4.2–52　综合单价分析表

工程名称：幼儿园教学楼　　　　　　　　标段：　　　　　　　　第　页　共　页

项目编码		011102003002		项目名称	块料楼地面			计量单位	m^2	工程量	227.7
清单综合单价组成明细											
定额编号	定额项目名称	定额单位	数量	单　价				合　价			
				人工费	材料费	机具费	管理费和利润	人工费	材料费	机具费	管理费和利润
A1–12–1	楼地面水泥砂浆找平层 混凝土或硬基层上 20mm	100m^2	0.01	703.99	1015.38		265.62	7.04	10.15		2.66
A1–12–72	楼地面陶瓷地砖（每块周长 mm）1300 以内 水泥砂浆	100m^2	0.01	2881.28	3892.84		1087.11	28.81	38.93		10.87
人工单价		小　计						35.85	49.08		13.53
		未计价材料费									
清单项目综合单价								98.46			
材料费明细	主要材料名称、规格、型号					单位	数量	单价（元）	合价（元）	暂估单价（元）	暂估合价（元）
	复合普通硅酸盐水泥 P·C 32.5					t	0.0012	464.62	0.56		
	水					m^3	0.031	4.58	0.14		
	白色硅酸盐水泥 32.5					t	0.0001	839.85	0.08		
	米黄色防滑砖 300mm × 300mm					m^2	1.025	27.72	28.41		
	白棉纱					kg	0.015	11.47	0.17		
	其他材料费					元	0.241	1	0.24		
	材料费小计							—	29.6	—	

注：1. 如不使用省级或行业建设主管部门发布的计价依据，可不填定额编号、名称等；

2. 招标文件提供了暂估单价的材料，按暂估的单价填入表内“暂估单价”栏及“暂估合价”栏。

表 17.4.2–53　综合单价分析表

工程名称：幼儿园教学楼　　　　　　　　标段：　　　　　　　　第　页　共　页

项目编码		011106001001		项目名称	石材楼梯面层			计量单位	m^2	工程量	70.5
清单综合单价组成明细											
定额编号	定额项目名称	定额单位	数量	单　价				合　价			
				人工费	材料费	机具费	管理费和利润	人工费	材料费	机具费	管理费和利润
A1–12–4	水泥砂浆找平层 楼梯 20mm	100m^2	0.01	2522.25	1416.79		951.64	25.22	14.17		9.52
A1–12–57 换	铺贴花岗岩 楼梯 水泥砂浆 换为［素水泥浆（配合比）］	100m^2	0.01	6622.23	45543.81		2498.57	66.22	455.44		24.99
人工单价		小　计						91.44	469.61		34.51
		未计价材料费									
清单项目综合单价								595.55			

续表 17.4.2–53

	主要材料名称、规格、型号	单位	数量	单价（元）	合价（元）	暂估单价（元）	暂估合价（元）
材料费明细	复合普通硅酸盐水泥 P·C 32.5	t	0.0435	464.62	20.2		
	水	m^3	0.0891	4.58	0.41		
	麻袋	个	0.3003	1.89	0.57		
	白色硅酸盐水泥 32.5	t	0.0001	839.85	0.08		
	米黄色花岗岩 20mm 厚	m^2	1.4469	300	434.07		
	石蜡	kg	0.0362	3	0.11		
	草酸	kg	0.0135	5.59	0.08		
	白棉纱	kg	0.0206	11.47	0.24		
	其他材料费	元	0.4392	1	0.44		
	材料费小计			—	456.19	—	

注：1. 如不使用省级或行业建设主管部门发布的计价依据，可不填定额编号、名称等；

2. 招标文件提供了暂估单价的材料，按暂估的单价填入表内“暂估单价”栏及“暂估合价”栏。

表 17.4.2–54 综合单价分析表

工程名称：幼儿园教学楼　　　　标段：　　　　第　页　共　页

项目编码		011102003003		项目名称	块料楼地面			计量单位	m^2	工程量	12.91
清单综合单价组成明细											
定额编号	定额项目名称	定额单位	数量	单价				合价			
				人工费	材料费	机具费	管理费和利润	人工费	材料费	机具费	管理费和利润
A1-12-1	楼地面水泥砂浆找平层 混凝土或硬基层上 20mm	$100m^2$	0.01	703.99	1015.38		265.62	7.03	10.15		2.65
A1-13-145 换	镶贴陶瓷面砖密缝 墙面 水泥膏 块料周长 600 以内 换为［素水泥浆（配合比）］	$100m^2$	0.01	4972.98	3911.49		1765.41	49.69	39.08		17.64
人工单价		小计						56.72	49.23		20.29
		未计价材料费									
清单项目综合单价								126.25			
材料费明细	主要材料名称、规格、型号					单位	数量	单价（元）	合价（元）	暂估单价（元）	暂估合价（元）
	复合普通硅酸盐水泥 P·C 32.5					t	0.0088	464.62	4.08		
	水					m^3	0.009	4.58	0.04		
	白色硅酸盐水泥 32.5					t	0.0002	839.85	0.17		
	白色瓷片 100mm × 100mm					m^2	1.0342	33.77	34.92		
	白棉纱					kg	0.01	11.47	0.11		
	其他材料费					元	0.2034	1	0.2		
	材料费小计							—	39.53	—	

注：1. 如不使用省级或行业建设主管部门发布的计价依据，可不填定额编号、名称等；

2. 招标文件提供了暂估单价的材料，按暂估的单价填入表内“暂估单价”栏及“暂估合价”栏。

表 17.4.2–55 综合单价分析表

工程名称：幼儿园教学楼　　　　　　　　　　标段：　　　　　　　　　　第　页　共　页

项目编码		011105003001		项目名称	块料踢脚线			计量单位	m^2	工程量	24.7
清单综合单价组成明细											
定额编号	定额项目名称	定额单位	数量	单价				合价			
				人工费	材料费	机具费	管理费和利润	人工费	材料费	机具费	管理费和利润
A1–12–79 换	铺贴陶瓷地砖 踢脚线 水泥砂浆 换为［素水泥浆（配合比）］	$100m^2$	0.01	5961.85	4277.26		2249.41	59.62	42.77		22.49
A1–12–16	水泥砂浆整体面层 踢脚线（12+8）mm	$100m^2$		3702.69	946.61		1397.03				
人工单价		小计						59.62	42.77		22.49
		未计价材料费									
清单项目综合单价								124.89			
材料费明细	主要材料名称、规格、型号					单位	数量	单价（元）	合价（元）	暂估单价（元）	暂估合价（元）
	复合普通硅酸盐水泥 P·C 32.5					t	0.0168	464.62	7.82		
	水					m^3	0.0334	4.58	0.15		
	白色硅酸盐水泥 32.5					t	0.0001	839.85	0.08		
	黄色耐磨砖 100mm × 800mm					m^2	1.02	33.77	34.45		
	白棉纱					kg	0.01	11.47	0.11		
	其他材料费					元	0.1043	1	0.1		
	材料费小计							—	42.72	—	

注：1. 如不使用省级或行业建设主管部门发布的计价依据，可不填定额编号、名称等；

2. 招标文件提供了暂估单价的材料，按暂估的单价填入表内“暂估单价”栏及“暂估合价”栏。

表 17.4.2–56 综合单价分析表

工程名称：幼儿园教学楼　　　　　　　　　　标段：　　　　　　　　　　第　页　共　页

项目编码		011201001001		项目名称	墙面一般抹灰			计量单位	m^2	工程量	797.52
清单综合单价组成明细											
定额编号	定额项目名称	定额单位	数量	单价				合价			
				人工费	材料费	机具费	管理费和利润	人工费	材料费	机具费	管理费和利润
A1–13–12	各种墙面（15+5）mm 水泥石灰砂浆底 水泥石灰砂浆面 内墙	$100m^2$	0.01	1341.99	1088.3		476.41	13.42	10.88		4.76
A1–15–150 × 2	成品腻子粉（一般型）Y 型 墙面 满刮一遍 单价 ×2	$100m^2$	0.01	748.78	369.76		262.6	7.49	3.7		2.63
人工单价		小计						20.91	14.58		7.39
		未计价材料费									
清单项目综合单价								42.88			

续表 17.4.2–56

	主要材料名称、规格、型号	单位	数量	单价（元）	合价（元）	暂估单价（元）	暂估合价（元）
材料费明细	复合普通硅酸盐水泥 P·C 32.5	t	0.0003	464.62	0.14		
	水	m^3	0.0074	4.58	0.03		
	水砂纸	张	0.04	0.77	0.03		
	腻子粉 成品（一般型）	kg	1.242	2.94	3.65		
	其他材料费	元	0.196	1	0.2		
	材料费小计			—	4.05	—	

注：1. 如不使用省级或行业建设主管部门发布的计价依据，可不填定额编号、名称等；
2. 招标文件提供了暂估单价的材料，按暂估的单价填入表内“暂估单价”栏及“暂估合价”栏。

表 17.4.2–57　综合单价分析表

工程名称：幼儿园教学楼　　　　标段：　　　　第　页　共　页

项目编码		011204003001		项目名称	块料墙面			计量单位	m^2	工程量	787.5
清单综合单价组成明细											
定额编号	定额项目名称	定额单位	数量	单价				合价			
				人工费	材料费	机具费	管理费和利润	人工费	材料费	机具费	管理费和利润
A1-13-1 换	底层抹灰 15mm 各种墙面 内墙 实际水泥石灰砂浆厚度 20mm	$100m^2$	0.01	1168.2	1067.75		414.71	11.68	10.68		4.15
A1-13-154 换	墙面镶贴陶瓷面砖密缝 1∶2 水泥砂浆 块料周长 1300 以内 换为［素水泥浆（配合比）］	$100m^2$	0.01	4282.85	8204.98		1520.41	42.83	82.05		15.2
人工单价		小计						54.51	92.73		19.35
		未计价材料费									
清单项目综合单价								166.59			
材料费明细	主要材料名称、规格、型号					单位	数量	单价（元）	合价（元）	暂估单价（元）	暂估合价（元）
	材料费调整					元	0.0002	1			
	复合普通硅酸盐水泥 P·C 32.5					t	0.0088	464.62	4.08		
	水					m^3	0.0157	4.58	0.07		
	白色硅酸盐水泥 32.5					t	0.0001	839.85	0.08		
	釉面砖 300mm × 600mm					m^2	1.04	74.98	77.98		
	白棉纱					kg	0.01	11.47	0.11		
	其他材料费					元	0.2233	1	0.22		
	材料费小计							—	82.55	—	

注：1. 如不使用省级或行业建设主管部门发布的计价依据，可不填定额编号、名称等；
2. 招标文件提供了暂估单价的材料，按暂估的单价填入表内“暂估单价”栏及“暂估合价”栏。

表 17.4.2–58 综合单价分析表

工程名称：幼儿园教学楼　　　　标段：　　　　第　页　共　页

项目编码		011204003002		项目名称	块料墙面			计量单位	m²	工程量	697.99
清单综合单价组成明细											
定额编号	定额项目名称	定额单位	数量	单价				合价			
				人工费	材料费	机具费	管理费和利润	人工费	材料费	机具费	管理费和利润
A1–13–2 $R\times1.2$	底层抹灰 15mm 各种墙面 外墙 换为［预拌水泥防水砂浆 1∶3］墙面设计钉（挂）网者 钉（挂）网部分的墙面 人工 ×1.2	100m²	0.01	2085.43	969.35		740.33	20.85	9.69		7.4
A1–13–153 换	墙面镶贴陶瓷面砖密缝 1∶2 水泥砂浆 块料周长 600 以内 换为［素水泥浆（配合比）］	100m²	0.01	4389.95	3247.3		1558.43	43.9	32.47		15.58
人工单价		小计						64.75	42.16		22.98
		未计价材料费						9.24			
清单项目综合单价								129.91			
材料费明细	主要材料名称、规格、型号					单位	数量	单价（元）	合价（元）	暂估单价（元）	暂估合价（元）
	复合普通硅酸盐水泥 P·C 32.5					t	0.0088	464.62	4.08		
	水					m³	0.0152	4.58	0.07		
	白色硅酸盐水泥 32.5					t	0.0001	839.85	0.08		
	釉面砖 45mm×45mm					m²	1.04	27.31	28.4		
	白棉纱					kg	0.01	11.47	0.11		
	预拌水泥防水砂浆 1∶3					m³	0.0167	553	9.24		
	其他材料费					元	0.1758	1	0.18		
	材料费小计							—	42.17	—	

注：1. 如不使用省级或行业建设主管部门发布的计价依据，可不填定额编号、名称等；

2. 招标文件提供了暂估单价的材料，按暂估的单价填入表内“暂估单价”栏及“暂估合价”栏。

表 17.4.2–59 综合单价分析表

工程名称：幼儿园教学楼　　　　标段：　　　　第　页　共　页

项目编码		011205002001		项目名称	块料柱面			计量单位	m²	工程量	12.3
清单综合单价组成明细											
定额编号	定额项目名称	定额单位	数量	单价				合价			
				人工费	材料费	机具费	管理费和利润	人工费	材料费	机具费	管理费和利润
A1–13–3	底层抹灰 15mm 柱梁面	100m²	0.01	1914.65	871.23		679.7	19.15	8.71		6.8

续表 17.4.2-59

定额编号	定额项目名称	定额单位	数量	单价 人工费	单价 材料费	单价 机具费	单价 管理费和利润	合价 人工费	合价 材料费	合价 机具费	合价 管理费和利润
A1-13-156换	独立梁柱面镶贴陶瓷面砖密缝 1∶2水泥砂浆 块料周长600以内 换为[素水泥浆(配合比)]	$100m^2$	0.01	4801.27	3302.19		1704.45	48.01	33.02		17.04
人工单价		小　计						67.16	41.73		23.84
		未计价材料费									
清单项目综合单价								132.73			
材料费明细	主要材料名称、规格、型号					单位	数量	单价（元）	合价（元）	暂估单价（元）	暂估合价（元）
	复合普通硅酸盐水泥 P·C 32.5					t	0.0088	464.62	4.08		
	水					m^3	0.0164	4.58	0.08		
	白色硅酸盐水泥 32.5					t	0.0001	839.85	0.08		
	釉面砖 45mm×45mm					m^2	1.06	27.31	28.95		
	白棉纱					kg	0.01	11.47	0.11		
	其他材料费					元	0.1843	1	0.18		
	材料费小计							—	33.48	—	

注：1. 如不使用省级或行业建设主管部门发布的计价依据，可不填定额编号、名称等；
2. 招标文件提供了暂估单价的材料，按暂估的单价填入表内“暂估单价”栏及“暂估合价”栏。

表 17.4.2-60　综合单价分析表

工程名称：幼儿园教学楼　　　　标段：　　　　第　页　共　页

项目编码		011206002001	项目名称	块料零星项目				计量单位	m^2	工程量	31
清单综合单价组成明细											
定额编号	定额项目名称	定额单位	数量	单价 人工费	单价 材料费	单价 机具费	单价 管理费和利润	合价 人工费	合价 材料费	合价 机具费	合价 管理费和利润
A1-13-4	底层抹灰15mm 零星项目	$100m^2$	0.01	5755.45	882.89		2043.18	57.55	8.83		20.43
A1-13-153换	墙面镶贴陶瓷面砖密缝 1∶2水泥砂浆 块料周长600以内 雨篷、阳台板、悬挑板、挑檐底面和天棚贴陶瓷块料或马赛克 人工×1.45，主材[80010630]含量×1.07 换为[素水泥浆(配合比)]	$100m^2$	0.01	6365.43	3274.03		2259.73	63.65	32.74		22.6
人工单价		小　计						121.2	41.57		43.03
		未计价材料费									
清单项目综合单价								205.81			

续表 17.4.2–60

	主要材料名称、规格、型号	单位	数量	单价（元）	合价（元）	暂估单价（元）	暂估合价（元）
材料费明细	复合普通硅酸盐水泥 P·C 32.5	t	0.0095	464.62	4.41		
	水	m^3	0.0242	4.58	0.11		
	白色硅酸盐水泥 32.5	t	0.0001	839.85	0.08		
	釉面砖 45mm×45mm	m^2	1.04	27.31	28.4		
	白棉纱	kg	0.01	11.47	0.11		
	其他材料费	元	0.1901	1	0.19		
	材料费小计			—	33.31	—	

注：1. 如不使用省级或行业建设主管部门发布的计价依据，可不填定额编号、名称等；

2. 招标文件提供了暂估单价的材料，按暂估的单价填入表内“暂估单价”栏及“暂估合价”栏。

表 17.4.2–61 综合单价分析表

工程名称：幼儿园教学楼　　标段：　　第　页　共　页

项目编码		011204003003		项目名称	块料墙面			计量单位	m^2	工程量	25.36
清单综合单价组成明细											
定额编号	定额项目名称	定额单位	数量	单价				合价			
				人工费	材料费	机具费	管理费和利润	人工费	材料费	机具费	管理费和利润
A1-13-2 换	底层抹灰 15mm 各种墙面 外墙 换为［预拌水泥防水砂浆 1∶3］ 实际水泥石灰砂浆厚度 20mm	$100m^2$	0.01	1940.51	1243.1		688.88	19.44	12.45		6.9
A1-13-153 换	墙面镶贴陶瓷面砖密缝 1∶2 水泥砂浆 块料周长 600 以内 换为［素水泥浆（配合比）］	$100m^2$	0.01	4389.95	3919.14		1558.43	43.97	39.25		15.61
人工单价		小计						63.41	51.7		22.51
		未计价材料费						9.25			
清单项目综合单价								137.62			
材料费明细	主要材料名称、规格、型号					单位	数量	单价（元）	合价（元）	暂估单价（元）	暂估合价（元）
	材料费调整					元	0.0002	1			
	复合普通硅酸盐水泥 P·C 32.5					t	0.0088	464.62	4.08		
	水					m^3	0.0157	4.58	0.07		
	白色硅酸盐水泥 32.5					t	0.0001	839.85	0.08		
	白色瓷片 100mm×100mm					m^2	1.0416	33.77	35.17		
	白棉纱					kg	0.01	11.47	0.11		
	预拌水泥防水砂浆 1∶3					m^3	0.0167	553	9.24		
	其他材料费					元	0.2237	1	0.22		
	材料费小计							—	48.98	—	

注：1. 如不使用省级或行业建设主管部门发布的计价依据，可不填定额编号、名称等；

2. 招标文件提供了暂估单价的材料，按暂估的单价填入表内“暂估单价”栏及“暂估合价”栏。

表 17.4.2–62　综合单价分析表

工程名称：幼儿园教学楼　　　　标段：　　　　第　页　共　页

项目编码		011210006001		项目名称	其他隔断			计量单位	m²	工程量	12.96
清单综合单价组成明细											
定额编号	定额项目名称	定额单位	数量	单价				合价			
				人工费	材料费	机具费	管理费和利润	人工费	材料费	机具费	管理费和利润
A1-13-287	浴室厕隔断（包龙骨、基层）成品隔断	100m²	0.01	2089.35	22067		741.72	20.96	221.35		7.44
人工单价		小计						20.96	221.35		7.44
		未计价材料费									
清单项目综合单价								249.75			
材料费明细	主要材料名称、规格、型号					单位	数量	单价（元）	合价（元）	暂估单价（元）	暂估合价（元）
	12mm 厚抗倍特板					m²	1.0031	220.67	221.35		
	材料费小计							—	221.35	—	

注：1. 如不使用省级或行业建设主管部门发布的计价依据，可不填定额编号、名称等；
2. 招标文件提供了暂估单价的材料，按暂估的单价填入表内“暂估单价”栏及“暂估合价”栏。

表 17.4.2–63　综合单价分析表

工程名称：幼儿园教学楼　　　　标段：　　　　第　页　共　页

项目编码		010607005001		项目名称	砌块墙钢丝网加固			计量单位	m²	工程量	697.99
清单综合单价组成明细											
定额编号	定额项目名称	定额单位	数量	单价				合价			
				人工费	材料费	机具费	管理费和利润	人工费	材料费	机具费	管理费和利润
A1-13-47	墙、柱面钉（挂）钢（铁）网 铁丝网	100m²	0.01	857.52	774.34		304.42	8.58	7.74		3.04
人工单价		小计						8.58	7.74		3.04
		未计价材料费									
清单项目综合单价								19.36			
材料费明细	主要材料名称、规格、型号					单位	数量	单价（元）	合价（元）	暂估单价（元）	暂估合价（元）
	膨胀螺栓 M6×80					10套	0.1	2.65	0.27		
	马钉 综合					kg	0.04	5.21	0.21		
	钢丝网 综合					m²	1.1	5.9	6.49		
	其他材料费					元	0.78	1	0.78		
	材料费小计							—	7.75	—	

注：1. 如不使用省级或行业建设主管部门发布的计价依据，可不填定额编号、名称等；
2. 招标文件提供了暂估单价的材料，按暂估的单价填入表内“暂估单价”栏及“暂估合价”栏。

表 17.4.2–64　综合单价分析表

工程名称：幼儿园教学楼　　　　　　　　　　标段：　　　　　　　　　　第　页　共　页

项目编码		010607005002		项目名称	砌块墙钢丝网加固			计量单位	m^2	工程量	239
清单综合单价组成明细											
定额编号	定额项目名称	定额单位	数量	单价				合价			
				人工费	材料费	机具费	管理费和利润	人工费	材料费	机具费	管理费和利润
A1–13–47	墙、柱面钉（挂）钢（铁）网 铁丝网	$100m^2$	0.01	857.52	774.34		304.42	8.58	7.74		3.04
人工单价		小　计						8.58	7.74		3.04
		未计价材料费									
清单项目综合单价								19.36			
材料费明细	主要材料名称、规格、型号					单位	数量	单价（元）	合价（元）	暂估单价（元）	暂估合价（元）
	膨胀螺栓 M6 × 80					10 套	0.1	2.65	0.27		
	马钉 综合					kg	0.04	5.21	0.21		
	钢丝网 综合					m^2	1.1	5.9	6.49		
	其他材料费					元	0.78	1	0.78		
	材料费小计							—	7.75	—	

注：1. 如不使用省级或行业建设主管部门发布的计价依据，可不填定额编号、名称等；

2. 招标文件提供了暂估单价的材料，按暂估的单价填入表内“暂估单价”栏及“暂估合价”栏。

表 17.4.2–65　综合单价分析表

工程名称：幼儿园教学楼　　　　　　　　　　标段：　　　　　　　　　　第　页　共　页

项目编码		011301001001		项目名称	天棚抹灰			计量单位	m^2	工程量	734.07
清单综合单价组成明细											
定额编号	定额项目名称	定额单位	数量	单价				合价			
				人工费	材料费	机具费	管理费和利润	人工费	材料费	机具费	管理费和利润
A1–14–3	水泥石灰砂浆底 石灰砂浆面（10+5）mm	$100m^2$	0.01	1640.24	2235.68		575.23	16.4	22.36		5.75
A1–15–151 ×2	成品腻子粉（一般型）Y 型 天棚面 满刮一遍 单价 ×2	$100m^2$	0.01	936.78	386.66		328.53	9.37	3.87		3.29
人工单价		小　计						25.77	26.23		9.04
		未计价材料费									
清单项目综合单价								61.03			
材料费明细	主要材料名称、规格、型号					单位	数量	单价（元）	合价（元）	暂估单价（元）	暂估合价（元）
	复合普通硅酸盐水泥 P·C 32.5					t	0.0006	464.62	0.28		
	水					m^3	0.0086	4.58	0.04		
	水砂纸					张	0.04	0.77	0.03		
	腻子粉 成品（一般型）					kg	1.2995	2.94	3.82		
	其他材料费					元	0.1435	1	0.14		
	材料费小计							—	4.31	—	

注：1. 如不使用省级或行业建设主管部门发布的计价依据，可不填定额编号、名称等；

2. 招标文件提供了暂估单价的材料，按暂估的单价填入表内“暂估单价”栏及“暂估合价”栏。

表 17.4.2–66　综合单价分析表

工程名称：幼儿园教学楼　　　　标段：　　　　第　页　共　页

项目编码		011302001001		项目名称	吊顶天棚			计量单位	m^2	工程量	60.53
清单综合单价组成明细											
定额编号	定额项目名称	定额单位	数量	单价				合价			
				人工费	材料费	机具费	管理费和利润	人工费	材料费	机具费	管理费和利润
A1–14–70	铝合金板天棚龙骨（不上人型）嵌入式 面层规格（mm）600×600	$100m^2$	0.01	1077.3	2941.84	9.47	381.13	10.77	29.42	0.09	3.81
A1–14–133 换	方形铝扣板面层 600×600 换为［铝扣板银白］	$100m^2$	0.01	923.52	14273.65		323.87	9.24	142.74		3.24
人工单价		小　计						20.01	172.16	0.09	7.05
		未计价材料费									
清单项目综合单价								199.31			
材料费明细	主要材料名称、规格、型号					单位	数量	单价（元）	合价（元）	暂估单价（元）	暂估合价（元）
	热轧圆盘条 ϕ10 以内					t	0.0002	3999.88	0.8		
	低碳钢焊条 综合					kg	0.0128	5.34	0.07		
	铁件 综合					kg	0.0001	6.8			
	其他材料费					元	0.3016	1	0.3		
	其他材料费							—	170.82	—	
	材料费小计							—	171.99	—	

注：1. 如不使用省级或行业建设主管部门发布的计价依据，可不填定额编号、名称等；
2. 招标文件提供了暂估单价的材料，按暂估的单价填入表内“暂估单价”栏及“暂估合价”栏。

表 17.4.2–67　综合单价分析表

工程名称：幼儿园教学楼　　　　标段：　　　　第　页　共　页

项目编码		粤 011701008001		项目名称	综合钢脚手架			计量单位	m^2	工程量	882.8
清单综合单价组成明细											
定额编号	定额项目名称	定额单位	数量	单价				合价			
				人工费	材料费	机具费	管理费和利润	人工费	材料费	机具费	管理费和利润
A1–21–2	综合钢脚手架搭拆 高度 12.5m 以内	$100m^2$	0.01	1239.89	365.9	133.91	486.6	12.4	3.66	1.34	4.87
A1–21–22	建筑用综合脚手架使用费	$100m^2$·10 天	0.0007	116.15	169.23	8.93	44.31	0.08	0.11	0.01	0.03
人工单价		小　计						12.48	3.77	1.35	4.9
		未计价材料费									
清单项目综合单价								22.49			

续表 17.4.2–67

	主要材料名称、规格、型号	单位	数量	单价（元）	合价（元）	暂估单价（元）	暂估合价（元）
材料费明细	镀锌低碳钢丝 ϕ0.7~1.2	kg	0.0047	5.74	0.03		
	松节油	kg	0.0291	8.84	0.26		
	镀锌低碳钢丝 ϕ1.2~2.5	kg	0.0085	5.74	0.05		
	膨胀螺栓 M6 × 80	10 套	0.002	2.65	0.01		
	酚醛红丹防锈漆	kg	0.0928	16.83	1.56		
	密目式阻燃安全网	m^2	0.1675	8.5	1.42		
	脚手架钢管底座	个	0.0002	7.05			
	松杂直边板	m^3		1402.5			
	其他材料费	元	0.3461	1	0.35		
	其他材料费			—	0.1	—	
	材料费小计			—	3.78	—	

注：1. 如不使用省级或行业建设主管部门发布的计价依据，可不填定额编号、名称等；

2. 招标文件提供了暂估单价的材料，按暂估的单价填入表内“暂估单价”栏及“暂估合价”栏。

表 17.4.2–68 综合单价分析表

工程名称：幼儿园教学楼　　　　标段：　　　　第　页　共　页

项目编码		粤 011701009001		项目名称	单排钢脚手架			计量单位	m^2	工程量	74
清单综合单价组成明细											
定额编号	定额项目名称	定额单位	数量	单价				合价			
				人工费	材料费	机具费	管理费和利润	人工费	材料费	机具费	管理费和利润
A1-21-24	单排钢脚手架搭拆高度 10m 以内	$100m^2$	0.01	514.89	144.24	26.78	191.86	5.15	1.44	0.27	1.92
A1-21-28	建筑用单排脚手架使用费	$100m^2$ · 10 天	0.0007	81.29	140.86	8.93	31.95	0.05	0.09	0.01	0.02
人工单价		小计						5.2	1.53	0.28	1.94
		未计价材料费									
清单项目综合单价								8.95			
材料费明细	主要材料名称、规格、型号					单位	数量	单价（元）	合价（元）	暂估单价（元）	暂估合价（元）
	松节油					kg	0.0025	8.84	0.02		
	酚醛红丹防锈漆					kg	0.023	16.83	0.39		
	脚手架接驳管 ϕ43 × 350					支	0.0116	5.74	0.07		
	脚手架钢管底座					个	0.0024	7.05	0.02		
	脚手架钢管 ϕ51 × 3.5					m	0.034	16.57	0.56		
	脚手架活动扣（含螺丝）					套	0.0039	5.84	0.02		
	脚手架直角扣（含螺丝）					套	0.026	5.66	0.15		
	松杂直边板					m^3		1402.5			
	其他材料费					元	0.2243	1	0.22		
	其他材料费							—	0.08	—	
	材料费小计							—	1.53	—	

注：1. 如不使用省级或行业建设主管部门发布的计价依据，可不填定额编号、名称等；

2. 招标文件提供了暂估单价的材料，按暂估的单价填入表内“暂估单价”栏及“暂估合价”栏。

表 17.4.2–69　综合单价分析表

工程名称：幼儿园教学楼　　　　　　　　　　　　　标段：　　　　　　　　　　　　　第　页　共　页

项目编码		粤 011701010001		项目名称	满堂脚手架			计量单位	m^2	工程量	184.91
清单综合单价组成明细											
定额编号	定额项目名称	定额单位	数量	单价				合价			
				人工费	材料费	机具费	管理费和利润	人工费	材料费	机具费	管理费和利润
A1–21–29	满堂脚手架（钢管）基本层 3.6m	$100m^2$	0.01	731.63	248.15	22.32	267.05	7.32	2.48	0.22	2.67
人工单价		小　计						7.32	2.48	0.22	2.67
		未计价材料费									
清单项目综合单价								12.69			
材料费明细	主要材料名称、规格、型号					单位	数量	单价（元）	合价（元）	暂估单价（元）	暂估合价（元）
	圆钉 50~75					kg	0.0194	3.54	0.07		
	松杂板枋材					m^3	0.0001	1333	0.13		
	镀锌低碳钢丝 ϕ0.7~1.2					kg	0.0113	5.74	0.06		
	松节油					kg	0.0007	8.84	0.01		
	酚醛红丹防锈漆					kg	0.0061	16.83	0.1		
	脚手架接驳管 $\phi 43\times350$					支	0.002	5.74	0.01		
	脚手架钢管底座					个	0.0014	7.05	0.01		
	脚手架钢管 $\phi 51\times3.5$					m	0.0704	16.57	1.17		
	脚手架活动扣（含螺丝）					套	0.0032	5.84	0.02		
	脚手架直角扣（含螺丝）					套	0.0102	5.66	0.06		
	松杂直边板					m^3	0.0006	1402.5	0.84		
	材料费小计							—	2.48	—	

注：1. 如不使用省级或行业建设主管部门发布的计价依据，可不填定额编号、名称等；

2. 招标文件提供了暂估单价的材料，按暂估的单价填入表内“暂估单价”栏及“暂估合价”栏。

表 17.4.2–70　综合单价分析表

工程名称：幼儿园教学楼　　　　　　　　　　　　　标段：　　　　　　　　　　　　　第　页　共　页

项目编码		粤 011701011001		项目名称	里脚手架			计量单位	m^2	工程量	577
清单综合单价组成明细											
定额编号	定额项目名称	定额单位	数量	单价				合价			
				人工费	材料费	机具费	管理费和利润	人工费	材料费	机具费	管理费和利润
A1–21–31	里脚手架（钢管）民用建筑 基本层 3.6m	$100m^2$	0.01	1045.4	110.65	31.25	381.35	10.45	1.11	0.31	3.81
人工单价		小　计						10.45	1.11	0.31	3.81
		未计价材料费									
清单项目综合单价								15.69			

续表 17.4.2-70

	主要材料名称、规格、型号	单位	数量	单价（元）	合价（元）	暂估单价（元）	暂估合价（元）
材料费明细	圆钉 50~75	kg	0.0718	3.54	0.25		
	镀锌低碳钢丝 ϕ0.7~1.2	kg	0.0011	5.74	0.01		
	松节油	kg	0.0011	8.84	0.01		
	酚醛红丹防锈漆	kg	0.0035	16.83	0.06		
	脚手架接驳管 ϕ43×350	支	0.0004	5.74			
	脚手架钢管 ϕ51×3.5	m	0.0109	16.57	0.18		
	脚手架直角扣（含螺丝）	套	0.0084	5.66	0.05		
	松杂直边板	m^3	0.0004	1402.5	0.56		
	材料费小计			—	1.12	—	

注：1. 如不使用省级或行业建设主管部门发布的计价依据，可不填定额编号、名称等；

2. 招标文件提供了暂估单价的材料，按暂估的单价填入表内“暂估单价”栏及“暂估合价”栏。

表 17.4.2-71 综合单价分析表

工程名称：幼儿园教学楼　　　　标段：　　　　第　页　共　页

项目编码		011702001001		项目名称	基础			计量单位	m²	工程量	38.99
清单综合单价组成明细											
定额编号	定额项目名称	定额单位	数量	单价				合价			
				人工费	材料费	机具费	管理费和利润	人工费	材料费	机具费	管理费和利润
A1-20-12	基础垫层模板	$100m^2$	0.01	1039.92	1344.04	58.12	508.94	10.4	13.44	0.58	5.09
人工单价		小计						10.4	13.44	0.58	5.09
		未计价材料费									
清单项目综合单价								29.51			

	主要材料名称、规格、型号	单位	数量	单价（元）	合价（元）	暂估单价（元）	暂估合价（元）
材料费明细	圆钉 50~75	kg	0.1973	3.54	0.7		
	松杂板枋材	m^3	0.009	1333	12		
	隔离剂	kg	0.1	7.05	0.71		
	材料费小计			—	13.41	—	

注：1. 如不使用省级或行业建设主管部门发布的计价依据，可不填定额编号、名称等；

2. 招标文件提供了暂估单价的材料，按暂估的单价填入表内“暂估单价”栏及“暂估合价”栏。

表 17.4.2-72 综合单价分析表

工程名称：幼儿园教学楼　　　　标段：　　　　第　页　共　页

项目编码		011702001002		项目名称	基础			计量单位	m²	工程量	78.92
清单综合单价组成明细											
定额编号	定额项目名称	定额单位	数量	单价				合价			
				人工费	材料费	机具费	管理费和利润	人工费	材料费	机具费	管理费和利润
A1-20-3	独立基础模板	$100m^2$	0.01	1857.15	2071.28	132.87	922.37	18.57	20.71	1.33	9.22
人工单价		小计						18.57	20.71	1.33	9.22
		未计价材料费									
清单项目综合单价								49.84			

续表 17.4.2–72

	主要材料名称、规格、型号	单位	数量	单价（元）	合价（元）	暂估单价（元）	暂估合价（元）
材料费明细	圆钉 50~75	kg	0.1272	3.54	0.45		
	松杂板枋材	m^3	0.0087	1333	11.6		
	隔离剂	kg	0.1	7.05	0.71		
	镀锌低碳钢丝 ϕ4.0	kg	0.5199	5.74	2.98		
	防水胶合板 模板用 18mm	m^2	0.15	33.14	4.97		
	其他材料费	元	0.0585	1	0.06		
	材料费小计			—	20.77	—	

注：1. 如不使用省级或行业建设主管部门发布的计价依据，可不填定额编号、名称等；

2. 招标文件提供了暂估单价的材料，按暂估的单价填入表内“暂估单价”栏及“暂估合价”栏。

表 17.4.2–73　综合单价分析表

工程名称：幼儿园教学楼　　　　　标段：　　　　　第　页　共　页

项目编码	011702002001	项目名称	矩形柱			计量单位	m^2	工程量	385		
清单综合单价组成明细											
定额编号	定额项目名称	定额单位	数量	单价				合价			
				人工费	材料费	机具费	管理费和利润	人工费	材料费	机具费	管理费和利润
A1–20–15	矩形柱模板（周长m）支模高度 3.6m 以内 1.8 以内	$100m^2$	0.005	2819.89	1251.49	145.14	1374.3	14.1	6.26	0.73	6.87
A1–20–16	矩形柱模板（周长m）支模高度 3.6m 以内 1.8 以外	$100m^2$	0.005	3101.61	1390.41	145.14	1504.87	15.51	6.95	0.73	7.52
人工单价		小计						29.61	13.21	1.46	14.39
		未计价材料费									
清单项目综合单价								58.66			

	主要材料名称、规格、型号	单位	数量	单价（元）	合价（元）	暂估单价（元）	暂估合价（元）
材料费明细	圆钉 50~75	kg	0.0189	3.54	0.07		
	松杂板枋材	m^3	0.0028	1333	3.73		
	隔离剂	kg	0.1	7.05	0.71		
	防水胶合板 模板用 18mm	m^2	0.15	33.14	4.97		
	钢支撑	kg	0.5459	5.76	3.14		
	对拉螺栓	kg	0.0951	5.38	0.51		
	其他材料费	元	0.0585	1	0.06		
	材料费小计			—	13.19	—	

注：1. 如不使用省级或行业建设主管部门发布的计价依据，可不填定额编号、名称等；

2. 招标文件提供了暂估单价的材料，按暂估的单价填入表内“暂估单价”栏及“暂估合价”栏。

表 17.4.2–74 综合单价分析表

工程名称：幼儿园教学楼　　　　标段：　　　　第　页　共　页

项目编码		011702003001		项目名称	构造柱			计量单位	m²	工程量	107
清单综合单价组成明细											
定额编号	定额项目名称	定额单位	数量	单价				合价			
				人工费	材料费	机具费	管理费和利润	人工费	材料费	机具费	管理费和利润
A1–20–14	矩形柱模板（周长 m）支模高度 3.6m 以内 1.2 以内	100m²	0.01	3569.39	1482.16	167.24	1731.93	35.69	14.82	1.67	17.32
人工单价		小　计						35.69	14.82	1.67	17.32
		未计价材料费									
清单项目综合单价								69.51			
材料费明细	主要材料名称、规格、型号					单位	数量	单价（元）	合价（元）	暂估单价（元）	暂估合价（元）
	圆钉 50~75					kg	0.04	3.54	0.14		
	松杂板枋材					m³	0.0075	1333	10		
	铁件 综合					kg	0.114	6.8	0.78		
	隔离剂					kg	0.1	7.05	0.71		
	钢支撑					kg	0.5459	5.76	3.14		
	嵌缝料					kg	0.1	0.58	0.06		
	材料费小计							—	14.83	—	

注：1. 如不使用省级或行业建设主管部门发布的计价依据，可不填定额编号、名称等；
2. 招标文件提供了暂估单价的材料，按暂估的单价填入表内“暂估单价”栏及“暂估合价”栏。

表 17.4.2–75 综合单价分析表

工程名称：幼儿园教学楼　　　　标段：　　　　第　页　共　页

项目编码		011702005001		项目名称	基础梁			计量单位	m²	工程量	115.19
清单综合单价组成明细											
定额编号	定额项目名称	定额单位	数量	单价				合价			
				人工费	材料费	机具费	管理费和利润	人工费	材料费	机具费	管理费和利润
A1–20–32	基础梁模板	100m²	0.01	2413.7	2068.89	120.56	1174.63	24.14	20.69	1.21	11.75
人工单价		小　计						24.14	20.69	1.21	11.75
		未计价材料费									
清单项目综合单价								57.78			
材料费明细	主要材料名称、规格、型号					单位	数量	单价（元）	合价（元）	暂估单价（元）	暂估合价（元）
	圆钉 50~75					kg	0.3944	3.54	1.4		
	松杂板枋材					m³	0.0079	1333	10.53		
	隔离剂					kg	0.1	7.05	0.71		
	镀锌低碳钢丝 ϕ4.0					kg	0.3863	5.74	2.22		
	防水胶合板 模板用 18mm					m²	0.1616	33.14	5.36		
	对拉螺栓					kg	0.0648	5.38	0.35		
	其他材料费					元	0.0952	1	0.1		
	材料费小计							—	20.67	—	

注：1. 如不使用省级或行业建设主管部门发布的计价依据，可不填定额编号、名称等；
2. 招标文件提供了暂估单价的材料，按暂估的单价填入表内“暂估单价”栏及“暂估合价”栏。

表 17.4.2–76　综合单价分析表

工程名称：幼儿园教学楼　　　　标段：　　　　第　页　共　页

项目编码		011702006001	项目名称	矩形梁			计量单位	m^2	工程量	560	
清单综合单价组成明细											
定额编号	定额项目名称	定额单位	数量	单价				合价			
				人工费	材料费	机具费	管理费和利润	人工费	材料费	机具费	管理费和利润
A1–20–33	单梁、连续梁模板 梁宽 25（cm 以内）支模高度 3.6m	100m^2	0.01	3495.18	1323.46	151.81	1690.38	34.95	13.23	1.52	16.9
人工单价		小计						34.95	13.23	1.52	16.9
		未计价材料费									
清单项目综合单价								66.61			
材料费明细	主要材料名称、规格、型号					单位	数量	单价（元）	合价（元）	暂估单价（元）	暂估合价（元）
	圆钉 50~75					kg	0.0047	3.54	0.02		
	松杂板枋材					m^3	0.0005	1333	0.67		
	隔离剂					kg	0.1	7.05	0.71		
	镀锌低碳钢丝 ϕ4.0					kg	0.1607	5.74	0.92		
	防水胶合板 模板用 18mm					m^2	0.1616	33.14	5.36		
	钢支撑					kg	0.9536	5.76	5.49		
	对拉螺栓					kg	0.0038	5.38	0.02		
	其他材料费					元	0.0952	1	0.1		
	材料费小计							—	13.29	—	

注：1. 如不使用省级或行业建设主管部门发布的计价依据，可不填定额编号、名称等；

2. 招标文件提供了暂估单价的材料，按暂估的单价填入表内“暂估单价”栏及“暂估合价”栏。

表 17.4.2–77　综合单价分析表

工程名称：幼儿园教学楼　　　　标段：　　　　第　页　共　页

项目编码		011702009001	项目名称	过梁			计量单位	m^2	工程量	5.03	
清单综合单价组成明细											
定额编号	定额项目名称	定额单位	数量	单价				合价			
				人工费	材料费	机具费	管理费和利润	人工费	材料费	机具费	管理费和利润
A1–20–37	圈梁模板 支模高度 3.6m	100m^2	0.01	2521.71	1296.09	68.08	1200.37	25.22	12.96	0.68	12
人工单价		小计						25.22	12.96	0.68	12
		未计价材料费									
清单项目综合单价								50.86			
材料费明细	主要材料名称、规格、型号					单位	数量	单价（元）	合价（元）	暂估单价（元）	暂估合价（元）
	圆钉 50~75					kg	0.3297	3.54	1.17		
	松杂板枋材					m^3	0.0015	1333	2		
	隔离剂					kg	0.1	7.05	0.71		
	镀锌低碳钢丝 ϕ4.0					kg	0.6454	5.74	3.7		
	防水胶合板 模板用 18mm					m^2	0.1616	33.14	5.36		
	其他材料费					元	0.0952	1	0.1		
	材料费小计							—	13.04	—	

注：1. 如不使用省级或行业建设主管部门发布的计价依据，可不填定额编号、名称等；

2. 招标文件提供了暂估单价的材料，按暂估的单价填入表内“暂估单价”栏及“暂估合价”栏。

表 17.4.2–78 综合单价分析表

工程名称：幼儿园教学楼　　　　　　　　　　标段：　　　　　　　　　　第　页　共　页

项目编码		011702014001		项目名称	有梁板			计量单位	m²	工程量	596
清单综合单价组成明细											
定额编号	定额项目名称	定额单位	数量	单价				合价			
				人工费	材料费	机具费	管理费和利润	人工费	材料费	机具费	管理费和利润
A1-20-75	有梁板模板 支模高度 3.6m	100m²	0.01	2976.2	1542.42	218.76	1480.86	29.76	15.42	2.19	14.81
人工单价		小计						29.76	15.42	2.19	14.81
		未计价材料费									
清单项目综合单价								62.18			
材料费明细	主要材料名称、规格、型号					单位	数量	单价（元）	合价（元）	暂估单价（元）	暂估合价（元）
	圆钉 50~75					kg	0.017	3.54	0.06		
	松杂板枋材					m³	0.0028	1333	3.73		
	隔离剂					kg	0.1	7.05	0.71		
	镀锌低碳钢丝 ϕ4.0					kg	0.2214	5.74	1.27		
	防水胶合板 模板用 18mm					m²	0.15	33.14	4.97		
	钢支撑					kg	0.7966	5.76	4.59		
	其他材料费					元	0.0833	1	0.08		
	材料费小计							—	15.41	—	

注：1. 如不使用省级或行业建设主管部门发布的计价依据，可不填定额编号、名称等；

2. 招标文件提供了暂估单价的材料，按暂估的单价填入表内“暂估单价”栏及“暂估合价”栏。

表 17.4.2–79 综合单价分析表

工程名称：幼儿园教学楼　　　　　　　　　　标段：　　　　　　　　　　第　页　共　页

项目编码		011702024001		项目名称	楼梯			计量单位	m²	工程量	59.88
清单综合单价组成明细											
定额编号	定额项目名称	定额单位	数量	单价				合价			
				人工费	材料费	机具费	管理费和利润	人工费	材料费	机具费	管理费和利润
A1-20-92	楼梯模板 直形	100m²	0.01	8613.89	4466.84	293.61	4128.63	86.14	44.67	2.94	41.29
人工单价		小计						86.14	44.67	2.94	41.29
		未计价材料费									
清单项目综合单价								175.03			
材料费明细	主要材料名称、规格、型号					单位	数量	单价（元）	合价（元）	暂估单价（元）	暂估合价（元）
	圆钉 50~75					kg	0.534	3.54	1.89		
	松杂板枋材					m³	0.0312	1333	41.59		
	隔离剂					kg	0.161	7.05	1.14		
	嵌缝料					kg	0.161	0.58	0.09		
	材料费小计							—	44.71	—	

注：1. 如不使用省级或行业建设主管部门发布的计价依据，可不填定额编号、名称等；

2. 招标文件提供了暂估单价的材料，按暂估的单价填入表内“暂估单价”栏及“暂估合价”栏。

表 17.4.2-80　综合单价分析表

工程名称：幼儿园教学楼　　标段：　　第　页　共　页

项目编码		011702027001		项目名称	台阶			计量单位	m^2	工程量	1
清单综合单价组成明细											
定额编号	定额项目名称	定额单位	数量	单价				合价			
				人工费	材料费	机具费	管理费和利润	人工费	材料费	机具费	管理费和利润
A1-20-96	台阶模板	$100m^2$	0.01	2090.43	777.04	48.91	991.59	20.9	7.77	0.49	9.92
人工单价		小计						20.9	7.77	0.49	9.92
		未计价材料费									
清单项目综合单价								39.08			
材料费明细	主要材料名称、规格、型号					单位	数量	单价（元）	合价（元）	暂估单价（元）	暂估合价（元）
	圆钉 50~75					kg	0.148	3.54	0.52		
	松杂板枋材					m^3	0.0052	1333	6.93		
	隔离剂					kg	0.05	7.05	0.35		
	嵌缝料					kg	0.05	0.58	0.03		
	材料费小计							—	7.83	—	

注：1. 如不使用省级或行业建设主管部门发布的计价依据，可不填定额编号、名称等；

2. 招标文件提供了暂估单价的材料，按暂估的单价填入表内“暂估单价”栏及“暂估合价”栏。

表 17.4.2-81　综合单价分析表

工程名称：幼儿园教学楼　　标段：　　第　页　共　页

项目编码		011702021001		项目名称	栏板			计量单位	m^2	工程量	208
清单综合单价组成明细											
定额编号	定额项目名称	定额单位	数量	单价				合价			
				人工费	材料费	机具费	管理费和利润	人工费	材料费	机具费	管理费和利润
A1-20-97	栏板、反檐模板	$100m^2$	0.01	2459.11	2427.53	99.79	1186.05	24.59	24.28	1	11.86
人工单价		小计						24.59	24.28	1	11.86
		未计价材料费									
清单项目综合单价								61.72			
材料费明细	主要材料名称、规格、型号					单位	数量	单价（元）	合价（元）	暂估单价（元）	暂估合价（元）
	圆钉 50~75					kg	0.2593	3.54	0.92		
	松杂板枋材					m^3	0.017	1333	22.66		
	隔离剂					kg	0.1	7.05	0.71		
	嵌缝料					kg	0.1	0.58	0.06		
	材料费小计							—	24.35	—	

注：1. 如不使用省级或行业建设主管部门发布的计价依据，可不填定额编号、名称等；

2. 招标文件提供了暂估单价的材料，按暂估的单价填入表内“暂估单价”栏及“暂估合价”栏。

表 17.4.2–82　综合单价分析表

工程名称：幼儿园教学楼　　　　标段：　　　　第　页　共　页

项目编码		011702028001		项目名称	压顶			计量单位	m^2	工程量	47
清单综合单价组成明细											
定额编号	定额项目名称	定额单位	数量	单价				合价			
				人工费	材料费	机具费	管理费和利润	人工费	材料费	机具费	管理费和利润
A1–20–98	压顶、扶手模板	100m	0.01	1934.32	1062.32	73.52	930.64	19.34	10.62	0.74	9.31
人工单价		小　计						19.34	10.62	0.74	9.31
		未计价材料费									
清单项目综合单价								40.01			
材料费明细	主要材料名称、规格、型号					单位	数量	单价（元）	合价（元）	暂估单价（元）	暂估合价（元）
	圆钉 50~75					kg	0.2073	3.54	0.73		
	松杂板枋材					m^3	0.0072	1333	9.6		
	隔离剂					kg	0.033	7.05	0.23		
	嵌缝料					kg	0.033	0.58	0.02		
	材料费小计							—	10.58	—	

注：1. 如不使用省级或行业建设主管部门发布的计价依据，可不填定额编号、名称等；

2. 招标文件提供了暂估单价的材料，按暂估的单价填入表内“暂估单价”栏及“暂估合价”栏。

表 17.4.2–83　综合单价分析表

工程名称：幼儿园教学楼　　　　标段：　　　　第　页　共　页

项目编码		011702022001		项目名称	天沟、檐沟			计量单位	m^2	工程量	1
清单综合单价组成明细											
定额编号	定额项目名称	定额单位	数量	单价				合价			
				人工费	材料费	机具费	管理费和利润	人工费	材料费	机具费	管理费和利润
A1–20–100	挑檐模板	$100m^2$	0.01	3482.57	1209.08	191.43	1702.9	34.83	12.09	1.91	17.03
人工单价		小　计						34.83	12.09	1.91	17.03
		未计价材料费									
清单项目综合单价								65.86			
材料费明细	主要材料名称、规格、型号					单位	数量	单价（元）	合价（元）	暂估单价（元）	暂估合价（元）
	圆钉 50~75					kg	0.0199	3.54	0.07		
	松杂板枋材					m^3	0.0033	1333	4.4		
	隔离剂					kg	0.1	7.05	0.71		
	防水胶合板 模板用 18mm					m^2	0.0875	33.14	2.9		
	钢支撑					kg	0.6896	5.76	3.97		
	嵌缝料					kg	0.1	0.58	0.06		
	材料费小计							—	12.11	—	

注：1. 如不使用省级或行业建设主管部门发布的计价依据，可不填定额编号、名称等；

2. 招标文件提供了暂估单价的材料，按暂估的单价填入表内“暂估单价”栏及“暂估合价”栏。

表 17.4.2-84 综合单价分析表

工程名称：幼儿园教学楼　　标段：　　第 页 共 页

<table>
<tr><td colspan="2">项目编码</td><td colspan="2">011703001001</td><td>项目名称</td><td colspan="2">垂直运输</td><td>计量单位</td><td>m^2</td><td>工程量</td><td colspan="2">677</td></tr>
<tr><td colspan="12">清单综合单价组成明细</td></tr>
<tr><td rowspan="2">定额编号</td><td rowspan="2">定额项目名称</td><td rowspan="2">定额单位</td><td rowspan="2">数量</td><td colspan="4">单 价</td><td colspan="4">合 价</td></tr>
<tr><td>人工费</td><td>材料费</td><td>机具费</td><td>管理费和利润</td><td>人工费</td><td>材料费</td><td>机具费</td><td>管理费和利润</td></tr>
<tr><td>A1-22-2</td><td>建筑物 20m 以内的垂直运输 现浇框架结构</td><td>100m^2</td><td>0.01</td><td></td><td></td><td>1810.48</td><td>671.87</td><td></td><td></td><td>18.1</td><td>6.72</td></tr>
<tr><td colspan="2">人工单价</td><td colspan="6">小 计</td><td></td><td></td><td>18.1</td><td>6.72</td></tr>
<tr><td colspan="2"></td><td colspan="6">未计价材料费</td><td colspan="4"></td></tr>
<tr><td colspan="8">清单项目综合单价</td><td colspan="4">24.82</td></tr>
<tr><td rowspan="3">材料费明细</td><td colspan="5">主要材料名称、规格、型号</td><td>单位</td><td>数量</td><td>单价（元）</td><td>合价（元）</td><td>暂估单价（元）</td><td>暂估合价（元）</td></tr>
<tr><td colspan="5"></td><td></td><td></td><td></td><td></td><td></td><td></td></tr>
<tr><td colspan="7">材料费小计</td><td></td><td></td><td></td><td></td></tr>
</table>

注：1. 如不使用省级或行业建设主管部门发布的计价依据，可不填定额编号、名称等；
　　2. 招标文件提供了暂估单价的材料，按暂估的单价填入表内“暂估单价”栏及“暂估合价”栏。

表 17.4.2-85 总价措施项目清单与计价表

工程名称：幼儿园教学楼　　标段：　　第 页 共 页

序号	项目编码	项目名称	计算基础	费率（%）	金额（元）	调整费率（%）	调整后金额（元）	备注
1	LSSGCSF00001	绿色施工安全防护措施费	分部分项人工费 + 分部分项机具费	19	57759.85			以分部分项的人工费与施工机具费之和为计算基础，费率 19%
2	WMGDZJF00001	文明工地增加费	分部分项人工费 + 分部分项机具费	0				以分部分项的人工费与施工机具费之和为计算基础，市级文明工地为 1.20%，省级文明工地为 2.10%
3	011707002001	夜间施工增加费		20				以夜间施工项目人工费的 20% 计算
4	GGCSF0000001	赶工措施费	分部分项人工费 + 分部分项机具费	0				赶工措施费 =（1−δ）×（分部分项的人工费 + 施工机具费）×0.3（其中：δ = 合同工期 / 定额工期，$0.8 \leq \delta < 1$）
5	QTFY00000001	其他费用						按经批准的专项施工组织方案计算
合 计					57759.85			

编制人（造价人员）：　　复核人（造价工程师）：

表 17.4.2–86　其他项目清单与计价汇总表

工程名称：幼儿园教学楼　　标段：　　第　页　共　页

序号	项目名称	金额（元）	结算金额（元）	备注
1	暂列金额			
2	暂估价			
2.1	材料暂估价	—		
2.2	专业工程暂估价			
3	计日工			
4	总承包服务费			
5	预算包干费	21279.94		
6	工程优质费			
7	概算幅度差			
8	现场签证费用			
9	索赔费用			
10	其他费用			
	合　计	21279.94		—

注：材料（工程设备）暂估单价进入清单项目综合单价，此处不汇总。

表 17.4.2–87　税金项目清单与计价表

工程名称：幼儿园教学楼　　标段：　　第　页　共　页

序号	项目名称	计算基础	计算基数	计算费率（%）	金额（元）
1	增值税销项税额	分部分项合计 + 措施合计 + 其他项目	1482287.19	9	133405.85
合　计					133405.85

编制人（造价人员）：　　复核人（造价工程师）：

表 17.4.2–88　主要材料价格表

工程名称：幼儿园教学楼　　第　页　共　页

序号	材料设备编码	材料设备名称	规格、型号等特殊要求	单位	单价（元）
1	01010030	热轧圆盘条	ϕ10 以内	t	3999.88
2	01010040@1	螺纹钢筋	ϕ25 以内	t	3955.47
3	01010120	螺纹钢筋	ϕ10 以内	t	4015.4
4	01030017	镀锌低碳钢丝	ϕ4.0	kg	5.74
5	01030031	镀锌低碳钢丝	ϕ0.7~1.2	kg	5.74
6	01030035	镀锌低碳钢丝	ϕ1.2~2.5	kg	5.74
7	01090022	圆钢	ϕ10 以内	t	3999.88
8	01090023	圆钢	ϕ10 以内	kg	4
9	01090030	圆钢	ϕ12~25	t	4075
10	02050260	密封胶圈		个	13.33
11	02270070	土工布		m^2	6.69
12	02290030	麻袋		个	1.89
13	03010155	不锈钢螺钉	M5 × 12	10 套	2.23
14	03010195	木螺钉	M5 × 50	10 套	0.32

续表 17.4.2–88

序号	材料设备编码	材料设备名称	规格、型号等特殊要求	单位	单价（元）
15	03011325	对拉螺栓		kg	5.38
16	03013121	膨胀螺栓	M6 × 80	10 套	2.65
17	03019021	圆钉	50~75	kg	3.54
18	03019161	马钉	综合	kg	5.21
19	03032011	单舌（双舌）门锁		把	25
20	03033051	不锈钢铰链	5#	只	7.72
21	03033056	插销	75 以内	副	2
22	03033071	门磁吸		只	12.82
23	03134011	水砂纸		张	0.77
24	03135001	低碳钢焊条	综合	kg	5.34
25	03135270	电焊条		kg	5.34
26	03137001	焊剂		kg	2.57
27	03210090	钢丝网	综合	m^2	5.9
28	03213001	铁件	综合	kg	6.8
29	03213111	镀锌铁码		支	0.47
30	04010015	复合普通硅酸盐水泥	P · C 32.5	t	464.62
31	04010045	白色硅酸盐水泥	32.5	t	839.85
32	04030010	细砂		m^3	292.49
33	04030015	中砂		m^3	273.8
34	04050025	碎石	10	m^3	214.19
35	04070001	黏土陶粒		m^3	307.69
36	04090015	生石灰		t	393.67
37	04130001	标准砖	240 × 115 × 53	千块	408.29
38	04130030	蒸压灰砂砖	240 × 115 × 115	千块	885.91
39	04130040	蒸压灰砂砖	240 × 175 × 115	千块	1348.13
40	05030080	松杂板枋材		m^3	1333
41	05030370	松杂直边板		m^3	1402.5
42	05050120	防水胶合板	模板用 18mm	m^2	33.14
43	06010010@2	Low–E 中空白色玻璃	5mm+6A+5mm 厚	m^2	248
44	07010000	釉面砖	45mm × 45mm	m^2	27.31
45	07010000@3	白色瓷片	100mm × 100mm	m^2	33.77
46	07010001@1	黄色耐磨砖	100mm × 800mm	m^2	33.77
47	07010023	釉面砖	300mm × 600mm	m^2	74.98
48	07050010@2	米黄色防滑砖	300mm × 300mm	m^2	27.72
49	07050040@1	米黄色耐磨砖	800mm × 800mm	m^2	33.78
50	08030080@1	米黄色花岗岩	20mm 厚	m^2	300
51	09390060@1	12mm 厚抗倍特板		m^2	220.67
52	13030500	腻子粉	成品（一般型）	kg	2.94
53	13050157	聚氨酯防水涂料	单组分 Ⅰ型	kg	12.16
54	13050170	聚合物水泥防水涂料	JS–Ⅱ	kg	11.79

续表 17.4.2–88

序号	材料设备编码	材料设备名称	规格、型号等特殊要求	单位	单价（元）
55	13050440	酚醛红丹防锈漆		kg	16.83
56	13350020	防水粉		kg	2.1
57	13350190	密封毛条		m	0.34
58	13410010	嵌缝料		kg	0.58
59	13410050	软填料		kg	3.9
60	14010030	松节油		kg	8.84
61	14090070	石蜡		kg	3
62	14230170	镇水粉		kg	2.14
63	14310050	草酸		kg	5.59
64	14350250	隔离剂		kg	7.05
65	14350870	发泡剂	750mL	支	29.45
66	14410130	玻璃胶	335g/ 支	支	13.73
67	14410490	墙边胶		L	46.77
68	15010360	石棉垫		kg	6.42
69	15130110@1	聚苯乙烯泡沫板	δ 30	m^2	22.29
70	17270180	高压橡胶管	综合	m	59.37
71	18250615	管箍		个	9.29
72	34050001	隔离纸		m^2	1.42
73	34090010	白棉纱		kg	11.47
74	34110010	水		m^3	4.58
75	35030020	脚手架接驳管	$\phi 43 \times 350$	支	5.74
76	35030030	脚手架钢管底座		个	7.05
77	35030050	脚手架钢管	$\phi 51 \times 3.5$	m	16.57
78	35030160	脚手架活动扣（含螺丝）		套	5.84
79	35030170	脚手架直角扣（含螺丝）		套	5.66
80	35050025	密目式阻燃安全网		m^2	8.5
81	35090230	钢支撑		kg	5.76
82	80030290	炉（矿）渣	综合	m^3	65.96
83	99450760	其他材料费		元	1
84	CLFTZ	材料费调整		元	1
85	MC1–115	钢质防盗门		m^2	600
86	MC1–99	铝合金双扇推拉窗 90 系列		m^2	235.93
87	8021901	普通预拌混凝土	碎石粒径综合考虑 C10	m^3	542
88	8021903	普通预拌混凝土	碎石粒径综合考虑 C20	m^3	573
89	8021904	普通预拌混凝土	碎石粒径综合考虑 C25	m^3	592
90	8021923	预拌 S6~S8 防水混凝土	碎石粒径综合考虑 C30	m^3	638
91	80010770	预拌水泥防水砂浆	1∶3	m^3	553

第 18 章　深圳参考案例

18.1　基础资料

18.1.1　案例背景

依据幼儿园教学楼施工图，计算房屋建筑与装饰工程的工程量，并编制招标工程量清单及招标控制价。

18.1.2　编制要求

（1）依据建设单位提供的施工图纸计算工程量。

（2）依据国家标准《建设工程工程量清单计价规范》GB 50500—2013、《房屋建筑与装饰工程工程量计算规范》GB 50854—2013 及深圳补充规范、现行深圳定额及计价标准等编制招标工程量清单及招标控制价。

附件：结构图：G–01~G–12（另册）

　　　建筑图：J–01~J–12（另册）

18.2　工程量计算

18.2.1　土石方工程

（一）平整场地

（1）根据《建设工程工程量清单计价规范》GB 50500—2013 计算规则：

平整场地：以“m^2”计量，按设计图示尺寸以建筑物首层建筑面积计算。

解： 依据图号 J–05，S（平）=10×20=200（m^2）

注： 走廊部位无围护设施（或柱）不计算建筑面积。

（2）根据《深圳市建筑工程消耗量定额（2016）》第一章工程量计算规则第四条（一）1. 平整场地按施工组织设计或图示平整面积以“m^2”计算，如无具体规定时，按照建筑物首层外墙外边线向外扩 2m 的面积计算。

解： 依据图号 J–05，S（平）=（10+2×2）×（20+2×2）=336（m^2）

（二）挖基础土方

（1）独立基础挖基坑土方工程量：

根据《深圳市建筑工程消耗量定额（2016）》第一章工程量计算规则第二条（一）1. 注：槽、坑需作基础垫层时，放坡自垫层上表面标高算起。另外依据《深圳市建设工程计价规程（2017）》P100 规定，挖沟槽、基坑、一般土方因工作面和放坡增加的工程量（管沟工作面增加的工程量）应执行消耗量定额的规定，计入相应土方项目清单工程量。

解： 按照土壤类别为三类土考虑，放坡起点深度是 1.50m，本工程开挖深度 H=2–0.3+0.1=1.8（m），达到放坡起点深度，采用放坡开挖，考虑人工开挖，故放坡系数为 1∶0.33。

依据四棱台体积公式：V（挖土）=H/6［ab+（A+a）×（B+b）+AB］×n

式中：H——开挖深度（m）；

　　a——基坑底长（m）；

　　b——基坑底宽（m）；

　　A——基坑顶长（m）；

　　B——基坑顶宽（m）；

　　n——相同规格尺寸基坑数量。

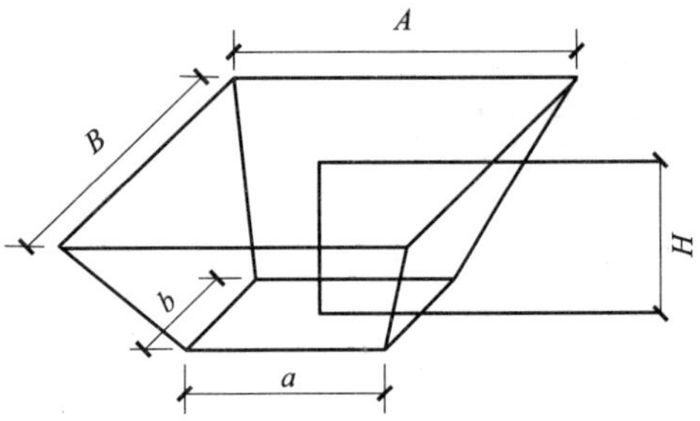

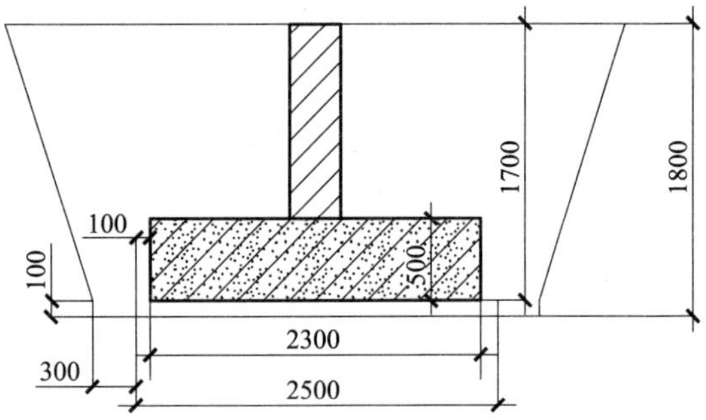

注：放坡自垫层上表面开始计算。

例如：ZJ1 基坑中的 $a=2.3+0.1\times2$（垫层两侧外扩 0.1m）$+0.3\times2$（定额规定混凝土垫层、基础支模板两侧工作面 300mm）=3.1（m）

$$b=2.3+0.1\times2+0.3\times2=3.1\text{（m）}$$

$$A=a+H\times0.33\times2=3.1+1.7\times0.33\times2=4.22\text{（m）}$$

$$B=b+H\times0.33\times2=3.1+1.7\times0.33\times2=4.22\text{（m）}$$

$$H=2-0.3=1.7\text{（m）}$$

独立基础 ZJ1 的挖基坑土方体积：$V_1=\{H/6[ab+(A+a)\times(B+b)+AB]+h\times a\times b\}\times n=\{1.8/6\times[3.1\times3.1+(4.22+3.1)\times(4.22+3.1)+4.22\times4.22]+0.1\times3.1\times3.1\}\times2=47.82$（$m^3$），其他独立基础的挖土方按公式计算，具体如表 18.2.1–1 所示。

表 18.2.1–1　建筑（独立基础挖基坑土方）工程量计算表

序号	工程项目或轴线说明	工程量计算式								单位	数量	备注
		相同件数	底长（m）	底宽（m）	面长（m）	面宽（m）	开挖深度（不含垫层厚度）（m）	垫层厚度（m）	小计			
	独立基础		a	b	A	B	H	h				G–3
1	ZJ1	2	3.1	3.1	4.22	4.22	2–0.3	0.1	23.91	m^3	47.82	
2	ZJ2	1	2.6	2.6	3.72	3.72	1.7	0.1	17.83	m^3	17.83	
3	ZJ3	2	3.7	3.7	4.82	4.82	1.7	0.1	32.40	m^3	64.80	
4	ZJ4	3	3	3	4.12	4.12	1.7	0.1	22.62	m^3	67.87	
5	ZJ5	4	3.6	3.6	4.72	4.72	1.7	0.1	30.89	m^3	123.57	
6	ZJ6	2	4.1	4.1	5.22	5.22	1.7	0.1	38.78	m^3	77.55	
7	ZJ7	1	3.3	3.3	4.42	4.42	1.7	0.1	26.60	m^3	26.60	
	合计									m^3	426.03	

（2）基础梁挖基槽土方：

本工程基础梁底部未设垫层，开挖深度从室外地坪 –0.3 至基础梁底部，按照三类土考虑，开挖深度均未达到放坡开挖起点 1.5m，故考虑垂直开挖，如表 18.2.1–2 所示。

表 18.2.1–2　建筑（基础梁挖基槽土方清单量）工程量计算表

序号	工程项目或轴线说明	工程量计算式					单位	数量	备注
		相同件数	长（m）	宽（m）	开挖深度（m）	小计			
	基础梁		L	B	H				G–4
1	Ⓐ轴 JKL5（4A）	1	20–2.5/2–3.1–3×2–3.3	0.25+0.3×2	0.5+0.5–0.3	3.78	m^3	3.78	
2	Ⓑ轴 JKL6（4A）	1	20–2.5/2–3.1–3×2–3.3	0.25+0.3×2	0.5+0.5–0.3	3.78	m^3	3.78	
	Ⓒ轴 JKL5（4A）	1	20–2/2–2.4×3–2.7	0.25+0.3×2	0.5+0.5–0.3	5.41	m^3	5.41	

续表 18.2.1-2

序号	工程项目或轴线说明	工程量计算式					单位	数量	备注
		相同件数	长（m）	宽（m）	开挖深度（m）	小计			
3	①轴 JKL1（2）	1	10−2.5/2−2.5−2/2	0.25+0.3×2	0.5+0.5−0.3	3.12	m^3	3.12	
4	②轴 JKL2（2）	1	10−3.1/2−3.1−2.4/2	0.25+0.3×2	0.5+0.5−0.3	2.47	m^3	2.47	
5	③④轴 JKL3（2）	2	10−3/2−3−2.4/2	0.25+0.3×2	0.5+0.5−0.3	2.56	m^3	5.12	
6	⑤轴 JKL4（2）	1	10−3.5/2−3.5−2.7/2	0.25+0.3×2	0.5+0.5−0.3	2.02	m^3	2.02	
7	⑥轴 JL2（2）	1	10	0.2+0.3×2	0.5+0.7−0.3	7.2	m^3	7.2	
8	①②交Ⓑ©轴间 JL3（1）	1	3−0.25−0.09	0.2+0.3×2	0.5+0.45−0.3	1.38	m^3	1.38	
9	②③交ⒶⒷ轴间 JL1（1）	1	5−0.25−0.125	0.2+0.3×2	0.5+0.45−0.3	2.41	m^3	2.41	
	合计						m^3	36.69	

例如：A 轴 JKL5（4A）开挖深度 H=0.5−0.3+0.5=0.7（m）（注：基础梁顶面标高为 −0.5，梁高 0.5m）

基槽宽度：B=0.25+0.3×2（基础支模板两侧各考虑 300mm 工作面）=0.85（m）

V（挖基槽土方）=36.69m^3

V（挖基坑土方）=426.03m^3

V（挖土量）=36.69+426.03=462.72m^3

（三）土（石）方回填

根据《深圳市建筑工程消耗量定额（2016）》计算规则：沟槽、基坑回填土以挖方体积减去交付施工场地（自然地坪）标高以下埋设砌筑物（包括基础垫层及其他构筑物）体积以“m^3”计算。

V（回填土）=V（挖土量）−V_1（基础层柱子）−V_2（独立基础）−V_3（基础梁）−V_4（独立基础垫层）−V_5（砖基础）=462.72−5.03−47.38−13.78−12.08−7.41=377.04（m^3）

（四）土石方外运

根据《深圳市建筑工程消耗量定额（2016）》计算规则：

解：V（外运土方）=V（地坪标高以下埋设的构件所占的体积）=V_1（基础层柱子）+V_2（独立基础）+V_3（基础梁）+V_4（独立基础垫层）+V_5（砖基础）=5.03+47.38+13.78+12.08+7.41=85.68（m^3）

18.2.2　砌筑工程

（一）砖基础

（1）根据《建设工程工程量清单计价规范》GB 50500—2013：基础长度外墙按外墙中心线，内墙按内墙净长线计算。

基础与墙（柱）身使用同一种材料时，以设计室内地面为界（有地下室者，以地下室室内设计地面为界），以下为基础，以上为墙（柱）身。

基础与墙身使用不同材料时，位于设计室内地面高度≤±300mm 时，以不同材料为分界线，高度>±300mm 时，以设计室内地面为分界线。

解：依据图号 G−4、J−5，本工程设计室内地面标高为 ±0.000，基础梁顶面标高为 −0.5m，故砖基础的高度为 0.5m，砖基础厚度同首层砖墙厚度，砖基础工程量如表 18.2.2 所示。

V（砖基础）=7.41m^3。

（2）根据《深圳市建筑工程消耗量定额（2016）》工程量计算规则：

砖基础按设计图示尺寸以“m^3”计算，外墙墙基长度按外墙基中心线长度计算，内墙墙基长度按内墙基净长计算。

表 18.2.2 建筑（砖基础）工程量计算表

序号	工程项目或轴线说明	工程量计算式					单位	数量	备注
		相同件数	长（m）	宽（m）	高（m）	小计			
1	外墙								G–4
	Ⓐ轴	1	4.8×3–0.31–0.45×2–0.41	0.18	0.5	1.15	m^3	1.15	
	Ⓑ轴	1	3+2.6–0.25–0.09×2	0.18	0.5	0.47	m^3	0.47	
	Ⓒ轴	1	20–0.35–0.4–0.45×3	0.18	0.5	1.62	m^3	1.61	
	①轴	1	10–0.4×3	0.18	0.5	0.79	m^3	0.79	
	②轴	1	5–0.25–0.4	0.18	0.5	0.39	m^3	0.39	
	⑤轴	1	5–0.275–0.5	0.18	0.5	0.38	m^3	0.38	
	⑥轴	1	10–0.18	0.18	0.5	0.87	m^3	0.88	
	外墙小计 $L_{外}$		63.05				m^3	5.67	
2	内墙								
	①②交ⒷⒸ	1	3–0.18–0.09	0.12	0.5	0.16	m^3	0.16	
	Ⓑ交②③	1	4.8–0.36–0.225	0.12	0.5	0.25	m^3	0.25	
	②轴	1	5–0.25–0.4	0.12	0.5	0.26	m^3	0.26	
	ⒶⒷ交②③	1	5–0.18–0.09	0.12	0.5	0.28	m^3	0.28	
	③轴	1	10–0.45×3	0.12	0.5	0.52	m^3	0.52	
	⑤轴	1	5–0.275–0.45	0.12	0.5	0.26	m^3	0.26	
	内墙小计 $L_{内}$		28.95				m^3	1.74	
	合计						m^3	7.41	

基础与墙（柱）身的划分与《建设工程工程量清单计价规范》GB 50500—2013 一致。

故 V（砖基础同清单工程量）=7.41m^3。

（二）砌块

（1）根据《建设工程工程量清单计价规范》GB 50500—2013，实心砖墙按设计图示尺寸以体积计算，扣除门窗、洞口、嵌入墙内的钢筋混凝土柱、梁、圈梁、挑梁、过梁及凹进墙内的壁龛、管槽、暖气槽、消火栓箱所占体积，不扣除梁头、板头、檩头、垫木、木楞头、沿缘木、木砖、门窗走头、砖墙内加固钢筋、木筋、铁件、钢管及单个面积≤0.3m^2 的孔洞所占的体积。凸出墙面的腰线、挑檐、压顶、窗台线、虎头砖、门窗套的体积亦不增加。凸出墙面的砖垛并入墙体体积内计算。

墙长度：外墙按中心线、内墙按净长线计算。

依据图号 J–5，并从砖基础计算中得到砖墙长度，从门窗、过梁、构造柱计算稿得到相应扣减的数量，以下以首层计算过程为例：

1）蒸压灰砂砖外墙（180 厚）：

$$V（外墙 180 厚）=（L_{外}\times h_{外}-外墙门窗面积）\times d_{外}-过梁体积-构造柱体积$$

$$=[63.05\times(3.8-0.5)-54.85]\times 0.18-0.39-1.16=26.03（m^3）$$

2）蒸压灰砂砖内墙（120 厚）：

$$V（内墙 120 厚）=（L_{内}\times h_{内}-内墙门窗面积）\times d_{内}-过梁体积$$

$$=[28.95\times(3.8-0.5)-2.2]\times 0.12-0.07=11.13（m^3）$$

以首层计算过程为例，依次计算出其他楼层的工程量，最终汇总得到：

蒸压灰砂砖外墙（180 厚）工程量为 91.6m^3；

蒸压灰砂砖内墙（120 厚）工程量为 32.1m^3。

（2）根据《深圳市建筑工程消耗量定额（2016）》工程量计算规则：

实心砖墙、砌块墙、石墙工程量均按设计图示尺寸以“m^3”计算，应扣除门窗洞口、过人洞、空圈、嵌入墙内的钢筋混凝土柱、梁（包括过梁、圈梁、挑梁）及消火栓箱所占体积、不扣除梁头、板头、檩头、垫木、木楞头、沿缘木、木砖、门窗走头、砖墙内的加固筋、木筋、铁件、钢管及单个面积 0.3m^2 以内的孔洞所占体积，凸出墙面的腰线、挑檐、压顶、窗台线、虎头砖、门窗套的体积亦不增加，凸出墙面的墙垛并入墙体体积内计算。

《深圳市建筑工程消耗量定额（2016）》第四章砌筑工程定额子目按砌筑高度 3.6m 以内编制，如超过 3.6m，其超过部分工程量的定额人工费乘以系数 1.30。

总砌体量计算同清单计算规则，分量时需要将 3.6m 高度以内的工程量与 3.6m 高度以外的工程量进行区分。

18.2.3 混凝土及钢筋混凝土工程

（一）独立基础

（1）根据《建设工程工程量清单计价规范》GB 50500—2013，独立基础按设计图示尺寸以体积计算。不扣除伸入承台基础的桩头所占体积。

解：依据图号 G–3，V（独立基础）=47.38m^3，如表 18.2.3–1 所示。

表 18.2.3–1 建筑（独立基础）工程量计算表

序号	工程项目或轴线说明	工程量计算式					单位	数量	备注
		相同件数	长（m）	宽（m）	高（m）	小计			
	独立基础								G–3
1	ZJ1	2	2.3	2.3	0.5	2.65	m^3	5.29	
2	ZJ2	1	1.8	1.8	0.5	1.62	m^3	1.62	
3	ZJ3– 底	2	2.9	2.9	0.3	2.52	m^3	5.05	
3–1	ZJ3– 顶	2	1.6	1.6	0.3	0.77	m^3	1.54	
4	ZJ4	3	2.2	2.2	0.5	2.42	m^3	7.26	
5	ZJ5– 底	4	2.8	2.8	0.3	2.35	m^3	9.41	
5–1	ZJ5– 顶	4	1.6	1.6	0.3	0.77	m^3	3.07	
6	ZJ6– 底	2	3.3	3.3	0.4	4.36	m^3	8.71	
6–1	ZJ6– 顶	2	1.7	1.7	0.4	1.16	m^3	2.31	
7	ZJ7	1	2.5	2.5	0.5	3.13	m^3	3.13	
	合计						m^3	47.38	

（2）根据《深圳市建筑工程消耗量定额（2016）》工程量计算规则，独立基础按设计图示尺寸以“m^3”计算。

解：V（独立基础）=47.38m^3 [同（1）算法]

（二）基础梁

根据《建设工程工程量清单计价规范》GB 50500—2013，带形基础按设计图示尺寸以体积计算。

解：依据图号 G–4，V（基础梁）=13.78m^3，如表 18.2.3–2 所示。

表 18.2.3–2 建筑（基础梁）工程量计算表

序号	工程项目或轴线说明	工程量计算式					单位	数量	备注
		相同件数	长（m）	宽（m）	高（m）	小计			
	基础梁								G–04
1	ⒶⒸ轴 JKL5（4A）	2	20–0.25–0.4–0.45×2–0.5–0.18	0.25	0.5	2.22	m^3	4.44	
2	Ⓑ轴 JKL6（4A）	1	20–0.25–0.45×3–0.5–0.18	0.25	0.5	2.22	m^3	2.22	
3	①轴 JKL1（2）	1	10–0.4×3	0.25	0.5	1.10	m^3	1.10	
4	②轴 JKL2（2）	1	10–0.4×2–0.5	0.2	0.5	0.87	m^3	0.87	
5	③④轴 JKL3（2）	2	10–0.45×3	0.25	0.5	1.08	m^3	2.16	
6	⑤轴 JKL4（2）	1	10–0.5–0.55–0.45	0.25	0.5	1.06	m^3	1.06	
7	⑥轴 JL2（2）	1	10–0.3×3	0.2	0.7	1.27	m^3	1.27	
8	①②交ⒷⒸ轴间 JL3（1）	1	3–0.25–0.09	0.2	0.45	0.24	m^3	0.24	
9	②③交ⒶⒷ轴间 JL1（1）	1	5–0.25–0.125	0.2	0.45	0.42	m^3	0.42	
	合计						m^3	13.78	

（三）混凝土垫层

根据《建设工程工程量清单计价规范》GB 50500—2013，垫层按设计图示尺寸以体积计算。

V（混凝土垫层）=12.08m^3，如表 18.2.3–3 所示。

表 18.2.3–3 建筑（混凝土垫层）工程量计算表

序号	工程项目或轴线说明	工程量计算式					单位	数量	备注
		相同件数	长（m）	宽（m）	高（m）	小计			
1	独立基础垫层								G–03
	ZJ1	2	2.3+0.1×2	2.3+0.1×2	0.1	0.63	m^3	1.25	
	ZJ2	1	1.8+0.1×2	1.8+0.1×2	0.1	0.40	m^3	0.40	
	ZJ3	2	2.9+0.1×2	2.9+0.1×2	0.1	0.96	m^3	1.92	
	ZJ4	3	2.2+0.1×2	2.2+0.1×2	0.1	0.58	m^3	1.73	
	ZJ5	4	2.8+0.1×2	2.8+0.1×2	0.1	0.90	m^3	3.60	
	ZJ6	2	3.3+0.1×2	3.3+0.1×2	0.1	1.23	m^3	2.45	
	ZJ7	1	2.5+0.1×2	2.5+0.1×2	0.1	0.73	m^3	0.73	
	合计						m^3	12.08	

（四）矩形柱

矩形柱按设计图示尺寸以体积计算。

框架柱的柱高：应自柱基上表面至柱顶高度计算。

解：依据图号 G–04~G–06，以下以首层计算过程为例：

首层层高为 3.8m，柱高按 3.8m 计算。

V（首层矩形柱）=11.05m^3，如表 18.2.3–4 所示。

（五）构造柱

构造柱按全高计算，嵌接墙体部分（马牙槎）并入柱身体积。

解：依据图号 G–04，以下以首层计算过程为例：

GZ1 尺寸：180mm×300mm，平面图标注 3 个。根据构造柱大样，马牙槎深入墙体 60mm，竖向间隔 600mm，首层构造柱一侧马牙槎数量 3.8/0.6 ≈ 6（个），单个马牙槎体积 *V*=0.06×0.18×0.3=0.00324（m^3），首层 GZ1 两个位于角部，一个位于中部，角部马牙槎两侧伸入墙内，中部 3 处伸入墙内。

表 18.2.3-4　建筑（矩形柱）工程量计算表

序号	工程项目或轴线说明	工程量计算式					单位	数量	备注
		相同件数	长（m）	宽（m）	高（m）	小计			
	首层现浇柱								G-04~G-06
1	KZ1	1	0.35	0.4	3.8	0.53	m^3	0.53	
2	KZ2	1	0.35	0.4	3.8	0.53	m^3	0.53	
3	KZ3	1	0.35	0.4	3.8	0.53	m^3	0.53	
4	KZ4	1	0.4	0.4	3.8	0.61	m^3	0.61	
5	KZ5	1	0.45	0.5	3.8	0.86	m^3	0.86	
6	KZ6	1	0.4	0.4	3.8	0.61	m^3	0.61	
7	KZ7	4	0.45	0.45	3.8	0.77	m^3	3.08	
8	KZ8	2	0.45	0.45	3.8	0.77	m^3	1.54	
9	KZ9	1	0.5	0.5	3.8	0.95	m^3	0.95	
10	KZ10	1	0.5	0.55	3.8	0.95	m^3	1.05	
11	KZ11	1	0.45	0.45	3.8	0.77	m^3	0.77	
	合计							11.05	

V（构造柱）=0.18×0.3×（0.5+3.8−0.5）（从基础顶起算至混凝土梁底）×3+0.00324×6×2×2（角部构造柱马牙槎体积）+0.00324×6×3×1（中部构造柱马牙槎体积）=0.75（m^3）

以首层计算过程为例，依次计算出其他楼层的工程量，最终汇总得到：V（构造柱）=7.4m^3。

（六）有梁板

有梁板按设计图示尺寸以体积计算，不扣除单个面积≤ 0.3m^2 的柱、垛以及孔洞所占体积。

有梁板（包括主、次梁与板）按梁、板体积之和计算，各类板伸入墙内的板头并入板体积内。

解：依据图号 G-7，V（二层有梁板）=36.73m^3，如表 18.2.3-5 所示。

表 18.2.3-5　建筑（有梁板）工程量计算表

序号	工程项目或轴线说明	工程量计算式					单位	数量	备注
		相同件数	长（m）	宽（m）	高（m）	小计			
1	二层－梁								G-07
	Ⓐ轴 KL5（4A）	1	20−0.25−0.4−0.45×2−0.5	0.25	0.5−0.1	1.80	m^3	1.80	
	Ⓑ轴 KL6（4A）	1	20−0.25−0.45×3−0.5	0.25	0.5−0.1	1.79	m^3	1.79	
	Ⓒ轴 JL7（4A）	1	20−0.35−0.4−0.45×3	0.25	0.5−0.1	1.79	m^3	1.79	
	KL5、KL6、KL7 挑檐段变截面增加	3	2.6−0.09	0.25	0.7−0.5	0.13	m^3	0.38	
	①轴 KL1（2A）	1	10−0.4×3	0.25	0.5−0.1	0.88	m^3	0.88	
	①轴 KL1（2A）−挑檐段	1	2+0.1	0.25	0.6−0.1	0.26	m^3	0.26	
	②轴 KL2（2A）	1	10−0.4×2−0.5	0.25	0.5−0.1	0.87	m^3	0.87	
	②轴 KL2（2A）−挑檐段	1	2+0.5	0.25	0.6−0.1	0.31	m^3	0.31	
	③④轴 KL3（2A）	2	10−0.45×3	0.25	0.5−0.1	0.88	m^3	1.73	

续表 18.2.3–5

序号	工程项目或轴线说明	工程量计算式					单位	数量	备注
		相同件数	长（m）	宽（m）	高（m）	小计			
	③④轴 KL3（2A）– 挑檐段	2	2+0.32	0.25	0.6–0.1	0.29	m^3	0.58	
	⑤轴 KL4（2A）	1	10–0.5–0.55–0.45	0.25	0.5–0.1	0.85	m^3	0.85	
	⑤轴 KL4（2A）–挑檐段	1	2+0.3	0.25	0.6–0.1	0.29	m^3	0.29	
	⑥轴 L2（2A）	1	10–0.25×3	0.2	0.7–0.1	1.11	m^3	1.11	
	⑥轴 L2（2A）–挑檐段	1	2+0.3	0.2	0.6–0.1	0.23	m^3	0.23	
	③④轴 L1（2）	1	10–0.25×3	0.2	0.4–0.1	0.56	m^3	0.56	
	Ⓐ轴下方 L3（5）	1	20–0.25×4–0.2×2	0.2	0.6–0.1	1.86	m^3	1.86	
	Ⓐ轴左侧 L4	1	0.5	0.2	0.5–0.1	0.04	m^3	0.04	
2	二层 – 板					0.00	m^3	0.00	
	板 B1~B15	1	20	10+2	0.1	24.00	m^3	24.00	
3	扣楼梯洞口 T1	–1	3–0.25–0.09	5–0.25–0.125	0.1	1.23	m^3	–1.23	
	扣楼梯洞口 T2	–1	2.6–0.2–0.09	5–0.25–0.125	0.1	1.07	m^3	–1.07	
	扣柱位 1	–3	0.35	0.4	0.1	0.01	m^3	–0.04	
	扣柱位 2	–2	0.4	0.4	0.1	0.02	m^3	–0.03	
	扣柱位 3	–1	0.45	0.5	0.1	0.02	m^3	–0.02	
	扣柱位 4	–7	0.45	0.45	0.1	0.02	m^3	–0.14	
	扣柱位 5	–1	0.5	0.5	0.1	0.03	m^3	–0.03	
	扣柱位 6	–1	0.5	0.55	0.1	0.03	m^3	–0.03	
	合计						m^3	36.73	

以首层计算过程为例，依次计算出其他楼层的工程量，最终汇总得到：V（有梁板）=126.4m^3。

（七）过梁

按设计图示尺寸以体积计算。

解： 依据图号 J–05、G–01，V（首层过梁）=0.39+0.07=0.46（m^3），如表 18.2.3–6 所示。

表 18.2.3–6　建筑（首层过梁）工程量计算表

序号	工程项目或轴线说明	工程量计算式					单位	数量	备注
		相同件数	长（m）	宽（m）	高（m）	小计（m）			G–04~G–06
	首层外墙过梁								
1	M1	2	1.2+0.25×2	0.18	0.15	0.05	m^3	0.10	混凝土过梁高为 1/8 洞口宽度
2	M2	1	1+0.25×2	0.18	0.24	0.06	m^3	0.06	砖平拱
3	GM1	2	0.9+0.25×2	0.18	0.24	0.06	m^3	0.12	砖平拱
4	C1								顶部为矩形梁
5	C2								
6	C3								
7	C4								

续表 18.2.3-6

序号	工程项目或轴线说明	工程量计算式					单位	数量	备注
		相同件数	长（m）	宽（m）	高（m）	小计（m）			G-04~G-06
8	C5	1	0.8+0.25×2	0.18	0.24	0.06	m^3	0.06	砖平拱
	首层内墙过梁								
1	M2	1	1.0+0.25×2	0.12	0.24	0.04	m^3	0.04	砖平拱
2	M1	1	1.2+0.25×2	0.12	0.15	0.03	m^3	0.03	混凝土过梁高为 1/8 洞口宽度

以首层计算过程为例，依次计算出其他楼层的工程量，最终汇总得到：V（混凝土过梁）=0.33m^3，V（砖平拱）=0.7m^3。

（八）直形楼梯

根据《建设工程工程量清单计价规范》GB 50500—2013：

1）以平方米计量，按设计图示尺寸以水平投影面积计算。不扣除宽度≤ 500mm 的楼梯井，伸入墙内部分不计算。

解：依据图号 G-11、G-12，S（首层楼梯）=S_{T1}+S_{T2}=（3-0.18-0.09）×（5-0.25-0.09）+（2.6-0.09-0.18）×（5-0.25-0.09）=23.58（m^2）

2）以立方米计量，按设计图示尺寸以体积计算。

解：依据图号 G-11、G-12，V（首层楼梯）=V_{T1}+V_{T2}=2.78+2.23=5.01（m^3），如表 18.2.3-7 所示。

表 18.2.3-7　建筑（首层楼梯）工程量计算表

序号	工程项目或轴线说明	工程量计算式					单位	数量	备注
		相同件数	长（m）	宽（m）	高（m）	小计			G-04~G-06
	首层 T1								
1	TB1- 平板	1	Sqrt（3.36×3.36+1.976×1.976）	1.31	0.13	0.66	m^3	0.66	
2	TB1- 踏步	12	0.28	1.31	0.152	0.03	m^3	0.36	三角形公式
3	TB2- 平板	1	SQRT（3.08×3.08+1.824×1.824）	1.31	0.13	0.61	m^3	0.61	
4	TB2- 踏步	11	0.28	1.31	0.152	0.03	m^3	0.33	三角形公式
5	TL1	1	3-0.25-0.09	0.18	0.4	0.20	m^3	0.20	
6	TL2	1	3-0.07-0.09	0.2	0.4	0.22	m^3	0.22	
7	PB1	1	3-0.25-0.09	1.5-0.2-0.09	0.12	0.40	m^3	0.40	
	首层 T2								
1	TB1- 平板	1	Sqrt（3.36×3.36+1.976×1.976）	1.11	0.13	0.56	m^3	0.56	
2	TB1- 踏步	12	0.28	1.11	0.152	0.02	m^3	0.24	三角形公式
3	TB2- 平板	1	SQRT（3.08×3.08+1.824×1.824）	1.11	0.13	0.52	m^3	0.52	
4	TB2- 踏步	11	0.28	1.11	0.152	0.02	m^3	0.22	三角形公式
5	TL1	1	2.6-0.09-0.18	0.18	0.4	0.17	m^3	0.17	
6	TL2	1	2.6-0.09-0.18	0.2	0.4	0.19	m^3	0.19	
7	PB1	1	2.6-0.09-0.18	1.5-0.2-0.09	0.12	0.34	m^3	0.34	
	合计						m^3	5.01	

以首层计算过程为例，依次计算出其他楼层的工程量，最终汇总得到：V（楼梯）=12.92m^3。

（九）屋面水池

解： 依据图号 G–10，参照有梁板的计算过程，计算出屋面水池工程量，最终汇总得到：

V（屋面水池）=9.7m^3

18.2.4 门窗工程

（1）根据《建设工程工程量清单计价规范》GB 50500—2013，以平方米计量，按设计图示洞口尺寸以面积计算。

解： 依据图号 J–5、J–12，按材质分类，以平方米计算，具体如表 18.2.4 所示。以下以首层计算过程为例：

S（首层不带亮单扇夹板门）=4.4m^2

S（首层带亮双扇夹板门）=6+3=9（m^2）

S（首层不锈钢门）=4.5m^2

S（首层铝合金窗）=3.45+8.28+5.52+20.7+1.2=39.15（m^2）

表 18.2.4 建筑（门窗）工程量计算表

序号	工程项目或轴线说明	工程量计算式					单位	数量	备注
		相同件数	长（m）	宽（m）	高（m）	小计			G–4~G–6
	首层外墙门窗								
1	GM1	2		0.9	2.5	2.25	m^2	4.5	不锈钢门
2	M1	3		1.2	2.5	3	m^2	9	带亮双扇夹板门
3	M2	1		1	2.2	2.2	m^2	2.2	不带单扇亮夹板门
4	C1	1		1.5	2.3	3.45	m^2	3.45	铝合金窗
5	C2	2		1.8	2.3	4.14	m^2	8.28	铝合金窗
6	C3	2		1.2	2.3	2.76	m^2	5.52	铝合金窗
7	C4	3		3.0	2.3	6.9	m^2	20.7	铝合金窗
8	C5	1		0.8	1.5	1.2	m^2	1.2	铝合金窗
	合计						m^2	54.85	
	首层内墙门窗								
9	M2	1		1.0	2.2	2.2	m^2	2.2	不带单扇亮夹板门
	合计						m^2	2.2	

（2）根据《深圳市建筑装饰工程消耗量标准（2003）》（2014 机械）计算规则：各类门、窗制作、安装工程量，除另有注明者外，均按门、窗洞口面积以 m^2 计算。

解： 工程量同以《建设工程工程量清单计价规范》GB 50500—2013 计算规则计算所得工程量。

18.2.5 屋面及防水工程

（一）屋面涂膜防水

解： 依据图号 J–6~J–7，计算如下：

（1）屋面涂膜防水：

S_1（天面层）=（20–3–0.09–0.18）×（10+2–0.18×2）+（上反 250mm）

［（20–3–0.09–0.18）+（10+2–0.18×2）］×2×0.25=208.92（m^2）

S_2［梯间（水池）池］=（3−0.18−0.09）×（10+2−0.18×2）+（上反 250mm）

［（3−0.18−0.09）+（10+2−0.18×2）］×2=60.52（m^2）

S（屋面防水）=208.92+60.52=269.44（m^2）

（2）屋面排水沟防水清单工程量：

排水沟防水（附加层）=（20−3−0.09−0.18−0.3）+（10+2−0.18×2−0.3）=55.54（m）

（3）屋面排水沟防水定额工程量：

S［屋面排水防水沟防水（附加层）］=55.54×［0.3+0.25×2

（一侧沿女儿墙上反 250mm，一侧按图纸标注延伸 250）］=44.43（m^2）

（4）屋面刚性层清单工程量：

S_1（天面层）=（20−3−0.09−0.18）×（10+2−0.18×2）−55.54×0.3（扣减排水沟）=178.08（m^2）

S_2［梯间（水池）池］=（3−0.18−0.09）×（10+2−0.18×2）=31.78（m^2）

S（屋面刚性层）=178.08+31.78=209.86（m^2）

厨房、卫生间、阳台地面防水涂膜 =227.4m^2

厨房、卫生间、阳台墙面防水涂膜 =467.47m^2

外墙面防水涂膜 =697.99m^2

水池墙面防水涂膜 =［（5−0.27）×2+（3−0.27）×2］×（13.8−12−0.1）=25.36（m^2）

（二）保温隔热

S（屋面保温）=（20−3−0.09−0.18）×（10+2−0.18×2）−55.54×0.3（扣减排水沟）=178.08（m^2）

（出屋面楼梯间、水箱不考虑保温）

18.2.6　楼地面装饰工程

解：依据图号 J−01~J−12，如表 18.2.6 所示。

表 18.2.6　二层楼地面工程量计算表

序号	工程项目或轴线说明	工程量计算式					单位	数量	备注
		相同件数	长（m）	宽（m）	高（m）	小计			
	800mm×800mm 米黄色耐磨砖地面								
1	活动室 A−B×2−3	2	4.8−0.09	5−0.18		22.70	m^2	45.40	
2	B−C×2−3	2	4.8−0.18	5−0.18		22.27	m^2	44.54	
3	B−C×3−4	2	2.4−0.06	5−0.24		11.14	m^2	22.28	
4	衣帽间左	1	2.4−0.12	5−0.24		10.85	m^2	10.85	
5	衣帽间右	1	2.6−0.24	5−0.27		11.16	m^2	11.16	
	合计						m^2	134.23	
	300mm×300mm 米黄色防滑砖地面								
9	卫生间 3	1	3−0.24	5−0.27		13.05	m^2	13.05	
10	卫生间 4	1	2.4−0.12	5−0.24		10.85	m^2	10.85	
11	走廊	1	20−0.18×2	2−0.18		35.74	m^2	35.74	
12	T1 楼梯 − 走廊边	1	3−0.27	0.42		1.15	m^2	1.15	
13	T2 楼梯 − 走廊边	1	2.6−0.27	0.42		0.98	m^2	0.98	
	合计						m^2	61.78	

续表 18.2.6

序号	工程项目或轴线说明	工程量计算式					单位	数量	备注
		相同件数	长（m）	宽（m）	高（m）	小计			
	20mm 厚米黄色花岗岩楼梯								
16	T1 楼梯	1	3–0.18–0.09	5–0.25–0.09		12.26	m^2	12.72	
17	T2 楼梯	1	2.6–0.18–0.09	5–0.25–0.09		10.46	m^2	10.86	
	合计						m^2	23.58	
	100mm × 800mm 黄色耐磨砖踢脚线								
20	活动室	2	7.2–0.15	10–0.36	0.1	1.67	m^2	3.34	
21	扣 M1	–2	1.2		0.1	–0.12	m^2	–0.24	
22	扣 M3	–4	0.9		0.1	–0.09	m^2	–0.36	
23	衣帽间左	1	2.4–0.12	5–0.24	0.1	0.7	m^2	0.7	
24	衣帽间右	1	2.6–0.27	5–0.27	0.1	0.71	m^2	0.71	
25	扣 M3	2	0.9		0.1	–0.09	m^2	–0.18	
	合计						m^2	3.97	

以二层计算过程为例，依次计算出其他楼层的工程量，最终汇总得到：

800mm × 800mm 米黄色耐磨砖地面（用于房间）=386.1m²

300mm × 300mm 米黄色防滑砖地面（用于卫生间、阳台）=227.7m²

20mm 厚米黄色花岗岩楼梯（用于楼梯平台、步级）=12.72 × 3+10.86 × 2=59.88（m²）

100mm × 100mm 白色瓷片水池地面 =（5–0.27）×（3–0.27）=12.91（m²）

100mm × 800mm 黄色耐磨砖踢脚线（用于房间）=24.7m²

18.2.7 墙、柱面装饰与隔断工程

以二层的内墙和⑥ – ①轴外墙计算过程为例。

解：依据图号 J–01~J–12，如表 18.2.7 所示。

表 18.2.7 内墙工程量计算表

序号	工程项目或轴线说明	工程量计算式					单位	数量	备注
		相同件数	长（m）	宽（m）	高（m）	小计			
	300mm × 600mm 花白色瓷片贴面								
1	卫生间 3	1	3–0.24	5–0.27	3.6–0.1	52.43	m^2	52.43	
2	卫生间 4	1	2.4–0.12	5–0.24	3.6–0.1	49.28	m^2	49.28	
3	扣 C7	–2		1.2	2.1	2.52	m^2	–5.04	
4	扣 M3	–2		0.9	2.2	1.98	m^2	–3.96	
5	T1 楼梯间	1	3–0.27	5–0.09	3.6–0.1	43.93	m^2	43.93	
6	T2 楼梯间	1	2.6–0.27	5–0.09	3.6–0.1	42.53	m^2	42.53	
7	走廊Ⓐ	1	14.58		3.6–0.1	51.03	m^2	51.03	
8	走廊①⑥	2	2–0.18		3.6–0.1	6.37	m^2	12.74	

续表 18.2.7

序号	工程项目或轴线说明	工程量计算式					单位	数量	备注
		相同件数	长（m）	宽（m）	高（m）	小计			
9	走廊Ⓐ外	1	20–0.18 × 2		1.2	23.57	m^2	23.57	
10	扣 C6	–2		3	2.1	6.30	m^2	–12.60	
11	扣 M1	–2		1.2	2.5	3.00	m^2	–6.00	
	合计						m^2	247.90	
	墙面一般抹灰乳胶腻子刮面								
12	活动室	2	7.2–0.15	10–0.36	3.6–0.1	116.83	m^2	233.66	
13	衣帽间左	1	2.4–0.12	5–0.24	3.6–0.1	49.28	m^2	49.28	
14	衣帽间右	1	2.6–0.18–0.06	5–0.27	3.6–0.1	49.63	m^2	49.63	
15	扣 M3	–6		0.9	2.2	1.98	m^2	–11.88	
16	扣 C7	–2		1.2	2.1	2.52	m^2	–5.04	
17	扣 C6	–4		3	2.1	6.30	m^2	–25.20	
18	扣 M1	–2		1.2	2.5	3.00	m^2	–6.00	
	合计						m^2	284.45	
	⑥ – ①轴釉面砖外墙 45mm × 45mm								
19	标高 ±0.000–12.200	1	20		12.2	244	m^2	244.00	
20	标高 12.200–14.800	1	3+0.09		2.6	8.03	m^2	8.03	
21	①轴外 3.300–13.800	1	0.5		10.5	5.25	m^2	5.25	
22	扣 C3	–2		1.2	2.3	2.76	m^2	–5.52	
23	扣 C4	–3		3	2.3	6.90	m^2	–20.70	
24	扣 C6	–4		3	2.1	6.30	m^2	–25.20	
25	扣 C7	–8		1.2	2.1	2.52	m^2	–20.16	
	合计						m^2	185.70	

依次计算出其他楼层和其他朝向外墙的工程量，最终汇总得到：

墙面一般抹灰乳胶腻子刮面 =797.52m^2

300mm × 600mm 花白色瓷片块料墙面 =787.5m^2

45mm × 45mm 釉面砖外墙 =697.99m^2

45mm × 45mm 釉面砖柱面墙 =12.3m^2

45mm × 45mm 釉面砖零星块料 =31m^2

卫生间 12mm 厚抗倍特板隔断 =12.96m^2

水池 100mm × 100mm 白瓷片 =25.36m^2

外墙砌块墙钢丝网加固 =697.99m^2

内墙两种不同材料交接处钢丝网加固 =239m^2

18.2.8　天棚工程

以二层的天棚工程计算过程为例，如表 18.2.8 所示。

表 18.2.8 工程量计算表

序号	工程项目或轴线说明	工程量计算式					单位	数量	备注
		相同件数	长（m）	宽（m）	高（m）	小计			
	天棚抹灰								
1	活动室 A–B×2–3	2	4.8–0.09	5–0.18		22.70	m^2	45.40	
2	B–C×2–3	2	4.8–0.09	5–0.18		22.70	m^2	45.40	
3	B–C×3–4	2	2.4–0.06	5–0.24		11.14	m^2	22.28	
4	衣帽间左	1	2.4–0.12	5–0.24		10.85	m^2	10.85	
5	衣帽间右	1	2.6–0.24	5–0.27		11.16	m^2	11.16	
6	卫生间 3	1	3–0.24	5–0.27		13.05	m^2	13.05	
7	卫生间 4	1	2.4–0.12	5–0.06×2		11.13	m^2	11.13	
8	走廊	1	20–0.18×2	2		39.28	m^2	39.28	
9	T1 楼梯 – 走廊边	1	3–0.27	0.42		1.15	m^2	1.15	
10	T2 楼梯 – 走廊边	1	2.6–0.27	0.42		0.98	m^2	0.98	
11	T1 楼梯	1	3–0.27	4.87		13.30	m^2	13.30	
12	T2 楼梯	1	2.6–0.27	4.87		11.35	m^2	11.35	
13	活动室 B 轴梁侧	2	4.8–0.4	0.4×2		3.52	m^2	7.04	
14	活动室 3/4 轴梁侧	2	5–0.75	0.4×2		3.4	m^2	6.8	
15	走廊梁侧	4	2	0.4×2		1.6	m^2	6.4	
16	走廊封口梁侧	1	20	0.5		10	m^2	10	
17	合计							255.57	

依次计算出其他楼层的工程量，最终汇总得到：

天棚抹灰 10 厚 1∶1∶6 水泥石灰砂浆打底扫毛，5 厚 1∶0.5∶3 水泥石灰砂浆压光，面层材料：打腻子两遍 =734.07m²，卫生间吊顶 =60.53m²。

18.2.9 模板工程

（一）独立基础模板

解： 依据图号 G–3，*S* 独立基础模板 =78.92m²，如表 18.2.9–1 所示。

表 18.2.9–1 建筑（独立基础模板）工程量计算表

序号	工程项目或轴线说明	工程量计算式					单位	数量	备注
		相同件数	长（m）	宽（m）	高（m）	小计			
	独立基础模板								G–3
1	ZJ1	2	2.3	2.3	0.5	4.6	m^2	9.2	
2	ZJ2	1	1.8	1.8	0.5	3.6	m^2	3.6	
3	ZJ3– 底	2	2.9	2.9	0.3	3.48	m^2	6.96	
3–1	ZJ3– 顶	2	1.6	1.6	0.3	1.92	m^2	3.84	
4	ZJ4	3	2.2	2.2	0.5	4.4	m^2	13.2	
5	ZJ5– 底	4	2.8	2.8	0.3	3.36	m^2	13.44	
5–1	ZJ5– 顶	4	1.6	1.6	0.3	1.92	m^2	7.68	
6	ZJ6– 底	2	3.3	3.3	0.4	5.28	m^2	10.56	
6–1	ZJ6– 顶	2	1.7	1.7	0.4	2.72	m^2	5.44	
7	ZJ7	1	2.5	2.5	0.5	5	m^2	5	
	合计						m^2	78.92	

（二）基础垫层模板

解：依据图号 G–3，S（基础垫层模板）=16.84m^2，如表 18.2.9–2 所示。

表 18.2.9–2 建筑（基础垫层模板）工程量计算表

序号	工程项目或轴线说明	工程量计算式					单位	数量	备注
		相同件数	长（m）	宽（m）	高（m）	小计			
1	独立基础垫层								G–3
	ZJ1	2	2.3+0.1×2	2.3+0.1×2	0.1	1	m^2	2	
	ZJ2	1	1.8+0.1×2	1.8+0.1×2	0.1	0.8	m^2	0.8	
	ZJ3	2	2.9+0.1×2	2.9+0.1×2	0.1	1.24	m^2	2.48	
	ZJ4	3	2.2+0.1×2	2.2+0.1×2	0.1	0.96	m^2	2.88	
	ZJ5	4	2.8+0.1×2	2.8+0.1×2	0.1	1.2	m^2	4.8	
	ZJ6	2	3.3+0.1×2	3.3+0.1×2	0.1	1.4	m^2	2.8	
	ZJ7	1	2.5+0.1×2	2.5+0.1×2	0.1	1.08	m^2	1.08	
	合计						m^2	16.84	

（三）基础梁模板

解：依据图号 G–4，S（基础梁模板）=115.85m^2，如表 18.2.9–3 所示。

表 18.2.9–3 建筑（基础梁模板）工程量计算表

序号	工程项目或轴线说明	工程量计算式					单位	数量	备注
		相同件数	长（m）	宽（m）	高（m）	小计			
	基础梁模板								G–4
1	ⒶⒸ轴 JKL5（4A）	2	20–0.25–0.4–0.45×2–0.5–0.18		0.5	17.77	m^2	35.54	
2	Ⓑ轴 JKL6（4A）	1	20–0.25–0.45×3–0.5–0.18		0.5	17.72	m^2	17.72	
3	①轴 JKL1（2）	1	10–0.4×3		0.5	8.80	m^2	8.80	
4	②轴 JKL2（2）	1	10–0.4×2–0.5		0.5	8.70	m^2	8.70	
5	③④轴 JKL3（2）	2	10–0.45×3		0.5	8.65	m^2	17.30	
6	⑤轴 JKL4（2）	1	10–0.5–0.55–0.45		0.5	8.50	m^2	8.50	
7	⑥轴 JL2（2）	1	10–0.3–3		0.7	12.74	m^2	12.74	
8	①②交ⒷⒸ轴间 JL3（1）	1	3–0.25–0.09		0.45	2.394	m^2	2.39	
9	②③交ⒶⒷ轴间 JL1（1）	1	5–0.25–0.125		0.45	4.16	m^2	4.16	
	合计						m^2	115.85	

（四）矩形柱模板（首层工程量）

解：依据图号 G–4~G–6，以下以首层计算过程为例：

S（首层矩形柱模板）=99.94m^2，如表 18.2.9–4 所示。

表 18.2.9–4 建筑（矩形柱）工程量计算表

序号	工程项目或轴线说明	工程量计算式					单位	数量	备注
		相同件数	长（m）	宽（m）	高（m）	小计			
	首层现浇柱								G–4~G–6
1	KZ1	1	0.35	0.4	3.8	5.7	m^2	5.7	
2	KZ2	1	0.35	0.4	3.8	5.7	m^2	5.7	

续表 18.2.9–4

序号	工程项目或轴线说明	工程量计算式					单位	数量	备注
		相同件数	长（m）	宽（m）	高（m）	小计			
3	KZ3	1	0.35	0.4	3.8	5.7	m^2	5.7	
4	KZ4	1	0.4	0.4	3.8	6.08	m^2	6.08	
5	KZ5	1	0.45	0.5	3.8	7.22	m^2	7.22	
6	KZ6	1	0.4	0.4	3.8	6.08	m^2	6.08	
7	KZ7	4	0.45	0.45	3.8	6.84	m^2	27.36	
8	KZ8	2	0.45	0.45	3.8	6.84	m^2	13.68	
9	KZ9	1	0.5	0.5	3.8	7.6	m^2	7.6	
10	KZ10	1	0.5	0.55	3.8	7.98	m^2	7.98	
11	KZ11	1	0.45	0.45	3.8	6.84	m^2	6.84	
	合计						m^2	99.94	

（五）构造柱模板（首层工程量）

解：依据图号 G–4，S 构造柱模板 =（0.18+0.3）×2×（0.5+3.8–0.5）×3=10.94（m^2）

以首层计算过程为例，依次计算出其他楼层的工程量，最终汇总得到：S 构造柱模板 =107m^2（该工程量含了结构说明内的砖墙转角处的构造柱工程量）。

（六）有梁板模板（二层工程量）

解：依据图号 G–7，S（矩形梁模板）=167.15m^2，S（板模板）=181.09m^2，如表 18.2.9–5 所示。

表 18.2.9–5　建筑（矩形梁模板）工程量计算表

序号	工程项目或轴线说明	工程量计算式					单位	数量	备注
		相同件数	长（m）	宽（m）	高（m）	小计			
1	二层 – 梁								G–7
	Ⓐ轴 KL5（4A）	1	20–0.25–0.4–0.45×2–0.5	0.25	0.5–0.1	18.85	m^2	18.85	
	Ⓑ轴 KL6（4A）	1	20–0.25–0.45×3–0.5	0.25	0.5–0.1	18.80	m^2	18.80	
	Ⓒ轴 JL7（4A）	1	20–0.35–0.4–0.45×3	0.25	0.5–0.1	18.80	m^2	18.80	
	KL5、KL6、KL7 挑檐段变截面增加	3	2.6–0.09	0.25	0.7–0.5	1.63	m^2	4.89	
	①轴 KL1（2A）	1	10–0.4×3	0.25	0.5–0.1	9.24	m^2	9.24	
	①轴 KL1（2A）– 挑檐段	1	2+0.1	0.25	0.6–0.1	2.63	m^2	2.63	
	②轴 KL2（2A）	1	10–0.4×2–0.5	0.25	0.5–0.1	9.14	m^2	9.14	
	②轴 KL2（2A）– 挑檐段	1	2+0.5	0.25	0.6–0.1	3.13	m^2	3.13	
	③④轴 KL3（2A）	2	10–0.45×3	0.25	0.5–0.1	9.08	m^2	18.17	
	③④轴 KL3（2A）– 挑檐段	2	2+0.32	0.25	0.6–0.1	2.90	m^2	5.80	
	⑤轴 KL4（2A）	1	10–0.5–0.55–0.45	0.25	0.5–0.1	8.93	m^2	8.93	
	⑤轴 KL4（2A）– 挑檐段	1	2+0.3	0.25	0.6–0.1	2.88	m^2	2.88	
	⑥轴 L2（2A）	1	10–0.25×3	0.2	0.7–0.1	12.95	m^2	12.95	
	⑥轴 L2（2A）– 挑檐段	1	2+0.3	0.2	0.6–0.1	2.76	m^2	2.76	

续表 18.2.9–5

序号	工程项目或轴线说明	工程量计算式					单位	数量	备注
		相同件数	长（m）	宽（m）	高（m）	小计			
	③④轴 L1（2）	1	10–0.25×3	0.2	0.4–0.1	7.40	m^2	7.40	
	Ⓐ轴下方 L3（5）	1	20–0.25×4–0.2×2	0.2	0.6–0.1	22.32	m^2	22.32	
	Ⓐ轴左侧 L4	1	0.5	0.2	0.5–0.1	0.50	m^2	0.50	
	梁模板合计						m^2	167.15	
2	二层板模板								
	板 B1~B15	1	20	10+2		240.00	m^2	240.00	
	扣梁宽 25cm	–1	100.13	0.25		25.03	m^2	–25.03	长度从梁模板读取
	扣梁宽 20cm	–1	39.9	0.2		7.98	m^2	–7.98	
	扣楼梯洞口 T1	–1	3–0.25–0.09	5–0.25–0.125		12.30	m^2	–12.30	
	扣楼梯洞口 T2	–1	2.6–0.2–0.09	5–0.25–0.125		10.68	m^2	–10.68	
	扣柱位 1	–3	0.35	0.4		0.14	m^2	–0.42	
	扣柱位 2	–2	0.4	0.4		0.16	m^2	–0.32	
	扣柱位 3	–1	0.45	0.5		0.23	m^2	–0.23	
	扣柱位 4	–7	0.45	0.45		0.20	m^2	–1.42	
	扣柱位 5	–1	0.5	0.5		0.25	m^2	–0.25	
	扣柱位 6	–1	0.5	0.55		0.28	m^2	–0.28	
	板模板合计						m^2	181.09	

以首层计算过程为例，依次计算出其他楼层的工程量，最终汇总得到：

S（矩形梁模板）=560m²，S（有梁板模板）=596m²

（七）过梁模板

解：依据图号 J–5、G–1，以下以首层计算过程为例：

S（首层过梁模板）=1.94m²，如表 18.2.9–6 所示。

表 18.2.9–6　建筑（首层过梁模板）工程量计算表

序号	工程项目或轴线说明	工程量计算式					单位	数量	备注
		相同件数	长（m）	宽（m）	高（m）	小计			G–4~G–6
	首层外墙过梁								
1	M1	2	1.2+0.25×2	0.18	0.15	0.73	m^2	1.29	过梁高为 1/8 洞口宽度
2	M2								砖平拱
3	GM1								砖平拱
4	C1								顶部为矩形梁
5	C2								
6	C3								
7	C4								
8	C5								砖平拱
	小计						m^2	1.29	
	首层内墙过梁								
1	M1	1	1.2+0.25×2	0.12	0.15	0.65	m^2	0.65	
	小计						m^2	1.94	

（八）楼梯模板

（1）根据《建设工程工程量清单计价规范》GB 50500—2013，楼梯模板按楼梯（包括休息平台、平台梁、斜梁和楼层板的连接梁）的水平投影面积计算，不扣除宽度≤ 500mm 的楼梯井所占面积，楼梯踏步、踏步板、平台梁等侧面模板不另计算，深入墙内部分亦不增加。

解：依据图号 G–11、G–12，楼梯模板为水平投影面积，以下以首层计算过程为例：

S（首层楼梯模板）=23.58m²，如表 18.2.9–7 所示。

表 18.2.9–7 建筑（楼梯模板）工程量

序号	工程项目或轴线说明	工程量计算式					单位	数量	备注
		相同件数	长（m）	宽（m）	高（m）	小计			
	T1 楼梯	1	3–0.18–0.09	5–0.25–0.09		12.72	m²	12.72	
	T2 楼梯	1	2.6–0.18–0.09	5–0.25–0.09		10.86	m²	10.86	
	板模板合计						m²	23.58	

（2）根据《深圳市建筑工程消耗量定额（2016）》工程量计算规则，楼梯（包括休息平台、平台梁、斜梁和楼梯板连接的梁）按照图示露明尺寸的水平投影面积以 m² 计算，不扣除≤ 500mm 楼梯井所占面积，楼梯的踏步、踏步板、平台梁等侧面模板不另计算。当整体楼梯与现浇楼梯无梯梁连接时，以楼梯的最后一个踏步边缘加 300mm 为界。

计算结果同（1）。

以首层计算过程为例，依次计算出其他楼层的工程量，最终汇总得到：S（楼梯模板）=59.88m²。

18.2.10 脚手架工程

外脚手架搭拆工程量按外墙外边线的凹凸总长度（包括阳台、凸窗等，不含空调板、二次浇捣混凝土构件的突出长度）乘以脚手架搭设高度的面积以“m²”计算，门窗洞口、空圈等所占面积不扣除。

脚手架搭设高度：按平均设计室外地坪标高与建筑物的顶板面的结构标高（有女儿墙时计至女儿墙顶）的高度差加 1.5m 综合确定。

根据 G–3 图第 6 条说明，内外地台高差为 300mm，即室内外地坪高差是 0.3m。

解：依据图号 J–5~J–8，脚手架工程量如表 18.2.10 所示。

S［外脚手架（双排脚手架）］=1016.95m²

单排脚手架根据《深圳市建筑工程消耗量定额（2016）》，建筑物上部墙体外边线挑出 1.5m 以上时，按照上层的外墙外边线凹凸长度乘以搭设高度计算外脚手架搭设面积；下部墙体缩入部分可按照围护结构的垂直投影面积另计单排脚手架。

屋顶楼梯间、设备用房平面面积小于屋顶平面面积的三分之一时，其脚手架工程量按其自身高度，套用单排脚手架子目。

S［外脚手架（单排脚手架）］=S_1（首层缩入部分）+S_2（屋面楼梯间、水箱间部分）

=20×（3.8–0.5+0.3）+12×2.8=105.60（m²）

S（满堂脚手架）=184.89m²

S（里脚手架）=569.36m²

表 18.2.10　建筑（脚手架）工程量计算表

序号	工程项目或轴线说明	工程量计算式					单位	数量	备注
		相同件数	长（m）	宽（m）	高（m）	小计			
1	外双排脚手架								
	首层	1	69.98		3.8+0.3	282.82	m^2	282.82	
	二层	1	68.98		3.6	248.33	m^2	248.33	
	三层	1	68.98		3.6	248.33	m^2	248.33	
	屋面层		68.98		1.2+1.5	186.25	m^2	186.25	
	屋面楼梯间、水箱间		19.7		2.6	51.22	m^2	51.22	
	外脚手架						m^2	1016.95	
2	满堂脚手架（首层）								首层层高超过3.6m
	首层面积	1	20	10		200	m^2	200.00	
	扣墙位 –180 厚	–1	63.05	0.18		11.35	m^2	–11.35	
	扣墙位 –180 厚（详见砌体工程量计算表）	–1	28.95	0.12		3.47	m^2	–3.47	
	扣柱位 1~7（详见梁板工程量计算表）				–0.29	–0.29	m^2	–0.29	
	扣首层楼梯间							–23.58	
	T1 楼梯	–1	3–0.18–0.09	5–0.25–0.09		12.72	m^2	–12.72	
	T2 楼梯	–1	2.6–0.18–0.09	5–0.25–0.09		10.86	m^2	–10.86	
	满堂脚手架						m^2	161.31	
3	里脚手架								按建筑面积计，有搭设满堂架部位，里脚手架工程量乘以系数 0.5
	首层建筑面积	1	20	10		0.5	m^2	100	走廊无围护设施亦没有柱，不计算建筑面积（层高超过 3.6m）
	二层建筑面积	1	20	10			m^2	220	走廊有围护设施计算 1/2 面积
	三层建筑面积	1	20	10			m^2	220	
	屋面楼梯间	1	7	3.09			m^2	21.63	结构层高在2.2m 以上计算全面积，屋顶水箱不计建筑面积
	屋顶水箱间	1	5	3.09		0.5	m^2	7.73	
	里脚手架						m^2	569.36	

18.2.11 垂直运输工程

（1）根据《建设工程工程量清单计价规范》GB 50500—2013：

垂直运输按建筑面积计算

$$S（首层）=10 \times 20=200（m^2）$$

$$S（二层）=20 \times 10+2 \times 20 \times 0.5=220（m^2）$$

$$S（三层）=20 \times 10+2 \times 20 \times 0.5=220（m^2）$$

$$S（屋面楼梯间）=7 \times 3.09=21.63（m^2）$$

$$S（屋顶水箱间）=5 \times 3.09 \times 0.5=7.73（m^2）$$

合计：S（垂直运输）=S（建筑面积之和）=669.36m^2

（2）根据《深圳市建筑工程消耗量定额（2016）》工程量计算规则：

垂直运输工程量区分不同的檐口高度按垂直运输机械台数与使用天数的乘积，以“台·天”计算。

使用天数：无施工组织设计文件时，平臂式和动臂式塔吊的使用天数可按定额工期乘以 0.85 的天数确定；施工电梯及卷扬机的使用天数可按定额工期乘以 0.75 的天数确定。

经查工期定额，本工程为教学楼，3 层，建筑面积 669.36m^2 ≤ 1500m^2，故本工程定额工期为 118 天，故垂直运输工程量（使用卷扬机）=1 × 118 × 0.75=88.5（台·天）。

18.3 工程量清单

18.3.1 工程量清单编制说明

（一）工程概况

（1）项目名称：幼儿园教学楼土建工程；

（2）建设（委托）单位：×××××× 学校；

（3）建设地点：×× 省 ×× 市；

（4）建筑面积：669.36m^2；

（5）建筑物总高度：14.95m；

（6）楼层高度：首层为 3.8m，二至三层为 3.6m；

（7）结构形式：钢筋混凝土框架结构；

（8）基础形式：柱下独立基础。

（二）编制范围

包括施工图范围内的建筑工程、装饰工程内容。

（三）编制依据

（1）依据建设单位提供的施工图纸，具体图号如下：

结构图：G–01~G–12（另册）

建筑图：J–01~J–12（另册）

（2）执行国家标准《建设工程工程量清单计价规范》GB 50500—2013、《房屋建筑与装饰工程工程量计算规范》GB 50854—2013 及深圳市补充规范。

（3）《深圳市建设工程计价规程（2017）》。

18.3.2 工程量清单编制案例

如表 18.3.2–1~ 表 18.3.2–9 所示。

幼儿园教学楼　　　　　工程

工 程 量 清 单

招　标　人：________________　　　　造价咨询人：________________

（单位盖章）　　　　　　　　　　　　（单位资质专用章）

法定代表人　　　　　　　　　　　　　法定代表人

或其授权人：________________　　　　或其授权人：________________

（签字或盖章）　　　　　　　　　　　（签字或盖章）

编　制　人：________________　　　　复　核　人：________________

（造价人员签字盖专用章）　　　　　　（造价工程师签字盖专用章）

编制时间：　年　月　日　　　　　　　复核时间：　年　月　日

表 18.3.2–1　单位工程汇总表

工程名称：幼儿园教学楼　　　　　　　　标段：　　　　　　　　　　第　页　共　页

序号	汇总内容	金额（元）	其中： 材料设备暂估价（元）
1	分部分项工程费		
1.1	土石方工程		
1.2	砌筑工程		
1.3	混凝土及钢筋混凝土工程		
1.4	门窗工程		
1.5	屋面工程		
1.6	保温、隔热、防腐工程		
1.7	楼地面装饰工程		
1.8	墙、柱面装饰与隔断工程		
1.9	天棚工程		
2	措施项目费		
2.1	其中：混凝土、钢筋混凝土模板及支架费		
2.2	安全文明施工措施费		
2.3	履约担保手续费、赶工措施费		
2.4	其他措施项目费		
3	其他项目费		
3.1	计日工		
3.2	总承包服务费		
3.3	发包人供应材料费		
4	规费		
5	不含税建筑安装工程造价		
6	应纳税费		
6.1	增值税应纳税额		
6.2	城市维护建设税、教育费附加及地方教育费附加		
建筑工程			
表 04 单位工程汇总表			

表 18.3.2–2　分部分项工程量清单与计价表（适用于工程量清单计价）

工程名称：幼儿园教学楼　　　　　　　　标段：　　　　　　　　　　第　页　共　页

序号	项目编码	项目名称	项目特征描述	计量单位	工程量	金额（元）		
						综合单价	合价	材料设备暂估合价
		土石方工程						
1	010101001001	平整场地	1. 土壤类别：以地质勘察报告为准 2. 弃土运距：根据现场实际情况自行考虑 3. 取土运距：场内取土	m^2	200.00			

续表 18.3.2-2

序号	项目编码	项目名称	项目特征描述	计量单位	工程量	金额（元）		
						综合单价	合价	材料设备暂估合价
2	010101004001	挖基坑土方	1. 土壤类别：以地质勘察报告为准 2. 挖土深度：2m 以内 3. 弃土运距：场内运输，投标人自行考虑	m^3	462.72			
3	010103001001	回填方	1. 密实度要求：压实系数≥ 94% 2. 填方材料品种：采用原素土回填 3. 填方来源、运距：场内运输，投标人自行考虑	m^3	377.04			
4	010103002001	余方弃置	1. 废弃料品种：余泥渣土 2. 运距：20km	m^3	85.68			
		分部小计						
		砌筑工程						
5	010401001001	砖基础	1. 砖品种、规格、强度等级： 灰砂砖，240mm × 115mm × 53mm，MU10 2. 砂浆强度等级：M7.5 砌筑用水泥砂浆 3. 防潮层材料种类：1 : 2 防水砂浆	m^3	7.40			
6	010402001001	砌块墙	1. 墙体类型：外墙 2. 墙体厚度：180mm 3. 砌块品种、规格、强度等级：加气混凝土砌块，MU5 4. 砂浆强度等级：M5 砌筑砂浆	m^3	91.60			
7	010402001003	砌块墙	1. 墙体类型：内墙 2. 墙体厚度：120mm 3. 砌块品种、规格、强度等级：加气混凝土砌块，MU5 4. 砂浆强度等级：M5 砌筑砂浆	m^3	32.10			
8	010401012001	零星砌砖（水厕蹲位）	1. 零星砌砖名称、部位： 蹲便器蹲位做法详见中南标 98ZJ512 3/20 2. 砂浆强度等级、配合比：水泥砂浆 M2.5	个	16.00			
		分部小计						
		混凝土及钢筋混凝土工程						
9	010501001001	垫层	1. 混凝土种类：商品混凝土 2. 混凝土强度等级：C10	m^3	12.08			
10	010501003001	独立基础	1. 混凝土种类：商品混凝土 2. 混凝土强度等级：C25	m^3	47.38			

续表 18.3.2–2

序号	项目编码	项目名称	项目特征描述	计量单位	工程量	金额（元）		
						综合单价	合价	材料设备暂估合价
11	010502001001	矩形柱	1. 混凝土种类：商品混凝土 2. 混凝土强度等级：C25	m^3	41.60			
12	010502002001	构造柱	1. 混凝土种类：商品混凝土 2. 混凝土强度等级：C20	m^3	7.40			
13	010503001001	基础梁	1. 混凝土种类：商品混凝土 2. 混凝土强度等级：C25	m^3	13.78			
14	010503005001	过梁	1. 混凝土种类：商品混凝土 2. 混凝土强度等级：C20	m^3	0.33			
15	010505001001	有梁板	1. 混凝土种类：商品混凝土 2. 混凝土强度等级：C25	m^3	126.40			
16	010506001001	直形楼梯	1. 混凝土种类：商品混凝土 2. 混凝土强度等级：C25	m^3	12.92			
17	010507007001	其他构件	1. 构件的类型：屋顶水箱 2. 混凝土种类：商品混凝土 3. 混凝土强度等级：C25	m^3	9.70			
18	010505007001	天沟（檐沟）、挑檐板	1. 混凝土种类：商品混凝土 2. 混凝土强度等级：C25	m^3	1.80			
19	010505006001	栏板	1. 混凝土种类：商品混凝土 2. 混凝土强度等级：C25	m^3	18.50			
20	010507005001	压顶	1. 混凝土种类：商品混凝土 2. 混凝土强度等级：C25	m^3	1.75			
21	010507004001	台阶	1. 混凝土种类：商品混凝土 2. 混凝土强度等级：C20	m^3	3.00			
22	010507001001	散水、坡道	1. 面层厚度：10cm 2. 混凝土种类：商品混凝土 3. 混凝土强度等级：C20	m^2	24.70			
23	010515001001	现浇构件钢筋	钢筋种类、规格：圆钢（一级）ϕ10 以内	t	12.553			
24	010515001002	现浇构件钢筋	钢筋种类、规格：纹钢（二级）ϕ10 以内	t	0.016			
25	010515001003	现浇构件钢筋	钢筋种类：螺纹钢（二级）ϕ12~14	t	10.000			
26	010515001006	现浇构件钢筋	钢筋种类：螺纹钢（二级）ϕ16~25	t	9.160			
27	010515001004	现浇构件钢筋	圆钢（一级）箍筋 ϕ10 以内	t	6.578			
28	010515001005	现浇构件钢筋	圆钢（一级）箍筋 ϕ10 以外	t	0.298			
29	010516003001	钢筋接头电渣压力焊	连接方式：电渣压力焊	个	782			
		分部小计						

续表 18.3.2–2

序号	项目编码	项目名称	项目特征描述	计量单位	工程量	金额（元）		
						综合单价	合价	材料设备暂估合价
		门窗工程						
30	010801002001	木质门带套	1. 门代号：不带亮单扇夹板门（M1） 2. 洞口尺寸：1.2m × 2.5m 3. 材料品种：双面 7mm 木夹板，面贴 3mm 木纹板 4. 油漆：底油一遍　调和漆两遍 5. 五金材料：门锁及五金配件	樘	7.00			
31	010801002002	木质门带套	1. 门代号：不带亮单扇夹板门（M2） 2. 洞口尺寸：1.0m × 2.3m 3. 材料品种：双面 7mm 木夹板，面贴 3mm 木纹板 4. 油漆：底油一遍　调和漆两遍 5. 五金材料：门锁及五金配件	樘	2.00			
32	010801002003	木质门带套	1. 门代号：不带亮单扇夹板门（M3） 2. 洞口尺寸：0.9m × 2.2m 3. 材料品种：双面 7mm 木夹板，面贴 3mm 木纹板 4. 油漆：底油一遍　调和漆两遍 5. 五金材料：门锁及五金配件	樘	8.00			
33	010802001001	金属（塑钢）门	1. 门代号：不锈钢门 GM1 2. 洞口尺寸：0.9m × 2.5m 3. 门框、扇材质：304# 不锈钢，厚 1.2mm 4. 五金材料：五金配件	樘	2.00			
34	010802001002	金属（塑钢）门	1. 门代号：不锈钢门 GM2 2. 洞口尺寸：1.0m × 2.2m 3. 门框、扇材质：304# 不锈钢，厚 1.2mm 4. 五金材料：五金配件	樘	1.00			
35	010807001003	金属（塑钢、断桥）窗	1. 窗代号：铝合金推拉窗 C1 2. 洞口尺寸：1.5m × 2.3m 3. 框、扇材质：框铝型材厚度 1.4mm（2000 系列） 4. 玻璃品种、厚度：5mm+6A+5mm 厚 Low–E 中空白色玻璃	樘	1.00			
36	010807001004	金属（塑钢、断桥）窗	1. 窗代号：铝合金推拉窗 C2 2. 洞口尺寸：1.8m × 2.3m 3. 框、扇材质：框铝型材厚度 1.4mm（2000 系列） 4. 玻璃品种、厚度：5mm+6A+5mm 厚 Low–E 中空白色玻璃	樘	2.00			

续表 18.3.2–2

序号	项目编码	项目名称	项目特征描述	计量单位	工程量	金额（元）		
						综合单价	合价	材料设备暂估合价
37	010807001005	金属（塑钢、断桥）窗	1. 窗代号：铝合金推拉窗 C3 2. 洞口尺寸：1.2m × 2.3m 3. 框、扇材质：框铝型材厚度 1.4mm（2000 系列） 4. 玻璃品种、厚度：5mm+6A+5mm 厚 Low–E 中空白色玻璃	樘	2.00			
38	010807001006	金属（塑钢、断桥）窗	1. 窗代号：铝合金推拉窗 C4 2. 洞口尺寸：3.0m × 2.3m 3. 框、扇材质：框铝型材厚度 1.4mm（2000 系列） 4. 玻璃品种、厚度：5mm+6A+5mm 厚 Low–E 中空白色玻璃	樘	3.00			
39	010807001007	金属（塑钢、断桥）窗	1. 窗代号：铝合金推拉窗 C5 2. 洞口尺寸：0.8m × 1.5m 3. 框、扇材质：框铝型材厚度 1.4mm（2000 系列） 4. 玻璃品种、厚度：5mm+6A+5mm 厚 Low–E 中空白色玻璃	樘	1.00			
40	010807001008	金属（塑钢、断桥）窗	1. 窗代号：铝合金推拉窗 C6 2. 洞口尺寸：3.0m × 2.1m 3. 框、扇材质：框铝型材厚度 1.4mm（2000 系列） 4. 玻璃品种、厚度：5mm+6A+5mm 厚 Low–E 中空白色玻璃	樘	8.00			
41	010807001009	金属（塑钢、断桥）窗	1. 窗代号：铝合金推拉窗 C7 2. 洞口尺寸：1.2m × 2.1m 3. 框、扇材质：框铝型材厚度 1.4mm（2000 系列） 4. 玻璃品种、厚度：5mm+6A+5mm 厚 Low–E 中空白色玻璃	樘	8.00			
		分部小计						
		屋面工程						
42	010902002001	屋面涂膜防水	1. 防水膜品种：弹性聚胺脂防水涂膜 2. 涂膜厚度、遍数：1.5mm（涂抹三遍）	m^2	269.44			
43	010902003001	屋面刚性层	1. 1 : 2 水泥砂浆保护层 15mm 2. 碎石混凝土防水层 40mm 3. 混合砂浆隔离层 10mm 4. 1 : 3 水泥砂浆找平层 20mm 5. 1 : 8 水泥陶粒 80mm	m^2	209.86			

续表 18.3.2–2

序号	项目编码	项目名称	项目特征描述	计量单位	工程量	金额（元）		
						综合单价	合价	材料设备暂估合价
44	010902008001	屋面排水沟	1. 1∶2 水泥砂浆保护层 15mm 2. 有胎体增强材料的防水附加层 3. 1∶3 水泥砂浆找平层 20mm	m	55.54			
45	010904002001	楼（地）面涂膜防水	1. 部位：厨房、卫生间、阳台地面 2. 涂膜厚度、遍数：2mm 聚氨酯（非焦油型）防水涂膜	m^2	227.40			
46	010903002001	墙面涂膜防水	1. 部位：厨房、卫生间、阳台墙面 2. 涂膜厚度、遍数：2mm 聚氨酯（非焦油型）防水涂膜	m^2	467.47			
47	010903002002	墙面涂膜防水	1. 部位：外墙面 2. 涂膜厚度、遍数：2mm 聚氨酯（非焦油型）防水涂膜	m^2	697.99			
48	010903002003	墙面涂膜防水	1. 部位：水池 2. 涂膜厚度、遍数：2mm 聚氨酯（非焦油型）防水涂膜	m^2	25.36			
		分部小计						
		保温、隔热、防腐工程						
49	011001001001	保温隔热屋面	保温隔热材料品种、规格、厚度：挤塑聚苯乙烯保温隔热层 30mm	m^2	178.08			
		分部小计						
		楼地面装饰工程						
50	011102003001	块料楼地面	1. 部位：房间 2. 找平层厚度、砂浆配合比：20 厚 1∶2.5 水泥砂浆找平层 3. 结合层厚度、砂浆配合比：3 厚纯水泥浆 4. 面层材料品种、规格、颜色：800mm×800mm 米黄色耐磨砖 5. 嵌缝材料种类：纯水泥扫缝	m^2	386.10			
51	011102003002	块料楼地面	1. 部位：卫生间、阳台、走廊、厨房 2. 找平层厚度、砂浆配合比：20 厚 1∶2.5 水泥砂浆找平层 3. 结合层厚度、砂浆配合比：3 厚纯水泥浆 4. 面层材料品种、规格、颜色：300mm×300mm 米黄色防滑砖 5. 嵌缝材料种类：纯水泥扫缝	m^2	227.70			

续表 18.3.2–2

序号	项目编码	项目名称	项目特征描述	计量单位	工程量	金额（元）		
						综合单价	合价	材料设备暂估合价
52	011106001001	石材楼梯面层	1. 找平层厚度、砂浆配合比：20厚1∶2.5水泥砂浆找平层 2. 粘结层厚度、材料种类：3厚纯水泥 3. 面层材料品种、规格、颜色：20mm厚米黄色花岗岩 4. 勾缝材料种类：纯水泥扫缝	m^2	61.50			
53	011102003003	块料楼地面	1. 部位：水池地面 2. 找平层厚度、砂浆配合比：20厚1∶2.5水泥砂浆找平层 3. 结合层厚度、砂浆配合比：3厚纯水泥浆 4. 面层材料品种、规格、颜色：100mm×100mm白色瓷片 5. 嵌缝材料种类：纯水泥扫缝	m^2	12.91			
54	011105003001	块料踢脚线	1. 踢脚线高度：100mm 2. 找平层：20厚1∶1∶6水泥石灰砂浆打底 3. 粘贴层厚度、材料种类：3厚纯水泥浆结合层 4. 面层材料品种、规格、颜色：100mm×800mm黄色耐磨砖、纯水泥浆扫缝	m^2	24.70			
		分部小计						
		墙、柱面装饰与隔断工程						
55	011201001001	墙面一般抹灰	1. 底层厚度、砂浆配合比：15厚1∶1∶6水泥石灰砂浆打底扫毛 2. 面层厚度、砂浆配合比：5厚1∶0.5∶3水泥石灰砂浆粉光	m^2	797.52			
56	011406001001	抹灰面油漆	1. 刮腻子遍数：满刮腻子两遍 2. 油漆品种、刷漆遍数：乳胶面两遍 3. 部位：内墙面	m^2	797.52			
57	011204003001	块料墙面	1. 部位：楼梯间、卫生间、阳台、厨房 2. 找平层：20厚1∶1∶6水泥石灰砂浆打底扫毛 3. 结合层：3厚纯水泥浆结合层 4. 面层材料品种、规格、颜色：300mm×600mm花白色瓷片贴面 5. 缝宽、嵌缝材料种类：白水泥浆擦缝	m^2	787.50			

续表 18.3.2–2

序号	项目编码	项目名称	项目特征描述	计量单位	工程量	金额（元）		
						综合单价	合价	材料设备暂估合价
58	011204003002	块料墙面	1. 部位：外墙 2. 找平层：15 厚 1∶3 水泥砂浆打底扫毛 3. 粘贴层：3 厚纯水泥浆结合层 4. 面层材料品种、规格、颜色：面贴 45mm × 45mm 釉面砖 5. 缝宽、嵌缝材料种类：白水泥浆扫缝	m^2	697.99			
59	011205002001	块料柱面	1. 部位：室外独立柱 2. 找平层：15 厚 1∶3 水泥砂浆打底扫毛 3. 粘贴层：3 厚纯水泥浆结合层 4. 面层材料品种、规格、颜色：45mm × 45mm 釉面砖 5. 缝宽、嵌缝材料种类：白水泥浆扫缝	m^2	12.30			
60	011206002001	块料零星项目	1. 找平层：15 厚 1∶3 水泥砂浆打底扫毛 2. 粘贴层：3 厚纯水泥浆结合层 3. 面层材料品种、规格、颜色：45mm × 45mm 釉面砖 4. 缝宽、嵌缝材料种类：白水泥浆扫缝 5. 部位：外墙	m^2	31.00			
61	011204003003	块料墙面	1. 部位：水池内壁 2. 找平层：20 厚 1∶1∶6 水泥石灰砂浆打底扫毛 3. 结合层：3 厚纯水泥浆结合层 4. 面层材料品种、规格、颜色：100mm × 100mm 白色瓷片贴面 5. 缝宽、嵌缝材料种类：白水泥浆擦缝	m^2	25.36			
62	011210006001	其他隔断	1. 部位：卫生间 2. 隔板材料品种、规格、颜色：12mm 厚抗倍特板 3. 嵌缝、塞口材料品种：综合考虑	m^2	12.96			
63	010607005001	砌块墙钢丝网加固	1. 材料品种、规格：铁丝网 2. 加固方式：综合考虑 3. 部位：外墙	m^2	697.99			
64	010607005002	砌块墙钢丝网加固	1. 材料品种、规格：铁丝网 2. 加固方式：综合考虑 3. 部位：两种不同材料交接处	m^2	239.00			
		分部小计						
		天棚工程						

续表 18.3.2–2

<table>
<tr><th rowspan="2">序号</th><th rowspan="2">项目编码</th><th rowspan="2">项目名称</th><th rowspan="2">项目特征描述</th><th rowspan="2">计量单位</th><th rowspan="2">工程量</th><th colspan="3">金额（元）</th></tr>
<tr><th>综合单价</th><th>合价</th><th>材料设备暂估合价</th></tr>
<tr><td>65</td><td>011301001001</td><td>天棚抹灰</td><td>抹灰厚度、材料种类：10 厚 1:1:6 水泥石灰砂浆打底扫毛，5 厚 1:0.5:3 水泥石灰砂浆压光</td><td>m^2</td><td>734.07</td><td></td><td></td><td></td></tr>
<tr><td>66</td><td>011406003001</td><td>满刮腻子</td><td>刮腻子遍数：双飞粉刮腻子两遍</td><td>m^2</td><td>734.07</td><td></td><td></td><td></td></tr>
<tr><td>67</td><td>011302001001</td><td>吊顶天棚</td><td>1. 吊顶形式：不上人型铝扣板天棚
2. 龙骨材料种类、规格、中距：配套轻钢龙骨标准骨架
3. 面层材料品种、规格：铝扣板 600mm × 600mm × 1.0mm
4. 部位：卫生间</td><td>m^2</td><td>60.53</td><td></td><td></td><td></td></tr>
<tr><td></td><td></td><td>分部小计</td><td></td><td></td><td></td><td></td><td></td><td></td></tr>
<tr><td colspan="7">合　计</td><td></td><td></td></tr>
</table>

表 18.3.2–3　工程量清单综合单价分析表

工程名称：幼儿园教学楼

<table>
<tr><td colspan="2">项目编码</td><td colspan="2"></td><td colspan="2">项目名称</td><td colspan="5">垫层</td><td colspan="2">计量单位</td><td></td></tr>
<tr><td colspan="14">清单综合单价组成明细</td></tr>
<tr><td rowspan="2">子目编号</td><td rowspan="2">子目名称</td><td rowspan="2">单位</td><td rowspan="2">数量</td><td colspan="5">单价</td><td colspan="5">合价</td></tr>
<tr><td>人工费</td><td>材料费</td><td>工程设备费</td><td>机械费</td><td>企业管理费和利润</td><td>人工费</td><td>材料费</td><td>工程设备费</td><td>机械费</td><td>企业管理费和利润</td></tr>
<tr><td></td><td></td><td></td><td></td><td></td><td></td><td></td><td></td><td></td><td></td><td></td><td></td><td></td><td></td></tr>
<tr><td></td><td></td><td></td><td></td><td></td><td></td><td></td><td></td><td></td><td></td><td></td><td></td><td></td><td></td></tr>
<tr><td colspan="9">小计</td><td></td><td></td><td></td><td></td><td></td></tr>
<tr><td colspan="9">清单项目综合单价</td><td colspan="5"></td></tr>
<tr><td rowspan="8">费用明细</td><td></td><td colspan="6">内容</td><td>单位</td><td>数量</td><td>单价（元）</td><td>合价（元）</td><td>暂估单价（元）</td><td>暂估合价（元）</td></tr>
<tr><td rowspan="2">人工</td><td colspan="6"></td><td></td><td></td><td></td><td></td><td></td><td></td></tr>
<tr><td colspan="6"></td><td></td><td></td><td></td><td></td><td></td><td></td></tr>
<tr><td rowspan="3">材料</td><td colspan="6"></td><td></td><td></td><td></td><td></td><td></td><td></td></tr>
<tr><td colspan="6"></td><td></td><td></td><td></td><td></td><td></td><td></td></tr>
<tr><td colspan="6"></td><td></td><td></td><td></td><td></td><td></td><td></td></tr>
<tr><td rowspan="2">机械</td><td colspan="6"></td><td></td><td></td><td></td><td></td><td></td><td></td></tr>
<tr><td colspan="6"></td><td></td><td></td><td></td><td></td><td></td><td></td></tr>
<tr><td colspan="14"></td></tr>
</table>

注：招标文件提供了暂估单价的材料设备，按暂估的单价填入表内“暂估单价”栏及“暂估合价”栏。

表 18.3.2–4　措施项目清单与计价汇总表

工程名称：幼儿园教学楼　　　　　　　　　　　　　　　　　　　　　　　　　　第　页　共　页

序号	项 目 名 称	金额（元）
建筑工程［《深圳市建设工程造价管理站关于发布〈深圳市建设工程计价费率标准（2018）〉的通知》（深建价〔2018〕25 号）、《住房和城乡建设部办公厅关于重新调整建设工程计价依据增值税税率的通知》（建办标函〔2019〕193 号）］		
1	安全文明施工措施费	
1.1	安全文明施工措施费（按费率计算）	
1.2	其他安全文明施工措施（按清单列项）	
1.2.1	施工临时围挡费	
1.2.2	基坑内场地硬地化	
2	履约担保手续费	
3	夜间施工费	
4	赶工措施费	
5	冬雨季施工费	
6	已完成工程及设备保护费	
7	地上、地下设施及建筑物的临时保护费	
8	混凝土、钢筋混凝土模板及支架费	
9	二次搬运费	
10	脚手架费	
11	垂直运输机械费	
12	大型机械设备进出场及安拆费	
13	施工排水、降水费	
14	专业工程措施项目费	
15	其他	
建筑工程（深建价〔2018〕25 号、建办标函〔2019〕193 号）合计		
合　计		

注：专业工程措施项目费可根据工程实际在本表中补充。

表 18.3.2–5　措施项目清单与计价表（一）

工程名称：幼儿园教学楼　　　　　　　　　　标段：　　　　　　　　　　　　第　页　共　页

序号	项目编码	项目名称	项目特征描述	计量单位	工程量	金额（元）	
						综合单价	合价
1		施工临时围挡费		项			
1.1	000101001001	现场围挡		m	160.000		
2		混凝土、钢筋混凝土模板及支架费		项			
2.1	011702001001	基础	基础类型：基础垫层	m^2	16.840		
2.2	011702001002	基础	基础类型：独立基础	m^2	78.920		
2.3	011702002001	矩形柱	支模高度：4m 以内	m^2	385.000		
2.4	011702003001	构造柱	构件类型：构造柱	m^2	107.000		

续表 18.3.2-5

序号	项目编码	项目名称	项目特征描述	计量单位	工程量	金额（元）	
						综合单价	合价
2.5	011702005001	基础梁	梁截面形状：矩形梁	m^2	115.190		
2.6	011702006001	矩形梁	支撑高度：4m 以内	m^2	560.000		
2.7	011702009001	过梁	构件类型：过梁	m^2	5.030		
2.8	011702014001	有梁板	1. 支撑高度：4m 以内 2. 板厚：10cm	m^2	512.960		
2.9	011702014002	有梁板	1. 支撑高度：4m 以内 2. 板厚：12cm	m^2	83.040		
2.10	011702024001	楼梯	类型：直形楼梯	m^2	59.880		
2.11	011702027001	台阶	台阶踏步宽：300mm	m^2	1.000		
2.12	011702022001	天沟、檐沟	构件类型：天沟、檐沟	m^2	1.000		
2.13	011702021001	栏板	构件类型：栏板	m^2	208.000		
2.14	011702025002	其他现浇构件	构件类型：压顶	m^2	47.000		
3		脚手架费		项			
3.1	011701B001001	外脚手架	1. 搭设方式：双排 2. 搭设高度：24m 以内 3. 脚手架材质：钢管	m^2	1016.950		
3.2	011701B001002	外脚手架	1. 搭设方式：单排 2. 搭设高度：6m 内 3. 脚手架材质：钢管 4. 部位：首层走廊处外墙	m^2	105.600		
3.3	011701B002001	里脚手架	搭设高度：3.6m 以内	m^2	508.050		
3.4	011701B002002	里脚手架	搭设高度：3.7m	m^2	161.310		
3.5	011701B003001	满堂脚手架	1. 搭设高度：3.7m 2. 脚手架材质：钢管 3. 部位：首层室内天棚装饰	m^2	161.310		
3.6	011701B003002	满堂脚手架	1. 搭设高度：3.7m 2. 脚手架材质：钢管 3. 部位：首层挑檐板的天棚装饰	m^2	33.340		
3.7	011709B001001	安全网	材质：外墙脚手架安全网	m^2	1050.550		
4		垂直运输机械费		项			
4.1	011703001001	垂直运输	建筑物檐口高度、层数：24m 以内 3 层	m^2	669.360		
合　计							

注：本表适用于以综合单价形式计价的措施项目。

表 18.3.2–6　其他项目清单与计价汇总表

工程名称：幼儿园教学楼　　　　标段：　　　　第　页　共　页

序号	项目名称	金额（元）	备注
1	材料设备暂估价		
2	计日工		
3	总承包服务费		
4	发包人供应材料费		
合　计			

注：编制招标控制价时，材料设备暂估价计入清单项目综合单价，此处不汇总。

表 18.3.2–7　规费、应纳税费项目清单与计价表

工程名称：幼儿园教学楼　　　　标段：　　　　第　页　共　页

序号	项目名称	计算基础	费率（%）	金额（元）
建筑工程（深建价〔2018〕25 号、建办标函〔2019〕193 号）				
1	规费	（分部分项工程费＋措施项目费＋其他项目费）中的人工费		
2	应纳税费	应纳税费合计		
2.1	增值税应纳税额	分部分项工程费＋措施项目费＋其他项目费＋规费－发包人供应材料费		
2.2	城市维护建设税、教育费附加及地方教育费附加	增值税应纳税额		
建筑工程（深建价〔2018〕25 号、建办标函〔2019〕193 号）合计				
合　计				

表 18.3.2–8　总承包服务费计价表

工程名称：幼儿园教学楼　　　　第　页　共　页

序号	项目名称	项目价值（元）	服务内容	计算基础	费率（%）	金额（元）
1	总包管理服务费		分包工程建筑安装工程造价 × 总包管理服务费费率（1.5%~3.5%）			
2	发包人供应材料保管费		材料价值 × 发包人供应材料保管费费率（1%~2%）			
3	发包人供应设备保管费		设备价值 × 发包人供应设备保管费费率（0.5%~5%）			
	合　计					

注：本表项目名称、服务内容由招标人填写，编制招标控制价时，费率及金额由招标人按有关计价规定确定；投标时，费率及金额由投标人自主报价，计入投标总价中。

表 18.3.2–9　主要设备材料价格表

工程名称：幼儿园教学楼　　　　第　页　共　页

序号	材料设备编码	材料设备名称	品牌	规格、型号等	单位	单价（元）

注：本表为招标人要求填写的工程中使用的主要设备材料情况。

18.4　招标控制价

18.4.1　招标控制价编制说明

（一）工程概况

（1）项目名称：幼儿园教学楼土建工程；

（2）建设（委托）单位：×××××× 学校；

（3）建设地点：×× 省 ×× 市；

（4）建筑面积：669.36m^2；

（5）建筑物总高度：14.95m；

（6）楼层高度：首层为 3.8m，二 ~ 三层为 3.6m；

（7）结构形式：钢筋混凝土框架结构；

（8）基础形式：柱下独立基础。

（二）编制范围

包括施工图范围内的建筑工程、装饰工程内容。

（三）编制依据

（1）依据建设单位提供的施工图纸，具体图号如下：

结构图：G–01~G–12（另册）

建筑图：J–01~J–12（另册）

（2）执行国家标准《建设工程工程量清单计价规范》GB 50500—2013、《房屋建筑与装饰工程工程量计算规范》GB 50854—2013 及深圳市补充规范、《深圳市建筑工程消耗量定额（2016）》《深圳市建筑装饰工程消耗量标准（2003）》《深圳市建设工程计价规程（2017）》以及《深圳市建设工程计价费率标准（2018）》等的有关规定。

（3）工料机价格：采用 2019 年 1 月份发布的《深圳建设工程价格信息》，价格信息没有的价格采用市场询价。

（4）安全文明施工措施费暂按 3.3% 计取，增值税综合应纳税费率按 3.02% 计取。

（四）其他需要说明的问题

（1）本次不包含钢筋工程量计算，清单中钢筋工程量为暂定量。

（2）弃土运距按 20km 考虑。

（3）暂未列支暂列金额。

18.4.2　招标控制价编制案例

如表 18.4.2–1~ 表 18.4.2–96 所示。

幼儿园教学楼 **工程**

招 标 控 制 价

招标控制价（小写）：¥1999960.50

（大写）：壹佰玖拾玖万玖仟玖佰陆拾元伍角

招　标　人：________________　造价咨询人：________________

（单位盖章）　（单位资质专用章）

法定代表人
或其授权人：________________　法定代表人
或其授权人：________________

（签字或盖章）　（签字或盖章）

编　制　人：________________　复　核　人：________________

（造价人员签字盖专用章）　（造价工程师签字盖专用章）

编制时间：2019年4月11日　复核时间：　年　月　日

表 18.4.2–1 单位工程招标控制价汇总表

工程名称：幼儿园教学楼　　　　标段：　　　　第　页　共　页

序号	汇 总 内 容	金额（元）	其中：材料设备暂估价（元）
建筑工程（深建价〔2018〕25 号、建办标函〔2019〕193 号）			
1	分部分项工程费	1422894.05	
1.1	土石方工程	16896.36	
1.2	砌筑工程	110831.54	
1.3	混凝土及钢筋混凝土工程	519250.94	
1.4	门窗工程	88919.95	
1.5	屋面工程	130878.54	
1.6	保温、隔热、防腐工程	12369.44	
1.7	楼地面装饰工程	146824.89	
1.8	墙、柱面装饰与隔断工程	341513.49	
1.9	天棚工程	55408.90	
2	措施项目费	400176.17	
2.1	其中：混凝土、钢筋混凝土模板及支架费	176151.06	
2.2	安全文明施工措施费	83652.79	
2.3	履约担保手续费、赶工措施费	799.65	
2.4	其他措施项目费	139572.67	
3	其他项目费		
3.1	计日工		
3.2	总承包服务费		
3.3	发包人供应材料费		
4	规费	111456.83	
5	不含税建筑安装工程造价	1934527.05	
6	应纳税费	65433.45	
6.1	增值税应纳税额	58422.72	
6.2	城市维护建设税、教育费附加及地方教育费附加	7010.73	
建筑工程（深建价〔2018〕25 号、建办标函〔2019〕193 号）合计		1999960.50	
合　　计		1999960.50	

注：本表适用于单位工程招标控制价或投标价的汇总，如无单位工程划分，单项工程也使用本表汇总。

表 18.4.2–2 分部分项工程量清单与计价表（适用于工程量清单计价）

工程名称：幼儿园教学楼　　　　标段：　　　　第　页　共　页

序号	项目编码	项目名称	项目特征描述	计量单位	工程量	金额（元）		
						综合单价	合价	材料设备暂估合价
		土石方工程						
1	010101001001	平整场地	1. 土壤类别：以地质勘察报告为准 2. 弃土运距：根据现场实际情况自行考虑 3. 取土运距：场内取土	m^2	200.00	2.85	570.00	

续表 18.4.2–2

序号	项目编码	项目名称	项目特征描述	计量单位	工程量	金额（元）		
						综合单价	合价	材料设备暂估合价
2	010101004001	挖基坑土方	1. 土壤类别：以地质勘察报告为准 2. 挖土深度：2m 以内 3. 弃土运距：场内运输，投标人自行考虑	m^3	462.72	7.66	3544.44	
3	010103001001	回填方	1. 密实度要求：压实系数 ≥ 94% 2. 填方材料品种：采用原素土回填 3. 填方来源、运距：场内运输，投标人自行考虑	m^3	377.04	21.60	8144.06	
4	010103002001	余方弃置	1. 废弃料品种：余泥渣土 2. 运距：20km	m^3	85.68	54.13	4637.86	
		分部小计					16896.36	
		砌筑工程						
5	010401001001	砖基础	1. 砖品种、规格、强度等级：灰砂砖，240mm × 115mm × 53mm，MU10 2. 砂浆强度等级：M7.5 砌筑用水泥砂浆 3. 防潮层材料种类：1∶2 防水砂浆	m^3	7.40	752.97	5571.98	
6	010402001001	砌块墙	1. 墙体类型：外墙 2. 墙体厚度：180mm 3. 砌块品种、规格、强度等级：加气混凝土砌块，MU5 4. 砂浆强度等级：M5 砌筑砂浆	m^3	91.60	779.70	71420.52	
7	010402001003	砌块墙	1. 墙体类型：内墙 2. 墙体厚度：120mm 3. 砌块品种、规格、强度等级：加气混凝土砌块，MU5 4. 砂浆强度等级：M5 砌筑砂浆	m^3	32.10	838.44	26913.92	
8	010401012001	零星砌砖（水厕蹲位）	1. 零星砌砖名称、部位：蹲便器蹲位做法详见中南标 98ZJ512 3/20 2. 砂浆强度等级、配合比：水泥砂浆 M2.5	个	16.00	432.82	6925.12	
		分部小计					110831.54	
		混凝土及钢筋混凝土工程						

续表 18.4.2–2

序号	项目编码	项目名称	项目特征描述	计量单位	工程量	金额（元）		
						综合单价	合价	材料设备暂估合价
9	010501001001	垫层	1. 混凝土种类：商品混凝土 2. 混凝土强度等级：C10	m^3	12.08	712.10	8602.17	
10	010501003001	独立基础	1. 混凝土种类：商品混凝土 2. 混凝土强度等级：C25	m^3	47.38	864.14	40942.95	
11	010502001001	矩形柱	1. 混凝土种类：商品混凝土 2. 混凝土强度等级：C25	m^3	41.60	867.83	36101.73	
12	010502002001	构造柱	1. 混凝土种类：商品混凝土 2. 混凝土强度等级：C20	m^3	7.40	959.16	7097.78	
13	010503001001	基础梁	1. 混凝土种类：商品混凝土 2. 混凝土强度等级：C25	m^3	13.78	865.64	11928.52	
14	010503005001	过梁	1. 混凝土种类：商品混凝土 2. 混凝土强度等级：C20	m^3	0.33	954.15	314.87	
15	010505001001	有梁板	1. 混凝土种类：商品混凝土 2. 混凝土强度等级：C25	m^3	126.40	858.21	108477.74	
16	010506001001	直形楼梯	1. 混凝土种类：商品混凝土 2. 混凝土强度等级：C25	m^3	12.92	919.83	11884.20	
17	010507007001	其他构件	1. 构件的类型：屋顶水箱 2. 混凝土种类：商品混凝土 3. 混凝土强度等级：C25	m^3	9.70	909.36	8820.79	
18	010505007001	天沟（檐沟）、挑檐板	1. 混凝土种类：商品混凝土 2. 混凝土强度等级：C25	m^3	1.80	909.36	1636.85	
19	010505006001	栏板	1. 混凝土种类：商品混凝土 2. 混凝土强度等级：C25	m^3	18.50	909.36	16823.16	
20	010507005001	压顶	1. 混凝土种类：商品混凝土 2. 混凝土强度等级：C25	m^3	1.75	909.36	1591.38	
21	010507004001	台阶	1. 混凝土种类：商品混凝土 2. 混凝土强度等级：C20	m^3	3.00	864.44	2593.32	
22	010507001001	散水、坡道	1. 面层厚度：10cm 2. 混凝土种类：商品混凝土 3. 混凝土强度等级：C20	m^2	24.70	84.86	2096.04	
23	010515001001	现浇构件钢筋	钢筋种类、规格：圆钢（一级）ϕ10 以内	t	12.553	6507.06	81683.12	
24	010515001002	现浇构件钢筋	钢筋种类、规格：纹钢（二级）ϕ10 以内	t	0.016	6533.27	104.53	
25	010515001003	现浇构件钢筋	钢筋种类：螺纹钢（二级）ϕ12~14	t	10.000	6332.28	63322.80	
26	010515001006	现浇构件钢筋	钢筋种类：螺纹钢（二级）ϕ16~25	t	9.160	6158.26	56409.66	
27	010515001004	现浇构件钢筋	圆钢（一级）箍筋 ϕ10 以内	t	6.578	7205.73	47399.29	

续表 18.4.2-2

序号	项目编码	项目名称	项目特征描述	计量单位	工程量	金额（元）		
						综合单价	合价	材料设备暂估合价
28	010515001005	现浇构件钢筋	圆钢（一级）箍筋 ϕ10 以外	t	0.298	6360.00	1895.28	
29	010516003001	钢筋接头电渣压力焊	连接方式：电渣压力焊	个	782.00	12.18	9524.76	
		分部小计					519250.94	
		门窗工程						
30	010801002001	木质门带套	1. 门代号：不带亮单扇夹板门（M1） 2. 洞口尺寸：1.2m × 2.5m 3. 材料品种：双面 7mm 木夹板，面贴 3mm 木纹板 4. 油漆：底油一遍　调和漆两遍 5. 五金材料：门锁及五金配件	樘	7.00	1871.25	13098.75	
31	010801002002	木质门带套	1. 门代号：不带亮单扇夹板门（M2） 2. 洞口尺寸：1.0m × 2.3m 3. 材料品种：双面 7mm 木夹板，面贴 3mm 木纹板 4. 油漆：底油一遍　调和漆两遍 5. 五金材料：门锁及五金配件	樘	2.00	1351.89	2703.78	
32	010801002003	木质门带套	1. 门代号：不带亮单扇夹板门（M3） 2. 洞口尺寸：0.9m × 2.2m 3. 材料品种：双面 7mm 木夹板，面贴 3mm 木纹板 4. 油漆：底油一遍　调和漆两遍 5. 五金材料：门锁及五金配件	樘	8.00	1256.85	10054.80	
33	010802001001	金属（塑钢）门	1. 门代号：不锈钢门 GM1 2. 洞口尺寸：0.9m × 2.5m 3. 门框、扇材质：304# 不锈钢，厚 1.2mm 4. 五金材料：五金配件	樘	2.00	1471.17	2942.34	
34	010802001002	金属（塑钢）门	1. 门代号：不锈钢门 GM2 2. 洞口尺寸：1.0m × 2.2m 3. 门框、扇材质：304# 不锈钢，厚 1.2mm 4. 五金材料：五金配件	樘	1.00	1438.47	1438.47	

续表 18.4.2-2

序号	项目编码	项目名称	项目特征描述	计量单位	工程量	金额（元）		
						综合单价	合价	材料设备暂估合价
35	010807001003	金属（塑钢、断桥）窗	1. 窗代号：铝合金推拉窗 C1 2. 洞口尺寸：1.5m × 2.3m 3. 框、扇材质：框铝型材厚度 1.4mm（2000 系列） 4. 玻璃品种、厚度：5mm+6A+5mm 厚 Low-E 中空白色玻璃	樘	1.00	1874.05	1874.05	
36	010807001004	金属（塑钢、断桥）窗	1. 窗代号：铝合金推拉窗 C2 2. 洞口尺寸：1.8m × 2.3m 3. 框、扇材质：框铝型材厚度 1.4mm（2000 系列） 4. 玻璃品种、厚度：5mm+6A+5mm 厚 Low-E 中空白色玻璃	樘	2.00	2200.93	4401.86	
37	010807001005	金属（塑钢、断桥）窗	1. 窗代号：铝合金推拉窗 C3 2. 洞口尺寸：1.2m × 2.3m 3. 框、扇材质：框铝型材厚度 1.4mm（2000 系列） 4. 玻璃品种、厚度：5mm+6A+5mm 厚 Low-E 中空白色玻璃	樘	2.00	1507.22	3014.44	
38	010807001006	金属（塑钢、断桥）窗	1. 窗代号：铝合金推拉窗 C4 2. 洞口尺寸：3.0m × 2.3m 3. 框、扇材质：框铝型材厚度 1.4mm（2000 系列） 4. 玻璃品种、厚度：5mm+6A+5mm 厚 Low-E 中空白色玻璃	樘	3.00	3651.06	10953.18	
39	010807001007	金属（塑钢、断桥）窗	1. 窗代号：铝合金推拉窗 C5 2. 洞口尺寸：0.8m × 1.5m 3. 框、扇材质：框铝型材厚度 1.4mm（2000 系列） 4. 玻璃品种、厚度：5mm+6A+5mm 厚 Low-E 中空白色玻璃	樘	1.00	677.88	677.88	
40	010807001008	金属（塑钢、断桥）窗	1. 窗代号：铝合金推拉窗 C6 2. 洞口尺寸：3.0m × 2.1m 3. 框、扇材质：框铝型材厚度 1.4mm（2000 系列） 4. 玻璃品种、厚度：5mm+6A+5mm 厚 Low-E 中空白色玻璃	樘	8.00	3340.41	26723.28	

续表 18.4.2-2

序号	项目编码	项目名称	项目特征描述	计量单位	工程量	金额（元）		
						综合单价	合价	材料设备暂估合价
41	010807001009	金属（塑钢、断桥）窗	1. 窗代号：铝合金推拉窗 C7 2. 洞口尺寸：1.2m×2.1m 3. 框、扇材质：框铝型材厚度 1.4mm（2000 系列） 4. 玻璃品种、厚度：5mm+6A+5mm 厚 Low-E 中空白色玻璃	樘	8.00	1379.64	11037.12	
		分部小计					88919.95	
		屋面工程						
42	010902002001	屋面涂膜防水	1. 防水膜品种：弹性聚氨酯防水涂膜 2. 涂膜厚度、遍数：1.5mm（涂抹三遍）	m^2	269.44	39.95	10764.13	
43	010902003001	屋面刚性层	1. 1：2 水泥砂浆保护层 15mm 2. 碎石混凝土防水层 40mm 3. 混合砂浆隔离层 10mm 4. 1：3 水泥砂浆找平层 20mm 5. 1：8 水泥陶粒 80mm	m^2	209.86	169.53	35577.57	
44	010902008001	屋面排水沟	1. 1：2 水泥砂浆保护层 15mm 2. 有胎体增强材料的防水附加层 3. 1：3 水泥砂浆找平层 20mm	m	55.54	67.01	3721.74	
45	010904002001	楼（地）面涂膜防水	1. 部位：厨房、卫生间、阳台地面 2. 涂膜厚度、遍数：2mm 聚氨酯（非焦油型）防水涂膜	m^2	227.40	52.76	11997.62	
46	010903002001	墙面涂膜防水	1. 部位：厨房、卫生间、阳台墙面 2. 涂膜厚度、遍数：2mm 聚氨酯（非焦油型）防水涂膜	m^2	467.47	57.79	27015.09	
47	010903002002	墙面涂膜防水	1. 部位：外墙面 2. 涂膜厚度、遍数：2mm 聚氨酯（非焦油型）防水涂膜	m^2	697.99	57.79	40336.84	
48	010903002003	墙面涂膜防水	1. 部位：水池 2. 涂膜厚度、遍数：2mm 聚氨酯（非焦油型）防水涂膜	m^2	25.36	57.79	1465.55	
		分部小计					130878.54	

续表 18.4.2–2

序号	项目编码	项目名称	项目特征描述	计量单位	工程量	金额（元）		
						综合单价	合价	材料设备暂估合价
		保温、隔热、防腐工程						
49	011001001001	保温隔热屋面	保温隔热材料品种、规格、厚度： 挤塑聚苯乙烯保温隔热层 30mm	m^2	178.08	69.46	12369.44	
		分部小计					12369.44	
		楼地面装饰工程						
50	011102003001	块料楼地面	1. 部位：房间 2. 找平层厚度、砂浆配合比：20 厚 1 : 2.5 水泥砂浆找平层 3. 结合层厚度、砂浆配合比：3 厚纯水泥浆 4. 面层材料品种、规格、颜色：800mm × 800mm 米黄色耐磨砖 5. 嵌缝材料种类：纯水泥扫缝	m^2	386.10	209.15	80752.82	
51	011102003002	块料楼地面	1. 部位：卫生间、阳台、走廊、厨房 2. 找平层厚度、砂浆配合比：20 厚 1 : 2.5 水泥砂浆找平层 3. 结合层厚度、砂浆配合比：3 厚纯水泥浆 4. 面层材料品种、规格、颜色：300mm × 300mm 米黄色防滑砖 5. 嵌缝材料种类：纯水泥扫缝	m^2	227.70	130.83	29789.99	
52	011106001001	石材楼梯面层	1. 找平层厚度、砂浆配合比：20 厚 1 : 2.5 水泥砂浆找平层 2. 粘结层厚度、材料种类：3 厚纯水泥 3. 面层材料品种、规格、颜色：20mm 厚 米黄色花岗岩 4. 勾缝材料种类：纯水泥扫缝	m^2	61.50	511.56	31460.94	
53	011102003003	块料楼地面	1. 部位：水池地面 2. 找平层厚度、砂浆配合比：20 厚 1 : 2.5 水泥砂浆找平层 3. 结合层厚度、砂浆配合比：3 厚纯水泥浆 4. 面层材料品种、规格、颜色：100mm × 100mm 白色瓷片 5. 嵌缝材料种类：纯水泥扫缝	m^2	12.91	108.42	1399.70	

续表 18.4.2-2

序号	项目编码	项目名称	项目特征描述	计量单位	工程量	金额（元）		
						综合单价	合价	材料设备暂估合价
54	011105003001	块料踢脚线	1. 踢脚线高度：100mm 2. 找平层：20厚1∶1∶6水泥石灰砂浆打底 3. 粘贴层厚度、材料种类：3厚纯水泥浆结合层 4. 面层材料品种、规格、颜色：100mm×800mm黄色耐磨砖、纯水泥浆扫缝	m^2	24.70	138.52	3421.44	
		分部小计					146824.89	
		墙、柱面装饰与隔断工程						
55	011201001001	墙面一般抹灰	1. 底层厚度、砂浆配合比：15厚1∶1∶6水泥石灰砂浆打底扫毛 2. 面层厚度、砂浆配合比：5厚1∶0.5∶3水泥石灰砂浆粉光	m^2	797.52	41.95	33455.96	
56	011406001001	抹灰面油漆	1. 刮腻子遍数：满刮腻子两遍 2. 油漆品种、刷漆遍数：乳胶面两遍 3. 部位：内墙面	m^2	797.52	37.34	29779.40	
57	011204003001	块料墙面	1. 部位：楼梯间、卫生间、阳台、厨房 2. 找平层：20厚1∶1∶6水泥石灰砂浆打底扫毛 3. 结合层：3厚纯水泥浆结合层 4. 面层材料品种、规格、颜色：300mm×600mm花白色瓷片贴面 5. 缝宽、嵌缝材料种类：白水泥浆擦缝	m^2	787.50	181.61	143017.88	
58	011204003002	块料墙面	1. 部位：外墙 2. 找平层：15厚1∶3水泥砂浆打底扫毛 3. 粘贴层：3厚纯水泥浆结合层 4. 面层材料品种、规格、颜色：面贴45mm×45mm釉面砖 5. 缝宽、嵌缝材料种类：白水泥浆扫缝	m^2	697.99	155.90	108816.64	

续表 18.4.2–2

序号	项目编码	项目名称	项目特征描述	计量单位	工程量	金额（元）		
						综合单价	合价	材料设备暂估合价
59	011205002001	块料柱面	1. 部位：室外独立柱 2. 找平层：15 厚 1∶3 水泥砂浆打底扫毛 3. 粘贴层：3 厚纯水泥浆结合层 4. 面层材料品种、规格、颜色：45mm×45mm 釉面砖 5. 缝宽、嵌缝材料种类：白水泥浆扫缝	m^2	12.30	164.81	2027.16	
60	011206002001	块料零星项目	1. 找平层：15 厚 1∶3 水泥砂浆打底扫毛 2. 粘贴层：3 厚纯水泥浆结合层 3. 面层材料品种、规格、颜色：45mm×45mm 釉面砖 4. 缝宽、嵌缝材料种类：白水泥浆扫缝 5. 部位：外墙	m^2	31.00	204.21	6330.51	
61	011204003003	块料墙面	1. 部位：水池内壁 2. 找平层：20 厚 1∶1∶6 水泥石灰砂浆打底扫毛 3. 结合层：3 厚纯水泥浆结合层 4. 面层材料品种、规格、颜色：100mm×100mm 白色瓷片贴面 5. 缝宽、嵌缝材料种类：白水泥浆擦缝	m^2	25.36	40.57	1028.86	
62	011210006001	其他隔断	1. 部位：卫生间 2. 隔板材料品种、规格、颜色：12mm 厚抗倍特板 3. 嵌缝、塞口材料品种：综合考虑	m^2	12.96	247.53	3207.99	
63	010607005001	砌块墙钢丝网加固	1. 材料品种、规格：铁丝网 2. 加固方式：综合考虑 3. 部位：外墙	m^2	697.99	13.88	9688.10	
64	010607005002	砌块墙钢丝网加固	1. 材料品种、规格：铁丝网 2. 加固方式：综合考虑 3. 部位：两种不同材料交接处	m^2	239.00	17.41	4160.99	
		分部小计					341513.49	

续表 18.4.2–2

序号	项目编码	项目名称	项目特征描述	计量单位	工程量	金额（元）		
						综合单价	合价	材料设备暂估合价
		天棚工程						
65	011301001001	天棚抹灰	抹灰厚度、材料种类：10 厚 1∶1∶6 水泥石灰砂浆打底扫毛，5 厚 1∶0.5∶3 水泥石灰砂浆压光	m^2	734.07	34.80	25545.64	
66	011406003001	满刮腻子	刮腻子遍数：双飞粉刮腻子两遍	m^2	734.07	25.46	18689.42	
67	011302001001	吊顶天棚	1. 吊顶形式：不上人型铝扣板天棚 2. 龙骨材料种类、规格、中距：配套轻钢龙骨标准骨架 3. 面层材料品种、规格：铝扣板 600mm × 600mm × 1.0mm 4. 部位：卫生间	m^2	60.53	184.60	11173.84	
		分部小计					55408.90	
合　计							1422894.05	

表 18.4.2–3　工程量清单综合单价分析表

工程名称：幼儿园教学楼　　　　　　　　　　　　第　页　共　页

项目编码	010101001001	项目名称	平整场地								计量单位		m^2
清单综合单价组成明细													
子目编号	子目名称	单位	数量	单价					合价				
				人工费	材料费	工程设备费	机械费	企业管理费和利润	人工费	材料费	工程设备费	机械费	企业管理费和利润
010001-112	平整场地 机械平整场地	$100m^2$	0.0168	12.87			143.61	12.97	0.22			2.41	0.22
小　计									0.22			2.41	0.22
清单项目综合单价									2.85				
费用明细		内　容						单位	数量	单价（元）	合价（元）	暂估单价（元）	暂估合价（元）
	人工	普工人工费（建筑）						元	0.1835	1.18	0.22		
	机械	履带式推土机　功率 75kW						台班	0.0025	957.37	2.41		

注：招标文件提供了暂估单价的材料设备，按暂估的单价填入表内“暂估单价”栏及“暂估合价”栏。

表 18.4.2–4　工程量清单综合单价分析表

工程名称：幼儿园教学楼　　　　　　　　　　　　　　　　　　　　第　页　共　页

项目编码	010101004001	项目名称	挖基坑土方	计量单位	m^3

清单综合单价组成明细													
子目编号	子目名称	单位	数量	单价					合价				
				人工费	材料费	工程设备费	机械费	企业管理费和利润	人工费	材料费	工程设备费	机械费	企业管理费和利润
010001–42	挖掘机挖沟槽（坑）土方、淤泥、流砂 三类土	$1000m^3$	0.001	1493.30			5438.91	731.64	1.49			5.44	0.73
小计									1.49			5.44	0.73
清单项目综合单价									7.66				

费用明细		内容	单位	数量	单价（元）	合价（元）	暂估单价（元）	暂估合价（元）
	人工	普工人工费（建筑）	元	1.2668	1.18	1.49		
	机械	履带式推土机 功率 75kW	台班	0.0002	957.37	0.22		
		履带式单斗挖掘机 液压斗容量 $0.6m^3$	台班	0.0060	864.44	5.22		

注：招标文件提供了暂估单价的材料设备，按暂估的单价填入表内“暂估单价”栏及“暂估合价”栏。

表 18.4.2–5　工程量清单综合单价分析表

工程名称：幼儿园教学楼　　　　　　　　　　　　　　　　　　　　第　页　共　页

项目编码	010103001001	项目名称	回填方	计量单位	m^3

清单综合单价组成明细													
子目编号	子目名称	单位	数量	单价					合价				
				人工费	材料费	工程设备费	机械费	企业管理费和利润	人工费	材料费	工程设备费	机械费	企业管理费和利润
010001–115	机械回填夯实 回填土	$100m^3$	0.01	1576.88			193.22	390.19	15.77			1.93	3.90
小计									15.77			1.93	3.90
清单项目综合单价									21.60				

费用明细		内容	单位	数量	单价（元）	合价（元）	暂估单价（元）	暂估合价（元）
	人工	普工人工费（建筑）	元	13.3770	1.18	15.77		
	机械	内燃光轮压路机（工作质量 15t 大型）	台班	0.0018	761.79	1.37		
		夯实机 电动夯击能力 20~62N · m	台班	0.0212	26.46	0.56		

注：招标文件提供了暂估单价的材料设备，按暂估的单价填入表内“暂估单价”栏及“暂估合价”栏。

表 18.4.2-6　工程量清单综合单价分析表

工程名称：幼儿园教学楼　　　　　　　　　　　　　　第　页　共　页

项目编码	010103002001	项目名称	余方弃置									计量单位	m^3
清单综合单价组成明细													
子目编号	子目名称	单位	数量	单价					合价				
				人工费	材料费	工程设备费	机械费	企业管理费和利润	人工费	材料费	工程设备费	机械费	企业管理费和利润
010001-172 换	新型全密闭式智能泥头车运输土方 国Ⅴ柴油发动机配装 DPF 满载质量 31t 1km 以内（实际运距 20km）	$1000m^3$	0.001		45.69		48100.47	3316.41		0.05		48.10	3.32
010001-142	装载机装土	$1000m^3$	0.001	743.39			1633.25	290.20	0.74			1.63	0.29
小　计									0.74	0.05		49.73	3.61
清单项目综合单价									54.13				

费用明细		内　容	单位	数量	单价（元）	合价（元）	暂估单价（元）	暂估合价（元）
费用明细	人工	普工人工费（建筑）	元	0.6306	1.18	0.74		
	材料	水	m^3	0.0120	3.77	0.05		
		其他材料费（按百分比计算）	元	0.0005	1.00	0.00		
	机械	轮胎式装载机 斗容量 $1.5m^3$	台班	0.0020	812.56	1.63		
		洒水车 罐容量 4000L	台班	0.0006	582.53	0.35		
		新型全密闭式智能泥头车 国Ⅴ柴油发动机配装 DPF	台班	0.0374	1275.74	47.75		

注：招标文件提供了暂估单价的材料设备，按暂估的单价填入表内“暂估单价”栏及“暂估合价”栏。

表 18.4.2-7　工程量清单综合单价分析表

工程名称：幼儿园教学楼　　　　　　　　　　　　　　第　页　共　页

项目编码	010401001001	项目名称	砖基础									计量单位	m^3
清单综合单价组成明细													
子目编号	子目名称	单位	数量	单价					合价				
				人工费	材料费	工程设备费	机械费	企业管理费和利润	人工费	材料费	工程设备费	机械费	企业管理费和利润
010004-2 换	砖基础 湿拌砌筑砂浆	$10m^3$	0.10	2346.83	4401.90			780.99	234.68	440.19			78.10
小　计									234.68	440.19			78.10
清单项目综合单价									752.97				

费用明细		内　容	单位	数量	单价（元）	合价（元）	暂估单价（元）	暂估合价（元）
费用明细	人工	普工人工费（建筑）	元	53.7180	1.18	63.32		
		技工人工费（建筑）	元	148.4150	1.15	171.36		
	材料	灰砂砖，240mm×115mm×53mm，MU10	千块	0.5286	540.00	285.44		
		水	m^3	0.0530	3.77	0.20		
		湿拌砌筑砂浆 M7.5	m^3	0.2368	598.50	141.72		
		其他材料费（按百分比计算）	元	12.8210	1.00	12.82		

注：招标文件提供了暂估单价的材料设备，按暂估的单价填入表内“暂估单价”栏及“暂估合价”栏。

表 18.4.2–8　工程量清单综合单价分析表

工程名称：幼儿园教学楼　　　　　　　　　　　　　　　　　　　　第　页　共　页

<table>
<tr><td colspan="2">项目编码</td><td colspan="2">010402001001</td><td colspan="2">项目名称</td><td colspan="6">砌块墙</td><td>计量单位</td><td>m^3</td></tr>
<tr><td colspan="14">清单综合单价组成明细</td></tr>
<tr><td rowspan="2">子目编号</td><td rowspan="2">子目名称</td><td rowspan="2">单位</td><td rowspan="2">数量</td><td colspan="5">单　价</td><td colspan="5">合　价</td></tr>
<tr><td>人工费</td><td>材料费</td><td>工程设备费</td><td>机械费</td><td>企业管理费和利润</td><td>人工费</td><td>材料费</td><td>工程设备费</td><td>机械费</td><td>企业管理费和利润</td></tr>
<tr><td>010004–32 换</td><td>加气混凝土砌块墙　墙厚200mm 湿拌砌筑砂浆</td><td>10m^3</td><td>0.10</td><td>2783.50</td><td>4141.17</td><td></td><td></td><td>872.32</td><td>278.35</td><td>414.12</td><td></td><td></td><td>87.23</td></tr>
<tr><td></td><td></td><td></td><td></td><td></td><td></td><td></td><td></td><td></td><td></td><td></td><td></td><td></td><td></td></tr>
<tr><td colspan="9">小　计</td><td>278.35</td><td>414.12</td><td></td><td></td><td>87.23</td></tr>
<tr><td colspan="9">清单项目综合单价</td><td colspan="5">779.7</td></tr>
<tr><td rowspan="11">费用明细</td><td></td><td colspan="6">内　容</td><td>单位</td><td>数量</td><td>单价（元）</td><td>合价（元）</td><td>暂估单价（元）</td><td>暂估合价（元）</td></tr>
<tr><td rowspan="2">人工</td><td colspan="6">普工人工费（建筑）</td><td>元</td><td>57.7040</td><td>1.18</td><td>68.02</td><td></td><td></td></tr>
<tr><td colspan="6">技工人工费（建筑）</td><td>元</td><td>182.1660</td><td>1.15</td><td>210.33</td><td></td><td></td></tr>
<tr><td rowspan="7">材料</td><td colspan="6">铁钉 综合</td><td>kg</td><td>0.0120</td><td>5.50</td><td>0.07</td><td></td><td></td></tr>
<tr><td colspan="6">加气混凝土砌块 5.0MPa</td><td>m^3</td><td>0.8723</td><td>369.00</td><td>321.88</td><td></td><td></td></tr>
<tr><td colspan="6">普通混凝土实心砖 240 × 115 × 53（10.0MPa）</td><td>千块</td><td>0.0308</td><td>560.00</td><td>17.25</td><td></td><td></td></tr>
<tr><td colspan="6">松杂枋板材（周转材）</td><td>m^3</td><td>0.0016</td><td>1981.00</td><td>3.17</td><td></td><td></td></tr>
<tr><td colspan="6">水</td><td>m^3</td><td>0.1002</td><td>3.77</td><td>0.38</td><td></td><td></td></tr>
<tr><td colspan="6">湿拌砌筑砂浆 M5</td><td>m^3</td><td>0.1008</td><td>588.45</td><td>59.32</td><td></td><td></td></tr>
<tr><td colspan="6">其他材料费（按百分比计算）</td><td>元</td><td>12.0620</td><td>1.00</td><td>12.06</td><td></td><td></td></tr>
</table>

注：招标文件提供了暂估单价的材料设备，按暂估的单价填入表内“暂估单价”栏及“暂估合价”栏。

表 18.4.2–9　工程量清单综合单价分析表

工程名称：幼儿园教学楼　　　　　　　　　　　　　　　　　　第　页　共　页

项目编码	010402001003	项目名称	砌块墙								计量单位		m^3
清单综合单价组成明细													
子目编号	子目名称	单位	数量	单价					合价				
				人工费	材料费	工程设备费	机械费	企业管理费和利润	人工费	材料费	工程设备费	机械费	企业管理费和利润
010004–30 换	加气混凝土砌块墙 墙厚 100mm 湿拌砌筑砂浆	$10m^3$	0.10	3269.11	4127.61			987.70	326.91	412.76			98.77
小计									326.91	412.76			98.77
清单项目综合单价									838.44				

费用明细		内容	单位	数量	单价（元）	合价（元）	暂估单价（元）	暂估合价（元）
费用明细	人工	普工人工费（建筑）	元	81.0650	1.18	95.56		
		技工人工费（建筑）	元	200.3740	1.15	231.35		
	材料	铁钉 综合	kg	0.0170	5.50	0.09		
		加气混凝土砌块 5.0MPa	m^3	0.8723	369.00	321.88		
		普通混凝土实心砖 240×115×53（10.0MPa）	千块	0.0308	560.00	17.25		
		松杂枋板材（周转材）	m^3	0.0009	1981.00	1.78		
		水	m^3	0.1115	3.77	0.42		
		湿拌砌筑砂浆 M5	m^3	0.1008	588.45	59.32		
		其他材料费（按百分比计算）	元	12.0220	1.00	12.02		

注：招标文件提供了暂估单价的材料设备，按暂估的单价填入表内“暂估单价”栏及“暂估合价”栏。

表 18.4.2–10　工程量清单综合单价分析表

工程名称：幼儿园教学楼　　　　　　　　　　　　　　　　　　第　页　共　页

项目编码	010401012001	项目名称	零星砌砖（水厕蹲位）								计量单位		个
清单综合单价组成明细													
子目编号	子目名称	单位	数量	单价					合价				
				人工费	材料费	工程设备费	机械费	企业管理费和利润	人工费	材料费	工程设备费	机械费	企业管理费和利润
010004–22 换	零星砖砌体 湿拌砌筑砂浆	$10m^3$	0.04	5053.85	4341.80			1424.96	202.15	173.67			57.00
小计									202.15	173.67			57.00
清单项目综合单价									432.82				

费用明细		内容	单位	数量	单价（元）	合价（元）	暂估单价（元）	暂估合价（元）
费用明细	人工	普工人工费（建筑）	元	44.5232	1.18	52.48		
		技工人工费（建筑）	元	129.6292	1.15	149.67		
	材料	灰砂砖，240mm×115mm×53mm，MU10	千块	0.2184	540.00	117.94		
		水	m^3	0.0436	3.77	0.16		
		湿拌砌筑砂浆 M7.5	m^3	0.0844	598.50	50.51		
		其他材料费（按百分比计算）	元	5.0584	1.00	5.06		

注：招标文件提供了暂估单价的材料设备，按暂估的单价填入表内“暂估单价”栏及“暂估合价”栏。

表 18.4.2–11 工程量清单综合单价分析表

工程名称：幼儿园教学楼　　　　　　　　　　　　　　　　　　　　第　页　共　页

项目编码	010501001001	项目名称	垫层								计量单位	m^3	
清单综合单价组成明细													
子目编号	子目名称	单位	数量	单价					合价				
				人工费	材料费	工程设备费	机械费	企业管理费和利润	人工费	材料费	工程设备费	机械费	企业管理费和利润
010005–27	非泵送现浇混凝土浇捣、养护基础垫层	10m^3	0.10	470.99	6123.70		100.55	425.68	47.10	612.37		10.06	42.57
小计									47.10	612.37		10.06	42.57
清单项目综合单价									712.1				

费用明细		内容	单位	数量	单价（元）	合价（元）	暂估单价（元）	暂估合价（元）
费用明细	人工	普工人工费（建筑）	元	8.4620	1.18	9.98		
		技工人工费（建筑）	元	32.1530	1.15	37.12		
	材料	水	m^3	0.2000	3.77	0.75		
		（商品）普通混凝土 C10，骨料最大粒径 31.5mm	m^3	1.0100	596.60	602.57		
		其他材料费（按百分比计算）	元	9.0500	1.00	9.05		
	机械	机动翻斗车 装载质量 1t	台班	0.0390	234.71	9.15		
		混凝土振动器 插入式	台班	0.0780	11.55	0.90		

注：招标文件提供了暂估单价的材料设备，按暂估的单价填入表内“暂估单价”栏及“暂估合价”栏。

表 18.4.2–12 工程量清单综合单价分析表

工程名称：幼儿园教学楼　　　　　　　　　　　　　　　　　　　　第　页　共　页

项目编码	010501003001	项目名称	独立基础								计量单位	m^3	
清单综合单价组成明细													
子目编号	子目名称	单位	数量	单价					合价				
				人工费	材料费	工程设备费	机械费	企业管理费和利润	人工费	材料费	工程设备费	机械费	企业管理费和利润
010005–31 换	非泵送现浇混凝土浇捣、养护独立基础	10m^3	0.10	752.02	7240.28		100.43	548.67	75.20	724.03		10.04	54.87
小计									75.20	724.03		10.04	54.87
清单项目综合单价									864.14				

费用明细		内容	单位	数量	单价（元）	合价（元）	暂估单价（元）	暂估合价（元）
费用明细	人工	普工人工费（建筑）	元	19.5900	1.18	23.09		
		技工人工费（建筑）	元	45.1320	1.15	52.11		
	材料	水	m^3	0.3310	3.77	1.25		
		（商品）泵送混凝土 C25，骨料最大粒径 31.5mm	m^3	1.0100	705.03	712.08		
		其他材料费（按百分比计算）	元	10.7000	1.00	10.70		
	机械	机动翻斗车 装载质量 1t	台班	0.0390	234.71	9.15		
		混凝土振动器 插入式	台班	0.0770	11.55	0.89		

注：招标文件提供了暂估单价的材料设备，按暂估的单价填入表内“暂估单价”栏及“暂估合价”栏。

表 18.4.2–13　工程量清单综合单价分析表

工程名称：幼儿园教学楼　　　　　　　　　　　　第　页　共　页

项目编码	010502001001	项目名称		矩形柱							计量单位		m^3
清单综合单价组成明细													
子目编号	子目名称	单位	数量	单价					合价				
				人工费	材料费	工程设备费	机械费	企业管理费和利润	人工费	材料费	工程设备费	机械费	企业管理费和利润
010005–6 换	泵送预拌混凝土浇捣养护 墙、柱 混凝土输送泵	10m^3	0.10	781.88	7245.22		95.35	555.70	78.19	724.52		9.54	55.57
小　计									78.19	724.52		9.54	55.58
清单项目综合单价									867.83				
费用明细		内　容						单位	数量	单价（元）	合价（元）	暂估单价（元）	暂估合价（元）
	人工	技工人工费（建筑）						元	67.7190	1.15	78.19		
	材料	水						m^3	0.4600	3.77	1.73		
		（商品）泵送混凝土 C25，骨料最大粒径 31.5mm						m^3	1.0100	705.03	712.08		
		其他材料费（按百分比计算）						元	10.7070	1.00	10.71		
	机械	混凝土输送泵 输送量 30m^3/h						台班	0.0091	869.08	7.91		
		混凝土振动器 插入式						台班	0.0900	11.55	1.04		
		混凝土布料机						台班	0.0091	64.50	0.59		

注：招标文件提供了暂估单价的材料设备，按暂估的单价填入表内“暂估单价”栏及“暂估合价”栏。

表 18.4.2–14　工程量清单综合单价分析表

工程名称：幼儿园教学楼　　　　　　　　　　　　第　页　共　页

项目编码	010502002001	项目名称		构造柱							计量单位		m^3
清单综合单价组成明细													
子目编号	子目名称	单位	数量	单价					合价				
				人工费	材料费	工程设备费	机械费	企业管理费和利润	人工费	材料费	工程设备费	机械费	企业管理费和利润
010005–39	非泵送现浇混凝土浇捣、养护 异型柱、构造柱、墙心柱	10m^3	0.10	2164.34	6566.40		14.32	846.59	216.43	656.64		1.43	84.66
小　计									216.43	656.64		1.43	84.66
清单项目综合单价									959.16				
费用明细		内　容						单位	数量	单价（元）	合价（元）	暂估单价（元）	暂估合价（元）
	人工	普工人工费（建筑）						元	20.9130	1.18	24.65		
		技工人工费（建筑）						元	166.1020	1.15	191.78		
	材料	水						m^3	0.8790	3.77	3.31		
		（商品）普通混凝土 C20，骨料最大粒径 31.5mm						m^3	1.0100	637.25	643.62		
		其他材料费（按百分比计算）						元	9.7040	1.00	9.70		
	机械	混凝土振动器 插入式						台班	0.1240	11.55	1.43		

注：招标文件提供了暂估单价的材料设备，按暂估的单价填入表内“暂估单价”栏及“暂估合价”栏。

表 18.4.2-15 工程量清单综合单价分析表

工程名称：幼儿园教学楼　　　　第　页　共　页

项目编码	010503001001	项目名称	基础梁									计量单位	m^3
清单综合单价组成明细													
子目编号	子目名称	单位	数量	单价					合价				
				人工费	材料费	工程设备费	机械费	企业管理费和利润	人工费	材料费	工程设备费	机械费	企业管理费和利润
010005-40 换	非泵送现浇混凝土浇捣、养护基础梁	$10m^3$	0.10	1126.97	6899.72		14.44	615.32	112.70	689.97		1.44	61.53
小　计									112.70	689.97		1.44	61.53
清单项目综合单价									865.64				

费用明细		内　容	单位	数量	单价（元）	合价（元）	暂估单价（元）	暂估合价（元）
费用明细	人工	普工人工费（建筑）	元	49.9660	1.18	58.90		
	人工	技工人工费（建筑）	元	46.5940	1.15	53.80		
	材料	水	m^3	0.4140	3.77	1.56		
	材料	（商品）普通混凝土 C25，骨料最大粒径 31.5mm	m^3	1.0100	671.50	678.22		
	材料	其他材料费（按百分比计算）	元	10.1970	1.00	10.20		
	机械	混凝土振动器 插入式	台班	0.1250	11.55	1.44		

注：招标文件提供了暂估单价的材料设备，按暂估的单价填入表内“暂估单价”栏及“暂估合价”栏。

表 18.4.2-16 工程量清单综合单价分析表

工程名称：幼儿园教学楼　　　　第　页　共　页

项目编码	010503005001	项目名称	过梁									计量单位	m^3
清单综合单价组成明细													
子目编号	子目名称	单位	数量	单价					合价				
				人工费	材料费	工程设备费	机械费	企业管理费和利润	人工费	材料费	工程设备费	机械费	企业管理费和利润
010005-43	非泵送现浇混凝土浇捣、养护圈梁、独立过梁	$10m^3$	0.10	2138.22	6555.00		8.89	839.40	213.82	655.50		0.89	83.94
小　计									213.82	655.50		0.89	83.94
清单项目综合单价									954.15				

费用明细		内　容	单位	数量	单价（元）	合价（元）	暂估单价（元）	暂估合价（元）
费用明细	人工	普工人工费（建筑）	元	19.3150	1.18	22.77		
	人工	技工人工费（建筑）	元	165.4720	1.15	191.05		
	材料	水	m^3	0.5810	3.77	2.19		
	材料	（商品）普通混凝土 C20，骨料最大粒径 31.5mm	m^3	1.0100	637.25	643.62		
	材料	其他材料费（按百分比计算）	元	9.6870	1.00	9.69		
	机械	混凝土振动器 插入式	台班	0.0770	11.55	0.89		

注：招标文件提供了暂估单价的材料设备，按暂估的单价填入表内“暂估单价”栏及“暂估合价”栏。

表 18.4.2–17　工程量清单综合单价分析表

工程名称：幼儿园教学楼　　　　　　　　　　　　　　　　　　　　第　页　共　页

项目编码	010505001001	项目名称	有梁板	计量单位	m^3

清单综合单价组成明细													
子目编号	子目名称	单位	数量	单价					合价				
				人工费	材料费	工程设备费	机械费	企业管理费和利润	人工费	材料费	工程设备费	机械费	企业管理费和利润
010005–8 换	泵送预拌混凝土浇捣养护 梁、板 混凝土输送泵	$10m^3$	0.10	710.82	7245.22		87.88	538.20	71.08	724.52		8.79	53.82
小　计									71.08	724.52		8.79	53.82
清单项目综合单价									858.21				

费用明细		内　容	单位	数量	单价（元）	合价（元）	暂估单价（元）	暂估合价（元）
	人工	技工人工费（建筑）	元	61.5640	1.15	71.08		
	材料	水	m^3	0.4600	3.77	1.73		
		（商品）泵送混凝土 C25，骨料最大粒径 31.5mm	m^3	1.0100	705.03	712.08		
		其他材料费（按百分比计算）	元	10.7070	1.00	10.71		
	机械	混凝土输送泵 输送量 $30m^3/h$	台班	0.0083	869.08	7.21		
		混凝土振动器 插入式	台班	0.0900	11.55	1.04		
		混凝土布料机	台班	0.0083	64.50	0.54		

注：招标文件提供了暂估单价的材料设备，按暂估的单价填入表内“暂估单价”栏及“暂估合价”栏。

表 18.4.2–18　工程量清单综合单价分析表

工程名称：幼儿园教学楼　　　　　　　　　　　　　　　　　　　　第　页　共　页

项目编码	010506001001	项目名称	直形楼梯	计量单位	m^3

清单综合单价组成明细													
子目编号	子目名称	单位	数量	单价					合价				
				人工费	材料费	工程设备费	机械费	企业管理费和利润	人工费	材料费	工程设备费	机械费	企业管理费和利润
010005–62 换	非泵送现浇混凝土浇捣、养护 钢筋混凝土整体楼梯 普通	$10m^3$	0.10	1539.84	6913.54		29.27	715.72	153.98	691.35		2.93	71.57
小　计									153.98	691.35		2.93	71.57
清单项目综合单价									919.83				

费用明细		内　容	单位	数量	单价（元）	合价（元）	暂估单价（元）	暂估合价（元）
	人工	普工人工费（建筑）	元	10.2420	1.18	12.07		
		技工人工费（建筑）	元	122.9090	1.15	141.91		
	材料	水	m^3	0.7750	3.77	2.92		
		（商品）普通混凝土 C25，骨料最大粒径 31.5mm	m^3	1.0100	671.50	678.22		
		其他材料费（按百分比计算）	元	10.2170	1.00	10.22		
	机械	混凝土振动器 平板式	台班	0.2050	14.28	2.93		

注：招标文件提供了暂估单价的材料设备，按暂估的单价填入表内“暂估单价”栏及“暂估合价”栏。

表 18.4.2-19　工程量清单综合单价分析表

工程名称：幼儿园教学楼　　　　　　　　　　　　　　　　　　　　　　第　页　共　页

项目编码	010507007001	项目名称	其他构件								计量单位		m³
清单综合单价组成明细													
子目编号	子目名称	单位	数量	单价					合价				
				人工费	材料费	工程设备费	机械费	企业管理费和利润	人工费	材料费	工程设备费	机械费	企业管理费和利润
010005-22 换	泵送预拌混凝土浇捣养护 其他部位浇捣混凝土 混凝土输送泵	$10m^3$	0.10	1094.65	7245.22		121.49	632.25	109.47	724.52		12.15	63.23
小计									109.47	724.52		12.15	63.22
清单项目综合单价									909.36				
费用明细		内容						单位	数量	单价（元）	合价（元）	暂估单价（元）	暂估合价（元）
	人工	技工人工费（建筑）						元	94.8080	1.15	109.47		
	材料	水						m^3	0.4600	3.77	1.73		
		（商品）泵送混凝土 C25，骨料最大粒径 31.5mm						m^3	1.0100	705.03	712.08		
		其他材料费（按百分比计算）						元	10.7070	1.00	10.71		
	机械	混凝土输送泵 输送量 $30m^3/h$						台班	0.0119	869.08	10.34		
		混凝土振动器 插入式						台班	0.0900	11.55	1.04		
		混凝土布料机						台班	0.0119	64.50	0.77		

注：招标文件提供了暂估单价的材料设备，按暂估的单价填入表内“暂估单价”栏及“暂估合价”栏。

表 18.4.2-20　工程量清单综合单价分析表

工程名称：幼儿园教学楼　　　　　　　　　　　　　　　　　　　　　　第　页　共　页

项目编码	010505007001	项目名称	天沟（檐沟）、挑檐板								计量单位		m³
清单综合单价组成明细													
子目编号	子目名称	单位	数量	单价					合价				
				人工费	材料费	工程设备费	机械费	企业管理费和利润	人工费	材料费	工程设备费	机械费	企业管理费和利润
010005-22 换	泵送预拌混凝土浇捣养护 其他部位浇捣混凝土 混凝土输送泵	$10m^3$	0.10	1094.65	7245.22		121.49	632.25	109.47	724.52		12.15	63.23
小计									109.47	724.52		12.15	63.22
清单项目综合单价									909.36				
费用明细		内容						单位	数量	单价（元）	合价（元）	暂估单价（元）	暂估合价（元）
	人工	技工人工费（建筑）						元	94.8080	1.15	109.47		
	材料	水						m^3	0.4600	3.77	1.73		
		（商品）泵送混凝土 C25，骨料最大粒径 31.5mm						m^3	1.0100	705.03	712.08		
		其他材料费（按百分比计算）						元	10.7070	1.00	10.71		
	机械	混凝土输送泵 输送量 $30m^3/h$						台班	0.0119	869.08	10.34		
		混凝土振动器 插入式						台班	0.0900	11.55	1.04		
		混凝土布料机						台班	0.0119	64.50	0.77		

注：招标文件提供了暂估单价的材料设备，按暂估的单价填入表内“暂估单价”栏及“暂估合价”栏。

表 18.4.2–21　工程量清单综合单价分析表

工程名称：幼儿园教学楼　　　　　　　　　　　　　　　　　　　　　　第　页　共　页

项目编码	010505006001	项目名称	栏板	计量单位	m^3

清单综合单价组成明细													
子目编号	子目名称	单位	数量	单价					合价				
				人工费	材料费	工程设备费	机械费	企业管理费和利润	人工费	材料费	工程设备费	机械费	企业管理费和利润
010005–22 换	泵送预拌混凝土浇捣养护 其他部位浇捣混凝土 混凝土输送泵	$10m^3$	0.10	1094.65	7245.22		121.49	632.25	109.47	724.52		12.15	63.23
小　计									109.47	724.52		12.15	63.22
清单项目综合单价									909.36				

费用明细		内　容	单位	数量	单价（元）	合价（元）	暂估单价（元）	暂估合价（元）
费用明细	人工	技工人工费（建筑）	元	94.8080	1.15	109.47		
	材料	水	m^3	0.4600	3.77	1.73		
		（商品）泵送混凝土 C25，骨料最大粒径 31.5mm	m^3	1.0100	705.03	712.08		
		其他材料费（按百分比计算）	元	10.7070	1.00	10.71		
	机械	混凝土输送泵 输送量 $30m^3/h$	台班	0.0119	869.08	10.34		
		混凝土振动器 插入式	台班	0.0900	11.55	1.04		
		混凝土布料机	台班	0.0119	64.50	0.77		

注：招标文件提供了暂估单价的材料设备，按暂估的单价填入表内“暂估单价”栏及“暂估合价”栏。

表 18.4.2–22　工程量清单综合单价分析表

工程名称：幼儿园教学楼　　　　第　页　共　页

项目编码	010507005001	项目名称	压顶	计量单位	m^3

清单综合单价组成明细

子目编号	子目名称	单位	数量	单价：人工费	单价：材料费	单价：工程设备费	单价：机械费	单价：企业管理费和利润	合价：人工费	合价：材料费	合价：工程设备费	合价：机械费	合价：企业管理费和利润
010005-22 换	泵送预拌混凝土浇捣养护 其他部位浇捣混凝土 混凝土输送泵	10m^3	0.10	1094.65	7245.22		121.49	632.25	109.47	724.52		12.15	63.23
小计									109.47	724.52		12.15	63.22
清单项目综合单价									909.36				

费用明细		内容	单位	数量	单价（元）	合价（元）	暂估单价（元）	暂估合价（元）
费用明细	人工	技工人工费（建筑）	元	94.8080	1.15	109.47		
	材料	水	m^3	0.4600	3.77	1.73		
		（商品）泵送混凝土 C25，骨料最大粒径 31.5mm	m^3	1.0100	705.03	712.08		
		其他材料费（按百分比计算）	元	10.7070	1.00	10.71		
	机械	混凝土输送泵 输送量 30m^3/h	台班	0.0119	869.08	10.34		
		混凝土振动器 插入式	台班	0.0900	11.55	1.04		
		混凝土布料机	台班	0.0119	64.50	0.77		

注：招标文件提供了暂估单价的材料设备，按暂估的单价填入表内“暂估单价”栏及“暂估合价”栏。

表 18.4.2–23　工程量清单综合单价分析表

工程名称：幼儿园教学楼　　　　第　页　共　页

项目编码	010507004001	项目名称	台阶	计量单位	m^3

清单综合单价组成明细

子目编号	子目名称	单位	数量	单价：人工费	单价：材料费	单价：工程设备费	单价：机械费	单价：企业管理费和利润	合价：人工费	合价：材料费	合价：工程设备费	合价：机械费	合价：企业管理费和利润
010005-70	非泵送现浇混凝土浇捣、养护 台阶	10m^3	0.10	1385.61	6571.88		25.41	661.51	138.56	657.19		2.54	66.15
小计									138.56	657.19		2.54	66.15
清单项目综合单价									864.44				

费用明细		内容	单位	数量	单价（元）	合价（元）	暂估单价（元）	暂估合价（元）
费用明细	人工	普工人工费（建筑）	元	10.2840	1.18	12.12		
		技工人工费（建筑）	元	109.5080	1.15	126.44		
	材料	水	m^3	1.0220	3.77	3.85		
		（商品）普通混凝土 C20，骨料最大粒径 31.5mm	m^3	1.0100	637.25	643.62		
		其他材料费（按百分比计算）	元	9.7120	1.00	9.71		
	机械	混凝土振动器 插入式	台班	0.2200	11.55	2.54		

注：招标文件提供了暂估单价的材料设备，按暂估的单价填入表内“暂估单价”栏及“暂估合价”栏。

表 18.4.2-24　工程量清单综合单价分析表

工程名称：幼儿园教学楼　　　　　　　　　　　　　　　　　　　　　　　　第　页　共　页

项目编码	010507001001	项目名称	散水、坡道									计量单位	m²
清单综合单价组成明细													
子目编号	子目名称	单位	数量	单价					合价				
				人工费	材料费	工程设备费	机械费	企业管理费和利润	人工费	材料费	工程设备费	机械费	企业管理费和利润
010005-74	非泵送现浇混凝土浇捣、养护 散水	10m³	0.01	1260.12	6571.88		23.10	631.36	12.60	65.72		0.23	6.31
小　计									12.60	65.72		0.23	6.31
清单项目综合单价									84.86				
费用明细		内　容						单位	数量	单价（元）	合价（元）	暂估单价（元）	暂估合价（元）
	人工	普工人工费（建筑）						元	1.3131	1.18	1.55		
		技工人工费（建筑）						元	9.5733	1.15	11.05		
	材料	水						m³	0.1022	3.77	0.39		
		（商品）普通混凝土 C20，骨料最大粒径 31.5mm						m³	0.1010	637.25	64.36		
		其他材料费（按百分比计算）						元	0.9712	1.00	0.97		
	机械	混凝土振动器 插入式						台班	0.0200	11.55	0.23		

注：招标文件提供了暂估单价的材料设备，按暂估的单价填入表内“暂估单价”栏及“暂估合价”栏。

表 18.4.2-25　工程量清单综合单价分析表

工程名称：幼儿园教学楼　　　　　　　　　　　　　　　　　　　　　　　　第　页　共　页

项目编码	010515001001	项目名称	现浇构件钢筋									计量单位	t
清单综合单价组成明细													
子目编号	子目名称	单位	数量	单价					合价				
				人工费	材料费	工程设备费	机械费	企业管理费和利润	人工费	材料费	工程设备费	机械费	企业管理费和利润
010005-127	现浇构件圆钢筋 制作 ϕ10 以内	t	1.00	414.03	4586.88		12.80	329.18	414.03	4586.88		12.80	329.18
010005-128	现浇构件圆钢筋 安装 ϕ10 以内	t	1.00	845.77	47.27		62.33	208.80	845.77	47.27		62.33	208.80
小　计									1259.80	4634.15		75.13	537.98
清单项目综合单价									6507.06				
费用明细		内　容						单位	数量	单价（元）	合价（元）	暂估单价（元）	暂估合价（元）
	人工	普工人工费（建筑）						元	173.2800	1.18	204.26		
		技工人工费（建筑）						元	914.2000	1.15	1055.54		
	材料	镀锌铁丝 综合						kg	9.0900	5.20	47.27		
		圆钢（盘圆）（HPB300）ϕ6.5~10						t	1.0250	4475.00	4586.88		
	机械	电动卷扬机 单筒慢速牵引力 50kN						台班	0.3000	207.75	62.33		
		钢筋切断机 直径 ϕ40mm						台班	0.1100	42.95	4.72		
		钢筋弯曲机 直径 ϕ40mm						台班	0.3100	26.05	8.08		

注：招标文件提供了暂估单价的材料设备，按暂估的单价填入表内“暂估单价”栏及“暂估合价”栏。

表 18.4.2–26　工程量清单综合单价分析表

工程名称：幼儿园教学楼　　　　　　　　　　　　　　　　　　　　　　　　第　页　共　页

项目编码	010515001002	项目名称	现浇构件钢筋	计量单位	t

清单综合单价组成明细

子目编号	子目名称	单位	数量	单价 人工费	单价 材料费	单价 工程设备费	单价 机械费	单价 企业管理费和利润	合价 人工费	合价 材料费	合价 工程设备费	合价 机械费	合价 企业管理费和利润
010005–133 换	现浇构件螺纹钢筋制作 ϕ10 以内	t	1.00	348.26	4889.76		12.80	328.61	348.26	4889.76		12.80	328.61
010005–134	现浇构件螺纹钢筋安装 ϕ10 以内	t	1.00	744.62	29.77			179.45	744.62	29.77			179.45
小计									1092.88	4919.53		12.80	508.06
清单项目综合单价									6533.27				

费用明细		内容	单位	数量	单价（元）	合价（元）	暂估单价（元）	暂估合价（元）
	人工	普工人工费（建筑）	元	154.9900	1.18	182.70		
		技工人工费（建筑）	元	788.3000	1.15	910.17		
	材料	HRB335 ϕ10mm 以内	t	1.0250	4700.00	4817.50		
		镀锌铁丝 综合	kg	5.6400	5.20	29.33		
		其他材料费（按百分比计算）	元	72.7000	1.00	72.70		
	机械	钢筋切断机 直径 ϕ40mm	台班	0.1100	42.95	4.72		
		钢筋弯曲机 直径 ϕ40mm	台班	0.3100	26.05	8.08		

注：招标文件提供了暂估单价的材料设备，按暂估的单价填入表内“暂估单价”栏及“暂估合价”栏。

表 18.4.2-27　工程量清单综合单价分析表

工程名称：幼儿园教学楼　　　　　　　　　　　　　　　　第　页　共　页

项目编码	010515001003	项目名称	现浇构件钢筋								计量单位	t	
清单综合单价组成明细													
子目编号	子目名称	单位	数量	单价					合价				
				人工费	材料费	工程设备费	机械费	企业管理费和利润	人工费	材料费	工程设备费	机械费	企业管理费和利润
010005-135换	现浇构件螺纹钢筋制作 ϕ25以内	t	1.00	278.57	4805.51		9.51	307.51	278.57	4805.51		9.51	307.51
010005-136	现浇构件螺纹钢筋安装 ϕ25以内	t	1.00	599.84	82.18		95.14	154.02	599.84	82.18		95.14	154.02
小计									878.41	4887.69		104.65	461.53
清单项目综合单价									6332.28				
费用明细		内容						单位	数量	单价（元）	合价（元）	暂估单价（元）	暂估合价（元）
	人工	普工人工费（建筑）						元	97.7900	1.18	115.27		
		技工人工费（建筑）						元	660.9500	1.15	763.13		
	材料	HRB335 ϕ12~14mm						t	1.0400	4552.00	4734.08		
		镀锌铁丝 综合						kg	2.3200	5.20	12.06		
		电焊条 结422 ϕ3.2						kg	9.6500	7.14	68.90		
		水						m^3	0.1100	3.77	0.41		
		其他材料费（按百分比计算）						元	72.2300	1.00	72.23		
	机械	钢筋切断机 直径 ϕ40mm						台班	0.1000	42.95	4.30		
		钢筋弯曲机 直径 ϕ40mm						台班	0.2000	26.05	5.21		
		对焊机 容量 75kV·A						台班	0.0900	195.93	17.63		
		交流电焊机 30kV·A						台班	0.4900	158.18	77.51		

注：招标文件提供了暂估单价的材料设备，按暂估的单价填入表内“暂估单价”栏及“暂估合价”栏。

表 18.4.2-28　工程量清单综合单价分析表

工程名称：幼儿园教学楼　　　　　　　　　　　　　　　　　　　　第　页　共　页

项目编码	010515001006	项目名称	现浇构件钢筋	计量单位	t

清单综合单价组成明细

子目编号	子目名称	单位	数量	单价					合价				
				人工费	材料费	工程设备费	机械费	企业管理费和利润	人工费	材料费	工程设备费	机械费	企业管理费和利润
010005-135 换	现浇构件螺纹钢筋制作 ϕ25 以内	t	1.00	278.57	4639.78		9.51	299.22	278.57	4639.78		9.51	299.22
010005-136	现浇构件螺纹钢筋安装 ϕ25 以内	t	1.00	599.84	82.18		95.14	154.02	599.84	82.18		95.14	154.02
小计									878.41	4721.96		104.65	453.24
清单项目综合单价									6158.26				

费用明细		内容	单位	数量	单价（元）	合价（元）	暂估单价（元）	暂估合价（元）
	人工	普工人工费（建筑）	元	97.7900	1.18	115.27		
		技工人工费（建筑）	元	660.9500	1.15	763.13		
	材料	HRB335 ϕ16~25mm	t	1.0400	4395.00	4570.80		
		镀锌铁丝 综合	kg	2.3200	5.20	12.06		
		电焊条 结 422 ϕ3.2	kg	9.6500	7.14	68.90		
		水	m^3	0.1100	3.77	0.41		
		其他材料费（按百分比计算）	元	69.7800	1.00	69.78		
	机械	钢筋切断机 直径 ϕ40mm	台班	0.1000	42.95	4.30		
		钢筋弯曲机 直径 ϕ40mm	台班	0.2000	26.05	5.21		
		对焊机 容量 75kV · A	台班	0.0900	195.93	17.63		
		交流电焊机 30kV · A	台班	0.4900	158.18	77.51		

注：招标文件提供了暂估单价的材料设备，按暂估的单价填入表内“暂估单价”栏及“暂估合价”栏。

表 18.4.2–29 工程量清单综合单价分析表

工程名称：幼儿园教学楼　　　　第 页 共 页

项目编码	010515001004	项目名称	现浇构件钢筋								计量单位		t
清单综合单价组成明细													
子目编号	子目名称	单位	数量	单价					合价				
				人工费	材料费	工程设备费	机械费	企业管理费和利润	人工费	材料费	工程设备费	机械费	企业管理费和利润
010005–139	现浇构件箍筋制作 ϕ10 以内	t	1.00	586.87	4690.51		37.51	377.37	586.87	4690.51		37.51	377.37
010005–140	现浇构件箍筋安装 ϕ10 以内	t	1.00	1154.48	11.44		66.48	281.07	1154.48	11.44		66.48	281.07
小计									1741.35	4701.95		103.99	658.44
清单项目综合单价									7205.73				
费用明细		内容						单位	数量	单价（元）	合价（元）	暂估单价（元）	暂估合价（元）
	人工	普工人工费（建筑）						元	238.9500	1.18	281.67		
		技工人工费（建筑）						元	1264.2200	1.15	1459.67		
	材料	镀锌铁丝 综合						kg	8.8000	5.20	45.76		
		圆钢（盘圆）（HPB300）ϕ6.5~10mm						t	1.0250	4475.00	4586.88		
		其他材料费（按百分比计算）						元	69.3200	1.00	69.32		
	机械	电动卷扬机 单筒慢速牵引力 50kN						台班	0.3200	207.75	66.48		
		钢筋切断机 直径 ϕ40mm						台班	0.2000	42.95	8.59		
		钢筋弯曲机 直径 ϕ40mm						台班	1.1100	26.05	28.92		

注：招标文件提供了暂估单价的材料设备，按暂估的单价填入表内“暂估单价”栏及“暂估合价”栏。

表 18.4.2–30　工程量清单综合单价分析表

工程名称：幼儿园教学楼　　　　　　　　　　　　　　　　　　第　页　共　页

<table>
<tr><td>项目编码</td><td colspan="2">010515001005</td><td colspan="2">项目名称</td><td colspan="5">现浇构件钢筋</td><td colspan="2">计量单位</td><td colspan="2">t</td></tr>
<tr><td colspan="14">清单综合单价组成明细</td></tr>
<tr><td rowspan="2">子目编号</td><td rowspan="2">子目名称</td><td rowspan="2">单位</td><td rowspan="2">数量</td><td colspan="5">单　价</td><td colspan="5">合　价</td></tr>
<tr><td>人工费</td><td>材料费</td><td>工程设备费</td><td>机械费</td><td>企业管理费和利润</td><td>人工费</td><td>材料费</td><td>工程设备费</td><td>机械费</td><td>企业管理费和利润</td></tr>
<tr><td>010005–141</td><td>现浇构件箍筋制作 ϕ10 以外</td><td>t</td><td>1.00</td><td>346.24</td><td>4732.60</td><td></td><td>20.80</td><td>320.82</td><td>346.24</td><td>4732.60</td><td></td><td>20.80</td><td>320.82</td></tr>
<tr><td>010005–142</td><td>现浇构件箍筋安装 ϕ10 以外</td><td>t</td><td>1.00</td><td>738.87</td><td>6.01</td><td></td><td>16.62</td><td>178.04</td><td>738.87</td><td>6.01</td><td></td><td>16.62</td><td>178.04</td></tr>
<tr><td></td><td></td><td></td><td></td><td></td><td></td><td></td><td></td><td></td><td></td><td></td><td></td><td></td><td></td></tr>
<tr><td colspan="9">小　计</td><td>1085.11</td><td>4738.61</td><td></td><td>37.42</td><td>498.86</td></tr>
<tr><td colspan="9">清单项目综合单价</td><td colspan="5">6360</td></tr>
<tr><td rowspan="9">费用明细</td><td></td><td colspan="6">内　容</td><td>单位</td><td>数量</td><td>单价（元）</td><td>合价（元）</td><td>暂估单价（元）</td><td>暂估合价（元）</td></tr>
<tr><td rowspan="2">人工</td><td colspan="6">普工人工费（建筑）</td><td>元</td><td>149.6500</td><td>1.18</td><td>176.41</td><td></td><td></td></tr>
<tr><td colspan="6">技工人工费（建筑）</td><td>元</td><td>787.0300</td><td>1.15</td><td>908.70</td><td></td><td></td></tr>
<tr><td rowspan="3">材料</td><td colspan="6">镀锌铁丝 综合</td><td>kg</td><td>4.6200</td><td>5.20</td><td>24.02</td><td></td><td></td></tr>
<tr><td colspan="6">圆钢（HPB235）ϕ10mm 以外</td><td>t</td><td>1.0400</td><td>4466.00</td><td>4644.64</td><td></td><td></td></tr>
<tr><td colspan="6">其他材料费（按百分比计算）</td><td>元</td><td>69.9400</td><td>1.00</td><td>69.94</td><td></td><td></td></tr>
<tr><td rowspan="3">机械</td><td colspan="6">电动卷扬机 单筒慢速牵引力 50kN</td><td>台班</td><td>0.0800</td><td>207.75</td><td>16.62</td><td></td><td></td></tr>
<tr><td colspan="6">钢筋切断机 直径 ϕ40mm</td><td>台班</td><td>0.0900</td><td>42.95</td><td>3.87</td><td></td><td></td></tr>
<tr><td colspan="6">钢筋弯曲机 直径 ϕ40mm</td><td>台班</td><td>0.6500</td><td>26.05</td><td>16.93</td><td></td><td></td></tr>
</table>

注：招标文件提供了暂估单价的材料设备，按暂估的单价填入表内“暂估单价”栏及“暂估合价”栏。

表 18.4.2-31　工程量清单综合单价分析表

工程名称：幼儿园教学楼　　　　第　页　共　页

<table>
<tr><td>项目编码</td><td colspan="2">010516003001</td><td colspan="2">项目名称</td><td colspan="6">钢筋接头 电渣压力焊</td><td colspan="2">计量单位</td><td>个</td></tr>
<tr><td colspan="14">清单综合单价组成明细</td></tr>
<tr><td rowspan="2">子目编号</td><td rowspan="2">子目名称</td><td rowspan="2">单位</td><td rowspan="2">数量</td><td colspan="5">单　价</td><td colspan="5">合　价</td></tr>
<tr><td>人工费</td><td>材料费</td><td>工程设备费</td><td>机械费</td><td>企业管理费和利润</td><td>人工费</td><td>材料费</td><td>工程设备费</td><td>机械费</td><td>企业管理费和利润</td></tr>
<tr><td>010005-176</td><td>电渣压力焊接钢筋接头</td><td>10 个接头</td><td>0.10</td><td>54.25</td><td>26.75</td><td></td><td>24.69</td><td>16.01</td><td>5.43</td><td>2.68</td><td></td><td>2.47</td><td>1.60</td></tr>
<tr><td></td><td></td><td></td><td></td><td></td><td></td><td></td><td></td><td></td><td></td><td></td><td></td><td></td><td></td></tr>
<tr><td colspan="9">小　计</td><td>5.43</td><td>2.68</td><td></td><td>2.47</td><td>1.60</td></tr>
<tr><td colspan="9">清单项目综合单价</td><td colspan="5">12.18</td></tr>
<tr><td rowspan="10">费用明细</td><td></td><td colspan="7">内　容</td><td>单位</td><td>数量</td><td>单价（元）</td><td>合价（元）</td><td>暂估单价（元）</td><td>暂估合价（元）</td></tr>
<tr><td rowspan="2">人工</td><td colspan="7">普工人工费（建筑）</td><td>元</td><td>0.5960</td><td>1.18</td><td>0.70</td><td></td><td></td></tr>
<tr><td colspan="7">技工人工费（建筑）</td><td>元</td><td>4.0900</td><td>1.15</td><td>4.72</td><td></td><td></td></tr>
<tr><td rowspan="5">材料</td><td colspan="7">圆钢（盘圆）（HPB300）ϕ6.5~10mm</td><td>kg</td><td>0.0850</td><td>4.47</td><td>0.38</td><td></td><td></td></tr>
<tr><td colspan="7">电焊条 结 422 ϕ3.2</td><td>kg</td><td>0.0080</td><td>7.14</td><td>0.06</td><td></td><td></td></tr>
<tr><td colspan="7">焊剂</td><td>kg</td><td>0.3050</td><td>7.00</td><td>2.13</td><td></td><td></td></tr>
<tr><td colspan="7">石棉垫</td><td>kg</td><td>0.0250</td><td>2.53</td><td>0.06</td><td></td><td></td></tr>
<tr><td colspan="7">其他材料费（按百分比计算）</td><td>元</td><td>0.0400</td><td>1.00</td><td>0.04</td><td></td><td></td></tr>
<tr><td rowspan="2">机械</td><td colspan="7">交流电焊机 30kV·A</td><td>台班</td><td>0.0010</td><td>158.18</td><td>0.16</td><td></td><td></td></tr>
<tr><td colspan="7">电渣焊机 电流 1000A</td><td>台班</td><td>0.0080</td><td>288.91</td><td>2.31</td><td></td><td></td></tr>
</table>

注：招标文件提供了暂估单价的材料设备，按暂估的单价填入表内“暂估单价”栏及“暂估合价”栏。

表 18.4.2–32　工程量清单综合单价分析表

工程名称：幼儿园教学楼　　　　　　　　　　　　　　　　　　第　页　共　页

项目编码		010801002001		项目名称		木质门带套					计量单位		樘
清单综合单价组成明细													
子目编号	子目名称	单位	数量	单价					合价				
				人工费	材料费	工程设备费	机械费	企业管理费和利润	人工费	材料费	工程设备费	机械费	企业管理费和利润
2004–2	木门框制作 框料截面 60cm² 以内	10 延长米	0.62	80.78	75.60		4.68	23.40	50.08	46.87		2.90	14.51
2004–11 换	木门扇制作 纤维板门（双面）	100m²	0.0212	6554.44	19755.50		129.14	2563.18	138.95	418.82		2.74	54.34
2004–37	木门安装胶合板门（含纤维板门） 不带纱门 带亮	100m²	0.03	5892.07	550.16		11.02	1436.47	176.76	16.50		0.33	43.09
2005–1	单层木门底油一遍、刮腻子、调和漆两遍	100m²	0.03	3504.39	575.49			866.32	105.13	17.26			25.99
2004–185	木门五金配件 镶板、胶合板、半截玻璃门（不带纱门）双扇有亮	樘	1.00		44.54			2.23		44.54			2.23
2004–141	L 形执手杆锁 安装	把	1.00	92.32	205.00			32.32	92.32	205.00			32.32
2004–152 换	方形门窗套带木筋 外贴红榉装饰板	100m²	0.0186	9046.97	8811.84			2602.81	168.27	163.90			48.41
小　计									731.51	912.89		5.97	220.88
清单项目综合单价									1871.25				
费用明细		内　容						单位	数量	单价（元）	合价（元）	暂估单价（元）	暂估合价（元）
	人工	装饰工日 3						工日	2.7141	230.79	626.39		
		装饰工日 2						工日	0.5307	198.10	105.13		
	材料	松木门窗枋板材						m^3	0.0936	1080.00	101.14		
		一等松木枋板材						m^3	0.0075	1100.00	8.25		
		清油 C01–1						kg	0.0525	9.50	0.50		
		催干剂						kg	0.0309	5.81	0.18		

续表 18.4.2–32

		内　容	单位	数量	单价（元）	合价（元）	暂估单价（元）	暂估合价（元）
费用明细	材料	酒精 95%	kg	0.0129	4.00	0.05		
		平板玻璃 δ =3mm	m^2	0.4209	12.00	5.05		
		磨砂玻璃 δ =3mm	m^2	0.0978	30.00	2.93		
		豆包布	m^2	0.0075	3.00	0.02		
		砂纸	张	1.2600	0.25	0.32		
		插销 100	个	2.0000	5.59	11.18		
		插销 150	副	1.0000	5.70	5.70		
		插销 300	副	1.0000	7.50	7.50		
		风钩 200	个	2.0000	2.00	4.00		
		拉手 150	个	2.0000	0.90	1.80		
		折页 63	个	4.0000	0.66	2.64		
		折页 100	个	4.0000	2.05	8.20		
		L 形执手插锁	把	1.0000	205.00	205.00		
		石膏粉	kg	0.1512	0.50	0.08		
		漆片	kg	0.0021	50.00	0.11		
		乳液（聚醋酸乙烯）	kg	1.1718	4.39	5.14		
		熟桐油	kg	0.1275	6.30	0.80		
		无光调和漆	kg	0.7488	9.15	6.85		
		油漆溶剂油	kg	0.3342	5.50	1.84		
		调和漆	kg	0.6603	9.88	6.52		
		收口线	m	14.9172	2.20	32.82		
		铁塔扣 100	副	1.0000	1.50	1.50		
		木螺钉	只	101.0000	0.02	2.02		
		杉木锯材	m^3	0.0130	1156.91	15.06		
		松木锯材	m^3	0.0019	1030.33	1.92		
		胶合板 1220×2440×9	m^2	2.7528	23.00	63.31		
		双面 7mm 木夹板，面贴 3mm 木纹板	m^2	4.5432	80.00	363.45		
		3mm 木纹板	m^2	2.0460	20.00	40.92		
		其他材料费	元	6.0947	1.00	6.09		
	机械	刨木板机	台班	0.0168	27.11	0.46		
		木工平刨床 刨削宽度 500mm	台班	0.0124	31.27	0.39		
		木工开榫机 榫头长度 160mm	台班	0.0398	68.63	2.73		
		木工打眼机 ϕ 50mm	台班	0.0546	15.13	0.83		
		木工裁口机 宽度多面 400mm	台班	0.0292	42.46	1.24		
		其他机械费	元	0.3306	1.00	0.33		

注：招标文件提供了暂估单价的材料设备，按暂估的单价填入表内“暂估单价”栏及“暂估合价”栏。

表 18.4.2–33　工程量清单综合单价分析表

工程名称：幼儿园教学楼　　　　　　　　　　　　　　　　第　页　共　页

项目编码	010801002002	项目名称	木质门带套									计量单位	樘
清单综合单价组成明细													
子目编号	子目名称	单位	数量	单价					合价				
				人工费	材料费	工程设备费	机械费	企业管理费和利润	人工费	材料费	工程设备费	机械费	企业管理费和利润
2004–1	木门框制作 框料截面 54cm² 以内	10 延长米	0.54	80.78	69.12		4.68	23.08	43.62	37.32		2.53	12.46
2004–11 换	木门扇制作 纤维板门（双面）	100m²	0.0191	6554.44	19755.50		129.14	2563.18	125.19	377.33		2.47	48.96
2004–36	木门安装胶合板门（含纤维板门） 不带纱门无亮	100m²	0.022	4765.81	381.40		8.39	1158.68	104.85	8.39		0.18	25.49
2005–1	单层木门底油一遍、刮腻子、调和漆两遍	100m²	0.022	3504.39	575.49			866.32	77.10	12.66			19.06
2004–184	木门五金配件 镶板、胶合板、半截玻璃门（不带纱门）单扇有亮	樘	1.00		25.58			1.28		25.58			1.28
2004–142	球形执手锁安装	把	1.00	46.16	36.91			12.88	46.16	36.91			12.88
2004–152 换	方形门窗套带木筋 外贴红榉装饰板	100m²	0.0162	9046.97	8811.84			2602.81	146.56	142.75			42.17
小　计									543.48	640.94		5.18	162.29
清单项目综合单价									1351.89				

费用明细		内　容	单位	数量	单价（元）	合价（元）	暂估单价（元）	暂估合价（元）
费用明细	人工	装饰工日 3	工日	2.0208	230.79	466.38		
		装饰工日 2	工日	0.3892	198.10	77.10		
	材料	松木门窗枋板材	m^3	0.0798	1080.00	86.21		
		一等松木枋板材	m^3	0.0051	1100.00	5.57		
		清油 C01–1	kg	0.0385	9.50	0.37		
		催干剂	kg	0.0227	5.81	0.13		

续表 18.4.2–33

		内容	单位	数量	单价（元）	合价（元）	暂估单价（元）	暂估合价（元）
费用明细	材料	酒精 95%	kg	0.0095	4.00	0.04		
		磨砂玻璃 δ=3mm	m^2	0.0898	30.00	2.69		
		豆包布	m^2	0.0055	3.00	0.02		
		砂纸	张	0.9240	0.25	0.23		
		插销 100	个	2.0000	5.59	11.18		
		风钩 200	个	2.0000	2.00	4.00		
		拉手 150	个	1.0000	0.90	0.90		
		球形执手锁	把	1.0000	36.91	36.91		
		折页 63	个	4.0000	0.66	2.64		
		折页 100	个	2.0000	2.05	4.10		
		石膏粉	kg	0.1109	0.50	0.06		
		漆片	kg	0.0015	50.00	0.08		
		乳液（聚醋酸乙烯）	kg	1.0206	4.39	4.48		
		熟桐油	kg	0.0935	6.30	0.59		
		无光调和漆	kg	0.5491	9.15	5.02		
		油漆溶剂油	kg	0.2451	5.50	1.35		
		调和漆	kg	0.4842	9.88	4.78		
		收口线	m	12.9924	2.20	28.58		
		铁塔扣 100	副	1.0000	1.50	1.50		
		木螺钉	只	63.0000	0.02	1.26		
		杉木锯材	m^3	0.0113	1156.91	13.12		
		松木锯材	m^3	0.0016	1030.33	1.67		
		胶合板 1220×2440×9	m^2	2.3976	23.00	55.14		
		双面 7mm 木夹板，面贴 3mm 木纹板	m^2	4.0931	80.00	327.45		
		3mm 木纹板	m^2	1.7820	20.00	35.64		
		其他材料费	元	5.2381	1.00	5.24		
	机械	刨木板机	台班	0.0150	27.11	0.41		
		木工平刨床 刨削宽度 500mm	台班	0.0108	31.27	0.34		
		木工开榫机 榫头长度 160mm	台班	0.0353	68.63	2.42		
		木工打眼机 φ50mm	台班	0.0487	15.13	0.74		
		木工裁口机 宽度多面 400mm	台班	0.0258	42.46	1.09		
		其他机械费	元	0.1846	1.00	0.18		

注：招标文件提供了暂估单价的材料设备，按暂估的单价填入表内“暂估单价”栏及“暂估合价”栏。

表 18.4.2–34　工程量清单综合单价分析表

工程名称：幼儿园教学楼　　　　　　　　　　　　　　　　　　第　页　共　页

项目编码	010801002003	项目名称	木质门带套	计量单位	樘

清单综合单价组成明细

子目编号	子目名称	单位	数量	单价					合价				
				人工费	材料费	工程设备费	机械费	企业管理费和利润	人工费	材料费	工程设备费	机械费	企业管理费和利润
2004–1	木门框制作 框料截面 $54cm^2$ 以内	10 延长米	0.53	80.78	69.12		4.68	23.08	42.81	36.63		2.48	12.23
2004–11 换	木门扇制作 纤维板门（双面）	$100m^2$	0.017	6554.44	19755.50		129.14	2563.18	111.10	334.86		2.19	43.45
2004–36	木门安装胶合板门（含纤维板门） 不带纱门无亮	$100m^2$	0.0198	4765.81	381.40		8.39	1158.68	94.36	7.55		0.17	22.94
2005–1	单层木门底油一遍、刮腻子、调和漆两遍	$100m^2$	0.0198	3504.39	575.49			866.32	69.39	11.39			17.15
2004–184	木门五金配件 镶板、胶合板、半截玻璃门（不带纱门）单扇有亮	樘	1.00		25.58			1.28		25.58			1.28
2004–142	球形执手锁安装	把	1.00	46.16	36.91			12.88	46.16	36.91			12.88
2004–152 换	方形门窗套带木筋外贴红榉装饰板	$100m^2$	0.0159	9046.97	8811.84			2602.81	143.85	140.11			41.38
小　计									507.67	593.03		4.84	151.31
清单项目综合单价									1256.85				

费用明细		内　容	单位	数量	单价（元）	合价（元）	暂估单价（元）	暂估合价（元）
费用明细	人工	装饰工日 3	工日	1.8990	230.79	438.28		
		装饰工日 2	工日	0.3503	198.10	69.39		
	材料	松木门窗枋板材	m^3	0.0741	1080.00	80.02		
		一等松木枋板材	m^3	0.0046	1100.00	5.01		
		清油 C01–1	kg	0.0347	9.50	0.33		
		催干剂	kg	0.0204	5.81	0.12		

续表 18.4.2–34

		内　　容	单位	数量	单价（元）	合价（元）	暂估单价（元）	暂估合价（元）
费用明细	材料	酒精 95%	kg	0.0085	4.00	0.03		
		磨砂玻璃 δ =3mm	m^2	0.0808	30.00	2.42		
		豆包布	m^2	0.0050	3.00	0.01		
		砂纸	张	0.8316	0.25	0.21		
		插销 100	个	2.0000	5.59	11.18		
		风钩 200	个	2.0000	2.00	4.00		
		拉手 150	个	1.0000	0.90	0.90		
		球形执手锁	把	1.0000	36.91	36.91		
		折页 63	个	4.0000	0.66	2.64		
		折页 100	个	2.0000	2.05	4.10		
		石膏粉	kg	0.0998	0.50	0.05		
		漆片	kg	0.0014	50.00	0.07		
		乳液（聚醋酸乙烯）	kg	1.0017	4.39	4.40		
		熟桐油	kg	0.0842	6.30	0.53		
		无光调和漆	kg	0.4942	9.15	4.52		
		油漆溶剂油	kg	0.2206	5.50	1.21		
		调和漆	kg	0.4358	9.88	4.31		
		收口线	m	12.7518	2.20	28.05		
		铁塔扣 100	副	1.0000	1.50	1.50		
		木螺钉	只	63.0000	0.02	1.26		
		杉木锯材	m^3	0.0111	1156.91	12.88		
		松木锯材	m^3	0.0016	1030.33	1.64		
		胶合板 1220 × 2440 × 9	m^2	2.3532	23.00	54.12		
		双面 7mm 木夹板，面贴 3mm 木纹板	m^2	3.6324	80.00	290.59		
		3mm 木纹板	m^2	1.7490	20.00	34.98		
		其他材料费	元	5.0371	1.00	5.04		
	机械	刨木板机	台班	0.0138	27.11	0.37		
		木工平刨床 刨削宽度 500mm	台班	0.0106	31.27	0.33		
		木工开榫机 榫头长度 160mm	台班	0.0329	68.63	2.25		
		木工打眼机 ϕ 50mm	台班	0.0447	15.13	0.68		
		木工裁口机 宽度多面 400mm	台班	0.0244	42.46	1.03		
		其他机械费	元	0.1661	1.00	0.17		

注：招标文件提供了暂估单价的材料设备，按暂估的单价填入表内“暂估单价”栏及“暂估合价”栏。

表 18.4.2–35　工程量清单综合单价分析表

工程名称：幼儿园教学楼　　　　　　　　　　　　　　　　　　　　　　　第　页　共　页

项目编码	010802001001	项目名称	金属（塑钢）门								计量单位		樘
清单综合单价组成明细													
子目编号	子目名称	单位	数量	单价					合价				
				人工费	材料费	工程设备费	机械费	企业管理费和利润	人工费	材料费	工程设备费	机械费	企业管理费和利润
2004–132 换	钢质防火门安装	100m^2	0.0225	18874.01	40000.00			6510.89	424.67	900.00			146.50
小计									424.67	900.00			146.50
清单项目综合单价									1471.17				
费用明细		内容						单位	数量	单价（元）	合价（元）	暂估单价（元）	暂估合价（元）
	人工	装饰工日 3						工日	1.8401	230.79	424.67		
	材料	不锈钢门						m^2	2.2500	400.00	900.00		

注：招标文件提供了暂估单价的材料设备，按暂估的单价填入表内“暂估单价”栏及“暂估合价”栏。

表 18.4.2–36　工程量清单综合单价分析表

工程名称：幼儿园教学楼　　　　　　　　　　　　　　　　　　　　　　　第　页　共　页

项目编码	010802001002	项目名称	金属（塑钢）门								计量单位		樘
清单综合单价组成明细													
子目编号	子目名称	单位	数量	单价					合价				
				人工费	材料费	工程设备费	机械费	企业管理费和利润	人工费	材料费	工程设备费	机械费	企业管理费和利润
2004–132 换	钢质防火门安装	100m^2	0.022	18874.01	40000.00			6510.89	415.23	880.00			143.24
小计									415.23	880.00			143.24
清单项目综合单价									1438.47				
费用明细		内容						单位	数量	单价（元）	合价（元）	暂估单价（元）	暂估合价（元）
	人工	装饰工日 3						工日	1.7992	230.79	415.23		
	材料	不锈钢门						m^2	2.2000	400.00	880.00		

注：招标文件提供了暂估单价的材料设备，按暂估的单价填入表内“暂估单价”栏及“暂估合价”栏。

表 18.4.2-37　工程量清单综合单价分析表

工程名称：幼儿园教学楼　　　　　　　　　　　　　　　　　　　　第　页　共　页

项目编码	010807001003	项目名称	金属（塑钢、断桥）窗	计量单位	樘

子目编号	子目名称	单位	数量	单价					合价				
				人工费	材料费	工程设备费	机械费	企业管理费和利润	人工费	材料费	工程设备费	机械费	企业管理费和利润
2004-84	铝合金门窗制作、安装双扇推拉窗 带亮	$100m^2$	0.0345	22642.81	23052.72		844.70	6622.47	781.18	795.32		29.14	228.48
2004-207	铝合金窗五金配件 双扇推拉窗	樘	1.00		38.03			1.90		38.03			1.90
小计									781.18	833.35		29.14	230.38
清单项目综合单价									1874.05				

费用明细		内容	单位	数量	单价（元）	合价（元）	暂估单价（元）	暂估合价（元）
	人工	装饰工日 3	工日	3.3848	230.79	781.18		
	材料	密封油膏	kg	1.3645	2.50	3.41		
		玻璃胶 350g	支	1.4625	6.00	8.77		
		平板玻璃 δ=5mm	m^2	3.2137	20.00	64.27		
		软填料	kg	1.5104	3.53	5.33		
		地脚	个	19.1668	0.68	13.03		
		铰拉	个	1.0000	1.23	1.23		
		门锁	把	2.0000	12.00	24.00		
		密封毛条	m	14.1747	0.12	1.70		
		合金钢钻头 ϕ10	支	0.2394	2.65	0.63		
		铝合金型材	kg	27.9788	23.50	657.50		
		螺钉	个	35.0962	0.02	0.70		
		膨胀螺栓 综合	套	38.3333	1.00	38.33		
		滑轮	套	4.0000	3.20	12.80		
		其他材料费	元	1.6215	1.00	1.62		
	机械	电锤 520W	台班	0.4792	8.69	4.16		
		其他机械费	元	24.9780	1.00	24.98		

注：招标文件提供了暂估单价的材料设备，按暂估的单价填入表内“暂估单价”栏及“暂估合价”栏。

表 18.4.2–38　工程量清单综合单价分析表

工程名称：幼儿园教学楼　　　　　　　　　　　　　　　　　　第　页　共　页

项目编码	010807001004	项目名称	金属（塑钢、断桥）窗	计量单位	樘

清单综合单价组成明细													
子目编号	子目名称	单位	数量	单价					合价				
				人工费	材料费	工程设备费	机械费	企业管理费和利润	人工费	材料费	工程设备费	机械费	企业管理费和利润
2004–84	铝合金门窗制作、安装双扇推拉窗 带亮	$100m^2$	0.0414	22642.81	23052.72		844.70	6622.47	937.41	954.38		34.97	274.17
2004–207	铝合金窗五金配件 双扇推拉窗	樘			38.03			1.90					
小　计									937.41	954.38		34.97	274.17
清单项目综合单价									2200.93				

费用明细		内　容	单位	数量	单价（元）	合价（元）	暂估单价（元）	暂估合价（元）
	人工	装饰工日 3	工日	4.0618	230.79	937.41		
	材料	密封油膏	kg	1.6374	2.50	4.09		
		玻璃胶 350g	支	1.7549	6.00	10.53		
		平板玻璃 δ =5mm	m^2	3.8564	20.00	77.13		
		软填料	kg	1.8125	3.53	6.40		
		地脚	个	23.0002	0.68	15.64		
		密封毛条	m	17.0096	0.12	2.04		
		合金钢钻头 ϕ10	支	0.2873	2.65	0.76		
		铝合金型材	kg	33.5746	23.50	789.00		
		螺钉	个	42.1154	0.02	0.84		
		膨胀螺栓 综合	套	46.0000	1.00	46.00		
		其他材料费	元	1.9458	1.00	1.95		
	机械	电锤 520W	台班	0.5750	8.69	5.00		
		其他机械费	元	29.9736	1.00	29.97		

注：招标文件提供了暂估单价的材料设备，按暂估的单价填入表内“暂估单价”栏及“暂估合价”栏。

表 18.4.2–39 工程量清单综合单价分析表

工程名称：幼儿园教学楼　　　　第　页　共　页

项目编码	010807001005	项目名称	金属（塑钢、断桥）窗	计量单位	樘

清单综合单价组成明细

子目编号	子目名称	单位	数量	单价					合价				
				人工费	材料费	工程设备费	机械费	企业管理费和利润	人工费	材料费	工程设备费	机械费	企业管理费和利润
2004–84	铝合金门窗制作、安装双扇推拉窗 带亮	$100m^2$	0.0276	22642.81	23052.72		844.70	6622.47	624.94	636.26		23.31	182.78
2004–207	铝合金窗五金配件 双扇推拉窗	樘	1.00		38.03			1.90		38.03			1.90
小　计									624.94	674.29		23.31	184.68
清单项目综合单价									1507.22				

费用明细		内　容	单位	数量	单价（元）	合价（元）	暂估单价（元）	暂估合价（元）
	人工	装饰工日 3	工日	2.7078	230.79	624.94		
	材料	密封油膏	kg	1.0916	2.50	2.73		
		玻璃胶 350g	支	1.1700	6.00	7.02		
		平板玻璃 δ =5mm	m^2	2.5709	20.00	51.42		
		软填料	kg	1.2083	3.53	4.27		
		地脚	个	15.3335	0.68	10.43		
		铰拉	个	1.0000	1.23	1.23		
		门锁	把	2.0000	12.00	24.00		
		密封毛条	m	11.3397	0.12	1.36		
		合金钢钻头 ϕ 10	支	0.1915	2.65	0.51		
		铝合金型材	kg	22.3830	23.50	526.00		
		螺钉	个	28.0769	0.02	0.56		
		膨胀螺栓 综合	套	30.6666	1.00	30.67		
		滑轮	套	4.0000	3.20	12.80		
		其他材料费	元	1.2972	1.00	1.30		
	机械	电锤 520W	台班	0.3834	8.69	3.33		
		其他机械费	元	19.9824	1.00	19.98		

注：招标文件提供了暂估单价的材料设备，按暂估的单价填入表内“暂估单价”栏及“暂估合价”栏。

表 18.4.2–40　工程量清单综合单价分析表

工程名称：幼儿园教学楼　　　　　　　　　　　　　　第　页　共　页

项目编码	010807001006	项目名称	金属（塑钢、断桥）窗								计量单位		樘
清单综合单价组成明细													
子目编号	子目名称	单位	数量	单价					合价				
				人工费	材料费	工程设备费	机械费	企业管理费和利润	人工费	材料费	工程设备费	机械费	企业管理费和利润
2004–88	铝合金门窗制作、安装四扇推拉窗 带亮	$100m^2$	0.069	23035.15	21293.82		819.73	6626.57	1589.43	1469.27		56.56	457.23
2004–209	铝合金窗五金配件推拉窗 四扇	樘	1.00		74.83			3.74		74.83			3.74
小　计									1589.43	1544.10		56.56	460.97
清单项目综合单价									3651.06				

费用明细		内　容	单位	数量	单价（元）	合价（元）	暂估单价（元）	暂估合价（元）
费用明细	人工	装饰工日 3	工日	6.8869	230.79	1589.43		
	材料	密封油膏	kg	1.9886	2.50	4.97		
		玻璃胶 350g	支	3.6874	6.00	22.12		
		平板玻璃 δ =5mm	m^2	6.6751	20.00	133.50		
		软填料	kg	2.2004	3.53	7.77		
		地脚	个	26.2856	0.68	17.87		
		铰拉	个	1.0000	1.23	1.23		
		门锁	把	4.0000	12.00	48.00		
		密封毛条	m	31.0914	0.12	3.73		
		合金钢钻头 ϕ 10	支	0.3284	2.65	0.87		
		铝合金型材	kg	51.9708	23.50	1221.31		
		螺钉	个	72.1982	0.02	1.44		
		膨胀螺栓 综合	套	52.5711	1.00	52.57		
		滑轮	套	8.0000	3.20	25.60		
		其他材料费	元	3.1050	1.00	3.11		
	机械	电锤 520W	台班	0.6569	8.69	5.71		
		其他机械费	元	50.8530	1.00	50.85		

注：招标文件提供了暂估单价的材料设备，按暂估的单价填入表内“暂估单价”栏及“暂估合价”栏。

表 18.4.2-41　工程量清单综合单价分析表

工程名称：幼儿园教学楼　　　　　　　　　　　　　　　　第　页　共　页

项目编码	010807001007	项目名称	金属（塑钢、断桥）窗	计量单位	樘

清单综合单价组成明细

子目编号	子目名称	单位	数量	单价					合价				
				人工费	材料费	工程设备费	机械费	企业管理费和利润	人工费	材料费	工程设备费	机械费	企业管理费和利润
2004-84	铝合金门窗制作、安装双扇推拉窗 带亮	$100m^2$	0.012	22642.81	23052.72		844.70	6622.47	271.71	276.63		10.14	79.47
2004-207	铝合金窗五金配件 双扇推拉窗	樘	1.00		38.03			1.90		38.03			1.90
小　计									271.71	314.66		10.14	81.37
清单项目综合单价									677.88				

费用明细		内　容	单位	数量	单价（元）	合价（元）	暂估单价（元）	暂估合价（元）
费用明细	人工	装饰工日 3	工日	1.1773	230.79	271.71		
	材料	密封油膏	kg	0.4746	2.50	1.19		
		玻璃胶 350g	支	0.5087	6.00	3.05		
		平板玻璃 δ =5mm	m^2	1.1178	20.00	22.36		
		软填料	kg	0.5254	3.53	1.85		
		地脚	个	6.6667	0.68	4.53		
		铰拉	个	1.0000	1.23	1.23		
		门锁	把	2.0000	12.00	24.00		
		密封毛条	m	4.9303	0.12	0.59		
		合金钢钻头 ϕ10	支	0.0833	2.65	0.22		
		铝合金型材	kg	9.7318	23.50	228.70		
		螺钉	个	12.2074	0.02	0.24		
		膨胀螺栓 综合	套	13.3333	1.00	13.33		
		滑轮	套	4.0000	3.20	12.80		
		其他材料费	元	0.5640	1.00	0.56		
	机械	电锤 520W	台班	0.1667	8.69	1.45		
		其他机械费	元	8.6880	1.00	8.69		

注：招标文件提供了暂估单价的材料设备，按暂估的单价填入表内“暂估单价”栏及“暂估合价”栏。

表 18.4.2–42　工程量清单综合单价分析表

工程名称：幼儿园教学楼　　　　　　　　　　　　　　　　　　　　　　　　第　页　共　页

项目编码	010807001008	项目名称	金属（塑钢、断桥）窗	计量单位	樘

清单综合单价组成明细

子目编号	子目名称	单位	数量	单价					合价				
				人工费	材料费	工程设备费	机械费	企业管理费和利润	人工费	材料费	工程设备费	机械费	企业管理费和利润
2004–88	铝合金门窗制作、安装四扇推拉窗 带亮	$100m^2$	0.063	23035.15	21293.82		819.73	6626.57	1451.21	1341.51		51.64	417.47
2004–209	铝合金窗五金配件推拉窗 四扇	樘	1.00		74.83			3.74		74.83			3.74
小　计									1451.21	1416.34		51.64	421.22
清单项目综合单价									3340.41				

费用明细		内　容	单位	数量	单价（元）	合价（元）	暂估单价（元）	暂估合价（元）
	人工	装饰工日 3	工日	6.2880	230.79	1451.21		
	材料	密封油膏	kg	1.8157	2.50	4.54		
		玻璃胶 350g	支	3.3667	6.00	20.20		
		平板玻璃 δ =5mm	m^2	6.0946	20.00	121.89		
		软填料	kg	2.0091	3.53	7.09		
		地脚	个	23.9999	0.68	16.32		
		铰拉	个	1.0000	1.23	1.23		
		门锁	把	4.0000	12.00	48.00		
		密封毛条	m	28.3878	0.12	3.41		
		合金钢钻头 ϕ10	支	0.2999	2.65	0.79		
		铝合金型材	kg	47.4516	23.50	1115.11		
		螺钉	个	65.9201	0.02	1.32		
		膨胀螺栓 综合	套	47.9997	1.00	48.00		
		滑轮	套	8.0000	3.20	25.60		
		其他材料费	元	2.8350	1.00	2.84		
	机械	电锤 520W	台班	0.5998	8.69	5.21		
		其他机械费	元	46.4310	1.00	46.43		

注：招标文件提供了暂估单价的材料设备，按暂估的单价填入表内“暂估单价”栏及“暂估合价”栏。

表 18.4.2-43　工程量清单综合单价分析表

工程名称：幼儿园教学楼　　　　　　　　　　　　　　第　页　共　页

项目编码	010807001009	项目名称	金属（塑钢、断桥）窗	计量单位	樘

清单综合单价组成明细

子目编号	子目名称	单位	数量	单价：人工费	单价：材料费	单价：工程设备费	单价：机械费	单价：企业管理费和利润	合价：人工费	合价：材料费	合价：工程设备费	合价：机械费	合价：企业管理费和利润
2004-84	铝合金门窗制作、安装双扇推拉窗 带亮	$100m^2$	0.0252	22642.81	23052.72		844.70	6622.47	570.60	580.93		21.29	166.89
2004-207	铝合金窗五金配件 双扇推拉窗	樘	1.00		38.03			1.90		38.03			1.90
小计									570.60	618.96		21.29	168.79
清单项目综合单价									1379.64				

费用明细		内容	单位	数量	单价（元）	合价（元）	暂估单价（元）	暂估合价（元）
	人工	装饰工日 3	工日	2.4724	230.79	570.60		
	材料	密封油膏	kg	0.9967	2.50	2.49		
		玻璃胶 350g	支	1.0682	6.00	6.41		
		平板玻璃 δ=5mm	m^2	2.3474	20.00	46.95		
		软填料	kg	1.1033	3.53	3.89		
		地脚	个	14.0001	0.68	9.52		
		铰拉	个	1.0000	1.23	1.23		
		门锁	把	2.0000	12.00	24.00		
		密封毛条	m	10.3537	0.12	1.24		
		合金钢钻头 ϕ10	支	0.1749	2.65	0.46		
		铝合金型材	kg	20.4367	23.50	480.26		
		螺钉	个	25.6355	0.02	0.51		
		膨胀螺栓 综合	套	28.0000	1.00	28.00		
		滑轮	套	4.0000	3.20	12.80		
		其他材料费	元	1.1844	1.00	1.18		
	机械	电锤 520W	台班	0.3500	8.69	3.04		
		其他机械费	元	18.2448	1.00	18.24		

注：招标文件提供了暂估单价的材料设备，按暂估的单价填入表内“暂估单价”栏及“暂估合价”栏。

表 18.4.2-44　工程量清单综合单价分析表

工程名称：幼儿园教学楼　　　　　　　　　　　　　　第　页　共　页

项目编码	010902002001	项目名称	屋面涂膜防水	计量单位	m^2

清单综合单价组成明细

子目编号	子目名称	单位	数量	单价：人工费	单价：材料费	单价：工程设备费	单价：机械费	单价：企业管理费和利润	合价：人工费	合价：材料费	合价：工程设备费	合价：机械费	合价：企业管理费和利润
010007-31	聚氨酯防水涂料 平面 2.0mm 厚	$100m^2$	0.01	993.15	3852.63			430.00	9.93	38.53			4.30
010007-32 换	聚氨酯防水涂料 平面 每增减 0.5mm（基价系数 ×-1，主材 ×-1）	$100m^2$	0.01	-221.96	-958.41			-100.97	-2.22	-9.58			-1.01
小计									7.71	28.95			3.29
清单项目综合单价									39.95				

费用明细		内容	单位	数量	单价（元）	合价（元）	暂估单价（元）	暂估合价（元）
	人工	普工人工费（建筑）	元	1.4910	1.18	1.76		
		技工人工费（建筑）	元	5.1570	1.15	5.95		
	材料	聚氨酯防水涂料	kg	2.0301	13.15	26.70		
		二甲苯	kg	0.0945	18.75	1.77		
		其他材料费（按百分比计算）	元	0.4745	1.00	0.47		

注：招标文件提供了暂估单价的材料设备，按暂估的单价填入表内“暂估单价”栏及“暂估合价”栏。

表 18.4.2–45　工程量清单综合单价分析表

工程名称：幼儿园教学楼　　　　　　　　　　　　　　　　第　页　共　页

项目编码	010902003001	项目名称	屋面刚性层									计量单位	m²
清单综合单价组成明细													
子目编号	子目名称	单位	数量	单价					合价				
				人工费	材料费	工程设备费	机械费	企业管理费和利润	人工费	材料费	工程设备费	机械费	企业管理费和利润
2001–26 换	楼地面水泥砂浆面层 楼地面 厚 20mm（楼地面水泥砂浆实际厚度 15mm）（湿拌地面砂浆 M20 设计稠度 70~90）	100m²	0.01	1064.52	1094.28		1.56	309.24	10.65	10.94		0.02	3.09
010007–49	细石混凝土防水 40mm 厚	100m²	0.01	1899.22	2874.05		7.28	598.12	18.99	28.74		0.07	5.98
2001–17 换	楼地面水泥砂浆找平层（在混凝土基层上）厚 20mm（实际厚度 10mm）（湿拌地面砂浆 M20 设计稠度 70~90）	100m²	0.01	740.40	755.06			214.71	7.40	7.55			2.15
2001–18 换	楼地面水泥砂浆找平层（在填充料基层上）厚 20mm（湿拌地面砂浆 M20 设计稠度 70~90）	100m²	0.01	1052.64	1683.47			335.76	10.53	16.83			3.36
010008–78 换	1∶8 水泥陶粒	10m³	0.008	1147.61	3793.20			463.94	9.18	30.35			3.71
小　计									56.75	94.41		0.09	18.28
清单项目综合单价									169.53				

费用明细		内　容	单位	数量	单价（元）	合价（元）	暂估单价（元）	暂估合价（元）
费用明细	人工	普工人工费（建筑）	元	5.1629	1.18	6.09		
		技工人工费（建筑）	元	19.1301	1.15	22.09		
		装饰工日 1	工日	0.1602	178.41	28.58		
	材料	松杂枋板材（周转材）	m³	0.0006	1981.00	1.23		
		水	m³	0.1117	3.77	0.42		
		素水泥浆	m³	0.0004	547.80	0.22		
		细石混凝土 C20，骨料最大粒径 10mm	m³	0.0404	657.25	26.55		
		其他材料费（按百分比计算）	元	0.4247	1.00	0.42		
		普通水泥 32.5（R）	t	0.0011	575.00	0.63		
		水	m³	0.0540	3.77	0.20		
		素水泥浆	m³	0.0010	874.16	0.88		
		湿拌地面砂浆 M20 设计稠度 70~90	m³	0.0504	664.51	33.49		
		1∶8 水泥陶粒	m³	0.0840	360.00	30.24		
		其他材料费	元	0.1236	1.00	0.12		
	机械	混凝土振动器 平板式	台班	0.0051	14.28	0.07		
		其他机械费	元	0.0156	1.00	0.02		

注：招标文件提供了暂估单价的材料设备，按暂估的单价填入表内"暂估单价"栏及"暂估合价"栏。

表 18.4.2–46　工程量清单综合单价分析表

工程名称：幼儿园教学楼　　　　第　页　共　页

项目编码	010902008001	项目名称	屋面排水沟						计量单位	m			
清单综合单价组成明细													
子目编号	子目名称	单位	数量	单价					合价				
				人工费	材料费	工程设备费	机械费	企业管理费和利润	人工费	材料费	工程设备费	机械费	企业管理费和利润
2001–26 换	楼地面水泥砂浆面层 楼地面 厚 20mm（楼地面水泥砂浆实际厚度 15mm）（湿拌地面砂浆 M20 设计稠度 70~90）	100m^2	0.003	1064.52	1094.28		1.56	309.24	3.19	3.28		0.00	0.93
010007–22	高聚物改性沥青防水卷材（SBS）满铺	100m^2	0.008	1256.05	4721.12			536.25	10.05	37.77			4.29
2001–17 换	楼地面水泥砂浆找平层（在混凝土基层上）厚 20mm（湿拌地面砂浆 M20 设计稠度 70~90）	100m^2	0.003	1092.48	1093.96			315.80	3.28	3.28			0.95
小计									16.52	44.33			6.16
清单项目综合单价									67.01				

费用明细		内容	单位	数量	单价（元）	合价（元）	暂估单价（元）	暂估合价（元）
费用明细	人工	普工人工费（建筑）	元	0.7436	1.18	0.88		
		技工人工费（建筑）	元	7.9433	1.15	9.17		
		装饰工日 1	工日	0.0363	178.41	6.47		
	材料	铝合金压条 30mm × 3mm	m	0.0800	5.15	0.41		
		弹性体 SBS 改性沥青防水卷材 3mm 厚聚酯胎	m^2	0.9028	33.43	30.18		
		单组分聚氨酯建筑密封膏	kg	0.0144	33.50	0.48		
		石油液化气	kg	0.1920	10.00	1.92		
		基层处理剂（防水专用）	kg	0.4000	11.00	4.40		
		其他材料费（按百分比计算）	元	0.3739	1.00	0.37		
		普通水泥 32.5（R）	t	0.0003	575.00	0.19		
		水	m^3	0.0144	3.77	0.05		
		素水泥浆	m^3	0.0003	874.16	0.26		
		湿拌地面砂浆 M20 设计稠度 70~90	m^3	0.0091	664.51	6.02		
		其他材料费	元	0.0371	1.00	0.04		
	机械	其他机械费	元	0.0047	1.00	0.00		

注：招标文件提供了暂估单价的材料设备，按暂估的单价填入表内“暂估单价”栏及“暂估合价”栏。

表 18.4.2–47 工程量清单综合单价分析表

工程名称：幼儿园教学楼　　　　第　页　共　页

项目编码	010904002001		项目名称		楼（地）面涂膜防水						计量单位		m^2
清单综合单价组成明细													
子目编号	子目名称	单位	数量	单价					合价				
				人工费	材料费	工程设备费	机械费	企业管理费和利润	人工费	材料费	工程设备费	机械费	企业管理费和利润
010007–31	聚氨酯防水涂料 平面 2.0mm 厚	$100m^2$	0.01	993.15	3852.63			430.00	9.93	38.53			4.30
小计									9.93	38.53			4.30
清单项目综合单价									52.76				
费用明细		内容						单位	数量	单价（元）	合价（元）	暂估单价（元）	暂估合价（元）
	人工	普工人工费（建筑）						元	1.9888	1.18	2.34		
		技工人工费（建筑）						元	6.5712	1.15	7.59		
	材料	聚氨酯防水涂料						kg	2.7068	13.15	35.59		
		二甲苯						kg	0.1260	18.75	2.36		
		其他材料费（按百分比计算）						元	0.5694	1.00	0.57		

注：招标文件提供了暂估单价的材料设备，按暂估的单价填入表内“暂估单价”栏及“暂估合价”栏。

表 18.4.2–48 工程量清单综合单价分析表

工程名称：幼儿园教学楼　　　　第　页　共　页

项目编码	010903002001		项目名称		墙面涂膜防水						计量单位		m^2
清单综合单价组成明细													
子目编号	子目名称	单位	数量	单价					合价				
				人工费	材料费	工程设备费	机械费	企业管理费和利润	人工费	材料费	工程设备费	机械费	企业管理费和利润
010007–33	聚氨酯防水涂料 立面 2.0mm 厚	$100m^2$	0.01	1088.83	4219.01			471.18	10.89	42.19			4.71
小计									10.89	42.19			4.71
清单项目综合单价									57.79				
费用明细		内容						单位	数量	单价（元）	合价（元）	暂估单价（元）	暂估合价（元）
	人工	普工人工费（建筑）						元	2.7865	1.18	3.28		
		技工人工费（建筑）						元	6.5855	1.15	7.60		
	材料	聚氨酯防水涂料						kg	2.9813	13.15	39.20		
		二甲苯						kg	0.1260	18.75	2.36		
		其他材料费（按百分比计算）						元	0.6235	1.00	0.62		

注：招标文件提供了暂估单价的材料设备，按暂估的单价填入表内“暂估单价”栏及“暂估合价”栏。

表 18.4.2-49 工程量清单综合单价分析表

工程名称：幼儿园教学楼 第 页 共 页

项目编码	010903002002	项目名称	墙面涂膜防水					计量单位				m^2
清单综合单价组成明细												
子目编号	子目名称	单位	数量	单价					合价			
				人工费	材料费	工程设备费	机械费	企业管理费和利润	人工费	材料费	工程设备费	机械费	企业管理费和利润
010007-33	聚氨酯防水涂料 立面 2.0mm 厚	100m^2	0.01	1088.83	4219.01			471.18	10.89	42.19			4.71
小计									10.89	42.19			4.71
清单项目综合单价									57.79				
费用明细		内容					单位	数量	单价（元）	合价（元）	暂估单价（元）	暂估合价（元）
	人工	普工人工费（建筑）					元	2.7865	1.18	3.28		
		技工人工费（建筑）					元	6.5855	1.15	7.60		
	材料	聚氨酯防水涂料					kg	2.9813	13.15	39.20		
		二甲苯					kg	0.1260	18.75	2.36		
		其他材料费（按百分比计算）					元	0.6235	1.00	0.62		

注：招标文件提供了暂估单价的材料设备，按暂估的单价填入表内“暂估单价”栏及“暂估合价”栏。

表 18.4.2-50 工程量清单综合单价分析表

工程名称：幼儿园教学楼 第 页 共 页

项目编码	010903002003	项目名称	墙面涂膜防水					计量单位				m^2
清单综合单价组成明细												
子目编号	子目名称	单位	数量	单价					合价			
				人工费	材料费	工程设备费	机械费	企业管理费和利润	人工费	材料费	工程设备费	机械费	企业管理费和利润
010007-33	聚氨酯防水涂料 立面 2.0mm 厚	100m^2	0.01	1088.83	4219.01			471.18	10.89	42.19			4.71
小计									10.89	42.19			4.71
清单项目综合单价									57.79				
费用明细		内容					单位	数量	单价（元）	合价（元）	暂估单价（元）	暂估合价（元）
	人工	普工人工费（建筑）					元	2.7865	1.18	3.28		
		技工人工费（建筑）					元	6.5855	1.15	7.60		
	材料	聚氨酯防水涂料					kg	2.9813	13.15	39.20		
		二甲苯					kg	0.1260	18.75	2.36		
		其他材料费（按百分比计算）					元	0.6235	1.00	0.62		

注：招标文件提供了暂估单价的材料设备，按暂估的单价填入表内“暂估单价”栏及“暂估合价”栏。

表 18.4.2–51　工程量清单综合单价分析表

工程名称：幼儿园教学楼　　　　　　　　　　　　　　　　　　　　　　第　页　共　页

项目编码	011001001001	项目名称	保温隔热屋面								计量单位		m²
清单综合单价组成明细													
子目编号	子目名称	单位	数量	单价					合价				
				人工费	材料费	工程设备费	机械费	企业管理费和利润	人工费	材料费	工程设备费	机械费	企业管理费和利润
010008–81换	聚苯泡沫板保温层	100m²	0.01	3261.98	2765.94			917.91	32.62	27.66			9.18
小计									32.62	27.66			9.18
清单项目综合单价									69.46				
费用明细		内容						单位	数量	单价（元）	合价（元）	暂估单价（元）	暂估合价（元）
	人工	普工人工费（建筑）						元	1.1986	1.18	1.41		
		技工人工费（建筑）						元	27.0283	1.15	31.21		
	材料	石油沥青 进口 AH–70#						kg	0.6700	4.68	3.14		
		聚苯泡沫板 δ=30mm						m²	1.0200	23.00	23.46		
		其他材料费（按百分比计算）						元	1.0638	1.00	1.06		

注：招标文件提供了暂估单价的材料设备，按暂估的单价填入表内“暂估单价”栏及“暂估合价”栏。

表 18.4.2–52　工程量清单综合单价分析表

工程名称：幼儿园教学楼　　　　　　　　　　　　　　　　　　　　　　第　页　共　页

项目编码	011102003001	项目名称	块料楼地面								计量单位		m²
清单综合单价组成明细													
子目编号	子目名称	单位	数量	单价					合价				
				人工费	材料费	工程设备费	机械费	企业管理费和利润	人工费	材料费	工程设备费	机械费	企业管理费和利润
2001–111换	陶瓷地砖楼地面 块料周长3200mm以内（湿拌地面砂浆 M20 设计稠度 70~90，素水泥浆）	100m²	0.01	5987.26	12838.65		15.33	2073.94	59.87	128.39		0.15	20.74
小计									59.87	128.39		0.15	20.74
清单项目综合单价									209.15				
费用明细		内容						单位	数量	单价（元）	合价（元）	暂估单价（元）	暂估合价（元）
	人工	装饰工日 2						工日	0.3022	198.10	59.87		
	材料	锯木屑						m³	0.0060	6.68	0.04		
		棉纱头						kg	0.0100	9.85	0.10		
		水						m³	0.0260	3.77	0.10		
		800mm×800mm 米黄色耐磨砖						m²	1.0400	120.00	124.80		
		石料切割锯片						片	0.0032	65.00	0.21		
		3 厚纯水泥浆						m³	0.0030	720.00	2.18		
		白水泥						kg	0.1030	0.75	0.08		
		素水泥浆						m³	0.0010	874.16	0.88		
	机械	手提砂轮机 φ150mm						台班	0.0151	10.15	0.15		

注：招标文件提供了暂估单价的材料设备，按暂估的单价填入表内“暂估单价”栏及“暂估合价”栏。

表 18.4.2-53　工程量清单综合单价分析表

工程名称：幼儿园教学楼　　　　　　　　　　　　　　第　页　共　页

项目编码		011102003002		项目名称		块料楼地面					计量单位		m²
清单综合单价组成明细													
子目编号	子目名称	单位	数量	单价					合价				
				人工费	材料费	工程设备费	机械费	企业管理费和利润	人工费	材料费	工程设备费	机械费	企业管理费和利润
2001-107 换	陶瓷地砖楼地面块料周长1200mm以内（湿拌地面砂浆 M20 设计稠度 70~90）	100m²	0.01	5900.09	5482.77		15.33	1685.31	59.00	54.83		0.15	16.85
小　计									59.00	54.83		0.15	16.85
清单项目综合单价									130.83				
费用明细		内　容						单位	数量	单价（元）	合价（元）	暂估单价（元）	暂估合价（元）
	人工	装饰工日 2						工日	0.2978	198.10	59.00		
	材料	锯木屑						m³	0.0060	6.68	0.04		
		棉纱头						kg	0.0100	9.85	0.10		
		水						m³	0.0260	3.77	0.10		
		300mm × 300mm 米黄色防滑砖						m²	1.0250	50.00	51.25		
		石料切割锯片						片	0.0032	65.00	0.21		
		3 厚纯水泥浆						m³	0.0030	720.00	2.18		
		白水泥						kg	0.1030	0.75	0.08		
		素水泥浆						m³	0.0010	874.16	0.87		
	机械	手提砂轮机 ϕ150mm						台班	0.0151	10.15	0.15		

注：招标文件提供了暂估单价的材料设备，按暂估的单价填入表内“暂估单价”栏及“暂估合价”栏。

表 18.4.2–54　工程量清单综合单价分析表

工程名称：幼儿园教学楼　　　　　　　　　　　　　　　　　　　　　　第　页　共　页

项目编码	011106001001	项目名称	石材楼梯面层									计量单位	m^2
清单综合单价组成明细													
子目编号	子目名称	单位	数量	单价					合价				
				人工费	材料费	工程设备费	机械费	企业管理费和利润	人工费	材料费	工程设备费	机械费	企业管理费和利润
2001–74 换	花岗岩楼梯水泥砂浆粘贴（湿拌地面砂浆 M20 设计稠度 70~90）	$100m^2$	0.01	11295.50	35303.56		84.96	4470.66	112.96	353.04		0.85	44.71
小　计									112.96	353.04		0.85	44.71
清单项目综合单价									511.56				
费用明细		内　容						单位	数量	单价（元）	合价（元）	暂估单价（元）	暂估合价（元）
	人工	装饰工日 2						工日	0.5702	198.10	112.96		
	材料	锯木屑						m^3	0.0080	6.68	0.05		
		棉纱头						kg	0.0140	9.85	0.14		
		水						m^3	0.0360	3.77	0.14		
		20mm 厚米黄色花岗岩						m^2	1.4470	240.00	347.28		
		石料切割锯片						片	0.0172	65.00	1.12		
		3 厚纯水泥浆						m^3	0.0041	720.00	2.98		
		白水泥						kg	0.1410	0.75	0.11		
		素水泥浆						m^3	0.0014	874.16	1.22		
	机械	手提砂轮机 ϕ150mm						台班	0.0837	10.15	0.85		

注：招标文件提供了暂估单价的材料设备，按暂估的单价填入表内“暂估单价”栏及“暂估合价”栏。

表 18.4.2–55　工程量清单综合单价分析表

工程名称：幼儿园教学楼　　　　　　　　　　　　　　　　　　　　　　　　第　页　共　页

项目编码	011102003003	项目名称		块料楼地面							计量单位		m^2
清单综合单价组成明细													
子目编号	子目名称	单位	数量	单价					合价				
				人工费	材料费	工程设备费	机械费	企业管理费和利润	人工费	材料费	工程设备费	机械费	企业管理费和利润
2001–106 换	陶瓷地砖楼地面 块料周长 800mm 以内（湿拌地面砂浆 M20 设计稠度 70~90）	$100m^2$	0.01	6706.36	2397.77		15.33	1723.76	67.06	23.98		0.15	17.24
小　计									67.06	23.98		0.15	17.23
清单项目综合单价									108.42				
费用明细		内　容						单位	数量	单价（元）	合价（元）	暂估单价（元）	暂估合价（元）
	人工	装饰工日 2						工日	0.3385	198.10	67.06		
	材料	锯木屑						m^3	0.0060	6.68	0.04		
		棉纱头						kg	0.0100	9.85	0.10		
		水						m^3	0.0260	3.77	0.10		
		100mm × 100mm 白色瓷片						m^2	1.0200	20.00	20.40		
		石料切割锯片						片	0.0032	65.00	0.21		
		3 厚纯水泥浆						m^3	0.0030	720.00	2.18		
		白水泥						kg	0.1030	0.75	0.08		
		素水泥浆						m^3	0.0010	874.16	0.87		
	机械	手提砂轮机 ϕ150mm						台班	0.0151	10.15	0.15		

注：招标文件提供了暂估单价的材料设备，按暂估的单价填入表内“暂估单价”栏及“暂估合价”栏。

表 18.4.2–56　工程量清单综合单价分析表

工程名称：幼儿园教学楼　　　　第　页　共　页

项目编码	011105003001	项目名称	块料踢脚线					计量单位				m²
清单综合单价组成明细												
子目编号	子目名称	单位	数量	单价					合价			
				人工费	材料费	工程设备费	机械费	企业管理费和利润	人工费	材料费	工程设备费	机械费	企业管理费和利润
2001–113 换	陶瓷地砖 踢脚线［湿拌抹灰砂浆 M5.0 设计稠度 90~110（凝结时间 16~24h）］	100m²	0.01	8994.41	2565.89		12.79	2278.84	89.94	25.66		0.13	22.79
小　计									89.94	25.66		0.13	22.79
清单项目综合单价									138.52				
费用明细		内　容					单位		数量	单价（元）	合价（元）	暂估单价（元）	暂估合价（元）
费用明细	人工	装饰工日 2					工日		0.4540	198.10	89.94		
费用明细	材料	锯木屑					m³		0.0060	6.68	0.04		
费用明细	材料	棉纱头					kg		0.0100	9.85	0.10		
费用明细	材料	水					m³		0.0300	3.77	0.11		
费用明细	材料	100mm × 800mm 黄色耐磨砖					m²		1.0200	15.00	15.30		
费用明细	材料	石料切割锯片					片		0.0032	65.00	0.21		
费用明细	材料	3 厚纯水泥浆					m³		0.0030	720.00	2.18		
费用明细	材料	白水泥					kg		0.1400	0.75	0.11		
费用明细	材料	素水泥浆					m³		0.0010	874.16	0.87		
费用明细	材料	湿拌抹灰砂浆 M5.0 设计稠度 90~110（凝结时间 16~24h）					m³		0.0202	333.58	6.74		
费用明细	机械	手提砂轮机 ϕ150mm					台班		0.0126	10.15	0.13		

注：招标文件提供了暂估单价的材料设备，按暂估的单价填入表内“暂估单价”栏及“暂估合价”栏。

表 18.4.2-57 工程量清单综合单价分析表

工程名称：幼儿园教学楼　　　　第　页　共　页

项目编码	011201001001	项目名称		墙面一般抹灰							计量单位		m^2
清单综合单价组成明细													
子目编号	子目名称	单位	数量	单价					合价				
				人工费	材料费	工程设备费	机械费	企业管理费和利润	人工费	材料费	工程设备费	机械费	企业管理费和利润
2002-351	一般抹灰 水泥砂浆（15+5）mm（光面） 内墙面	$100m^2$	0.01	2073.30	1546.98		1.77	572.99	20.73	15.47		0.02	5.73
小计									20.73	15.47		0.02	5.73
清单项目综合单价									41.95				
费用明细		内容						单位	数量	单价（元）	合价（元）	暂估单价（元）	暂估合价（元）
	人工	装饰工日 1						工日	0.1162	178.41	20.73		
	材料	水						m^3	0.0069	3.77	0.03		
		湿拌抹灰砂浆 M15						m^3	0.0173	658.33	11.40		
		湿拌抹灰砂浆 M20						m^3	0.0058	676.03	3.90		
		其他材料费						元	0.1408	1.00	0.14		
	机械	其他机械费						元	0.0177	1.00	0.02		

注：招标文件提供了暂估单价的材料设备，按暂估的单价填入表内“暂估单价”栏及“暂估合价”栏。

表 18.4.2-58 工程量清单综合单价分析表

工程名称：幼儿园教学楼　　　　第　页　共　页

项目编码	011406001001	项目名称		抹灰面油漆							计量单位		m^2
清单综合单价组成明细													
子目编号	子目名称	单位	数量	单价					合价				
				人工费	材料费	工程设备费	机械费	企业管理费和利润	人工费	材料费	工程设备费	机械费	企业管理费和利润
2005-227	墙、柱、天棚抹灰面满刮腻子两遍刷乳胶漆两遍	$100m^2$	0.01	2725.86	338.83			668.42	27.26	3.39			6.68
小计									27.26	3.39			6.69
清单项目综合单价									37.34				
费用明细		内容						单位	数量	单价（元）	合价（元）	暂估单价（元）	暂估合价（元）
	人工	装饰工日 2						工日	0.1376	198.10	27.26		
	材料	羧甲基纤维素						kg	0.0120	18.00	0.22		
		豆包布						m^2	0.0018	3.00	0.01		
		砂纸						张	0.0600	0.25	0.02		
		石膏粉						kg	0.0205	0.50	0.01		
		乳胶漆						kg	0.2781	9.50	2.64		
		乳液（聚醋酸乙烯）						kg	0.0600	4.39	0.26		
		大白粉						kg	0.5280	0.29	0.15		
		滑石粉						kg	0.1386	0.60	0.08		

注：招标文件提供了暂估单价的材料设备，按暂估的单价填入表内“暂估单价”栏及“暂估合价”栏。

表 18.4.2-59 工程量清单综合单价分析表

工程名称：幼儿园教学楼　　　　第　页　共　页

项目编码	011204003001	项目名称	块料墙面								计量单位		m^2
清单综合单价组成明细													
子目编号	子目名称	单位	数量	单价					合价				
				人工费	材料费	工程设备费	机械费	企业管理费和利润	人工费	材料费	工程设备费	机械费	企业管理费和利润
2002-351 换	一般抹灰 水泥砂浆（15+5）mm（光面）内墙面（湿拌抹灰砂浆 M15 实际厚度 20mm）（光面需要转变为麻面时）	$100m^2$	0.01	1969.82	1536.80		1.77	547.75	19.70	15.37		0.02	5.48
2002-409 换	镶贴瓷砖水泥砂浆粘贴密缝 块料周长2400mm以内 白水泥擦缝 墙面（实际砂浆厚度3mm）（3 厚纯水泥浆）	$100m^2$	0.01	5804.73	6566.70		15.23	1716.72	58.05	65.67		0.15	17.17
小　计									77.75	81.04		0.17	22.65
清单项目综合单价									181.61				
费用明细		内　容						单位	数量	单价（元）	合价（元）	暂估单价（元）	暂估合价（元）
	人工	装饰工日 2						工日	0.2930	198.10	58.05		
		装饰工日 1						工日	0.1104	178.41	19.70		
	材料	棉纱头						kg	0.0100	9.85	0.10		
		水						m^3	0.0091	3.77	0.03		
		釉面砖 500×500						m^2	1.0400	60.00	62.40		
		石料切割锯片						片	0.0100	65.00	0.65		
		湿拌抹灰砂浆 M15						m^3	0.0231	658.33	15.19		
		3 厚纯水泥浆						m^3	0.0033	720.00	2.40		
		白水泥						kg	0.1500	0.75	0.11		
		其他材料费						元	0.1408	1.00	0.14		
	机械	手提砂轮机 ϕ150mm						台班	0.0150	10.15	0.15		
		其他机械费						元	0.0177	1.00	0.02		

注：招标文件提供了暂估单价的材料设备，按暂估的单价填入表内“暂估单价”栏及“暂估合价”栏。

表 18.4.2–60　工程量清单综合单价分析表

工程名称：幼儿园教学楼　　　　　　　　　　　　　　　　　　　　　　　　　　第　页　共　页

项目编码	011204003002	项目名称	块料墙面								计量单位		m²
清单综合单价组成明细													
子目编号	子目名称	单位	数量	单价					合价				
				人工费	材料费	工程设备费	机械费	企业管理费和利润	人工费	材料费	工程设备费	机械费	企业管理费和利润
2002–350 换	一般抹灰 水泥砂浆（15+5）mm（光面）外墙面（湿拌抹灰砂浆 M20 实际厚度 15mm）（光面需要转变为麻面时）	100m²	0.01	1973.21	1203.68		1.33	531.87	19.73	12.04		0.01	5.32
2002–407 换	镶贴瓷砖水泥砂浆粘贴密缝 块料周长 800mm 以内 白水泥擦缝 墙面（实际砂浆厚度 3mm）（3 厚纯水泥浆）	100m²	0.01	6662.90	3435.91		15.23	1765.28	66.63	34.36		0.15	17.65
小　计									86.36	46.40		0.16	22.98
清单项目综合单价									155.9				

费用明细		内　容	单位	数量	单价（元）	合价（元）	暂估单价（元）	暂估合价（元）
费用明细	人工	装饰工日 2	工日	0.3363	198.10	66.63		
		装饰工日 1	工日	0.1106	178.41	19.73		
	材料	棉纱头	kg	0.0100	9.85	0.10		
		水	m³	0.0074	3.77	0.03		
		面贴 45mm × 45mm 釉面砖	m²	1.0350	30.00	31.05		
		石料切割锯片	片	0.0100	65.00	0.65		
		湿拌抹灰砂浆 M15	m³	0.0004	658.33	0.25		
		湿拌抹灰砂浆 M20	m³	0.0173	676.03	11.66		
		3 厚纯水泥浆	m³	0.0033	720.00	2.40		
		白水泥	kg	0.2060	0.75	0.15		
		其他材料费	元	0.1056	1.00	0.11		
	机械	手提砂轮机 ϕ150mm	台班	0.0150	10.15	0.15		
		其他机械费	元	0.0133	1.00	0.01		

注：招标文件提供了暂估单价的材料设备，按暂估的单价填入表内“暂估单价”栏及“暂估合价”栏。

表 18.4.2–61　工程量清单综合单价分析表

工程名称：幼儿园教学楼　　　　　　　　　　　　　　　　　　　　　　第　页　共　页

项目编码	011205002001	项目名称		块料柱面						计量单位			m²
清单综合单价组成明细													
子目编号	子目名称	单位	数量	单价					合价				
				人工费	材料费	工程设备费	机械费	企业管理费和利润	人工费	材料费	工程设备费	机械费	企业管理费和利润
2002–352 换	一般抹灰 水泥砂浆（15+5）mm（光面）独立柱梁面（湿拌抹灰砂浆M20 实际厚度 15mm）（光面需要转变为麻面时）	100m²	0.01	1991.59	1146.00		1.34	533.38	19.92	11.46		0.01	5.33
2002–412 换	镶贴瓷砖水泥砂浆粘贴密缝 块料周长 800mm 以内 白水泥擦缝 独立梁柱面（实际砂浆厚度 3mm）（3 厚纯水泥浆）	100m²	0.01	7345.15	3515.72		15.43	1932.34	73.45	35.16		0.15	19.32
小　计									93.37	46.62		0.16	24.66
清单项目综合单价									164.81				

费用明细		内　容	单位	数量	单价（元）	合价（元）	暂估单价（元）	暂估合价（元）
费用明细	人工	装饰工日 2	工日	0.3708	198.10	73.45		
		装饰工日 1	工日	0.1116	178.41	19.92		
	材料	棉纱头	kg	0.0105	9.85	0.10		
		水	m³	0.0113	3.77	0.04		
		面贴 45mm × 45mm 釉面砖	m²	1.0600	30.00	31.80		
		石料切割锯片	片	0.0105	65.00	0.68		
		湿拌抹灰砂浆 M15	m³	–0.0005	658.33	–0.34		
		湿拌抹灰砂浆 M20	m³	0.0173	676.03	11.66		
		3 厚纯水泥浆	m³	0.0033	720.00	2.40		
		白水泥	kg	0.2197	0.75	0.16		
		其他材料费	元	0.1069	1.00	0.11		
	机械	手提砂轮机 ϕ150mm	台班	0.0152	10.15	0.15		
		其他机械费	元	0.0134	1.00	0.01		

注：招标文件提供了暂估单价的材料设备，按暂估的单价填入表内“暂估单价”栏及“暂估合价”栏。

表 18.4.2-62　工程量清单综合单价分析表

工程名称：幼儿园教学楼　　　　　　　　　　　　　　　　第　页　共　页

项目编码	011206002001		项目名称		块料零星项目						计量单位		m^2
清单综合单价组成明细													
子目编号	子目名称	单位	数量	单价					合价				
				人工费	材料费	工程设备费	机械费	企业管理费和利润	人工费	材料费	工程设备费	机械费	企业管理费和利润
2002-353 换	一般抹灰 水泥砂浆（15+5）mm（光面）零星项目（湿拌抹灰砂浆 M20 实际厚度 15mm）（光面需要转变为麻面时）	$100m^2$	0.01	5095.75	1146.82		1.42	1275.32	50.96	11.47		0.01	12.75
2002-417 换	镶贴瓷砖水泥砂浆粘贴密缝 白水泥擦缝 零星项目（实际砂浆厚度 3mm）（3 厚纯水泥浆）	$100m^2$	0.01	7416.86	3520.63		15.43	1949.72	74.17	35.21		0.15	19.50
小　计									125.13	46.68		0.16	32.24
清单项目综合单价									204.21				
费用明细		内　容						单位	数量	单价（元）	合价（元）	暂估单价（元）	暂估合价（元）
	人工	装饰工日 2						工日	0.3744	198.10	74.17		
		装饰工日 1						工日	0.2856	178.41	50.96		
	材料	棉纱头						kg	0.0112	9.85	0.11		
		水						m^3	0.0120	3.77	0.05		
		面贴 45mm × 45mm 釉面砖						m^2	1.0600	30.00	31.80		
		石料切割锯片						片	0.0111	65.00	0.72		
		湿拌抹灰砂浆　M15						m^3	-0.0005	658.33	-0.34		
		湿拌抹灰砂浆　M20						m^3	0.0173	676.03	11.66		
		3 厚纯水泥浆						m^3	0.0033	720.00	2.40		
		白水泥						kg	0.2230	0.75	0.17		
		其他材料费						元	0.1134	1.00	0.11		
	机械	手提砂轮机　ϕ150mm						台班	0.0152	10.15	0.15		
		其他机械费						元	0.0142	1.00	0.01		

注：招标文件提供了暂估单价的材料设备，按暂估的单价填入表内“暂估单价”栏及“暂估合价”栏。

表 18.4.2–63 工程量清单综合单价分析表

工程名称：幼儿园教学楼　　　　第　页　共　页

项目编码	011204003003	项目名称	块料墙面								计量单位		m^2
清单综合单价组成明细													
子目编号	子目名称	单位	数量	单价					合价				
				人工费	材料费	工程设备费	机械费	企业管理费和利润	人工费	材料费	工程设备费	机械费	企业管理费和利润
2002–351 换	一般抹灰 水泥砂浆（15+5）mm（光面）内墙面（湿拌抹灰砂浆 M15 实际厚度 20mm）（光面需要转变为麻面时）	100m^2	0.01	1969.82	1536.80		1.77	547.75	19.70	15.37		0.02	5.48
小　计									19.70	15.37		0.02	5.48
清单项目综合单价									40.57				

费用明细		内　容	单位	数量	单价（元）	合价（元）	暂估单价（元）	暂估合价（元）
	人工	装饰工日 1	工日	0.1104	178.41	19.70		
	材料	水	m^3	0.0069	3.77	0.03		
		湿拌抹灰砂浆 M15	m^3	0.0231	658.33	15.19		
		其他材料费	元	0.1408	1.00	0.14		
	机械	其他机械费	元	0.0177	1.00	0.02		

注：招标文件提供了暂估单价的材料设备，按暂估的单价填入表内“暂估单价”栏及“暂估合价”栏。

表 18.4.2–64 工程量清单综合单价分析表

工程名称：幼儿园教学楼　　　　第　页　共　页

项目编码	011210006001	项目名称	其他隔断								计量单位		m^2
清单综合单价组成明细													
子目编号	子目名称	单位	数量	单价					合价				
				人工费	材料费	工程设备费	机械费	企业管理费和利润	人工费	材料费	工程设备费	机械费	企业管理费和利润
2002–283 换	12mm 厚抗倍特板厕隔断	100m^2	0.01	2740.49	20152.02		185.28	1675.34	27.40	201.52		1.85	16.75
小　计									27.40	201.52		1.85	16.76
清单项目综合单价									247.53				

费用明细		内　容	单位	数量	单价（元）	合价（元）	暂估单价（元）	暂估合价（元）
	人工	装饰工日 3	工日	0.1187	230.79	27.40		
	材料	12mm 厚抗倍特板	m^2	2.2222	80.00	177.78		
		插销 100	个	0.2858	5.59	1.60		
		管子拉手 400	个	0.2858	40.00	11.43		
		铰链 65 型	个	0.5716	0.50	0.29		
		铁钉 8$^{\#}$~1$^{\#}$（综合）	kg	0.0212	4.10	0.09		
		木螺钉	100 个	0.0786	3.00	0.24		
		橡皮	kg	0.0002	4.80	0.00		
		铁件（包括预埋铁件）	kg	1.6660	5.50	9.16		
		湿拌抹灰砂浆 M10 设计稠度 90~110（凝结时间 16~24h）	m^3	0.0012	343.44	0.41		
		其他材料费	元	0.5300	1.00	0.53		
	机械	木工压刨床 刨削宽度三面 400mm	台班	0.0209	88.65	1.85		

注：招标文件提供了暂估单价的材料设备，按暂估的单价填入表内“暂估单价”栏及“暂估合价”栏。

表 18.4.2–65　工程量清单综合单价分析表

工程名称：幼儿园教学楼　　　　第　页　共　页

项目编码	010607005001		项目名称		砌块墙钢丝网加固					计量单位			m²
清单综合单价组成明细													
子目编号	子目名称	单位	数量	单价					合价				
				人工费	材料费	工程设备费	机械费	企业管理费和利润	人工费	材料费	工程设备费	机械费	企业管理费和利润
2002–346	钉（挂）铁丝网墙面	100m²	0.01	588.75	575.65		50.00	172.94	5.89	5.76		0.50	1.73
小　计									5.89	5.76		0.50	1.73
清单项目综合单价									13.88				
费用明细		内　容						单位	数量	单价（元）	合价（元）	暂估单价（元）	暂估合价（元）
	人工	装饰工日 1						工日	0.0330	178.41	5.89		
	材料	水泥钉						100 个	0.0490	30.01	1.47		
		U 形钉						kg	0.0400	8.40	0.34		
		批挡铁丝网						m²	1.1000	3.50	3.85		
		其他材料费						元	0.1000	1.00	0.10		
	机械	其他机械费						元	0.5000	1.00	0.50		

注：招标文件提供了暂估单价的材料设备，按暂估的单价填入表内“暂估单价”栏及“暂估合价”栏。

表 18.4.2–66　工程量清单综合单价分析表

工程名称：幼儿园教学楼　　　　第　页　共　页

项目编码	010607005002		项目名称		砌块墙钢丝网加固					计量单位			m²
清单综合单价组成明细													
子目编号	子目名称	单位	数量	单价					合价				
				人工费	材料费	工程设备费	机械费	企业管理费和利润	人工费	材料费	工程设备费	机械费	企业管理费和利润
2002–347	钉（挂）铁丝网不同材质交界处	100m²	0.01	874.21	575.65		50.00	241.17	8.74	5.76		0.50	2.41
小　计									8.74	5.76		0.50	2.41
清单项目综合单价									17.41				
费用明细		内　容						单位	数量	单价（元）	合价（元）	暂估单价（元）	暂估合价（元）
	人工	装饰工日 1						工日	0.0490	178.41	8.74		
	材料	水泥钉						100 个	0.0490	30.01	1.47		
		U 形钉						kg	0.0400	8.40	0.34		
		批挡铁丝网						m²	1.1000	3.50	3.85		
		其他材料费						元	0.1000	1.00	0.10		
	机械	其他机械费						元	0.5000	1.00	0.50		

注：招标文件提供了暂估单价的材料设备，按暂估的单价填入表内“暂估单价”栏及“暂估合价”栏。

表 18.4.2–67　工程量清单综合单价分析表

工程名称：幼儿园教学楼　　　　第　页　共　页

项目编码	011301001001	项目名称	天棚抹灰	计量单位	m^2

清单综合单价组成明细

子目编号	子目名称	单位	数量	单价 人工费	单价 材料费	单价 工程设备费	单价 机械费	单价 企业管理费和利润	合价 人工费	合价 材料费	合价 工程设备费	合价 机械费	合价 企业管理费和利润
2003–1 换	混凝土天棚抹灰面层 水泥石灰砂浆底石灰砂浆面［湿拌抹灰砂浆 M5.0 设计稠度 90~110（凝结时间 16~24h）］	$100m^2$	0.01	2258.88	648.46			572.30	22.59	6.48			5.72
小计									22.59	6.48			5.73
清单项目综合单价									34.8				

费用明细		内容	单位	数量	单价（元）	合价（元）	暂估单价（元）	暂估合价（元）
	人工	装饰工日 1	工日	0.1266	178.41	22.59		
	材料	水	m^3	0.0081	3.77	0.03		
		素水泥浆	m^3	0.0010	874.16	0.88		
		湿拌抹灰砂浆 M5.0 设计稠度 90~110（凝结时间 16~24h）	m^3	0.0164	333.58	5.47		
		其他材料费	元	0.1004	1.00	0.10		

注：招标文件提供了暂估单价的材料设备，按暂估的单价填入表内“暂估单价”栏及“暂估合价”栏。

表 18.4.2–68　工程量清单综合单价分析表

工程名称：幼儿园教学楼　　　　第　页　共　页

项目编码	011406003001	项目名称	满刮腻子	计量单位	m^2

清单综合单价组成明细

子目编号	子目名称	单位	数量	单价 人工费	单价 材料费	单价 工程设备费	单价 机械费	单价 企业管理费和利润	合价 人工费	合价 材料费	合价 工程设备费	合价 机械费	合价 企业管理费和利润
2005–296 换	天棚满刮双飞粉腻子两遍	$100m^2$	0.01	1596.69	540.69			408.64	15.97	5.41			4.09
小计									15.97	5.41			4.08
清单项目综合单价									25.46				

费用明细		内容	单位	数量	单价（元）	合价（元）	暂估单价（元）	暂估合价（元）
	人工	装饰工日 2	工日	0.0806	198.10	15.97		
	材料	108 胶	kg	1.2741	3.80	4.84		
		豆包布	m^2	0.0014	3.00	0.00		
		砂纸	张	0.0200	0.25	0.01		
		双飞粉	kg	1.6359	0.34	0.56		

注：招标文件提供了暂估单价的材料设备，按暂估的单价填入表内“暂估单价”栏及“暂估合价”栏。

表 18.4.2-69　工程量清单综合单价分析表

工程名称：幼儿园教学楼　　　　　　　　　　　　　　　　　　　　第　页　共　页

项目编码	011302001001	项目名称	吊顶天棚								计量单位		m²
清单综合单价组成明细													
子目编号	子目名称	单位	数量	单价					合价				
				人工费	材料费	工程设备费	机械费	企业管理费和利润	人工费	材料费	工程设备费	机械费	企业管理费和利润
2003-123	铝合金扣板天棚	100m²	0.01	2769.48	6619.69			992.89	27.69	66.20			9.93
2003-64	平面上人型装配式 T形轻钢天棚龙骨 面层规格600×600	100m²	0.01	4459.56	2397.88		32.29	1187.95	44.60	23.98		0.32	11.88
小　计									72.29	90.18		0.32	21.81
清单项目综合单价									184.6				

费用明细		内　容	单位	数量	单价（元）	合价（元）	暂估单价（元）	暂估合价（元）
	人工	装饰工日 3	工日	0.3132	230.79	72.29		
	材料	钢垫圈	个	0.8400	0.75	0.63		
		L形轻钢边龙骨 H=35mm	m	0.6460	1.19	0.77		
		T形轻钢小龙骨 H=22mm	m	3.6287	1.52	5.52		
		T形轻钢中龙骨 H=35mm	m	1.9200	2.33	4.47		
		轻钢大龙骨 H=45mm	m	1.4067	3.18	4.47		
		边龙骨垂直吊挂件	个	3.1400	0.50	1.57		
		大龙骨垂直吊挂件	个	1.5200	0.71	1.08		
		龙骨次接件	个	0.2800	0.40	0.11		
		龙骨主接件	个	0.5800	0.61	0.35		
		中龙骨垂直吊挂件	个	2.3200	0.41	0.95		
		电焊条	kg	0.0128	4.49	0.06		
		吊筋	kg	0.5773	3.04	1.75		
		机螺钉	kg	0.0140	3.00	0.04		
		自攻螺钉	个	16.6500	0.03	0.50		
		螺母	个	1.6800	0.08	0.13		
		膨胀螺栓 M8×75	套	1.3000	1.50	1.95		
		铁件（包括预埋铁件）	kg	0.0004	5.50	0.00		
		铝合金扣板	m²	1.0246	64.12	65.70		
	机械	电锤 520W	台班	0.0163	8.69	0.14		
		交流电焊机 42kV·A	台班	0.0009	201.40	0.18		

注：招标文件提供了暂估单价的材料设备，按暂估的单价填入表内“暂估单价”栏及“暂估合价”栏。

表 18.4.2–70　工程量清单综合单价分析表

工程名称：幼儿园教学楼　　　　　　　　　　　　　　　　　　　　　　　　第　页　共　页

项目编码	000101001001	项目名称	现场围挡								计量单位		m
清单综合单价组成明细													
子目编号	子目名称	单位	数量	单价					合价				
				人工费	材料费	工程设备费	机械费	企业管理费和利润	人工费	材料费	工程设备费	机械费	企业管理费和利润
010014–21换	PVC 围挡（PVC 围挡工期 6 个月以内）	m	1.00	43.13	105.53			15.58	43.13	105.53			15.58
小计									43.13	105.53			15.58
清单项目综合单价									164.24				
费用明细		内容						单位	数量	单价（元）	合价（元）	暂估单价（元）	暂估合价（元）
	人工	普工人工费（建筑）						元	17.0000	1.18	20.04		
		技工人工费（建筑）						元	20.0000	1.15	23.09		
	材料	PVC 横杆 60mm×60mm（δ=2.0mm）						m	0.7210	6.50	4.69		
		PVC 扣板 295mm×22mm						m	3.9340	15.00	59.01		
		PVC 立柱套管 120mm×120mm（δ=2.0mm）						m	0.3010	16.50	4.97		
		钢管 50mm×50mm（δ=4.0mm）						m	0.7210	25.00	18.03		
		钢管 100mm×100mm（δ=4.0mm）						m	0.3010	50.50	15.20		
		法兰盘 200×200×10						个	0.1190	13.19	1.57		
		其他材料费（按百分比计算）						元	2.0685	1.00	2.07		

注：招标文件提供了暂估单价的材料设备，按暂估的单价填入表内“暂估单价”栏及“暂估合价”栏。

表 18.4.2–71　工程量清单综合单价分析表

工程名称：幼儿园教学楼　　　　　　　　　　　　　　　　　　　　　　　　第　页　共　页

项目编码	011702001001	项目名称	基础								计量单位		m^2
清单综合单价组成明细													
子目编号	子目名称	单位	数量	单价					合价				
				人工费	材料费	工程设备费	机械费	企业管理费和利润	人工费	材料费	工程设备费	机械费	企业管理费和利润
010010–1	基础垫层 木模板	$100m^2$	0.01	2291.35	1568.84		99.14	632.91	22.91	15.69		0.99	6.33
小计									22.91	15.69		0.99	6.33
清单项目综合单价									45.92				
费用明细		内容						单位	数量	单价（元）	合价（元）	暂估单价（元）	暂估合价（元）
	人工	普工人工费（建筑）						元	3.1812	1.18	3.75		
		技工人工费（建筑）						元	16.5975	1.15	19.16		
	材料	镀锌铁丝 综合						kg	0.0656	5.20	0.34		
		铁钉 综合						kg	0.1973	5.50	1.09		
		松杂枋板材（周转材）						m^3	0.0033	1981.00	6.44		
		隔离剂						kg	0.1000	8.00	0.80		
		建筑模板 1830×915×18 三级黑板						张	0.0896	75.00	6.72		
		其他材料费（按百分比计算）						元	0.3076	1.00	0.31		
	机械	载货汽车 装载质量 6t						台班	0.0011	548.22	0.60		
		木工圆锯机 直径 ϕ500mm						台班	0.0150	25.89	0.39		

注：招标文件提供了暂估单价的材料设备，按暂估的单价填入表内“暂估单价”栏及“暂估合价”栏。

表 18.4.2-72　工程量清单综合单价分析表

工程名称：幼儿园教学楼　　　　　　　　　　　　　　　　　　　　第　页　共　页

项目编码	011702001002	项目名称	基础								计量单位	m^2
清单综合单价组成明细												
子目编号	子目名称	单位	数量	单价					合价			
				人工费	材料费	工程设备费	机械费	企业管理费和利润	人工费	材料费	工程设备费	机械费	企业管理费和利润
010010-3	基础 木模板	$100m^2$	0.01	3203.55	1535.23		230.71	858.30	32.04	15.35		2.31	8.58
小　计									32.04	15.35		2.31	8.59
清单项目综合单价									58.29				

费用明细		内　容	单位	数量	单价（元）	合价（元）	暂估单价（元）	暂估合价（元）
费用明细	人工	普工人工费（建筑）	元	3.7571	1.18	4.43		
		技工人工费（建筑）	元	23.9101	1.15	27.61		
	材料	铁钉 综合	kg	0.1973	5.50	1.09		
		松杂枋板材（周转材）	m^3	0.0021	1981.00	4.12		
		隔离剂	kg	0.1000	8.00	0.80		
		建筑模板 1830×915×18 三级黑板	张	0.0896	75.00	6.72		
		支撑钢管及扣件（模板支撑专用）	kg	0.4853	4.80	2.33		
		其他材料费（按百分比计算）	元	0.3010	1.00	0.30		
	机械	载货汽车 装载质量 6t	台班	0.0035	548.22	1.92		
		木工圆锯机 直径 ϕ500mm	台班	0.0150	25.89	0.39		

注：招标文件提供了暂估单价的材料设备，按暂估的单价填入表内“暂估单价”栏及“暂估合价”栏。

表 18.4.2-73　工程量清单综合单价分析表

工程名称：幼儿园教学楼　　　　　　　　　　　　　　　　　　　　第　页　共　页

项目编码	011702002001	项目名称	矩形柱								计量单位	m^2
清单综合单价组成明细												
子目编号	子目名称	单位	数量	单价					合价			
				人工费	材料费	工程设备费	机械费	企业管理费和利润	人工费	材料费	工程设备费	机械费	企业管理费和利润
010010-12	矩形柱 木模板	$100m^2$	0.01	4950.06	1547.95		208.78	1274.85	49.50	15.48		2.09	12.75
小　计									49.50	15.48		2.09	12.75
清单项目综合单价									79.82				

费用明细		内　容	单位	数量	单价（元）	合价（元）	暂估单价（元）	暂估合价（元）
费用明细	人工	普工人工费（建筑）	元	5.0346	1.18	5.93		
		技工人工费（建筑）	元	37.7324	1.15	43.57		
	材料	铁钉 综合	kg	0.1985	5.50	1.09		
		对拉螺栓	kg	0.1901	4.62	0.88		
		松杂枋板材（周转材）	m^3	0.0018	1981.00	3.51		
		隔离剂	kg	0.1000	8.00	0.80		
		建筑模板 1830×915×18 三级黑板	张	0.0896	75.00	6.72		
		支撑钢管及扣件（模板支撑专用）	kg	0.4548	4.80	2.18		
		其他材料费（按百分比计算）	元	0.3035	1.00	0.30		
	机械	载货汽车 装载质量 6t	台班	0.0031	548.22	1.70		
		木工圆锯机 直径 ϕ500mm	台班	0.0150	25.89	0.39		

注：招标文件提供了暂估单价的材料设备，按暂估的单价填入表内“暂估单价”栏及“暂估合价”栏。

表 18.4.2–74　工程量清单综合单价分析表

工程名称：幼儿园教学楼　　　　　　　　　　　　　　　　　　第　页　共　页

项目编码	011702003001	项目名称	构造柱								计量单位		m²
清单综合单价组成明细													
子目编号	子目名称	单位	数量	单价					合价				
				人工费	材料费	工程设备费	机械费	企业管理费和利润	人工费	材料费	工程设备费	机械费	企业管理费和利润
010010–12	矩形柱 木模板	100m²	0.01	4950.06	1547.95		208.78	1274.85	49.50	15.48		2.09	12.75
小　计									49.50	15.48		2.09	12.75
清单项目综合单价									79.82				
费用明细		内　容						单位	数量	单价（元）	合价（元）	暂估单价（元）	暂估合价（元）
	人工	普工人工费（建筑）						元	5.0346	1.18	5.93		
		技工人工费（建筑）						元	37.7324	1.15	43.57		
	材料	铁钉 综合						kg	0.1985	5.50	1.09		
		对拉螺栓						kg	0.1901	4.62	0.88		
		松杂枋板材（周转材）						m³	0.0018	1981.00	3.51		
		隔离剂						kg	0.1000	8.00	0.80		
		建筑模板 1830×915×18 三级黑板						张	0.0896	75.00	6.72		
		支撑钢管及扣件（模板支撑专用）						kg	0.4548	4.80	2.18		
		其他材料费（按百分比计算）						元	0.3035	1.00	0.30		
	机械	载货汽车 装载质量 6t						台班	0.0031	548.22	1.70		
		木工圆锯机 直径 ϕ500mm						台班	0.0150	25.89	0.39		

注：招标文件提供了暂估单价的材料设备，按暂估的单价填入表内“暂估单价”栏及“暂估合价”栏。

表 18.4.2–75　工程量清单综合单价分析表

工程名称：幼儿园教学楼　　　　　　　　　　　　　　　　　　第　页　共　页

项目编码	011702005001	项目名称	基础梁								计量单位		m²
清单综合单价组成明细													
子目编号	子目名称	单位	数量	单价					合价				
				人工费	材料费	工程设备费	机械费	企业管理费和利润	人工费	材料费	工程设备费	机械费	企业管理费和利润
010010–18	基础梁 直形 木模板	100m²	0.01	4064.96	1574.83		164.93	1061.63	40.65	15.75		1.65	10.62
小　计									40.65	15.75		1.65	10.62
清单项目综合单价									68.67				
费用明细		内　容						单位	数量	单价（元）	合价（元）	暂估单价（元）	暂估合价（元）
	人工	普工人工费（建筑）						元	4.5378	1.18	5.35		
		技工人工费（建筑）						元	30.5737	1.15	35.30		
	材料	铁钉 综合						kg	0.2192	5.50	1.21		
		对拉螺栓						kg	0.0648	4.62	0.30		
		松杂枋板材（周转材）						m³	0.0032	1981.00	6.42		
		隔离剂						kg	0.1000	8.00	0.80		
		建筑模板 1830×915×18 三级黑板						张	0.0896	75.00	6.72		
		其他材料费（按百分比计算）						元	0.3088	1.00	0.31		
	机械	载货汽车 装载质量 6t						台班	0.0023	548.22	1.26		
		木工圆锯机 直径 ϕ500mm						台班	0.0150	25.89	0.39		

注：招标文件提供了暂估单价的材料设备，按暂估的单价填入表内“暂估单价”栏及“暂估合价”栏。

表 18.4.2-76　工程量清单综合单价分析表

工程名称：幼儿园教学楼　　　　第　页　共　页

项目编码	011702006001	项目名称	矩形梁	计量单位	m^2

清单综合单价组成明细

子目编号	子目名称	单位	数量	单价：人工费	单价：材料费	单价：工程设备费	单价：机械费	单价：企业管理费和利润	合价：人工费	合价：材料费	合价：工程设备费	合价：机械费	合价：企业管理费和利润
010010-21	矩形梁 梁高50cm以内 木模板	$100m^2$	0.01	4650.63	1901.93		38.84	1209.27	46.51	19.02		0.39	12.09
小计									46.51	19.02		0.39	12.09
清单项目综合单价									78.01				

费用明细		内容	单位	数量	单价（元）	合价（元）	暂估单价（元）	暂估合价（元）
	人工	普工人工费（建筑）	元	5.2821	1.18	6.23		
	人工	技工人工费（建筑）	元	34.8863	1.15	40.28		
	材料	铁钉 综合	kg	0.2125	5.50	1.17		
	材料	对拉螺栓	kg	0.0450	4.62	0.21		
	材料	松杂枋板材（周转材）	m^3	0.0032	1981.00	6.42		
	材料	隔离剂	kg	0.1000	8.00	0.80		
	材料	建筑模板 1830×915×18 三级黑板	张	0.0896	75.00	6.72		
	材料	支撑钢管及扣件（模板支撑专用）	kg	0.6948	4.80	3.34		
	材料	其他材料费（按百分比计算）	元	0.3729	1.00	0.37		
	机械	木工圆锯机 直径 ϕ500mm	台班	0.0150	25.89	0.39		

注：招标文件提供了暂估单价的材料设备，按暂估的单价填入表内“暂估单价”栏及“暂估合价”栏。

表 18.4.2-77　工程量清单综合单价分析表

工程名称：幼儿园教学楼　　　　第　页　共　页

项目编码	011702009001	项目名称	过梁	计量单位	m^2

清单综合单价组成明细

子目编号	子目名称	单位	数量	单价：人工费	单价：材料费	单价：工程设备费	单价：机械费	单价：企业管理费和利润	合价：人工费	合价：材料费	合价：工程设备费	合价：机械费	合价：企业管理费和利润
010010-30	独立过梁 木模板	$100m^2$	0.01	5667.54	3093.61		208.78	1523.61	56.68	30.94		2.09	15.24
小计									56.68	30.94		2.09	15.24
清单项目综合单价									104.95				

费用明细		内容	单位	数量	单价（元）	合价（元）	暂估单价（元）	暂估合价（元）
	人工	普工人工费（建筑）	元	6.2604	1.18	7.38		
	人工	技工人工费（建筑）	元	42.6950	1.15	49.30		
	材料	铁钉 综合	kg	0.2416	5.50	1.33		
	材料	松杂枋板材（周转材）	m^3	0.0103	1981.00	20.36		
	材料	隔离剂	kg	0.1000	8.00	0.80		
	材料	建筑模板 1830×915×18 三级黑板	张	0.1045	75.00	7.84		
	材料	其他材料费（按百分比计算）	元	0.6066	1.00	0.61		
	机械	载货汽车 装载质量 6t	台班	0.0031	548.22	1.70		
	机械	木工圆锯机 直径 ϕ500mm	台班	0.0150	25.89	0.39		

注：招标文件提供了暂估单价的材料设备，按暂估的单价填入表内“暂估单价”栏及“暂估合价”栏。

表 18.4.2–78　工程量清单综合单价分析表

工程名称：幼儿园教学楼　　　　　　　　　　　　　　　　　　　　　　第　页　共　页

项目编码	011702014001	项目名称	有梁板								计量单位		m²
清单综合单价组成明细													
子目编号	子目名称	单位	数量	单价					合价				
				人工费	材料费	工程设备费	机械费	企业管理费和利润	人工费	材料费	工程设备费	机械费	企业管理费和利润
010010–45	平板、肋板、井式板、无梁板、有梁板、空心板板厚10cm木模板	100m²	0.01	4776.47	1684.29		269.09	1244.33	47.76	16.84		2.69	12.44
小计									47.76	16.84		2.69	12.45
清单项目综合单价									79.74				

费用明细		内容	单位	数量	单价（元）	合价（元）	暂估单价（元）	暂估合价（元）
费用明细	人工	普工人工费（建筑）	元	5.0438	1.18	5.95		
		技工人工费（建筑）	元	36.2195	1.15	41.82		
	材料	铁钉 综合	kg	0.1963	5.50	1.08		
		松杂枋板材（周转材）	m³	0.0026	1981.00	5.13		
		隔离剂	kg	0.1000	8.00	0.80		
		建筑模板 1830×915×18 三级黑板	张	0.0896	75.00	6.72		
		支撑钢管及扣件（模板支撑专用）	kg	0.5804	4.80	2.79		
		其他材料费（按百分比计算）	元	0.3303	1.00	0.33		
	机械	载货汽车 装载质量 6t	台班	0.0042	548.22	2.30		
		木工圆锯机 直径 ϕ500mm	台班	0.0150	25.89	0.39		

注：招标文件提供了暂估单价的材料设备，按暂估的单价填入表内“暂估单价”栏及“暂估合价”栏。

表 18.4.2–79　工程量清单综合单价分析表

工程名称：幼儿园教学楼　　　　　　　　　　　　　　　　　　　　　　第　页　共　页

项目编码	011702014002	项目名称	有梁板								计量单位		m²
清单综合单价组成明细													
子目编号	子目名称	单位	数量	单价					合价				
				人工费	材料费	工程设备费	机械费	企业管理费和利润	人工费	材料费	工程设备费	机械费	企业管理费和利润
010010–45	平板、肋板、井式板、无梁板、有梁板、空心板板厚10cm木模板	100m²	0.01	4776.47	1684.29		269.09	1244.33	47.76	16.84		2.69	12.44
小计									47.76	16.84		2.69	12.45
清单项目综合单价									79.74				

费用明细		内容	单位	数量	单价（元）	合价（元）	暂估单价（元）	暂估合价（元）
费用明细	人工	普工人工费（建筑）	元	5.0438	1.18	5.95		
		技工人工费（建筑）	元	36.2195	1.15	41.82		
	材料	铁钉 综合	kg	0.1963	5.50	1.08		
		松杂枋板材（周转材）	m³	0.0026	1981.00	5.13		
		隔离剂	kg	0.1000	8.00	0.80		
		建筑模板 1830×915×18 三级黑板	张	0.0896	75.00	6.72		
		支撑钢管及扣件（模板支撑专用）	kg	0.5804	4.80	2.79		
		其他材料费（按百分比计算）	元	0.3303	1.00	0.33		
	机械	载货汽车 装载质量 6t	台班	0.0042	548.22	2.30		
		木工圆锯机 直径 ϕ500mm	台班	0.0150	25.89	0.39		

注：招标文件提供了暂估单价的材料设备，按暂估的单价填入表内“暂估单价”栏及“暂估合价”栏。

表 18.4.2-80　工程量清单综合单价分析表

工程名称：幼儿园教学楼　　　　　　　　第　页　共　页

项目编码	011702024001	项目名称	楼梯	计量单位	m^2

清单综合单价组成明细

子目编号	子目名称	单位	数量	单价 人工费	单价 材料费	单价 工程设备费	单价 机械费	单价 企业管理费和利润	合价 人工费	合价 材料费	合价 工程设备费	合价 机械费	合价 企业管理费和利润
010010-52	整体楼梯 普通型 木模板	$100m^2$	0.01	9573.24	2781.22		403.56	2454.87	95.73	27.81		4.04	24.55
小计									95.73	27.81		4.04	24.54
清单项目综合单价									152.12				

费用明细		内容	单位	数量	单价（元）	合价（元）	暂估单价（元）	暂估合价（元）
费用明细	人工	普工人工费（建筑）	元	12.1657	1.18	14.34		
		技工人工费（建筑）	元	70.4932	1.15	81.39		
	材料	铁钉 综合	kg	0.5680	5.50	3.12		
		松杂枋板材（周转材）	m^3	0.0040	1981.00	7.96		
		隔离剂	kg	0.1550	8.00	1.24		
		建筑模板 1830×915×18 三级黑板	张	0.1567	75.00	11.75		
		支撑钢管及扣件（模板支撑专用）	kg	0.6636	4.80	3.19		
		其他材料费（按百分比计算）	元	0.5453	1.00	0.55		
	机械	载货汽车 装载质量 6t	台班	0.0050	548.22	2.74		
		木工圆锯机 直径 ϕ500mm	台班	0.0500	25.89	1.29		

注：招标文件提供了暂估单价的材料设备，按暂估的单价填入表内“暂估单价”栏及“暂估合价”栏。

表 18.4.2-81　工程量清单综合单价分析表

工程名称：幼儿园教学楼　　　　　　　　第　页　共　页

项目编码	011702027001	项目名称	台阶	计量单位	m^2

清单综合单价组成明细

子目编号	子目名称	单位	数量	单价 人工费	单价 材料费	单价 工程设备费	单价 机械费	单价 企业管理费和利润	合价 人工费	合价 材料费	合价 工程设备费	合价 机械费	合价 企业管理费和利润
010010-55	台阶 木模板	$100m^2$	0.01	6701.39	1919.72		213.50	1712.33	67.01	19.20		2.14	17.12
小计									67.01	19.20		2.14	17.12
清单项目综合单价									105.47				

费用明细		内容	单位	数量	单价（元）	合价（元）	暂估单价（元）	暂估合价（元）
费用明细	人工	普工人工费（建筑）	元	5.2580	1.18	6.20		
		技工人工费（建筑）	元	52.6726	1.15	60.82		
	材料	铁钉 综合	kg	0.5476	5.50	3.01		
		松杂枋板材（周转材）	m^3	0.0028	1981.00	5.61		
		隔离剂	kg	0.1000	8.00	0.80		
		建筑模板 1830×915×18 三级黑板	张	0.1254	75.00	9.40		
		其他材料费（按百分比计算）	元	0.3764	1.00	0.38		
	机械	载货汽车 装载质量 6t	台班	0.0038	548.22	2.08		
		木工圆锯机 直径 ϕ500mm	台班	0.0020	25.89	0.05		

注：招标文件提供了暂估单价的材料设备，按暂估的单价填入表内“暂估单价”栏及“暂估合价”栏。

表 18.4.2-82　工程量清单综合单价分析表

工程名称：幼儿园教学楼　　　　　　　　　　　　　　　　　　　　　　第　页　共　页

项目编码	011702022001	项目名称	天沟、檐沟									计量单位	m²
清单综合单价组成明细													
子目编号	子目名称	单位	数量	单价					合价				
				人工费	材料费	工程设备费	机械费	企业管理费和利润	人工费	材料费	工程设备费	机械费	企业管理费和利润
010010-56	挑檐、天沟木模板	100m²	0.01	7184.78	1580.56		275.97	1815.21	71.85	15.81		2.76	18.15
小　计									71.85	15.81		2.76	18.15
清单项目综合单价									108.57				

费用明细		内　容	单位	数量	单价（元）	合价（元）	暂估单价（元）	暂估合价（元）
费用明细	人工	普工人工费（建筑）	元	7.6631	1.18	9.03		
		技工人工费（建筑）	元	54.4037	1.15	62.81		
	材料	铁钉 综合	kg	0.0168	5.50	0.09		
		松杂枋板材（周转材）	m³	0.0006	1981.00	1.15		
		隔离剂	kg	0.0950	8.00	0.76		
		建筑模板 1830×915×18 三级黑板	张	0.1567	75.00	11.75		
		支撑钢管及扣件（模板支撑专用）	kg	0.3626	4.80	1.74		
		其他材料费（按百分比计算）	元	0.3099	1.00	0.31		
	机械	载货汽车 装载质量 6t	台班	0.0036	548.22	1.95		
		木工圆锯机 直径 ϕ500mm	台班	0.0312	25.89	0.81		

注：招标文件提供了暂估单价的材料设备，按暂估的单价填入表内“暂估单价”栏及“暂估合价”栏。

表 18.4.2-83　工程量清单综合单价分析表

工程名称：幼儿园教学楼　　　　　　　　　　　　　　　　　　　　　　第　页　共　页

项目编码	011702021001	项目名称	栏板									计量单位	m²
清单综合单价组成明细													
子目编号	子目名称	单位	数量	单价					合价				
				人工费	材料费	工程设备费	机械费	企业管理费和利润	人工费	材料费	工程设备费	机械费	企业管理费和利润
010010-57	栏板 木模板	100m²	0.01	5186.51	1539.18		281.64	1335.94	51.87	15.39		2.82	13.36
小　计									51.87	15.39		2.82	13.36
清单项目综合单价									83.44				

费用明细		内　容	单位	数量	单价（元）	合价（元）	暂估单价（元）	暂估合价（元）
费用明细	人工	普工人工费（建筑）	元	4.6836	1.18	5.52		
		技工人工费（建筑）	元	40.1386	1.15	46.34		
	材料	铁钉 综合	kg	0.0129	5.50	0.07		
		松杂枋板材（周转材）	m³	0.0005	1981.00	1.03		
		隔离剂	kg	0.0950	8.00	0.76		
		建筑模板 1830×915×18 三级黑板	张	0.1567	75.00	11.75		
		支撑钢管及扣件（模板支撑专用）	kg	0.3073	4.80	1.47		
		其他材料费（按百分比计算）	元	0.3018	1.00	0.30		
	机械	载货汽车 装载质量 6t	台班	0.0036	548.22	1.95		
		木工圆锯机 直径 ϕ500mm	台班	0.0334	25.89	0.86		

注：招标文件提供了暂估单价的材料设备，按暂估的单价填入表内“暂估单价”栏及“暂估合价”栏。

表 18.4.2–84　工程量清单综合单价分析表

工程名称：幼儿园教学楼　　　　　　　　　　　　　　　　　　　　第　页　共　页

项目编码	011702025002	项目名称	其他现浇构件	计量单位	m²

清单综合单价组成明细													
子目编号	子目名称	单位	数量	单价					合价				
				人工费	材料费	工程设备费	机械费	企业管理费和利润	人工费	材料费	工程设备费	机械费	企业管理费和利润
010010–59	压顶 木模板	100m²	0.01	6066.71	3057.41		272.58	1621.59	60.67	30.57		2.73	16.22
小　计									60.67	30.57		2.73	16.22
清单项目综合单价									110.19				

费用明细		内　容	单位	数量	单价（元）	合价（元）	暂估单价（元）	暂估合价（元）
费用明细	人工	普工人工费（建筑）	元	5.6554	1.18	6.67		
		技工人工费（建筑）	元	46.7699	1.15	54.00		
	材料	铁钉 综合	kg	0.0194	5.50	0.11		
		松杂枋板材（周转材）	m³	0.0087	1981.00	17.31		
		隔离剂	kg	0.1000	8.00	0.80		
		建筑模板 1830×915×18 三级黑板	张	0.1567	75.00	11.75		
		其他材料费（按百分比计算）	元	0.5995	1.00	0.60		
	机械	载货汽车 装载质量 6t	台班	0.0036	548.22	1.95		
		木工圆锯机 直径 ϕ500mm	台班	0.0299	25.89	0.77		

注：招标文件提供了暂估单价的材料设备，按暂估的单价填入表内“暂估单价”栏及“暂估合价”栏。

表 18.4.2–85　工程量清单综合单价分析表

工程名称：幼儿园教学楼　　　　　　　　　　　　　　　　　　　　第　页　共　页

项目编码	011701B001001	项目名称	外脚手架	计量单位	m²

清单综合单价组成明细													
子目编号	子目名称	单位	数量	单价					合价				
				人工费	材料费	工程设备费	机械费	企业管理费和利润	人工费	材料费	工程设备费	机械费	企业管理费和利润
010011–1	建筑双排脚手架搭拆 落地式 搭设高度 24m 以内	100m²	0.01	2674.30	288.81		190.56	666.72	26.74	2.89		1.91	6.67
010011–9	建筑双排脚手架使用 落地式 搭设高度 24m 以内	100m²·10 天（有效使用天数）	0.0649	62.99	88.29		9.51	20.13	4.09	5.73		0.62	1.31
小计									30.83	8.62		2.53	7.98
清单项目综合单价									49.96				

费用明细		内　容	单位	数量	单价（元）	合价（元）	暂估单价（元）	暂估合价（元）
费用明细	人工	普工人工费（建筑）	元	2.6747	1.18	3.15		
		技工人工费（建筑）	元	23.9723	1.15	27.68		
	材料	镀锌铁丝 综合	kg	0.0547	5.20	0.28		
		工字钢 综合	kg	0.2912	4.91	1.43		
		电焊条 结 422 ϕ3.2	kg	0.0003	7.14	0.00		
		防锈漆 红色	kg	0.0717	13.46	0.97		
		油漆溶剂油	kg	0.0063	11.00	0.07		
		扣件（含转扣接头、十字）（租赁·10 天）	个	7.8871	0.11	0.87		
		钢笆子（钢筋网脚手板）（租赁·10 天）	kg	28.2148	0.05	1.41		
		脚手架钢管 ϕ48×3.4mm×1.0mm~6m（租赁·10 天）	kg	66.9082	0.04	2.68		
		底座（租赁·10 天）	个	0.9015	0.51	0.46		
		松杂直边板（租赁·10 天）	m³	0.0032	21.20	0.07		
		其他材料费（按百分比计算）	元	0.3841	1.00	0.38		
	机械	载货汽车 装载质量 4t	台班	0.0053	475.61	2.52		

注：招标文件提供了暂估单价的材料设备，按暂估的单价填入表内“暂估单价”栏及“暂估合价”栏。

表 18.4.2–86 工程量清单综合单价分析表

工程名称：幼儿园教学楼　　　　　　　　　　　　　　　　　　　　　　　　第　页　共　页

项目编码	011701B001002	项目名称	外脚手架	计量单位	m^2

清单综合单价组成明细

子目编号	子目名称	单位	数量	单价 人工费	单价 材料费	单价 工程设备费	单价 机械费	单价 企业管理费和利润	合价 人工费	合价 材料费	合价 工程设备费	合价 机械费	合价 企业管理费和利润
010011–17	建筑单排脚手架搭拆 搭设高度 6m 以内	$100m^2$	0.01	1438.96	25.36		64.68	349.64	14.39	0.25		0.65	3.50
010011–20	建筑单排脚手架使用 搭设高度 6m 以内	$100m^2$·10 天（有效使用天数）	0.04	23.09	74.99		9.51	9.93	0.92	3.00		0.38	0.40
小　计									15.31	3.25		1.03	3.88
清单项目综合单价									23.47				

费用明细		内　容	单位	数量	单价（元）	合价（元）	暂估单价（元）	暂估合价（元）
	人工	普工人工费（建筑）	元	1.3042	1.18	1.54		
		技工人工费（建筑）	元	11.9311	1.15	13.78		
	材料	镀锌铁丝 综合	kg	0.0183	5.20	0.10		
		防锈漆 红色	kg	0.0101	13.46	0.14		
		油漆溶剂油	kg	0.0010	11.00	0.01		
		扣件（含转扣接头、十字）（租赁·10 天）	个	3.4724	0.11	0.38		
		钢笆子（钢筋网脚手板）（租赁·10 天）	kg	17.3897	0.05	0.87		
		脚手架钢管 $\phi 48 \times 3.4mm \times 1.0mm$~6m（租赁·10 天）	kg	32.3351	0.04	1.29		
		底座（租赁·10 天）	个	0.5556	0.51	0.28		
		松杂直边板（租赁·10 天）	m^3	0.0020	21.20	0.04		
		其他材料费（按百分比计算）	元	0.1413	1.00	0.14		
	机械	载货汽车 装载质量 4t	台班	0.0022	475.61	1.03		

注：招标文件提供了暂估单价的材料设备，按暂估的单价填入表内“暂估单价”栏及“暂估合价”栏。

表 18.4.2-87 工程量清单综合单价分析表

工程名称：幼儿园教学楼 第 页 共 页

项目编码	011701B002001	项目名称	里脚手架							计量单位			m^2
清单综合单价组成明细													
子目编号	子目名称	单位	数量	单价					合价				
				人工费	材料费	工程设备费	机械费	企业管理费和利润	人工费	材料费	工程设备费	机械费	企业管理费和利润
010011-37	里脚手架 民用建筑 基本层 3.6m	100m^2	0.01	1083.05	189.56		9.51	268.98	10.83	1.90		0.10	2.69
小计									10.83	1.90		0.10	2.69
清单项目综合单价									15.52				

费用明细		内容	单位	数量	单价（元）	合价（元）	暂估单价（元）	暂估合价（元）
	人工	普工人工费（建筑）	元	0.9644	1.18	1.14		
		技工人工费（建筑）	元	8.3957	1.15	9.69		
	材料	防锈漆 红色	kg	0.0021	13.46	0.03		
		油漆溶剂油	kg	0.0002	11.00	0.00		
		脚手架钢管 $\phi 48 \times 3.4$mm	kg	0.0250	3.85	0.10		
		脚手管扣件（综合）（含对接扣、直角扣、活动扣等）	个	0.0052	7.13	0.04		
		冲压钢脚手板	m^2	0.0153	108.79	1.67		
		其他材料费（按百分比计算）	元	0.0641	1.00	0.06		
	机械	载货汽车 装载质量 4t	台班	0.0002	475.61	0.10		

注：招标文件提供了暂估单价的材料设备，按暂估的单价填入表内"暂估单价"栏及"暂估合价"栏。

表 18.4.2-88 工程量清单综合单价分析表

工程名称：幼儿园教学楼 第 页 共 页

项目编码	011701B002002	项目名称	里脚手架							计量单位			m^2
清单综合单价组成明细													
子目编号	子目名称	单位	数量	单价					合价				
				人工费	材料费	工程设备费	机械费	企业管理费和利润	人工费	材料费	工程设备费	机械费	企业管理费和利润
010011-37 换	里脚手架 民用建筑 基本层 3.6m（基价系数 ×05）	100m^2	0.01	541.53	94.78		4.76	134.49	5.42	0.95		0.05	1.34
小计									5.42	0.95		0.05	1.35
清单项目综合单价									7.77				

费用明细		内容	单位	数量	单价（元）	合价（元）	暂估单价（元）	暂估合价（元）
	人工	普工人工费（建筑）	元	0.4822	1.18	0.57		
		技工人工费（建筑）	元	4.1979	1.15	4.85		
	材料	防锈漆 红色	kg	0.0010	13.46	0.01		
		油漆溶剂油	kg	0.0001	11.00	0.00		
		脚手架钢管 $\phi 48 \times 3.4$mm	kg	0.0125	3.85	0.05		
		脚手管扣件（综合）（含对接扣、直角扣、活动扣等）	个	0.0026	7.13	0.02		
		冲压钢脚手板	m^2	0.0077	108.79	0.83		
		其他材料费（按百分比计算）	元	0.0321	1.00	0.03		
	机械	载货汽车 装载质量 4t	台班	0.0001	475.61	0.05		

注：招标文件提供了暂估单价的材料设备，按暂估的单价填入表内"暂估单价"栏及"暂估合价"栏。

表 18.4.2–89　工程量清单综合单价分析表

工程名称：幼儿园教学楼　　　　　　　　　　　　　　　　　　　　　第　页　共　页

项目编码	011701B003001	项目名称	满堂脚手架							计量单位			m^2
清单综合单价组成明细													
子目编号	子目名称	单位	数量	单价					合价				
				人工费	材料费	工程设备费	机械费	企业管理费和利润	人工费	材料费	工程设备费	机械费	企业管理费和利润
010011–41	满堂脚手架搭拆与使用 基本层 5.2m 以内	$100m^2$	0.01	2227.50	488.91		38.05	559.43	22.28	4.89		0.38	5.59
小　计									22.28	4.89		0.38	5.60
清单项目综合单价									33.15				

费用明细		内　容	单位	数量	单价（元）	合价（元）	暂估单价（元）	暂估合价（元）
	人工	普工人工费（建筑）	元	3.0469	1.18	3.59		
		技工人工费（建筑）	元	16.1816	1.15	18.68		
	材料	防锈漆　红色	kg	0.0140	13.46	0.19		
		油漆溶剂油	kg	0.0020	11.00	0.02		
		脚手架钢管 $\phi 48\times3.4$mm	kg	0.6201	3.85	2.39		
		底座	个	0.0032	17.90	0.06		
		脚手管扣件（综合）（含对接扣、直角扣、活动扣等）	个	0.0422	7.13	0.30		
		冲压钢脚手板	m^2	0.0158	108.79	1.72		
		其他材料费（按百分比计算）	元	0.2105	1.00	0.21		
	机械	载货汽车　装载质量 4t	台班	0.0008	475.61	0.38		

注：招标文件提供了暂估单价的材料设备，按暂估的单价填入表内“暂估单价”栏及“暂估合价”栏。

表 18.4.2–90　工程量清单综合单价分析表

工程名称：幼儿园教学楼　　　　　　　　　　　　　　　　　　　　第　页　共　页

项目编码	011701B003002	项目名称	满堂脚手架							计量单位			m^2
清单综合单价组成明细													
子目编号	子目名称	单位	数量	单价					合价				
				人工费	材料费	工程设备费	机械费	企业管理费和利润	人工费	材料费	工程设备费	机械费	企业管理费和利润
010011–41	满堂脚手架搭拆与使用 基本层 5.2m 以内	$100m^2$	0.01	2227.50	488.91		38.05	559.43	22.28	4.89		0.38	5.59
小计									22.28	4.89		0.38	5.60
清单项目综合单价									33.15				

费用明细		内容	单位	数量	单价（元）	合价（元）	暂估单价（元）	暂估合价（元）
费用明细	人工	普工人工费（建筑）	元	3.0469	1.18	3.59		
		技工人工费（建筑）	元	16.1816	1.15	18.68		
	材料	防锈漆 红色	kg	0.0140	13.46	0.19		
		油漆溶剂油	kg	0.0020	11.00	0.02		
		脚手架钢管 $\phi 48 \times 3.4$mm	kg	0.6201	3.85	2.39		
		底座	个	0.0032	17.90	0.06		
		脚手管扣件（综合）（含对接扣、直角扣、活动扣等）	个	0.0422	7.13	0.30		
		冲压钢脚手板	m^2	0.0158	108.79	1.72		
		其他材料费（按百分比计算）	元	0.2105	1.00	0.21		
	机械	载货汽车 装载质量 4t	台班	0.0008	475.61	0.38		

注：招标文件提供了暂估单价的材料设备，按暂估的单价填入表内“暂估单价”栏及“暂估合价”栏。

表 18.4.2–91 工程量清单综合单价分析表

工程名称：幼儿园教学楼　　　　第　页　共　页

项目编码	011709B001001	项目名称	安全网	计量单位	m^2

清单综合单价组成明细

子目编号	子目名称	单位	数量	单价					合价				
				人工费	材料费	工程设备费	机械费	企业管理费和利润	人工费	材料费	工程设备费	机械费	企业管理费和利润
010011–62	脚手架上挂安全网	$100m^2$	0.01	242.47	847.85		15.22	101.39	2.42	8.48		0.15	1.01
小　计									2.42	8.48		0.15	1.01
清单项目综合单价									12.06				

费用明细		内　容	单位	数量	单价（元）	合价（元）	暂估单价（元）	暂估合价（元）
	人工	普工人工费（建筑）	元	0.4584	1.18	0.54		
		技工人工费（建筑）	元	1.6320	1.15	1.88		
	材料	安全网	m^2	1.0200	8.23	8.39		
		其他材料费（按百分比计算）	元	0.0839	1.00	0.08		
	机械	载货汽车 装载质量 4t	台班	0.0003	475.61	0.15		

注：招标文件提供了暂估单价的材料设备，按暂估的单价填入表内“暂估单价”栏及“暂估合价”栏。

表 18.4.2–92 工程量清单综合单价分析表

工程名称：幼儿园教学楼　　　　第　页　共　页

项目编码	011703001001	项目名称	垂直运输	计量单位	m^2

清单综合单价组成明细

子目编号	子目名称	单位	数量	单价					合价				
				人工费	材料费	工程设备费	机械费	企业管理费和利润	人工费	材料费	工程设备费	机械费	企业管理费和利润
0100012–1	电动卷扬机 檐高 24m 以内	台·天	0.1322	157.29			431.01	67.29	20.80			56.99	8.90
小　计									20.80			56.99	8.90
清单项目综合单价									86.69				

费用明细		内　容	单位	数量	单价（元）	合价（元）	暂估单价（元）	暂估合价（元）
	人工	技工人工费（建筑）	元	18.0118	1.15	20.80		
	机械	卷扬机带塔 提升质量 3~5t H=40m	台班	0.2145	265.73	56.99		

注：招标文件提供了暂估单价的材料设备，按暂估的单价填入表内“暂估单价”栏及“暂估合价”栏。

表 18.4.2–93　措施项目清单与计价汇总表

工程名称：幼儿园教学楼　　标段：　　第　页　共　页

序号	项 目 名 称	金额（元）
建筑工程（深建价〔2018〕25 号、建办标函〔2019〕193 号）		
1	安全文明施工措施费	83652.79
1.1	安全文明施工措施费（按费率计算）	57374.39
1.2	其他安全文明施工措施（按清单列项）	26278.40
1.2.1	施工临时围挡费	26278.40
1.2.2	基坑内场地硬地化	
2	履约担保手续费	799.65
3	夜间施工费	
4	赶工措施费	
5	冬雨季施工费	
6	已完成工程及设备保护费	
7	地上、地下设施及建筑物的临时保护费	
8	混凝土、钢筋混凝土模板及支架费	176151.06
9	二次搬运费	
10	脚手架费	81545.85
11	垂直运输机械费	58026.82
12	大型机械设备进出场及安拆费	
13	施工排水、降水费	
14	专业工程措施项目费	
15	其他	
建筑工程（深建价〔2018〕25 号、建办标函〔2019〕193 号）合计		400176.17
表 10　措施项目清单与计价汇总表合计		400176.17

注：专业工程措施项目费可根据工程实际在本表中补充。

表 18.4.2–94　措施项目清单与计价表（一）（适用于工程量清单计价）

工程名称：幼儿园教学楼　　标段：　　第　页　共　页

序号	项目编码	项目名称	项目特征描述	计量单位	工程量	金额（元）	
						综合单价	合价
1		施工临时围挡费		项			26278.40
1.1	000101001001	现场围挡	PVC 围挡，2.5m 高	m	160.000	164.24	26278.40
1.1.1	010014–21 换	PVC 围挡（PVC 围挡工期 6 个月以内）		m	160.000	164.24	26278.40
2		混凝土、钢筋混凝土模板及支架费		项			176151.06
2.1	011702001001	基础	基础类型：基础垫层	m^2	16.840	45.92	773.29
2.1.1	010010–1	基础垫层　木模板		$100m^2$	0.168	4592.24	773.29
2.2	011702001002	基础	基础类型：独立基础	m^2	78.920	58.29	4600.25

续表 18.4.2–94

序号	项目编码	项目名称	项目特征描述	计量单位	工程量	金额（元）	
						综合单价	合价
2.2.1	010010–3	基础 木模板		$100m^2$	0.789	5827.79	4600.25
2.3	011702002001	矩形柱	支模高度：4m 以内	m^2	385.000	79.82	30730.70
2.3.1	010010–12	矩形柱 木模板		$100m^2$	3.850	7981.64	30730.70
2.4	011702003001	构造柱	构件类型：构造柱	m^2	107.000	79.82	8540.74
2.4.1	010010–12	矩形柱 木模板		$100m^2$	1.070	7981.64	8540.74
2.5	011702005001	基础梁	梁截面形状：矩形梁	m^2	115.190	68.67	7910.10
2.5.1	010010–18	基础梁 直形 木模板		$100m^2$	1.152	6866.35	7910.10
2.6	011702006001	矩形梁	支撑高度：4m 以内	m^2	560.000	78.01	43685.60
2.6.1	010010–21	矩形梁 梁高 50cm 以内 木模板		$100m^2$	5.600	7800.67	43685.60
2.7	011702009001	过梁	构件类型：过梁	m^2	5.030	104.95	527.90
2.7.1	010010–30	独立过梁 木模板		$100m^2$	0.050	10493.54	527.90
2.8	011702014001	有梁板	1. 支撑高度：4m 以内 2. 板厚：10cm	m^2	512.960	79.74	40903.43
2.8.1	010010–45	平板、肋板、井式板、无梁板、有梁板、空心板 板厚 10cm 木模板		$100m^2$	5.130	7974.18	40903.43
2.9	011702014002	有梁板	1. 支撑高度：4m 以内 2. 板厚：12cm	m^2	83.040	79.74	6621.61
2.9.1	010010–45	平板、肋板、井式板、无梁板、有梁板、空心板 板厚 10cm 木模板		$100m^2$	0.830	7974.18	6621.61
2.10	011702024001	楼梯	类型：直形楼梯	m^2	59.880	152.12	9108.95
2.10.1	010010–52	整体楼梯 普通型 木模板		$100m^2$	0.599	15212.89	9108.95
2.11	011702027001	台阶	台阶踏步宽：300mm	m^2	1.000	105.47	105.47
2.11.1	010010–55	台阶 木模板		$100m^2$	0.010	10546.94	105.47
2.12	011702022001	天沟、檐沟	构件类型：天沟、檐沟	m^2	1.000	108.57	108.57
2.12.1	010010–56	挑檐、天沟 木模板		$100m^2$	0.010	10856.52	108.57
2.13	011702021001	栏板	构件类型：栏板	m^2	208.000	83.44	17355.52
2.13.1	010010–57	栏板 木模板		$100m^2$	2.080	8343.27	17355.52
2.14	011702025002	其他现浇构件	构件类型：压顶	m^2	47.000	110.19	5178.93
2.14.1	010010–59	压顶 木模板		$100m^2$	0.470	11018.29	5178.93
3		脚手架费		项			81545.85
3.1	011701B001001	外脚手架	1. 搭设方式：双排 2. 搭设高度：24m 以内 3. 脚手架材质：钢管	m^2	1016.950	49.96	50806.82
3.1.1	010011–1	建筑双排脚手架搭拆 落地式 搭设高度 24m 以内		$100m^2$	10.169	3820.39	38862.65

续表 18.4.2-94

序号	项目编码	项目名称	项目特征描述	计量单位	工程量	金额（元）	
						综合单价	合价
3.1.2	010011-9	建筑双排脚手架使用 落地式 搭设高度 24m 以内		100m²·10 天（有效使用天数）	66.000	180.92	11944.17
3.2	011701B001002	外脚手架	1. 搭设方式：单排 2. 搭设高度：6m 以内 3. 脚手架材质：钢管 4. 部位：首层走廊处外墙	m²	105.600	23.47	2478.43
3.2.1	010011-17	建筑单排脚手架搭拆 搭设高度 6m 以内		100m²	1.056	1878.64	1982.39
3.2.2	010011-20	建筑单排脚手架使用 搭设高度 6m 以内		100m²·10 天（有效使用天数）	4.224	117.52	496.04
3.3	011701B002001	里脚手架	搭设高度：3.6m 内	m²	508.050	15.52	7884.94
3.3.1	010011-37	里脚手架 民用建筑 基本层 3.6m		100m²	5.081	1551.10	7884.94
3.4	011701B002002	里脚手架	搭设高度：3.7m	m²	161.310	7.77	1253.38
3.4.1	010011-37 换	里脚手架 民用建筑 基本层 3.6m （基价系数 ×0.5）		100m²	1.613	775.56	1253.38
3.5	011701B003001	满堂脚手架	1. 搭设高度：3.7m 2. 脚手架材质：钢管 3. 部位：首层室内天棚装饰	m²	161.310	33.15	5347.43
3.5.1	010011-41	满堂脚手架搭拆与使用 基本层 5.2m 以内		100m²	1.613	3313.89	5347.43
3.6	011701B003002	满堂脚手架	1. 搭设高度：3.7m 2. 脚手架材质：钢管 3. 部位：首层挑檐板的天棚装饰	m²	33.340	33.15	1105.22
3.6.1	010011-41	满堂脚手架搭拆与使用 基本层 5.2m 以内		100m²	0.333	3313.89	1105.22
3.7	011709B001001	安全网	材质：外墙脚手架安全网	m²	1050.550	12.06	12669.63
3.7.1	010011-62	脚手架上挂安全网		100m²	10.506	1206.93	12669.63
4		垂直运输机械费		项			58026.82
4.1	011703001001	垂直运输	建筑物檐口高度、层数：24m 以内 3 层	m²	669.360	86.69	58026.82
4.1.1	0100012-1	电动卷扬机 檐高 24m 以内		台·天	88.500	655.59	58026.82
合　计							342002.13

注：本表适用于以综合单价形式计价的措施项目。

表 18.4.2–95 其他项目清单与计价汇总表

工程名称：幼儿园教学楼　　　　标段：　　　　第　页　共　页

序号	项目名称	金额（元）	备注
1	材料设备暂估价		
2	计日工		
3	总承包服务费		
4	发包人供应材料费		
合计			

注：编制招标控制价时，材料设备暂估价计入清单项目综合单价，此处不汇总。

表 18.4.2–96 规费、应纳税费项目清单与计价表

工程名称：幼儿园教学楼　　　　标段：　　　　第　页　共　页

序号	项目名称	计算基础	费率（%）	金额（元）
建筑工程（深建价〔2018〕25 号、建办标函〔2019〕193 号）				
1	规费	（分部分项工程费＋措施项目工程费＋其他项目费）中的人工费	18.00	111456.83
2	应纳税费	应纳税费合计		65433.45
2.1	增值税应纳税额	分部分项工程费＋措施项目费＋其他项目费＋规费－发包人供应材料费	3.02	58422.72
2.2	城市维护建设税、教育费附加及地方教育费附加	增值税应纳税额	12.00	7010.73
建筑工程（深建价〔2018〕25 号、建办标函〔2019〕193 号）合计				176890.28
规费、应纳税费项目清单与计价表合计				176890.28

参 考 文 献

［1］全国造价工程师执业资格考试培训教材编审委员会．建设工程计价［M］．北京：中国计划出版社，2017.

［2］广东省住房和城乡建设厅．广东省建设工程施工标准工期定额［M］．北京：中国计划出版社，2011.

［3］冯美宇．建筑设计原理（第2版）［M］．武汉：武汉理工大学出版社，2015.

［4］张艳芳．建筑构造与识图（第2版）［M］．北京：人民交通出版社，2011.

［5］广州市建设科学技术委员会办公室．建设工程BIM实践与项目全生命期应用研究［M］．北京：中国建筑工业出版社，2018.

［6］叶雯，路浩东．建筑信息模型（BIM）概论［M］．重庆：重庆大学出版社，2017.

［7］中华人民共和国住房和城乡建设部．建筑工程建筑面积计算规范GB/T 50353—2013［S］．北京：中国计划出版社，2013.

［8］中国建设工程造价管理协会．《建筑工程建筑面积计算规范》图解［M］．北京：中国计划出版社，2013.

［9］中华人民共和国住房和城乡建设部．建筑工程工程量清单计价规范GB 50500—2013［S］．北京：中国计划出版社，2013.

［10］中华人民共和国住房和城乡建设部．房屋建筑与装饰工程工程量计算规范GB 50854—2013［S］．北京：中国计划出版社，2013.

［11］全国造价工程师执业资格考试培训教材编审委员会．建设工程技术与计量（土木建筑工程）［M］．北京：中国计划出版社，2017.

［12］深圳市建设工程造价管理站．深圳市建筑工程消耗量定额（2016）［M］．北京：中国建筑工业出版社，2016.

［13］深圳市建设工程造价管理站．深圳市建筑装饰工程消耗量标准（2003）［M］．北京：中国水利水电出版社，2003.

［14］广东省建设工程标准定额站，广东省工程造价协会．广东省房屋建筑与装饰工程综合定额2018［M］．武汉：华中科技大学出版社，2018.

［15］广东省建设工程造价管理总站，广东省工程造价协会．建设工程计价应用与案例　建筑与装饰工程2015［M］．北京：中国城市出版社，2015.